개정6판

정보통신 배움터

정진욱 | 안성진 | 김현철 | 이원혁 | 유수현 지음

Understanding Information and Communication Technology

생능출판

정보통신 배움터

초판발행 2005년 8월 10일
제6판1쇄 2022년 12월 2일

지은이 정진욱 · 안성진 · 김현철 · 이원혁 · 유수현
펴낸이 김승기
펴낸곳 (주)생능출판사 / **주소** 경기도 파주시 광인사길 143
출판사 등록일 2005년 1월 21일 / **신고번호** 제406-2005-000002호
대표전화 (031)955-0761 / **팩스** (031)955-0768
홈페이지 www.booksr.co.kr

책임편집 신성민 / **편집** 이종무, 김민보, 유제훈 / **디자인** 유준범, 표혜린
마케팅 최복락, 김민수, 심수경, 차종필, 백수정, 송성환, 최태웅, 명하나, 김민정
인쇄 · 제본 (주)상지사P&B

ISBN 978-89-7050-579-4 93000
정가 31,000원

머리말

정보통신 배움터를 개정할 때마다 끝없이 등장하는 새로운 기술들을 보면서 정말 세상이 빠르게 변화하고 있다는 것을 느끼게 됩니다. 고삐 풀린 말처럼 세상은 마크 와이저가 예견했던 유비쿼터스 시대를 지나 사물인터넷, 만물인터넷 시대로 빠르게 달려가고 있습니다. 따라서 다양한 정보통신 기술들은 비록 보이지 않는 기술일지라도 물이나 공기처럼 인류에게 없어서는 안 될 요소가 되었으며 양질의 삶을 영위하고자 하는 요구를 충족시킬 수 있는 핵심적인 수단이 되었습니다. 따라서 하루가 다르게 발전하고 있는 정보통신 기술의 다양성과 개연성을 이해한다면 만물인터넷 시대의 양질의 삶을 영위할 기회를 받을 수 있게 되는 것입니다.

이를 위해 통신, 방송, 그리고 인터넷이 하나로 통합된 품질 보장형 광대역 멀티미디어 서비스를 언제 어디서나 이용할 수 있는 차세대 정보통신 기술 및 네트워크의 개발을 위한 많은 노력과 다양한 시도가 이루어지고 있습니다. 이를 위해 이 책에서는 정보통신 전공자 또는 비전공자 모두에게 도움이 될 수 있도록 다양한 정보통신 기술의 원리와 실생활에서의 활용성을 중심으로 설명하고 있습니다. 더불어 다양한 사진과 그림, 그리고 관련 내용을 팁 형식으로 추가하여 독자들의 이해를 돕고자 하였습니다. 또한 정보통신 기술 못지않게 중요한 정보통신 제도와 철학을 설명하고자 사이버 윤리, 법률을 망라하여 올바른 정보통신 기술 사용법을 함께 수록하였습니다.

이 책의 특징은 다음과 같습니다.

첫째, 현재의 인터넷이 탄생하기까지의 역사 및 다양한 서비스들을 연대에 따라서 순차적으로 설명하였고, 이러한 기술들 간의 개연성을 알기 쉽게 설명하고 요약 정리하였습니다. 또한 이러한 역사적인 배경을 기반으로 현재 사용되고 있는 다양한 기술과 향후 등장하게 될 기술에 대한 핵심 내용을 체계적으로 기술하였습니다.

둘째, 정보통신 기술을 자주 접하지 못한 독자나, 정보통신 기술을 전공으로 하고자 하는 입문자들의 기술에 대한 이해도를 최대로 높이기 위하여 컬러를 지원하는 충분한 표와 그림을 삽입하였습니다. 또한 간략하게 언급하였거나 부가적으로 필요하다고 생각되는 다양한 관련 내용을 팁 형식으로 수록하였습니다. 이러한 내용들은 강의하는 현장에서나 들을 수 있는 중요하고 유용한 내용으로 독자들의 정보통신 기술에 대해 이해력을 증진시키는 데 효과적으로 사용될 수 있을 것입니다.

셋째, Web/전자 메일을 통해 독자와 저자 간의 직접적인 대화 창구를 열어 놓고 있으며, 이 책이 강의 교재로 사용될 경우에는 필요한 발표자료, 참고자료 등이 온라인으로 제공되고 있습니다.

이 책을 통해 정보통신을 공부하려는 독자들의 감사 어린 충고와 이 책의 부족한 점을 수렴하기 위해 언제든지 다음의 전자 우편 주소로 연락을 주면 더 나은 책으로 거듭나기 위한 노력을 게을리 하지 않을 것을 약속합니다. 또한 독자들의 이해를 돕기 위해 다양한 예를 들어 설명하고 있는데, 혹 이를 통해 피해를 받은 분들이 있다면 본의가 아님을 미리 밝혀드립니다. 또한 이 책의 출간을 위해 물심양면으로 도움을 주신 생능출판사 모든 분들께 감사드립니다.

PREFACE

〈개정6판에 대하여〉

개정6판을 발간하면서 세운 기본적인 목표는 새로운 기술을 소개하면서도 유용한 5판의 내용은 모두 살리되 책 전체적으로 좀 더 논리적 구조적 형태를 갖추는 것으로 하였습니다. 따라서 장의 제목과 순서의 일부 변경이 있었습니다. 물론 이미 일상화된 5G 기술에 대한 특징과 표준화 등에 대한 설명이 추가되었으며 5G의 뒤를 이을 6G 기술에 대한 개요와 특징, 어떤 6G를 이용하는 새로운 서비스 등이 있는지에 대해 기술하였습니다.

가장 큰 변화는 새로 추가된 11장의 스마트 솔루션입니다. 통신 기술과 AI 등의 소프트웨어 기술의 융합으로 탄생한 새로운 응용분야로 자율주행, 스마트 팩토리, 디지털 트윈 그리고 메타버스 등이 소개됩니다. 이 네 가지 기술이 우리의 일상생활에 가장 큰 변화를 가져 올 것으로 생각됩니다.

이 밖에도 Wi-Fi 6 등을 추가 설명하였고 12장에는 인공지능 윤리를 간단히 소개하였습니다.

추가로 11장의 새로 소개된 내용들이 대폭 늘어나 한 학기 수업에서 모두 소화하기 어려울 경우 교수자가 판단하여 개념 소개에 중점을 두어 수업하고 나머지 부분들은 자율적인 수업으로 진행하여도 좋을 것으로 생각됩니다. 아무쪼록 새로운 개정6판이 독자 여러분에게 기본개념에서 시작하여 최신 기술까지 두루 섭렵할 수 있었으면 하는 저자들의 바람입니다. 아직도 아쉬운 부분들은 다음 개정판에서 보완드릴 것을 약속드리며 독자 여러분의 건강과 행운을 기원합니다.

jwchung46@gmail.com sjahn@skku.edu hckim@nsu.ac.kr
livezone@kisti.re.kr dace1001@naver.com

2022년 11월

정진욱 · 안성진 · 김현철 · 이원혁 · 유수현

차례

CONTENTS

CHAPTER 05 통신 관련 기술들

PART Ⅲ 정보통신, 세 번째 걸음...

CHAPTER 06 인터넷 서비스

PART I

UNDERSTANDING INFORMATION AND COMMUNICATION TECHNOLOGY

정보통신, 첫 번째 걸음...

CHAPTER

01 정보통신이란 무엇일까요?

1.1 정보통신에 대하여 알아봅시다

1.1.1 정보란 무엇인가요?

정보(情報, Information)라는 말을 사전적으로 살펴보면 “관찰이나 측정을 통해 수집된 데이터를 실제 문제에 도움이 될 수 있도록 해석하고 정리한 지식”으로 정의할 수 있습니다. 즉, “현실 세계로부터 발생되는 여러 데이터들을 가공하여 특정 목적에 부합되도록 만든 내용”을 정보라고 할 수 있습니다. 우리가 일상생활에서 자주 접하는 정보는 주관적이고 추상적인 개념으로서 수요자의 필요에 따라 여러 가지 형태로 표현될 수 있습니다. 예를 들어, 경제 정보, 기상 정보, 군사 정보, 문헌 정보, 생활 정보, 입시 정보, 과학 정보, 교통 정보 등이 바로 그것들입니다.

a. 기상 정보 b. 생활 정보 c. 교통 정보

[그림 1-1] 다양한 정보의 종류

정보의 종류는 정보가 저장되는 물리적인 형태에 따라서 크게 아날로그 정보와 디지털 정보로 나눌 수 있습니다. 아날로그 정보의 예로는 카메라의 필름에 기록되는 영상 정보, 레코드나 테이프에 저장되는 음성 정보 등이 있으며, 디지털 정보의 예로는 키보드를 사용하여 입력한 문자, 디지털 카메라에 저장되는 영상, CD(Compact Disk)나 DVD(Digital Versatile Disk)에 저장된 정보 등이 있습니다.

[그림 1-2] 아날로그 캠코더와 VHS 비디오테이프

디지털 정보는 흔히 비트(bit)라는 단위를 사용하여 나타냅니다. 비트는 0 혹은 1에 해당하는 이진값을 표현하는 것으로서, n개의 비트는 2^n가지의 정보를 표현할 수 있습니다. 따라서 디지털 정보는 아날로그 정보와 같이 모든 범위의 값을 나타낼 수는 없지만 데이터를 정확한 값으로 표현할 수 있기 때문에 저장하거나 전송하는데 훨씬 유리합니다.

[그림 1-3] 디지털 캠코더와 DVD

일상생활에서 대부분의 정보는 아날로그 형태를 가집니다. 초기의 정보통신 기술에서는 대부분 정보를 아날로그 형태로 저장하거나 전송하였습니다. 그러나 현재는 반도체와 컴퓨터 기술의 발전으로 대부분 형태의 정보들을 디지털 형태로 바꾸어서 저장하거나 전송합니다.

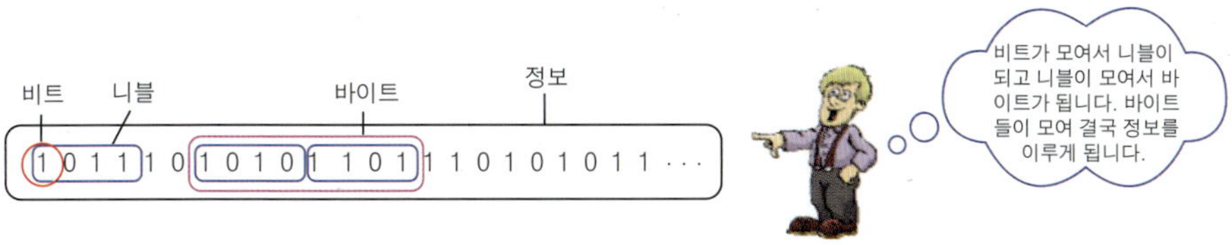

[그림 1-4] 정보의 구성

한편 디지털 팩시밀리나 컴퓨터 그래픽과 같은 대부분의 이미지 정보는 디지털 부호로서 표현됩니다. 이미지 정보를 표현하기 위한 방법으로 화소를 사용합니다. 화소는 이미지 정보를 구성하는 기본 단위로서 흑백 정보일 경우 각 화소는 1비트로 표현되며, 256가지 색을 갖는 컬러 정보일 경우에는 한 화소가 256가지의 서로 다른 색을 나타내어야 하므로 각 화소는 8비트의 이진 정보로서 표현됩니다.

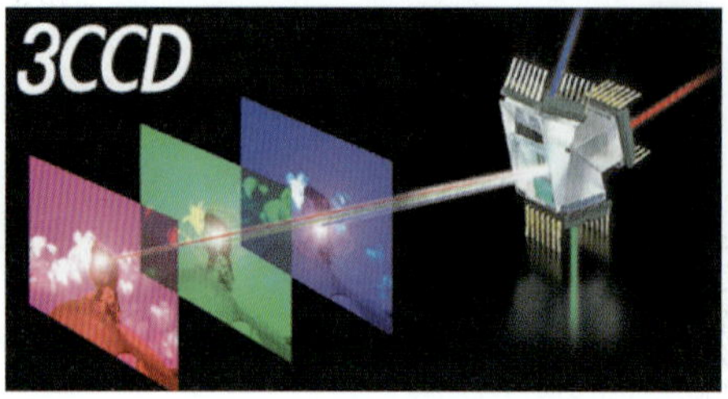

[그림 1-5] 이미지 정보의 디지털 표현 예

CCD(Charge Coupled Device)란 디지털 카메라나 스캐너, 디지털 캠코더 등에 들어 있는 핵심 부품으로 영상 신호를 전기적 신호로 바꾸는 장치입니다. 3CCD의 경우 각각 RGB(Red Green Blue)별로 CCD가 따로 있어서 빨강, 초록, 파랑을 표현하게 됩니다.

1.1.2 정보통신이란?

1980년대 초기까지 컴퓨터는 대부분 수치나 문자를 중심으로 한 데이터 처리에 주로 사용되었으나, 1990년대에 들어와서 통신 기술, 컴퓨터 및 반도체 기술 등 제반 기술의 비약적인 발전에 힘입어 정보의 전달과 처리, 그리고 유통 속도가 엄청나게 빨라졌습니다. 그뿐만 아니라 기술 상호 간에 연계성이 높아지면서 이러한 정보들을 네트워크를 이용하여 통합, 운용할 필요성이 제기되었습니다.

[그림 1-6] 대륙 간의 정보 전송을 위한 위성 통신 안테나

멀리 떨어진 곳에 필요한 정보를 신속하고 정확하게 전달하는 수단에 대한 연구는 이미 오래 전부터 다양하게 진행되어 왔는데, 컴퓨터 기술(정보 처리 기술)과 전기통신 기술(정보 전송 기술)의 발달에 따라 그 형태 또한 크게 변화하고 있습니다.

정보 전송(Information Transmission)에 대해 국제전신전화 자문위원회(Consultative Committed on International Telegraphy and Telephony: CCITT)(현 ITU)에서는 "기계에 의하여 처리되거나 처리된 정보의 전송"이라고 정의하였습니다. 여기서 기계라는 것은 데이터를 발생시키는 단말 장치와 데이터를 처리하는 컴퓨터를 의미합니다. 또한 데이터 처리(Data Processing)는 "주어진 데이터에서 필요한 정보를 얻기 위하여 컴퓨터로 데이터를 가공하는 일"이라고 정의할 수 있습니다.

[그림 1-7] 광대역통합망(Broadband Convergence Network)의 다양한 서비스(출처: 정보통신부)

정보통신이라는 용어에 대한 명확한 정의는 없지만 넓은 의미에서는 "상대방에게 정보를 전달하는 과정"이라고 말할 수 있고, 좁은 의미에서는 "멀리 떨어져 있는 컴퓨터들을 통신 회선으로 연결하여 분산되어 있는 정보를 공유하는 방식"을 말합니다.

따라서 정보통신은 전기통신에 의한 정보 전송 기술과 컴퓨터에 의한 정보 처리 기술을 결합하여 "정확한 정보의 전달과 처리를 수행하는 체계"를 의미하는 것이며, 정보통신 시스템(Information & Communication System)은 "정보 전송 기술과 정보 처리 기술을 유기적으로 결합하여 다양한 정보의 처리 기능 또는 전송 기능을 효과적으로 수행하는 시스템"을 말합니다.

1.1.3 정보통신의 발자취

정보통신의 기능은 다음과 같습니다. 첫째, 멀리 떨어져 있는 사람과의 의사소통을 원활하게 해줍니다. 둘째, 우리 생활에 필요한 다양한 상품의 생산 및 소비 정보, 금융 정보, 가격 정보 등을 신속하게 제공함으로써 상품과 정보의 유통을 효율적으로 이루어지게 해줍니다. 셋째, 멀리 떨어진 단말기에서 데이터를 입력하여도 즉시 처리 결과를 얻을 수 있으므로 시간과 거리의 제약을 극복하게 해줍니다. 넷째, 데이터베이스 기술의 발달과 더불어 대용량의 정보를 공동으로 이용할 수 있게 해줍니다. 다섯째, 정보통신 기술은 세계를 하나로 묶어 세계화를 앞당기게 할 뿐 아니라 환경 문제 등 범세계적인 문제 해결에도 이바지합니다.

이러한 정보통신의 발자취를 살펴보면 다음과 같습니다.

(1) 가청/가시거리 통신: 보고 들리는 대로

인간이 사회를 형성하고 생활해 나가기 위해서는 상호 간에 의사소통이 절대적으로 필요합니다. 인류 최초의 통신은 손짓이나 말, 외침 또는 북을 이용하여 의사를 전달하는 정도였습니다. 그러나 공동사회가 점점 커지고 영토가 넓어지면서 원거리 통신을 하는 방법이 절실하게 필요하였습니다. 원거리 통신 방법으로는 봉화, 파발마, 비둘기 등을 이용한 통신 방법 등이 있었습니다. 또한 정보의 전달을 위한 문자의 발명은 시간과 공간의 차이를 초월하는데 도움을 주었습니다. 문자의 기록을 통하여 수백 년 전의 조상들과도 통신이 가능하게 된 것입니다.

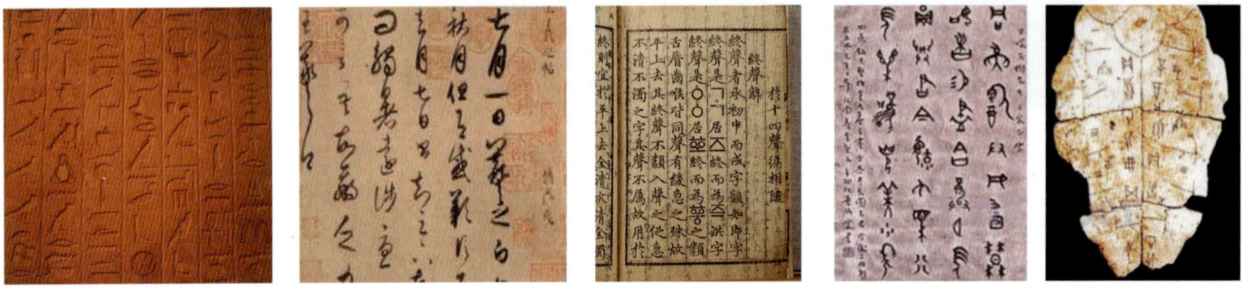

a. 이집트 상형 문자 b. 한자 서체 c. 훈민정음 d. 은의 갑골 문자

[그림 1-8] 문자의 발명

인쇄 기술의 발달은 통신이 대중매체의 기능을 가지도록 하여 여러 사람들에게 정보를 나누어 줄 수 있게 하였습니다. 이러한 방법들 모두가 가청 및 가시거리 통신의 범주라 할 수 있습니다.

(2) 전기통신, 원거리 통신 시대를 열다

[그림 1-9] 최초의 전신기

과거와 현대의 통신을 구분하는 기준이 바로 전기를 이용한 통신입니다. 1844년 모스가 40마일 떨어진 볼티모어와 오하이오 철도 역 간을 유선으로 연결하여 최초의 전보를 타전하면서 인류는 전기통신 시대를 열었습니다. 그리고 30년 후인 1876년 미국의 벨이 오늘날 가장 대중적인 전기통신 수단으로 자리잡은 전화기를 발명하였습니다.

[그림 1-10] 벨이 발명한 전화기와 시연 모습

1901년에는 마르코니가 무선 전신기를 발명하면서 무선통신이 시작되었습니다. 제1차 세계대전 때 무선전신과 전화기가 사용되면서 무선통신 기술은 비약적인 발전을 이루었습니다. 제2차 세계대전 때에는 무선통신이 더욱 발전되어 지상과 항공기 사이의 통신도 가능하게 되었습니다.

전파를 이용한 무선전신의 발명은 지구를 하나로 연결하는 지구촌 통신을 가능하게 해주었을 뿐만 아니라, 라디오, 텔레비전을 비롯한 매스컴의 출현으로 이어져 20세기 후반의 획기적인 발명품인 휴대용 무선전화의 밑거름이 되었습니다.

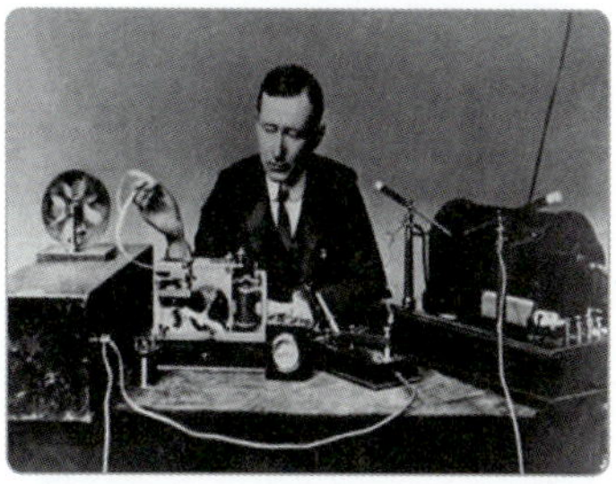

[그림 1-11] 마르코니와 그의 무선 전신기(출처: 위키피디아)

마르코니는 이탈리아 출신의 물리학자이자 발명가로 현대 무선통신의 기초를 이룬 무선전신의 발명으로 1909년 노벨 물리학상을 수상했습니다.

(3) 정보통신: 네트워크+컴퓨터

전기통신의 활용 범위를 확장하기 위한 하나의 방법은 네트워크의 사용입니다. 현재는 네트워크에서 빛, 마이크로파, 광케이블 등의 다양한 매체가 사용되고 있으며 전 세계가 이들 통신매체에 의해 하나로 연결되어 있습니다. 이러한 네트워크의 기술 혁신과 함께 큰 변혁을 가져온 것이 컴퓨터의 발달입니다. 특히 네트워크 속에 컴퓨터가 들어감으로써 정보 전달의 시간적, 지역적, 개인적 격차를 해소하는 방향으로 발전되고 있습니다. 이처럼 정보통신 시스템은 정보 시스템과 통신 시스템을 합한 것으로 생각할 수 있습니다.

초기 데이터통신 시스템의 예로는 1958년 미국에서 군사적 목적으로 개발한 반자동 지상관제 SAGE(Semi Automatic Ground Environment) 시스템이 있습니다. 이

[그림 1-12] 최초의 컴퓨터 ENIAC

세계 최초의 전자식 컴퓨터로 인정되고 있는 ENIAC 전경입니다. 1943~1946년에 미국 펜실베이니아 대학의 모클리(J. Mauchly)와 에커트(J. P. Eckert, Jr.)가 만들었습니다. 18,000여 개의 진공관으로 이루어졌으며 무게 30t, 크기는 가로 9m, 세로 15m로 매우 큰 편입니다. 현재와 같은 프로그램 저장식이 아니라 배전반 연결에 의해 계산을 수행했습니다. 원래 미 육군의 지원으로 포탄의 탄도 계산을 하기 위해 만들어졌으나 전쟁이 끝난 뒤에는 난수 연구, 우주 연구, 일기 예보 등에 이용되었습니다. 1955년까지 사용되었으며 현재는 스미소니언 박물관에 보존되어 있습니다.

시스템은 센터에 있는 컴퓨터와 항공 레이더망을 연결하고 항공기로부터 전달된 정보를 컴퓨터로 분석한 다음, 다시 임무 수행 중인 전투기에 명령을 하달하는 시스템이었습니다. SAGE 시스템 기술은 1961년 상업용 비행기 좌석예약 시스템 SABRE 개발의 모태가 되기도 하였습니다.

[그림 1-13] SAGE 시스템

[그림 1-14] 최초의 항공 예약시스템 SABRE

이후 온라인 정보 시스템의 이용과 동시에 통신 기능을 이용한 정보 전달이 활발하게 진행되었습니다. 그 대표적인 예가 1974년 IBM이 발표한 SNA(System Network Architecture)입니다. SNA는 컴퓨터 간의 접속을 용이하게 하고, 다양하고 복잡해진 사용자의 이용 형태에 대처하기 위해 고안된 네트워크입니다.

정보통신 기술은 이후 급격한 발전을 거듭하여 새로운 매체들이 대거 출현하였고 지금 이 시각에도 새로운 매체들이 속속 등장하고 있습니다. 기존의 정보통신 형태는 전신, 전화, 데이터통신이 각기 별개의 네트워크를 형성하고 있었으나 오늘날에는 여러 형태의 정보를 하나로 묶어 전송하는 이른바 디지털 종합정보 통신망으로 발전하였습니다. 인터넷을 포함한 대부분 통신망은 TCP/IP(Transmission Control Protocol/Internet Protocol)라는 통신규약을 표준으로 사용하고 있으며, 전 세계를 하나로 연결하는 중추적인 기능을 수행하고 있습니다.

이제는 정보통신 기술이 과거 산업사회에서의 에너지, 교통, 상하수도와 같은 사회기반 시설이 되어, 정보통신 기술이 없이는 산업활동은 물론 전반적인 사회 생활이 사실상 불가능하게 되는 고도화된 정보화 시대가 되었습니다. 또한 미래 사회의 핵심 분야인 생명 기술(Bio Technology), 나노 기술(Nano Technology), 환경 기술(Clean Technology) 등도 정보통신 기술의 도움 없이는 불가능하게 되었습니다.

[그림 1-15] 정보통신의 역사

1.2 아날로그와 디지털

1.2.1 신호란 무엇인가요?

정보 전달을 위해서는 전송매체에서 사용될 수 있는 전자기 신호가 필요하며 전자기 신호는 아날로그 신호와 디지털 신호로 나눌 수 있습니다. 아날로그(analog)는 '비슷

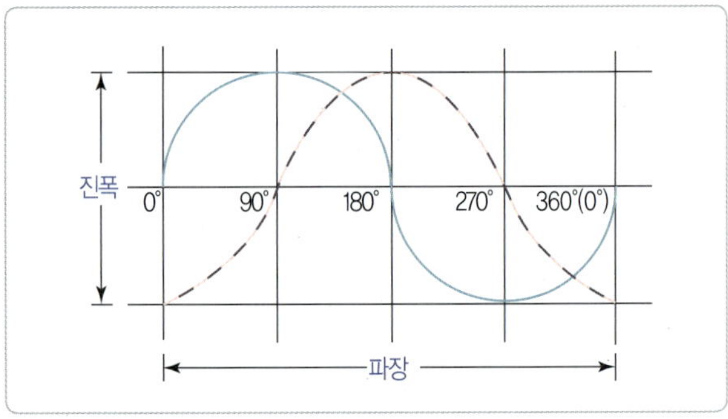

[그림 1-16] 아날로그 신호의 구조

[그림 1-17] 음성정보의 아날로그 신호 표현

하다'는 뜻이 말하듯, 어떤 물리량의 변화가 표현 수단에서의 변화 모습과 비슷하다는 의미를 갖습니다. 디지털(digital)은 손가락으로 셈을 할 때 그 단위가 되는 손가락 하나하나를 의미하는 '디지트(digit)'로부터 나온 단어입니다. 바늘이 연속적으로 움직여 시간의 흐름을 나타내는 태엽시계는 아날로그시계에 해당하며, 디지털시계는 숫자로 시간의 흐름을 보여줍니다.

이처럼 통신 시스템에서 데이터는 전자기 신호로 변환되어 한 지점에서 다른 지점으로 전달됩니다. 아날로그 신호(analog signal)는 연속적으로 변하는 전자기파를 나타내는 반면에 디지털 신호(digital signal)는 매체를 통해 전송되는 일련의 전압 펄스를 의미합니다. 예를 들어, 일정한 양(+)의 전압은 이진수 1을 표현하고, 일정한 음(−)의 전압은 이진수 0을 표시합니다. 디지털 전송의 장점은 아날로그 신호보다 비용이 적게 들고 잡음에 강하다는 것입니다.

기존의 음성이나 영상은 대부분 아날로그 신호를 사용하였습니다. 사람의 목소리 같은 음향 정보는 소리의 고저와 음폭에 의해 서로 다른 소리로 구별되게 됩니다. 이 경우 소리의 고저가 음향 정보의 주파수에 해당되고 음폭은 진폭에 해당합니다. 이러한 음향 정보는 연속적인 진폭 값을 갖는 아날로그 신호로서 전송매체를 통해 상대방에게 전달됩니다. 음성 정보의 한 예인 사람의 목소리는 전화기의 송화기를 통해 아날로그 신호로 변환되어 전화선을 타고 상대편 수화기까지 전송됩니다.

아날로그 신호로 표현되는 또 다른 형태는 아날로그 TV에서 사용하던 영상 정보입니다. 아날로그 TV 화면의 영상 표현은 주사선을 따라 빔이 수평 및 수직으로 재투사되어 각 점마다 빔의 세기에 따른 명암이 정해짐으로써 가능해집니다. 이때 빔의 세기는 시간에 따라 그 값이 변하는 아날로그 신호로서 표현됩니다.

일반적으로 데이터 정보와 이미지 정보는 0과 1로 구성된 디지털 신호로서 표현됩니다. 이 경우 전달하고자 하는 데이터는 단말에 의해 이진 정보로 바뀐 다음에 전송로를 통해 전달되게 됩니다.

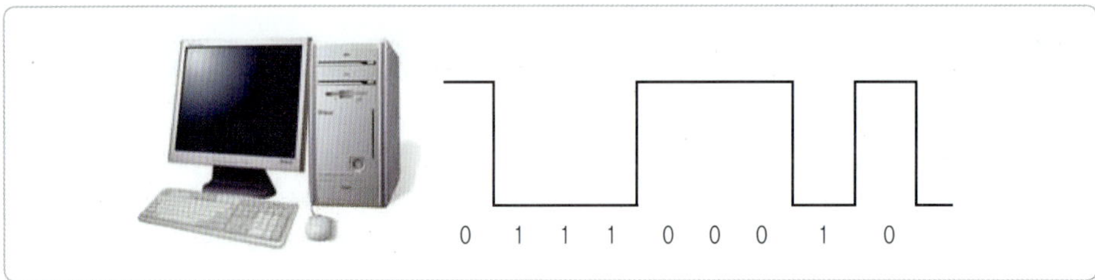

[그림 1-18] 정보의 디지털 신호 표현 예

1.2.2 아날로그와 디지털 신호는 어떻게 만들어지나요?

아날로그와 디지털의 차이는 크게 '선'과 '숫자'로 구별됩니다. 즉, 아날로그는 연속되는 선의 형태로 정보를 전달하고, 디지털은 1과 0이라는 숫자를 통해 정보를 전달합니다. 다시 말해, 아날로그 신호는 주파수나 진폭 등 연속적으로 변화하는 형태의 전류를 전달하고, 디지털 신호는 전류가 흐르는 상태(1)와 흐르지 않는 상태(0)의 2가지를 조합하여 전달합니다. 디지털 방식은 아날로그 신호의 모든 값들을 전달할 수 없기 때문에 아날로그 신호 값들을 잘게 나누어서 각각의 값들을 표시합니다. 이를테면 0부터 1 사이는 0, 1부터 2 사이는 1, 이런 식으로 표시하는 것입니다. 이에 반해 아날로그 방식에서는 0.3은 0.3, 0.327은 0.327 그대로 표시합니다. 디지털과 아날로그의 차이점을 가장 잘 나타내 주는 것은 우리 주변에서 흔히 볼 수 있는 시계입니다. 시침과 분침, 초침을 모두 볼 수 있는 아날로그 방식의 시계 초침은, 각각의 초 표시 사이를 움직이며 그 사이의 연속적인 모든 시간을 가리키고 있습니다. 반면, 전자 시계와 같은 디지털 시계는 불연속적으로 시간을 표시합니다.

[그림 1-19] 아날로그 시계와 디지털 전자 시계

기본적으로 연속적인 값을 모두 정확하게 표현하기에는 인류가 사용하는 전류가 매우 불안정합니다. 그래서 전류가 흐르거나 흐르지 않는 두 상태로 모든 값들을 표현하고자 했는데, 이것이 바로 디지털 방식이 등장하게 된 계기입니다. 즉, 연속적인 값들을 0과 1(전류가 흐르고, 흐르지 않는)의 조합으로 나타내고 처리하는 것입니다.

통신 속도는 이와 같은 정보를 단위 시간에 전송되는 정보의 양으로 표시하며 기본단위는 '비트(bit)'입니다. 전송속도를 나타내는 bps(bit per second)는 매초당 전송되는 비트(bit)의 수를 나타내며, 보오(baud)는 매초당 몇 개의 신호 변화가 있었는지 혹은 매초당 몇 개의 다른 상태 변화가 있었는지를 나타내는 신호 속도의 단위를 말합니다.

[그림 1-20] 비트와 보오

Tip 전기는 어떻게 발견되었나요

BC 600년경 그리스의 탈레스는 호박(琥珀)을 마찰하면 대전(帶電)하여 가벼운 물체를 흡인하는 것을 알았습니다. 이것이 전기 현상의 최초의 발견인데, 호박을 의미하는 그리스어의 '엘렉트론'이 전화(轉化)되어 '일렉트리시티(electricity)'라는 말이 유래된 것으로 전해집니다. 그러나 당시는 전기와 자기(磁氣)가 구별되어 있었다고는 볼 수 없습니다.

전기와 자기를 명백히 구별한 것은 16세기 말 영국 엘리자베스 여왕의 시의(侍醫)였던 W. 길버트인데, 길버트는 자기와 마찰전기에 대해 처음으로 과학적 연구를 하였습니다. 그 후 프랑스의 물리학자 뒤페가 전하에 양음의 구별이 있는 사실을 발견하였고, 프랑스의 토목공학자 쿨롱은 전기를 가진 물체 사이에 작용하는 전기력에 관한 쿨롱의 법칙을 발견하였으며, 또 이탈리아의 물리학자 볼타에 의해 전지가 발명되는 등 전기 현상이 정밀과학으로서의 체계를 갖추게 되었습니다.

19세기에 접어들자 패러데이와 맥스웰을 비롯한 많은 과학자들이 전기를 연구하여 전기에 관한 다수의 법칙이 뒤를 이었습니다. 옴의 법칙, 전자기유도의 법칙, 전기분해의 법칙, 전류의 자기작용 등이 그것입니다. 이와 같은 여러 가지 발견은 산업혁명 후의 시장 확대에 수반되는 신속 정확한 통신의 요구나, 팽창하는 도시의 조명 문제 등과 같은 배경과 결부되어 수많은 전기기기 발명의 모체가 되었습니다.

또 영국의 물리학자 J. 톰슨이 발견한 이른바 '전자(電子)의 존재'는 '전자공학(electronics)'이라고 하는 전자의 응용분야, 즉 진공관이나 트랜지스터를 이용하는 길을 개척하기에 이르렀습니다.

전자(電子, Electron)는 음전하를 띠고 있는 기본 입자입니다. 원자 내부에서 양성자와 중성자로 구성된 원자핵 주위에 분포합니다. 모든 중성 원자는 1개 이상의 전자를 갖고 있으며, 이 전자의 개수가 결국 원자 번호가 됩니다. 대량의 전자 이동을 조절하는 것이 결국 모든 전기/전자 장치의 원리가 됩니다.

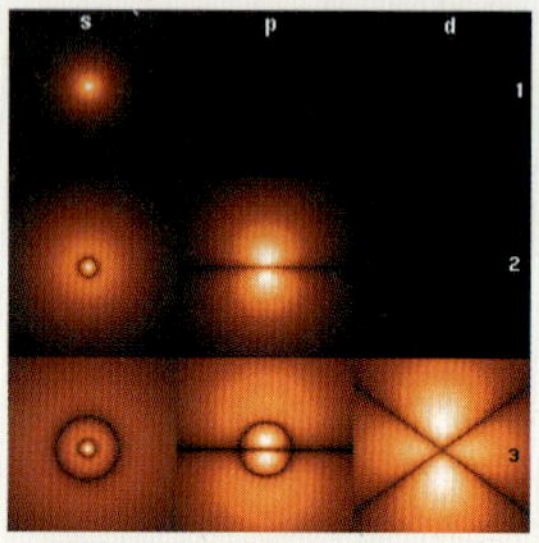

[그림 1-21] 전자

[그림 1-22] 전기의 발견과 관련 있는 인물들

옴[Ohm, Georg Simon, 1789.3.16~1854.7.6]

독일 바이에른주 에를랑겐 출생. 기계와 수학에 관심이 많았던 아버지의 영향으로 에를랑겐 대학에 입학했으나 가난 때문에 학업을 중단했다가 1811년 학위를 받았습니다. 1826년 베를린에서 실험에 전념, 얼마 후 '옴의 법칙'을 풀이한 논문을 발표, 이듬해에는 갈바니회로(Die galvanische Kette mathematisch bearbeitet)를 출판하였습니다.

1833년 뉘른베르크대학 교수가 되었고 프랑스의 과학아카데미를 통하여 영국학자들에게 옴의 업적이 알려져, 1841년 왕립학회는 최고의 영예인 코프리상을 수여했습니다. 이것을 계기로 독일 학회에서도 인정받아, 1841년 뮌헨대학 초청교수, 1849년 정교수에 취임했습니다. 전기저항의 단위 '옴'은 그의 이름에서 연유합니다.

쿨롱[Coulomb, Charles Augustin de, 1736.6.14~1806.8.23]

프랑스 앙굴렘 출생. 파리에 유학하고 공병단의 기술장교가 되어 서인도 제도의 마르티니크섬에서 근무했습니다. 퇴역 후 과학 연구에 전념하여 파리로 돌아와 파리대학 총장에 취임하였습니다. 1781년 파리 과학아카데미 회원이 되었습니다.

초기에는 토목공학과 관련된 연구를 하였고, 전기현상의 연구는 아카데미에서 현상모집한 나침반의 제작법이 동기가 되었습니다. 즉, 비틀림 현상을 기초로 하여 1784년 정밀한 비틀림저울을 제작하였고, 이것을 이용하여 하전간(荷電間)과 자극간(磁極間)에 작용하는 인력 · 척력에 관한 정전기에서의 '쿨롱의 법칙'을 발견하였습니다(1785).

이것은 후에 이루어진 정자기(靜磁氣)의 법칙과 함께 전자기학 정량적 연구의 계기가 되었습니다. 전기량의 단위(MKS)로 사용되는 '쿨롱'은 그의 이름을 딴 것입니다.

Tip 셰일가스란?

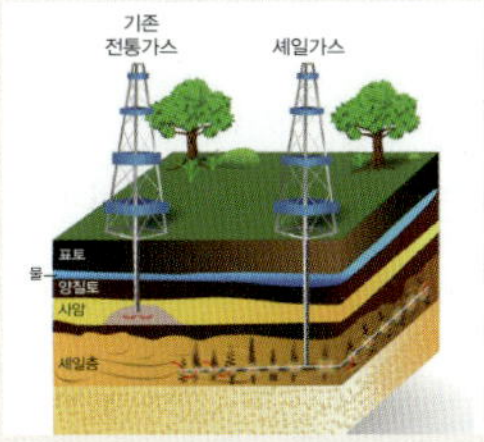

미래의 에너지로 불리는 셰일가스는 암석 안에 들어 있는 천연가스를 말합니다. 우리말로는 혈암이라고 불리며 퇴적암인 셰일층에 매장되어 있는 천연가스를 말합니다. 셰일가스는 기존의 가스와 구성 성분이 동일하기 때문에 연료로 사용할 수 있고 엄청난 매장량 때문에 주목받고 있습니다. 중국, 미국, 아르헨티나 순으로 많이 보유하고 있고 우리나라에도 많이 매장되어 있으면 좋겠습니다.

셰일가스의 개발과 더불어 막대한 셰일 유전, 셰일 오일(미국에서는 샌드오일이라고 한답니다)의 등장으로 산유국의 개념이 조금씩 바뀌고 있습니다.

1.2.3 부호화에 대해서 알려주세요

전송매체에서 보낼 수 있는 신호 형태와 보내고자 하는 정보의 표현 형태가 다른 경우 정보를 전송매체에 적합한 형태로 변환하는 작업이 필요하며 이를 부호화라고 합니다. 부호화된 정보는 전송매체를 통해 전달되며 수신측에서는 이와 반대의 과정을 거쳐 원래의 정보로 복원하게 되는데 이를 복호화라고 부릅니다.

부호화와 복호화를 수행하는 기기를 일반적으로 신호변환기(Signal Conversion Device)라고 부르며 DSU/CSU(Digital Service Unit/Channel Service Unit), 모뎀, 코덱, PCM(Pulse Code Modulation) 기기, 전화기, 방송장비 등이 여기에 해당됩니다.

정보가 디지털이나 아날로그 두 가지 형태이듯이, 신호 또한 디지털과 아날로그의 두 가지 형태가 있습니다. 그러므로 디지털/디지털, 디지털/아날로그, 아날로그/디지털, 아날로그/아날로그와 같이 네 가지 부호화 방식이 존재합니다.

(1) 디지털-디지털 부호화

디지털-디지털 부호화(digital-to-digital encoding)는 디지털 신호를 디지털 전송에 적합한 형태로 변환하는 방법을 의미합니다. 예를 들면, 컴퓨터에서 디지털 모니터로 데이터를 전송할 때, 원래의 데이터와 전송되는 데이터 모두 디지털 형태입니다. 이 경우 컴퓨터에서 생성된 이진수 1과 0은 전송매체를 통해 전송될 수 있는 일련의 디지털 전압 펄스로 변환됩니다.

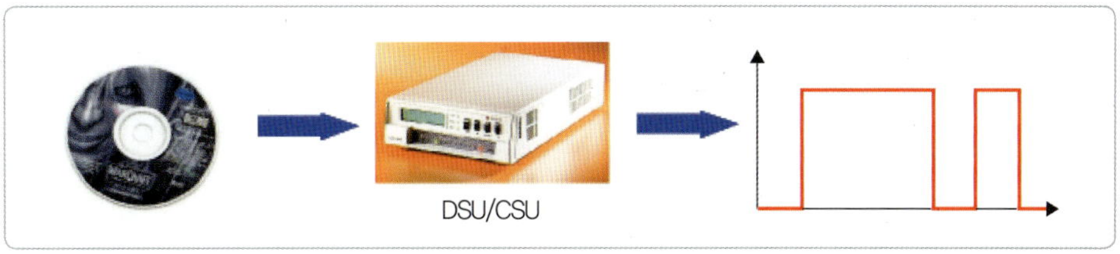

[그림 1-23] 디지털-디지털 부호화

디지털-디지털 부호화는 크게 단극형(Unipolar), 극형(Polar) 및 양극형(Bipolar)과 같은 세 가지 방식으로 분류할 수 있습니다.

단극형(Unipolar)

단극형 부호화에서는 오직 하나의 준위 값만 이용합니다. 즉, 0 또는 1의 값 중에 하나의 값만 부호화가 됩니다. 부호화되지 않은 다른 상태는 0 전압으로 표현되거나 아무것도 흐르지 않는 휴지 회선으로 표현됩니다. 단극형 부호화 방식은 단순하며 구현 비용이 저렴하다는 장점이 있습니다. 단극형 부호화는 직류성분과 동기화 등 몇 가지 문제 때문에 실제로 잘 사용되지 않습니다. 예를 들어, 연속적인 1의 값을 전송되는 경우에 계속해서 1의 값만 전송되기 때문에 수신측에서 정확하게 1의 값이 몇 개 전송되었는지 알기 어려울 수 있습니다.

극형(Polar)

극형 부호화에서는 양과 음의 두 가지 전압준위를 같이 사용합니다. 두 준위를 사용함으로써 회선의 평균전압을 감소시키고 단극형 부호화의 직류성분 문제도 완화시킬 수 있습니다.

양극형(Bipolar)

양극형 부호화에서는 양, 음, 영의 세 가지 전압준위를 사용합니다. 준위 0은 이진수 0을 표현하는 데 사용됩니다. 양전압과 음전압은 교대로 1을 표현하는 데 사용됩니다.

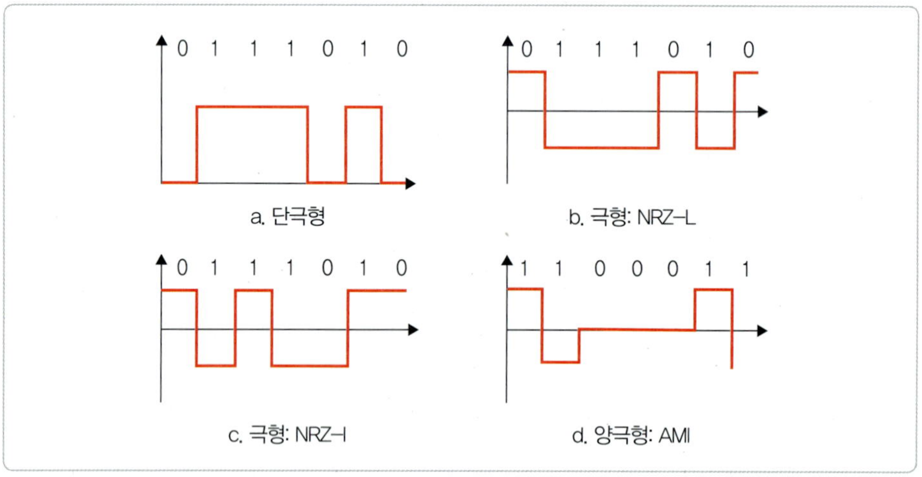

[그림 1-24] 디지털-디지털 부호화 방식의 예

(2) 아날로그-디지털 부호화

아날로그-디지털 부호화는 아날로그 정보를 디지털 신호로 표현하는 것입니다. 예를 들어, 컴퓨터를 이용하여 인터넷 전화를 사용할 경우, 사람의 음성 신호를 컴퓨터 간에 전송 가능한 신호인 디지털 신호로 변환해야 합니다.

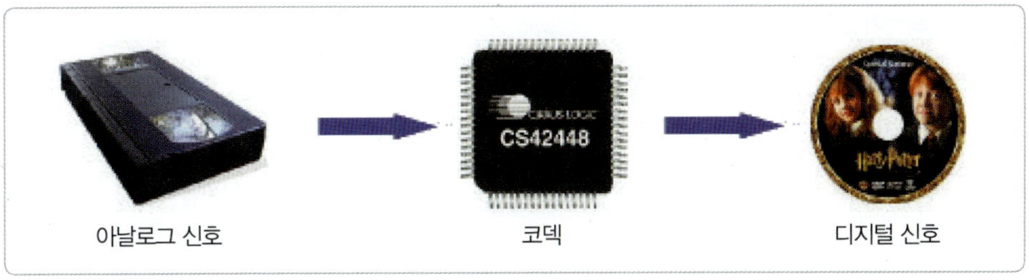

[그림 1-25] 아날로그-디지털 부호화

펄스코드변조(Pulse Code Modulation: PCM)

PAM(Pulse Amplitude Modulation)은 아날로그 정보를 크기에 따라 높이가 다른 펄스 열로 나열한 1차적인 펄스변조 방법입니다. 다양한 높이를 갖는 아날로그 신호를 0과 1만의 데이터 열로 전송하기 위해서는 이진 신호로 변환할 필요가 생깁니다. 그러한 변조 방법으로 가장 일반적으로 사용되는 것이 바로 PCM이며, 디지털 전송을 위한 아날로그 신호는 대부분 PCM을 기반으로 하여 저장되고 전송됩니다.

PCM 신호를 생성하는 순서는 우선 아날로그 신호를 양자화하여 PAM 신호로 만든 다음, 그 펄스의 디지털 레벨에 해당하는 이진 코드 열로 변환합니다. 그러고 나서 변환된 이진수 값을 디지털 펄스로 전송합니다.

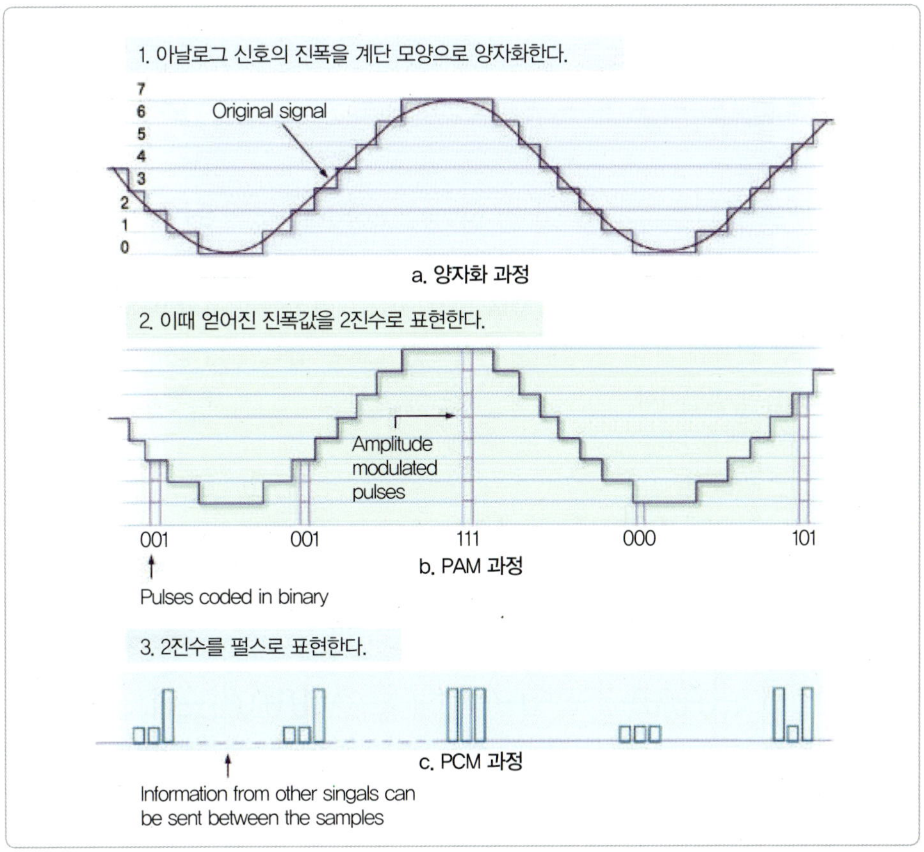

[그림 1-26] 아날로그 신호에서 PCM 디지털 부호로의 변환 과정

(3) 디지털-아날로그 부호화

디지털-아날로그 부호화는 디지털 정보를 아날로그 신호로 변환하는 것입니다. 전화선과 같이 아날로그 신호만을 전송할 수 있는 전송매체를 이용하여 디지털 정보를 전달하기 위해서는 디지털 정보를 아날로그 신호 형태로 변환해야 합니다.

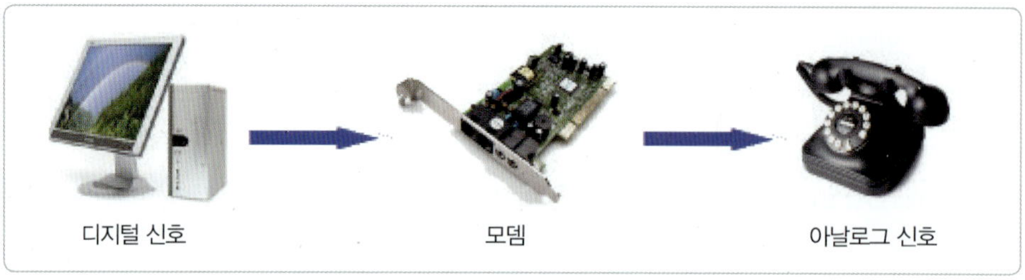

[그림 1-27] 디지털-아날로그 부호화

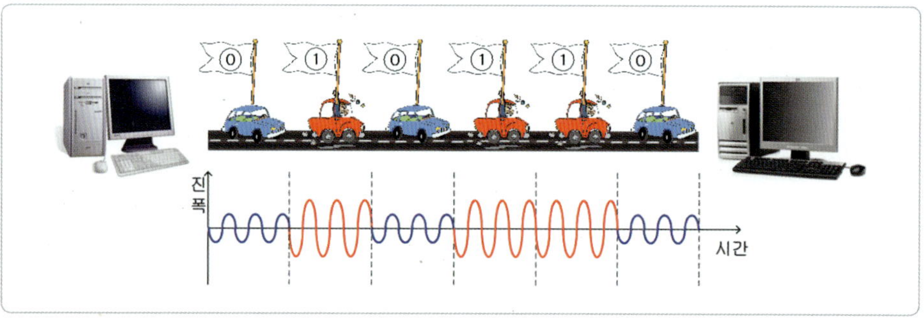

[그림 1-28] 진폭 편이변조(ASK)

먼저 진폭 편이변조(Amplitude Shift Keying: ASK)에서는 이진수 1과 0을 표현하기 위해서 신호의 세기, 즉 진폭을 변경합니다. 주파수와 위상은 진폭이 변하는 동안에도 일정하게 유지됩니다. 그러나 ASK 방식은 잡음 간섭에 매우 취약합니다. 일반적으로 잡음은 진폭에 가장 큰 영향을 끼치므로 ASK는 잡음에 의해서 가장 큰 영향을 받는 부호화 방법입니다.

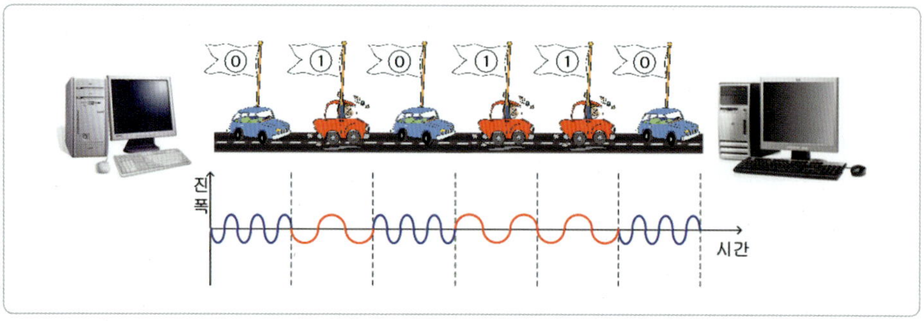

[그림 1-29] 주파수 편이변조(FSK)

주파수 편이변조(Frequency Shift Keying: FSK)에서는 이진수 1과 0을 표현하기 위해서 신호의 주파수를 변경합니다. 이때 주파수는 변하더라도 진폭과 위상은 일정하게 유지되고 1보오당 1비트의 신호가 전송되므로 비트율과 보오율은 같습니다. 각 비트 시간 동안 주파수는 일정하게 유지됩니다. 주파수 편이변조는 진폭 편이변조 방식보다 잡음에 강하고 회로도 비교적 간단하기 때문에 데이터 전송에 많이 사용되었습니다.

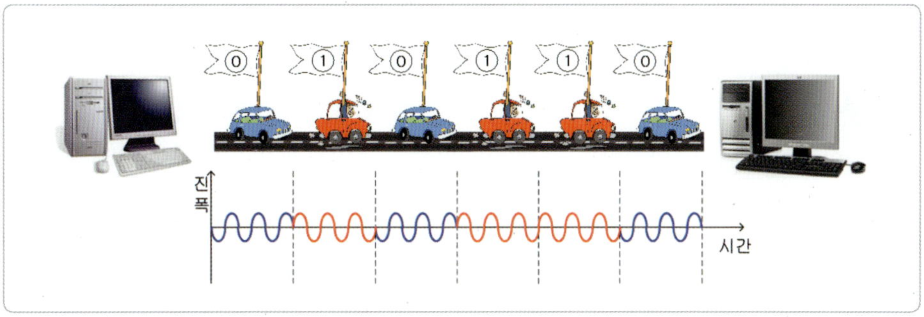

[그림 1-30] 위상 편이변조(PSK)

위상 편이변조(Phase Shift Keying: PSK)는 이진수 1과 0을 나타내기 위해 신호의 위상을 바꾸는 방식입니다. 위상은 변화하지만 진폭과 주파수는 일정하게 유지됩니다. PSK는 ASK에 악영향을 미치는 잡음이나 FSK의 경우에서 발생할 수 있는 대역폭의 제한 같은 것에 영향을 받지 않습니다. 이는 신호의 작은 변화도 수신자에 의해 신뢰성 있게 검출될 수 있다는 것을 의미합니다. 또한 단순히 한 신호를 두 가지의 변종(2개의 위상각)으로 만들어 각각이 한 비트를 나타내게 하는 대신에, 네 가지의 변형신호(4개의 위상각)를 사용하여 각각의 위상 편이당 두 비트를 나타내는 방법을 사용하기도 합니다.

(4) 아날로그-아날로그 부호화

아날로그-아날로그 부호화는 아날로그 신호로 아날로그 정보를 전송하는 것입니다. 흔히 접할 수 있는 아날로그 라디오 방송은 아날로그-아날로그 통신의 대표적인 예입니다.

[그림 1-31] 아날로그-아날로그 부호화

아날로그 캠코더(아날로그–아날로그) 디지털 캠코더(아날로그–디지털)

[그림 1–32] 방송장비: 아날로그–아날로그 부호화 장비의 예

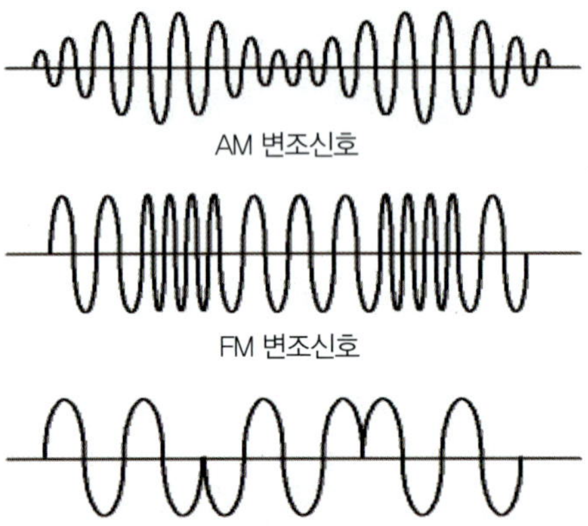

[그림 1–33] 아날로그–아날로그 부호화의 예

진폭변조(Amplitude Modulation)

AM전송에서는 신호의 진폭변화에 따라 반송파의 진폭이 같이 바뀝니다. 반송파의 주파수와 위상은 동일하게 유지되며, 정보의 변화에 따라 진폭만 변합니다.

주파수변조(Frequency Modulation)

FM전송에서는 반송파 신호의 주파수가 신호의 전압 변화에 따라 변조됩니다. 반송파 신호의 진폭과 위상은 일정하게 유지되지만, 입력 아날로그 신호의 변화에 비례하여 반송파의 주파수가 변화됩니다.

위상변조(Phase Modulation)

PM전송에서는 변조 신호의 전압준위(진폭)의 변화에 따라 신호의 위상이 바뀝니다.

Tip 모스 부호란?

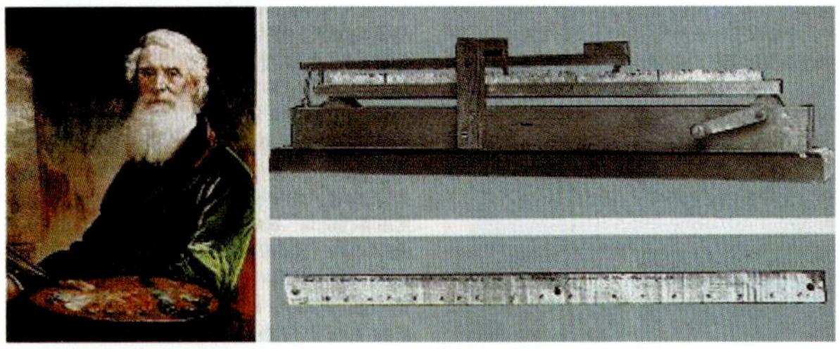

[그림 1–34] 모스와 최초의 전신기

모스는 1791년 4월 27일 매사추세츠 주 찰스타운에서 출생하였습니다. 예일대학교에서 수학하고 추상화가가 되었으며, 내셔널 디자인 아카데미의 초대 교장과 뉴욕대학교의 미술교수를 지내기도 하였습니다. 1832년 이탈리아에서 미술연구차 유학하다가 돌아오던 선상에서 최신 전자기학에 관한 내용을 알게 되어, 전신기를 만들어 보기로 결심하였고, 대학 동료인 L. D. 게일과 공장주 A. 베일의 협력을 얻어 독자적인 알파벳 기호와 자기장치를 1837년 완성하였습니다. 그 기호가 개량된 것이 모스 부호입니다.

1843년 워싱턴–볼티모어 간의 시험선 가설비 3만 달러의 예산을 획득하여, 이듬해 5월에 유명한 '하느님이 만드신 것'이라는 내용을 송신하는 데 성공하였습니다.

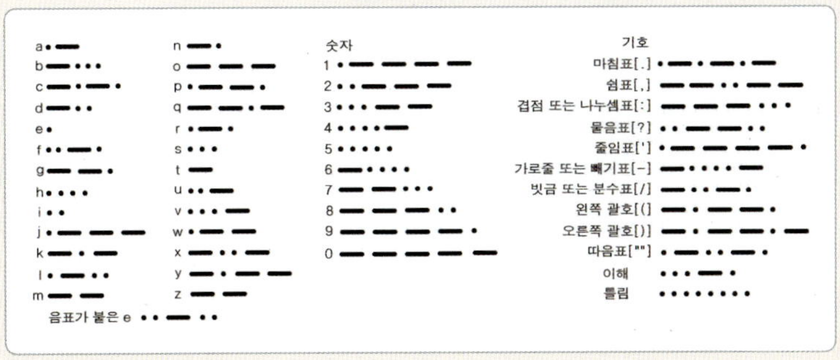

19세기 초 미국 모스가 발명한 최초의 전신기

정보를 모스 부호로 바꾸어 통신선을 이용하여 송수신하는 장치입니다.

[그림 1-35] 모스 부호 표

모스 부호는 짧은 발신전류(점)와 비교적 긴 발신전류(선)를 배합하여 알파벳과 숫자를 표시한 것으로 모스 부호가 전신연락용으로 사용된 것은 1844년 워싱턴과 볼티모어 사이의 전신연락에 사용된 것이 최초입니다.

국내에서는 1885년 9월 28일 한성(漢城)과 인천 사이의 전신업무가 개시될 때 도입되었습니다.

Tip 아날로그/디지털 오실로스코프가 뭔가요?

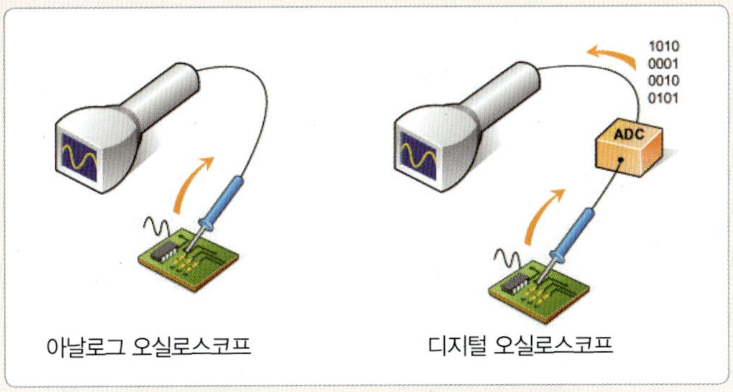

[그림 1-36] 아날로그 오실로스코프와 디지털 오실로스코프

오실로스코프는 전자장비를 보수하거나 디자인할 때 필요한 필수적인 계측기로 전기적 신호를 화면상에 나타내 주는 장비입니다. 오실로스코프는 아날로그와 디지털 방식으로 나눌 수 있습니다. 아날로그 기기는 결과값을 연속하여 변하는 전압으로 나타나는 반면, 디지털 기기는 전압을 샘플링한 디지털 형태로 나타냅니다.

아날로그 오실로스코프는 인가된 전압이 화면상의 전자빔을 움직여서 파형을 바로 나타낼 수 있습니다. 전압에 비례하여 빔을 위 아래로 편향시켜 화면에 파형을 주사하기 때문에 곧바로 파형을 그리게 되는 것입니다. 그 반면에 디지털 오실로스코프는 파형을 샘플링한 후 아날로그-디지털 컨버터(ADC)를 써서 측정한 전압을 디지털로 변환시킵니다. 이러한 디지털 정보를 파형으로 재구성해서 화면에 나타내는 것입니다.

[그림 1-37] 아날로그 오실로스코프

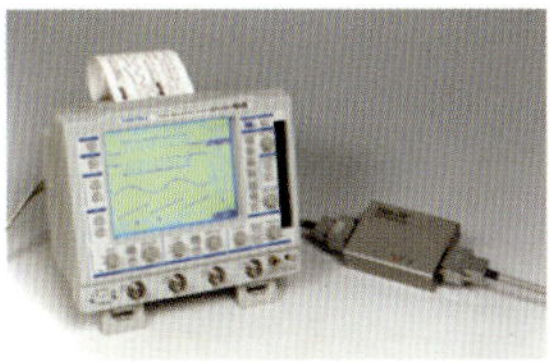

[그림 1-38] 디지털 오실로스코프

종종 실시간에서 빠른 변화가 있는 신호를 보고자 할 때는 아날로그 오실로스코프를 선호합니다. 디지털 오실로스코프는 종종 발생하는 신호를 특정 위치에서 트리거링(triggering)하여 보여줄 수 있으며 디지털화된 파형의 데이터 값을 처리하거나 데이터 값을 컴퓨터로 보내서 처리할 수도 있습니다. 또한 디지털화된 파형의 데이터 값을 저장해서 프린트하거나 나중에 볼 수도 있습니다.

1.2.4 코덱이 뭔가요?

디지털 정보를 아날로그 신호로 변환하는 것과 마찬가지로, 음성정보와 같은 아날로그 정보를 디지털 신호로 변환하여 전송할 수도 있습니다. 아날로그 형태인 음성정보를 디지털 신호로 변환하고 또 디지털 신호로부터 다시 원래의 음성정보를 복원해내는 기기를 코덱(codec)이라고 하며 코덱은 부호화기(coder)와 복호화기(decoder)의 합성어입니다.

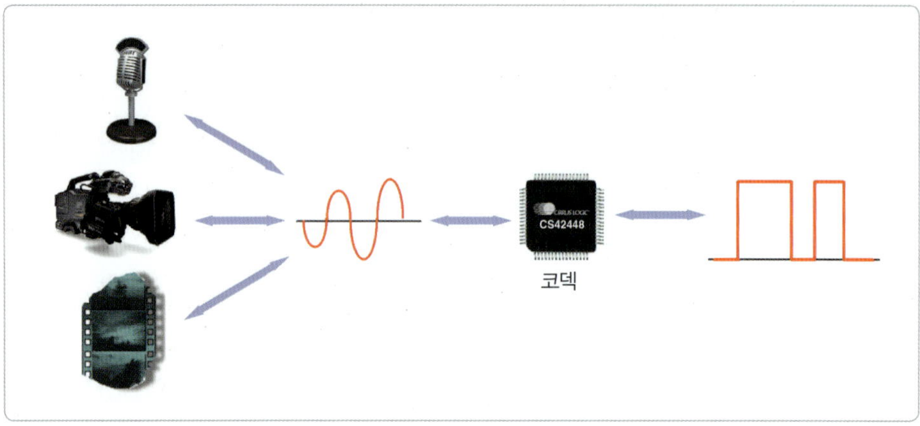

[그림 1-39] 코덱의 기능

물론 디지털 신호로 변환된 정보는 그 상태로 처리될 수도 있으며, 모뎀을 거쳐 아날로그 신호로 변환된 다음 아날로그 통신망을 통해 전송되기도 합니다. 그러나 변환된 아날로그 신호는 원래의 음성정보와는 달리 이진 형태인 디지털 신호의 의미를 포함하여 전송되기 때문에, 원래의 아날로그 음성 신호와는 그 모양이 다릅니다.

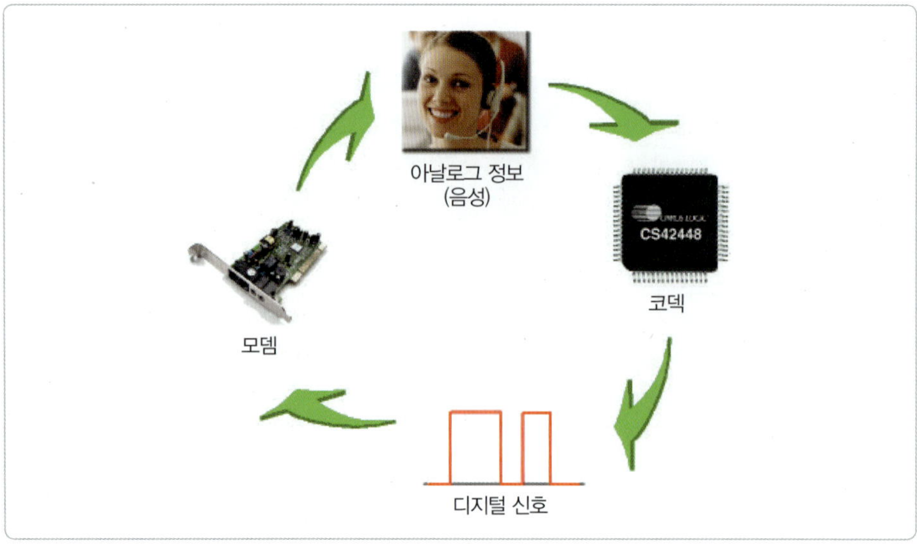

[그림 1-40] 코덱과 모뎀의 역할

Tip • DivX란?

DivX(디빅 또는 디빅스)는 DivX 사가 MPEG-4 기술을 기반으로 독자적으로 개발한 영상 코덱입니다. 크고 긴 영상도 원본 품질에 가까우면서도 작은 크기로 압축시켜주는 강력한 기능을 갖고 있으며, 원래 크기의 약 15%까지 압축하는 것이 가능하기도 합니다.

DivX 코덱에는 두 가지 종류가 있는데, MPEG-4 파트 2 DivX 코덱과 H.264/MPEG-4 AVC DivX 플러스 HD 코덱입니다. 디빅스 코덱은 주로 영화 같은 멀티미디어 데이터에 주로 이용되며, 처음 개발 당시에는 오디오 코덱만 존재하였으나, 이제는 영상 코덱만이 제공되고 있는 상황입니다.

DivX으로 압축하여 제공되는 영화 종류는 DVD-rip만이 아닙니다. 많이 사용되고 있는 각종 동영상에 대한 정보를 모아봤습니다.

종류	설명
Cam	극장에서 캠코더로 녹화한 영화입니다. 영상/음성 모두 캠코더로 녹화되었기 때문에 화질과 소리 모두 상태가 나쁜 편입니다. 일반적으로 MPEG 포맷으로 압축되어 있습니다.
TeleSync(TS)	영상은 Cam 버전과 마찬가지로 극장에서 캠코더로 녹화하지만 음성은 따로 녹음하여 인코딩을 한 버전을 말합니다. Cam 버전과 비교해서 큰 차이는 없습니다.
Screener(SCR)	영화 개봉 전 영화 제작사에서 극장주에게 주어지는 VHS 테입을 이용하여 제작된 것입니다. Cam 버전보다는 화질이 좀 더 좋습니다. 그러나 잘 찍은 Cam과 Screener는 구분하기 힘듭니다. 역시 MPEG로 포맷되어 있는 경우가 많습니다.
Pdivx	mPeg DivX의 약자로 Screener나 Cam 버전으로 제작된 Mpeg 포맷의 동영상을 DivX로 다시 인코딩한 것입니다. Cam이나 Screener와 화질 면에서는 다를 바가 없으나 DivX 압축을 이용하여 크기를 줄인 것입니다.
VCD	VCD(VideoCD)를 MPEG 포맷으로 인코딩한 동영상을 말합니다. 화질은 일반 VHS보다 약간 나은 수준입니다.
DVD-Screener	DVD가 정식으로 출시되기 전에 비평가 또는 극장주에게 주어지는 DVD에서 동영상을 추출한 것입니다. 화질은 DVD와 동일합니다. 다만, 정식으로 출시되기 전이기 때문에 복사금지와 판매금지를 알리는 문구를 포함하고 있습니다.
DVD-rip(DVDivX)	DVD에서 동영상을 추출하여 DivX로 인코딩하여 만든 것입니다. 화질이 뛰어납니다. 일반적으로 DivX라 불립니다.
SBC	Smart Bitrate Control의 약자로 DivX 인코딩 방법 중 하나라고 할 수 있습니다. 그러나 기존의 DivX의 단점으로 지적되었던 깍두기 현상을 어느 정도 제거해주는 방법입니다. 영화의 속도를 분석하여 인코딩 속도를 변화시켜 DivX 로우모션과 DivX 하이모션을 적절히 선택하는 방법을 사용합니다.
AC3	DVD-rip의 또 하나의 단점으로 지적되던 음향을 DVD 수준으로 끌어올리는 방법입니다. 기존의 DivX는 음향을 MP3로 인코딩하기 때문에 DVD와 같음 음향 효과를 누릴 수 없었습니다. 그러나 AC3를 사용하면 DVD에서 지원하는 5.1 채널 사운드를 느낄 수 있습니다. 이를 위해선 따로 AC3 코덱과 5.1 채널 지원 스피커가 있어야 하겠지요. 그러나 AC3 5.1 채널로 사운드를 인코딩하게 되면 동영상의 용량이 대폭 늘어나는 단점이 있습니다.

Tip • 비행기가 전기에 감전되지 않는 이유는?

하늘에서 번쩍하며 땅으로 떨어지는 번개는 예로부터 인간에게 매우 두려운 존재였습니다. 번개는 겨울철 옷을 벗을 때 생기는 정전기처럼 음전하와 양전하 사이에서 발생하는 전기의 방전현상입니다. 구름들 사이 또는 구름과 땅 사이에서 발생하여 수백만 볼트의 힘으로 전력과 통신을 불통시키고 산불을 일으키기도 합니다. 그러면 구름을 가장 가까이 하는 비행기는 번개로부터 안전할까요? 여객기 등 상용 비행기 한 대가 1년에 맞는 번개는 대략 1~2회인 것으로 알려져 있습니다. 그럼에도 불구하고 여태껏 비행기가 벼락을 맞아 추락했다는 뉴스는 접하지 못했을 겁니다. 승객의 안전을 보장하는 열쇠는 다양한 보호장치에 숨어 있습니다. 우선 '웨더 레이더'라는 특수 전파탐지기가 탑재되어 있어 번개가 발생할 가능성이 큰 구름을 조기에 발견할 수 있습니다. 벼락을 맞더라도 큰 위협은 되지 못합니다. 알루미늄 합금(두랄루민)으로 이뤄진 표면이 도체로 작용하며 객실을 보호합니다. 비행기 전체가 커다란 전류회로인 셈이지요. 비행기에 떨어진 벼락이 항공기 표면을 따라 흐르다 좌우날개와 꼬리날개 등에 있는 '항공기용 피뢰침'인 뾰족한 침을 통해 공기 중으로 방출됩니다.

1.2.5 모델? 모뎀?

한동안 가장 많이 이용했었던 정보통신의 형태는 일반 공중 전화망, 즉 컴퓨터를 전화선에 연결하여 정보를 주고받는 것이었습니다. 그런데 공중 전화망은 원래 음성 정보를 보내기 위해 구성된 통신선로로서, 아날로그 신호를 실어 나르는 데 적합한 특성을 갖고 있습니다. 따라서 전화망을 통해서 데이터를 전송하려면 전화망에 적합한 신호형태, 즉 아날로그 신호로 변환하여야 합니다. 디지털 정보를 아날로그 신호 형태로 변환하는 장치가 바로 모뎀(modem)입니다.

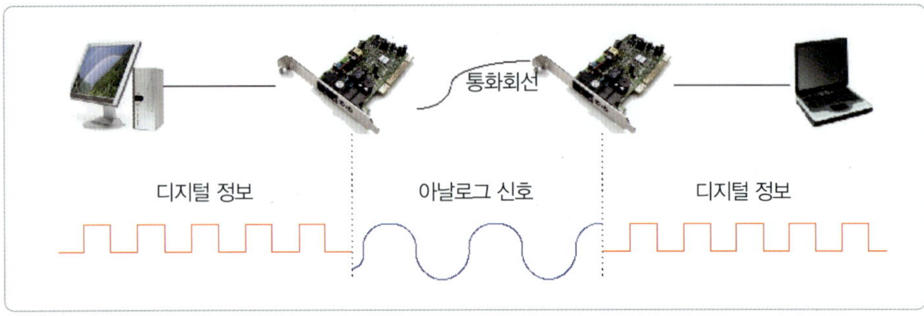

[그림 1-41] 모뎀의 기본 기능

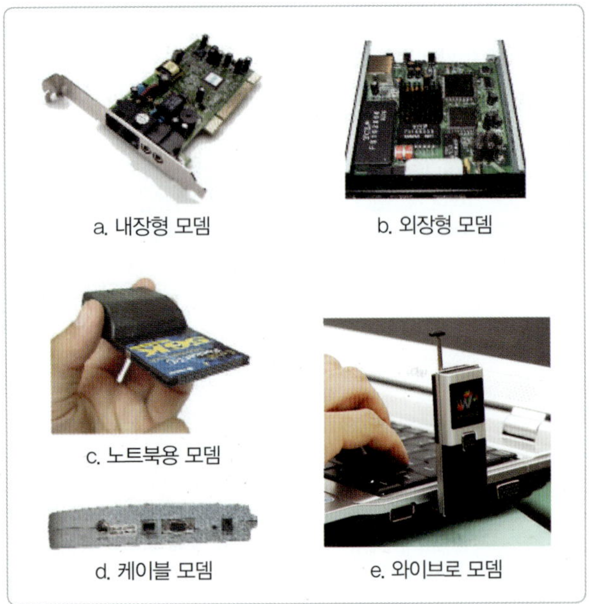

[그림 1-42] 모뎀의 종류

모뎀은 Modulator와 Demodulator의 합성어로서, 디지털 정보를 아날로그 신호로 변환하는 변조 기능과 아날로그 신호로부터 다시 원래의 디지털 정보를 추출해 내는 복조 기능을 수행하는 일종의 신호 변환기입니다.

모뎀은 보는 관점에 따라 여러 가지로 분류될 수 있습니다. 우선 사용 형태에 따라 시스템 내에 장착되어 사용되는 내장형 모뎀, 자체만으로 하나의 장비를 이루는 외장형으로 분류할 수 있습니다. 또한 모뎀은 통신속도에 따라 저속, 중속, 고속 모뎀으로 분류되기도 합니다. 이외에도 모뎀은 사용하는 채널의 대역폭이나 사용 가능 거리, 사용 가능한 포트 수에 따라 분류되기도 합니다.

1.3 정보통신의 발전사: 전화망

전화는 역사가 가장 오래된 전기통신 수단입니다. 전화를 이용한 통신은 그 이후에 등장하는 모든 통신망에 영향을 미치고 있습니다. 최초의 데이터 통신도 전화망을 통하여 이루어졌으며 ADSL(Asymmetric Digital Subscribes Line) 등과 같은 초고속 인터넷 접속회선이 공급되지 못하는 지역에서는 여전히 모뎀과 전화망을 이용하여 인터넷 접속을 하였습니다. 전화망은 회선 교환망(Circuit Switched Network)의 대표적인 모델이기도 합니다. 따라서 전화와 전화망에 대한 이해는 데이터 통신기술의 기본적인 이해와 응용을 위해 필수적입니다.

1.3.1 통신망은 전화망의 이해로부터

현대적 전기통신의 시초는 전신(Telegraph)으로 볼 수 있습니다. 1837년 모스에 의해서 발명된 전신은 전자 신호를 이용하여 다른 지역으로 정보를 전달하기 위한 첫 번째 장치였습니다. 이후 1844년에 상업용 전신 시스템이 개발되었고 이때 사용된 부호가 모스 부호(Morse Code)입니다.

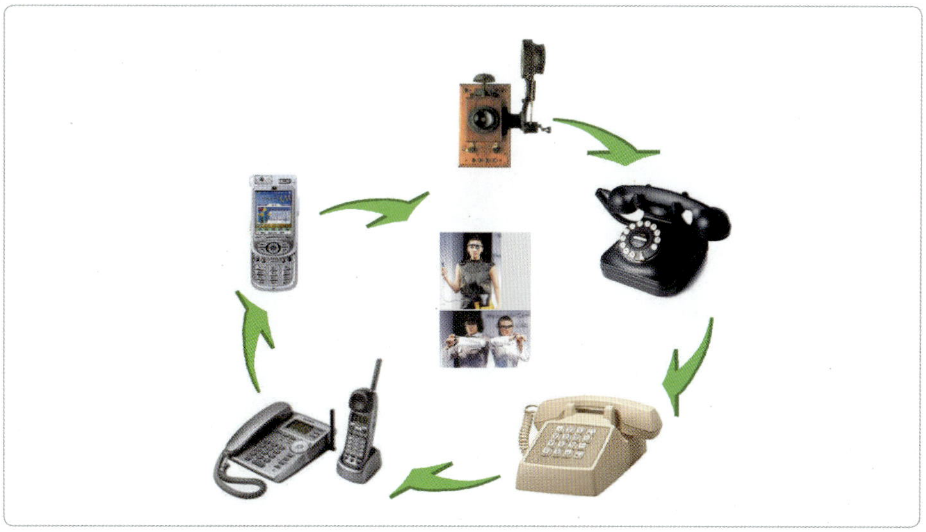

[그림 1-43] 전화기 변천사

[그림 1-44] 우리나라에서 사용한 최초의 자석식 교환기

그 후 1876년 3월, Alexander Graham Bell에 의해 전화(Telephone)가 발명되었고, 다음해인 1877년 1월 상자모양을 갖춘 전화기가 처음 등장했습니다. 그 해에만 600여대의 전화가 교환국 없이 전용선을 이용해 연결되었습니다. 1877년 벨은 유럽에 전화기를 소개하고 빅토리아 여왕 앞에서 직접 전화통화를 시연해 보였습니다.

이후 최초의 전화시장은 파리였습니다. 그러나 전선을 연결하는 작업은 구매자가 직접 해야 했습니다. 만약 전화기의 소유자가 n명의 다른 전화기 소유자들과 통화하기 원한다면 모든 소유자들의 집에 각각 전선들을 연결해야 했습니다. 굉장히 불편했겠지요?

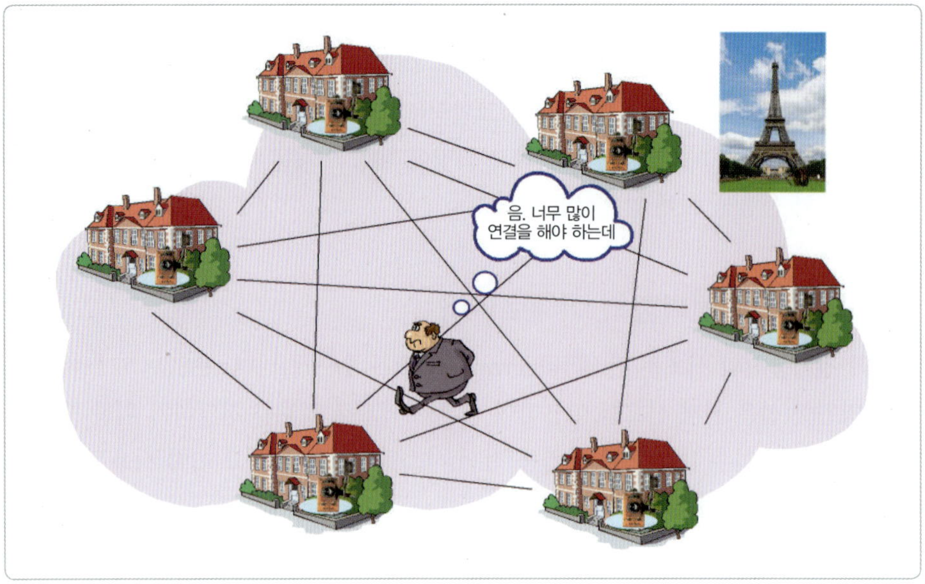

[그림 1-45] 초기의 전화망 형태

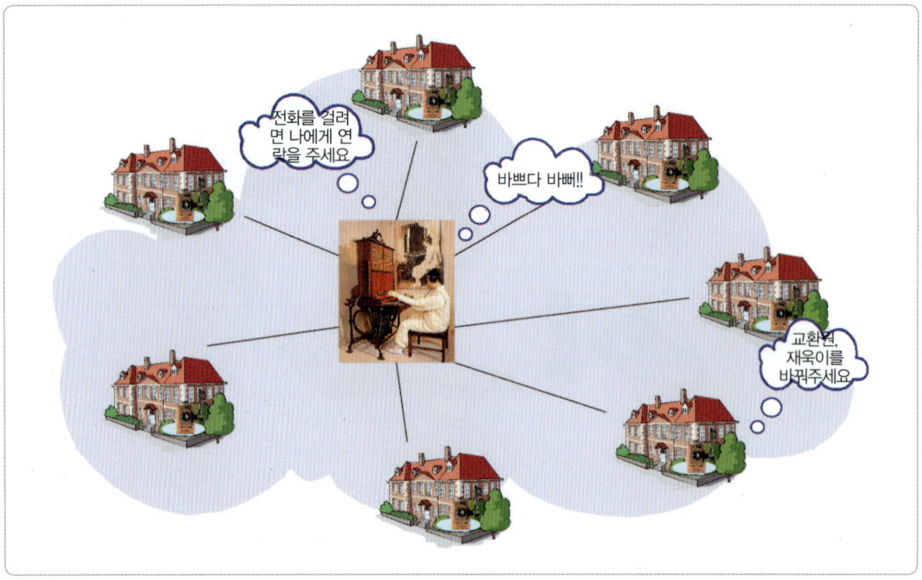

[그림 1-46] 교환기에 연결된 전화망 형태

이러한 형태로 연결하게 되면 사용자가 n명일 때, n(n−1)/2개의 회선을 연결해야 하므로 연결 비용이 많이 들 뿐만 아니라, 회선 관리에 어려움이 많이 있었습니다. 그 뒤 1878년 1월, 코네티컷 주의 뉴헤이븐에 처음으로 교환기가 설치되었고 중앙의 교환수에 의해 수동으로 연결되었습니다. 그 후 3년간 수많은 교환회사가 우후죽순처럼 생겨났다 사라졌습니다. 후일 'American Bell Telephone Company'가 될 'National Bell Telephone Company'만이 유일한 전화회사로 남게 되었습니다.

1.3.2 재미있는 교환기의 역사

[그림 1-47] 수동식 교환기

전화기의 발명으로 시작된 음성통신은 수동 교환기의 개발로 본격화되었으며, 뒤이어 기계식 자동교환기의 개발로 더욱 발전하였고, 전자교환기의 등장으로 지금까지 지속적인 성장을 거듭해오고 있습니다. 그리고 디지털 교환기의 개발은 지능망이나 종합 정보 통신망과 같은 차세대 망으로의 전환을 가속화시켰습니다.

전화기가 보급되자 특정한 두 사람 사이의 통화뿐 아니라, 여러 곳에 산재된 전화기와도 자유로운 통화가 요구됨에 따라 1878년에 미국 코네티컷 주 뉴헤이븐 시에 상용 자석식 교환대(magneto-switch board)가 설치되었습니다.

자석식 교환대의 최초 형식은 단식 교환대로서 한 사람의 교환원이 100~200회선 밖에 취급할 수 없었으므로 복식 교환대가 탄생되었습니다. 복식 교환대는 1882년 웨스턴(Western) 사의 퍼만(L. B. Firman)이 고안하였으며, 이것은 각 교환대의 가입자선이 직렬로 접속된 직렬 복식(series multiple)이었고, 뒤이어 가입자선에 병렬로 접속시키는 병렬 복식(bridging multiple)이 출현하였습니다. 이 병렬 복식은 그 후 공전식 교환대(common battery switch board)의 시초가 됩니다.

[그림 1-48] 스트로우저 교환기

당시 미국 캔사스 시에 두 명의 장의사가 경쟁 관계에 있었는데, 그 가운데 한 사람인 스트로우저(Strowger)의 영업 실적이 급격히 떨어져서, 그 원인을 분석해 본 결과 경쟁업자의 아내가 그 지역의 전화 서비스를 제공하는 수동 교환대의 교환원으로 근무하면서 영업에 관련되는 정보를 자신의 남편에게만 제공한다는 사실을 알게 되었습니다. 이 때부터 스트로우저는 교환원이 불필요한 자동교환기의 개발에 노력한 결과 1889년에 자동 기계식 교환기를 발명하여 세계 전기통신 역사에 그의 이름을 길이 남기게 되었습니다. 통신 노벨상 감입니다.

단계식 교환기의 결점을 보완하기 위해서 통화회선 스위치 회로와 제어 회로를 완전히 분리하고, 소수의 제어 회로가 많은 통화회선 스위치를 제어하는 크로스바 교환기가 1894년에 스웨덴에서 발명되었습니다.

[그림 1-49] 크로스바 교환기

크로스바 교환기에 적용되는 제어 방식을 공통제어 방식이라고 하는데, 이 개념은 1960년대에 초기 전자 교환기(ESS: Electronic Switching System) 제어 방식의 근간을 이루게 되었습니다.

교환기술의 발전은 자동화에 있다고 할 수 있으며, 특히 제어부에 컴퓨터가 자리잡으면서 교환기술은 급속도로 발달하였고, 그 기능도 다양해졌습니다. 교환기는 통화회선과 통화회선의 구성을 제어하는 제어부로 구성되어 있습니다. 전자 교환기의 역사는 크로스바 교환기의 제어부를 전자화하려는 시도로부터 시작되었습니다.

1945년에 미국인 폰 노이만이 축적 프로그램 제어(stored program control) 방식을 발명하였고, 1958년에 벨 연구소에서 축적 프로그램 제어 방식을 적용한 전자교환방식이 발표되었습니다. 그리고 1965년에 뉴저지 주의 스카슨나 시에서 No.1 ESS가 개통됨으로써 전자교환시대의 문이 열리게 되었습니다. 축적 프로그램 제어 방식의 전

[그림 1-50] TDX-1A 전자교환기

자교환기는 제어부의 동작 프로그램을 미리 만들어 놓고 이에 따라 회로를 동작시키는 방식으로서, 교환기 제어 기술 분야에 일대 혁신을 가져왔습니다.

한편 1956년에 오스트레일리아에서 디지털 교환기에 관한 최초의 논문이 'integrated switching and transmission'이라는 제목으로 발표되었습니다. 그리고 1959년에 미국의 벨 연구소와 영국의 체신성에서 디지털 교환기의 이론적인 연구에 착수하였습니다.

[그림 1-51] 자랑스러운 TDX-10 디지털 교환기

1955년에 미국의 벨 연구소에서 T-1 반송(carrier) 시스템이 개발되어 1962년에 시카고 지역에 최초로 설치된 이래, 근거리 시외 전송구간 및 비교적 먼 시내 전송구간의 디지털화에 널리 사용되었습니다. 디지털 전송망의 확장에 따라 디지털 전송기술이 점차적으로 교환분야에도 영향을 미치게 되었으며, 미국에서 1976년에 No.4 ESS 시외 디지털 교환기가 시외(toll)용으로 개통되었으며, 1981년에 No.5 ESS 디지털 교환기가 시내(local)용으로 개통되었습니다.

TDX-1

1982년 7월 26일, 한국통신은 경기도 용인군 송전우체국에 한국전기통신연구소(현 한국전자통신연구원)가 순수한 우리 기술로 개발한 첫 전전자 교환기를 설치하여 시험운용을 했었습니다. TDX-1X로 명명된 이 교환기는 우리나라 전기통신사에 '국산 교환기 1호'라는 신기원을 열었습니다.

TDX-100

1998년에는 동영상 전화나 데이터통신 등 멀티미디어 전화서비스를 제공할 수 있는 대용량 전전자 교환기 시스템인 'TDX-100'이 개발되었습니다. 한국통신은 1999년 1월 26일 서울 가좌전화국에서 TDX-100 교환기 개통행사 및 시연회를 갖고 일반가입자 4백 명과 ISDN 가입자 3백 80명을 대상으로 시범 서비스를 시작하였습니다. 이를 통해 일반전화망(PSTN) 및 ISDN 서비스 제공은 물론 차세대지능망 서비스, 영상회의 서비스 등 다양한 첨단기능을 제공하기 시작했습니다.

이후에 가입자의 폭발적인 증가로 점차 많은 교환기가 필요하게 되었습니다. 증설된 교환기를 관리하기 위해 2단계의 교환기가 투입되는 등 다단계 형태로 확장되었습니다.

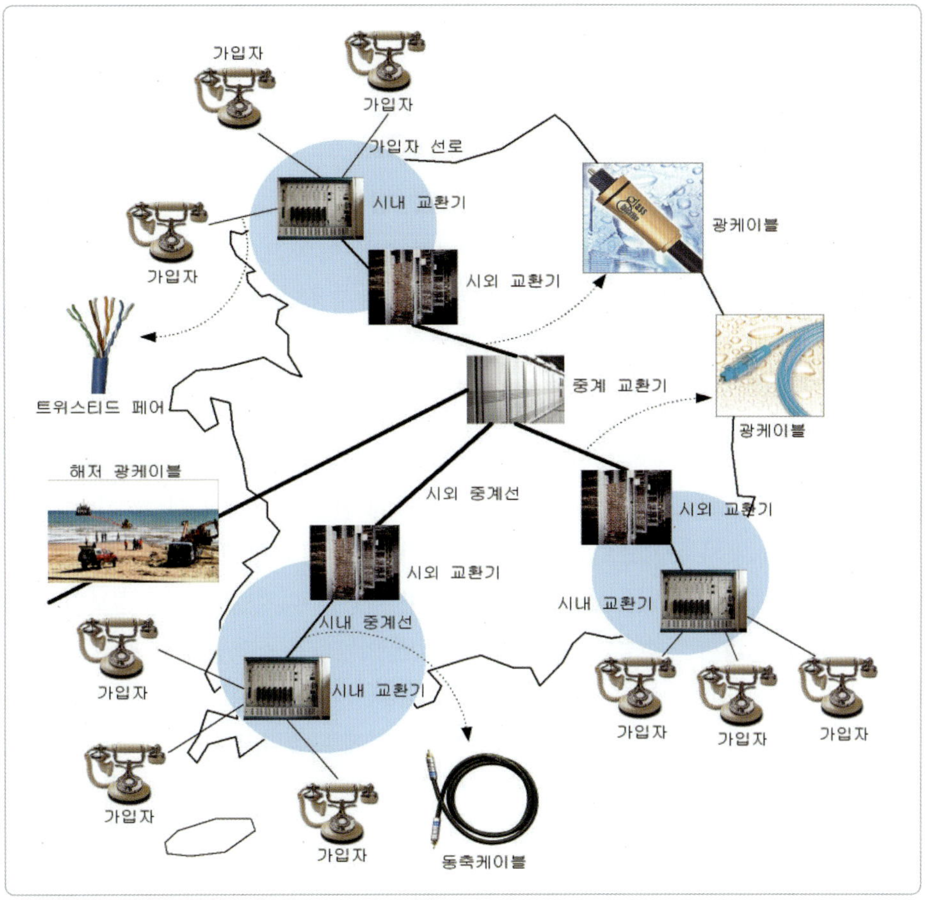

[그림 1-52] 다단계 구조의 전화망 형태

1960년대 초반 Bell 사는 급격히 증가하는 전화 수요를 감당하기 위해 디지털 전송망의 필요성을 느끼기 시작했습니다. 이에 따라 1940년대에 발표된 TDM(Time Division Multiplexing) 기술을 실용화하여 T1방식의 디지털 전송기술을 개발하였습

Tip AT&T의 탄생

American Telephone and Telegraph Company(AT&T)는 1885년에 설립되었습니다. AT&T는 처음에는 Bell 사의 장거리 통화 담당 자회사였으나 급속도로 성장하여 1900년에 모회사인 Bell 사를 흡수하여 세계 최대의 전화 회사로 성장하였습니다.

당시의 전화기는 사람의 목소리를 그대로 전기신호로 변환시킨 아날로그 신호를 사용하였기 때문에 교환기 역시 전화기 다이얼 펄스를 이용하는 기계식 교환기였습니다. 대량의 신호가 전송되는 교환국과 교환국 간에는 FDM 전송방식을 사용하였습니다.

니다. 혁명적인 사건중의 하나입니다. 이에 따라 교환국과 가입자 사이에는 아날로그 신호를, 교환국과 교환국 사이에는 디지털 신호를 사용하게 되었습니다. 이후 다양한 디지털 교환기가 개발되어 현재의 전화망 형태를 갖추게 되었습니다.

1.3.3 전화망 구성을 알아볼까요?

(1) 전화망에 사용되는 통신매체, 종류가 많군요

원거리 통신에는 다양한 전송매체가 사용되고 있습니다. 초창기에는 가입자 회선(Local Loop)에 비절연 전선이 주로 사용되었지만, 이후 트위스티드 페어(Twisted Pair)가 대세를 이루고 있습니다. 교환기 상호 간에 사용되는 매체로는 동축 케이블, 마이크로웨이브(Microwave), 광 케이블 등이 있습니다.

디지털 신호의 사용은 아날로그 방식에 비해 다음과 같은 많은 장점이 있습니다.

① 디지털 방식으로 신호를 전송하는 경우 신호를 멀리 전송할 수 있고, 어느 정도의 거리까지 신호를 정확히 식별할 수 있는지 산출하는 것이 쉽습니다. 효율적으로 관리가 가능하다는 의미입니다. 디지털 신호는 안전한 전송을 위해 중간에 디지털 신호 재생기를 사용하기도 합니다. 따라서 디지털 신호는 정보의 손실 없이 먼 거리까지 전송이 가능합니다. 반면 아날로그 신호는 증폭이 되면 어느 정도 원래 정보의 손실이 있게 마련이고 손실은 누적됩니다.

② 음성, 일반자료, 음악, 영상 등의 데이터를 함께 다중화시킬 수 있기 때문에 회로 및 장비를 더 효율적으로 사용할 수 있고 결과적으로 더 많은 데이터를 전송할 수 있습니다.

③ 디지털 전송은 아날로그 전송에 비해 비용이 적게 듭니다. 장거리 아날로그 전송에서는 수백 개가 될 수도 있는 증폭기를 거치면서 생기게 되는 손실을 재생해 주어야 하기 때문입니다. 반면 디지털 전송에서는 0과 1만 인식이 가능하면 충분하기 때문에 아날로그 방식에서와 같은 증폭은 필요하지 않습니다.

현재 전화망에서 장거리 중계선은 대부분 디지털 방식을 사용하고 있습니다.

(2) 전화망에 사용되는 시설

전화망은 넓은 지역에 분포하는 시설들의 효율적인 유지보수와 시외통화에 대한 과금 처리의 문제점 때문에 시내 전화망(local network)과 시외 전화망(toll network)으로 구분해서 설치해 왔습니다. 시내 전화망과 시외 전화망의 분리는 전송 및 교환시스템의 개발과 기술발전에 큰 영향을 미쳤습니다. 그러나 전자 교환기의 출현으로 이와 같은 제한 요소가 해소되었기 때문에 두 기능을 동일한 교환기에서 구현할 수 있게 되었습니다.

전화망을 구성하는 시설은 크게 전송시설과 교환시설로 분류할 수 있습니다. 전송

시설은 다시 가입자 선로(loop) 시설과 중계선(trunk) 시설로 구분할 수 있으며, 교환시설은 기능에 따라 시내(local) 교환기, 시외(toll) 교환기, 중계(tandem) 교환기 등으로 구분할 수 있습니다. 전송분야와 교환분야의 각 구성요소의 기능을 요약하면 다음과 같습니다.

〈표 1-1〉 전화망의 구성요소와 기능

<table>
<tr><th>종 류</th><th colspan="2">구성 장비</th><th>수행 기능</th></tr>
<tr><td rowspan="3">전송시설</td><td colspan="2">가입자 선로(loop)</td><td>가입자 전화기와 시내 교환기의 연결</td></tr>
<tr><td rowspan="2">중계선(trunk)</td><td>시내 중계선</td><td>시내 교환기 상호 간, 시내 교환기와 시외 교환기 사이를 연결</td></tr>
<tr><td>시외 중계선</td><td>시외 교환기 상호 간의 연결</td></tr>
<tr><td rowspan="3">교환시설</td><td colspan="2">시내(local) 교환기</td><td>가입자 전화기를 수용하며 동일 시스템 내부 가입자 상호 간이나 내부 가입자를 다른 교환기와 연결하는 중계선 사이에서 교환</td></tr>
<tr><td colspan="2">시외(toll) 교환기</td><td>시내 교환기의 중계선과 시외 교환기의 중계선 사이에서 교환기능 수행</td></tr>
<tr><td colspan="2">중계(tandem) 교환기</td><td>중계선 사이의 교환기능은 시외 교환기와 동일하나 연결 구역이 시내지역으로 한정됨</td></tr>
</table>

1.3.4 전화번호는 어떻게 할당되나요?

국내 전화번호 할당은 '전기통신번호 관리세칙' 제2장에 근거하여 이루어지고 있습니다. 현재까지 할당되어 있는 통신망 식별번호와 특수번호는 〈표 1-2〉와 같습니다.

〈표 1-2〉 '0'으로 시작하는 통신망 식별번호와 '1'로 시작하는 특수번호

번 호	용 도
001 ~ 009	국제전화
010 ~ 019	무선전화, 무선호출, 부가통신망
020, …, 090	공통서비스(개인번호, 각종 지능망 등)
02x ~ 06x	지역번호
070	인터넷전화사업자
081 ~ 089	시외전화
091 ~ 099	(예비)
100 ~ 109	사업자의 민원 및 통신업무
110 ~ 129	긴급 민원사항
1300 ~ 1399	공공기관 생활정보, 안내, 상담 등
1400 ~ 1499	(예비: 기간통신 사업자 부가서비스)

1500 ~ 1599	사업자 자율 부가서비스
1600 ~ 1699	공통 부가서비스
1700 ~ 1999	(예비)

00X(X의 3, 7, 9 제외)는 기간통신 사업자의 국제전화 사업을 위해 할당되어 있으며 003YY 또는 007YY는 설비보유 재판매 사업자들을 위한 국제전화 번호를 위해 할당되어 있습니다. 이와 비슷하게 08X(X의 5, 9 제외)는 기간통신 사업자들이 이용할 수 있는 시외전화 번호이며, 085YY는 설비보유 재판매 사업자가 사용할 수 있는 시외전화 번호입니다.

〈표 1-3〉 국제전화 번호 및 사업자

번 호	사업자 및 용도
001	KT
002	LG유플러스
003xx	국제전화 부가서비스(00365 등)
004	예비
005	SK브로드밴드
006	SK텔링크
007xx	국제전화 부가서비스(00700(SK브로드밴드), 00777 등)
008	세종텔레콤
009	사용하지 않음

a. 001 국제전화 b. 00700 국제전화 힘내라 차드로이드 c. 00777 국제전화

[그림 1-53] 다양한 국제전화 사업자

한편 이동전화사업에서 셀룰러 및 개인휴대통신은 01Y(Y는 0, 1, 6, 7, 8, 9 포함) 번호를 사용할 수 있으며 2007년 9월 1일 이후에는 010 번호만 사용할 수 있습니다. IMT 서비스 또한 010 번호를 사용합니다. 위성휴대통신 서비스는 0100 번호를 사용하며 최근 등장한 사물통신을 위해서는 012 번호가 할당되어 있습니다.

〈표 1-4〉 이동전화 번호 및 사업자

번 호	사업자 및 용도
01Y(Y=0, 1, 6, 7, 8, 9)	셀룰러 및 개인휴대통신
010	IMT
0100	위성휴대통신 사업자
012	사물지능통신 사업자
013Y	선박무선통신, 주파수공용통신, 무선데이터통신 등 특정 가입자를 대상으로 하는 서비스
014XY	부가통신역무 제공 사업자
015	무선호출 사업자

020, …, 090과 같이 세 번째 자리가 '0'인 공통서비스 번호는 통신망과 상관없이 공통적으로 사용할 수 있는 서비스를 위해 규정되었습니다.

〈표 1-5〉 공통서비스 번호 및 용도

번 호	용 도
020	예비
030	통합 메시징 서비스(UMS)
040	예비
050	개인번호서비스
060	전화 정보서비스(통화요금 이외에 정보 이용료가 별도로 부과됨)
070	인터넷전화(VoIP)
080	착신과금서비스(수신자 부담 전화)
090	예비

030으로 시작하는 번호는 통합 메시징 시스템(UMS: Unified Messaging System) 서비스를 위한 번호입니다. UMS는 일반전화망(PSTN)을 이용해 음성, 팩스, 이메일, 단문메시지 및 멀티미디어 메일 등 서로 다른 형태의 메시지들을 시간, 장소, 단말기 등에 관계없이 하나의 개인 사서함에서 통합 운영할 수 있는 시스템을 말합니다. 가입자는 전화기, PC 웹 브라우저, 그리고 휴대폰 등을 이용하여 언제 어디서나 다양한 종류의 메시지들을 보내거나 받을 수 있습니다. UMS 번호는 '030+00(기간통신사업자 구분번호 · 20~59)+000+0000' 형태를 갖습니다.

[그림 1-54] 애드팍 UMS 장비

- IP-PBX, VoIP 게이트웨이, IP 영상전화기, IP 음성전화기 등과 연동
- 2포트의 10/100/1000Mbps 인터 페이스
- 멀티 음성 코덱 지원을 위한 DSP 모듈

UMS를 편리하게 사용하는 방법을 간단하게 살펴볼까요? 예를 들어 약속장소의 약도를 여자친구에게 급히 보내야 하는데, 여자친구에게 팩스가 없는 경우가 있습니다.

Tip **통합 메시징 시스템(UMS: Unified Messaging System)이 뭔가요?**

통합 메시징(Unified messaging, UM)은 CTI(Computer Telephony Integration) 기술을 바탕으로 휴대폰 문자메시지, 전자메일(e-mail), 음성메시지, 팩스 메일 등을 통합적으로 관리하는 시스템을 말합니다. 통합 메시징 시스템(Unified Messaging System, UMS)이라고도 부르며, 음성, 팩스, 전자우편, 이동통신기기를 이용한 다양한 통신 요구를 하나의 시스템에서 전달 · 저장 · 통지하면서, 메일이 도착하는 즉시 호출기나 휴대폰, 전화기로 이 사실을 알려주어 수신자는 전화를 통해 메일 내용을 음성으로 청취하거나 팩스로 확인할 수 있게 합니다.

통합 메시징 시스템은 음성과 데이터가 통합되는 추세에서 수많은 메시지를 형태에 관계없이 효과적으로 관리하고 쌍방향으로 이용할 수 있도록 하기 위해 등장하였습니다. 이후 포털 또는 전문 사이트가 e-mail과 병행 서비스에 나서면서 대중화하기 시작했으며, 주요 기능으로는 전화를 이용한 음성메일 송수신, 음성처리기술을 이용한 음성게시판, 이동통신 문자메시지 전송 – 메일 착 · 수신확인 가능, 개인 e-mail이 없는 사용자를 위한 WEB Mail Box 제공, 일반 VMS(음성사서함) 기능 기본 내장, FAX Server 기능 등을 들 수 있습니다.

이럴 때에도 약도가 적힌 종이를 여자친구의 UMS 번호로 팩스를 보내면 됩니다. 이후 팩스가 도착했다는 사실이 여자친구에게 통보되고 여자친구는 팩스기기가 아닌 인터넷이나 휴대폰을 통해서 약도를 원하는 시간에 받아볼 수 있습니다.

[그림 1-55] IVR 장비
(출처: www.liquid11.co.uk/ivr.html)

UMS를 도입하면 부가 서비스를 제공하기 위해 개별적으로 존재했던 음성 우편 서비스(VMS), 팩스 우편 서비스(FMS), 음성 응답 서비스(IVR: Interactive Voice Response)를 하나로 통합하여 전체 시스템 비용을 크게 절감할 수 있습니다. 또한 메시지를 시간과 장소에 관계없이 수시로 확인할 수 있고 인터넷을 통해 관리할 수 있습니다. 마지막으로 팩스 변환 기술을 이용해 전자 우편 메시지를 팩스로 통지하거나 음성 변환 기술을 이용해 무선 기기의 음성 사서함 및 호출 등의 형태로 수신자에게 전달할 수도 있습니다.

'050'은 집, 사무실, 팩스, 그리고 휴대폰 전화번호 등 여러 통신수단의 번호를 하나로 통합해 사용하는 서비스 번호입니다. 일부 통신사업자들은 이를 '평생번호'라는 이름으로 서비스를 제공하고 있습니다.

[그림 1-56] LG유플러스 050 서비스

평생번호 서비스는 이사를 하거나 통신사를 바꿀 때마다 오랫동안 사용해왔던 전화번호를 바꿔야 하는 불편함을 덜어주기 위해 도입되었습니다. 즉, 하나의 번호에 어떠한 통신수단의 번호도 연결시킬 수 있기 때문에 '050'으로 번호 하나만 알면 사무실이나 휴대폰 번호가 변경되어도 연락이 가능합니다.

진짜 친한 사람들에게는 '050' 번호를 알려주고 그렇지 않은 경우에는 핸드폰 번호를 알려주면 되겠지요? 핸드폰 번호야 바꾸면 그만이지만 '050' 번호는 핸드폰 번호를 변경해도 바뀐 핸드폰으로 연결되기 때문입니다. 한편 '050' 번호가 가상번호임을 악용해서 '050' 번호만 알려준 뒤 사기행각을 벌이는 경우도 발생하고 있습니다.

'060' 번호는 음성정보장치를 설치해 이용자에게 녹음한 음성 등을 들려주는 서비스에 부여됩니다. 녹음된 음성을 전달하기 때문에 자연스럽게 이를 통해 광고, 성인광고 음성 등을 제공하려는 업체들에 의해 많이 사용되고 있습니다. 이 때문에 스팸 번호로 인식되는 경우가 많습니다.

이제는 보편화된 '070' 번호는 인터넷을 통해 전화 서비스를 제공하는 인터넷전화 대표번호입니다. 초창기에 인터넷전화를 사용하기 위해서는 반드시 인터넷전화 식별 번호인 '070'을 사용해야 했습니다. 그러나 오랫동안 사용해온 집전화 번호를 전환해야 하는 부담감, 품질에 대한 불신, 특히 '070' 식별번호가 스팸 전화번호로 오인되기 쉽다는 점 때문에 인터넷 전화가입은 쉽지 않은 선택이었습니다. 번호이동제가 본격 시행되면서 기존 전화번호로 부담 없이 인터넷전화를 사용할 수 있게 되었습니다. 이용자 입장에서는 인터넷전화 사용으로 통신비용을 절감할 수 있고, 후발 통신사업자 입장에서는 집 전화 시장 점유율을 단기간에 확대할 수 있는 좋은 기회가 되었습니다.

'080'은 소비자가 아닌 서비스 제공업체가 통화비를 부담하는 일명 '클로버 서비스'입니다. 따라서 '080' 번호는 착신과금서비스로 불리며 금융, 관광안내 등 서비스 제공업체가 주문, 예약, 상담 등의 전화요금을 고객 대신 지불하는 서비스입니다.

1.3.5 전화망의 두뇌 SS7이란?(지능망)

기존 전화망에서 통화의 시작과 종료를 관리하기 위해 사용되는 신호방식은 통화제어 신호와 음성 트래픽이 동일한 회선 및 동일한 경로를 통하여 전달되는 개별선 신호방식을 이용하였습니다. 그러나 이러한 음성 위주의 신호방식으로는 다양한 신규 서비스의 출현, 대용량의 데이터 전송 및 점점 복잡해지는 네트워크 구성에 효율적으로 대처할 수 없어 신호와 데이터를 분리하여 처리하는 공통선 신호방식(CCS: Common Channel Signaling)이 출현하게 되었습니다.

공통선 신호방식의 기본 원리는 신호 정보와 음성 데이터를 분리하여 처리하는 것입니다. 즉 음성통화를 하면서 동시에 데이터 채널을 통해서 다른 일을 할 수 있게 되었다는 뜻입니다. 공통선 신호방식의 출현으로 신규 서비스의 도입이 용이해졌고 다양하고 복잡해지는 네트워크에서 운용 및 유지보수가 용이해지게 되었습니다. 공통선 신호방식의 특징으로는 고속 데이터 전송, 통화 회선과 신호 회선의 분리, 그리고 다량의 통화 회선을 하나의 신호 회선으로 제어할 수 있다는 것입니다.

공통선 신호방식 중 1960년대 후반에 권고된 No.6 신호방식은 그 속도 및 길이의 제한으로 인해 널리 이용되지 못했습니다. 이 때문에 1980년대에 고속 데이터 전송이 가능하고 신호의 정보를 가변으로 구성할 수 있는 신호방식이 등장하게 되었는데 이것이 No.7 신호방식입니다.

일반적인 지능망(IN: Intelligent Network)에서 사용하는 No.7 프로토콜이 음성통신에 대한 정보를 관리하는 것에 비해 SS7은 음성통신과 데이터통신에 관련된 정보를 모두 관리하는 것이 다릅니다. 이에 따라 SS7 프로토콜을 이용하면 음성통신과 데이터통신의 통합 환경을 바탕으로 다양한 지능망 시스템의 개발이 가능합니다.

[그림 1-57] 080 서비스의 예

네트워크의 지능화의 대표적인 예를 과거에 사용되었던 080 무료 전화 서비스를 통해 알아보기로 하겠습니다. 이러한 서비스들은 요즘에는 1588, 1544로 시작되는 번호로 바뀌어 사용되고 있습니다. 단, 이러한 번호는 무료가 아니라 유료입니다. 따라

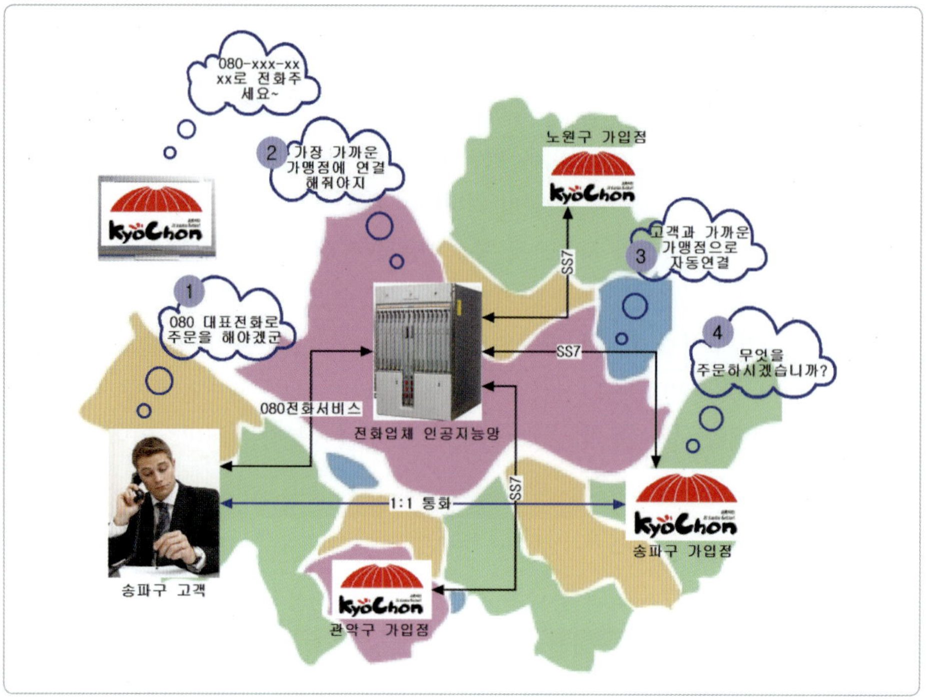

[그림 1-58] 080 서비스 구성도

서 가능한 080으로 시작되는 번호를 사용하는게 소비자 입장에서는 유리합니다. 배달업, 공공기관, 금융, 운수, 통신, 관광, 유통 등 서비스업체에서 전화에 의한 고객의 주문, 예약, 상담 시 전화요금을 기업이 대납하는 서비스로 기업 인지도를 높이고 매

Tip ● 여러 개의 뇌가 들어간 멀티 코어 프로세서

멀티 코어가 적용된 인텔 펜티엄 프로세서 익스트림 에디션 840

멀티 코어

여러 개의 뇌가 들어간 멀티 코어 프로세서

멀티 코어란 말 그대로 칩 하나에 프로세싱 코어가 여러 개 들어 있다는 의미입니다. 겉으로 보기에는 CPU 하나이지만 그 안에는 여러 개의 CPU가 동작하고 있는 것이라 보면 됩니다. 그리고 코어가 두 개 내장되면 듀얼 코어, 여러 개가 내장되면 멀티 코어라 지칭합니다. 기존 서버나 워크스테이션 등을 열어 보면 메인보드에 두 개 혹은 네 개의 프로세서가 장착되어 있는 것을 볼 수 있는데 멀티 코어는 이를 하나의 칩으로 통합시킨 셈입니다. 때문에 멀티 코어는 프로세서를 여러 개 사용하는 것보다 성능 면에서 더 우수하고 비용과 전력 소비, 크기를 줄일 수 있는 장점이 있습니다.

그러면 멀티 코어를 사용함으로써 얻는 효과는 무엇일까요? 종전에는 하나의 프로세서가 여러 개의 작업을 도맡아해 왔지만 멀티 코어 플랫폼에서는 여러 개의 CPU가 여러 작업을 각기 나누어 처리하게 됩니다. 같은 속도를 갖는 CPU라면 당연히 처리 속도가 빨라질 수밖에 없습니다.

출을 증대할 수 있는 서비스입니다.

예를 들어, 080 대표 전화번호를 이용하여 주문을 하게 되면 지능망에서 자동으로 고객의 지역에서 가까운 지점으로 연결을 설정해주어서 고객은 업체의 080 대표 전화번호만 알면 전국의 지점의 위치에 상관없이 편하게 주문을 할 수 있습니다. 보험 회사에서 광고하고 있는 080 대표 전화번호도 한 예가 될 수 있습니다.

참고문헌

1. 정진욱, 한정수, 「데이터통신」, 생능출판사
2. 김석태, 김창수, 정신일, 정연호, 「알기 쉬운 정보통신과 멀티미디어의 세계」, 아이티씨
3. 조동욱, 「(최신)정보통신개론」, 그린
4. 이창희, 김근중, 조양현, 「정보통신개론」, 정익사
5. 이재길, 김상중, 이광만, 「정보통신개론」, 삼보
6. 전자신문 http://www.etnews.co.kr/
7. 위키백과, '대한민국의 전화번호 체계', http://ko.wikipedia.org/wiki/
8. [알아봅시다] 인터넷전화 번호이동제, 디지털타임스, 2008.10.31
9. 전화 팩스 기능 하나로 'UMS 서비스' 떴다, 주간동아, 2005.6.24
10. 전기통신번호 관리세칙(고시 제2013-8호)

연습문제

객관식

01 다음 중 정보통신의 역할이 아닌 것은?
① 멀리 떨어져 있는 사람과의 의사소통을 원활하게 해준다.
② 생활에 필요한 정보들을 신속하게 제공함으로써 상품 유통을 효율적으로 이루어지게 해준다.
③ 시간과 거리의 제약을 극복하지 못한다.
④ 세계를 하나로 묶어 세계화를 앞당기고 환경 문제 등 범세계적 문제 해결에 이바지한다.

02 다음의 내용과 연관이 있는 발명은?

Hello, Mr. Waton Come Here, I want to see you.

① 전신 ② 전기
③ 전화 ④ 전구

03 다음 중 신호에 대한 설명으로 옳지 않은 것은?
① 아날로그 데이터는 연속적인 값을 가지고 디지털 신호로 변환될 수 있다.
② 디지털 데이터는 주어진 구간에서 연속적인 값을 갖고 아날로그 신호로 변환될 수 있다.
③ 아날로그 신호는 주파수에 따라 다양한 매체를 통해 전송되는 연속적으로 변하는 전자기파이다.
④ 디지털 신호는 도파 매체를 통해 전송되는 일련의 전압 펄스이다.

04 2개의 비트가 한 신호 단위인 경우, 2400bps(bit per second)는 몇 보오(baud)인가?
① 400baud ② 800baud
③ 1200baud ④ 2400baud

05 우리가 흔히 음성 전송에 이용하는 대역폭은?
① 300Hz ② 600Hz
③ 3000Hz ④ 3300Hz

06 다음 신호변환장치들의 전송신호와 전송회선의 연결이 옳게 된 것은?
① DSU: 아날로그신호 – 아날로그회선 ② 코덱: 디지털신호 – 디지털회선
③ 모뎀: 디지털신호 – 디지털회선 ④ 전화: 아날로그신호 – 아날로그회선

07 디지털 – 아날로그 부호화 방법 중에 위상변조와 진폭변조의 복합형태로 진폭과 위상을 동시에 이동시키면서 이진수를 표현하는 방식은?

① ASK ② PSK
③ FSK ④ QAM

08 다음 설명에 해당하는 것은?

> 아날로그 형태인 음성정보를 디지털 신호로 변환하고 또 디지털 신호로부터 다시 원래의 음성정보를 복원해내는 기기

① 코덱 ② DSU
③ 모뎀 ④ PCM

09 일반 가정에서 전화선을 통해 디지털 데이터를 전송하기 위해 필요한 장비로 디지털 데이터를 아날로그 신호로 변환하고 또 수신한 아날로그 신호를 원래 디지털 데이터로 변환하는 역할을 한다. 이 장비는?

① 모뎀 ② ETC
③ 코덱 ④ PCM

10 멀리 떨어진 지역에 정보를 전송하는 최초의 발명품으로 정보화 시대를 연 발명품은?

① 전신(Telegraph) ② 전화(Telephone)
③ 컴퓨터(Computer) ④ 휴대폰(Cellular–phone)

11 초기의 전화망은 각각의 전화기가 모두 연결된 형태였다. 이러한 구성의 경우 전화기 n개에 필요한 연결회선의 개수는?

① n(n–1)/2 ② n(n+1)/2
③ (n–1)/2 ④ (n+1)/2

12 교환기 상호 간에 주로 사용되는 매체가 아닌 것은?

① 동축 케이블(Coaxial Cable) ② 마이크로웨이브(Microwave)
③ 광섬유(Optical Fiber) ④ 트위스티드 페어(Twisted Pair)

13 다음 중 전화망의 교환시설에 속하지 않는 것은?

① 시내(local) 교환기 ② 시외(toll) 교환기
③ 가입자 선로(loop) ④ 중계(tandem) 교환기

14 다음 중 시외 교환기와 시외 교환기 사이를 연결하기 위하여 사용되는 장비는?

① 전화기 ② 시내 교환기
③ 중계 교환기 ④ 시내 중계선

15 음성망에서 특정 서비스를 제공하기 위해서 고안된 것으로 음성통신의 호출정보와 데이터 통신의 접속정보 등을 통합적으로 관리하기 위한 프로토콜은?

① SS7 ② 공통선 신호방식
③ 개별선 신호방식 ④ PSTN

주관식

01 정보의 구성에 대해 설명하라.

02 부호화가 무엇인지에 대해 간단히 설명하라.

03 모뎀의 종류를 아는 대로 나열하라.

04 미국 캔사스 시에 살던 장의사가 교환원의 개입이 불가능한 교환기를 만들어 내겠다는 결심을 하고 만들어 낸 최초의 자동식 교환기의 이름은 무엇인가?

05 서비스업체에서 전화에 의한 고객의 주문, 예약, 상담 시 전화요금을 기업이 대납하는 서비스로 기업 인지도를 높이고 매출을 증대할 수 있는 서비스는 무엇인가?

PART Ⅱ

UNDERSTANDING INFORMATION AND COMMUNICATION TECHNOLOGY

정보통신, 두 번째 걸음...

CHAPTER

02 유선통신

2.1 전송방식의 유형은 어떤 것이 있을까요?

장치 간에 데이터를 주고받을 때에는 여러 가지 고려해야 할 사항들이 있습니다. 배선의 형태는 어떻게 할 것인가? 한 번에 데이터를 몇 개씩 전송할 것인가? 여러 개의 데이터를 묶어서 전송할 것인가? 데이터 흐름의 방향은 어떻게 할 것인가? 데이터를 하나씩 전송할 때는 어떤 방식을 사용할 것인가? 등과 같은 여러 가지 사항들을 고려해야 합니다.

2.1.1 직렬전송과 병렬전송을 알아볼까요?

데이터 전송 방식은 크게 직렬전송방식과 병렬전송방식으로 구분할 수 있습니다. 직렬전송방식은 하나의 전송로를 통해서 데이터를 순차적으로 송신하는 방식을 말하며, 병렬전송방식은 여러 개의 전송로를 통해서 데이터를 동시에 전송하는 방식을 말합니다. 직렬전송방식은 다시 동기식 전송방식과 비동기식 전송방식으로 나눠집니다.

[그림 2-1] 직렬전송방식

직렬전송방식은 하나의 회선만을 사용하기 때문에 병렬전송방식에 비해서 전송비용이 적다는 장점이 있습니다.

병렬전송방식은 n개의 비트를 전송하기 위해서 n개의 회선을 사용하는 방식을 말합니다. 직렬전송방식에 비해서 입출력 구조가 단순하고 동일한 조건의 직렬전송방식보다 이론적으로는 n배 빠르게 데이터를 전송할 수 있습니다. 하지만 거리에 비례해서 선로 비용이 많이 들고 여러 통로를 통해 전달되는 데이터를 한 번 더 정렬해야 하기 때문에 일반적으로 빠른 전송속도가 필요한 짧은 거리의 데이터 전송에서 사용됩니다.

컴퓨터와 같은 단말 장치들의 내부에서는 주로 병렬 입출력을 하기 때문에 데이터를 외부로 보내기 위해서는 병렬데이터를 직렬데이터로 변형하고, 수신측에서 다시 직렬데이터를 병렬데이터로 변환하는 것이 필요합니다.

[그림 2-2] 병렬전송방식

컴퓨터에서 사용되는 직렬포트(Serial Port)는 일반적으로 직렬 9핀 커넥터를 사용합니다. 한 라인은 데이터를 보내는 데 사용하고, 또 다른 라인 하나는 데이터를 수신하는 데 사용합니다. 나머지 몇 개의 라인들은 데이터 전송 방법을 제어하는 데 사용합니다. 직렬포트가 가장 널리 사용되는 곳은 모뎀과 직렬통신입니다.

병렬포트(Parallel Port)는 동시에 여러 비트의 데이터를 전송할 수 있습니다. 병렬포트는 프린터를 연결할 때 주로 사용되었으며, 컴퓨터 간의 파일 전송에도 사용될 수 있습니다. 많은 양의 데이터를 동시에 주고받을 수 있기 때문에 가까운 거리에 있는 두 대의 컴퓨터의 병렬포트를 케이블로 연결해 1대1 통신을 하기도 하였습니다.

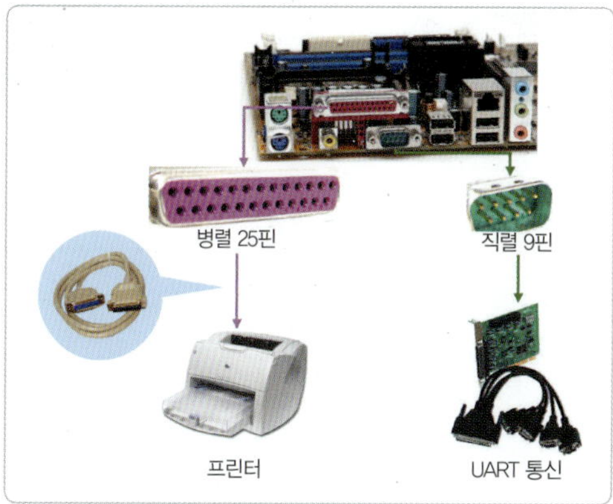

[그림 2-3] 직렬전송과 병렬전송 포트

2.1.2 단방향 전송과 양방향 전송이라는게 있군요

두 장치 간에 데이터를 전송할 때 데이터 전송 방향을 기준으로 전송방식을 구분할 수 있습니다. 전송방향에 따라 구분을 하면 크게 단방향, 양방향 모드로 나눌 수 있고, 양방향 모드는 다시 반이중, 전이중 모드로 나눌 수 있습니다.

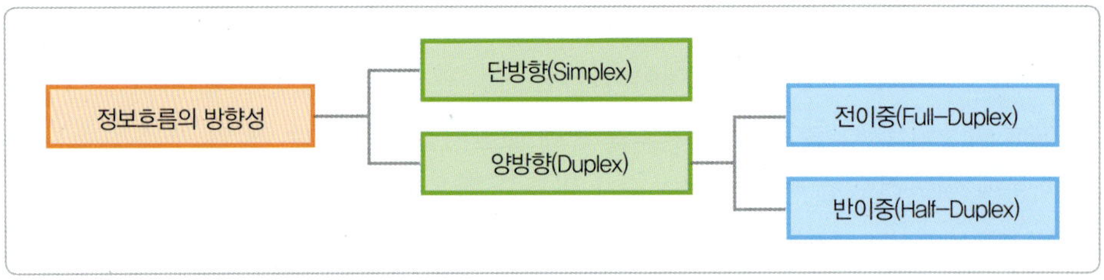

[그림 2-4] 전송 방향에 따른 분류

단방향 모드(Simplex Mode)란 데이터 흐름이 일방 통행로처럼 한쪽 방향으로만 이루어지는 방식을 말합니다. 예를 들어, 방송국에서 송출한 신호가 가정의 라디오, TV로 전송되는 것을 들 수 있습니다. 단방향 전송에서 어떤 장치는 데이터를 송신하기만 하고 다른 장치는 수신만 할 수 있으며 장치의 역할을 바꿀 수는 없습니다.

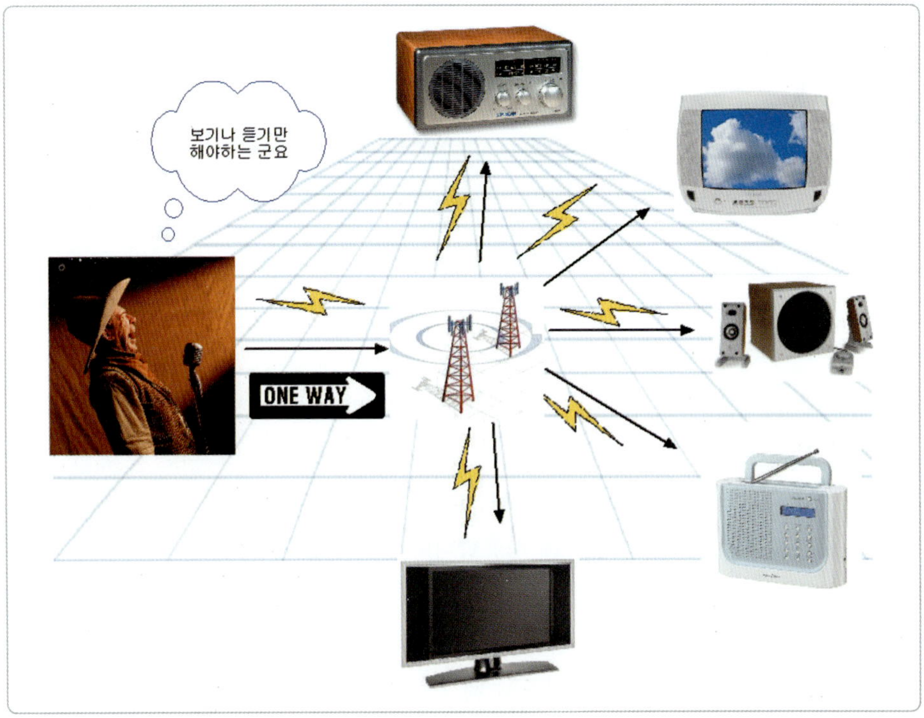

[그림 2-5] 단방향 전송방식

양방향 모드(Duplex Mode)는 수신과 송신을 한번씩 번갈아 가면서 할 수 있는 반이중 모드(Half-Duplex Mode)와 수신과 송신을 동시에 할 수 있는 전이중 모드(Full-Duplex Mode)로 나눌 수 있습니다. 반이중 모드는 양방향 통행이 가능한 1차선 도로와 같습니다. 차들이 한쪽 방향으로 이동하면 다른 방향의 차들은 기다렸다가 이동을 할 수 있습니다. 무전기를 사용할 때 한 번씩 번갈아 가면서 얘기하는 것도 반이중 방식의 예가 될 수 있습니다.

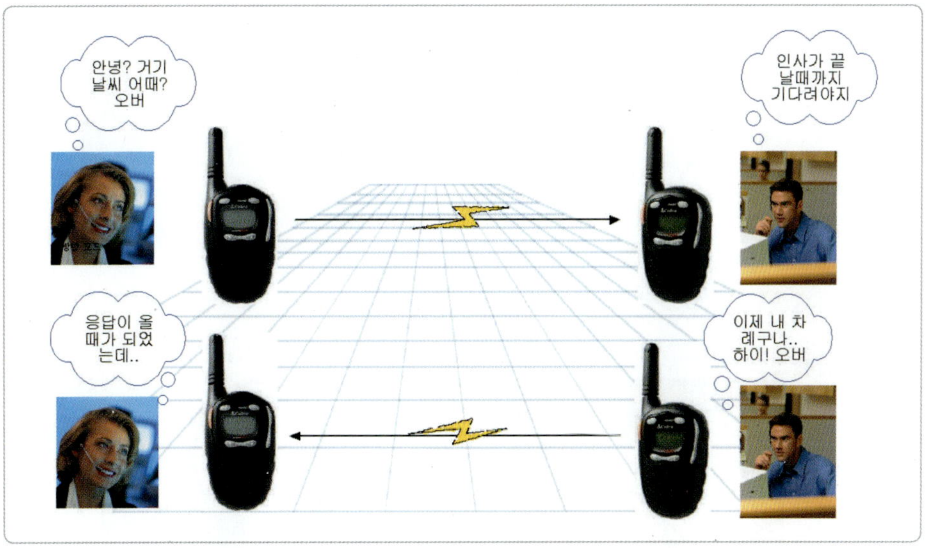

[그림 2-6] 양방향(반이중) 전송방식

전이중 모드는 양방향으로 통행이 가능한 2차선 도로와 비슷합니다. 차들은 기다리지 않고 동시에 양쪽 방향으로 이동할 수 있어서 전송효율이 높고 데이터 양이 많을 때 사용할 수 있지만 반이중 모드에 비해서 회선비용이 늘어날 수 있습니다.

[그림 2-7] 양방향(전이중) 전송방식

Tip **USB(Universal Serial Bus)란?**

USB(Universal Serial Bus)는 범용 직렬 버스로 인텔, 마이크로소프트, 컴팩, DEC, IBM, 캐나다 노텔, NEC 등 7개사가 공동으로 제안한 주변 기기 접속 인터페이스 규격입니다. 규격이 다른 키보드, 마우스, 프린터, 모뎀, 스피커 등을 비롯한 주변 기기 등을 개인용 컴퓨터(PC)에 접속하기 위한 인터페이스의 통일을 목적으로 합니다. PC 본체에 USB 접속기능을 하나만 갖추고 있으면, 주변 기기 등을 최고 127대까지 연결할 수 있습니다. USB를 사용하면 주변 기기 등을 PC와 연결할 때 소프트웨어나 하드웨어를 별도로 설정할 필요 없이 모든 주변 기기를 동일한 인터페이스로 접속하기 때문에 포트 수를 획기적으로 줄일 수 있을 뿐만 아니라, 설치가 간편하고 휴대형 PC의 소형화가 가능하게 되는 장점이 있습니다.

a. USB 허브

b. USB 스토리지

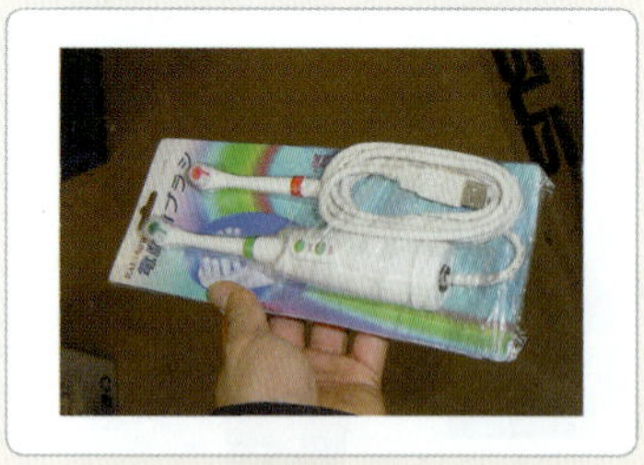

c. USB 전동칫솔

d. USB 커피포트

e. USB 메모리

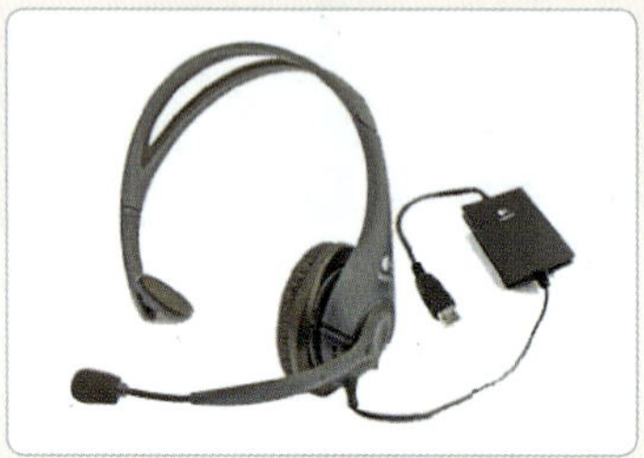

c. USB 전동칫솔

[그림 2-8] 다양한 USB 제품

Tip USB의 역사와 최신 버전인 USB 3.0을 알아볼까요?

1. USB 1.0

1994년 USB 0.7을 시작으로 해서 1996년 인텔, 컴팩, NEC, 마이크로소프트 등에 의해 USB 1.0 규격이 정식으로 제정되었습니다. 이때의 USB는 실용화된 상태가 아닌 단순한 규격에 대한 정의 수준에 머물렀습니다. 1.0은 Low-speed와 Full-speed 두 가지로 나뉘는데 각각 1.5Mbps와 12Mbps의 속도를 가집니다. 1998년 전송규격과 프로토콜, 하드웨어 및 소프트웨어와 관련된 기술이 통합된 USB 1.1 규격이 발표되면서 본격적으로 USB 포트를 지원하는 칩셋이 개발되어 출시되기 시작했습니다.

[그림 2-9] USB 1.0 'Original USB'의 공식 로고(출처: www.usb.org)

2. USB 1.1

1998년에 발표된 USB 1.1은 이전 USB 1.0 규약의 문제점을 해결하여 실용화한 버전입니다. USB 1.1 역시 1.0과 같이 Low-speed와 Full-speed 두 가지 모드에서 각각 1.5Mbps, 12Mbps의 속도를 지원합니다. USB 1.1은 127대의 장치 연결이 가능하며, 최대 5미터 길이의 케이블을 통한 비동기 데이터 전송이 가능합니다. 또한 저전력 장치를 위한 내장식 전원 공급 및 배분이 가능하며 PC 플러그 앤 플레이 기능과 호환이 가능합니다.

3. USB 2.0

USB 2.0은 2000년에 발표되었으며 USB 1.1보다 더 빠른 480Mbps의 속도를 지원합니다. USB 1.0과 1.1과 호환이 가능하고 이들의 기능을 모두 포함할 뿐만 아니라 mini-B라는 소형 커넥터가 새롭게 개발되면서 단순히 PC뿐 아니라 노트북, 디지털 카메라, MP3 플레이어, 휴대폰과 같은 각종 디지털 기기 등에서도 인터페이스 사용이 자유로워졌습니다. USB 2.0은 Hi-speed USB라는 이름으로 가지고 있습니다.

[그림 2-10] USB 2.0 'Hi-speed USB'의 공식 로고(출처: www.usb.org)

4. USB 3.0

Super-speed라 불리는 USB 3.0은 USB 2.0보다 10배가 빠른 5Gbps의 속도를 지원합니다. USB-IF는 2007년 11월 USB 3.0의 사양을 발표하였고, Intel은 2009 CES에서 USB 3.0을 공식적으로 공개하면서 그 뛰어난 성능을 입증했습니다. 2010년부터 3.0 방식을 장착한 부품들과 주변기기 등 관련 제품이 본격 출시되고 있습니다. USB 3.0은 다음과 같은 장점을 지니고 있습니다.

[그림 2-11] USB 3.0 'Super-speed USB'의 공식 로고(출처: www.usb.org)

① 고속 데이터 전송 속도

5Gbps의 데이터 전송 속도를 갖는 USB 3.0은 하드디스크의 전송 방식인 SATA II (3Gbps)보다도 빠르며, 27기가바이트의 HD급 동영상을 70초 만에 전송 가능합니다.

② 전원관리 강화

USB 2.0은 전원 관리를 단순히 연결된 주변기기에서만 이루어졌던 반면, USB 3.0은 저전력 모드에서도 사용 가능하며, 자체적 전원 공급량이 900mA로 늘어나 따로 전원 어댑터를 연결할 필요 없이 주변기기를 연결하여 사용할 수 있습니다. 예컨대, 휴대폰을 충전하면서 동시에 데이터 전송이 가능합니다.

③ 기존 구 버전의 USB와의 호환성

USB 3.0은 USB 1.0, 1.1 그리고 2.0과의 호환성도 보장됩니다. 포트 모양이 기존의 USB와 같고, 듀얼 버스 아키텍처를 사용함으로 인해 물리적으로나 전기적으로 모두 호환이 가능한 것입니다.

④ 효율적인 데이터 전송 방식

데이터 전송 방식은 기존의 5미터보다 더욱 늘어났으며, Full Duplex 방식의 데이터 인터페이스를 사용하기 때문에 업로드와 동시에 다운로드가 가능합니다.

[그림 2-12] Intel에서 공개한 USB 3.0의 인터페이스(출처: Intel)

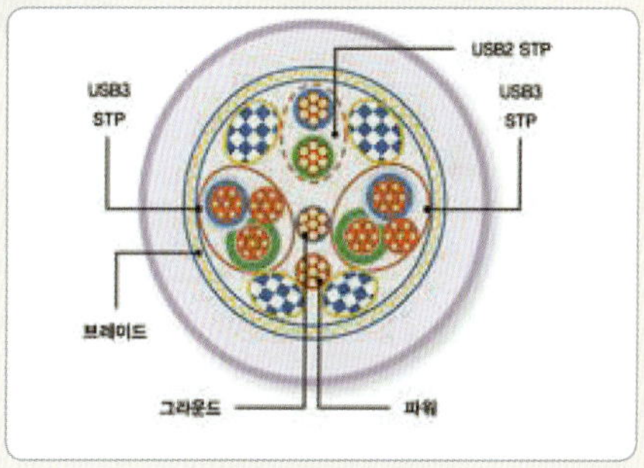

[그림 2-13] USB 3.0의 케이블 단면도(출처: EET-Times Korea www.eetkorea.com)

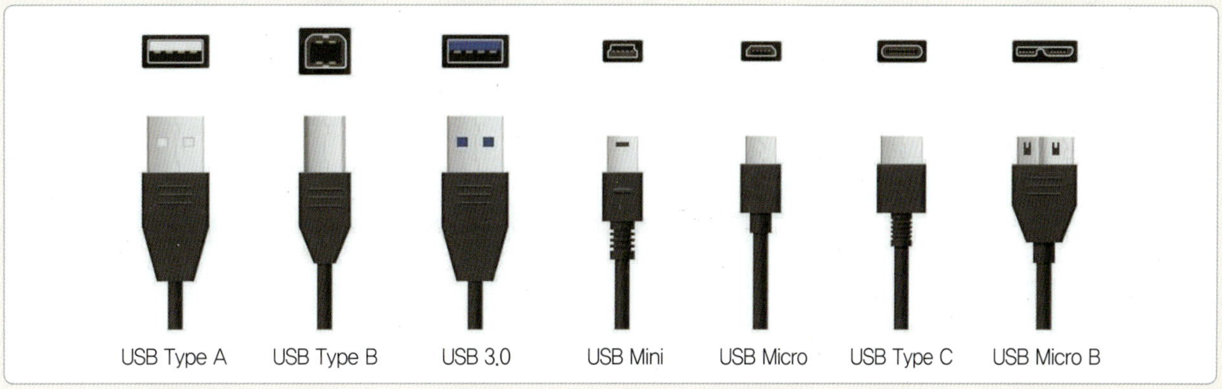

[그림 2-14] USB 커넥터들

이와 같은 USB의 이론상 표준 최고 전송 속도를 보면 다음과 같습니다.

- USB 1.0: Low Speed, 1.5Mbit/s
- USB 1.1: Full Speed, 12Mbit/s
- USB 2.0: High Speed, 480Mbit/s
- USB 3.2 Gen.1: Super Speed, 5Gbit/s
- USB 3.2 Gen.2: Super Speed Plus, 10Gbit/s

2.1.3 비동기식 전송과 동기식 전송을 살펴볼까요?

직렬전송방식은 비동기식 전송방식과 동기식 전송방식으로 나눠집니다. 직렬전송방식은 하나의 전송 회선을 사용해서 디지털 신호를 연속해서 전송하기 때문에, 정확한 송수신을 하기 위해서는 데이터의 시작과 끝에 관한 정보를 수신측에서 알 수 있어야 합니다. 이때 송수신측이 미리 약속한 패턴을 이용하여 데이터의 송수신 타이밍을 일치시키는 것을 동기식 전송이라고 하고, 송수신 간에 동기를 맞추지 않고 문자 단위로 전송하는 방식을 비동기식 전송이라고 합니다.

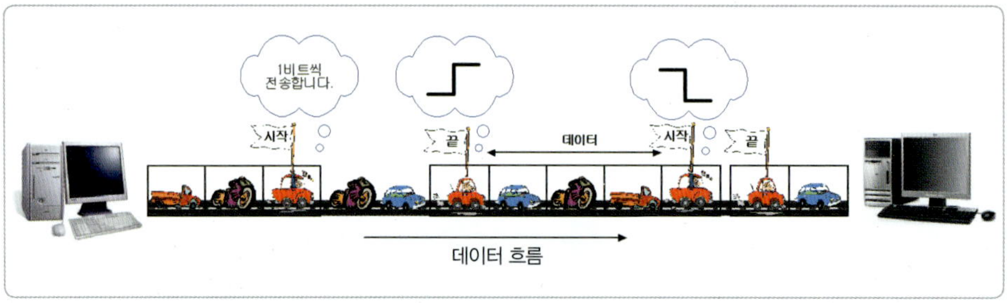

[그림 2-15] 비동기식 전송

비동기식 전송방식은 전송하고자 하는 정보가 듬성듬성 발생하는 경우에 주로 사용되는 방식입니다. 대표적인 예로는 컴퓨터 통신에서 사용자가 키보드를 통해 입력하는 정보를 전송하는 경우입니다.

또 연속적으로 입력되는 각각의 문자들 간에도 서로 다른 시간 간격이 존재합니다. 따라서 비동기식 전송방식에서는 1블록, 즉 1문자가 전송될 때마다 데이터의 앞뒤에 시작비트와 정지비트를 첨부해서 전송하고 수신측에서는 이러한 정보를 이용해서 데이터의 시작과 끝을 판별합니다.

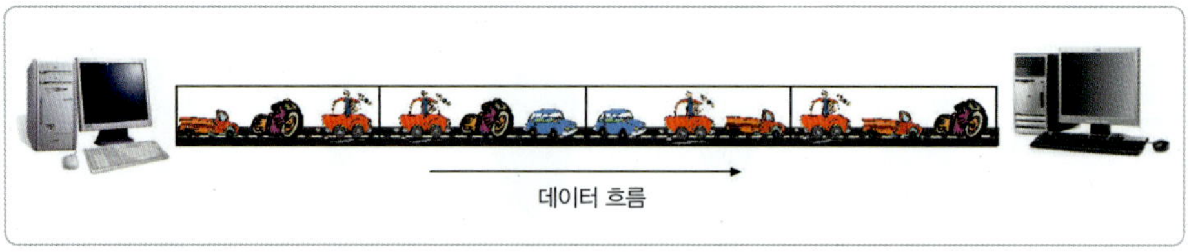

[그림 2-16] 동기식 전송

동기식 전송방식은 미리 정해진 수만큼 데이터를 한 묶음으로 만들어서 일시에 전송하는 방식입니다. 시작비트와 정지비트나 데이터 간 간격 없이 차례대로 비트를 전송하기 때문에 데이터는 끊이지 않는 0과 1의 문자열로 전송이 됩니다. 수신측은 이 문자열을 차례대로 수신한 후 바이트나 문자들로 분리해서 의미 있는 데이터로 재구성하게 됩니다.

데이터를 한꺼번에 대규모로 보내는 파일의 업로드와 다운로드를 하는 경우가 동기식 전송의 대표적인 예입니다. 송신측에서는 미리 정해진 수만큼의 블록을 구성하여 일시에 전송을 하게 되고, 수신측에서는 블록의 시작과 끝을 식별하기 위한 프레임 레벨의 동기화가 요구됩니다. 여기서 프레임이란 데이터와 각종 제어정보를 합친 것을 말합니다. 데이터 블록을 일련의 문자들로 구성하고 데이터 블록의 시작과 끝을 알리기 위해서 전송제어 문자를 사용합니다.

동기식 전송은 비동기식에 비해 속도가 빠르고 전송효율이 높다는 장점을 가지고 있습니다. 그리고 수신측에서 문자 단위로 제거해야 할 별도의 데이터가 없고, 많은 양의 데이터를 한꺼번에 보낼 수 있기 때문에 비동기식 전송에 비해서 더 빠릅니다. 이러한 이유로 동기식 전송은 컴퓨터와 컴퓨터 사이의 고속 데이터 전송 같은 응용에 더욱 유용합니다. 하지만 수신측에서는 데이터를 조립할 수 있도록 하는 별도의 저장 공간이 필요하므로 가격이 다소 높은 것이 단점입니다.

Tip SATA(Serial Advanced Technology Attachment)가 뭔가요?

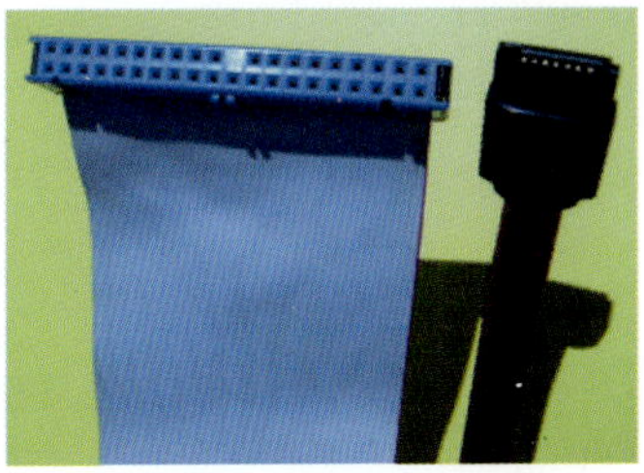

[그림 2-17] IDE 방식 케이블(40핀)과 SATA 케이블(6핀)

[그림 2-18] SATA 케이블 설치 모습

SATA는 하드디스크(HDD), DVD 및 CD-RW 등을 연결하는 접속규격입니다. 이전에는 주로 IDE 방식을 사용했으며 40개의 전송선을 사용하는 병렬 인터페이스(PATA)를 사용하였습니다. SATA 방식은 직렬 인터페이스인 6개의 전송선을 사용하고, 데이터 전송속도도 IDE 방식의 UDMA(Ultra Direct Memory Access)/66보다 세 배 가량 더 빠른, 최고 1.5Gbps까지 가능한 전송방식입니다.

SATA 또는 직렬 ATA(Serial ATA)는 흔히 사타라고 발음합니다.

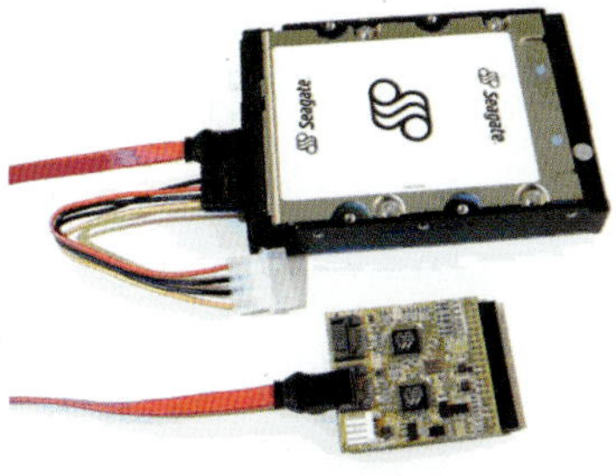

[그림 2-19] SATA 타입 하드디스크

[그림 2-20] SATA2 방식의 케이블을 연결한 모습

[그림 2-21] SATA 데이터케이블(左), 15핀 SATA 전원커넥터(右)

한편, 하드디스크드라이브(HDD)의 주된 인터페이스인 SATA는 기존 SATA2에서 전송속도가 두 배 빨라진 SATA3로 시장 표준이 바뀌고 있습니다. PC에서 처리해야 할 데이터의 급증과 더불어 인텔의 프로세서들이 SATA3를 지원하기 시작하면서 변화가 가속화되는 양상입니다.

[그림 2-22] SATA3를 지원하는 하드디스크

[그림 2-23] SATA3를 지원하는 샌디브릿지

SATA3 인터페이스는 6Gbps의 전송속도를 지원하며, 이는 3Gbps인 SATA2 방식의 두 배로 오디오와 비디오 성능 및 전원관리 기능도 개선되었습니다. 신호선 선을 늘려 속도를 높인 USB 3.0와 달리 SATA3은 데이터의 전송속도만 높여 속도를 향상시킨 규격입니다. 통행량을 늘리려고 차선 확장 공사를 한 도로가 USB 3.0이라면 SATA 6Gbps는 진출입로 개선으로 제한 속도를 높인 도로인 셈입니다.

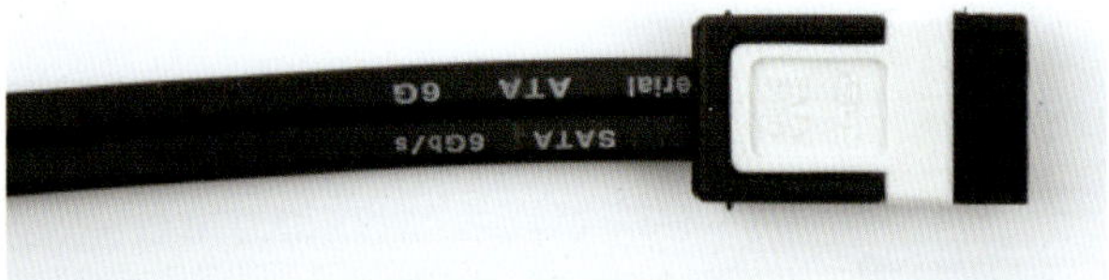

[그림 2-24] SATA3 인터페이스 케이블

〈표 2-1〉 SATA 버전별 처리속도

구 분	SATA1	SATA2	SATA3
속 도	1.5Gbps	3.0Gbps	6.0Gbps

2009년 9월 Serial ATA International Organization은 새로운 미니 SATA 방식을 발표합니다. 더 작은 솔리드 스테이트 드라이브를 요구하는 노트북 등의 장치를 위한 방식입니다. 이 방식은 miniSATA 방식과 microSATA 방식으로 나뉘기도 합니다. 이에 앞서서는 2004년 중반에 외장 SATA(external SATA, eSATA) 표준을 발표하는데, 다른 종류의 케이블과 커넥터를 사용하며, 전기적 요구 사양도 외장 용도에 맞게 개정하였습니다. 즉, 최소 송신 전압을 400~600mV에서 500~600mV로 조정하였으며, 수신 전압은 325~600mV에서 240~600mV로 조정하였고, 프로토콜과 시그널링은 기존과 동일하고 케이블의 최대 길이는 2미터로 하였습니다.

[그림 2-25] 2.5인치 SATA 위에 올려져 있는 mSATA SSD

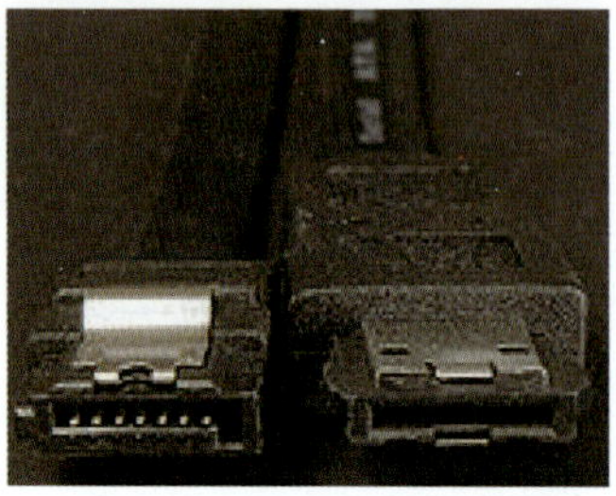

[그림 2-26] SATA(왼쪽)와 eSATA(오른쪽) 커넥터

[그림 2-27] eSATA 포트

Tip • SATA 하드로 RAID(Redundant Array of Independent Disks) 구성하기

RAID란 두 개 이상의 하드디스크를 조합하여 한 개의 논리 디스크를 만드는 방식입니다. RAID는 다양한 구성 방식을 가지며 하드디스크의 성능을 향상시키고 기계적인 결함으로부터 데이터를 안전하게 보관할 수 있는 장점이 있습니다.

RAID 0 방식은 데이터 스트리핑이라고 불리며 두 개 이상의 동일한 하드디스크를 최적화하여 데이터를 병렬로 읽고 씁니다. 두 개 이상의 하드디스크가 하나의 디스크처럼 동시에 작업을 수행하여 데이터 전송속도를 두 배 이상으로 늘리므로 데이터 접근 및 저장 속도가 향상됩니다.

RAID 1 방식은 디스크 미러링이라고 불리며 두 개의 하드디스크에 동일한 이미지가 저장됩니다. 따라서 하나의 드라이브가 고장이 나더라도 완전한 사본이 저장되어 있는 나머지 드라이브를 사용해서 시스템에 대한 신뢰성을 제공할 수 있습니다.

일반적으로 RAID 0 스트라이프로 사용하였을 경우 1개의 하드디스크만을 사용한 경우보다 약 50% 정도 성능 향상을 꾀할 수 있다고 합니다.

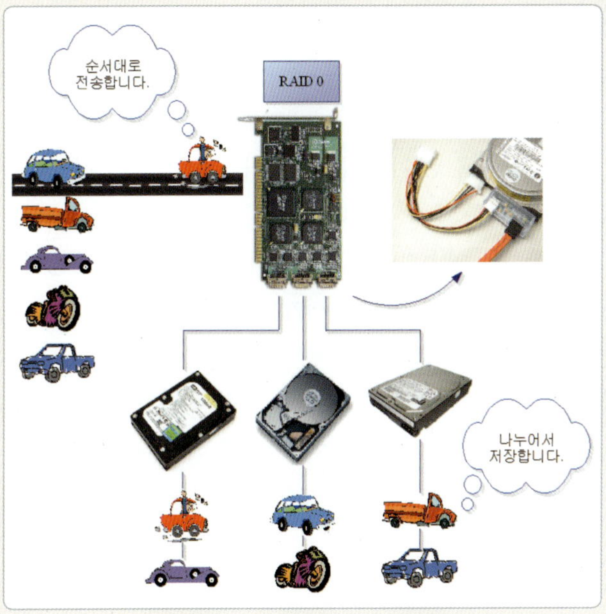

[그림 2-28] RAID 0 방식

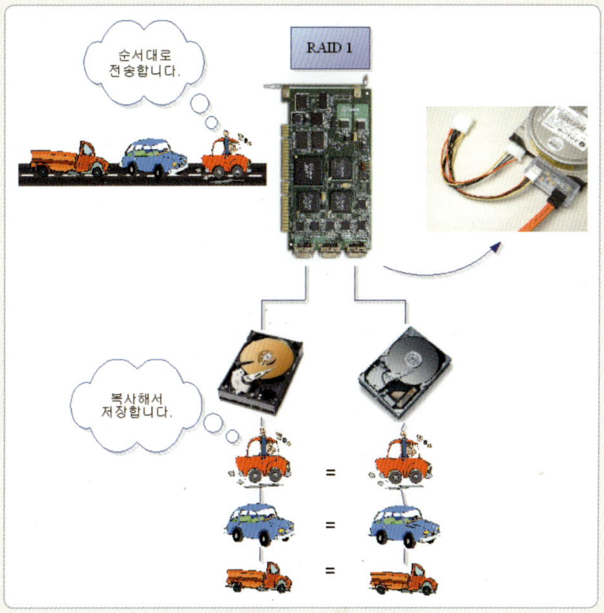

[그림 2-29] RAID 1 방식

〈표 2-2〉 RAID 구성별 특징 비교표

RAID 구성	RAID 0	RAID 1	RAID 5	RAID 6	RAID 10	RAID 50	RAID 60
최소 디스크 수	2	2	3	4	4	6	8
내 고장성	없음	1개 디스크	1개 디스크	2개 디스크	서브 어레이 당 1개 디스크	서브 어레이 당 1개 디스크	서브 어레이 당 1개 디스크
읽기 성능(정상)	높음	높음	높음	높음	높음	높음	높음
쓰기 성능(정상)	높음	중간	낮음	낮음	중간	중간	중간
읽기 성능(장애)	N/A	중간	낮음	낮음	높음	중간	중간
쓰기 성능(장애)	N/A	높음	낮음	낮음	높음	중간	낮음
디스크 공간 활용률	100%	50%	67~94%	50~88%	50%	67~94%	50~88%
비고	고성능을 요구하는 실시간 렌더링 데이터나 로그와 같은 임시 저장 성격의 데이터에 적합	주로 운영체제 드라이브에 사용	고성능을 요하지 않는 데이터베이스나 웹 서비스 등에 적합	데이터 저장(아카이빙) 및 백업 데이터에 적합	고성능을 요하는 데이터베이스나 애플리케이션 서버 데이터에 적합	비교적 큰 용량을 요하는 데이터베이스, 파일 서버 및 애플리케이션 서버 데이터에 적합	데이터 저장(아카이빙) 및 백업 데이터에 적합

2.2 아날로그 전송과 디지털 전송을 알아보도록 할까요?

온도, 기압, 밝기 등 자연에 존재하는 물리적인 상태의 대부분이 아날로그라고 할 수 있습니다. 이러한 상태를 어떤 단위로 표현하는 것을 디지털이라고 합니다.

데이터는 아날로그 혹은 디지털 형태가 될 수 있습니다. 아날로그 신호는 크기(전압, 전류 등)가 시간과 함께 연속적으로 변화하는 신호를 말합니다. 반면에 디지털 신호는 전압 또는 전류의 상태가 단위 변화량의 정수배로 표시되며, 그 사이의 상태는 모두 무의미한 상태가 됩니다. 즉, '전압이 있는 상태'와 '전압이 없는 상태' 또는 '전압이 높은 상태'와 '전압이 낮은 상태'와 같이 몇 가지의 상태밖에 존재하지 않고, 이러한 상태 조합에 의해 다른 모든 정보들을 신호로서 나타내려고 하는 것입니다. 예를 들어, 전압이 있는 상태를 '1', 없는 상태를 '0'으로 나타냅니다. 즉, 디지털 신호에서 '1'과 '0'의 중간 영역은 정보로서의 의미를 갖지 못합니다.

아날로그 신호는 부드럽게 변화하는 연속적인 파형입니다. 어떤 파형이 A 값에서 B 값으로 변화한다면, 아날로그 값은 A와 B 사이의 무한개의 값을 가진다고 할 수 있습니다. 반면에 디지털 신호는 이산적이며 1, 0과 같이 제한된 값만을 가질 수 있습니다.

정보원에 의해 생성된 정보는 다시 전송매체의 특성에 따라 적합한 형태의 전송신호로 변환되어 전송됩니다. 데이터와 전송신호는 각각 아날로그와 디지털 형태가 될 수 있으므로, 전송 시에는 이들을 조합한 4가지 형태의 통신이 가능합니다.

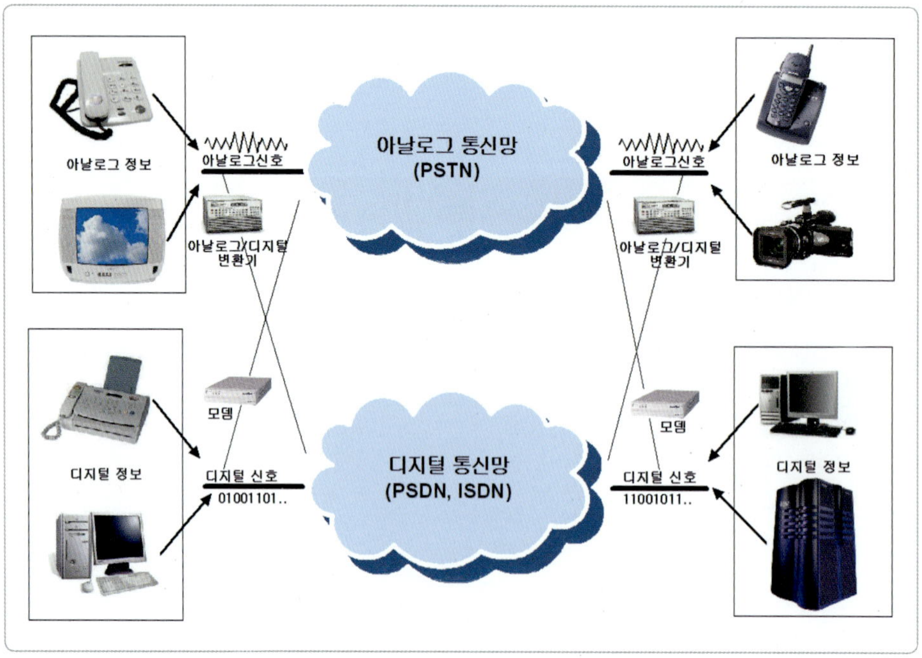

[그림 2-30] 아날로그 통신망과 디지털 통신망

지원하는 신호의 형태에 따라서 통신망을 구분하면 전화망과 같은 아날로그 통신망과 데이터통신 및 디지털 통신망으로 구분할 수 있습니다.

디지털 정보를 아날로그 통신망을 통해 전송하기 위해서는 모뎀을 사용해서 디지털 정보를 아날로그 신호로 변환하여야 합니다. 반대로 아날로그 정보를 디지털 통신망을 통해 전송하기 위해서는 아날로그-디지털 변환기를 사용해서 아날로그 정보를 디지털 신호로 변환하여야 합니다.

2.2.1 아날로그 전송이란?

[그림 2-31] 음성정보의 아날로그 전송

[그림 2-32] 아날로그 LP(Long-playing record) 플레이어

아날로그 전송은 아날로그 신호를 전송하는 것을 말합니다. 아날로그 신호는 일정 거리를 전송되고 나면 잡음 등의 영향으로 신호의 세기가 줄어들기 때문에 신호증폭기를 사용하여 전송신호의 크기를 증폭시켜 줘야 합니다. 그러나 잡음 신호도 같이 증폭된다는 단점이 있습니다. 음성과 같은 아날로그 데이터를 아날로그 신호로 전송하고자 하는 경우에는 전화를 통해서 음성을 전기적인 신호로 변환하여 전송하게 됩니다. 컴퓨터에서 사용되는 디지털 데이터를 아날로그 신호로 전송하고자 하는 경우에는 모뎀과 같은 장치가 필요합니다.

2.2.2 디지털 전송이란?

[그림 2-33] 디지털 CD(Compact Disk) 플레이어

디지털 전송은 전송 시에 에러 확률을 감소시킬 수 있다는 장점 때문에 대부분의 전송 시스템에서 사용되고 있습니다. 디지털 전송은 전송장비 간에 펄스 형태의 디지털 신호로 전송하고 수신 시에 정확하게 구별할 수 있기 때문에 에러 확률을 대폭 감소시킬 수 있습니다. 물론 디지털 전송에서도 신호의 품질 저하 및 전송에러는 발생할 수 있습니다.

데이터를 전송할 때 일반적으로 전송길이에 비례해서 에러 가능성이 높아지는데 신호의 증폭만으로는 이러한 문제를 해결할 수가 없습니다. 따라서 디지털 전송에서는 일정한 간격으로 리피터(Repeater)를 설치하여 왜곡되고 손상된 신호를 원래의 형태로 재생시켜 에러가 발생할 가능성을 줄이게 됩니다.

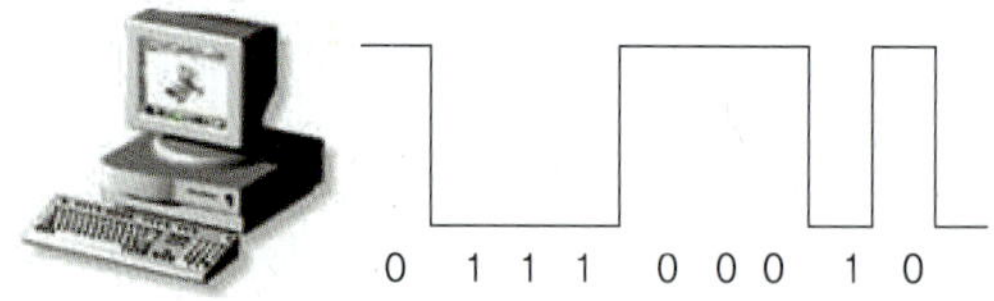

[그림 2-34] 디지털 전송

2.3 다중화 전송방식의 이해는 필수랍니다

2.3.1 정보의 다중화란?

단거리 통신에서는 정보 전송을 위해서 하나의 통신 장치가 전송회선을 모두 점유해도 큰 문제가 되지 않지만, 원거리 통신의 경우 모든 통신 장치마다 전용회선을 사용하는 것은 여러 가지 측면에서 불합리한 일입니다. 이러한 이유로 하나의 전송회선에 여러 개의 전송신호를 모아서 함께 전송하는 것을 일반적으로 다중화(Multiplexing)라고 합니다. 송신측에서는 여러 개의 통신장치들로부터 나오는 신호들을 통합하여 하나의 전송회선을 통해 전송하고, 수신측에서는 다시 여러 개의 신호로 분리하여 사용하는 것이 다중화의 기본 원리입니다. 다중화에서 물리적인 전송매체는 하나이지만, 이것을 여러 개의 채널(차선)로 나누어 여러 개의 신호를 동시에 전송합니다. 즉, 링크는 하나이지만 채널은 여러 개일 수 있습니다. 다중화 방식은 크게 아날로그 신호에 사용되는 주파수 분할 다중화(FDM) 방식과 디지털 신호에 사용되는 시분할 다중화(TDM) 방식으로 나누어집니다.

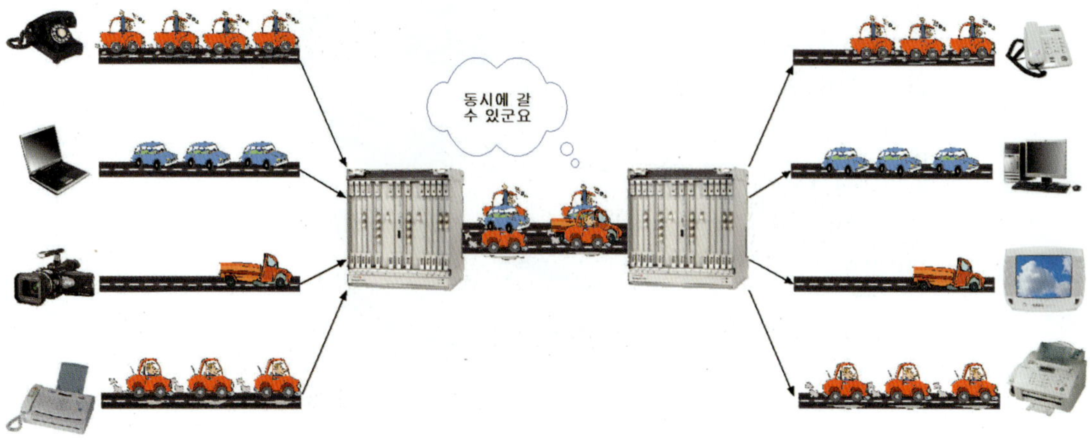

[그림 2-35] 다중화 개념도

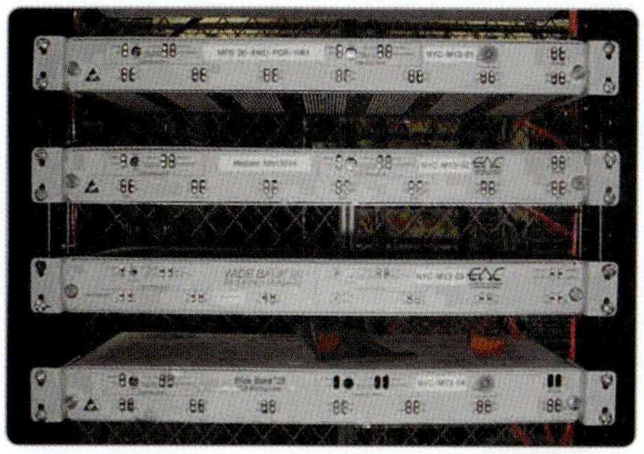

[그림 2-36] DS3 다중화 장치

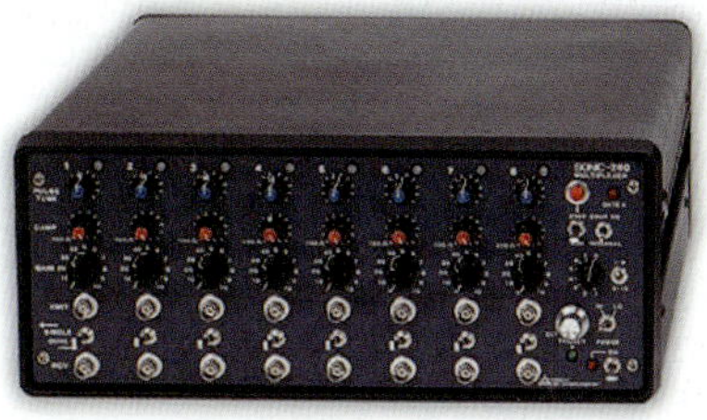

8채널 초음파 다중화기
- 1~8 채널, 보조 다중화기로 16채널까지 가능
- 채널당 50dB의 음량
- 각 채널마다 50~500ns 펄스

[그림 2-37] Sonic 260 다중화 장치

2.3.2 다중화 전송방식의 종류가 많군요

주파수 분할 다중화(FDM: Frequency Division Multiplexing)는 전송해야 할 아날로그 신호들의 대역폭이 전송매체의 대역폭보다 작을 때만 사용이 가능합니다. 주파수 분할 다중화에서는 전송하고자 하는 각각의 신호를 서로 상이한 주파수로 변조하고 이것들을 합한 혼성신호를 만들어 전송하게 됩니다. 이 경우에 각각의 주파수의 대역폭은 서로 겹치지 않도록 설정해야 하겠지요?

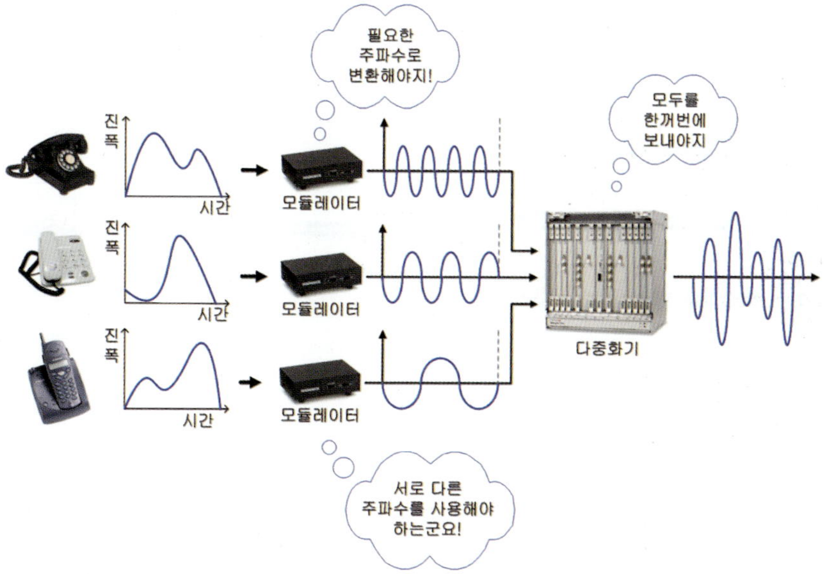

[그림 2-38] 주파수 분할 다중화

수신측에서는 특정 주파수 대역만을 통과시키는 대역통과 필터를 이용하여 각각의 신호를 분리하고, 분리된 각각의 신호로부터 원래의 신호를 추출하기 위한 복조를 수행합니다. 주파수 분할 다중화를 사용하는 가장 일반적인 예는 공중전화망과 아날로그 텔레비전 및 라디오 방송이 있습니다.

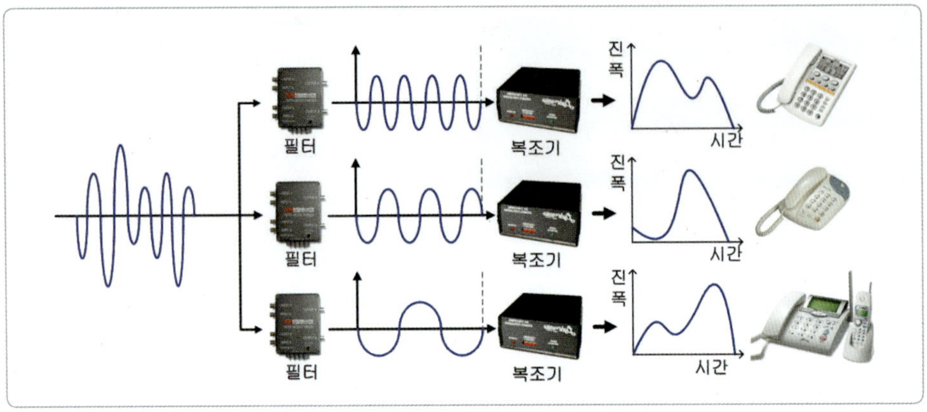

[그림 2-39] 주파수 분할 역다중화 – 복조

시분할 다중화(TDM: Time Division Multiplexing)는 전송 시간을 여러 개의 시간 슬롯 단위로 나누고, 다시 이것을 임의의 채널에 할당하는 방식으로 디지털 고속회선에 사용되는 방식입니다. 예를 들어, 10개의 채널에서 1초마다 데이터를 보낸다고 하면 시분할 다중화기는 1/10초마다 각 채널의 데이터를 전송하게 됩니다.

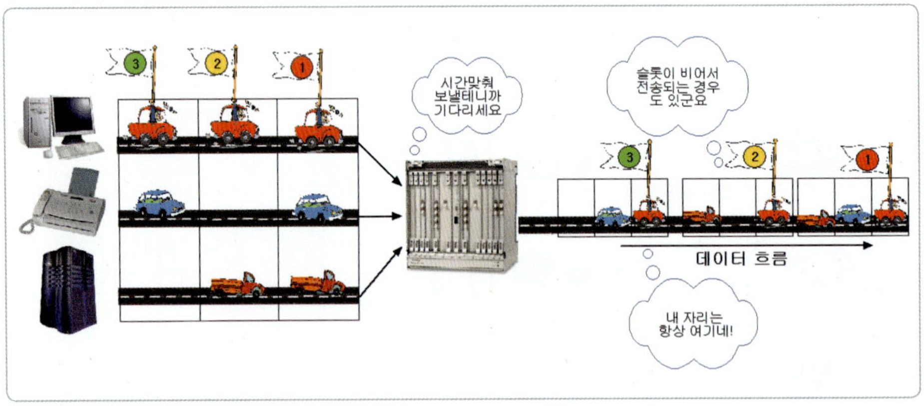

[그림 2-40] 시분할 다중화

송신측에서는 전송하고자 하는 정보를 버퍼에 저장한 다음에 이를 순차적으로 읽어서 전송합니다. 수신측에서는 전송된 프레임 내에서 해당하는 시간슬롯을 추출하여 원래의 데이터를 복원한 후 해당 통신장치에 전달합니다.

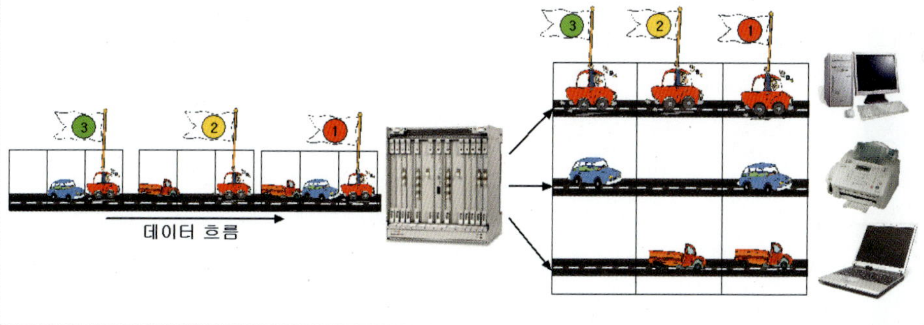

[그림 2-41] 시분할 역다중화

그러나 동기식 시분할 다중화 방식에서는 각 채널의 시간슬롯이 고정적으로 할당되므로 해당 채널에서 전송할 정보가 없는 경우에도 시간슬롯이 자동으로 할당되어 빈 슬롯이 전송된다는 문제점이 있습니다. 이러한 전송 시간의 낭비를 개선하기 위한 방법으로 전송할 정보가 있는 경우에만 시간슬롯을 할당하는 비동기식 시분할 다중화 방식도 있습니다.

Tip SSD

[그림 2-42] 1956년 IBM에서 최초로 개발한 RAMAC 350 하드디스크(5M 용량)

[그림 2-43] 2.5인치 하드디스크(HDD)와 SSD 내부

SSD는 Solid State Disk(또는 Drive)의 약자입니다. Solid State는 고체 상태의 반도체인 실리콘을 뜻하기 때문에 SSD는 반도체를 이용하여 정보를 저장하는 장치라는 의미를 갖습니다.

하드디스크(HDD: Hard Disk)는 플래터라는 자기 디스크에 자기적으로 데이터를 저장합니다. 데이터를 읽거나 쓰기 위해서는 플래터를 고속으로 회전시키고 데이터를 읽어내는 헤드(바늘, 비접촉성)가 물리적으로 데이터가 기록된 위치까지 이동하는 방식을 사용하기 때문에 이동에 다소 많은 시간이 소요되며 성능에 한계가 있을 수 밖에 없습니다. 두 개의 연관된 데이터가 서로 물리적으로 떨어진 위치에 기록된 경우, 두 개의 데이터를 읽기 위해 헤드는 쉴새 없이 움직여야 한다는 의미입니다. 또한 고속으로 데이터를 읽고 쓰기 위해서는 전력 소모량과 소음이 증가하게 되며 외부 충격에도 많은 영향을 받게 됩니다.

[그림 2-44] miniSATA 인터페이스 SSD와 3.5인치 하드디스크

그 동안 CPU나 그래픽카드, 메모리 같은 부품들은 엄청나게 속도가 빨라졌지만 하드디스크 속도는 상대적으로 엄청나게 느린 편입니다. 따라서 컴퓨터 성능을 올리는데 가장 큰 걸림돌이 하드디스크였습니다. 이러한 문제들을 해결하고자 2000년대 중반 플래시 메모리를 하드디스크처럼 사용하고자 하는 SSD가 등장하게 되었습니다.

SSD의 경우 데이터는 플래시 메모리에 저장되며 지연시간 없이 즉각적인 읽고 쓰기가 가능하므로 매우 빠른 처리속도를 제공합니다(실제 지연시간은 약 0.1ms 정도로 하드디스크의 1/100 수준입니다). 또한 데이터가 여기저기 분산되어 있는 경우에도 지연시간이 전혀 늘어나지 않습니다. 또한 소음, 발열문제나 전력 소모량이 획기적으로 줄어드는 장점이 있고 충격에도 상대적으로 강한 편입니다. SSD가 장착된 노트북과 같은 장치는 운영 중에 이동해도 문제가 생길 확률이 적습니다.

대용량을 구현하기 위해 SSD는 여러 개의 플래시에 동시에 데이터를 읽거나 쓸 수 있도록 별도의 컨트롤러가 필요합니다. 이 컨트롤러가 SSD 성능을 좌지우지 하는 가장 중요한 요소라 할 수 있습니다. 플래시 메모리의 특성상 SSD의 수명은 읽고 쓰기를 10만 번 할 수 있다고 하는데 SSD 전체를 골고루 사용하는 방법을 사용하기 때문에 5~10년 정도는 무난하게 사용할 수 있다고 하고 오히려 하드디스크보다 내구성이 더 뛰어납니다.

SSD의 단점은 비싼 가격과 상대적으로 작은 용량이라고 할 수 있습니다. 그러나 SSD 수요가 폭발적으로 증가하면서 가격과 용량 부분도 빠른 시간 내에 하드디스크와 비슷한 수준이 될 것으로 전망됩니다.

SSD의 핵심 구성요소인 플래시 메모리를 만드는 방법도 지속적으로 발전하고 있습니다. 낸드(Nand) 플래시를 활용한 SSD의 경우에는 성능저하 문제와 용량 제한 문제, 그리고 내구성에도 한계가 있었습니다. 플래시 메모리를 만들 때 하나의 기억소자에 1비트의 데이터만 저장하는 방식을 SLC(Single Level Cell)이라고 하며 2비트 이상을 저장하는 방식을 MLC(Multi Level Cell)이라고 합니다. 보통 MLC 방식은 구조가 복잡해서 성능을 내기가 어렵다고 합니다. 그러나 새롭게 등장한 플래시 모듈 드라이브(FMD: Flash Module Drive) 기술이 이러한 문제들을 해결해 줄 것으로 기대되고 있습니다.

〈표 2-3〉 종류별 SSD 특징 비교

구분	SLC(Single Level Cell)	MLC(Multi Level Cell)	TLC(Triple Level Cell)	QLC(Quad Level Cell)
용도	저장속도와 내구성 위주	적절한 용량과 속도, 내구성 위주	대용량 위주	일회용 보급 및 판촉용
읽기	NOR에 비해 느림	SLC보다 느림	MLC보다 느림	TLC보다 느림
쓰기	단일 비트 저장으로 빠름	2비트 동시기입으로 느림	3비트 동시기입으로 매우 느림	4비트 동시기입으로 굉장히 느림
수명	약 최대 10만회	약 최대 1만회	약 최대 1천회	약 최대 100회
가격(용량 대비)	고가	보통	저가	최저가

Tip NVMe(Non-Volatile Memory Express)

NVM 익스프레스(NVM Express, NVMe)는 PCI 익스프레스(PCIe) 버스에 부착된 비휘발성 기억 매체 접근을 위한 논리 장치 인터페이스 사양입니다.

NVMe는 PCIe가 제공하는 높은 대역폭을 활용하는 커뮤니케이션 인터페이스 및 드라이버로서, 성능과 효율성을 높이도록 설계되어 기업 및 클라이언트 시스템의 상호 운영을 가능하게 합니다. 또한 SSD를 위해 설계되어 폼팩터의 제약을 받지 않고 고속 PCIe 소켓을 사용하여 스토리지 인터페이스와 시스템의 CPU 사이에서 통신을 수행합니다. 그 결과 SAS와 SATA 프로토콜과 비교했을 때 성능은 크게 높아지고 지연시간은 감소하였습니다.

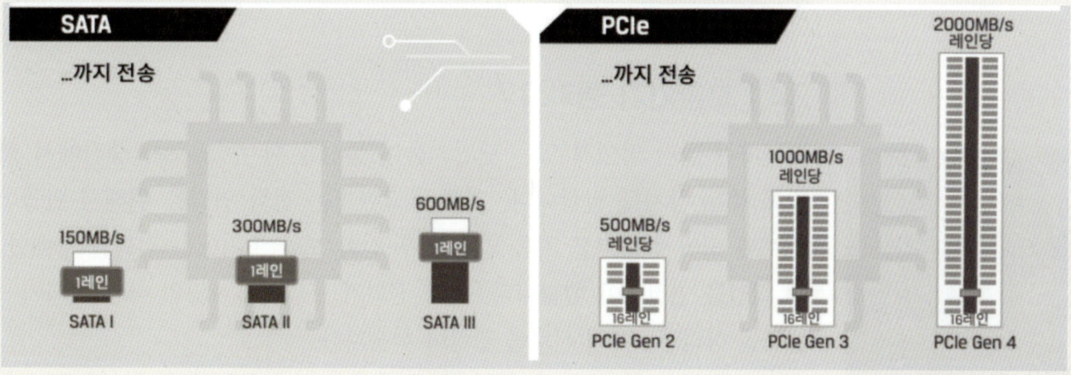

SSD는 기존의 SATA 스토리지를 편리하게 사용할 수 있도록 만들어졌기에 속도가 느렸습니다. 그러므로 16Gbps로 SATA 버스가 진화하였으나 상업적으로는 모두 6Gbps로 구현되었습니다. 이에 반하여 PCIe 3.0의 처리량은 16Gbps, PCIe 4.0은 3.0의 2배에 이르고 있습니다. 최대 16 레인을 제공하고 최대 32,000MB/s로 데이터를 전송할 수 있습니다. 이에 반하여 SATA III의 경우는 600MB/s가 최대입니다. 그러므로 기존의 높은 대역폭 버스 활용을 위하여 SATA 프로토콜은 PCIe 기술로 대체되었습니다.

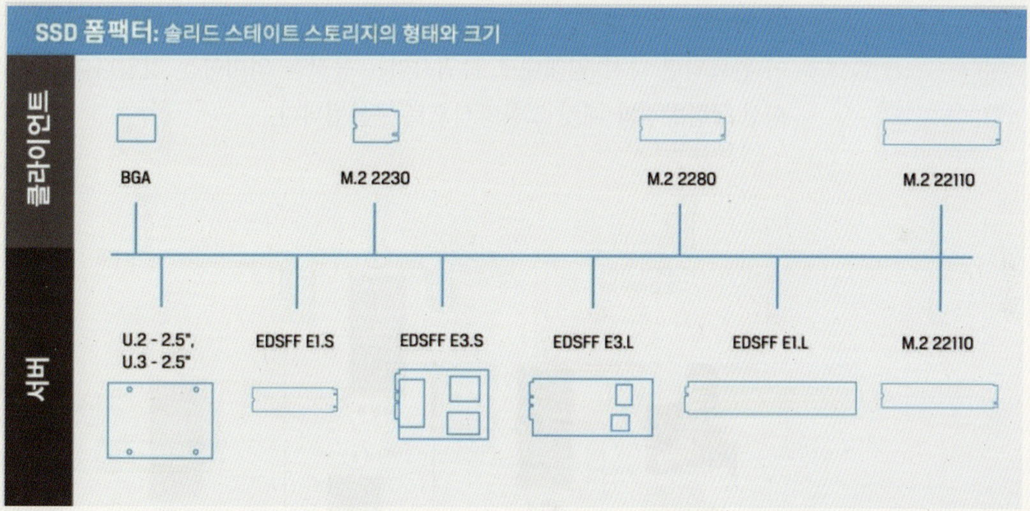

NVMe SSD는 사용 사례나 애플리케이션에 따라

① 개인 및 클라이언트는 BGA와 M.2 폼팩터를 사용하며,

② 데이터센터 및 서버 애플리케이션은 M.2, U.2, U.3 그리고 EDSFF 폼팩터를 사용합니다.

동일한 프로토콜(NVMe), 동일한 인터페이스(PCIe)를 공유하고, 자체 에지 커넥트(SFF-TA-1002), 핀 아웃과 기능(SFF-TA-1009)을 사용한 폼팩터와 표준을 역동적인 범위로 제공하는 EDSFF(Enterprise and Datra Center SSD Form Factor) 내에서 표준과 개발이 진행되어 오고 있습니다.

2.4 교환기술을 알아볼까요?

2.4.1 교환기가 뭔가요?

[그림 2-45] 1930년대 뉴욕의 전화 교환원

교환기란 멀리 떨어져 있는 단말기들이 통신을 할 수 있도록 중간에서 회선들을 연결해 주는 장치를 말합니다. 최초의 교환기는 전화 연결을 위해서 만들어졌습니다. 1876년 벨이 전화기를 처음 발명한 후 전화 보급 초기에는 전화를 구매한 사람이 직접 회선을 연결해야 했습니다. 만약 전화기 구입자가 n명의 다른 전화기 소유자들과 통화를 하려면 n개의 선로를 깔아야 했습니다.

하지만 이러한 그물 형태의 전화선 연결은 전화기가 점점 많아짐에 따라 많은 구축 비용이 발생하였고, 회선 관리에 어려움이 있어 전화선을 중간에서 연결시켜 주는 교환기의 필요성이 생겨났습니다.

모든 전화기들을 직접 연결하지 않고 교환기를 이용하여 통신망을 구축하면 n개의 전화기가 있을 때 전화기 숫자만큼의 전용회선만 있으면 연결이 가능하므로 경제적인 통신망의 구축이 가능합니다. 이러한 통신망을 교환망이라고 합니다. 여기서 교환이란 임의의 전화기에서 발생된 통신요청을 감지하여 다른 전화기와 연결해주고, 통신이 완료되면 다시 원래대로 복귀시키는 동작을 의미하는 것입니다. 교환방식은 크게 회선 교환방식과 패킷 교환방식으로 구분됩니다.

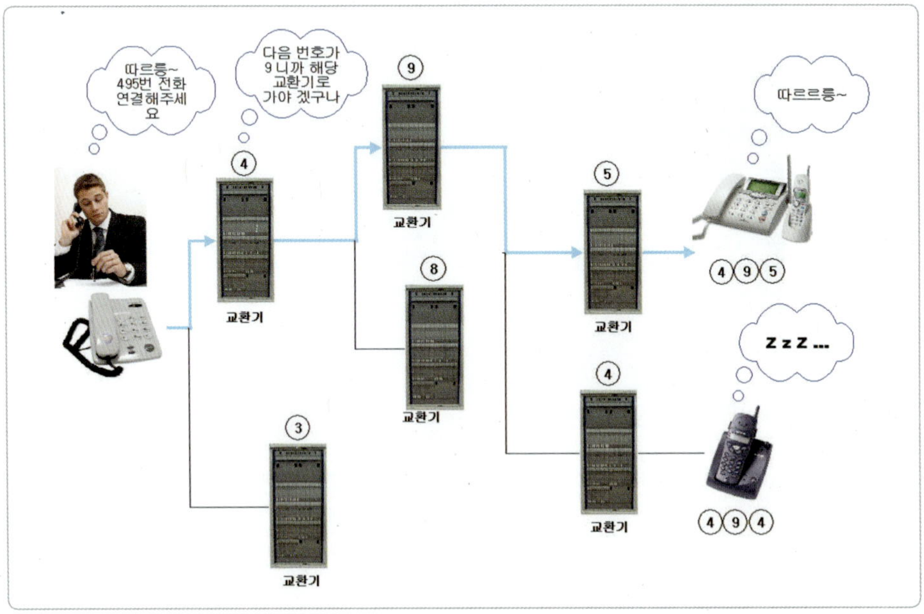

[그림 2-46] 단계식 교환기 구성

Tip 교환기의 역사

[그림 2-47] 최초로 발명한 전화기를 시연하는 벨

1876년에 벨은 음성을 전기로 전달하는 데 성공하였습니다. 실험을 하던 중에 전원으로 사용하던 배터리용 황산그릇을 잘못 건드려 황산이 그의 옷에 쏟아지는 바람에 전화선을 타고 처음 흐른 말은 "왓슨 군, 이리로 와주게. 자네가 필요하네."라는 황급한 목소리였습니다.

벨의 전화기 발명으로 시작된 음성통신은 수동교환기의 개발로 본격화되었습니다. 뒤이어 기계식 자동교환기의 개발로 음성통신은 더욱 발전되었고, 전자교환기 탄생으로 폭발적인 증가를 보이게 됩니다. 디지털 교환기의 개발은 지능망이나 종합정보 통신망과 같은 차세대 디지털망으로의 전환의 모태가 되었습니다.

최초의 전화기가 발명되어 보급되자 특정한 두 사람 사이의 통화뿐만 아니라, 여러 곳에 산재된 전화기와도 자유로운 통화 요구가 생겨났습니다. 1878년에 미국 코네티컷 주 뉴헤이븐 시에 상용 자석식 교환대(Magneto-Switch board)가 설치되었으며, 전체 21대의 가입자 중 11대의 주택용을 수용하게 되었습니다. 자석식 교환대의 최초 형식은 단식 교환대였습니다. 그러나 한 사람의 교환원이 100~200회선밖에 취급할 수 없어서 여러 가지 곤란을 느끼게 되어 복식 교환대가 탄생되었습니다. 복식 교환대는 1882년 웨스턴 사의 퍼만(L. B. Firman)이 고안하였습니다.

교환수에 의한 수동교환방식 역시 가입자 수의 증가에 따라 금방 한계에 도달했습니다. 장의사를 경영하고 있던 스트로우저(A.B. Strowger)는 어느 날 친한 친구의 죽음을 장례가 끝난 후에야 알게 되었는데, 그 이유는 그 지역 교환원이 스트로우저에게는 연락을 안 해주고, 경쟁 관계에 있는 다른 장의사에게만 연락을 해주었기 때문입니다. 이에 분노한 스트로우저는 교환원의 개입이 불가능한 교환기, 즉 자동교환기를 만들어 내겠다는 결심을 하게 되고, 연구와 실패를 거듭한 끝에 만들어 낸 것이 바로 최초의 자동식 교환기였습니다. 이 기계식 자동 교환기는 단계식(Step-by-Step) 교환기 혹은 스트로우저식 교환기로 불리며 오랫동안 사용되었습니다.

단계식 교환기는 다이얼의 4를 돌리면 교환기의 세로로 움직이는 접점이 4단 올라가고 다이얼의 7을 돌리면 수평으로 움직이는 접점이 7까지 회전해서 47번의 전화기에 연결이 됩니다. 그러나 접점 개폐스위치는 접촉식이므로 마모에 의한 고장이 많았습니다.

이 결점을 보완하기 위해 발명된 것이 크로스바 교환기입니다. 크로스바 교환기는 접극자를 동작시켜서 접점의 개폐만을 수행하므로 동작 신뢰도가 높고, 수명이 길며, 관리비가 저렴하고, 접점의 접촉이 안정되어 있어 양질의 통화를 할 수 있었습니다.

[그림 2-48] 1880년경의 수동 교환방식

[그림 2-49] 단계식 교환 시스템

[그림 2-50] 크로스바 교환기

[그림 2-51] TDX-100

1998년에 한국전자통신연구소(ETRI)에서 개발된 대용량 전자 교환기 시스템으로 유선, 무선, ISDN용 교환기 등의 기능을 하나로 통합하여, 비용과 공간을 크게 줄였으며 동영상 전화나 데이터통신 등 멀티미디어 전화서비스를 제공할 수 있습니다. 1999년 1월 26일 서울 가좌 전화국에서 일반 전화 가입자 4백 명과 ISDN 가입자 3백 80명을 대상으로 시범서비스를 시작하였습니다.

Tip **TDX(한국형 전자 교환기 시스템) 시스템은 뭔가요?**

TDX는 대한민국에서 개발한 전화 교환 시스템으로서 1982년 세계에서 10번째로 개발에 성공한 한국형 전전자교환기(Digital Electronic Switching System)를 말합니다. 한국전기통신공사(현 KT), 전기통신기술연구소(현 ETRI)가 주도하여 개발을 담당하였고, 4개 회사, 즉 금성반도체(현 LG정보통신), 삼성반도체통신(현 삼성전자), 대우통신, 동양전자통신(현 한화) 등의 업체가 해당 기술을 전수 받아 생산을 담당하였습니다.

1982년 7월 26일 경기도 용인시 송전에 TDX-1X(최초 국산 교환기) 시험 운용을 시작으로, 1986년 3월 TDX-1A(농어촌용), 1989년 1월 TDX-1B(중소도시형), 1991년 7월 TDX-10(대용량 교환기), 1995년 2월 TDX-10A(ISDN, PSTN 겸용 교환기) 그리고 1998년 HANBit ATM 교환기 개발까지 진행되었습니다. 후에 1999년에는 서울 가좌전화국에 TDX-100이 개발되어 설치 운영을 시작하였습니다.

[그림 2-52] 교환기 시스템

[그림 2-53] TDX-1A

[그림 2-54] TDX-10A

[그림 2-55] TDX-100

2.4.2 회선 교환방식이란?

2개의 통신장치가 일시적으로 물리적인 회선을 완전히 점유해서 통신을 하는 것을 회선 교환방식이라고 합니다. 전용회선이 설정된다는 것은 두 개의 통신장치 간에 독립적인 통신로가 설정되는 것을 의미하고 가장 대표적인 회선교환망으로 전화망을 꼽을 수 있습니다. 회선 교환방식에서는 회선 교환기를 사용하게 되는데, 회선 교환기는 회선설정 및 회선해제, 그리고 정보전송 기능을 수행합니다. 회선 교환방식에서는 정보가 전송되기 전에 먼저 통신장치 간 회선이 설정되어야 합니다. 즉 서로 연결이 되어야 한다는 뜻입니다. 예를 들어, 전화통화를 하기 전에 먼저 번호를 누르고 상대편이 승낙을 하면 상대편과의 전용회선이 설정되는 것입니다.

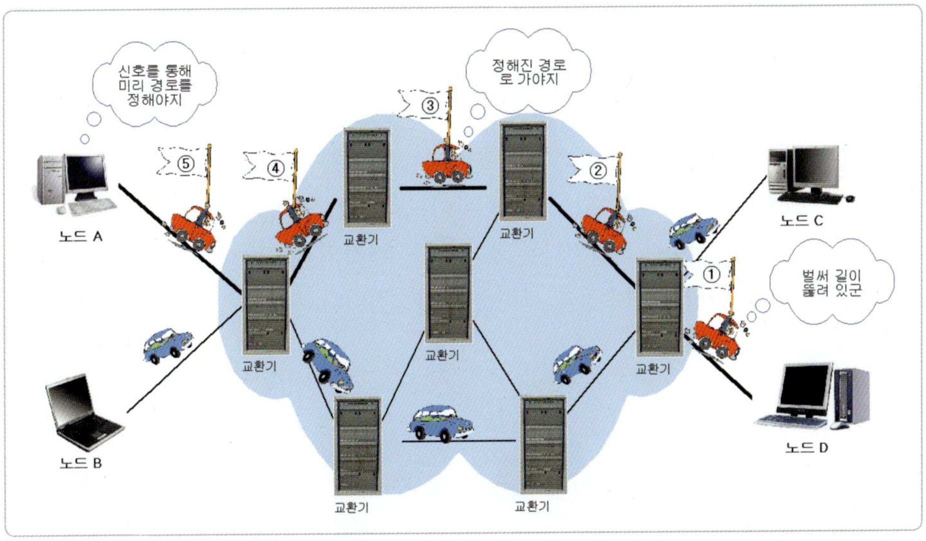

[그림 2-56] 회선 교환방식의 동작 예

회선 교환방식에서는 노드 간에 통신을 시작하기 전 먼저 신호(Signaling)방식을 이용해 회선을 설정하게 됩니다. 회선 교환기들은 비어 있는 회선을 할당합니다. 회선이 설정되고 나면 전달되는 정보는 항상 설정된 경로를 통하여 전송됩니다. 전송이 끝나면 송수신측의 어느 한 통신장비(전화기)가 해제신호를 보내서 할당받은 회선을 내어놓게 됩니다.

회선 교환방식은 회선설정에 따른 시간 지연은 있으나, 일단 경로가 설정되면 사용자에게는 투명한 경로가 제공되고 고정적인 전송률로 정보를 전송할 수 있다는 장점이 있습니다. 투명한 경로는 어떤 형태의 데이터라도 전송할 수 있다는 의미입니다. 전화망을 통해 음성도 보낼 수 있고 팩스도 보낼 수 있다는 의미입니다. 그러나 정보를 전송하지 않는 기간 동안에도 회선을 독점하게 되므로 비효율적이라는 단점이 있습니다.

[그림 2-57] 1980년 로스앤젤레스에서 AT&T 기술자가 4ESS 스위치의 회선 보드를 교체하고 있는 모습

초기 회선 교환방식은 음성정보만을 서비스할 수 있도록 설계되었습니다. 이러한 방식은 음성통신에서는 이용률을 높일 수 있으나, 데이터통신에서는 두 가지 문제점이 있을 수 있습니다.

첫째, 일반적으로 데이터통신에서는 정보를 전송하는 시간보다 휴지기간이 더 길기 때문에 전송 효율이 급격하게 감소합니다.

둘째, 회선 교환방식에서는 전송속도가 일정하므로 송수신측의 정보처리 속도가 같아야 합니다. 그러나 이와 같은 시스템의 구성은 여러 종류의 컴퓨터가 접속된 데이터 통신망에서는 전송효율을 제한하는 요소가 되기도 합니다.

2.4.3 패킷 교환방식이란?

패킷 교환방식이란 전송할 메시지를 패킷 단위로 분할하고, 분할된 각각의 패킷 목적지 주소에 따라 패킷을 적절한 경로로 전달하는 통신 방식입니다. 정보 전송 이전에 회선설정을 하는 회선 교환방식과는 달리 패킷의 수신측 주소정보를 바탕으로 교환기가 상황에 따라 적절한 전송경로를 결정한 후에 정보를 전송하는 방식입니다. 따라서 회선설정 절차는 필요 없습니다.

패킷은 메시지 전송단위로서 전송하고자 하는 정보를 적당한 크기로 나눈 것을 의미합니다. 예를 들어, 패킷의 길이가 128바이트라면 필요한 제어정보를 포함해서 데이터가 128바이트 단위로 분할된다는 뜻입니다. 패킷의 길이는 메시지의 길이, 네트워크 지연시간 등 다양한 변수들을 고려하여 결정됩니다.

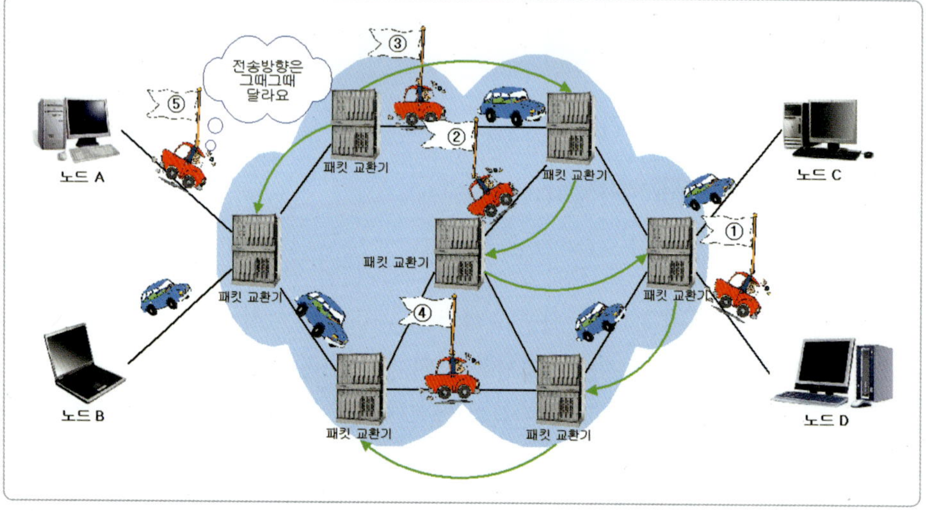

[그림 2-58] 패킷 교환방식의 동작 예

패킷 교환망에서 스위치(일반적으로 라우터)는 수신한 패킷을 저장한 후에 네트워크의 상황과 패킷에 포함된 수신측 주소를 고려하여 적절한 경로를 선택하여 전송합니다. 이러한 패킷 교환방식은 회선 교환방식에 비해서 몇 가지 장점을 가집니다.

[그림 2-59] 노텔 패스포트 20000

- 160Gbps 멀티서비스 스위치
- SONET망에서 패킷당 10Gbps 인터페이스 카드
- DS-0부터 OC-192/STM-64까지 지원

첫째, 전송이 없는 휴지기간에도 회선을 점유하기 때문에 전송효율이 떨어지는 단점을 가진 회선 교환방식과는 달리 패킷 교환방식에서는 노드와 노드 간의 회선을 다수의 패킷들이 공유하므로 전송효율이 높습니다.

둘째, 네트워크가 일종의 커다란 버퍼의 기능을 수행하므로 처리속도가 다른 통신기기들 간에도 정보전송이 가능합니다.

셋째, 패킷별로 우선순위를 적용할 수 있기 때문에 다양한 형태의 서비스가 가능합니다. 즉, 우선순위가 높은 패킷들을 먼저 전송할 수 있습니다. 반면 우선순위가 낮은 패킷들의 전송 시간은 증가하게 됩니다.

넷째, 회선 교환방식에서는 네트워크에 트래픽이 많을 경우 호 설정 자체가 어렵지만, 패킷 교환방식에서는 정보전송이 지연될 뿐 전송 자체가 거부당하지는 않습니다. 즉, 많은 사람들이 전화를 동시에 사용하는 경우 통화 연결조차 안 될 수 있지만, 패킷 네트워크에서는 일단 패킷을 수용하게 됩니다.

2.4.4 ATM(셀) 교환방식이란? 엉? 은행?

ATM(Asynchronous Transfer Mode) 교환방식이란 데이터를 고정 길이의 셀(Cell)로 나누어 전송하는 방식을 말합니다. 일반적으로 셀의 크기는 패킷에 비하여 굉장히 작은 편입니다. ATM에서는 전송 데이터를 48바이트의 고정길이로 분할하고 5바이트의 제어 정보를 추가하여 53바이트의 셀을 생성하여 전송합니다. 셀은 패킷과 비슷하지만 패킷이 가변길이인 것에 비하여 셀은 고정길이인 것이 특징입니다. 긴 패킷 뒤에 오는 작은 패킷은 전달이 지연될 수 있습니다. 그러나 셀은 길이가 짧기 때문에 전달 지연이 발생하지 않습니다. 셀의 길이가 고정되어 있기 때문에 일단 특정한 셀의 위치를 찾으면 다음 셀의 위치도 쉽게 알 수가 있습니다. 이것을 셀 동기라고 합니다. 이처럼 여러 가지 이유로 ATM 교환방식은 하드웨어로 처리하기에 적합한 특징을 갖고 있습니다. 즉, 고속통신이 가능하다는 의미입니다.

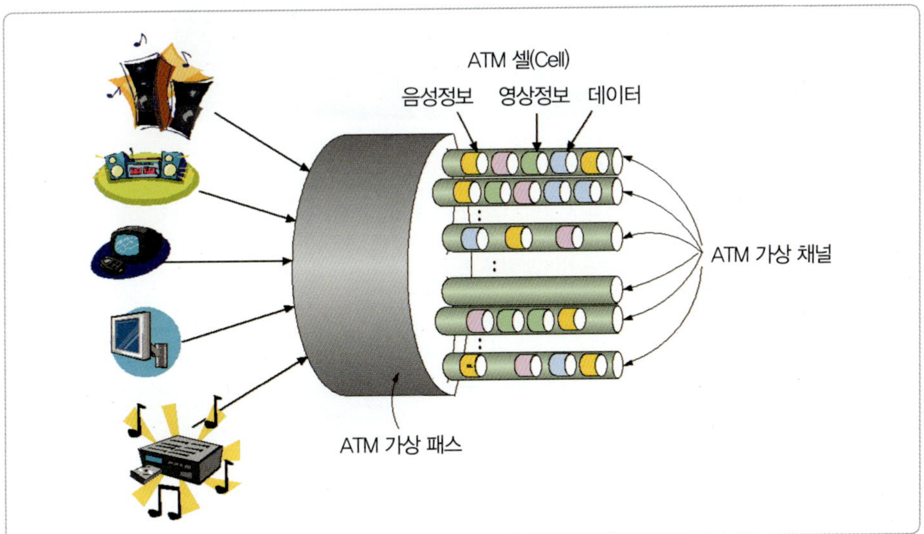

[그림 2-60] 비동기식 전송 모드(ATM) 동작 형태

ATM 교환방식에서는 셀의 헤더에 저장되어 있는 가상 패스 식별자(VPI)/가상 채널 식별자(VCI)에 따라서 셀을 교환하게 됩니다. 즉, ATM 스위치에 입력되는 셀은 VPI/VCI에 따라서 스위칭됩니다. 거의 모든 과정을 하드웨어로 처리하기 때문에 전송 지연과 변이가 적으며, 데이터는 물론 음성, 화상 등을 이용한 멀티미디어 통신에 적합한 방식이라고 할 수 있습니다.

ATM 교환방식은 회선 교환방식과 패킷 교환방식의 장점을 도입한 방식이라고 말할 수 있습니다. ATM 교환방식이 등장하게 된 배경으로는 첫째, 광케이블을 이용한 디지털 전송기술의 발달로 정보를 고속 고품질로 보낼 수 있게 되었다는 것을 들 수 있습니다. 이전의 전송매체와 비교해 보면 광케이블은 거의 오류가 없다고 해도 과언이 아닙니다. 그 결과 패킷 재전송 등과 같은 복잡한 제어를 할 필요가 없어지고 교환

[그림 2-61] ATM 교환기

[그림 2-62] ATM 교환기

- OC-3c 96 포트 혹은 OC-12c 32 포트
- 2.5Gbps OC-48c와 기가비트 이더넷 지원

기나 단말기의 소프트웨어적인 부담을 줄이는 것이 가능해졌습니다. 둘째, 고밀도 집적회로의 발달로 ATM의 빠른 처리속도를 하드웨어에서 지원할 수 있게 되어 시스템을 경제적으로 구축하는 것이 가능하게 되었다는 것입니다. 그 결과 이제까지 소프트웨어에 의해 처리되던 것들을 하드웨어로 실현할 수 있게 되었습니다.

[그림 2-63] ATM(Automatic Teller Machine)

은행창구에 가지 않고서도 업무를 처리할 수 있는 현금 자동 입출금기입니다. 입금, 출금, 통장 정리 등의 은행업무를 볼 수 있습니다. ATM은 '현금자동지급기'라는 일반적인 의미로 널리 쓰이기도 합니다. 하지만 비동기 전송모드의 ATM과 현금 자동지급기의 ATM은 약어만 같을 뿐 전혀 다른 의미입니다.

2.5 전송매체도 알아봐야겠군요

전송매체란 통신기기 사이에서 실제적으로 정보를 전송하는 물리적인 통로를 의미합니다. 네트워크를 구축할 때에는 주로 사용되는 데이터의 형태나 특성, 경제성 등 다양한 변수들을 고려해서 전송매체를 선택해야 합니다.

전송매체의 성질과 신호의 성질에 의해서 통신의 질과 특성이 대부분 결정됩니다. 특히 유선매체일 경우 전송매체가 대역폭의 한계를 결정하는 중요한 요인으로 작용합니다. 현재 널리 쓰이고 있는 전송매체로는 트위스티드 페어(TP), 동축 케이블, 광케이블 등의 유선통신매체가 있으며 무선통신에는 위성 및 지상 마이크로파와 라디오파 등이 있습니다.

2.5.1 UTP 케이블

UTP(Unshielded Twisted Pair: 비차폐 트위스티드 페어)는 가장 보편적으로 사용되고 있는 구리선입니다. 설치와 사용이 무척 쉽다는 것과 설치비용이 적게 들고 케이블

자체의 가격도 저렴하다는 것이 UTP의 가장 큰 장점입니다. 일반적으로 UTP는 8개의 가느다란 구리선으로 구성되어 있으며 선 간의 전자기 유도를 줄이기 위하여, 절연된 구리선이 두 가닥씩 서로 꼬아져 있습니다. 그래서 꼬임 쌍선이라고 불립니다. 접지 기능을 하는 차폐물 내에 트위스티드 페어가 들어 있는 경우 이것을 차폐 트위스티드 페어(Shielded Twisted Pair: STP)라고 부릅니다.

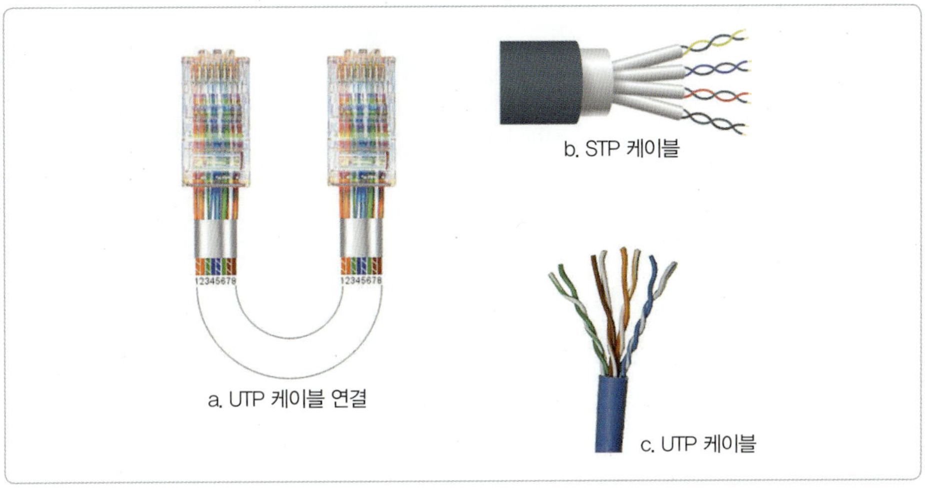

[그림 2-64] 트위스티드 페어(TP) 케이블

트위스티드 페어는 보통 가정에서도 많이 사용되지만, 동축 케이블에 비해 값이 싸고 특성도 많이 좋아졌기 때문에 근거리통신망 회선으로도 많이 사용됩니다. UTP는 디지털과 아날로그 전송에 모두 사용될 수 있으며, 현재 전화선과 건물 내의 통신 회선에 가장 많이 사용되고 있습니다. 전송속도는 1Mbps에서 1,000Mbps 정도이며 10기가비트 이더넷에서도 사용되고 있습니다.

UTP 케이블을 컴퓨터나 허브(스위치)에 연결하기 위해서는 일반적으로 RJ-45 커넥터를 사용합니다. 1번, 2번(주황 쌍)은 전송하는 라인이고, 3번, 6번(녹색 쌍)은 신호를 받는 라인으로 사용됩니다. 허브와 컴퓨터를 연결하는 케이블을 만들기 위해서는 다이렉트 케이블(Direct Cable)을 만들어야 하고, 허브와 허브 또는 컴퓨터와 컴퓨터를 연결하기 위해서는 크로스 케이블(Cross Cable)로 만들어야 합니다.

[그림 2-65] 블리자드사의 방패(shield)와 검

블리자드사에서는 10년 이상 근속한 직원에게 검과 방패를 준다고 합니다. 이는 블리자드의 핵심개발자라는 뜻이라고 합니다.

[그림 2-66] RJ-45 커넥터

Tip • 다이렉트 케이블 연결

〈표 2-4〉 다이렉트 케이블 연결 방법

	RJ-45 1번		RJ-45 2번	
핀	색깔	페어	색깔	핀
1	녹색-흰줄무늬	A	녹색-흰줄무늬	A
2	녹색	A	녹색	A
3	주황-흰줄무늬	B	주황-흰줄무늬	B
4	파랑	C	파랑	C
5	파랑-흰줄무늬	C	파랑-흰줄무늬	C
6	주황-흰줄무늬	B	주황-흰줄무늬	B
7	갈색-흰줄무늬	D	갈색-흰줄무늬	D
8	갈색	D	갈색	D

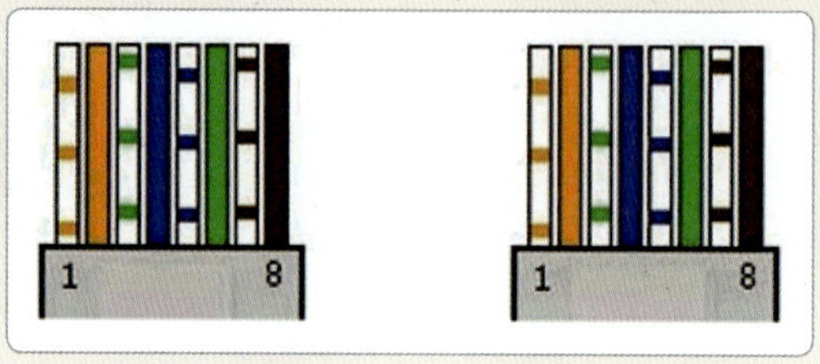

[그림 2-67] 다이렉트 케이블 연결 방법

허브와 컴퓨터를 연결할 때에는 다이렉트 케이블을 만들어야 합니다. UTP 케이블을 RJ-45 커넥터와 연결할 때 RJ-45 커넥터를 뒤집어서 편편한 면이 위로 오게 했을 때 왼쪽부터가 1번이 되며, 양 끝 단이 똑같이 1번부터 8번까지 순서대로 꼬임 없이 핀 순서대로 연결합니다.

Tip • 크로스 케이블 연결

〈표 2-5〉 크로스 케이블 연결 방법

	RJ-45 1번		RJ-45 2번	
핀	색깔	페어	색깔	핀
1	녹색-흰줄무늬	A	주황-흰줄무늬	A
2	녹색	A	오렌지색	A
3	주황-흰줄무늬	B	녹색-흰줄무늬	B
4	파랑	C	갈색-흰줄무늬	C
5	파랑-흰줄무늬	C	갈색	C
6	주황-흰줄무늬	B	녹색	B
7	갈색-흰줄무늬	D	파랑	D
8	갈색	D	파랑-흰줄무늬	D

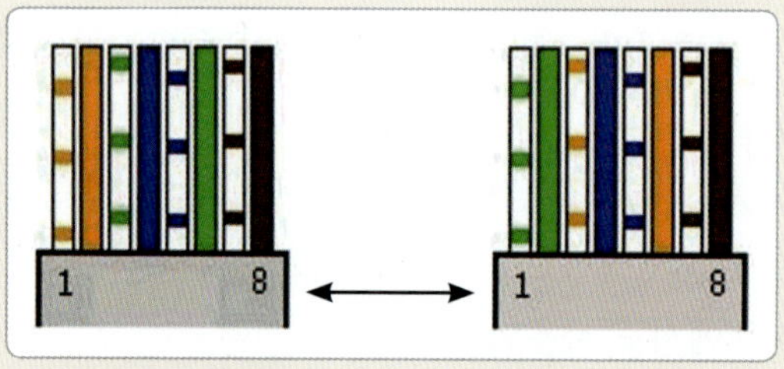

[그림 2-68] 크로스 케이블 연결 방법

허브와 허브, 컴퓨터와 컴퓨터를 연결할 때에는 크로스 케이블을 사용해야 합니다. 한쪽은 다이렉트 케이블과 같이 핀 순서대로 연결하고 다른 한쪽은 1번, 2번과 3번, 6번을 바꿔주기만 하면 됩니다.

Tip • UTP 케이블의 차폐는 왜 필요한가요?

기본적으로 8개의 구리선이 2가닥씩 꼬인 형태인 트위스티드 케이블은 주변 환경에 의해서 간섭을 받게 됩니다. 이와 같은 간섭을 줄이기 위하여 내부에 접지용 구리선 한 가닥을 추가하고, 여기에 은박지 등을 이용하여 내부를 한 번 더 감싸는 등의 방법으로 간섭을 최소화하고자 합니다. 이런 차폐 여부에 따라 케이블을 분류하기도 합니다.

UTP(Unshielded Twisted Pair)는 차폐기능이 없는 기본적인 케이블을 말하며, 이론상 통신거리는 최대 100m입니다. 이에 반해 FTP(Foil screened

Twisted Pair)는 안쪽에 호일로 한 번 감싸고 그 안쪽에 구리 접지선을 추가함으로써 이론상 150m의 통신거리를 가집니다. 마지막 STP(Shielded Twisted Pair)는 FTP의 꼬여있는 구리선을 한 묶음으로 나누어 한 번 더 호일을 감싸준 형태로 높은 차폐능력과 가장 두꺼운 두께를 가지며 비싸지만 이론상 200m의 통신거리를 지원합니다.

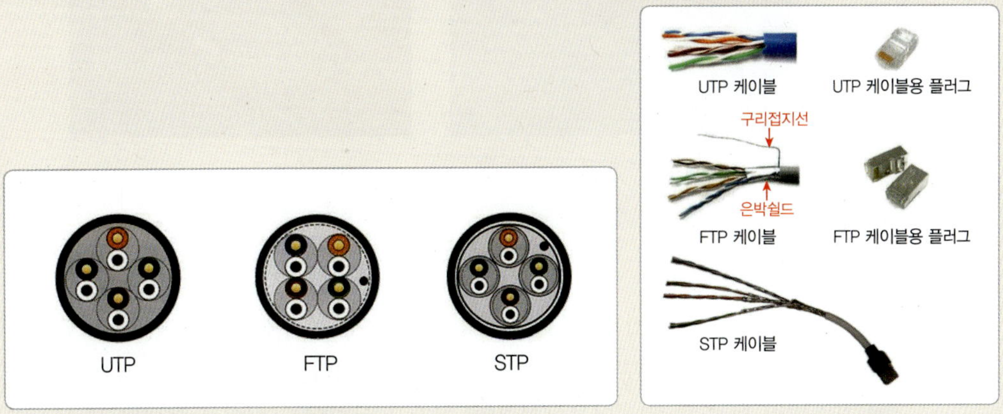

[그림 2-69] 차폐에 따른 케이블 분류

- 그럼 카테고리는 뭔가요?

케이블에는 일정한 간격으로 케이블의 종류가 무엇인지를 뜻하는 문자와 함께(차폐 여부, 배열번호 등) CAT(카테고리)이란 단어가 함께 표시되는데, 이것은 전송 스팩을 요약한 말입니다.

〈표 2-6〉 카테고리별 케이블 특성 비교

	CAT.5	CAT.5E	CAT.6	CAT.6E	CAT.7
전송속도	100Mbps	1Gbps	1Gbps	10Gbps	10Gbps
대역폭	100MHz	100MHz	250MHz	500MHz	600MHz
규격	100Base-Tx	1000Base-T	1000Base-Tx	10G Base	10G Base

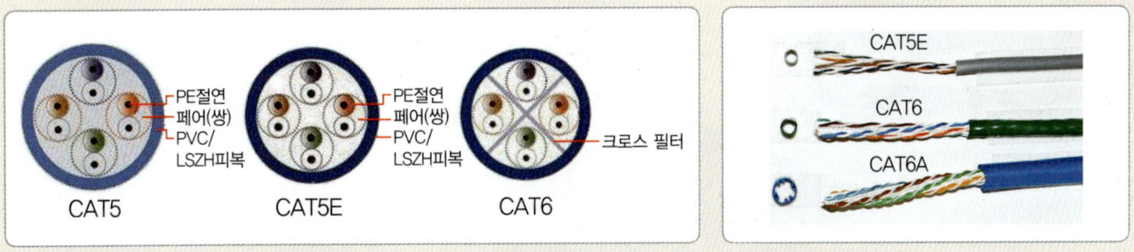

[그림 2-70] 카테고리별 케이블 구조

2.5.2 동축(Coaxial) 케이블

동축 케이블은 통신 시스템 간의 연결이나 근거리 통신망, 장거리 전화망 또는 CATV 등에 사용되는 전송매체로서 대역폭이 넓어 고속 데이터 전송이 가능한 전송매체입니다.

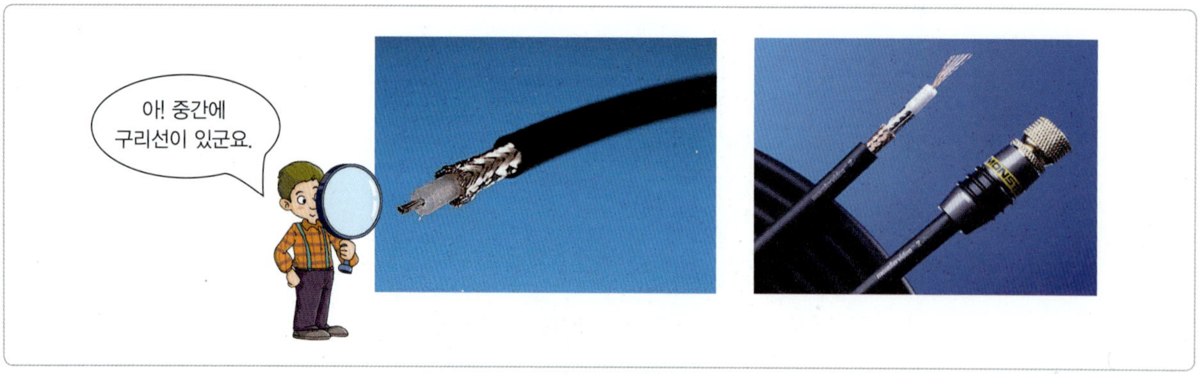

[그림 2-71] 동축 케이블

동축 케이블은 중앙에 내부 도체가 있고 바깥에 절연체가 있으며, 그 바깥에 다시 그물 구리 피부막과 외부도체로 둘러싸여져 있습니다. 전송신호는 내부 도체를 통해서 전송되며 외부 도체는 외부와의 전파 간섭을 차단하는 역할을 합니다. 외부와의 차폐성이 좋아서 간섭현상이 적으며 트위스티드 페어보다 뛰어난 주파수 특성으로 인하여 높은 주파수에서 빠른 데이터의 전송이 가능합니다.

동축 케이블은 케이블 특성상 많은 데이터를 한번에 전송할 수 있고, 케이블 간의

Tip **HFC망이란?**

HFC망이란 혼합광 동축 케이블망(Hybrid Fiber Coaxial Cable Network)을 말합니다. 즉, 광케이블(Fiber)과 동축 케이블(Coaxial Cable)을 혼합하여 사용하는 망으로 양방향 전송 특성이 뛰어납니다.

HFC 형태는 방송국에서 주택 밀집지역이나 아파트 근처의 광분배점까지 광케이블을 활용하고 하나의 광분배점에서 가정까지 동축 케이블을 이용하여 구축하는 형태입니다.

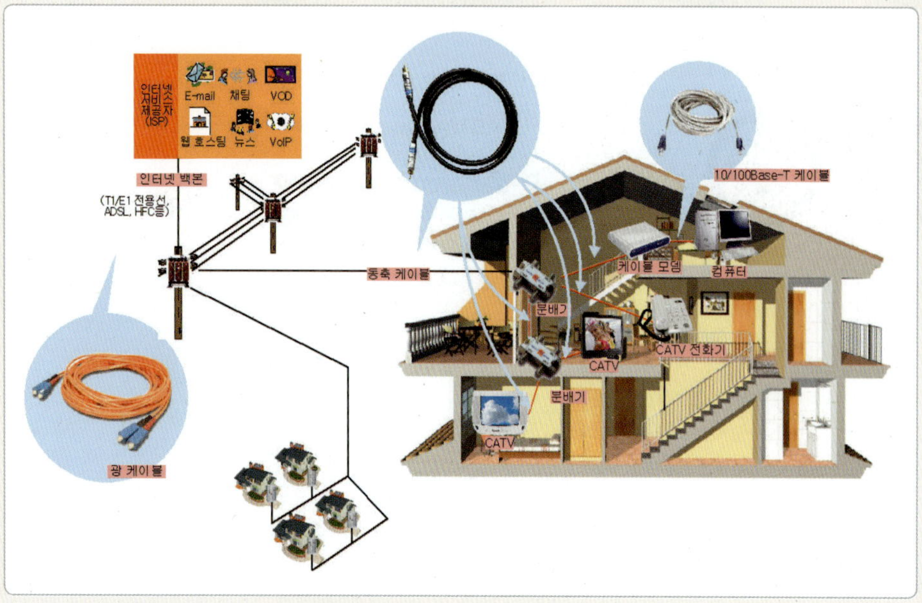

[그림 2-72] HFC망 구성도

혼선은 무시될 수 있을 정도입니다. 또한 주파수에 따른 신호의 감쇠나 전송지연의 변화가 적다는 장점이 있습니다.

2.5.3 광케이블(Optical Fiber)

광케이블은 빛의 전반사 특징을 이용하여 데이터를 전송하며 고속, 대용량 전송에 적합한 전송매체입니다. 신호 감쇠가 상대적으로 덜하며 전자파 간섭도 없습니다. 내구성도 상당히 좋은 편입니다. 그러나 설치가 상대적으로 어렵고 고가의 연결장치와 케이블 가격이 단점입니다. 하지만 최근에는 광케이블 가격이 많이 낮아진 상태입니다.

광케이블의 중앙은 정교하게 만들어진 유리 코어 혹은 플라스틱 코어로 구성되며, 클래딩은 중앙 코어의 신호를 반사시키는 물질로서 플라스틱 등으로 만들어져 중앙의 코어를 둘러싸고 있습니다.

a. LAP(Laminated Aluminum Polyethylene) 피복 광케이블

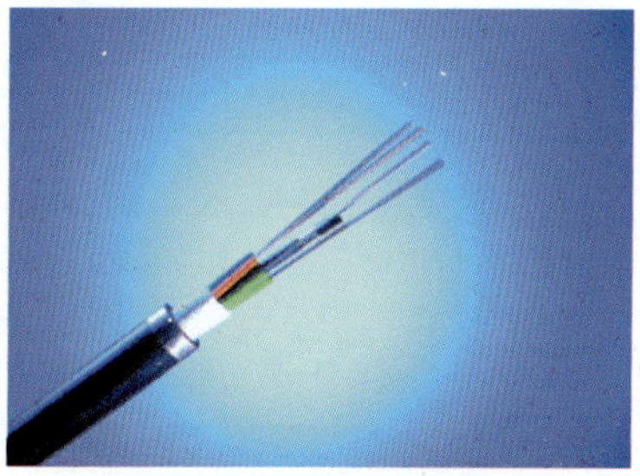

b. OPE(Outer Polyethylene) 피복 광케이블

c. 리본 슬롯 광케이블

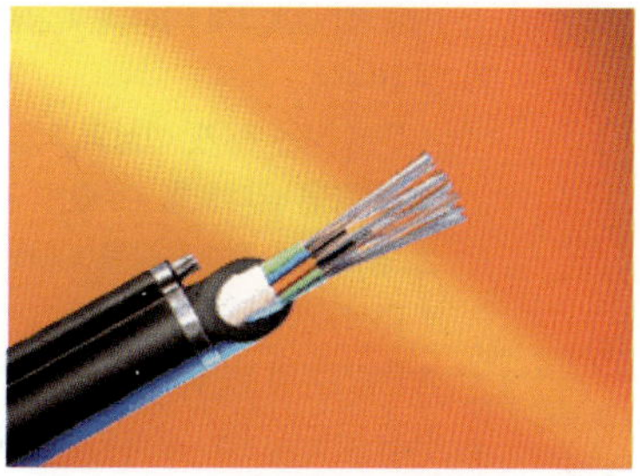

d. 8자 피복 광케이블

[그림 2-73] 다양한 광케이블의 종류

Tip 광케이블(Optical Fiber)은 한 가지 종류인가요?

광케이블의 전송 방법에 따라 광대역, 장거리 전송에 유리한 싱글모드 광케이블(주로 노란색이 사용)과 단거리, 대량의 데이터 전송에 주로 사용되는 멀티모드 광케이블(주로 주황색이 사용)로 구분되는데, 접속하는 커넥터의 타입에 의해서도 구분되기도 한답니다.

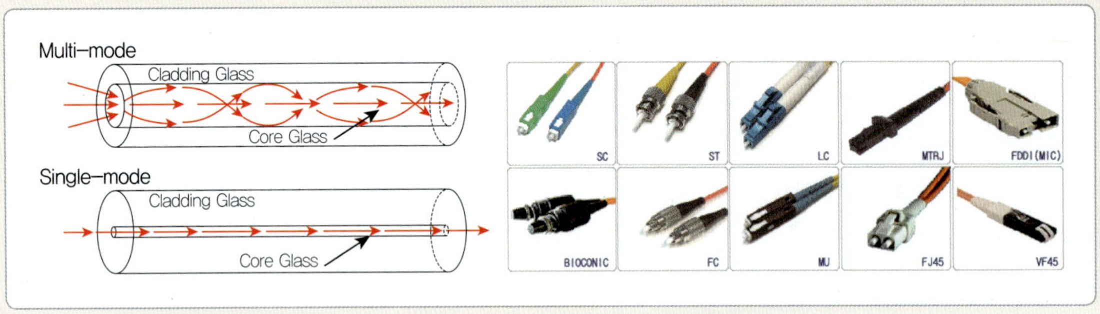

[그림 2-74] 광케이블 종류 및 타입

Tip WDM, DWDM, CWDM이란?

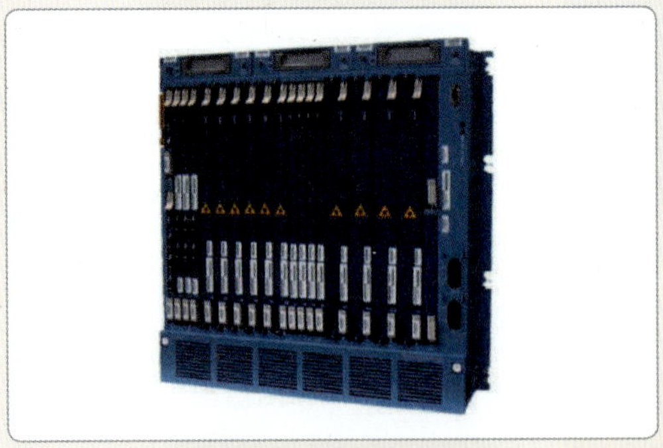

[그림 2-75] 파장분할 다중화기(WDM)

- STM-16/OC-48(2.4Gbps) 비트율
- 16개의 파장 지원
- L-band(1580nm) 파장 관리

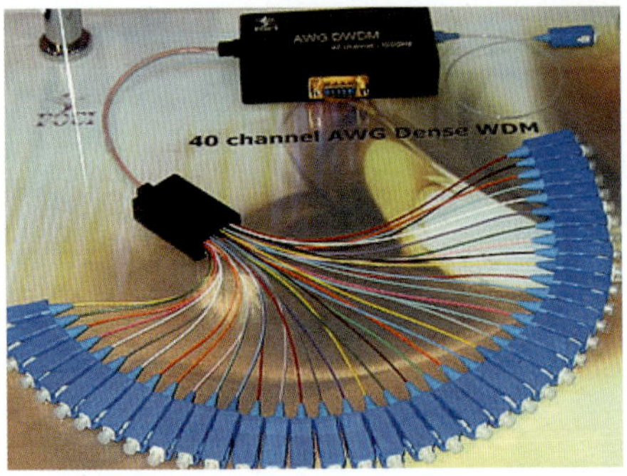

[그림 2-76] DWDM

WDM이란 파장분할 다중화(Wavelength Division Multiplexing)의 약자입니다. 여러 개의 빛(파장)을 하나의 광케이블에 함께 실어 전송하는 기술로서, 통신 용량과 속도를 획기적으로 향상시켜 주는 다중화 방식입니다. 광케이블 하나에 80개 이상의 파장을 다중화할 수 있습니다. 광케이블은 데이터 종류와 무관하기 때문에 인터넷 데이터, SONET 데이터, ATM 데이터 등과 같이 각기 다른 특징을 갖는 데이터들을 함께 전송할 수 있는 장점이 있습니다.

WDM보다 전송 능력이 향상된 고밀도 파장분할 다중화(DWDM: Dense Wavelength Division Multiplexing) 기술을 많이 사용하고 있습니다. 일반적으로 광케이블 하나에 8개 이하의 파장을 실으면 WDM, 8개 이상이면 DWDM/(CWDM)으로 분류합니다.

DWDM은 64개 이상의 파장을 광케이블에 실어 보낼 수 있는 기술로서 광케이블의 용량을 극대화할 수 있는 기술입니다. 통상적인 다중화 기술인 TDM 방식을 이용한 광케이블 전송용량을 10Gbps 이상으로 높이는 데는 기술적 한계가 있습니다.

DWDM이 차세대 네트워크의 핵심기술이라 불릴 정도로 인기를 끌고 있는 것은 전송용량을 몇 배 이상으로 늘릴 수 있는 확장성과 새로운 광케이블의 추가 설치 없이 기존 네트워크를 그대로 사용하여 속도의 고도화가 가능하다는 점, 그리고 높은 수준의 보안 및 가용성 등의 장점을 갖추고 있기 때문입니다. 이런 이유로 몇 해 전부터 기간 망 사업자나 지역회선 사업자들 사이에서는 DWDM이 장거리 대용량 트래픽을 처리할 수 있는 솔루션으로 자리잡고 있습니다.

WDM 시스템은 서로 다른 파장들을 다중화시키는 장치로서 이러한 신호들은 모두 CWDM이나 DWDM에 적합한 파장으로 변환되어야 합니다. 이처럼 특정한 파장으로 변환시켜 주는 역할을 하는 것이 트랜스폰더입니다.

CWDM이란 저밀도 파장분할 다중화(Coarse Wavelength Division Multiplexing)의 약자입니다. 이 기술은 WDM 기술의 한 방법으로 최대 16개의 파장을 하나의 광케이블에 실어 보낼 수 있게 합니다. 파장 분할의 단위를 보통 1nm를 기준으로 했을 때 채널간격이 이보다 크면 CWDM 기술, 작으면 DWDM 기술로 분류합니다. 현재 적용되는 의미에서는 0.8nm가 기준이 되는데 이는 주파수로 환산하면 100GHz이어서 계산이 쉬운 단위가 됩니다. 보통은 DWDM 기술이 0.8nm 또는 0.4nm 간격으로 진행되고 있으며 CWDM은 ITU에서 제안하는 20nm를 기준으로 현재 사용되고 있습니다. 1990년대 후반에 필터, 광원 등의 관련 기술의 발달로 CWDM 기술은 대도시 광네트워크의 고속 TDM이나 DWDM에 비해 가입자 측면에서 저가의 광네트워크를 제공할 수 있다는 장점이 있어서 급격한 성장세를 보이고 있습니다.

[그림 2-77] 시스코 ONS 15540 DWDM 시스템

[그림 2-78] 트랜스폰더(Transponder)

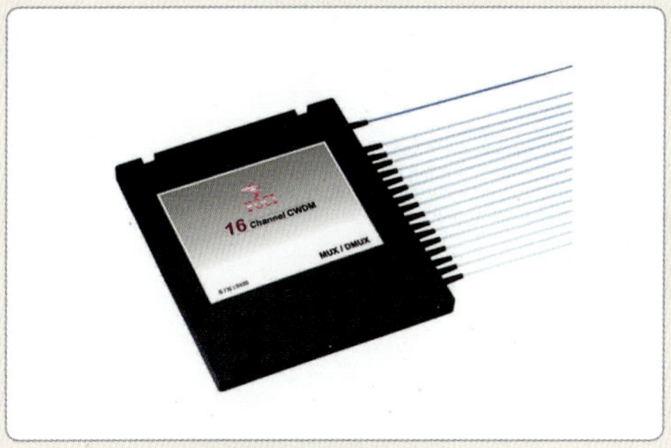

[그림 2-79] CWDM 다중화기/역다중화기

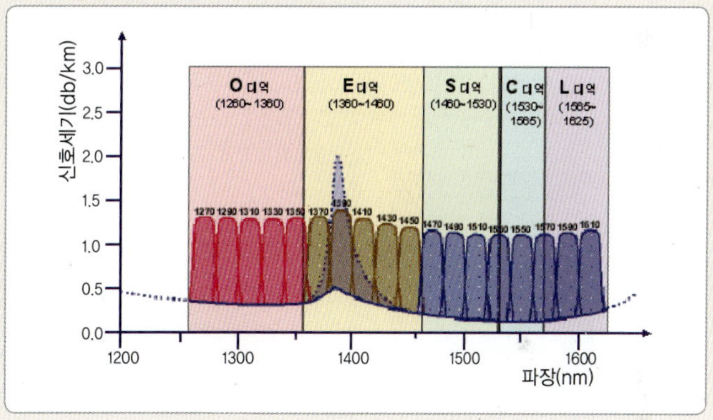

[그림 2-80] CWDM 파장 스펙트럼

Tip LED

얼마 전 서울시가 세계 최초로 2018년까지 서울시에 있는 모든 조명을 LED(Light Emitting Diode)로 바꾸겠다는 "LED 도시 조성 비전"을 발표했습니다. 도대체 LED 조명이 무엇이기에 이렇게 환영을 받는 것일까요?

LED는 발광다이오드라고 하며 전류를 가하면 빛을 내는 반도체 소자입니다. 즉 전기 에너지를 빛 에너지로 변환시켜주는 반도체입니다.

LED는 전자(electron)가 많아 음(–)의 성격을 띤 n형 반도체와 전자의 반대 개념인 정공(hole)이 많아 양(+)의 성격을 띤 p형 반도체가 얇은 층 형태로 붙어 있는 구조를 갖습니다. 이러한 구조에서 (+)에서 (–) 방향으로 전압을 가하면 전자가 p층으로 이동해 정공과 결합하면서 에너지를 생산하는데, 이 에너지를 빛의 형태로 발산하는 것이 바로 LED입니다. p층과 n층의 에너지 차이와 LED를 만드는 화합물의 구성에 따라 LED 빛의 색깔이 달라진다고 합니다.

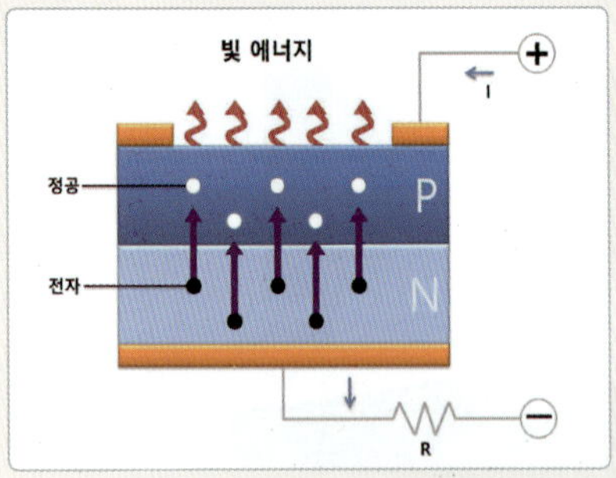

[그림 2-81] LED 원리(출처: 삼성반도체이야기)

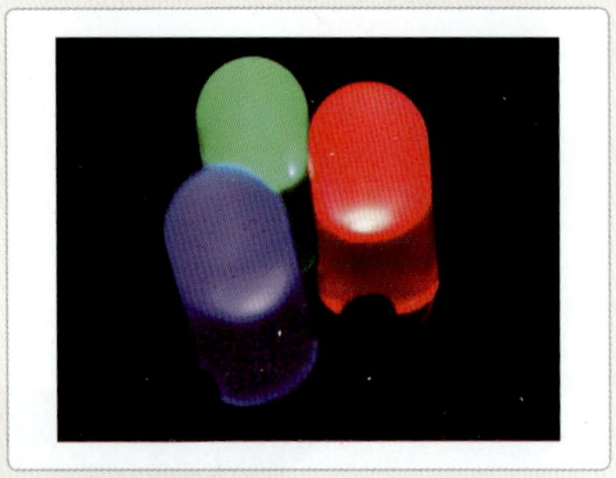

[그림 2-82] 녹색, 적색, 청색 LED

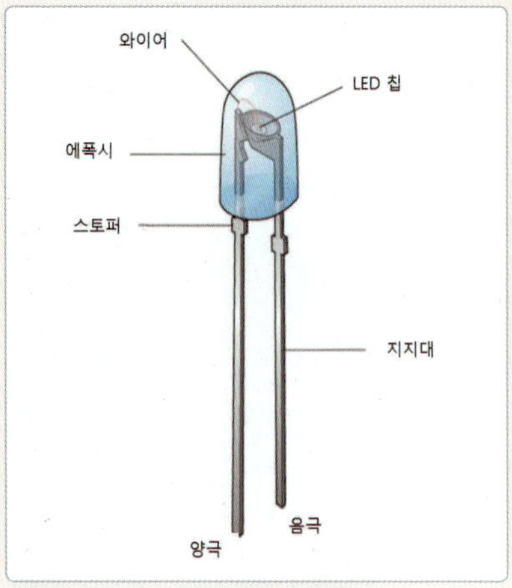

[그림 2-83] LED 구조

청색 LED를 마지막으로 빛의 삼원색인 녹색, 적색, 청색 LED 개발이 모두 완료되면서 천연색에 가까운 색표시가 가능해졌습니다.

LED는 전기 에너지의 90% 이상을 빛 에너지로 변환할 수 있기 때문에 전력 소모가 적고 형광등(1만 시간), 백열등(1000시간)에 비해 수명도 월등하게 깁니다(5만 시간). 또한 유해물질을 전혀 사용하지 않기 때문에 친환경 제품이며 크기도 쌀알보다 작습니다.

현재까지는 비싼 가격 때문에 LED 조명이 대중화되지 못하고 있지만 빠른 시일 내에 급속하게 사용될 것으로 보입니다.

[그림 2-84] LED 조명

[그림 2-85] LED 칩과 가로등

2.5.4 무선매체

무선통신이란 무선매체를 사용하여 시간, 거리, 장소에 관계없이 언제 어디서나 양방향 통신이 가능한 통신 서비스를 말합니다. 무선통신은 데이터를 무선으로 송수신할 수 있기 때문에 사용자는 이동 중에 교통 정보, 증권 정보, 환율 정보와 같은 일반적인 정보 검색과 신용카드 결제, 전자 우편, GPS, 무선 인터넷을 통한 영화나 음악 청취 등 다양한 서비스를 이용할 수 있습니다.

오래된 무선매체인 위성통신의 종류에는 정지위성통신과 저궤도위성통신이 있습니다. 적도 상공 약 36,000km 위치에 인공위성을 띄워 지구 자전 주기와 같은 주기로 회전하면, 지구에서는 정지되어 있는 것처럼 보이게 됩니다. 이와 같은 위성을 정지

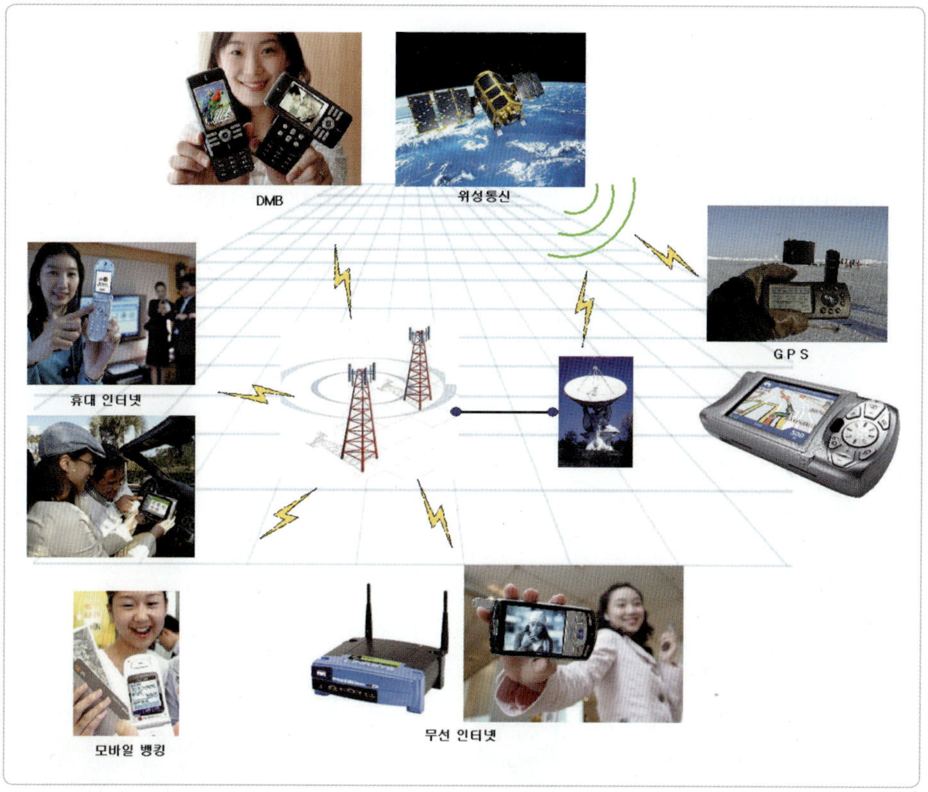

[그림 2-86] 다양한 무선통신 서비스

[그림 2-87] 다목적 실용위성 아리랑 5호

궤도위성이라고 하는데 지구 상공의 적당한 위치에 인공위성 3, 4개만 띄워놓고 중계기를 설치해주면, 지구의 어떤 지점에서도 통신이 가능해집니다. 정지위성을 사용하면 지구에서도 안테나가 항상 고정되어 있기 때문에 이동이 필요하지 않고, 위성의 수명인 약 10년 동안 고정된 지역에 서비스를 할 수 있기 때문에 방송통신 위성의 목적으로 널리 사용됩니다. 그러나 36,000km 상공에 정지하고 있기 때문에 전파가 이동하는 데 0.24초나 걸려서 통화 지연이 생기는 단점이 있습니다.

하루에 한 번 지구를 도는 정지위성과는 달리 지상 500~1,500km의 고도에서 하루 12번에서 15번 정도 지구를 도는 위성을 저궤도위성이라고 합니다. 저궤도위성은 통신을 지원하는 영역이 넓지 않기 때문에 통신에 이용하기 위해서는 많은 수의 위성이 필요하다는 단점이 있습니다. 그러나 지상과 거리가 가깝기 때문에 이동통신에서 휴대용 단말기와 같은 저전력과 소형 안테나로 위성통신이 가능한 장점이 있습니다. 또한 전파 전달 지연 시간이 정지위성통신보다 짧아 이동위성통신 시스템으로서 활용되고 있습니다.

위성을 이용하여 방송 데이터를 전송하는 위성방송망은 구축이 저렴하고 안정적이라는 장점이 있습니다. 위성방송 서비스를 하기 위해서는 먼저 송신국에서 MPEG II 데이터로 편집된 다양한 컨텐츠를 위성을 통하여 전국 각지에 산재해 있는 수신국으로 전송합니다. 각 수신국에 있는 위성 송수신기가 데이터를 수신하게 되면 MPEG II 데이터를 디코딩하여 원래의 방송을 볼 수 있습니다.

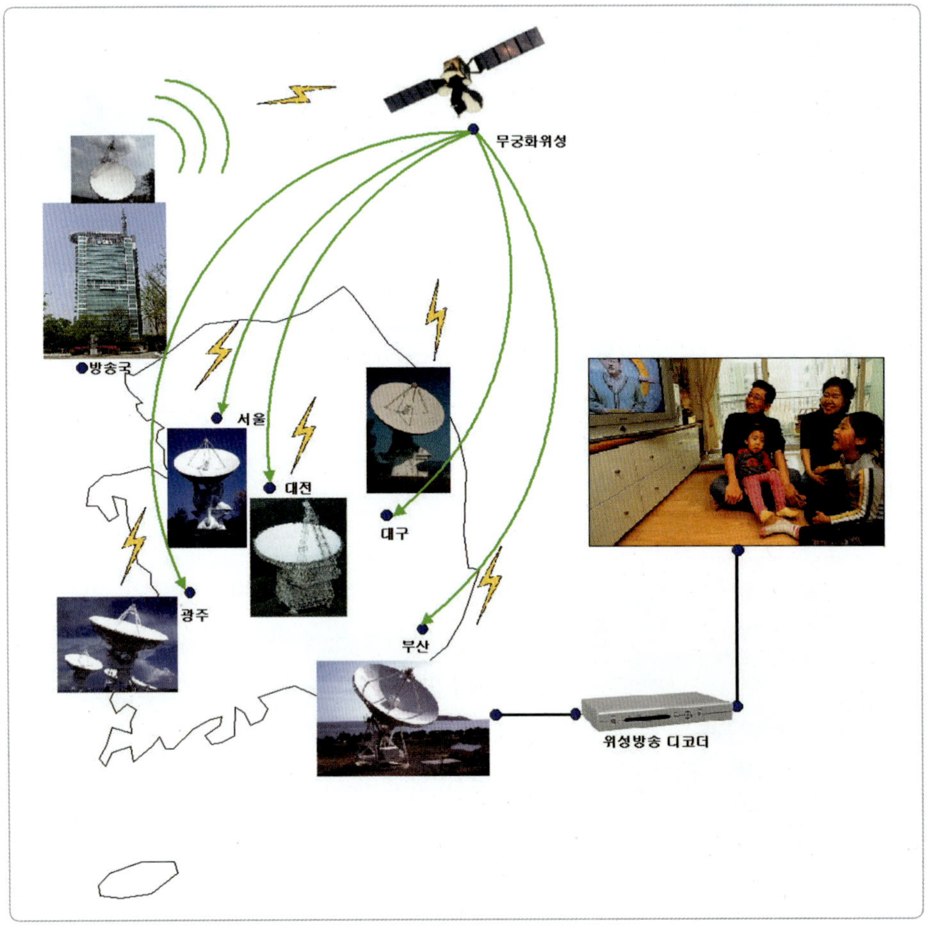

[그림 2-88] 위성방송 시스템

Tip 3D 프린터

[그림 2-89] 찰스 헐 할아버지와 최초의 3D 프린터

3D 프린터가 산업혁명에 버금가는 엄청난 파급효과를 가져올 것으로 예상하는 사람들이 많습니다. 아직은 좀 비싼 3D 프린터에 대해서 좀 살펴볼까요?

3D 프린터는 보통 문서를 인쇄하듯이 3차원 입체물을 만들어내는 프린터를 말합니다. 원래 3D 프린터는 산업계에서 시제품 제작용 프린터로 사용되어 왔으며 1983년 찰스 헐(Charles Hull)이 설립한 미국 3D 시스템즈에서 최초의 상업용 3D 프린터를 출시했습니다. 그래서 빠른 시제품 제작이라는 Rapid Prototyping(RP)이 3D 프린터와 동일한 의미로 사용됩니다. 금형이나 틀 없이도 다양한 재료를 이용해서 입체적으로 물건을 만들어낼 수 있는 3D 프린터는 제품 제작에 드는 시간과 비용을 획기적으로 줄여주었고 짧은 시간에 수정 및 재제작이 가능하게 되었습니다. 최근 들어 관련 특허들이 풀리면서 저렴한 제품들이 많이 등장하고 있습니다.

[그림 2-90] 다양한 3D 프린터의 종류

[그림 2-91] 금속재료와 3D 프린터를 사용해 제작한 팔찌

3D 입체물을 만드는 방법은 크게 큰 덩어리를 깎아서 만드는 절삭형방식과 한층 한층 쌓아서 적층형 방식으로 나눌 수 있습니다. 절삭형 방식은 원재료에서 조금씩 깎아내는 방식이기 때문에 재료가 손실되는 반면, 적층형 방식은 원재료의 손실이 없지만 정밀도가 다소 떨어지는 특징이 있으며 대부분의 3D 프린터가 사용하는 방식입니다. 3D 프린터에서 입체물을 만드는 몇 가지 방식을 알아보겠습니다.

- **FDM(Fused Deposition Modeling) 방식**

얇은 글루건을 이용해서 층층이 입체물을 만드는 것과 비슷한 방식으로 필라멘트라고 불리는 얇은 플라스틱 실을 녹여 쌓아가는 방식입니다. 이 방식은 3D 시스템즈와 함께 3D 프린터 제조회사의 양대 산맥인 스트라타시스(Stratasys)를 설립한 스콧 트럼프가 1988년 개발했습니다. 다른 방식에 비해 가격이 저렴하지만 출력물 표면이 거칠다는 단점이 있습니다.

[그림 2-92] 필라멘트

- **SLA(SeteroLithography Appartus) 방식**

찰스 헐이 1984년 발명한 기술로, 빛을 받으면 고체로 변하는 광경화성 액상수지(액체 플라스틱)에 레이저 빔을 쏘아서 필요한 부분만 고체화시키는 방식입니다. 레이저 광선을 이용해 속도가 빠르고 정교하지만 내구성은 떨어집니다.

- **SLS(Selective Laser Sintering) 방식**

미세한 플라스틱 분말, 나일론 분말, 모래, 금속 가루 등의 파우더형 재료에 빛을 쏘아 고체화 시키는 방식입니다. 일단 고체화 된 후에 다시 파우더를 뿌리고 레이더를 쏘는 과정을 반복해서 입체물을 만들어 가는 방식입니다. 정교하며 다양한 재료를 사용할 수 있지만 프린터 자체가 고가입니다.

한편 3D 프린터의 대중화와 더불어 일반인들도 손쉽게 3D 디자인을 할 수 있도록 3D 스캐너 장비 시장도 활성화 되고 있습니다. 'Occipital'이라는 이름의 3D 스캐너는 전용 어플리케이션을 실행한 후 스캔 대상 피사체를 사진 촬영하듯 회전하기만 하면 됩니다.

[그림 2-93] 태블릿PC에 장착해서 사용하는 세계 최초의 3D 스캐너와 사용법

참고문헌

1. Forouzan 저, 김한규 외 역,「데이터 통신과 네트워킹」, 교보문고
2. 김정우,「최신 정보통신 개론」, 21세기사
3. 이기학,「최신 정보통신의 이해」, 기한재
4. 한국해양정보통신학회편,「정보통신 개론」, 기한재
5. 고남영,「정보통신의 길라잡이」, 인터비전
6. 최종호,「클릭 정보통신」, 인터비전
7. 정진욱,「데이터통신」, 생능출판사
8. 한국전자통신연구원 http://www.etri.re.kr/www_05/
9. 윤건일, "'속도를 즐겨라' 新 PC 인터페이스 개막", 이티뉴스, 2011.1.31.
http://www.etnews.co.kr/201101280070
10. 조정제, "SATA 6Gbps 전용케이블, 속도 차이는 얼마나?", 버즈, 2010.8.2.
http://www.ebuzz.co.kr/content/buzz_view.html?ps_ccid=85602
11. 위키백과, http://ko.wikipedia.org/wiki/SATA
12. 김명선, "3D 프린터 – 기초편", http://story.pxd.co.kr
13. 서영진, [알아봅시다] 3D 프린터, 전자신문

연습문제

객관식

01 데이터 전송에서 병렬전송을 직렬전송으로 한다면, 그 이유로 가장 타당한 것은?

① 직렬전송은 병렬전송에 비해 가격이 저렴하다.
② 직렬전송이 속도가 빠르다.
③ 직렬전송은 복수채널이 필요하다.
④ 직렬전송은 한 채널이 필요하다.

02 통신 장비 중 무전기의 전송 방식은?

① 단방향 ② 양방향(반이중)
③ 양방향(전이중) ④ 이중

03 다음 중 비동기 전송에 없는 것은?

① 시작비트 ② 정지비트
③ 비트 사이의 간격 ④ 데이터 재구성

04 전송신호로 '1'과 '0'의 전압펄스 형태의 신호는?

① 아날로그 신호 ② 디지털 신호
③ 고주파 신호 ④ 저주파 신호

05 다음 중 아날로그 전송 방법이 아닌 것은?

① 진폭 편이변조 ② 펄스 진폭변조
③ 주파수 편이변조 ④ 위상 편이변조

06 다음 중 주파수 편이변조에 대해 설명한 것은?

① 잡음과 간섭에 매우 민감 ② 최대 진폭과 주파수가 일정하게 유지
③ 최대 진폭과 위상이 일정하게 유지 ④ 주파수와 위상이 일정하게 유지

07 다음 중 다중화를 설명한 것은?

① 하나의 신호를 하나의 채널로 통신한다.
② 하나의 신호를 여러 개의 채널로 통신한다.
③ 여러 개의 신호를 하나의 채널로 통신한다.
④ 여러 개의 신호를 여러 개의 채널로 통신한다.

08 다음 중 주파수 분할 다중화에서 필요한 장비가 아닌 것은?

① 다중화기 ② 모듈레이터

③ 필터 ④ 스위치

09 다음 중 시분할 다중화를 설명한 것은?

① 임의로 할당한 같은 채널로 데이터를 전송한다.

② 전송 데이터를 주파수로 변환한다.

③ 역다중화 시 신호를 추출하는 복조가 필요하다.

④ 공중 전화망에서 주로 사용된다.

10 2개의 통신장치가 일시적으로 물리적인 전용회선을 점유해서 통신하는 방식은?

① 회선 교환방식 ② 패킷 교환방식

③ 메시지 교환방식 ④ ATM(셀) 교환방식

11 다음 중 패킷 교환방식을 설명한 것은?

① 전송이 없는 휴지 기간에도 회선을 점유

② 교환기가 상황에 따라 적절한 전송경로 결정

③ 큰 용량의 저장매체가 요구

④ 고정길이 셀을 이용해서 전송

12 다음 중 크로스 케이블을 연결한 방법 중 옳은 것은?

① AABCCBDD – BBADDACC ② AABCCBDD – AABCCBDD

③ AABCCBDD – AABBCCDD ④ AABCCBDD – AACCBBDD

13 다음 중 광케이블의 특징이 아닌 것은?

① 전자유도의 영향이 없어 손실이 적다.

② 광대역성이 있어 초다중 재용량화가 가능하다.

③ 고속 대용량의 정보전송이 가능하다.

④ 손실이 없기 때문에 중계 없이 전송이 가능하다.

14 다음 중 허브와 컴퓨터를 연결하는 케이블 방식은?

① 광케이블 ② 동축 케이블

③ 다이렉트 케이블 ④ 크로스 케이블

15 위성통신 방식에 대한 설명으로 옳지 않은 것은?

① 가시거리 통신이다. ② 고품질 광대역 전송에 적합하다.

③ 주로 SHF대 주파수를 이용한다. ④ 장거리 전송이므로 오류율이 높다.

주관식

01 데이터 전송에서 문자 단위로 시작비트와 정지비트를 삽입하여 전송하는 형태는 무엇인가?

02 디지털 전송에서 왜곡되고 손상된 신호를 원래의 형태로 재생시켜 에러가 발생할 가능성을 줄여주는 장치는 무엇인가?

03 둘 또는 그 이상의 데이터 신호를 같은 통신채널을 통하여 전송하는 방식은 무엇인가?

04 ATM 교환방식에서 전송을 할 때 53바이트의 고정길이 데이터를 이용하는데 이것을 무엇이라고 하는가?

05 중앙에 내부 도체가 있고 바깥에 절연체가 있으며, 바깥에 다시 그물막과 외부 도체로 구성된 통신 회선은 무엇인가?

CHAPTER

03 데이터 통신

3.1 네트워크 분류 및 형태

3.1.1 OSI 7계층이란?

[그림 3-1] 스위스 제네바의 ISO 본부

네트워크를 공부하다 보면 OSI(Open System Interconnection: 개방형 시스템 간 상호접속) 참조 모델 또는 OSI 7계층이라는 말을 들어본 적이 있을 것입니다. 통신에 관한 국제 표준화 기구인 ISO(International Organization for Standardization)에서는 통신의 효율성을 높이고자 통신이 수행되는 일련의 과정에서 필요한 기능들을 7개의 계층으로 나누어 구분하였습니다.

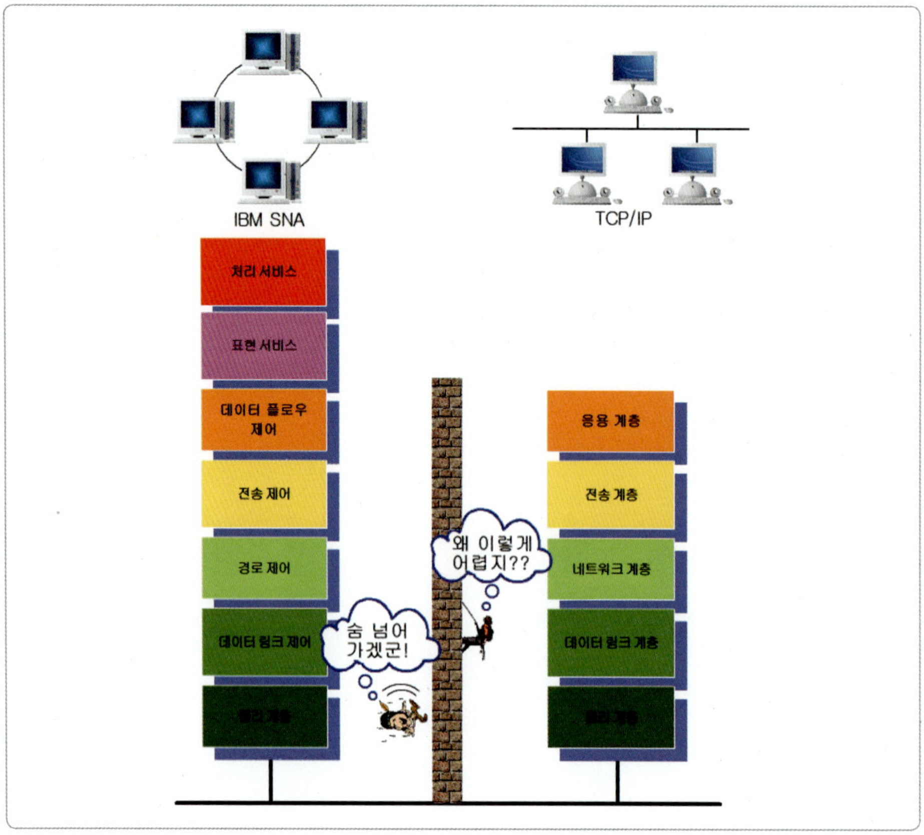

[그림 3-2] 네트워크 폐쇄성

1970년대 후반부터 많은 컴퓨터 제조회사들은 IBM의 SNA(Systems Network Architecture)와 DEC의 DECNet와 같은 자신들의 독자적인 네트워크 구조를 발표하였으나 모두 타사 제품과의 연동을 고려하지 않는 폐쇄성으로 인하여 네트워크 구조가 다른 타사 제품과는 접속을 할 수 없었습니다.

이 같은 문제를 해결하기 위해 ISO에서는 네트워크 구조의 표준화 작업을 진행하였습니다. 이러한 노력의 결과로 통신 과정을 7단계로 구분하여 각 단계마다 표준화된 서비스 정의와 프로토콜을 규정하여 서로 다른 제조회사의 장비 간에도 통신이 가능하게 되었습니다. 또한 통신에 문제가 발생한 경우 단계적인 원인 분석이 가능해 문제해결이 쉽도록 하였습니다.

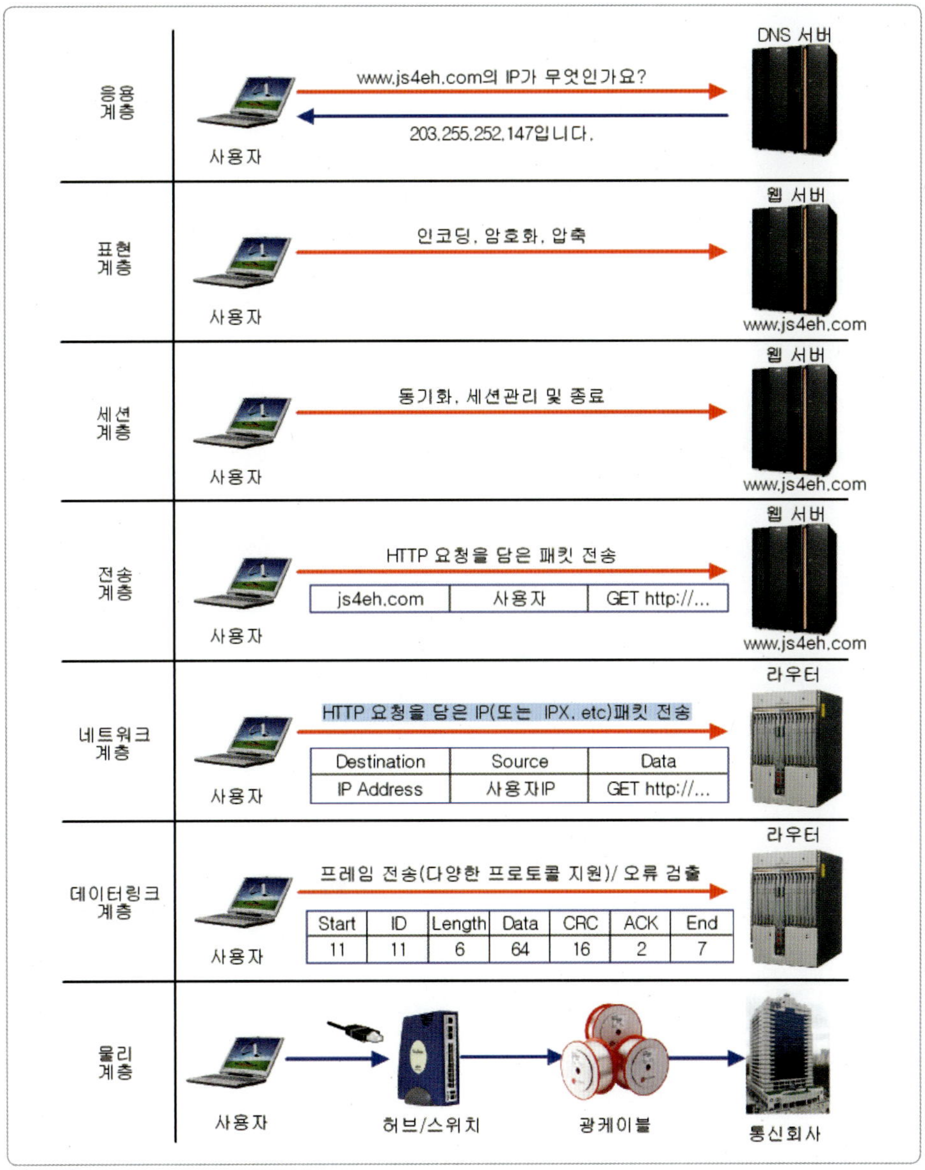

[그림 3-3] OSI 7계층 구조

Tip OSI(Open System Interconnection) 7계층은 어떤 건가요?

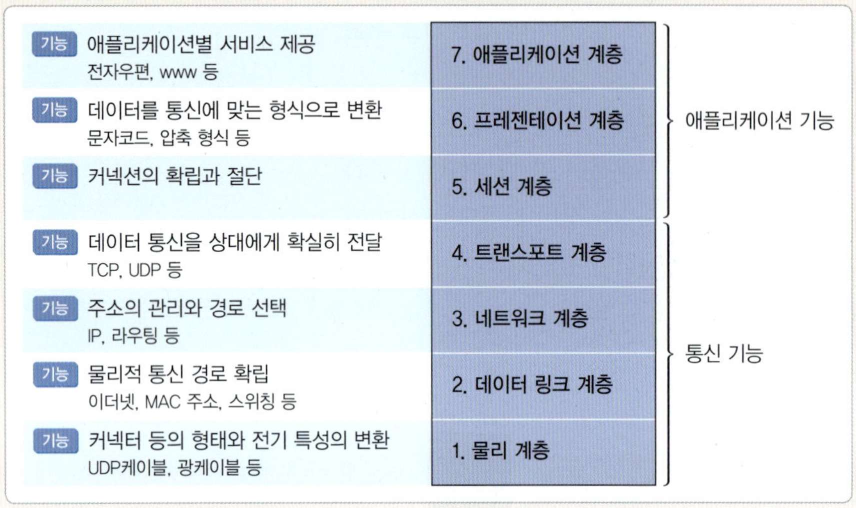

[그림 3-4] OSI 7계층과 계층별 기능

프로토콜을 각각의 기능별로 구분한 것으로서, 각 계층은 해당 계층의 하위 계층의 기능은 이용하고, 상위 계층에 대해서는 해당 기능을 제공하는 형태를 갖는 구조입니다. 이때 '프로토콜 스택' 혹은 '스택'은 이러한 계층들로 구성되는 프로토콜 시스템이 구현된 시스템을 가리키는데, 하드웨어나 소프트웨어 혹은 그 둘의 혼합으로 구현되는 형태를 갖는 구조입니다.

3.1.2 정보통신 표준화 조직에는 어떤 곳이 있나요?

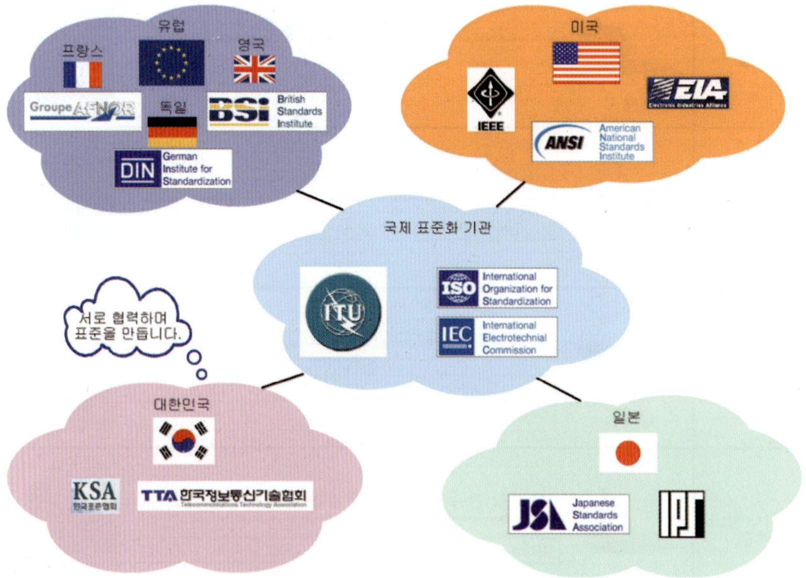

ITU: 국제통신연합(International Telecommunication Union)
IEEE: 미국전기전자기술자협회(The Institute of Electrical and Electronics Engineers)
EIA: 미국전자공업협회(Electronic Industries Association)
IPSJ: 정보처리학회(Information Processing Society of Japan)
AFNOR: 프랑스규격협회(Association Francaise de Normalization)

[그림 3-5] 다양한 정보통신 표준화 조직

초기 네트워크들은 사용목적에 따라 서로 다른 요구사항을 만족할 수 있도록 특성화 되어 있었습니다. 하지만 이러한 개별 네트워크 사이에 정보 교환이 필요하게 되었으며 이를 위해서는 OSI 7계층과 같은 표준화가 필요하게 되었습니다.

우리나라에도 TTA(Telecommunications Technology Association: 한국정보통신기술협회)와 KSA(Korean Standards Association: 한국표준협회)와 같은 기관에서 국제표준과 함께 국내표준을 제정하고 있습니다. TTA는 IT분야의 새로운 표준을 발굴하고 각종 IT표준의 제정, IT표준 제품의 시험 및 인증을 하는 표준화 기구입니다.

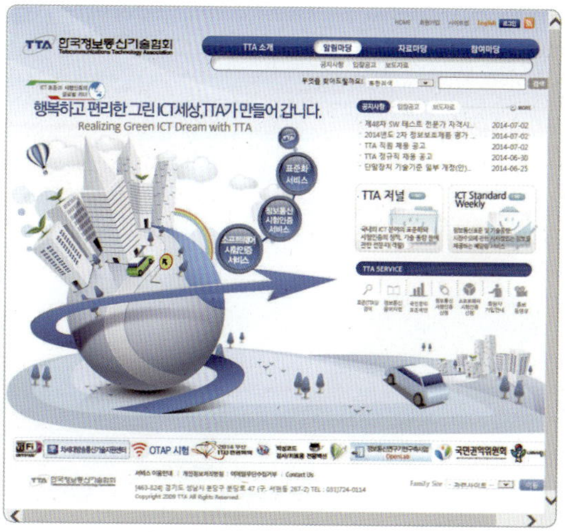

[그림 3-6] 한국정보통신기술협회(TTA) 홈페이지

3.2 친숙한 근거리 통신망(LAN)

3.2.1 근거리 통신망이란?

한 단체나 조직에서의 정보가 교환되는 내용을 살펴보면 일반적으로 원거리 통신보다는 근거리 통신이 더 많습니다. 또한 최근에 정보처리 기기들의 보급으로 이들 간 상호연결을 통한 분산처리에 대한 요구가 증대되고 있습니다. 근거리 통신망은 이러한 요구를 만족시키기 위하여 한정된 공간에 구성된 네트워크를 말합니다.

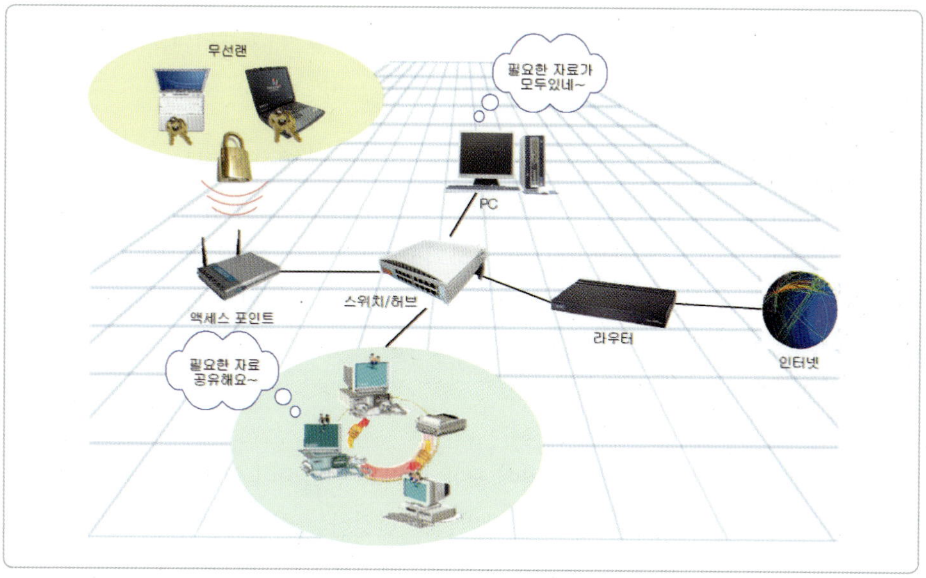

[그림 3-7] 근거리 통신망 구성

3.2.2 근거리 통신망 구조가 복잡한가요?

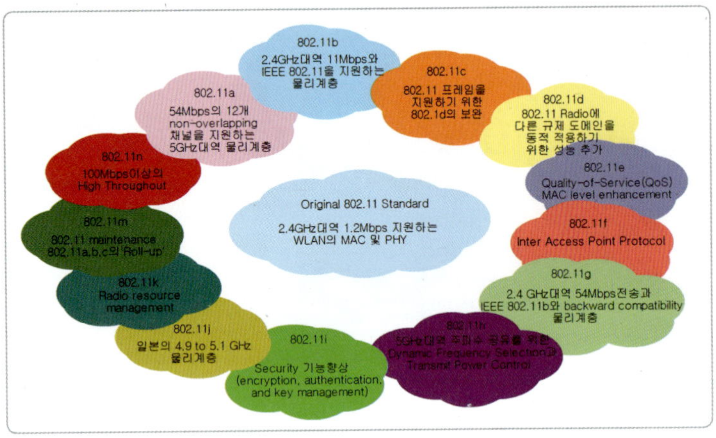

[그림 3-8] 근거리 통신망 관련 IEEE 워킹그룹

근거리 통신망은 IEEE(Institute of Electrical and Electronics Engineer)에서 1980년 2월 표준작성을 위해 '802' 워킹그룹(Working group)을 결성하면서부터 시작되었습니다. 802 워킹그룹은 주로 근거리 통신망의 MAC(Mdeia Access Control)와 LLC(Logical Link Control), 두 부계층(Sublayer)의 표준을 제정하는 일을 하고 있습니다.

LLC는 상위 부계층으로 802.2로 대표되며 오류제어와 흐름제어를 담당하는 부분이고 MAC는 공유매체에 대한 접근 제어를 담당하는 부계층입니다.

3.2.3 근거리 통신망을 분류해 볼까요?

근거리 통신망은 토폴로지, 전송매체, 전송신호 및 매체 접근 방법에 따라서 여러 가지로 분류할 수 있습니다.

(1) 토폴로지가 다양하군요

근거리 통신망의 대표적인 토폴로지에는 성형, 버스형, 트리형, 링형 등이 있습니다.

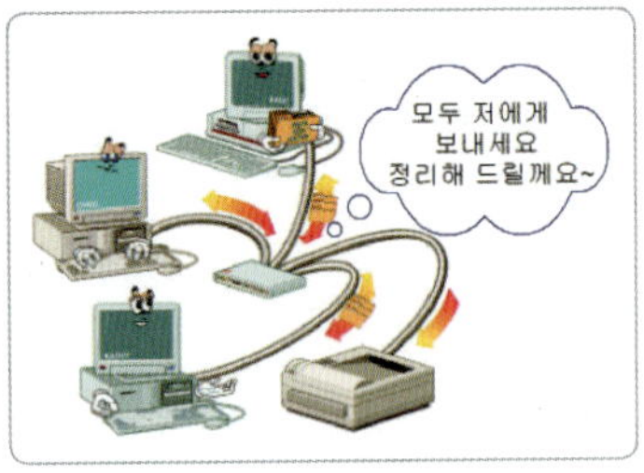

[그림 3-9] 성형

① 성(Star)형

중앙에 전송 제어 장치를 두고 각 장비를 점대점으로 연결하는 형태를 말하며 고장 발견이나 유지보수, 그리고 확장이 용이하며 특정 장비의 고장이 네트워크에 영향을 미치지 않는다는 장점이 있습니다. 그러나 전송 제어 장치가 고장나면 네트워크 전체가 동작할 수 없으며 통신량이 많은 경우 전송 지연이 발생할 수 있습니다.

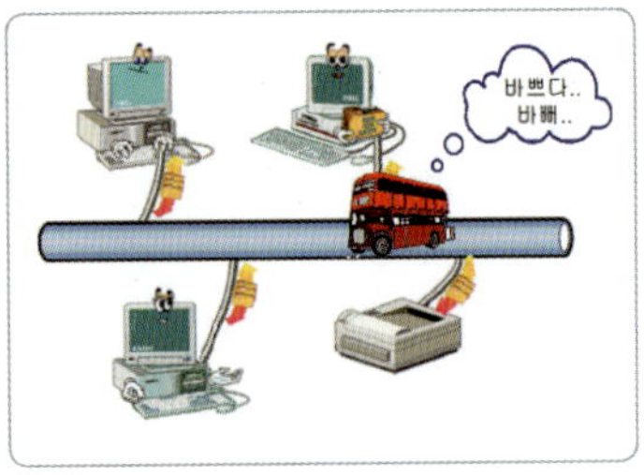

[그림 3-10] 버스형

② 버스(Bus)형

하나의 긴 케이블이 네트워크상의 모든 장비를 연결하는 역할을 하는 형태로 설치가 용이하고 장비의 고장이 네트워크에 영향을 미치지 않는 장점이 있습니다. 그러나 장비의 수가 많아지면 네트워크의 성능이 저하되고 중앙케이블이 고장나면 네트워크 전체가 동작하지 않으며 네트워크를 확장하고자 하는 경우 중계기가 필요하다는 단점이 있습니다.

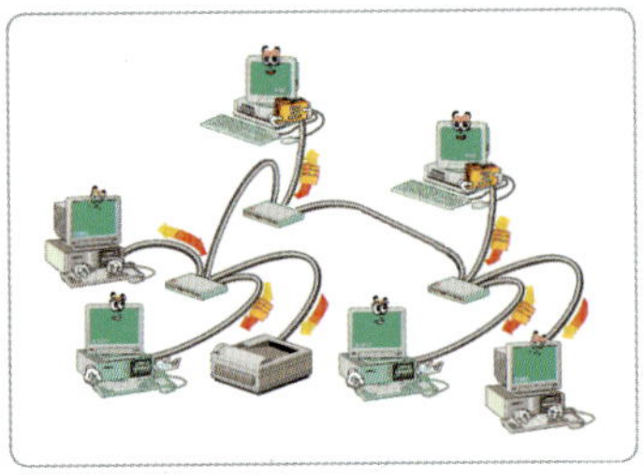

[그림 3-11] 트리형

③ 트리(Tree)형

성형의 변형으로 중앙 전송 제어 장치에 모든 장비가 연결되어 있는 것이 아니라 트리 형태의 노드에 전송 제어 장치를 두어 장비들을 연결하는 형태입니다. 장점이나 단점은 성형과 비슷하나 중앙 전송 제어 장치에 더 많은 장비를 연결할 수 있으며 각 장비 간 데이터의 전송거리를 증가시킬 수 있습니다.

④ 링(Ring)형

링형은 루프 형태로 각 장비들이 자신의 이웃 장비와 점대점으로 연결된 형태입니다. 하나의 링에서 데이터는 한 방향으로만 전송되며 다른 장비가 보낸 데이터를 받은 경우, 자신에게 오는 데이터는 수신하고 그렇지 않은 경우에는 다음 장비로 데이터를 전달합니다. 링형은 설치와 재구성이 쉽고 장애가 발생했을 경우 복구시간이 빠르다는 장점이 있습니다. 그러나 링을 제어하기 위한 절차가 복잡하며 새로운 장비를 연결하기 위해서 링을 절단하고 장비를 추가해야 하는 단점이 있습니다.

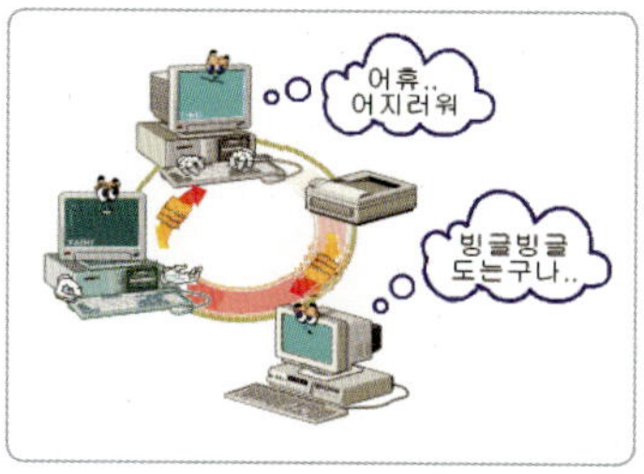

[그림 3-12] 링형

(2) 매체 접근 제어(Media Access Control) 방식을 알아볼까요?

근거리 통신망은 하나의 장비가 데이터를 전송하면 다른 모든 장비로 데이터가 전송되는 방송형(Broadcast) 네트워크가 대부분입니다. 이러한 방송형 네트워크에서는 공용 채널을 누가, 언제 사용할 것인가를 결정하는 것이 중요합니다. 예를 들어, 교실에 여러 명의 사람이 있는데 한 사람이 학생들에게 말을 전하고 있을 때 다른 학생이 중간에 동시에 말을 하면 두 사람의 말이 동시에 들려 제대로 말을 이해하지 못하는 경우를 생각할 수 있습니다. 이처럼 채널 할당 문제를 해결하는 방법을 매체 접근 제어 방식이라고 하며, 이 방식에는 CSMA/CD(Carrier Sense Multiple Access/Collision Detection), CSMA/CA(Carrier Sense Multiple Access/Collision Avoidance), 토큰 링, 토큰 버스 등이 있습니다.

① CSMA/CD

이더넷에서 사용되는 방식으로 채널의 상태를 감지해 충돌을 피하는 방식으로 만약 충돌이 발견되면 일정 시간 대기한 후 다시 채널 상태를 확인하고, 채널이 사용되고

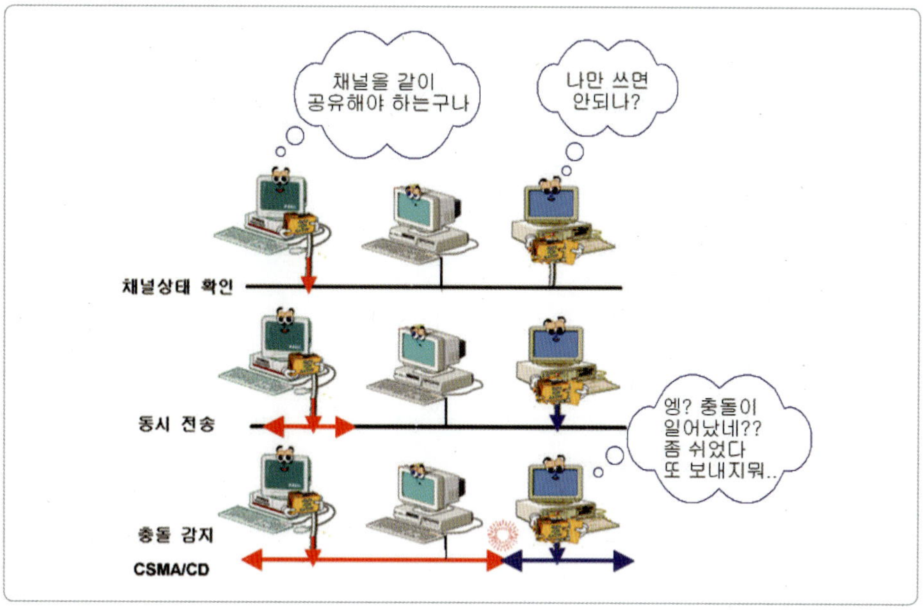

[그림 3-13] CSMA/CD 동작 과정

있지 않으면 데이터를 전송하는 매체 접근 방식입니다. 근거리 통신망에서 가장 많이 사용되는 방식입니다.

② CSMA/CA

무선 LAN에서 사용되는 방식으로 채널의 반송파를 감지한 후 충돌이 일어나지 않도록 충돌을 회피하는 방식입니다. 네트워크 상태를 점검한 후 데이터를 전송하는 CSMA/CD 방식과는 달리 네트워크에 데이터의 전송이 없는 경우라도 충돌을 대비하여 확인 신호를 전송하는 방식으로, 확인 신호가 충돌 없이 전송된 것을 확인한 후에야 데이터를 보내게 됩니다. 네트워크가 복잡해지면 충돌 확인 신호의 속도가 느려지고 데이터의 전송도 지연되는 단점이 있습니다.

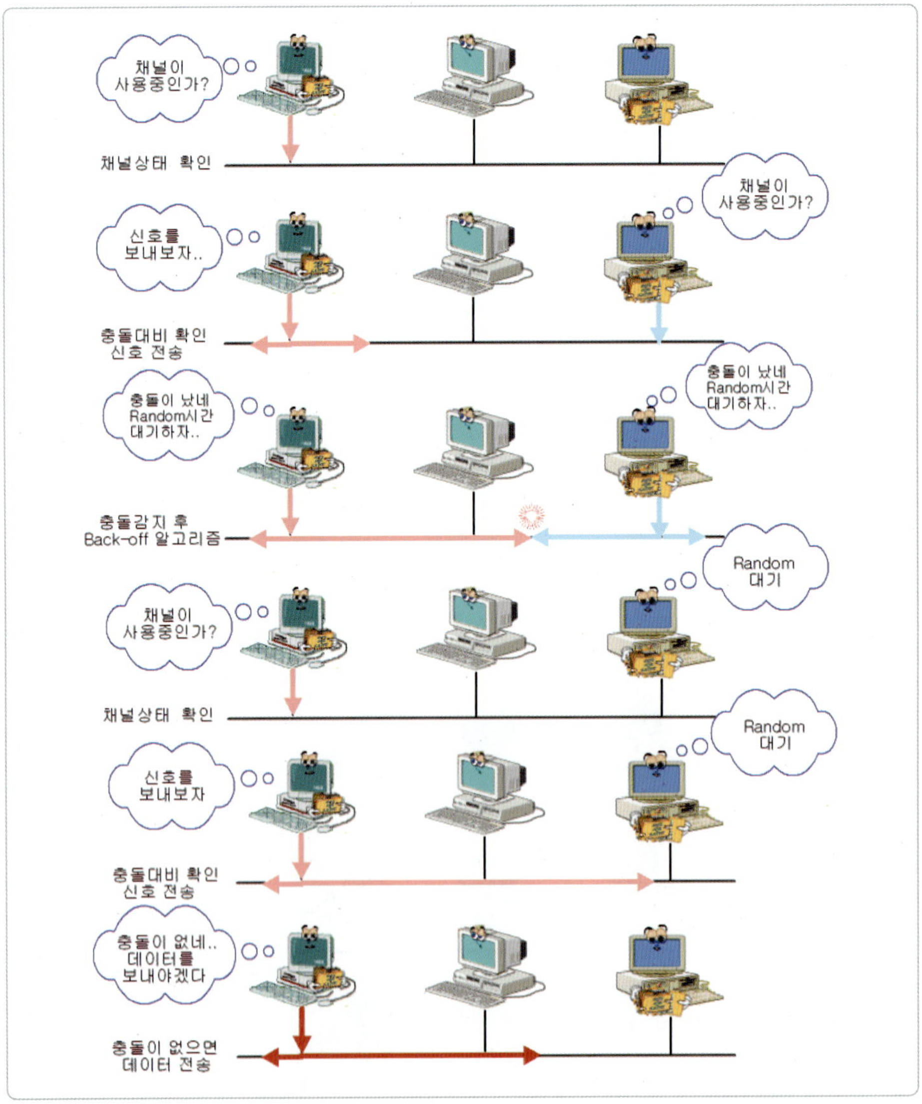

[그림 3-14] CSMA/CA 동작 과정

③ 토큰 링

토큰이라는 짧은 프레임을 이용하여 데이터를 보낼 권리를 정하고 정해진 순서대로 전송하는 방식입니다. 보낼 데이터가 있는 노드는 자신의 차례에, 즉 토큰을 가지고 있을 때에만 데이터를 전송할 수 있습니다.

[그림 3-15] 토큰 링

④ 토큰 버스

토큰 링 방식과 이더넷이 결합된 형태로 물리적으로는 버스 형태이지만 논리적으로는 토큰 링 방식을 사용하는 매체 접근 방식입니다.

[그림 3-16] 버스 토큰

과거 1970~90년대에 현금 대신에 사용되었던 일종의 버스 승차권으로, 서울 기준으로 1977년 12월 1일 첫 시행되었고 1999년 사용 중지 처분이 되었습니다. 회수권과 함께 버스 요금계의 쌍두마차였습니다.

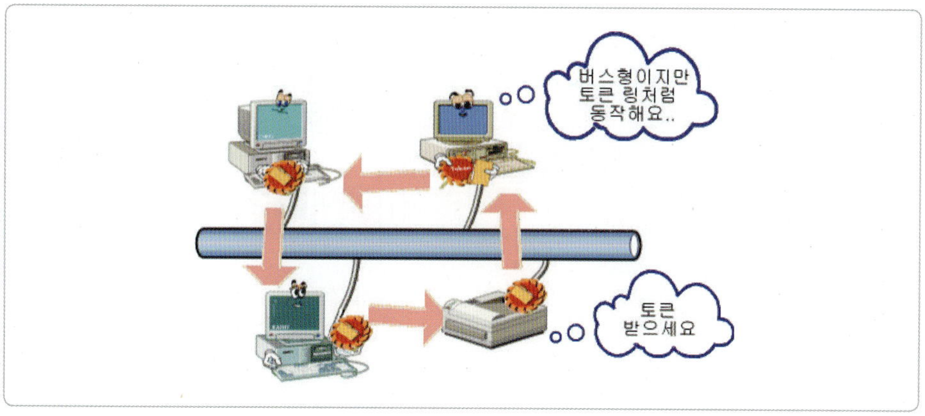

[그림 3-17] 토큰 버스

3.2.4 리피터란?

리피터는 전자기 또는 광학 전송매체상에서 신호를 수신하여 신호를 증폭한 후 다음 구간으로 재전송하는 장치를 말합니다. 리피터는 신호감쇠를 보상해주기 때문에 여러 대의 리피터들을 이용하여 신호를 먼 거리까지 전달하는 것이 가능합니다. 이처럼 리피터들은 근거리 통신망을 구성하는 세그먼트들을 확장하거나 서로 연결하는 데 주로 사용됩니다.

- 케이블 유형
  Twinax: IBM 7362229 or equivalent
  UTP: Category 3 (EIA/TIA 568) or higher
- 데이터 전송률
  Standard 5250: 1Mbps −2%, +4%
- 지원 거리
  Twinax: 5,000ft
  UTP: 3,000ft

[그림 3-18] OmniStar™ 400 AS400/3X 5250와 5250 Express Star/리피터

3.2.5 브리지? 갑자기 웬 다리?

매체를 공유하는 근거리 통신망에서 하나의 장비가 데이터를 보내고 있는 동안에 다른 장비가 데이터를 보내면 충돌이 발생하게 됩니다. 이와 같이 충돌이 발생할 수 있는 영역을 충돌 도메인(Collision Domain)이라고 합니다.

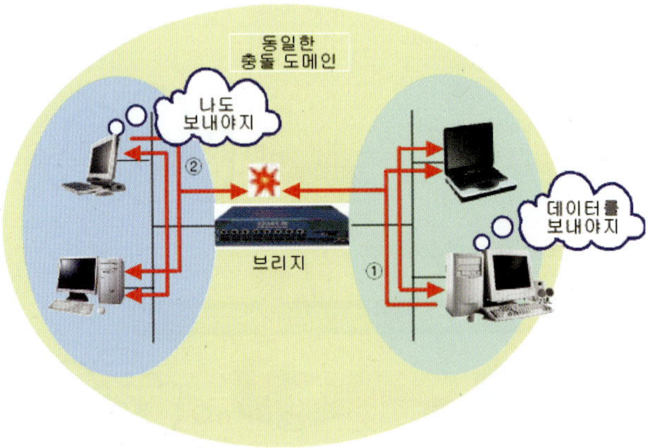

[그림 3-19] 충돌 도메인

네트워크에 장비들의 수가 늘어나면, 즉 충돌 도메인이 커지면 충돌이 발생할 확률도 높아지게 되고 통신 속도도 떨어지게 됩니다. 따라서 네트워크를 확장하면서 충돌 도메인을 나누어 줄 수 있는 장비가 필요한데 이러한 장비가 바로 브리지입니다. 브리지는 데이터 링크 계층에서 동작하는 장비로 데이터 링크에서 사용하는 MAC(Media Access Control)이라는 네트워크 장비에 고정되어 있는 유일무이한 주소, 즉 하드웨어 주소를 기반으로 전송할 포트를 결정합니다.

[그림 3-20] 시스코 Aironet 350 시리즈 무선 브리지
- 지원속도: 1, 2, 5.5 and 11Mbps
- 액세스 프로토콜: CSMA/CA
- 브리징(bridging) 프로토콜: 스패닝트리

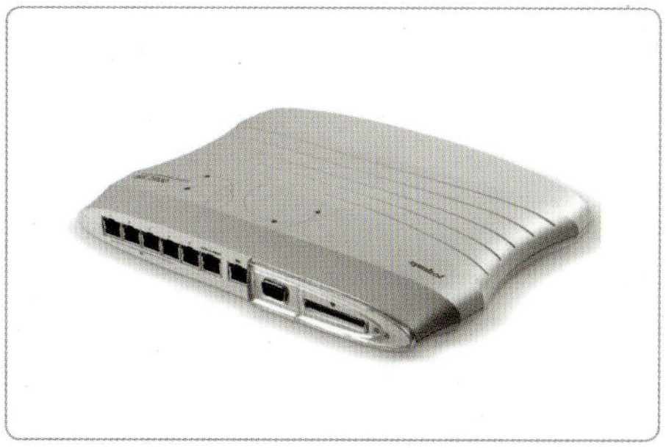

[그림 3-21] Symbol 사의 유무선 통합 스위치
- Wi-Fi, IEEE802. 11b, IEEE802. 11a, IEEE802.11g 지원

3.2.6 스위치란?

일반적으로 스위치는 브리지와 마찬가지로 데이터 링크계층에서 동작하며 충돌 도메인을 나눠주는 역할을 하는 장비입니다. 브리지와의 차이점은 데이터를 처리하는 데 있어 하드웨어로 처리하므로 브리지에 비해 처리 속도가 빠릅니다. 그리고 브리지는 각 충돌 도메인에 연결되는 포트들이 같은 속도를 지원하는 반면, 스위치는 서로 다른 속도를 갖는 세그먼트들을 연결해줄 수 있는 기능을 제공합니다. 그리고 스위치는 브리지에 비해 지원하는 포트의 수가 많습니다. 브리지가 보통 2~3개 정도의 포트를 가지는 반면, 스위치는 몇십 혹은 몇백 개의 포트를 제공할 수 있습니다.

또한 스위치는 데이터 링크 계층에서만 동작하는 것은 아닙니다. 스위치에 라우팅 기능을 추가하여 네트워크 계층에서 동작하는 스위치도 있습니다. 이러한 스위치들은 L2, L3, L4, L7 스위치 등으로 구분하며 동작하는 계층에 따라 여러 가지 형태가 존재하게 됩니다.

[그림 3-22] 시스코 Catalyst 1924 스위치 - L2 스위치
- 10Mbps 포트 24개
- 100Mbps 포트 2개
- 이더넷 스위치

[그림 3-23] 시스코 Catalyst 3524XL 스위치 - L3 스위치
- 10Base T/100Base TX 포트 12개
- GBIC 방식 기가비트 이더넷 포트 2개
- 단일 RU(Rack Unit) 스택형 10/100기가비트 이더넷 스위치

[그림 3-24] 시스코 Catalyst 4006 스위치
- 10/100Mbps 이더넷 모듈 포트 48개
- 기가비트 이더넷 업링크 포트 2개
- 10/100Mbps 이더넷 모듈 포트 32개
- 기가비트 이더넷 모듈 포트 6개

L2 스위치는 데이터 링크 계층에서 동작하는 스위치로 대부분의 범용 스위치는 L2 스위치에 해당됩니다.

L3 스위치는 네트워크 계층에서 동작하는 스위치로 IP주소를 이용한 스위칭 기능을 수행합니다. 즉, 네트워크 계층의 프로토콜인 IP, IPX(Internetwork Packet eXchange) 등의 스위칭 기능을 수행합니다.

L4 스위치는 전송계층에서 동작하는 스위치로 여러 가지 특징이 있지만 특히 서버나 네트워크의 트래픽을 균등하게 분배해주는 로드 밸런싱 기능을 제공합니다.

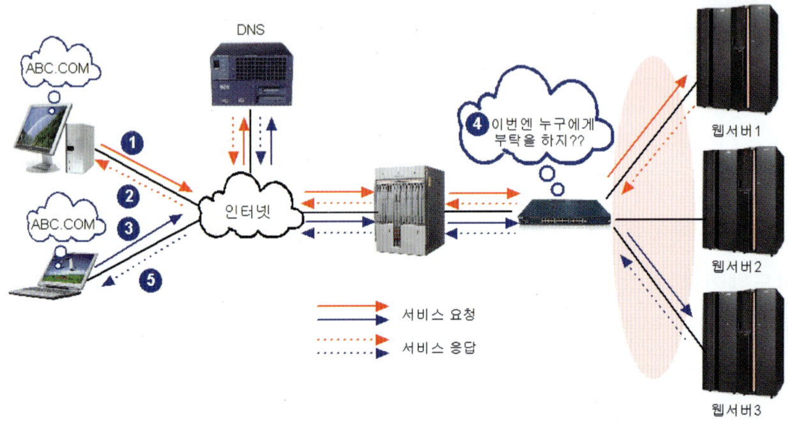

[그림 3-25] L4 스위치의 로드 밸런싱 기능

L4 스위치를 이용하여 네트워크를 구축한 경우 모든 트래픽은 가상 서버인 L4 스위치를 통해 실서버로 전달될 수 있습니다. 실서버는 실제 웹이나 전자메일, FTP 등의 서비스를 제공해주는 서버로서 부하 분산을 위해 동일한 서비스를 제공하는 여러 개의 서버로 이루어져 있습니다.

- 기가비트 이더넷(SX, LX, LH) 포트 8 & 16개
- 10/100(RJ-45 and Telco(RJ-21) 옵션) 포트 48개
- 100-FX(멀티 모듈 Fiber) 포트 24개

[그림 3-26] 시스코 Catalyst 6509 스위치 – L7 스위치

마지막으로 TCP 포트 정보를 기반으로 주로 로드 밸런싱을 수행하는 L4 스위치와 달리 L7 스위치는 OSI 참조 모델의 세션 계층과 응용 계층의 데이터까지 분석하여 필요한 제어를 수행할 수 있습니다. 일반적으로 L4 스위치가 1,024번까지의 포트만을 인식하는데 비해 L7 스위치는 그 이외의 포트 번호에 대해서도 인식이 가능합니다. 따라서 고정된 포트 번호를 사용하지 않고 동

적으로 포트 번호를 바꾸는 바이러스와 같은 응용 프로그램을 감지할 수 있습니다.

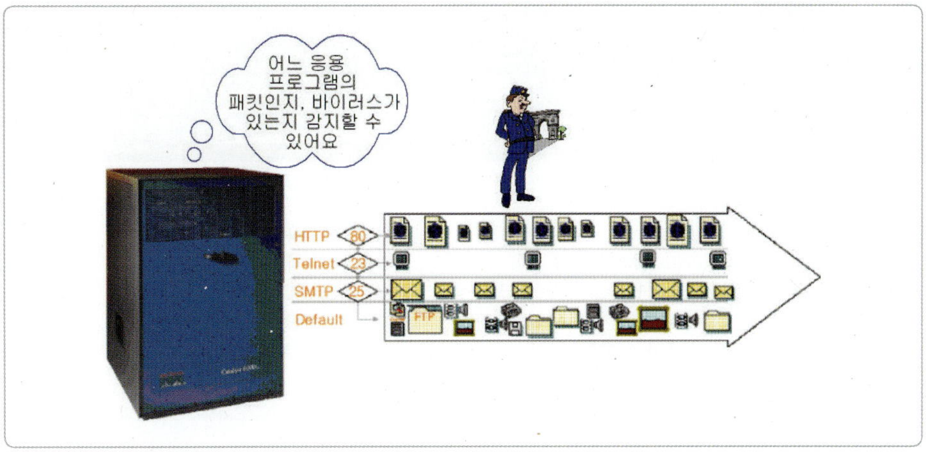

[그림 3-27] L7 스위치를 이용한 서비스 단위의 제어

3.2.7 드디어 라우터군요

라우터는 네트워크 계층(3계층)에서 동작하는 장비로서 네트워크 간 통신을 위해서 사용하는 장비입니다. 네트워크 계층에서 동작하므로 네트워크 계층 주소인 IP주소를 바탕으로 목적지까지의 경로를 검사하고 어떤 경로로 가는 것이 적절한지 판단하는 경로결정을 수행합니다. 중요한 기능입니다. 경로가 결정되면 해당 경로로 데이터를 보냅니다. 필요한 경우 데이터를 알맞은 크기로 쪼개는 기능도 수행합니다. 또한 라우터는 네트워크 계층에서 동작하기 때문에 데이터링크 계층(2계층) 프로토콜이 다른 이종의 네트워크를 연결할 수 있다는 장점이 있습니다.

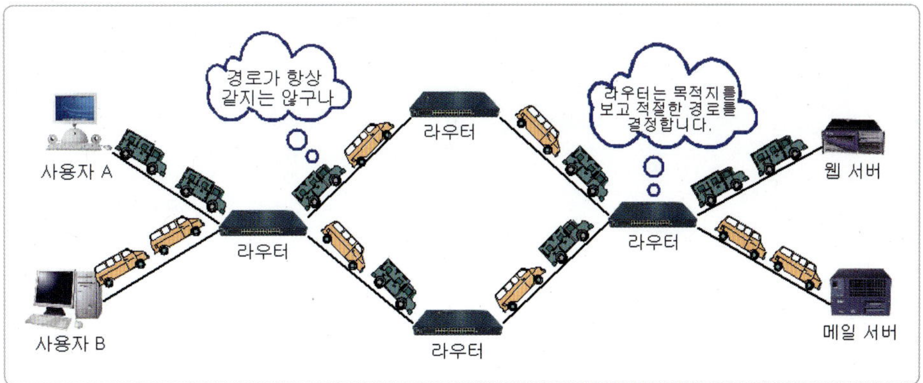

[그림 3-28] 라우터에서의 경로 결정

[그림 3-29] 시스코 1600 라우터

- 1개의 이더넷, 1개의 WAN 포트와 추가 WIC 포트 1개
- ISDN 라우터 기능
- NAT 기능 탑재
- 대역폭 관리기능을 가지는 라우팅

[그림 3-30] 시스코 2600 라우터

- LAN-to-LAN 라우팅 대역폭 관리 기능 포함
- 멀티서비스 음성/팩스/데이터 통합
- Firewall Security와 옵션인 VPN/엑스트라넷 액세스
- WAN 액세스, ATM 서비스 포함

[그림 3-31] 시스코 3600 라우터

- WAN 및 다이얼업 연결 기능
- LAN 연결 기능
- Voice over Data
- ATM 연결

3.2.8 게이트웨이는 또 뭔가요?

일반적으로 게이트웨이는 2개 이상의 다른 종류의 네트워크를 상호 접속하여 정보를 주고받을 수 있게 하는 장비입니다. 통신망의 예로는 근거리 통신망(LAN), 공중 데이터망(PDN), 공중 전화 교환망(PSTN) 등이 있습니다. 게이트웨이는 프로토콜이 달라 호환성이 없는 복수의 통신망을 OSI 기본 참조 모델의 각 계층에서 프로토콜을 변환해주는 기능을 수행합니다. 따라서 통신 프로토콜이 같거나 유사한 통신망을 상호 접속하여 정보를 주고받는 브리지와 달리 게이트웨이는 프로토콜이 다른 통신망 간에 프로토콜을 변환하여 정보를 전달합니다.

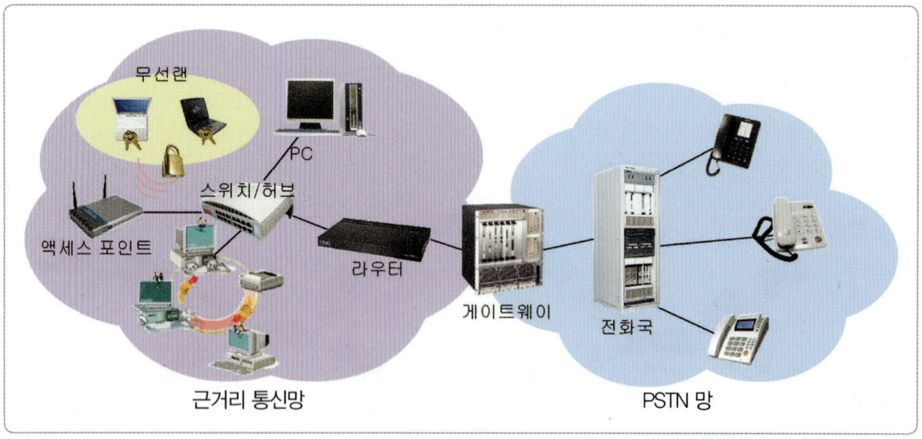

[그림 3-32] 게이트웨이를 사용한 네트워크

Tip OSI 7계층과 네트워크 장비 그리고 프로토콜은 그럼 어떤 관계인가요?

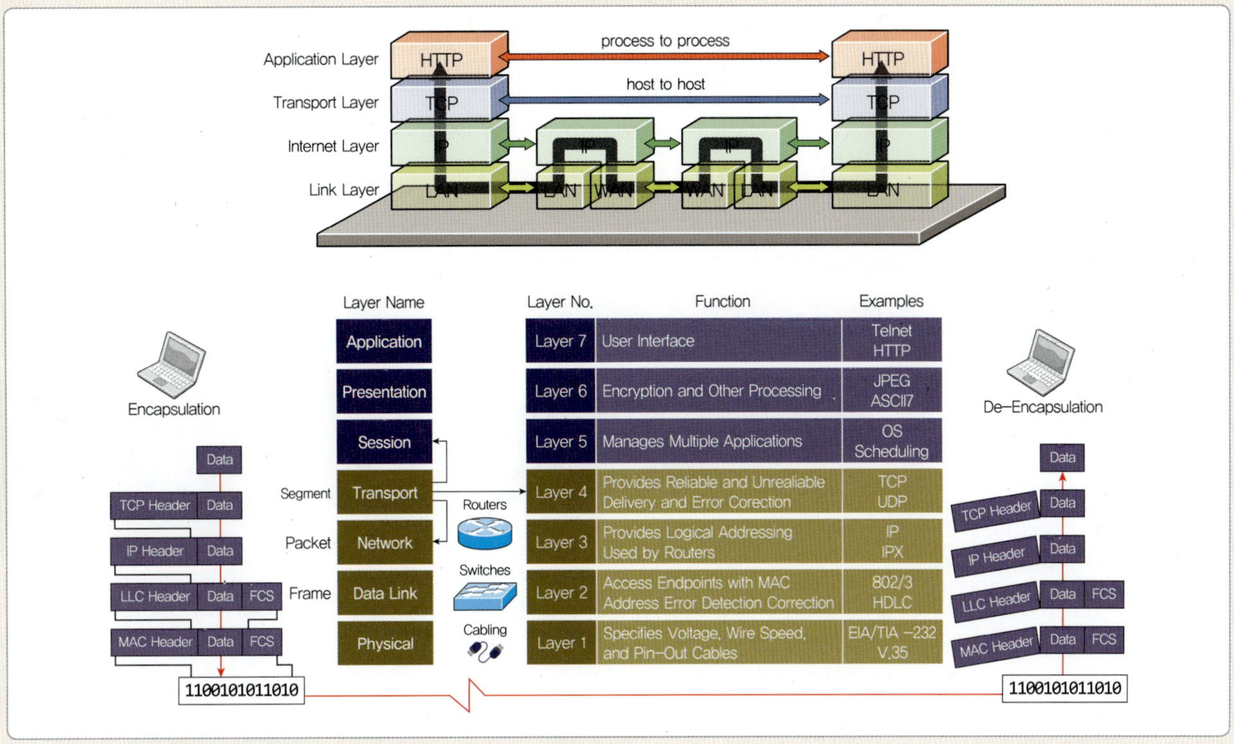

[그림 3-33] 데이터 통신시 연관되는 OSI 7 계층과 장비, 프로토콜 관계

[그림 3-34] TANDBERG 게이트웨이

- 패킷 기반 IP나 ISDN 서비스 지원
- IP나 ISDN에서 H.264 지원
- 화상회의 시스템과 연동 지원

[그림 3-35] 웜홀을 생성하는 가공의 장치 스타 게이트

3.2.9 고속 LAN(FDDI, 고속 이더넷, (1/10/25/40/100)기가비트 이더넷)을 알아볼까요?

고속 LAN은 기존의 LAN 프로토콜의 형태는 그대로 유지하면서 100Mbps 이상의 전송 속도를 갖는 LAN을 말하며 FDDI, 고속 이더넷, 기가비트 이더넷 등이 있습니다.

(1) 고속 이더넷(Fast Ethernet)

고속 이더넷은 이더넷 기술을 계승한 것으로 데이터 전송 속도를 10Mbps에서 100Mbps로 고속화한 LAN을 말합니다. 1992년 IEEE 802 위원회에서 고속 이더넷의 표준화 작업 시에 100Mbps의 이더넷에 대해서 'Fast Ethernet'이란 용어를 사용하였습니다. 고속 이더넷은 기존 이더넷의 선로 구성과 MAC 프로토콜을 거의 그대로 받아들이면서(몇 가지 추가된 것은 있습니다) 전송속도를 높여 100Mbps의 속도를 제공합니다.

[그림 3-36] 시스코 Catalyst 2924 스위치

-10/100Mbps 포트 24개
-100Base-FX 포트 4개(Up-link)
-1Gbps 포트 1개(Up-link)
-고속 이더넷 스위치

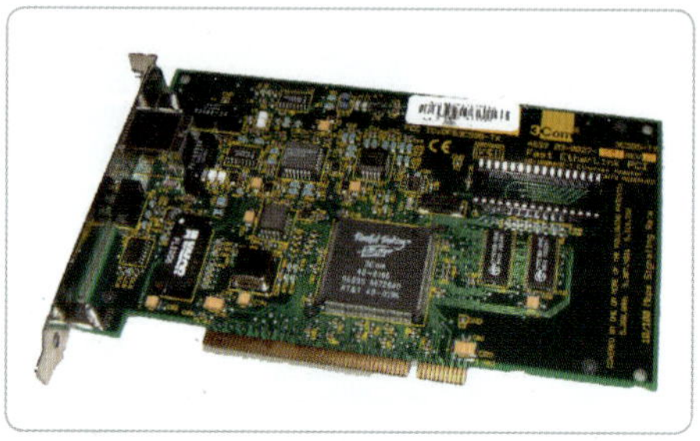

[그림 3-37] 3COM Fast EtherLink 3C595-TX

(2) 기가비트 이더넷(Gigabit Ethernet)

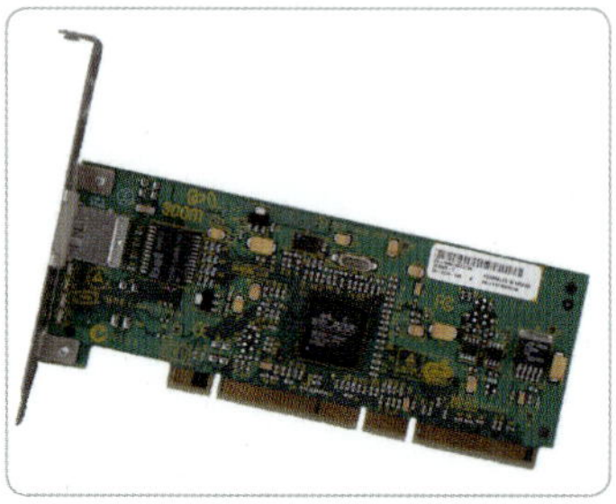

[그림 3-38] 3Com 3C996B-T 기가비트 서버 어댑터

기가비트 이더넷은 전송 속도를 1Gbps로 고속화한 이더넷 규격으로 IEEE 802.3Z 워킹그룹에서 1998년 6월에 1000 BASE-X로 표준화하였습니다. 물리계층의 규격은 파이버 채널(Fiber Channel)을 기본으로 하였으며 기존의 파이버 채널규격에서 채택하고 있는 8B/10B 부호화 방식을 그대로 수용하였습니다. 기가비트 이더넷은 기존의 10Mbps, 100Mbps 이더넷 기술과 동일한 기술을 사용함으로써 기존 네트워크와 호환성을 유지했으며 IEEE 802.3 프레임 형태를 그대로 사용하기 때문에 다른 이더넷과 상호 운용이 가능합니다. 매체 접근 방식으로는 기존 이더넷과 동일한 CSMA/CD를 사용하며 1Gbps의 전이중, 반이중 통신 방식을 지원합니다.

(3) 10기가비트 이더넷(10Gigabit Ethernet)

10기가비트 이더넷 역시 IEEE 802.3 위원회에서 표준화한 초고속 LAN기술로, 2006년 802.3AN이 정식 표준으로 확정되었습니다. 10기가비트 이더넷은 단순히 LAN뿐만 아니라 MAN과 WAN까지 지원할 수 있기 때문에, LAN/MAN/WAN 네트워크 통합이 가능하다는 큰 장점이 있습니다. 기존의 기가비트 이더넷에 비해 다소 가격이 비싸지만 속도는 최대 10배 이상 빠르기 때문에 가장 경제적인 대안으로 손꼽히는 기술입니다. 인터넷 서비스 제공 사업자(ISP)들은 지역단위의 백본을 10기가비트 이더넷으로 업그레이드하였으며, 많은 기관들이 10기가비트 이더넷을 구축하였습니다.

[그림 3-39] Cisco Catalyst 4948 10기가비트 이더넷 스위치

- 10/100/1000Mbps 포트 40개
- 10Gbps 포트 2개
- 20Gbps 유선속도 Up-link로 최대 트래픽 처리량 지원

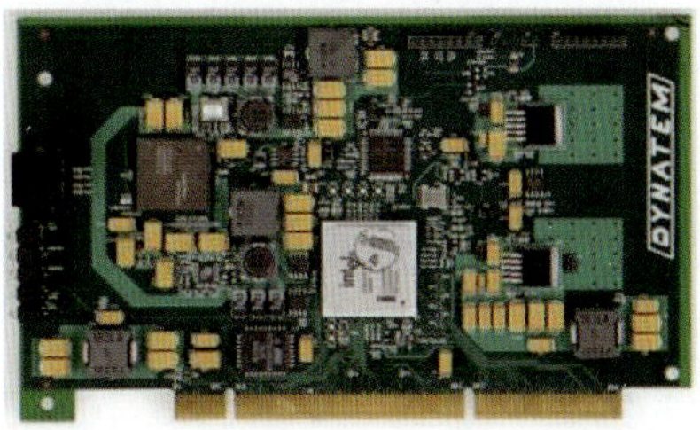

[그림 3-40] 10기가비트 서버 랜카드(출처: www.dynatem.com)

(4) 25/40/100기가비트 이더넷

UHD와 같은 고화질 컨텐츠의 증가와 클라우드 컴퓨팅과 같은 다양한 신규 컴퓨팅 서비스의 등장 및 IPTV와 같이 높은 대역폭을 요구하는 애플리케이션이 증가하면서 100G급 이더넷 기술이 등장하게 되었습니다. 100G 이더넷은 2007년 7월 IEEE 802.3ba에서 표준화하기 시작하였고, 2010년 6월에 40/100G 이더넷 MAC/PHY 표준이 최종 승인되었습니다.

또한 2014년에 25G 이더넷 컨소시엄이 만들어지면서 25GE 네트워크 기술 확산 움직임이 두드러지고 있습니다.

[그림 3-41] Cisco CRS-3 1포트 100기가비트 이더넷 인터페이스 모듈

25G Ethernet
50G Consortium

[그림 3-42] 25/50G 이더넷 컨소시엄

[그림 3-43] 최초의 100G 이더넷 FPGA 카드(출처: Invea Technology)

25/40/100G 이더넷 MAC/PHY 표준에서는 Full-Duplex 방식만을 지원하고 기존 IEEE 802.3 MAC에서와 같은 이더넷 프레임 포맷은 유지하기로 하였습니다. 또한 IEEE 802.3 표준에서 권고하고 있는 최소 및 최대 프레임 크기 준수 등 기존의 이더넷과의 호환성을 최대한 보장하고 있습니다. 아울러 100G 광통신을 위한 OTN 호환성 등으로 인해 40/100G 이더넷은 기존의 이더넷과 완벽한 호환을 이루게 되었습니다.

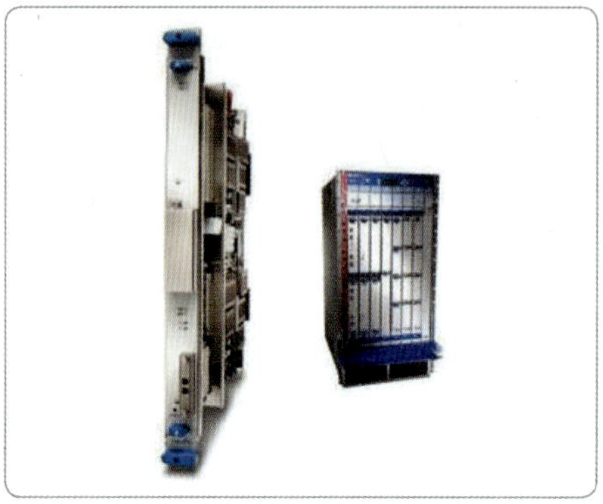

[그림 3-44] 주니퍼사의 100G 이더넷 인터페이스 카드

[그림 3-45] 100G 이더넷 지원 노텔 OME 6500

Tip **PAN이 뭔가요?**

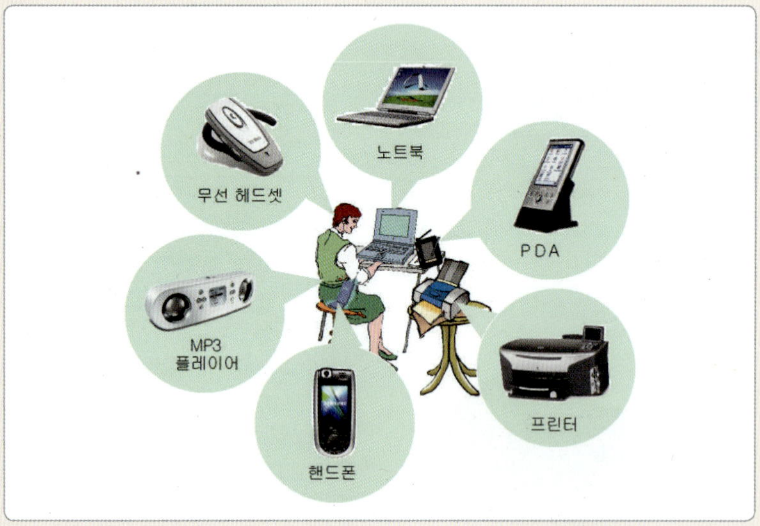

[그림 3-46] PAN(Personal Area Network)

PAN(Personal Area Network: 개인 영역 네트워크)은 휴대용 정보 단말기 등을 이용하여 필요한 정보를 처리할 수 있도록 구성한 통신망입니다. 근거리 통신망(LAN)보다 소규모로서 개인용 정보 단말기를 이용해서 각종 정보를 송수신합니다.

Tip • CAN이 뭔가요?

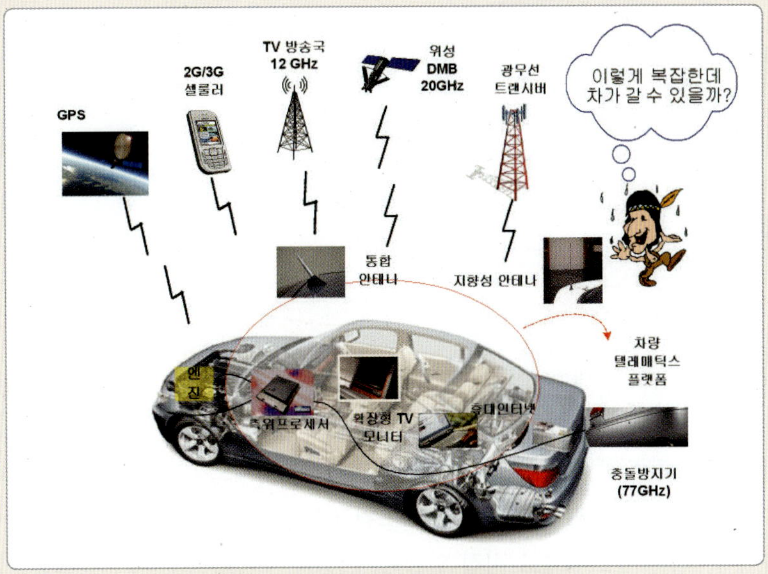

[그림 3-47] CAN(Controller Area Network)

CAN(Controller Area Network: 계측 제어기 통신망)은 자동차의 각종 계측 제어 장비들 간에 디지털 통신을 제공하기 위한 차량용 네트워크입니다. 차량 내 복잡한 전기 배선과 릴레이를 통신선으로 대체하여 지능화함으로써 중량감과 복잡성을 줄이고, 차량에서 다양한 서비스를 제공합니다. ISO 표준 규격(ISO 11898)으로서 첨단 자동차 전장 시스템에 적용되며 엔진 관리, ABS(Anti-lock braking systems), 공조 장치, 문 잠금 장치, 거울 조정 등의 시스템 통합이 가능합니다.

3.3 MAN

3.3.1 MAN이 뭔가요? 웬 남자?

MAN(Metropolitan Area Network: 대도시 통신망)은 일반적으로 인구 밀집 지역의 대도시를 중심으로 반경 5~50km 이내의 네트워크를 관할합니다. 작게는 소규모 빌딩 그룹에서 넓게는 도시 하나, 더 나아가 한 나라의 영토를 관할하는 경우도 있습니다. 최근 몇 년간 인터넷 사용자의 증가로 인한 트래픽의 증가는 기존의 네트워크 대역폭으로는 감당할 수 없는 병목현상을 유발하게 되었고 병목현상을 유발하는 부분은 바로 백본 네트워크와 LAN을 연결하는 MAN 구간입니다. 백본 네트워크의 광전송 분야에서는 DWDM(Dense Wavelength Division Multiplexing)이 수백 Gbps급 이상까지 속도를 보장해 주고 LAN에서도 이더넷 방식이 100Gbps급까지 발전하고 있지만, 이 둘 사이를 연결하는 MAN 구간에서는 비교적 낮은 대역폭만 제공되고 있으며 최근 들어 향상되고 있을 뿐입니다.

[그림 3-48] OptiX 메트로 스위치 800

- SONET Optical: OC-n(n=3, 3c, 12, 12c)
- 이더넷: 10/100M 이더넷, 기가비트 이더넷
- TDM: DS1, Mux, DS3, DS3 TransMux, EC-1

3.3.2 MAN의 주기능이 뭔가요?

MAN은 롱홀이라 불리는 백본 네트워크와 메트로 액세스 구간을 연결시켜 주는 역할을 합니다. 우리 몸에서 손끝과 척추를 연결해주는 것이라 할 수 있습니다.

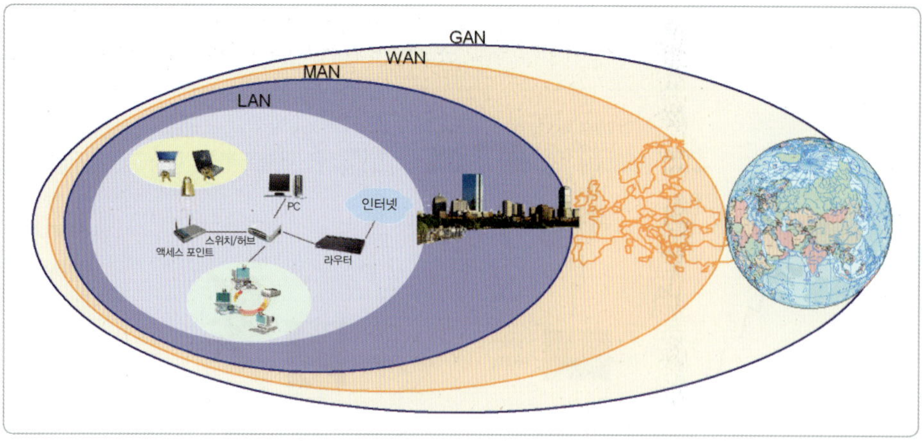

[그림 3-49] 다양한 네트워크의 서비스 영역

메트로 코어는 메트로 액세스 네트워크와 다른 메트로 액세스 네트워크 간을 연결하는 기능과 메트로 액세스 네트워크와 백본 네트워크를 연결해 주는 기능을 동시에 수행하고 있습니다. 백본 네트워크로 직접 연결하지 않고 메트로 코어 네트워크를 거쳐 백본 네트워크로 접속되기 때문에 트래픽이 불필요하게 백본 네트워크로 유입되는 것을 방지해 주므로 백본 네트워크의 대역폭 낭비를 줄일 수 있습니다.

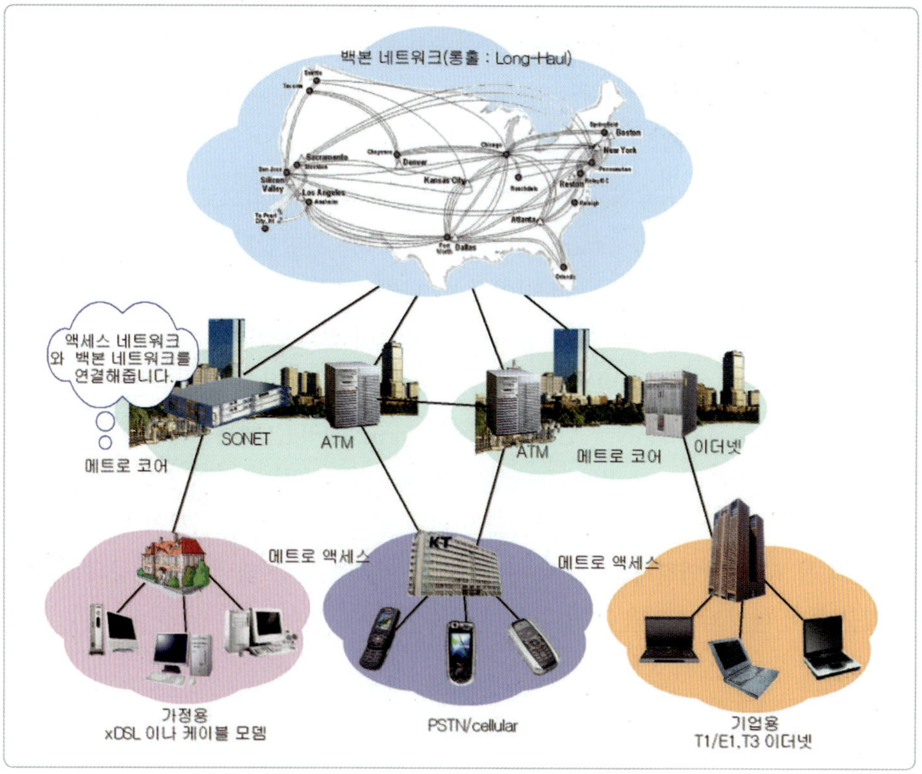

[그림 3-50] MAN의 위치와 역할

3.3.3 메트로(옵티컬) 이더넷이란?

메트로 이더넷은 MAN이 갖고 있는 여러 가지 문제점들을 해결하고자 도입된 기술 중 하나입니다. 즉, ATM, SONET 등과 같은 장비들이 혼재해 있는 네트워크를 이더넷을 이용하여 단순화시키고 병목현상을 해결하고자 하는 것이 주된 목적입니다. 메트로 이더넷 서비스는 데이터링크 계층 프로토콜로 이더넷 프로토콜을 사용하는 것이며 메트로 이더넷은 이러한 메트로 이더넷 서비스를 위해 구성된 네트워크를 의미합니다. 그러나 메트로 이더넷이 현재의 네트워크를 완전히 대체하는 것은 아닙니다. 메트로 이더넷이 사용하는 매체는 MAN 구간에 설치되어 있는 다크 파이버(Dark Fiber)입니다. 광케이블을 지하에 매설할 때에는 매설 비용이 많이 들기 때문에 매설 당시의 수요량 이상을 설치합니다. 마치 나중을 대비해 하수도관을 커다란 파이프로 묻는 것과 같은 이치입니다. 다크 파이버란 현재 매설되어 있는 광케이블 중 사용하지 않는 여분의 광케이블을 의미하기도 하며 광케이블을 대여해 주는 서비스도 있습니다. 메트로 이더넷은 이러한 다크 파이버를 이용하여 이더넷 네트워크를 구축하는 것입니다.

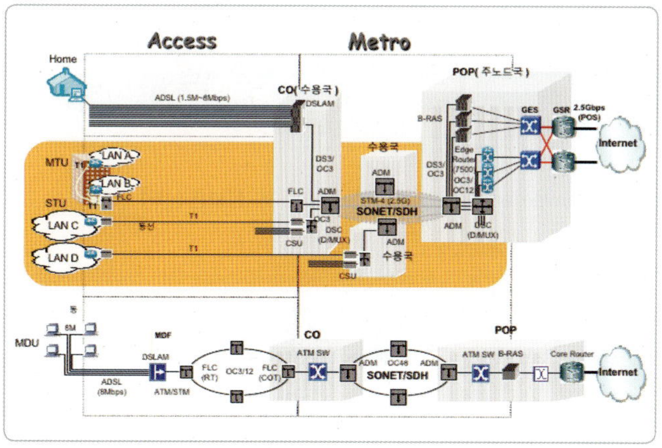

[그림 3-51] 메트로 이더넷 도입 전

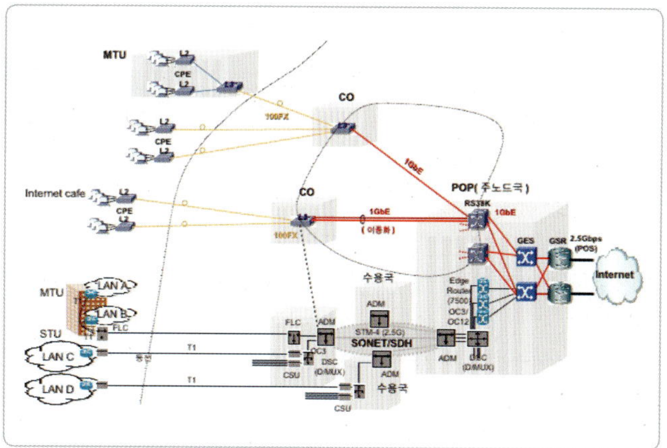

[그림 3-52] 메트로 이더넷 도입 후

3.4 우와! 어디나 광대역, 광대역 종합정보 통신망

3.4.1 광대역 종합정보 통합망이란?

광대역통합망(Broadband Convergence Network)은 음성 · 데이터, 유 · 무선 등 통신 · 방송 · 인터넷이 융합된 품질보장형 광대역 멀티미디어 서비스를 언제 어디서나 끊김없이 안전하게 이용할 수 있는 고품질 네트워크입니다. BcN은 국제 표준인 NGN에 통신과 방송의 융합이라는 개념을 포함시켜 브랜드화시킨 용어입니다. BcN에서는 다양한 서비스를 쉽게 창출, 제공할 수 있는 개방형 구조의 통신망과 안전하고(Security), 품질보장(QoS) 및 망 관리가 용이한 통신망, 광대역 서비스를 원활하게 이용할 수 있는 유선 · 무선 · 방송 가입자망 등을 포함합니다. 아울러 네트워크나 단말에 구애받지 않고 다양한 서비스를 끊김없이(Seamleass) 이용할 수 있는 유비쿼터스 서비스 환경을 지원하는 통신망 등을 지향합니다.

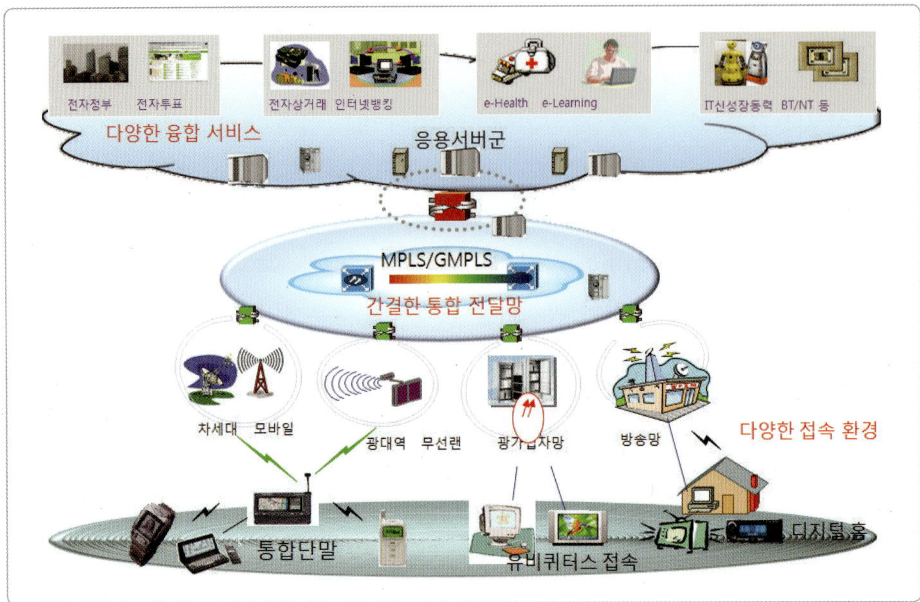

[그림 3-53] 광대역통합망(Broadband Convergence Network)의 구성(출처: 정보통신부)

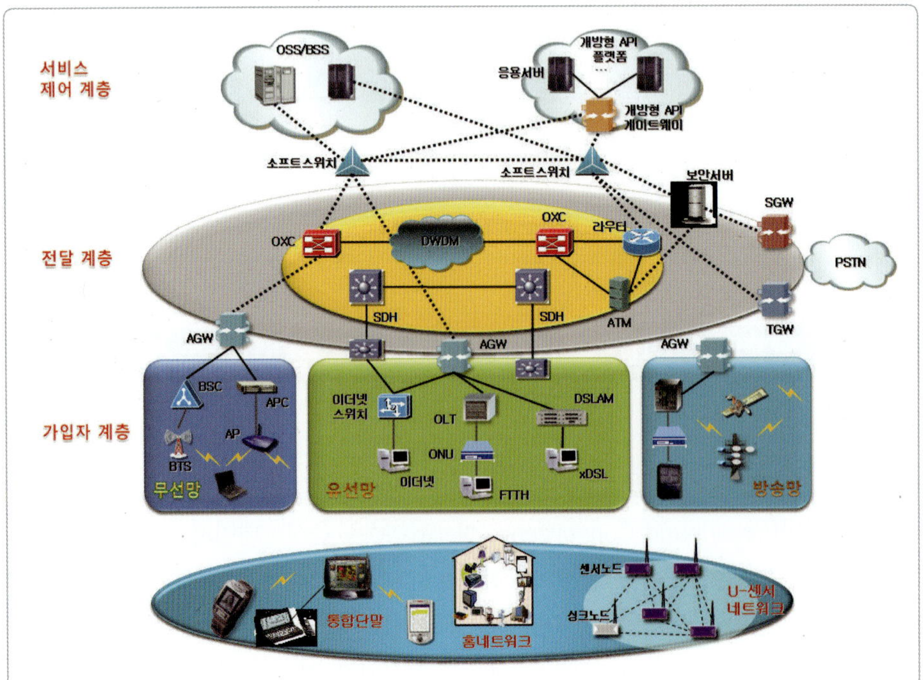

[그림 3-54] 광대역통합망의 구성기술(출처: 정보통신부)

Tip SONET이란?

[그림 3-55] 벨코어(Bellcore)

SONET(Synchronous Optical Network: 동기식 광네트워크)은 미국의 벨코어(Bellcore)가 개발하고 미국 표준협회(ANSI)가 표준화한 고속 디지털 통신을 위한 광전송 시스템 표준 규격입니다. 동기식 광통신망(SONET)은 광섬유의 고속 디지털 전송 능력을 활용하기 위한 디지털 신호의 동기 다중화 계층과 속도 체계 및 인터페이스를 정의하고 있습니다. SONET의 기본이 되는 최저 다중화 단위인 OC(Optical Carrier)-1의 전송 속도는 51.84Mbps입니다. OC-1은 STS(Synchronous Transport Signal)-1이라고도 하며, 단계적으로 일정한 정수 배인 OC-3, OC-9 등으로 다중화하게 됩니다. SONET는 다양한 전송 기기를 상호 접속하기 위한 광신호와 인터페이스 표준을 제공하고, 고도의 망 운용/관리/보수(OAM) 기능을 제공하고 있습니다. SONET는 DS-1이나 DS-2 등 현행 ITU-T(구 CCITT) 표준의 저속도 디지털 신호 전송을 위한 동기 다중화 포맷도 규정하고 있습니다. ITU-T가 디지털 다중화 계층과 속도 체계를 통일할 목적으로 작성한 국제 표준인 동기 디지털 계위(SDH)는 SONET를 바탕으로 한 것입니다.

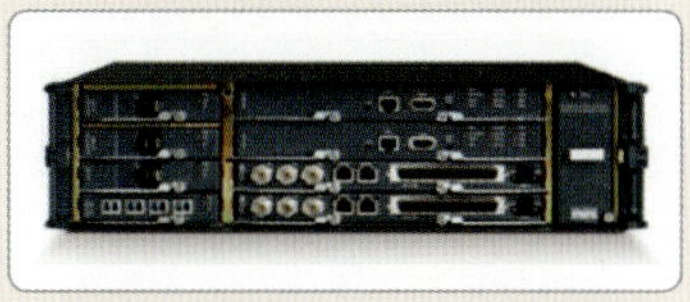

[그림 3-56] 시스코 ONS 15327 SONET 장비

- 4-port OC-3 IR 1310
- OC-12 IR 1310/OC-12 LR 1550
- OC-48 IR 1310/OC-48 LR 1550
- 4-port 10/100 BaseT 스위치드 이더넷
- 2-Port Line Rate 기가비트 이더넷
- SONET/DS-3/DS-1

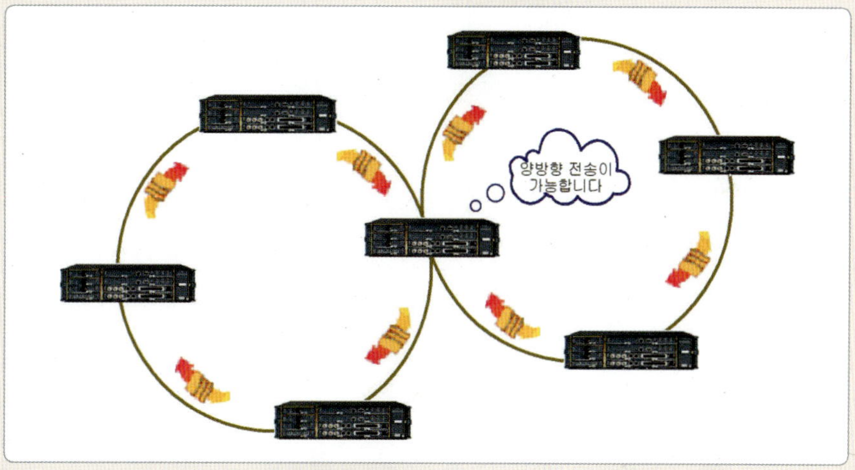

[그림 3-57] SONET 망 구성 예

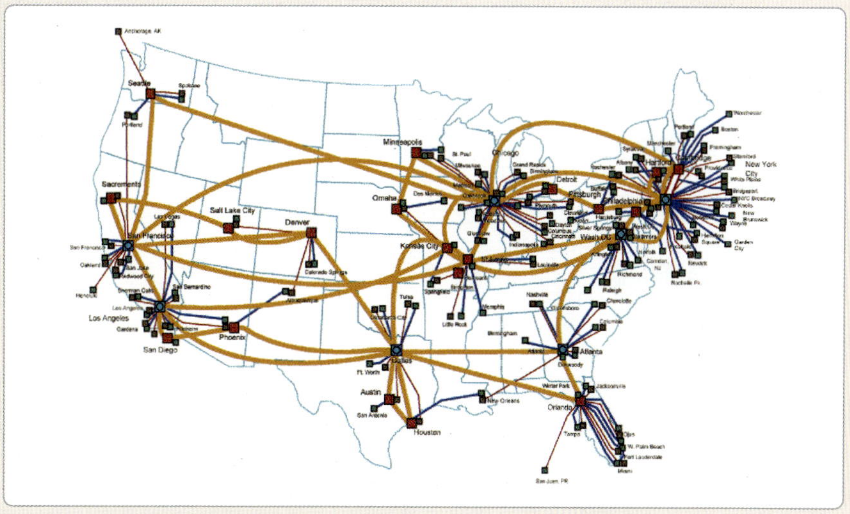

[그림 3-58] AT&T 백본 네트워크

Tip MPLS(Multi-Protocol Label Switching, 다중 프로토콜 레이블 스위칭)는 또 뭐예요?

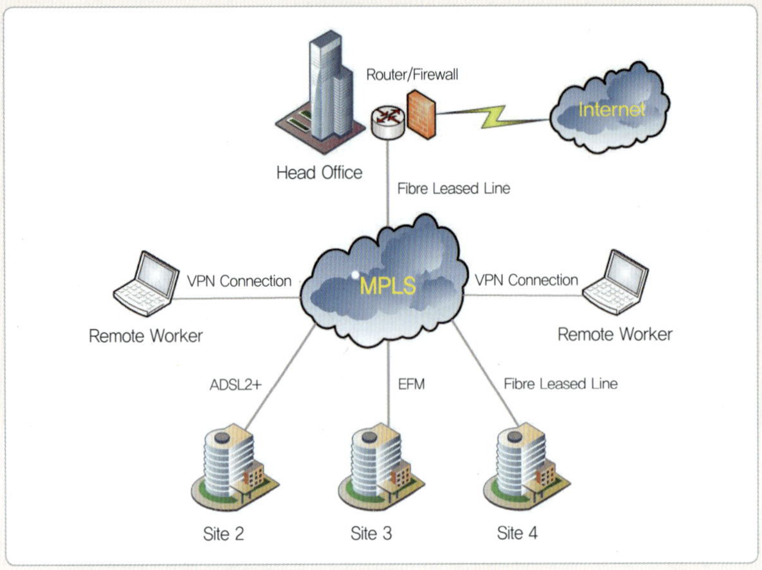

[그림 3-59] MPLS 네트워크 구성도

다중 프로토콜 레이블 스위칭(MPLS)은 고성능 통신 네트워크를 위한 일종의 데이터 전송 기법입니다. 즉, MPLS는 긴 네트워크 주소가 아닌 짧은 경로 레이블을 이용하여 데이터를 한 네트워크 노드에서 다른 네트워크 노드로 전송해주는 스위칭 기술을 말합니다. 이 레이블들은 종점이 아닌, 거리가 떨어져 있는 노드 간에 가상의 링크(Paths)를 식별하며, T1/E1, ATM, Frame-Relay, xDSL 등과 같은 일정한 범위의 접근 기술을 지원합니다.

Tip 소프트웨어 정의 네트워킹(Software Defined Networking, SDN)과 네트워크 기능 가상화(Network Function Virtualization, NFV)란?

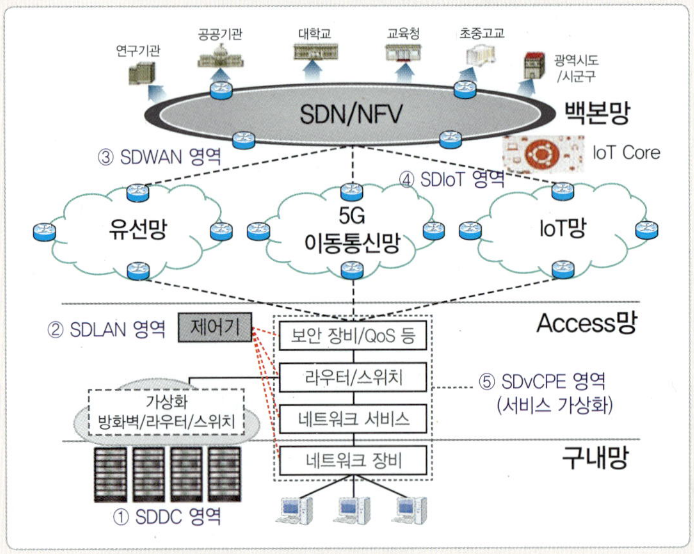

[그림 3-60] 지능형 연결망 구성도(출처: NIA)

[그림 3-61] 시스코 Catalyst 9400 시리즈

- 7-/ 10-Slot 지원
- Supervisor 2-Slot 지원
- Max. BandWidth/ Slot: 480Gbps

소프트웨어 정의 네트워킹(Software Defined Networking, SDN)은 개방형 API(Open Flow)를 통해 네트워크의 트래픽 전달 동작을 소프트웨어 기반 컨트롤러에서 제어/관리하고자 하는 접근 방식입니다. 즉, 트래픽 경로를 지정하는 제어 플레인과 트래픽 전송을 수행하는 데이터 플레인이 분리되어 있는 구조로서 네트워크의 세부 구성정보에 얽매이지 않고 사용자의 관점에서 네트워크를 중앙에서 관리하고 프로그래밍할 수 있게 합니다. 이런 SDN은 썬 마이크로시스템즈가 자바를 1995년에 출시한 직후 시작되었으며, 주로 대기업 데이터센터에서 다양한 요구사항에 대응하고자 사용합니다.

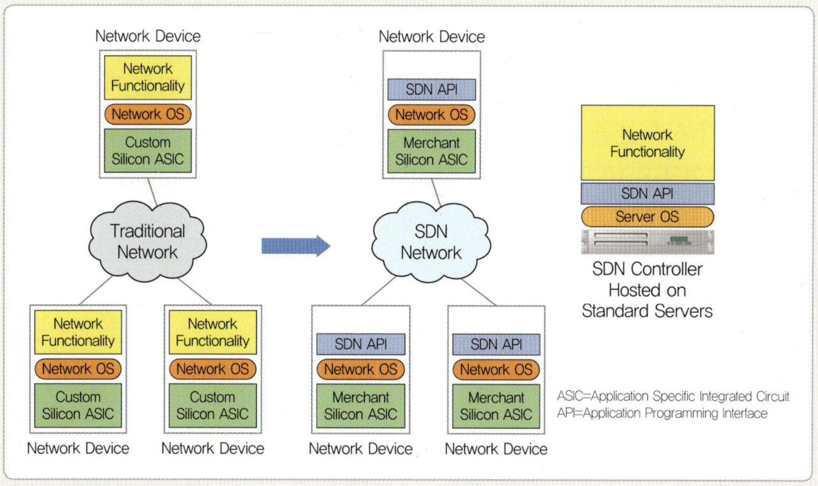

[그림 3-62] SDN 개념

네트워크 기능 가상화(Network Function Virtualization, NFV)는 고객 사에 네트워크 서비스를 제공하는 방법을 좀 더 쉽게 통제하고자 시작되었습니다. 즉, 네트워크 서비스를 가상화하고 이를 전용 하드웨어에서 추출해 하드웨어 기반이었던 서비스를 소프트웨어로 구동하는 것입니다. 이들 소프트웨어 기반 서비스를 가상 네트워크 기능(VNF, Virtual Network Functions)라고 부르며 NFV 환경 하에서 구동되며, 대표적인 기능으로는 라우팅, 방화벽, 로드밸런싱, WAN 가속, 암호화 등이 있습니다.

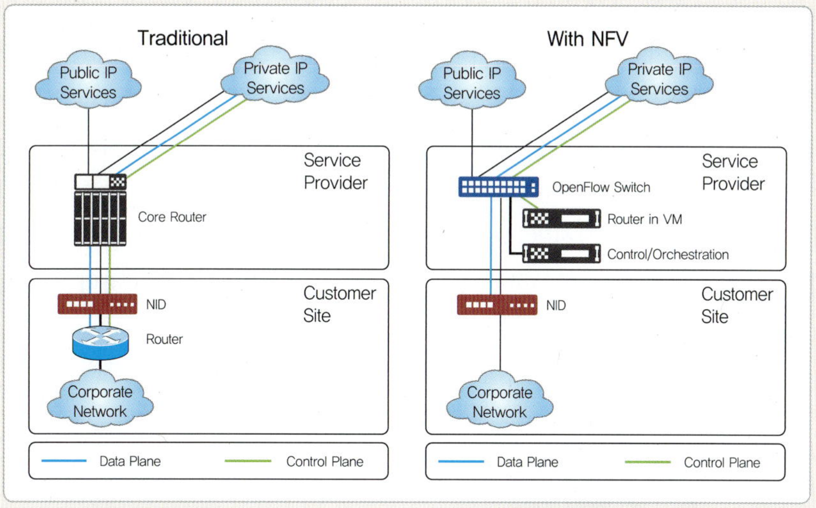

[그림 3-63] NFV 개념

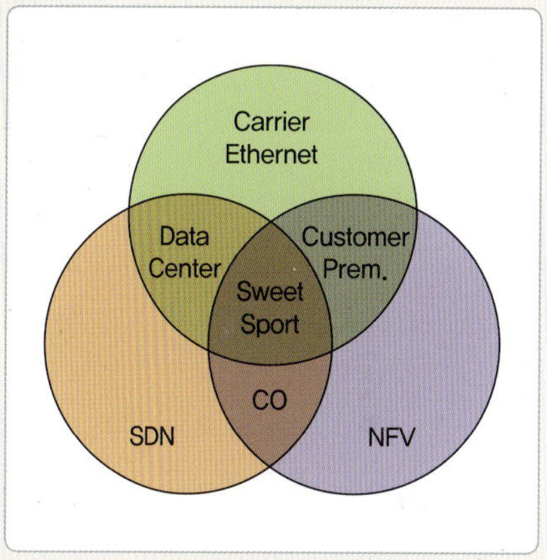

[그림 3-64] Ethernet vs. SDN vs. NFV

3.4.2 광네트워크란?

빛은 높은 주파수를 가지고 있기 때문에 짧은 파장(wavelength)을 가지는 특성이 있고 같은 길이의 구리선에 비해서 광섬유는 더 많은 정보를 전달할 수 있습니다. 통신을 위한 광유리의 사용은 Kao와 Hockham에 의해 1966년 제안되었고 1970년대부터 광섬유를 이용한 전송서비스가 시작되었습니다. 1980년대 후반과 1990년대 초반에 고속 전송의 실현을 위해 동축 케이블의 대체 안으로서 광섬유의 다양한 사용이 시작되었습니다. 당시 광섬유는 단순히 구리 케이블의 용량을 확장하는 전송매체로 사용되었으며 데이터의 스위칭은 광신호를 전기신호로 변환한 이후에 전기적으로 이루어졌습니다. 당시에 광을 이용해서 네트워크를 구성하는 대표적인 예로는 SONET과

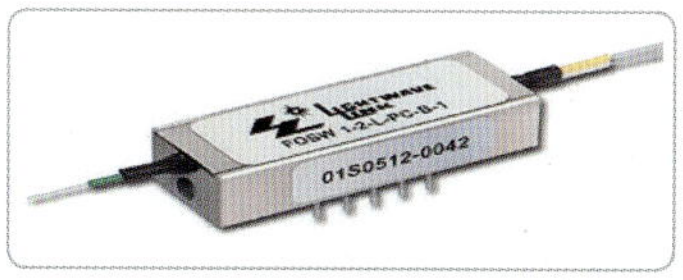

[그림 3-65] 광출력의 방향을 바꾸어 주는 광스위치

SDH를 들 수 있습니다. SONET/SDH는 최근까지도 백본 네트워크의 기본 전달 네트워크로 널리 사용되었으나 단일 파장만을 사용하여 데이터를 실어 나르기 때문에 대역폭을 확장하기 위해서는 새로운 시스템을 추가적으로 설치해야 하는 제약이 있었습니다. 이러한 제약 사항들을 극복하기 위해 광섬유와 전송 장비의 추가적인 설치 없이 파장의 추가로 대역폭을 증가시키는 WDM(Wavelength Division Multiplexing) 기반의 광네트워크는 저비용으로 많은 대역폭을 제공할 수 있기 때문에 차세대 네트워크의 인프라로 자리잡고 있습니다.

3.4.3 BCN의 모태, 종합정보 통신망이란?(ISDN, B-ISDN이란?)

(1) 차세대 통신망의 기초, ISDN

종합정보 통신망(ISDN: Integrated Services Digital Network)은 1972년 국제전신전화자문위원회(CCITT: International Telegraph and Telephone Consultative Committee)가 규정한 용어입니다. CCITT 권고안에 따르면 ISDN은 "전화망으로부터 발전된 망으로서, 음성을 비롯하여 다양한 서비스 제공을 위한 종단 간 디지털 연결을 제공하는 망이며, 사용자는 표준화된 사용자-망 인터페이스(UNI: User-Network Interface)를 통하여 망 서비스를 제공받을 수 있다."라고 정의되어 있습니다. 즉, ISDN은 1876년 벨의 전화기 발명을 위시하여 교환기의 발달, 다중 통신기술의 발달에 힘입어 전화망, 전신망, 데이터통신망, 그리고 이 통신망과 같이 독자적으로 구성되고, 발전되어 왔던 다양한 통신망을 디지털 기술을 이용하여 하나의 망으로 통합하고자 하는 것입니다.

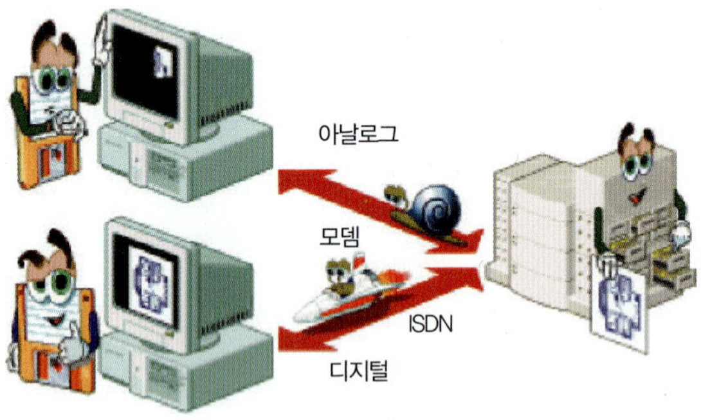

[그림 3-66] 모뎀과 ISDN 비교

ISDN-TA(Terminal Adaptor) 장비는 ISDN 망에서 일반 전화기, 모뎀, 팩스와 같은 일반 아날로그 통신기기를 사용할 수 있게 해주는 장비입니다.

(2) B-ISDN

B-ISDN(Broadband Integrated Services Digital Network: 광대역 종합 정보 통신망)은 기존의 종합정보통신망(ISDN) 서비스의 대역을 초과하는 화상이나 고속 데이터 전송이 가능한 광대역 ISDN입니다. ISDN 서비스는 64kbps의 정수 배를 기준으로 1.536Mbps 또는 1.920Mbps 정도의 대역폭만을 지원했습니다. 그러나 화상 또는 고속 데이터를 전송하기 위해서는 155.52Mbps 또는 622.08Mbps 정도의 광대역을 지원하는 새로운 형태의 네트워크가 필요하게 되었습니다. 기존의 ISDN 서비스는 협대역 종합정보통신망(N-ISDN)이라고 하며 광대역 종합정보통신망(B-ISDN) 서비스에는 N-ISDN 서비스가 포함됩니다. B-ISDN은 광대역 화상 전화와 같은 동화상과 음향, 고정밀 동화상, 고속 데이터, 광대역 비디오텍스, 고선명 텔레비전(HDTV) 등을 제공할 수 있습니다. 이러한 서비스를 제공하는 기술로 비동기 전송 방식(ATM) 사용을 권고했지만 후에 바뀌게 됩니다.

[그림 3-67] TeleWell ISDN-TA

3.5 네트워크도 전세가 된답니다

3.5.1 VAN? 갑자기 웬 봉고?

VAN(Value Added Network, 부가가치 통신망)은 공중 통신 사업자로부터 회선을 대여받아 고도의 통신 처리 기능을 추가하여 고부가가치 서비스를 제공하는 통신망입니다. 부가가치 통신망(VAN)의 본래 의미는 전화 또는 텔렉스 통신 서비스 기능을 첨가한 데이터 통신망을 지칭하는 개념이었습니다. 그러나 VAN의 부가가치는 일반

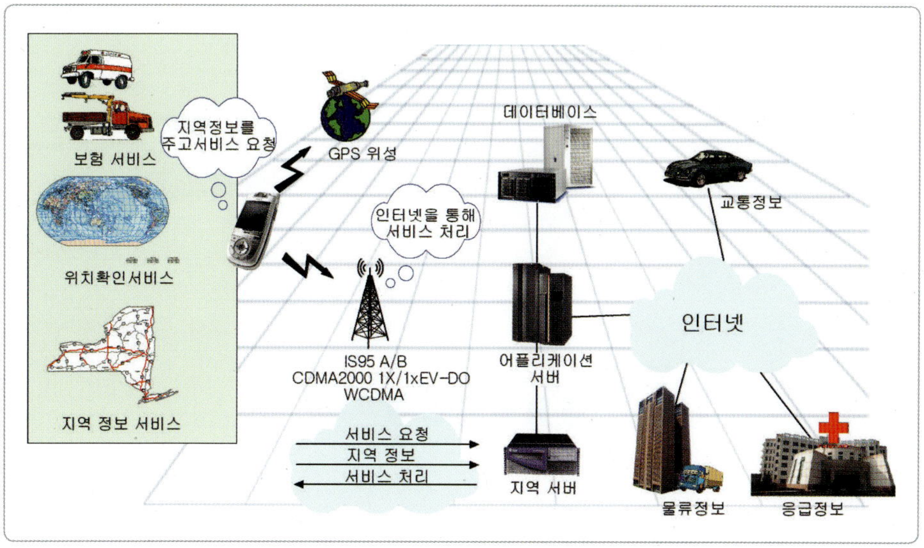

[그림 3-68] VAN(Value Added Network)

[그림 3-69] 카드 결제와 VAN

적으로 프로토콜, 부호, 미디어, 속도 등의 변환을 추가하는 것을 의미합니다. 이러한 VAN은 컴퓨터의 발달과 함께 서비스가 다양화되고 이용이 증가하고 있습니다.

대표적인 VAN 서비스로는 우리가 사용하는 신용카드에 관련된 통신업무 및 정보 처리관련 업무를 하는 VAN 사업자들의 서비스가 있습니다. 가맹점은 고객의 신용카드 결제가 가능하도록 단말기를 설치하여 서비스를 제공하는 사업자를 의미하고 VAN 사업자는 신용카드 등에서 결제한 데이터가 신속, 정확, 일관성 있게 운영될 수 있도록 전산망을 구축 운영하고 있는 사업자를 의미합니다. 마지막으로 카드사는 신용카드를 발급하고 신용금융서비스를 고객에게 제공하여 발생되는 수수료로 수익을 창출하고 있는 사업자를 의미합니다.

3.5.2 MVNO란?

SKT, KT, LGU+와 같이 자체 망을 소유하고 있으면서 이동통신 사업을 하고 있는 사업자를 MNO(Mobile Network Operator), 이동통신망사업자라고 합니다. 한편 MVNO(Mobile Virtual Network Operator)는 가상이동통신망사업자를 의미합니다. MVNO는 기존 MNO의 주파수와 네트워크, 그리고 서비스를 빌려 이동통신 서비스를 재판매 하는 사업자를 의미합니다. MVNO는 MNO의 통신망에서 여유분을 빌려서 사용하게 됩니다.

MVNO는 자체 통신망을 가지고 있지 않기 때문에 통신망 관리비나 유지 관리비를 최소화 할 수 있습니다. MVNO는 망 임대료만 제공하면 되기 때문에 저렴한 가격으로 이동통신 서비스를 제공하는 것을 목표로 하고 이동통신시장의 경쟁 활성화와 이를 통한 요금 인하 효과를 가져다 줄 방법입니다.

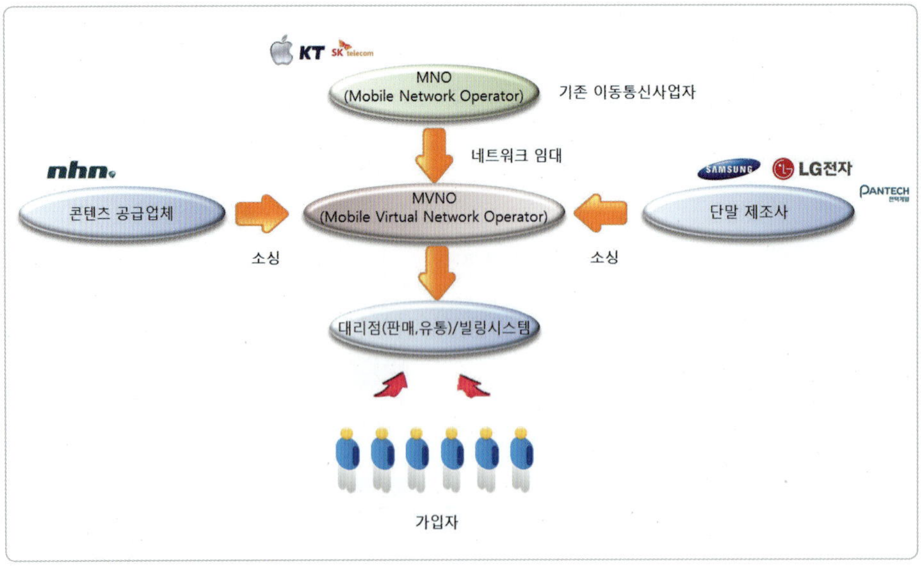

[그림 3-70] MVNO 개념도(출처: 디지털타임즈)

MVNO가 등장한 배경에는 정부의 정책적인 영향이 크다고 볼 수 있습니다. 자칫 독점 형태로 흐를 수 있는 통신시장에 경쟁 상황을 조성해서 요금 인하와 서비스 질을 향상시키고자 MNO에게 MVNO를 지원하도록 권고하고 있습니다. MNO 입장에서도 여분의 망 시설에 대해서 임대료를 받을 수 있고 MVNO를 통해 특정 사용자들이 필요로 하는 다양한 콘텐츠와 서비스를 제공해줄 수 있기 때문에 손해만 보는 것은 아닙니다.

[그림 3-71] MVNO의 대명사 영국의 'Virgin Mobile'

망을 임대해서 사용할 뿐 MVNO는 자신들의 요금 책정과 콘텐츠 개발을 직접 할 수 있는 등 기존 MNO와 동일한 형태의 사업을 펼칠 수 있기 때문에 새로운 이동통신사라고 볼 수 있습니다. 이는 외국의 대형 MVNO가 빠른 시간 내에 국내 이동통신사가 될 수 있는 방법이 가능하다는 뜻이기도 합니다. 한편 사업 목적에 따라서 MVNO도 여러 형태가 있을 수 있습니다. 예를 들어, MNO에서 모든 것을 빌리고 소매점처럼 재판매만 하는 경우도 있고, 모든 것을 임대하지만 요금제만 자신들의 것으로 하는 경우도 있습니다. 또한 기지국만 빌리는 경우도 있을 수 있습니다.

3.6 MAN/WAN의 천하통일 캐리어 이더넷

3.6.1 네트워크의 새로운 강자, 캐리어 이더넷

이더넷(Ethernet)은 본래 기업이나 가정 등 근거리통신망인 LAN을 위한 기술이었으나, 적은 구축 비용과 운용이 쉽다는 점, 전문가가 많다는 점 등 여러 가지 장점으로 인해 통신망사업자(carrier)의 영역인 MAN과 WAN에서도 사용 가능한 기술인 캐리어 이더넷(Carrier Ethernet)으로 빠른 속도로 발전하였습니다. 여기서 캐리어라는 의미는 일반적으로 전화 또는 통신 전송 서비스를 팔거나 빌려주는 회사들을 의미합니다.

[그림 3-72] 메트로 이더넷 포럼 마크

캐리어 이더넷에 대한 기술 표준화와 제품 인증, 그리고 마케팅을 주도적으로 추진하고 있는 메트로 이더넷 포럼(MEF: Metro Ethernet Forum)의 정의에 따르면 캐리어 이더넷은 LAN 기반의 이더넷과 차별화가 가능한 표준화된 서비스(Standardized Service), 확장성(Scalability), 신뢰성(Reliability), 서비스 품질(Quality of Service), 서비스 관리(Service manageability) 등 다섯 가지 특징을 갖는 표준화된 캐리어급 서비스 및 네트워크를 의미합니다.

(1) 캐리어 이더넷의 특징

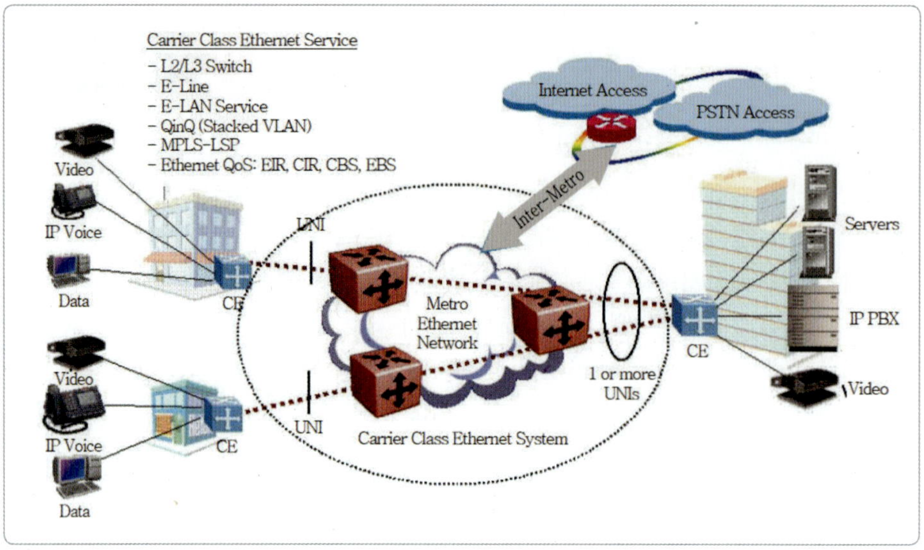

[그림 3-73] 캐리어 이더넷 망 구성도

표준화된 서비스(Standardized Service)

캐리어 이더넷에서는 E-LAN, E-LINE, E-TREE와 같은 서비스를 제공합니다. 이런 서비스를 제공하기 위해서는 고객이 소유하고 있는 LAN 장비의 변경 없이 기존 네트워크를 수용할 수 있어야 합니다. 표준화된 서비스는 세계적으로 표준화되어야 하며, 음성, 영상, 데이터가 융합된 네트워크에 적용이 가능해야 하고 고객에게 다양하고 세분화된 대역폭 및 서비스 품질을 제공해야 합니다.

확장성(Scalability)

캐리어 이더넷은 수백만 고객의 음성, 영상, 데이터를 포함하는 다양한 어플리케이션에 이상적인 서비스를 제공해야 하며, 1Mbps에서 10Gbps까지 세분화된 대역폭을 지원해야 합니다.

신뢰성(Reliability)

네트워크에 문제가 발생했을 때 고객에게 영향을 주지 않고 이를 찾아내고 복구하는 기능을 제공함으로써, 망 사업자들이 요구하는 서비스 품질 및 가용성(availability)에 관한 요구 사항을 충족시켜야 합니다. 캐리어 이더넷은 네트워크 문제 발생시 SONET/SDH에서 제공하는 복구 수준인 50ms 이하의 빠른 복구 시간을 제공해야 합니다.

서비스 품질(Quality of Service)

캐리어 이더넷은 다양하고 세분화된 대역폭과 서비스 품질 옵션을 지원하고, 기업과 가정에서 음성, 영상, 데이터에 요구되는 종단간 전송 성능 계약을 의미하는 SLAs(service level agreements)를 보장해야 합니다. 인정 정보 속도(committed information rate), 프레임 손실, 프레임 지연, 프레임 지연편차 특성을 기반으로 하는 종단간 성능을 보장하는 서비스 수준 협약을 제공해야 합니다.

서비스 관리(Service manageability)

캐리어 이더넷 서비스 제조사에 관계 없이 표준을 기반으로 네트워크를 감시(monitor), 진단(diagnose), 관리(manage)하는 기능을 제공해야 하며, 기존 서비스 제공자 모델과 통합될 수 있는 캐리어급의 OAM 성능을 지원해야 합니다.

(2) 캐리어 이더넷 서비스

캐리어 이더넷은 회선 기반의 기존 SONET/SDH보다 훨씬 저가의 대역폭을 제공하며, 고객의 대역폭을 임시로 조절할 수 있는 실시간 서비스를 제공할 수 있으며, E-LINE, E-LAN, E-TREE와 같은 세 가지 형태의 서비스를 정의하고 있습니다. 이러한 서비스들은 가입자 네트워크 간에 하나 이상의 가상 이더넷 연결(Ethernet virtual connection)을 설정하는 것을 기본으로 하고 있습니다. CE(Customer Equipment)는 고객들이 소유하고 있는 스위치 또는 라우터와 같은 장비들을 의미하며, UNI는 고객과 서비스 제공자간 물리적 경계를 의미합니다.

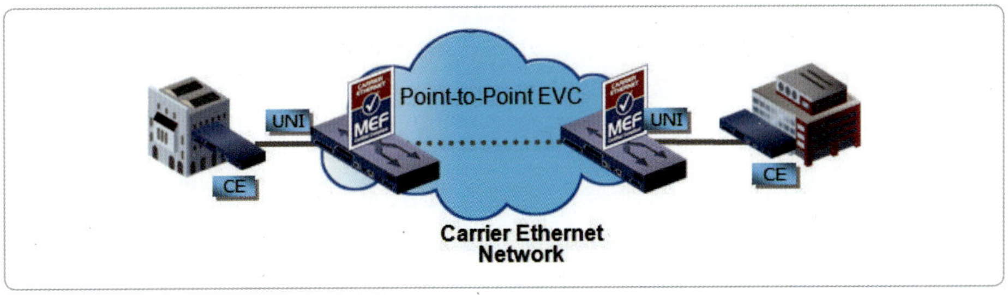

[그림 3-74] E-LINE 서비스

E-LINE 서비스는 캐리어 이더넷 네트워크 가입자간의 점 대 점(Point to Point) 이더넷 연결 또는 이더넷 가상 연결을 제공하는 서비스로 사설망(Private Line)을 대체하거나 높은 고품질 인터넷 접속을 제공하기 위한 서비스입니다.

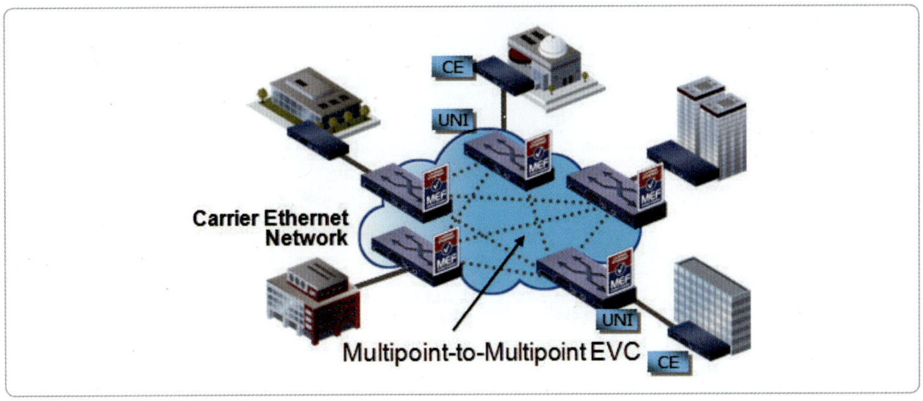

[그림 3-75] E-LAN 서비스

E-LAN 서비스는 캐리어 이더넷 네트워크의 UNI를 통해 가입자간 다중점 대 다중점(Multi-Point to Multi-Point) 이더넷 가상 연결을 제공하는 서비스로 기존의 L2 VPN을 대체하거나 도시 규모의 쉬운 랜 서비스를 제공합니다.

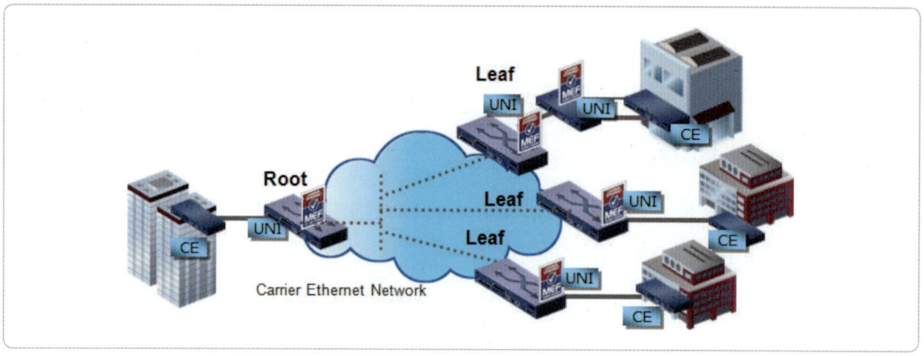

[그림 3-76] E-TREE 서비스

E-TREE 서비스는 캐리어 이더넷 네트워크의 UNI를 통해 점 대 다중점(Point to Multi-Point) 이더넷 가상 연결을 제공하는 서비스로 멀티캐스트 또는 브로드캐스트 형태를 필요로 하는 어플리케이션을 지원합니다.

(3) 캐리어 이더넷 서비스 사용 영역

캐리어 이더넷은 이러한 서비스를 바탕으로 인터넷 액세스, HDTV, VoIP, VoD, 게임 등의 가입자 서비스부터 재난 복구, 콘텐츠 유통, 비디오 스트리밍 등의 비즈니스 서비스, 전용 회선 및 가상 사설 네트워크 등의 서비스까지 모든 어플리케이션 영역에 적용이 가능합니다.

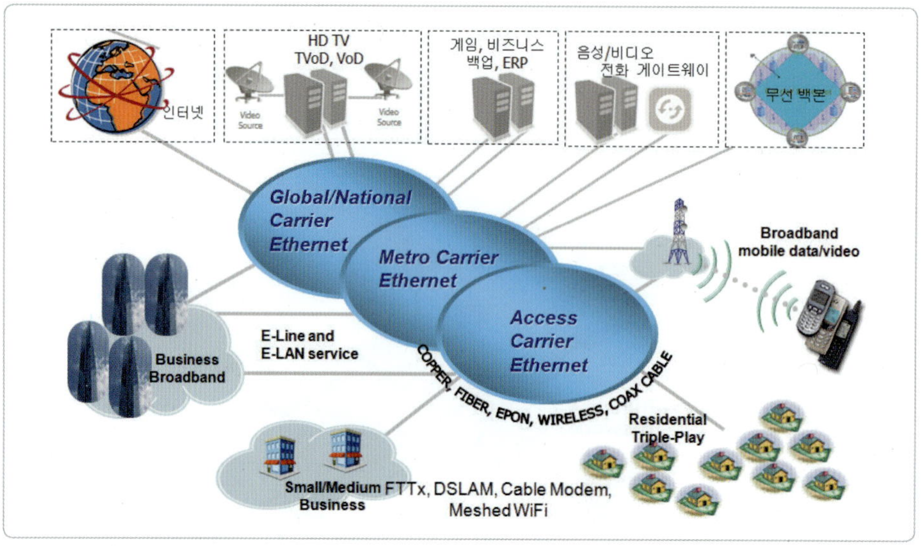

[그림 3-77] 캐리어 이더넷 서비스 제공 영역

(4) 캐리어 이더넷 동향

기업들은 적은 비용으로 예측이 가능한 어플리케이션의 성능, 유연성을 요구하고 있습니다. 또한 안전하고 신뢰할 수 있는, 그리고 간소화된 네트워크와 고급 기능의 추가도 요구하기 때문에 더 많은 기업들이 캐리어 이더넷을 구축하고 있는 것입니다.

국내에서는 2010년 7월에 SKT가 국내 최초로 모바일 백홀망 구축을 위해 화웨이코리아와 패킷 전송 시스템(PTS) 통신망을 위한 캐리어 이더넷 솔루션인 'MSTP+' 공급 계약을 체결했습니다. SK텔레콤의 PTS 프로젝트는 와이브로와 와이파이(Wi-Fi)의 유선 백본망을 업그레이드 하는 것으로, 스마트폰 보급이 급격히 증가하면서 데이터 패킷량이 급증함에 따라 이를 대처하기 위해 진행되었습니다.

[그림 3-78] 화웨이가 SK에 납품한 OSN7500

[그림 3-79] MX960 캐리어 이더넷 라우터 7500

[그림 3-80] A4100 캐리어 이더넷 광전송장비

Tip **시스코 사의 캐리어 이더넷 인프라 장비는 어떤 것들이 있나요?**

[그림 3-81] 시스코 시스템즈 ASR 9000 시리즈

시스코 시스템즈 사는 ASR 9000(Aggregation Service Router 9000) 시리즈로 통신사업자들의 유무선, 모바일 네트워크 환경에서 늘어나는 데이터 트래픽의 효율적인 지원, 관리를 지원하며 인프라 속도와 성능, 효율성 향상을 기대할 수 있는 장비를 공급하고 있습니다. 이 장비들은 6.4테라비트의 용량을 지원하며, 슬롯당 400기가비트를 지원하는 캐리어 전용의 이더넷 장비입니다.

3.6.2 기가코리아 프로젝트(GigaKorea Project)? IT 강국이여 영원하라

기가코리아 프로젝트는 데이터의 양을 나타내는 단위인 기가바이트라는 의미와 4세대 이동통신 이후 찾아올 기가급 통신환경을 대비하자는 의미에서 10억 배를 뜻하는 접두어 '기가'를 사용해서 현재의 초고속인터넷 가입자망을 Mbps급에서 기가급으로 업그레이드하는 사업입니다. 즉 기존 초고속인터넷 서비스 수준인 100Mbps급을 2010년 중반 이후부터는 이보다 10배 빠른 기가급으로 업그레이드하는 것이 사업의 핵심입니다.

1기가급은 DVD급의 영화 한편을 10초 안에 다운로드 받을 수 있는 속도입니다. 단순 수치상으로 기존 초고속인터넷 서비스보다 10배 이상 빠를 뿐만 아니라, 멀티미디어 데이터를 보다 안정적으로 지원하기 때문에 차세대 광대역인프라를 우리 손으로 선점하겠다는 의지가 담겨 있습니다.

또한 기가급 인터넷시대에 새로 열리는 3D TV, UDTV와 같은 신시장을 먼저 주도함으로써, 이를 새로운 성장동력으로 육성한다는 구상입니다. 잘되어야 하겠지요? 이와 함께 기가급 인프라구축에 필요한 통신장비 부문에도 집중적인 투자를 전개, 산업적인 효과를 극대화하겠다는 전략입니다.

단말기, 소프트웨어, 콘텐츠, 서비스 핵심기술 개발, 인력양성 등의 분야에 대한 사업 추진과 멀티미디어 콘텐츠 고품질 전송, 저전력 기지국, 주파수의 고효율 사용 등의 무선 통신 원천기술 개발이 중점적으로 추진될 계획입니다.

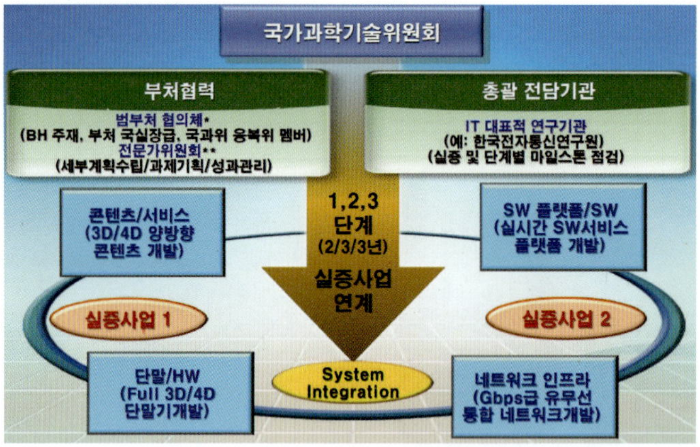

[그림 3-82] 기가코리아 추진 체계

3.7 이동통신을 잠깐 살펴볼까요?

이동통신이란 통신 케이블을 사용하는 유선통신과는 달리 공간을 전송매체로 하여 신호를 전파에 실어 공간에 방사하고, 공간을 거쳐 전송되어 온 전자파를 수신하여 원래의 신호로 복원하는 통신방식입니다. 이러한 이동통신을 크게 나누어보면 다음과 같습니다.

- **육상 이동통신**: 이동전화(Mobile Phone), 무선전화(CT), 무선데이터, TRS, 무전기
- **해상 이동통신**: 선박전화, 항만무선전화
- **항공 이동통신**: 항공무선전화, 공항무선전화
- **위성통신**: INTELSAT, INMARSAT

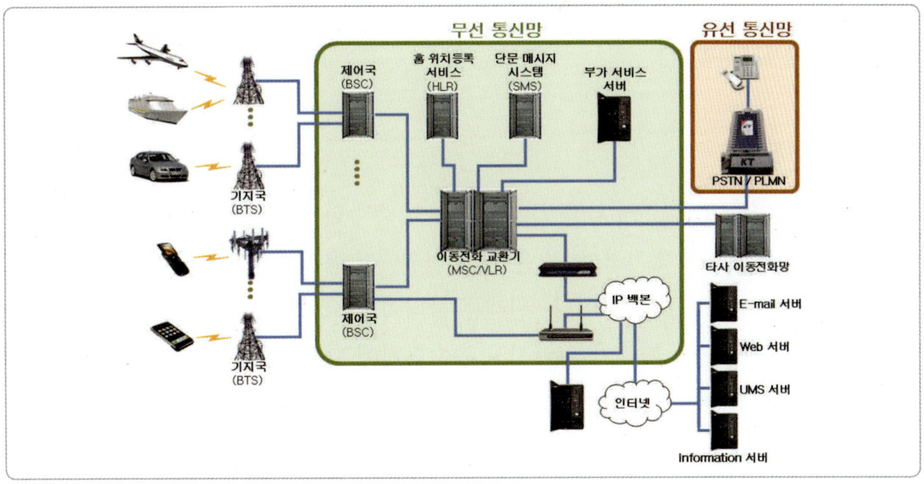

[그림 3-83] 이동 통신망 구성 예

3.7.1 셀룰러 이동통신이란?

셀룰러 이동통신이란 셀을 기반으로 통신망을 구성, 운용하는 것을 말합니다. 셀이란 하나의 넓은 서비스 지역을 세포 형태로 분할하여 소형 송신 전력의 기지국을 설치하는 작은 구역을 가리킵니다.

이동 전화 교환국(MSC: Mobile Switching Center)은 이동통신망과 일반 전화망, 동일 또는 다른 이동통신망에 있는 다른 이동 전화 교환국 사이의 사용자 트래픽을 전달해 주는 시스템입니다. MSC는 고정망과 연동되어 이동통신 가입자에게 회선교환 서비스를 제공하는 교환기로, 부가적 기능으로는 이동전화 가입자의 위치를 추적하여 항상 이동전화 서비스를 제공할 수 있게 하고 이동 장소가 바뀌더라도 통신 서비스를 지속시켜 주는 핸드오프(hand-off) 기능이 있습니다.

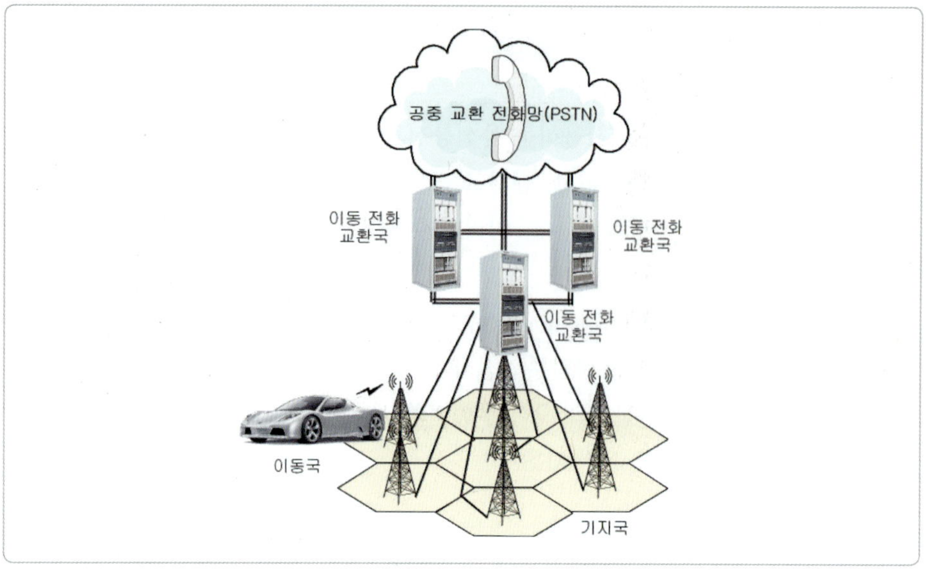

[그림 3-84] 셀룰러 이동통신

3.7.2 무선전화

[그림 3-85] 무선전화 단말기

무선전화(Cordless Telephone)란 일반 전화기의 송수화기(handset)와 본체를 연결하는 코드를 무선 링크로 대치하여, 짧은 거리 범위에서 음성 신호를 본체로 송수신하여 통화할 수 있는 전화기를 말합니다. 원래는 물리적인 코드가 없다는 단순한 의미로부터 출발하여, 점차 전송 거리가 길어지고 송수화기에 다이얼링 키보드를 장착하여 개인 휴대 통신(PCS)의 전 단계로 일명 텔레포인트(telepoint)로 알려진 기지국과 접속하여 옥외의 도로 등에서 일반 전화와 통화할 수 있는 발신 전용의 휴대 단말기인 제2세대 코드 없는 전화(CT-2)로 발전하였고, 다시 착발신이 가능한 PCS로 발전하였습니다.

3.7.3 무선호출

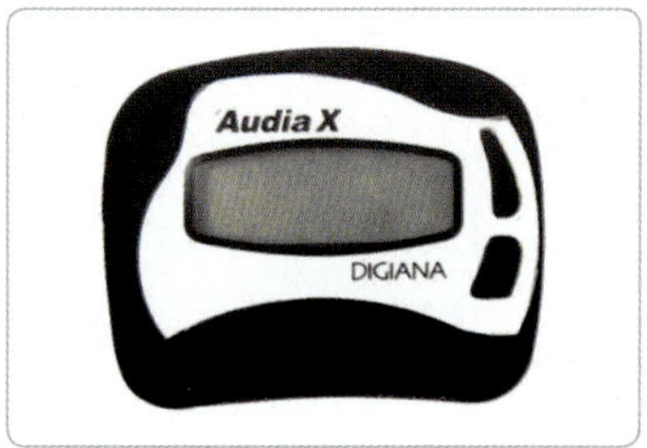

[그림 3-86] 무선호출기

무선호출이란 무선으로 전송되는 신호를 수신하여 음향이나 진동 또는 빛으로 휴대자에게 호출을 알리는 소형 수신기입니다. 흔히 '삐삐'라고도 부릅니다. 호출자가 유선 또는 무선 단말기로 호출 신호를 보내면 무선 기지국에서 이 신호를 무선으로 중계 송출하여 호출기 휴대자에게 호출을 알립니다. 무선호출기는 단방향 수신 장치로서 메시지를 송신할 수는 없으나 수신하는 신호는 문자/숫자 등의 조합으로 다양한 메시지의 내용을 받을 수 있습니다. 무선호출기는 구조가 단순하고 작고 가벼우며 요금이 저렴한 장점이 있습니다.

3.7.4 개인휴대통신 서비스(PCS)란?

PCS(Personal Communication Service; 개인휴대통신)는 개인번호 부여와 이동성을 추구하는 시스템으로서 가입자에게 부여된 고유번호를 사용하여 서비스 영역 내에서 휴대 단말기로 통신을 할 수 있습니다. 개인별로 개인 고유번호를 할당하여 어느 지역에서나 해당 번호에 의해 개인식별이 가능합니다.

PCS 휴대전화를 소지한 가입자는 다양한 서비스를 저렴한 이용료를 내고 제공받을 수 있으며 소비 전력의 극소화로 장시간 사용할 수가 있습니다.

[그림 3-87] PCS 단말기

3.7.5 저궤도위성통신이란?

저궤도위성통신(Low Earth Orbit–Satellite Communications)에서는 여러 개의 저궤도 위성 간의 중계를 통해 광범위한 지역의 이동 단말 간 또는 이동 단말과 고정 단말 간의 통신을 제공할 수 있습니다. 위성을 이용하는 이동 통신은 광역성, 회선 설정의 유연성 등의 장점이 있어서 일찍이 해상 및 항공 이동통신에 사용되어 왔는데, 세계무선주관청회의(WARC–92)가 저궤도 위성 이동통신용 주파수를 대폭 추가 분배하고 미국을 중심으로 세계적 규모의 이동통신 시스템을 구축하는 구상이 추진되어 왔습니다. 1995년 1월 미국연방통신위원회(FCC)가 이리듐(IRIDIUM), 글로벌스타(Globalstar), 오디세이(Odyssey) 등 3개 시스템에 대한 사업 면허를 승인함에 따라 본격적인 서비스가 추진되었으나 현재는 거의 사용하지 않고 있습니다.

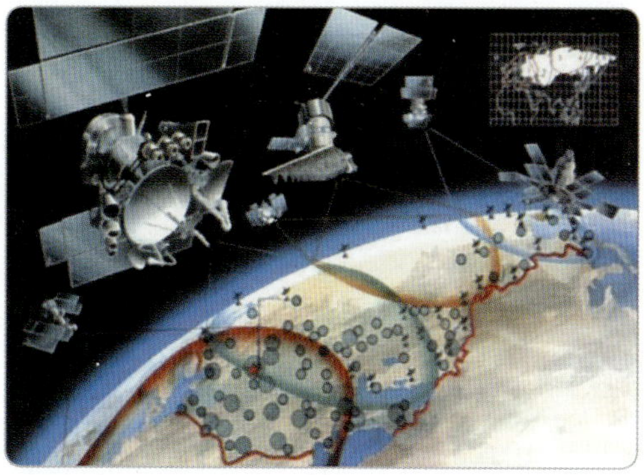

[그림 3-88] 저궤도위성통신

[그림 3-89] IRIDIUM 단말기

Tip ● 정지위성이 뭔가요?

[그림 3-90] 정지위성

정지위성이란 적도 상공 약 36,000km의 정지궤도에서 지구의 자전 주기와 같은 주기로 비행하는 인공위성을 말합니다. 정지궤도는 지구의 자전 속도와 위성의 속도가 같아서 위성의 공전 주기와 지구의 자전 주기가 같아지는 궤도를 말합니다. 위성의 공전 주기와 지구의 자전 주기가 같으므로 위성과 지표의 상대적인 위치 관계에는 변함이 없습니다. 따라서 지표에서 보면 위성이 적도 상공의 한 점에 정지해 있는 것처럼 보입니다. 정지위성은 그 위치가 변하지 않기 때문에 안테나의 방향을 바꿀 필요 없이 항상 안정된 통신을 할 수 있습니다. 그렇기 때문에 통신위성과 방송위성의 대부분이 정지위성입니다. 세계 최초의 정지위성은 미국의 통신위성 SYNCOM 3호입니다.

3.7.6 TRS란?

TRS(Trunked Radio System; 주파수 공용 시스템)는 다수의 이용자가 복수의 무선 채널을 일정한 제어하에 공동 이용하는 이동통신 시스템입니다. 주파수 공용 통신 시스템(TRS)은 본래 음성용이지만 데이터 전송이나 팩스 통신도 가능합니다. 우리나라에서는 경찰, 검찰, 한국 전력, 교통 방송 등이 800MHz대의 주파수를 할당받아 자가 업무용 또는 사설 무선통신 시스템으로 TRS를 운용하고 있으며, 일반 기업체 등의 업무용 TRS 서비스는 (주)한국 TRS에서 단독 제공하였으나 1996년 신규 사업 면허를 받은 TRS 사업자들이 전국 또는 지역 단위의 TRS 서비스를 제공하고 있습니다. 하나의 TRS 서비스 구역은 반경 20/30km이며 TRS는 하나의 제어국(중계국)과 다수의 가입자군으로 구성되고 각 가입자군은 중앙의 지령국(고정국)과 다수 이동국으로 구성됩니다. 통신은 동일 가입자군 내의 지령국(본사 사무실 고정국)과 이동국 간 또는 이동국 상호 간에 가능하며 제어국이 제어 채널 호출을 검출하여 비어 있는 채널을 지정하기 때문에 혼신과 잡음이 발생하지 않습니다. 통신은 모두 제어국을 경유하여 2개의 주파수를 사용하는데, 하나는 제어국으로부터의 송신에, 다른 하나는 각 가입자군의 지령국이나 이동국의 송신에 할당됩니다. TRS는 운송업체, 유통업체, 제조/판매업체, 건설업체, 언론사, 병원 등에서 이동 중이거나 외근 중인 소속 직원에 대한 업무 연락이나 지시 전달 수단으로 주로 이용됩니다. TRS의 특징으로는 셀룰러 방식 등 다른 이동통신에 비해 시설 투자비가 아주 적고, 가입자의 시설 유지비가 거의 들지 않으며, 요금이 저렴하고, 가입자의 소속 직원만 사용하므로 통화 누설이 없어서 비밀 유지에 적합한 점을 들 수 있습니다. TRS의 통화 방법에는 하나의 송수신기(예: 본사 지령용)에서 모든 송수신기(이동국)를 동시에 호출하여 통화하는 일제 통화, 몇 대의 이동국을 선택적으로 호출하여 통화하는 선택 통화, 1:1로 호출하여 통화하는 개별 통화가 있습니다.

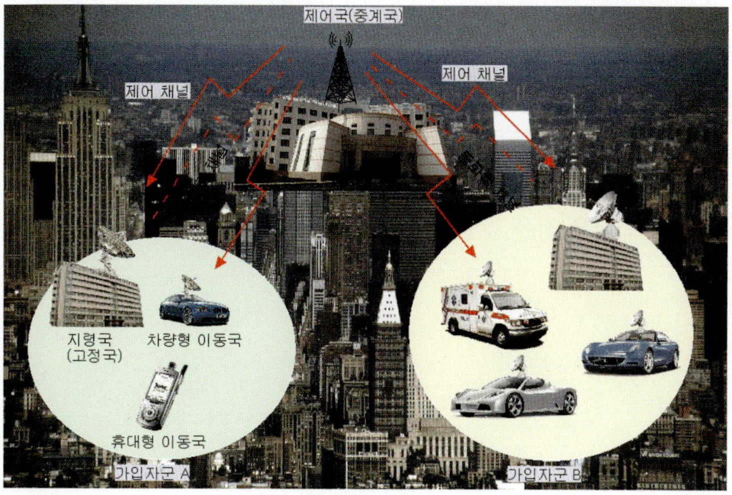

[그림 3-91] TRS(Trunked Radio System)

[그림 3-92] TRS 타워와 단말기

3.7.7 IMT2000

[그림 3-93] IMT2000 단말기

IMT2000(International Mobile Telecommunication-2000: 국제이동통신-2000)은 공중 육상 이동통신 시스템으로 국제전기통신연합 무선통신부문(ITU-R)에서는 세계 어디에서나 언제나(Anywhere-Anytime) 하나의 이동 단말기로 음성/데이터 등 다양한 통신을 할 수 있도록 하기 위해 FPLMTS의 표준화 작업을 진행하고 있습니다. 그런데 Future Public Land Mobile

Telecommunication Systems의 약어인 FPLMTS라는 용어가 ITU의 어떤 공용어로도 발음하기가 어렵기 때문에 새로운 이름이 제안되어 1996년에 국제이동통신-2000(IMT-2000)이 채택되었습니다. IMT-2000은 FPLMTS 시스템용으로 사용할 세계 공통의 주파수대가 2,000MHz 전후(1,800~2,200MHz)라는 점과 FPLMTS 서비스의 실현 목표 연도가 서기 2000년경(2002년)이라는 점과 우연하게 일치하는 상징성과 발음하기 쉬운 점을 감안하여 채택된 이름입니다.

참고문헌

1. Cisco (http://www.cisco.com/)
2. http://www.securitytechnet.com/
3. http://www.etnews.co.kr/
4. 3COM Network Vision (http://www.3com.co.kr/)
5. 디즈넷 http://diz-net.com/
6. 정진욱, 「컴퓨터 네트워크」, 생능출판사
7. 정진욱, 「TCP/IP와 인터넷」, 생능출판사
8. 한국 인터넷 진흥원 http://www.nida.or.kr/
9. 한국 정보통신 기술협회 http://www.tta.or.kr/
10. 김정우, 「최신 정보통신개론」, 21세기사
11. 한국해양정보통신학회, 「정보통신개론」, 광문각
12. 알아봅시다-인터넷 통신장비의 종류(라우터, 스위치, 허브), 디지털타임스, 2009.8.4.
13. 40G/100G 이더넷 기술 및 표준화 동향, 한국전자통신연구원, 2010.12, 김광준, 양충열, 안계현, 김승환, 고제수
14. Cisco CRS-3 1포트 100기가비트 이더넷 인터페이스 모듈 (http://cisco.biz/web/KR/products/pc/routers/crs/crs3/CRS-1x100GE_DS.pdf)
15. 디지털타임스, "[알아봅시다] MVNO(가상이동통신망사업자)", 2007.07
16. "MVNO란?", http://blog.daum.net/gamespeed/14171786
17. "MVNO와 4G", http://blog.naver.com/yikh20000/130097630787
18. 노키아지멘스 '흥덕u시티' 구축사업에 캐리어 이더넷 광전송장비 공급, 디지털타임스, 2009.09.29, 이지성 (http://photo.media.daum.net/digital/view.html?cateid=1008&newsid=20090929083355960)
19. www.juniper.com (http://www.juniper.net/kr/kr/products-services/routing/mx-series/mx960/#literature)
20. www.cisco.com (http://www.cisco.com/web/KR/products/pc/routers/routers_comparison.html)
21. www.hitachi.co.kr. (http://www.hitachi.co.kr/products/business/semicon/infosystem/index.html)
22. www.kreonet.re.kr (http://www.kreonet.re.kr/02_service/01_infra.php)
23. 캐리어 이더넷 기술 및 표준화 동향, 전자통신동향분석 2009.06, 유제훈, 강태규, 정태식
24. metroethernetforum.org (http://metroethernetforum.org/page_loader.php?p_id=140)

25. [기고] 캐리어 이더넷 서비스의 현재와 미래
(http://www02.zdnet.co.kr/news/news_view.asp?artice_id=20100802131512&type=det)
26. [알아봅시다] 기가인터넷, 최경섭, 디지털타임스, 2009.5

연습문제

객관식

01 다음 중 OSI 7계층에 해당하지 않는 것은?
① 데이터 링크 계층 ② 네트워크 계층
③ 전송 계층 ④ 데이터 플로우 제어 계층

02 근거리 통신망의 토폴로지가 아닌 것은?
① 성형 ② 버스형 ③ 박스형 ④ 트리형

03 다음 중 데이터를 전송하기 위한 전송매체가 아닌 것은?
① 트위스티드 페어 ② 플라스틱 케이블
③ 동축 케이블 ④ 광케이블

04 다음 장비 중에서 충돌 도메인을 나눌 수 없는 장비는?
① 리피터 ② 브리지
③ L3 스위치 ④ L4 스위치

05 다음 스위치 장비 중에서 OSI 참조 모델에서 세션 계층과 응용 계층의 데이터 영역까지 분석하여 응용 세션의 제어를 수행할 수 있는 장비는?
① L2 스위치 ② L3 스위치
③ L4 스위치 ④ L7 스위치

06 다음 네트워크 장비 중에서 2개 이상의 다른 종류의 네트워크를 상호 접속하여 정보를 주고받을 수 있게 해주는 장비는?
① 리피터 ② 스위치
③ 라우터 ④ 게이트웨이

07 작게는 소규모 빌딩 그룹에서 넓게는 도시 하나를 관할하며 백본 네트워크와 근거리 통신망을 연결해주는 구간은?
① PAN ② MAN ③ WAN ④ GAN

08 고속 디지털 통신을 위한 광전송 시스템 표준 규격으로 광섬유의 고속 디지털 전송 능력을 활용하기 위한 디지털 신호의 동기 다중화 계층과 속도 체계 및 인터페이스를 정의한 표준은?
① SONET ② 메트로 이더넷
③ ISDN ④ 기가비트 이더넷

09 다음 중 공중 통신 사업자로부터 회선을 대여받아 고도의 통신 처리 기능을 추가하여 부가 가치를 높여 서비스를 제공하는 통신망은?

① ISDN ② B-ISDN
③ MAN ④ VAN

10 다음 중 이동통신의 분류 항목이 아닌 것은?

① 육상 이동통신 ② 해저 이동통신
③ 항공 이동통신 ④ 위성통신

11 무선으로 전송되는 신호를 수신하여 음향이나 진동 또는 빛으로 휴대자에게 호출을 알리는 소형 수신기는?

① 무선전화기 ② 무선호출기
③ GPS ④ PCS

12 다음 중 GPS에 대한 설명으로 틀린 것은?

① GPS는 위성에서 송신하는 전파를 이용하여 위치를 측정할 수 있다.
② 고도의 정확도가 요구되는 항공기 자동착륙 시스템과 같은 정밀 측위에는 사용할 수 없다.
③ GPS 위성은 하루에 두 번씩 지구를 공전한다.
④ GPS의 위치 측정 원리는 삼각측량의 원리를 이용한다.

13 개인번호 부여와 이동성을 추구하는 시스템으로 가입자 개인에게 부여된 고유번호를 사용하여 서비스 영역 내에서 휴대 단말기로 교신을 할 수 있는 서비스는?

① 저궤도위성통신 서비스 ② 무선전화
③ GPS ④ PCS

14 다수의 이용자가 복수의 무선 채널을 일정한 제어하에 공동 이용하는 이동통신 시스템은?

① GPS ② PCS
③ TRS ④ 저궤도위성통신

15 공중 육상 이동통신 시스템으로 국제전기통신연합 무선통신부문(ITU-R)에서 세계 어디에서나 언제나(Anywhere-Anytime) 하나의 이동 단말기로 음성/데이터 등 다양한 통신을 할 수 있도록 만든 표준은?

① 저궤도위성통신 ② IMT-2000
③ PCS ④ 셀룰러 이동통신

주관식

01 CSMA/CD의 동작 과정을 설명하라.

02 충돌 도메인에 대해 설명하라.

03 라우터가 하는 일에 대해 설명하라.

04 ATM(Asynchronous Transfer Mode)에 대해서 설명하라.

05 광대역통합망에 대해 설명하라.

CHAPTER

04 이동통신(모바일 통신)

4.1 무선통신과 이동통신, 그리고 핸드폰 이야기

4.1.1 이동통신의 기초를 다져볼까요?

이동통신이란 전파라는 매체를 이용하여 이동 중에도 가능한 통신 서비스입니다. 즉 이동통신은 자동차, 열차, 선박, 항공기 등의 이동체와 고정된 지점 또는 이동체 간을 연결하는 기술이며 전파를 매체로 하는 통신방식입니다. 기본적인 유선통신 서비스만으로는 고도 정보화 사회의 다양한 요구에 부응할 수 없었고 이동 중에도 가능한 통신 서비스에 대한 요구가 급증하여 이동통신 시스템이 출현하게 되었습니다. 유선망과 달리 이동통신망은 이용자의 위치가 변할 수 있기 때문에 이용자의 위치를 실시간으

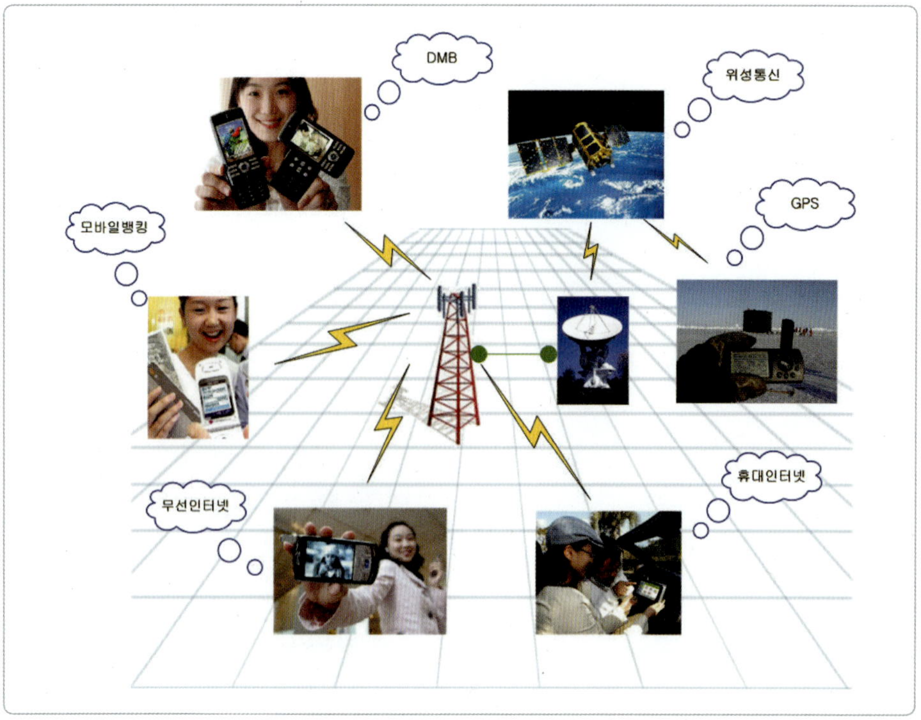

[그림 4-1] 전파를 이용한 다양한 서비스

로 파악하고 있어야 하며 반대로 수신자의 현 위치를 모르더라도 통화를 할 수 있어야 합니다.

4.1.2 주파수 나눔과 공유가 필요하군요

무선통신의 혁명은 1960년대 후반에 높은 주파수의 전파를 만들어 내는 발진 기술의 부흥과 전파 장치의 소형화가 이루어지면서 시작되었습니다. 다시 말하면 마이크로파에서부터 광파까지 발진 기술인 분자 증폭기(Master)와 레이저(Laser)의 출현, 그리고 트랜지스터, 집적 회로(IC: Integrated Circuit), 초대규모 집적 회로(VLSI: Very Large Scale Integration) 등의 출현이 고주파수화와 초소형화를 이루는 데 공헌하게 되었고 무선통신의 혁명적인 발전을 이룩할 수 있게 되었습니다. 즉, 무선 정보화 시대를 만들어낸 핵심적인 기술은 반도체 기술, 디지털 신호처리, 주파수의 고주파화와 효율적인 이용이라고 할 수 있습니다.

사실 주파수는 한정된 공공 자원입니다. 따라서 무선통신 서비스를 제공하기 위해서는 주파수를 여러 사람이 같이 쓰고, 또 재사용할 수 있는 기술을 필요로 합니다. 이처럼 한정된 주파수 자원을 다수의 사용자가 공유할 수 있도록 하는 방법을 다중접속방식이라고 합니다. 예를 들어 위성통신에서 다수의 지구국이 하나의 위성 중계기의 전송로 용량을 나누어 사용하거나, 다수의 이동국이 기지국의 전송로 용량을 분할해서 상호 통신하는 경우가 다중접속방식의 예입니다. 다중접속방식은 크게 주파수분할 다중접속(FDMA), 시분할 다중접속(TDMA), 코드분할 다중접속(CDMA)으로 나눌 수 있으며 초기 FDMA 방식에서 TDMA, CDMA 방식으로 변화하게 됩니다.

(1) FDMA(Frequency Division Multiple Access)

FDMA는 주파수 대역을 일정한 간격의 주파수 영역으로 나누고, 주파수 영역별로 채널을 나누어 사용자에게 할당하는 방식입니다.

위성통신의 큰 특징은 다중접속이 쉽다는 것인데 일찍부터 FDMA 방식이 광범위하게 사용되었습니다. 각 지구국은 자국에 할당된 주파수로 신호를 송출하고 수신국은 수신 신호의 주파수로 송신국을 식별하게 됩니다. FDMA는 기지국 안테나, 증폭 및 변조를 위한 장치가 간단하고 복잡한 동기장치가 불필요한 장점이 있는 반면, 다수의 주파수를 하나의 중계기로 공통 증폭하는 데 따른 변조 오류를 줄이기 위해 채널 사이에 사용하지 않는 주파수 대역을 경계선으로 사용해야 하기 때문에 전송 용량이 적고 회선 이용 효율이 낮다는 단점이 있습니다. 또한 다양한 속도를 갖는 디지털 전송방식에 비해 호환성이 부족합니다. 따라서 현재에는 디지털 전송이 쉽고 중계기 송신 전력과 주파수 대역의 이용 효율이 높은 TDMA 또는 CDMA 방식을 위성통신이나 셀룰러 이동통신 등에서 많이 사용합니다.

[그림 4-2] FDMA 방식

(2) TDMA(Time Division Multiple Access)

TDMA 방식에서는 하나의 전송 용량, 즉 주파수를 시간대별로 다수의 시간 영역(TS: Time Slot)으로 나누고, 각 시간 영역을 사용자에게 할당해주는 다중접속방식입니다. 예를 들어 위성 TDMA 방식에서는 하나의 중계기로 다수의 지구국이 데이터를 전송할 때 모두 동일한 주파수대를 사용하되 시간적으로 중복되지 않도록 분할하여 할당된 시간에만 신호를 송출합니다. 수신국에서는 신호를 복조할 때 시간 슬롯을 기준으

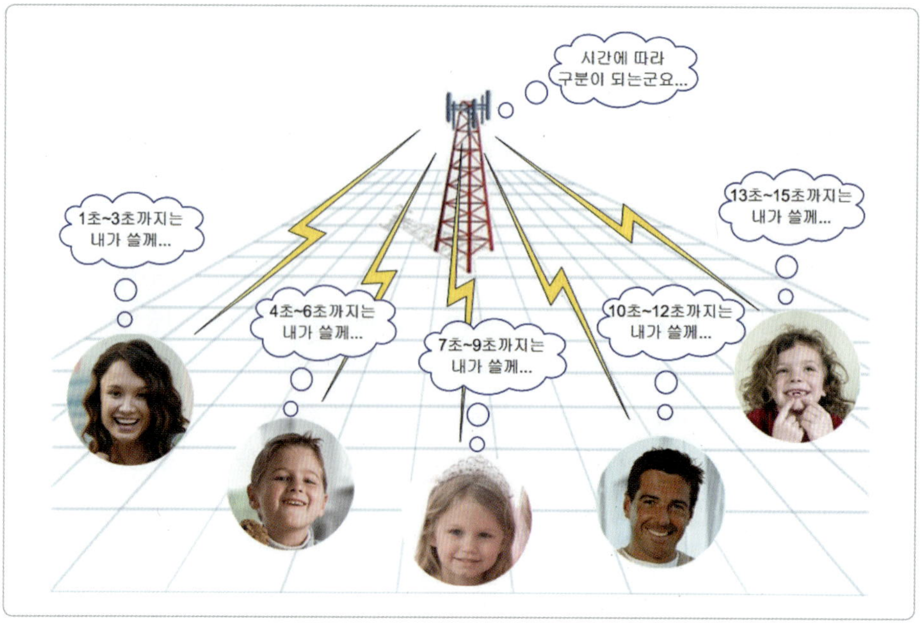

[그림 4-3] TDMA 방식

로 송신국을 판별할 수 있습니다. TDMA에서는 중계기가 증폭하는 반송파가 하나뿐이기 때문에 변조를 할 필요가 없어서 중계기의 송신 전력을 100% 사용할 수 있고, 다양한 속도의 디지털 신호 전송이 용이하다는 장점이 있습니다. 이밖에 주파수 이용 효율을 높일 수 있고 운용상의 유연성을 확보할 수 있다는 장점이 있습니다. TDMA 방식은 크게 동기식과 비동기식으로 구분됩니다. 일반 통신 시스템과 마찬가지로 무선통신 시스템에서도 기지국과 단말 간에 시간, 즉 동기가 맞아야 통신이 가능합니다. 동기식에서는 동기를 맞추기 위한 시간정보를 GPS 위성으로부터 받아 사용합니다. 반면에 비동기식에서는 기지국 자체에서 시간 정보를 만들어 사용하고 기지국이 겹치는 영역이 많기 때문에 각각의 시간 정보를 구분하기 위해 특별한 코드를 추가적으로 삽입합니다.

(3) CDMA(Code Division Multiple Access)

CDMA는 차세대 디지털 이동통신 방식의 일종으로 스펙트럼 확산 기술을 채택한 방식입니다. CDMA 방식은 뛰어난 가입자 수용 용량과 우수한 통화품질을 제공하지만 관련 장치가 복잡하고 전력제어와 같은 복잡한 기술들을 필요로 한다는 단점이 있습니다.

주파수 대역확산기술은 방해 전파에도 강하고 보안성이 우수하기 때문에 최초에는 군사적인 목적으로 사용되었습니다. 반송주파수 하나에 데이터를 실어서 전송하는 일반적인 방법 대신에 확산대역통신에서는 원래 신호의 대역폭보다 훨씬 넓은(빠른) 대역폭으로 신호를 넓게(빠르게) 확산시켜 전송합니다. 신호를 확산한다는 것은 신호에 확산코드를 곱하는 것으로 확산코드를 알지 못하면 원래의 신호를 얻을 수 없습니다.

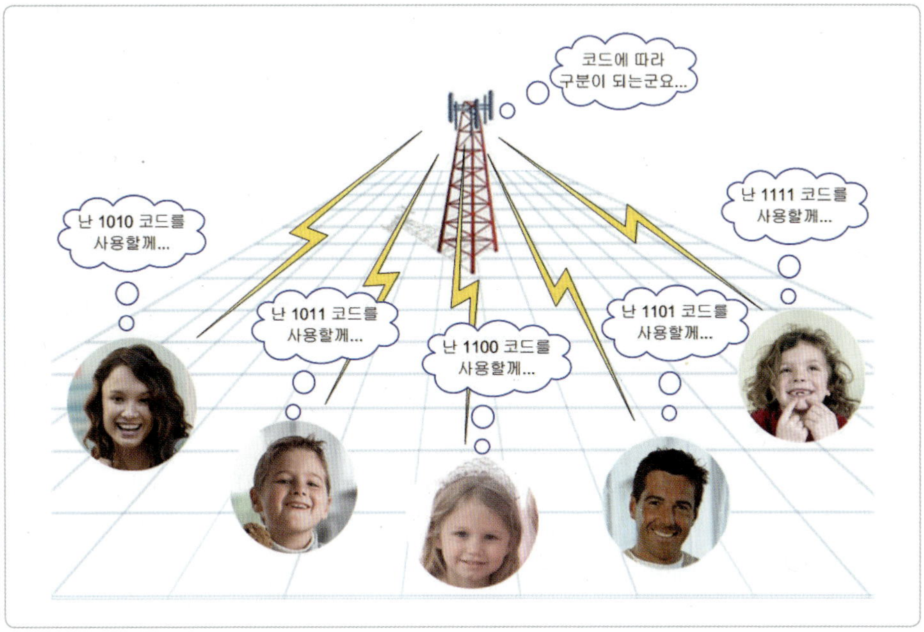

[그림 4-4] CDMA 방식

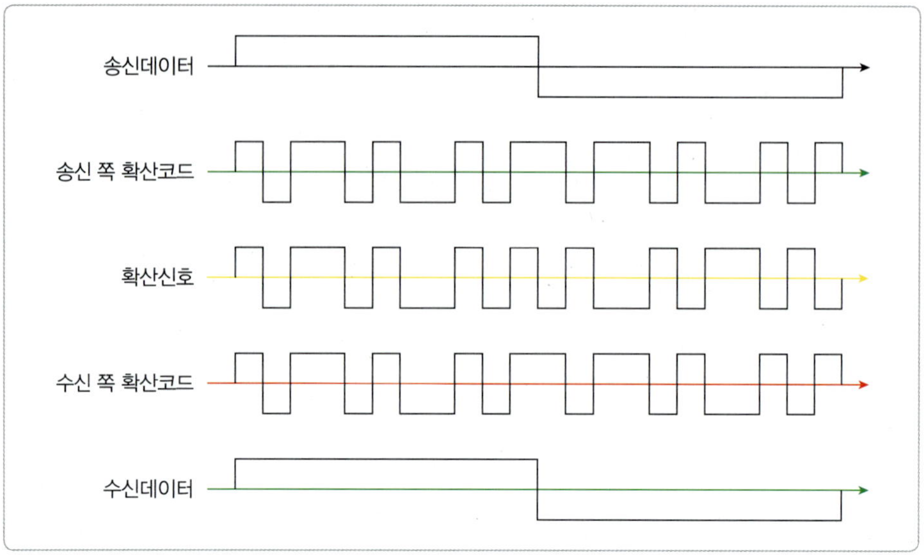

[그림 4-5] 확산코드를 이용한 통신 예

[그림 4-5]는 확산코드를 사용한 통신의 예를 보여주고 있습니다. 먼저 송신데이터에 확산코드 10110100101을 곱해주는데 확산코드는 원래의 데이터보다 훨씬 높은 비트 속도를 가지고 있습니다. [그림 4-5]의 경우에는 하나의 송신데이터에 11비트를 곱해주는데 이렇게 곱해진 원래의 송신데이터는 속도가 훨씬 높은 확산코드와 같은 속도의 확산신호로 바뀌게 됩니다.

한편 수신 쪽에서는 수신된 확산신호에 송신 쪽에서 사용한 동일한 확산코드를 곱해주면, 원래 송신데이터와 동일한 데이터를 얻을 수 있게 됩니다.

따라서 확산코드와 전송 시작 시간을 모르는 사람은 데이터를 복구할 수 없기 때문에 자연히 뛰어난 보안성을 갖게 됩니다. 이를 위해 확산코드는 송신데이터와 아무런 관계도 없으며 추정하기 곤란한 거의 잡음과 같은 유사잡음코드(PN Code: Pseudo Random Noise Sequence)를 사용합니다.

주파수 대역확산기술을 대역폭 관점에서 살펴보면 [그림 4-6]과 같습니다. 먼저 송신데이터는 특정 대역폭을 갖는 신호라 가정합니다. 이 신호에 송신데이터보다 훨씬 높은 비트 속도를 갖는 확산코드의 대역폭을 표시해 보면, 송신데이터의 대역폭에 비해서 11배가 넓다는 것을 알 수 있습니다. 따라서 송신데이터에 확산코드를 곱해주면 확산신호와 확산코드의 대역폭은 거의 비슷하다는 것을 알 수 있습니다.

즉 송신데이터의 대역폭이 확산코드에 의해서 확산신호의 대역폭만큼 넓어진 것으로 이 과정을 '확산(Spreading)'이라 합니다. 이러한 확산신호에 다시 동일한 확산코드를 곱해주면 원래의 데이터를 복구할 수 있는데 이를 '역확산(Despreading)'이라 합니다. 또한 송신데이터의 에너지 또한 넓어진 대역폭에 반비례하여 작아집니다. 이처럼 신호를 전송할 때 대역폭을 임의로 확장해서 전송한다는 의미로 이러한 기술을 대역확산(Spread-Spectrum)이라고 합니다.

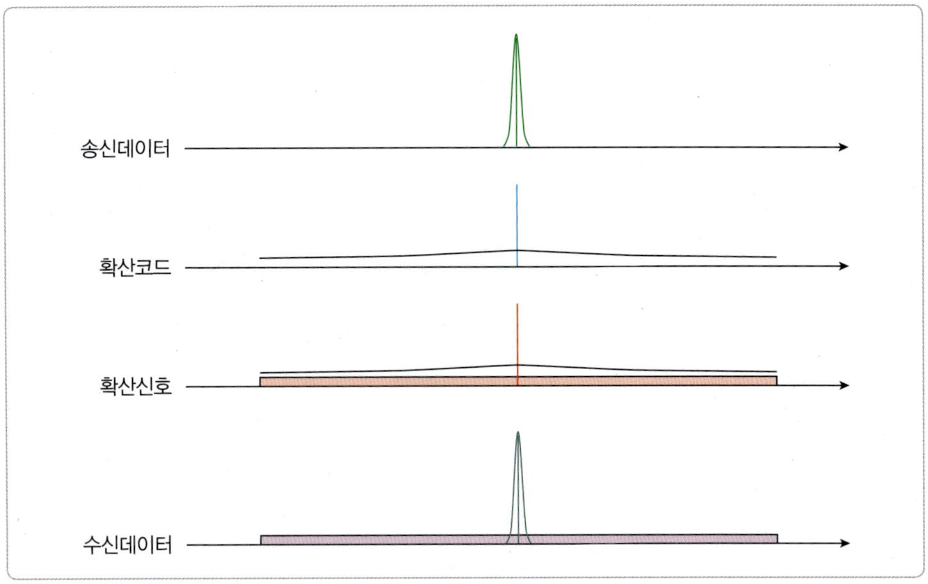

[그림 4-6] 확산코드와 대역폭

대역확산기술의 또 다른 장점은 외부 잡음에 강하다는 것입니다. 예를 들어 확산신호의 전송 도중에 간섭신호가 수신되었다고 가정합니다. 이 두 신호가 수신기 쪽에서 역확산 과정을 거치게 되면, 원래 송신했던 신호는 정상적으로 역확산되어 원래의 신호로 모이지만, 외부 잡음인 간섭신호는 오히려 확산 과정이 일어나서 그 크기가 확산된 대역폭에 반비례하여 줄어들게 됩니다. 즉 영향을 미치지 못한다는 의미입니다.

대역확산 방식의 특징을 요약해 볼까요? 우선 첫째로 확산코드를 이용해서 대역확산을 하므로 보안성이 매우 우수합니다. 또한 확산과 역확산 과정을 거치기 때문에 외부의 간섭에 매우 강합니다. 마지막으로 주파수 대역이 넓어지기 때문에 마치 주파수 다이버시티 효과를 얻을 수 있어서 페이딩에 강합니다. 즉 페이딩이 발생하더라도 신호의 크기가 전체적으로 줄지 않고 일부만 페이딩 되기 때문입니다.

Tip **그럼 우리나라의 전파 사용 현황은 어떤가요?**

전파에 대한 정의는 "인공적인 유도없이 공간에 퍼져 나가는 전자파로서 국제전기통신연합(ITU)이 정한 범위 내의 주파수"로 전파통신(무선통신)에 사용되는 전파의 주파수 범위는 대략 3kHz~3,000GHz이며, 자유 공간에서는 광속도(C), 즉 3×10^8m/s의 속도로 전파하고 있습니다. 전파는 도체나 도파관(Waveguide) 없이 공간을 통해 전기적 임펄스 또는 신호를 전달하며, 무선 통신, 라디오 방송, TV 방송, 무선 항행, 레이더 등은 모두 이러한 전파의 특성을 이용하고 있습니다. 전파가 점유하는 주파수 범위는 매우 넓고 주파수에 따라 파장 또는 전파되는 특성이 다양합니다.

구분	극저주파 (ELF)	초장파 (VLF)	장파 (LF)	중파 (MF)	단파 (HF)	초단파 (VHF)	극초단파 (UHF)	초극초단파 (SHF)	밀리미터파 (EHF)
주파수 대역	~3kHz	3~ 30kHz	30~ 300kHz	300~ 3000kHz	3~ 30MHz	30~ 300MHz	300~ 3000MHz	3~ 30GHz	30~ 300GHz
이용 분야	전력	해상통신	무선전신 전화	단파통신 AM방송	아마추어 통신	FM, TV 등	이동전화	인공위성	우주통신

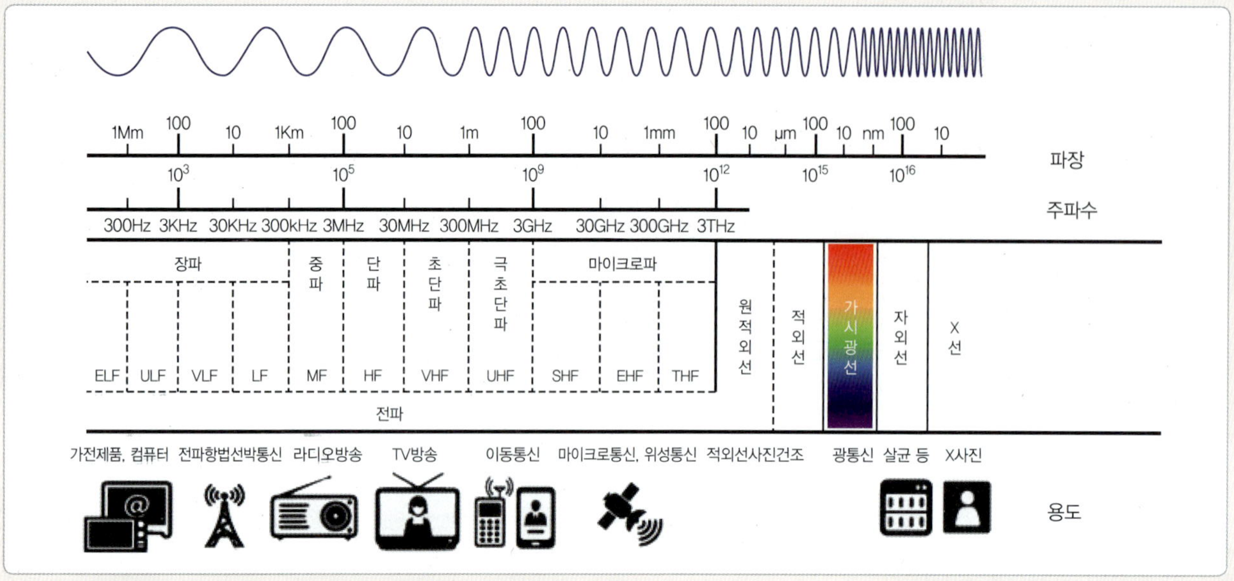

[그림 4-7] 주파수 대역별 이용 분야

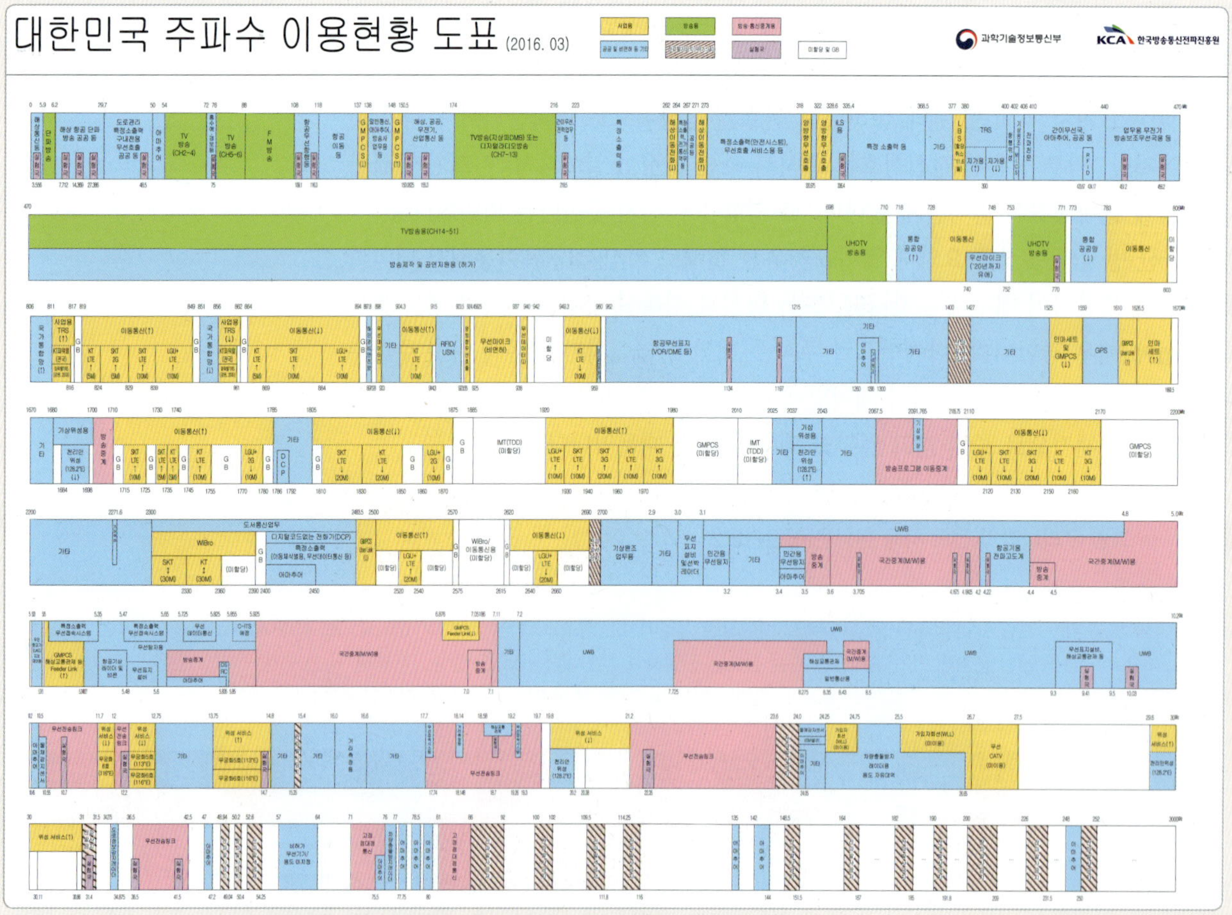

[그림 4-8] 대한민국 주파수 이용 현황

Tip • 2차 전지

[그림 4-9] 삼성 SDI에서 개발한 리튬 이온 전지

[그림 4-10] 전기 자동차 내부

전지의 종류는 크게 1차 전지와 2차 전지로 나뉩니다. 1차 전지는 한번만 사용할 수 있는 전지로 대표적인 전지로 수은 전지가 있습니다. 그러나 수은 전지는 공해문제로 인해 생산이 중단되었습니다. 현재는 망간, 알카라인, 리튬 전지 등이 쓰이고 있습니다. 2차 전지는 재충전하여 사용할 수 있는 전지로 니켈-카드뮴 전지, 니켈-수소 전지, 납축전지, 리튬 이온 전지, 리튬 폴리머 전지 등이 있습니다.

초기의 2차 전지는 자동차에 쓰이는 배터리 같은 납축전지였습니다. 하지만 납축전지는 무겁고 강산이 쓰이기 때문에 휴대용으로는 부적합하였습니다. 그 후에 나온 것이 니켈-카드뮴 전지입니다. 몇년 전까지 가장 많이 쓰이는 전지였지만 중금속으로 만들어져 있고 대용량으로는 부적합한 면이 있기 때문에 요즘에는 많이 쓰이지 않고 있습니다.

요즘 2차 전지들은 대부분 리튬 이온 전지나 리튬-폴리머 전지이며 휴대폰이나 PDA, 노트북 등 소형기기들에 많이 사용되고 있습니다. 니켈-카드뮴 전지나 니켈-메탈수소 전지 같은 것은 메모리 현상이라고 해서 완전히 방전하지 않고 다시 충전하면 그 전에 충전되어 있던 용량만큼 용량이 줄어드는 현상이 있는데 리튬-이온 전지나 리튬-폴리머 전지는 메모리 현상이 거의 없습니다.

4.1.3 이동통신의 발달 과정을 알아볼까요?

이제는 주변에서 3G, 4G, 5G와 같은 '세대(Generation)'라는 단어의 영문 머리글자를 어디서나 쉽게 접할 수 있습니다. 무선통신 기술의 발전과 더불어 이동통신의 혁신적인 진화 단계마다 세대 구분이 이루어졌고 1세대인 1G부터 4G LTE, LTE-A를 지나 5G까지 등장하였습니다. 세대를 나누어서 구분한다는 것은 그만큼 이전 세대와 차별되는 기술의 발전이나 변화가 있었다는 뜻입니다. 세대 구분의 가장 큰 기준은 역시 데이터 전송속도입니다.

[그림 4-11] 유전학의 선구자 초파리. 초파리는 빠른 성장과 장기간에 걸친 산란으로 불과 몇주 만에 3세대(Generation)가 형성되기도 합니다. 1년이면 수십 세대를 볼 수 있겠지요?

이동통신 세대를 나누는 기준은 ITU(국제전기통신연합)에서 결정합니다. 특별히 1998년에 결성된 3GPP(3rd Generation Partnership Project)는 이동통신 관련 단체들 간의 공동 연구 프로젝트로 전 세계적으로 적용 가능한 이동통신 시스템 규격 작성을 목적으로 하고 있습니다. 3GPP 규격은 진보된 GSM(Global System for Mobile Communication) 규격에 기반을 두고 있으며, 무선(radio)과 코어 네트워크(core network), 서비스 구조(service architecture) 등 이동통신과 관련된 거의 모든 분야에 대한 표준화를 진행하고 있습니다. 따라서 3GPP는 유럽이 주도하고 있는 표준으로 생각하는 게 맞습니다. 또 하나의 표준화 단체로 3GPP2(3rd Generation Partnership Project 2)가 있습니다. 3GPP2는 3GPP와는 완전히 다른 프로젝트이며, 3GPP2에서는 CDMA2000으로 더 알려진 IS-95(CDMA)를 기반으로 이동통신 기술에 대한 표준화 활동을 진행하고 있습니다. 따라서 미국 주도의 표준화 기관으로 보는 것이 맞습니다.

아날로그 셀룰러 시스템인 1G에서는 아날로그 방식(FDMA)을 사용해 다른 부가기능 없이 음성만을 전송했다면, 디지털 셀룰러 시스템인 2G부터는 음성 중심이긴 하지만 디지털 신호를 사용한다는 특징이 있습니다. 따라서 아날로그 방식인지 디지털 방식인지가 1G와 2G의 구분 기준이 됩니다. 2G부터는 SMS(단문 메시지, Short Message Service)와 저속의 데이터 서비스가 가능하게 되었습니다.

개인휴대통신으로 대표되는 2.5G는 2G와 3G의 중간 단계, 즉 과도기 기술로써, 2G 망은 그대로 사용하면서 3G에 가까운 통신서비스를 제공하는 것을 의미합니다. 특히 WAP(Wireless Application Protocol)를 통해 핸드폰에서 인터넷 접속이 가능하게 되었습니다. 또한 Mobile IP를 수용함에 따라 이동 중에도 음성과 데이터 연결이 끊어지지 않게 되었습니다.

IMT-2000으로 대표되는 3G에서는 향상된 데이터 전송속도로 인해 음성 서비스에 국한되지 않고 멀티미디어 서비스를 제공할 수 있게 되었고 영상전화 시대를 열게 되었습니다. 그러나 미국과 유럽진영으로 표준화가 나뉘면서 국제적으로 단일화된 이동통신의 꿈은 접어야 했습니다.

IMT-Advanced로 명명된 4G는 데이터 전송속도를 획기적으로 증가시켜 다양한 부가서비스 및 유무선 통합 서비스 제공 등이 가능해졌습니다.

마지막으로 5G는 1Gbps 이상의 어마어마한 전송속도 제공과 2020년 이후 상용화를 목표로 하고 있습니다. 5G는 4G LTE보다 1000배 이상 빠른 기술입니다. 2시간짜리 영화 1편(800MB)을 다운로드 할 때 LTE는 약 40초가 걸리지만 5G에서는 1초면 가능합니다. 만물인터넷(IoE: Internet of Everything)과 더불어 더 이상 통신속도가 문제가 되지 않는 시대가 된 것입니다.

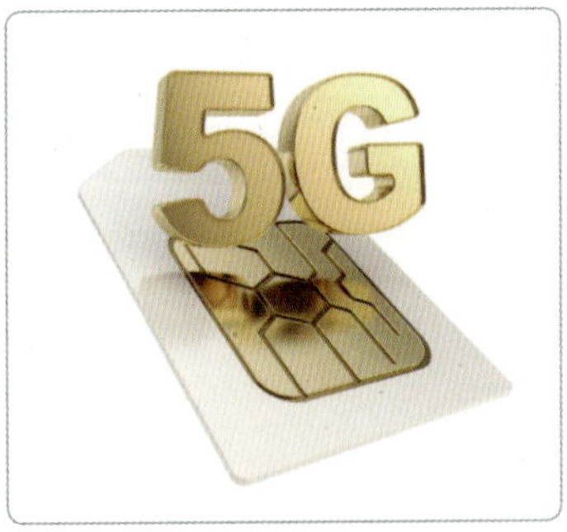

[그림 4-12] 5세대(5G) 이동통신 서비스 이미지

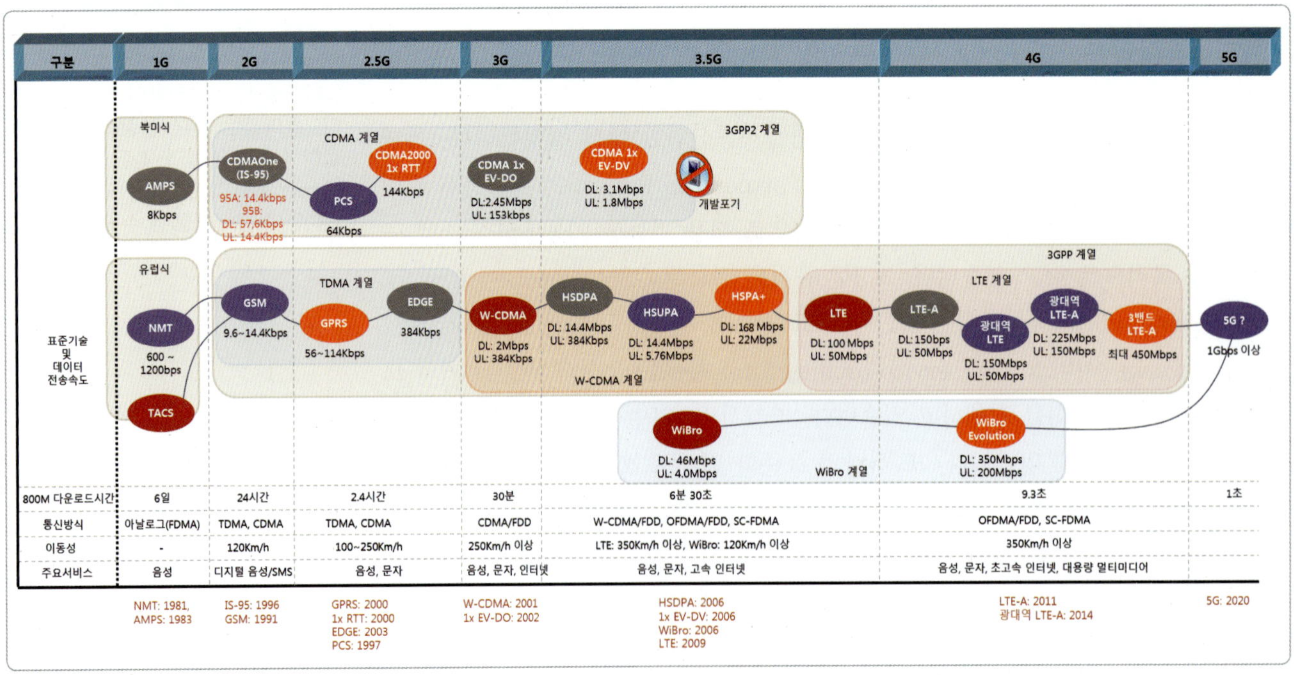

[그림 4-13] 이동통신 기술의 발전사

Tip 보이는 빛, 보이지 않는 빛

어두컴컴한 방안에서 창문 가리개에 작은 구멍을 뚫어 놓고 그곳을 통해 흘러 들어오는 빛을 프리즘에 통과시키면 빨강에서부터 보라에 이르기까지 아름다운 색깔들의 빛이 각도 별로 연속적으로 나타나게 됩니다. 비가 갠 후에 생기는 무지개도 기본적으로 하늘에 떠 있는 작은 물방울들에 의해 빛이 나누어지는 현상입니다.

[그림 4-14] 백색광이 왼쪽의 프리즘을 통과하면서 무지개 빛깔로 나누어진 후 오른쪽 프리즘에 의해 다시 합쳐지면서 원래의 백색으로 바뀌는 모습

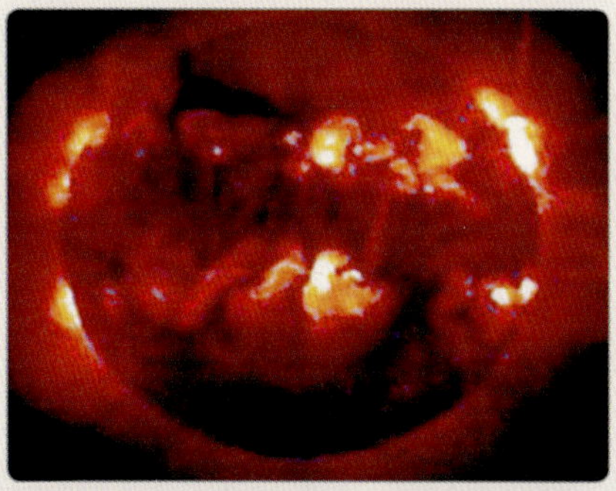

[그림 4-15] 엑스레이 영역에서의 태양의 모습. 보통 인간의 눈이 인식하지 못하는 엑스레이의 밝기를 우리들이 볼 수 있는 색으로 표현한 것입니다.

만유인력의 법칙의 발견으로 잘 알려져 있는 아이작 뉴턴은 두 개의 프리즘을 역으로 배치한 후에 첫 번째 프리즘으로 분리된 무지개 색깔들이 두 번째 프리즘을 통과해 합쳐지면서 다시 백색광으로 바뀌는 것을 확인했습니다. 이로써 빛은 연속적인 다양한 색깔들로 구성되어 있고 이들이 합쳐져 다시 원래의 백색광을 만들 수 있음이 증명되었습니다.

뉴턴의 시대로부터 백여 년 정도가 지난 후에 천왕성을 발견한 천문학자 윌리엄 허셜은 눈에 보이지는 않지만 우리에게 따뜻함을 느끼게 하는 '빛'이 존재한다는 것을 발견하였습니다. 그는 프리즘을 통과해서 색깔별로 나누어진 빛의 띠를 조사하다가 빨간색 너머 아무것도 보이지 않는 곳에 온도계를 갖다 대자 온도계의 온도가 상승한다는 사실을 발견하였습니다. 그곳에는 우리가 오늘날 적외선이라고 부르는, 눈에 보이지 않는 열선이 자리잡고 있었습니다. 거의 같은 시기에, 빨간색 빛의 반대편인 보라색 빛 너머의 공간에는 감광작용을 일으키고 우리의 피부를 태우기도 하는 자외선이 존재한다는 것도 알려지게 되었습니다.

그런데 우리의 눈은 왜 전자기파의 일부분인 가시광선만을 인식할 수 있게 된 것일까요? 그것은 태양이 방출하는 빛의 특성과 관련이 있습니다. 태양에서 방출되는 전자기파의 스펙트럼을 살펴보면 우리 눈이 느낄 수 있는 가시광선의 세기가 가장 높습니다. 자외선이나 적외선 파장 영역으로 가게 되면 빛의 세기가 점점 줄어들게 되는 것입니다. 진화를 거듭하면서 우리 눈은 태양이 내리쬐는 가장 강한 빛의 파장 대역에 적응하도록 진화된 것입니다.

하지만 인류는 과학기술의 진보로 인해 인간의 눈으로 볼 수 없는 빛들, 즉 적외선이나 자외선 같은 전자기파 스펙트럼의 다른 부분들을 볼 수 있는 다양한 기술들을 가지게 되었습니다. 가령 우주를 관찰하는 천문학자들은 가시광선을 모으는 망원경뿐 아니라 자외선 망원경, 적외선 망원경, 엑스레이 망원경 등 다양한 종류의 망원경을 사용함으로써 우주에서 날아오는 전자기파 스펙트럼의 풍부한 정보를 놓치지 않고 분석할 수 있게 되었습니다.

[그림 4-16] 전자기파의 존재를 실험으로 최초로 증명한 헤르츠

(출처: '사이언스 타임즈', 고재현, 한림대 전자물리학과 교수)

Tip **전파는 어떻게 발견된 건가요?**

전파의 존재를 최초로 예언한 사람은 영국의 맥스웰로서, 그는 전류에서 발생하는 전계는 시간적으로 변하면서 자계를 낳고 그것은 또 전계를 낳아 그 변화가 차례차례로 전해져 파도와 같은 파동이 발생한다는 "맥스웰 방정식" 이론을 발표하였고, 1871년 이 파동이 바로 전파라고 발표하였습니다.

1888년 독일의 물리학자 헤르츠는 맥스웰의 학설을 기초로 하여 드디어 전파를 포착하는 실험에 성공함으로써 전파를 최초로 발견하였습니다. 이후 헤르츠는 전자기파를 검출하기 위해 전자 송수신장치를 만들어 전자기파의 속도가 초당 30만 킬로미터로 빛의 속도와 같다는 맥스웰의 예언을 확인하였습니다.

전파는 전기에 의해 발생하는 것이기 때문에 우선 전류의 흐름 원리를 이해하는 것이 중요합니다. 교류 전원에 전선을 연결하면 전원은 항상 전기적인 힘을 발생시키며 그 힘이 전선을 따라가며 전류를 흐르게 합니다. 이것을 전도전류라 하고 전도전류 주위에는 전계와 자계가 생기게 됩니다. 전계는 전선에 있는 양전자에서 음전자로 향하는 힘으로 전선 주위에서 사방으로 퍼지며 자계(전자들이 이동하면서 생기는 주위의 전기적인 힘)는 전계가 있는 곳에서 항상 전계와 직각을 이루면서 존재합니다.

전선을 따라 흐르는 전류는 전선이 끊어진 부분에서 전기적 힘이 어디론가 사라지게 되는데, 이때 없어지는 힘은 공간상으로 퍼지게 되며 이것이 바로 전파가 되는 것입니다.

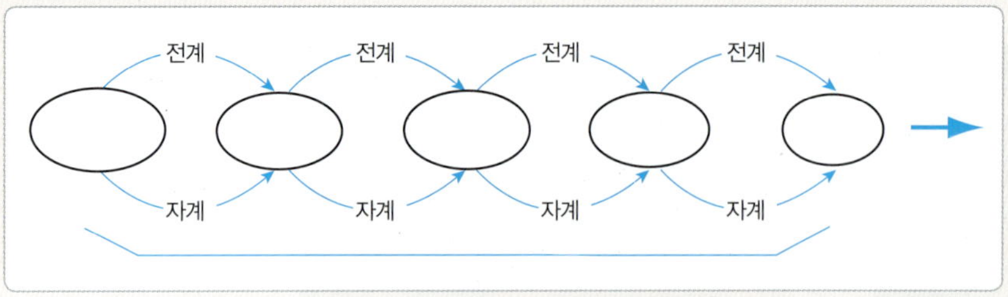

[그림 4-17] 전파의 복사 모양

[그림 4-18] 아레시보 관측소의 전파망원경

푸에르토리코에 위치한 세계 최대의 단일 전파망원경입니다. 지름 305m인 이 전파망원경은 최대 크기의 전파망원경으로도 유명하지만 무엇보다 최초로 인류를 알리는 전파를 외계에 쏘았다는 큰 의미를 갖고 있습니다. 외계 생명체의 신호를 찾는 데에 가장 적합하여 천 개의 항성에 대해서 초점을 맞추고 외계의 신호를 기다리고 있으나 아직까지 발견된 기록은 없습니다. 영화 촬영장소로도 사용되었으며, 특히 '007 골든아이'와 '콘택트' 등을 촬영했습니다.

[그림 4-19] VLA(Very Large Array)

VLA란 36km에 걸쳐 27개의 안테나들이 "Y"자 형태로 배열되어 있는 거대한 전파망원경입니다. 뉴멕시코 주의 소코로에 위치하고 있으며 150km 떨어진 골프공 크기의 전파원까지 식별할 수 있습니다.

4.2 이동통신의 기원, 1G

이동통신 서비스를 이해하기 위해서는 우선 셀룰러 개념을 이해할 필요가 있습니다. 셀룰러는 넓은 지역을 여러 개의 작은 셀로 나누고 각 셀마다 기지국을 두는 방식입니다. [그림 4-20]에서와 같이 이웃한 기지국들은 서로 다른 주파수를 사용하여야 합니다. 각각의 기지국에서 송출하는 신호의 세기를 적절하게 제어하면 인접하지 않은 다른 기지국에서는 해당 주파수를 재사용할 수 있기 때문에 한정된 주파수를 이용하여 많은 사용자를 수용할 수 있다는 점이 셀룰러 방식의 특징입니다.

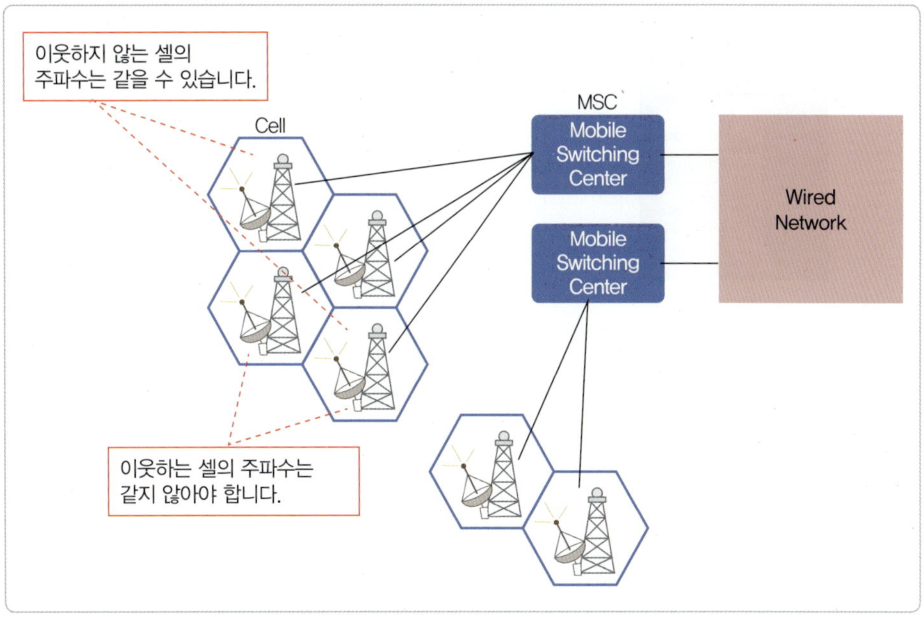

[그림 4-20] 셀룰러 망 예

아날로그 셀룰러 서비스의 시초였던 1G는 아날로그 전송방식을 이용해서 사람의 음성만을 전기적 신호로 전달했기 때문에 잡음이나 혼선이 심했습니다. 즉 1G에서는 FDMA 방식을 이용하여 음성을 그대로 전송했기 때문에 데이터 양도 많았고 전송속도도 느렸습니다. 또한 휴대폰 사용자가 많아지면서 주파수 부족 현상이 심해졌고 통화가 자주 끊어지는 등 문제가 많았습니다.

FDMA는 크게 미국 방식과 유럽 방식이 있습니다.

[그림 4-21] 각종 통신 표준안에서 미국과 유럽은 물과 기름처럼 결코 양보 없는 협상을 진행해오고 있습니다.

AMPS(Advanced Mobile Phone System)

- 1978년 벨 연구소에서 개발
- 800MHz 대역을 이용하며 30kHz 단위로 채널을 할당
- 사용자별로 2개의 채널을 할당(상향 및 하향)

TACS(Total Access Communication System)

- 영국 표준
- 900MHz 대역을 이용하며 25kHz 단위로 채널을 할당
- 사용자별로 2개의 채널을 할당(상향 및 하향)

NMT(Nordic Mobile Telephone)

- 에릭슨에서 개발한 북유럽 표준
- 450MHz와 900MHz 대역을 이용
- 자동 다이얼링 및 교환, 핸드오버 그리고 과금과 국내 및 국제 로밍 정의

[그림 4-22] 다이나택을 무겁고 크다는 의미로 '벽돌폰'이라고 했답니다.

[그림 4-23] 1983년 발표된 세계 최초의 개인용 휴대전화인 모토로라 다이나택(DynaTAC). 10시간 충전해서 30분 사용할 수 있었다고 합니다.

1983년 세계 최초로 개인용 휴대전화인 모토로라 다이나택이 발표되었고 차량용 전화기인 일명 카폰도 등장하게 되었습니다. 국내에서는 88 올림픽에 맞춰 삼성에서 개발한 SH-100이 최초의 국산 휴대폰이었으며 1989년부터 시판되기 시작하였습니다.

1980년대에 들어 세계적인 추세에 따라 이동통신 수요가 급증하고 관련 산업의 중요성이 대두되었습니다. 이에 따라 정부에서는 1984년 한국이동통신(현 SK 텔레콤)을 설립하고 같은 해에 AMPS 방식의 아날로그 셀룰러 서비스를 시작하였습니다. 또한 1988년 서울 올림픽을 계기로 휴대전화 서비스가 시작되었고 1999년에 1G 아날로그 이동전화 서비스는 중단되었습니다. 북미, 중남미, 아시아 여러 나라들은 AMPS 방식을 이용하여 1G 서비스를 제공하였습니다.

[그림 4-24] 1986년 국내 최초로 삼성전자가 자체 개발한 카폰 SC-1000

[그림 4-25] 1989년 국내 최초로 삼성전자가 자체 개발한 핸드폰 SH-100

[그림 4-26] 세계 최초의 플립형 휴대전화인 모토로라 마이크로택

Tip 핸드오프(Hand off)란 무엇인가요?

[그림 4-27] 핸드오프

핸드오프는 사용자가 현재 셀에서 다른 셀로 이동할 때 통화 채널을 자동적으로 전환해 주는 것을 말합니다. 즉, 이동통신 가입자가 한 지역에서 다른 지역으로 이동할 때 현재의 통화 채널을 이동한 지역에 가까운 통화 채널로 전환해 줌으로써 통화가 계속되게 하는 기능을 말합니다.

핸드오프에는 하드 핸드오프(Hard Hand off)와 소프트 핸드오프(Soft Hand off)가 있습니다. 하드 핸드오프는 새로운 채널을 열기 전에 기존의 채널을 먼저 끊는 방식으로 아날로그 AMPS 방식에서 사용되었습니다. 소프트 핸드오프는 새로운 채널을 먼저 열고 기존 채널을 끊는 방식으로 CDMA 방식에서 사용됩니다.

4.3 응애응애, 이동통신 유아기 2G

[그림 4-28] 2G의 대표 폰 모토로라 StarTAC

아날로그 이동통신 서비스가 성공적으로 정착됨에 따라 가입자수가 폭발적으로 증가하게 되었습니다. 그러나 기존의 아날로그 이동통신 기술로는 그러한 수요를 감당할 수 없었고 더군다나 도청, 감청에 취약한 아날로그 기술에 대한 보완이 시급하게 대두되었습니다. 이러한 1G 시스템들의 문제들을 보완하기 위해 디지털 방식의 2G 이동통신이 등장하게 되었습니다.

2G에서는 아날로그가 아닌 디지털로 데이터를 전송함에 따라 음성 이외에 SMS, e-메일 등의 데이터 전송이 가능해진 점이 가장 큰 특징입니다. 음성 또한 아날로그를 사용하지 않고 디지털화된 음성을 압축해서 보냄에 따라 적은 양의 정보로 깨끗한 통화품질을 제공할 수 있게 되었습니다. 데이터 전송속도는 9.6~14kbps 정도로 정지화상 전송이 가능하게 되었습니다.

2G에서는 북미의 IS(Interim Standard)-54 TDMA 방식, 유럽의 GSM 방식, 미국의 퀄컴이 개발하고 대한민국이 상용화한 CDMA(IS-95, CDMAOne) 방식, 일본의 PDC(Personal Digital Cellular) 방식 등 다양한 기술들이 등장했지만 유럽의 GSM 방식이 큰 성공을 거두었고 CDMA 방식은 어느 정도 사업성을 보였습니다.

CDMAOne은 CDMA 국제 표준화 단체인 CDG(CDMA Development Group)가 규

[그림 4-29] GSM 단말의 필수 요소인 SIM 카드. 가입자 정보를 가지고 있어서 SIM 카드만 있으면 여행가서도 핸드폰을 빌려서 자기 것처럼 사용할 수 있습니다.

정한 CDMA 방식으로 미국 전자공업협회/통신산업협회(EIA/TIA)가 작성한 CDMA 방식의 디지털 셀룰러 시스템 표준 규격인 IS-95와 내용이 동일합니다.

GSM은 기술적으로 TDMA 방식에 기초를 두고 있습니다. 범 유럽 표준인 GSM은 SIM(Subscriber Identity Module)을 이용해서 하나의 번호로 전 유럽의 로밍(Roaming)이 가능했고 상용화에 발 빠르게 대처해서 시장을 주름잡게 되었습니다.

GSM의 특징을 살펴보면 다음과 같습니다.

- 200kHz 채널을 8개의 타임슬롯으로 나눔
- 사용자당 25kHz를 할당하기 때문에 양질의 음성품질 제공
- 200여 개 이상의 나라에서 채택
- SIM 카드를 이용한 국제 로밍 지원

GSM의 성공에 자극을 받은 미국은 퀄컴에서 제안하고 한국에서 상용화한 CDMA 기술을 표준으로 채택하였습니다. CDMA 기술은 GSM에 비하여 가입자 수 증가가 용이하며 뛰어난 보안성 및 배터리를 절약할 수 있다는 점 등 여러 가지 장점이 있습니다. 그러나 상대적으로 로밍에 약점이 있었고 GPS를 사용해야 한다는 단점이 있어서 한국, 중국, 중남미 일부에서만 서비스되는데 그쳤습니다.

[그림 4-30] "재주는 곰(한국)이 부리고 돈은 왕서방(퀄컴)이 번다"라는 속담이 있습니다.

대한민국에서 디지털 이동통신 표준을 결정할 당시 유럽의 GSM 방식과 미국의 CDMA 방식이 경쟁을 벌이고 있었습니다. 당시 GSM 핵심 기술을 소유하고 있던 에릭슨, 노키아, 알카텔과 같은 유럽 기업들은 기술 이전에는 소극적인 반면 과도한 로열티를 요구하였습니다. 따라서 단지 서비스 제공뿐만 아니라 국가적인 새로운 먹을거리를 찾던 대한민국은 GSM을 선택하지 않고 CDMA를 선택하였습니다. 이에 따라 대한민국은 당시 벤처기업이었던 퀄컴을 데리고 CDMA 기술을 세계 최초로 상용화하는 쾌거를 거두게 됩니다. 당시에 퀄컴을 사버렸으면 얼마나 좋았을까요? 그러나 아쉽게도 퀄컴과의 로열티 계약에 있어 준비 미비로 인해 막대한 로열티를 결국 퀄컴에 지불하게 됩니다. 그러나 CDMA 상용화로 인해 대한민국은 이동통신의 새로운 강자로 등장하게 되었습니다.

1996년 세계 최초로 국내에서 CDMA 방식의 2G 이동통신 서비스가 시작되었습니다. CDMA는 상용화가 불가능하다는 인식을 뒤집고 한국이 최초로 성공했습니다. 이어 미국과 중국, 러시아 등이 한국 CDMA의 성공에 고무돼 이 방식을 채택하였습니다. 독보적이던 GSM에 필적할만한 기술이 등장한 것입니다. 또한 통신장비와 단말기 수출시장도 활짝 열리게 되었습니다. TDMA와 GSM 방식의 기술력은 유럽의 노키아, 지멘스, 알카텔 등의 선도 기업이 높은 기술장벽을 쌓고 있었던 반면 CDMA 방식을 채택한 기업은 모토로라와 국내의 삼성전자, LG전자 등 몇 개의 기업밖에 없었기 때문에 비교적 경쟁이 수월했기 때문입니다. 따라서 1996년은 전 세계 이동통신 역사의 큰 분기점이 된 것 뿐만 아니라 어쩌면 대한민국이 진정한 IT 강국으로 탄생한 원년이라고 볼 수 있습니다.

국내에서 CDMA는 사용하는 주파수에 따라 셀룰러 방식과 PCS(개인휴대통신, Personal Communication Service) 방식으로 구분됩니다. 셀룰러 방식은 800MHz, PCS는 1.8GHz의 주파수를 사용합니다. 초기에는 셀룰러 방식을 사용하다가 1997년에 PCS 방식이 추가되었습니다. SK 텔레콤과 신세기통신이 셀룰러 방식의 사업자였고, KTF, LG텔레콤, 한솔PCS가 PCS 사업자였습니다. 주파수 특성상 넓은 지역을 서비스하거나 투과성, 전파의 회절성 등을 고려할 때 셀룰러 방식이 다소 서비스 제공에 유리했습니다.

[그림 4-31] 국내 최초의 PCS 폰 삼성 SCH-1100

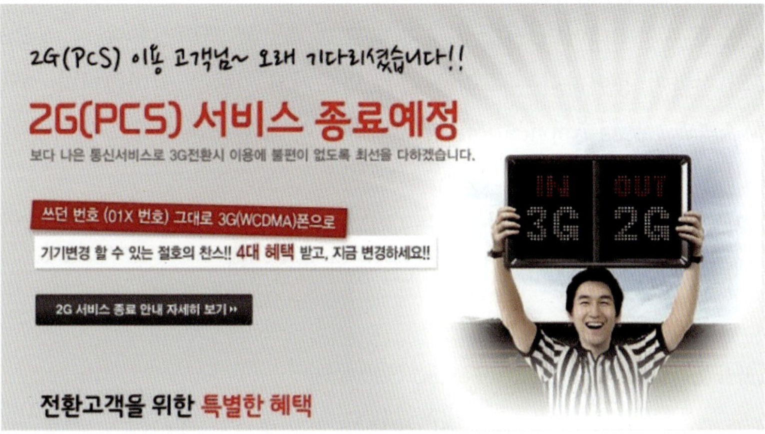

[그림 4-32] 2011년 11월 KT의 2G 서비스(PCS 사업)가 종료되었습니다. 몇 번의 재심의 끝에 KT 2G 서비스는 종료되었고 해당 주파수를 새로운 서비스를 위해 재사용하게 되었습니다.

Tip **휴대폰 위치추적의 원리**

[그림 4-33] 기지국을 이용한 휴대전화 위치 확인 방법

휴대폰 위치추적은 무선 데이터 통신망을 통하여, 휴대폰을 가지고 있는 사람/차량의 현 위치를 파악하여 호출하거나 위치정보를 제공하는 목적으로 사용됩니다. 셀 모드형(CELL 위치정보)과 SMS 모드형(GPS 위치정보) 등 2가지의 형태로 위치추적을 하게 됩니다. 셀 모드형은 PCS 폰이 셀 간 이동시 셀 위치 등록을 할 때마다 셀 위치 정보를 PCS 망을 통해 관제센터에 전송하는 방식입니다. 그리고 SMS 모드형은 인공위성에서 GPS 수신기(외부 단말장치)를 통해 위치 정보를 수신받아 PCS 단말기에 주기적으로 위치 데이터를 SMS 형태로 실시간 관제센터에 전송하는 방식으로, PCS 단말기와 외부장치를 필요로 하며 셀 위치 정보보다는 정확한 정보를 이용할 수 있습니다.

4.4 아기가 컸어요, 2G 진화형 2.5G

2G 진화형 또는 2.5G 이동통신이란 기존 2G 서비스의 단점을 보완하여 3G에 가깝게 성능을 끌어올린 방식들을 의미합니다. 사업성이 불투명한 3G 이동통신 시스템으로 한꺼번에 바꾸는 대신 수익성과 기술적인 측면에서 보다 안정적인 기술들이 바로 2.5G입니다. 그러나 여전히 3G에서 요구하는 성능을 만족시키지는 못한 기술들입니다.

따라서 2.5G는 2G 인프라를 그대로 사용하여 3G에 가까운 이동통신 서비스를 제공하는 것으로, 특히 데이터 전달 속도가 빠르고 새로운 서비스를 쉽게 제공하며, 또한 3G로의 전환이 용이하다는 특징을 갖는 과도기적 기술을 의미합니다. 한편 2.5G에서는 WAP(Wireless Application Protocol)를 통해 핸드폰에서도 인터넷이 가능해졌습니다.

2.5G 이동통신의 대표적인 기술로는 GSM/3GPP 계열의 GPRS/EDGE가 있으며 3GPP2 계열의 CDMA2000 1xRTT와 PCS 등이 있습니다.

4.4.1 GPRS(General Packet Radio Service)

GPRS는 Packet 단어에서 의미하듯이 GSM 망을 기반으로 데이터 트래픽, 즉 패킷을 전송하기 위해서 확장된 이동통신 표준입니다. 이를 위해 GPRS에서는 이동통신망에 패킷교환 기능을 도입하였습니다. GPRS 망에서는 56~114kbps의 데이터 속도를 보장하며 웹 브라우징 등 각종 인터넷 프로토콜(IP) 기반 서비스와 영상통신 서비스가 새롭게 추가 되었습니다. 또한 GPRS에서는 사용자가 원하는 시점에서 즉시 정보를 보내고 받을 수 있습니다. 신용카드 승인과 같은 응용에 상당히 유용합니다.

[그림 4-34] 팬텍&큐리텔의 GPRS폰 'S698'과 'EMOL950'

[그림 4-35] GPRS/EDGE/UMTS/HSDPA 1.8, HSDPA 3.6 지원 LG전자 LG-KF750 폰

4.4.2 EDGE(Enhanced Data GSM Environment)

EDGE는 2G GSM 이동통신망에서 최고 384kbps 속도의 정보를 전송할 수 있는 표준입니다. GSM과 3G 이동통신 기술인 범용이동통신서비스(UMTS)의 중간에 해당되기 때문에 2.5G로 분류되지만 GPRS보다도 세 배 이상 빠르고, MMS(멀티미디어 메시징 서비스) 등 멀티미디어 데이터 통신 기능이 크게 개선되었기 때문에 2.75G라고도 합니다. EDGE는 2.5G 통신망을 이용하여 최소한의 투자로 멀티미디어 데이터통신 서비스를 제공할 수 있고 효율적인 망 운영이 가능하며, 이용자들에게는 다양한 서비스와 기능을 제공할 수 있다는 장점이 있습니다.

[그림 4-36] GSM/EDGE 850/900/1800/1900MHz를 지원하는 삼성 S3500

4.4.3 PCS(Personal Communication Service)

PCS는 2G 디지털 이동통신보다 한 단계 발전한 2.5G 이동통신 방식입니다. 셀룰러 방식의 CDMA는 800MHz대의 주파수 대역을 사용하는 반면 PCS 방식은 이보다 훨씬 더 높은 1.7~1.8GHz대의 주파수 대역을 사용한다는 점이 가장 큰 차이점입니다. 따라서 음성 이외의 데이터를 전송하는 데에도 강점이 있습니다. 이러한 주파수 대역이 갖는 특징에 따라 서비스 특징도 달라지게 되는 것입니다.

800MHz 대역의 셀룰러 방식은 1.8GHz 주파수 대역보다 전파 도달거리가 길기 때문에 상대적으로 적은 기지국을 필요로 합니다. 이동통신망 구축비용이 적게 든다는 뜻입니다. 또한 날씨나 건물 등의 외부 환경에 의해 상대적으로 영향을 덜 받는다는 장점이 있습니다. 그러나 주파수 대역이 1.8GHz 대역보다는 상대적으로 낮기 때문에 다른 기기들로부터 영향을 받을 수 있고 대역폭이 좁아 많은 가입자를 처리하는데 한계가 있다는 단점이 있습니다.

[그림 4-37] 삼성전자가 출시한 최초의 PCS 폰 SPH-1100과 후속작 SPH-2000

반면 PCS 방식의 경우 주파수 대역이 높기 때문에 다른 기기들로부터의 간섭이 적고 넓은 대역을 사용할 수 있어 송수신할 수 있는 데이터의 양이 많으므로 인터넷이나 팩스와 같은 부가 정보서비스를 제공할 수 있다는 장점이 있습니다. 그리고 상대적으로 적은 출력을 필요로 하므로 배터리 소모가 적다는 장점이 있습니다.

그러나 PCS 방식에서 사용하는 고주파 대역은 전파의 직진성은 강하지만 도달거리가 짧기 때문에 하나의 기지국이 커버할 수 있는 범위가 작아지게 되고 결국 훨씬 더 많은 기지국을 설치해야 하는 부담이 있습니다. 기지국의 범위가 상대적으로 좁기 때문에 고속 주행 시에 통화가 자주 끊긴다거나 높은 건물이나 산으로 주위가 막힌 곳에서는 통화가 잘 되지 않는 단점이 있습니다.

국내에서는 KTF에서 PCS 이동통신 서비스를 1997년 10월 1일 상용서비스를 시작했습니다. 그러나 데이터 전송속도는 멀티미디어 서비스를 제공하기에는 많이 부족하였고 국가 간 로밍도 지원되지 않았습니다.

Tip **PCS(Personal Communication Service, 개인 휴대 통신)도 있었다고 하던데요?**

[그림 4-38] PCS 단말기들

개인 휴대 통신(PCS)은 2세대 디지털 이동통신보다 한 단계 발전한 2.5세대 이동통신 방식으로서, 발신전용 휴대전화(CT-2)를 한 단계 발전시켜서 수신/발신이 가능하도록 한 휴대전화 서비스입니다. 이제까지의 일반 이동전화에 비해 데이터 전송량이 커서 통화품질이 기존보다 약 1.6배 정도 좋아졌다고 합니다. 음성코덱은 8KHz 8bit A-Law(기존의 휴대전화 시스템에 비해서 13Kbps 증가) 방식으로 1.7~1.8GHz대의 높은 주파수를 사용함으로써 음성 이외의 데이터를 전송하는 데에도 강점을 가졌었습니다. 하지만 고주파수가 갖는 성질(직진성) 때문에 기존의 휴대전화 시스템에 비해 더 많은 중계기를 설치해야 하는 단점을 가지기도 했습니다. 1997년 10월 1일 상용서비스를 시작하였지만 관련 기술들의 발전으로 인하여 2012년 서비스가 종료되었습니다.

〈표 4-1〉 세대별 이동 통신 표준들(출처: 위키백과)

세대	이동 통신 표준	
0세대	MTS · MTA * MTB * MTC · IMTS · MTD · AMTS · OLT · Autoradiopuhelin	
1세대	NMT · AMPS · Hicap · Mobitex · DataTAC · TACS · ETACS	
2세대	GSM/3GPP 계열	GSM · CSD
	3GPP2 계열	cdmaOne(IS-95)
	그 외	D-AMPS(IS-54 및 IS-136) · CDPD · iDEN · PDC · PHS
2세대 진화형 (2.5G, 2.75G)	GSM/3GPP 계열	HSCSD · GPRS · EDGE/EGPRS
	3GPP2 계열	CDMA2000 1xRTT(IS-2000) · PCS
	그 외	WiDEN
3세대	3GPP 계열	UMTS(UTRAN) · WCDMA-FDD · WCDMA-TDD · UTRA-TDD LCR(TD-SCDMA)
	3GPP2 계열	CDMA2000 1xEV-DO(IS-856)
3세대 진화형 (3.5G, 3.9G)	3GPP 계열	HSDPA · HSUPA · HSPA+ · LTE(E-UTRA)
	3GPP2 계열	EV-DO 리비전 A · EV-DO 리비전 B · EV-DO 리비전 C(UMB)
	그 외	모바일 와이맥스 * 와이브로(IEEE 802.16e-2005) · Flash-OFDM · IEEE 802.20
4세대 (IMT-Advanced)	3GPP 계열	LTE 어드밴스트
	와이맥스 계열	와이브로 에볼루션(IEEE 802.16m)
5세대	3GPP 계열	미확인
	3GPP2 계열	미확인

4.4.4 CDMA2000 1xRTT(Radio Transmission Technology)(IS-2000)

퀄컴과 대한민국에서 개발한 2G CDMAOne(IS-95)으로부터 시작된 CDMA 기술은 상대적으로 오랜 기술적 역사를 갖고 있습니다.

2G CDMA 기술로부터 발전된 CDMA2000은 2G CDMA와는 여전히 호환성을 유지하며 2.5G와 3G 기술을 모두 사용합니다. 어떤 CDMA2000 기술은 2.5G이고 어떤 CDMA2000 기술은 3G에 속한다는 뜻입니다.

이처럼 CDMA2000은 다음과 같은 일련의 이동통신 표준을 포함하는 표준 프로토콜 그룹을 의미하고 모든 프로토콜들이 ITU의 IMT2000 무선 인터페이스로 공식 승인되었습니다.

- CDMA2000 1xRTT
- CDMA2000 EV-DO(Evolution-Data Optimized 또는 Evolution-Data Only)
- CDMA2000 EV-DV(Evolution-Data/Voice)

CDMA2000 그룹에서 1xRTT는 2.5G 기술로 간주되며, EV-DO는 3G 기술로 분류됩니다.

CDMA2000 1xRTT은 1x, 1xRTT 또는 IS-2000으로 불립니다. '1x'라는 뜻은 IS-95 기술과 동일한(1배) RF 대역폭을 사용한다는 뜻입니다. 따라서 3xRTT는 세 배 넓은 채널(3.75MHz)를 사용한다는 의미입니다. CDMA2000 1xRTT에서는 두 개의 1.25MHz 전이중 무선 채널을 제공하며 IS-95에 비해 거의 두 배의 데이터 처리 용량을 제공하며 이론적으로는 최대 153kbps의 속도를 제공할 수 있습니다.

특별히 CDMA-2000에서는 데이터 서비스의 활성화와 QoS를 위해 데이터링크 계층의 성능을 개선하였습니다. IS-95 데이터링크 계층은 데이터 및 음성 서비스에 대해서 최선형 서비스(Best effort delivery)만을 제공했었기 때문입니다.

1xRTT는 공식적으로 3G 기술로 승인 받았지만, 2G 주파수 범위에서 사용되고 있기 때문에 많은 경우 2.5G 또는 2.75G 기술로 구분됩니다.

[그림 4-39] 1980년~2002년까지 22년을 방영한 MBC 장수 드라마

[그림 4-40] CDMA 1xRTT를 지원하는 LG Revere 폰

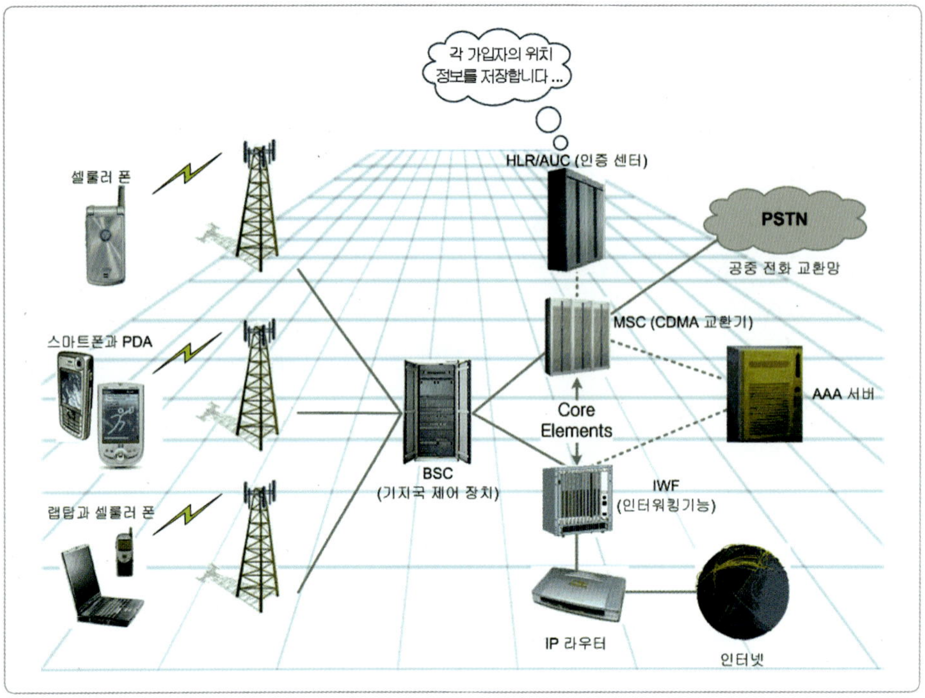

[그림 4-41] CDMA2000 1x 망

Tip • **IS-95A, IS-95B, IS-95C란?**

IS-95는 CDMA 기반의 첫 번째 디지털 셀룰러 표준입니다. 단계별 업그레이드 정도에 따라 IS-95는 IS-95A, B, C로 나뉩니다. IS-95A는 14.4kbps 속도로 음성 중심의 서비스를, IS-95B는 하향 57.6kbps, 상향 14.4kbps로 고속 무선 데이터 통신을 지원합니다. IS-95C의 경우는 최대 144kbps의 속도를 지원합니다.

〈표 4-2〉 IS-95A/BC와 CDMA2000의 주요 사양 비교

<table>
<tr><th rowspan="2">표준</th><th colspan="2">IS-95</th><th colspan="5">CDMA 2000 1x</th><th colspan="2">1xEV-DO</th></tr>
<tr><th>A</th><th>B</th><th>Rev.0</th><th>Rev.A</th><th>Rev.B</th><th>Rev.C</th><th>Rev.D</th><th>Rev.0</th><th>Rev.A</th></tr>
<tr><td>음성</td><td colspan="3">EVRC, QCELP Vocoder
9.6~14.4K</td><td colspan="5">EVRC, QCELP Vocoder
9.6~14.4K</td><td colspan="2">Data only
(Rev.A에서는 VoIP 음성 이용 가능)</td></tr>
<tr><td>SMS</td><td colspan="2">SMS(텍스트 기반)</td><td colspan="5">SMS(텍스트, 컬러SMS, Long SMS)</td><td colspan="2">없음</td></tr>
<tr><td>위치서비스</td><td colspan="7">Cell ID, 기지국 삼각측량 기반의 위치 서비스
GPS 기반 위치 서비스(서킷망 기반)</td><td colspan="2">GPS 기반
(패킷망 기반)</td></tr>
<tr><td>화상전환</td><td colspan="2">없음</td><td colspan="4">패킷 기반 화상전화</td><td>패킷 기반</td><td>패킷 기반</td><td>패킷 기반</td></tr>
<tr><td>PDR
(순방향, 역방향)</td><td>9.6K
14.4K</td><td>64K</td><td>153.6K</td><td>307.2K</td><td>307.2K</td><td>3.1K
1.8K</td><td>3.1K
1.8K</td><td>2.4K
153.6K</td><td>3.1K
1.8K</td></tr>
<tr><td>무선인터넷</td><td colspan="2">텍스트 기반 WAP뉴스,
이메일, 단순 이미지,
게임 다운로드</td><td colspan="7">WAP 서비스
MOD/VOD 다운로드 · 스트리밍, IM, MMS, PTT 등 IMS 기반 서비스
데이터 착신 및 Always On 서비스</td></tr>
</table>

Tip • CDMA2000 1x는 2.5세대인가?

[그림 4-42] 국제전기통신연합(ITU) 본부

한동안 CDMA2000 1x는 2.5세대로 불리었습니다. 2.5세대는 IMT-2000과 CDMA의 중간이라는 뜻입니다. 이는 IMT-2000이라고 보기엔 미흡한 면이 많고 마케팅 전략으로도 활용할 수 있기 때문에 2.5세대를 고수하려 한 것입니다.

2001년 7월 스웨덴 스톡홀름에서 개최된 국제전기통신연합(ITU) 회의를 통해 CDG(CDMA 개발그룹) 측은 정보문서 양식을 빌어 "CDMA2000 1x가 2G 이동통신(CDMAOne)에서 진화한데다 기존 주파수 대역을 그대로 사용하기 때문에 2.5G인지, 3G인지 구분이 모호해 혼선을 빚었다."며 "CDMA2000 1x가 ITU의 IMT-2000 요구 사항을 충족하고 호환성을 갖춘 3G 시스템인 것을 명확히 한다."고 발표하였습니다. 이로써 우리나라는 세계 최초로 3G 이동통신(IMT-2000)을 상용화한 국가로 인정받게 되었습니다. CDG 측도 "한국이 CDMA2000 1x를 기반으로 한 3G 네트워크를 최초로 상용화한 국가"라고 언급했습니다.

Tip • WAP / WAP2(WAP Version 2)

[그림 4-43] WAP 서비스

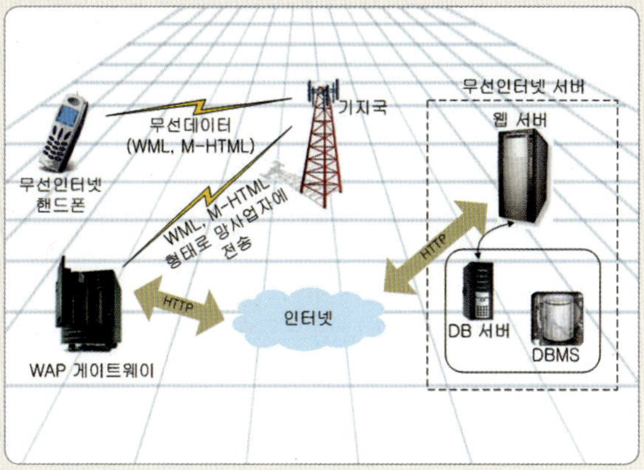

[그림 4-44] WAP 서비스 구조

WAP는 휴대 전화기를 사용해서 인터넷 정보를 신속히 검색, 표시할 수 있는 통신 규약입니다. 미국의 언와이어드 플래닛, 스웨덴의 에릭슨, 핀란드의 노키아, 미국의 모토롤라 등 4개 사가 1997년 9월에 기본 규격을 마련하였습니다. 한편 1998년 1월에는 WAP 포럼을 설립, 미국의 AT&T 와이어리스 서비스, IBM, 캐나다의 노던 텔레컴 등이 참가하였으며, 동년 4월에는 버전 1.0을 확정하였습니다. WAP는 전송 속도가 느린 휴대 전화망의 특성을 고려하여, 게이트웨이 방식을 채용하여 단시간에 많은 정보를 전송할 수 있도록 하였습니다. 게이트웨이를 휴대 전화망과 인터넷 사이에 설치해서 하이퍼텍스트 마크업 언어(HTML)를 무선 마크업 언어(WML)라고 하는 독자 언어로 변환합니다. WML 파일을 전송하는 프로토콜도 하이퍼텍스트 전송 규약(HTTP)이 아닌 독자 규격을 사용합니다.

WAP 버전 1은 독립적인 프로토콜을 사용하기 때문에 기존의 유, 무선 통신 환경의 프로토콜과의 호환을 위해 반드시 별도의 게이트웨이 장비가 필요합니다. 그러나 보안에 관련해서 몇 가지 문제점이 있었습니다. 예를 들어, 전자상거래를 위한 인증을 하게 될 때, 실제 인증이 전자상거래 서비스를 제공하는 콘텐츠 서버와 이루어지는 것이 아니라 WAP 게이트웨이와 이루어진다는 것입니다. 이러한 여러 가지 문제점이 발견되어 WAP 포럼은 기존 유선 인터넷의 기술을 대폭 수용하는 WAP2를 선보였습니다.

4.5 쑥쑥 커라, 이동통신의 청년기 3G

2G에서는 1G 시스템의 한계를 극복하기 위해 한정된 가입자 수용능력과 도청, 도용 방지 등의 취약점을 보완하였고, 그 밖의 SMS와 같은 데이터 전송 기능들을 추가하였습니다. 그러나 여전히 음성품질은 유선전화망 수준에 미치지 못했고 국가 간 로밍도 지원되지 않았습니다. 또한 멀티미디어, 전자메일, 인스턴스 메시지, WWW 등과 같은 데이터 서비스를 제공하기에는 2G에서 제공하는 속도가 턱없이 부족했습니다.

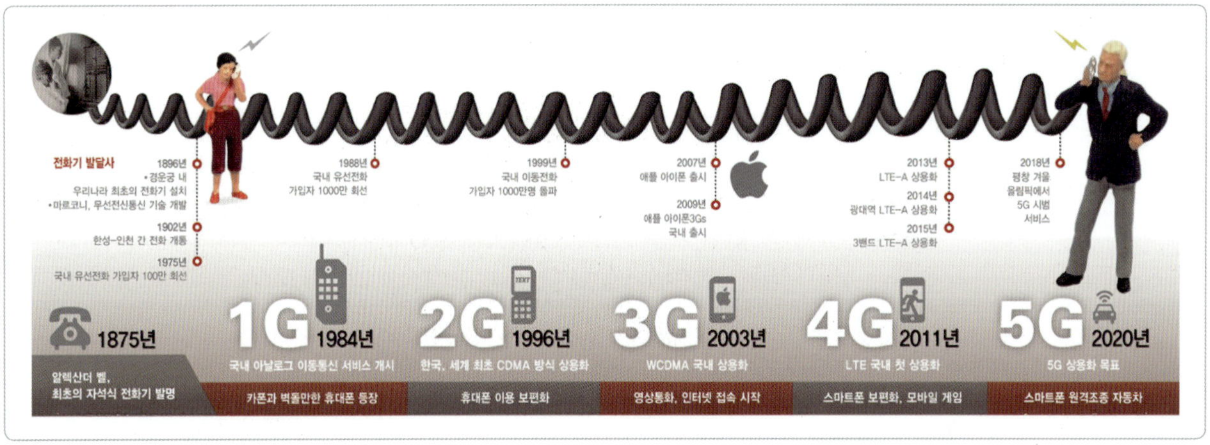

[그림 4-45] 이동통신 세대 변천사

이에 따라 ITU에서는 언제 어디서나 음성과 2Mbps급의 영상, 데이터 등의 멀티미디어 정보를 쉽게 주고 받을 수 있는 3G 이동통신 기술을 개발하고자 하였습니다. 특히 3G에서는 데이터 속도 증가뿐만 아니라 인터넷망인 IP(Internet Protocol)를 수용하고자 하였습니다. 이를 위해 ITU에서는 1995년에 2000년대부터 전 세계적으로 사용 가능한 2000M(2G)Hz대의 공통된 주파수 사용과 글로벌 로밍이 가능하도록 표준화된 이동성 관리를 제공하면서 고품질의 음성 및 2000K(2M)bps급 멀티미디어 서비스를 하나의 단말기로 가능한 범세계적인 이동통신(IMT: International Mobile Telecommunication)을 구축하고자 하였고 이를 IMT-2000으로 명명하였습니다. 유럽에서는 UMTS(Universal Mobile Telecommunication System)이라고도 하였습니다. 따라서 2000은 2000년도, 2000MHz 주파수, 2000kbps 속도를 모두 포함하는 의미입니다. 그러나 이런 원대한 꿈이 꽃을 피우기도 전에 말썽꾸러기 미국에서 2GHz 대역의 주파수를 미국 내 PCS 사업자에게 할당함으로써 동일 주파수 대역을 이용하는 범세계적인 로밍의 꿈은 무산되었습니다.

IMT-2000의 목적이 세계적으로 단일한 이동통신 규격을 만드는 것이었으나 세계 이동통신 시장을 석권하고자 하는 통신 강국들의 치열한 경쟁으로 인해 [그림 4-46]에서와 같이 유럽식과 북미식으로 대표되는 두 가지 표준과 더불어 중국이 제안한

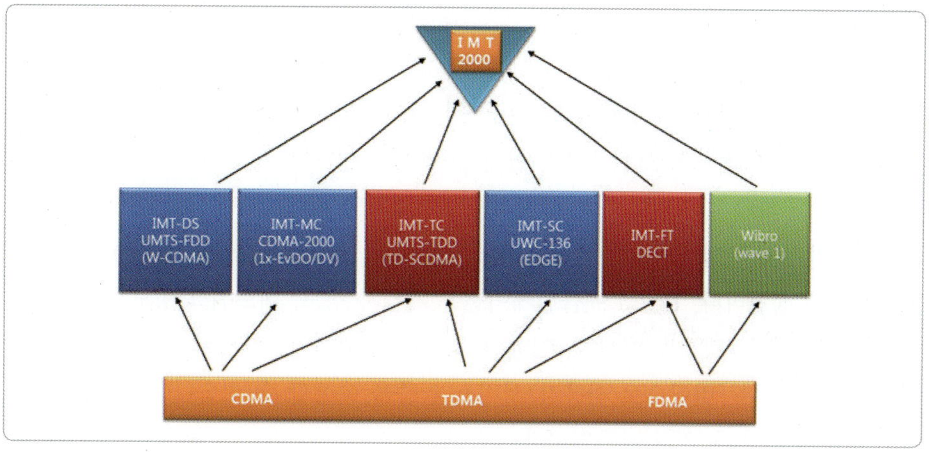

[그림 4-46] IMT-2000 표준 무선 인터페이스 종류

[그림 4-47] 북미시장에 최초로 수출한 WCDMA폰 삼성 SGH-ZX10

TD-SCDMA, 마지막으로 대한민국에서 제안한 와이브로(Wibro)까지 6개의 무선 인터페이스 표준이 선정되었습니다. 유럽과 일본은 3GPP 컨소시엄을 만들어 UMTS 및 WCDMA(Wideband Code Division Multiple Access)를 표준화하였습니다. 이에 반해 한국과 미국을 중심으로 3GPP2 컨소시엄이 결성되었고, 3GPP2에서는 CDMA 2000을 표준화하였습니다. 두 컨소시엄에서 제안한 방식 모두 CDMA 방식을 기반으로 하지만 동기식과 비동기식으로 구분되며 세부 동작방식은 달랐습니다.

〈표 4-3〉 IMT-2000 동기식 비동기식 방식 비교

무선인터페이스	WCDMA	CDMA 2000
지역	유럽 중심, 일본	미국 중심, 한국
표준화 기관	3GPP	3GPP2
동기방식	비동기식	동기식
기초 기술	GSM	IS-95(CDMAOne)
망 설계	단순	복잡
서비스 형태	W-CDMA	CDMA 1x EV-DO

앞서 설명한대로 CDMA 방식은 길고 복잡한 유사잡음코드(PN Code: Pseudo Random Noise Sequence)를 만들고 단말과 기지국 간에 동일한 시점에서 송수신 하는 방식을 사용합니다. 즉 기지국과 단말은 동일한 시간 정보를 갖고 있어야 합니다. GPS로부터 시간 정보를 수신하여 단말과 기지국은 항상 동일한 시간 정보를 갖고 서비스하는 방식을 동기식 방식이라고 합니다. 따라서 동기식 방식에는 반드시 GPS가 있어야 하지만 GPS는 미국 소유라는 점이 일부 유럽을 위시하여 많은 나라들에서 동기식 방식을 꺼려하는 이유입니다. 반면에 WCDMA와 같은 비동기식 방식에서는 GPS 없이 기지국과 단말이 자체적으로 시간을 동기화 하는 방식을 사용하고 있습니

[그림 4-48] 일본시장에 수출한 WCDMA폰 LG 심퓨어 엘

다. 비동기식 방식은 기지국마다 서로 다른 유사잡음코드(PN Code)를 사용하는 형태로 시간 정보를 공유하기 위해 복잡한 유사잡음코드 생성 알고리즘을 사용합니다. 이동통신망 구축 시 비동기 방식에서는 이웃한 기지국 간에 서로 다른 유사잡음코드를 사용하기 때문에 동기식보다는 훨씬 쉽게 셀 반경을 설정할 수 있어서 망 구축이 용이합니다. 이에 따라 WCDMA 망은 전세계 3G 가입자의 90% 이상을 점유했습니다.

3G 단말기의 특징 중의 하나는 USIM(Universal Subscriber Identity Module)을 사용한다는 점입니다. USIM 애플리케이션은 가입자 정보, 네트워크 정보, 인증 정보 등의 중요 정보와 텍스트 메시지, 이메일, 폰 북 등의 개인부가서비스 정보를 저장하며, 이러한 정보를 바탕으로 사용자/서비스 인증을 수행할 수 있습니다. USIM이 없으면 아무것도 할 수 없다는 뜻입니다.

국내에서는 2000년 12월에 SK 텔레콤과 KTF가 비동기식(WCDMA) IMT-2000 사업자로 선정되었고 2003년부터 상용서비스를 시작하였습니다. 한편 2001년 8월 LG 텔레콤이 동기식(CDMA 2000 EV-DO) 사업자로 선정되었습니다.

[그림 4-49] 국내 이동통신 3사의 3G 서비스 브랜드(출처: DESIGN LOG.ORG)

[그림 4-50] 3G USIM 카드

Tip ● 3G와 일본

[그림 4-51] 3GPP와 3GPP2

셀룰러 이동통신 방식의 표준 경쟁은 크게 미국과 유럽을 중심으로 이루어져 왔고 한국은 2G CDMA 방식에 큰 기여를 했으나 일본은 1G, 2G 디지털 셀룰러 표준경쟁에서 존재감을 찾을 수 없었습니다. 우수한 기술력을 보유하고 있었음에도 불구하고 폐쇄성과 협상력의 부재로 표준화 경쟁에서 밀려 결국은 실패하게 되었습니다. 그러나 1/2G 시장은 포기를 하고 3G 시장을 선점하기로 결정한 일본은 유럽과의 연합전선을 펼치면서 자신들이 WCDMA(Wideband CDMA) 방식을 표준으로 만드는데 성공하게 됩니다. 일본이 인류에 도움이 될 때도 있군요.

4.5.1 WCDMA(Wideband CDMA)

WCDMA는 광대역 부호분할 다중접속(Wideband Code Division Multiple Access)이라고 하며 3GPP의 3G 이동통신 표준인 UMTS(Universal Mobile Telecommunications System)의 무선 인터페이스 표준입니다. 기존의 CDMA가 1.25MHz 채널을 하나 이상 사용하는 반면에 WCDMA에서는 5MHz 주파수 2개를 캐리어로 사용한다는 의미에서 광대역이라고 명명하였습니다. WCDMA에서는 음성, 이미지, 데이터 그리고 영상 정보를 최대 2Mbps 속도로 전달할 수 있습니다. WCDMA는 CDMA이란 단어를 사용하고 있지만 기존의 CDMA와는 전혀 다른 의미이며 호환 또한 되지 않습니다. WCDMA를 변형한 주파수 분할 듀플렉스(WCDMA Frequency Division Duplex) 방식과 시분할 듀플렉스(WCDMA Time Division Duplex) 방식도 표준으로 채택되었습니다.

원래 WCDMA는 1990년대 후반 일본의 NTT DoCoMo에서 FOMA(Freedom of Mobile Multimedia Access)라는 이동통신 서비스를 제공하면서 표준으로 만들었던 무선 인터페이스 규격입니다. 1G, 2G 표준화에서 실패를 맛봤던 일본의 절치부심 야심작이었습니다. 이후 NTT DoCoMo는 WCDMA 규격을 ITU 3G 후보 기술로 제출하였고 마침내 승인을 받게 되었고 일부 수정을 거쳐 UMTS에서 WCDMA를 무선 인터페이스로 선택되게 하였습니다.

2G GSM으로부터 발전된 UMTS는 단말부터 무선 접속, 코어망까지 이동통신 서비스를 제공하기 위한 모든 규격을 포함하고 있습니다. 그러나 종종 UMTS와 WCDMA는 동일한 의미로 사용되기도 합니다.

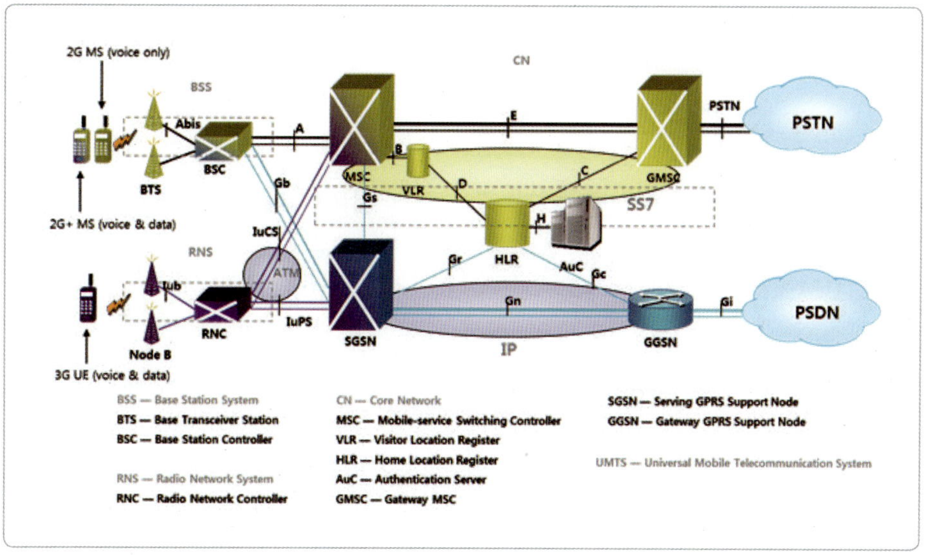

[그림 4-52] 3GPP Release99 구조와 WCDMA

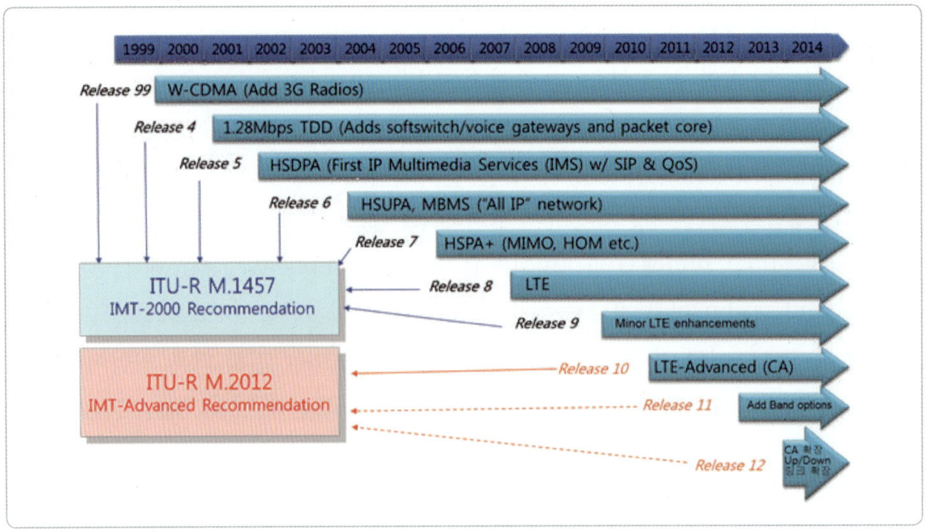

[그림 4-53] 3GPP Release와 세부 내용

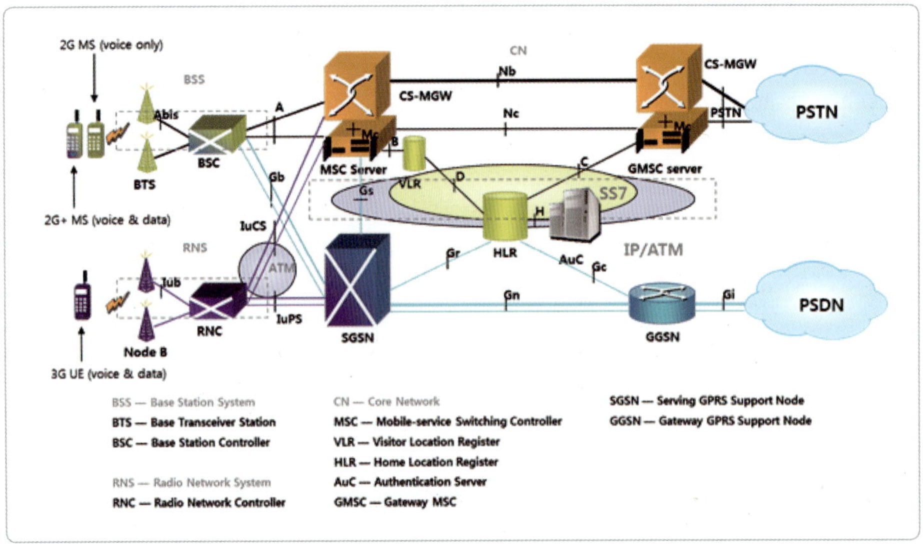

[그림 4-54] Softswitch와 음성 게이트웨이 기능이 추가된 3GPP Release4 구성

WCDMA에서는 H.324 영상코덱과 64kbps 전용채널을 이용해서 영상전화가 가능하게 되었습니다. 이를 위해 사용자에게 전용의 64kbps 채널을 제공하며 종단간(End-to-End) QoS를 보장합니다. QoS 제공을 위해 데이터 트래픽을 네 종류로 분류합니다.

또한 WCDMA에서는 하나 이상의 서비스가 동시에 제공될 수 있습니다. 즉 데이터 사용 중에 음성통화를 한다거나 뉴스 검색 중에 파일 다운로드가 가능합니다. 마지막으로 빠른 데이터통신 서비스 제공을 위해 세션이 설정된 후 데이터 전송이 없는 경우, 일시적으로 무선 자원만을 해제하고 데이터 발생시에 신속하게 재접속이 가능하도록 하는 'Always on' 기능을 제공합니다.

Tip UMTS(Universal Mobile Telecommunication System)는 무엇인가요?

UMTS는 유럽의 3세대 이동통신(3G) 기술 가운데 하나로서 W-CDMA를 기술 표준으로 하는 이동통신 기술입니다. 유럽과 일본이 주축이 되어 이동통신 협력기구인 3GPP에 의해 표준화되었으며, 국제전기통신연합(ITU)의 3세대 이동통신 규격인 IMT-2000의 유럽 측을 대변하고 있기도 합니다.

UMTS는 1,920Kbit/s Data 전송률까지 지원하며, 실제 망에서도 384Kbit/s 성능을 기대할 수 있었습니다. 비교적 저렴하게 모바일 장비로 WWW와 MMS를 사용할 수 있게끔 하며, GSM의 3세대 이동통신 후보기술로서 기존의 GSM을 사용하던 국가들로부터 선호되었습니다. 2005년부터 UMTS 네트워크에는 3.5세대로 알려진 HSDPA(High Speed Downlink Packet Access)가 도입되었으며 이로 인하여 다운로드 속도는 14.4Mbps까지 올라갈 수 있었습니다.

UMTS는 모바일 화상 회의의 확대에도 기여하였으며, 음악이나 비디오 다운로드도 가능하게 한 그 시대의 앞선 기술 표준이었던 것입니다. 하지만 GSM과는 호환되지 않아 UMTS/GSM 듀얼모드 전화기가 공급되었으며, 이로 인하여 단말기가 무거워졌고, 배터리의 수명도 짧았었습니다.

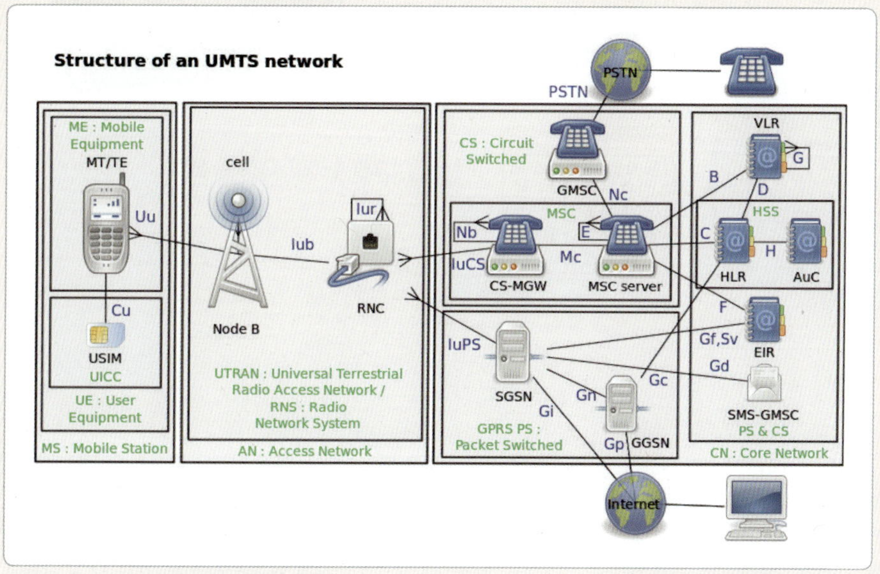

[그림 4-55] UMTS 네트워크 구조도

[그림 4-56] UMTS Base Station 설치 모습

4.5.2 DECT(Digital European Cordless Telephone)

DECT는 유럽 전기통신표준협회(ETSI)가 1992년에 규격을 발표하고 표준화한 디지털 무선 전화 표준입니다. 잠정 유럽표준(I-ETS)으로 1991년에 채택된 바 있는 CT-2를 개선, 발전시켜 핸드오버(hand-over)와 자동 로밍 기능을 추가하였습니다.

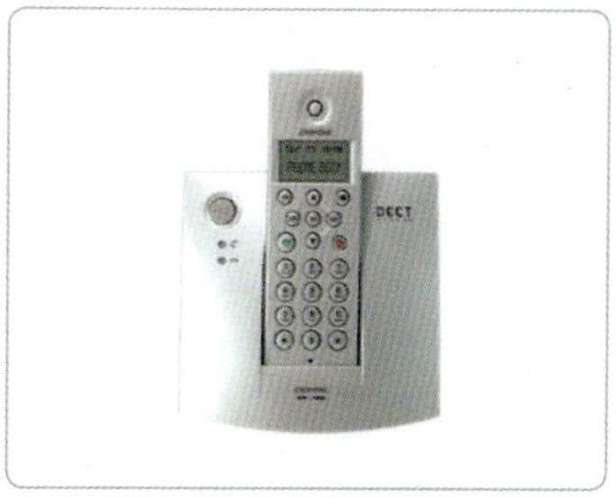

[그림 4-57] 아크로텔레콤의 DECT 핸드셋인 ADP 1000

Tip • GPS란?

GPS(Global Positioning System: 위성 위치 확인 시스템)란 위성에서 송신하는 전파를 이용하여 위치를 측정할 수 있는 시스템으로서 자동차나 항공기 또는 선박과 같은 이동물체의 진행방향과 속도 등을 위성을 이용하여 정확히 측정할 수 있습니다. 또한 고도의 정확도가 요구되는 항공기 자동착륙 시스템과 측지 시스템 그리고 휴대전화와 같은 이동체의 자세결정 및 정밀 측위에서도 사용됩니다.

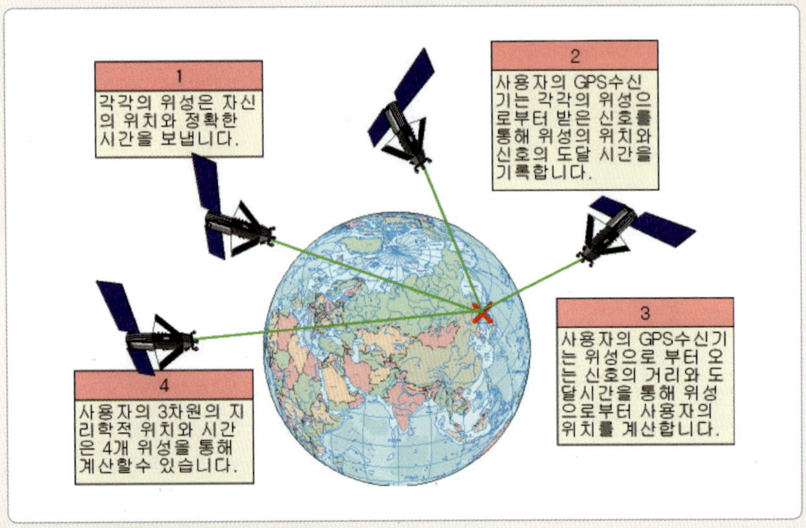

[그림 4-58] GPS(Global Positioning System)

[그림 4-59] GPS 수신기

GPS 위성은 24개로 구성되며 지상고도 약 20,183km에서 11시간 58분으로 하루에 두 번씩 지구를 공전합니다. GPS 위성은 위성의 위치와 정확한 시간을 담은 라디오 신호를 계속해서 전송합니다. GPS 수신기는 위성으로부터 신호를 받아 사용자의 위치를 계산합니다. GPS의 위치 측정 원리는 삼각측량의 원리를 이용하고 있습니다. 전형적인 삼각측량에서는 알려지지 않은 지점의 위치가 그 점을 제외한 두 각의 크기와 그 사이변의 길이를 측정함으로써 결정되는 데 반해 GPS에서는 알고 싶은 점을 사이에 두고 있는 두 변의 길이를 측정함으로써 미지의 점의 위치를 결정합니다. 인공위성으로부터 수신기까지의 거리는 각 위성에서 발생시키는 부호신호의 발생 시점과 수신 시점의 시간 차이를 측정한 다음 여기에 빛의 속도를 곱하여 계산합니다. 실제로 위성의 위치를 기준으로 수신기의 위치를 결정하기 위해서는 거리 자료 이외에도 위성의 정확한 위치를 알아야 하는데, 위성의 위치를 계산하는 데는 GPS 위성으로부터 전송되는 궤도력을 사용합니다.

4.5.3 CDMA2000 1x EV-DO(Evolution Data Only 또는 Data Optimized)

CDMA2000 1x EV-DO는 CDMA 기반의 동기식 3G 무선 데이터 전송규격입니다. EV-DO(Evolution Data Only 또는 Evolution Data Optimized)는 음성이 아닌 데이터통신만을 위한 향상된 표준 규격을 의미합니다. 데이터 전송속도만 향상되었다는 의미입니다. 즉 이동통신망에서 인터넷 접속이 늘어났으나 CDMA2000 1x는 하향 데이터 전송속도가 느렸기 때문에 이를 수정하여 고속 하향링크 규격을 정의한 것이 바로 CDMA2000 1x EV-DO입니다.

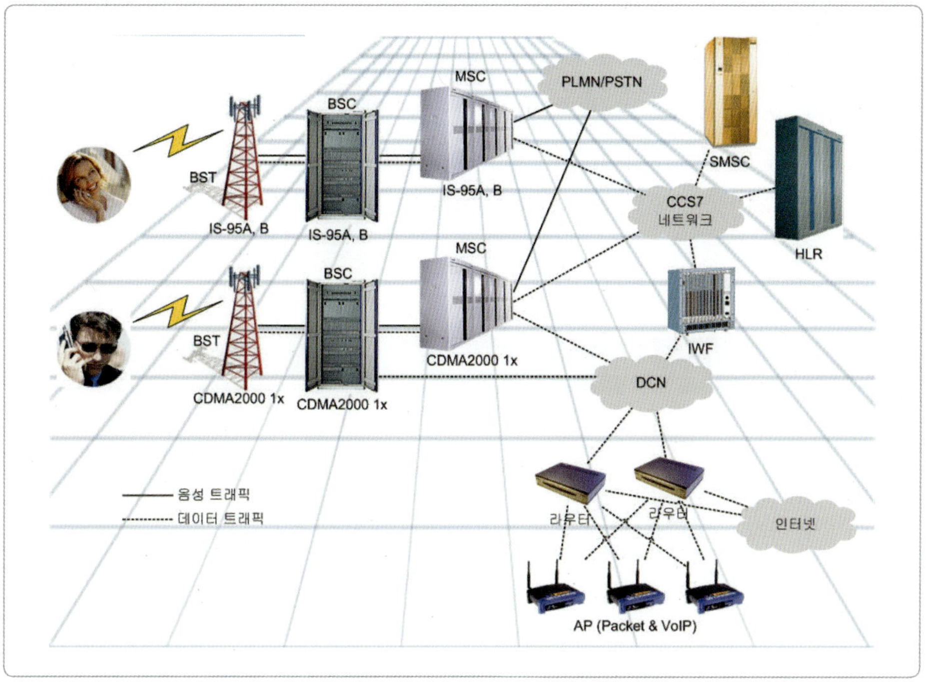

[그림 4-60] CDMA2000 1x EV-DO 망 구성도

초기 IS-95A 방식의 경우 최대 64kbps의 무선 인터넷 전송속도를 제공했지만, EV-DO 방식의 경우 최대 2.4Mbps(평균 400kbps~1Mbps)의 속도를 제공합니다. 무선인터넷의 속도가 증가함에 따라 제공되는 서비스의 종류와 성격도 훨씬 다양해졌으나 웹서핑을 불편 없이 할 정도는 못되었습니다.

[그림 4-61] 버라이즌 와이어리스를 통해 북미시장에 진출한 LG EV-DO 폰 LG-VX9800

CDMA2000 1x EV-DO는 CDMA2000 계열 규격으로 3GPP2(3rd Generation Partnership Project 2)에서 표준화하였고 CDMA 기술은 IS-95A 방식부터 시작되어 IS-95B, IS-95C(CDMA1x-2000)를 거쳐 EV-DO 방식이 등장하게 되었습니다.

4.5.4 CDMA2000 1x EV-DV(Evolution Data & Voice)

CDMA2000 EV-DV(Evolution-Data/Voice)는 1.25MHz 주파수를 이용해 다운링크에서는 3.1Mbps, 업링크에서는 1.8Mbps의 데이터 전송속도를 제공합니다. 동기식 IMT2000의 결정판이라고 할 수 있습니다. EV-DV는 하나의 무선 채널에서 1x 음성, 1x 데이터 및 고속 데이터의 동시 사용을 지원합니다. CDMA2000 1x EV-DO의 경우에는 데이터를 수신하고 있을 때 음성 통화는 할 수 없지만 EV-DV에서는 데이터를 송수신하면서 동시에 음성통화를 할 수 있습니다.

[그림 4-62] CDMA2000 1x EV-DV를 지원하는 노키아의 3570 모델

따라서 기존 음성 망을 가진 사업자들은 EV-DV 방식을 선호하였고, 반면 네트워크 엔지니어들과 1x 음성 망을 보유하지 않은 신규 사업자들은 EV-DO 방식을 선호하였습니다. 또한 EV-DV의 경우 적절한 시점에 맞게 장비를 제공할 수 없었던 반면 EV-DO는 표준이 완료되어 관련 장비가 제공되었습니다. 이에 따라 대부분의 사업자들이 EV-DO 서비스만을 지원하게 되었습니다.

4.6 청년기를 지나 어른으로, 3.5G

3.5G 또는 3.9G 이동통신 기술들은 3G보다는 뛰어난 성능을 제공하지만 완전한 4G 기준은 충족시키지 못하는 중간 단계의 규격들의 집합입니다.

3GPP 계열

- HSDPA(High-Speed Downlink Packet Access)
- HSUPA(High-Speed Uplink Packet Access)
- HSPA+(Evolved HSPA)
- LTE(Long Term Evolution)

3GPP2 계열

- CDMA 1x EV-DO Revision A/B/C
- 와이브로(Wibro)

4.6.1 HSDPA(High-Speed Downlink Packet Access)

[그림 4-63] HSDPA USB 무선 모뎀

HSDPA는 고속 하향 패킷 접속이라고 하며 WCDMA를 확장하여 훨씬 빠른 속도의 데이터 서비스를 제공하는 3.5G 이동통신방식입니다. HSDPA는 3GPP에서 2002년에 발표한 Release 5의 핵심기술인 고속 데이터 패킷 접속규격으로 기존 WCDMA 데이터 서비스 속도보다 5배 이상 빠르고 동기식 EV-DO보다는 7배나 빠른 하향 전송속도인 최대 14.4Mbps, 평균적으로 2~3Mbps를 지원합니다. 이는 당시 초고속인터넷인 ADSL이나 케이블 모뎀의 속도와 맞먹는 수준이기 때문에 네트워크를 활용하는데 큰 어려움이 없는 속도입니다.

이러한 속도를 기반으로 HSDPA 사용자들은 화상을 기반으로 하는 각종 부가 서비스인 화상채팅, 영상 컬러링, 영상사서함 서비스를 사용할 수 있습니다. 또한 통화 중에도 SMS, MMS를 보내거나 무선인터넷 등 데이터 서비스를 이용할 수 있습니다.

HSDPA 방식은 기지국에 대한 별도의 추가적인 투자 없이 3G WCDMA 시스템을 개량하는 방식으로 서비스를 신속하게 제공할 수 있다는 장점이 있습니다. 그러나 음성 처리를 위한 장비와 패킷 처리를 위한 장비를 따로 갖추고 있어야 함으로 장비가격이 상승한다는 단점이 있습니다.

국내에서는 KTF와 SK텔레콤이 2007년 3월부터 전국 서비스를 시작했습니다.

[그림 4-64] SK텔레콤에서 제공했던 3G+ HSDPA 서비스

[그림 4-65] 세계 최초의 HSDPA 상용화 폰 삼성 SCH-W200

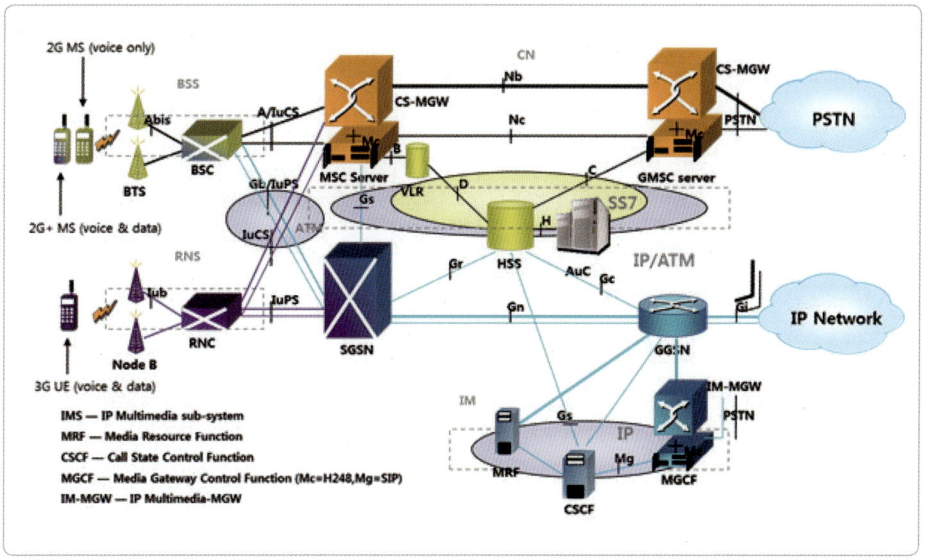

[그림 4-66] HSDPA와 IMS 기능이 추가된 3GPP Release 5 네트워크 구성

Tip • MIMO(다중 입출력)

[그림 4-67] LTE 전용 1.8GHz MIMO 안테나

MIMO는 여러 개의 입력을 처리함과 동시에 여러 개로 분산해서 출력하는 기술을 의미합니다. 즉 MIMO는 여러 개의 안테나를 사용해서 대용량의 무선 데이터를 분산 처리하는 방식을 의미하며 OFDM의 단점을 보완해주는 기능을 수행합니다.

4.6.2 HSUPA(High-Speed Uplink Packet Access)

[그림 4-68] HSUPA 모뎀

HSUPA는 고속 상향 패킷 접속이라고 하며 WCDMA와 HSDPA를 확장하여 빠른 속도의 상향 데이터 서비스를 제공하는 3.5G 이동통신방식입니다. HSUPA는 3GPP Release 6의 핵심 기술인 고속 데이터 패킷 접속규격으로 하향속도는 HSDPA의 최대 속도인 14Mbps이고, 상향속도는 최대 5.8Mbps입니다. HSDPA는 휴대전화에서 무선인터넷으로 데이터를 내려 받는 다운로드 속도가 최대 14.4Mbps급이지만 반대로 데이터를 올리는 업로드 속도는 384kbps에 불과했습니다.

국내에서는 SK 텔레콤이 2007년 6월 부산지역에서 1.45Mbps급 HSUPA 상용망을 구축한 데 이어 세계 최초로 5.76Mbps HSUPA 상용망을 서울 강동구, 송파구 지역에 구축해 서비스 했습니다.

4.6.3 HSPA+(High-Speed Packet Access Plus)

[그림 4-69] 국내 최초로 HSPA+ 망을 지원하는 팬택 스마트폰 베가S, 힘내라 팬택!

HSPA는 HSDPA + HSUPA로 간주할 수 있으며 다운로드 14.4Mbps, 업로드 5.8Mbps를 지원합니다. HSPA는 3GPP Release 7과 8에서 규정한 핵심 기술인 고속 데이터 패킷 접속규격으로 WCDMA와도 호환됩니다. HSPA+는 Evolved HSPA라고도 하며 HSPA보다 다운로드 및 업로드 속도를 향상시킨 방식입니다. 최대 다운로드 168Mbps, 업로드 22Mbps의 속도를 지원합니다. 일부에서는 HSPA+를 4G로 명명하기도 하였습니다. HSPA+에서는 속도 향상을 위해 MIMO(Multiple Input, Multiple Output) 기술과 64QAM 기술을 채택하였고, 2계층 프로토콜 성능 개선 또한 이루었습니다.

HSPA+가 4G LTE 어드밴스드로 넘어가는 바로 전 단계인 3.9G이기 때문에 전 세계 대부분의 이동통신사는 차세대 네트워크 투자를 위해 HSPA+와 LTE를 놓고 고심했었습니다.

4.6.4 WiBro와 LTE

이동통신기술은 짧은 기간에 고도의 성장을 이루었습니다. 음성통신만 가능했던 아날로그 1G부터, 음성통화와 간단한 텍스트 메시지를 주고받을 수 있는 2G 디지털 이동통신, 문자, 음성, 동화상 등 멀티미디어 데이터 서비스를 할 수 있는 3G 이동통신기술을 거쳐 이제는 음성, 화상, 멀티미디어, 인터넷의 모든 서비스를 이동전화 하나로 해결할 수 있는 4G 상용화 서비스가 제공되고 있습니다. 이러한 4G 이동통신 요구사항에 가장 근접한 3.9G 이동통신 기술의 대표적인 주자가 바로 Wibro와 LTE입니다. 2008년 ITU는 4G 정의를 다음과 같이 하였습니다. "멈췄을 때 1Gbps, 이동 중에는 100Mbps 이상의 전송속도를 제공한다." 그러나 2010년에는 WiMax와 LTE를 모두 4G로 간주한다고 수정했지만 와이브로와 LTE 모두 부족한 부분이 있어 일반적으로 3.9G로 간주합니다.

Tip IMS가 뭔가요?

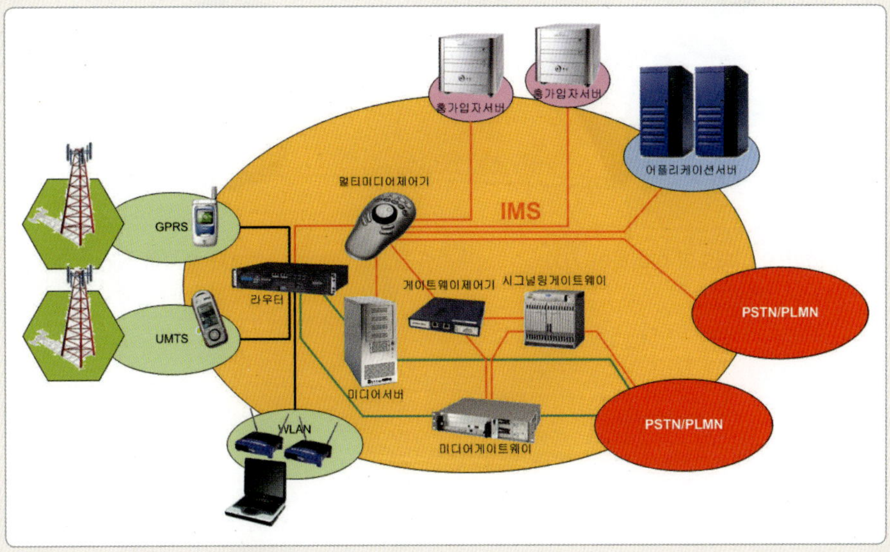

[그림 4-70] IMS 아키텍쳐

IMS는 IP Multimedia Subsystem의 약자로, 3GPP 릴리즈 5에서 IMS 개념을 처음 소개하였습니다. IP 멀티미디어 서비스 제공을 위한 기반 구조로서 국제 표준화에 대한 시도를 추진하여 왔다는 점이 꾸준히 관심을 받게 되었으며, SIP 프로토콜 기반의 호 제어(Call control)를 핵심 기술로 개발하였습니다.

IMS가 추구하는 기본적인 서비스 목표는 IP 프로토콜을 기반으로 하여 음성, 오디오, 비디오 및 데이터 등의 멀티미디어를 복합적으로 제공하는 것이며, 신속한 서비스 개발 및 변경이 가능한 인프라를 구현하는 것입니다. 또한 인터넷 기반 기술을 사용함으로써 서비스의 가격 경쟁력 향상을 꾀하는 동시에, 효율적인 세션 관리 기능을 기반으로 다양한 3rd party 애플리케이션과 손쉬운 연동을 가능케 하며, 서비스 간 글로벌 연동을 통해 사업 영역의 확장을 가능케 합니다.

대표적으로 기대되는 IMS 구조 기반 제공 서비스로는 VoIP 및 화상 전화 시스템, 기존 교환기/지능망 서비스 형태의 각종 부가 서비스, 인스턴트 메시징 서비스, 각종 세션 제어 기반의 멀티미디어 커뮤니케이션 서비스 등이 있습니다.

Tip 와이파이(WiFi)와 나만의 무선랜 마이파이

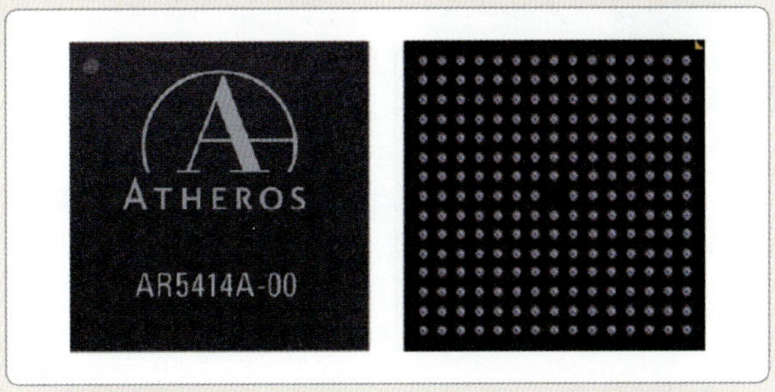

[그림 4-71] 애서로스 사의 와이파이 지원 칩셋인 AR5006XS

와이파이는 2.4GHz 대역을 사용하는 무선 LAN 규격(IEEE 802.11b)에서 정한 제반 규정에 적합한 제품에 주어진 인증 마크입니다. 이 규격에 의해서 제작된 제품 중에서 무선 네트워크 관련 기업이 만든 단체인 WECA(Wireless Ethernet Compatibility Alliance)가 자체 시험을 통해서 상호 접속성 등을 확인한 후 인증을 취득한 제품에 한해서 이 마크를 붙일 수 있습니다.

한편, 아이폰3Gs가 출시되면서 테더링이라는 재미있는 기능이 추가되었습니다. 테더링이란 휴대폰을 무선공유기로 삼아 노트북과 같은 IT기기를 휴대폰에 연결하여 무선인터넷(WiFi)을 사용하는 것을 말합니다. 즉 휴대폰만 있으면 WiFi가 잡히지 않는 지역에서도 노트북 등과 같은 단말에서 인터넷을 쓸 수 있는 서비스입니다.

테더링 서비스를 이용하면 2G, 3G 또는 와이브로를 기반으로 간편하게 소규모 무선인터넷(WiFi) 환경을 구축할 수 있습니다. 이러한 테더링 기능은 미국이나 유럽 등지에서 나만의 와이파이(WiFi)란 개념의 마이파이(MiFi)로 불리우고 있습니다. 옆 사람이 마이파이를 사용하는 경우라면 더불어 간단하게 인터넷을 사용할 수 있겠지요?

국내에서는 2G, 3G를 기반으로 하지는 않지만 와이브로를 기반으로 마이파이 서비스를 제공하고 있습니다. [그림 4-73]에서와 같은 와이브로 에그 서비스가 바로 그것입니다. 와이브로 서비스가 가능한 곳이라면 에그를 통하여 여러 사람이 무선인터넷 서비스를 제공받을 수 있습니다.

[그림 4-72] 아이패드와 마이파이 기기

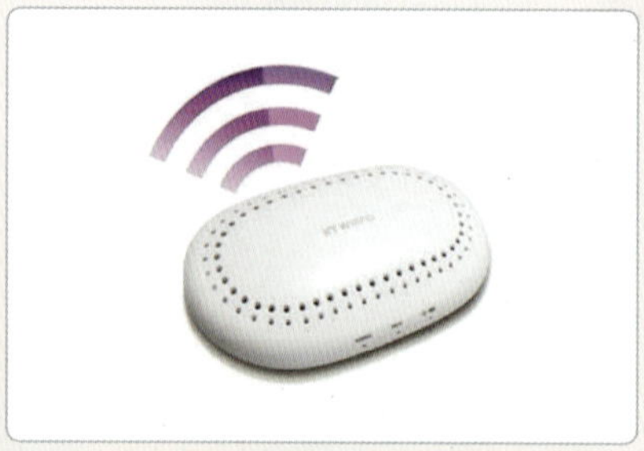

[그림 4-73] KT에서 출시한 Wibro 에그 단말기 – Wibro 신호를 WiFi 신호로 바꿔주는 기능을 수행합니다.

Tip • WiMAX(World Interoperability for Microwave Access)

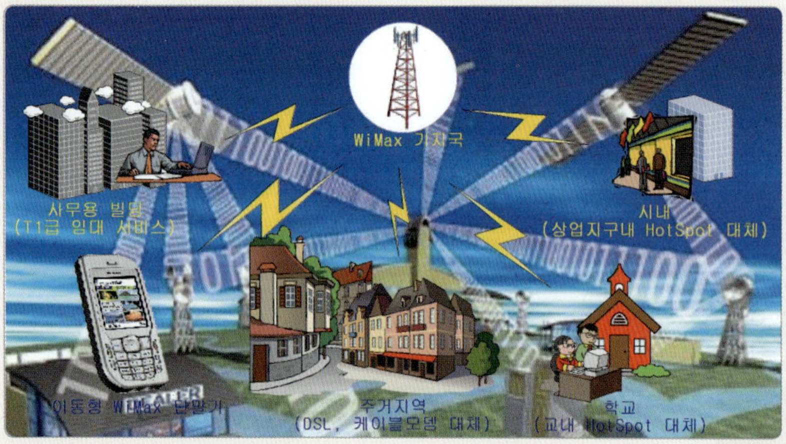

[그림 4-74] WiMax 서비스 구성

WiMax(와이맥스)는 언제 어디서나 인터넷 서비스 제공을 목표로 하는 표준이며, 동시에 무선 접속 장비의 호환성을 향상시키고 장비들을 인증하기 위해 설립된 비영리 단체입니다. 이 단체에는 인텔을 포함하여 후지쯔, 노키아 등이 참여하였습니다.

현재의 초고속 인터넷은 다양한 유선기술과 와이파이(WiFi)를 이용한 무선랜 기술로 이루어져 있습니다. 하지만 유선을 기반으로 한 초고속 인터넷 서비스는 모든 지역에 설치되기 어렵다는 단점이 있으며, 무선랜은 몇십 미터밖에 되지 않는 도달 거리 때문에 엄청나게 많은 액세스 포인트를 설치해도 사용할 수 없는 경우가 발생하는 단점이 있습니다.

WiMax는 이러한 두 가지 서비스의 한계를 극복하는 것을 목표로 하였습니다. WiMax의 서비스 범위는 약 50km 정도로 기지국에서 방향과 장애물에 구애받지 않고 70Mbps의 대용량 대역폭을 제공할 수 있습니다. 즉, WiMax는 거리와 속도를 엄청나게 늘린 무선랜 형태로 볼 수 있습니다.

WiMax 시스템은 WiMax 타워(Tower)와 WiMax 리시버(Receivr)라는 두 가지 장비로 구성됩니다. WiMax 타워는 휴대전화 기지국의 송출 안테나와 같은 장비이며, WiMax 리시버는 수신을 위해 사용하는 PCMCIA 카드와 같은 소형 안테나입니다.

무선인터넷 서비스 중 WiMax와 다른 개념의 서비스로 핫스팟 서비스를 들 수 있습니다. 핫스팟 서비스는 유선통신사들이 무선랜 액세스 포인터를 다수 설치하여 무선인터넷 서비스를 제공하는 기술로서, 기존 무선랜의 짧은 거리 때문에 많은 어려움이 있었습니다. 이에 WiMax는 엄청나게 넓은 거리에서 사용 가능한 고속의 무선랜 기술입니다.

[그림 4-75] WiMax 전송타워

[그림 4-76] WiMax용 Smart 안테나

- 주파수 범위: 2~11GHz
- 대역폭: 200MHz

WiMax와 비교되는 다른 기술로 와이브로(Wibro)를 들 수 있습니다. 무선랜의 발전된 형태인 WiMax와는 달리 와이브로는 이동통신에서 발전된 형태라고 할 수 있습니다. WiMax는 기지국의 서비스 범위와 대역폭 면에서 와이브로에 비해 훨씬 우위에 있지만, 와이브로는 이동 중에도 사용할 수 있습니다.

Tip 무선 센서 네트워크(Wireless Sensor Network)

[그림 4-77] UC버클리 대학의 피코라디오 연구

무선 센서 네트워크는 센서로 센싱이 가능하고 수집된 정보를 가공하는 프로세서가 달려 있으며 이를 전송하는 소형 무선 송수신 장치, 즉 센서 노드(Sensor Node)와 이를 수집하여 외부로 내보내는 싱크 노드(Sink Node)로 구성된 네트워크를 의미합니다. 기존의 네트워크와 다르게 의사소통의 수단이 아니라 자동화된 원격 정보 수집을 기본 목적으로 하며 과학적, 의학적, 군사적, 상업적 용도 등 다양한 응용 개발에 폭넓게 활용됩니다.

미국 UC버클리 대학에서는 극소형의 센서들 간의 애드혹(Adhoc) 망인 피코라디오(PicoRadio)에 대한 활발한 연구를 진행하였고, UCLA에서는 초소형 환경감시용 영상센서 네트워크인 WINS(Wireless Integrated Network Sensors)에 대한 기반기술 및 인터넷 액세스 플랫폼에 대한 연구를 하였습니다.

또한 MIT 마이크로시스템즈 기술연구소에서는 전력 소비를 최소로 하는 적응형 센서 네트워크 플랫폼인 u-AMPS(Micro Adaptive Multi-domain Power-aware Sensors)에 대한 연구도 진행하였습니다.

[그림 4-78] MIT 마이크로시스템즈 기술연구소의 u-AMPS 보드

[그림 4-79] 유럽의 스마트 사물 프로젝트 - 컵에 스마트 사물을 탑재하여 컵과 관련된 정보를 인식하고 처리, 전달하는 기능을 컵에 부여하고 있습니다.

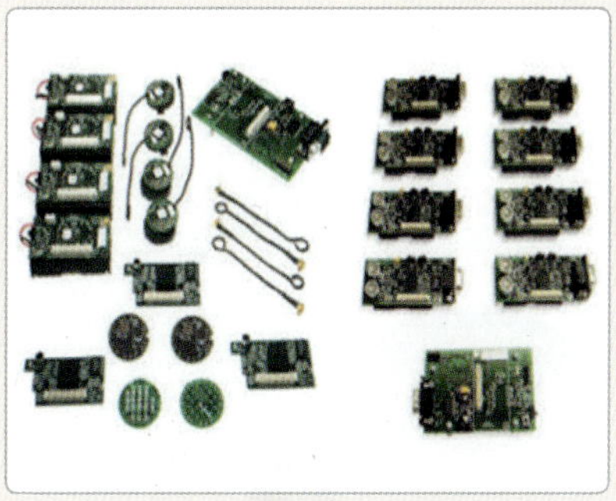

[그림 4-80] 센서 칩셋 및 장비

Tip Voyager 위성과 지구가 어떻게 통신을 하나요?

지금은 태양계를 벗어나 있는 Voyager 위성과 지구는 전파로 통신을 합니다. 그러나 수억 킬로미터 이상 떨어진 먼 곳에서부터 지구까지 오는 전파는 몹시 약합니다. 그래서 그 전파를 잡기 위해서 지구의 몇 곳에는 지름이 64미터나 되는 큰 안테나가 만들어졌습니다. 우리가 볼 수 있는 행성 표면이 나타난 컬러 사진도 Voyager 위성이 텔레비전 카메라로 찍어서 멀리 지구까지 보내온 것인데, 다만 일반 텔레비전의 영상과는 조금 다른 방법으로 보내 옵니다. Voyager 1호가 찍은 사진은 한 장의 화면이 64만 개의 점으로 이루어져 있는데, 점 하나하나의 밝기를 전파로 바꾸어 지구에 전하면 과학자들은 그 숫자를 컴퓨터로 처리하여 합성시켜서 다시 영상으로 만드는 것입니다. 컬러 사진은 파랑, 주황, 녹색의 3색 컬러 필터로 색깔을 나누어 찍으면 그것을 지상에서 포착하여 합성시켜서 컬러 사진으로 만듭니다.

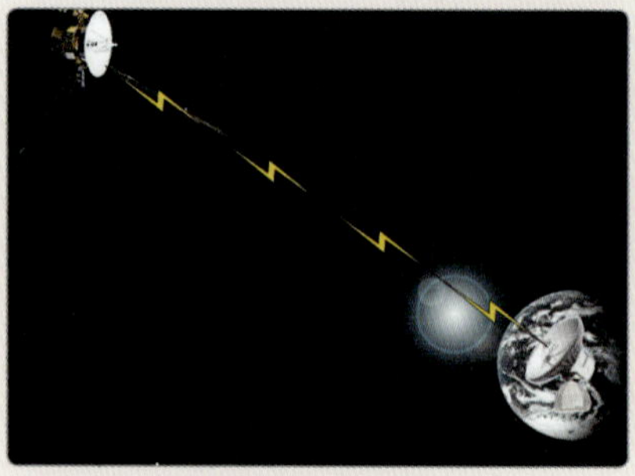

[그림 4-81] Voyager 위성과의 통신

Tip 레이저빔을 이용한 우주에서의 대용량 자료 전송

레이저빔을 이용한 화성과 지구 간의 대용량 데이터 통신이 연구되고 있습니다.

현재 우주선이 지구와 통신할 때는 라디오파를 이용합니다. 화성을 탐사 중인 마스 오디세이호는 라디오파를 이용해 초당 12만8천 비트의 자료를 보낼 수 있습니다. 이에 반해 새로운 레이저 통신 시스템은 초당 1백만에서 3천만 비트를 보낼 수 있습니다. 이에 따라 NASA의 과학자들은 화성과 지구 간 통신에 사용될 레이저 시스템이 라디오파를 이용할 때보다 10배 이상 많은 데이터를 전송할 것으로 보고 있습니다.

레이저 시스템의 이점은 라디오파보다 파장이 짧은 레이저를 사용한다는 점입니다. 파장이 짧으면 동시에 더 많은 정보를 담을 수 있는데, 레이저빔의 파장은 라디오파보다 수천 배 짧은 1.06 μm의 적외선을 사용합니다.

이러한 이점에도 불구하고 레이저빔은 구름에 의해 간섭을 받을 수 있습니다. 기상 상태에 따라 수신이 불안정해질 수 있기 때문에 기상 상태가 좋지 않을 경우 다른 장소에서 데이터를 수신할 수 있어야 합니다. 이를 해결하기 위해 지구상의 여러 장소에 수신용 안테나가 세워질 것입니다. 현재 캘리포니아 남부에 있는 구경 5m의 헤일 천체 망원경이 레이저 통신 시스템에 사용되고 있으며 구경 0.8m의 4개로 구성된 망원경이 다른 장소에 설치될 예정입니다.

[그림 4-82] 화성탐사선 마스 오디세이(출처: NASA)

(출처: 동아사이언스)

Tip 허블 망원경이란?

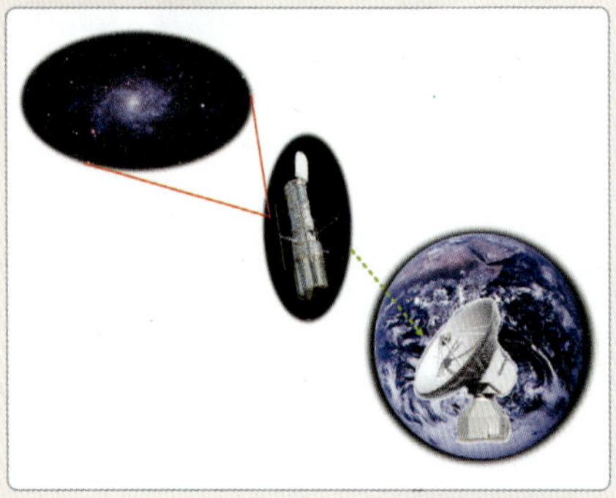

[그림 4-83] 허블 망원경을 이용한 천체 관측

[그림 4-84] 허블 망원경으로 찍은 사진

어두운 밤하늘에는 아름답게 반짝이는 별들이 수없이 많이 보이는데 별들은 원래 반짝거리지 않습니다. 별들이 반짝이는 것은 별빛이 지구의 대기를 통과할 때 생기는 굴절현상으로, 우리가 지구 대기권 바깥에서 밤하늘을 본다면 별들이 반짝거리지 않고 작은 예쁜 점으로 보일 것입니다.

지상 600km 높이는 대기의 영향이 없기 때문에 깨끗하게 볼 수 있습니다. 구경이 2.4m인 허블 망원경은 지상에서는 가능하지 않은 선명한 우주의 모습을 인류에게 제공해 왔습니다.

허블 망원경이 수많은 새로운 사실을 발견하는 놀라운 성과를 이룩한 것 중에는 우주의 나이를 새로 계산하고, 우주의 조성 원리를 밝혀내고, 은하 중심에 존재하는 거대한 블랙홀을 확인하고, 형성 과정에 있는 별의 관찰과 별 탄생 지역의 관찰 등이 포함됩니다. 이러한 성과로 인류는 우주에 대해 더 많은 것을 이해할 수 있게 되었습니다.

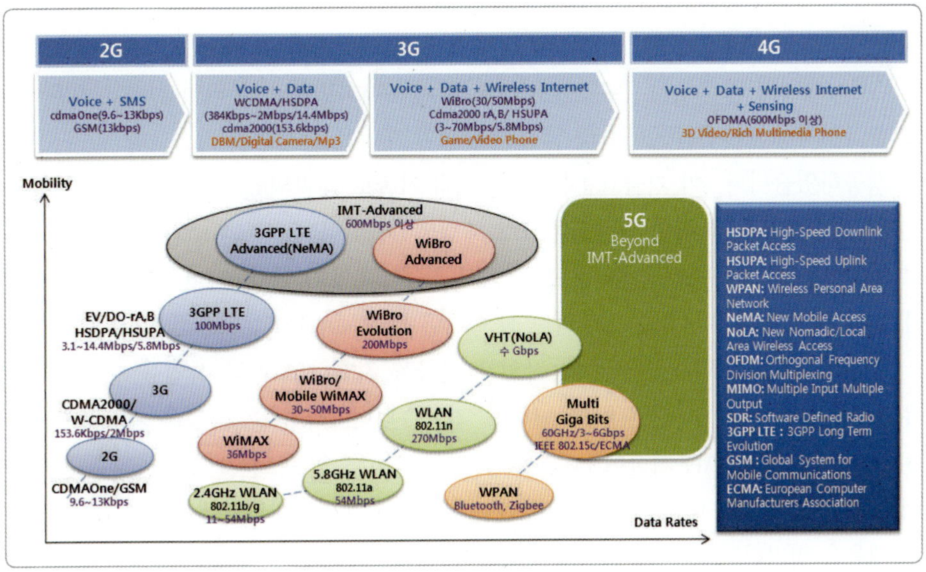

[그림 4-85] 모바일 기술의 발전

와이브로는 와이어리스 브로드밴드 인터넷(Wireless Broadband Internet)의 줄임말이며, 외국에서는 모바일 와이맥스(Mobile WiMAX)라고 합니다. 한국말로는 무선광대역인터넷, 무선초고속인터넷, 2.3GHz 휴대인터넷 등으로 명명되고 있습니다.

와이브로는 정보통신부 · 한국정보통신기술협회(TTA)와 이동통신 업체들이 상용 서비스를 목표로 개발한 무선 휴대인터넷(Portable Internet) 서비스입니다. 2.3GHz 주파수 대역을 이용하여 정지 및 보행은 물론 시속 60km 이상으로 이동 중에도 고속(상향링크 1Mbps 이상, 하향링크 3Mbps 이상) 인터넷에 접속, 다양한 정보와 콘텐츠를 이용할 수 있습니다. 즉, 퍼스널컴퓨터, 노트북컴퓨터, 차량용 수신기 등에 무선랜과 같은 와이브로 단말기를 설치하면 이동하는 자동차 안이나 지하철에서도 자유롭게 인터넷을 이용할 수 있는 서비스입니다. 즉, 유선 초고속인터넷 서비스를 실외에서 이동 중에도 사용할 수 있도록 확장한 개념입니다.

와이브로는 이동성을 기본으로 2G/3G의 불충분한 데이터 속도 제한을 극복하기 위해 고안되었습니다. 기존의 무선랜은 액세스 포인트(AP)를 중심으로 일정 반경에서 인터넷 접속이 가능하지만 셀룰러처럼 핸드오프를 지원하지 못하기 때문에 서비스 지원 범위를 벗어나게 되면 연결이 끊어졌습니다. 와이브로는 이동통신에서 사용하는

OFDMA 기술 및 셀룰러 기술을 응용하여 셀을 구성하고 이들 간의 핸드오프를 지원하기 때문에 이동하면서 인터넷에 접속할 수 있습니다.

당시 많은 가입자를 보유했던 CDMA1x EV-DO는 사용범위도 넓고 접속도 비교적 원활했지만 요금이 상대적으로 비싼 단점이 있었습니다. 하지만 와이브로와 같은 휴대인터넷은 유선인터넷보다 약간 비싼 비용만 부담하면 인터넷을 마음껏 사용할 수 있었습니다.

와이브로는 2002년 10월 정보통신부가 무선가입자용(N-WLL)으로 사용하던 2.3GHz 대역의 주파수를 휴대인터넷용으로 재분배하면서 시작되었습니다. 이와 함께 한국전자통신연구원(ETRI)과 삼성전자 등이 개발을 시작하여 기술표준 'HPi' 개발에 성공하였습니다. 이 기술표준은 순수 국내 기술로 개발되었고, 2005년 미국 전기전자학회(IEEE)에 의하여 국제표준으로 채택되었습니다. 2007년 10월 ITU는 와이브로를 6번째 3G 이동통신 기술표준으로 채택했습니다. CDMA에 이어 또 한 번 엄청난 쾌거를 거둔 것입니다. 와이브로의 공식 이름은 OFDMA TDD WMAN입니다.

그러나 와이브로의 국제표준화 작업은 한국을 견제하고 자국 산업을 보호하려는 유럽, 중국 등의 반대로 수 차례 난항을 겪었습니다. 특히 중국 측은 와이브로, 즉 OFDMA TDD WMAN 기술이 IMT-2000의 최소성능 요구조건을 만족하지 못한다는 억지 주장을 펼치면서 끝까지 반대하였으나 ITU M.1457 권고안에 중국이 반대했다는 내용을 명기하는 조건으로 마지못해 통과시켰습니다.

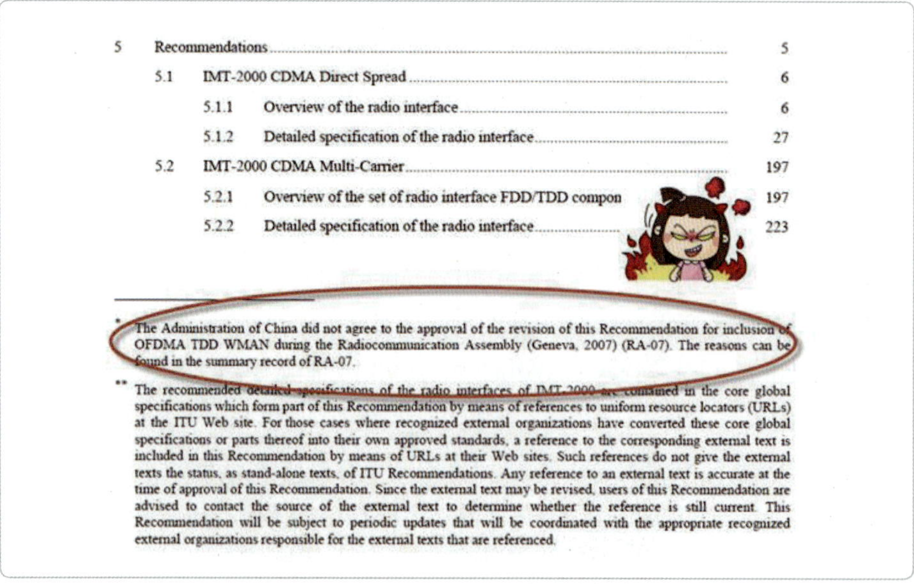

5	Recommendations		5
	5.1	IMT-2000 CDMA Direct Spread	6
		5.1.1 Overview of the radio interface	6
		5.1.2 Detailed specification of the radio interface	27
	5.2	IMT-2000 CDMA Multi-Carrier	197
		5.2.1 Overview of the set of radio interface FDD/TDD compon	197
		5.2.2 Detailed specification of the radio interface	223

* The Administration of China did not agree to the approval of the revision of this Recommendation for inclusion of OFDMA TDD WMAN during the Radiocommunication Assembly (Geneva, 2007) (RA-07). The reasons can be found in the summary record of RA-07.

** The recommended detailed specifications of the radio interfaces of IMT-2000 are contained in the core global specifications which form part of this Recommendation by means of references to uniform resource locators (URLs) at the ITU Web site. For those cases where recognized external organizations have converted these core global specifications or parts thereof into their own approved standards, a reference to the corresponding external text is included in this Recommendation by means of URLs at their Web sites. Such references do not give the external texts the status, as stand-alone texts, of ITU Recommendations. Any reference to an external text is accurate at the time of approval of this Recommendation. Since the external text may be revised, users of this Recommendation are advised to contact the source of the external text to determine whether the reference is still current. This Recommendation will be subject to periodic updates that will be coordinated with the appropriate recognized external organizations responsible for the external texts that are referenced.

[그림 4-86] ITU M.1457 권고안에 명기된 중국의 반대 의견(마이피플 스티커 사용, 다음에서도 이해해 주겠지요?)

당시까지 대한민국은 CDMA 최초 상용화 덕분에 IT 강국의 명성을 얻고 있었으나 막대한 로열티를 주고 핵심 기술을 수입하고 있는 실정이었습니다. 하지만 와이브로 기술의 국제표준 채택으로 원천기술을 보유한 기술 강국으로 거듭나게 되는 계기가 되었습니다. 칭찬 받아 마땅합니다.

와이브로는 WiMax보다 훨씬 빨리 상용화되었고 또한 모바일 WiMax 표준의 하나로 인정받았으므로 와이브로는 모바일 Wimax 최초의 상용화 시스템이라고 할 수 있습니다.

〈표 4-4〉 와이브로 및 WiMax 기술 비교

구분	WiFi	WiMax	Mobile WiMax	WiBro
주파수대역	2.4GHz/5.0GHz	2~11GHz	2.5GHz/3.5GHz/5.8GHz	2.3GHz
서비스	고정 무선랜	고정 인터넷	휴대 인터넷	휴대 인터넷
단말기 이동성	고정	고정	이동성	휴대폰형/노트북형
접속방식	DSSS/OFDM	OFDMA	OFDMA	OFDMA
대역폭	20MHz	1.25~28MHz	10MHz	8.75MHz
최대 전송속도	11Mbps/24Mbps/54Mbps	36Mbps	DL: 20Mbps UL: 5Mbps	DL: 18.4Mbps UL: 4.0Mbps
커버리지	100m	3.5~7km	1~1.5km	1~1.5km

2006년 6월 30일부터 KT와 SK텔레콤이 세계 최초로 와이브로 상용화 서비스를 시작하였고 2011년 3월을 기준으로 서울과 수도권, 5대 광역시를 포함한 전국 82개 도시와 경부 · 중부 · 서해안 등 7개 주요 고속도로에서 사용할 수 있었습니다. 그러나 아쉽게도 와이브로는 4G 이동통신으로 가는 길에서 강력한 상대인 3GPP LTE와 정면으로 맞닥뜨리게 되었습니다. 와이브로는 꽃을 피우지 못한 채 사장되는 비운을 맞게 됩니다. 2012년 8월 기준으로 와이브로 가입자는 102만 7121명에 불과하였고 이는 LTE 가입자 2480만 명의 4% 수준이었습니다.

초반 와이브로가 여러 통신사업자를 섭외하는 등 기세를 올리기도 했지만 기존 3GPP 계열 이동통신 서비스를 해왔던 대부분의 통신사들이 LTE를 기반으로 3.9G, 4G 서비스 하는 것을 편하게 느끼게 되었습니다. 덩달아 와이브로 기술 종주국인 한국도 와이브로보다는 LTE 기술에 무게를 두었습니다. 이동통신 서비스가 전세계적으로 GSM(2세대)-WCDMA(3세대)-LTE(4세대) 흐름으로 가는 상황에서, 와이브로보다는 LTE를 선택하는 것이 여러 면에서 유리했던 것입니다. 국내 이동통신 사업자 입장에서는 3G/4G 망에도 투자를 해야 했기 때문에 와이브로 망에 대한 추가 투자는 어려울 수 밖에 없었습니다. 아쉬운 일입니다.

[그림 4-87] 삼성 갤럭시 S2 WiMax - 일본 KDDI에서 출시된 삼성 갤럭시 S2 WiMax

더군다나 참여정부 IT839 정책의 성과였던 와이브로가 정부가 바뀌면서 관심이 줄어들고 정치적인 입김이 있었던 것도 사실입니다. 정부가 저질렀던 가장 큰 실책은 와이브로 음성 서비스를 불허하고 데이터용으로만 사용하도록 한 것입니다. 와이브로 음성 서비스가 상용화되면 음성통화 수익이 줄어들 것을 우려한 통신사업자들의 소극적인 태도와 맞물려 와이브로를 우리 스스로 사장시킨 결과를 낳게 되었습니다. WIPI를 통해 국내 시장의 이동통신 서비스의 자생력을 키울 시간을 벌었던 것처럼 무조건 시장의 논리만 따질 것이 아니라 여러 가지 관점에서 지원을 했었으면 하는 아쉬움이 있습니다. 결국 안이한 대응과 미숙한 정책판단 등이 겹치면서 와이브로는 무대 뒤로 퇴장했고 다음 세대의 몇 안 되는 먹을거리 하나가 사라지게 되었습니다.

[그림 4-88] KT 와이브로 공유기, 에그(Egg)

[그림 4-89] 와이브로 게임기, 포스브로의 G100

LTE는 Long Term Evolution의 약자로, 3세대 이동통신(3G)을 '오랜 기간 동안 진화'시킨 기술이라는 뜻에서 붙여진 명칭입니다. LTE는 WCDMA와 CDMA 2000으로 대별되는 3세대 이동통신과 4세대 이동통신(4G)의 중간에 해당하는 기술로 3.9세대 이동통신(3.9G)이라고도 합니다. LTE 후속 버전인 LTE Advanced는 와이브로 에볼루션과 더불어 4세대 이동통신 기술 중의 하나입니다.

LTE는 WCDMA를 기반으로 하는 기술이며 2008년 12월 확정된 3GPP Release 8 권고안에 정의되어 있습니다. 채널 대역폭은 1.25~20MHz이며, 20MHz 대역폭을 기준으로 하향 링크의 이론적인 최대 전송속도는 100Mbps, 상향 링크의 최대 전송속도는 50Mbps입니다. LTE는 OFDM(직교 주파수 분할 다중접속)과 MIMO(다중안테나)를 기반으로 전송속도와 주파수 이용 효율을 향상시켰고 무선 접속망 구조도 더 단순하게 구성되었습니다. 또한 전송 프로토콜을 간소화해 지연시간을 100ms 이하로 줄인 것도 큰 특징 중의 하나입니다.

3GPP 표준인 LTE 기술은 동일 계열의 3G WCDMA에서 진화한 것이기 때문에 기존의 이동통신망과 쉽게 연동할 수 있고 기지국 추가 설치 및 S/W 변경 등의 투자비와 운용비를 크게 줄일 수 있는 장점이 있습니다.

2009년 12월 LG전자가 세계 최초로 단말기용 LTE 칩을 공개하였고, 같은 달 14일 스웨덴 이동통신사인 텔리아소네라(TeliaSonera)가 삼성전자에서 제작한 LTE 단말기를 통하여 세계 최초로 상용 서비스를 시작하였습니다. 국내에서는 2011년 7월 SK텔레콤과 LGU+가 LTE 상용서비스를 시작하였고 LTE 서비스 가입자 수는 서비스 상용화 1년만에 700만 명, 2년만에 1,4000만 명을 돌파하였습니다.

와이브로와 LTE는 이동성 향상과 데이터 속도 제한을 극복하기 위해 All IP 기반의 간단한 패킷 교환망 구조 적용, 무선접속방식으로 OFDMA 채택, 64QAM 변조기법 사용, MIMO 기술 적용 등 여러 면에서 비슷합니다. LTE는 기존 이동통신 서비스 사업자와 제조사가 손잡고 3G 기술에서 출발한 반면, 와이브로는 유선 기반인 ADSL이나 근거리 무선통신인 무선랜 서비스에 휴대성을 더한 것이 다른 점입니다.

[그림 4-90] 세계 최초로 LG전자가 개발한 LTE 단말 모뎀 칩

[그림 4-91] 2009년 세계 최초로 LTE 상용서비스를 시작한 스웨덴 이동통신사인 텔리아소네라(TeliaSonera)와 한국의 삼성전자에서 만든 GT-B3710 LTE USB 동글 모뎀

[그림 4-92] LG U+ LTE 전국 서비스

[그림 4-93] 두 번째 LTE 상용 폰 HTC ThunderBolt

LTE는 기존의 GSM, cdmaOne, UMTS, CDMA2000와 같은 2G/3G 기지국으로의 원활한 핸드오버를 지원하며 높은 처리량, 낮은 지연시간은 물론 단순해진 망구조와 더불어 낮은 운영비로 운용이 가능하다는 장점이 있습니다.

[그림 4-94] SKB에서 출시한 LTE 기반 모바일 TV

LTE에서 사용하는 주파수는 1.4, 3, 5, 10, 15, 20MHz에서 선택 가능하며 데이터 변조 방식 또한 QPSK, 16QAM, 64QAM 중 하나를 선택할 수 있습니다. WCDMA에서는 반드시 5MHz 단위로 사용해야 했던 점을 생각하면 통신사업자의 상황에 맞게 주파수를 선택할 수 있다는 큰 장점이 있습니다. 다중화 방식의 경우 상향은 OFDMA를, 하향은 SC-FDMA 방식을 사용합니다. 따라서 4×4 안테나의 경우 326.4Mbit/s, 2×2 안테나의 경

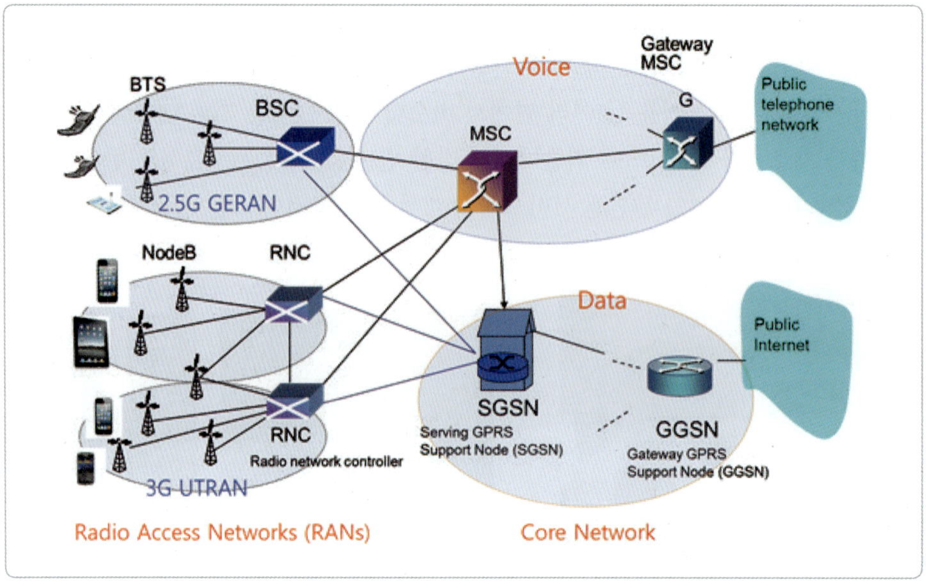

[그림 4-95] GPRS & UMTS 망 구조

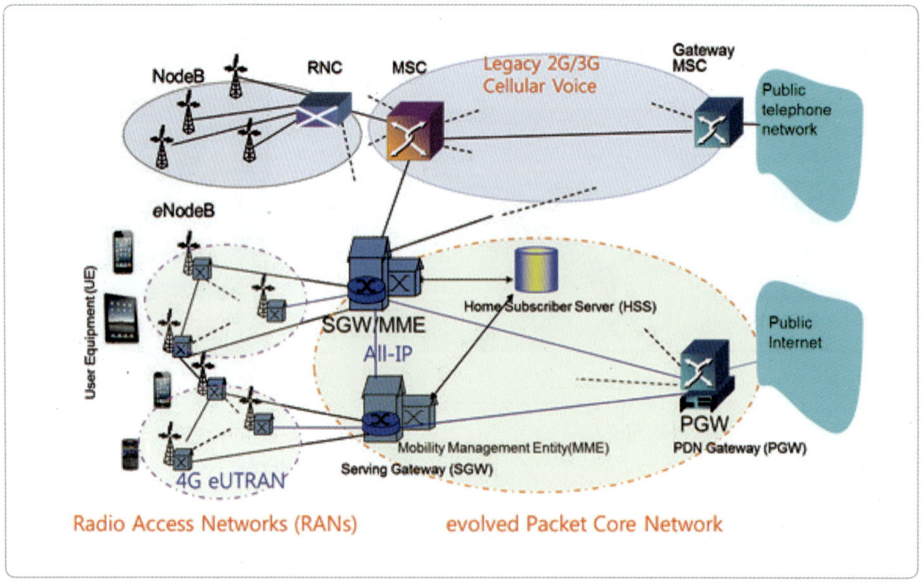

[그림 4-96] LTE 망 구조

우 172.8Mbit/s의 최대 하향속도를 제공하며 단일 안테나의 경우 대역폭 20MHz당 86.4Mbit/s의 상향속도를 지원합니다. 또한 LTE에서는 사용되는 주파수 대역에 따라서, 350km/h 또는 500km/h까지 뛰어난 이동성을 지원합니다.

[그림 4-96]에서와 같이 LTE 망은 GPRS 코어 네트워크를 대체하고 과거의 시스템이나 비-3GPP 시스템 사이에서의 이동성을 보장하기 위한 기능이 추가된 IP 기반 망 구조입니다. LTE 망에서 UE(User Equipment)는 사용자 단말입니다. 그 형태

는 스마트폰일 수도 있고, 아니면 데이터 통신만을 목적으로 하는 USB 동글(dongle)일 수도 있습니다. eNB(Evolved Node B)는 LTE 기지국을 의미하며, UE와 LTE 망을 무선으로 연결해 줍니다. 3G GPRS/UMTS 망과 비교해보면 이 무선구간(RAN: Radio Access Network)이 간단해짐에 따라 빠른 전송속도와 낮은 지연속도를 제공할 수 있게 되었습니다.

즉 LTE의 무선망 구조는 eNB 단일 노드로 이루어진 간단한 구조입니다. 반면에 WCDMA 무선망은 RNC와 Node B로 이루어지며 대부분의 무선 자원 관리가 RNC에서 이루어지는 중앙집중형 망구조입니다. 하지만 LTE는 거의 모든 무선 자원 관리가 eNB에서 수행되어 실제 무선망은 eNB로만 구성되는 분산형 구조를 갖습니다.

S-GW(Serving Gateway)는 eNB 간 핸드오버를 제공하는 기능을 수행하며 P-GW(PDN Gateway)는 S-GW들 간의 핸드오버 지원과 단말에 IP 주소를 할당해 주는 기능을 수행합니다. 아울러 P-GW는 사용자들의 망 사용내역을 관리합니다.

MME(Mobility Management Entity)는 LTE 망의 머리입니다. MME는 사용자 단말 인증을 하고 사용자의 이동(Mobility) 상태를 관리합니다. 즉 사용자가 어디 있는지? 무엇을 하는지? 등의 정보를 지속적으로 관리하는 기능을 수행합니다.

HSS(Home Subscriber Server)는 가입자 인증을 위한 Key 정보와 가입자와 관련된 정보들, 즉 프로파일을 가지고 있는 LTE 망의 중앙 데이터베이스입니다. 가입자 프로파일에는 가입자가 가입한 서비스 상품의 QoS 등급 정보(우선순위, 최대 사용 가능 대역폭 등) 등이 들어 있습니다.

〈표 4-5〉 LTE와 WiMAX 기술 규격 비교(출처: Abichar, Z. and Chang, J.M(2010))

	LTE(3GPP R8)	LTE-Advanced (3GPP R10)	WiMAX 802.16e (R1.0)	WiMAX 802.16m (R2.0)
물리계층	DL: OFDMA UL: SC-FDMA	DL: OFDMA UL: SC-FDMA	DL: OFDMA UL: OFDMA	DL: OFDMA UL: OFDMA
듀플렉스 모드	FDD/TDD	FDD/TDD	TDD	FDD/TDD
이동성	350km/h	350km/h	60~120km/h	350km/h
채널 대역폭	1.4, 3, 5, 10, 15, 20MHz	R8의 조합	3.5, 5, 7, 8.75, 10MHz	5, 10, 20, 40MHz
최고 데이터 전송속도	DL: 100Mbps UL: 50Mbps	DL: 150Mbps UL: 50Mbps	DL: 46Mbps(2x2) UL: 4Mbps(1x2)	DL: 350Mbps(4x4) UL: 200Mbps(2x4)
대기시간	Link layer<5ms Handoff<50ms	Link layer<5ms Handoff<50ms	Link layer~20ms Handoff~(35~50)ms	Link layer<10ms Handoff<30ms
VoIP 용량	80명/섹터/MHz (FDD)	80명 이상/섹터/MHz(FDD)	20명/섹터/MHz (FDD)	20명 이상/섹터/MHz(FDD)

4.6.5 CDMA 1x EV-DO Revision A/B/C

CDMA2000 1x EV-DO Rev.A는 EV-DO Rel.0과 듀플렉스, 다중접속방식, 주파수 대역폭 및 사용 주파수 등에서 동일하며 호환성(Backward Compatibility)을 제공합니다. EV-DO Rev.A는 EV-DO Rel.0 방식보다 상/하향 최대 전송속도를 각각 153k에서 1.8Mbps로, 2.45M에서 3.1M로 대폭 향상시킨 기술방식입니다.

〈표 4-6〉 CDMA2000 1x EV-DO Rel.0과 Rev.A 차이점

구분		CDMA2000 1x EV-DO Rel.0	CDMA2000 1x EV-DO Rev.A
Duplex		FDD	FDD
Multiple Access		CDMA	CDMA
주파수		800MHz/1.8GHz	800MHz/1.8GHz
최대 전송률	상향	153kbps	1.8Mbps
	하향	2.45Mbps	3.1Mbps
셀 반경		4km	4km
주파수 대역폭		2.5MHz (상 · 하향 각 1.25MHz)	2.5MHz (상 · 하향 각 1.25MHz)
이동성		250km/h	250km/h
표준완료		2000년 10월	2004년 2월
상용화시기		2002년 1월	2007년 하반기
서비스		데이터	데이터

[그림 4-97] CDMA 1x EV-DO Rev.B를 지원하는 퀄컴의 CSM6850 칩

EV-DO Rev.B는 기존 EV-DO Rev.A가 휴대폰에서 하나의 주파수 채널(FA)만을 선택해 사용했던 것과는 달리, 주파수 채널을 2~3개까지 동시에 사용할 수 있는 기술로 EV-DO Rev.A보다 데이터 전송속도가 빨라졌습니다.

EV-DO Rev.A는 하향 3.1Mbps(상향 1.8Mbps)를 지원하지만, EV-DO Rev.B는 주파수 채널을 3개 사용할 경우 9.3Mbps(상향 5.4Mbps)까지 전송속도가 가능해져 한 차원 높은 서비스 품질을 제공받게 됩니다. EV-DO Rev.B로 업그레이드를 통해 CDMA1x 2000은 WCDMA 계열 HSPA와 대등한 서비스를 제공할 수 있게 되었습니다.

CDMA2000 1xEV-DO Rev.C는 UMB(Ultra Mobile Broadband)라고도 하며 EV-Do Rev.B에서 MIMO/OFDM를 기반으로 업그레이드 한 기술입니다. 데이터 전송속도는 하향 275Mbps, 상향 75Mbps를 지원합니다. 물론 EV-DO Rev.A/B, Rel.0과의 호환성을 제공합니다. LTE와 같이 UMB도 IP를 이동통신망 요소로 추가하여 다양한 서비스를 제공하고자 하였습니다. 그러나 대부분의 이동통신 사업자들이 3GPP LTE를 지원함에 따라 CDMA2000 1xEV-DO Rev.C 서비스는 실행되지 못하고 사장되었습니다.

4.7 이동통신의 전성기, 4G

4세대 이동통신(4G)은 2G와 3G 계열의 뒤를 잇는 네 번째 세대의 무선 이동통신 표준을 의미하며 IMT-2000의 후속 세대라는 의미로 IMT-Advanced라고 합니다. LTE의 화려한 등장으로 시작되었던 4G는 LTE-A, 광대역 LTE, 광대역 LTE-A의 등장으로 이어졌고 3밴드 LTE-A까지 등장하였습니다. 전 세계적인 3G 이동통신의 폭발적인 성장에 힘입어 고속의 이동통신 서비스를 제공하고자 했던 4G는 다음과 같은 목표로 시작되었습니다.

- 전세계 어디에서든 고속 이동 중에도 최소 100Mbps, 정지 중에는 1Gbps 지원
- 이종의 이동통신망 사이의 유연한 핸드오버
- 여러 종류의 이동통신망간 국제 로밍 지원
- MMS, 모바일 방송, 화상통신 지원 등 All-IP 기반의 솔루션 제공
- 기존 이동통신망과의 호환성 제공

모바일 와이맥스와 3G LTE 초기 버전과 같은 기술들은 데이터 전송 속도가 최대 1Gbps이어야 한다는 4G 요구조건을 충족하지 못하기 때문에 3.9G로 분류되었습니다. ITU에서는 초기에 4G 후보기술로 LTE를 개선한 LTE-Advanced와 와이브로를 개선한 와이브로-에볼루션(Wibro-Evolution, 와이맥스2, IEEE 802.16m)을 선정하였습니다. 3GPP2 계열의 UWB-Advanced는 개발을 중단하였기 때문에 4G 후보기술에 속하지 못하게 되었습니다. 그러던 중에 2010년 12월 ITU에서 LTE나 HSPA+ 등도 4G라고 부를 수 있다는 보도자료를 내게 되었고 이에 따라 사실상 4G의 엄밀한 기술적 구분은 불가능해진 상황입니다.

3G와 4G의 가장 큰 차이점으로는 다중접속 방식과 속도의 차이를 들을 수 있습니다. 3G는 CDMA 다중접속 방식을 이용하는 반면 4G는 OFDMA(Orthogonal Frequency Division Multiple Access) 방식을 사용합니다. OFDMA는 주파수 대역을 여러 개로 나누고 각 대역을 다시 시간으로 나누어 사용하는 방식입니다. 속도측면에서 4G 이동통신 속도규격은 3G HSDPA의 7.2Mbps와 비교해서 약 14배 빠른 수준입니다.

4.7.1 LTE-Advanced(LTE-A)

LTE-A는 2011년 3월 3GPP Release 10을 기반으로 완성한 WCDMA 계열의 4세대 이동통신규격으로 상하향 전송속도를 각각 최대 1Gbps와 300Mbps로 하고 있으며, 유선망보다 높은 QoS 제공을 목표로 하고 있습니다. LTE-Advanced는 캐리어 애그리게이션(CA: Carrier Aggregation), LTE보다 고도화된 다중 송수신안테나(MIMO), 무선 릴레이(Wireless Relays), 확장된 셀 간섭제어(eICIC: enhanced Inter-Cell

Interference Coordination), 다중노드 협력전송(CoMP: Coordinated Multipoint) 등의 신기술을 채택함으로써 LTE보다 훨씬 향상된 성능을 보여주었습니다.

〈표 4-7〉 LTE와 LTE-Advanced 비교

구분	LTE(release 8)	LTE-Advanced(release 10)
무선접속기술	DL: OFDMA UL: SC-FDMA	DL: OFDMA UL: SC-FDMA
Duplex 방식	FDD/TDD	FDD/TDD
최대 단말 이동속도	350km/h	350km/h
채널 대역폭	1.4, 3, 5, 10, 15, 20MHz	Release 8의 조합
최대 데이터 전송속도	DL: 302Mbps (4X4 MIMO) UL: 75Mbps (2X4 MIMO)	DL: 1Gbps UL: 300Mbps
주파수 효율	DL: 1.91bps/Hz (2X2 MIMO) UL: 0.72bps/Hz (1X2 MIMO)	DL: 30bps/Hz UL: 15bps/Hz
대기시간	Link layer 〈 5ms Handoff 〈 50ms	Link layer 〈 5ms Handoff 〈 50ms

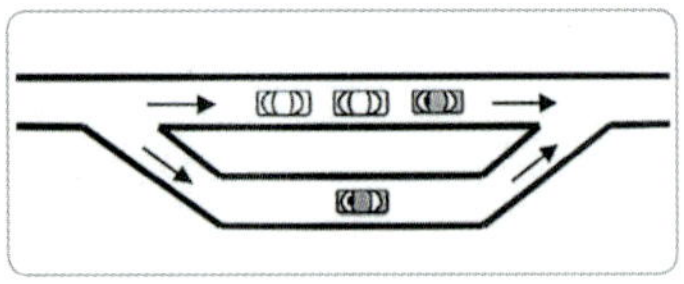

[그림 4-98] 멀티캐리어 기술

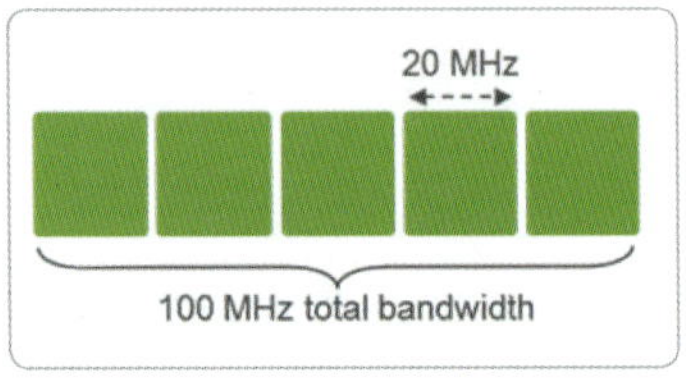

[그림 4-99] 캐리어 애그리게이션

LTE-A는 멀티캐리어(Multi Carrier) 기술을 기반으로 하나 이상의 주파수를 하나로 묶는 캐리어 에그리레이션을 이용하여 통신속도를 끌어올린 기술입니다. CA에서는 연속적인 주파수를 묶을 수도 있고 떨어져 있는 주파수를 하나로 묶을 수도 있습니다. 따라서 LTE-A는 기존 3G에 대비해서는 10배, LTE에 대비해서는 2배 이상 빠른 것이 특징입니다.

멀티캐리어 기술은 사용자가 있는 지역의 데이터 트래픽 혼잡도 등을 고려해 최적의 품질을 제공받을 수 있도록 여러 개의 주파수 중 하나를 선택해 사용하는 기술을 말합니다. 예를 들어 주변에 800MHz 주파수를 사용하고 있는 사용자가 많을 경우에는 다른 주파수인 1.8GHz를 사용해 주파수 사용이 한쪽으로 몰리지 않도록 하여 데이터 집중을 해소하면서 체감속도를 높여주는 기술입니다. 그러나 멀티캐리어 기술은 속도를 2배로 올리는 것은 아닙니다. 멀티캐리어 서비스를 위해 이동통신 사업자는 하나 이상의 주파수를 가지고 있어야 합니다. 예를 들어 SK텔레콤의 경우에는 800MHz와 1.8GHz 두 개의 주파수를 LTE용으로 사용하고 있습니다.

CA란 LTE를 넘은 진정한 4G 기술인 LTE-Advanced의 필수 기술로써 주파수를 하나로 합쳐 사용하는 방식입니다. 현재 대부분의 이동통신 사업자들은 2개의 대역에서 LTE 서비스를 제공하고 있고 2개 대역에서 LTE 서비스를 하는 것이 전 세계적인 흐름입니다. CA는 서로 다른 주파수 대역을 연결, 하나의 주파수 대역처럼 묶어 광대역 효과를 창출하는 기술입니다. 규격상으로는 최대 5개 대역까지 CA가 가능합니다. 즉 10MHz 대역폭 2개를 연결해 20MHz 광대역처럼 활용해 LTE보다 최대 2배 빠른 속도의 무선통신을 구현할 수 있습니다. 그러나 기술적으로 복잡하고 제품 가격이 증가하는 단점이 있습니다.

즉 멀티캐리어는 사용 가능한 대역의 주파수 중 효율적인 주파수를 찾아 접속하는 방식이지만 CA는 멀티캐리어와 달리 2개 이상의 주파수를 동시에 접속하여 해당 주파수를 모두 사용하는 방식입니다.

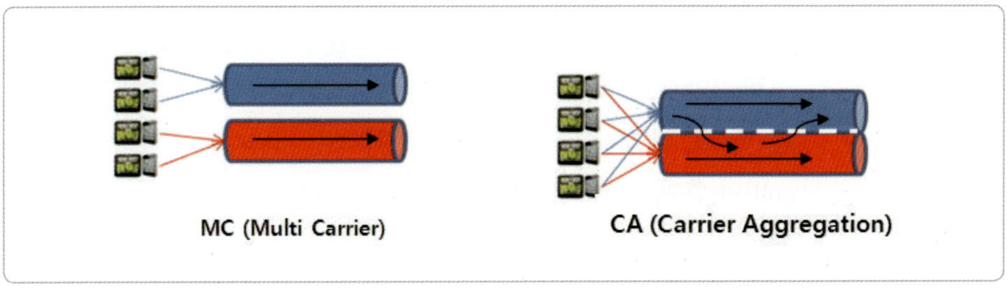

[그림 4-100] 멀티캐리어와 캐리어 에그리게이션 비교

릴레이 기술은 송수신자 사이에 하나 이상의 릴레이 노드를 두고 릴레이가 통신을 돕는 기술입니다. 릴레이 기술을 이용하여 신호 감쇄에 따른 신호 도달거리를 늘려 셀 범위를 확장시켜 채널 용량을 증가시킬 수 있고 셀 경계지역에서의 전송률을 향상시킬 수 있다는 장점으로 인해 LTE-A의 주요한 분야로서 연구되어 왔습니다.

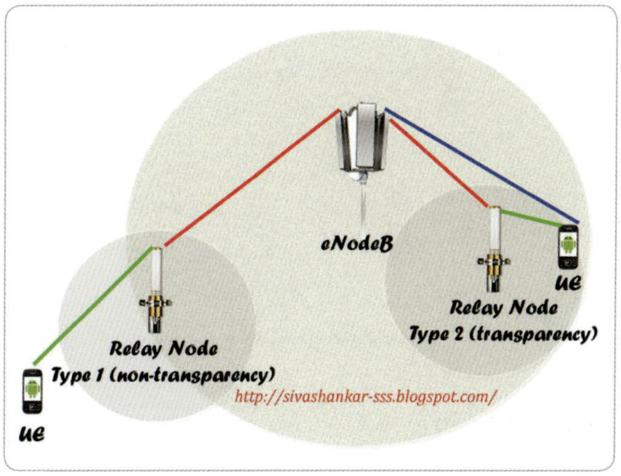

[그림 4-101] LTE-A 릴레이

릴레이 기술은 셀 경계지역에서 셀 범위를 확장시켜주는 효과를 제공하는 Type I, 셀 내부에 위치한 단말간 통신을 지원하는 Type II로 크게 두 가지 유형의 릴레이 기법이 정의되어 있습니다.

MIMO 기술은 송수신기 사이에 존재하는 다수의 신호전달 경로(Multiple signal path)를 이용하여 한정된 주파수 자원에서 통신 용량을 증대시키는 다중 입출력 안테나 기술(사용된 안테나 수에 비례하여 통신 용량 증가됨)을 말합니다.

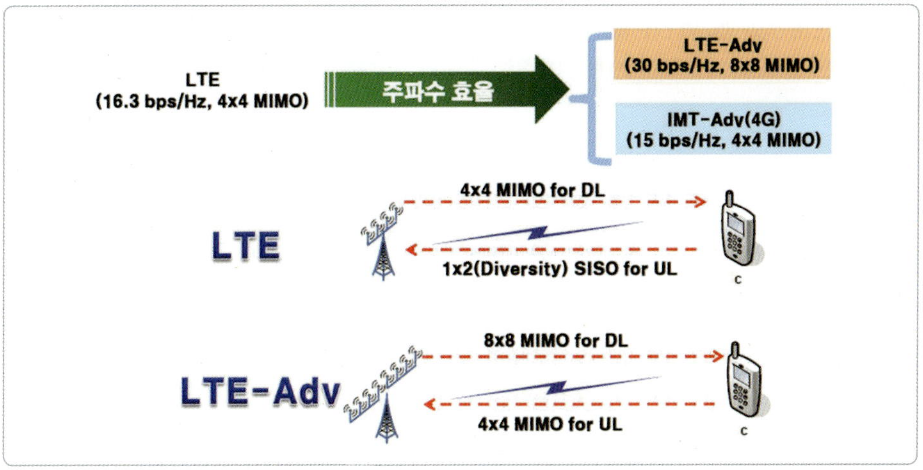

[그림 4-102] LTE와 LTE-A MIMO 비교

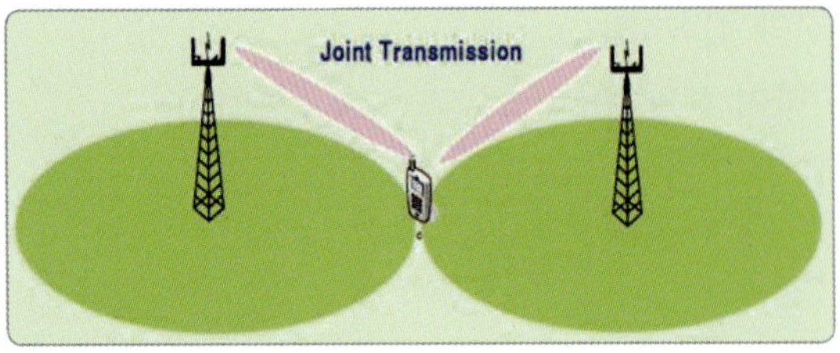

[그림 4-103] LTE-A CoMP

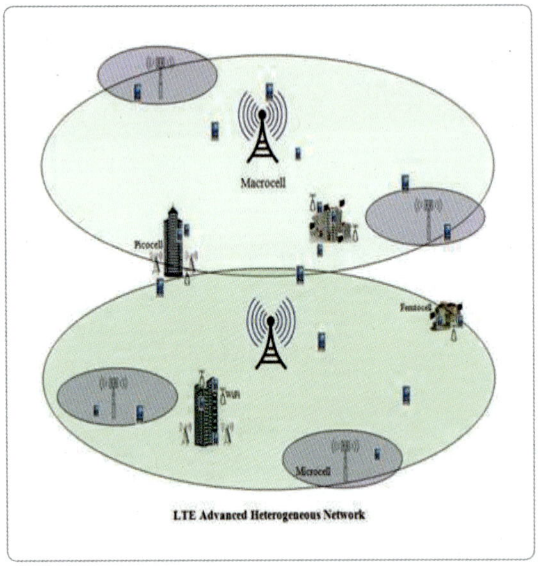

[그림 4-104] LTE-A eICIC

MIMO 측면에서 LTE에서는 4개의 하향 링크까지 지원 가능한 반면 LTE-A에서는 하향으로 최대 8개의 송신측과 최대 8대의 단말을 지원하며 상향으로는 최대 4대의 단말이 지원됩니다.

다중노드 협력전송(CoMP)은 기지국/단말간 협력을 통해 셀 경계 지역에서 품질 개선 및 고속전송을 지원하는 것을 말합니다.

마지막으로 확장된 셀 간섭제어(eICIC)는 넓은 지역을 지원하는 마크로셀(Macro-cell)과 좁은 지역을 커버하는 펨토셀(femto-cell)이 혼재된 지리적 조건에서 셀간 주파수 간섭 현상을 조절하기 위한 기술입니다. 특히 eICIC 기술은 데이터 트래픽이 집중되는 지역에 소형 기지국의 설치가 늘어나면서 이로 인한 기지국간 간섭 현상이 심해짐에 따라 문제점 해결의 필요성이 대두되고 있습니다. 3GPP Release 10에서는 Cross-carrier 스케줄링 방식의 eICIC 방식과 Time domain 스케줄링 방식의 eICIC를 도입하였습니다.

LTE-A의 새로운 개량형으로 광대역 LTE가 있습니다. 광대역 LTE는 말 그대로 주파수 대역폭을 더 넓게 잡는다는 것을 뜻합니다. 주파수 대역폭이 넓어지면 데이터 수용량과 이용자수를 늘릴 수 있습니다. 즉 40MHz의 LTE는 20MHz에서 쓰는 LTE보다 2배 빠른 것입니다. 이것이 바로 광대역 LTE의 가장 큰 특징입니다.

LTE-A는 서로 다른 주파수 대역을 합칠 수 있는 기술인데 반해 광대역 LTE는 인접한 주파수 2개를 결합해서 데이터 트래픽의 폭을 넓히는 기술입니다. 따라서 인접한 주파수를 확보하는 게 우선입니다. 조금 더 쉽게 말하면 광대역 LTE는 인접한 주파수, 즉 1차선이 2차선으로 더 늘어난 것이라 할 수 있습니다. 반면 LTE-A는 확장할 공간이 없더라도 멀리 떨어져 있는 두 개의 차선을 하나로 연결해서 새로운 도로를 만들어낼 수 있다는 것입니다.

〈표 4-8〉 LTE-A와 광대역 LTE 비교

네트워크	광대역 LTE	LTE-A(CA)
속도	하향 최대 150Mbps	하향 최대 150Mbps
기술	하나의 주파수에서 총 40MHz 활용	두 개의 주파수에서 각각 20MHz 폭 CA로 결합, 총 40MHz 폭 활용
커버리지	주파수를 확장하는 방식이기 때문에 기존 커버리지는 그대로 유지됨	주 주파수와 보조 주파수 모두 동일한 커버리지를 갖춰야 함
구현방법	기지국 필터 교환 등 보완 작업 등으로 구현	보조 주파수의 전국망 커버 가능한 기지국 구축, S/W 업그레이드로 주력망과 CA 지원
사용자	기존 LTE 단말 그대로 사용 가능	별도의 LTE-A 단말 필요 2개 캐리어의 소자를 동시에 이용하기 때문에 배터리 소모량 증가

[그림 4-105] 세계 최초로 LTE-A를 지원하는 갤럭시S4 LTE-A

[그림 4-106] LTE-A와 광대역 LTE 비교

한편 광대역 LTE의 후속 버전인 광대역 LTE-A도 등장하였습니다. 이동통신 3사는 2014년 6월 기존 LTE 대비 3배 빠른 광대역 LTE-A 서비스를 세계 최초로 상용화한 데 이어 7월부터 전국 서비스를 시작하였습니다.

[그림 4-107] 광대역 LTE-A를 지원하는 갤럭시 S5 광대역 LTE-A

광대역 LTE-A란 광대역 LTE 주파수에 일반 LTE 주파수를 묶어 최고 225Mbps의 다운로드 속도를 제공하는 차세대 기술입니다. 일반적인 LTE가 1차선 도로라고 가정했을 때 광대역 LTE-A는 2차선 도로인 광대역 LTE와 1차선 도로인 일반 LTE를 묶어 3차선으로 늘린 것과 같습니다. 이뿐만 아니라 1.8GHz 광대역 LTE 그리고 1.8GHz와 800MHz LTE-A(CA)를 다시 한번 묶어 광대역 LTE-A 서비스도 가능해집니다.

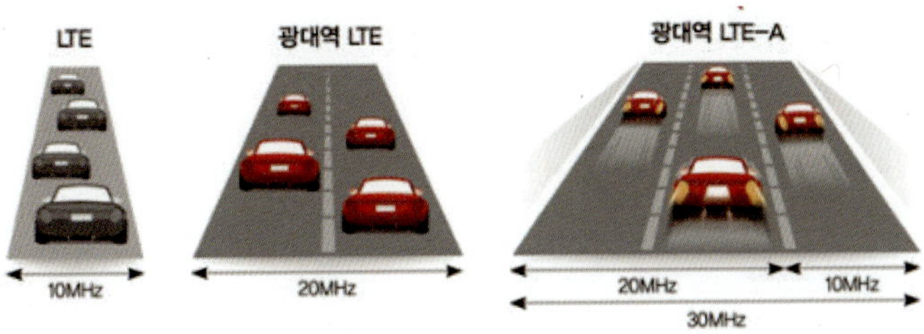

[그림 4-108] 광대역 LTE-A

한편 이동통신사들은 광대역 LTE-A에 만족하지 않고 4배 빠른 LTE인 3밴드 LTE-A, 더 나아가서는 5G까지 준비하고 있습니다.

3밴드 LTE-A는 3개 대역의 주파수를 묶는 것으로 광대역 주파수(20MHz)에 10MHz 주파수 2개를 묶어 40MHz의 효과를 얻고자 하는 기술입니다. 이를테면 2차선 도로에 1차선 도로 2개를 묶어 4차선 도로를 만드는 것과 같습니다. 이론상 최대 속도는 300Mbps입니다.

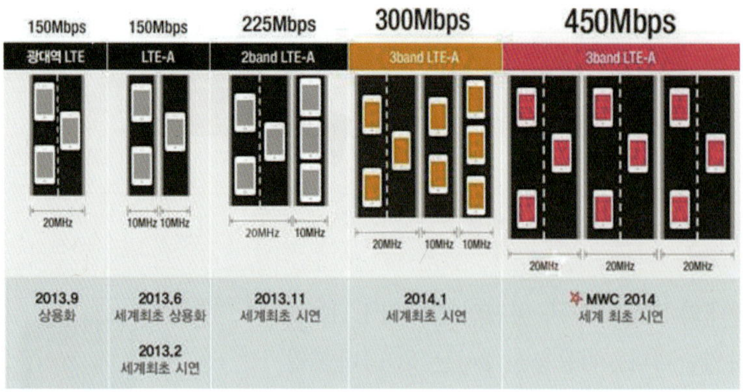

[그림 4-109] 세계 최초 3밴드 LTE-A 기술시연에 성공한 SK텔레콤(출처: SK텔레콤)

Tip VoLTE(Voice over LTE)

[그림 4-110] 2012년 세계 최초 VoLTE 시연회를 갖은 LG U+

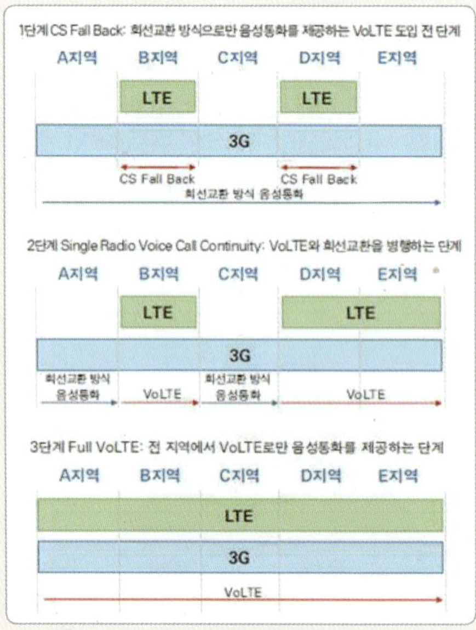

[그림 4-111] VoLTE 도입 단계

VoLTE는 LTE 망에서 음성통화를 지원하는 기술입니다. LTE 망은 기본적으로 데이터 전용 패킷 교환방식으로, 음성전용 회선교환 방식을 사용하는 3G 망과는 차이가 있습니다. 따라서 일부 LTE 망에서는 데이터와 음성을 이원화시켜 데이터는 LTE망에서, 음성통화는 3G망으로 처리하는 형태를 취하기도 합니다.

따라서 LTE 망에서는 CSFB(Circuit Service Fall Back) 방식과 SVLTE(Single Radio Voice Call Continuity) 방식으로 WCDMA나 EV-DO 음성망으로 음성통화를 해왔으나, LTE-A에서는 VoLTE를 통해 오직 패킷 기반으로만 음성통신을 지원하도록 하고 있습니다. 즉 일반적인 LTE 폰을 통해 음성통화를 시도할 경우, 음성통화 신호는 4G 망이 아닌 3G 망을 통해 회선교환 방식으로 전달되는 음성통화가 가능하였습니다. 특히 LGU+와 같이 상대적으로 3G 망에서 열세인 이동통신사업자들은 완전한 VoLTE 도입을 서두를 수 밖에 없습니다.

하지만 VoLTE 서비스가 도입된다 하더라도 3G 서비스와 동등한 수준의 LTE 커버리지를 확보하기 전까지는 3G 망의 회선교환 방식 음성통화와 병행해야만 합니다. 이동통신사업자들이 지속적이고 발 빠른 네트워크 투자를 통해 3G 망과 맞먹는 커버리지를 확보하게 된다면, 전 지역에서 VoLTE로만 음성통화가 제공되는 완전한 VoLTE 서비스를 이용자들은 누릴 수 있을 것입니다.

4.7.2 와이브로 에볼루션(WiBro Evolution)

와이브로 에볼루션(WiBro Evolution, Wireless Broadband Evolution)은 한국전자통신연구원(ETRI)과 삼성전자가 개발한 4G 무선 광대역 인터넷 기술이며 2012년 국제표준으로 최종 심사를 통과했습니다. 와이브로와 와이브로 에볼루션은 표준 IP 기술을 사용하기 때문에 2G, 3G 망 연동이 필요 없으며 QoS가 보장되는 데이터 전송이나 IPTV 등의 서비스를 쉽게 제공할 수 있습니다. 와이브로 에볼루션은 기존 와이브로 단말기와 호환성을 가지며, 특히 TD-LTE와 호환성이 있는 규격도 있습니다. 기존 이동통신망과 달리 와이브로/와이브로 에볼루션 망은 음성전화를 위한 별도의 망이 없고 데이터 망으로만 구성되기 때문에 기존 이동통신망보다 저렴한 가격으로 음성 및 데이터 서비스를 제공할 수 있습니다.

4G 이동통신 핵심 원천기술 양대 산맥 중의 하나가 국내 연구진에 의해 개발되면서 그 동안 특허료 등으로 막대한 자금이 해외에 빠져나가던 것을 막을 수 있게 되었을 뿐만 아니라 세계 이동통신의 선구자 역할을 수행할 수 있게 되었습니다.

와이브로 에볼루션은 기존 단일 안테나를 사용하는 OFDMA 기반의 와이브로 기술에 성능향상을 위하여 다중안테나 최적 운용기술, 셀 경계에서의 간섭제거 및 회피기술, 가변 대역폭 확장(scalability) 기술, MAC 제어 성능 향상 및 MAP(방송정보) 오버헤드 저감기술, 전력절약 기술, 고속핸드오버 기술뿐만 아니라, IPv6 망 IMS와의 연동을 위한 접속기술 등을 주요 기술로 추가하였습니다.

〈표 4-9〉 와이브로와 와이브로 에볼루션 비교(출처: ETRI)

구분	와이브로	와이브로 에볼루션
표준	IEEE802.16/16e WiMax Forum	IEEE802.16m WiMax Forum
주파수대역	2.3GHz	2.3 ~ 2.4GHz
최대전송률	하향: 37Mbps 상향: 10Mbps	하향: 220Mbps(TDD 20MHz 기준) 상향: 140Mbps
이동성	120km/h	350km/h
변조방식	광대역 OFDM	광대역 OFDM
특징	ADSL 수준의 서비스 VGA급 화상회의	기존 와이브로와 호환 VDSL급 서비스 HD급 VoD

다중안테나 기술은 송신단에 N개의 안테나, 수신단에도 N개의 안테나를 배열하여 N배의 전송률 증가를 얻는 기술입니다. 기존 와이브로 규격에도 다중안테나 기술이 포함되어 있으나, 실제로는 단일 입출력 방식으로만 사용했습니다. 와이브로 에볼루션에서는 이를 최적화하여 모든 다중안테나의 모든 입출력을 사용할 수 있도록 하여 성능을 극대화 시켰습니다. 와이브로 에볼루션에서는 주파수 범위, 변조방식, 무선 출력 등 주요 무선 특성을 소프트웨어로 변경할 수 있습니다.

셀 경계에서의 전송률 향상 기술은 주파수 간섭 제거 또는 간섭 회피 기술 등을 통한 셀 경계에서의 전송률 향상을 목표로 하고 있습니다. 이는 물리계층에서의 성능 향

[그림 4-112] 2008년 ETRI와 삼성전자가 세계 최초로 시연한 모바일 와이맥스 에볼루션(출처: 뉴시스)

상뿐만 아니라 단말기에서 보내는 신호를 근거로 기지국이 사용자 위치를 파악해서 해당 사용자에게 전파 신호를 집중해서 전송하는 스마트 안테나 기술도 포함합니다.

또한 와이브로 에볼루션에서는 단말 및 서비스 제공자의 주파수 할당에 따른 대역폭 변화에 적응하여 동작할 수 있는 가변대역폭 확장 적용 기술과 채널 상태의 변화에 적합하게 전송 파라미터를 변화시키는 링크 적응 기술도 제안하였습니다. 한편 완전한 전송을 보장할 수 없지만 정보유실 확률을 가능한 한 적게 할 수 있는 오류정정 부호인 저밀도 패리티 검사(LDPC: Low Density Parity Check) 기술과 Idle Mode, Sleep Mode 등 최소의 시그널링 기능만을 남겨둠으로써 단말기의 전력 소모를 줄이기 위한 프로토콜 기술을 포함하고 있습니다.

마지막으로 와이브로 에볼루션에서는 VoIP 등 실시간 서비스 중에도 끊김 없는 핸드오버가 가능하도록 하는 IPv6 기반의 자동 구성(Auto-configuration) 및 고속 핸드오버 MAC 기술을 제공합니다.

[그림 4-113] 와이브로와 미운 오리새끼-백조가 되는 그날까지 힘내라 와이브로

한국이 개발한 토종 기술로 2006년 첫 상용화와 함께 화려한 주목을 받았던 와이브로와 와이브로 에볼루션은 이러한 여러 가지 장점에도 불구하고 세계 표준 경쟁에서 유럽의 LTE에 밀려 고전을 하였습니다. 적절한 정책적 뒷받침을 얻지 못하면서 국내 이동통신사들도 겨우 명맥만 유지한 채 와이브로 관련 산업 발전을 외면한다는 지적이 많았습니다.

2013년 정부에서도 사실상 와이브로를 폐기하는 정책을 발표했습니다. 즉 와이브로 주파수 대역인 2.3GHz를 사용할 신규 사업자가 와이브로 또는 LTE TDD 중에 선택할 수 있도록 하겠다고 밝혔습니다. 또한 기존 와이브로 서비스 사업자가 이용자 보호 대책을 마련해 주파수 회수를 요청하면 검토하겠다는 입장을 밝혔습니다. 하지만 LTE-A 이후 신기술이 계속해서 등장하면서 와이브로는 역사의 뒤안길로 퇴장하게 되었습니다.

4.8 다시 온 제2의 청춘, 5G

4.8.1 5G는 뭐가 다른 거죠?

[그림 4-114] 4G와 5G(출처: http://tech.qq.com)

주파수는 대역에 따라 신호가 갖는 특성을 달리합니다. 이러한 주파수는 파장과 반비례 관계를 갖는데, 낮은(저대역) 주파수 대역은 전달되는 속도는 떨어지는 대신 파장이 길기 때문에 먼 거리까지 도달되는 반면에 높은(고대역) 주파수는 대량의 데이

터 전송을 빠르게 전달할 수 있는 대신에 직진성이 강해 도달 거리는 짧아집니다.

2018년에 새로이 등장한 5G 이동통신은 26, 28, 38, 60GHz의 초고대역 주파수를 사용하는 이동통신 기술입니다. 우리나라는 2018년 12월 1일 세계 최초로 5G 무선 이동통신의 상용화를 구현하기도 하였습니다.

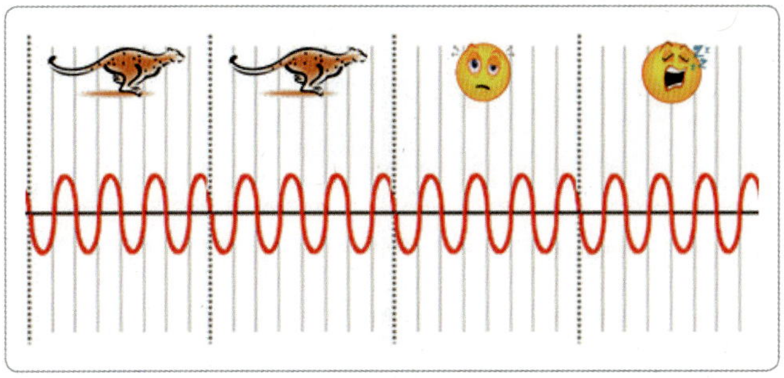

[그림 4-115] 고주파수 특성 - 빠르지만 멀리 못 갑니다.

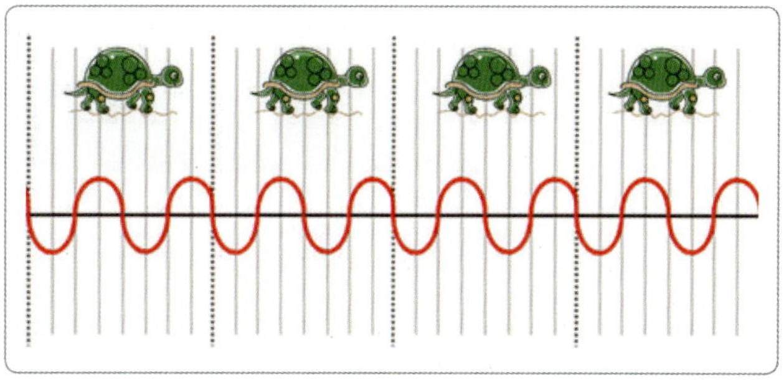

[그림 4-116] 주파수 특성 - 느리지만 멀리 갈 수 있습니다.

5G는 5세대(5th Generation) 이동통신을 의미하는 최대 전송속도가 수십 Gbps에 달하는 새로운 이동통신으로써 기존의 4세대 이동통신 4G LTE에 비해 방대한 데이터를 아주 빠르게 전송할 수 있는 차세대 통신망입니다. 쉽게 비교, 설명하면 5G를 이용하면 초고화질 800MB짜리 영화 파일을 1초 이내에 전송할 수 있는데 반하여, 4G LTE에서는 1분 24초가량, 4G LTE-A에서는 43초 정도가 소요됩니다. 더 이상 통신 속도는 의미가 없어지는 진정한 유비쿼터스 시대가 시작되는 것입니다. 5G 시대에는 UHD나 3D 그리고 홀로그램 등 대용량 데이터 서비스가 쉽게 지원되며, 플렉서블 디스플레이, 웨어러블 컴퓨터 등 새로운 기기의 등장과 더불어 영화 같은 다양한 서비스가 제공될 것입니다.

〈표 4-10〉 기존 4G 대비 5G 핵심 성능 비교(출처: 혁신성장 실현을 위한 5G+ 전략)

핵심 성능		4G	5G	4G 대비
초고속	최대 전송속도	1Gbps	20Gbps	20배
초저지연	전송지연	100분의 1초	1,000분의 1초	1/10
초연결	최대 기기 연결수	십만개/km^2	백만개/km^2	10배

Tip **5G 이동통신(IMT-2020)은 무엇인가요?**

5G 이동통신(IMT-2020)은 2020년 상용화를 목표로 한 차세대 이동통신을 말합니다. 고품질의 멀티미디어와 사물인터넷(IoT)의 확산, AR/VR 서비스 등의 기하급수적인 무선 트래픽의 발생과 폭발적으로 증가하고 있는 스마트 기기들을 수용하기 위하여 준비 중인 차세대 이동통신 표준으로서 기존의 이동통신 표준인 4G 대비 1,000배 이상의 용량과 언제, 어디서나 사용자 개개인당 1Gbps급의 전송 속도를 제공하기 위한 준비 중인 이동통신 방식을 말합니다.

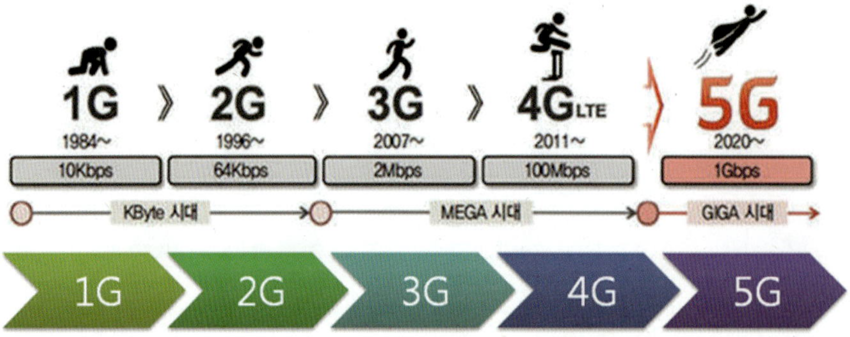

표준기술	AMPS (FDMA)	IS-95 (CDMA)	WCDMA (CDMA)	LTE (OFDMA)	미정
전송속도	10kbps 이하	~64kbps	~21Mbps	~300Mbps	~1Gbps
도입시기	1984년	1996년	2003년	2011년	2020년(예정)
주요서비스	음성	음성,문자	음성,영상 무선인터넷	초고속 무선인터넷 대용량 멀티미디어	홀로그램,사물통신 실감형 컨텐츠

[그림 4-117] 단계별 이동통신 특징 비교

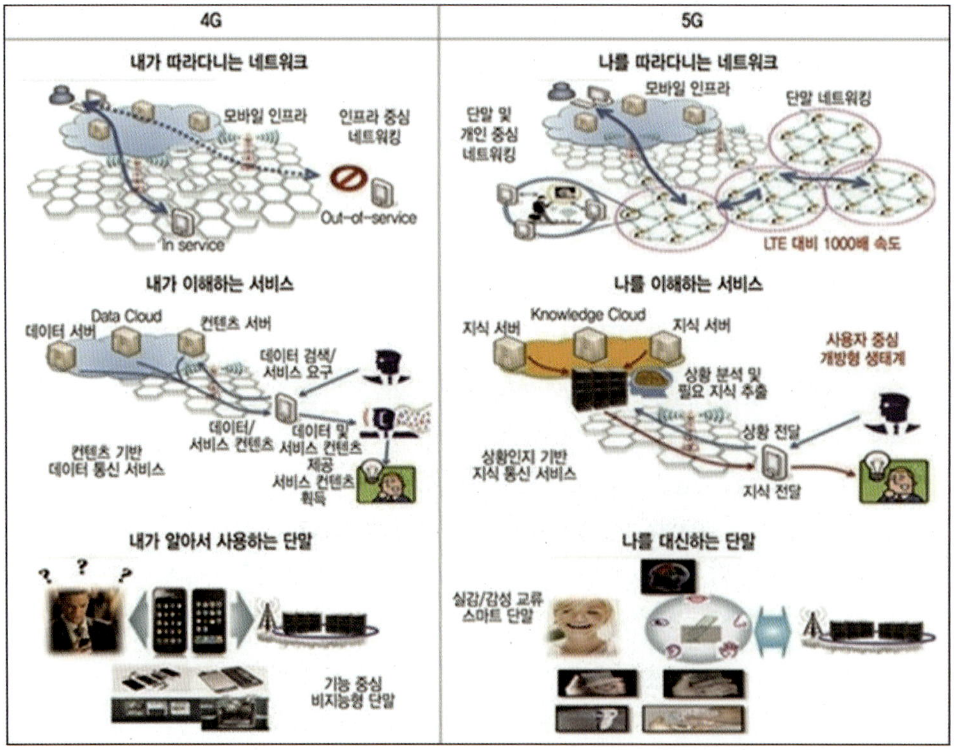

[그림 4-118] 5G 이동통신으로 변화되는 세상

4.8.2 5G 세상에서는 그럼 뭐가 좋아진다는 거죠?

우리나라를 포함하여 전 세계는 이러한 5G 기술의 주도권을 잡아서, 막대한 로열티와 산업적 부가가치를 창출하기 위하여 치열하게 글로벌 경쟁을 벌이고 있습니다. 세계 각국은 표준화 논의를 앞두고 경쟁우위의 기술을 확보하기 위한 작업을 진행해 오고 있으며, 우리나라도 2013년 미래창조과학부 주도로 민관 공동 5G 포럼을 발족하여 5G 기술개발과 표준을 도출하고, 글로벌 표준으로 채택되도록 지원하는 것 등이 포럼의 주요 목표였습니다. 포럼에는 SK텔레콤, KT, LGU+ 등 이동통신 3사와 삼성전자, LG전자 등 산업계가 참여하였으며 정부 출연 연구기관인 한국전자통신연구원(ETRI) 등이 가세하였습니다.

[그림 4-119] 미래창조과학부 주관 '5G 포럼' 창립총회, 2013. 5. 30.

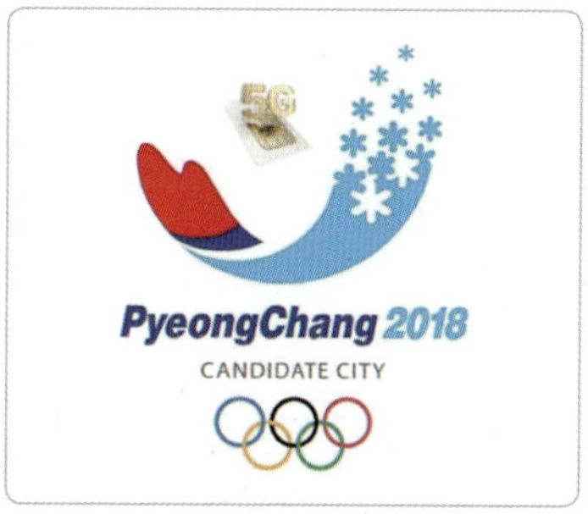

[그림 4-120] 2018년 평창 동계올림픽과 5G

2013년 1월 ITU에서 5G 비전과 전용 주파수 논의가 시작되면서 5G에 관한 국제 표준화 논의는 닻을 올리게 되었습니다. 2017년 12월 국제 이동통신 표준화 기구인 3GPP는 릴리스 15 표준으로 5G에 대하여 정의하였으며, 2020년 7월에는 두 번째 5G 표준인 릴리즈 16이 3GPP에 의하여 재차 승인되었습니다. 이를 통하여 5G 기술은 서비스 범위, 용량, 저지연성, 전력 효율, 이동성, 신뢰성 및 구축 용이성 등 다양한 분야에서 안정화되었습니다.

5G에서는 초고주파 대역을 이용한 대용량 데이터 전송이 핵심 기술입니다. 삼성전자는 2013년 5월 28GHz 초고주파 대역에서 1Gbps 이상의 전송속도와 최대 2km에 이르는 전송거리를 달성한 기술을 세계 최초로 시연하였습니다. 6GHz 이상 초고주파를 이용해 기가급 데이터를 송수신하는 기술은 당시에는 어디에서도 개발하지 못했었습니다. 한편 초고주파는 도달 거리가 짧은 것이 한계인데, 삼성전자는 기지국 하나에 64개의 안테나 소자를 배열해 전파를 더 멀리 송수신할 수 있게 함으로서 이러한 문제를 해결했습니다.

[그림 4-121] 삼성전자 세계 최초 5G 시연

한편 LG전자도 초고주파 대역 전송기술과 차세대 안테나 솔루션 관련 원천기술 등을 확보하기 위한 선행 연구를 진행하였습니다. 해외에서는 유럽연합(EU)이 2020년 5G 모바일 기술 개발 완료를 목표로 R&D 투자 계획을 발표하였습니다. 중국은 정부

주도로 IMT-2020(5G) 프로모션 그룹을 결성했고 일본 NTT도코모, 스웨덴 에릭슨, 중국 화웨이 등의 기업도 5G 연구성과를 발표하며 주도권 경쟁에 뛰어들었습니다.

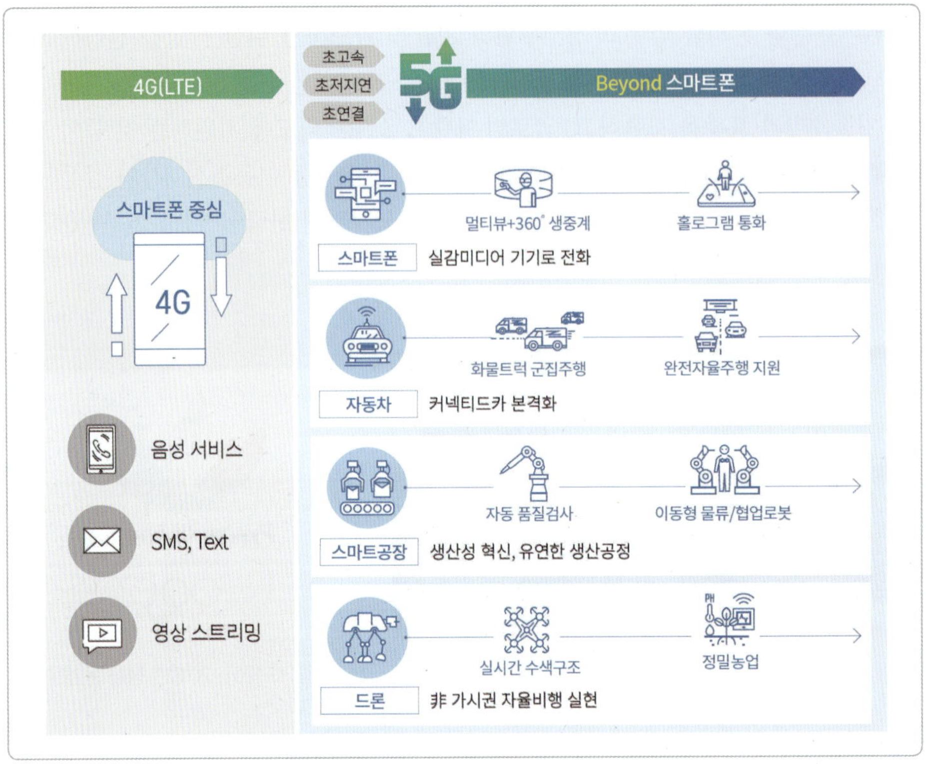

[그림 4-122] 4G → 5G 서비스의 변화(출처: 혁신성장 실현을 위한 5G+ 전략)

[그림 4-123] 5G 서비스를 통한 삶의 질(출처: 혁신성장 실현을 위한 5G+ 전략)

5G는 사람과의 음성 및 데이터 통신을 넘어서 모든 사물들을 연결할 수 있으며, 다양하고 혁신적인 서비스와의 융합과 첨단 단말기기(디바이스) 등과 함께 신 산업이 가능하도록 할 것입니다. 그러므로 5G는 공공 및 사회 전반에 혁신적인 변화를 이끌 원동력으로 "삶의 질 향상", "국가 인프라 고도화" 등의 기반이 될 것입니다.

4.8.3 5G의 3대 특징: 고속(eMBB), 대용량(mMTC), 저지연(URLLC)

4G LTE 통신 서비스는 최대 1Gbps의 서비스를 제공할 수 있는 빠른 통신 방식이지만, 별도의 새로운 통신 기술을 이용하지 않는 한 자율주행차나 스마트 시티와 같은 새로운 서비스를 일반 사용자들에게 서비스하기에는 여러 가지 제약이 따르는게 현실

입니다.

즉, 여러 종류의 서비스를 서비스 품질(QoS: Quality of Service)을 보장하면서 동시에 제공할 수 있는 보다 빠른 통신 속도와 다수의 장비들을 접속할 수 있으며 전송 지연도 한결 낮게 유지하고 개별 서비스의 품질도 만족시킬 IMT-2020이라는 새로운 통신 기술을 ITU-T가 제정하게 되었습니다.

이를 포괄하는 것이 5G의 3대 특징인 eMBB(enhanced Mobile Broadband), mMTC(massive Machine Type Communications) 그리고 URLLC(Utra-Reliable and Low Latency Communications)입니다.

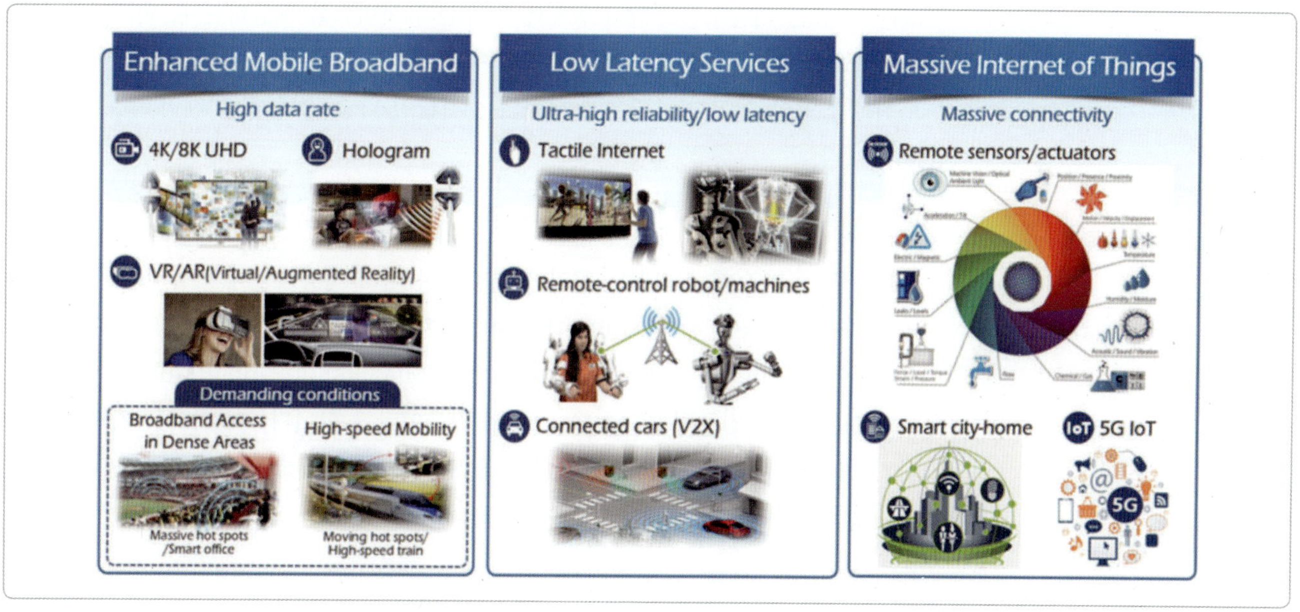

[그림 4-124] 5G 이동통신 시대의 서비스들(출처: 5G 이동통신을 포함한 차세대무선통신 기술 동향, 미래창조과학부)

(1) 초광대역 이동통신(eMBB: enhanced Mobile Broadband)

모바일 환경에서 고속 데이터 통신을 가능하게 하는 eMBB(enhanced Mobile Broadband)는 증강현실(AR)이나 가상현실(VR)뿐만 아니라 혼합현실(MR) 및 이 모두를 포함하는 확장현실(XR) 서비스는 물론 4K/8K UHD 서비스, 홀로그램 서비스 등과 같은 대용량 멀티미디어 서비스를 제공할 수 있게 합니다.

① 넓어진 주파수 대역폭

국내 5G는 3.5GHz 대역과 28GHz 대역의 주파수 대역을 이용하는데 3.5GHz 대역에서는 80 또는 100MHz 대역폭을 이용하며, 밀리미터웨이브(mmWave) 대역인 28GHz에서는 800MHz 대역을 이용합니다. 여기에 다른 기술들을 접목하여 4G LTE 보다 최대 20배의 빠른 속도를 제공할 수 있게 됩니다.

② 주파수 이용 방식의 변화

4G 서비스는 사용 가능한 주파수 대역을 업링크(Uplink)와 다운링크(Downlink)로 구분하여 사용하는 주파수 분할 방식(FDD: Frequency Division Duplex)을 사용하는데 반하여, 5G에서는 다운링크와 업링크 구분없이 전체 주파수 대역을 이용하여 데이터를 송수신합니다. 즉, 전체 주파수 대역을 아주 작은 타임슬롯(Time Slot)으로 나누어 트래픽 상황에 따라 다운로드와 업로드 시간을 변경해 가면서 유연하게 데이터를 송수신할 수 있는 시간 분할 방식(TDD: Time Division Duplex)을 사용합니다.

③ 다중 경로 전송 제어 프로토콜(MP-TCP) 이용

5G 서비스는 기존의 4G 망과 동시에 이용하여 서비스를 제공하는데, 이외에도 와이파이 또는 유선 네트워크와 함께 이용할 수도 있습니다. 이런 경우 서로 다른 여러 네트워크를 통합 제어하는 경우에 사용되는 기술이 다중 경로 전송 제어 프로토콜이라고 합니다.

④ Massive MIMO

5G에서는 주파수가 전파되는 공간을 분할하여 여러 사용자들에게 동시에 동일한 주파수 자원을 이용할 수 있게 하는데, 이와 같이 동일한 전파 자원을 동시에 다수의 사용자들에게 서비스를 제공하는 것을 Massive MIMO(Multi-Input Multi-Output)라고 하는데 이를 빔포밍(Beam Forming) 기술이라고 합니다. 이 기술은 기지국 안테나가 특정한 영역에 존재하는 사용자들을 향해 전파를 집중해서 제공하는 기술을 말합니다.

(2) 대량 연결(mMTC: massive Machine Type Communications)

우리 주위에 존재하는 모든 사물들을 연결할 수 있는 초고밀도의 대용량 네트워크로서, 현재의 4G LTE에서는 1km^2 범위에서 최대 10만 개의 디바이스를 수용할 수 있다면 5G 서비스에서는 최대 1백만 개의 디바이스나 장비들을 연결할 수 있도록 합니다.

① 가변적 채널 대역폭 할당

통신을 위하여 20MHz 대역폭의 채널을 사용하는 지금까지의 통신 방식에서 다양한 통신 속도를 포함하여 다양한 서비스 품질 특성을 요구하는 5G 서비스에서는 채널 대역폭을 가변적으로 이용하여 다양한 서비스를 수용함과 더불어 주파수 자원을 더 효율적으로 활용하기 위한 가변적 채널 대역폭 할당(Scalable Numerology) 기술을 사용합니다. 이는 15kHz로 고정된 OFDM 부반송파를 2^n 비율로 확장하여 다양한 통신 속도를 필요로 하는 서비스들을 지원합니다.

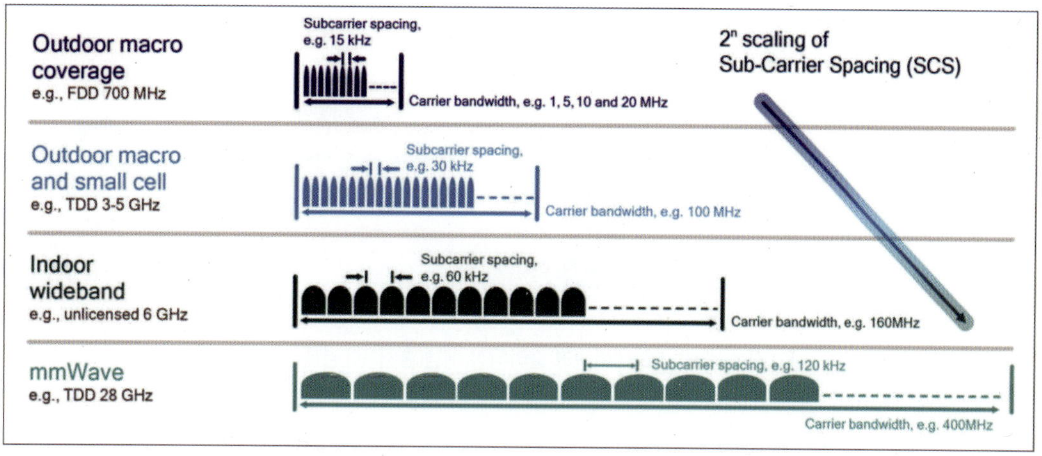

[그림 4-125] 가변적 채널 대역폭 할당(출처: 5G 서비스 구현 기술의 이해, 방송과 미디어)

(3) 고신뢰 · 초저지연 통신(URLLC: Ultra Reliable & low Latency Communications)

5G 서비스를 효율적으로 제공하기 위한 초저지연 및 고신뢰 통신 제공으로 실시간성을 요하는 자율주행이나 스마트 팩토리 환경의 로봇 제어 그리고 금융거래나 중요한 업무용 서비스 등을 제공할 수 있게 합니다.

① 네트워크 슬라이싱

5G 네트워크 서비스는 통합된 네트워크 환경에서 다양한 특성을 가지는 관련 서비스들을 제공하는 것입니다. 이때 서비스들은 각각의 서비스별 네트워크를 이용해야 하는 것을 만족시키기 위하여 개발된 개념으로서 하나의 5G 네트워크를 다수의 가상 네트워크로 나누어 이용할 수 있도록 하는 것입니다.

이와 같은 서비스는 네트워크 기능 가상화(NFV: Network Function Virtualization)와 소프트웨어 정의네트워크(SDN: Software Defined Network) 기술로 가능해졌습니다. 즉, 네트워크 기능을 제공하는 관련 소프트웨어가 탑재된 서버 장치로 컴퓨팅 리소스를 가상화하여 다수의 가상 머신(VM: Virtual Machine)으로 구현하는 것입니다. 이를 통하여 다양한 서비스 유형 및 통신 환경에 맞는 네트워크 구조를 제공하는 것입니다.

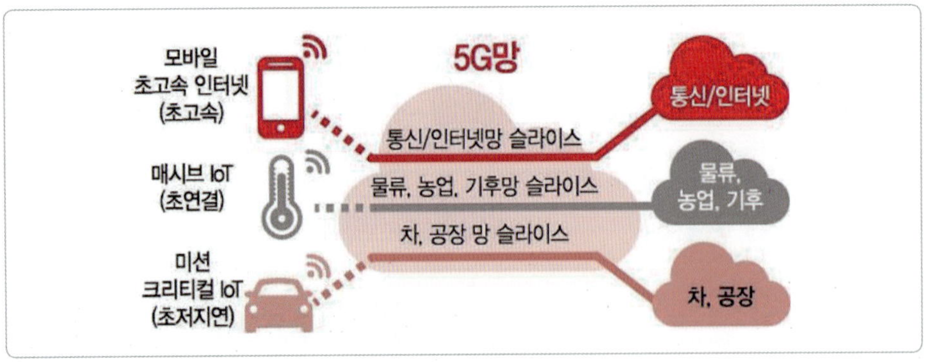

[그림 4-126] 5G 네트워크 슬라이싱 개념(출처: KT경제경영연구소)

② 에지 클라우드

4G 서비스에서 운영 중이던 중앙통신센터를 통하여 이동통신 시스템을 제어함으로 발생하는 대략 40~60ms 정도의 서비스 지연 현상을 방지하기 위하여 5G 네트워크 서비스에서는 에지 클라우드(Edge Cloud)를 통하여 최소화하였습니다. 즉, 중앙에 존재하였던 중앙통신센터의 기능을 클라우드 장치에 가상화를 통하여 분산 배치시킴으로써 이를 가능하도록 하였습니다.

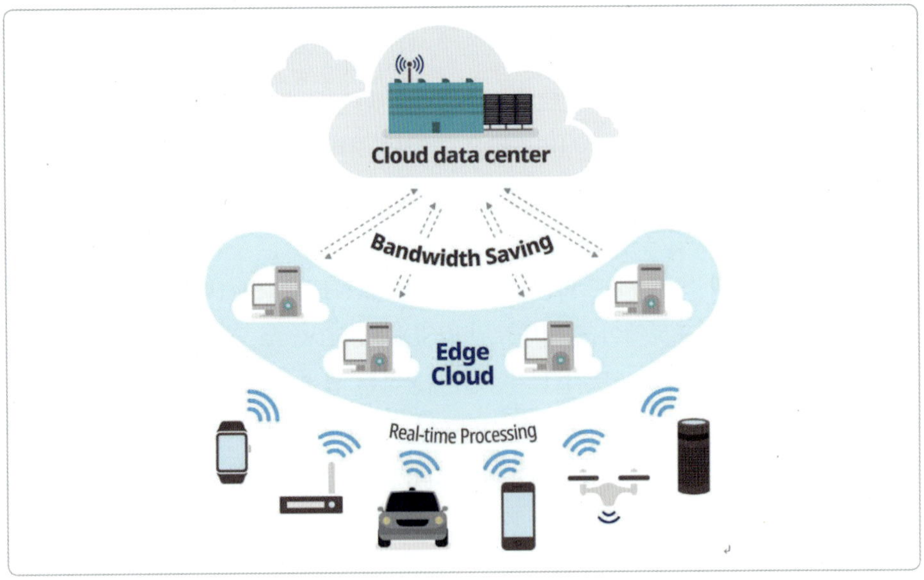

[그림 4-127] 5G 에지 클라우드 개념

Tip 5G 서비스의 3가지 주요 기술과 표준화 동향

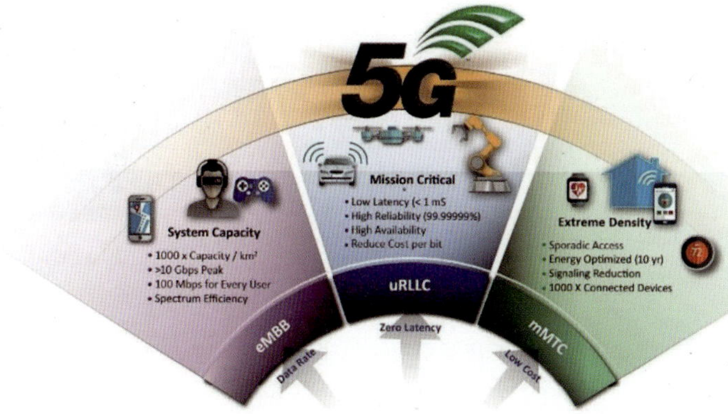

3GPP(이동통신 표준 개발 단체) 5G 기술표준 진화 단계

5G 요구사항 (3대 서비스 시나리오)	Release 15 NSA (종속모드/'17.12월)	Release 15 SA (단독모드/'18.6월)	Release 16 (최종표준/'20.3월 예정)
초고속 (eMBB, enhanced mobile broadband)	LTE망과 연계된 5G로 전송속도 향상 4K/8K/UHD 방송 / 가상현실(VR)/증강현실(AR)	5G 단독 망 구성 홀로그램	5G 시스템 성능 진화 다양한 초고속/실시간 데이터 서비스
고신뢰-초저지연 (URLLC, ultra-reliable and low latency communication)		ITU-R 요구사항 충족 C-V2X 기본 서비스(LTE기반)	5G 융합서비스별 특화된 요구사항 반영 진화된 V2X / 로봇 실시간 원격조종 / 스마트시티 / 스마트공장
초연결 (mMTC, massive machine type communication)		NB-IoT/eMTC 이용(LTE 기반)	5G 기반 산업용 IoT(IIoT)

용어	설명
3GPP	표준화 기관의 회원사(산·학·연)들이 참여하여 이동통신 표준을 개발하는 단체로, 현재 5G 기술 표준화 추진 중 • (참여 표준화 기관) 韓 TTA, 美 ATIS, 中 CCSA 등 7개 기관이 참여 중 • (참여 업체) KT, SKT, LGU+, 삼성전자, LG전자, 현대자동차, ETRI 등 국내 회원사 19개사를 포함한 557개 업체 참여 중('19.1 기준)
Release	3GPP의 표준개발 단위(단말부터 핵심망에 이르는 전체 표준의 집합세트)
NSA(None Stand-alone)	5G 접속망이 기존 4G의 핵심망과 연결되는 종속모드
SA(Stand-alone)	5G 접속망이 새로운 5G 핵심망과 연결되는 단독모드

[그림 4-128] 5G 서비스의 3가지 주요 기술의 역할

Tip • 우리나라 이동통신 3사(SKT/KT/LGU+)의 5G 이동통신 준비상황은 어떤가요?

우리나라 이동통신을 대표하는 통신 3사(SK텔레콤, KT, LG유플러스)는 새로이 부상하고 있는 5G 시장을 선점하기 위하여 본격적으로 경쟁을 시작하였습니다. 하지만 그 내막을 들여다보면 SK텔레콤은 '5G 자율 주행차' 같은 사물인터넷(IoT)에 주력하는 모습이고, KT는 '평창동계올림픽'에서의 5G 시범 서비스를 통해 그 기술력을 나타내고 있으며, LG유플러스는 '실생활 5G'에 역량을 집중하고 있는 모습입니다.

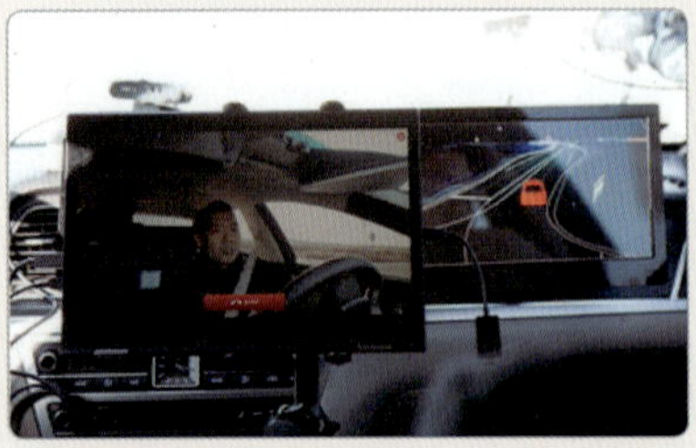

[그림 4-129] SK텔레콤이 선보인 5G 자율 주행차

SK텔레콤은 통신과 자동차 같은 이종 산업끼리의 사물인터넷 융합 기술 개발에 주력하고 있는 모양새입니다.

운전자의 조작 없이도 차량끼리 정보를 나누는 실험을 화성 자율주행 실험도시 'K-City(케이시티)'에서 시행하였으며, 한국교통안전공단 및 삼성전자 등과 협력하여 2017년 12월 K-City에 5G 망을 구축하기도 하였습니다.

KT는 그 동안 2018 평창동계올림픽에 집중해 왔습니다. 평창올림픽을 통하여 인지도를 높여 글로벌 5G 선도업체로 우뚝 선다는 목표였습니다. 이를 위하여 세계 최초 5G 시범서비스를 제공하기도 하였습니다. 또한 홍보관을 구축하여 5G 서비스를 통한 '아이스하키 챌린지', 성화봉송 체험이 가능한 '토치 챌린지' 같은 가상현실(VR) 체험관 서비스를 제공하기도 하였습니다.

LG유플러스는 실생활 5G에 역량을 모으고 있는 모습입니다. '모두의 5G'라는 슬로건 아래 드론 원격제어나 대용량 비디오 서비스 등에 5G를 도입하는 차별화를 하고 있는데, 이를 위해 2017년 12월 5G 추진단을 만들고 AI 사업부를 두기도 하였습니다. 2019년 상반기에 4G-5G 융합망 상용화를 구축하고자 하며, 홈미디어와 사물인터넷을 연결하고 5G 서비스를 융합하는 방안도 추진 중입니다.

[그림 4-130] KT 5G 홍보관에서 선보였던 '아이스하키 챌린지'

[그림 4-131] LG유플러스 용산 5G 체험관의 드론 원격제어 드라이브 서비스 시연 모습

5G는 기존의 4G보다 20배 빠른 서비스이고, 3G보다는 2,000배 빠릅니다. 즉 3G로 영화 3GB(기가바이트)짜리 영화를 내려 받는 데에는 40시간(10Mbps), 4G의 경우는 4분(1Gbps) 걸리는데 반하여 5G는 10초(20Gbps)면 충분합니다.

5G는 이런 빠른 속도 외에도 저지연성이 뛰어납니다. 여기서 저지연성이란 네트워크 반응 속도를 말하는데, 4G 자율 주행차는 응답속도가 0.03~0.05초 걸립니다. 시속 100Km로 달리던 4G 자율 주행차가 사고 발생을 파악하고 급제동하면 0.8~1.3m 정도 밀린다는 이야기입니다. 이에 반하여 5G 자율 주행차의 응답속도는 0.001초입니다. 즉 시속 100Km로 달리던 5G 자율 주행차가 사고 발생을 파악하고 급제동하면 0.027m 밀립니다. 최대 약 50배 차이가 난다는 사실입니다. 그러므로 5G 자율주행차일 경우 돌발상황에도 사고 발생 확률이 급격히 줄어드는 것입니다.

또 5G는 대용량성 때문에 4G보다 10배나 많은 디바이스 들을 연결할 수가 있습니다. 최근에 사물인터넷의 급신장으로 차량, 냉장고 및 TV 같은 사물들에도 통신 기술이 접목되고 있는 형편입니다. 스마트폰 앱을 통하여 냉장고의 온도를 조절하거나 차량을 조종할 수가 있는 것입니다. 여기에 반응 속도가 실시간에 가까워 360° VR(가상현실) 대용량 영상도 끊김이 없이 볼 수 있게 됩니다.

5G는 4G보다 다운로드 속도가 최소 20배 빠르며, 반응 속도는 10분의 1로 줄어듦으로 인하여 연결 가능한 디바이스의 수는 10배 늘어난 서비스입니다.

Tip ● **재난안전통신망**

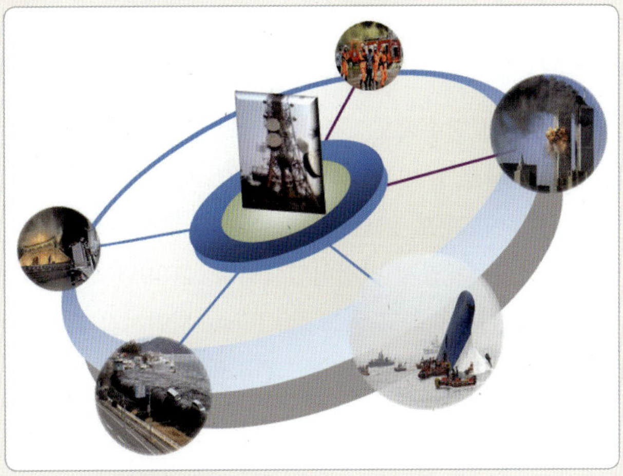

[그림 4-132] 재난안전통신망

재난안전통신망이란 화재, 지진, 사고 등 대규모 재해 발생 시 경찰이나 군, 소방방재청 등 재난 관련 기관들이 신속하게 소통할 수 있도록 일원화된 유 · 무선망과 관련 설비를 의미합니다. 따라서 재난안전통신망의 목적은 재해 발생 시 재난 관련 기관들이 동시에 투입되더라도 의사소통에 문제가 없도록 전용 통신망을 이용하여 국민의 생명과 재산을 지키는 것입니다.

세월호 사태에서 보았듯이 컨트롤 타워도 없는 우리나라는 아직까지 재난안전망 조차 구축되지 않아 재난 발생 시 구조 시도조차 하지 못하는 등 많은 어려움을 겪고 있습니다. 아쉽고 한심한 일입니다.

현재 유럽 대부분의 국가들은 유럽전기통신표준협회(ETSI)가 개발한 무선통신 기술인 테트라(TETRA: Terrestrial European Trunk Radio Access)를 기반으로 재난안전망을 구성해놓고 있고 미국에선 독자적으로 '앱코(APCO: Association of Public safety Communications Officials-Project) 25' 방식을 채택한 재난안전망을 구축하였습니다.

국내에서도 2003년 발생한 대구지하철 화재참사를 계기로 테트라를 기반으로 하는 재난안전통신망 도입을 추진하였으나 기술 종속에 대한 우려와 업체 간의 치열한 경쟁으로 인해 무려 10년 이상 연기되었습니다. 그러던 지난 2012년에는 와이브로 기술을 이용한 재난안전통신망을 구축하려고 하였으나 경제성을 빌미로 무산 되었습니다.

미국의 오바마 정부에서는 PS-LTE(Public Safety LTE) 기반의 광대역 재난안전통신망을 구축하기로 하였고 이를 따라 박근혜 정부는 공약 사항이기도한 재난안전통신망은 최근에 들어서야 PS-LTE를 기반으로 2017년까지 구축하겠다는 발표가 있었습니다. PS LTE란 LTE 기술에 일대다 통신, 다대다 통신, 기지국을 통하지 않은 단말기와 단말기간 직접통신, 그리고 기지국이 손상됐을 경우 자동으로 다른 기지국을 활용할 수 있는 기술 등의 기능을 추가한 재난 대응 무선통신기술입니다. 하지만 PS-LTE는 아직까지 국제적으로 재난 대응 무선통신기술 표준으로 인정받지 못한 기술입니다. 국가재난안전망 구축은 천문학적인 비용이 소요되는 것은 물론 국가적으로 중대한 사안으로 4대강 사업과 같은 과오를 두 번 다시 범해서는 안 될 것입니다.

[그림 4-133] 테트라 장비

Tip ● **킬 스위치**

[그림 4-134] 삼성전자 킬 스위치 서비스인 로잭

킬 스위치란 스마트폰과 같은 기기를 분실했거나 도난당했을 때 원격으로 스마트폰을 조작해 개인 데이터를 삭제하거나 스마트폰을 사용할 수 없는 상태로 잠가버리는 자폭 서비스입니다. 이처럼 킬 스위치는 스마트폰의 작동을 원천봉쇄해 스마트폰 장물거래 등 불법적인 재판매를 막는 수단으로 사용됩니다. 대부분의 킬 스위치 소프트웨어는 OS 레벨에서 동작하기 때문에 삭제가 어렵습니다. 실제로 애플이 킬 스위치 기능인 '액티베이션 록'을 iOS에 포함시킨 후 미국에서 아이폰 강 · 절도 피해가 크게 감소했다고 합니다.

4.9 너는 누구니? 6G

4.9.1 6G? 이것은 또 무엇인가요?

이동통신 기술은 정보 전달능력(데이터 전송속도, 지연시간 및 단말의 수용 용량 등) 측면에서 1980년대 최초의 1세대 아날로그 이동통신 서비스로 시작되어, 대략 10년을 주기로 발전하여 3G 세대에는 최고 속도 2Mbps, 4G에서는 최고 속도 이동 시 100Mbps, 보행 시 1Gbps까지 제공할 수 있게 발전하였습니다. 2019년 세계 최초로 우리나라에서 5G 세대의 시작을 알렸는데 최고 속도 20Gbps, 지연시간 1ms, 수용 단말 1km^{2}당 100만대 그리고 UHD 고화질 영상 서비스, 원격의료 및 스마트 공장 등의 실시간 서비스 제공의 가능성 등을 보여주고 있습니다.

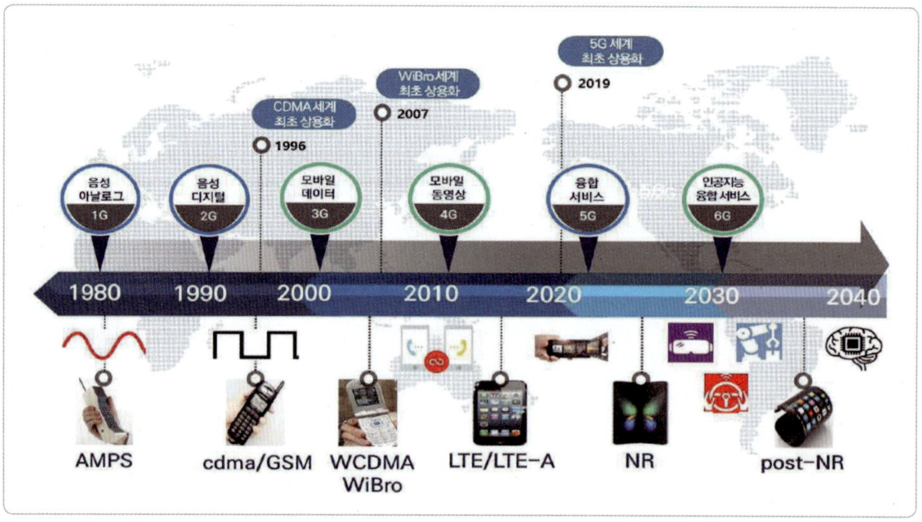

[그림 4-135] 이동통신의 흐름(출처: 과학기술정보통신부, "미래 이동통신 R&D 추진전략")

5G 기술에 의해 도입되기 시작한 융합 산업의 서비스들은 점차 보편적 서비스화하여 제공하기 위해서는 원격 수술, 실감 미디어, 자율주행교통, 스마트 공장, 스마트 시티 및 공공 융합 등과 같이 초고속 양방향 서비스 특성과 1ms 이내의 지연시간을 요구하는 서비스로 발전되어 가면서 현재의 5G 서비스보다 더 높은 성능을 요구하게 되었고 이로 인하여 이를 위한 6G 개념 및 유관 기술들이 요구되었습니다.

6G는 사람들이 느끼는 오감 정보들을 실시간으로 상상할 수 있는 물리적 세계 및 사이버 세계화와 송·수신할 수 있는 차세대 이동통신 서비스입니다. 이를 위해서는 몰입형 영상, 홀로그램 등 실감 영상의 통신이 가능한 초고속 데이터 통신과 공간적으로 지상, 항공 및 해저 등 지구 어디에서도 제약이 없는 통신 그리고 이와 같은 것들을 가능하게 하기 위한 테라, 가시광선 대역의 활용이 요구됩니다.

100GHz 이상의 초고주파 대역의 사용 및 이론상 5G보다 이동속도는 50배, 반응속도는 10배 빠르며, 기기의 연결 성능은 10배 이상이 될 것입니다. 테라헤르츠(THz) 대역은 파장의 길이가 수십에서 수백 마이크로미터(μm)에 불과해 5G에서 사용하는 기가헤르츠(GHz) 대역보다 훨씬 더 많은 채널을 사용할 수 있을 것입니다.

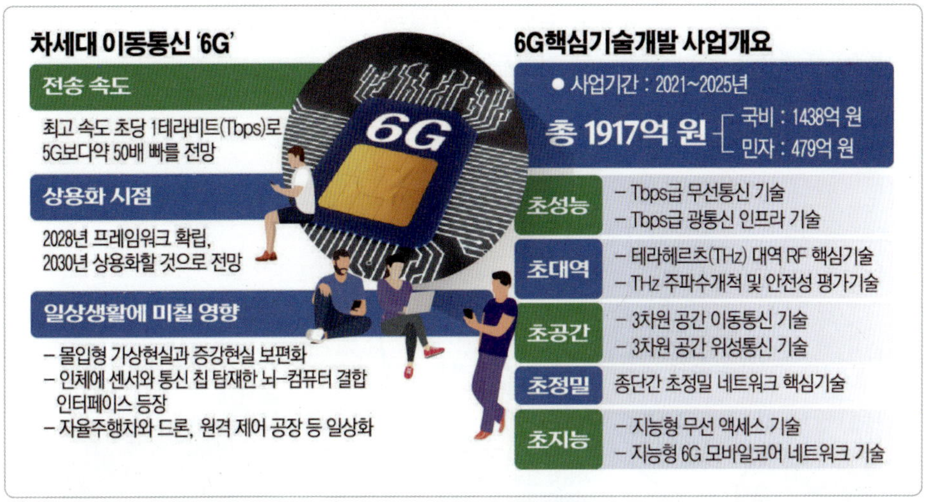

[그림 4-136] 차세대 이동통신 6G(출처: 인터레스팅엔지니어링(IE))

2030년에 변화될 사회 구조를 대상으로 비전, 기술 요구사항 및 예상되는 후보 기술들을 검토하고 있는 ITU-T(ITU Telecommunication Sector)에서는 6G 이동통신 네트워크의 특징을 다음과 같이 3가지로 제시하고 있습니다. ① 산업 전반에 자율적으로 작동하는 장치들의 출현과 새로운 미디어로서 홀로그램을 사용한 실시간 통신, ② 더욱 지능화되고 높은 신뢰도를 갖는 통신 서비스 그리고 마지막으로 ③ 지상, 공중 및 우주에서의 통신이 가능한 새로운 네트워크 인프라의 출현입니다.

6G 이동통신 기술의 큰 흐름은 수많은 사물 간 연결, 무선 통신 기술에 인공지능(AI: Artificial Intelligence) 적용, 개방형 이동통신 그리고 사회적 목표 달성에 대한 기여 등이 될 것입니다. 그러므로 앞으로 다가올 6G 시대는 인간뿐만 아니라 많은 사물들에 의한 대량의 데이터 생성 및 소비, 고신뢰 초저지연 통신 그리고 통신 시스템에 전반적으로 적용될 인공지능 등이 주요 특징이 될 것입니다.

4.9.2 6G 세상은 어떤 모습인가요?

5G 세대에서는 언어, 행동의 실시간 전송에 초점을 맞추었다면, 새로운 6G 세대에는 사이버 세계(메타버스(MetaVerse): 가상, 초월을 의미하는 '메타(meta)'와 세계, 우주를 의미하는 '유니버스(universe)'를 합성한 신조어로서 '가상 우주'라고도 한다. 1992년 출간한 닐 스티븐슨의 소설 '스노 크래시'에서 처음 사용되었음)에서 오감 정보의

생생한 실제 감각 경험 제공 서비스 확대가 주가 될 것입니다. 사이버 세계에서 실시간 오감통신을 제공하기 위해 물리적 세계에 살고 있는 주체의 시각, 청각, 촉각, 미각 및 후각 데이터를 실시간으로 주고받을 수 있는 환경으로 물리세계(실 세계)와 가상세계(사이버 세계) 간의 데이터 동기화를 구현하는 디지털 트윈(Digital Twin: 미국 제너럴 일렉트릭(GE)이 주창한 개념으로, 컴퓨터에 현실 속 사물의 쌍둥이를 만들고, 현실에서 발생할 수 있는 상황을 컴퓨터로 시뮬레이션 함으로써 결과를 미리 예측하는 기술) 플랫폼을 지원할 것으로 전망됩니다.

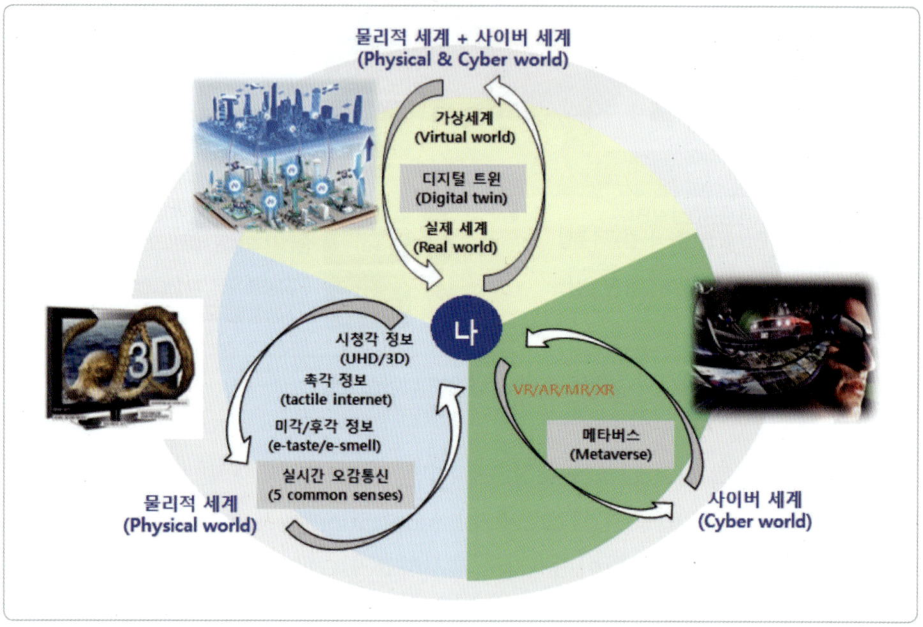

[그림 4-137] 6G 서비스 전망(출처: 정우기, '6G 이동통신의 첫걸음' 북두출판사)

2030년에 상용화될 6G 기술의 큰 흐름을 보면 첫째, 사람보다는 사물이 주요 사용자가 될 것이라는 것입니다. 그 동안은 인간과 인간 간의 대화를 위하여 사용되었던 통신의 사용 주체가 6G 세대에서는 인간과 사물, 사물과 사물 간의 통신이 주가 될 것입니다. 둘째로는 그 동안은 컴퓨팅 파워의 부족으로 어려움을 가졌던 인공지능(AI) 기술이 많은 사물들의 데이터를 수집하고 처리하는데 주가 되어 이용될 것이라는 것입니다. 셋째는 이동통신 네트워크 기능의 오픈소스화로 손쉽게 활용할 수 있는 환경이 구축될 것이며 또한 상호 운용성 및 공유지식 기반 개발이 가능해질 것입니다. 마지막으로 넷째로는 기후 변화, 기아 및 교육 불평등과 같은 사회적 이슈들의 개선에도 많은 역할을 할 것이라는 것입니다.

향후 서비스될 6G의 서비스들을 살펴보면 다음과 같습니다.

① 홀로그램 통신: 현 5G 시스템에서는 사람 크기의 홀로그램 데이터를 전송하기 위해서는 수 Tbps의 대역폭이 필요한데, 최대 속도가 20Gbps이기에 불가능합

니다. 이런 이유로 6G 세대에서 실현될 듯합니다.

② 촉각 인터넷: 실시간 처리에 기반한 원격 제어 기술과 상황 인지를 위한 통신 기술 및 센싱 기술 등을 원활하게 제공하기 위하여 최대 지연 100μs, 왕복 지연시간(Round-trip Time) 1ms 등이 원격 진료 및 원격 수술 등에 적용될 것입니다.

③ 네트워크 및 컴퓨팅 로드 분산: 5G 네트워크의 모바일 엣지 컴퓨팅(MEC: Mobile Edge Computing) 구조의 계속적인 사용 및 코어 클라우드 서버와의 리소스 스케줄링 운영

④ 확장현실(XR: eXtended Reality): 가상현실(VR: Virtual Reality), 증강현실(AR: Augmented Reality), 혼합현실(MR: Mixed Reality) 등을 통합한 확장현실이 하드웨어 제반 성능의 한계를 벗어날 수 있을 것입니다.

⑤ 디지털 트윈(Digital Twin): 사람, 사물, 시스템 및 심지어 장소에 이르기까지 물리적인 개체의 디지털화를 통하여 시간적, 공간적인 제약이 없이 모니터링을 할 수 있을 것입니다.

⑥ 통합 네트워크: 지상에서의 끊김 없는 인터넷 환경에서 벗어나 언제, 어디서나 글로벌 인터넷 서비스를 제공받을 수 있을 뿐 아니라 이동하는 개체인 선박, 비행기 등에서도 위성을 통한 지상, 바다 그리고 우주에서의 통신 접속이 가능하게 될 것입니다.

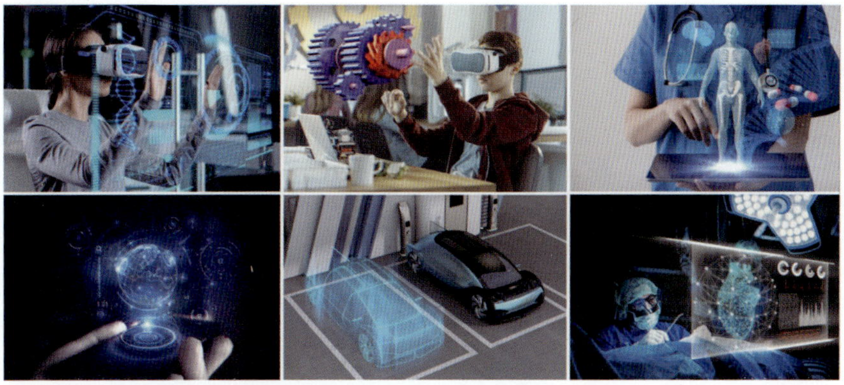

[그림 4-138] 6G 시대의 주요 서비스들

4.9.3 6G의 주요 구성 기술

6G는 가상현실(VR)과 증강현실(AR)을 넘어 혼합현실(XR)을 구현하여 메타버스(MetaVerse)와 같은 공간에서 초실감 미디어와 콘텐츠를 통해 현실과 가상의 경계를 지울 수 있을 것입니다. 이를 위하여 방대한 미디어 데이터의 처리를 통해 현실과 가상을 위화감 없이 통합할 수 있을 것이며, 초대용량 미디어 전송기술 분야도 발전이 될 것입니다.

6G 기술은 5G 기술에 의해 도입되기 시작한 융합산업의 서비스를 보편적 서비스로 제공할 수 있을 것이며, 초고속 양방향 서비스와 1ms 이하의 지연 시간을 요구하는 서비스 분야(예, 원격의료수술 등)의 확산에 기여할 것입니다. 항만, 자율주행, 스마트 공장, 스마트 시티, 게임, 스포츠 중계 및 공연, 관광 등 폭 넓은 분야의 융합산업의 발전에 기여할 것입니다.

① 인공지능(AI) 및 기계학습(Machine Learning)

무선 접속 네트워크(RAN: Radio Access Network)에서 채널의 추정, 기지국 배치 최적화 등에 인공지능(AI)와 기계학습(ML)이 적용될 것입니다. 6G 환경에서는 보다 폭넓게 적용될 것이며, 이를 통하여 대역폭, 통신환경 그리고 기지국 배치 등을 최적화하는데 활용될 것입니다. 또한 교통흐름의 패턴, 이동 패턴 및 위치 변화 등 환경 변화의 학습을 위한 방법들이 출현할 것입니다.

② 새로운 대역의 주파수 사용 기술

보다 높은 피크 전송율 및 시스템의 용량을 위하여 점점 더 높은 대역의 주파수를 사용하는데, 5G 시스템의 경우 6GHz 미만과 함께 24GHz에서 50GHz의 대역을 할당하고 있으나 6G 시스템의 경우에는 여기에 114GHz에서 300GHz의 sub-THz(Tera Hertz) 및 10THz까지 할당될 것입니다. THz 대역에서는 신호가 짧은 파장으로 장애물에 손쉽게 제약을 받으므로 이를 극복하기 위한 Antenna on Glass 기술, 하이브리드 빔포밍, Pre-Combining 기술 및 인공지능 등을 통한 전력 소모 감소 기술 등이 검토되고 있는 상황입니다.

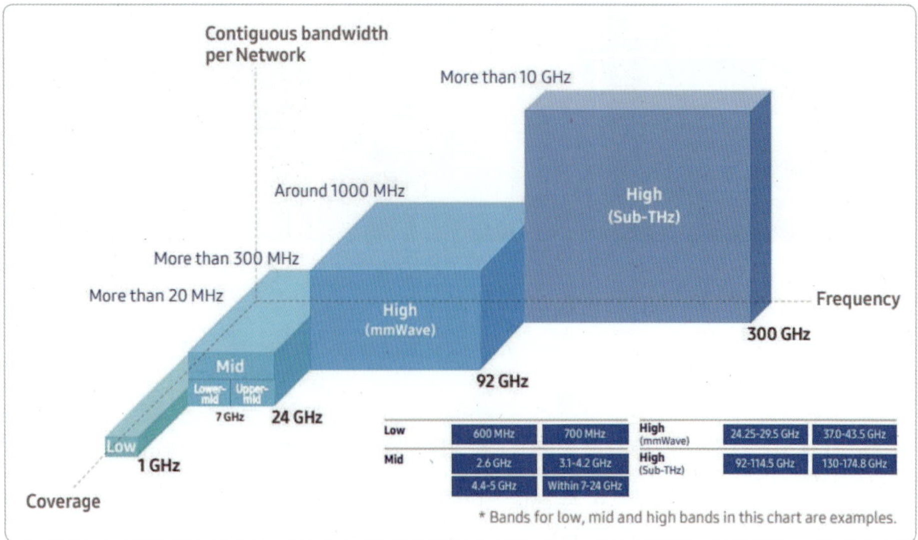

[그림 4-139] 6G 주파수 대역(출처: 삼성전자, '6G 주파수 백서: 주파수 영역의 확장')

③ 고신뢰, 저지연 네트워크

높은 정밀도의 위치 정보 파악 기술과 함께 다양한 감지 기능 들의 실현을 위하여, 6G 네트워크에서는 더 많은 수의 접근점을 활용함으로써 위치정보의 정확도는 cm 단위까지 가능해질 것입니다. 또한 요구하는 지연시간은 지금의 5G에서의 1ms보다는 더욱 짧아진 Gbps 전송속도에서 100㎲의 시간을 필요로 할 것입니다.

④ 6G 네트워크 아키텍처

서브 네트워크, 네트워크 슬라이싱 그리고 무선 접속 네트워크(RAN: Radio Access Network) 코어 컨버전스 등은 6G 네트워크 아키텍처의 특징이 될 것입니다. 자율주행의 군집 주행 시 구성원 간의 통신이나 기지국과 같은 고정 장치와의 통신시 다중 경로 연결의 필요성으로 서브 네트워크와 같은 다중 경로 연결이 필요할 것이며, 특화된 네트워크 슬라이싱 기술로 세분화된 기능 모듈로 무선 접속 네트워크(RAN) 기능의 슬라이싱을 구현할 것입니다. 또한 6G에서는 5G 무선 접속 네트워크(RAN)과 코어의 조합을 구현하여 Coreless RAN을 구현할 것입니다.

Tip **무선 접속 네트워크(RAN: Radio Access Network)**

무선 접속 네트워크는 이동통신 시스템을 구성하는 구성 단위로서 무선 접속 기술로 구현됩니다. 일반적으로 이동통신 시스템은 단말에 서비스를 제공하기위한 무선 접속 네트워크(RAN)과 단말기의 데이터를 처리하고 다른 네트워크와의 연결 들을 제공하는 코어 네트워크(CN: Core Network)로 구성됩니다. 휴대전화, 컴퓨터 또는 원격제어 장비 등과 같은 단말기는 통신 네트워크에 연결되기 위해서는 네트워크에 연결되어야 하는데, 이때 해당 단말기와 네트워크 간의 연결점을 접속 네트워크(AN: Access Network)라 하는데 이동통신 시스템에서는 이 접속 네트워크(AN)이 무선으로 연결되므로 무선 접속 네트워크(RAN)라 합니다. 그러므로 이동통신 시스템에서는 무선 접속 네트워크는 사용하는 단말기와 해당 이동통신 시스템의 기지국간에 무선 접속 기술로 연결된 네트워크를 의미하는 것입니다.

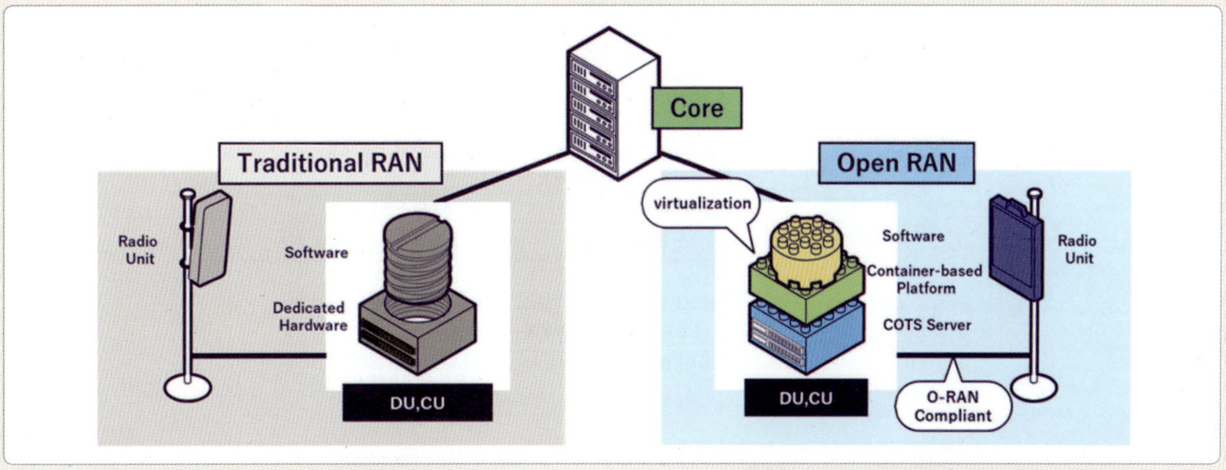

[그림 4-140] 전통적인 RAN과 개방형 RAN 구조

하나의 송수화기 또는 단말기가 동시에 다수의 무선 서비스에 접속이 가능합니다. 이를 듀얼 모드 핸드셋(Dual-Mode handset)이라고도 하는데, 이런 단말기를 사용하는 사용자는 서로 다른 무선 접속 네트워크 사이에서 사용자가 서비스의 단절을 느낄 수 없도록 연결 중인 네트워크 서비스를 끊김 없이 제공할 수도 있습니다.

⑤ 보안 및 인증 관련 기술

6G 네트워크는 새로운 위협으로부터 보호되어야 합니다. 이를 위해 6G 네트워크는 서브 네트워크를 정의하기 위해서 중앙 네트워크에 의한 인증 방식이 아니라 서브 네트워크에 의한 인증 방식을 적용하여야 할 것입니다. 이를 통하여 보다 안정된 인증과 리소스 관리가 가능해질 것입니다.

⑥ 그 외의 기술들

이외에도 6G에서는 전이중(Full Duplex) Cell-Free 통신, 무인기(UAV: Unmanned Aerial Vehicle), 고고도 의사 위성(HAPS: High Altitude Platform Systems) 및 저궤도 위성 기반의 통신 기술 그리고 양자 통신, 분자 통신 및 가시광 통신(VLC: Visible Light Communication) 등도 검토되어야 할 것입니다.

Tip 6G 핵심 기술 개발 주요 내용

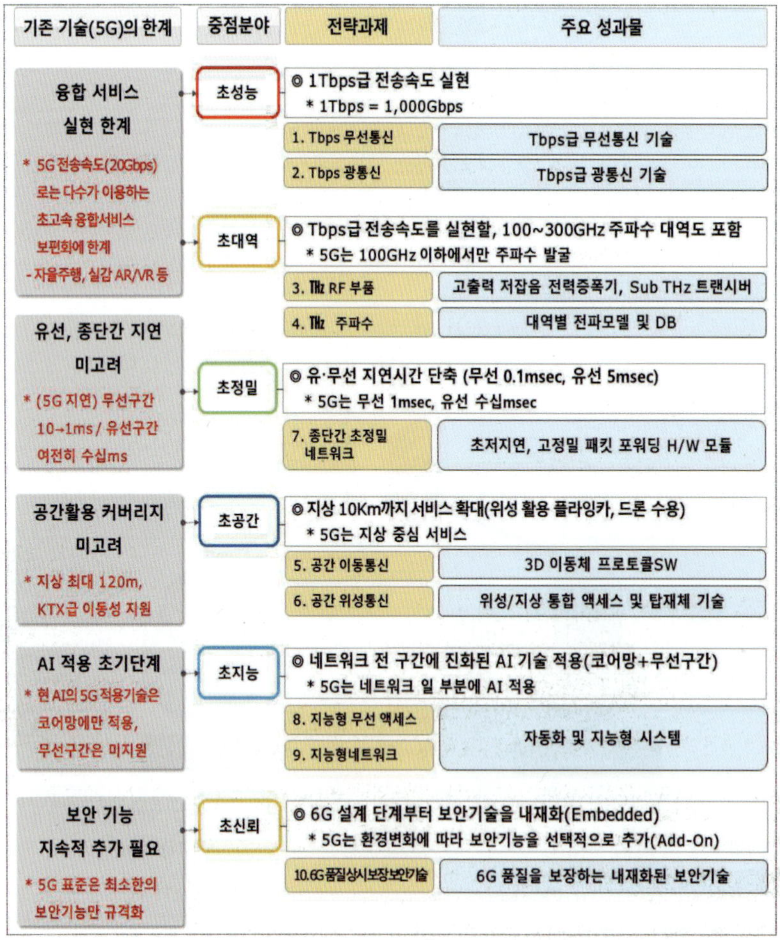

출처: 과학기술정보통신부, '미래 이동통신 R&D 추진전략'

Tip • 이동통신 세대별 주요 변화

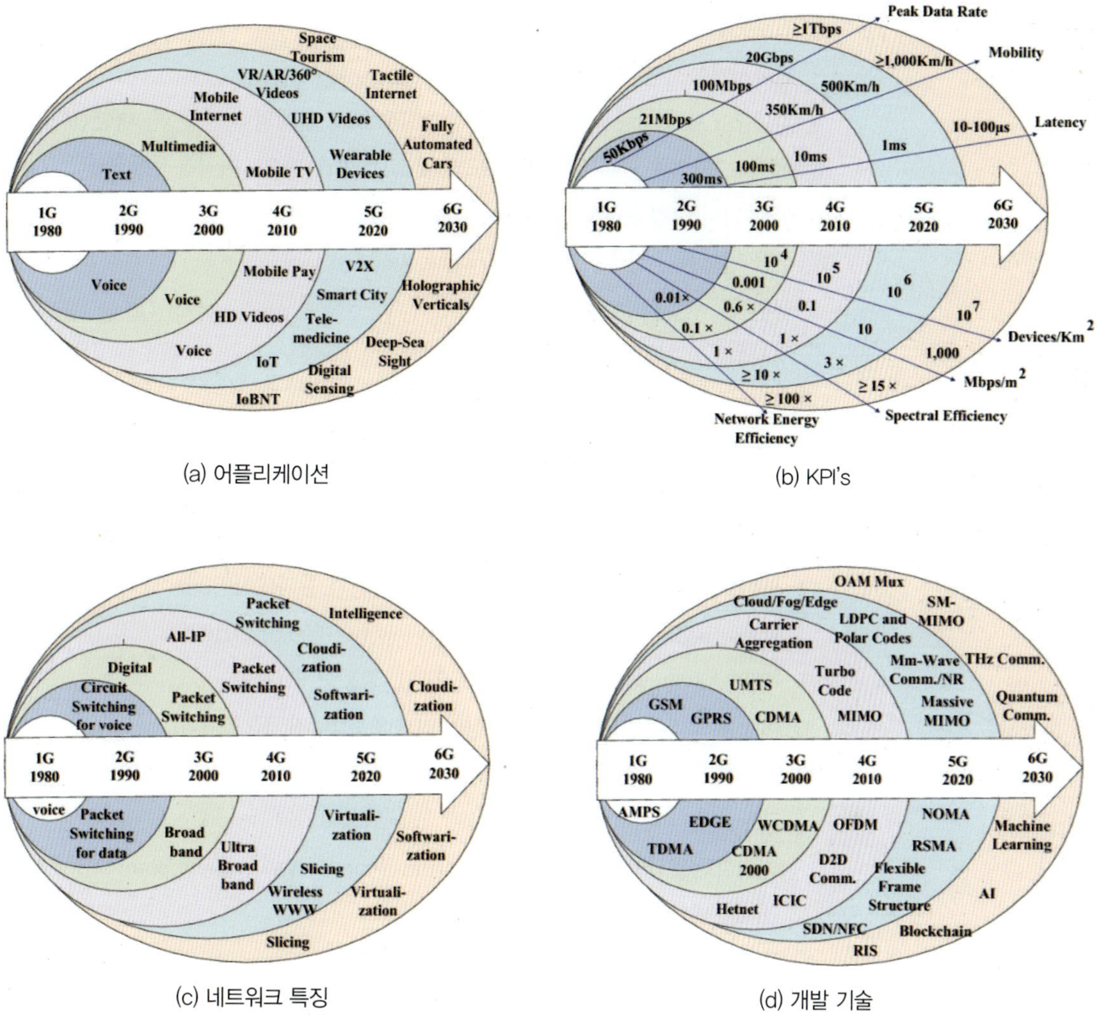

[그림 4-141] 이동통신 세대별 주요 변화 내용

참고문헌

1. 한국과학기술정보연구원 http://www.kisti.re.kr/
2. 정보통신연구진흥원 http://www.iita.re.kr/
3. 한국전자통신연구원 http://ettrends.etri.re.kr/
4. 김민구, '차기 이동통신 시장을 향한 3GPP LTE 업계의 최근동향', 대한전자공학회편
5. 이현우, 지형주, '3GPP 표준 로드맵 및 LTE 기술 개요', 한국통신학회편
6. 한국 인터넷 진흥원 http://www.nida.or.kr/
7. 한국 정보통신 기술협회 http://www.tta.or.kr/
8. 정진욱, 「컴퓨터 네트워크」, 생능출판사
9. 정진욱, 「TCP/IP와 인터넷」, 생능출판사
10. 김정우, 「최신 정보통신개론」, 21세기사
11. 한국해양정보통신학회, 「정보통신개론」, 광문각
12. 디지털타임스, "[알아봅시다] 나만의 무선랜 '마이파이'", 2009.07
13. 4세대 이동통신 핵심기술 WiBro Evolution 시스템 개발(2009.06), 박윤옥 외 4명, ETRI
14. 와이브로, LTE 4세대 이동통신 국제표준 평가 통과(2010.06), 도형래, Mediaus http://www.mediaus.co.kr/news/articleView.html?idxno=11679
15. IMT-Advanced WiBro 기술(2009.12), 권동승, ETRI
16. 이동통신기술 발전 방향 및 동향(2010.03), 김영진, ETRI
17. 대역확산통신방식(Spread-Spectrum Technology), www.rfdh.com/tech/cdma/cdma_spread.html
18. 대역확산통신방식(Spread-Spectrum Technology), rsiwin.com.ne.kr/docu/CDMA/cdma_tot.htm
19. 넥스퍼트 블로그 http://nexpert.net/55
20. IS-95 위키백과 http://ko.wikipedia.org/wiki/IS-95
21. GPRS 위키백과 http://ko.wikipedia.org/wiki/GPRS
22. CDMA2000 위키백과 http://ko.wikipedia.org/wiki/CDMA2000
23. PCS 폰과 셀룰러 핸드폰의 차이점, http://www.sciencegood.com/
24. 고속하향 패킷접속, 위키백과 http://ko.wikipedia.org/wiki/HSDPA.
25. LTE의 등장배경과 발전과정, 장연상, http://www.ktoa.or.kr
26. LTE 네트워크 구조, NETMANIA
27. LTE-A란 무엇인가, http://www.hacure.com/b/ittip-33
28. 삼성전자 유선보다 3배 빠른 4G 와이브로 내년 도입, 파이낸셜 뉴스, 2011.2.16
29. 표준화 로드맵 Wibro Evolution, TTA
30. [이머징이슈] 꿈의 차세대통신 5G, 전자신문, 2013.9.15

연습문제

객관식

01 이동통신을 이용한 서비스에 해당하지 않는 것은?

① 휴대인터넷 ② RFID
③ DMB ④ GPS

02 이동통신 기술의 진화에 대한 설명 중 잘못된 것은?

① 1세대 – 아날로그 방식, AMPS
② 2세대 – 디지털 방식, IS–95, GSM
③ 3세대 – 1Mbps 데이터통신, FDMA, CDMA, TDMA
④ 4세대 – 50Mbps~100Mbps, WiFi, Wibro

03 2차 전지 중에서 완전히 방전하지 않고 다시 충전해도 용량이 줄어드는 현상이 발생하지 않는 것은?

① 리튬–폴리머 전지 ② 니켈–카드뮴 전지
③ 알카라인 전지 ④ 납축전지

04 2세대 무선통신에 대한 설명 중 올바른 것은?

① GSM은 유럽 전기통신표준협회(ETSI)에서 제정한 디지털 셀룰러 이동통신 시스템의 표준 규격이다.
② FDMA는 하나의 전송용량을 다수의 사용자가 시간을 배정받아 접속하는 다중 접속 방식을 말한다.
③ TDMA는 차세대 디지털 이동통신 방식의 일종으로 스펙트럼 확산 기술을 채택한 방식이다.
④ CDMA는 중계기의 주파수 대역을 분할하여 각국에 할당하는 방식을 말한다.

05 2.5세대 이동통신에 속하는 것은?

① UMTS ② EDGE
③ 3GPP ④ DECT

06 2.5세대 이동통신에 대한 설명 중 잘못된 것은?

① GPRS는 유럽 디지털 이동 전화 방식 GSM 망을 기초로 한 패킷 통신 서비스이다.
② CDMAOne은 국제 단체인 CDG가 규정한 FDMA 방식의 명칭이다.
③ CDMA2000 1x는 최고 144kbps로 무선인터넷이 가능한 서비스이다.
④ GPRS는 이동통신 환경에서 IP 기반 서비스와 데이터통신 서비스를 제공한다.

07 EDGE에 대한 설명 중 잘못된 것은?

① GSM 통신망에서 최고 384kbps 속도의 정보를 전송할 수 있는 표준이다.
② 전송 속도가 GPRS보다 세 배나 빠르다.
③ MMS 등 멀티미디어 데이터통신 기능이 크게 개선된 통신 방식이다.
④ 기존의 음성 및 WAP 서비스 품질의 향상을 얻을 수 있다.

08 IS-95A, IS-95B, IS-95C에 대한 설명 중 잘못된 것은?

① IS-95A의 주파수 대역은 800MHz 또는 1.7~1.8GHz이다.
② IS-95B의 데이터 모드는 서킷/패킷 모드이다.
③ IS-95C는 단순 이동 IP를 이용하여 데이터의 이동성을 보장한다.
④ IS-95B는 화상통화가 가능하다.

09 WAP에 대한 설명 중 잘못된 것은?

① 1997년 9월에 기본 규격이 마련되었다.
② 1998년 1월에는 무선응용 통신규약 포럼을 설립하였다.
③ 1998년 4월에 버전 1.0을 확정하였다.
④ 버전 1.0에서 기존 유선인터넷의 기술을 대폭 수용하였다.

10 3세대 무선통신에 속하지 않는 것은?

① WCDMA ② UMTS
③ UWB ④ CDMA2000 1x EV-DO

11 차세대 무선통신에 대한 설명 중 잘못된 것은?

① 휴대용 단말기를 이용하여 전화를 비롯한 위성망 연결, 무선랜 접속이 가능하며, 끊김 없는 이동 서비스 제공을 목표로 한다.
② 음성 서비스에 초점을 맞추고 있다.
③ 수십~수백Mbps의 전송 속도로 대용량 데이터를 송수신할 수 있다.
④ 모든 나라가 동일한 주파수 대역을 사용하기 때문에 글로벌 네트워크 구현이 가능하게 된다.

12 4세대 이동통신 기술의 구성 요소가 아닌 것은?

① 주파수 ② 세션
③ 액세스 네트워크 ④ 코어 네트워크

13 수 GHz대의 초광대역을 사용하는 초고속 무선 데이터 전송 기술은?

① ALL-IP 네트워크 ② UWB
③ WiMax ④ WiFi

14 달리는 차 안에서도 인터넷 접속이 가능하도록 개발된 무선통신 기술은?
① 휴대인터넷 ② WiMax
③ 지그비 ④ 와이파이

15 무선 센서 네트워크에 대한 각국의 연구 활동 중 잘못된 것은?
① 마이크로소프트 – Easy – Living ② 일본 – 트론, u네트워크
③ 유럽 – 스마트 사물, EYES ④ 한국 – 피코라디오

16 5G의 3대 특징이 아닌 통신은?
① 고속 데이터 통신 ② 저지연 및 신뢰 통신
③ 대용량 통신 ④ 보안 통신

17 차세대 이동통신 6G에서 사용하게 될 주파수 대역폭은?
① 기가헤르츠(GHz) ② 메가헤르츠(MHz)
③ 테라헤르츠(THz) ④ 800MHz

주관식

01 전파라는 매체를 이용하여 이동하면서 통신을 하는 새로운 형태의 통신 서비스를 무엇이라고 하는가?

02 전자기파의 존재를 실험으로 최초로 증명한 사람은 누구인가?

03 사용자 셀에서 다른 셀로 이동할 때 통화 채널을 자동적으로 전환해 주는 것을 무엇이라고 하는가?

04 휴대 전화기를 사용하여 인터넷 정보를 신속히 검색, 표시할 수 있는 통신 규약은 무엇인가?

05 IP 프로토콜을 기반으로 하여 음성, 오디오, 비디오 및 데이터 등의 멀티미디어를 복합적으로 제공하는 것을 기본적인 서비스 목표로 하는 시스템을 무엇이라고 하는가?

06 차세대 이동통신 규격인 6G의 특징을 3가지 이상 서술하라.

CHAPTER

05 통신 관련 기술들

5.1 인터넷이란?

5.1.1 프로토콜이란?

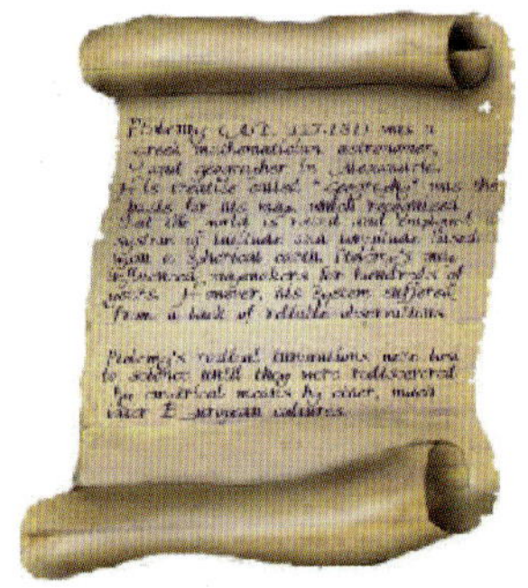

[그림 5-1] 프로토콜 본래의 의미는 외교에서 의례 또는 의정서를 나타내는 말이지만, 네트워크 구조에서는 통신을 원하는 두 개체 간에 무엇을, 어떻게, 언제 통신할 것인가를 서로 약속한 규약입니다.

각기 다른 언어를 가진 나라의 사람들이 만나면 언어의 차이로 의사소통의 어려움을 겪게 됩니다. 그러한 문제를 해결하기 위해서는 국제 공용어를 지정하여 대화를 진행하는 것이 하나의 방법이 될 수 있습니다. 컴퓨터 간의 통신에서도 시스템의 차이에 의해 연결이 되지 않는 문제가 발생할 수 있기 때문에, 이종의 시스템 간에도 통신을 수행하기 위해서는 일련의 표준이 필요하게 됩니다. 이러한 표준이나 협약들을 프로토콜이라고 합니다. 프로토콜은 외교 의례 또는 의정서에서 유래된 것입니다.

[그림 5-2] 서로 다른 언어를 쓰는 사람들이 만나면 의사소통의 어려움을 겪게 됩니다.

5.1.2 OSI(Open System Interconnection) 7계층이란?

OSI 7계층은 ISO(International Standard Orgainization)에서 통신의 효율성을 높이고자 일련의 통신 과정을 7개의 계층으로 구분하고 각 단계의 프로토콜과 서비스를 표준화한 네트워크 모델을 말합니다. 이러한 형태를 참고하라는 의미로 참조 모

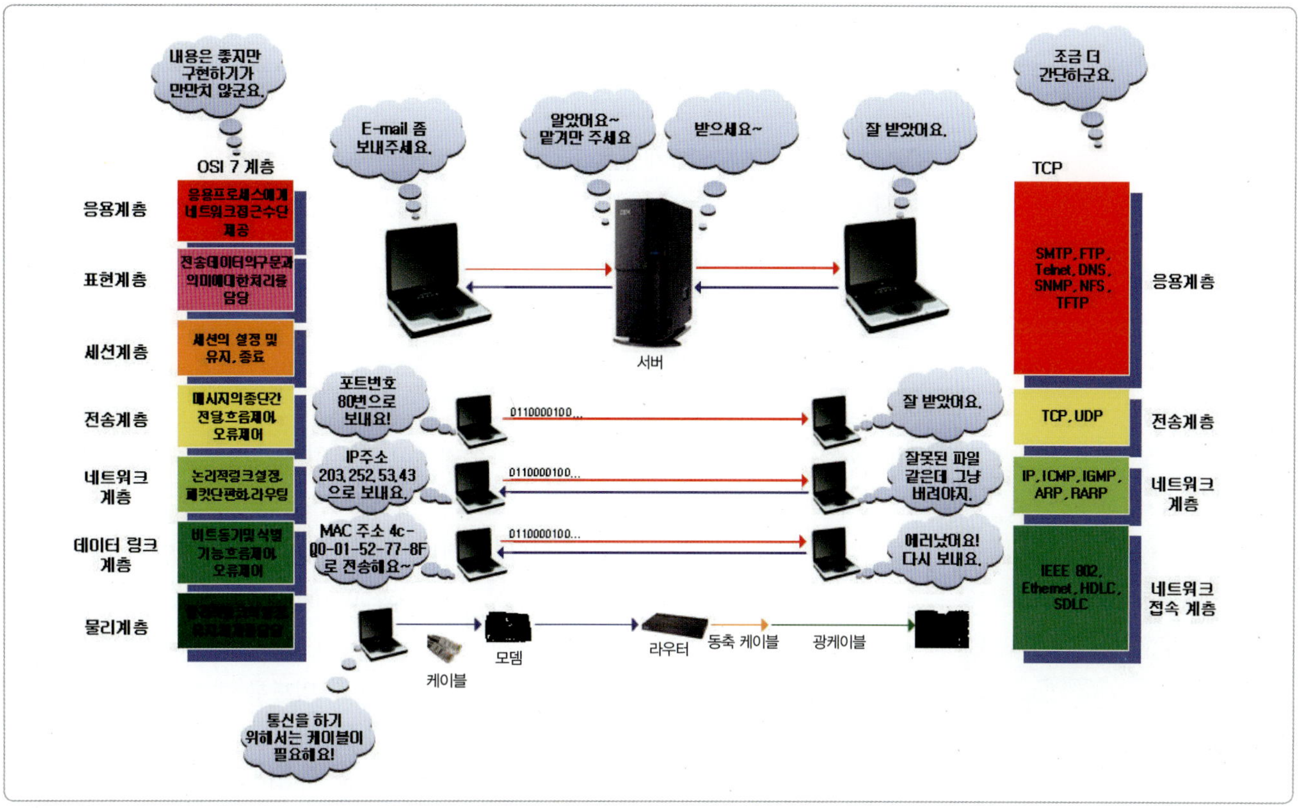

[그림 5-3] TCP/IP 계층과 OSI 7계층의 비교

Tip ● 그럼 OSI 7계층과 TCP/IP는 어떤 관계인가요?

ISO의 OSI 7계층과 인터넷 프로토콜 그리고 TCP/IP 프로토콜과의 계층별 기능 비교는 [그림 5-4]와 같다고 볼 수 있습니다. 서로 다른 듯하지만 결국에는 비슷한 기능들을 하고 있는 것이기도 하죠.

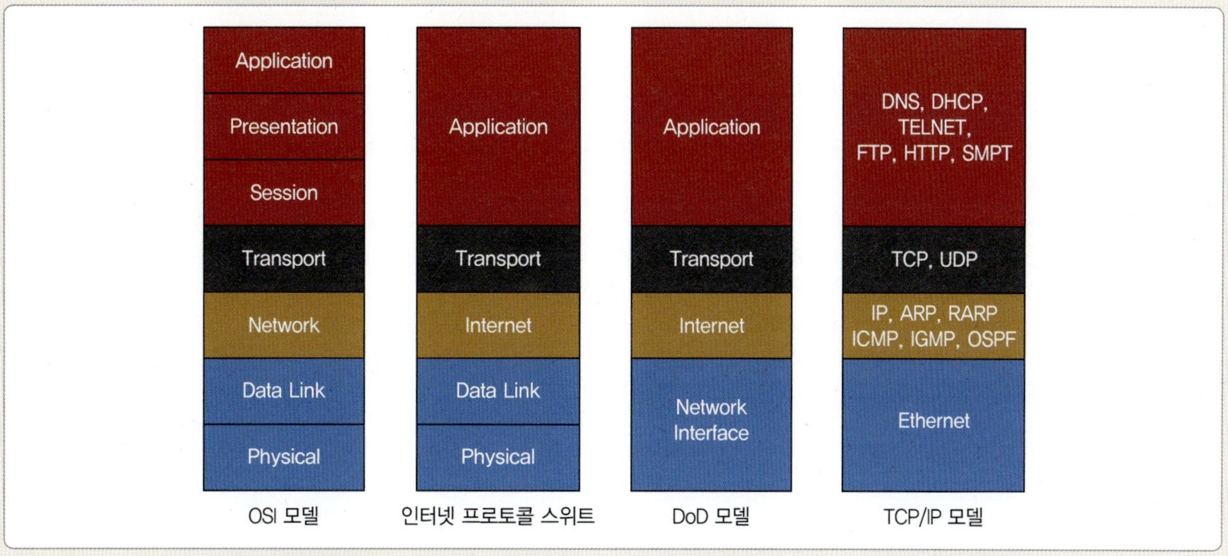

[그림 5-4] 통신 모델과 TCP/IP 프로토콜

델(Reference model)이라고도 합니다. 그러나 OSI 표준은 전 세계적인 합의를 필요로 하는 사항이기 때문에 진척이 더딜 수밖에 없었고, 이에 미국 정부가 긴박한 필요성에 의해 만들어 낸 것이 바로 TCP/IP(Transmission Control Protocol / Internet Protocol)입니다. OSI 7계층이 표준화된 네트워크 참조 모델이라면 TCP/IP는 인터넷에서 실제로 사용되는 산학계 표준이라고 할 수 있습니다.

OSI 7계층과 달리 TCP/IP는 링크 계층, 네트워크 계층, 전송 계층, 응용 계층으로 나눌 수 있습니다.

5.1.3 인터넷이란?

[그림 5-5] 인터넷은 거미줄과 같은 형태를 띠고 있습니다.

인터넷은 전 세계의 컴퓨터들이 하나로 연결되어 있는 지구상에서 가장 큰 네트워크로 거미줄과 같은 형태를 띠고 있으며 수많은 정보를 주고받을 수 있기 때문에 '정보의 바다', '자원의 보고'라고도 부릅니다. 인터넷은 미국 국방성에서 개발한 TCP/IP 프로토콜을 기반으로 LAN(Local Area Network)과 WAN(Wide Area Network)들을 연결하여 '네트워크의 네트워크(Network of Network)'를 이루고 있습니다. 각각의 네트워크들을 연결하여 하나의 네트워크처럼 사용할 수 있도록 해주는 기술을 일반적으로 '인터네트워킹'이라고 합니다.

정보 공유를 목적으로 사용되던 인터넷은 그 이후에 전자메일, 메신저, 채팅, 뉴스 검색과 토론, 온라인 게임 등의 다양한 목적을 위해 사용되고 있으며, 현재는 멀티미디어 서비스를 제공하여 실시간으로 TV 프로그램을 시청하거나 영화를 보는 일도 가능해졌습니다.

Tip **인트라넷(Intranet)과 엑스트라넷(Extranet)이란?**

인트라넷은 어떠한 조직, 예를 들면 기업이나 공공기관, 학교 내에 속해 있는 사설 네트워크로서, 여러 개의 LAN으로 구성될 수 있고, WAN에서는 전용회선이 사용되기도 합니다.

인트라넷의 주요 목적은 조직의 정보와 컴퓨팅 자원을 구성원들 간에 서로 공유하여 업무의 능률을 높이는 데 있습니다. 초기에는 인사이동 및 복리후생, 전화번호 안내 등을 게시하는 것이 주된 기능이었으나 웹 기술의 발달로 인트라넷의 처리 능력이 확대되면서 사용 분야도 전자 문서 작성, 기업 데이터베이스와의 연계, 전자회의, 협업, 정보 공유, Groupware 등으로 확대되고 있습니다.

인트라넷은 TCP/IP, HTTP(HyperText Transfer Protocol) 등의 인터넷 프로토콜을 사용하므로 인터넷의 일종이라고 볼 수 있지만 공중 인터넷에 접속할 때는 항상 방화벽 서버를 통과하게 하여 조직 내의 정보가 외부로 유출되는 것을 막아 보안을 유지합니다. 또한 개인별 사용자 ID와 암호를 부여하여 인증되지 않은 사용자로부터의 접근을 방지합니다.

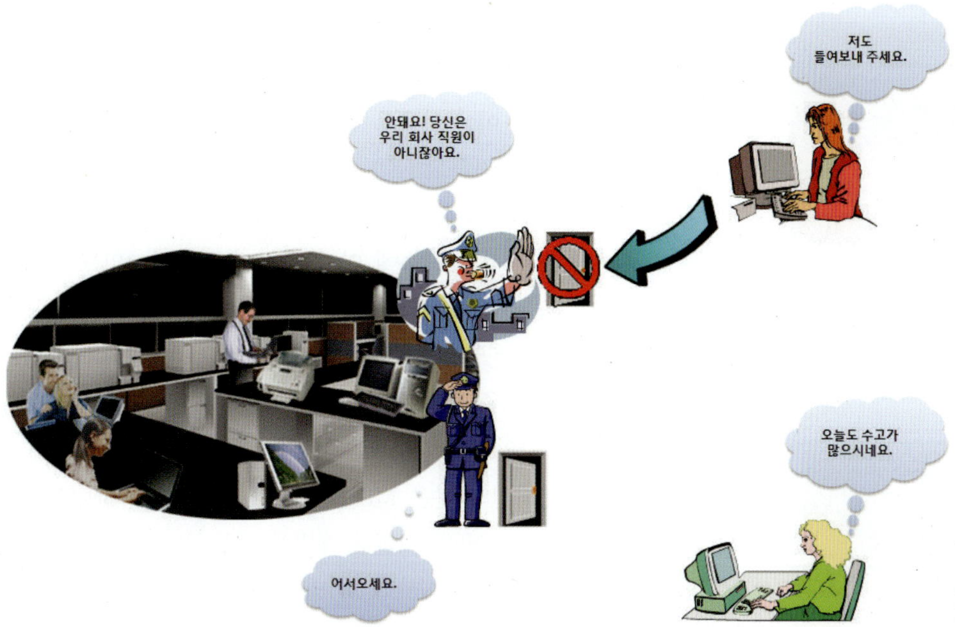

[그림 5-6] 인트라넷

인트라넷과 함께 자주 거론되는 네트워크 형태의 하나로서 고객이나 협력사, 공급사와 같은 회사 외부 사람들에게 네트워크 접근을 허용하는 것을 엑스트라넷이라고 합니다. 즉, 인트라넷이 내부 사용자 간의 정보 공유가 목적이라면, 엑스트라넷은 공통된 관심과 이익, 사업을 추진하는 데 있어 협동하는 특정 집단의 통신 채널이라는 점에서 차이가 있습니다. 인트라넷과 엑스트라넷을 방화벽 안과 바깥으로 구별할 수 있는데, 방화벽 안에 있어 보호되는 조직 내부의 정보 처리 환경은 인트라넷이고, 방화벽 바깥에 존재하여 해당 조직과 관련된 집단의 통신 인프라를 엑스트라넷으로 볼 수 있습니다.

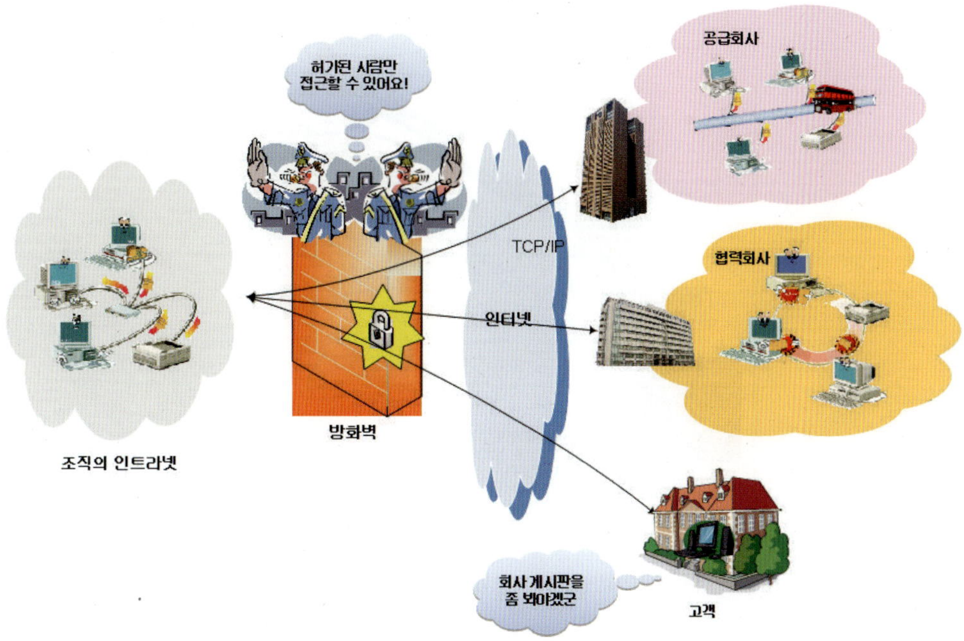

[그림 5-7] 인트라넷은 조직 내의 정보 공유와 컴퓨팅 자원의 공유를 목적으로 사용합니다.

5.1.4 인터넷의 역사는 어떻게 되나요?

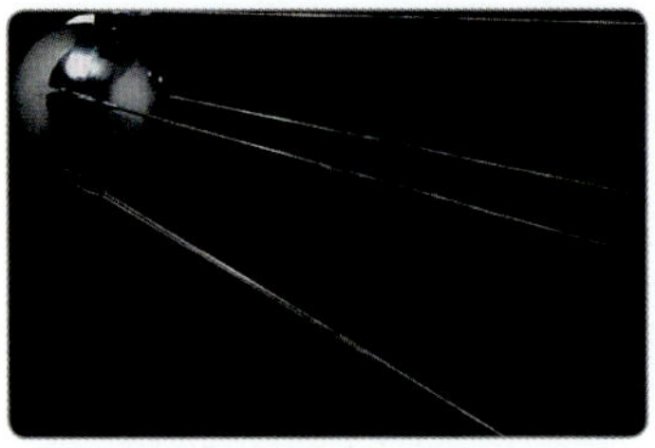

[그림 5-8] 소련이 쏘아올린 최초의 인공위성 'Sputnik'

1960년대 냉전체제하에서 미국과 소련은 서로 군사적인 우위를 차지하기 위해 여러 분야에서 경쟁을 하였습니다. 이때 소련에서 최초의 인공위성인 Sputnik을 쏘아올리는 사건이 있었습니다. 이에 자극을 받은 미국은 ARPA(Advanced Research Project Agency)라는 기관을 설립하고 UCLA 대학, 스탠포드 연구소, 유타 대학, 캘리포니아 대학을 연결하는 컴퓨터 통신망인 ARPANET을 구축하였습니다. ARPANET의 구축 목적은 전쟁 상황에서 적의 공습에 의해 시스템이나 네트워크의 한 부분이 파괴되어도 동작할 수 있는 안전한 네트워크를 만드는 것이었습니다.

[그림 5-9] 미 DoD 산하의 ARPA의 모습

ARPANET은 시범 운영을 거친 후 1972년 일반인에게 공개되었으며, 프로토콜을 TCP/IP로 통일하여 기종에 관계없이 정보교환을 가능하게 하였습니다. 프로토콜이 통일되고 유용성이 확인됨에 따라 ARPANET의 사용자가 급증하게 되었습니다. 최초의 목적이었던 군사적인 부분은 MILNET(MILitary Network)이라는 새로운 네트워크로 분리되었고, ARPANET은 연구 개발용 네트워크로 사용되게 되었습니다. 한편 1970년대 말에 미국의 NSF(National Science Foundation)는 연구목적으로 5개의 슈퍼컴퓨터 센터를 모든 대학과 연구기관이 사용할 수 있도록 NSFNET이라는 것을 구축하였습니다. 1980년대에 들어와 NSFNET이 더욱 발전적인 네트워크를 자체 구축하게 되자 많은 사람들이 NSFNET을 이용하게 되었고, 자연스럽게 ARPANET은 NSFNET에 흡수 통합되게 되었습니다. 이후 NSFNET에 전 세계의 네트워크가 연결되었고 이것이 바로 현재의 인터넷으로 발전하게 되었습니다.

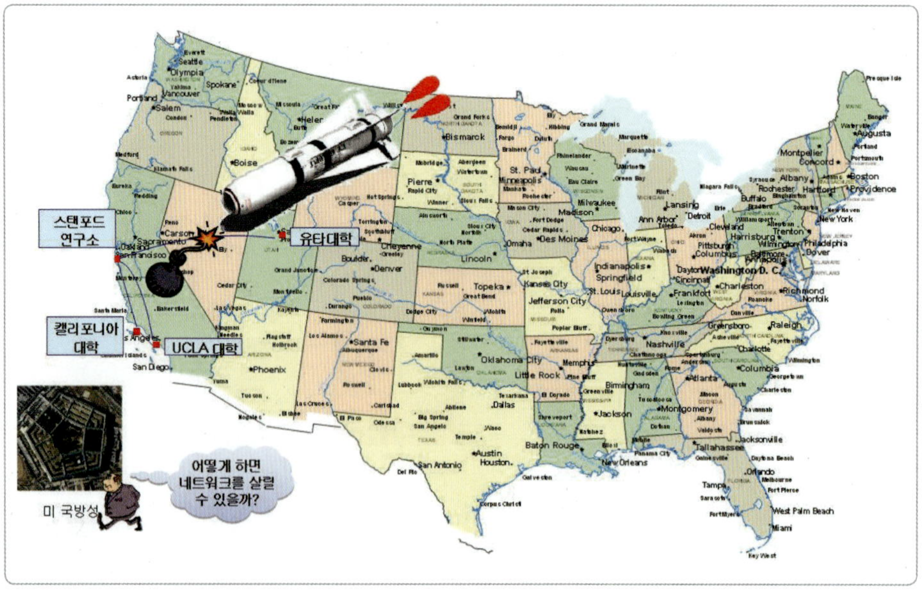

[그림 5-10] 인터넷의 기원인 ARPANET

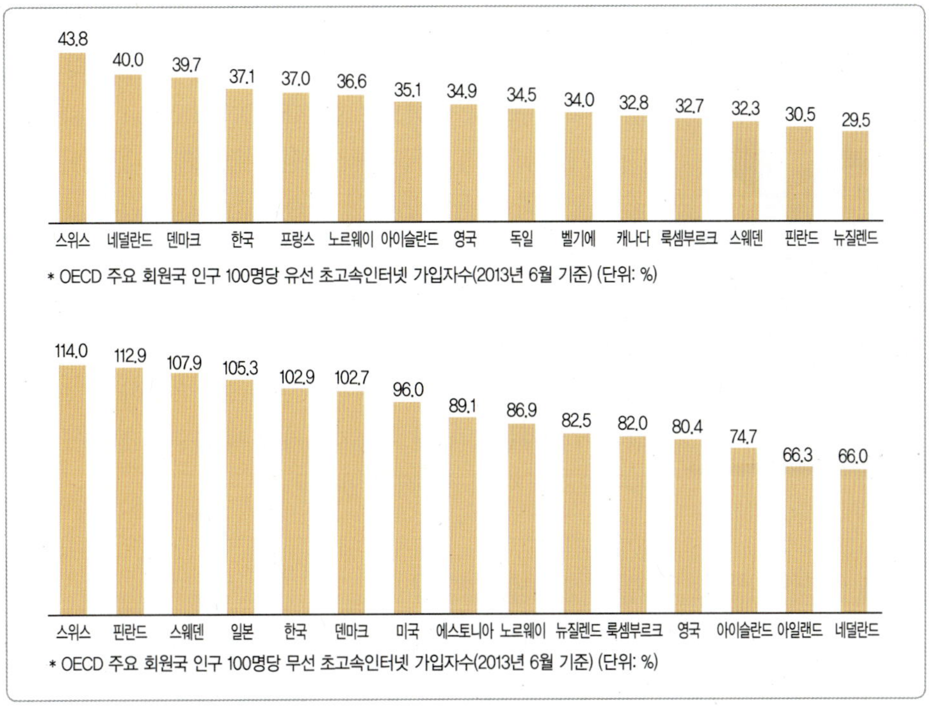

[그림 5-11] 초고속 인터넷 가입자수

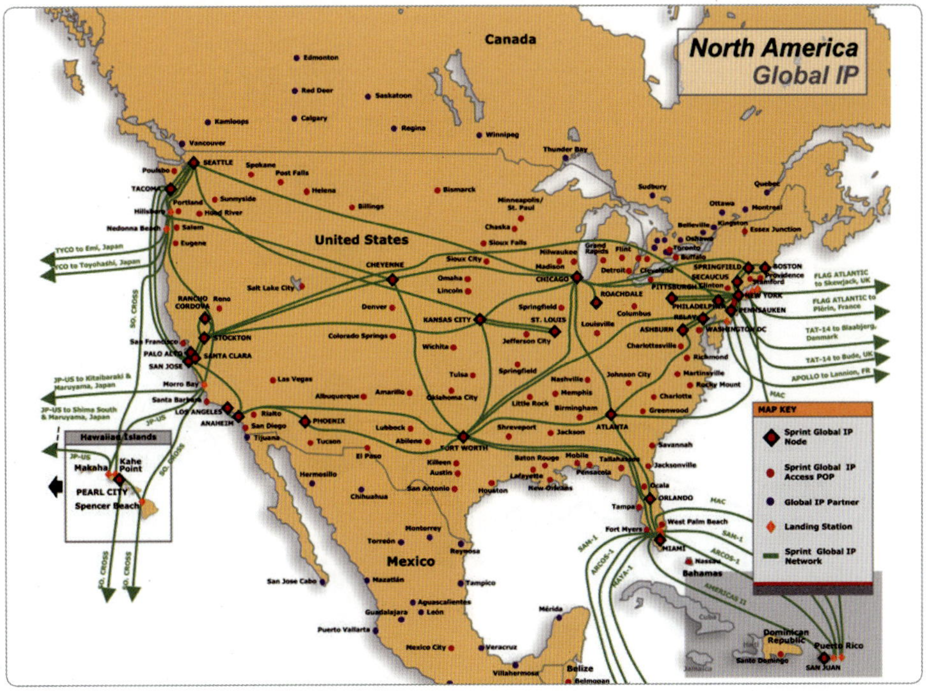

[그림 5-12] 미국의 Sprint 사의 IP 백본망

우리나라에서는 1982년에 서울대학교와 전자통신연구소 간의 TCP/IP를 이용한 SDN(System Development Network) 연결을 시초로 하여 1983년에 5대 전산망 구

[그림 5-13] KREONET 홈페이지

축계획이 세워지고 이에 따라 서울대학교 중심의 교육망인 KREN(Korea Education Network), 과학기술원의 시스템 공학연구소를 중심으로 한 KREONet(Korea Research Open Network), 한국과학기술원을 중심으로 대학 및 연구소를 연결하는 하나망 등이 구축되었습니다. 그후 1990년에 미국의 하와이대학과 인공위성을 통해 56kbps급의 회선을 통해 연결하였고 이것이 국내 인터넷의 시작이 되었습니다. 1994년 한국통신에서 일반인을 대상으로 인터넷 서비스가 보급되었으며 2000년부터 인터넷 전용선이 가정에 보급되어 현재는 인터넷 이용자수가 전체 인구의 절반이 넘는 수준으로까지 발전하게 되었습니다.

5.1.5 인터넷 주소 체계를 알아볼까요?

우리가 살고 있는 집에는 주소가 있고 누군가에게 편지를 보내기 위해서는 받는 대상의 주소를 알아야 합니다. 이처럼 인터넷에서도 네트워크와 호스트 각각의 위치를 구분하기 위해 유일한 주소가 필요한데 이를 IP 주소라고 합니다.

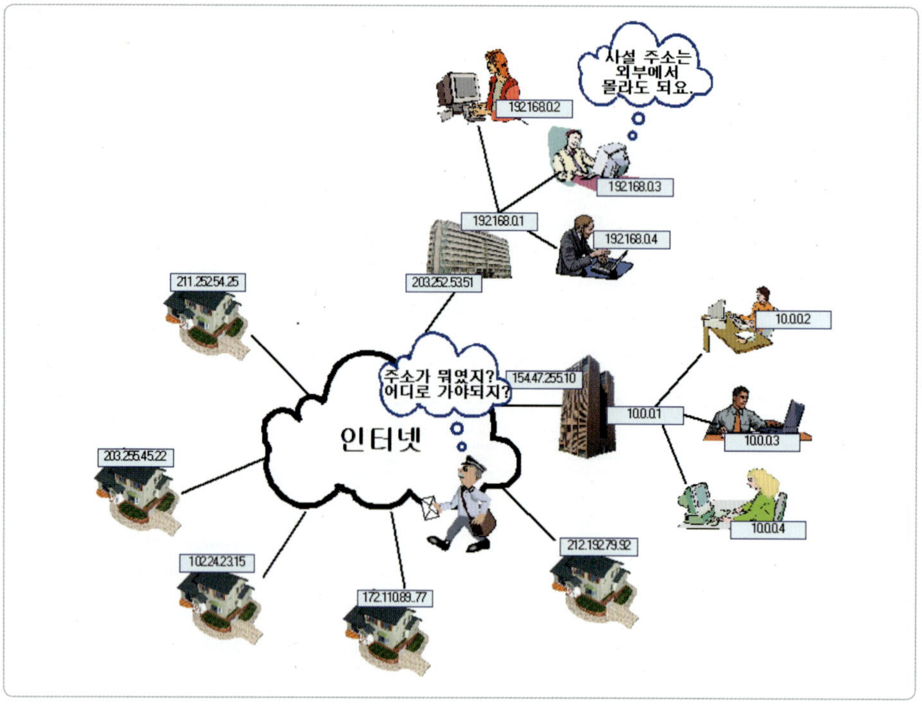

[그림 5-14] 인터넷에 접속한 모든 컴퓨터는 IP 주소를 가지고 있습니다.

IPv4 주소는 8비트의 2진수 4개, 즉 총 32비트로 구성되고 각 부분은 '.' 으로 구분됩니다. 공인 IP 주소는 고유한 것으로 2대 이상의 컴퓨터가 동일한 IP 주소를 가질

Tip 인터넷 백본이 뭔가요?

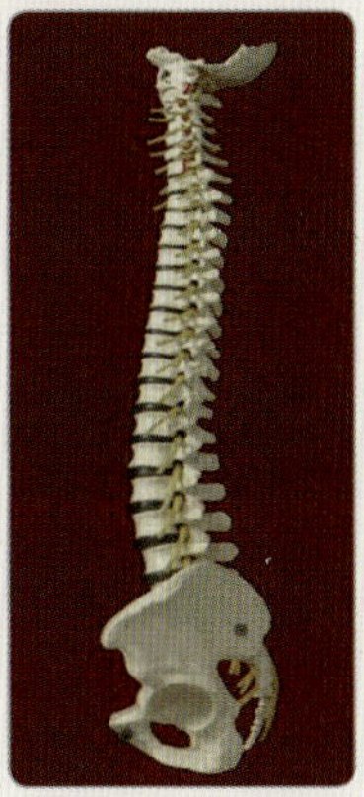

[그림 5-15] '백본'은 사람의 '등뼈'와 유사한 역할을 합니다.

[그림 5-16] 백본 스위치

백본(Backbone)은 '등뼈' 혹은 '척추'라는 의미처럼 인터넷의 척추 역할을 하는 네트워크를 뜻합니다. 빌딩 간의 연결처럼 랜 안에서 거리를 효율적으로 늘이기 위한 회선을 뜻하기도 하며, 또한 WAN에서 장거리 접속을 위해 연결되어 있는 고속 전용 회선을 뜻하기도 합니다. 백본의 각 접속점은 네트워크 노드 혹은 백본 스위치라고 합니다.

Tip IPv4 주소라는 건 또 무엇인가요?

네트워크에 연결되기 위해서는 모든 장비들이 개별적인 구분자를 부여 받아야만 서로 정확한 정보의 송 · 수신이 가능해집니다. 우리가 각자 집주소를 부여하여 서로를 구분함으로써, 편지나 기타 관련된 정보나 자료들을 서로 주고받듯이 말입니다. 이와 같은 구분자를 네트워크상에서는 IP가 수행한다고 보면 됩니다.

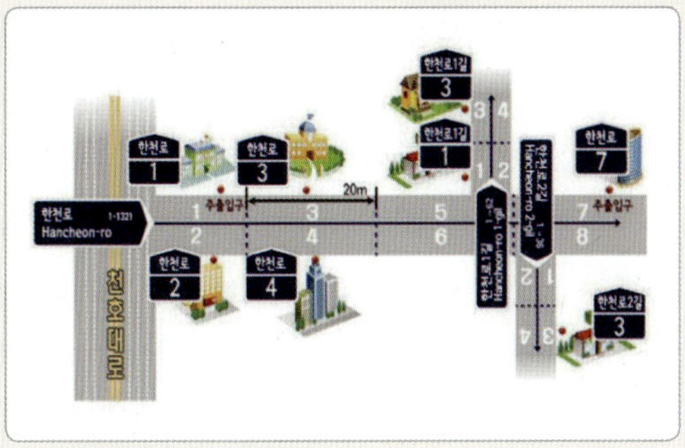

[그림 5-17] 집주소 구성 체계

[그림 5-18] IPv4 주소 구성 체계

Tip 그리운 IPv4 주소

지금까지 인터넷 대표 주소로 사용되어 왔던 IPv4 주소가 국내에서는 2011년 4월 15일부터 신규 할당이 중단되었습니다. 더 이상 국내에서는 돈을 주고도 IPv4 주소를 살 수 없다는 의미입니다. 이와 더불어 국내에서는 본격적으로 IPv6로 전환한다는 계획을 추진하고 있습니다. 즉 향후에는 IPv6 주소만 할당되고 단말이나 네트워크 장비 또한 필수적으로 IPv6를 지원해야 합니다. 잘 가요 IPv4…….

수 없습니다. IP 주소는 사용자가 임의로 사용할 수 없고 IP 주소를 부여해주는 기관이 따로 존재합니다. 전 세계의 IP 주소는 InterNIC이 담당하여 관리하며, 각 대륙별, 국가별 기구도 따로 있고 우리나라는 KRNIC에서 관리하고 있습니다. IP 주소체계는 네트워크 그룹의 크기에 따라 5클래스로 구분하였으며, A, B, C 클래스는 일반 사용자에게 할당되고 D 클래스는 멀티 캐스트를 위한 주소이며, E 클래스는 현재는 사용되지 않는 주소체계로 실험 또는 특수목적용으로 예약된 IP 주소입니다. 그러나 IP 주소가 부족해짐에 따라 효과적으로 IPv4 주소를 사용하기 위해서 클래스를 구분하지 않는 방법(classless)이 개발되었고 널리 사용되고 있습니다. IP 주소는 네트워크의 구분을 위한 네트워크 ID와 네트워크에 연결된 컴퓨터들을 구분하기 위한 호스트 ID로 구성됩니다.

5.1.6 WWW(World Wide Web)가 뭔가요?

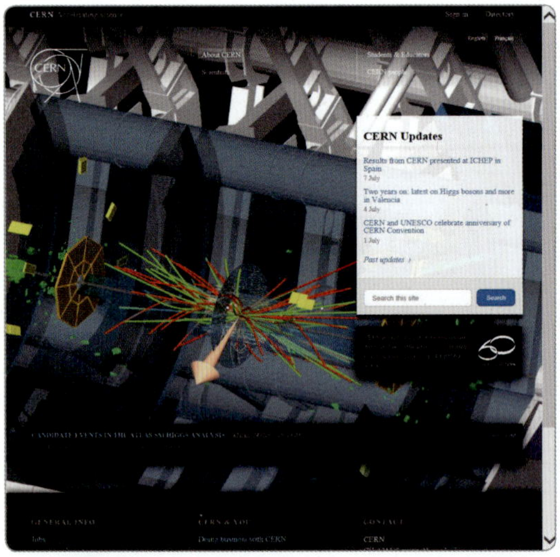

[그림 5-19] CERN의 홈페이지

월드와이드웹은 인터넷 멀티미디어 서비스로서 유럽 입자물리학 연구소(CERN; European Laboratory for Particle Physics)에서 얻어지는 연구결과 및 자료의 효율적인 공유를 목적으로 '팀 버너스 리'의 제안으로 개발되었습니다. 기존 인터넷 서비스들, 즉 FTP, Archie, Usenet, Gopher와는 차원이 다른 서비스를 제공하며 일반 사용자가 편리하게 정보에 접근할 수 있게 하였습니다.

주로 문자를 기반으로 전송하던 다른 인터넷 서비스들과는 달리 WWW 서비스는 윈도우의 그래픽 사용자 인터페이스(GUI)를 최대한 살려 사진과 그래픽, 음성과 동영상 등을 하이퍼텍스트라는 편리한 방법으로 검색할 수 있게 해줍니다. 하이퍼텍스트란 연결된 문서라는 의미로 각각의 문서가 다른 문서 내의 특정 위치로 연결될 수 있습니다. 하이퍼텍스트 자료는 HTML(HyperText Markup Language)이라는 언어를 통해 표현되며, 이러한 문서들은 HTTP(HyperText Transfer Protocol)라는 통신 프로토콜을 사용하여 전송됩니다. 이런 하이퍼텍스트 문서들을 연결하는 방법을 하이퍼링크라고 합니다. 하이퍼텍스트와 멀티미디어를 합쳐서 하이퍼미디어라고 합니다.

WWW 서비스를 이용하기 위해서는 웹 브라우저를 사용해야 합니다. 웹 브라우저는 접속하고자 하는 사이트의 호스트 컴퓨터에 접근하여 원하는 정보를 보기 쉬운 형태로 바꾸어서 사용자에게 보여주는 프로그램입니다. 현재 가장 많이 사용되는 웹 브라우저는 마이크로소프트 사의 익스플로러가 있습니다. 마이크로소프트 사에서 자사 제품인 윈도우에 익스플로러를 통합하여 판매하기 시작하면서 익스플로러의 점유율이 높아지게 되었습니다. 익스플로러 이외에도 넷스케이프 사의 네비게이터, 오픈소스 웹 브라우저인 모질라, 모질라에서 유저인터페이스 부분을 개선하여 출시한 파이어폭스 등이 있습니다.

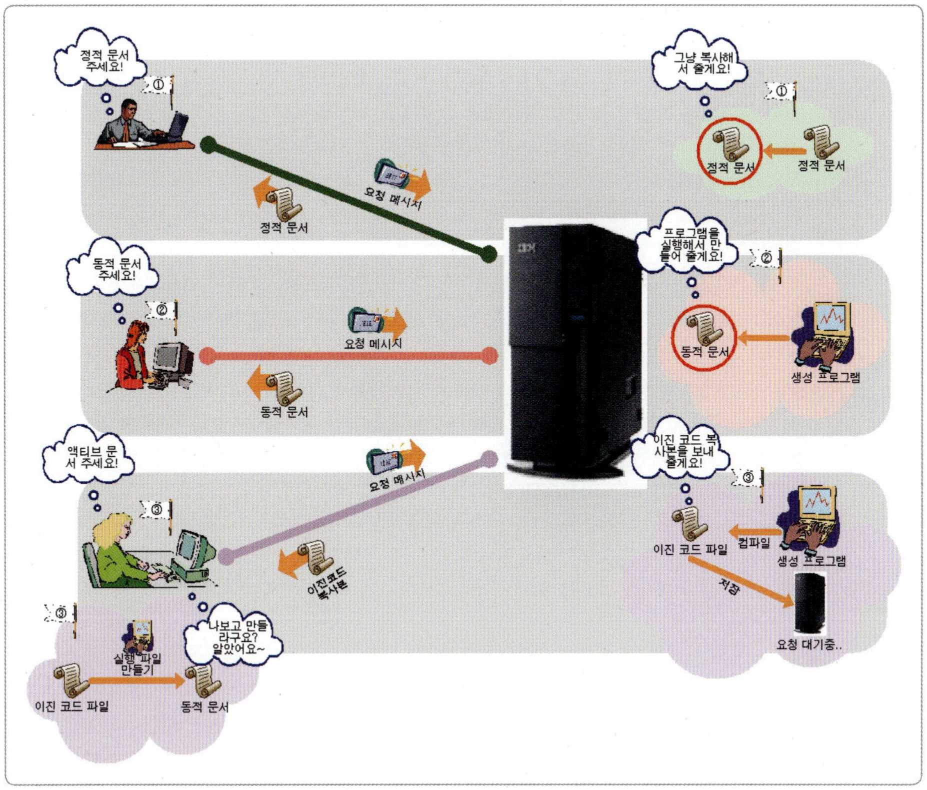

[그림 5-20] WWW 서비스 과정

Tip 브라우저의 역사

[그림 5-21] 일리노이 대학의 NCSA

[그림 5-22] 마크 안데르센(좌)과 에릭 비나(우). 노벨상을 줄만 하지요?

WWW 서비스가 제공되기 시작한 후 사용자 인터페이스가 개선되면서 인터넷 사용 환경과 사용자층의 확대가 급속도로 증가할 것이라고 기대되었습니다. 그러한 기대를 현실화한 사람은 미국 일리노이 대학의 슈퍼 컴퓨팅 센터(NCSA: National Center For Supercomputing Applications)에서 연구하고 있던 마크 안데르센(Marc Andressen)과 에릭 비나(Eric Bina)로 1992년 11월 최초의 GUI형 웹 브라우저인 '모자익(Mosaic)'을 개발하였습니다.

유닉스(Unix), IBM-PC, 매킨토시(Maccintosh)용 버전이 함께 개발되었습니다. 모자익은 텍스트가 아닌 그래픽을 이용한 편리한 인터페이스를 통하여 초보자들도 쉽게 이용할 수 있었으며 많은 부가 서비스를 이용할 수 있는 가능성을 열어 놓아 WWW가 인터넷의 대표적인 서비스로 자리매김하는 데 결정적인 역할을 하였습니다. 모자익 개발 초기에는 신경 쓰지 않던 NCSA가 모자익의 인기가 상승하자 소유권을 주장하기 시작하였고, NCSA의 태도를 마음에 들어 하지 않던 마크 안데르센은 학부를 졸업한 후 NCSA를 떠나게 되었습니다.

그러한 그를 찾은 것은 스탠포드 교수이자 실리콘 그래픽스 사(SGI)의 창립자인 짐 클라크(Jim Clark)였습니다. SGI를 그만두고 새로운 사업을 구상 중이던 그는 모자익의 가능성에 공감하여 웹 브라우저를 이용한 쌍방향 TV 서비스를 위해 그를 찾았던 것입니다. 웹 브라우저가 싫어졌던 마크는 NCSA의 모자익 프로젝트에 참여했던 연구원들을 스카웃하여 모자익 커뮤니케이션즈(Mosaic Communications)를 설립한 후 모자익을 물리친다는 의미에서 모질라(Mozilla: Mosaic Killer의 줄임말) 프로젝트를 시작하였습니다.

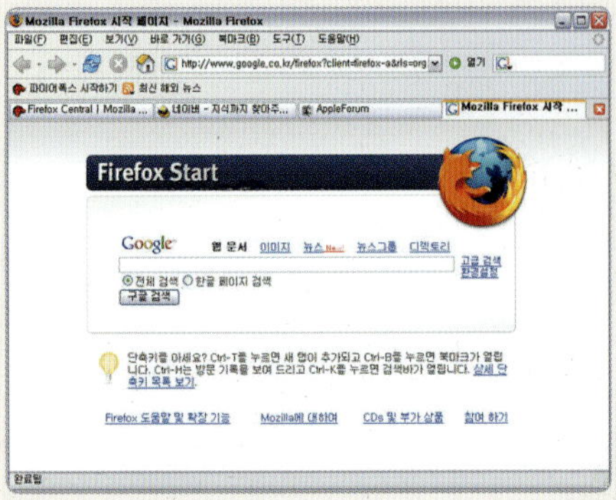

[그림 5-23] 모질라 재단의 야심작 '파이어폭스'

마침내 1994년 10월, 모자익 커뮤니케이션은 '모자익 넷스케이프'라는 새로운 브라우저를 발표하였습니다. '모자익'보다 10배가 빠르고 탁월한 확장성을 가지고 있었기 때문에 웹 브라우저 시장을 쉽게 점유할 수 있었습니다. 그러나 곧 일리노이 대학과 코드 유사성 분쟁을 겪기 시작했습니다. 개발단계에서 이미 예상된 분쟁이었으므로, 코드를 새로 짜는 등의 노력을 하였지만 소송을 피할 수는 없었습니다. 결국 '모자익 넷스케이프'는 '넷스케이프 네비게이터'로 이름이 바뀌었고, 회사명도 '넷스케이프 커뮤니케이션즈(Netscape Communications)'로 변경하였습니다.

넷스케이프가 나온 초기에 웹 사용자 수는 200만 명이었으나, 1995년 여름에는 천만 명을 돌파하였습니다. 그리고 다음 해에 3.0버전을 발표했을 때에는 3천 8백만 명의 사용자가 이용하고 3억 달러의 매출을 올리게 되었습니다. 그러나 곧 마이크로소프트에 의한 새로운 웹 브라우저, '인터넷 익스플로러(Internet Explorer)'에 의해 위협을 받게 되었습니다. 사실 초기에는 익스플로러의 성능이 넷스케이프 네비게이터의 성능을 따라올 수 없었지만 마이크로소프트 사에서 자사 제품인 윈도우에 익스플로러를 통합하여 판매하기 시작하면서부터 익스플로러의 점유율이 월등히 높아졌습니다.

Tip HTML과 신세대 HTML, HTML5

HTML은 하이퍼텍스트 마크업 언어(HyperText Markup Language)라는 의미를 가지고 있으며 웹 페이지 저작을 위한 마크업 언어입니다. 마크업이란 화면에 어떻게 보일 것인지 또는 문서의 구조를 나타내기 위해 사용되는 특정 문자들이나 기호를 의미합니다. 즉 HTML은 웹 브라우저상에 정보를 표시하기 위한 언어의 일종입니다. HTML은 웹 페이지의 제목, 단락, 목록 등과 같은 본문을 구성할 수 있는 손쉬운 방법뿐만 아니라 링크, 인용과 같은 항목들을 웹 페이지에 문서화 할 수 있는 방법을 제공합니다. 또한 이미지와 객체를 포함할 수 있는 방법을 제공하고 대화형 양식을 생성할 수도 있습니다.

HTML은 SGML(Standard Generalized Markup Language)을 모태로 만들어진 표준 언어입니다. HTML에서 웹 페이지의 제목, 문단, 그리고 하이퍼링크와 같은 내용들은 모두 꺽쇠('〈'과 '〉')에 둘러싸인 '태그'로 작성됩니다. HTML은 객체 기반의 스크립트 프로그래밍 언어인 자바스크립트와 정보의 외관과 배치를 정의하는 CSS(Cascading Style Sheet)와 같은 스크립트를 포함하거나 불러와 함께 사용할 수 있습니다.

HTML의 기원을 잠시 살펴볼까요? 1989년 팀 버너스리가 WWW의 하이퍼텍스트 시스템을 고안하면서 최초의 웹 서버와 웹 브라우저 그리고 HTML이 탄생되었습니다. URL, HTTP, 그리고 HTML의 최초 설계자가 바로 팀 버너스리입니다. 이후 웹의 폭발적인 증가에 힘입어 웹 페이지를 작성하는 여러 가지 기능들에 대한 요구 사항이 증가하게 되었고 이를 반영하여 많은 항목(태그)들이 추가되기 시작하였습니다. 그러나 몇몇 태그들은 특정 브라우저에서만 동작하는 등의 호환성 문제가 제기되면서 웹 표준의 필요성이 대두되었습니다.

다음으로 HTML의 역사를 잠깐 살펴볼까요? HTML이라는 용어는 1991년에 처음 사용되었고, 1995년 W3C에서 HTML 2.0 표준안을 정식으로 발표했습니다. 그 이후 계속해서 문제점들을 보완하고 업데이트하여 지금 최종 표준안이 완성된 최종 버전은 1999년에 제정된 HTML 4.01입니다. HTML을 XML 형태로 사용할 수 있도록 한 XHTML 또한 별도로 제정되어 최신 버전은 2001년 발표된 XHTML 1.1입니다. 현재 대부분의 웹 페이지는 HTML 4.01 과 XHTML 1.1 형태로 작성된 것입니다.

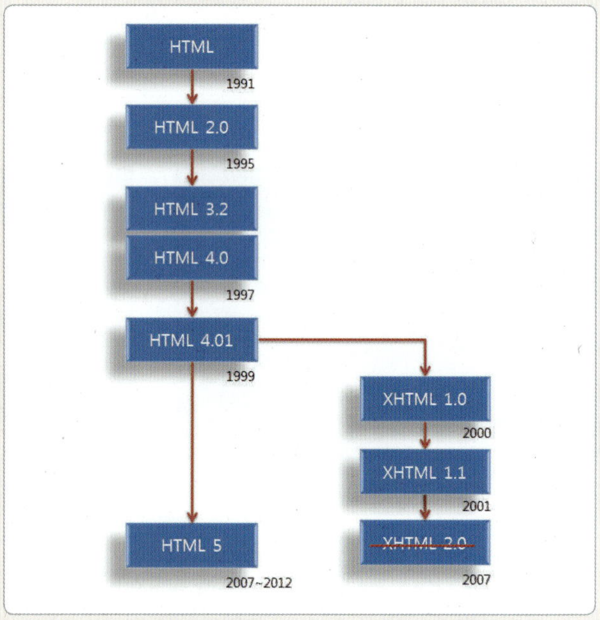

[그림 5-24] HTML의 역사(출처: http://www.betanews.kr/article/535885)

HTML5는 웹 문서를 만들기 위한 마크업 언어 HTML의 최신 규격입니다. 즉 HTML 4.01, XHTML 1.1이 차기 버전입니다. HTML5는 액티브X(Active X)를 설치하지 않아도 해당 기능을 구현할 수 있고, 특히 플래시(flash)나 실버라이트(Silverlight), 자바FX(JAVA FX) 없이도 웹 브라우저(web browser)에서 화려한 그래픽 효과를 낼 수 있도록 설계되었습니다. 2004년 6월 WHATWG(Web Hypertext Application Technology Working Group)에서 웹 애플리케이션 1.0이라는 이름으로 표준화 작업을 시작하였습니다.

[그림 5-25] HTML을 사용한 사이트 예(http://www.thewildernessdowntown.com/index.html)

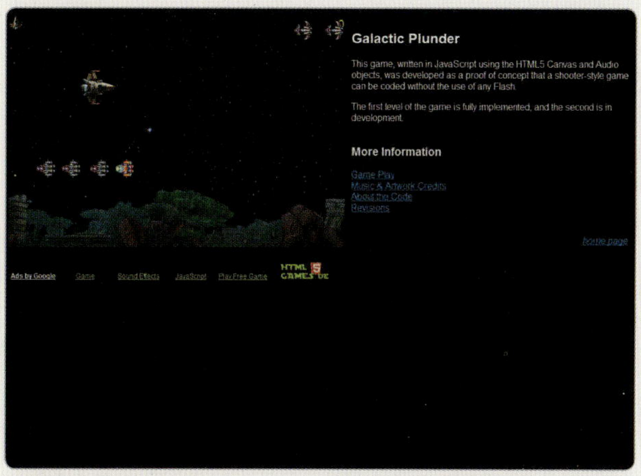

[그림 5-26] HTML5를 사용한 사이트 예(http://douqx.net/plunder.html)

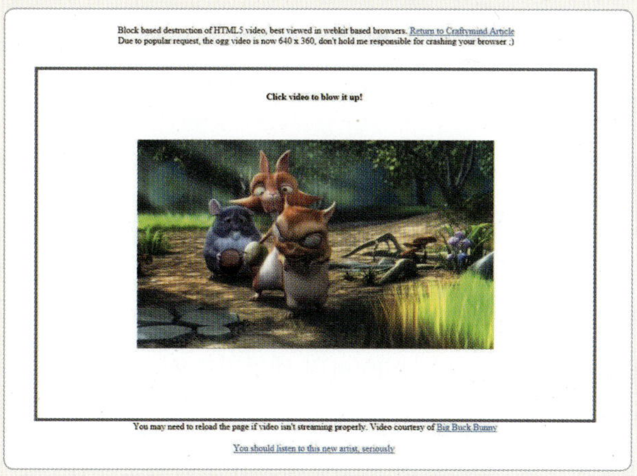

[그림 5-27] HTML5를 사용한 사이트 예(http://craftymind.com/factoryhtml5video/canvasvideohtml)

현재 사용되고 있는 대부분의 HTML 버전으로는 플래시나 실버라이트에서 제공하는 역동적 기능을 구현할 수 없기 때문에 액티브X나 플래시 같은 플러그인을 사용할 수밖에 없었습니다. 그러나 이러한 플러그인들은 특정 회사 제품이기 때문에 호환성 문제뿐만 아니라 보안에 취약점을 보이기도 했습니다. HTML5는 기존의 플러그인들을 번거롭게 설치할 필요 없이 화려한 웹페이지를 만들 수 있게 하려는 목적을 가지고 있습니다. 실제로 HTML5를 기반으로 구현된 사이트를 보면 웹 애플리케이션이라고 해도 무방할 만큼 화려한 기능을 보여주고 있습니다. 아무런 플러그인 없이도 동영상이나 오디오 플레이어를 브라우저상에서 곧바로 구현하는가 하면 포토샵 같은 프로그램이나 게임까지 브라우저로 즐길 수 있게 구현하였습니다. 실제로 브라우저에서 곧바로 책장 넘기듯 글을 읽거나 포토샵 비슷한 스케치패드를 소프트웨어처럼 쓸 수 있으며, 간단한 게임에서 도스 시절 즐겼던 게임을 HTML5와 자바스크립트만으로 구현하거나 난이도 높은 슈팅게임까지 할 수 있습니다.

HTML5의 또 다른 장점은 모바일 환경에서도 운영체제를 가리지 않고 구동될 수 있다는 것입니다. 이런 장점 덕에 애플은 오래 전부터 HTML5를 지지해왔고 구글이나 마이크로소프트도 HTML5 지원을 공식화했습니다.

물론 HTML5도 몇 가지 단점이 있습니다. 현재까지 HTML5는 일종의 표준을 제시할 뿐이지 기존의 플래시를 완전히 없앨 만큼의 발전된 기술은 없습니다.

또한 HTML5를 기반으로 제작된 페이지를 정상적으로 보려면, HTML5를 지원하는 브라우저로 업그레이드해야 합니다. 그러나 많은 웹 브라우저들이 HTML5를 지원하는 방향으로 정책을 결정하고 있습니다.

[그림 5-28] 국내 최초 HTML 기반 모바일 올레마켓(출처: http://www.olleh.com/)

Tip 시맨틱 웹(Semantic Web)이 무엇인가요?

[그림 5-29] 팀 버너스리

시맨틱 웹이란 웹을 창시한 팀 버너스리가 창안한 차세대 웹 기술로 현재 웹처럼 사람이 눈으로 보고 이해하는 웹이 아닌 컴퓨터가 이해할 수 있는 웹을 의미합니다. 현재 웹상에서의 정보검색은 사람의 해석과 판단을 요구합니다. 만약 검색엔진에 "웹 기술"을 입력했다면 이 단어가 포함된 수없이 많은 웹 문서가 나옵니다. 그러나 이의 대부분은 필요치 않은 문서인 경우가 많습니다. 따라서 검색자는 문서 하나하나를 열어 확인해야 하는 번거로움을 감내해야 합니다. 사람이 눈으로 보고 이해해야 하는 웹인 셈입니다.

이러한 불편을 해소하기 위해 컴퓨터가 이해할 수 있는 웹을 만들려는 시도가 활발히 이루어지고 있습니다. 텍스트 위주에서 벗어나 단어의 유사성과 상관관계 등을 파악해서 결과물을 보여주려는 것입니다. 웹상에서의 그림, 문서 등의 모든 개체를 대상으로 에이전트라는 소프트웨어를 이용해 목적에 맞는 정보를 수집 · 가공 · 응용까지 시도합니다. 인간의 언어를 이해하고 어떤 측면에서는 인간과 의사소통을 하는 똑똑한 웹 기술인 것입니다.

최근에는 이러한 시맨틱 웹 기술을 웹 서비스 분야에 도입하여 자동화된 웹 서비스의 발견, 실행, 조합, 모니터링을 가능하게 하려는 노력이 이루어지고 있습니다. 이러한 노력은 시맨틱 웹 서비스라 일컬어지며 이를 통해 얻을 수 있는 이점은 다음과 같습니다.

● 자동화된 웹 서비스 발견

현재 웹 서비스의 등록, 발견을 위해 사용되는 UDDI는 서비스 또는 서비스 제공자에 대한 정보만을 제공하는 데 반해, 시맨틱 웹 서비스에서는 개체 간 관계성을 통하여 좀 더 자동화된 검색을 가능하게 합니다. 예를 들어, 항공권 예매의 경우 현재의 UDDI를 이용한 검색에서는 항공권 예매를 제공하는 개체를 UDDI 레지스트리로부터 검색하고 바인딩 템플릿 정보를 이용하여 해당 웹 서비스를 바인딩한 이후에 추가적인 구매 정보를 입력하여 결제를 완료해야 합니다. 이 경우 추가적인 구매 정보에 맞는 서비스를 제공받지 못하는 경우나 클라이언트가 바인딩에 필요한 모델을 지원하지 못하는 경우가 발생하여 실제 적합한 서비스 검색이 이루어지지 못할 수도 있습니다. 하지만 시맨틱 웹 서비스에서는 "서울에서 제주행 왕복권의 구매를 ○○카드로 결제할 수 있는 서비스를 검색"하는 등의 질의가 가능합니다.

● 자동화된 웹 서비스의 실행

현재 웹 서비스의 실행은 웹 페이지상에서 폼을 작성하거나 인터페이스의 입력 파라미터를 생성함으로써 수행됩니다. 그러나 시맨틱 웹 서비스는 "대한항공에서 8월 12일에 출발하는 제주행 항공권을 구매하라."와 같은 질의를 통해 서비스 이용에 필요한 입력 파라미터를 자동으로 생성하여 실행이 가능합니다.

● 자동화된 웹 서비스 조합

현재 웹 서비스는 WSFL(Web Services Flow Language)이나 XLang과 같은 비즈니스 플로우 정의 언어를 이용하여 특정 비즈니스 플로우를 정적으로 정의하고 이때 요구되는 웹 서비스의 조합을 수행하고 있습니다. 시맨틱 웹 서비스는 이보다 더 발전된 형태로 비즈니스 플로우의 최종 목적을 입력하고 이를 통해 동적으로 구성된 비즈니스 플로우를 얻을 수 있습니다.

5.1.7 Internet-II도 있네요?

인터넷은 학술망에서 출발하여 순식간에 전 세계로 퍼져나갔습니다. 이러한 인터넷의 빠른 성장은 도메인 이름의 고갈, 멀티미디어 데이터의 폭발적인 증가, 상대적으로 느린 트래픽, 분산된 자원 통합의 필요성 대두 등 여러 가지 문제점에 봉착하게 되었습니다. 기존의 인터넷의 문제점을 해결하고자 과학자들은 Internet-II라는 개념의 네트워크를 제안하였고, 이 프로젝트는 1987년 NSFnet의 네트워크 서비스에서부터 지금까지 계속 이뤄지고 있습니다.

미국에서는 1996년 '일반적인 상용 인터넷 서비스가 제공하는 속도보다 3~4년 앞서 나가는 것'을 목표로 대학과 IT 기업들로 구성된 컨소시엄을 열어 Internet-II를 수행하는 데 서로 동의하였고, 미국의 수백 개 대학과 정부가 참여하였습니다. 2004

년 초에 대부분의 상용 인터넷은 아직 2.5Gbps 수준에 머물렀던 반면에 Internet-II 백본 아빌린은 10Gbps로 업그레이드되었습니다. 아빌린이라는 이름은 미국 캔자스 주의 아빌린이라는 도시에서 1860년에 행해졌던 '아빌린 프로젝트'에서 유래되었습니다. 아빌린에 철도 종점을 건설한 이후, 주변이 급속도로 발전한 것처럼 아빌린망을 통하여 많은 성과를 얻고자 하는 바람이 담겨 있다고 볼 수 있습니다. 아빌린은 전 세계 57개의 광대역 네트워크에 연결되어 있어 IPv6와 같은 새로운 기술을 시험해 볼 수 있는 테스트베드 역할도 하고 있으며 P2P, 고화질 화상회의, 원격 조작, 분산 컴퓨팅 등의 애플리케이션을 실행하는 데에도 사용됩니다.

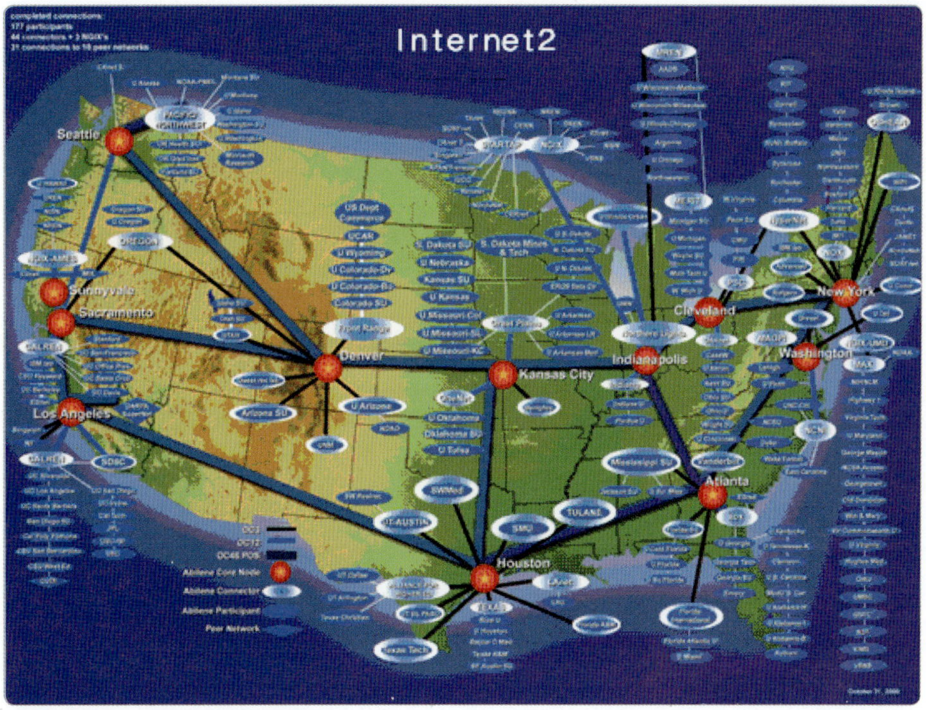

[그림 5-30] Internet2 백본 아빌린

5.2 통신 프로토콜: TCP/IP가 대세군요

5.2.1 TCP/IP가 뭔가요?

서로 다른 컴퓨터들 간에 정보를 주고받는 데 사용되는 통신규약(프로토콜)을 인터넷 프로토콜 스위트(Internet Protocol Suite)라고 합니다. 그중 가장 많이 사용되는 것이 TCP(Transmission Control Protocol, 전송 제어 프로토콜)와 IP(Internet Protocol)로서 TCP/IP 프로토콜 슈트라고도 불립니다.

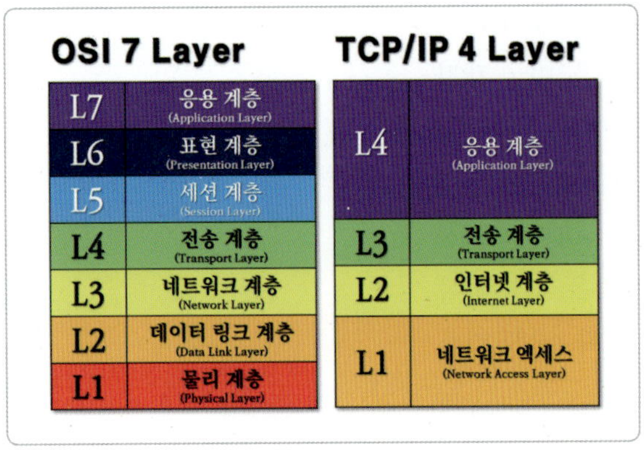

[그림 5-31] OSI 7계층과 TCP/IP 4계층 비교(출처: http://cfile23.uf.tistory.com/image/213F623C566BAE253BF7A8)

TCP(전송 제어 프로토콜)는 전송 계층에서 사용되는 프로토콜로서 송신한 정보가 수신지에 정확하게 순서대로 도착하였는지 확인해 주는 기능을 가지고 있습니다. 수신 측에서는 받은 정보에 오류가 있는지를 검사하여 오류가 있으면 그 결과를 송신 측에 전달하고 송신 측은 해당 정보를 다시 전송하게 됩니다. TCP 메시지의 헤더에는 이러한 기능을 담당하는 순서번호, 확인응답번호 등의 필드가 존재하며 송수신 포트 번호에 대한 정보가 존재합니다. 포트 번호는 해당 호스트에서의 특정 서비스를 지칭하는데, 예를 들어 어떤 회사 대표 전화번호가 IP 주소라고 하면 회사에서의 내선 번호는 포트 번호에 해당하는 것입니다.

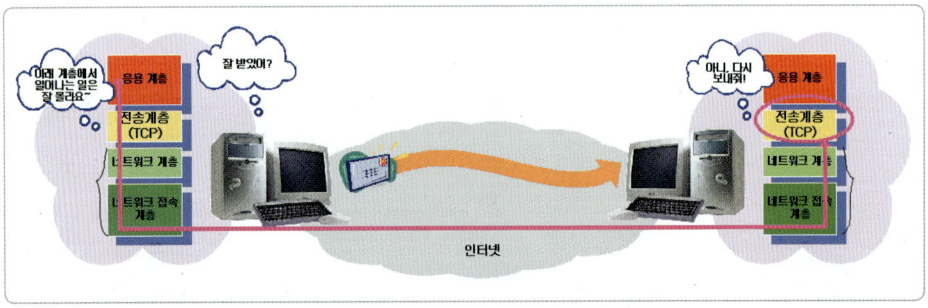

[그림 5-32] TCP는 송신한 정보가 수신지에 순서대로 정확하게 도착하였는지를 확인해주는 역할을 합니다.

가정 간의 연결을 전화번호로 할 수 있다면, 누군가와 통화를 하기 위해서는 그 사람의 이름을 알아야 할 것입니다. 이처럼 인터넷에 분포되어 있는 호스트와 통신을 하기 위해서는 해당 호스트까지 접속하기 위한 IP 주소와 이용하고자 하는 서비스에 해당하는 포트 번호를 알아야만 합니다.

IP(인터넷 프로토콜)는 TCP/IP 프로토콜 계층의 네트워크 계층에서 사용되는 프로토콜로서, TCP가 오류가 발생하였을 경우 해당 정보를 다시 전송할 수 있는 기능을 가진 신뢰성 프로토콜인데 반하여, IP는 간단한 오류 검사 기능만 있는 비신뢰성 프로토콜입니다. 패킷이 분실되어도 다시 찾아주지 않는다는 이야기입니다.

라우터(Router)는 IP 주소를 이용하여 데이터의 전달 경로를 결정하게 됩니다. 그러므로 IP 헤더에는 송수신지의 IP 주소와 전체 패킷의 길이, 네트워크 관리나 보안문제 등과 관련하여 송신 측에서 요청한 옵션 등이 포함되어 있어야 합니다.

[그림 5-33] 누군가와 전화통화를 하기 위해서는 상대방의 전화번호와 통화하고자 하는 사람의 이름(주소)을 알아야 합니다.

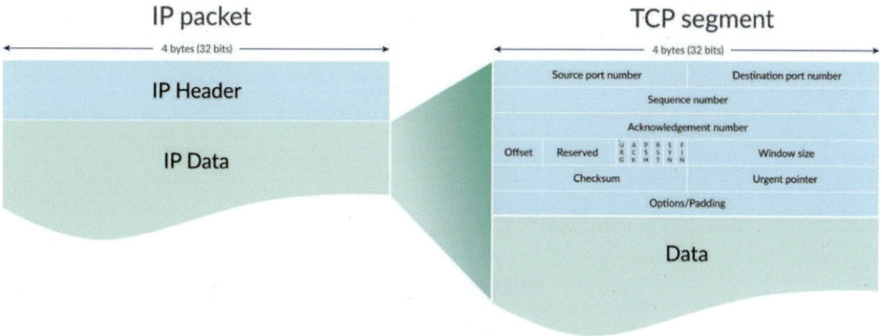

[그림 5-34] TCP와 IP의 프레임 구조

5.2.2 IP는 종류가 많던데, 뭐가 다른가요?

현재 일반적으로 사용되고 있는 IP의 버전은 4이며 이것을 IPv4로 표현합니다. IPv4 주소는 32비트로 구성되며 네트워크 식별자와 호스트 식별자 부분으로 나누어집니다. 산술적으로 43억 개까지의 주소를 할당할 수 있지만, 클래스별 주소 분류 방식으로 인해서 사용되지 않는 주소가 많고, 설사 클래스를 사용하지 않는 방식을 도입한다고 해도 유비쿼터스 시대에는 각각의 단말마다 IP가 부여될 수 있는 환경이 필요하므로 기존의 IPv4를 사용하게 된다면 IP 주소 부족 문제가 생기게 됩니다. 그래서 IETF(Internet Engineering Task Force)에서는 차세대 IP에 대한 연구를 진행하였고, 그 결과 IPv6이 탄생하였습니다.

[그림 5-35] IETF 회의장의 모습

IPv6는 약 3.4×10^{38}개의 주소를 사용할 수 있기 때문에 전 세계 60억 인구가 1인당 $5,373 \times 1,028$개의 주소를 할당받을 수 있습니다. 주소 부족 현상은 일어나지 않는다는 의미입니다. IPv6는 128비트로 구성되며 긴 주소를 읽기 쉽게 하기 위해서 16비트씩 콜론(':')으로 나누고, 각 필드를 16진수로 표현하는 방법을 사용합니다. 기존의 IPv4의 주소를 IPv6으로 표현할 수 있는데 하위 32비트에는 IPv4의 주소를 그대로 채우고 상위 비트는 모두 0으로 채우는 방식을 사용합니다.

Ipv4와 Ipv6의 차이점을 간단히 살펴보면 다음과 같습니다.

〈표 5-1〉 IPv4와 IPv6의 차이점

구 분	IPv4	IPv6
주소 길이	32비트	128비트
표시 방법	8비트씩 4부분으로 10진수로 표시	16비트씩 8부분으로 16진수로 표시
주소 개수	약 43억 개	거의 무한대
주소 할당	클래스 단위의 비순차적 할당	네트워크의 규모 및 단말기 수에 따른 순차적 할당
품질 제어	QoS 일부 지원	등급별, 서비스별로 패킷을 구분할 수 있어 품질보장이 용이
보안 기능	IPsec 프로토콜 별도 설치	확장기능에서 기본으로 제공
플러그 앤 플레이	없음	있음
모바일 IP	상당히 곤란	용이
웹캐스팅	곤란	용이

Tip · 아! IPv4와 IPv6는 다른 거군요

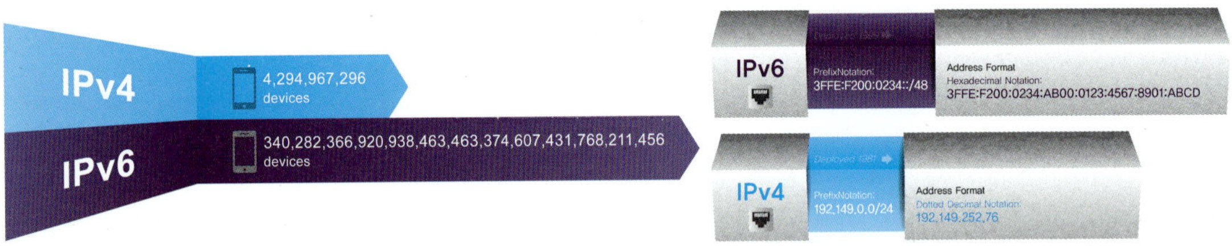

[그림 5-36] IPv4/ IPv6 주소 체계 비교

5.2.3 라우팅(Routing)이 뭔가요?

[그림 5-37] 라우터(Router)

IP 프로토콜의 가장 중요한 역할은 정보를 전달하기 위한 경로를 선택하는 것인데 이것을 라우팅(Routing)이라고 합니다. 라우팅을 수행하는 장비를 라우터(Router)라고 부르며, 라우팅에 사용되는 프로토콜을 라우팅 프로토콜(Routing Protocol)이라고 합니다. 인터넷에서 목적지까지 여러 경로가 존재하며 시시각각 경로의 상황이 변할 수 있습니다. 예를 들어, 서울에서 부산까지 차를 타고 갈 때, 경유할 수 있는 길은 여러 가지이며 도로의 상황에 따라 걸리는 시간 또한 다를 수 있는 것과 유사합니다. 방금 전까지는 소통이 원활한 도로도 갑자기 정체가 생길 수 있으며, 공사 등으로 인하여 도로가 잠시 폐쇄될 수도 있습니다. 운전자는 내비게이션이나 뉴스 등으로 이런 정보를 듣고 자신이 지나갈 도로를 선택할 수 있습니다. 인터넷에서는 이러한 정보를 라우터끼리 주고받으며 최적의 경로를 선택하게 됩니다.

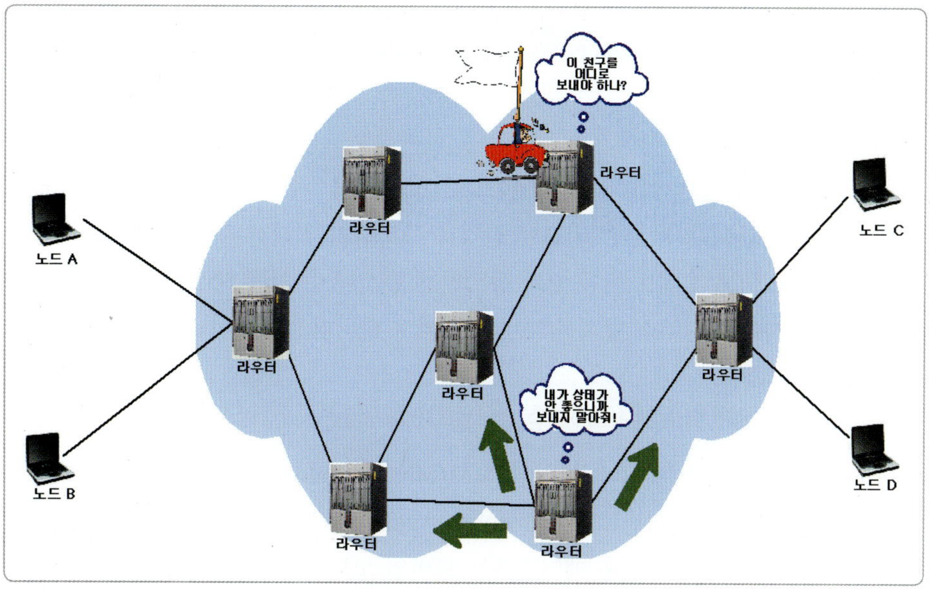

[그림 5-38] 라우팅은 네트워크에서 패킷이 전달될 때 지나쳐야 할 경로를 선택해주는 것입니다.

Tip 라우팅 프로토콜(Routing Protocol)도 알아야 되지 않나요?

라우터라는 장비 간의 통신 방식을 규정한 라우팅 프로토콜은 패킷을 원하는 목적지로 전송하기 위한 많은 경로 중에서 한 가지 경로를 결정하는 역할을 합니다. 라우팅은 동적 라우팅(Dynamic Routing)과 정적 라우팅(Static Routing)으로 나뉘는데, 정적 라우팅은 주로 사람이 수동으로 해당 목적지까지의 경로를 직접 지정하는 방식을 말하며 동적 라우팅은 변화하는 상황에 맞추어 라우터가 경로를 재설정하는 방식을 말합니다.

다양한 종류의 라우팅 프로토콜이 있지만 이 가운데 3가지 주요 클래스가 널리 사용되고 있습니다.

- 링크 스테이트 라우팅 프로토콜을 통한 내부 게이트웨이 라우팅(예: OSPF, IS-IS)
- 경로 벡터나 거리 벡터 프로토콜을 통한 내부 게이트웨이 라우팅(예: IGRP, EIGRP)
- 외부 게이트웨이 라우팅, 경계 경로 프로토콜(BGP)은 시스템 사이에서 트래픽을 교환할 목적의 인터넷 사용 프로토콜

	Interior Gateway Protocols				Exterior Gateway Protocols
	Distance Vector Routing Protocols		LinK State Routing Protocols		Path Vector
Classful	RIP	IGRP			EGP
Classless	RIPv2	EIGRP	OSPFv2	IS-IS	BGPv4
IPv6	RIPng	EIGRP for IPv6	OSPFv3	IS-IS for IPv6	BGPv4 for IPv6

[그림 5-39] 라우팅 프로토콜 종류

5.3 모바일 IP란?

5.3.1 IP가 움직이나요?

인터넷 프로토콜은 단말이 다른 네트워크로 이동할 경우 IP 주소를 바꿔 재접속해야 하는 불편함이 있습니다. 무선 인터넷 환경을 구축하기 위해서는 단말의 이동을 자동으로 검출하여 이동 후에도 이동 전과 동일하게 통신할 수 있게 해주는 프로토콜이 필요하며 이때 사용되는 주소 방식을 모바일 IP라고 합니다.

5.3.2 모바일 IP 네트워크 구성을 알아볼까요?

모바일 IP의 구성요소는 크게 모바일 노드(MN: Mobile Node), 홈 에이전트(HA: Home Agent), 외부 에이전트(FA: Foreign Agent)로 구분됩니다. 모바일 노드는 모바일 IP 사용자를 의미하며 홈 에이전트는 모바일 노드가 원래 속하였던 홈 네트워크에서 모바일 노드의 위치 정보와 라우팅을 책임지는 장비입니다. 외부 에이전트는 모바일 노드가 외부 네트워크(방문 네트워크)로 이동했을 때 모바일 노드의 홈 에이전트와 협력하여 모바일 노드의 지속적인 네트워크 사용을 보장하는 역할을 수행합니다. 모바일 노드는 두 개의 IP 주소를 필요로 하는데, 하나는 홈 네트워크에서 고정 IP로 할당받은 홈 어드레스이고 나머지 하나는 외부 에이전트로부터 획득한 CoA(Care of Address)입니다.

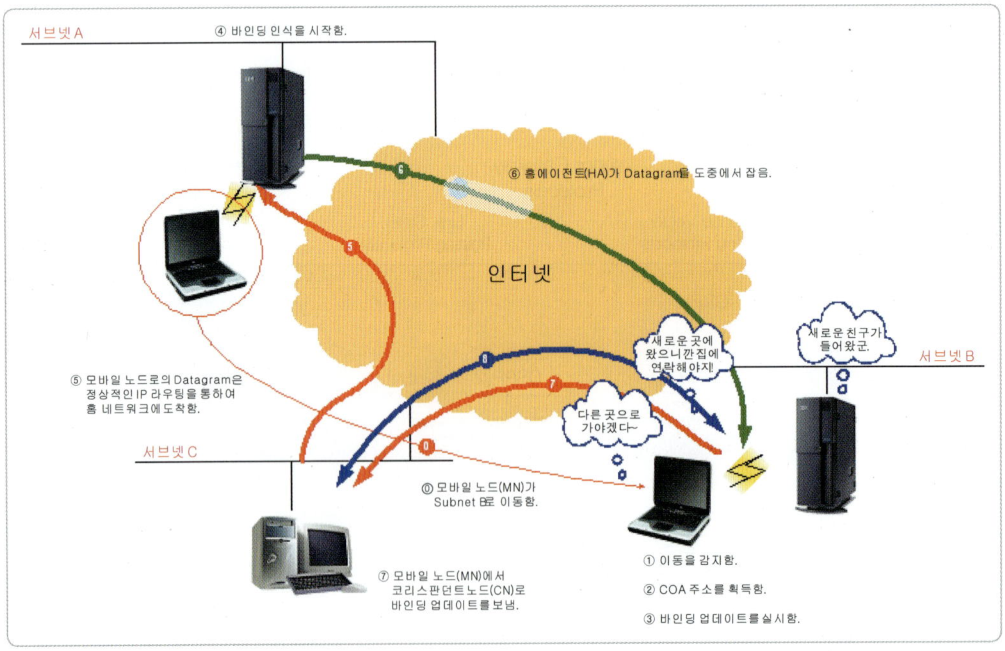

[그림 5-40] 모바일 IP의 동작 과정

5.3.3 모바일 IP는 언제 어디서 사용하나요?

모바일 노드는 외부 네트워크로 이동하는 경우에 현재 위치를 신속하게 파악하여 홈 에이전트에게 등록하는 과정을 반드시 수행하여야 합니다.

모바일 노드가 홈 네트워크를 떠나 다른 네트워크로 이동하게 되면 새로운 네트워크에 속해 있는 외부 에이전트에게 CoA를 신청하여 받게 되고 할당받은 CoA를 홈 에이전트에게 등록하면 통신이 가능한 상태가 됩니다. 따라서 모바일 IP를 이용하면 이동 중에도 디지털 방송 등 VOD 기반의 멀티미디어 서비스 및 원격 진료 등 사용자 중심의 서비스가 가능하며, 정보 가전을 활용한 재택 근무 및 공동 작업 등 사이버 오피스 환경도 구축할 수 있고, 전자투표, 원격 교육도 수행할 수 있습니다.

[그림 5-41] 모바일 IP를 이용하면 실외에서도 이동 중에 자유롭게 인터넷을 사용할 수 있습니다.

5.4 VLAN(Virtual LAN)과 VPN(Virtual Private Network)

5.4.1 VLAN은 또 뭐지요?

물리적으로는 동일한 네트워크에 연결되어 있지만 논리적으로 그룹을 만들어서 각각의 그룹 내에서만 통신이 가능하도록 하는 LAN 구성을 가상랜(VLAN: Virtual Local Area Network)이라고 합니다. 일반 LAN의 경우 단말이 다른 네트워크로 이동하는 경우 케이블 연결 등의 물리적인 변경과 IP 주소 재설정과 같은 논리적인 변경이 필요하지만 VLAN에서는 소프트웨어를 이용하여 간단하게 변경이 가능합니다.

한편 네트워크가 커질수록 상대편의 주소를 파악하기 위해 사용되는 브로드캐스트

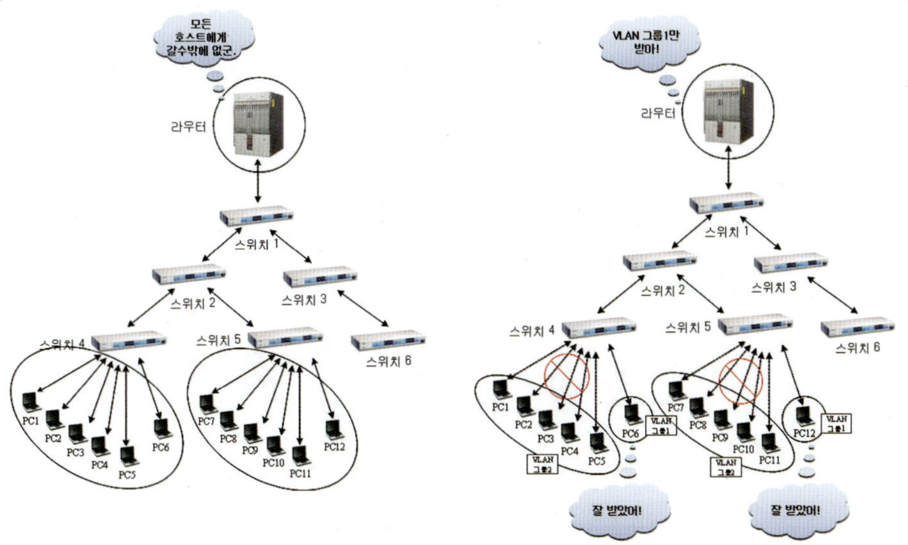

a. VLAN 구성을 사용하지 않은 경우 b. VLAN 구성을 사용한 경우

[그림 5-42] VLAN을 이용한 브로드캐스트 도메인 분할

Tip 가상 랜(Virtual LAN, VLAN)은 또 뭔가요?

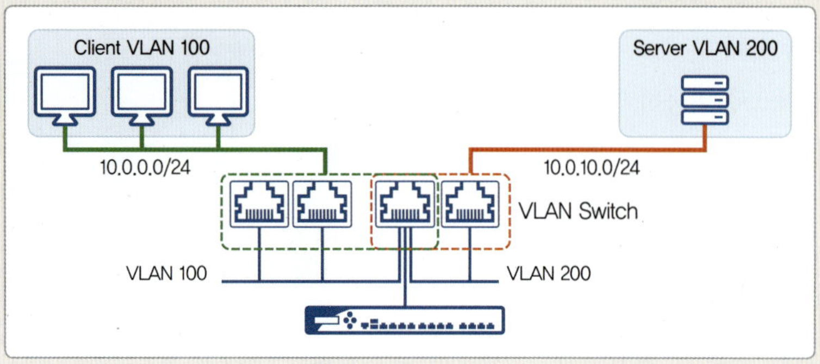

[그림 5-43] VLAN 구성 예

컴퓨터 네트워크에서 여러 개로 분할된 브로드캐스트 도메인을 2계층 네트워크에서 구성한 경우 패킷들은 라우터 사이에서만 이동이 가능한데, 이런 도메인을 VLAN이라 하는데 주로 스위치나 라우터 장비에서 수행됩니다.

VLAN은 3계층 구조인 IP 서브넷과 비교하면 2계층 구조로서 트래픽 패턴을 제어하고 재배치에 빠르게 대응할 수 있는 능력을 부여합니다. 또한 유연성과 단순화된 관리가 가능하도록 해줍니다.

이러한 VLAN은 1983년경 W.데이비드 신코스키 박사가 벨코어에 합류하면서 개념을 정립하기 시작하였습니다. 즉, 고속의 네트워크들을 연결하기 위하여 서로 다른 네트워크들의 패킷에 태그를 추가함으로써 이들이 상호 연결되어 기존보다 개선된 대역폭을 할당할 수 있게 되어 과거 네트워크의 위치 기반에 할당된 물리적 토폴로지와 거리적인 제약을 극복하였습니다.

트래픽도 비례하여 증가하게 됩니다. 그러나 VLAN을 사용하면 브로드캐스트 트래픽으로 인한 장비 및 네트워크의 성능저하를 방지할 수 있습니다. 브로드캐스트 프레임을 수신하게 되면 장비들은 일단 자신이 응답하여야 하는지를 검사하게 되므로 브로드캐스트 트래픽이 많을수록 네트워크 성능은 저하됩니다. 하지만 VLAN을 사용할 경우 동일한 VLAN에 접속된 장비들 간에만 브로드캐스트 프레임이 전송됩니다. 예

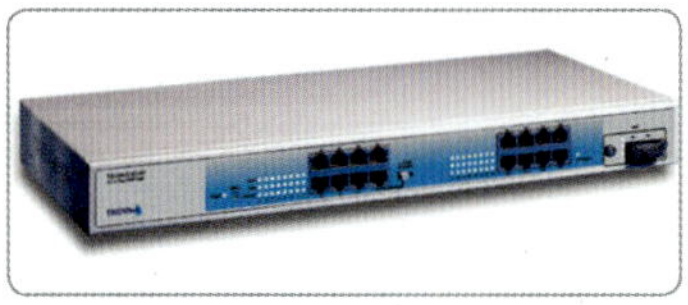

[그림 5-44] 16 포트 10/100Mbps VLAN 스위치

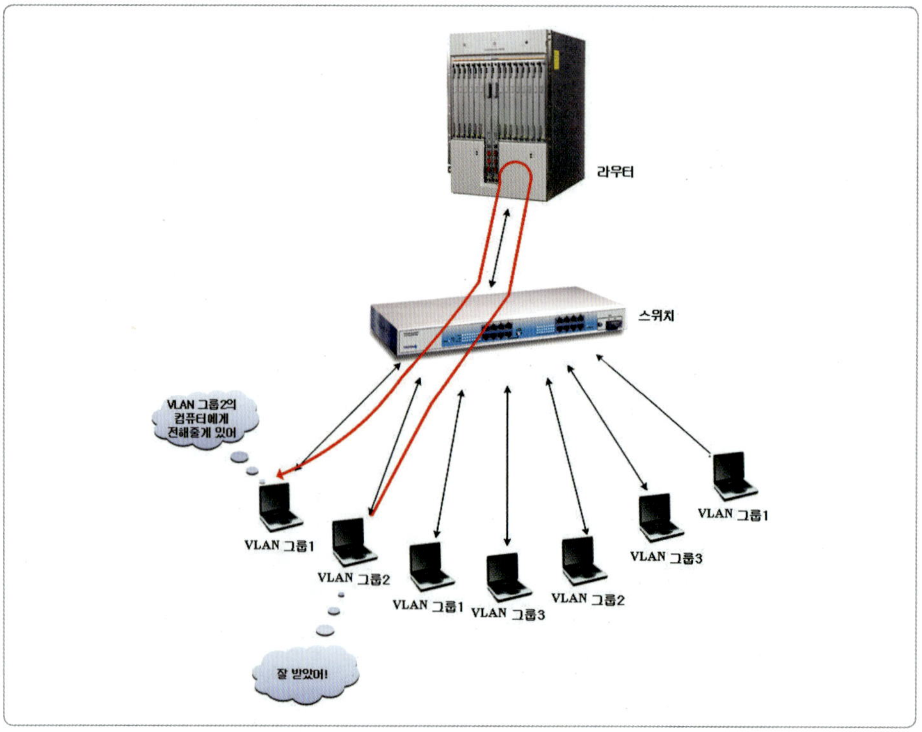

[그림 5-45] VLAN 간 데이터 전송

를 들어, 학교 네트워크에 학생과 교사의 컴퓨터가 모두 연결될 수 있는데 VLAN을 이용하여 네트워크를 학생 그룹, 교사 그룹을 나누게 되면 동일한 네트워크에 접속되어 있다고 하더라도 교사들끼리 주고받는 정보가 불필요하게 학생들에게 넘어가는 일이 없게 됩니다. 상당히 합리적이지요?

VLAN의 또 다른 용도는 네트워크 보안성 강화입니다. 서로 다른 VLAN에 속한 장비들은 라우터를 통해서만 통신이 가능하고 라우터는 통과하는 트래픽에 대해 다양한 보안정책을 적용함으로써 VLAN 간의 보안성을 강화할 수 있습니다.

VLAN은 나누는 기준에 따라 IP 기반 VLAN, 포트(Port) 기반 VLAN, MAC 기반 VLAN 등으로 나눌 수 있습니다.

5.4.2 VPN이란?

산업이 발달하고 기업의 규모가 점점 거대해짐에 따라 본사와 지리적으로 떨어져 있는 다수의 지사를 갖춘 기업이 많아지고 있습니다. 초기에는 본사와 지사 간을 WAN이나 전용선을 이용하여 연결하였으나 네트워크 규모가 커지면서 통신비용이 증가하였고, 본사나 지사의 위치가 변경되었을 때 추가적인 관리 비용과 구축시간이 소요됩니다. 이러한 문제점을 해결하기 위해 가상 사설 네트워크(VPN: Virtual Private Network)가 등장하게 되었습니다.

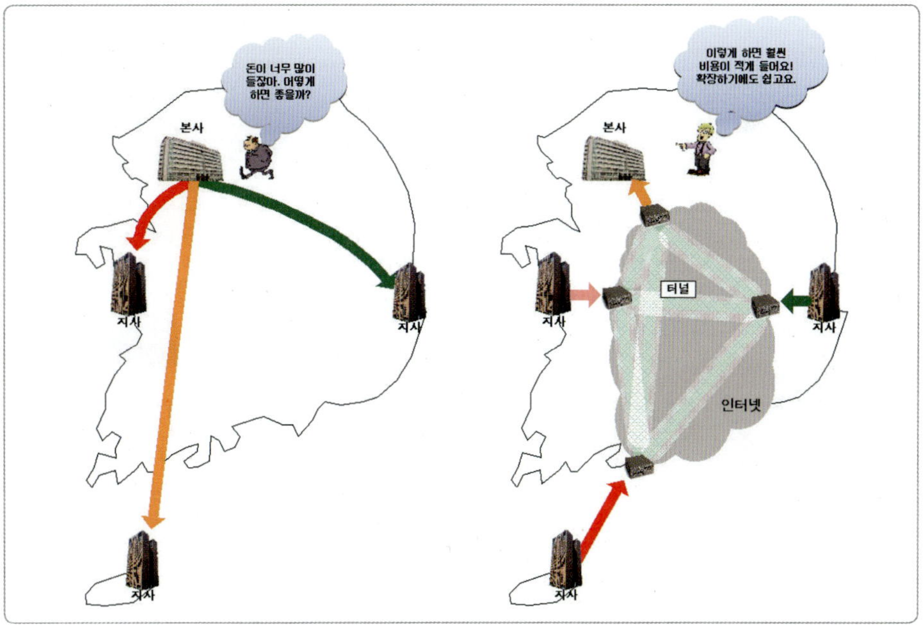

[그림 5-46] VPN의 비용절감 효과

VPN은 물리적으로 사설 네트워크를 구축한 것이 아니라 공중 네트워크를 빌려 사설 네트워크를 구축하고 네트워크 자체는 공중 네트워크 사업자 소유라는 뜻입니다. 그러나 사설 네트워크가 요구하는 서비스를 맞춰주기 때문에 가상 사설 네트워크라고 합니다. 즉, VPN은 인터넷과 같은 공중 네트워크를 마치 자신의 전용 회선처럼 사용하여 사설 네트워크 서비스를 제공받는 기술 및 네트워크를 통칭합니다. VPN에서는 공중 네트워크를 경유하여 데이터가 전송되더라도 데이터가 안전하게 보호되도록 주소 및 라우터 체계의 비공개, 데이터 암호화, 사용자 인증 및 사용자 액세스 권한 제한 등의 기능을 제공합니다.

[그림 5-47] 송추 나들목과 의정부 나들목을 연결하는 세계 최장 광폭 터널인 사패산 터널

VPN은 터널링이란 기술을 이용하게 되는데 이는 VPN을 구성하는 서버와 클라이언트 사이에 외부의 영향을 받지 않고 네트워킹이 가능하도록 가상의 터널을 생성하여 안전한 정보교환을 할 수 있게 하는 기술입니다.

[그림 5-48] 한국 알카텔의 VPN 스위치

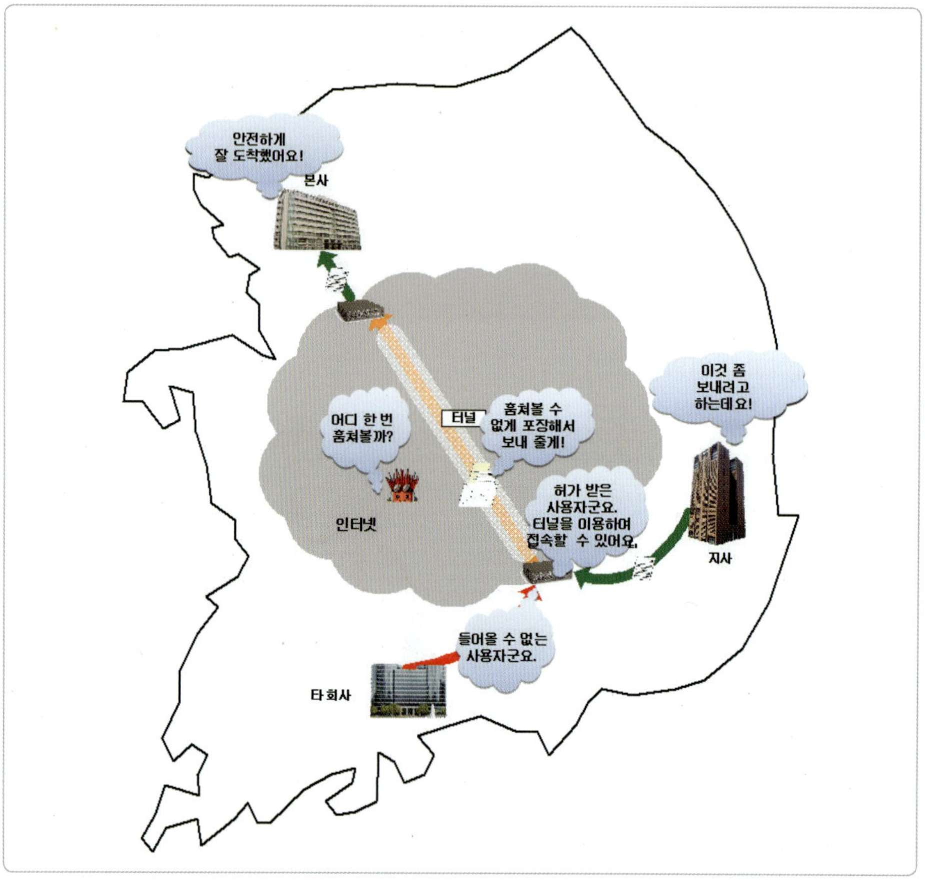

[그림 5-49] VPN 터널링

Tip VPN(Virtual Private Network, 가상 사설망)은 언제 사용하나요?

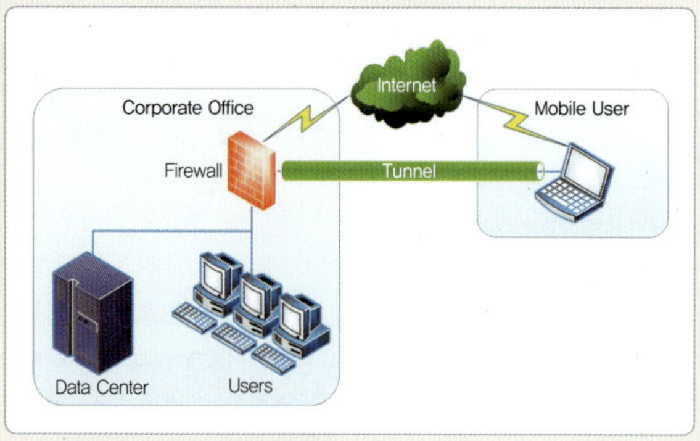

[그림 5-50] VPN 구성 예

VPN은 공중 네트워크를 통해 한 회사나 몇몇 단체가 내용을 외부에 알려지지 않고 통신할 목적으로 사용하는 사설 통신망입니다. 이런 VPN은 인터넷을 기반으로 한 기업 업무환경의 변화에 기인한 것입니다. 즉, 소규모 지역에서 문서만을 전달하던 환경에서 한 건물 내의 네트워크를 이용한 업무, 그리고 본사와 지사 관계 또는 국내 지사와 국외 지사까지 포함된 기존의 전용선 방법의 비용 상의 문제 및 보안과 관련 서비스 등을 보완하고자 등장한 것입니다.

5.5 초고속 유선 가입자망 기술

5.5.1 초고속 유선 가입자망 개요

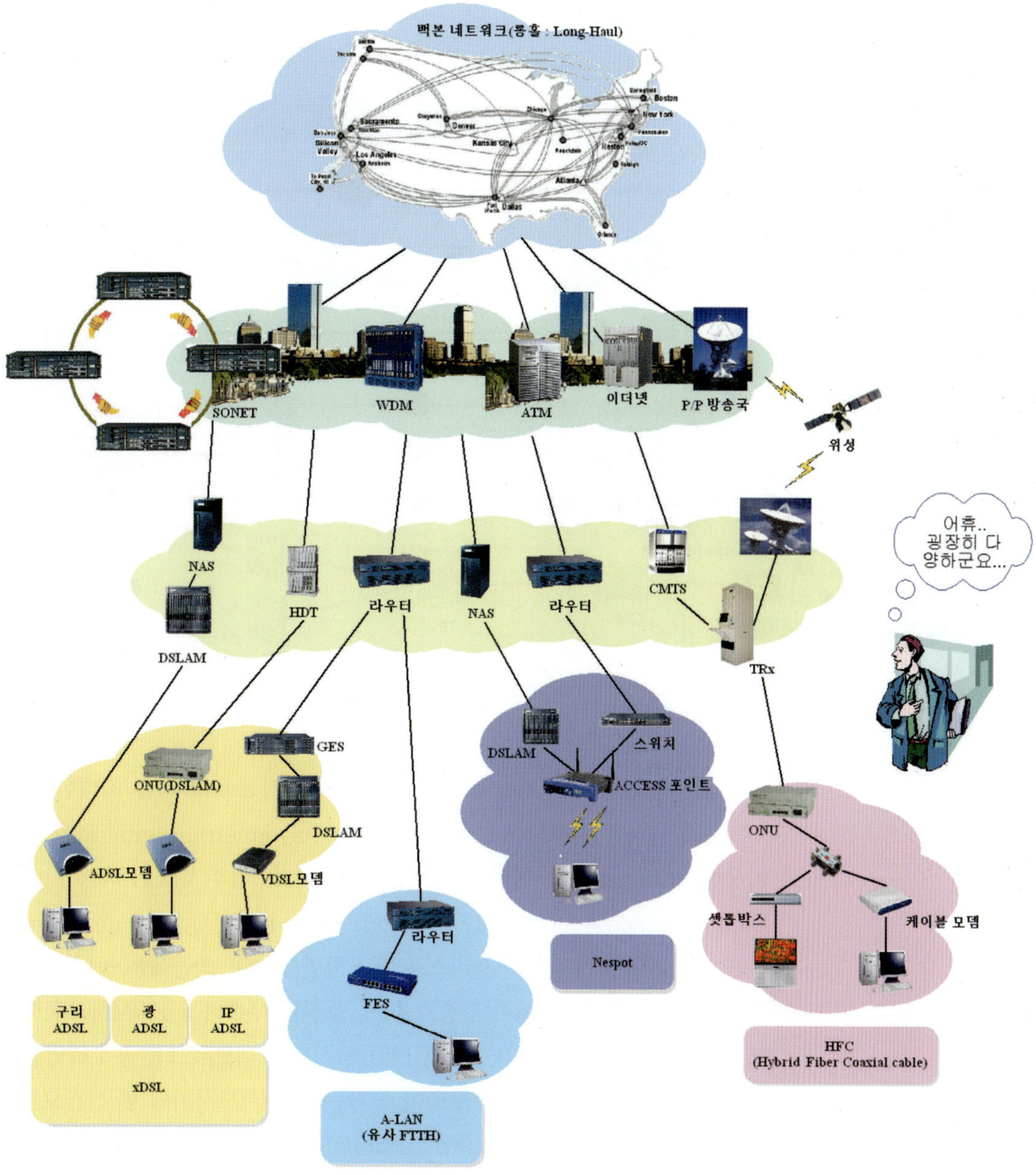

- xDSL: (x 디지털 가입자 회선) x Digital Subscriber Line
- FTTH: 댁내 광가입자망(Fiber-To-The-Home)
- HFC: 광동축 혼합망(Hybrid Fiber Coaxial)
- SONET: Synchronous Optical Network
- WDM: 파장분할 다중화기(Wavelength Division Multiplex)
- ATM: 비동기 전송 모드(Asynchronous Transfer Mode)
- DSLAM: 디지털 가입자 회선 접속 다중화기(Digital Subscriber Line Access Multiplexer)
- ADSL: 비대칭 디지털 가입자 회선(Asymmetric Digital Subscriber Line)
- ONU: 광통신망 유니트(Optical Network Unit)
- GES: 기가비트 이더넷 스위치(Gigabit Ethernet Switch)
- VDSL: 초고속 디지털 가입자 회선(Very high data rate Digital Subscriber Line)
- FES: 고속 이더넷 스위치(Fast Ethernet Switch)
- CMTS: 중앙 집중 유지 보수 시험 시스템(Centralized Maintenance Test System)

[그림 5-51] 다양한 초고속 유선 가입자망 구성

초고속 유선 가입자망이란 xDSL(디지털 가입자 회선, xDigital Subscriber Line), LAN, FTTH(광가입자망, Fiber To The Home), HFC(광동축혼합망, Hybrid Fiber Coaxial) 등의 유선망을 이용하여 가입자에게 인터넷 서비스를 제공해주는 망을 말합니다. xDSL 방식은 기본적으로 전화선을, FTTH(C) 방식은 광회선을, HFC 방식은 광회선과 동축 케이블을 이용하여 서비스를 제공합니다.

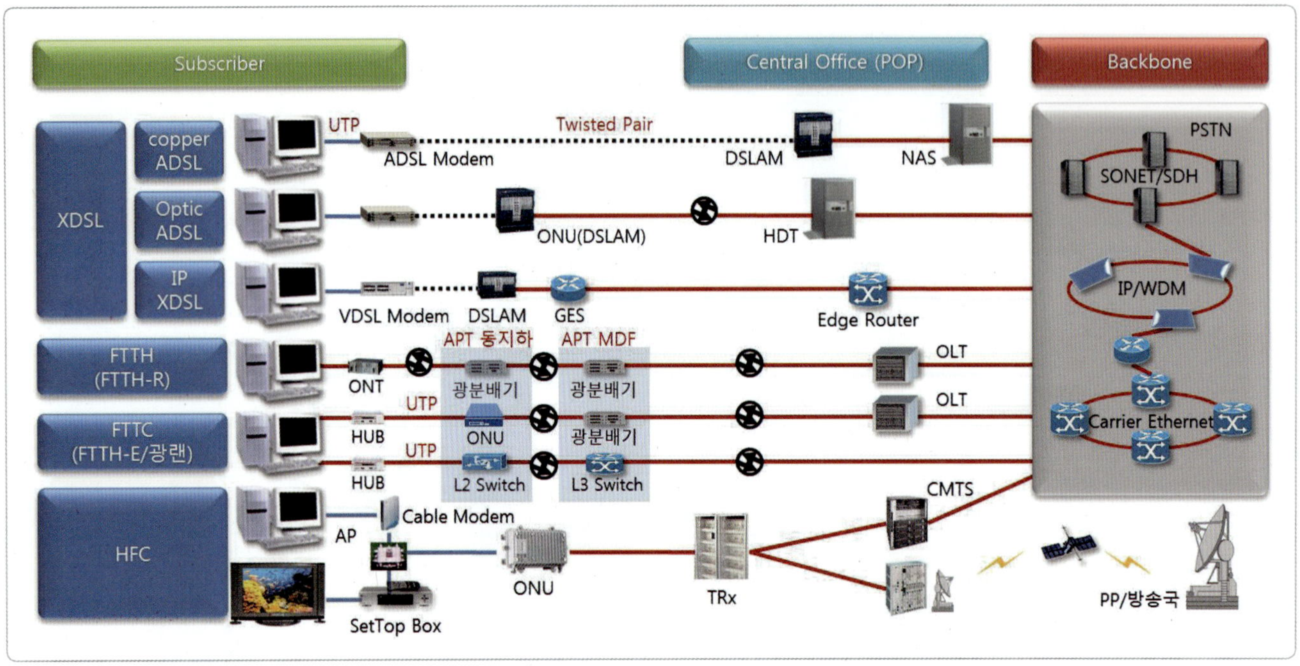

[그림 5-52] 유선 가입자망 기술별 구성

집집마다 설치된 전화기와 전화국 간의 회선(Last Mile)을 최대한 이용하여 신규 수익을 창출하기 위해서 1999년부터 ADSL(Asymmetric Digital Subscriber Line)을 이용한 초고속 인터넷 서비스를 도입하였습니다. 이후 VDSL(Very high-data rate Digital Subscriber Line), HDSL(High-data rate Digital Subscriber Line) 방식 등을 도입하여 고속인터넷 서비스를 제공하였습니다. 최근에는 농어촌지역 일부를 제외한 전국 대부분 지역에서 전송효율 및 품질이 우수하고 100Mbps급 이상의 전송속도 제공이 가능한 광케이블 기반 FTTH 방식으로 네트워크를 구축하였습니다. FTTH 방식의 유선인터넷 가입자망 구축이 불가능한 일부 도서지역 및 산간오지에서는 위성 및 VSAT(Very Small Aperture Terminal), 마이크로웨이브(Microwave) 등을 이용한 무선 인터넷망을 구축하고 있습니다.

5.5.2 xDSL이란?(DDNS는 또 뭔가요?)

국내의 경우 거의 모든 가정에 전화가 설치되어 있다고 할 수 있습니다. xDSL은 추가로 배선을 하지 않고 기존에 깔려 있는 전화선을 이용하여 초고속 네트워크를 구축하는 것입니다. xDSL은 전화망에서 사용하지 않는 주파수 대역을 사용하여 가정이나 소규모 기업에 고속의 네트워크 접속 서비스를 제공하기 위한 각종 전송기술을 의미합니다. 즉, 전화 가입자의 전화 사용을 보장하면서 각종 초고속 인터넷 서비스 등을 제공하는 전송기술을 총칭하여 xDSL이라고 합니다. xDSL 종류에는 DSL(Digital Subscriber Line), ADSL, HDSL, SDSL(Symmetric Digital Subscriber Line), VDSL 등이 있습니다.

ADSL은 비대칭형 디지털 가입자 라인의 약자로서 기존의 전화선에 저주파(4kHz) 음성신호와 고주파(1MHz) 데이터 신호를 동시에 전송할 수 있습니다. 스플리터라는 장치를 이용하여 두 신호를 분리한 후 음성 교환기와 데이터 교환기로 각각의 데이터를 보내게 됩니다. ADSL의 업로드 전송 속도는 16~640kbps로 느린 편이지만 다운로드 전송 속도는 1.5~8Mbps로 빠르기 때문에 인터넷 접속과 같은 용도에 적합합니다. 기존의 전화선을 그대로 이용하기 때문에 새롭게 시설을 구축할 필요가 없다는 장점을 가지고 있지만, 전송 속도를 확실히 보장할 수 없다는 단점이 있습니다.

HDSL은 기존 전화선의 2선 방식 대신 4선 방식의 별도의 전화선을 사용하고, 160kbps~2.048Mbps의 대칭형 전송 속도를 제공할 수 있지만 데이터 전용 회선이기 때문에 일반 전화를 사용할 수 없다는 단점을 가지고 있습니다.

[그림 5-53] ADSL 모뎀 + IP 공유기

- ADSL 모뎀 내장
- ADSL 서비스 지원 프로토콜
- PPP over ATM(RFC2364) 지원
- PPP over 이더넷(RF2516) 지원
- 라우팅 테이블 설정 가능

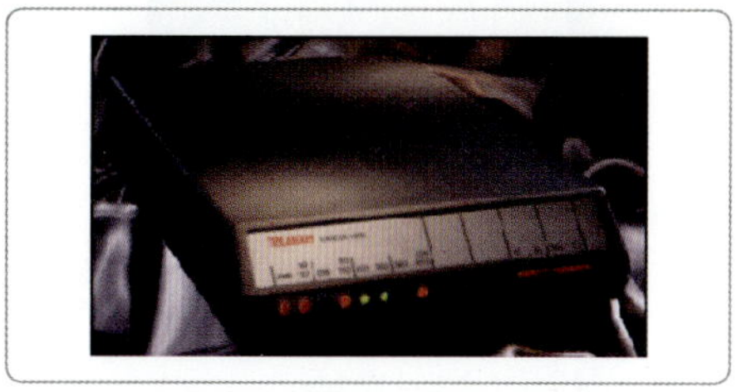

[그림 5-54] HDSL 모뎀

- DTE 인터페이스
- 거리에 따른 2쌍 버전과 3쌍 버전
- ETSI ETR 15 2 지원
- 확장 관리를 위한 임베디드 채널

SDSL은 대칭형 디지털 가입자 라인의 약자로서 HDSL과 같이 업로드/다운로드 전송 속도는 같고, ADSL처럼 전화와 인터넷을 동시에 사용할 수 있는 서비스입니다.

VDSL은 xDSL 중 가장 빠른 속도를 제공하는 서비스입니다. 가입자와 전화국 사이의 거리가 1km 내에서 양방향 최소 10Mbps 전송 속도를 보장하며 최대 전송 거리는 1.5km입니다. VDSL의 경우에는 다운/업로드 전송 속도가 서로 다른 비대칭형 서비스와 속도가 동일한 대칭형 서비스 두 가지 종류가 있습니다.

[그림 5-55] SDSL 모뎀

- 전송률 자동 적응
- SDSL 회선으로 ATM에 대한 AAL5 제공
- UBR/CBR/VBR ATM 서비스
- VC 기반/LLC 다중화
- 동적 IP 할당과 NAT 서비스

[그림 5-56] VDSL 모뎀

- ETSI TS 101 270-1/-2
- ITU와 ANSI 표준 지원(T1E1.4 VDSL)
- 상향/하향 15Mbps 전송률
- LAN 인터페이스: 10Base-T/100Base-TX
- WAN 인터페이스: 이더넷상에서 VDSL

a. VES-1124 VDSL 이더넷 스위치

- 5~15Mbps 전이중 전송 포트
- 1.5km 전송 거리
- 24명의 VDSL 가입자를 위한 100Base-T

b. IES-2000 이더넷 스위치

- 120 XDSL 회선 IP-DSLSM 모듈화
- 24포트 ADSL과 SHDSL
- 24포트 ADSL 2+ 10/100/1000 Base-T 상향 SNMP 관리

c. IES-3000 이더넷 스위치

- 360 XDSL 회선 IP-DSLSM 모듈화
- 24포트 ADSL과 SHDSL
- 24포트 ADSL 2+ 10/100/1000 Base-T 상향 SNMP 관리

d. ATM-DSLAM D502

- 2회선 ATM 다중화
- 100~800 가입자 연결

[그림 5-57] xDSL 장비들

Tip • **xDSL(Digital Subscriber Line, 디지털 가입자 회선)**

기존 동선 가입자케이블에 증폭기나 중계기 없이 광대역을 전송하는 변조 기술을 총칭하는 말로써, ISDN의 디지털 가입자선 전송기술(DSL)에 근거를 두고 있으나 기술적인 차이는 매우 크다고 볼 수 있습니다.

xDSL은 크게 대칭형과 비대칭형, 기업용과 일반 사용자용 그리고 고정과 가변 속도 등으로 구분됩니다.

- 대칭형: 상향 및 하향 속도가 동일하다(HDSL, SDSL, IDSL, SHDSL).
  비대칭형: 상향 및 하향 속도가 다르다(ADSL, VDSL, UADSL).
- 기업용: HDSL, SHDSL 등
  일반 사용자용: ADSL, IDSL 등
- 고정 속도용: HDSL, IDSL 등
  가변 속도용: ADSL, VDSL, SHDSL 등

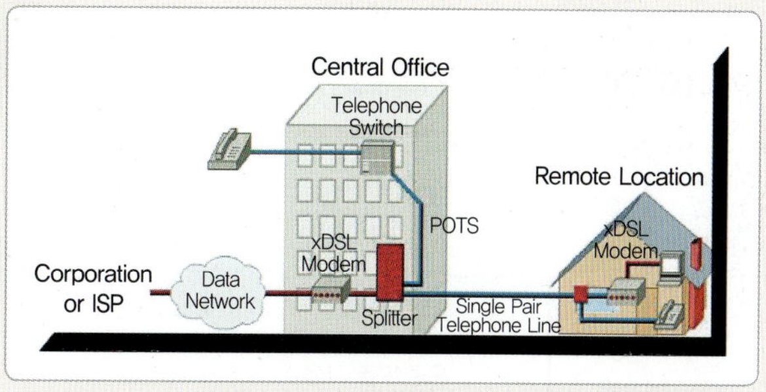

[그림 5-58] xDSL 구성 예

〈표 5-2〉 xDSL 기능 비교

분류	ITU 표준	명칭	승인	전송속도
ADSL	G.992.1	G.dmt	1999	7M(하향), 80K(상향)
ADSL2	G.992.3	G.dmt.bis	2002	8M(하향), 1M(상향)
ADSL2+	G.992.5	ADSL2Plus	2003	24M(하향), 1M(상향)
ADSL2-FE	G.992.3	Reach Extended	2003	8M(하향), 1M(상향)
SHDSL	G.991.2	G.SHDSL	2003	5.6M(상향/하향)
VDSL	G.993.1	VDSL	2003	55M(하향), 15M(상향)
VDSL2(12MHz)	G.993.2	VDSL2	2005	55M(하향), 30M(상향)
VDSL2(30 MHz)	G.993.2	VDSL2	2005	100M(상향/하향)

여러 xDSL 기술 중 가장 보편적으로 우리에게 많이 알려진 기술 및 특징은 다음과 같습니다.

- ADSL: 전화회선의 양단에 ADSL 모뎀을 설치해 전화신호와는 다른 주파수 대역을 사용하여 통신 채널을 형성하는 기술을 말합니다. DSL 기술 중 가장 주목받는 기술로 하향속도 1.5~8Mbps, 상향속도 16~640Kbps로 전송이 가능합니다.
- VDSL: 전화회선을 사용하는 서비스 중 가장 빠른 속도를 나타내는데 이론적으로 300m~4km 거리에서 비대칭형 서비스로 하향 13~52Mbps, 상향 1.6~6.4Mbps, 대칭형 서비스는 양방향 25Mbps~13Mbps의 속도의 제공이 가능합니다.

Tip • **DDNS(Dynamic Domain Name System)란 뭔가요?**

인터넷에서 컴퓨터들은 IP 주소를 사용해서 서로를 구분합니다. IP 주소는 192.168.0.1과 같은 형태를 하고 있으며 컴퓨터가 이해하기 쉬운 숫자만으로 구성되어 있습니다. 그러나 인터넷을 사용하는 주체는 사람이며 사람이 수많은 IP들을 모두 기억하는 것은 어려운 일입니다. 그래서 고안된 것이 도메인 이름이라는 것입니다. 도메인 이름은 skku.ac.kr과 같이 사람이 기억하기 좋은 형태로 되어 있는 주소입니다. 그러나 도메인 이름이나 URL(Uniform Resource Locator)만 가지고는 상대 컴퓨터를 찾아가기 불가능합니다. 그래서 나온 것이 DNS(Domain Name System)라는 것입니다. DNS는 도메인 이름을 숫자로 된 IP 주소로 바꾸어 주는 일을 하는 시스템입니다. 즉, 인터넷을 사용하는 사람이 skku.ac.kr이라는 도메인 이름만 알고 있는 경우 203.252.57.2라는 실제 주소(IP)를 알려주는 역할을 합니다.

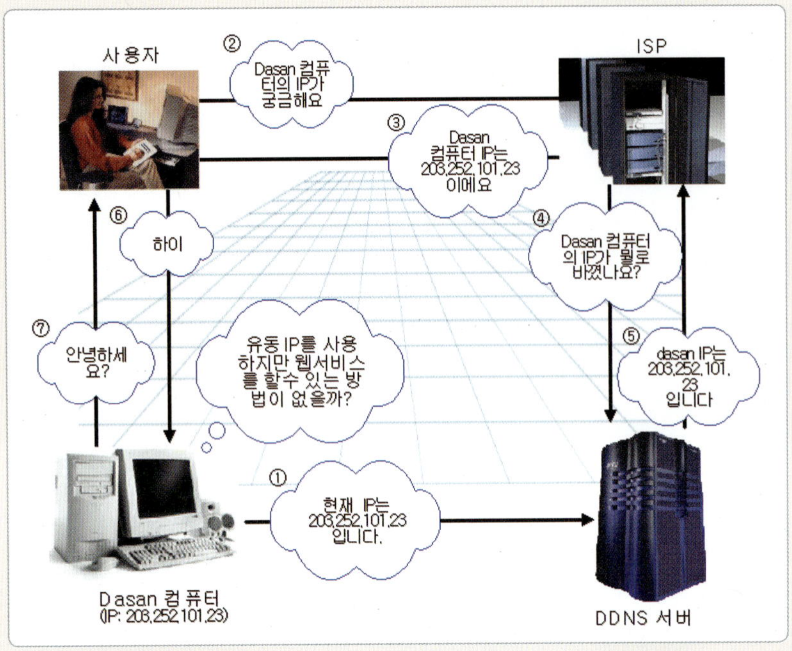

[그림 5-59] DDNS 구성도

그러나 초고속 인터넷 사업자들은 사용자 수보다 적은 IP를 보유하고 있으면서 사용자들이 요청하는 경우 사용하지 않고 있는 IP 주소를 할당해주는 방식을 사용하고 있습니다. IP 개수가 제한되어 있어서 모든 가입자에 IP를 할당할 수 없기 때문입니다. 따라서 사용자들은 인터넷에 접속할 때마다 변하는 IP, 즉 유동(dynamic) IP를 받게 됩니다.

그러나 유동 IP로는 홈페이지나 FTP 서버와 같은 인터넷 서비스를 하기가 쉽지 않습니다. IP가 고정되어 있지 않기 때문에 인터넷에서 도메인으로 해당 컴퓨터를 찾을 수 없기 때문입니다.

DDNS는 유동 IP를 고정 IP처럼 사용할 수 있도록 해주는 서비스입니다. 즉, DDNS가 하는 일은 유동 IP를 도메인과 연결시켜 주는 역할을 합니다. DDNS를 사용하는 경우 사용자는 먼저 현재 할당된 IP를 DDNS에 알려줍니다. 그러면 DDNS는 도메인 이름과 IP 정보를 관리하면서 외부에서 요청이 오면 일반 DNS처럼 해당 정보를 알려주게 됩니다.

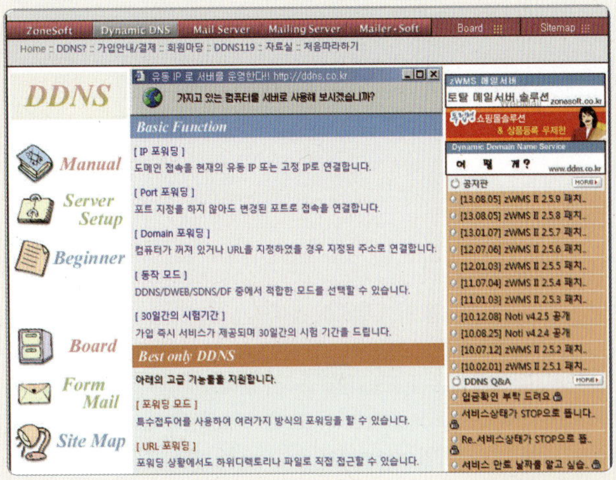

A. 인터넷 브라우저 주소 창에 http://www.ddns.co.kr를 입력합니다.

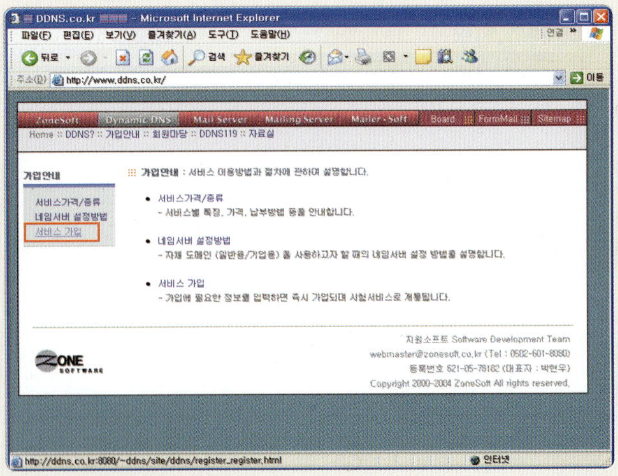

B. 서비스 가입 신청을 클릭합니다.

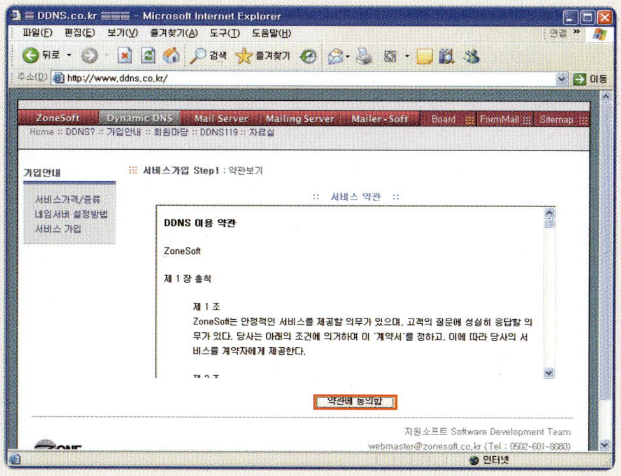

C. 서비스 '약관에 동의함'을 클릭합니다.

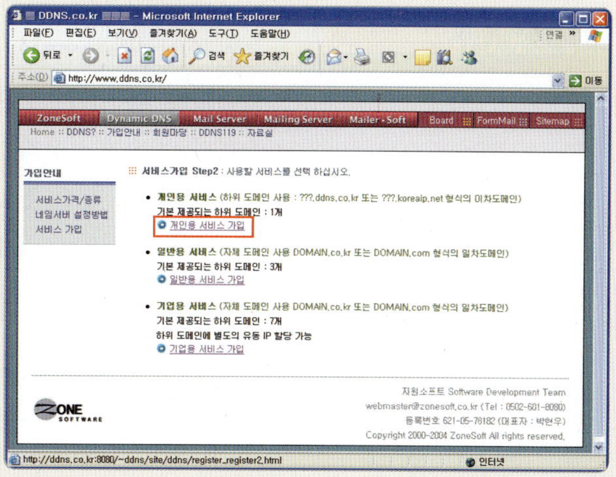

D. 용도에 맞는 서비스 상품을 선택합니다. 개인용 서비스 가입에 대해 알아보겠습니다.

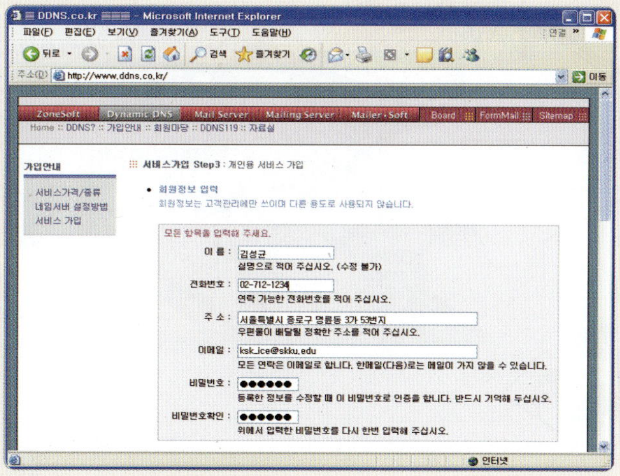

E. 사용자 정보를 입력합니다.

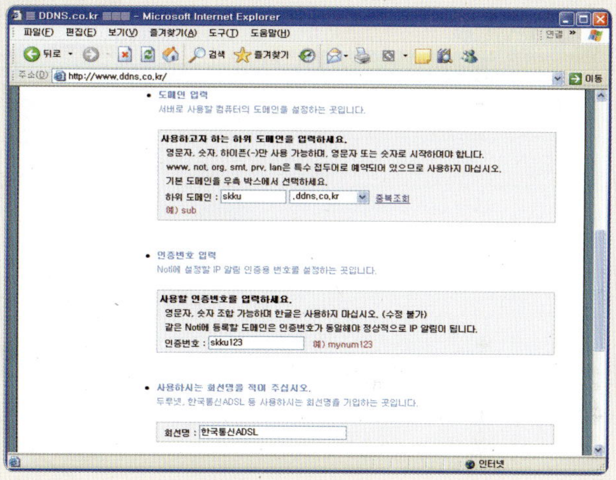

F. 사용하고자 하는 도메인을 결정해서 입력합니다. skku.ddns.co.kr을 사용하기로 결정하였습니다.

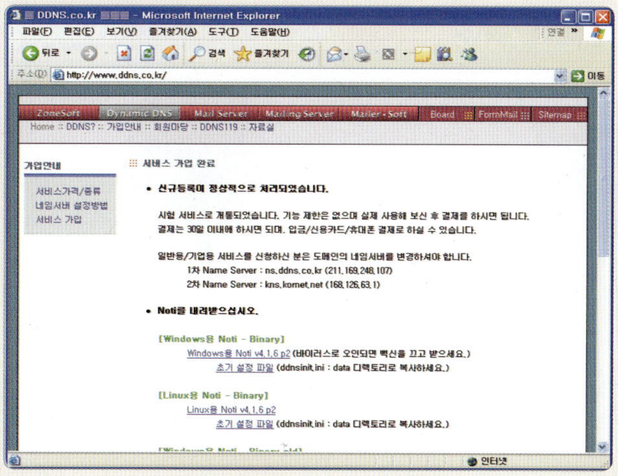

G. 등록이 정상적으로 완료되었습니다. 자신의 OS에 맞는 클라이언트, 즉 Noti 프로그램을 설치합니다.

5.5.3 CATV를 이용한 인터넷 접속은 어떻게 되나요?

종합 유선방송(CATV) 사업자가 제공하는 CATV망을 이용해서 인터넷을 접속할 수도 있습니다. 즉 CATV 가입자는 케이블 모뎀과 CATV망을 통해 인터넷을 이용할 수 있습니다. 방송에 사용하지 않고 남는 주파수 대역을 이용하여 서비스를 제공하기 때문에 일반적으로 일반 전화 교환망(PSTN)을 사용하는 경우에 비해 요금이 저렴하고 빠른 속도를 제공할 수 있습니다. CATV망은 센터와 노드 간을 광케이블로 접속하고 노드로부터 각 가정까지는 동축 케이블을 사용하는 HFC 방식의 광대역 서비스에 많이 사용됩니다.

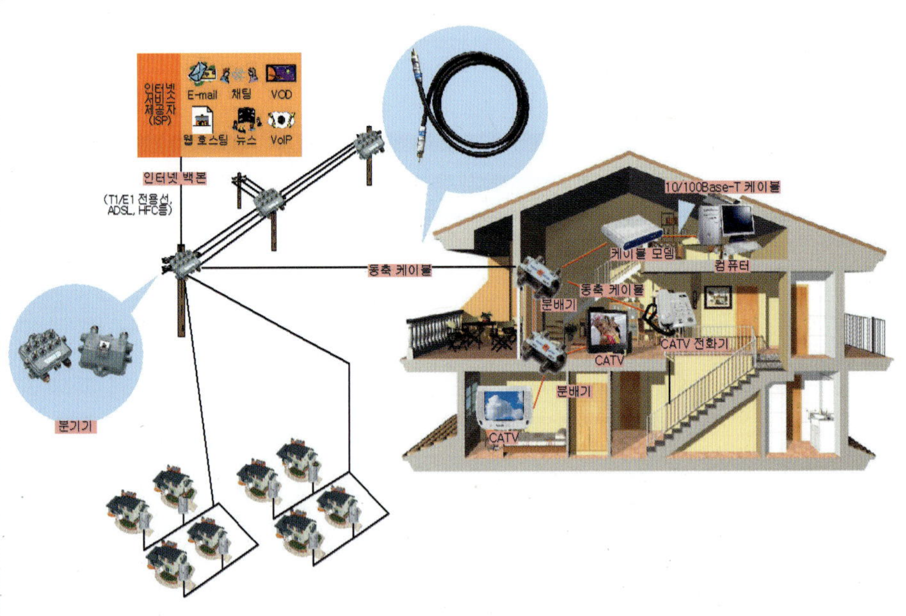

[그림 5-60] CATV망 구성도

[그림 5-61] 분기기(Tap-Off)

- 신호를 분배하는데 사용
- 1GHz/750MHz의 넓은 주파수 대역을 수용
- 삽입손실이 적고 반사손실이 뛰어남

[그림 5-62] 케이블 모뎀

- DOCSIS 1.0/1.1/2.0 지원
- A-TDMA and S-CDMA 방식 지원
- 표준 이더넷 인터페이스 지원
- SNMP 원격 관리 기능

Tip **인터넷 공유기의 구성과 역할은 어떻게 되나요?**

인터넷 공유기란 하나의 IP 주소를 이용하여 여러 컴퓨터에서 동시에 인터넷을 이용할 수 있게 하는 하드웨어 장치입니다. 일반적으로 여러 대의 컴퓨터를 사용하는 가정이나 직장에서는 IP 주소 하나만을 사용하여 공동으로 인터넷을 이용합니다.

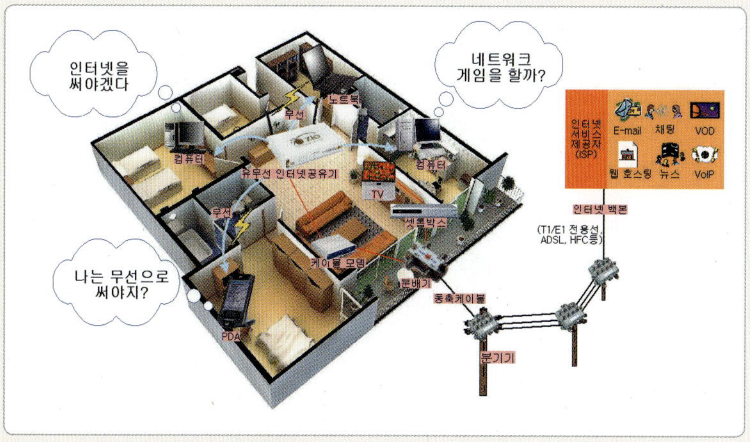

[그림 5-63] 유무선 공유기의 역할

[그림 5-64] 유무선 공유기(출처: EFM네트웍스)

- 무선랜 링크 속도: 802.11a/b/g/n 300Mbps
  802.11ac 1,300Mbps
- 유선랜 링크 속도: WAN 1x10/100/1000Mbps
  LAN 4x10/100/1000Mbps
- 네트워크 스토리지 지원: USB 3.0/2.0
  FAT32, NTFS, EXT3
- 보안: WPA, WPAPSK/WPA2PSK, WPS
  802.1x (WPA, WPA2)
- 안테나: 2.4GHz 2Tx-2Rx, 5GHz 3Tx-3Rx

5.5.4 FTTx 기술이란? x 기술들이 정말 많군요

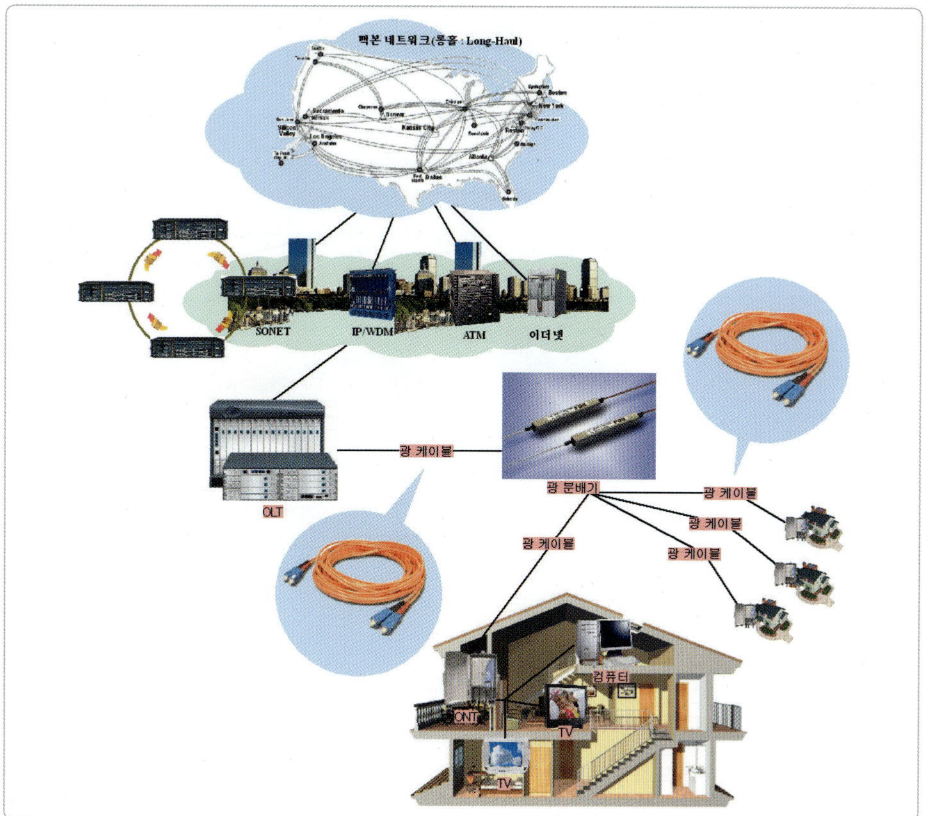

[그림 5-65] FTTH(Fiber-To-The-Home) 구성도

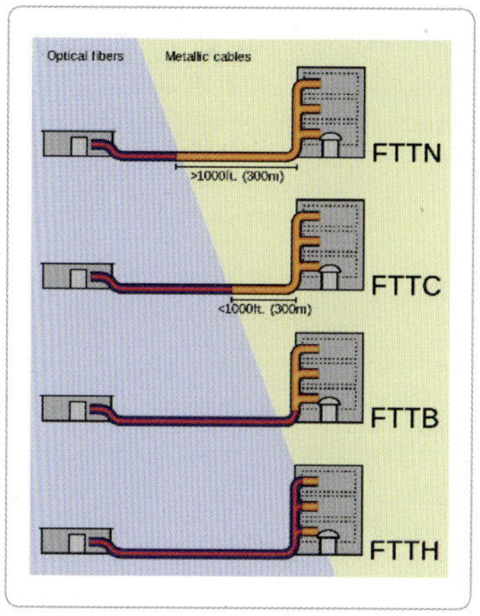

[그림 5-66] FTTx 구분

- FTTN: Fiber To The Node
- FTTC: Fiber To The Curb
- FTTB: Fiber To The Building
- FTTH: Fiber To The Home

[그림 5-67] OLT(Optical Line Terminal)

- 일반적인 광대역을 통한 3개의 서비스 전송
- IP/RF 비디오, 음성 패킷, 초고속 인터넷 접근
- ATM 또는 IP/기가비트 이더넷, RPR
- 양 끝단 호스트 관리 시스템

FTTH는 트위스티트 페어 구리선을 사용하는 전화 가입자선 대신에 각 가정에 개별적으로 광케이블을 연결하는 통신망을 말합니다. 광케이블이 각 가정마다 연결되면 전화, 팩스, 데이터, TV 영상까지 한 줄의 광케이블로 동시에 전송할 수 있게 됩니다. 그러나 FTTH 통신망은 각 가정까지 개별적으로 광케이블을 포설해야 하기 때문에 비용이 많이 소요될 뿐만 아니라 광망종단 장치(ONU: Optical Network Unit)도 설치해야 합니다.

FTTO(Fiber To The Office) 방식은 대도시의 업무 지구를 대상으로 광케이블을 포설하는 방식입니다. 전화나 팩스는 물론 고속 데이터와 영상 등 광대역 통신 서비스의 수요가 가장 큰 곳이 대규모 사무실이 있는 건물이기 때문입니다. FTTH에는 막대한 투자와 장기간의 건설 기간이 필요하기 때문에 경제적인 면을 고려하여 설치하며, FTTO는 수요가 있는 대도시 업무 지구별로 가입자망을 광케이블화하는 방식을 사용하고 있습니다.

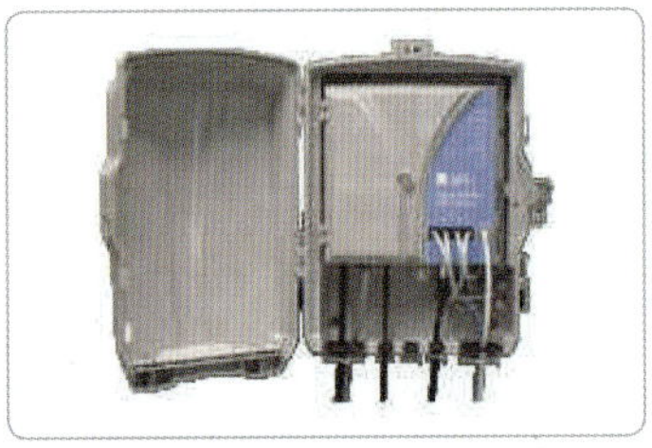

[그림 5-68] ONT(Optical Network Termination)

- ONU/ONT 옥외 분리 설치
- APC-LPSU 배터리 백업 설치

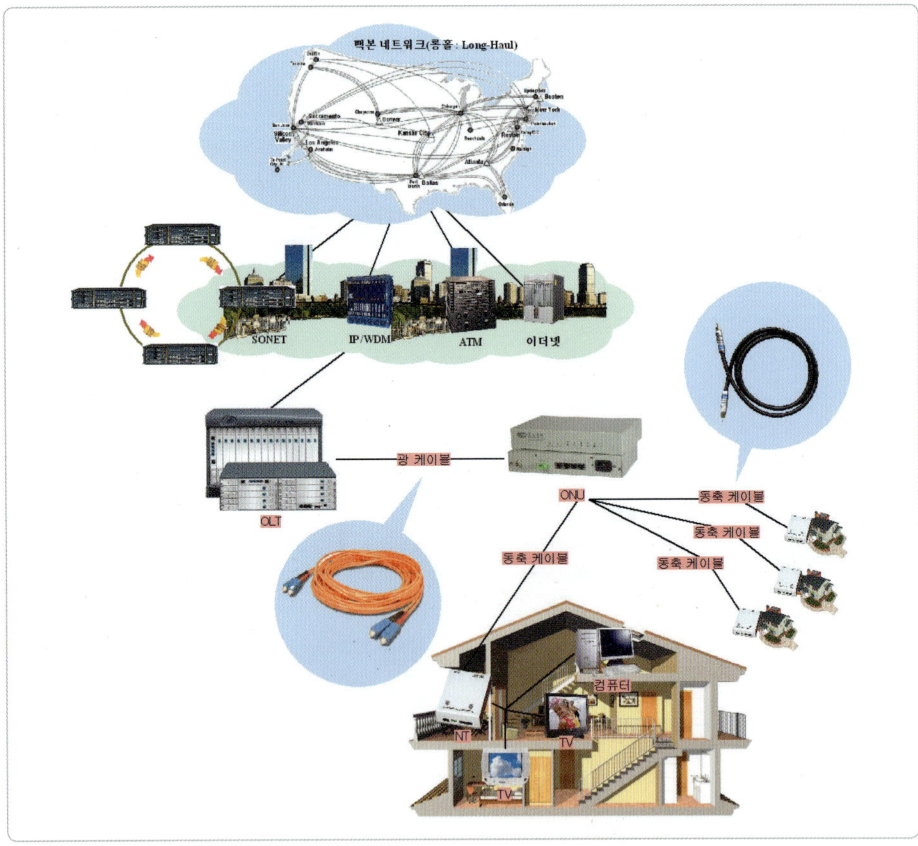

[그림 5-69] FTTC(Fiber To The Curb) 구성도

FTTC(Fiber To The Curb) 방식에서 'Curb'는 도로의 연석(緣石)이라는 의미입니다. 주택 앞 도로의 연석과 같이 작은 박스를 설치하고 거기서부터 주택까지는 기존의 동선을 이용하는 방법입니다. FTTH보다 경제성을 높일 수 있습니다. 또한 동선 거리가 짧으면 광대역 신호도 전송할 수 있습니다.

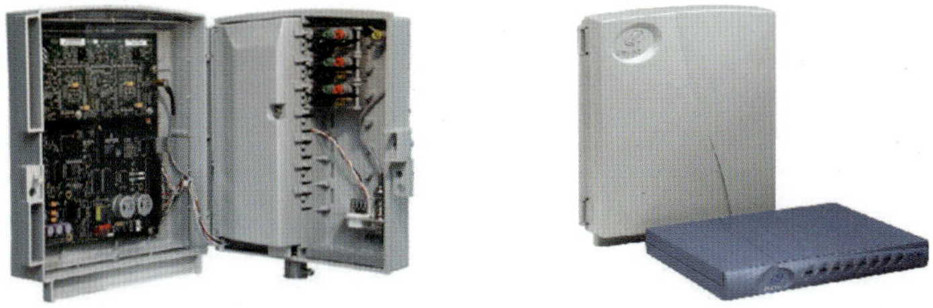

[그림 5-70] FTTC에서의 Curb

- 2포트 10/100B-T 이더넷 인터페이스
- 하나의 STM-1 광라인 인터페이스
- 16개 2M비트 전기 지원 인터페이스

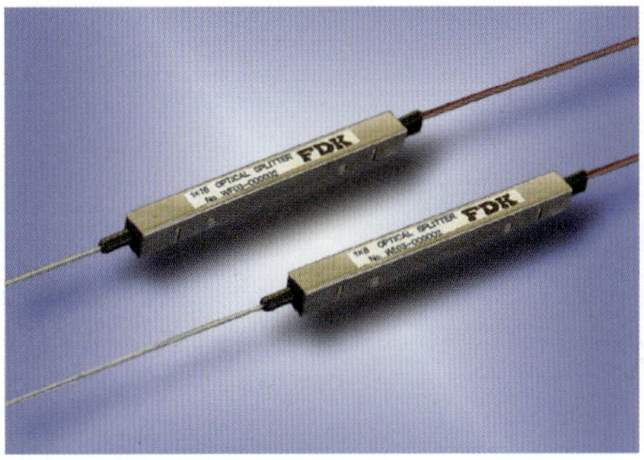

[그림 5-71] 광스플리터(Optical Splitter)

- 스위치 선택 S/T 제거
- 데스크탑, 랙 혹은 벽에 설치
- 16와트 독립 파워서플라이 옵션

[그림 5-72] NT(Network Termination)

Tip **FTTH 단말용 광송수신 핵심 모듈**

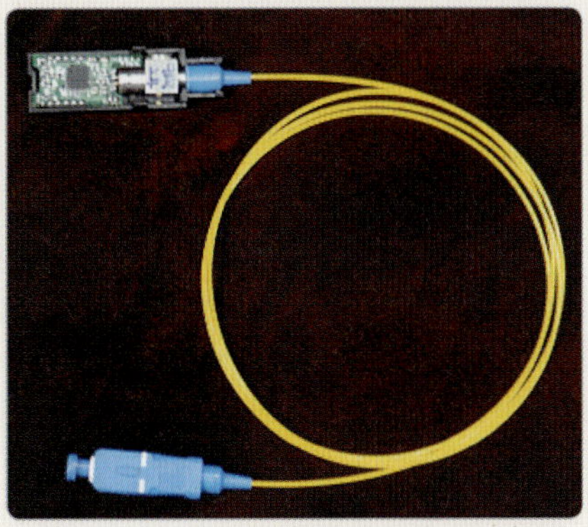

[그림 5-73] FTTH 단말용 광송수신 핵심 모듈

일반 가정까지 기가급으로 초고속으로 전송할 수 있는 FTTH 단말용 광송수신 핵심 모듈입니다. 이 광증폭기는 가정용 FTTH 단말에 들어온 광신호의 일부를 송신용 광신호로 재활용하는 기술을 이용한 것으로 상하향 전송 1.25Gbps의 성능을 갖추고 있습니다.

Tip ATM-PON, Ethernet-PON은 뭔가요?

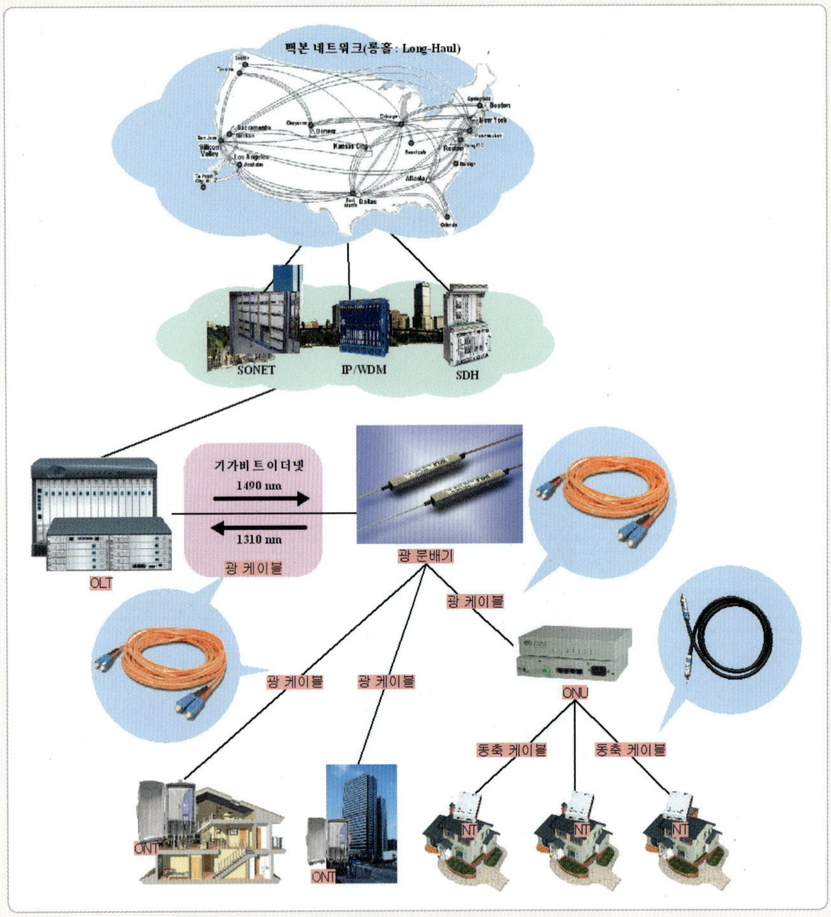

[그림 5-74] GE-PON(Gigabit Ethernet-Passive Optical Network)

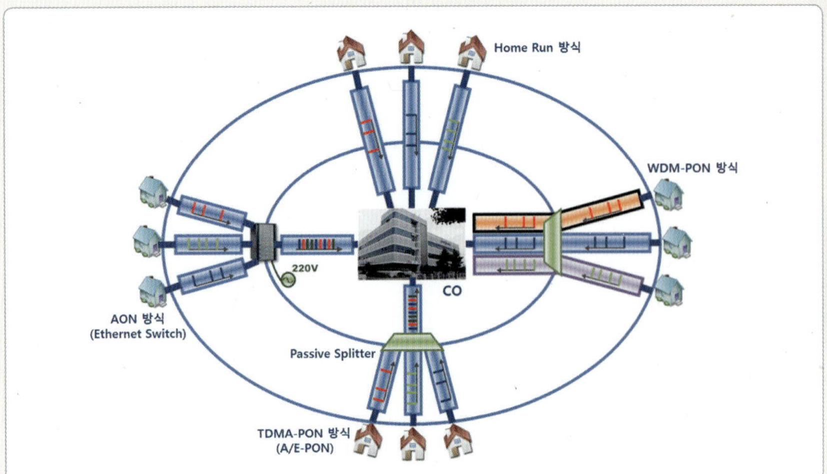

[그림 5-75] 다양한 FTTH 구현 방식

FTTH 구현 방식은 크게 홈런(Home-Run, 점대점), AON(Active Optical Network), PON(Passive Optical Network) 방식으로 나눌 수 있습니다. PON 방식은 기술과 전송 용량, 사용하는 프로토콜에 따라서 B-PON, E-PON, WDM-PON 등으로 나눌 수 있습니다.

홈런 방식은 전화국(CO)에서 가입자까지 독립적인 광케이블을 사용해 연결하는 점 대 점 방식입니다. 가장 안정적으로 다양한 서비스를 제공할 수 있는 기술입니다. 하지만 다량의 광케이블이 소요되고, 다수의 송수신 장치가 독립적으로 존재해야 하기 때문에 비경제적인 방법입니다.

AON 방식은 주택 인근에 광스위치 등의 능동형 장비를 구축한 후 여기에서부터 가정까지 광케이블로 연결하는 방식으로, 경제적이고 일반적인 구축 방안이라 할 수 있습니다. 이더넷 기반의 장비인 능동장치를 사용하므로 전력을 공급해야 하는 단점이 있기에 이 방식은 아파트 단지와 같은 밀집지역에 유리한 방식이라 할 수 있습니다.

PON 방식은 AON과 그 구조가 유사하나 능동형 장비 대신 전력연결이 필요 없는 수동형 장비를 사용하는 방식입니다. 단일 OLT(Optical Line Terminal)에 여러 개의 ONT(Optical Network Termination)가 연결되는 점 대 다점 형태로 구성되며, 하향신호는 브로드캐스팅 혹은 특정 파장을 통해 데이터가 전달되고, 상향은 ONT 간의 데이터 충돌을 방지하기 위해 TDMA 혹은 WDMA 방식을 사용합니다.

[그림 5-76] OLT

1) OLT 장비 성능 및 일반 제원
- 스위치 L3 이더넷 스위치(12Gbps급 이상) 내장
- 네트워크방향 1Gbps 이더넷 포트
- 가입자 방향 8개 PON OLT/256개의 ONT 지원

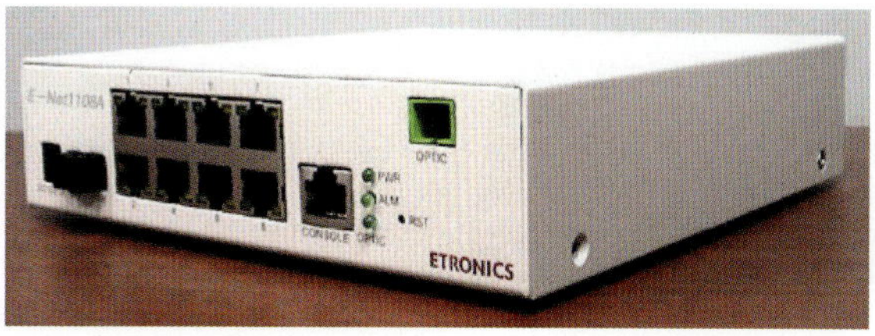

[그림 5-77] ONT

2) ONT
- 스위치 L2 이더넷 스위치 내장
- 네트워크 방향 1Gbps 이더넷
- 가입자 방향 100 BaseT 24 포트
- 100 BaseT 8 포트 /4 포트

[그림 5-78] GE-PON용 광 트랜시버 모듈

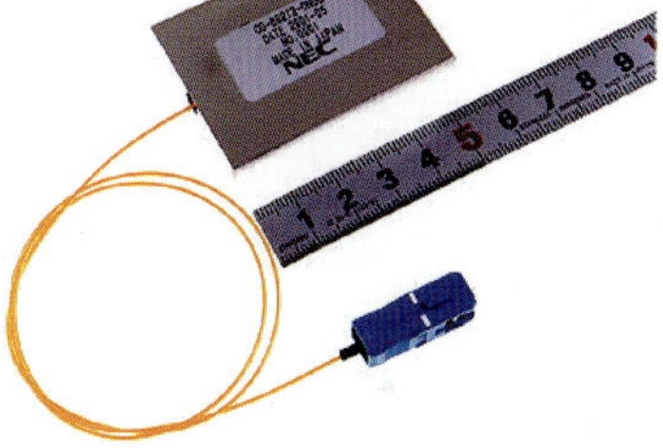

[그림 5-79] 622Mbps 광 트랜시버 모듈

5.5.5 HFC는 뭔가요?

HFC(Hybrid Fiber Coaxial)는 다양한 정보채널을 제공하여 문화수준의 향상과 지역 격차를 해소하기 위한 목적으로 국내에서 정책적으로 추진한 케이블 TV 사업의 시작과 함께 도입되었습니다.

1995년 한국전력이 국내 최초로 양방향 광대역 HFC 네트워크를 구축하였고, 1997년에는 국내 최초로 양방향 케이블 모뎀 시범 서비스를 성공하여 초고속인터넷 사업을 추진하였습니다. 1998년부터 두루넷 등이 한국전력의 HFC 네트워크를 이용한 초고속인터넷 사업에 참여하였고, 2000년 기간통신사업자인 파워콤이 설립되어 두루넷, 하나로통신, 온세통신 등의 ISP 업체들에게 HFC 네트워크를 제공하였고, 그 결과 초고속인터넷 가입자가 폭발적으로 증가하게 되었습니다. 이후 HFC 네트워크의 경제성을 확신하게 된 하나로통신, 두루넷은 일부 지역에 독자적인 HFC 네트워크를 구축하였습니다.

[그림 5-80] 한국전력공사

[그림 5-81] 파워콤 전경

HFC 네트워크는 광케이블과 동축 케이블이 혼합된 네트워크로서 방송국과 전파 중계소까지는 광케이블을 사용하고, 중계소에서 가입자까지는 일반적으로 동축 케이블을 사용합니다. 중계소에서 가입자로의 하향신호와 가입자에서 중계소로 전송되는 상향신호의 전송이 동시에 가능하며 광케이블의 넓은 대역폭 중 방송신호를 전송하고도 남는 여유 대역을 이용하여 인터넷 등의 데이터를 전송합니다.

HFC 네트워크는 10Mbps 이상의 초고속 인터넷 서비스를 제공하며 일반전화선 모뎀에 비해 최대 수백 배 빠른 속도로 다양한 멀티미디어 서비스를 제공할 수 있습니다. 또한 컴퓨터를 켜는 것과 동시에 인터넷을 바로 사용할 수 있으므로 별도의 접속 과정이 필요 없으며 광대역 케이블 망을 이용하기 때문에 인터넷, TV 시청은 물론 디지털 TV 전환 시 양방향 서비스나 T-상거래 구현이 용이합니다. IP 전화, 무선랜, 저속전용(배전자동화, 원격검침, 방범, 방재, 홈 자동화) 서비스 등에도 이용되고 있습니다.

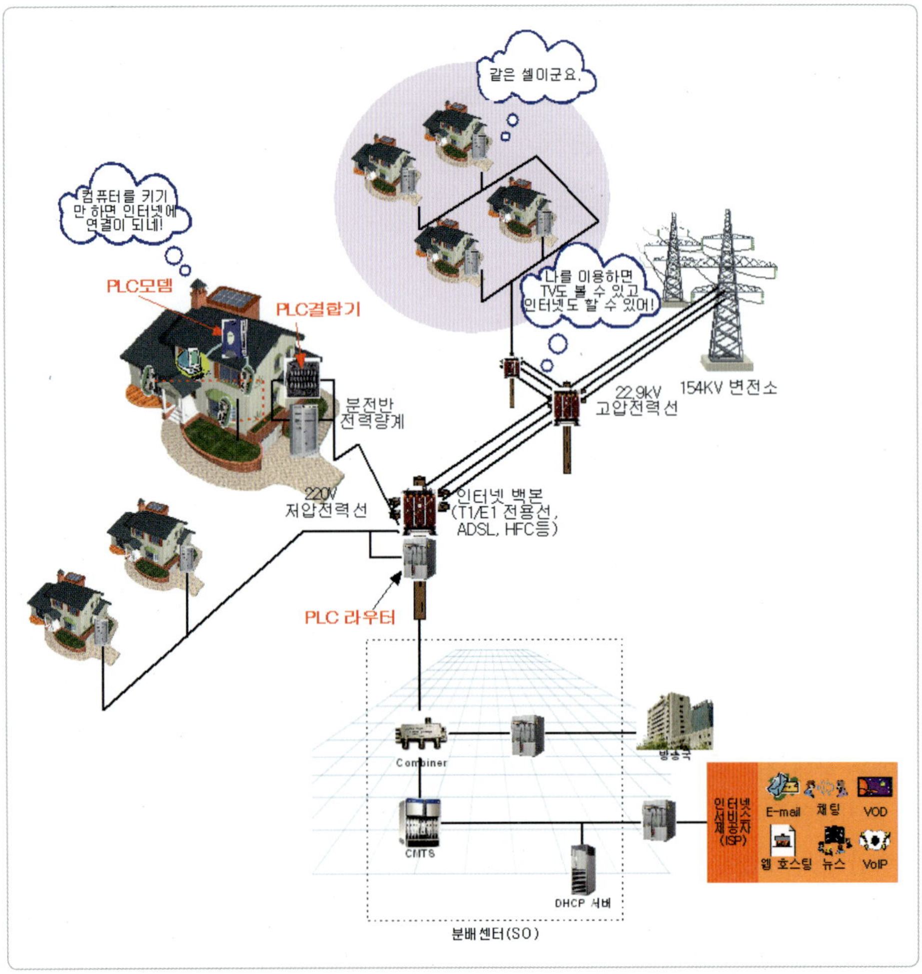

[그림 5-82] HFC 네트워크의 예

[그림 5-83] PLC(Power Line Communication) 모뎀

[그림 5-84] PLC 결합기

Tip IPTV는 무엇인가요?

IPTV(Internet Protocol TV)란 TV를 통해 인터넷을 이용할 수 있는 서비스 및 장비를 말합니다. 이때 TV와 인터넷 서비스는 IP 기반의 통신망을 통해 제공됩니다. 즉, 초고속 인터넷망을 TV에 직접 연결하여 영화, 드라마, 스포츠 등을 즐기는 멀티미디어 서비스라 할 수 있습니다. 기존의 TV에 전용 모뎀(또는 셋톱 박스)을 추가하면 이용 가능하며, TV나 라디오를 켜듯이 전원만 넣으면 인터넷을 이용할 수 있으므로, 컴퓨터에 익숙하지 않은 사람이라도 리모컨과 무선 키보드를 이용하여 쉽게 사용할 수 있습니다.

IPTV는 광케이블 기반의 LAN이나 무선 인터넷 환경에서 효과적으로 구현되며, HFC 망에서도 IPTV 서비스를 할 수 있습니다.

〈표 5-3〉 케이블 TV와 IPTV 비교

구 분	케이블 TV	IPTV
사업주체	종합유선방송사업자	기간통신사업자(KT, SK브로드밴드 등)
서비스지역	전국단위	전국단위(VDSL 이상 가능 지역)
채널수	TV 채널 50개 이상, 라디오채널 20개 이상, 데이터 채널 15개 이상	TV 60~100개 채널 이상
서비스형태	디지털 양방향 서비스 가능	디지털 양방향 서비스 가능
부가서비스	VOD 서비스 EPG 서비스 예약 및 SMS 서비스 TV 쇼핑 홈뱅킹 서비스	VOD 서비스 EPG(Electronic Program Guide) 서비스 VOIP, SMS, 메시징 서비스 TV 쇼핑 홈뱅킹 서비스 게임, 웹 검색 서비스

초기 IPTV 서비스는 기존의 실시간 전송서비스보다는 VOD(Video On Demand) 형태의 주문형 서비스 형태이며 인터넷과 TV가 결합된 T-상거래, T-러닝 등의 추가기능이 제공되어 모든 TV 방송의 주도권이 방송사나 중계업자가 아닌 시청자 중심으로 전환될 것으로 기대됩니다.

이처럼 IPTV 서비스에서는 가격과 컨텐츠가 가장 중요한 요소가 되었기 때문에 유료방송 서비스와의 가격경쟁과 SO와의 컨텐츠 확보 경쟁은 더욱 치열해질 것으로 보입니다.

최근에는 웅장한 음질과, 인공지능 AI 서비스가 제공되는 KT의 기가지니를 비롯한, 후발업체인 SK브로드밴드의 Btv Nugu 등 우퍼 타입의 UHD IPTV 셋톱 박스가 출시되어 수요가 폭발적으로 증가하여 인터넷 프로토콜 텔레비전 가입자수는 2014년 8월에 1,000만 명을 넘어서고 있습니다.

현재 국내 서비스 업체는 KT-올레 TV 라이브, SK브로드밴드-B TV 그리고 LG유플러스-U+ TV가 있습니다. 해당업체 중 제공 컨텐츠 양은 KT가 가장 많으며 다음이 SK, LG 순입니다. 2013년부터 사업자 중 LG 유플러스 U+ TV G만 유일하게 Full HD 방송을 실시하고 있으며, KT의 올레 TV 라이브와 후발업체인 SK브로드밴드 IPTV의 경우, 2014년과 2016년 하반기에 100% Full HD 채널로 전환하였습니다.

[그림 5-85] IPTV 채널

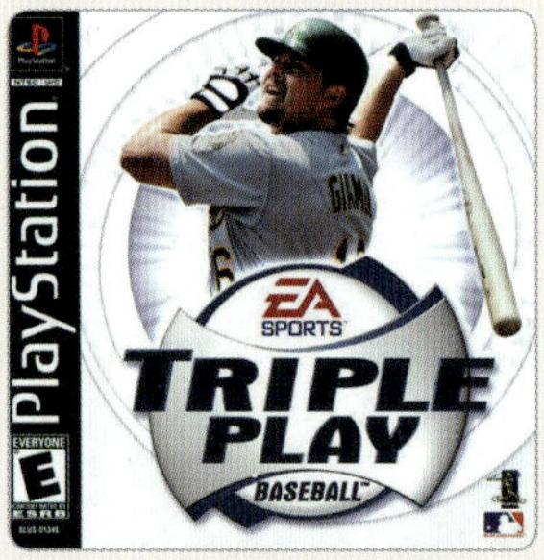

[그림 5-86] 트리플 플레이 - EA 사에서 만든 메이저리그 야구 게임

[그림 5-87] IPTV 광고 모습

[그림 5-88] IP 셋톱 박스

- MPEG-Ⅱ 디지털 & DVB 완전 호환
- 최대 5000 채널 수신 가능
- 채널 목록 리스트 모드, 즐겨찾기, 위성, 스크램블
- 이름으로 채널 찾기
- 5개 선호 채널 그룹 설정(최대 100개)
- 채널 자동/수동 찾기

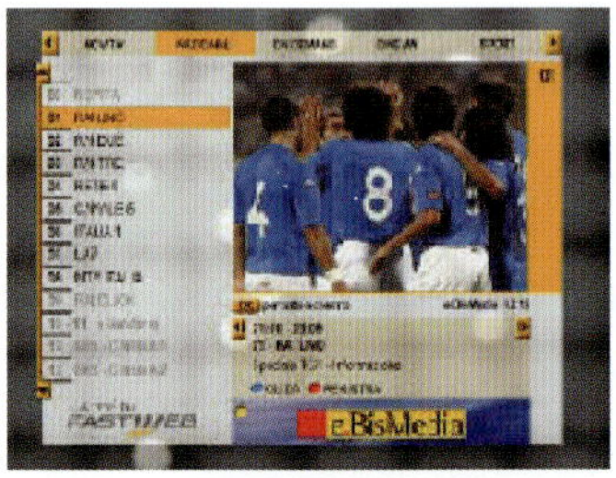

a. 이탈리아 FastWeb

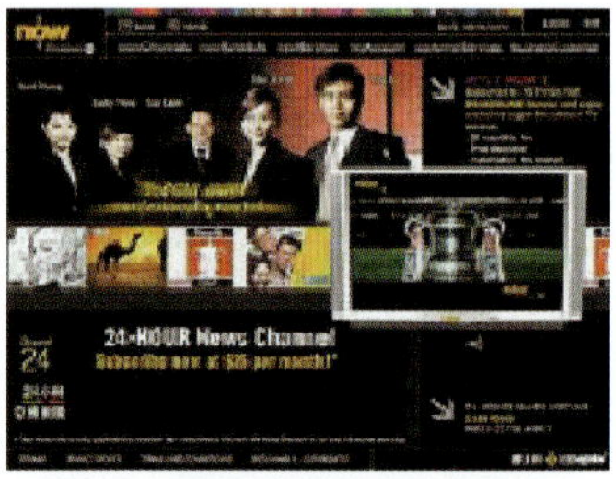

b. 홍콩 PCCW

c. 일본 BBTV

d. KT homeN

[그림 5-89] 전 세계 IPTV 서비스

5.5.6 IEEE1394와 USB도 네트워크가 되는군요!

IEEE(Institute of Electrical and Electronics Engineers)1394는 기존 보조기억장치의 인터페이스인 EIDE(Enhanced Integrated Drive Electronics)와 SCSI(Small Computer System Interface)의 단점을 보완하고 주변기기를 하나의 케이블에 연결하기 위해 개발한 표준 규격입니다.

IEEE1394의 가장 큰 장점은 빠른 전송 속도입니다. 모드에 따라 100Mbps, 200Mbps, 400Mbps 등 세 가지의 속도를 제공합니다. 또한 IEEE1394b의 경우 최대 3.2Gbps의 속도를 제공합니다. 400Mbps를 하드 디스크의 전송 속도 단위로 환산하면 약 50MB/sec 정도로, 실제 하드 디스크의 전송률과 유사한 수준입니다. 즉 IEEE1394로 연결한 외장 하드 디스크는 내장 하드 디스크를 사용할 때의 속도와 비슷한 속도로 동작할 수 있습니다.

또한 IEEE1394를 이용해서 PC 간 네트워크 연결도 가능한데, 현재 많이 사용되는 고속 이더넷의 100Mbps보다 4배나 빠른 400Mbps의 속도를 제공하기 때문에 상당히 빠른 PC 간 연결이라고 볼 수 있습니다. 특히 윈도우에서는 'IPv4 over IEEE1394'라고 하여 IEEE1394를 이용한 TCP/IP 네트워크를 기본으로 지원하기 때문에 별도의 드라이버를 설치해야 하는 번거로움 없이 하드웨어 장착으로 손쉽게 이용할 수 있습니다.

[그림 5-90] 소니 디지털 캠코더 DCR-HC1000. DV 단자(IEEE1394)로 컴퓨터에 연결하면 100% 디지털로 촬영한 영상을 전송할 수 있습니다.

[그림 5-91] PCMCIA 방식의 IEEE1394 확장 카드

[그림 5-92] PCI 방식의 IEEE1394 인터페이스 카드

한편 범용직렬버스 USB는 'Universal Serial Bus'의 약어이며 1994년에 만들어진 규격으로 그 사용범위는 컴퓨터에 국한되지 않고 디지털 기기는 물론 다양한 분야에서 사용되고 있습니다.

USB 2.0은 최대 480Mbps까지 데이터를 전송할 수 있는 규격입니다. 기존에 사용하던 USB 1.0이 IEEE1394의 빠른 속도에 눌려 시장을 빼앗기기 시작하자 이에 대한 대비책으로 탄생하였던 인터페이스입니다. USB 3.0은 마이크로소프트와 인텔 등 IT 업체에서 표준화하였으며 SS(Super Speed)라는 명칭을 가진 최신 USB 규격입니다.

[그림 5-93] USB 3.0을 지원하는 외장하드

a. A 타입 커넥터 b. B 타입 커넥터 c. Micro B 타입 커넥터

[그림 5-94] USB 3.0 커넥터 종류

[그림 5-95] USB 3.0 케이블

Tip IEEE1394, USB 이런 건 다 무어죠?

● IEEE1394

IEEE1394는 애플사와 텍사스인스트루먼트 사가 공동으로 제창한 Serial Bus Interface 규격으로 FireWire라는 코드네임으로 개발되어 왔으며, 개인용 컴퓨터 및 디지털 오디오, 디지털 비디오용 규격으로 데이터의 고속 전송과 등시성 실시간 데이터 서비스를 지원합니다.

규격은 FireWire 400과 800이 있는데, 각각 약 100/200/400Mbps, 800Mbps의 전송 속도를 지원하며 두 가지 형태로 하나는 6Pin(전기공급: 2Pin, 데이터전송: 4Pin) 형태이고 다른 하나는 4Pin(데이터전송: 4Pin) 구성입니다.

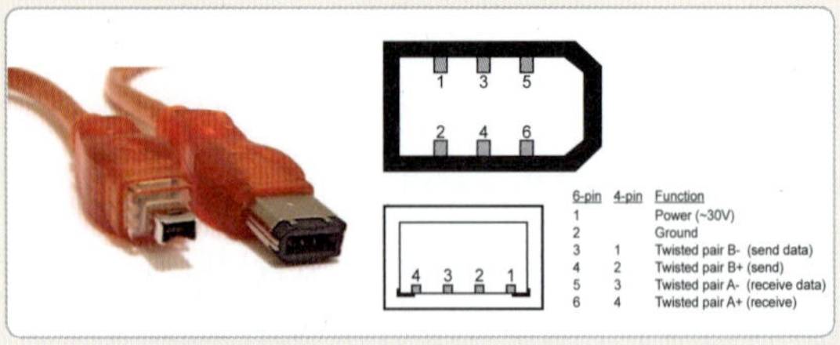

[그림 5-96] IEEE1394 케이블 타입

● USB(Universal Serial Bus, 범용 직렬 버스)

컴퓨터와 주변 기기를 연결하기 위해서 사용되는 입출력 표준의 하나로서, 다양한 기존의 연결 방식을 대체하기 위하여 만들어 졌습니다. 키보드, 마우스, 게임 패드, 조이스틱, 스캐너, 디지털 카메라, 프린터, PDA, 저장장치 등과 같은 다양한 기기들의 연결에 사용되며, 이러한 연결은 표준 연결 방식을 사용하여 이루어집니다.

개발 초기에는 개인용 컴퓨터를 위하여 개발되었지만, 지금은 PDA나 비디오 게임 콘솔 등에도 사용되며, 전원 공급 기능을 이용한 충전 용도로도 많이 사용되고 있기도 합니다.

USB는 현재 3.1까지 개발되었는데, 각각의 전송 속도는 다음과 같습니다.

- USB 1.0 Low speed (1.5Mbps)
- USB 1.1 Full speed (12Mbps)
- USB2.0 High speed (480Mbps)
- USB3.0 Super speed (5Gbps)
- USB3.1 Super speed plus (10Gbps)

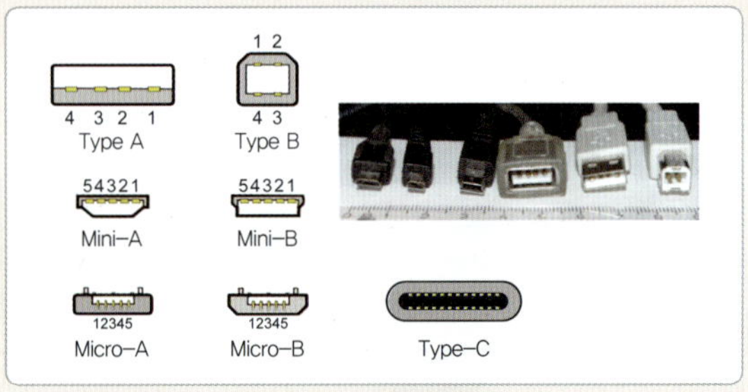

[그림 5-97] USB 형태별 규격

● HDMI(High Definition Multimedia Interface, 고선명 멀티미디어 인터페이스)

2002년에 처음으로 발표된 영상 및 음성 통합형 단자의 규격으로 정식 명칭은 고선명 멀티미디어 인터페이스라고 합니다.

기존의 영상 단자들과는 달리 음성과 영상 등의 단자를 하나로 통합한 단자로서, 컴퓨터, 게임기, 블루레이 플레이어, 텔레비전, 스마트폰 등 다양한 기기에서 사용됩니다. 2002년 4월 16일 HDMI 1.0 개발이 시작되었고, 같은 해 12월 9일에 표준이 완성되었으며, 현재는 1.1, 1.2, 1.3, 1.4를 거쳐 HDMI 2.0이 사용되고 있습니다.

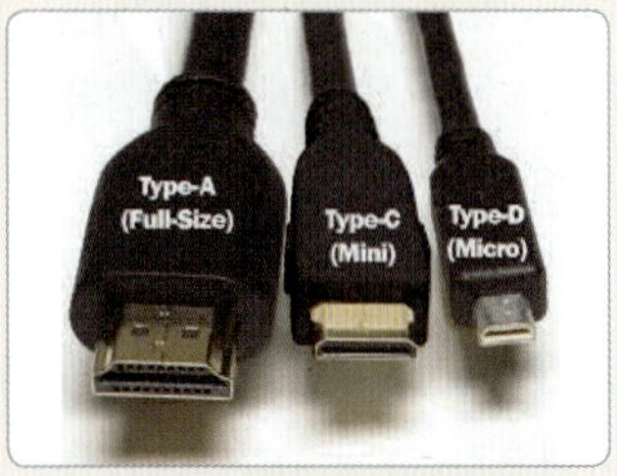

- 타입 A: 19핀 타입이며, SDTV, EDTV, HDTV 대역폭을 지원합니다.
- 타입 B: 29핀 타입이며, 고해상도 지원을 위한 규격으로 WQSXGA(3200x2048) 같은 고해상도 디스플레이 장치로의 확장이 가능합니다.
- 타입 C: 미니 HDMI라고 하며 소형 타입으로 포터블 기계에 사용되며, 타입 A와 같이 19핀 타입입니다.
- 타입 D: 마이크로 HDMI라고 하며 극소형 타입으로 포터블 기계에 사용되는 19핀 타입입니다.
- 타입 E: 자동차 연결 시스템용으로 진동, 습기 및 먼지 등으로부터 보호되는 타입입니다.

USB-IF(Implementers Forum)에서 발표된 규격에 따르면 USB 3.0은 초당 전송 속도가 무려 5Gbps로 기존 USB 2.0의 480Mbps보다 10배 정도 빠릅니다. 이 속도는 USB 2.0에서 15분 정도 걸리는 27GB의 동영상을 1분 10초 정도 만에 전송 가능한 속도입니다.

한편 USB 2.0은 단순히 전원을 올리고 내리는 기능만 지원하는 반면 USB 3.0에서는 Idle, Sleep과 같은 저전력 모드를 사용할 수 있어 전력 사용량을 줄일 수 있게 설계되었습니다. 또 한 가지 중요한 점은 전원공급양도 100mA에서 900mA로 늘어나 따로 전원 어댑터를 연결할 필요가 없게 되었다는 것입니다.

그러나 USB 3.0이 사용하는 프로토콜은 기존 USB와 호환이 불가능합니다. 이를 해결하기 위해서 USB 3.0에서는 듀얼 버스 아키텍처를 사용하여 호스트와 디바이스 사이에 기존 USB를 위한 버스를 따로 마련하여 전기적으로 호환이 가능하도록 하였습니다.

USB 3.0은 모두 6가지 포트 규격을 가지고 있습니다. 스탠다드 AB, 파워 B, 마이크로 AB, 마이크로 B 포트가 바로 그것입니다. 데이터 전송방식에서는 6개의 데이터 케이블 중 4개의 케이블을 사용하여 풀듀플렉스 방식을 구현하여 업로드와 다운로드가 동시에 가능합니다.

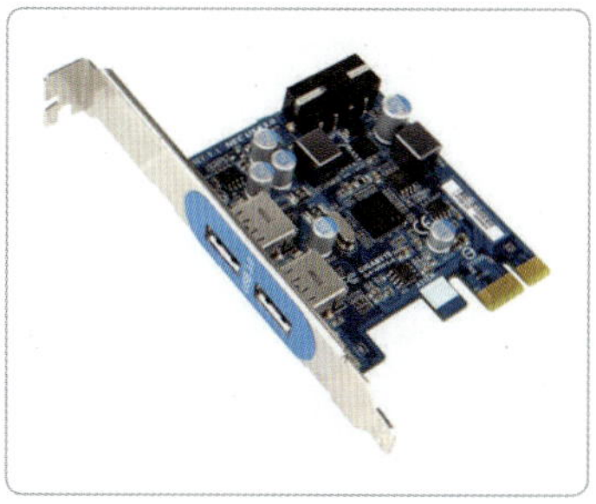

[그림 5-98] USB 3.0 확장 카드

[그림 5-99] USB 3.0 지원 메인보드

〈표 5-4〉 USB 3.0과 USB 2.0의 비교(출처: USB 3.0 Specification)

항 목	USB 3.0	USB 2.0
데이터 전송률	5Gbps	480Mbps
데이터 인터페이스	Full-Duplex	Half-Duplex
신호선 개수	6개(하위호환용 2개)	2개
전원 관리	Idle, Sleep, Suspend state	Port Level Suspend
버스 파워	900mA	100mA

Tip 그럼 IEEE1394를 이용하여 네트워크를 연결하는 방법은 어떻게 되지요?

IEEE1394는 컴퓨터 간 1:1 연결에서 400Mbps라는 고속의 네트워크를 가장 저렴하게 구축할 수 있는 방법입니다.

IEEE1394 포트는 4핀과 6핀 두 종류가 있는데, 주로 4핀은 노트북에 내장된 포트이며, 데스크탑의 경우 6핀 포트를 사용합니다. 따라서 연결하고자 하는 두 컴퓨터의 포트에 맞는 케이블을 준비하여야 합니다. 케이블의 종류는 핀의 규격에 따라 6-6, 6-4, 4-4가 있습니다.

[그림 5-100] IEEE1394 케이블(좌측부터 6-6, 6-4, 4-4핀)

[그림 5-101] IEEE1394b 케이블

윈도우 ME와 XP의 경우 IEEE1394 인터페이스를 설치하면 자동으로 TCP/IP 프로토콜을 사용할 수 있으므로 IEEE1394 포트에 케이블을 꼽기만 하면 통신이 이루어집니다. 이 때 네트워크 설정에 보면 '1394 연결'이라는 아이콘이 생긴 것을 볼 수 있습니다.

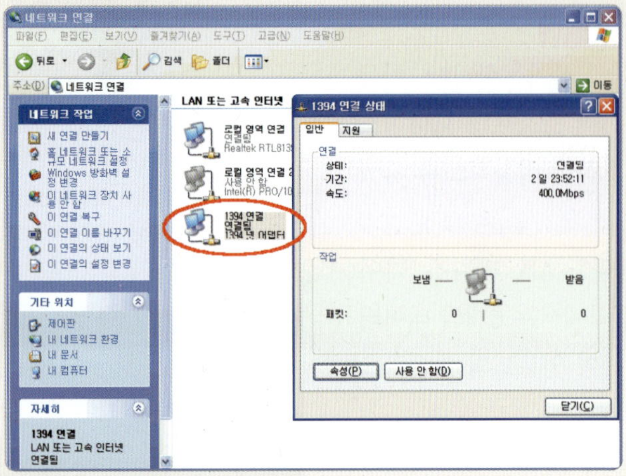

[그림 5-102] 네트워크 연결에서 볼 수 있는 'IEEE1394 연결'

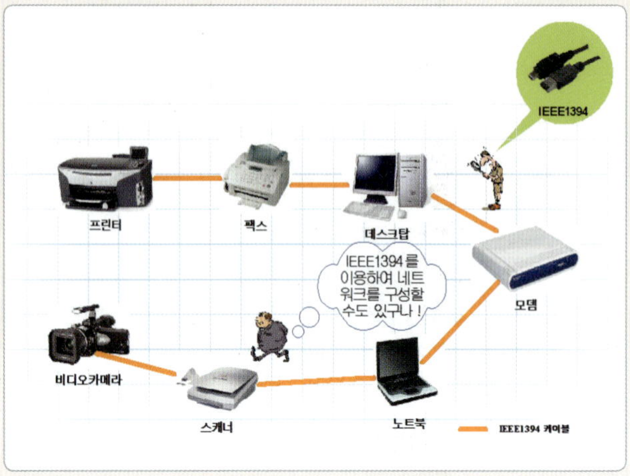

[그림 5-103] IEEE1394 네트워크

Tip 클라우드 컴퓨팅이란?

[그림 5-104] 클라우드 컴퓨팅을 위한 슈퍼컴퓨터(출처: 쇼핑저널 버즈 www.ebuzz.co.kr)

지금까지 사용해 왔던 '컴퓨터'의 개념은 보통 개인용 컴퓨터(PC)나 개인 서버로 이해되어 왔습니다. '클라우드 컴퓨팅'을 말 그대로 풀이하면 '구름과 같은 컴퓨팅'이라는 뜻이 됩니다. 여기서 '구름'이란 개인 컴퓨터 또는 개개의 응용 서버가 대규모 컴퓨터 집합으로 이루어져 있는 형태를 의미합니다. 이를테면, PC나 기업의 서버에 개별적으로 저장해 두었던 자료와 소프트웨어를 중앙 시스템인 대형 컴퓨터에 저장하고, PC나 휴대폰과 같은 각종 단말기를 이용해 원격으로 원하는 작업을 수행할 수 있는 사용 환경을 말합니다. 클라우드 컴퓨팅을 이용하게 되면 컴퓨팅 자원을 자체적으로 준비할 필요가 없고 서버나 스토리지 등과 같은 자원을 가지고 있는 클라우드 컴퓨팅 플랫폼 제공자를 통해 원격 사용이 가능하므로 전산비용이나 운영인력, 유지보수 비용 등을 크게 절감할 수 있습니다. 또한, 특정 프로젝트를 수행하기 위해 단기간 컴퓨팅 자원을 많이 운용해야 할 때에도 필요한 시스템 자원을 직접 구매하지 않고도 원하는 작업을 수행할 수 있습니다.

클라우드 컴퓨팅은 유틸리티 컴퓨팅이나 서비스로서의 소프트웨어(SaaS), 그리고 그리드(Grid) 컴퓨팅 개념들이 혼합된 개념입니다. 컴퓨팅 자원을 사용한 만큼 비용을 지불한다는 사용자 측면에서는 유틸리티 컴퓨팅이나 서비스로서의 소프트웨어와 유사하고, 분산된 여러 컴퓨팅 자원을 취합하여 하나의 컴퓨팅 자원처럼 사용할 수 있도록 제공한다는 자원 제공자 측면에서는 그리드 컴퓨팅의 개념과 유사합니다.

클라우드 컴퓨팅은 2006년 9월 Google의 직원인 크리스토프 비시글리아가 대학 후배들이 더욱 많은 정보를 접할 수 있는 방법을 연구하여 CEO 회의에서 그것을 처음 제안함으로써 시작되었습니다. 최근 들어 웹이 진화하면서 데이터뿐 아니라 응용 프로그램까지 데스크탑에서 벗어나 외부 데이터센터에 저장해 놓고 쓸 수 있는 환경이 마련됨에 따라 클라우드 컴퓨팅은 중요한 이슈로 떠오르고 있습니다.

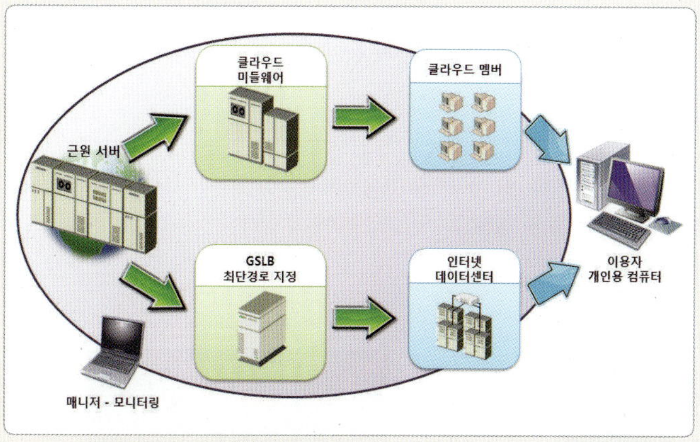

[그림 5-105] 클라우드 컴퓨팅 구성도(출처: 쇼핑저널 버즈 www.ebuzz.co.kr)

클라우드 컴퓨팅을 구성하는 주요 기술들은 다음과 같습니다.

① 가상화 기술

가상화 기술은 수백, 수천 대의 컴퓨터를 한 대처럼 묶어주거나 반대로 슈퍼컴퓨터 한 대를 수백, 수천 대의 컴퓨터처럼 나눠서 사용할 수 있도록 해줍니다.

이러한 가상화 기술을 통해서 컴퓨터를 필요한 시간만큼 사용자에게 제공하며 작업량이 증가하면 그만큼 분산 수행 컴퓨터 수가 자동으로 늘어나게 됩니다. 사용자는 네트워크 기능이 탑재된 단말기만 있으면 슈퍼컴퓨터에 접속하여 클라우드 컴퓨팅을 통한 일처리가 가능합니다. 이는 슈퍼컴퓨터에 접속해서 자신에게 할당된 가상의 세계에서 작업을 처리하는 것과 같습니다.

② 네트워크에 접목한 CCN(Cloud Computing Network)

CCN은 기존 콘텐츠 전송 네트워크인 CDN(Contents Delivery Network) 서비스에 클라우드 컴퓨팅 개념을 도입한 것입니다. 일반 사용자는 인터넷데이터센터(IDC)의 서버와 초고속 인터넷 이용자들을 하나의 가상 네트워크로 통합하여 만든 가상 네트워크 자원을 통해 원하는 서비스나 파일을 전송받을 수 있습니다.

클라우드 컴퓨팅을 사용하면 기존에 PC에 저장해 왔던 자료들이 데이터 센터의 서버에 저장되고 각종 소프트웨어나 프로그램의 별도 설치나 저장 없이 온라인상에서 그것들을 사용할 수 있습니다. 이처럼 클라우드 컴퓨팅은 다음과 같은 여러 가지 장점을 제공합니다.

① 개인용 컴퓨터 관리의 어려움 감소

PC나 기업의 서버에 개별적으로 저장해 두었던 모든 자료와 소프트웨어를 클라우드 컴퓨팅 서버에 저장해 놓고 개인용 무선 단말기를 통해 장소에 구애받지 않고 원하는 작업을 수행할 수 있습니다. 사용자의 컴퓨팅 환경이 데이터센터에서 실행되므로 작업의 요구 사항에 맞게 연산 시간과 메모리 디스크 용량 등이 가상으로 할당됩니다. 또한 PC에 문제가 발생될 경우 사용자는 언제든지 다른 PC로 손쉽게 이동하여 사용할 수 있습니다.

② 컴퓨팅 자원의 감소

사용자의 컴퓨팅 환경은 가상화를 이용해 특정 컴퓨팅 리소스를 집중시켜 실행 가능합니다. 대규모 메모리 용량이 필요한 멀티미디어 작업의 경우 클라우드 컴퓨팅의 손쉬운 확장성을 이용해 메모리 용량이 더 큰 서버로 실시간 이동이 가능합니다.

③ IT기업의 제품 개발 용이

서버를 보유하고 있지 않더라도 기업의 인터넷 활동이 가능하게 되고, 기업이 사용한 만큼만의 비용을 클라우드 컴퓨팅 제공회사에 지급하게 됩니다. 소프트웨어 개발자, 인터넷 서비스 개발자들은 따로 작업용 컴퓨터 없이 인터넷에 연결하여 데이터 센터 서버를 마치 회사 내에 있는 서버처럼 사용할 수 있습니다.

[그림 5-106] 클라우드 컴퓨팅을 위한 서버(출처: 쇼핑저널 버즈 www.ebuzz.co.kr)

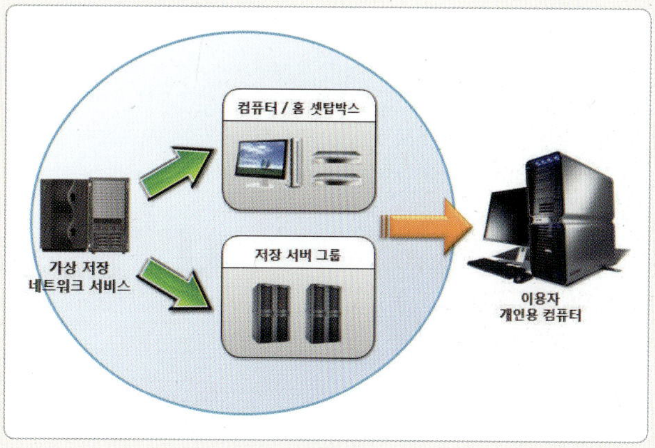

[그림 5-107] CCN(Cloud Computing Network)의 구성도(출처: 클루넷 www.ccn.co.kr)

국내에서는 대형 포털 및 통신사업자를 중심으로 다양한 클라우드 서비스가 제공되고 있습니다. 특히 소셜 네트워크 서비스(SNS) 같은 부가서비스 기능을 갖추고, 웹에 저장된 콘텐츠를 데스크탑이나 스마트폰, 노트북 및 태블릿 PC 등 단말기기의 종류에 상관없이 데이터를 저장하고 공유하는 서비스가 급속도로 증가하고 있습니다.

① 네이버 'N드라이브'

네이버의 'N드라이브'는 SNS와 연계한 클라우드 서비스입니다. N드라이브는 개인용 무료 웹 저장소를 제공하며 이곳에 보관된 사진, 동영상, 그리고 음악파일을 네이버 블로그, 카페, 미투데이 등 SNS에 포스팅할 수 있고 e메일에 첨부할 수 있습니다. 반대로 e메일에 첨부된 각종 파일을 바로 N드라이브로 보낼 수도 있습니다.

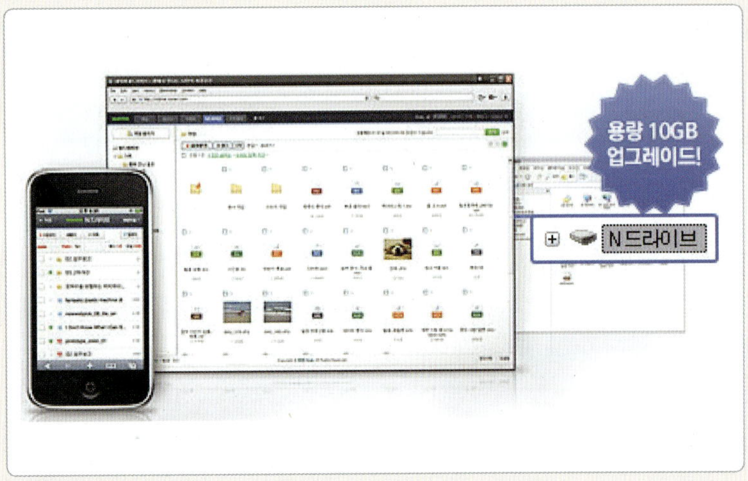

[그림 5-108] 네이버 N드라이브 서비스

[그림 5-109] 아이폰에서 네이버 N드라이브 서비스를 사용하는 모습

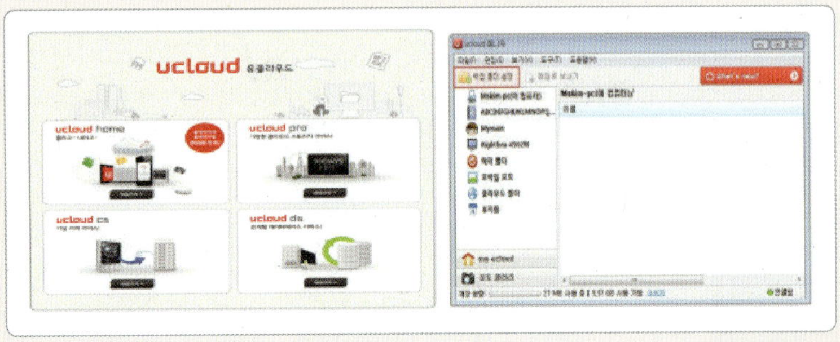

[그림 5-110] KT u클라우드 서비스

② KT 'u클라우드'

KT의 'u클라우드' 서비스에서는 초고속 인터넷서비스(쿡), 이동통신서비스(쇼) 가입자에게 저장 공간을 무료로 제공합니다. u클라우드 서비스의 특징은 온라인 백업을 지원해 폴더만 지정하면 자동으로 백업하며, 폴더 동기화로 데이터 싱크가 가능합니다. 또한 u클라우드에 저장된 동영상을 IPTV나 스마트폰으로 바로 볼 수 있는 'N스크린' 서비스를 제공하고 있습니다.

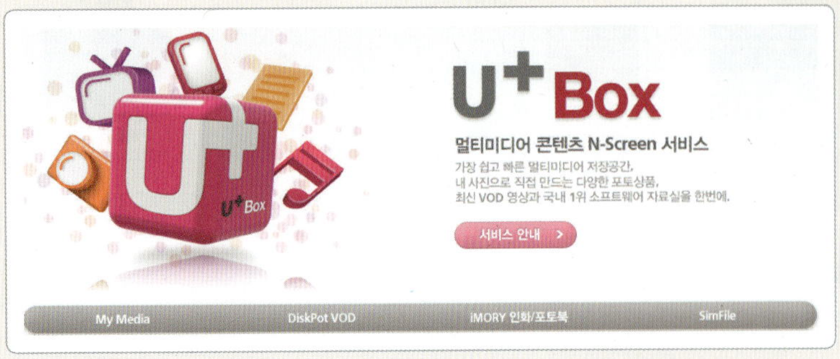

[그림 5-111] LG 유플러스 유플러스박스 서비스

③ LG 유플러스 '유플러스박스'

LG 유플러스의 '유플러스박스' 서비스에서는 휴대폰 가입자에게 저장 공간을 무료로 제공합니다. 기본적으로 웹하드에 있는 동영상을 자동으로 인코딩해 스트리밍 서비스를 이용할 수 있으며, VOD 서비스로 드라마 미리보기 등 짧은 동영상을 무료로 이용할 수 있습니다. 가장 큰 특징은 자동 인코딩 기능입니다. 영화나 드라마, 인터넷 강의 등 프로그램을 내려받아서 유플러스박스로 복사를 하면 파일 포맷에 관계없이 언제든지 시청이 가능합니다.

[그림 5-112] 나우콤 세컨드라이브 서비스

④ 나우콤 '세컨드라이브'

나우콤의 '세컨드라이브' 서비스는 1TB의 엄청난 무료 공간을 제공하며 N드라이브처럼 내컴퓨터에 별도 드라이브로 구분이 가능해 자료를 구분해서 관리할 수 있습니다. 주요 특징은 웹하드에 등록되어 있는 동영상을 자동으로 인코딩해 스트리밍 서비스를 받을 수 있습니다. 또한 파일공유 기능 지원으로 회원간 또는 외부에 파일공유가 가능하지만 단점으로는 저장공간이 작고 파일 저장기간이 제한되어 있다는 점입니다.

Tip • 스마트 그리드(Smart Grid)란?

[그림 5-113] 스마트 그리드 개념도(출처: http://ge.ecomagination.com)

스마트 그리드란 기존 전력망에 IT 기술을 접목하여, 전력 공급자와 소비자가 양방향으로 실시간 정보를 교환하고, 에너지 효율을 최적화하여 새로운 부가가치를 창출하고자 하는 차세대 전력망을 의미합니다.

스마트 그리드는 에너지 효율 향상을 통해 에너지 낭비를 절감하고자 하며 신재생에너지 기술과 IT 기술 접목을 목표로 하고 있습니다. 따라서 태양광, 풍력, 원자력, 연료전지, 청정연료 등으로 생산된 청정에너지를 기반으로 전력저장 시스템의 확산을 추진하고 있으며 전기자동차 등의 차세대 에너지원 활용을 통해 환경 개선을 목표로 하고 있습니다.

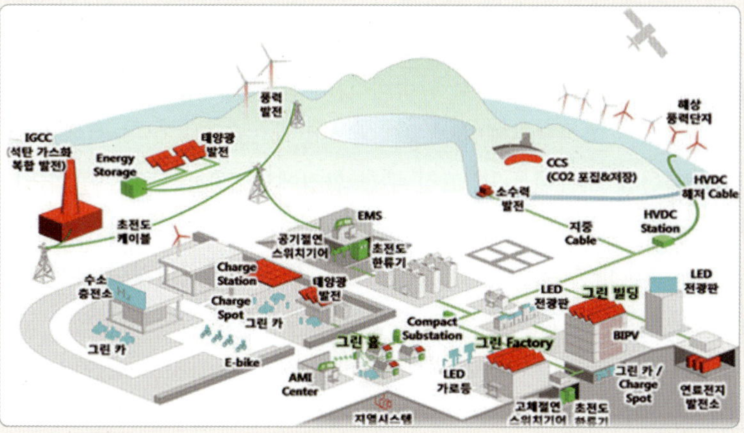

[그림 5-114] 스마트 그리드 도시 조감도(출처: (재)한국스마트그리드 사업단)

이에 따라 국내에서도 세계 최고 수준의 스마트 그리드 구현을 목표로, 제주도에 3단계 구축을 추진하였습니다. 정부 주도의 적극적인 지원 하에 에너지 · 환경문제 대응, 신성장동력 육성, 국민의 저탄소 녹색생활패턴 정착을 위하여 5대 분야에 걸쳐서 추진하였습니다.

① 가정과 업무 공간에서 스마트 계량기 사용의 일상화와 전기요금이 저렴한 시간대로 전력 사용을 자동 유도하고 소비자의 불편이 없으면서도 전기요금을 최소화(Smart Place)

② 전기자동차 운행을 위한 전기충전소 · 배터리 교환소를 설치하고, 가정에서도 충전할 수 있는 설비를 구축(Smart Transportation)

③ 풍력 · 태양광 발전 등을 안정적으로 확보하고 가정에서 사용되고 남는 전력을 전력망을 통해 다른 지역으로 전송될 수 있는 시스템 구현(Smart Renewable)

④ 이러한 3개 분야의 기반이 되는 전력망은 양방향 전력전송, 고장 시 조기발견 · 자동복구가 가능하며, 전력수요를 제어하는 수준까지 지능화(Smart Power Grid)

⑤ 전기 공급도 소비자 중심으로 전환되어 고품질 전력 사용을 희망하는 소비자에게는 고품질 전력이 제공되며, 자신의 전력소비 패턴에 알맞은 전력 요금을 선택할 수 있는 전력요금의 다양화시대 개막(Smart Electricity Service)

[그림 5-115] 제주도 스마트 그리드 실증단지

[그림 5-116] 「Korea Smart Grid Week」 행사를 통한 스마트 그리드 전시(2차 전지 홍보관)

5.6 초고속 무선 가입자망 기술

5.6.1 초고속 무선 가입자망을 알아볼까요?

무선통신은 고체 이외의 매질을 통해 신호를 전달하고자 전자기파, 음파, 초음파 등을 이용하는 통신방식입니다. 전자기파는 전파, 마이크로파, 적외선, 가시광선, 자외선, 엑스선, 감마선 등으로 세분화 할 수 있습니다. 무선 가입자망은 유선방식이 불가능한 지역이나 위성 또는 마이크로웨이브 등의 무선방식으로 고속이동 시에 10Mbps급 이상의 서비스와 함께 저속이동 및 고정 무선 환경에서 50Mbps급 이상의 멀티미디어 서비스를 제공하는 네트워크를 말합니다. 최근 스마트폰의 폭발적인 증가에 따라 Wi-Fi(Wireless Fidelity) 또는 LTE(Long Term Evolution) 방식의 무선 인터넷망 구축이 활발하게 이루어지고 있습니다. 유선 가입자망은 저렴한 비용으로 고품질의 서비스를 제공하는 반면 사용지역이 제한적이라는 약점을 가지고 있습니다. 이에 비해 무선망은 이동성이 강하고 사용지역이 매우 넓다는 장점을 보유하고 있으나, 속도 및 품질이 유선망에 비해 뒤진다는 단점이 있습니다.

무선통신은 신호전달의 방향성, 통신망의 구성 방식 등과 같이 다양한 분류 방식이 존재하지만 일반적으로 신호의 전달 범위를 기준으로 분류하는 방식을 사용합니다. 신호가 도달할 수 있는 범위가 가까운 수 미터 이내인 경우 WPAN(개인영역 무선통신망, Wireless Personal Area Network)이라고 하며 신호의 범위가 수십~수백 미터 수준일 경우 WLAN(근거리 무선통신망, Wireless Local Area Network)이라고 합니다. 마지막으로 무선신호의 도달거리가 수 킬로미터 이상인 경우 WWAN(무선광역통신망, Wireless Wide Area Network)이라고 합니다.

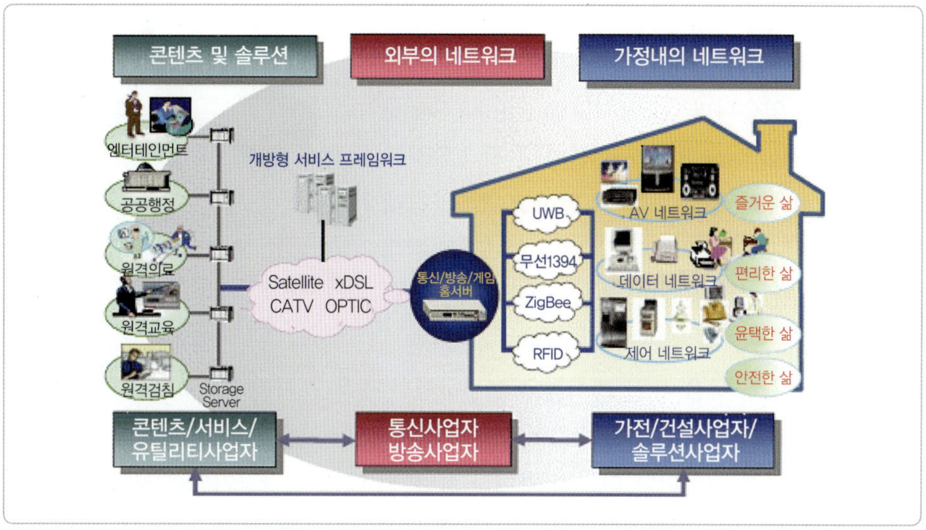

[그림 5-117] 초고속 무선 가입자망 기술

5.6.2 WPAN(개인영역 무선통신망, Wireless Personal Area Network)

WPAN 용으로 자주 사용되는 무선통신 기술로는 블루투스(Bluetooth), Wireless USB(무선범용직렬버스), 지그비(ZigBee) 등을 들 수 있습니다. 특히 비면허 대역인 2.4GHz ISM(Industrial, Scientific and Medical) 대역을 사용하는 블루투스는 스마트폰, 태블릿 PC 등 휴대용 기기와 노트북 PC에도 광범위하게 내장되어 있습니다.

블루투스 기술은 1999년에 발표된 1.0 버전 이후, 꾸준한 속도 향상을 이루어 왔습니다. 2009년 4월에 발표된 블루투스 3.0에서는 기존 블루투스와 동일하게 동작하다가 고속의 전송속도가 필요한 경우는 IEEE 802.11 기술을 사용하는 방식을 취해서 소비전력과 성능을 비약적으로 향상시켰습니다. 같은 해 12월에 발표된 블루투스 4.0은 초저전력 구동이 가장 큰 특징입니다. 대부분의 사물 인터넷에서와 같이 아주 가끔 데이터를 전송하더라고 무선 연결 자체는 장시간 유지해야 할 필요가 있는 경우가 많습니다. 이를 위해 전력 소모량을 10분의 1 수준으로 절감시킨 BLE(Bluetooth Low Energy) 프로토콜을 새롭게 추가하였습니다.

한편 2013년 4월에는 블루투스 4.1 표준이 발표되었습니다. 블루투스 4.1 규격은 사물 인터넷을 수용하는 것을 주목적으로 하였으며, 주변기기가 허브로도 동작할 수 있도록 하는 한편, 인터넷 접속도 가능하게 되었습니다. 예를 들어 갤럭시 핏과 같은 웨어러블 디바이스들은 블루투스 4.1 기능을 이용하여 심박 모니터와 온도 게이지와 같은 센서로부터 수집된 데이터를 스마트폰으로 직접 전송할 수 있습니다. 향후 블루

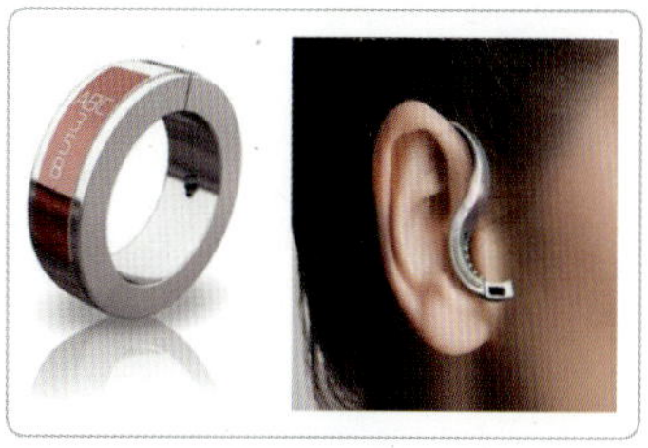

[그림 5-118] 블루투스 반지 및 이어폰 겸용 패션 아이템

평소에는 손가락에 끼고 있다가 전화가 오면 진동과 함께 상대편 폰 번호를 보여줍니다. 전화 받기를 원한다면, 반지를 뺀 후 비틀어서 귀에 걸치면 됩니다. 반지에서 블루투스 이어폰으로 변신한다고 합니다. 아직은 컨셉 모델입니다.

[그림 5-119] 블루투스 4.1 지원 스마트워치

투스는 TV 리모컨에서부터 인체 부착·삽입형 센서에 이르기까지 다양한 분야에 적용되면서 사물 인터넷 확산의 핵심적인 기술로 활용될 것으로 보입니다.

무선 USB(Wireless USB)는 단파의 고대역(3.1~10.6GHz) 무선 통신 프로토콜로, WPAN 환경에서 초고속 무선 멀티미디어 스트리밍 서비스 및 파일 송수신 서비스 등에 가장 적합한 기술로 기대되고 있습니다. USB-IF(Universal Serial Bus Implementers Forum) 산하 무선 USB 프로모터 그룹에서 표준화를 추진하고 있고 최대 3m 거리에서 초당 480Mbps의 전송 속도를, 최대 10m에서 초당 110Mbps의 전송 속도를 제공합니다. 이에 따라 PC 및 주변기기, 캠코더 등 가전기기, 이동통신기기 등을 유선 케이블로 연결하였던 것을 근거리 고속 데이터 전송기술(UWB: Ultra Wide Band)을 기반으로 하는 무선 USB 기술로 빠르게 대체할 것으로 보입니다. 따라서 캠코더나 디지털 카메라 등 유선 USB 저장장치의 정보를 PC로 다운로드 받을 때 USB 케이블을 PC에 직접 연결해야 하는 번거로움 없이 정보를 상호 전송할 수 있게 되었습니다.

[그림 5-120] 모니터 선을 없애고 무선 USB를 통하여 모니터 VGA로 신호를 전달해주는 Wireless USB

지그비는 저전력, 저비용, 저속이 특징인 2.4GHz 기반의 홈 자동화 및 데이터 전송을 위한 무선 네트워크 규격입니다. IEEE 802.15.4에서 표준화가 진행되고 있으며, 듀얼 PHY 형태로, 주파수 대역은 2.4GHz와 868/915MHz를 사용합니다. 또한 지그비는 DSSS(Direct Secure Spread Spectrum) 기술을 사용하며 반경 30m 내에서 20~250kbps의 속도로 데이터를 전송할 수 있습니다. 하나의 무선 네트워크에 최대 255대까지의 기기를 연결, 실내외 대규모 무선 센서 네트워크를 구성할 수 있습니다.

[그림 5-121] 레이디오펄스 사의 듀얼밴드 지그비 단일칩인 망고-1

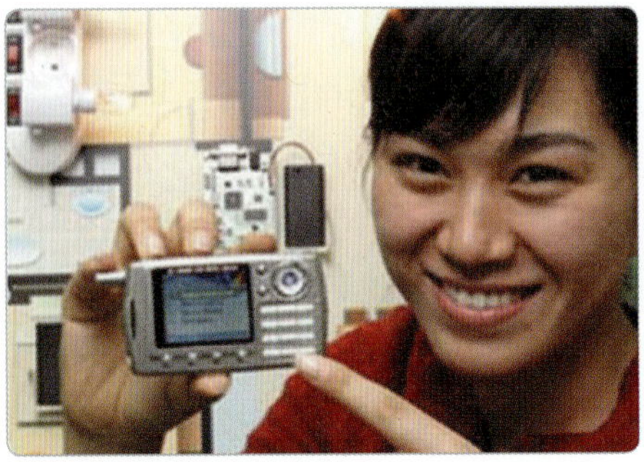
[그림 5-122] 2004년 팬택앤큐리텔에서 개발에 성공한 지그비폰

지그비는 버튼 하나로 집안 어느 곳에서나 전등 및 홈 보안 시스템 등을 제어할 수

Tip IrDA가 뭔가요?

[그림 5-123] IrDA 홈페이지

IrDA(Infrared Data Association)는 노트북과 휴대정보단말(PDA 등) 간에 적외선을 이용하여 데이터를 전송하는 데 필요한 하드웨어와 소프트웨어의 개발을 위하여 1993년 설립된 민간 표준화 단체입니다. 이 단체의 이름을 그대로 규격 명으로 사용하였으며 세계 약 170개의 컴퓨터 회사들이 워킹그룹을 이루고 있습니다.

적외선 주파수 스펙트럼 내의 광선은 정보로 변조되어 송신기로부터 비교적 짧은 거리 내에 있는 수신기로 보내지며, 적외선 방사는 리모컨으로 TV를 제어하는 데 사용되는 것과 같은 기술입니다.

IrDA 통신포트는 초당 115,200비트의 디지털 정보를 송수신할 수 있기 때문에 웬만한 문서나 멀티미디어 정보를 전달하는 데 무리가 없습니다. 따라서 IrDA 통신 기능이 포함된 노트북을 사용할 경우 사용자들은 적외선 포트를 향해 노트북을 펼쳐놓고 데이터 송신 버튼을 클릭하기만 하면 원하는 곳에 정보를 보낼 수 있게 됩니다. 이때 적외선 포트는 서로 일직선상에 마주보는 가까운 위치에 있어야 하며 중간에 장애물이 없어야 합니다.

[그림 5-124] IrDA를 이용한 무선 키보드와 마우스

[그림 5-125] PC의 USB 포트에 장착해서 IrDA 포트를 확대해 주는 IrStick

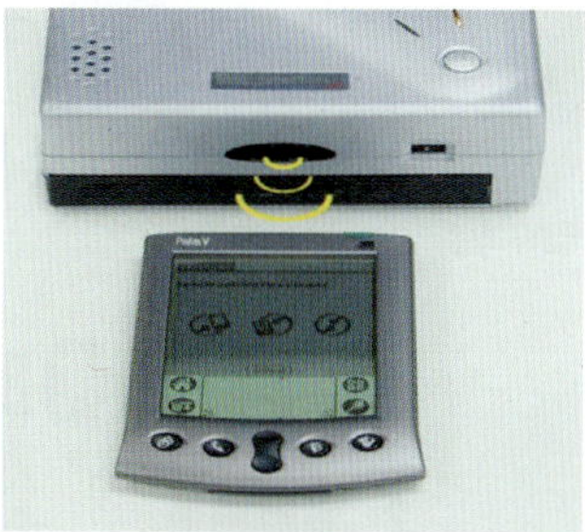

[그림 5-126] IrDA 포트를 이용하여 적외선 통신을 하는 모습

있고, 인터넷을 통한 전화 접속으로 홈 자동화를 더욱 편리하게 이용할 수 있는 기술을 제공합니다. 적은 전력소모는 향후 스마트 더스트(smart dust, 초소형 센서)를 가능케 합니다. 현재 지그비는 하니웰과 모토로라, 필립스 등이 적극적으로 지원하고 있습니다.

5.6.3 무선랜(Wi-Fi)

무선랜은 2차 세계대전 당시 미군이 적의 도청으로부터 안전하게 음성통신을 전송하기 위한 방법으로 개발되었습니다. 이후 스펙트럼 확산(Spread Spectrum), IR(Infrared), UHF(Ultra High Frequency) 협대역 방식이 개발되면서 21세기 네트워크의 한 축을 담당하는 기술이 되었습니다.

Tip 블루투스(Bluetooth, IEEE802.15.1)라는 건 또 무엇인가요?

[그림 5-127] 대표적인 블루투스 사례

1994년 스웨덴 에릭슨 사가 최초로 개발한 디지털 통신 기기를 위한 근거리 무선 통신 산업 표준입니다. 2.4~2.485GHz의 전파를 이용하여 전자 장비 간의 짧은 거리의 데이터 통신 방식인 블루투스는 개인용 컴퓨터에 이용되는 마우스, 키보드를 비롯해, 휴대전화 및 태블릿, 스피커 등에서 문자 정보 및 음성 정보를 주고 받는 용도로 폭 넓게 활용되고 있기도 합니다.

1999년 7월 - 블루투스 1.0 버전 발표

2003년 11월 버전 1.2, 2004년 11월 버전 2.0 + EDR, 2007년 3월 버전 2.1 + EDR, 2009년 4월 버전 3.0, 2009년 12월 버전 4.0, 2013년 12월 버전 4.1, 2014년 12월 버전 4.2 그리고 2016년 12월 8일 버전 5를 발표하였습니다.

버전 5에서는 데이터 전송 속도가 2Mbps, 1Mbps, 125Kbps가 지원되는데, 2Mbps와 1Mbps의 경우는 예전처럼 도달 거리가 100m, 125Kbps의 경우는 400m까지 지원이 가능해지기도 하였습니다.

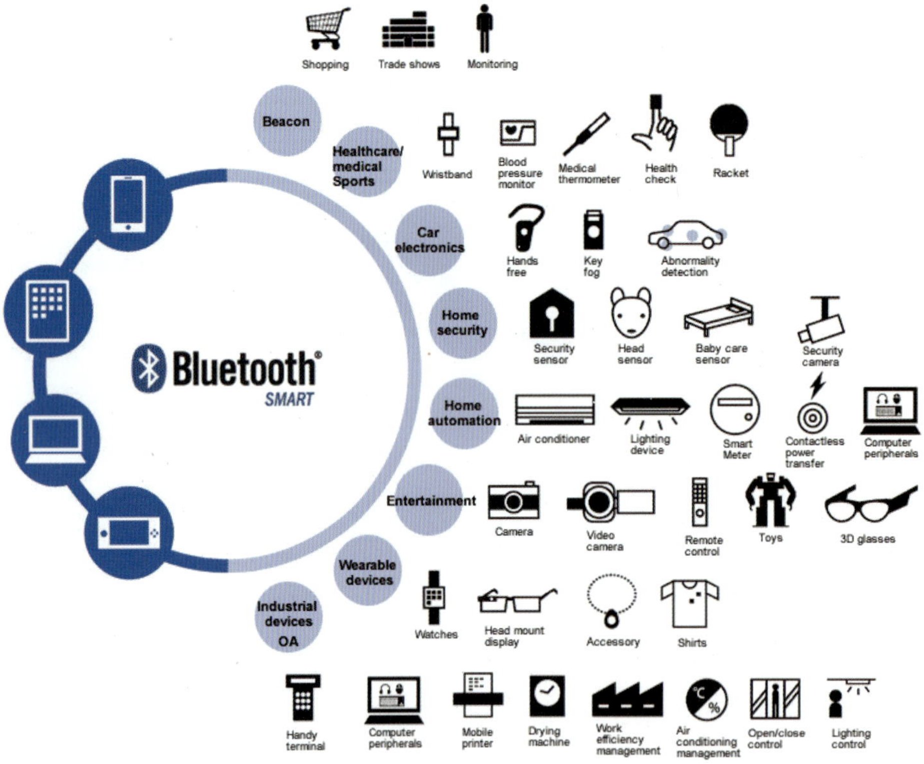

[그림 5-128] 블루투스 사용 분야(출처: YUDEN)

무선랜은 이동성, 편리성, Ad Hoc 네트워킹, 유선으로 연결되기 어려운 곳에 대한 서비스 등에 대한 요구를 충족시키기 위한 기술로 복잡한 배선의 번거로움을 없애고 무선으로 랜을 구축하기 위한 통신규격입니다.

무선랜은 이동전화 단말기가 발산하는 전력보다 낮은 저전력을 사용하며, 전 세계적으로 인정된 주파수 대역을 사용합니다. 따라서 우리나라에서 사용하던 무선랜 카드를 미국에서도 사용할 수 있습니다. 또한 무선랜은 상호간섭이 존재하는 곳에서는 수신강도가 매우 강한 속성을 가지는 대역확산 기술을 이용합니다.

(1) 무선랜의 역사와 표준에 대해서 알아볼까요?

Mbps 이상의 전송 속도를 갖춘 무선랜 제품은 93년부터 시장에 등장하기 시작했습니다. 국내의 경우 94년 말에 2.4~2.480GHz 대역을 무선랜용 주파수로 할당했습니다. 이 대역은 출력제한 범위 내의 제품이라면 정부의 허가 없이 자유롭게 사용할 수 있습니다. 이때에 등장한 제품은 업체별로 독자적인 기준에 의해 만든 1~2Mbps 급의 제품이었으며 1997년에 가서야 IEEE802.11 표준을 적용한 무선랜이 등장하기 시작하였습니다. 2Mbps급의 무선랜은 전송 속도와 가격적 측면 때문에 시장에서 성공하지 못했습니다. 그러나 1999년 9월에 고속 무선랜의 표준 규격인 IEEE802.11b가 확정되었습니다. IEEE802.11b에서는 최대 11Mbps가 지원되어 이더넷 못지않은 통신 속도를 제공하였습니다.

하지만 유선에서 100Mbps를 지원하는 Fast Ethernet, 1000Mbps의 전송 속도를 제공하는 Gigabit Ethernet 등이 잇달아 등장하자 무선랜은 속도의 한계성을 느끼고, 이에 대한 대안으로 54Mbps의 속도를 지원하는 IEEE802.11a 및 IEEE802.11g 표준을 제정하였습니다.

IEEE802.11a는 5GHz의 고주파수 대역을 사용하여, 6~54Mbps의 속도를 낼 수 있지만 높은 주파수의 사용은 장애물이 많은 실내 환경에서는 전송 효율이 크게 떨어진다는 문제점과 그때까지의 주 표준인 IEEE802.11b와 다른 주파수를 사용함으로써 호환성의 결여로, 같은 대역을 사용하는 최대 54Mbps의 속도를 낼 수 있는 IEEE802.11g 표준에 밀리는 현상을 보이기도 하였습니다.

이후 유선의 Gigabit Ethernet에 상응하는 IEEE802.11n 표준으로 2.4GHz와 5GHz 대역을 사용하며 최대 600Mbps까지 전송이 가능하도록 되었으며, 다중 단말의 전송 속도는 최소 1Gbit/s, 단일 링크 최대 속도는 500Mbit/s까지 지원하며 넓은 주파수 대역폭과 MIMO 안테나 지원 등으로 IEEE802.11n 확장 개념의 IEEE802.11ac가 등장하였습니다.

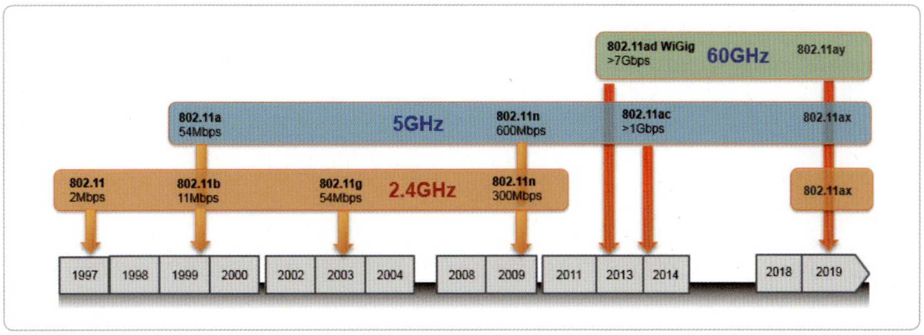

[그림 5-129] 무선랜(Wi-Fi) 기술 표준(IEEE802.11) 진화

향후 이러한 무선랜 기술은 빔포밍 기술을 이용하여 최대 7Gbit/s의 전송 속도를 갖는 IEEE802.11ad 기술의 등장과 이런 무선랜의 사용 범위 확대 등으로 그 중요도 및 위상을 잡아갈 것입니다.

〈표 5-5〉 IEEE802.11 규격 비교(출처: Wi-Fi Alliance)

프로토콜	발표 시기	변조방식	주파수 대역(GHz)	채널 대역폭 (MHz)	MIMO 스트림	스트림 당 전송속도 (Mbps)	최대전송 속도 (Mbps)
IEEE802.11	1997.6	DSSS, FHSS	2.4~2.5	20	최대 1	2	2
IEEE802.11a	1999.9	OFDM	5.15~5.35, 5.47~5.725	20	최대 1	54	54
IEEE802.11b	1999.9	DSSS	2.4~2.5	20	최대 1	11	11
IEEE802.11g	2003.6	OFDM, DSSS	2.4~2.5	20	최대 1	54	54
IEEE802.11n	2009.9	OFDM	2.4~2.5, 5.15~5.35, 5.47~5.725	20, 40	최대 4	72.2, 150	600
IEEE802.11ac	2013.12	OFDM	5.15~5.35, 5.47~5.725	20, 40, 80, 160	최대 8	87.6, 200, 433.3, 866.7	6,933
IEEE802.11ad	2014.12	OFDM + SC	2.4, 5, 60	2.16		최대 7,000	6.75Gbps
IEEE802.11ah	2016.8	MIMO-OFDM	0.9	1~16	최대 4	347	68
IEEE802.11ay	2019 예정	OFDM/SC	60	8,000	최대 4	20Gbps	100Gbps

Tip **무선랜(Wi-Fi)의 아키텍쳐는 그럼 어떻게 변화되었나요?**

무선랜 전송기술의 발전과 더불어 무선랜을 이용하여 네트워크를 구성하는 방법에 있어서도 많은 변화를 거쳤습니다. 과거의 단순 노드 확장을 위한 허브(Hub)의 역할에서 스위치(3-Layer Switch)의 역할 그리고 설치 AP들의 관리를 위한 컨트롤러의 설치 등, 관련된 네트워크 아키텍쳐의 변화도 무선랜 전송기술의 발전과 그 괘를 같이했다고 할 수 있습니다.

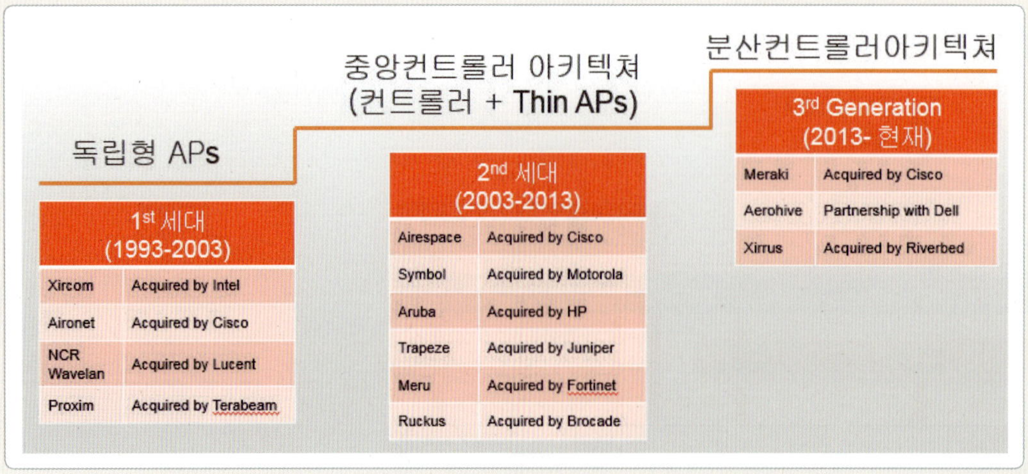

[그림 5-130] 무선랜(Wi-Fi) 아키텍쳐의 진화

Tip • MIMO(Multiple-Input Multi-Output, 미모 또는 마이모)라는 건 무엇인가요?

한정된 주파수 자원을 보다 효율적으로 활용하고 이를 통하여 무선 통신의 용량을 높이기 위한 스마트 안테나 기술을 말하는 MIMO는 복수의 안테나를 사용함으로써 그에 비례하여 전송 용량을 높이는 기술을 말합니다. 이 기술은 간섭 제거를 중심으로 한 수신 처리 입장과 용량 증대를 중심으로 한 송신 처리 입장으로 MIMO의 중요성과 필요성을 설명하고 있기도 합니다.

기존의 802.11a/b/g는 단일 안테나 방식인 SISO(Single-Input Single-Output) 방식을 사용하는데, 802.11n 방식에서는 이 방식으로는 전송 대역폭을 보장할 수가 없었습니다. 그럼으로 기존의 방식인 하나의 안테나를 사용함으로써 전송 대역폭이 제한적이던 것을 복수의 안테나를 사용함으로써 대역폭을 배가시킬 수 있는 방식인 MIMO 기술을 적용하였던 것입니다.

기존의 SISO 방식의 최대 전송 한계는 150Mbps인데, 이를 2x, 3x, 4x 안테나 배열을 채용함으로써 최대 전송 대역폭을 600Mbps로 배가시킬 수 있었던 것입니다.

[그림 5-131] 4x MIMO 기술이 적용된 ipTIME A8ns-M AP(802.11a/b/g/n/ac, 최대 1,733Mbps 지원)

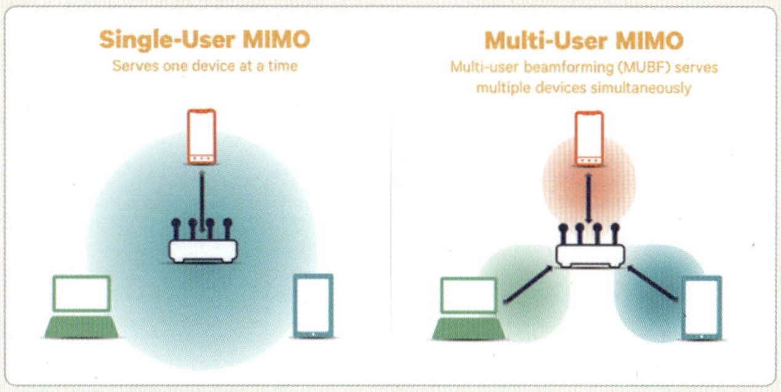

[그림 5-132] MIMO 안테나 기술 적용 예

Tip • 고속철(KTX, SRT)에서 즐기는 고속의 와이파이(Wi-Fi) 서비스

많은 사람들이 이용하는 고속철도, 그 중에 KTX, SRT, ITX-청춘 및 ITX-새마을호는 이를 이용하는 고객들에게 이용 시설의 서비스 만족도 향상 및 공공 와이파이 확대 정책에 부응하기 위하여 무선인터넷 서비스를 제공하고 있습니다. 특히 2018 평창 동계 올림픽과 동계 패럴림픽 등을 위해서 서비스를 대폭 확대하기도 하였습니다.

[그림 5-133] 고속 와이파이 서비스를 제공하기 위해 SRT 내부에 설치된 Xirrus AP 모습

[그림 5-134] 고속 와이파이 서비스를 제공하는 SRT 및 KTX 고속열차 모습

[그림 5-135] 고속 와이파이 서비스를 사용하는 모습

(2) CSMA/CA(Carrier Sense Multiple Access/Collision Avoidance)가 뭔가요?

이더넷에서 사용하는 CSMA/CD를 그대로 무선랜에서 사용하기에는 무선랜 환경에서 발생할 수 있는 문제를 해결할 수 없어서 802.11의 개발자들은 무선랜을 위한 액세스 프로토콜을 따로 만들었습니다. 이것이 바로 CSMA/CA입니다.

기존의 CSMA/CD로는 무선랜에서 발생할 수 있는 '숨겨진 터미널(Hidden Terminal)'을 해결할 수 없습니다.

예를 들어, 두 개의 스테이션과 하나의 액세스 포인트로 구성된 네트워크에서 두 개의 스테이션 모두 액세스 포인트의 범위 안에 있고 액세스 포인트에 연결되어 있다고 가정하겠습니다. 그러나 무선 스테이션의 신호 범위 때문에 두 개의 무선 스테이션이 서로 인지할 수 없는 경우가 발생할 수 있습니다. 이 경우 재욱이 데이터를 전송하고 있다고 가정하면, 재욱이 전송 중임을 알지 못하는 영주는 데이터 프레임을 전송하게 되고 결국 충돌이 발생하게 됩니다.

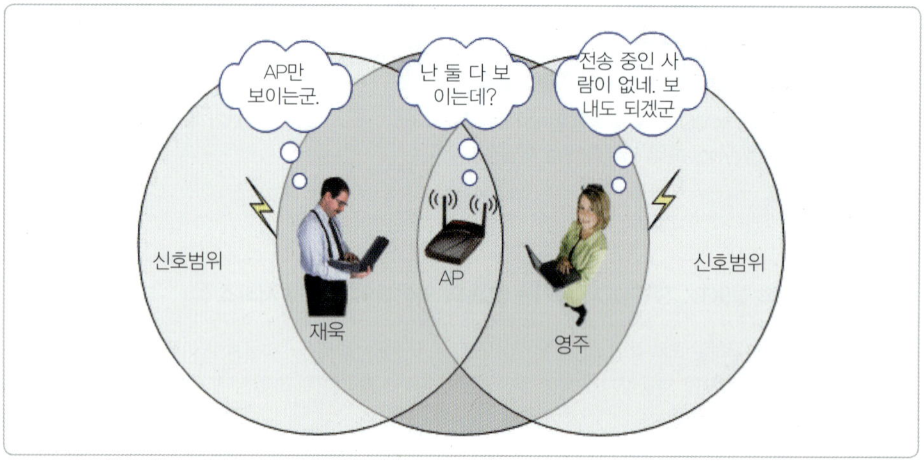

[그림 5-136] 재욱과 영주는 서로의 존재를 알 수 없어 충돌을 일으킬 수 있습니다.

이 문제를 해결하기 위해서 802.11은 채널 사용을 예약하기 위해서 RTS(Request to Send)와 CTS(Clear To Send) 제어 프레임을 사용합니다. 미리 예약한 후에 전송을 한다는 의미입니다. 송신하는 측에서 데이터 프레임을 송신하기를 원할 때 우선 액세스 포인트로 필요한 총 시간을 담은 RTS 프레임을 보내고, 액세스 포인트는 CTS 프레임을 브로드캐스트함으로써 응답합니다. 따라서 CTS 프레임은 범위 내의 재욱과 영주를 포함한 모든 스테이션에게 전달됩니다. CTS 프레임을 받은 영주는 CTS 프레임에 명시된 시간만큼 전송 대기합니다.

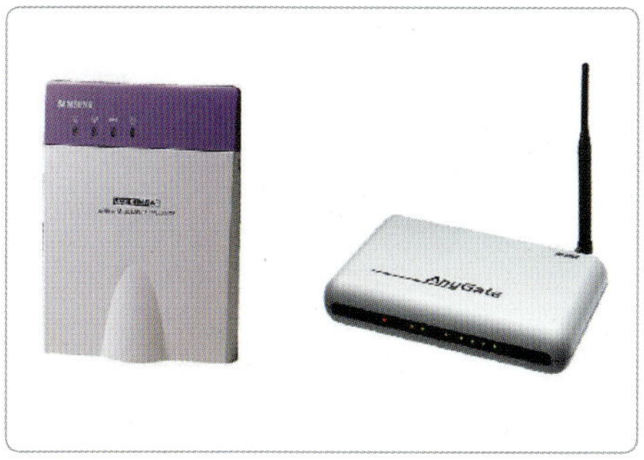

[그림 5-137] 삼성의 무선 SWL-3300AP와 애니게이트의 유무선 AP RG3000A

[그림 5-138] 다양한 종류의 무선랜 카드 및 AP

Tip Wi-Fi 6/6E란?

Wi-Fi(Wi-Fi는 Wireless Fidelity의 약칭임)는 1997년 호주 전기공학자 John O'Sullivan의 연구진에 의해 개발된 기술로, 좁은 범위 내의 기기를 상호 접속하는 컴퓨터 네트워크로서 무선 LAN 규격의 하나입니다.

Wi-Fi는 IEEE(Institute of Electrical and Electronics Engineers)와 Ai-Fi Alliance에 의해 관리됩니다. 우리가 자주 접하는 Wi-Fi Certified 로고는 Wi-Fi Alliance가 상호 접속성 등에 대한 인증시험을 통과한 기기에만 사용이 허가되고 있습니다.

IEEE 802.11에 준거한 무선 LAN의 규격명은 'IEEE 802.11'의 뒤에 알파벳을 부여하여 세대를 구별하는데, 이는 일반인들에는 다소 생소하여 구별이 어려운 상황이었습니다. 이에 Wi-Fi Alliance는 이를 보다 쉽게 구별하기 위하여 'IEEE 802.11ax'의 Wi-Fi 명칭을 Wi-Fi 6로 명하였으며, 그 이전 세대에 해당하는 'IEEE 802.11n', 'IEEE 802.11ac'에 대해서도 Wi-Fi 4와 Wi-Fi 5로 칭하였습니다. 또한 Wi-Fi Alliance는 Wi-Fi 6의 확장으로 Wi-Fi 6E를 도입하였는데, 이는 기존의 2.4GHz 및 5GHz의 대역폭에 사용하는데 면허가 필요 없는 6GHz 대역을 포함시키기도 하였습니다.

IEEE 규격 명칭	WI-Fi 세대 명칭	최대 통신 속도	주파수 대역
IEEE 802.11		2Mbps	2.4GHz 대
IEEE 802.11b		11Mbps	2.4GHz 대
IEEE 802.11a		54Mbps	5GHz 대
IEEE 802.11g		54Mbps	2.4GHz 대
IEEE 802.11n	WI-Fi 4	600Mbps	2.4GHz/5GHz 대
IEEE 802.11ac	Wi-Fi 5	6.9Gbps	5GHz 대
IEEE 802.11ax	Wi-Fi 6 Wi-Fi 6E	9.6Gbps	2.4GHz/5GHz 대 2.4GHz/5GHz/6GHz 대

Wi-Fi 6의 특징은 다음과 같습니다.

① **초고속 통신**

Wi-Fi 5의 통신 속도가 6.9Gbps인데 반하여, Wi-Fi 6는 9.6Gbps로 약 1.4배 정도 고속화되어 8K나 4K 등의 고화질 영상이나 게임이 보다 수월해질 것입니다.

② **와이드 밴드**

Wi-Fi 6에서는 80MHz에서 160MHz로 와이드 밴드화되어 전송할 수 있는 데이터량이 증가합니다.

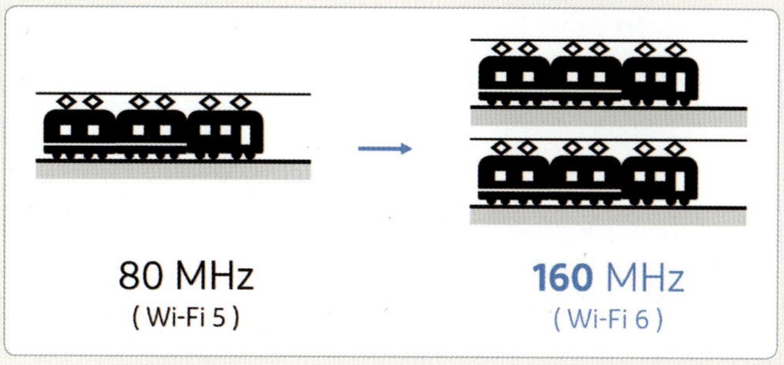

③ 단말 지원

Wi-Fi 5까지의 규격은 동시에 접속하는 기기가 증가하면 통신이 혼잡해져 연결이 어려워지거나 전송 속도가 느려지는 경우가 많았습니다.

Wi-Fi 6에서는 OFDMA(Orthogonal Frequency Division Multiple Access) 기술을 채택하여 동시에 접속 시 통신의 순서 대기가 발생하지 않게 합니다. 이로 인하여 사무실이나 음식점, 행사장 등 다수의 장치가 동시 접속되는 환경에서도 안정적인 통신이 가능해지도록 합니다.

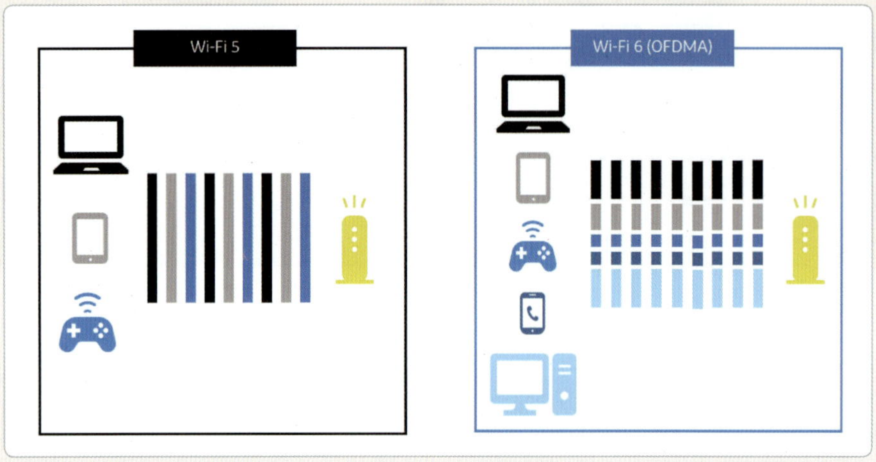

[그림 5-139] Wi-Fi 5와 Wi-Fi 6의 접속 방법 비교

④ 주파수 대역

Wi-Fi 6는 2.4GHz 대역과 5GHz 대역의 2개 대역을 사용하며, Wi-Fi 6E는 대역에 새롭게 6GHz 대역이 추가됩니다.

Tip ● 미래의 표준 Wi-Fi 7 맛보기

'Wi-Fi 7', 아직 표준화되지 않은 미래의 Wi-Fi 표준으로서 ETH(IEEE 802.11be, Extremely High Throughput)라고 알려져 있습니다. Wi-Fi 7은 2.4GHz, 5GHz 및 6GHz 대역을 사용하며, Wi-Fi 6 기반에 초광대역 320MHz 대역폭, 4096 QAM, 멀티 RU 및 멀티 링크 작동(MLO: Multi-Link Operation) 등이 지원될 것입니다.

	Wi-Fi 6	Wi-Fi 6E	Wi-Fi 7
출시 날짜	2019	2021	2024(예상)
IEEE 표준	802.11ax		802.11be
최대 데이터 속도	9.6Gbps		46Gbps
대역	2.4GHz, 5GHz	6GHz	2.4GHz, 5GHz, 6GHz
채널 크기	20, 40, 80, 80+80, 160MHz		Up to 320MHz
변조	1024-QAM		4096-QAM
MIMO	8×8 UL/DL MU-MIMO		16×16 UL/DL MU-MIMO

Wi-Fi 7은 새롭게 표준화된 Wi-Fi 6가 기존의 방식에 비해 데이터 전송률보다는 효율성 향상에 목표를 두고 개발되어 고밀도 환경에서 더 나은 환경을 제공할 수는 있지만 기존의 방식대비 37%의 전송률 향상에 그쳐 최대 20Gbps 전송 속도의 4K/8K 비디오, VR/AR, 원격 사무실, 클라우드 컴퓨팅과 같이 새롭게 등장한 응용 프로그램들을 IEEE 802.11ax(Wi-Fi 6)의 성능을 뛰어넘어서 이러한 요구에 부응하기 위하여 IEEE가 새롭게 Wi-Fi

7(IEEE 802.11be)을 준비하고 있는 것입니다.

Wi-Fi 7은 높은 데이터 속도, 스펙트럼 효율성, 간섭 완화 등에 중점을 두고 있습니다. IEEE는 2021년 5월 Wi-Fi 7 1.0 표준 초안을 발표하였으며 관련업계에서는 이 초안 버전에 따라 관련 시장을 준비하고 있는 상황입니다.

5.6.4 WWAN(무선광역통신망, Wireless Wide Area Network)

WWAN 분야에서는 3GPP(3rd Generation Partnership Project)에서 개발한 WCDMA(광대역부호다중분할접속, Wideband Code Division Multiple Access), HSPA(고속패킷접속, High Speed Packet Access) 등의 기술이 널리 이용되고 있습니다. 2012년을 기준으로 세계시장에서 GSM(Global System for Mobile Communications), WCDMA 계열의 서비스 이용자가 90.3%의 비중을 차지하고 있지만, LTE 서비스로의 급속한 가입자 이동 현상이 나타나고 있습니다.

3GPP에서는 LTE의 연장선상에서 개발된 LTE-Advanced 기술의 표준화 작업을 마무리하였고, LTE-Advanced의 이론적 최대 전송속도는 하향 3Gbps, 상향 1.5Gbps 수준입니다. LTE-Advanced에서는 고속의 전송속도를 구현하기 위해 다수의 캐리어를 하나로 묶는 CA(Carrier Aggregation), 송신자와 수신자가 최대 8개씩의 안테나를 사용하는 8×8 MIMO, 여러 기지국이 협력하여 단말에 데이터를 전송하는 CoMP, 기지국과 단말 사이의 무선통신을 중계하는 릴레이 기술 등을 채택하였습니다.

향후 LTE-Advanced의 후속 규격인 LTE-B가 발표될 예정으로 있습니다. LTE-B에서는 단말의 이동성 향상과 에너지 효율성 개선을 위한 스몰셀, 기지국을 거치지 않고 단말간 데이터를 송수신하도록 하는 D2D(Device-to-Device) 기술 등이 포함될 예정이라고 합니다.

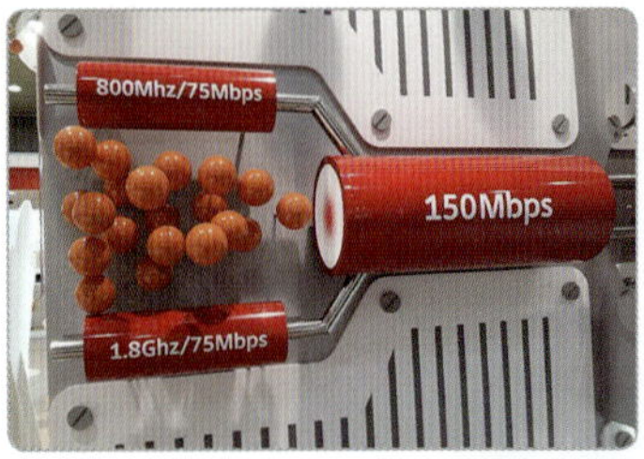

[그림 5-140] LTE-A CA 원리

[그림 5-141] 지구로부터 131억 광년 떨어진 곳에서 벌어진 감마선 폭발

[그림 5-142] 엑스선 방출 천체 감시 위성(엑스엠엠 뉴턴 위성)

〈표 5-6〉 3G, 3.5G, 4G 이동통신 서비스 속도 비교

구분	통신망	다운로드 속도	업로드 속도
4G	LTE-Advanced	150Mbps	37.5Mbps
	LTE	75Mbps	37.5Mbps
3.5G	HSPA+	21Mbps	5.76Mbps
	HSUPA	14.4Mbps	5.76Mbps
	HSDPA	14.4Mbps	384Kbps
3G	WCDMA	2Mbps	384Mbps

Tip **메시 네트워크(Mesh Network)와 무선 메시 네트워크(Wireless Mesh Network, WMM)는 무엇인가요?**

메시 네트워크는 각각의 노드가 네트워크에 대해 데이터를 릴레이 하는 네트워크 토폴로지를 말합니다. 이 네트워크는 유선망과 무선망에 모두 적용이 가능한데, 무선망에 적용된 무선 메시 네트워크가 주로 언급되고 있습니다. 무선 메시 네트워크는 무선 애드혹 네트워크(Wireless Ad-hoc Network)의 일종으로 간주할 수 있습니다. 이 방식은 메시 라우터들과 메시 클라이언트라는 노드들로 이루어진 네트워크로서 메시 라우터들이 핵심을 이룹니다. 보통 메시 라우터들은 이동성이 없으나, 노트북 컴퓨터 등의 메시 클라이언트들은 이동성을 가질 수도, 안 가질 수도 있는 구조를 가집니다.

[그림 5-143] 낙동강생태공원에 설치된 파이어타이드 사 HotPort 7020

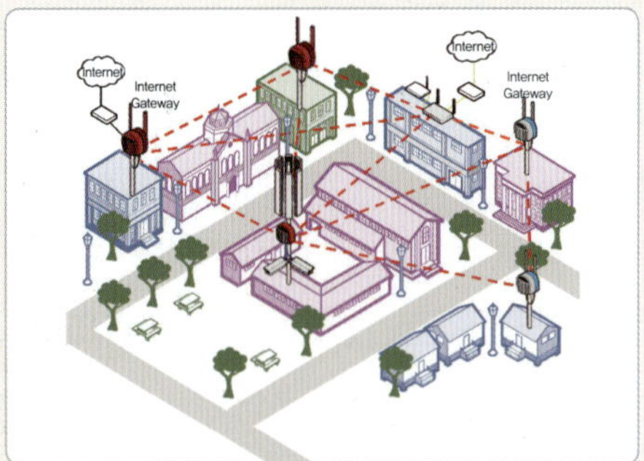

[그림 5-144] 무선 메시 네트워크를 활용한 U-City

참고문헌

1. 정진욱, 「컴퓨터 네트워크」, 생능출판사
2. 정진욱, 「TCP/IP와 인터넷」, 생능출판사
3. 한국 인터넷 진흥원 http://www.nida.or.kr/
4. 김정우, 「최신정보통신개론」, 21세기사
5. 한국해양정보통신학회, 「정보통신개론」, 광문각
6. 디지털타임스, "IPv4 주소할당 오늘부터 종료", 2011.04
7. 디지털타임스, "IPv4 주소 5월경 신규할당 중단", 2011.01
8. 한국인터넷백서 2013, 2014
9. KRG(Knowledge Research Group) http://www.krgweb.com/
10. 정보통신연구진흥원 http://www.iita.re.kr/
11. 한국인터넷진흥원 http://issue.nida.or.kr/
12. 쇼핑저널 버즈 http://www.ebuzz.co.kr/
13. 클루넷 http://www.ccn.co.kr
14. 한국 전산원 http://www.nca.or.kr/
15. 한국 인터넷 협회 http://www.iak.ne.kr/
16. 정보통신부 http://www.mic.go.kr/
17. 한국정보통신기술협회 http://www.tta.or.kr/
18. 한국전자통신연구원 http://www.etri.re.kr/www_05/
19. 이트로닉스 http://www.etronics.co.kr/
20. 남일성, 「가입자 망 관점의 BcN 분석 및 전망」, KT 기술본부
21. 윤승윤, 「유무선 가입자 망 기술」, SKTelecom
22. USB 3.0 Specification (www.usb.org)
23. 이형근, 알아봅시다-범용직렬버스(USB) 3.0, 디지털 타임스, 2009. 6
24. 한국인터넷백서 2013

연습문제

객관식

01 TCP/IP의 계층이 아닌 것은?

① 네트워크 ② 계층 전송
③ 계층 세션 ④ 계층 응용 계층

02 이것은 어떠한 조직 내에 속해 있는 사설 네트워크로서, 서로 연결되어 있는 여러 개의 LAN으로 구성되어 있다. 이것의 주요 목적은 조직의 정보와 컴퓨팅 자원을 구성원들 간에 서로 공유하여 업무의 능률을 높이는 데 있다. 초기에는 인사이동 및 복리후생, 전화번호 안내 등을 게시하는 것이 주된 기능이었으나 웹 기술의 발달로 인트라넷의 처리 능력이 확대되면서 사용 분야도 전자 문서 작성, 기업 데이터베이스와의 연계, 전자회의 등으로 확대되고 있다. 이것은?

① 인트라넷 ② 엑스트라넷
③ 인터넷 ④ Internet-II

03 인터넷에서 파일 전송을 하기 위해 사용되는 프로토콜은?

① Telnet ② FTP
③ Gopher ④ Archie

04 IP 주소에 대한 설명으로 틀린 것은?

① 비트의 2진수가 할당된 4개의 부분, 즉 총 32비트로 구성된다.
② 네트워크 그룹의 크기에 따라 5클래스로 구분된다.
③ 중복하여 사용할 수 있으므로, 같은 IP를 가진 호스트가 존재한다.
④ D 클래스 주소는 멀티캐스트를 위한 주소이다.

05 다음에서 설명하는 웹 브라우저는?

> 마크 안데르센과 에릭 비나에 의해 만들어진 최초의 GUI형 웹 브라우저로서 유닉스(Unix), IBM-PC, 매킨토시(Maccintosh)용 버전이 함께 개발되었다. 그래픽을 이용한 편리한 인터페이스를 통하여 초보자들도 쉽게 이용할 수 있었으며 많은 부가서비스를 이용할 수 있는 가능성을 열어 놓아 WWW가 인터넷의 대표적인 서비스로 자리매김하는 데 결정적인 역할을 하였다.

① 익스플로러 ② 넷스케이프
③ 모자익 ④ 파이어폭스

06 IPv4와 IPv6를 올바르게 비교한 것은?

① IPv4와 IPv6 주소는 모두 32비트로 구성된다.
② IPv4와 IPv6 모두 기본적으로 보안기능을 제공한다.
③ IPv4는 모바일 IP로 사용하기에 유용하다.
④ IPv6는 네트워크의 규모 및 단말기 수에 따른 순차적 할당 방식을 사용한다.

07 다음 중 모바일 IP의 구성요소가 아닌 것은?

① 무선 랜카드 ② 홈 에이전트
③ 모바일 노드 ④ 외부 에이전트

08 VLAN의 특징으로 틀린 것은?

① 무엇을 기준으로 VLAN 그룹을 나누느냐에 따라 IP 기반 VLAN, Port 기반 VLAN, MAC 기반 VLAN 등으로 나눌 수 있다.
② VLAN을 사용하면 브로드캐스트 트래픽으로 인한 장비 및 네트워크의 성능저하를 방지할 수 있다.
③ 단말이 다른 네트워크로 이동하는 경우 VLAN에서는 소프트웨어를 이용하여 설정만 바꾸어주면 간단하게 변경이 가능하다.
④ 같은 스위치에 연결되어 있다면 서로 다른 VLAN 그룹에 속해 있는 호스트끼리도 라우터를 거치지 않고 직접통신이 가능하다.

09 VPN에서 사용하는 기술로서, VPN을 구성하는 서버와 클라이언트 사이에 외부의 영향을 받지 않고 네트워킹이 가능하도록 가상의 터널을 생성하여 안전한 정보교환을 할 수 있게 지원하는 기술은?

① 사용자 엑세스 권한 제한 ② 사용자 인증
③ 데이터 암호화 ④ 터널링

10 모바일 IP의 동작 과정을 순서대로 나열한 것은?

ⓐ 할당받은 CoA를 홈 에이전트에게 등록 ⓑ 외부 에이전트로부터 CoA 획득 ⓒ 데이터 전송 ⓓ 이동한 후 현재 자신의 위치 파악

① ⓓ ⓒ ⓐ ⓑ ② ⓓ ⓑ ⓐ ⓒ
③ ⓒ ⓑ ⓐ ⓓ ④ ⓒ ⓓ ⓑ ⓐ

11 TCP 메시지의 헤더의 필드 중, 해당 호스트에서 접근하려는 서비스를 지칭하는 필드는?

① 순서번호 ② 확인응답번호
③ 서비스번호 ④ 포트번호

12 OSI 7계층에서 메시지의 종단 간 전달, 흐름제어, 오류제어를 하는 계층은?
① 데이터링크 계층 ② 전송 계층
③ 네트워크 계층 ④ 세션 계층

13 다음 중 초고속 유선 가입자망가 아닌 것은?
① xDSL ② HFC
③ B-WILL ④ 아파트 LAN

14 xDSL이 인터넷 서비스 업체에서 가입자의 집까지 사용하는 회선은?
① 구리 전화선 ② 동축 케이블
③ 광케이블 ④ UTP 케이블

15 다음 중 대칭형 전송 속도를 가진 xDSL 방식은?
① HFC ② ADSL
③ HDSL ④ VDSL

16 CATV망(HFC)이 사용하는 회선은?
① 구리 전화선 ② 동축 케이블
③ 광케이블 ④ UTP 케이블

17 유무선 공유기와 연결되는 것이 아닌 것은?
① 노트북 ② PDA
③ XDSL 모뎀 ④ 셋톱 박스

18 다음 중 FTTH 방식에서 사용되는 것은?
① 트위스티드 페어 ② 광케이블
③ ONU ④ NT

19 다음 중 FTTC 방식에서 사용되지 않는 것은?
① 트위스티드 페어 ② 광케이블
③ ONU ④ NT

20 HFC에 대한 설명으로 틀린 것은?
① 파워콤이 국내 최초로 양방향 광대역 HFC 네트워크를 구축하였다.
② 중계소에서 가입자로의 하향신호와 가입자에서 중계소로 전송되는 상향신호의 전송이 동시에 가능하다.
③ 컴퓨터를 켜는 것과 동시에 인터넷을 바로 사용할 수 있다.
④ 최고 10Mbps의 초고속 인터넷서비스를 제공한다.

21 IEEE1394의 특징으로 틀린 것은?

① 모드에 따라 100Mbps, 200Mbps, 400Mbps 등 세 가지의 속도를 낼 수 있다.

② IEEE1394를 이용하면 PC 간 네트워크 연결도 가능하다.

③ OS가 윈도우라면 버전에 상관없이 기본적으로 TCP/IP 네트워크를 지원한다.

④ IEEE1394 포트는 4핀과 6핀 두 종류가 있다.

22 USB 2.0에서 제공할 수 있는 데이터 전송 속도가 아닌 것은?

① 200Mbps ② 300Mbps

③ 400Mbps ④ 500Mbps

23 무선 가입자망가 아닌 것은?

① IMT-2000 ② B-WLL

③ IPTV ④ Bluetooth

24 다음 빈칸에 들어갈 말은?

> 무선랜은 반경 100m 이하, 보행속도 이하의 이동 또는 고정 무선환경 지역에서 멀티미디어 정보를 50Mbps 속도로 제공할 것이며 향후에는 100Mbps급 데이터 속도와 함께 정확한 위치능력을 보유한 (　　) 형태로 발전해 나갈 전망이다. 이와 함께 (　　)는 새로운 무선기술로 급부상하고 있다. 미국 국방부가 군사목적으로 개발한 (　　) 무선기술은 향후 블루투스와 RF, 적외선 등의 무선 데이터 송수신을 대체할 것이라고 한다.

① IMT-2000 ② B-WLL

③ UWB ④ CDMA

25 노트북과 휴대정보단말(PDA 등) 간에 적외선을 이용하여 데이터를 전송하는 데 필요한 하드웨어와 소프트웨어의 개발을 위하여 1993년 설립된 민간 표준화 단체의 이름을 그대로 사용한 규격으로, 적외선 통신에서 측정되는 적외선 주파수 스펙트럼 내의 모아진 광선이 정보로 변조되어 송신기로부터 비교적 짧은 거리 내에 있는 수신기로 보내지는 방법은?

① IrDA ② IEEE1394

③ USB 2.0 ④ Bluetooth

26 1999년 9월에 고속 무선랜의 표준 규격으로 확정되었으며 최대 11Mbps가 지원되어 이더넷 못지않은 통신속도를 제공하는 표준은?

① 802.11a ② 802.11b

③ 802.11g ④ 802.11q

27 기존의 이동통신 서비스의 한계를 극복하고 각종 이동통신 서비스를 하나로 통합하기 위해 만들어진 표준으로, 주파수 대역과 단말기를 포함한 무선 네트워크 장비에 대한 표준을 단일화하여 로밍 기능과 유선 망 품질 수준의 무선 멀티미디어 서비스 제공은 물론이고, 위성 망과 연동하여 사막이나 해상 등 통신 시설을 설치할 수 없는 지역까지도 서비스를 제공하는 것을 목표로 하는 표준은?

① IrDA ② IMT-2000
③ UWB ④ Bluetooth

주관식

01 유럽 입자물리학 연구소 '팀 버너스 리'가 연구결과 및 자료의 공유를 목적으로 개발한 서비스로 주로 문자를 기반으로 전송하던 기존 인터넷 서비스와는 달리 그래픽 사용자 인터페이스(GUI)를 최대한 살려 사진과 그래픽, 음성, 동영상 등을 하이퍼텍스트라는 편리한 방법으로 검색할 수 있게 해준 서비스를 무엇이라고 하는가?

02 물리적으로 동일한 네트워크에 연결되어 있지만 논리적으로 새로운 그룹을 만들어서 각각의 그룹 내에서만 통신이 가능하도록 하는 랜 구성을 무엇이라고 하는가?

03 외교에서 '의례' 또는 '의정서'에서 유래된 것으로, 이종의 시스템 간에 통신이 가능하게 하기 위해 일종의 표준이 필요한데 이러한 협약을 무엇이라고 하는가?

04 인터넷의 빠른 성장은 도메인 이름의 고갈, 멀티미디어 데이터의 폭발적인 증가, 상대적으로 느린 트래픽, 분산된 자원 통합의 필요성 대두 등의 문제점에 봉착하게 된다. 기존의 인터넷의 문제점을 해결하고자 과학자들이 제안한 개념으로서, 이 프로젝트가 성공할 경우 지금보다 1000배나 빠른 속도로 인터넷을 사용할 수 있다고 한다. 이것은 무엇인가?

05 인터넷을 사용하다 보면 갑자기 속도가 느려지거나 연결이 되지 않는 경우가 생길 수 있다. 이럴 때 적절한 보상을 받기 위해 인터넷 사용자와 인터넷 서비스 제공자 간의 계약이 필요하다. 이것을 무엇이라고 하는가?

06 VDSL은 가입자와 전화국 사이의 거리가 1km 내에서 최소 얼마의 속도를 보장하는가?

07 FTTH와 비교해서 FTTC의 장점은 무엇인가?

08 두 개의 스테이션과 하나의 액세스 포인트로 구성된 무선랜 환경에서 두 개의 스테이션 모두 액세스 포인트의 범위 안에 있고 액세스 포인트에 연결되어 있다고 가정하자. 그러나 무선 스테이션의 신호 범위 때문에 두 개의 무선 스테이션이 서로 인지할 수 없는 경우가 발생할 수 있다. 이 경우 한 스테이션이 데이터를 전송하고 있다고 가정하면, 그것을 알지 못

하는 다른 스테이션은 데이터 프레임을 전송하게 되고 결국 충돌이 발생하게 되고 채널이 낭비된다. 이 문제를 해결할 수 있는 무선랜 액세스 프로토콜은 무엇인가?

09 '이것'은 유선과 무선의 장점을 적절히 결합한 시스템으로서 설치가 용이하고 가격이 저렴하며 광대역 주파수를 사용함으로써 유선에서와 같이 넓은 대역폭을 제공할 수 있다. 특히 가입자 선로비용 절감 측면 이외에 저렴한 망 유지, 관리비용과 서비스 제공의 신속성 측면의 추가적인 이득이 있기 때문에 가입자 선로를 보유하지 않은 신규 사업자에게 매우 매력적인 대안이라고 한다. '이것'은 무엇인가?

10 다양한 정보채널을 제공하여 문화수준의 향상과 지역격차를 해소하기 위한 목적으로 국내에서 정책적으로 추진한 케이블 TV 사업이 시작되면서 도입되기 시작한 것으로 광케이블과 동축 케이블이 혼합된 네트워크를 무엇이라고 하는가?

PART Ⅲ

UNDERSTANDING INFORMATION AND COMMUNICATION TECHNOLOGY

정보통신, 세 번째 걸음...

CHAPTER

06 인터넷 서비스

6.1 인터넷 콘텐츠에는 무엇 무엇이 있나요?

6.1.1 인터넷 포털

[그림 6-1] 대표적인 인터넷 포털 사이트 다음

포털 사이트는 인터넷에 접속할 때 처음으로 방문하는 사이트를 뜻하는 것으로, 여기서 포털(Portal)은 현관문을 의미합니다. 포털 사이트는 여러 가지 서비스와 콘텐츠를 종합적으로 제공하여 네티즌들을 해당 사이트로 끌어들이고 이를 통해 비즈니스를 수행하는 사이트라고 볼 수 있습니다. 포털 사이트의 운영자는 접속자의 거주 지역에 따라 적절한 일기예보, 지역뉴스 등의 정보를 제공하거나, 접속자가 관심을 갖고 있는 스포츠, 주식 등에 대한 정보를 제공함으로써 사이트 사용을 개인화하여 방문객들이 더 자주 자신의 사이트에 접속하게 만듭니다. 그리고 자신의 사이트를 '홈페이지'로 설정하는 버튼을 만들거나, 팝업창을 띄워 접속자가 쉽게 해당 포털 사이트를 홈페이지로 설정할 수 있도록 만듭니다.

[그림 6-2] 사용자에게 여러 가지 정보를 제공하는 포털 사이트

초기에는 검색과 디렉터리 서비스를 통해 이용자를 다른 사이트로 안내하는 관문적인 역할을 수행하였으나 최근에는 채팅, 전자메일, 동호회, 온라인게임, VOD, 스포츠, 금융정보, 뉴스, 쇼핑 등으로 서비스를 확대하고 있습니다. 또한 PC 위주였던 플랫폼도 휴대폰, PDA 등 이동통신 단말기로 확대되고 있기 때문에 이에 발맞춰 유무선 통합서비스를 제공하고 있습니다. 향후에는 통신과 방송의 융합에 따라 모든 미디어를 포함한 서비스로 그 영역이 확장될 전망입니다. 대표적인 인터넷 포털 사이트로 야후, 네이버, 다음과 같은 사이트가 있습니다.

6.1.2 블로그가 뭔가요?

[그림 6-3] 역사상 첫 블로그인 일기 형식의 웹사이트를 개설한 저스틴 홀

블로그(Blog)란 웹(Web) 로그(log)의 줄임말로, 1997년 미국의 존 바거가 처음 사용한 것으로 알려져 있으며, '일기처럼, 정기적으로 업데이트되는 짧은 글들로 이뤄진 웹페이지'라고 정의하였습니다. 새로 올리는 글이 맨 위로 올라가는 일지 형식으로 되어 있으며 보통 사람들이 자신의 관심사에 따라 자유롭게 글을 올릴 수 있는 1인 미디어입니다. 우리나라에서 블로그는 2001년 12월 블로그 사용자들의 모임인 웹로그인 코리아(www.wik.ne.kr)가 만들어지면서 처음 등장하였습니다. 이후 급격히 확산되어 2003년에는 주요 포털 사이트에서 블로그 서비스를 시작함에 따라 본격적인 블로그 시대가 개막되었습니다. 대표적인 블로그 제공 사이트로는 미니홈피 서비스로 유명한 싸이월드, 네이버 블로그, 엠파스 블로그, 이글루스 등이 있습니다. 대부분의 개인 블로그 제공 사이트는 인터넷 홈페이지 제작과 관련된 지식이 없는 일반인도 쉽게 자신만의 공간을 만들 수 있게 기본적으로 틀을 제공해주고 스킨이나 배경음악, 아이콘 등을 구매하여 꾸밀 수 있게 해주고 있습니다. 최근에는 개인뿐만 아니라 영화나 신제품 홍보 등을 위해 기업에서도 블로그 형태를 이용하고 있습니다.

6.1.3 온라인 커뮤니티

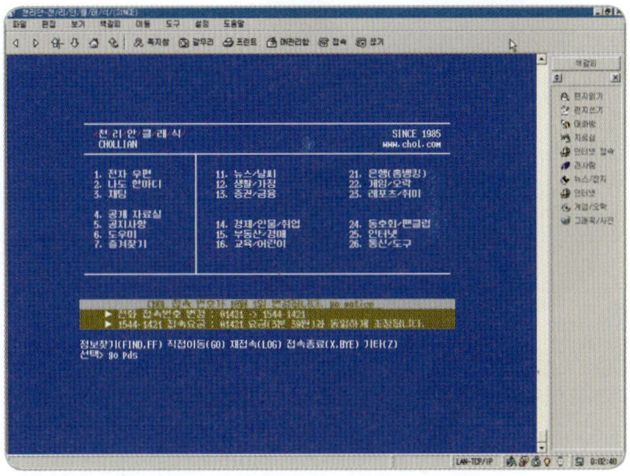

[그림 6-4] '이야기 멀티'로 천리안에 접속한 모습

온라인 커뮤니티는 컴퓨터를 이용하여 사용자 간의 접촉 및 유대 관계가 형성되는 가상공간을 의미합니다.

국내 최초로 온라인 커뮤니티가 생겨난 것은 천리안, 나우누리, 하이텔로 대표되는 'PC 통신'입니다. 지금처럼 인터넷을 이용하여 접속하는 것이 아니라 해당 통신업체의 서버에 사용자가 전화망을 통해 연결하는 서비스입니다. PC 통신 서비스들은 텍스트 기반의 터미널 단말기 혹은 PC 통신용 에뮬레이터인 이야기 등의 프로그램을 이용하여 접속할 수 있었습니다. 또한 주로 키보드로 명령을 입력하여 사용되었으며 마우스의 사용은 거의 없었습니다.

이후 온라인 커뮤니티가 전면적으로 확산된 시기는 1990년대 말로, 이때 본격적인 인터넷 서비스의 시작과 전문 커뮤니티 서비스가 등장하였습니다. 초기의 대표적인 사이트로는 동창을 찾아주는 아이러브스쿨, 다모임 등을 들 수 있습니다. 2003년, 2004년은 1인 미디어 시대로 개인 홈페이지 서비스를 제공하는 싸이월드, 세이클럽 커뮤니티, 프리첼 등이 인기를 끌었습니다.

그러나 이러한 온라인 커뮤니티의 부작용이 새로운 이슈가 되고 있습니다. 온라인 커뮤니티에 가입한 청소년 중 다수가 음란물을 경험한 적이 있는 것으로 나타났으며 자살 온라인 커뮤니티를 만난 사람들이 동반 자살을 하는 등 온라인 커뮤니티가 왜곡된 사이버 문화로 발전할 가능성이 있어 더욱 적극적인 개선의지와 관심이 필요합니다.

6.1.4 게임을 모르는 사람도 있나요?

게임은 프로그래밍 기술, 인공지능, 가상현실과 디지털 콘텐츠인 3D 애니메이션 및 캐릭터, 배경 그래픽, 음향 등과 게임 시나리오, 게임 디자인, 기획, 프로듀싱 등으로 결합된 IT 및 엔터테인먼트 산업의 한 장르입니다.

[그림 6-5] '월드 오브 워크래프트'와 '고스톱'

[그림 6-6] 대표적인 게임콘솔인 PSP와 XBOX

인터넷 게임은 온라인 네트워크형 게임과 자바 애플릿 등으로 된 독립형 게임으로 구분할 수 있습니다. 자바 애플릿으로 구현된 게임은 웹 브라우저상에서 게임 프로그램을 실행할 수 있다는 장점이 있는 반면, 자바 애플릿을 실행하는 데 시스템의 부담이 커져 간단한 게임의 구현에 적합합니다. 온라인 네트워크형 게임의 경우 동시에 여러 사용자가 플레이할 수 있는 특징을 가지고 있습니다. MUD(Multiple User Dialogue), MUG(Multi User Graphic)로 시작한 온라인 게임은 MMORPG(Massively Multi Player Online Role Playing Game)로 확장, 발전되었고 PC방의 증가와 초고속 인터넷 인프라의 구축과 함께 각 가정에서도 온라인 게임을 즐기는 사용자가 늘어나고 있습니다. 오프라인으로 진행되던 비디오 콘솔 게임에서도 최근에는 온라인 플레이를 지원하고 핸드폰을 이용한 간단한 온라인 게임이 등장하는 등 온라인 게임 시장의 규모가 점점 확대되고 있습니다.

6.1.5 엔터테인먼트

[그림 6-7] 벅스뮤직을 상대로 시위하는 가수들의 모습

인터넷 엔터테인먼트 서비스에는 인터넷 음악, 인터넷 영화가 있으며 대표적인 사이트로는 벅스, 소리바다, 시네마나우, 무비링크 등이 있습니다. 엔터테인먼트 서비스를 제공하기 위해서는 고속 네트워크가 필수적이지만 초고속 인터넷 인프라가 구축되면서 다양한 서비스가 가능하게 되었습니다. 이러한 엔터테인먼트는 웹 페이지보다는 P2P 형식의 파일 공유 서비스를 통해 제공되는 경우가 많은데, 최근에는 저작권법의 강화

로 무료였던 서비스들은 대부분 유료서비스로 바뀌었으며 P2P를 이용한 공유에도 제제를 가하고 있습니다. 국내 최대의 음악 공유 프로그램이던 소리바다도 현재는 웹사이트에서 유료로 mp3를 다운로드받는 형식으로 변경되었습니다.

[그림 6-8] 유료화된 소리바다

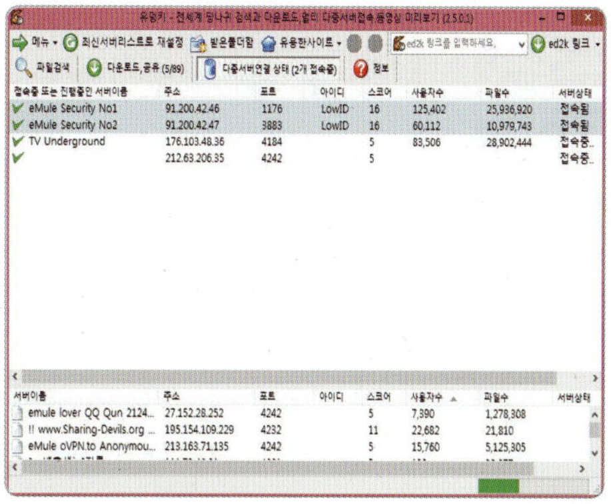

[그림 6-9] 무료 P2P 서비스인 '유덩키'

6.1.6 인터넷에도 미디어가 있군요

인터넷 미디어 서비스로는 신문, 웹진, 방송, 광고 등을 들 수 있습니다.

인터넷 신문은 크게 기존 오프라인 언론사에서 제공하는 사이트와 순수 인터넷 신문 사이트(오마이뉴스, 프레시안), 포털 사이트(다음)를 들 수 있습니다. 포털 사이트의 경우 막강한 커뮤니티와 이용자 수를 바탕으로 뉴스를 직접 제작하거나 언론사 지분 투자 등을 이용하여 규모를 넓히고 있습니다. 다음에서 제공하는 '미디어 다음' 서비스가 그 대표적인 예입니다. 또한 야후도 뉴스 부분을 개편했고 네이버도 뉴스경쟁에 뛰어들었으며, 그 결과 네티즌들의 온라인 뉴스 소비가 언론사에서 포털로 이동하는 양상을 보이고 있습니다. 대표적인 인터넷 웹진으로는 딴지일보, 서프라이즈, 동프라이즈, 남프라이즈, 시대소리 등을 들 수 있으며 한국 사회의 급격한 변화 속에서 여론형성 과정에 새롭게 개입하고 있으며 능동적인 여론 수렴과 정치사회적 이슈와 의제에 관한 담론 형성, 시민참여의 기반을 제공하고 있습니다. 이러한 인터넷 신문과 웹진은 오프라인 신문에 비해 빠르게 정보를 얻을 수 있으며 배달 비용을 줄이고 쓰레기를 배출하지 않으므로 자원을 절약할 수 있어 환경을 보호할 수 있는 등의 장점이 있습니다.

[그림 6-10] 인터넷 신문 '프레시안'

인터넷 방송은 2000년부터 급성장하였으며 운용 주체의 성격에 따라 기존 미디어 계열의 인터넷 방송과 순수 독립 인터넷 방송으로 나눌 수 있습니다. 전자는 기존의 지상파 방송사, 케이블 TV 등이 제공하는 서비스이며, 후자는 대학, 시민단체, 종교단체, 지방자치단체 등의 공공기관이 운영하는 경우와 순수 민영 인터넷방송으로 나눌 수 있습니다. 여기에는 온키노(영

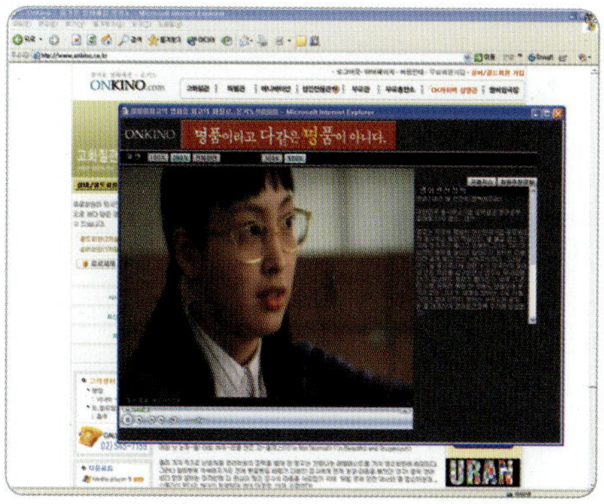

[그림 6-11] 인터넷 방송국 '온키노'

[그림 6–12] 디지털카메라 포털 사이트인 '디씨인사이드'

화), 아툰즈넷(어린이), 메가스터디(교육) 등이 있습니다. 기존의 공중파 방송은 정보가 방송국에서 사용자에게로 전달되는 단방향 방식이나, 인터넷 방송은 상호대화식인 양방향 방식으로 작동됩니다.

인터넷 광고는 사용자들이 인터넷에서 얻는 정보에 대한 비용을 절감하는 역할을 합니다. 인터넷 광고의 광고주는 특정 사이트에 회사의 광고를 보이게 하는 대가로 비용을 지불하게 되고, 그것은 대부분의 사이트들의 수익원이 됩니다. 인터넷 광고는 1994년 미국의 HotWired 사가 자사의 사이트에 유료로 배너광고를 게재한 이후 발전하게 되었습니다. 초창기 전면광고나 팝업에서 '떠 있는 광고(Floating AD)', '팝 언더' 형태의 광고로 바뀌어가는 추세입니다. 최근에는 좀 더 높은 광고 수익을 올리기 위해 광고를 제공해주는 사이트와 광고 간의 연관성을 중요시하고 있습니다. 여행 정보를 제공하는 포털 사이트에 여행 상품 광고를 띄우거나, 엔터테인먼트 사이트에서 음반 판매 광고를 보여주는 등의 경우가 그러한 예입니다.

Tip **클린 인터넷**

2013년 2월 인터넷 주민등록번호 사용 제한 정책이 본격 시행함에 따라 항상 위험에 노출될 가능성이 높은 주민등록번호 사용이 없는 클린 인터넷 세상이 개막되었습니다. 사용자들은 인터넷 가입 시 주민등록번호 입력 대신 아이핀, 휴대전화, 공인인증서 등을 사용할 수 있으며 서비스 업체들은 이메일이나 기타 다른 소셜 계정 등의 절차로 가입하게 하고 주민등록번호는 일체 수집 · 보관할 수 없습니다. 이는 지속된 개인정보 유출 사고와 각종 주민등록번호 도용 사건 등이 인터넷 서비스 가입 시 주민등록번호 수집과 보관을 의무화하는 정부 정책의 구조적 문제라는 비판을 받아왔기 때문입니다.

[그림 6–13] 한국인터넷진흥원 주민등록번호 클린 센터

Tip **소셜 미디어(Social Media)에 대해서도 알려주세요**

소셜 미디어(Social Media)는 개방, 참여, 공유의 가치로 요약되는 웹 2.0 시대의 도래에 따라 소셜 네트워크의 기반 위에서 개인의 생각이나 의견, 경험, 정보 등을 서로 공유하고 타인과의 관계를 생성 또는 확장시킬 수 있는 개방화된 온라인 플랫폼을 의미합니다. 소셜 미디어는 일종의 유기체처럼 성장하기 때문에 양방향성에 기초하여 이용자들이 자발적으로 참여하고 정보를 공유하며 콘텐츠를 생성해 나가는 특성을 가집니다. 이와 같은 소셜 미디어는 블로그(Blog), 소셜 네트워크 서비스(SNS), 위키(Wiki), UCC, 마이크로 블로그(Micro-Blog) 등으로 구분되는 사람과 사람, 또는 사람과 정보를 연결하고 상호 작용할 수 있는 서비스를 제공하는 웹 기반의 플랫폼을 말합니다.

[그림 6-14] 대표적인 소셜 미디어들

소셜 미디어는 첨단 정보통신과 멀티미디어 기술의 발전 및 융합의 결과로서 사회와 문화의 새로운 패러다임의 등장으로 탄생하였는데, 인터넷의 대중화, 디지털 카메라 및 MP3, 셀룰러 폰 등의 보급 등으로 오디오, 비디오 등을 활용한 사이버상의 대화로 발전함에 따라 콘텐츠를 소비하는 동시에 생산 활동으로 급속히 확대되었습니다. 또한 개인화와 네트워크화 등의 사회 분화와 재통합으로 소셜 네트워킹 서비스가 등장하고 이는 퍼스널과 소셜의 융합을 촉진하기도 하였습니다. 여기에 웹 기반 기술의 발달은 웹 2.0과 여러 웹 애플리케이션들의 등장으로 사람들의 친화 욕구와 자기표현 욕구의 증대에 누구나 손쉽게 커뮤니케이션하고 표현할 수 있는 방법으로 각광을 받았다고 보입니다.

페이스북은 '내가 이렇게 잘 살고 있다', 인스타그램에서는 '내가 이렇게 잘 먹고/입고 있다', 카카오스토리에서는 '내 아이가 이렇게 잘 크고 있다' 등 각 소셜 미디어는 그 상황이나 목적에 맞게 사용되는 추세를 보여지고 있으며, 네이버와 구글 등의 포털사이트 역시 소비자의 목적이나 상황에 맞게 활용되고 있는 것도 또한 현재의 상황입니다.

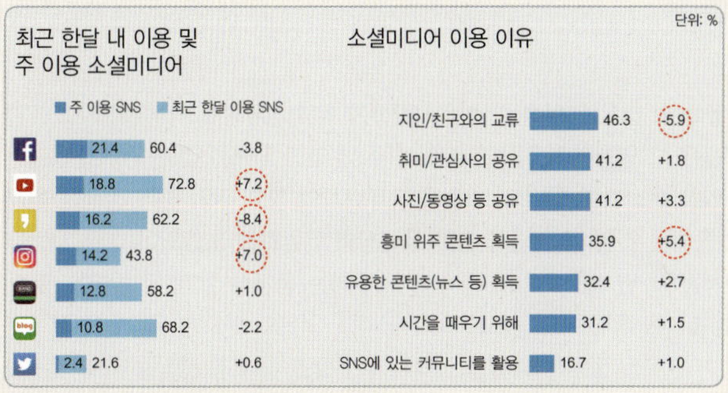

[그림 6-15] 소셜 미디어 이용 형태

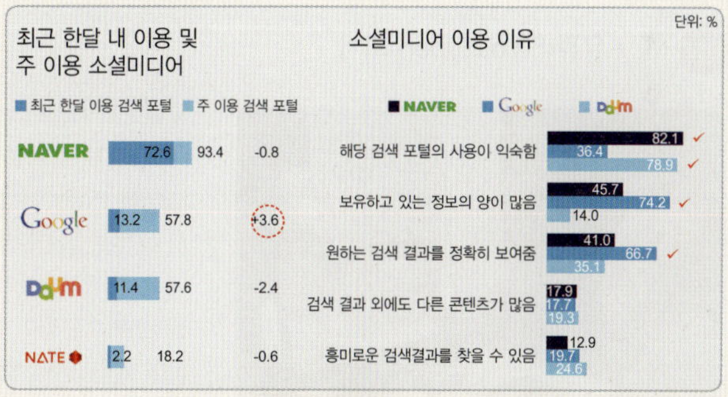

[그림 6-16] 포털 사이트 이용 형태

Tip 페이스북(Facebook)

facebook	
주소	www.facebook.com
영리여부	예
사이트 종류	소셜 네트워크 서비스
등록	필요
사용 언어	다국어
사용자	약 14억 9천만 명 (2015년 2분기 기준)
작성된 언어	C++, PHP 및 D 언어
소유자	마크 저커버그
제작자	마크 저커버그, 에드와도 새버린 등
시작일	2004년 2월 4일(14년 전)
수익	▲ 124억 7천만 달러 (2014년)
알렉사 순위	– 2 (2014년 9월)
현재 상태	운영 중

페이스북(Facebook)은 세계 최대의 소셜 네트워크 서비스 중 하나입니다.2015년 2분기 기준 전 세계 14억 9천만 명 이상의 사용자를 가지고 있으며, 이들 중 절반 이상은 모바일 기기에서도 이용하고 있는 실정입니다. 전 세계에서 인터넷에 접속할 수 있는 인구인 30억 명의 절반 정도가 페이스북을 사용하고 있다는 것입니다.

이런 페이스북은 하버드 대학생이었던 마크 저커버그가 2학년 때인 2003년 10월 28일에 페이스매시(Facemash)라는 이름으로 서비스를 시작하였으며, 2004년 2월 4일에 "더 페이스북(The FaceBook)"이란 이름으로 본격적으로 서비스되었고, 2005년에 지금의 페이스북이 facebook.com으로 자리매김하였습니다. 하버드 대학교 학생들만을 위해 만들어졌던 페이스북은 곧이어 스텐퍼드, 컬럼비아, 예일로 영역을 확대하였고, 그 이후 아이비리그 대학교들, 뉴욕 대학교, 매사추세스 공과대학교, 미국과 캐나다의 대부분 대학교로 확대되었으며, 2006년 9월에는 일반인들에게까지 영역을 넓혀져 오늘에 이르렀습니다

Tip 유튜브(YouTube)

YouTube

주소	http://www.youtube.com
표어	Broadcast Yourself
등록	선택 (동영상 올릴시, 댓글 쓸 때 회원가입)
사용 언어	54개 언어 (한국어 포함)
소유자	독립적 (2005년 ~ 2006년) 구글 (2006년 ~ 현재)
시작일	2005년 2월 14일
현재 상태	진행 중

유튜브(YouTube)는 전 세계 최대 무료 동영상 공유 사이트로 사용자가 영상 클립을 업로드하거나, 보거나, 공유할 수 있는 서비스를 제공합니다. 이런 유튜브는 2005년 2월에 페이팔 직원이었던 채드 헐리, 스티브 천, 자베드 카림(퇴사)이 공동으로 창립한 회사였습니다. 2006년 구글에 인수되었으며, 사이트 콘텐츠는 대부분은 영화와 텔레비전 클립, 뮤직 비디오는 물론이고 아마추어들이 만든 것도 많이 존재합니다.

구글은 이런 유튜브를 2006년 10월에 주식 교환을 통해 16억 5천만 달러에 인수하였으며, 2007년 6월 19일 프랑스 파리에서 열린 '구글 프레스데이 2007' 행사에서 국가별 현지화 서비스를 시작하였으며, 한국어 서비스는 2008년 1월 23일에 시작하였습니다.

[그림 6-17] 샌브루노에 있는 유튜브 본사

Tip 유튜버(YouTuber) 되기

[그림 6-18] 필자가 유튜브에 올릴 강의 녹화 모습

유튜브에 자신의 컨텐츠를 올려 많은 영향력을 얻는 사람들을 유튜버(유튜브크리에이터)라고 합니다. '유튜브크리에이터'들은 그 영향력의 정도(조회수:뷰 수)에 따라 적게는 몇 만원에서 많게는 1개월에 1억원 이상의 수익을 올리기도 합니다. 그것은 유튜브사의 광고 수익 분배 정책에 따라서 유튜브 회사로부터 제공되는 것입니다. 내가 만든 동영상이 유튜브에 노출되어 다른 사람들이 볼 수 있게 하기 위해서는 세 단계를 거치게 됩니다. 첫 번째는 동영상 촬영, 두 번째는 편집, 세 번째는 편집이 끝난 동영상을 유튜브에 업로드 하기 입니다. 업로드 하기는 유튜브에 로그인하여 올리고자 하는 편집이 완료된 동영상 파일을 선택하기만 하면 됩니다. 편집을 위해서는 자신이 쓰기에 편한 동영상 편집 소프트웨어를 이용하여 배경음악이나 필요한 자막의 삽입 등 편집 작업을 할 수 있습니다. 편집기의 사용법도 유튜브 검색을 통해 공부할 수 있습니다.

동영상 촬영은 스마트폰을 이용할 수도 있고 비디오카메라를 이용할 수도 있습니다. 고화질의 방송과 같은 품질의 본격적인 영상 제작을 위해서는 고가의 장비가 필요하며 촬영기사가 별도로 필요합니다. 최근 비교적 적은 비용으로 혼자의 힘으로 동영상 제작이 가능한 솔루션이 등장하여 필요한 크리에이터는 이러한 제품을 구매하여 전문적인 방송인에 가까운 유튜브 활동을 하기도 합니다. 이러한 솔루션은 기존 PC나 노트북과 웹캠, 녹화기, 리모컨, 화면 캡처 기록용 소프트웨어로 구성되며 강의자가 화면에 강의 자료를 띄우고 강의를 진행 하면서 미리 세팅한 카메라 위치를 리모컨을 통해 조작하면서 강의 동영상을 제작할 수 있습니다. 다른 사람의 도움 없이 혼자서 동영상을 제작할 수 있는 것이 장점입니다. [그림 6-18]은 필자(정진욱)가 유튜브에 올릴 강의 동영상을 제작하고 있는 모습이며 [그림 6-19]와 [그림 6-20]은 이러한 솔루션의 한 예입니다.

[그림 6-19] 1인 토크 방송 시스템 VTV Recording Pack U

[그림 6-20] 1인 여행 촬영 시스템 REMOVU

Tip 트위터(Twitter)

주소	www.twitter.com
영리여부	예
사이트 종류	소셜 네트워크 서비스
등록	필요
사용 언어	다국어
사용자	약 3억 9천 9백만명 (2016년 기준)
작성된 언어	자바, 루비, 스칼라, 자바스크립트
소유자	잭 도시
제작자	잭 도시, 노아 글래스, 비즈 스톤, 에반 윌리엄스
시작일	2006년 3월 21일(12년 전)
현재 상태	운영 중

트위터(Twitter)는 소셜 네트워크 서비스이자 마이크로블로그(MicroBlog) 서비스로서, '트윗(Tweet)'은 작은 새가 지저귀는 소리를 나타내는 영어 낱말에서 비롯되었습니다.

트위터의 창업주는 잭 도시, 비즈 스톤, 에번 윌리엄스(CEO), 노아 글래스로서, 미국 샌프란시스코 지역의 팟캐스트 벤처 기업인 오데오(Odeo, Inc.)의 에번 윌리엄스와 노아 글래스가 고안한 연구 개발 프로젝트에서 시작되었습니다. 잭 도시는 SMS를 통해 소규모 그룹과 소통할 수 있는 방법을 고안해냈으며, 최초의 코드네임은 twttr였는데 이는 twitter.com 도메인이 이미 사용 중이었기 때문이었으나, 6개월 후 도메인을 구입 후 서비스 명을 트위터(Twitter)로 변경했습니다.

정식 서비스는 2006년 3월에 시작되었으며, 2007년 4월에는 트위터 주식회사(Twitter, Inc.)로 등록되었습니다.

Tip 카카오톡(KakaoTalk)

개발자	주식회사 카카오
발표일	2010년 3월 18일
최근 버전	아이폰용: 6.0.1 (2017년 1월 20일(14달 전)) 안드로이드용: 5.8.5 (2016년 9월 22일(16달 전)) 블랙베리OS 5.0.0 이상: 4.0.3 (2014년 9월 3일(3년 전)) 윈도우 폰 8.1 이상: 3.1.8.0 (2015년 10월 1일(2년 전)) 윈도우 폰 7.5 이상: 2.3.0.0 (2015년 10월 1일(2년 전)) PC용: 2.0.8.999 (2015년 9월 8일(2년 전)) MAC용: 1.6.6 (2015년 10월 27일(2년 전))
개발 상태	개발 중
	안드로이드, iOS, 블랙베리 OS, 노키아, 윈도우 폰, 윈도우, OS X
언어	한국어, 영어, 독일어, 러시아어, 베트남어, 스페인어, 이탈리아어, 인도네시아어, 일본어, 중국어(간체), 중국어(번체), 태국어, 터키어, 포르투갈어, 프랑스어
종류	모바일 인스턴트 메신저
웹사이트	http://kakao.com/talk

카카오톡(KakaoTalk)은 주식회사 카카오가 2010년 3월 18일 서비스를 시작한 글로벌 모바일 인스턴트 메신저입니다. 스마트폰 사용자를 대상으로 프리웨어로 서비스가 제공되며, 안드로이드 모바일 장치, 애플의 모바일 장치 및 블랙베리 기기 사용자와 노키아 기기 사용자, 윈도우 폰 사용자 등을 지원합니다.

사용자 수는 2011년 4월 1일 1,000만 명, 2012년 3월 11일 4,000만 명을 돌파하였으며, 하루 10억 건이 넘는 메시지가 송수신되고 있습니다. 2014년 5월 26일 다음과 합병하여 다음카카오로 통합법인을 변경하였다가 2015년 10월 1일 카카오로 바꾸었습니다.

[그림 6-21] 카카오톡의 대표 이모티콘

Tip 인스타그램(Instagram)

개발자	Kevin Systrom, Mike Krieger(Burbn, Inc.)
발표일	2010년 10월 6일(7년 전)
개발 상태	운영 중
운영 체제	iOS 3.1.2 이상, 안드로이드 2.2 이상
크기	13 MB
언어	25개 언어 (한국어 포함)
종류	사진 및 동영상
라이선스	프리웨어
웹사이트	http://instagram.com/

인스타그램(Instagram)은 온라인 사진 공유 및 소셜 네트워킹 서비스로서 사용자들은 사진 촬영과 동시에 다양한 디지털 필터(효과)를 적용하며, 페이스북이나 트위터 등 다양한 소셜 네트워킹 서비스에 사진을 공유할 수 있는 기능을 제공합니다.인스타그램의 가장 큰 특징은 정사각형의 사진으로서 2012년 기준 이용자 수는 8000만 명을 돌파했고 2014년 12월 11일 기준 3억 명, 2016년 6월 21일 5억 명의 사용자를 돌파했습니다.

인스타그램은 케빈 시스트롬과 마이크 크리거가 2010년 10월에 런칭한 서비스이며, 현재는 페이스북에 인수되었습니다.

6.1.7 인터넷 품질 보증(SLA)이 뭐지요?

물건을 살 때 유심히 살펴보는 것 중에 하나가 '애프터서비스를 확실하게 받을 수 있는가?' 하는 것입니다. 구입할 때는 좋아 보이는 물건도 사용하다 보면 예상하지 못하던 하자가 나타날 수 있기 때문에 애프터서비스에 대한 계약은 매우 중요합니다. 인터넷도 마찬가지입니다. 사용하다 보면 갑자기 인터넷 속도가 느려지거나 연결이 되지 않는 일이 생길 수 있고 이럴 때 적절한 보상을 받기 위해 사용자와 서비스 제공자 간의 계약이 필요합니다. 이것을 SLA(Service Level Agreement)라고 합니다.

단순히 인터넷 서비스를 사용하겠다는 계약과 SLA의 차이점은 서비스 수준(Level)에 있습니다. SLA는 인터넷 사용자가 어떤 서비스를 받을 것인지를 선택하고, 그에 준하는 수준의 서비스를 지원하지 못했을 때 인터넷 서비스 업체가 보상을 한다는 것입니다. 따라서 인터넷 서비스 수준에 대한 기준이 명확해야 하고, 보상 제도까지도 확실하게 정해져 있어야 합니다.

인터넷 서비스 업체들은 인터넷 회선 속도를 확인할 수 있는 웹 사이트를 제공하고 있습니다. 국내 인터넷 서비스 업체들의 인터넷 서비스 품질 검사 사이트는 다음과 같습니다.

〈표 6-1〉 ISP 업체의 인터넷 서비스 품질 검사 사이트

ISP	SLA 사이트 주소
한국정보화진흥원	http://speed.nia.or.kr
KT	http://speed.olleh.com
SK 브로드밴드	http://myspeed.skbroadband.com
LG U+	http://www.uplus.co.kr
범용 테스트	벤치비, http://www.benchbee.co.kr

[그림 6-22] 한국정보화진흥원의 품질 테스트 서비스

인터넷 속도 테스트 사이트들은 다양한 방법으로 인터넷 속도를 테스트할 수 있도록 되어 있고, 단순히 속도가 얼마나 빠른가 하는 것 이외에도 다양한 테스트 항목들을 제공하고 있습니다.

예를 들어, 다운로드 테스트와 업로드 테스트를 통해서 인터넷 전용선이 얼마나 빠른지 알아볼 수 있습니다. 다운로드와 업로드 테스트는 일정 시간 자료를 보내고 받은 양이 얼마나 되는가를 가지고 품질을 측정합니다.

핑 테스트는 특정 사이트까지 인터넷 연결이 되어 있는지를 확인하는 테스트로 핑을 보내어 응답 시간이 얼마나 되는지, 핑이 실패한 횟수가 얼마나 되는지에 관한 정보를 가지고 평가합니다.

경로테스트는 사용자 PC에서 선택한 목적지까지의 인터넷 연결경로를 추적해 각 연결 구간의 응답속도 및 상태를 세부적으로 보여줍니다.

게임 및 VoIP 테스트는 인터넷에서 사용하는 프로토콜 중 게임과 인터넷 전화에서 사용하는 프로토콜의 성능이 얼마나 우수한지를 평가해주는 지표입니다.

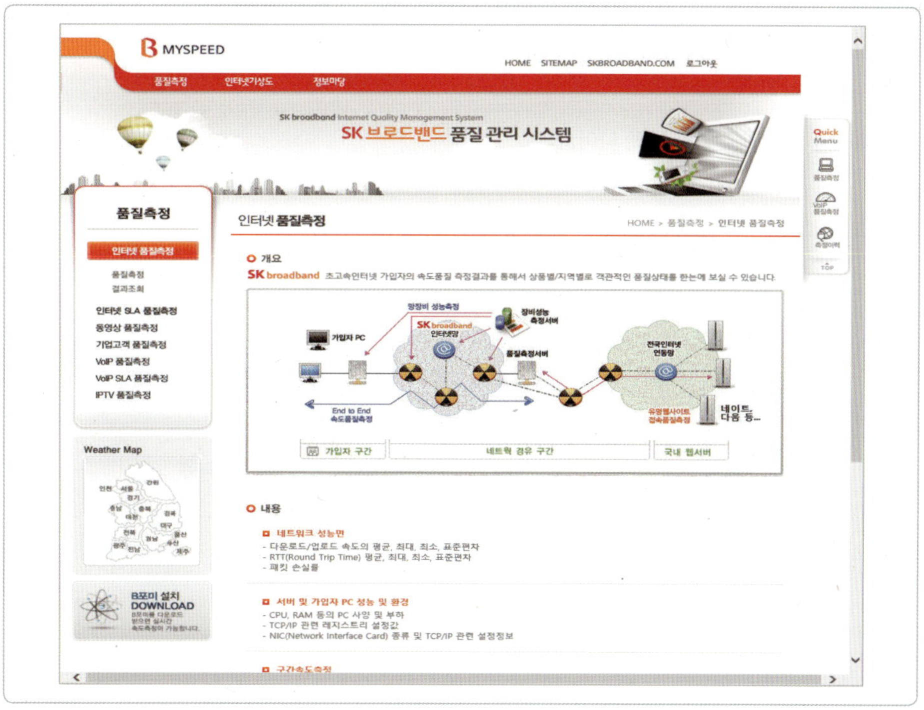

[그림 6-23] 인터넷 품질 측정 모습

6.2 인터넷 전화도 역사가 길군요

[그림 6-24] LG-노텔 사의 인터넷 전화 시스템

인터넷을 이용해서 일반전화와 같은 음성통신 서비스를 제공하는 것을 인터넷 전화 서비스 혹은 IP 전화 서비스라고 합니다. 인터넷 전화 서비스에서는 인터넷 전화 서비스 사업자가 발급하는 인터넷 전화번호를 이용하여 통화가 가능합니다.

최근 스마트폰을 이용해 인터넷 전화 서비스를 제공해 주는 앱들이 많이 등장했고, 전화기 같은 모양의 단말기를 통해서 인터넷 전화 서비스를 이용할 수 있도록 해주는 제품들도 많이 나와 있습니다. 또한 PC를 보유하지 않은 이용자에게 일반 전화기로 인터넷을 경유하여 장거리 전화나 국제전화를 저가로 제공하는 서비스도 있습니다.

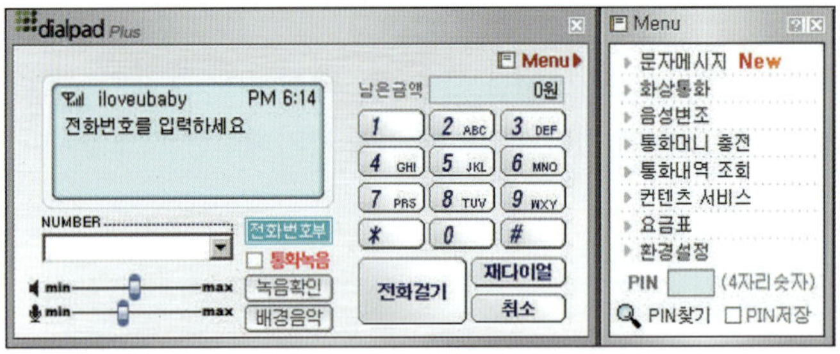

[그림 6-25] 인터넷 전화의 시초, 다이얼패드

인터넷 전화 서비스는 크게 4가지 형태로 나눌 수 있습니다.

① 웹 To 웹

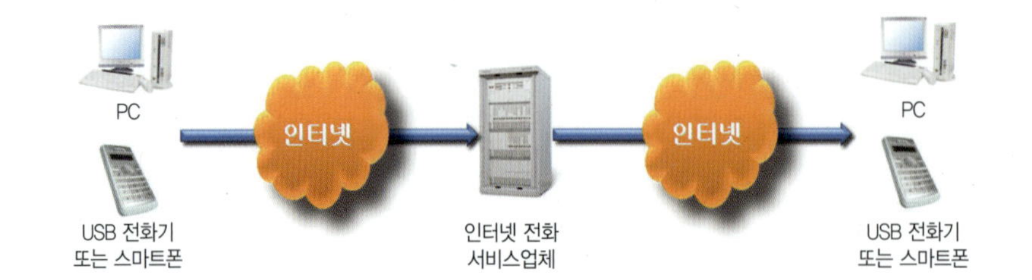

[그림 6-26] 웹 To 웹 방식

송수신자 쌍방이 인터넷 전화 서비스를 지원하는 인터넷폰을 이용하여 통화하는 방식입니다.

② 웹 To 폰

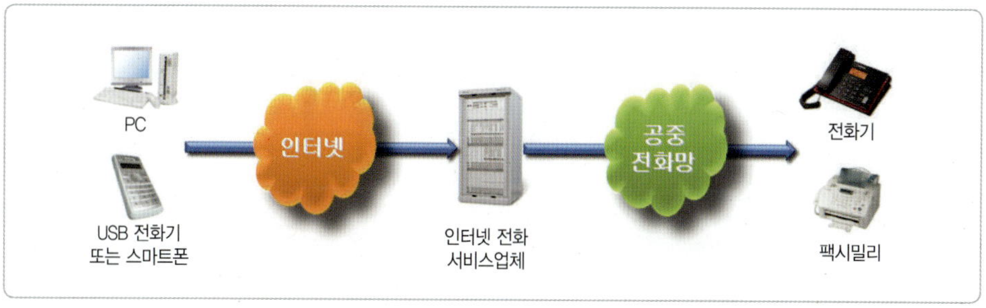

[그림 6-27] 웹 To 폰 방식

송신자가 인터넷 전화 서비스를 지원하는 인터넷폰을 이용하고, 게이트웨이를 경유하여 일반전화망의 수신자와 통화하는 방식입니다.

③ 폰 To 웹

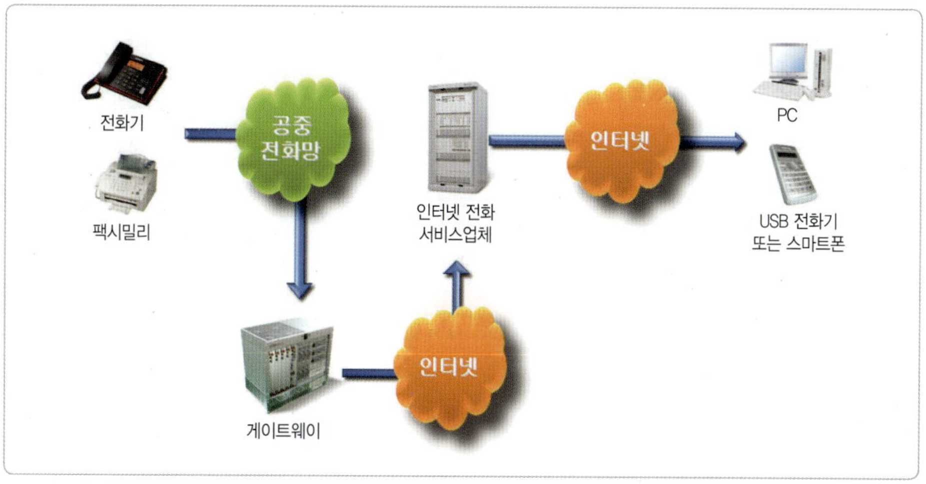

[그림 6-28] 폰 To 웹 방식

송신자는 일반전화기를 이용하여 공중전화망과 인터넷 게이트웨이를 경유하여 수신자의 인터넷 전화 또는 스마트폰과 통화하는 방식입니다.

④ 폰 To 폰

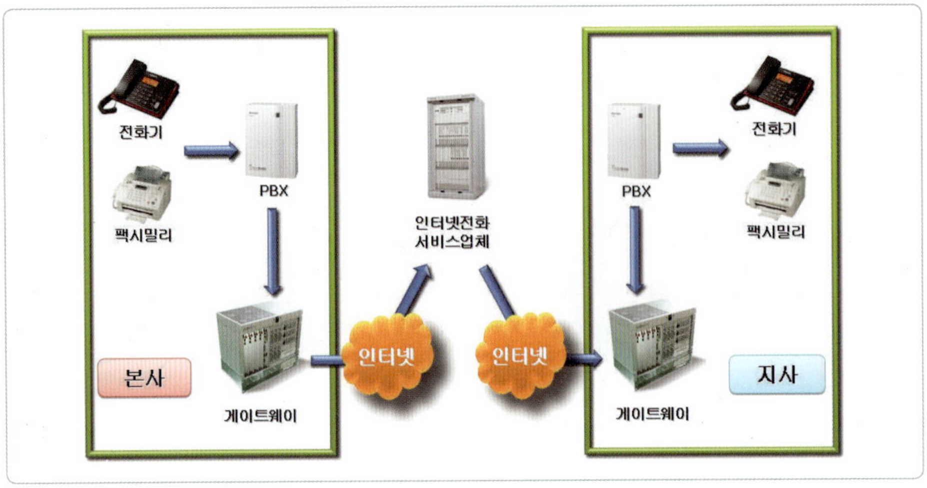

[그림 6-29] 폰 To 폰 방식(1)

송수신자 쌍방이 모두 게이트웨이를 경유하여 통화하는 방식입니다. 대표적인 예로 본사와 지사 간의 통화를 들 수 있습니다.

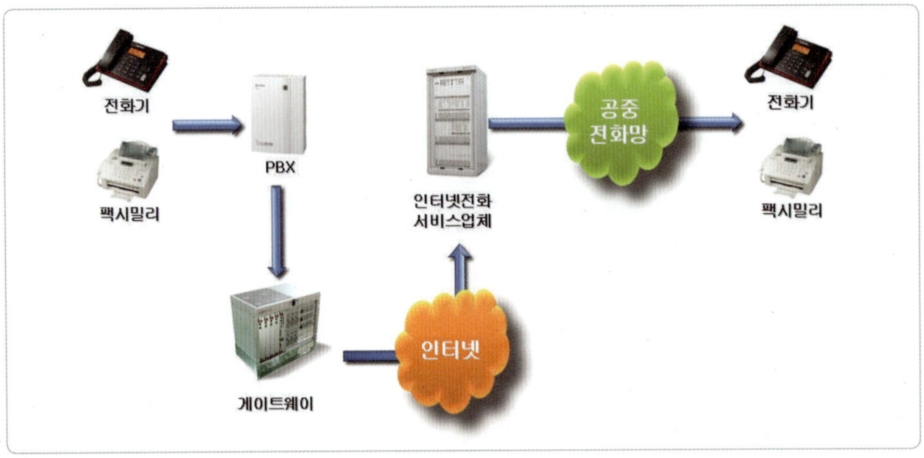

[그림 6-30] 폰 To 폰 방식(2)

송신자의 게이트웨이와 인터넷을 통해 공중전화망으로 접속하여 일반전화와 통화하는 방식입니다.

6.2.1 VoIP가 뭔가요?

VoIP(Voice over Internet Protocol)는 인터넷을 통해 일반전화와 같은 음성통신을 할 수 있는 기술을 의미합니다. 따라서 VoIP 기술은 음성 데이터를 데이터 통신용 패킷으로 변환하여 실시간으로 전달해 주는 통신 서비스입니다. 인터넷 전화 서비스는 착신자가 속한 지역의 전화국까지 인터넷을 이용하기 때문에 송신자는 시내요금만으로 전 세계 어느 지역의 수신자와도 통화할 수 있습니다.

인터넷 전화 서비스를 이용하기 위해서는 웹페이지를 이용하는 다이얼패드처럼 단순히 컴퓨터만 있으면 되는 경우도 있고, IP 전화기 등의 제품을 사용하는 경우도 있습니다.

[그림 6-31] 시스코 사의 VoIP용 전화기

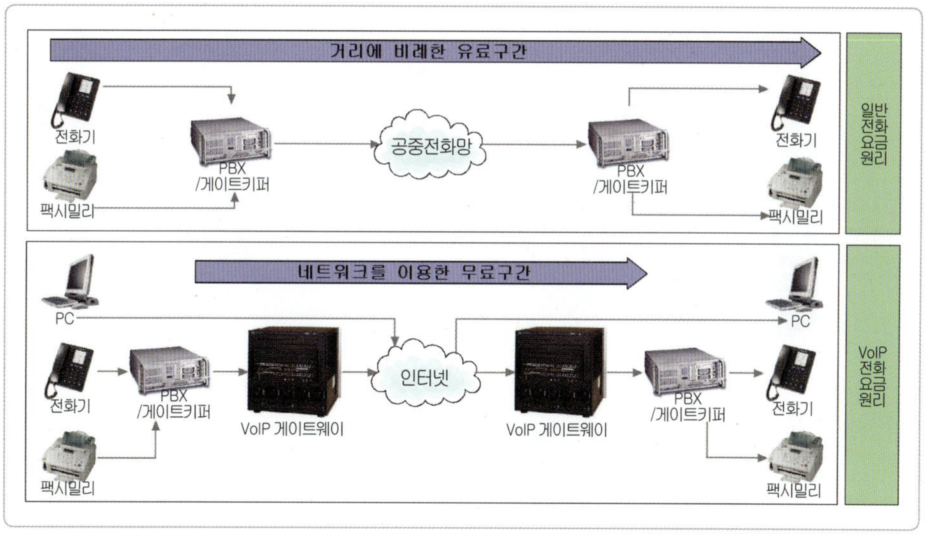

[그림 6-32] VoIP 통화비용 절감 원리

Tip VoIP QoS

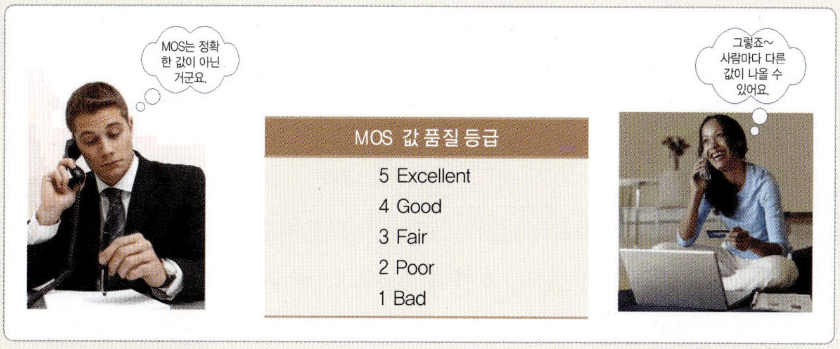

[그림 6-33] MOS 측정

기존의 유선 전화망에서 사용하던 통화 품질 평가 기술이 인터넷 음성 품질을 평가하기 위해서도 사용되고 있습니다. VoIP의 음성 품질 평가 방법으로서 가장 기본적인 방법은 MOS(Mean Opinion Score)로서 1에서 5까지의 값으로 품질을 평가합니다.

MOS는 1~5의 값으로 표현되기 때문에 매우 이해하기 쉽습니다. 하지만 MOS 방법은 사용자들이 느끼는 품질의 평균값을 단지 수치로 표현하기 때문에 객관적이기보다는 주관적인 성향을 가질 가능성이 많습니다. 또한 동일한 사용자가 동일한 환경에서 테스트를 수행하여도 동일한 결과가 나온다는 것을 보장하지는 않습니다. 즉, 사용자마다 동일한 환경이라 하더라도 다른 점수를 줄 수 있습니다.

6.2.2 H.323은 뭔가요?

[그림 6-34] 폴리콤 사의 H.323 Video conferencing System

H.323은 멀티미디어 화상 데이터를 TCP/IP와 같은 패킷 교환 방식의 네트워크를 통해 전송하기 위한 ITU-T의 표준입니다. 여기에는 고품질 비디오를 위한 LAN 표준, 그리고 28.8kbps 정도의 느린 회선을 통해서도 비디오를 전송하기 위한 표준 등이 포함되어 있습니다. 초창기 인터넷 전화 서비스로 유명했던 다이얼패드가 이용하는 기술이 H.323입니다.

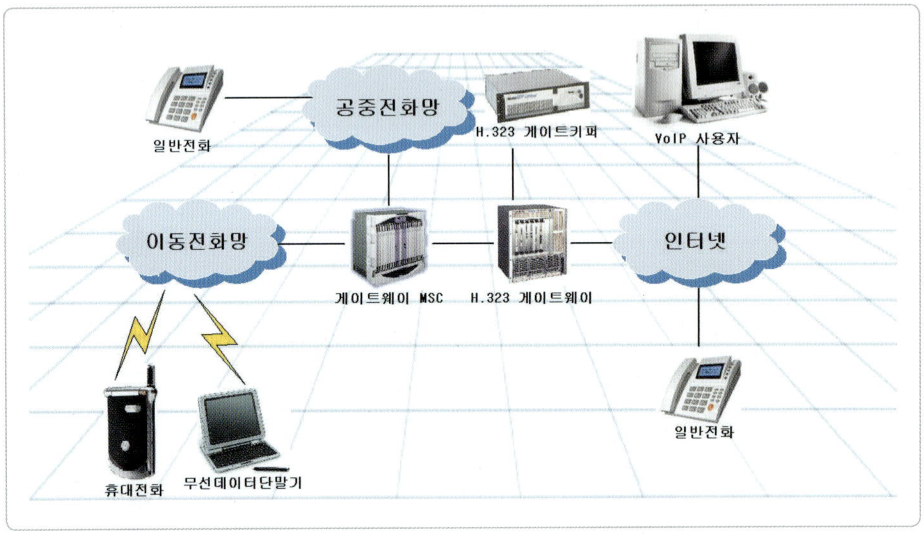

[그림 6-35] H.323 네트워크 구조

그러나 H.323은 음성통신 중심의 프로토콜이기 때문에, 웹과 연동해 인터넷의 다양한 기능을 활용하는 데 한계가 있습니다. 따라서 H.323은 VoIP 사업자 위주의 전용 프로토콜이라 할 수 있고, 다양한 부가 서비스를 제공하기에는 불합리한 면이 있습니다. 예를 들어 VPN 사용자 지원, 콜센터, 인터넷 사용 중 통화시도 확인 서비스, 개인별 홈페이지 전화연결 서비스 등 인터넷 연동 서비스를 제공하기에 H.323은 어려운 점들이 많습니다. 이러한 단점을 극복하고 인터넷의 다양한 기능 활용이 가능한 인터넷 전화 서비스 기술로는 SIP(Session Initiation Protocol)가 있습니다.

6.2.3 SIP는 또 뭔가요?

SIP(세션 설정 프로토콜)는 인터넷에서 멀티미디어 통신을 하고자 하는 단말기들이 서로를 식별하여 그 위치를 찾고, 상호간에 멀티미디어 통신 세션을 생성하거나 삭제, 변경하기 위한 절차를 명시한 프로토콜로서 국제 표준화 기구인 IETF(Internet Engineering Task Force) 표준입니다.

SIP는 간단한 텍스트 기반의 제어 프로토콜로서, 한 명 이상의 참가자들이 함께 연결을 설정, 수정 및 종료할 수 있도록 해줍니다. SIP는 다른 인터넷 전화 서비스 프로토콜에 비해 매우 간결하기 때문에 기존의 인터넷/웹 환경에 쉽게 통합, 연동될 수 있다는 장점이 있습니다. 또 원격회의, VoIP, 인스턴트 메시지, 온라인 게임 등 다양한 서비스에 폭넓게 응용 가능할 뿐만 아니라 확장이 용이하다는 장점도 있습니다. 따라서 SIP를 이용하면 새롭고 다양한 형태의 멀티미디어 통신 서비스들을 비교적 적은 비용과 시간을 투입해 개발할 수 있습니다.

SIP는 HTTP(HyperText Transfer Protocol)처럼 클라이언트가 서비스 요청 메시지를 서버에게 전송하면 서버는 그에 대한 처리를 완료한 후, 응답 메시지를 클라이언트에게 전달하는 방식으로 동작합니다. SIP를 이용하여 통신하는 사용자들은 전자우편 주소와 유사한 "user@host-plus-domain" 형식의 URI(Uniform Resource Identifier)를 식별자로 사용하게 됩니다.

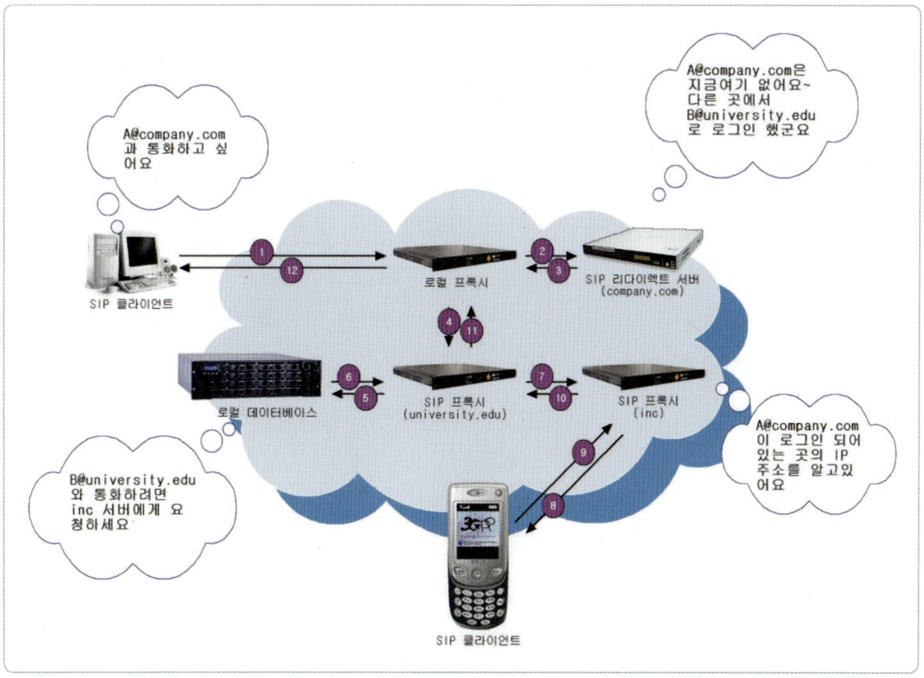

[그림 6-36] SIP 서비스 동작 순서

① 우선 SIP 클라이언트는 "A@company.com"와 통화하고 싶다는 의사를 로컬 프록시에게 전달합니다.

② 로컬 프록시는 company.com 도메인에 대한 SIP 요청을 제어하는 서버에 요청을 전송합니다.

③ company.com의 서버는 사용자 A가 현재 "B@university.edu"로 로그인되어 있음을 알고 있습니다. 그러므로 리다이렉트 서버는 university.edu의 서버로 연결하라는 메시지를 로컬 프록시로 다시 전송합니다.

④ 로컬 프록시는 university.edu 서버로 연결 요청을 전송합니다.
⑤ university.edu 서버는 통화대상이 어떤 이름으로 등록되어 있는지 로컬 데이터베이스에 문의합니다.
⑥ 데이터베이스 서버는 "B@university.edu"가 "C@inc.university.edu"로 관리되고 있다는 것을 알려줍니다.
⑦ university 서버는 inc 서버로 요청을 전송합니다.
⑧ inc 서버는 이 사용자가 현재 로그인되어 있는 곳의 IP 주소를 알고 있으므로 통화 요청 메시지를 사용자에게 전송합니다.
⑨ 사용자는 전화 요청을 받아들이고, 그 응답을 송신자에게로 전송합니다.

6.2.4 VoIP와 SS7

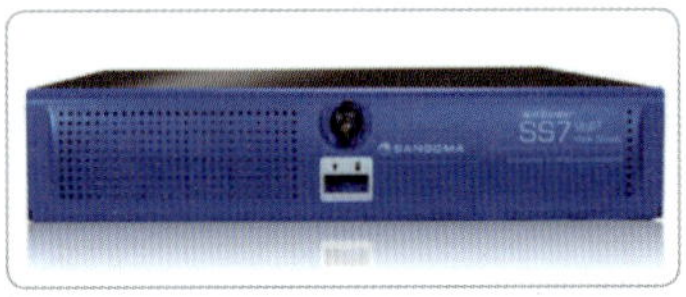

[그림 6-37] Netborder 사의 SS7 VoIP Gateway

SS7(Signaling System Number 7)은 80년대 음성 전화망에서 신호 및 부가서비스를 제공하기 위해 고안된 것으로 음성통신의 호출정보와 데이터통신의 접속정보 등을 통합적으로 관리하기 위한 프로토콜입니다. SS7은 음성 전화망에서 새로운 서비스를 제공하기 위해 필요한 트래픽이나 기존의 신호 프로토콜들을 전화망이 아닌 무선이나 유선 디지털 광대역 네트워크에서 전달하였습니다. 즉, 저속의 전화망이 아니라 고속의 데이터 네트워크를 이용하여 기본통화 이외의 모든 것을 제어하고자 하였습니다.

SS7은 기본적으로 신속한 호 설정과 검색 작업을 수행합니다. 또한 통화설정, 요금청구, 통화 라우팅을 지원하기 위한 신호(Signaling) 기능을 제공하며, 음성 전화망인 PSTN과의 정보교환 기능을 수행함으로써 음성 전화망과 패킷 데이터 통신망 간의

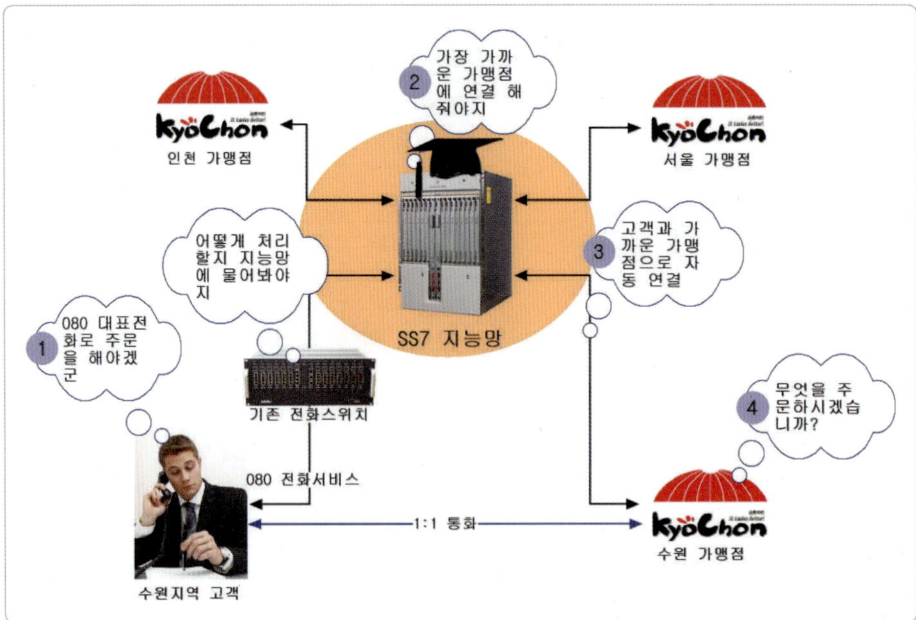

[그림 6-38] 080 서비스 구성

가교 역할을 합니다. SS7 구조는 직접 접속되어 있는 스위치들 사이에서뿐만 아니라, SS7이 가능한 다른 어떤 단말기와도 신호를 교환할 수 있습니다.

SS7 네트워크는 기본적인 통화설정, 관리 및 해제를 비롯하여 SMS(Short Message Service), VoIP, UMS(Unified Messaging Service), 무선 로밍, 무선 가입자 인증 등과 같은 무선 서비스나 수신자 부담 전화 서비스 등과 같은 다양한 부가 서비스를 제공하기 위한 신호 방식으로 이용되고 있습니다. 예를 들면, 080 대표전화의 경우 고객에게 가장 가까운 가맹점을 연결해주는 신호 프로토콜로 사용될 수 있습니다. SMS 서비스의 경우, 각 이동통신사의 SMS 센터에서 타 이동통신사의 SMS 센터로 단문 문자메시지 정보를 보낼 때 SS7이 사용됩니다.

6.2.5 소프트스위치란?

소프트스위치(Softswitch)는 음성, 데이터, 영상 등의 통신정보를 통합적으로 관리할 수 있는 첨단 통합 교환기로 미디어 게이트웨이, 인터넷 프로토콜(IP) 전화 등을 제어하고 기존 회선 음성 교환망과의 연동 기능을 제공합니다.

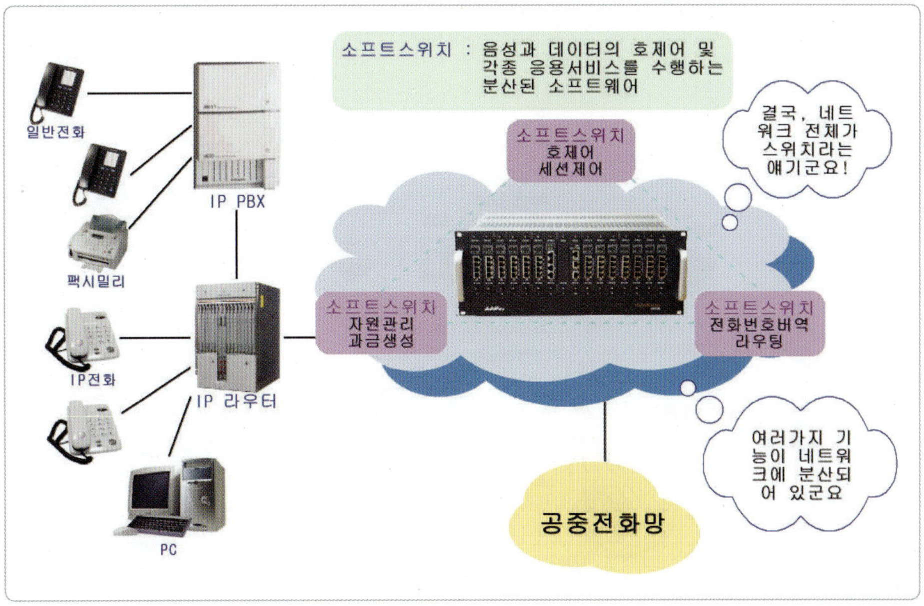

[그림 6-39] 소프트스위치 기반 네트워크 구성도

따라서 소프트스위치는 미디어 게이트웨이를 제어하고 공중 전화망의 통화 제어, 라우팅, 신호 등의 기능을 수행하는 소프트웨어로 구성되는 스위치라고 할 수 있습니다. 따라서 회선 교환방식(Circuit Switching)의 공중전화망(PSTN: Public Switched Telephone Network)과 음성, 데이터, 비디오 통신을 지원하는 소프트스위치 기반 패킷 교환망(Packet Switched Network)은 많은 차이를 보입니다.

[그림 6-40] uniSwitch Softswitch
(출처: www.sysmaster.com)

소프트스위치를 이용하게 되면 각종 서비스, 트래픽 관리, 통화제어 등의 기능을 따로 따로 분리할 수 있기 때문에 기능별로 성능이 우수한 장비를 선택할 수 있어 사업자 입장에서는 장비 선택의 폭이 넓다는 장점이 있습니다. 또 음성, 영상 및 데이터가 통합된 멀티미디어 서비스를 쉽게 제공할 수 있으므로 다양한 서비스가 가능합니다. 즉 소프트스위치라는 용어는 다양한 프로토콜을 수용하는 호 제어 시스템과 같은 광의의 개념으로 해석되고 있습니다.

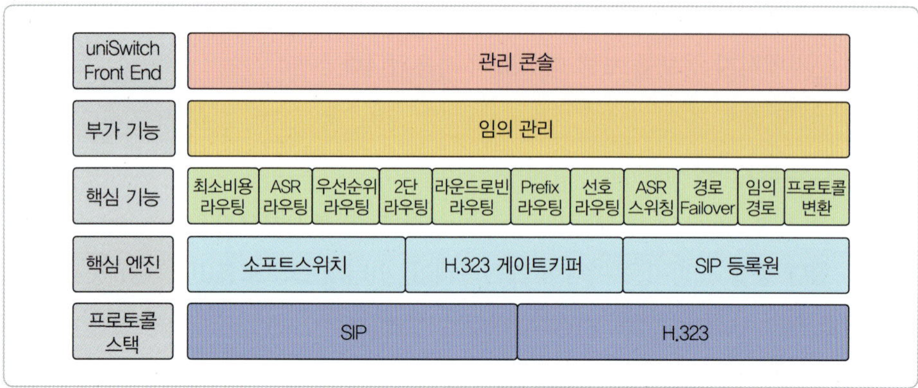

[그림 6-41] uniSwitch Softswitch 구조(출처: www.sysmaster.com)

[그림 6-42] BTS 10200 Softswitch
(출처: 시스코)

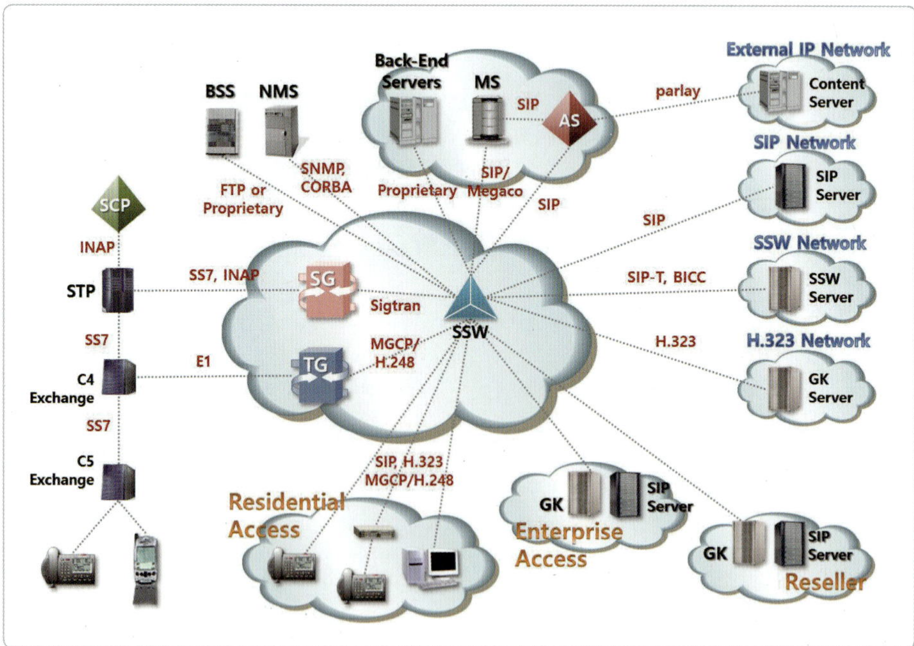

[그림 6-43] Softswitch를 이용한 네트워크 구성

6.2.6 미디어 게이트웨이(Media gateway)란?

미디어 게이트웨이는 이종 네트워크 간에 미디어를 주고받기 위해서 데이터 포맷 변환 작업을 수행하는 장치입니다. 이는 보통 회선교환망과 패킷교환망 간에서 이루어지는 작업들인데 회선교환망의 TDM(Time Division Multiplexing) 트래픽을 패킷교환망의 ATM(Asynchronous Transfer Mode) 또는 IP 트래픽으로 변환하는 장치를 말합니다. 즉, 패킷 형태의 음성 신호를 PSTN(Public Switched Telephone Network)에서 사용되는 PCM(Pulse Code Modulation)과 같은 신호 형태로 변환하거나 반대의 작업을 수행합니다.

이러한 작업을 수행할 때 필요한 제어를 수행하기 위해 미디어 게이트웨이는 소프트스위치(Softswitch)와 MGCP, Megaco와 같은 제어 프로토콜을 이용하여 정보를 주고받습니다. 한편 미디어 게이트웨이 간의 정보의 전달을 위해서는 주로 RTP(Real-time Transport Protocol)를 이용합니다.

미디어 게이트웨이의 주요 기능으로는 음성신호를 패킷형태로 변화하기 위해 음성의 압축 또는 복원, 음성 에코 제거(Echo Cancellation), Digit의 검출, 팩스 전송 등이 있습니다.

디지털과 음성 데이터 간의 교환작업을 위해서 G.711 PCM, G.726 ADPCM, G.728 LD-CELP 등의 여러 가지 음성 압축 방법을 사용하고, IP 망에서의 멀티미디어 데이터 전송은 스트림 데이터 전송 프로토콜인 RTP와 데이터 전송을 모니터링하고 세션 관련 정보를 전송하는 RTCP(RTP Control Protocol)를 사용합니다.

인터페이스 유형과 구성에 따라서 미디어 게이트웨이를 다음과 같이 구분할 수 있습니다.

[그림 6-44] 미디어 게이트웨이 NGTG-10K〈출처: 뉴그리드테크놀로지(http://www.newgrid.com/)〉

- 음성 코딩 알고리즘(G.711, G.729, G.723.1, EVRC, QCELP 등)
- 에코 제거
- FAX 기능

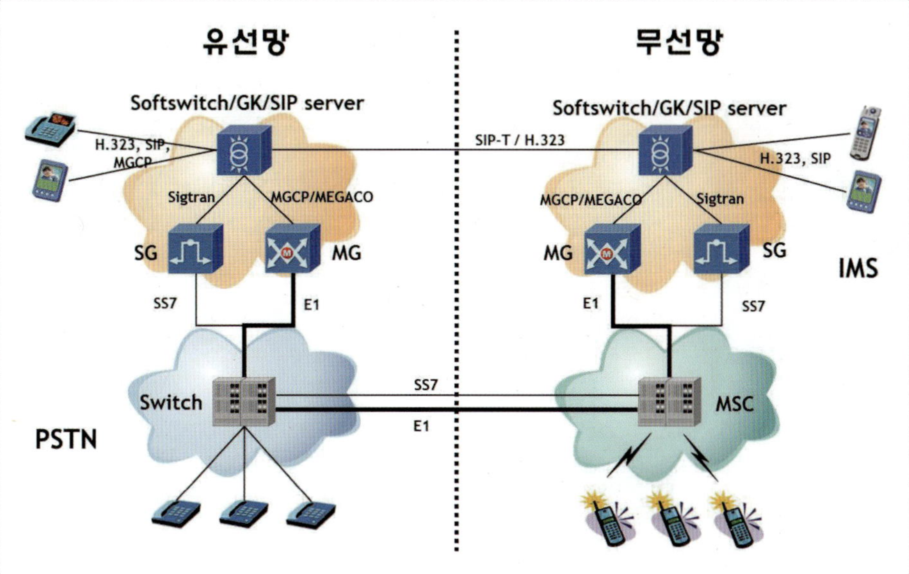

[그림 6-45] 미디어 게이트웨이를 이용한 네트워크 구성 예(출처: www.samsung.com)

[그림 6-46] 미디어 게이트웨이 MGX 8880(출처: 시스코시스템즈코리아)

- 카드 구성: 16 슬롯 카드 케이지, PXM-45 카드, RCON 카드, VXSM 카드, VISM 카드, AXSM 카드, RPM 카드
- 네트워크 매니저: Media Gateway, Manager(MGM), Cisco WAN, Manager(CWM)

[그림 6-47] SS7 미디어 게이트웨이 SVI_MG 8000(출처: http://www.squiretechnologies.co.uk)

- 음성 코딩 알고리즘: G.711, G726/G7277, G723.1, G.729 A/B, Linear PCM 등
- 에코 제거
- FAX 기능

1. 엑세스 게이트웨이(Access Gateway): 사설교환망에서 VoIP와 그 밖에 패킷교환망의 접근을 지원합니다.
2. 트렁크 게이트웨이(Trunk Gateway): 이종망인 회선교환망과 패킷교환망을 접속 연결시킵니다.
3. 레지던셜 게이트웨이(Residential Gateway): 가정 내 설치된 아날로그 회선을 패킷교환망에 접근할 수 있도록 지원합니다.

6.2.7 콜센터가 뭔가요?

콜센터란 공중전화망을 중심으로 고객과 상담원이 연결되고 구축된 서버를 이용하여 고객 데이터를 분석하고 처리하는 서비스를 말합니다.

최근 콜센터는 공중전화망과 IP 네트워크에 구애받지 않고 고객과 원활한 상담이 가능한 차세대 컨택센터로 발전해가고 있습니다. 이를 위해 최근에는 IPCC(IP Contact Center)의 개념으로 구축되며, 음성과 데이터를 IP 네트워크에서 통합하여 지리적인 한계를 극복하고 다양한 형태의 서비스를 제공함으로써 고객의 만족도를 높이고 투자의 효율성을 높이는 데 중점을 두고 있습니다.

IPCC를 이용하면 기업에서 보유하고 있는 IP 네트워크를 활용하기 때문에 네트워크 인프라에 투자된 비용을 최적화시킬 수 있고, 관리비용을 획기적으로 줄일 수 있습니다. 또한 한정된 지식만을 가지고 있는 상담원에 의해 운영되는 기존 콜센터의 범위

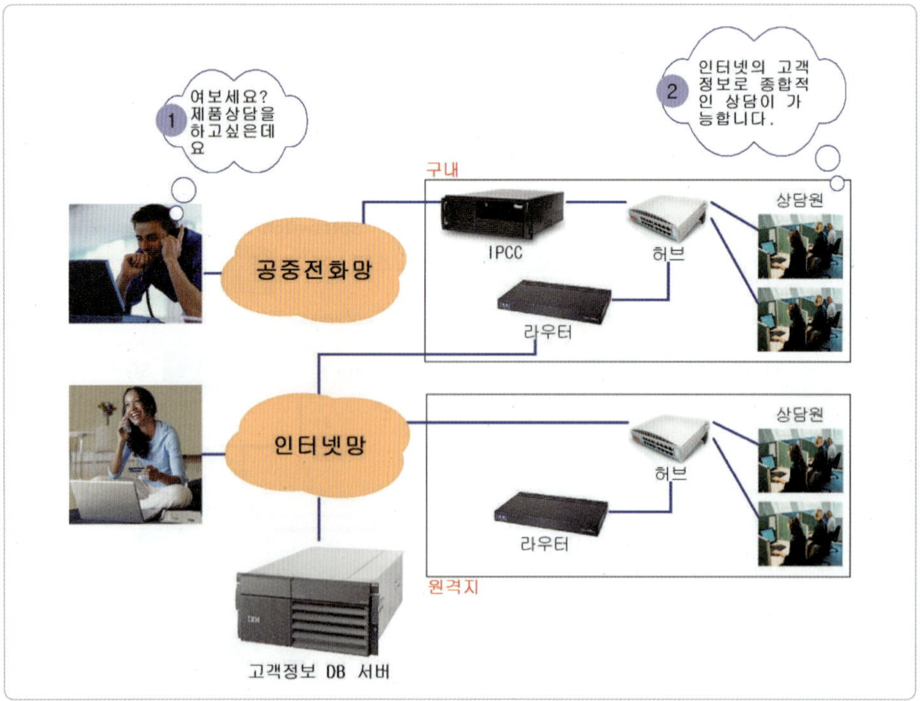

[그림 6-48] IPCC 서비스 구성도

를 넘어서 전사적으로 분산되어 있는 전문가들까지 상담원으로 활용할 수 있다는 장점이 있습니다. 또 다른 장점으로는 콜센터의 위치가 장소의 구애를 받지 않기 때문에 원격지에서도 업무가 가능하다는 점도 들 수 있습니다.

[그림 6-49] 콜센터 작업 환경

IPCC에서는 고객들이 전화를 걸면 해당 호는 VoIP 게이트웨이로 연결됩니다. VoIP 게이트웨이는 연결된 호를 IP PBX(Private Branch Exchange)로 연결해주며, IP PBX는 고객으로부터 주민번호, 고객 번호 등의 정보를 입력받고 상담원들에게 호를 연결합니다. 호가 연결된 상담원의 스크린에는 고객의 정보가 자동으로 표시되며, 상담원이 원활한 상담을 진행할 수 있도록 도와줍니다.

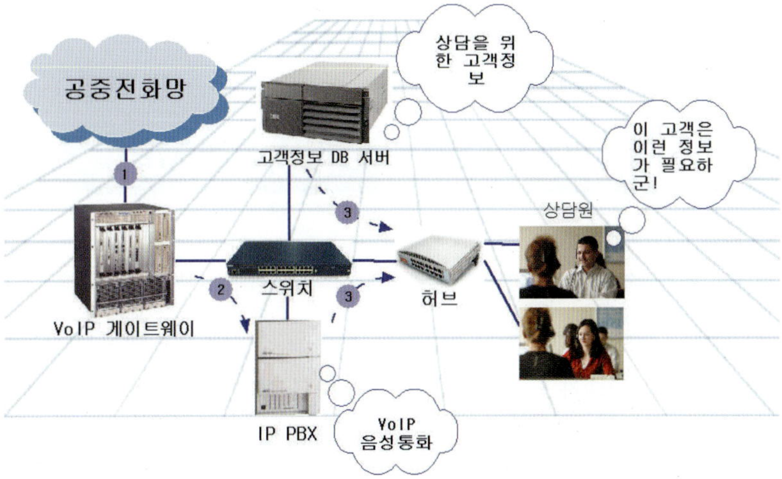

[그림 6-50] IPCC 구성 요소

Tip • IP PBX

IP PBX는 VoIP 게이트웨이 및 IP 폰 등의 각 채널에서 입력되는 호(Call)들을 스위칭하는 기능을 가지고 있습니다. 아울러 고객 정보가 등록된 DB 서버 등과 연동하여 고객 정보를 이용하는 다양한 응용 프로그램을 수행하며, 상담원용 메니저 프로그램 또는 IP 전화로 호를 분배하기도 합니다.

[그림 6-51] 삼성전자 오피스서브 7200

- 160명의 음성통신 지원
- V.35, xDSL, 케이블모뎀 송수신
- 802.1p 2단계 QoS 지원

Tip VoIP 게이트웨이

게이트웨이(Gateway)란 일반적으로 2개 이상의 다른 종류 또는 같은 종류의 네트워크를 상호 접속하여 정보를 주고받을 수 있게 하는 장치를 말합니다. 인터넷(데이터망)과 음성 통신망(전화망)은 동작 방식이 다르기 때문에 두 가지 통신 방식을 모두 지원하는 게이트웨이 장비가 있어야만 연결이 가능합니다.

VoIP 게이트웨이란 전화망과 인터넷 사이에 위치하여, 전화기의 음성신호를 압축하여 H.323, SIP 등의 프로토콜에서 사용 가능한 메시지 형태로 변환하여 전송하는 기능을 수행합니다. 반대로 인터넷을 통해 들어오는 VoIP 데이터를 분석하여 음성신호로 변환한 후 전화기로 전달하는 기능을 수행합니다.

[그림 6-52] AddPac Technology AP3100P

- 작동 프로토콜: SIP, H.323 and MGCP
- 압축방식: G.711, G.723.1, G.726, G.729A

6.3 음성은 기본, 방송까지. 인터넷 방송 서비스

6.3.1 인터넷 방송이란?

인터넷 보급이 급속도로 확산되면서 통신과 방송을 결합해 인터넷을 통해 전송하는 새로운 개념의 방송 형태가 등장했는데 이것이 바로 인터넷 방송입니다. 인터넷 방송은 정확히 동영상, 데이터 등의 콘텐츠를 푸시(push) 및 스트리밍(streaming) 기술을 기반으로 인터넷을 통해 실시간으로 전송하는 방송 형태로 정의할 수 있으며, 웹캐스팅(Webcasting)이라는 용어로도 불리고 있습니다.

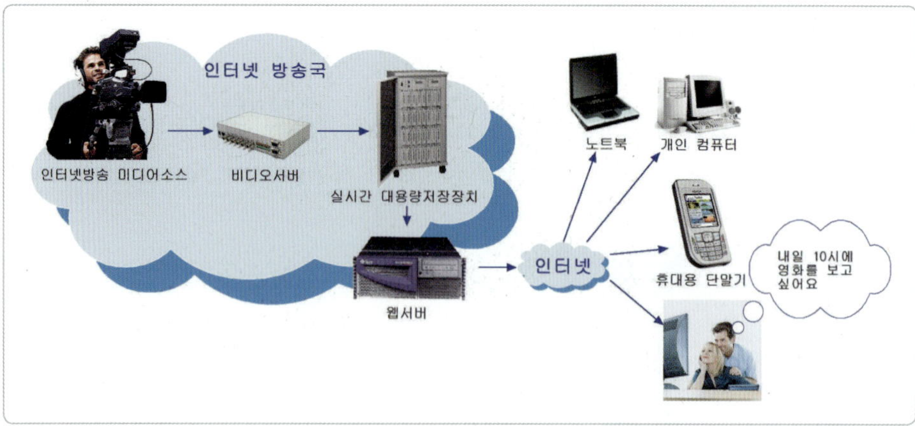

[그림 6-53] 인터넷 방송 구성

기존의 공중파 방송과 비교했을 때 인터넷 방송은 방송국, 전송시스템 및 수신기로 구성되어 있다는 점에서 기본적인 구성은 동일합니다. 기본적으로 방송과 인터넷 방송은 단지 전송 매체가 각각 전파와 인터넷이라는 것과 수신기가 TV와 컴퓨터라는 차이가 있을 뿐입니다. 하지만 무엇보다도 가장 큰 차이점은 기존 방송이 단방향 서비스 매체인 반면에 인터넷 방송은 양방향 서비스가 가능한 매체라는 점입니다. 또한 기존 방송과는 달리 인터넷 방송은 시청자 스스로가 원하는 방송 시간과 내용을 선정하여 시간/공간의 제약 없이 콘텐츠를 시청할 수 있습니다. 수신자에게 제공되는 콘텐츠 역시 영상과 음성이라는 제약을 넘어 다양한 멀티미디어, 심지어 가상현실 공간마저도 방송할 수 있습니다.

인터넷 방송은 인터넷 전용으로 콘텐츠를 제작 중계하며, 전 세계 네티즌을 수신자로 한다는 점에서 무한한 가능성을 가지고 있는 미디어입니다. 외국의 주요 방송사들은 물론 국내의 주요 방송사들도 자체 제작한 콘텐츠를 디지털 정보로 바꾸어 홈페이지를 통해 방송하고 있으며 인터넷 방송만을 위해 콘텐츠를 제작하고 운영하는 인터넷 방송국도 늘어나고 있습니다. 또한 증권 전문방송, 음악 전문방송, 기업방송 등 다양한 분야에서 인터넷 방송이 활성화되고 있습니다.

[그림 6-54] 인터넷 방송국 – 온게임넷

Tip • 인터넷 방송(Internet Broadcasting, Webcasting)은 무엇인가요?

기업가 마이클 도르프, 앤드루(Andrew Rasiej)와 파트너십을 맺은 애플 컴퓨터의 웹캐스팅 그룹에 의해 시작된 웹캐스팅은 인터넷의 보급 확산과 통신과 방송의 결합이라는 새로운 개념, 즉 인터넷 방송이라는 것을 탄생시켰습니다.

일반 방송에서 볼 수 없는 자유로움과 지상파/공중파에서의 제약이 덜한지라 전반적으로 유연한 모습을 보여줍니다. 대부분의 인터넷 방송 중 약 절반 가량은 게임 방송이 주를 이루고 있으며, 그 다음은 토크방, 음악 방송, 먹방, 캠방 등이 그 뒤를 이루고 있는 실정입니다.

[그림 6-55] 대표적인 인터넷 방송들

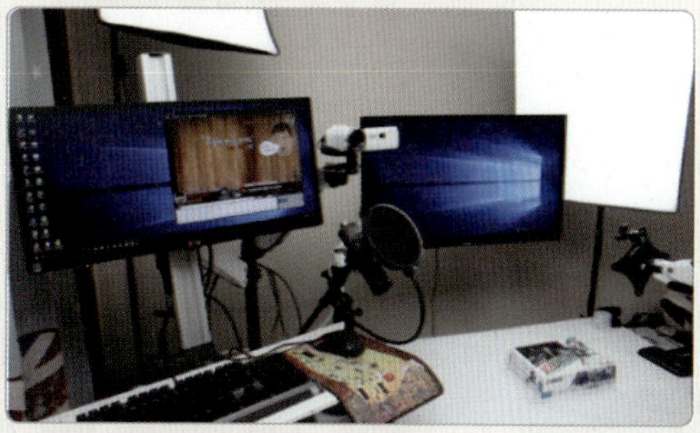

[그림 6-56] 인터넷 방송 구성 예

Tip • 웹캐스팅이란?

웹캐스팅(Webcasting)은 월드와이드웹과 브로드캐스팅의 합성어입니다. 기존의 TV 방송에 대응되는 개념으로 인터넷 방송을 의미하는 용어입니다. 코덱 및 압축 기술의 발달에 따라 방송국에서 전파를 내보내자마자 해당 콘텐츠를 실시간으로 인터넷에서 볼 수 있게 된 새로운 개념의 방송입니다.

6.3.2 인터넷 방송 구성을 좀 더 알아보도록 할까요?

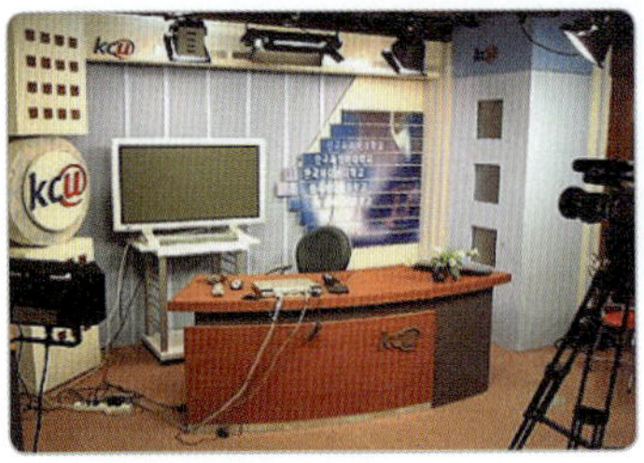

[그림 6-57] 방송국 스튜디오

인터넷 방송을 하기 위해서는 비디오 및 오디오 압축/복원 기술, IP 멀티캐스팅, 스트리밍 기술 등이 필요합니다. 특히 스트리밍 기술은 웹캐스팅 콘텐츠 전송에 있어서 매우 중요한 부분으로 실시간 영상 압축/복원 기술을 의미합니다. 즉, 스트리밍 기술은 인터넷에서 동영상, 오디오 및 멀티미디어를 재생하는데 필요한 필수적인 기술로 파일을 다운로드함과 동시에 재생해줌으로써 실시간 효과를 극대화시키는 기술입니다.

인터넷 방송 시스템은 몇 가지 요소로 구분해볼 수 있습니다.

① 멀티미디어 소스

우선 카메라, 비디오 스위처, 마이크, 사운드 믹서, 조명, 모니터, 편집장비 등을 갖추고 비디오/오디오 소스를 제작합니다. 방송국의 스튜디오와 비슷하다고 할 수 있습니다. 콘텐츠 편집은 프리미어와 같은 디지털 편집 소프트웨어가 사용됩니다.

② 인코딩 서버

인코딩 서버에서는 콘텐츠의 디지털화 및 압축 기능을 수행하는데 오디오, 비디오 및 멀티미디어 소스 등 생성된 신호를 디지털 미디어 신호로 바꿔주는 역할을 합니다. 또

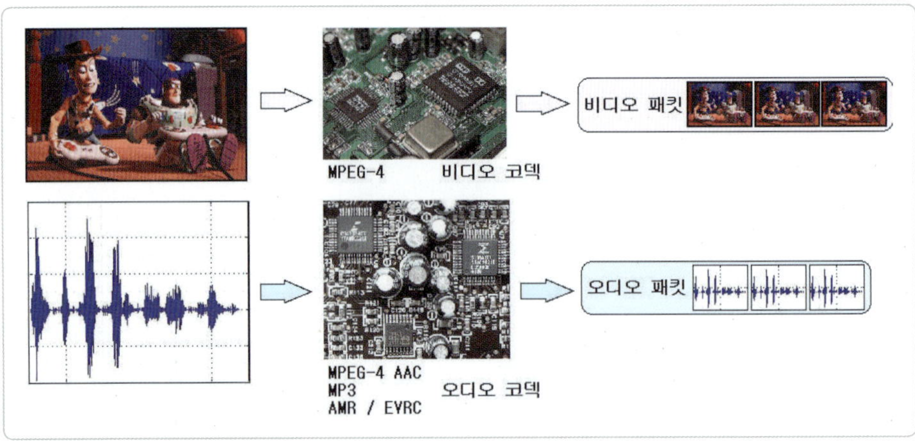

[그림 6-58] 인코딩 과정

[그림 6-59] 인코딩 장비 – onTimetek OTB-SEVA

- 위성/지상파 DMB 지원
- MPEG-4 part 1 BIFS, MPEG-2 part 1 다중화
- ETSI EN 300, 401 기반 비디오 서비스

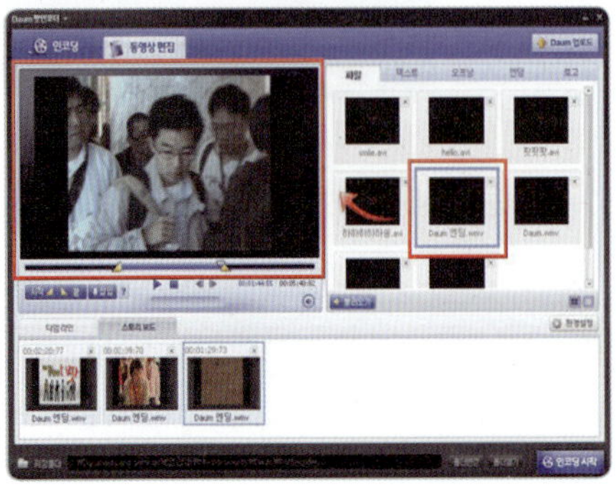

[그림 6-60] 다음 팟인코더 – 동영상 자르기

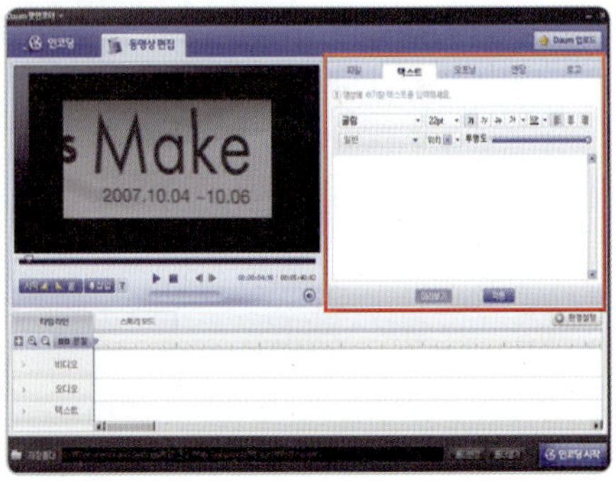

[그림 6-61] 다음 팟인코더 – 텍스트 입력

한 인코딩 시스템을 이용하여 디지털화한 미디어 신호를 스트리밍 미디어 형식의 데이터로 실시간 인코딩합니다.

③ 미디어 서버

콘텐츠 저장 및 전송을 수행하는 부분으로 인코딩된 디지털 파일 혹은 라이브(Live) 방송신호를 스트리밍 서버로 전송하고 인터넷을 통해 실시간으로 콘텐츠를 전송합니다. VOD 같은 경우 직접 저장장소에 미디어 파일을 저장해 놓고, 생방송 같은 경우에는 인코더에서 직접 미디어 서버로 콘텐츠를 전송하게 됩니다. 이때 실시간으로 사운드나 동영상이 이용자 시스템에서 재생되려면 서버에서 스트리밍 멀티미디어를 효율적으로 전송해주는 프로토콜이 필요하며, RTSP(Real Time Streaming Protocol) 등이 대표적인 프로토콜입니다.

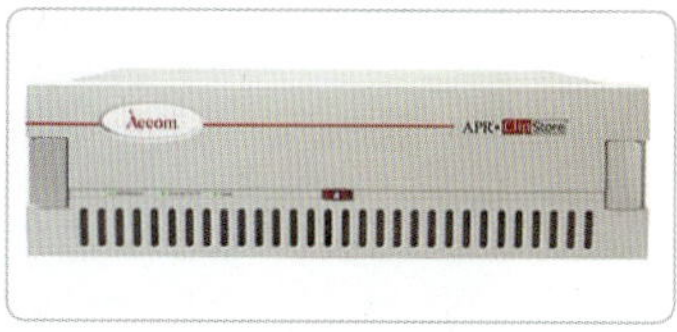

[그림 6-62] 미디어 서버 장비 – Accom APR ClipStore
- 디지털 오디오 입력: AES/EBU 48kHz 24-비트
- 아날로그 오디오 출력: 4-트랙(2 스테레오)

④ 클라이언트

콘텐츠를 재생하는 부분으로, 스트리밍 서버는 멀티미디어 데이터를 스트리밍 플레이어에게 실시간으로 제공하고, 사용자 클라이언트는 전송된 미디어 소스를 실시간으로 재생합니다.

방송정보를 전달하는 방식에는 VOD(Video On Demand), IP 멀티캐스팅(Multicasting), 영상 회의(Video Conference) 등이 있습니다. VOD는 1:1로 전송해 주는 것으로 사용자마다 하나의 스트림을 전송해 주는 방식입니다. IP-멀티캐스팅은 1:N으로 전송하는 것으로 푸쉬(Push) 방식입니다. 하나의 비디오 스트림으로 수천 명에게 방송이 가능하며, 대규모 네트워크의 접속자를 대상으로 한 인터넷 실시간 방송 등에 적당합니다. 비디오 컨퍼런스는 N:N의 전송 방식으로 주로 소수 사용자를 위해 많은 스트림이 필요할 때 사용되며 소규모 회의, 회의실 원격근무, 원격감시 등에 사용될 수 있습니다.

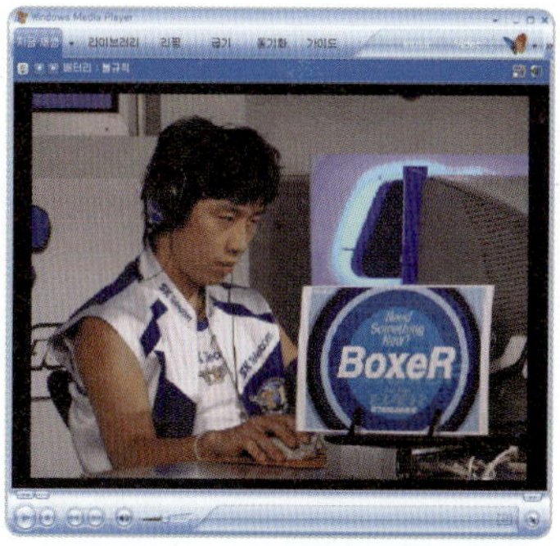

[그림 6-63] 인터넷방송 클라이언트 – 윈도우즈 미디어 플레이어

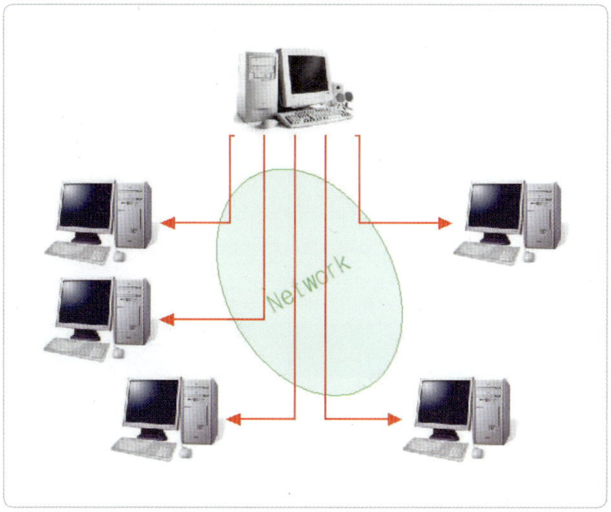

[그림 6-64] 1:1 전송 – VOD

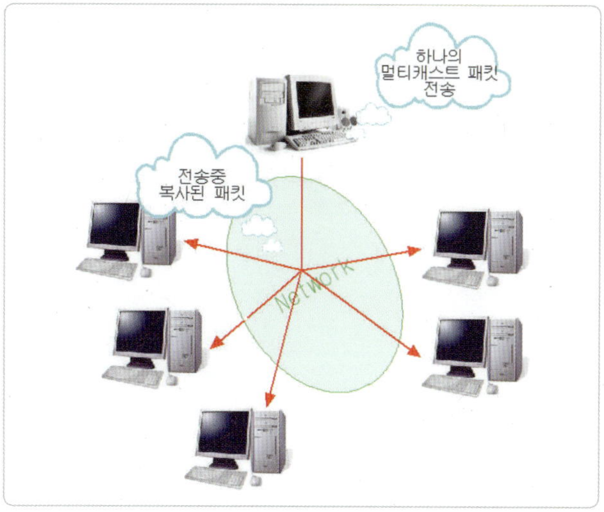

[그림 6-65] 1:N 전송 – IP 멀티캐스팅

Tip ● 서버 가상화

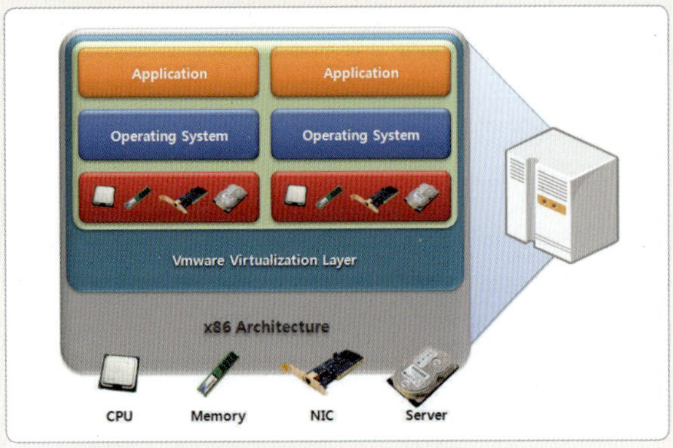

[그림 6-66] VMware ESX Server의 하드웨어 에뮬레이션 방식

[그림 6-67] VMware Worksation

서버 가상화란 하나의 서버에 여러 개의 운영체제를 가동시켜 서버 자원의 활용도를 극대화시키고 여러 가지 일들을 능률적으로 수행할 수 있도록 해주는 솔루션입니다.

이 기술은 기존에 메인프레임을 운용하던 시절부터 사용했던 기술이지만 x86 서버가 널리 쓰이면서 사용되지 못하는 서버의 자원에 대한 활용도를 높일 수 있어 각광을 받고 있는 기술입니다.

미국의 VMware은 'VMware Workstation'을 출시하여 큰 이슈가 되었습니다. 그 후로 가상화 소프트웨어는 시스템의 복잡성 문제를 해결할 수 있는 중요한 기술로 연구가 되었고 꾸준히 발전되고 있습니다.

하나의 호스트에 여러 개의 시스템을 동작시키는 가상화 기술 자체는 상당히 오래 전부터 사용된 기술입니다. 1970년대 메인프레임에서 소프트웨어 파티셔닝이 기본적으로 사용되었고, 그 후로도 UNIX 서버에서 기업용 제품을 중심으로 가상화 기능이 응용되어 왔습니다.

많은 기업들이 가상화 이론을 실제 운영환경에 적용하고 있습니다. 가상화 기술의 성능을 최대한 끌어올릴 수 있는 새로운 기술이나 제품의 요구가 증가함에 따라 관리자들이 가지고 있던 문제들을 해결하는 서버 가상화 기술 및 제품들이 시장에 나와 있습니다.

서버 가상화 기술의 가장 큰 이점은 비용의 절감입니다. 각 기업에서 사용되는 엄청난 데이터를 저장하기 위해서는 기존의 서버의 수로는 부족하고, 안정적이고 효율적인 데이터의 관리 역시 굉장히 힘이 듭니다. 그 해결책으로는 비용을 들여 추가적으로 서버를 구입하여 데이터를 관리해야 합니다. 하지만 문제는 서버의 가동률에 있습니다. 실제로 서버의 자원이 사용되고 있는 수치는 평균적으로 20%에도 미치지 못합니다. 서버 사용량이 일정하지 않아 만약을 대비하여 예비 자원을 할당해야 하기 때문입니다. 서버 가상화는 이러한 문제를 해결하기 위해서 하나의 서버에 여러 개의 OS와 애플리케이션을 동작시킬 수 있기에 사용되지 않는 서버 자원의 효율적인 사용이 가능하고 기존에 발생했던 자원의 낭비를 줄일 수 있습니다.

실제로 가상화 기술은 가상 시스템을 구축하는 초기의 비용뿐만 아니라 운용에서도 많은 비용 절감을 이루고 있습니다. 더구나 가상화로 나누어진 GUEST OS가 보안의 위협이나 장애가 발생했을 경우에도 다른 OS가 영향을 받지 않아 네트워크의 신뢰성을 높이는 효과가 있습니다.

서버 가상화 기술은 하드웨어 에뮬레이션 방식과 호스트베이스 방식으로 구분됩니다. 하드웨어 에뮬레이션 방식은 서버를 이루고 있는 메모리나 CPU와 같은 하드웨어들을 구축될 각각의 OS의 환경에 맞춰서 구성할 수 있어 높은 유연성을 가지고 있지만 처리시 매우 큰 오버헤드가 발생되는 단점을 가지고 있습니다. 사용되는 제품으로는 VMware의 'VMware Server'나 'VMware ESX Server'와 Virtual Infrastructure 3, MS의 'Virtual Server'와 Virtual Server 2005 등이 대표적입니다.

호스트베이스 방식은 하나의 서버에 다수의 가상 서버가 존재하여 하드웨어 자원을 나누어 쓰는 구조입니다. 이 방법은 낭비되는 하드웨어 자원을 최소화 하여 서버를 관리할 수 있는 이점이 있지만 GUEST OS가 HOST OS에 의존적인 구조를 가지게 되는 것이 단점이 될 수 있습니다. 사용되는 제품으로는 SW소프트의 'Virtuozzo', 썬의 'Solaris 컨테이너' 등을 들 수 있습니다.

6.4 중요한 인터넷 보안 서비스

6.4.1 해킹이란?

뛰어난 컴퓨터 실력을 이용하여 정보 시스템에 무단 침입하여 저장되어 있는 각종 귀중한 정보를 빼내거나 없애는 행위, 혹은 프로그램을 파괴하는 행위를 해킹이라고 하고, 이러한 행위를 하는 자들을 해커라고 합니다. 해킹은 원래 순수하게 작업과정 자체의 즐거움에 탐닉하는 컴퓨터 전문가들의 행위로 시작되었지만, 컴퓨터가 일반화되면서 점차 나쁜 의미로 변질되어 왔습니다. 즉, 다른 컴퓨터에 침입하여 정보를 빼내서 악용하든가 파일을 없애버리거나 네트워크를 마비시키는 등 악의적 행위가 빈발하게 된 것입니다.

[그림 6-68] 해킹당한 중국 맥도널드 홈페이지

오늘날 해킹은 전 세계를 하나로 연결하는 인터넷의 발달과 더불어 사이버 세계를 어지럽히는 신종 범죄로서 적지 않은 물의를 일으키고 있습니다. 대표적인 해킹 사례로는 1985년 3명의 서독 해커가 구소련의 KGB 요원에게 포섭된 뒤 미국 등 서방 선진국의 주요 군사기술 시스템에서 수천 개에 달하는 암호 등 극비정보를 빼내 건네준 사건을 들 수 있습니다.

6.4.2 해커가 뭘까요?(해커와 크래커)

일반적으로 해커와 크래커는 구별되지 않고 범죄적인 행위를 하는 자의 의미로 받아들여지고 있지만, 타인의 정보시스템에 침입하여 파괴적 행위를 하는 자들은 크래커(Cracker)라고 하여 순수한 해커와는 구별하고 있습니다.

[그림 6-69] 전설적인 해커 Kevin Mitnick

과거에 악명 높던 특급 해커였으나, 1995년 FBI에 체포되어 5년간 복역 후 현재는 정부기관과 회사들의 보안 문제를 도와주는 보안 자문가로 활동하고 있습니다. 체포 당시 미 법무부로부터 미국 역사상 최고의 컴퓨터 범죄자로 평가받았습니다.

해커(Hacker)라는 단어의 유래는 1950년대 MIT에서 시작되었습니다. 당시 MIT 공과대학 내에 동아리의 한 모임에서 철도 설계에 따르는 난제들을 해결하기 위해 대학 내 건물에 밤마다 몰래 들어가서 컴퓨터 시스템을 몰래 사용하여 어려운 문제를 해결하였고, 그 뒤로 이들과 같은 집념 어린 노력가들을 '해커'라고 부르기 시작했습니다. 인터넷과 컴퓨터가 점차 대중화되어 감에 따라 해커의 의미도 점차 바뀌어왔으나 순수한 해커라 함은 일종의 시스템 혹은 보안 전문가로 볼 수 있습니다. 국내에서는 해킹과 크래킹을 구분 없이 혼용하여 사용하고 있지만, 미국에서는 해킹과 크래킹을 분명히 구분하여 사용하고 있습니다. 크래커들은 흔히 '침입자(Intruder)', '공격자(Invader)'로 표현됩니다.

Tip 해킹 사례

최근 해킹은 단순히 특정 인터넷 웹사이트의 접근을 차단하거나 시스템의 기능을 마비시키는 정도를 넘어 범죄에 이용되고 있습니다. 해킹을 통해 사이버머니를 불법 수집해 유통시킨 범죄가 적발된 사례가 있습니다.

이들은 인터넷 신용 정보 사이트로부터 신용정보를 구매한 후, 해킹프로그램 제작팀으로부터 사이버머니 추출프로그램을 구매했습니다. 그 후 인터넷 게임 사이트 등에 구매한 정보자 명의로 가입하고 무작위로 사이버머니를 수집한 후 판매책을 통해 판매하였습니다. 검찰은 사이버머니를 현금으로 파는 행위가 온라인 게임 사이트 운영업체와 선의의 접속자에게 피해를 준 점을 들어 업무방해죄를 적용하였습니다.

6.4.3 맛있는 쿠키

[그림 6-70] 쿠키

달콤하지만 이를 상하게 하는 쿠키, 많이 먹으면 안 되겠지요?

쿠키(Cookie)는 사용자가 특정 홈페이지를 방문할 때 생성되는 정보를 담은 임시 파일로 크기는 매우 작습니다. 원래 쿠키는 특정 사이트를 처음 방문하면 아이디와 비밀번호를 기록한 쿠키가 만들어지고 다음에 접속했을 때에는 별도 절차 없이 사이트에 빠르게 연결할 수 있도록 홈페이지 접속을 돕기 위해 만들어졌습니다.

쿠키는 웹브라우저가 자동으로 만들기도 하고 갱신하며 웹사이트로 기록을 전달하기도 합니다. 쿠키를 통해 이용자가 인터넷에서 어떤 내용을 봤는지, 어떤 상품을 샀는지 등 모든 정보가 기록되기 때문에 온라인 광고업체들은 쿠키를 이용해서 인터넷 사용자의 기호 등을 수집 · 분석해 광고 전략을 짜는 데 유용하게 활용해왔습니다. 이런 이유로 쿠키는 개인의 사생활을 침해할 소지가 있습니다.

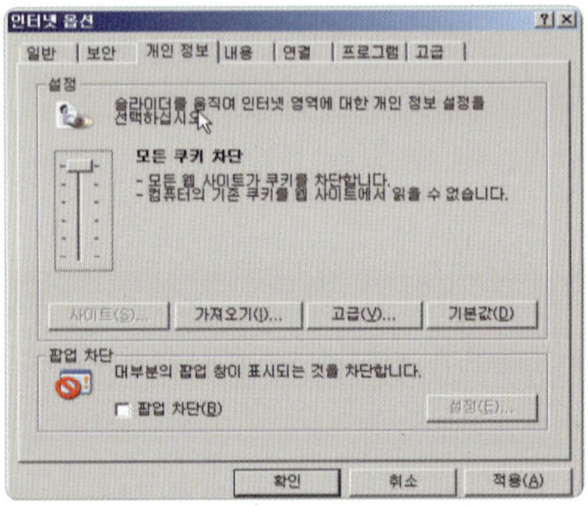

[그림 6-71] 마이크로소프트 윈도우즈의 쿠키 차단 옵션

또한 회원번호나 비밀번호 등이 유출될 가능성이 있기 때문에 보안문제를 일으킬 수도 있습니다. 그래서 마이크로소프트는 인터넷 익스플로러 5.0 이상에서는 쿠키 거부 기능을 추가했습니다.

6.4.4 바이러스? 웜?

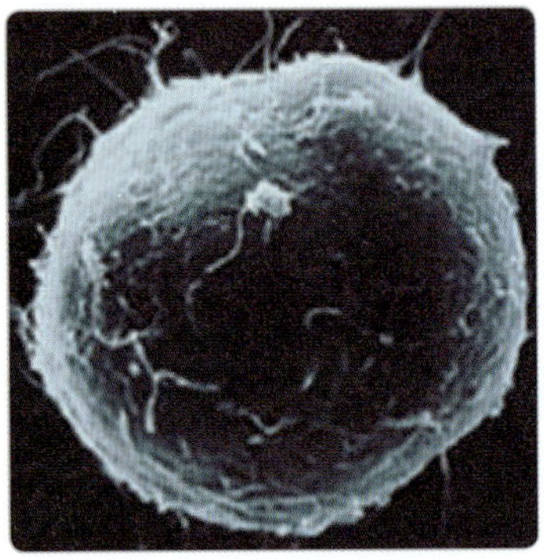

[그림 6-72] 생물학적 바이러스

컴퓨터 바이러스는 일반적인 프로그램들과 동일한 형태를 가지고 있지만, 컴퓨터의 사용목적에 반하는 동작을 수행하는 악성 코드입니다. 즉, 컴퓨터 바이러스는 컴퓨터 프로그램이지만 자료를 손상시키거나 다른 프로그램을 파괴하여 정상적인 작업을 방해하는 프로그램이라 할 수 있습니다. 세계 최초로 제작된 바이러스를 살펴보기 위해서는 1970년대까지 거슬러 올라가야 합니다. 당시 미국 국방성의 네트워크 시스템인 알파네트에 침입하여 자신이 동작하고 있음을 메시지로 남겨 쉽게 발견된 크리퍼(Creeper)라는 프로그램이 바로 최초의 바이러스입니다. PC를 사용하면서 감염되는 형태의 바이러스는 불법복제를 막기 위해 만들어낸 브레인(Brain) 바이러스가 그 시작으로 알려져 있습니다.

바이러스는 그 종류에 따라 활동방식도 다양합니다. 감염 즉시 활동하는 것, 일정 잠복기간이 지난 후에 활동하는 것, 특정기간이나 특정한 날에만 활동하는 것도 있습니다. 특정한 날에만 활동하는 대표적인 바이러스로는 13일의 금요일에만 활동하는 예루살렘 바이러스, 미켈란젤로의 생일인 3월 6일에만 활동하는 미켈란젤로 바이러스 등이 있습니다.

바이러스에 감염되면, 컴퓨터 기동시간이 평소보다 오래 걸리거나, 기동 자체가 되

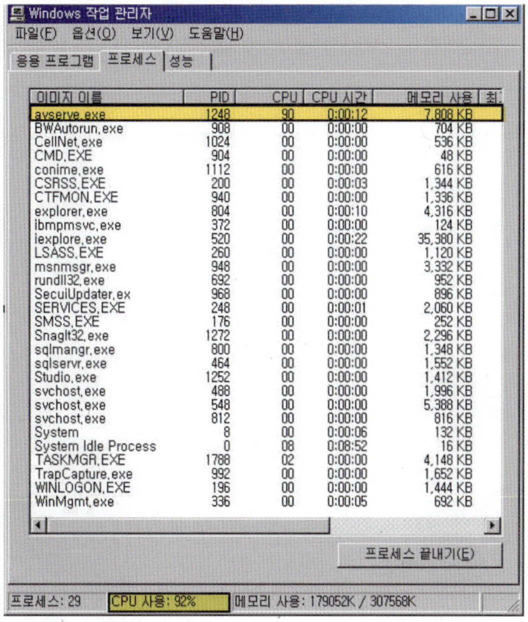

[그림 6-73] Sasser 웜에 감염된 PC의 프로세스 현황

지 않거나, 프로그램이 실행되지 않거나, 프로그램을 실행시키는 시간이 평소보다 오래 걸리거나, 프로그램이 오동작을 하거나, 저장된 데이터가 삭제 혹은 변조되는 등 여러 가지 증세가 나타납니다.

감염 예방을 위해서는 복제품이 아닌 정품 소프트웨어를 사용하고, 외부에서 가지고 온 디스켓 혹은 USB 장치는 사용하기 전에 반드시 백신 프로그램으로 바이러스 감염 여부를 확인해야 합니다. 또한 인터넷을 통해 배포받은 프로그램의 경우에도 반드시 감염 여부를 확인하는 것이 좋습니다.

컴퓨터에 유해한 영향을 미치는 악성코드들을 보통 바이러스라고 합니다. 하지만 악성코드들은 크게 바이러스, 웜(Worm), 트로이 목마 등으로 구분할 수 있으며 웜과 트로이 목마는 엄격하게 말해 바이러스와는 구별됩니다. 최근 웜에 의한 피해가 심각해지면서 컴퓨터 시스템에 악영향을 준다는 의미를 나타내기 위해 바이러스와 의미가 혼용되어 웜 바이러스라고도 불립니다.

[그림 6-74] 트로이 목마

그리스와 트로이의 전쟁 중에 그리스가 트로이의 성 밖에 만든 큰 목마입니다. 그리스는 그 목마 안에 군사를 잠입시켜 난공불락의 트로이 성벽을 넘는 내부 침입 전술을 써서 전쟁에서 이겼습니다.

컴퓨터 바이러스와는 달리 네트워크를 통하여 자기 자신을 복제하여 전파할 수 있는 프로그램을 웜이라고 합니다. 일반적으로 컴퓨터 바이러스는 자기 자신을 복제할 수는 있지만 전파에는 한계를 가지고 있었던 것이 사실입니다. 웜과 인터넷 웜은 동일한 명칭이며, 다만 복제 전파를 위해 사용되는 주 매개체가 인터넷을 이용하는 것에 한하여 인터넷 웜이라 부르기도 합니다.

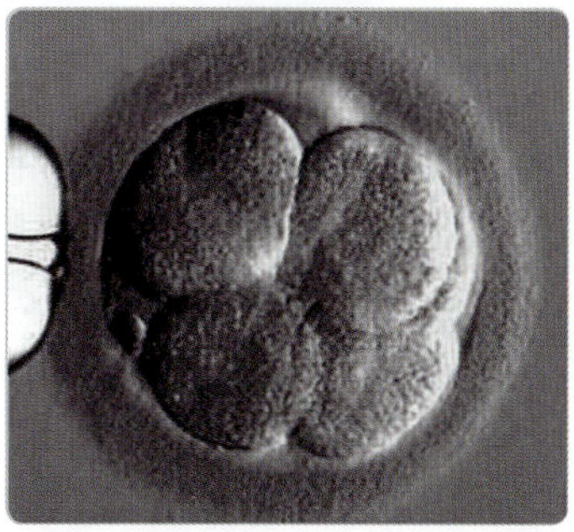

[그림 6-75] 분열하여 복제되는 세포

웜으로 인한 피해는 보통 백도어 기능을 이용하여 개인 정보를 유출하는 유형과, 타 시스템의 DoS(Denial of Service) 공격을 목적으로 하는 유형이 있습니다. 정보유출을 위한 백도어 기능을 수행하는 웜은 크래커가 시스템에 쉽게 접근할 수 있는 통로를 제공하게 됩니다. 웜이 실행되면 PC의 메모리에 상주하며 시스템의 IP 정보 등을 수집하여 크래커에게 정보를 전달하게 되고, 웜이 열어놓은 네트워크 통로를 통해 크래커가 쉽게 시스템에 침입하여 조정하게 됩니다.

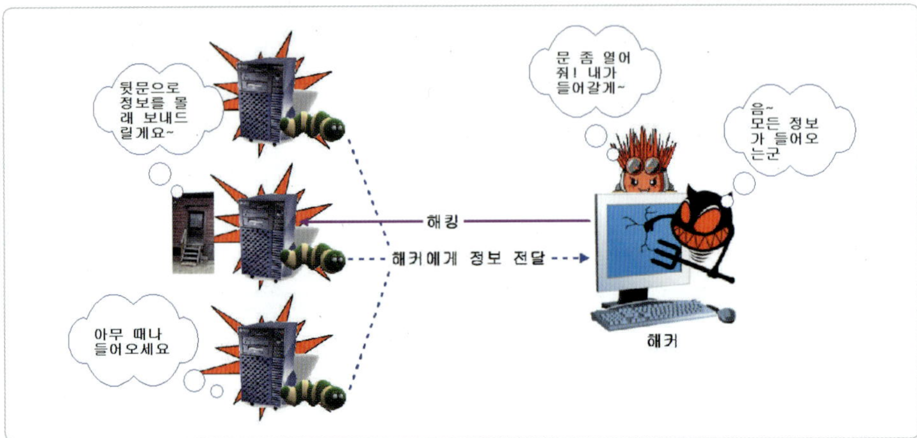

[그림 6-76] 백도어를 이용한 정보유출

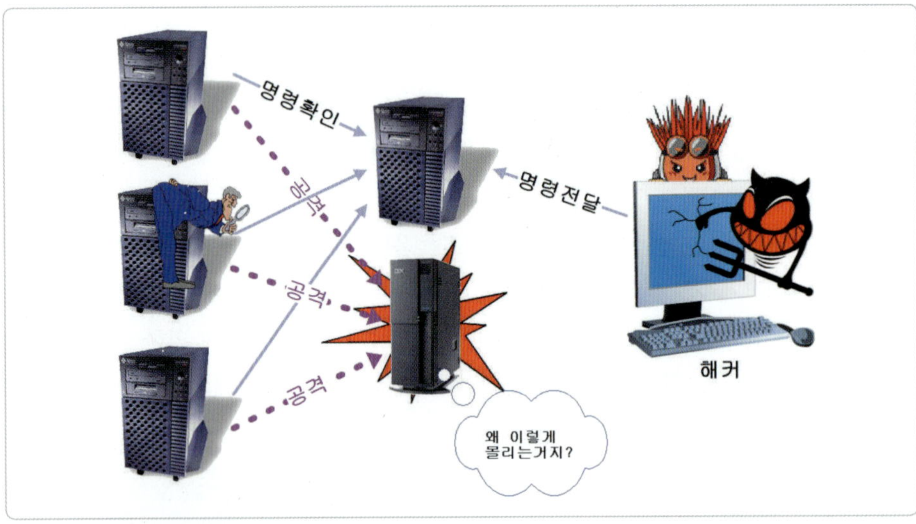

[그림 6-77] DoS를 목적으로 공격하는 경우

또 다른 피해 형태로 특정 서버에 대해 분산공격을 하도록 하는 감염 형태가 있습니다. 크래커가 자신의 PC를 이용하여 특정 주요 시스템을 공격하게 되면, 공격받는 시스템에서는 크래커의 위치를 역추적하여 크래커를 잡을 수 있는 빌미를 제공하게 됩니다. 그래서 크래커는 경유지로 사용할 컴퓨터가 필요하며, 불특정 다수의 PC를 경유지로 만드는 데 웜이 이용됩니다. 웜에 감염된 불특정 다수의 PC는 주기적으로 특정 사이트에 접속해 크래커의 명령이 있는지 확인하고, 명령이 없다면 아무 기능도 수행하지 않습니다. 그러나 크래커가 공격 명령을 내리면 감염된 수많은 웜은 일제히 특정 시스템을 공격하게 됩니다.

6.4.5 웜은 어떻게 전파되죠?

웜의 확산방법은 전자우편을 이용하는 경우가 많습니다. 웜이 실행되면 자신을 윈도우 폴더나 윈도우 시스템 폴더에 복사하며, 재부팅될 때에도 다시 실행 가능하게 하기 위해 레지스트리에 자신을 등록합니다. 그리고 저장된 주소록이나 인터넷 익스플로러의 임시 저장 공간에서 공격할 전자우편 주소를 추출해내어 저장합니다. 이렇게 수집된 전자우편 주소로 웜을 첨부하여 발송하며, 전자우편을 받은 사용자가 다시 메일을 읽거나 첨부파일을 실행할 경우 동일한 일들이 반복됩니다.

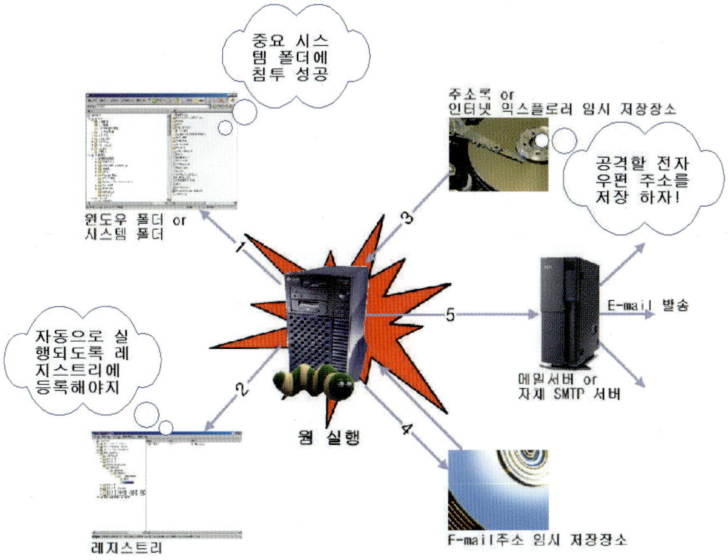

[그림 6-78] 전자우편을 이용한 웜의 감염

전자우편 이외에도 P2P(Peer-to-Peer)를 이용한 감염경로가 있습니다. 대체로 P2P 프로그램들은 다른 사람의 PC에 있는 파일을 내 PC로 저장하는가 하면, PC에 있는 파일을 상대방에게 공유할 수 있도록 공유 폴더를 지정하게 됩니다. 이렇게 공유할 폴더는 다른 사용자에게 다운로드뿐만 아니라, 업로드 기능도 허용하는 것이 일반적입니다. 웜들은 바로 이 점을 노리고 P2P 프로그램에서 지정된 공유 폴더에 웜을 복사하게 됩니다. 그리고는 다른 사용자들이 많이 검색하는 이름으로 파일 이름을 바꾸기만 하면 누군가에 의해서 검색되어 파일을 다운로드해 가게 될 것이며 이를 실행한 사용자는 또 다시 웜이 감염되는 악순환을 반복하게 됩니다.

그 다음으로 메신저를 이용한 확산유형이 있습니다. 메신저는 전 세계 사람들과 실시간으로 채팅을 할 수 있는 서버/클라이언트 프로그램입니다. 메신저 사용자는 자신의 PC에 설치된 클라이언트 프로그램을 이용하여 메신저 서버에 접속하고, 자신이 원하는 대화방을 만들거나 다른 사람이 만든 대화방에 참여할 수도 있습니다. 또한 특정 사람들에게 저장된 파일을 전송할 수 있는데, 웜은 이를 이용하여 자신을 확산시키려고 합니다.

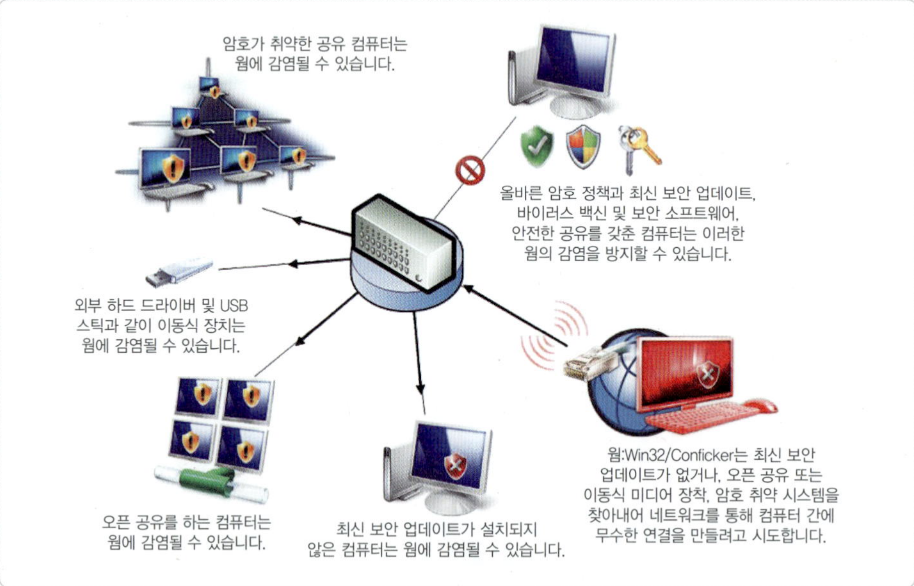

[그림 6-79] 웜 감염 사례와 예방책(출처: 마이크로소프트)

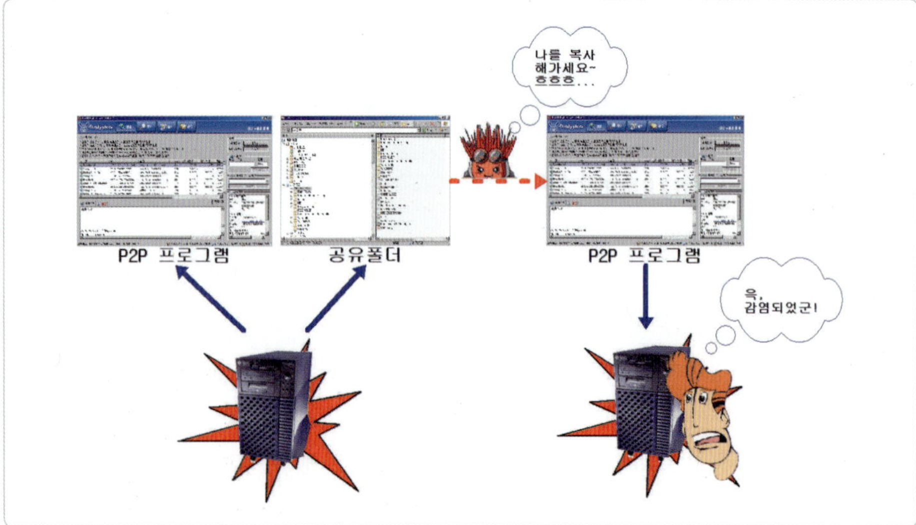

[그림 6-80] P2P 공유 프로그램을 통한 감염

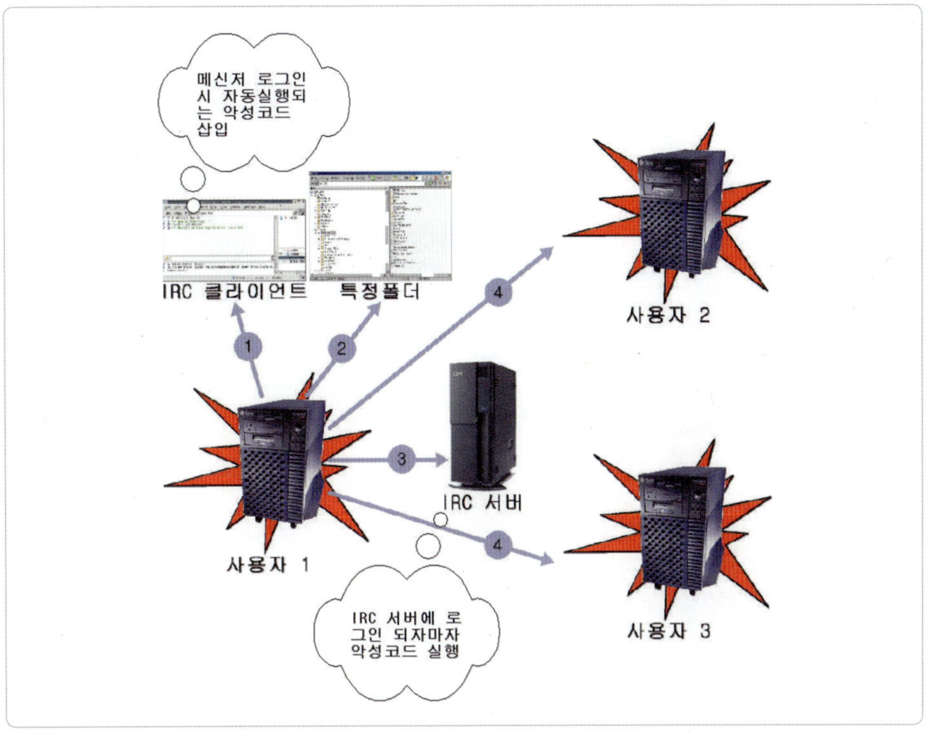

[그림 6-81] IRC 메신저를 통한 감염

6.4.6 IP 스푸핑? IP 스니핑?

스푸핑이란 일반적으로 IP 스푸핑을 말하며, IP 주소를 속이는 행위를 말합니다. IP 스푸핑은 인터넷 표준 프로토콜인 TCP/IP의 구조적인 결함에서 출발한 방법으로 해커가 악용하고자 하는 호스트의 IP 주소로 바꾸어서 이를 통해 해킹을 하는 것을 말합니다. 이 방법은 침투하고자 하는 컴퓨터를 무력화하기 위해 해커가 해당 컴퓨터인 것처럼 가장하는 것입니다.

IP 스푸핑 방법으로는 거짓 송신 주소를 이용하는 네트워크 주소 스푸핑 공격 방법과, 인증되지 않은 비밀번호로 접근해 고객의 비밀번호 추가/변경, 주요 데이터베이스의 파괴를 시도하는 사용자 인증 스푸핑 공격과 같은 두 가지 형태가 있습니다.

IP 스푸핑을 막는 방법에는 크게 세 가지 방법이 사용되고 있습니다.

① 액세스 제어

IP 스푸핑을 차단하는 데 보편적으로 사용되는 방법으로, 내부 네트워크에 존재해야 하는 송신지 주소를 가진 외부 네트워크의 패킷은 모두 거부하도록 정책을 설정함으로써 IP 스푸핑의 효과를 낮출 수 있습니다.

② 필터링

기업 내부의 IP 주소 범위의 송신지 주소를 보유하지 않는 패킷이 외부로 나가는 것을 차단함으로써 사용자가 다른 네트워크를 스푸핑하는 것을 막을 수 있습니다.

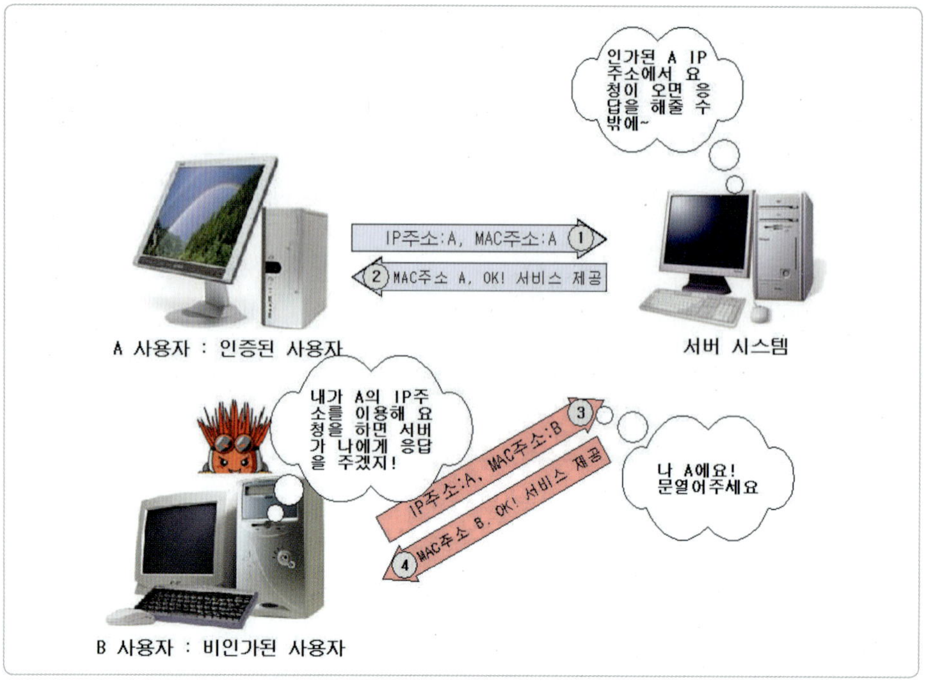

[그림 6-82] IP 주소 스푸핑

③ 암호화

IP 스푸핑을 막는 가장 현명한 방법은 패킷을 암호화하는 것입니다. 즉, 송신자는 암호화(encoding)를 하고 수신자는 복호화(decoding)를 하여 처리하는 것입니다. 이 경우 송수신되는 데이터를 훔쳐보려 하거나, 패킷을 위조하여 공격하려는 공격자는 암호 코드를 모르기 때문에 불법적인 행동을 할 수 없게 됩니다.

스니핑은 컴퓨터 네트워크에 흘러다니는 정보들을 엿듣는 일종의 도청행위를 말합니다. 이러한 스니핑 공격은 웹호스팅, 인터넷 데이터센터(IDC) 등과 같이 여러 업체가 같은 네트워크를 공유하는 환경에서는 매우 위협적인 공격이 될 수 있습니다. 데이터 센터 내의 하나의 시스템이 공격당하게 되면 공격당한 시스템이 속한 네트워크를 도청하게 되고, 결국 같은 네트워크에 속한 모든 시스템 사용자의 사용자 계정과 비밀번호를 알아낼 수 있습니다.

일반적으로 LAN에서 자주 사용하는 이더넷은 네트워크의 모든 호스트가 통신선로를 공유하도록 되어 있습니다. 따라서 네트워크의 컴퓨터는 다른 컴퓨터가 통신하는 모든 트래픽을 볼 수 있습니다. 하지만 자신과 관련없는 모든 트래픽을 처리해야 한다면 효율적이지 못하고 네트워크의 성능도 저하될 수 있습니다. 그래서 LAN 카드는 자신의 하드웨어 주소로 전달되는 트래픽만 처리하도록 설정되어 있습니다. 그러나 LAN 카드는 모든 트래픽을 볼 수 있도록 설정할 수 있는데 이를 "Promiscuous Mode"라고 합니다. 스니퍼는 LAN 카드의 "Promiscuous Mode"를 이용하여 모든 트래픽을 도청할 수 있습니다.

[그림 6-83] IP 스푸핑 대책

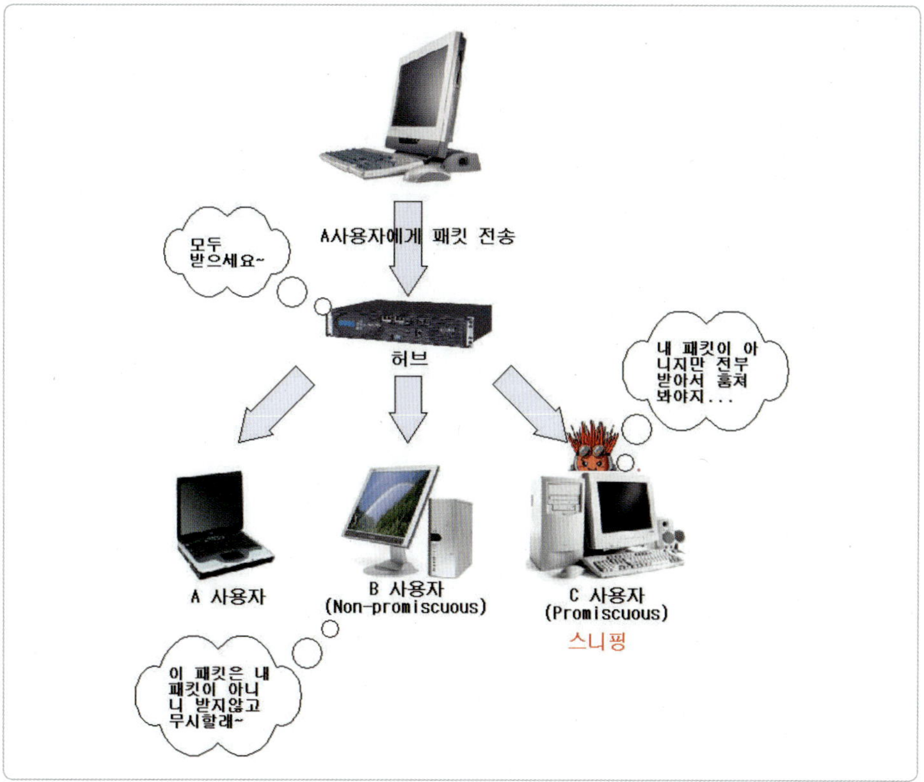

[그림 6-84] 스니핑

6.4.7 DoS와 DDos 공격

서비스 거부 공격(DoS: Denial of Service)은 시스템의 정상적인 서비스를 방해할 목적으로 대량의 데이터를 보내 대상 네트워크나 시스템의 성능을 급격히 저하시키는 공격으로 가장 일반적인 해킹 수법입니다.

지난 1.25 대란 때에도 인터넷의 주소 번역을 수행하는 DNS(Domain Name System) 서버가 처리할 수 있는 용량을 크게 넘는 요청이 쇄도하여 서비스가 중지됨으로써 하루 동안 인터넷을 사용하지 못하는 대형사고가 발생했던 경험이 있습니다. 다행히 업무 시간을 피해 주말에 일어난 사고라 일반인들은 직접 피부로 느끼지는 못하였지만 일부 중요 서비스의 중단만으로도 사회 곳곳에서 많은 불편을 겪어야만 했습니다.

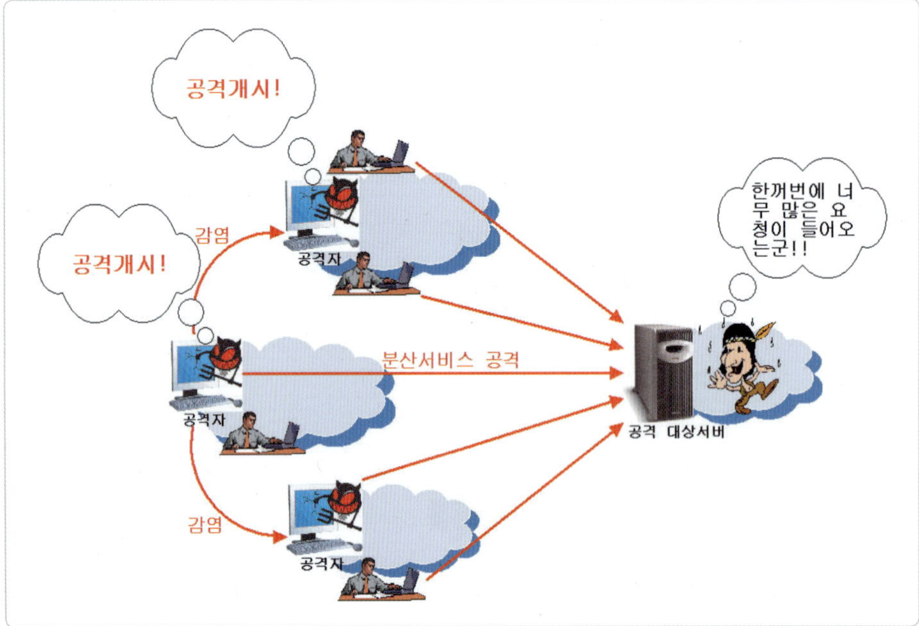

[그림 6-85] 서비스 거부 공격

이러한 공격은 사전에 감염된 불특정 다수의 시스템으로부터 동시에 공격이 시도됨으로써 그 피해는 단일 시스템뿐만 아니라 전체 네트워크까지 마비시킬 수 있는 파괴력을 가지고 있습니다. N:1 유형의 공격방법은 수작업으로는 많은 시간이 소요되기 때문에 주로 웜(Worm)과 같은 자동화된 공격도구가 사용되는 경우가 많습니다.

Tip ASP(Application Service Provider)가 무엇인가요?

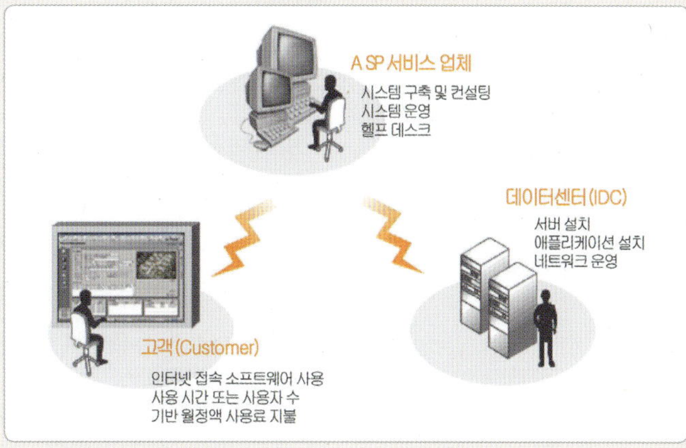

[그림 6-86] ASP

ASP는 원거리의 데이터 센터에 IT 장비, 소프트웨어 등을 두고 인터넷 또는 전용선을 통해 가입고객에게 소프트웨어는 물론 모든 IT 인프라와 고객지원 서비스를 제공하는 소프트웨어 임대 서비스 제공자를 말합니다. ASP 서비스는 한 기업의 정보 시스템 구축 및 운영을 위한 하드웨어, 소프트웨어, 네트워크가 통합되어 있는 상품과 서비스의 종합체로 볼 수 있습니다.

ASP 서비스를 제공하기 위해서는 네트워크, 플랫폼, 애플리케이션, 서비스, 운영 등 여러 계층의 구성요소들이 필요합니다.

- 네트워크 계층은 주로 전화, 인터넷 전용선을 통한 물리적인 네트워크 접속 서비스를 제공하는 계층으로 접속 서비스를 제공하는 구성요소입니다. 고객기업은 전자메일과 같은 단순한 서비스에서부터 ERP 등의 비즈니스 애플리케이션과 이에 수반되는 각종 서비스를 데이터 센터로부터 네트워크를 통해 제공받습니다. 이에 따라 네트워크 트래픽에 대한 높은 수준의 실시간 관리와 지속적인 연결이 매우 중요합니다.
- 플랫폼 계층은 ASP 사업을 가능하게 하는 서버 및 장비, 관리 소프트웨어 등을 다루는 구성요소입니다. 여기에는 ASP를 위한 서버, 운영시스템, 방화벽 등이 제공됩니다. 플랫폼 계층은 네트워크와 애플리케이션의 중간에서 효과적으로 연결고리를 제공합니다.
- 애플리케이션 계층은 제공 애플리케이션에 대한 지속적인 관리도 포함하여 다양한 애플리케이션을 다룹니다.
- 운영 계층은 데이터 센터의 호스팅 설비와 서버 관리, 네트워크 관리, 전원 관리, 보안 관리 등에 해당하는 관리 기능을 제공합니다. 이 계층은 24시간 365일의 감시체제, 방화벽 기술, 인터넷 전문 보안 애플리케이션을 제공해야 하며, 고객 정보에 대한 보안을 보장하는 동시에 물리적 시설과 플랫폼에 대한 지속적인 운영을 수행해야 합니다.
- 최종 서비스 계층은 애플리케이션 관리, 유지에서부터 ASP와 관련된 시스템 통합, 비즈니스 프로세스 컨설팅 등에 대해서 지속적인 지원을 제공합니다. 또한 고객의 요구사항에 따라 효과적으로 서비스를 제공합니다.
- 계약 계층은 고객과의 ASP 서비스 계약을 다루는 구성요소입니다. 제공되는 ASP 관련 서비스에 대해서 SLA(Service Level Agreement: 서비스 수준 계약)에 따라 서비스가 제공되도록 하며, ASP 서비스에 대한 책임을 다룹니다.

Tip ERP(Enterprise Resource Planning)가 무엇인가요?

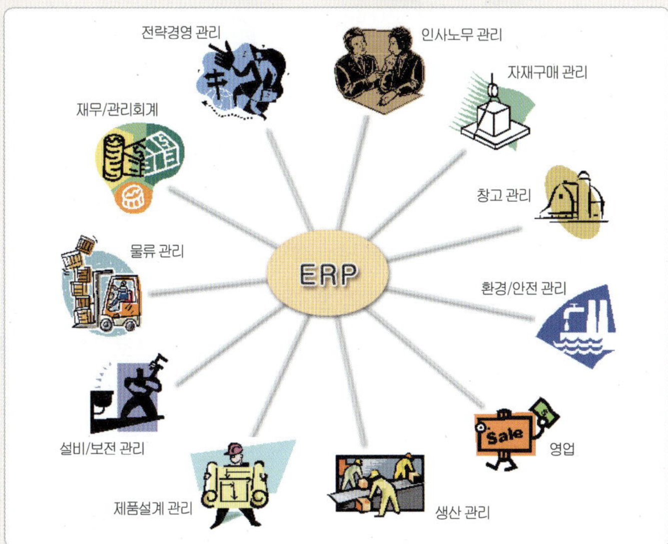

[그림 6-87] 기업의 프로세스 모듈

ERP란 기업 현안에 대한 실시간 분석을 통하여 기업 전체의 최적화를 추구할 수 있도록 기업 내의 전 업무 기능을 통합한 정보 시스템을 말합니다. 다양한 비즈니스 분야에서 생산, 구매, 재고, 주문, 공급자와의 거래, 고객서비스 제공 등 주요 프로세스 관리를 돕는 여러 모듈로 구성된 통합 애플리케이션 소프트웨어 패키지를 뜻하는 산업 용어입니다. 아울러 ERP에는 재무 및 인적자원을 위한 모듈도 포함되어 있습니다.

즉, ERP는 기업 내 경영활동의 최적화, 효율화를 통해 정보 시스템의 효과를 극대화하며, 기업의 정보활용을 위한 전체적인 기반을 제공하여 정보시스템의 전략적 활용을 위한 중추 시스템 역할을 합니다. 따라서 ERP는 기업 내 비즈니스 프로세스를 가장 효율적으로 지원해야 하며, 정보가 향후 전략적으로 활용될 수 있도록 하는 기반을 제공해야 합니다.

6.4.8 네트워크 지킴이 보안장비(Firewall, IDS, IPS)들은 어떤 게 있나요?

네트워크 보안장비의 종류에는 방화벽(Firewall), 침입탐지 시스템(IDS: Intrusion Detection System), 침입방지 시스템(IPS: Intrusion Prevention System) 등이 있습니다.

방화벽은 외부로부터의 침입을 감지하여 정보 및 자원들을 보호하는 기능을 수행합니다. 외부에서 내부 네트워크로 접근하기 위해서는 반드시 방화벽을 통과하도록 하여 내부 네트워크의 정보 및 자원들을 사전에 보호하는 것입니다. 방화벽은 외부 네트워크와 연동하는 유일한 창구로서 IP 주소 및 포트번호를 이용하거나 사용자 인증을 기반으로 접속을 차단합니다. 방화벽은 네트워크의 출입로를 단일화함으로써 보안 관리 범위를 좁히고 접근제어를 효율적으로 할 수 있어 외부에서 불법으로 네트워크에 침입하는 것을 방지하면서 내부 사용자가 네트워크를 자유롭게 사용할 수 있도록 도와주게 됩니다. 또한 로그 정보를 통해 누가 외부에서 침입을 시도했는지 그 흔적을 찾아 역추적이 가능합니다.

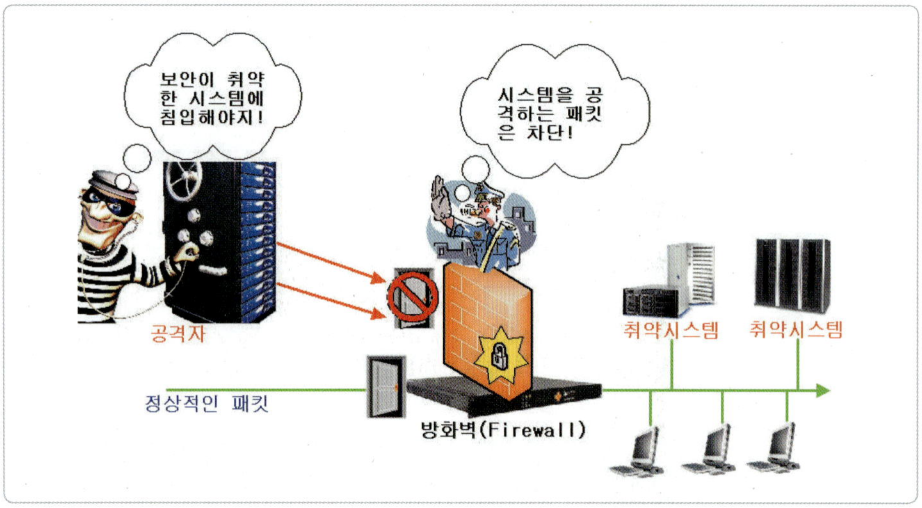

[그림 6-88] 방화벽의 개념

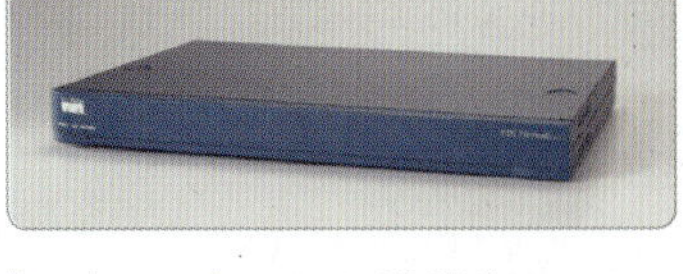

[그림 6-89] CISCO 방화벽 PIX 515

- 높이: 1.73in, 너비: 16.82in
- 데이터 전송률: 100Mbps
- 링크레이어 프로토콜: 이더넷, 고속 이더넷

방화벽이 정보보호의 기본이며 가장 효과적인 대책인 이유는 접근통제를 통해 내부 네트워크에 대해 일정 수준의 보안을 제공한다는 점입니다. 다양한 OS, 응용프로그램으로 구성된 내부 네트워크에 대해서 방화벽의 보안 강화만으로도 모든 호스트에 동일한 보안 수준 향상이 가능하며 보안 통제가 한 곳에서 이루어지므로 보안 정책을 효율적으로 시행할 수 있습니다.

한편 침입탐지 시스템도 방화벽과 함께 중요한 보안요소로 인식되고 있습니다. 방화벽이 네트워크를 지키는 전초부대라고 한다면, 침입탐지 시스템은 내부 치안을 유지하는 경찰에 비유할 수 있습니다. 다시 말해, 방화벽이 침입을 미연에 방지하는 시스템이라고 한다면, 침입탐지 시스템은 방화벽을 지나 침입한, 또는 내부에서의 공격에 의한 피해를 가장 빠른 시간에 탐지하는 것에 주안점을 두고 있습니다. IDS는 관찰하는 대상에 따라 H-IDS(Host-based IDS)와 N-IDS(Network-based IDS) 두 가지 부류로 나누고 있습니다. PC에서 일어나고 있는 일련의 활동들을 감시하고 침입 발생에 대해 탐지를 하는 시스템을 H-IDS라고 부르며, 네트워크에서 일어나는 활동들을 감시하고 침입 시도를 탐지하는 시스템을 N-IDS라고 합니다.

마지막으로 침입방지 시스템에 대해서 알아보도록 하겠습니다. 능동형 보안 네트워크 솔루션인 침입방지 시스템은 인터넷 웜 등과 같은 악성코드 및 해킹 등에 기인한 유해 트래픽을 차단해 주는 시스템입니다. 침입탐지 시스템은 특정 패턴을 기반으로 공격자의 침입을 탐지하는 반면 침입방지 시스템은 실제 피해를 주기 전에 미리 능동적으로 공격을 차단함으로써 공격 피해를 최소화할 수 있다는 점이 가장 큰 장점입니다. 특히 정상적으로 작동하는 네트워크의 트래픽 상태를 기억해 두었다가 비정상적인 트래픽이 발생할 때 이를 기반으로 알려지지 않은 공격까지 차단할 수 있기 때문에 한층 높은 보안을 제공해줍니다.

[그림 6-90] 시큐어소프트 IPS NP10G

- 코어 스피드: 10기가비트 전이중방식
- 포트: 7 포트

[그림 6-91] 시큐어소프트 IDS Absolute 1000

- CPU: P4 Xeon 2.8GHz Dual
- 포트: (4) 1000Base-SX 기가비트 이더넷
  (4) 10/100 이더넷

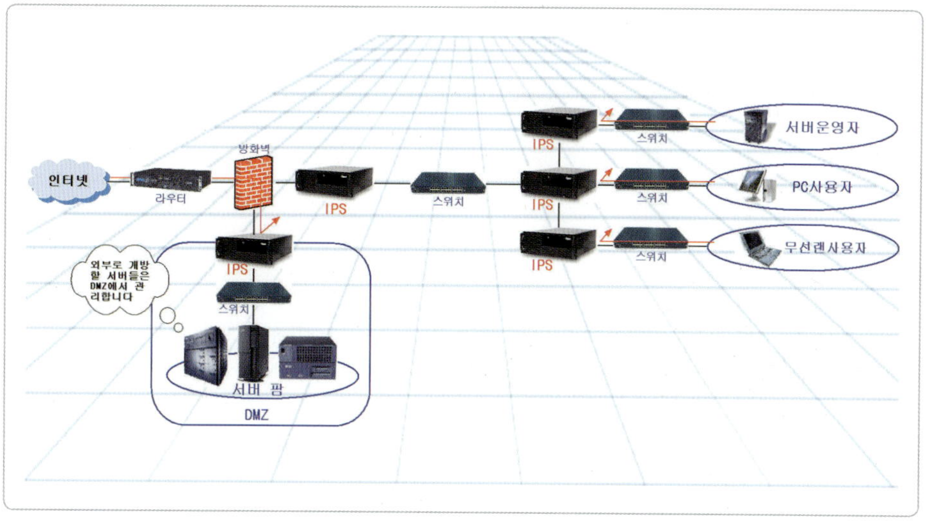

[그림 6-92] 보안장비 구성도

네트워크 장비를 이용한 네트워크 보안 구성을 살펴보도록 하겠습니다. 먼저 외부 인터넷과 연결되는 지점에 방화벽을 설치합니다. 외부 인터넷으로부터의 침입 및 내부에서 발생하는 유해 패킷을 차단하기 위하여 백본 스위치와 라우터 사이에 침입방지 시스템을 설치합니다. DMZ의 서버 자원을 보호하기 위하여 침입방지 시스템을 방화벽과 서버팜(Server Farm) 사이에 설치하고, 무선랜 사용자에 의한 공격을 차단하기 위하여 AP와 스위치 사이에도 침입방지 시스템을 설치할 수 있습니다.

Tip • DMZ란?

[그림 6-93] DMZ 비무장지대

네트워크 보안에 관해 얘기할 때 DMZ(DeMilitarized Zone)라는 용어를 많이 접하게 됩니다. 가정에서 사용하는 IP 공유기 설정 시에도 DMZ라는 용어를 접할 수 있습니다.

DMZ는 우리가 흔히 알고 있는 '비무장지대'로 이해하면 됩니다. 방화벽에 의해 보호받고 있는 네트워크에서도 어쩔 수 없이 외부에 노출되어야 하는 서버나 PC가 있습니다. 웹 서비스를 제공하는 웹서버나 FTP 서비스를 제공하는 파일 서버 등이 그 예입니다. 이런 경우 관리자는 방화벽에서 웹 서비스와 FTP 서비스를 위해 네트워크 일부분에 대한 보호를 해제해야 합니다. 이는 보안상 허점으로 작용해 네트워크 침투에 대한 빌미가 될 수 있습니다. 그래서 이렇게 외부에 노출시켜야 하는 서버들을 한 곳에 모아두고 네트워크를 따로 관리하면 보안사고 시에도 내부 네트워크 PC들은 방화벽에 의해 안전하게 보호될 수 있습니다.

6.4.9 생체인식과 PKI

고전적인 암호화 방식에서는 송신자와 수신자가 같은 키를 공유하여 메시지를 암호화, 복호화하는 방법을 사용했습니다. 그러나 이 방법은 메시지의 암호화/복호화 속도 면에서는 빠르지만, 보안 측면에서 볼 때는 좋지 않은 방법입니다. 만약 수신자와 송신자 이외의 다른 사람이 키를 알게 된다면 메시지를 암호화하는 의미가 없기 때문입니다.

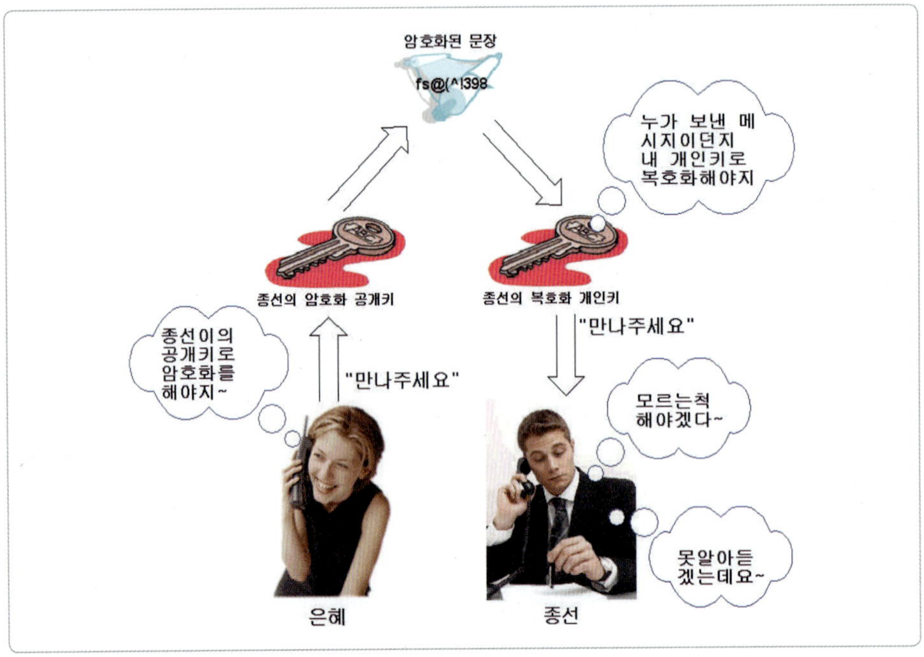

[그림 6-94] PKI 암호화 과정

Tip ● **홍채인식**

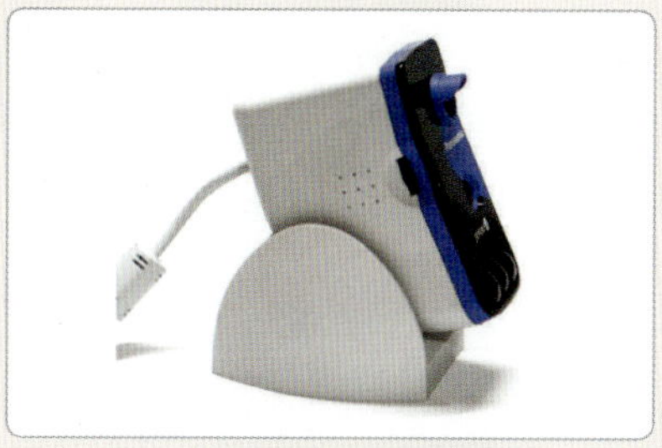

[그림 6-95] 홍채인식 카메라(Authenticam)

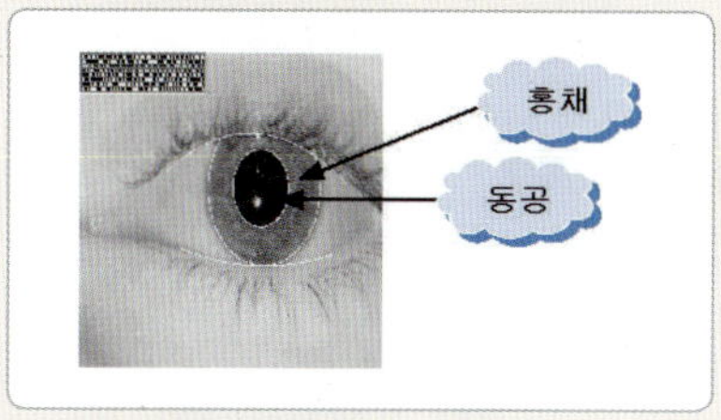

[그림 6-96] 홍채와 동공

홍채인식은 영화 등에서 많이 등장해서 친숙할 뿐만 아니라, 이미 많은 곳에서 사용되고 있는 방법입니다. 홍채인식은 사람마다 고유한 특성을 가진 안구의 홍채패턴을 이용한 것으로 생후 1~2년 사이에 고유한 패턴이 형성되어 평생 변하지 않기 때문에 데이터의 정확성, 안정성, 사용 편리성, 처리 속도 면에서 가장 발전된 보안시스템입니다.

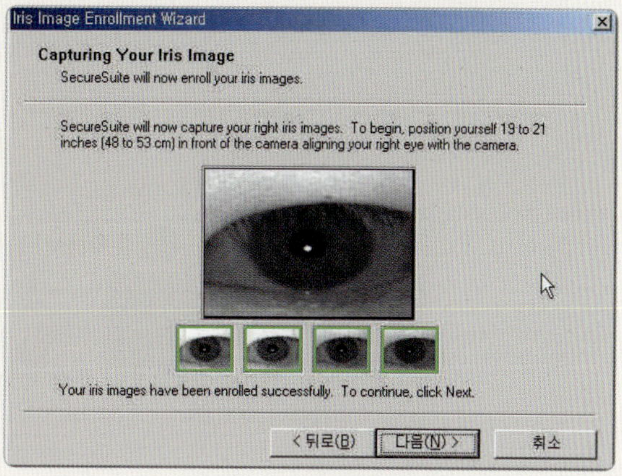

[그림 6-97] Panasonic Authenticam 홍채인식 화면

그래서 최근에는 공개키 암호화 방식(PKI: Public Key Infrastructure)을 많이 사용하고 있습니다. 송신자가 수신자의 공개된 공개키를 이용하여 메시지를 암호화하여 전송하면 수신자는 공개되지 않은 자신의 고유한 개인키를 이용하여 암호 메시지를 복호화할 수 있습니다. 전송 도중 메시지가 도난당하더라도 개인키가 있어야만 메시지를 볼 수 있으므로 안전할 뿐만 아니라 개인키는 공개할 필요가 없으므로 외부에 알려질 위험도 없습니다.

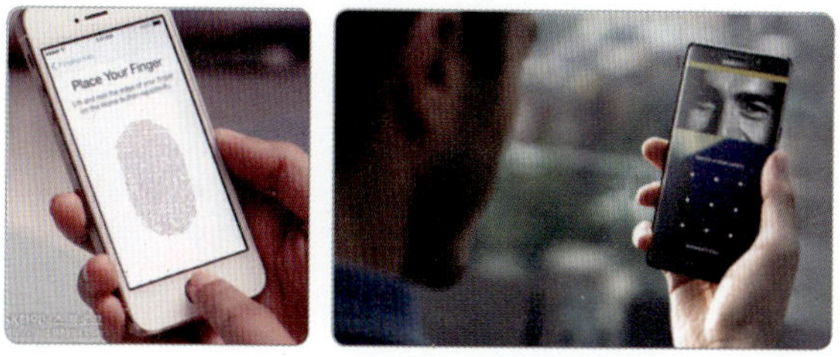

[그림 6-98] 개인 정보 보안을 위한 스마트폰에서의 홍채 및 지문인식 사용 예

한편 개인의 독특한 생체정보를 기반으로 하는 생체인식 방식도 있습니다. 즉, 생체인식에서는 지문, 목소리, 눈동자 등 사람마다 다른 특징을 비밀번호로 활용하는 것으로 인간의 신체적, 행동적 특징을 개인 식별의 수단으로 활용하는 모든 것을 가리킵니다. 지문, 얼굴, 홍채, 정맥 등 신체 특징과 목소리, 서명 등 행동 특징이 생채 인식의 정보가 될 수 있습니다.

영국의 런던 여권국은 사람의 얼굴 인식과 홍채 및 지문 인식을 포함한 생체인식 카드를 연구 중이고, 이러한 생체인식 여권이 실제 도입된다면 여권위조를 막고 여권의 신뢰성을 높이는 데 굉장히 기여할 것입니다.

[그림 6-99] 영국에서 개발 중인 생체 인식 여권

생체인식과 공개키 암호화 방식은 정보보호를 위한 좋은 방법임에 틀림없지만, 두 가지 기술의 장점을 혼합한다면 더욱 안전하고 신뢰성 있는 정보보호가 가능합니다. 생체인식은 자신의 생체정보를 사용하기 때문에 별도의 저장장치 및 분실의 위험이 없으며, 사용이 편리하고 제3자가 도용하기 어렵다는 장점이 있습니다. 공개키 암호

화 방식은 온라인에서 데이터 보호를 위해 사용될 수 있으며, 키가 중요한 개인정보를 포함하고 있지 않기 때문에 개인정보의 누설위험이 없다는 장점이 있습니다. 그러므로 사용자 인증을 위하여 생체인식 정보를 이용하고, 데이터의 무결성과 부인방지 등을 위해 공개키 암호화 방식을 사용할 수 있습니다. 특히 사용자 인증 시 주민등록번호 등을 요구하는 사이트에서 주민등록번호 확인을 위하여 생체정보를 사용할 수 있습니다.

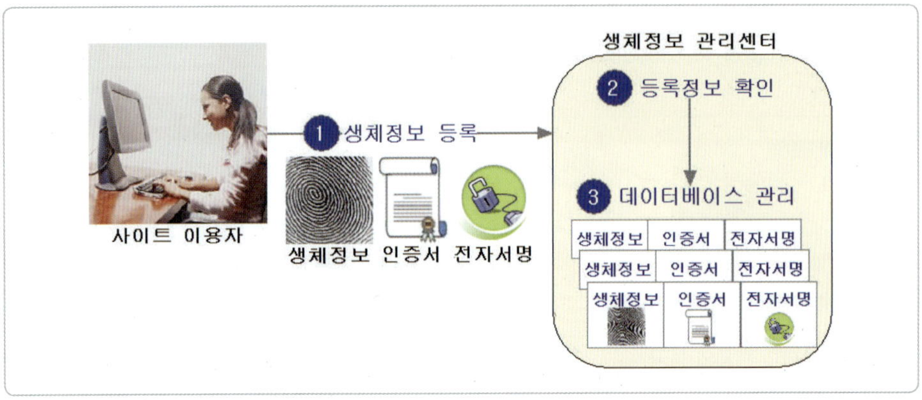

[그림 6-100] 사이트 생체정보 등록

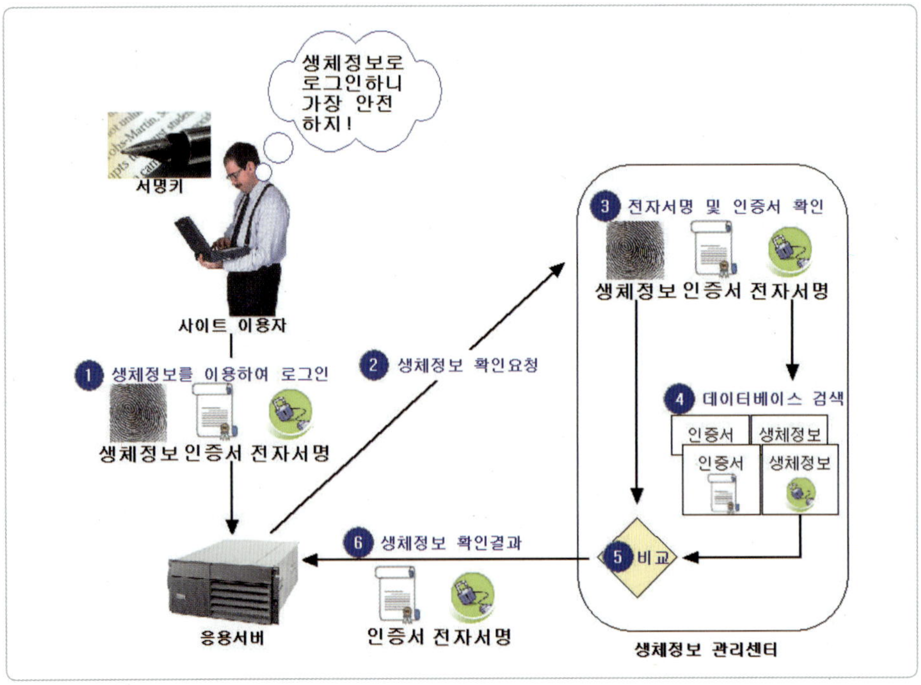

[그림 6-101] 생체정보를 이용한 응용사이트 로그인

6.4.10 공인인증서는 왜 쓰지요?

[그림 6-102] 휴대폰 인증서 서비스 (SK Telecom)

PC의 공인인증서를 휴대폰에 저장하여 사용합니다.

우리가 일상생활에서 신원을 확인하거나 거래를 하려고 할 때 주민등록증이나 인감 날인 또는 서명 등이 필요하듯이, 사이버 세상에서도 거래를 증명하거나 신원확인이 필요할 때 이를 보장해 주는 증명수단이 필요한데, 이것이 바로 전자서명입니다. 다시 말해, 전자서명은 인증서 형태로 발급되는 자신만의 디지털 인감이며 서명인 셈입니다. 옛날 사람들은 서로를 확인할 수 있는 징표로, 둘로 쪼개어진 거울이나 동전을 사용했다고 합니다. 이와 마찬가지로 신원을 확인하기 어려운 사이버 공간에서 서로를 알아볼 수 있도록 한 쌍의 전자서명키(개인키 + 공개키)를 사용하여 자신을 증명하는 것이 전자서명의 원리입니다.

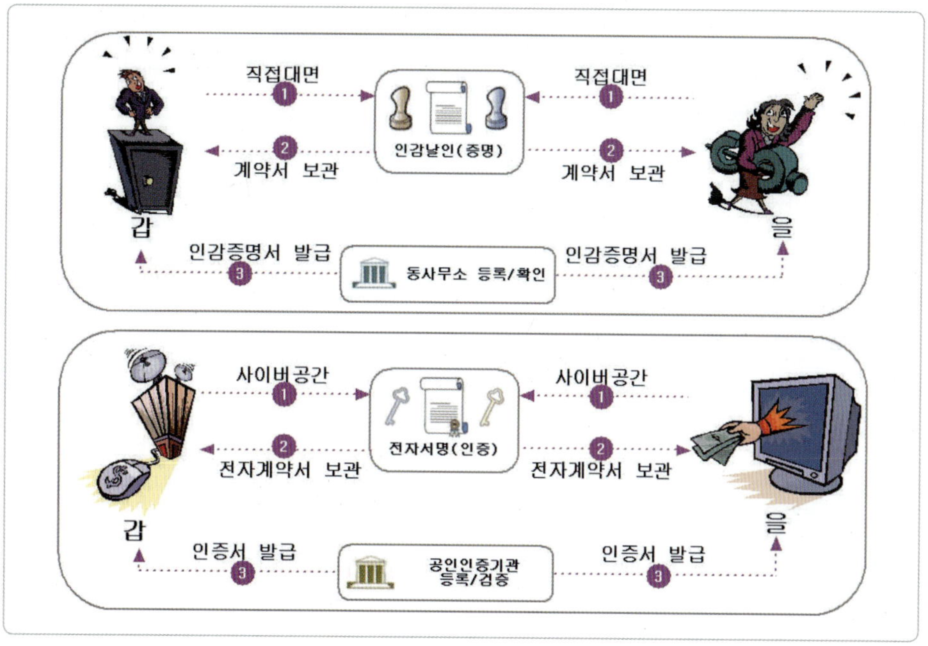

[그림 6-103] 인감과 전자서명의 비교

인터넷을 통한 전자상거래에서 상대방의 신원 확인이 어려운 점을 악용하여 정보를 변경하거나 타인에게 피해를 입히는 경우가 종종 있습니다. 또한 거래 사실을 부인하거나 개인정보를 해킹하여 악용하는 등 많은 문제들이 발생하고 있습니다. 이러한 문제들을 예방하고 해결하기 위해서는 반드시 전자서명을 사용하여야 합니다.

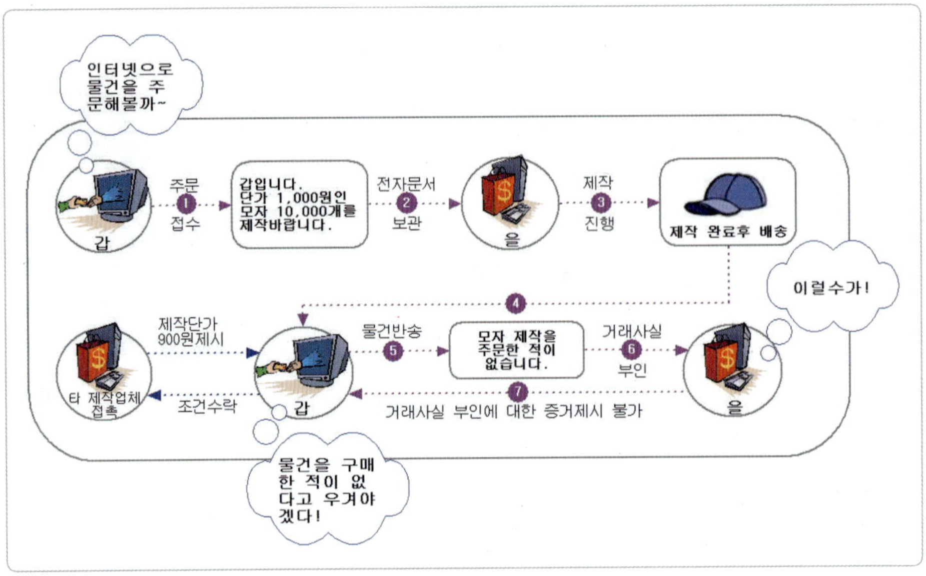

[그림 6-104] 전자서명을 사용하지 않은 경우의 피해

공인인증서는 전자서명법에 따라 엄격한 심사를 거쳐 국가에서 지정한 공인인증기관으로부터 발급되며, 다양한 분야의 전자상거래에서 이용되는 인증서입니다. 공인인증서는 서명, 서명날인 또는 기명날인토록 규정한 경우 그와 동일한 효력을 가지며, 법정에서 증거수단으로 사용할 수 있습니다. 공인인증서를 이용하는 경우, 이와 관련한 사고가 발생하였을 때 공인인증기관은 전자서명법에 따라 그 손해에 대하여 과실이 없음을 증명하지 못하면 이용자에게 손해를 배상하여야 합니다. 공인인증서 하나만으로도 인터넷 뱅킹, 사이버증권, 전자민원, 자녀의 성적 열람 등 다양한 분야의 서비스를 이용할 수 있습니다.

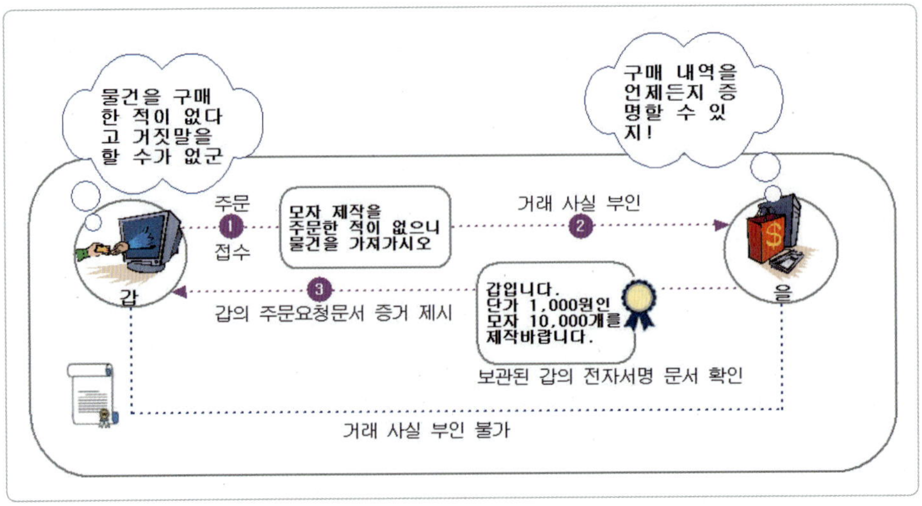

[그림 6-105] 전자서명을 사용하였을 경우의 피해방지 효과

[그림 6-106] 공인인증서 발급 절차

21세기에 접어들어 인터넷 뱅킹, 사이버 증권, 전자조달 및 입찰, 보안 전자우편 등 많은 분야에서 전자서명 이용자가 급속히 증가하고 있으며, 인터넷 주주총회, 대학 학사업무, 인터넷 예약, 전자의료, 온라인 보증서 발급 등으로 그 이용 범위가 빠르게 확대되고 있습니다. 특히 전자정부 서비스의 시행으로 출생, 취학, 주민정보, 병역, 혼인, 입양, 이사, 노인복지, 각종 인 · 허가 등과 관련된 민원업무를 집에서도 인터넷을 통해 처리할 수 있게 되었습니다. 이처럼 국민 생활수준의 향상을 위해 시행되는 전자정부 서비스를 더욱 안전하게 이용하기 위해서는 전자서명이 필수적입니다.

Tip 공인인증서 유료화

온라인뱅킹이나 사이버증권 거래를 위해 일반인들이 사용하고 있는 상호연동형 공인인증서가 2004년 9월 11일부터 유료화(연간 4,400원)되었습니다. 모든 형태의 온라인 거래 시 사용할 수 있는 상호연동형 공인인증서를 사용 중인 사람들이 공인인증서를 계속 사용하기 위해서는 1년 유효기간이 끝나는 시점에 사용료를 결제해야만 합니다.

그러나 유료 공인인증서를 사용하지 않을 수도 있습니다. 은행이나 증권사 등이 개별적으로 무료 발급하는 용도제한용 공인인증서를 사용하면 되기 때문입니다. 하지만 다른 업종이나 업체에는 사용할 수 없다는 단점과 불편함이 있습니다.

Tip 디지털 포렌식

[그림 6-107] 디지털 포렌식과 법의학 포렌식

[그림 6-108] 대표적인 디지털 포렌식 툴인 FTK(Forensic TookKit)

법의학 분야에서도 자주 사용되는 포렌식(forensic)이란 용어는 증거나 결과를 조사 · 분석해서 사건이나 사고가 발생한 과정을 추리 · 추론하는 것을 의미합니다. 법정 자료로도 사용되기 때문에 절차나 내용의 합리성이 중요합니다. 다루는 정보가 전자적 정보라는 것만 제외하고 디지털 포렌식도 이와 크게 다르지 않습니다.

사이버 해킹 공격과 같은 컴퓨터 관련 범죄시 범죄자들은 컴퓨터, IT 기기 또는 스마트폰 등의 운영체제, 애플리케이션, 이메일, 또는 메모리 등에 다양한 전자적 증거를 남기게 됩니다. 디지털 또는 컴퓨터 포렌식은 다양한 디지털 매체로부터 관련 자료를 추출, 증거를 확보하여 유죄/무죄를 입증하는 기술입니다.

그러나 최근 웹 기술과 더불어 클라우드 컴퓨팅 기술의 발전으로 스마트폰과 같은 사용자 단말기에 데이터를 저장하지 않음에 따라 디지털 포렌식 기술은 증거 데이터 수집에 어려움을 겪고 있습니다. 또한 인터넷을 통해 다양한 안티 포렌식 솔루션을 쉽게 사용할 수 있게 됨에 따라 증거 수집은 더욱더 어려워지고 있습니다.

Tip 양자와 양자 컴퓨터

[그림 6-109] SK텔레콤 퀀텀테크랩 양자암호 상용장비 테스트 모습(출처: 전자신문)

경제학에서 얘기하는 거시경제와 미시경제에서처럼 우리가 살고 있는 세계에서는 우주의 관점에서 보는 거시세계와 원자의 입장에서 보는 매우 작은 세계인 미시세계가 있습니다. 양자(量子, quantum)의 사전적인 의미는 더 이상 나눌 수 없는 에너지와 같은 물리적 독립체의 최소단위를 의미하며 양을 의미하는 quantity에서 따온 말로 연속적이지 않고 띄엄띄엄 존재하는 양을 나타내는 말입니다. 한편 양자역학은 분자, 원자, 전자와 같이 아주 미세한 크기를 갖는 세상의 물리학을 연구하는 분야이며 1900년 막스 플랑크(M. Plank)가 흑체복사 문제를 해결하기 위해 양자 개념을 도입하면서 시작되었습니다.

흑체란 모든 복사 에너지를 흡수했다가 다시 방출하는 가상적인 완전 복사체를 의미합니다. 즉 흑체에서는 흡수한 에너지와 방출하는 에너지가 평형을 이루기 때문에 일정한 온도를 유지하며 외부에서 오는 빛을 모두 흡수하고 반사하지 않는 물체를 의미합니다. 따라서 흑체복사 문제는 물체가 온도에 따라 왜 다른 색깔의 빛이

[그림 6-110] 최초의 상업용 양자컴퓨터를 표방한 D-Wave 양자컴퓨터(Quantum Computer) (출처: D-Wave 시스템, 한겨레 사이언스 온)

나오는지를 설명하는 문제이며 빛의 파장과 세기가 온도와 어떤 관계가 있는지를 19세기 과학자들이 설명하고자 하였던 것입니다. 그러나 아날로그 신호처럼 모든 에너지가 연속적인 값을 갖는다고 생각했던 당시 고전물리학으로는 흑체복사 문제를 설명할 수 없었습니다. 이를 해결하기 위해 플랑크는 빛의 에너지가 연속적인 값이 아니라 어떤 단위 값의 정수배에 해당하는 특정한 값을 갖는다는 새로운 제안을 하였고 비로소 흑체복사 문제가 풀리게 되었습니다. 즉 빛의 색깔은 에너지의 양에 따라 계속해서 연속적으로 변하는 것이 아니라 어느 정도 값이 되어야만 변한다는 뜻입니다. 이처럼 띄엄띄엄 떨어진 양으로 존재하는 것들이 어떤 힘을 받으면 어떻게 운동하는지를 설명하는 이론이 양자역학입니다.

2013년 구글이 연구개발용으로 도입하기도 하였던 캐나다 벤처기업 '디-웨이브 시스템스'가 발표한 최초의 상업용 양자컴퓨터 모습입니다. 그러나 아직 학계에서는 완전한 양자 컴퓨터라고 인정하고 있지는 않습니다. 외관상으로는 다른 대형 컴퓨터와 유사하지만 내부는 극저온 초전도 상태로 복잡한 회로로 구현되어 있다고 합니다.

기존 디지털 컴퓨터가 전자회로의 꺼짐과 켜짐을 0과 1로 이용하는 '비트'를 정보 처리 단위로 사용하는 데 비해, 양자정보의 기본 단위는 양자역학의 중첩현상으로 인해 0과 1 두 개의 상태를 동시에 가질 수 있는 "quantum bit"(큐비트, qubit)입니다.

이와 같이 양자컴퓨터는 동시에 여러 개의 상태에 있을 수 있고, 동시에 모든 상태에 작용할 수 있기 때문에 디지털 컴퓨터와는 달리 단지 한 개의 처리장치로 동시에 수많은 계산을 별도로 수행할 수 있다라는 아이디어로부터 시작되었습니다.

그러나 현재 시점에서는 양자컴퓨터가 실용화되기까지는 많은 시간이 필요할 것으로 보입니다. 일단 현재 인류가 가진 기술로는 양자를 효과적으로 통제하기 어렵고 양자로 구성되는 큐비트를 충분한 시간 동안 유지시킬 수가 없고, 외부의 경미한 영향에 의해 큐비트가 변형되는 것을 막을 수가 없다고 합니다. 일단 현재 상태에서는 큐비트를 최대한 오랜 시간 동안 유지시키기 위해서 초전도체를 이용하고 있는데, 이로 인해 큐비트 프로세서의 제조 단가와 어마어마하게 비싸고 초전도 상태를 유지해야 하므로 운용비용도 상당히 막대한 편입니다. 또한, 큐비트를 집적시킬 수 있는 기술이 아예 없기 때문에 양자컴퓨터의 상용화에는 시간이 필요할 것으로 보입니다.

참고문헌

1. 정보통신기술용어해설 http://ktword.co.kr
2. 한국정보보호진흥원 광대역통합망(BcN) 주요장비에 대한 정보보호 가이드(V1.0) 2006.12, 정보통신부
3. 진화된 서비스 제공을 위한 NGN 구조 분석, 한국정보통신신문 http://www.koit.co.kr
4. http://www.terms.co.kr/RTP.htm
5. http://www.terms.co.kr/RTCP.htm
6. http://www.newgrid.com/product/sub02_1.html
7. 서버 가상화 SW 기술 및 제품동향, 한국소프트웨어진흥원 http://www.software.or.kr/index.html
8. http://capitalhead.com/1146.aspx?VMware 그림 1. WMware ESX Server 하드웨어 에뮬레이션 방식
9. http://blogs.technet.com/blogfiles/seanearp/WindowsLiveWriter/VirtualServer and WindowsServerVirtualizat 그림 2. Microsoft Virtual Server 2005
10. http://www.suninfotech.info/hd2006/images/virtuozzo-diagram1-492x433.gif 그림 3. Virtuozzo의 호스트 베이스 방식 구성
11. Thomas G. Robertazzi, 「Computer Networks and Systems」, Spring-Verlag
12. Jonathan P. Castro, 「All IP in 3G CDMA Networks」, John Wiley & Sons
13. 정진욱, 한정수 공저, 「데이터통신」, 생능출판사
14. Alan B. Johnston, 「Session Initiation Protocol」, Artech House Publishers
15. 정진욱, 김현철, 조강홍 공저, 「컴퓨터 네트워크」, 생능출판사
16. RTP; Audio and Video for the Internet, Colin Perkins
17. 양자란 무엇인가, http://leeject.tistory.com/104

연습문제

객관식

1 온라인 커뮤니티에 대한 설명으로 틀린 것은?

① 국내에 최초로 온라인 커뮤니티가 생겨난 것은 천리안, 나우누리, 하이텔로 대표되는 'PC 통신'이다.

② 온라인 커뮤니티는 컴퓨터를 이용하여 사용자 간의 접촉 및 유대 관계가 형성되는 가상공간을 의미한다.

③ 최근에는 자살 커뮤니티, 폭탄 제조 커뮤니티 등 온라인 커뮤니티의 부작용이 새로운 이슈가 되고 있다.

④ 초기에는 검색과 디렉터리 서비스를 통해 유선 인터넷 이용자를 다른 사이트로 안내하는 관문적인 역할을 수행하였다.

2 다음 중 아래 빈칸에 들어갈 알맞은 말은?

> (　　　　)란 웹(Web) 로그(log)의 줄임말로, 1997년 미국의 존 바거(www.robotwisdom.com)가 처음 사용한 것으로 알려져 있으며, 에반 윌리엄즈(Evan Williams)는 (　　　　)를 '일기처럼, 정기적으로 업데이트되는 짧은 글들로 이뤄진 웹 페이지'라고 정의하였다. 새로 올리는 글이 맨 위로 올라가는 일지 형식으로 되어 있으며 보통 사람들이 자신의 관심사에 따라 자유롭게 글을 올릴 수 있는 1인 미디어이다.

① 블로그　　② 미니 홈피

③ 인터넷 포털　　④ 홈페이지

3 다음 중 인터넷에서 제공하는 서비스와 그 설명이 올바르게 짝지어진 것은?

① E-Mail은 인터넷을 통해 전 세계에 분산되어 있는 각종 유형의 정보를 검색하고 볼 수 있게 해줄 수 있는 메뉴 방식의 정보 서비스이다.

② Usenet은 원하는 정보가 어느 익명 FTP 서버에서 제공되는지를 찾아주는 데이터베이스 검색 서비스이다.

③ IRC는 실시간으로 전 세계 인터넷 사용자들이 대화나 토론을 펼칠 수 있는 채팅 시스템으로 클라이언트/서버 구조의 소프트웨어이다.

④ Archie는 특정한 주제에 대하여 관심 있는 사람들이 모여 정보를 교환하고 대화하며 토론할 수 있는 공간이다.

04 IP 전화 서비스에 관한 설명으로 틀린 것은?

① 일반전화처럼 인터넷을 이용해 전화를 이용할 수 있게 하는 서비스이다.
② IP 전화 서비스는 컴퓨터의 전화 프로그램을 사용해야 한다.
③ 전화통화시 할인 요금을 적용받을 수 있다.
④ SIP, H.323 등의 프로토콜을 이용한다.

05 VoIP의 음성품질 평가 기준으로 사용하는 등급은?

① 트로이 목마 ② 공인인증서 ③ MOS ④ Worm

06 H.323에 대한 설명으로 틀린 것은?

① '세션 설정 프로토콜'로 불린다.
② ITU-T 표준으로 정해져 있다.
③ 다이얼패드 등의 인터넷 사이트에서 사용되고 있다.
④ 고품질 비디오를 위한 표준뿐만이 아니라, 28.8kbps 정도의 느린 회선을 위한 표준도 포함되어 있다.

07 음성과 데이터를 IP 네트워크에서 통합하여 지리적인 한계를 극복하고 다양한 형태로 서비스를 제공하여 효율성을 높이는 콜센터의 형태는?

① IPCC ② One Phone 서비스
③ WIPI ④ Gateway

08 다음 중 인터넷 방송의 구성 요소에 해당하지 않는 것은?

① 멀티미디어 소스 ② 크래킹 ③ 미디어 서버 ④ 클라이언트

09 인터넷 방송에서 방송 콘텐츠를 송출할 때 사용하는 푸쉬(Push) 방식은?

① TCP 유니캐스팅 ② 1:1 브로드캐스팅
③ VOD ④ IP 멀티캐스팅

10 쿠키를 사용하게 된 이유는?

① 인터넷 전송 속도를 높이기 위해
② 파일을 분할하여 다운받도록 하기 위해
③ 자주 접속하는 사이트를 방문했을 때, 별도 절차 없이 사이트에 로그인할 수 있도록 하기 위해
④ 웹페이지 인증 시 보안성을 향상시키기 위해

11 바이러스에 감염된 컴퓨터의 특이 증상으로 볼 수 없는 것은?

① 오래 사용하지 않는 쓸모없는 데이터가 유지된다.
② 컴퓨터 기동 시간이 평소보다 오래 걸린다.
③ 프로그램이 실행되지 않는다.
④ 저장된 데이터가 삭제 혹은 변조되지 않는다.

12 IP 스푸핑을 막는 방법에 해당하지 않는 것은?
① 액세스 제어 ② 필터링 ③ 오픈 API ④ 암호화

13 1.25 대란을 일으켰던 네트워크 공격 방법은?
① DoS ② Firewall
③ 브로드캐스팅 ④ IPS

14 SIP에 대한 설명으로 틀린 것은?
① 매우 간단한 텍스트 기반의 제어 프로토콜이다.
② 고속으로 파일을 전송시킬 수 있다.
③ 인터넷의 웹 환경에 쉽게 통합, 연동 가능하다.
④ 인터넷의 다양한 멀티미디어 통신 서비스들을 비교적 적은 비용과 시간으로 개발할 수 있다.

15 SS7에 대한 설명으로 틀린 것은?
① 90년대 후반에 고안되었다.
② 음성전화망에 부가서비스를 제공할 수 있다.
③ 음성통신의 호출정보와 데이터통신의 접속정보를 통합적으로 관리한다.
④ 음성정보 보호를 위해 암호화를 수행한다.

16 소프트스위치의 기능에 해당하지 않는 것은?
① 호제어, 세션제어 ② 전화번호 번역
③ 자원관리, 과금생성 ④ 접근제어

17 IPCC의 IP PBX의 기능에 해당하지 않는 것은?
① IP 폰 등의 각 채널에서 입력되는 호들을 스위칭한다.
② 이기종 네트워크 간의 패킷 변환을 수행한다.
③ 고객 정보가 등록된 DB 서버 등과 연동하여 고객 정보를 이용하는 응용 프로그램을 수행한다.
④ 상담원용 메니저 프로그램 또는 IP 폰으로 호를 분배한다.

18 월드와이드웹과 브로드캐스팅의 합성어로서 기존 TV 방송에 대응되는 인터넷 방송을 의미하는 용어는?
① DMB ② Wibro ③ 웹케스팅 ④ ADSL

주관식

01 국제 표준화 기구인 IETF의 표준으로, 멀티미디어 통신을 하고자 하는 단말기들이 서로를 식별하여 위치를 찾고, 상호 간에 통신 세션을 생성, 삭제, 변경하는 절차를 명시한 프로토콜은 무엇인가?

02 음성, 데이터, 영상 등의 통신정보를 통합적으로 관리할 수 있는 첨단 통합 교환기로 미디어 게이트웨이, IP 전화 등을 제어하고 기존 회선 음성 교환망과의 연동 기능을 제공하는 것을 무엇이라고 하는가?

03 게이트웨이는 어떤 역할을 수행하는 장비인가?

04 스푸핑이란 무엇인가?

05 데이터를 전송할 사람과 복호화(decoding)를 위한 정보(key)를 공유할 필요가 없어 안전한 형태의 암호화 방식을 무엇이라고 하는가?

CHAPTER

07 유무선 통합 서비스

7.1 휴대 인터넷

7.1.1 휴대 인터넷이란?

무선인터넷이란 유선인터넷과 구별되는 용어로 선을 연결하지 않는 무선 기기를 이용해 인터넷 서비스를 이용하는 것을 말합니다. 즉, 무선랜이나 이동통신을 이용한 3G/4G 등도 모두 무선인터넷의 범주에 포함됩니다.

휴대 인터넷도 무선인터넷의 일종입니다. 휴대 인터넷 서비스는 핸드폰과 같은 휴대용 단말기를 이용하여 "정지 및 중저속으로 이동 중에 언제 어디서나 고속의 인터넷

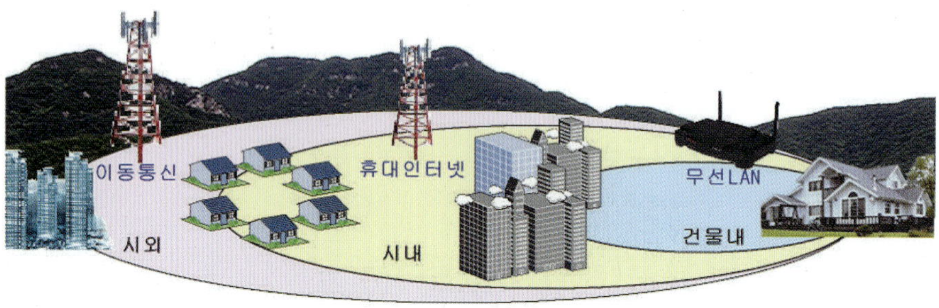

[그림 7-1] 휴대 인터넷 서비스 범위

[그림 7-2] 댁내에서 휴대 인터넷 사용

[그림 7-3] 실외에서 휴대 인터넷 사용

접속이 가능한 서비스"라고 정의할 수 있습니다. '고속'의 의미는 초기 초고속 유선인터넷 수준의 전송속도(가입자당 1~2Mbps)를 뜻합니다. 또 휴대 인터넷 서비스는 기존 이동통신 서비스와 마찬가지로 기지국 간의 핸드오버를 지원하기 때문에 이동 중에도 서비스가 끊기지 않습니다. 단말기 측면에서도 노트북에서 휴대형 단말까지 유선 초고속 인터넷과 동일한 접속환경을 제공하는 등 실질적인 유무선 통합 서비스를 제공합니다.

휴대 인터넷 서비스는 서비스 속성상 전송 속도, 단말기 이동성, 기지국 반경 등과 같은 여러 가지 측면에서 현재의 이동전화 서비스와 무선랜 서비스의 중간 영역에 위치하게 됩니다. 휴대 인터넷 서비스의 전송 속도는 1~3Mbps로 10~100Mbps 정도인 무선랜에 미치지 못합니다. 그러나 서비스 반경이 무선랜에 비해 10배 가량 넓고, 시속 60km/h의 속도로 이동하는 차량 안에서도 인터넷 접속 상태를 유지할 수 있어서, PDA나 핸드셋 등 다양한 단말기기를 이용하여 자유롭게 인터넷을 이용할 수 있습니다.

〈표 7-1〉 휴대 인터넷과 기존 서비스의 비교

구 분	WiMax	무선랜	휴대 인터넷	WCDMA
가입자당 전송 속도	70Mbps 이상	56Mbps 이상	3Mbps 이상	400kbps 이상
이동성	보행	보행	60km/h 이상	250km/h 이상
단말기	PC, 노트북, PDA	PC, 노트북, PDA	PC, 노트북, 휴대폰	일부 PDA, 휴대폰
셀 반경	5km	100m	1km	3km
요금제	정액제	정액제	종량제 + 정액제	종량제

휴대 인터넷과 무선랜은 기본적으로 음성이 아닌 데이터통신을 위한 네트워크이기 때문에 상호 보완적 위치에 있습니다. 무선랜과 휴대 인터넷의 연계를 위한 방안으로는 무선 인터넷 수요가 밀집한 지역을 중심으로 휴대 인터넷을 이용해 핫존(Hot

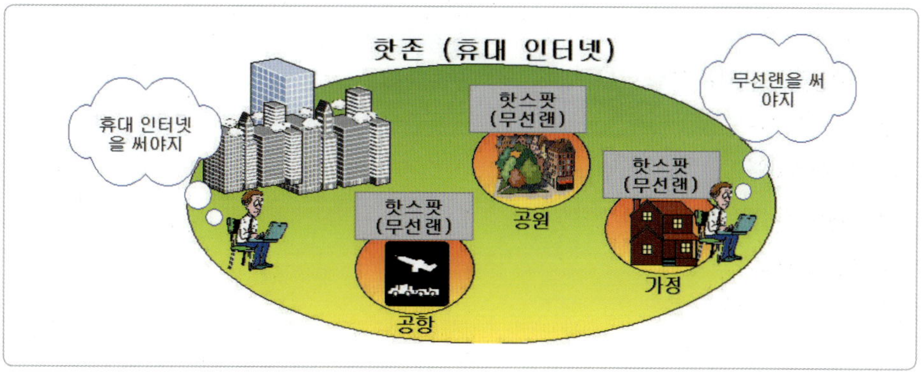

[그림 7-4] 휴대 인터넷과 무선랜의 연계

[그림 7-5] 한국전자통신연구원(ETRI) 무선시스템연구그룹 중고속 이동 중 Wibro 수신 시연회(2004. 12. 13.)

Zone)을 구축하고, 이 지역에서 빠른 전송 속도 제공 및 원활한 트래픽 분산과 처리를 위해 좁은 지역을 중심으로 무선랜을 이용한 핫스팟(Hot Spot) 서비스를 함께 제공하는 것입니다.

휴대 인터넷 서비스를 이용하여 가입자들은 화상전화, 금융거래, MMS(Multimedia Message Service), 전자메일, SMS(Short Message Service) 등 중저속 데이터 서비스뿐만 아니라 초고속 인터넷을 통해서만 가능하던 영화 및 스트리밍, 고용량 VOD(Video On Demand), 파일 다운로드 등 고속 데이터 서비스를 언제 어디서나 즐길 수 있게 됩니다. 아울러 휴대 인터넷을 기반으로 실시간 교통정보 안내를 위한 텔레매틱스 서비스도 가능할 것입니다.

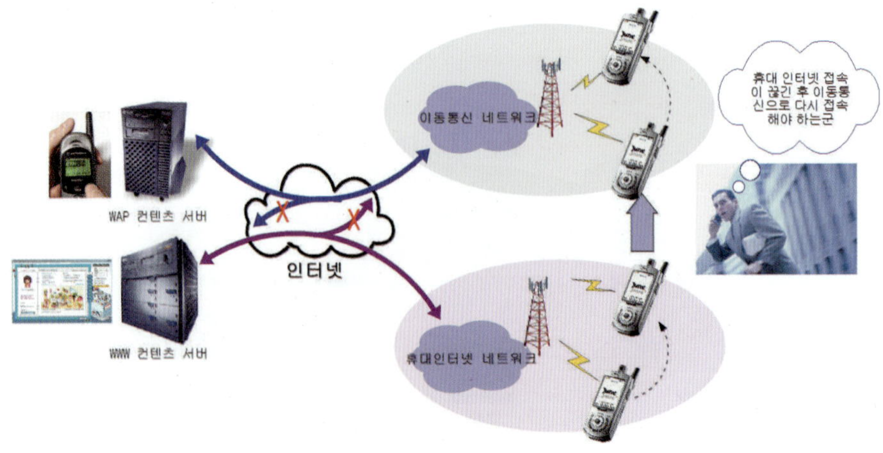

[그림 7-6] 휴대 인터넷 망연동 개념도

Tip • CDMA 종주국의 의미

[그림 7-7] ETRI 홈페이지(www.etri.re.kr)

국내 정보통신 역사의 큰 전환점 중의 하나로 1996년 세계 최초로 CDMA 서비스를 상용화한 것을 들 수 있습니다. 이후 우리나라는 정보통신 약소국에서 강대국으로 국제적 위상을 드높이게 되었습니다. 세계 최초 CDMA 상용화에 힘입어 IT에 대한 투자 증대로 초고속 인터넷사업 또한 강하게 추진될 수 있었습니다. 이처럼 1990년대 중반 이후 정보통신 기술은 우리 일상의 모습을 크게 바꾸어 놓았고, 이와 함께 국가 경제 성장의 원동력으로 정보통신 산업이 급부상하게 되었습니다.

CDMA 종주국이라는 것은 단순히 최초 상용화를 이루었다는 점뿐만 아니라 CDMA 기술 개발의 주체였다는 점에서 의미가 큽니다. 지금까지는 우리나라가 CDMA 기술 개발의 주체국이었음을 인정받지 못해왔으나, 한국전자통신연구원(ETRI)이 국제상공회의소 산하 국제중재재판소에 퀄컴 사를 상대로 제출한 CDMA 관련 기술료 지급 소송에서 승리하면서 이동통신 기술 영역에서 우리나라의 입지가 대외적으로 높아졌습니다.

Tip • WIPI? 와이파이랑 다른 건가요?

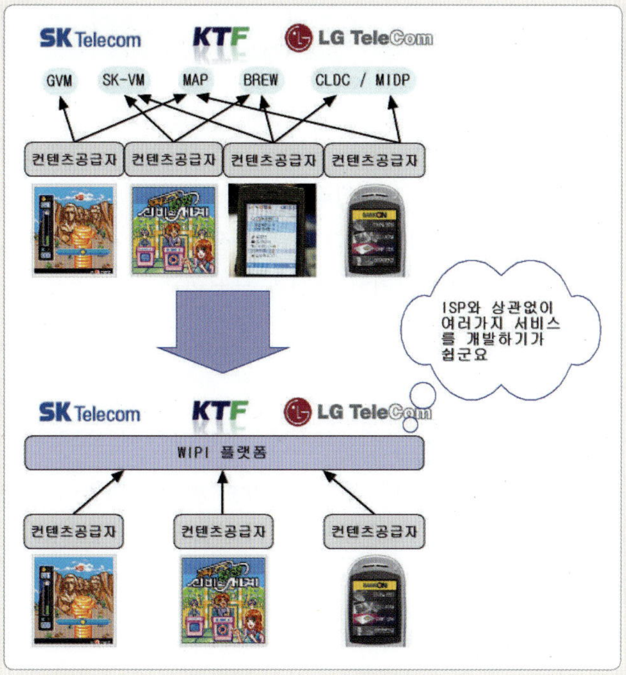

[그림 7-8] WIPI를 이용한 콘텐츠 개발의 간소화

[그림 7-9] LG SD9230
- SKT WIPI 1.2 채택
- m-commerce, MMS, ⓜPlayon

WIPI는 한국형 무선 인터넷 플랫폼 표준으로, "Wireless Internet Platform for Interoperability"의 머리글자를 따서 이름 지은 것입니다. 무선 인터넷 플랫폼은 개인용 컴퓨터의 운영체제(OS)와 같은 역할을 하는 이동전화 단말기 소프트웨어를 말합니다.

WIPI 표준이 정해지기 이전까지 이동통신 업체들은 통신사업자마다 독립적으로 무선 인터넷 플랫폼을 만들어 사용하였기 때문에 콘텐츠 제공업체들은 동일한 콘텐츠를 각각의 플랫폼에 맞게 따로따로 개발해야 했습니다. 따라서 콘텐츠 제작과 서비스 개발인력의 추가 투입 등 여러 가지 낭비 요소가 발생하였고, 이동통신을 이용한 인터넷 서비스가 활성화되는 데 많은 어려움이 있었습니다. WIPI는 이런 낭비 요소를 줄이고자 2001년부터 국책사업으로 추진되었습니다.

WIPI는 SK 텔레콤, KTF, LG 텔레콤 등 국내 이동통신 3개사와 한국전자통신연구원(ETRI) 및 한국 무선인터넷 표준화포럼(KWISF)이 공동으로 개발

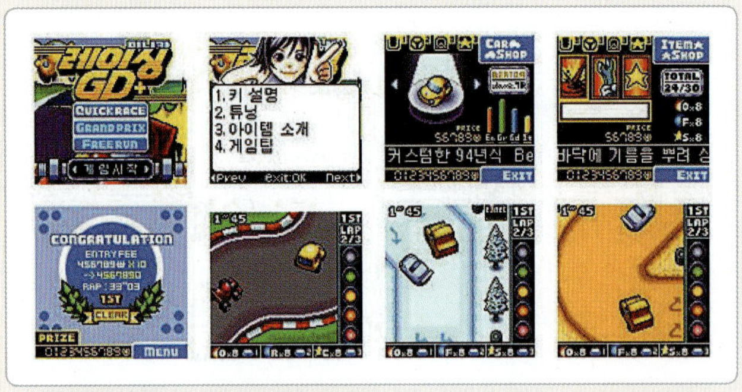

[그림 7-10] WIPI 모바일 콘텐츠

– e3net 미니카레이싱 GP+

– 2004년 12월 KTF 주최한 위피(WIPI) 공모전 장려상 수상작

한 것으로 2002년 1.0 버전이 표준으로 채택되었고 2008년 3.0 버전까지 개발되었습니다. 2003년 6월 처음으로 WIPI를 적용한 휴대폰이 LG 전자에서 출시되어, 2005년 4월부터는 국내에서 판매되는 휴대전화에 의무적으로 탑재되었습니다.

그러나 2008년 방송통신위원회는 "이동전화단말기의 표준 플랫폼 규격 준수에 관한 전기통신설비 상호접속기준(고시)"을 개정해 위피 탑재 의무를 해제하기로 했습니다. 따라서 2009년 4월 1일부터는 한국형 무선인터넷 표준 플랫폼인 '위피(WIPI)'가 탑재되지 않은 애플의 '아이폰', 림(RIM)의 '블랙베리'와 같은 휴대폰도 국내에서 판매될 수 있게 되었습니다. 이에 따라 위피는 지난 2005년 4월 국산 소프트웨어 기술력 확보 및 해외 진출, 국내 콘텐츠 산업 육성, 무선인터넷 국제 표준화의 주도적 실현을 목표로 힘찬 출발을 보였으나 정확히 4년 만에 사라지게 되었습니다.

방통위는 "2008년 9월 현재 국내 전체 휴대폰의 약 86%에 위피가 탑재되는 등 얼마간 성과를 거뒀으나 '범용 모바일 운용체계(OS)'가 위피와 같은 기존 모바일 플랫폼 기능을 대체하는 등 세계 기술 발전 추세를 따라가지 못하고 있다."며 "우리만 위피를 고수하면 세계 시장에서 고립될 것"이라며 의무화 폐지의 타당성을 설명했습니다. WIPI가 통신사업자가 아닌 정부 주도로 개발이 되었고 Java2를 기반으로 하고 있기 때문에 막대한 로열티를 지불해야 한다는 단점도 있었습니다.

7.2 유무선 통합

실내에서는 값이 싼 집 전화 요금을 적용하고, 실외에서는 일반 핸드폰 요금을 부과하는 이동통신 서비스 상품이 판매되고 있습니다. 이러한 서비스는 무선통신과 유선통신의 결합을 통하여 소비자에게 저렴한 가격으로 더 나은 품질의 통신 서비스 제공을 목표로 하고 있습니다. 통신사업 분야에서 이러한 유선과 무선의 통합을 FMC(Fixed Mobile Convergence: 유무선 통합)이라고 합니다.

7.2.1 유무선 통합 현황(국내)

국내에서는 유무선 통합으로 2004년 유선통신사업자인 KT의 원폰 서비스인 DU:(듀폰)이 최초 상용화되었고, 이에 경쟁하기 위하여 2006년 LG텔레콤에서 기분Zone(기분존) 서비스를 상용화하였습니다.

KT의 DU: 서비스는 유선통신시장의 수익성에 한계를 느낀 KT가 KTF와 함께 제공하는 서비스입니다. 해당 서비스를 위해서는 DU: 서비스가 지원되는 단말기와 엑세스포인트(이하 AP)가 필요합니다. 단말기와 AP는 서로 블루투스 통신을 지원하며, AP의 신호 범위 내에서는 블루투스를 통하여 KT의 DSL 망을 통한 유선 서비스를 이용하며, AP 범위 밖에서는 KTF의 이동통신망을 통하여 이동통신 서비스를 받을 수

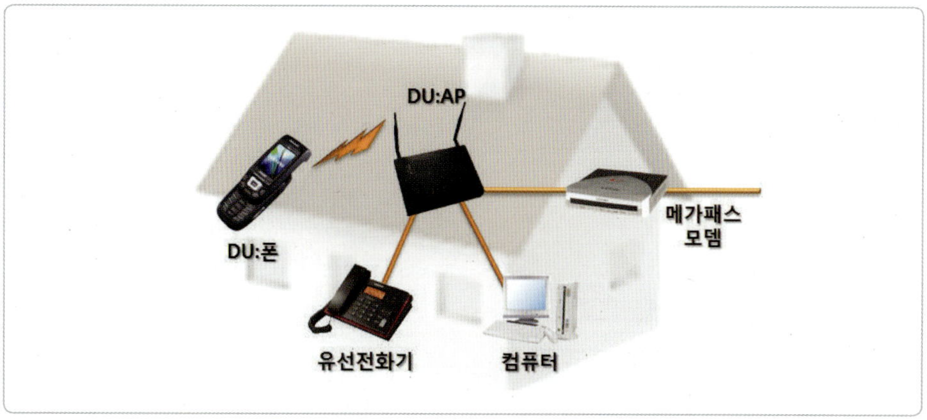

[그림 7-11] KT DU: 서비스 구성도(KT-www.ktdu.com)

있습니다. AP는 KT의 유선통신망에 연결되기 때문에 AP기기를 통하여 홈 네트워크 구축이 가능합니다. 하지만 AP 범위에서 벗어나는 경우 AP신호와 KTF기지국 간에 자동으로 Hand-over가 지원되지 않기 때문에 끊김 현상이 있습니다.

LGT의 기분존 서비스는 블루투스를 지원하는 인증기기(기분존 알리미)를 원하는 장소에 설치하여 인증기기가 설치된 장소 반경 30m 이내에서는 할인된 금액으로 서비스를 제공하는 방식입니다. 통신을 시작할 때 기분존 서비스 지원 단말기는 인증기기와 블루투스로 서비스 인증을 확인합니다. 기분존 범위 내일 경우 이용자는 유선전화 수준의 저렴한 요금 서비스를 이용할 수 있으며, 기분존 범위 밖에서의 통화에 대해서는 일반 휴대폰 요금이 적용됩니다. 기분존 서비스의 특징은 유선통신망을 필요로 하지 않으며 기존 무선 주파수를 그대로 사용하면서 블루투스 통신을 이용한 서비스 지역 인증 여부를 확인하기 때문에 기분존 범위를 벗어난다고 해도 끊김 현상이 없습니다.

[그림 7-12] LGT 기분Zone 서비스 구성도(LGTelecom)

Tip 망분리

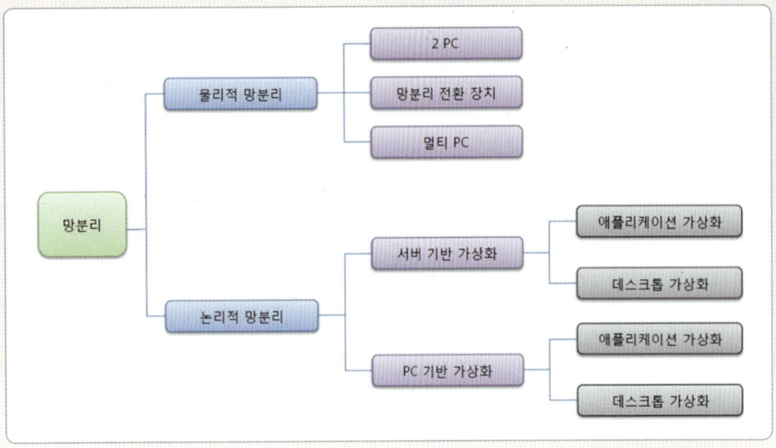

[그림 7-13] 망분리 방식

트로이목마 같은 악성코드와 외부 해킹으로부터 내부 시스템과 정보를 안전하게 보호하기 위한 수단으로 망분리가 주목받고 있습니다. 일반적으로 어떤 조직의 전산망은 외부 인터넷을 사용하는 외부망과 내부 업무시스템에 접속하는 내부망으로 구성됩니다. 망분리는 주요 IT 인프라와 정보자산을 보호하기 위해 조직 내부의 업무망과 외부 접속을 위한 인터넷망을 따로 분리하는 것입니다. 만일 망이 분리되어 있지 않다면 외부로부터 한번만 해킹되면 내부망까지 조직의 모든 IT 인프라와 정보자산이 위험에 노출되게 됩니다.

망분리는 크게 물리적 망분리와 논리적 망분리로 나눌 수 있습니다. 논리적 망분리는 다시 서버기반 가상화와 PC기반 가상화로 구분되며, 각각 애플리케이션 가상화와 데스크톱 가상화로 구분됩니다.

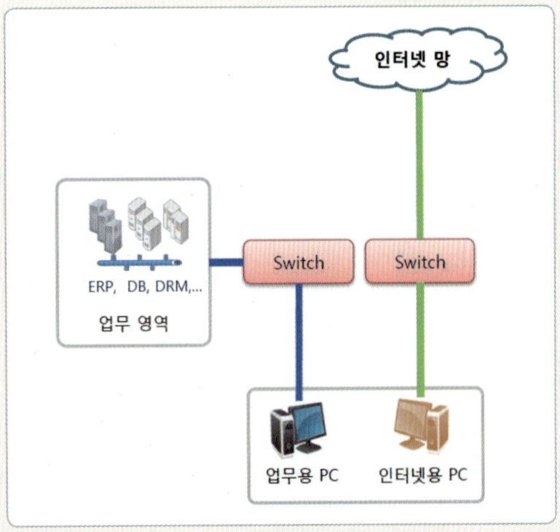

[그림 7-14] 물리적 망분리

물리적 망분리는 인터넷 PC와 업무 PC를 따로 사용하여 물리적으로 망을 분리하는 방식입니다. 명확한 개념의 망분리 방식이기는 하지만 망 구축비용과 인프라 비용이 많이 소요되며 업무용 PC에서 인터넷 구간의 업무용 서버로 접속이 불가능하다는 단점이 있습니다.

서버 기반 가상화 논리적 망분리 방식은 기존 PC를 업무 PC로 사용하는 동시에 가상화 서버를 이용하여 기존 PC에서 인터넷을 사용하는 방식입니다. 가상화 서버를 통한 인터넷 통제가 가능하지만 서버팜 구축비용과 트래픽 부하가 발생할 수 있고 웜, 바이러스 등의 침투에 대해서도 꾸준한 관리가 필요합니다.

PC 기반 가상화 논리적 망분리는 기존 PC에 가상화된 인터넷 영역을 생성하는 방법입니다. 망 구축 및 시스템 도입비용이 적고 유지보수 및 관리가 용이하다는 장점이 있습니다. 반면에 사용자의 부주의 또는 악의적인 의도에 의한 정보유출이 가능하다는 단점이 있습니다.

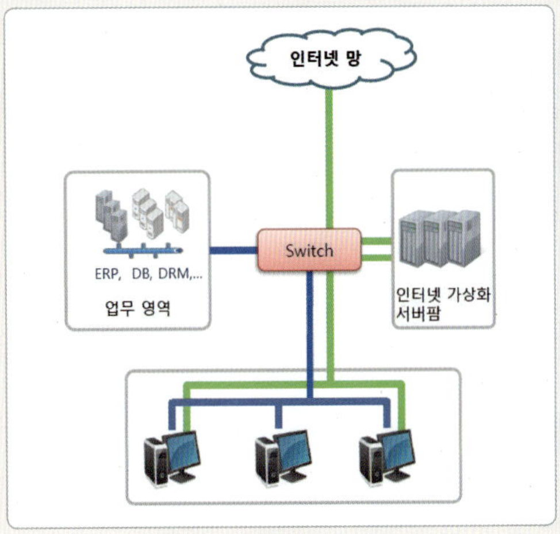

[그림 7-15] 논리적 망분리(서버 기반 가상화)

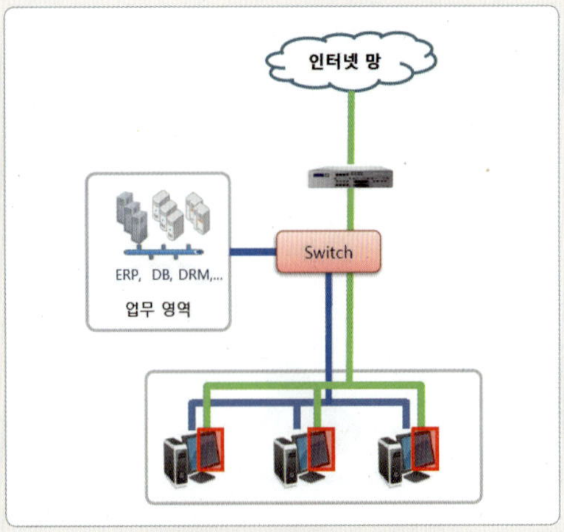

[그림 7-16] 논리적 망분리(PC 기반 가상화)

7.2.2 유무선 통합 현황(국외)

(1) BT

영국의 BT는 2005년 Fusion을 개발하여 유무선 통합 서비스를 제공하고 있습니다. Fusion 서비스는 BT Home Hub를 이용하여 AP를 구축하고 Wi-Fi 기능을 통해 BT의 DSL 망에 접속합니다. 이를 통해 사용자는 이동통신 단말기를 가지고 BT Home Hub의 구역 안에서 저렴한 유선통신요금으로 통신서비스를 사용하게 됩니다. BT의 경영악화로 이동통신 사업부분을 매각하였기 때문에 AP 지원 범위 밖에서는 Vodafone의 이동통신망을 빌려 서비스를 제공하고 있습니다.

(2) 프랑스 텔레콤

NExT(Nouvelle Experience des Telecoms)라고 명칭된 중기 사업계획에 따라 IP 전화 보급을 목표로 Unik를 개발하였습니다. Unik 서비스는 Wi-Fi로 접속되는 AP(LiveBox)를 통하여 Orange의 DSL 망을 접속하여 IP전화 서비스를 사용하게 됩니다. AP 지원 범위 밖에서는 이동통신망을 이용하여 일반 휴대전화 서비스를 제공합니다.

Tip 스마트폰 OS에 대해서 알아볼까요?

[그림 7-17] 스마트폰 화면들

스마트폰의 OS는 스마트폰의 머리에 해당하는 핵심 부분입니다. 음성 통화만을 제공하던 과거 휴대전화와 달리 손안의 컴퓨터로 불리는 스마트폰은 필요한 소프트웨어를 인터넷에서 찾아 설치해 즉시 이용할 수 있는 점이 특징입니다. 게임도 할 수 있고 전자상거래나 원격 업무까지 볼 수 있습니다. 그만큼 스마트폰을 다양하게 쓸 수 있도록 만들어주는 원동력이 바로 스마트폰의 OS입니다. 스마트폰의 OS는 컴퓨터의 OS인 윈도처럼 다양한 스마트폰용 응용 소프트웨어가 작동하도록 도와주는 역할을 합니다.

따라서 스마트폰은 OS가 중심이 될 수밖에 없습니다. 각종 응용 소프트웨어뿐만 아니라 휴대전화 단말기 제조사들도 OS가 지원하는 범위에 맞춰 개발할 수밖에 없게 되었습니다. 지금까지 휴대전화는 제조사가 고화소의 디지털카메라나 디자인 등과 같은 하드웨어적 요소로 승부를 걸었습니다. 그러나 향후 스마트폰을 구입할 때에는 사양과 디자인은 물론 OS에 따라 스마트폰 선택을 하게 될 것입니다.

Tip • 안드로이드(Google – Android)

2007년 11월 안드로이드 알파 버전부터 시작된 안드로이드 운영체제는 구글과 오픈 핸드셋 얼라이언스가 개발한 모바일 운영체제입니다. 최초 배포판 이후에 지금까지도 꾸준히 업데이트를 거듭하고 있는데, 주로 버그 수정과 새로운 기능 추가가 주된 이유입니다. 2009년 4월부터는 각각의 버전 별로 디저트 이름을 바탕으로 코드 네임을 붙여 개발되고 있습니다. 1.0 버전에서는 A부터 알파벳 순으로 로봇의 이름을 붙이려 Astro Boy라는 이름을 내부에서 붙였고, 1.1 버전에서는 이 규칙을 어기고 디저트가 좋다는 PM의 취향으로 Petit Four로 지정되었습니다. 1.5 버전부터는 지금의 체제를 완성하였고, Astro Boy는 공식 명칭으로 인정받지 못했습니다.

〈표 7-2〉 안드로이드 버전별 코드 네임(이름)

Android 1.5	컵케이크(Cupcake)	Android 4.0	아이스크림 샌드위치(Ice Cream Sandwich)
Android 1.6	도넛(Donut)	Android 4.1~4.3	젤리 빈(Jelly Bean)
Android 2.0~2.1	이클레어(불어: Eclair)	Android 4.4	킷캣(KitKat)
Android 2.2	프로요(Froyo)	Android 5.0~5.1	롤리팝(Lollipop)
Android 2.3	진저브레드(Gingerbread)	Android 6.0	마시멜로(Marshmallow)
Android 3.0	허니콤(Honeycomb)	Android 7.0~7.1	누가(Nougat)
		Android 8.0	오레오(Oreo)

[그림 7-18] 안드로이드 버전 코드 네임(이름)별 상징 로고

Tip • iOS(Apple–iPhone OS)

iOS는 애플의 모바일 운영체제로서, OS X(애플의 데스크톱 운영체제)를 기반으로 2007년 아이폰, 아이팟, 아이패트 등을 위해 탄생하였습니다. 처음 공개되었을 당시에는 사용자가 개발한 애플리케이션의 추가가 허용되는 형태였으나, 2008년 6월 이후 개발 도구인 SDK가 공개되어 2.0 버전부터는 애플의 앱 스토어를 통해 자유롭게 사용자 애플리케이션을 공개하고 판매할 수 있게 되었습니다.

정식 이름은 2010년 6월 8일 WWDC 2010 기조 연설에서 스티브 잡스가 iPhone OS가 아이폰은 물론 아이팟 터치, 아이패드에서도 사용되는 범용 운영체제이므로 공식 명칭을 iOS로 변경한다고 밝혔고, 그 이후부터 iOS가 공식 이름으로 명명되었습니다. 그 후 2013년 6월 10일 iOS 7, 2014년 6월 3일 iOS 8, 2015년 6월 8일 iOS 9, 2016년 6월 13일 iOS 10 그리고 2017년 6월 5일 iOS 11을 발표하였습니다.

7.2.3 유무선 통합 서비스 출현 배경

① 통신시장의 경쟁 심화 및 수익성 약화

유선통신사업자의 경우 이미 포화 상태에 접어든 유선통신 시장은 물론, 무선통신 기술의 발달로 인하여 유무선 대체가 활발히 진행됨에 따라 새로운 방법을 모색해야 하였습니다. 무선통신사업자들 또한 일부 국가의 경우 이동통신 보급률이 100%를 초과하는 등 무선통신 시장이 포화 상태와 더불어, 유선통신사업자들의 유무선 통신 융합 상품의 개발에 의해 위기감을 느끼고 유무선 통합 시장에 진출하고 있습니다.

〈표 7-3〉 주요 유무선 융합 서비스 비교(한국정보사회진흥원-유무선 융합 시대의 다크호스, 펨토셀)

구분	주요 기능	서비스 예시
원폰 서비스	유무선 겸용 듀얼 단말기를 이용하여 실내에서는 유선전화로, 실외에서는 이동전화로 통화하는 서비스	KT의 원폰 듀(DU:), 덴마크 TDC의 Duet, 영국 BT의 BT Fusion, 일본 NTT 도코모의 Passage Duple 등
홈존 서비스	가입자가 홈존 지역에 있을 경우 이동 전화를 유선전화 요금으로 이용	LGT의 기분 Zone, 독일 O2의 Genion, 미국 T-Mobile의 TMobile@Home, 덴마크 Sonofone의 UnoFon 등
Wi-Fi 이동전화 듀얼 서비스	이동전화와 Wi-Fi 듀얼 모드 단말기를 이용하여 Wi-Fi 접속 지역에서 무선 인터넷 접속 또는 UMA 통화연결	KT의 네스팟 스윙, 프랑스 Orange의 Unik, 미국 T-Mobile의 TMobile Hotspot@Home 등
펨토셀	옥내 중계기처럼 실내 커버리지 확대 및 이동전화 통화 품질 향상과 함께 다양한 유무선 융합 서비스 기반 제공	미국 SprintNextel의 AIRAVE가 최초 상용 서비스(삼성이 자체 개발한 UbiCell 사용)

② 소비자 요구의 다양화 및 통신비 부담 증가

다양한 유무선 통신 기술의 등장에 따라 소비자는 좀 더 나은 서비스를 요구하였습니다. 유선전화기에 대해서는 좀 더 넓은 자유도를, 이동통신 전화기에 대해서는 좀 더 저렴한 비용과 통화 품질의 향상을 요구하게 되었습니다.

③ 유무선 통신 기술의 발달

통신 기술은 현재에도 급격히 변화하는 기술 중 하나입니다. 특히 IT기술과 융합되어 엄청난 발전 속도를 보이고 있습니다. 휴대폰이 보급된 지 10여 년 만에 이미 시장은 포화 상태에 다다랐으며, 인터넷의 경우 초창기 14,400bps의 속도를 비웃듯 100M 이상의 통신 속도의 서비스를 제공하고 있습니다. 기존의 유선은 이제 불편할 뿐이며, Wi-Fi, Bluetooth 등의 편리한 무선 기술이 대거 등장하였습니다. 이들 통신 기술들은 서로 융합하는 형태로 진행되고 있습니다.

Tip • 펨토셀(Femtocells)

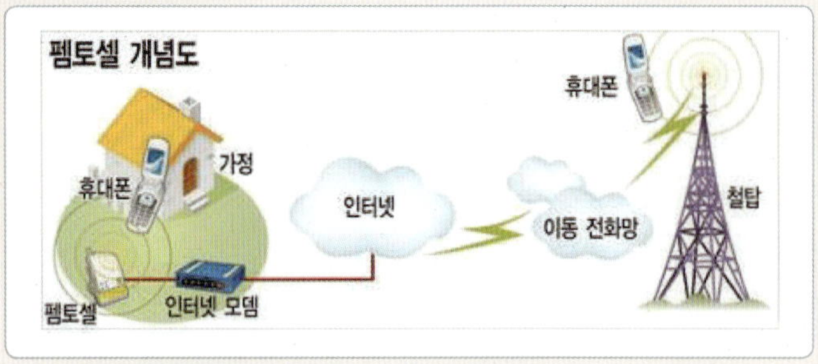

[그림 7-19] 펨토셀 개념도(출처: 디지털타임즈)

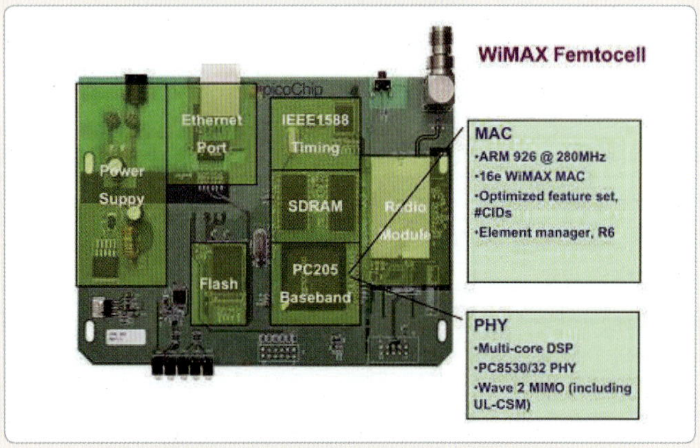

[그림 7-20] picoChip 사의 WiMAX 펨토셀 플랫폼

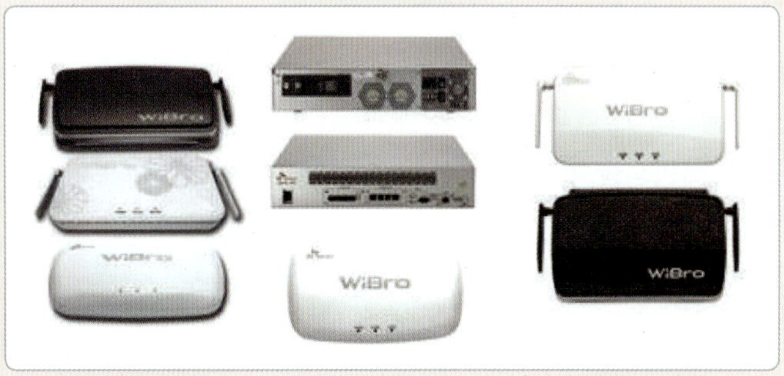

[그림 7-21] SK텔레콤이 선보인 와이브로용 펨토셀

펨토셀(Femtocells)은 가정이나 사무실 등 실내에서 사용되는 초소형 이동통신용 기지국으로, 이동전화와 인터넷을 연결하여 저렴한 비용으로 유무선 융합 서비스를 제공합니다. 펨토셀은 100조분의 1을 의미하는 펨토(femto)와 이동전화 통화 가능지역 단위를 말하는 셀(cell)의 합성어로, 펨토만큼 작고 촘촘한 커버리지를 제공한다는 의미입니다.

펨토셀은 무선랜 중계기(Access Point: AP)와 비슷한 역할을 하지만 인터넷 접속이 아닌 이동전화 접속을 위한 중계기 역할을 한다는 점에서 차이가 있습니다. 단순히 전파를 중계하는 것이 아니라 기지국(Base Station)과 마찬가지로 자체 용량을 갖고 있으며 무선으로 연결되지 않고 초고속인터넷과 연결해 사용할 수 있는 점에서 기존의 이동전화 옥내 중계기와도 차별됩니다.

기존 유무선 융합 서비스인 원폰(One phone), 홈존(Home zone) 등과 유사한 서비스를 제공하지만 음성뿐만 아니라 인터넷까지 제공한다는 점에서 더욱 진화된 기술이라 할 수 있습니다.

당초 이동전화는 실내 커버리지를 중요하게 생각하지 않았으나 이동전화의 실내 이용이 점차 증가함에 따라 실내 커버리지 확대가 중요한 이슈가 되고 있습니다. 일반적으로 실내 커버리지를 위한 기지국 설치가 통화량에 비해 비용이 많이 들지만 펨토셀의 경우 상대적으로 비용이 저렴합니다. 무엇보다도 펨토셀은 와이브로, 홈랜 또는 무선랜과 결합하여 홈네트워크 플랫폼으로 활용할 수 있고, VoIP 기능을 탑재하여 유무선 융합 서비스를 위한 실내 인프라로도 활용될 수 있습니다.

펨토셀의 사용은 아래와 같이 크게 네 가지의 이점을 기대할 수 있습니다.

첫 번째, 기존 이동통신 사업자가 서비스를 제공하지 못하던 실내 지역 혹은 지하까지 양질의 통화품질을 보장하며 서비스를 제공할 수 있습니다. 그러나 전체적으로 통화 가능 지역이 충분히 넓은 사업자 혹은 지역에서 펨토셀에 의한 통화 지역 확대 이점은 그다지 높지 않을 수 있습니다. 그럼에도 불구하고 높은 통화품질 및 안정된 통신 환경을 중요하게 생각하는 비즈니스 가입자들에게 통화 커버리지 확대는 매력적인 장점이 될 수 있습니다.

두 번째, 증가된 데이터 전송률과 호출시간(latency) 감소로 통화품질이 높아지며, 허가받은 주파수를 사용하기 때문에 비인가 2.4GHz 대역을 사용하는 Wi-Fi보다 연결속도가 빠르고 안정성이 높습니다. 그리고 주파수의 질적 향상은 단말기로 하여금 주파수 송수신에 필요한 전력소모를 줄임으로써 배터리 사용시간을 증가시키는 효과를 가져다 줍니다.

세 번째, 지속적인 신규 통신 서비스 출현과 고품질화에 따른 통신비 부담이 증가하는 상황에서 유무선 융합을 통한 통신비 절감은 펨토셀이 가입자들에게 호소할 수 있는 가장 매력적인 장점 중 하나입니다. 펨토셀은 실내에서 인터넷망과 연결되기 때문에 실내에서는 인터넷 전화로 전환하거나 홈존과 같이 유선전화 요금을 적용받아 통신비를 절감할 수 있습니다.

네 번째, 펨토셀은 가정 및 사무실에서 유무선의 음성 및 데이터 서비스를 통합 제공하기 위한 방안으로 사용됩니다. 펨토셀을 이용하면 듀얼 모드 단말기로 교체하지 않고 기존 단말기와 전화번호로도 다양한 유무선 서비스를 저렴하게 이용할 수 있습니다.

Tip 평생번호 서비스

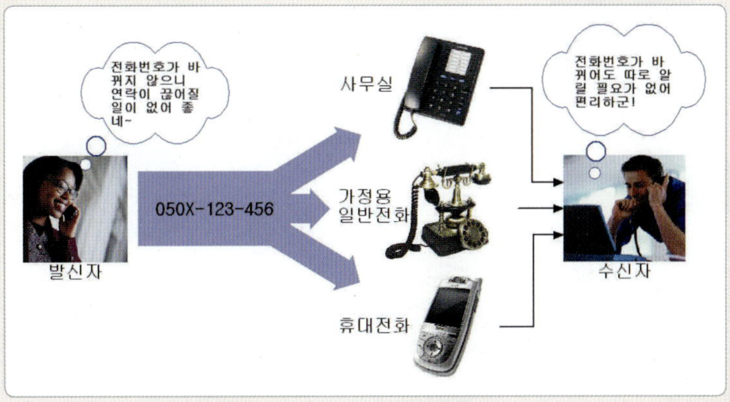

[그림 7-22] 평생번호 서비스

평생번호 서비스는 개인번호(Personal Numbering) 서비스 또는 단일번호(One Number) 서비스라고도 불립니다. 평생번호 서비스는 전화회사에서 부여하는 050X 전화번호(050X-XXX-XXX)에 현재 사용 중인 전화번호를 하나 이상 등록해 놓으면 자동 순차적으로 착신전환하여 연결해 주는 서비스입니다. 평생번호 서비스는 잦은 이사나 사무실 이전 등으로 전화번호가 자주 바뀌는 경우나 전화번호 변경 시마다 카탈로그나 각종 브로셔 및 홈페이지의 내용을 수정해야 하는 기업의 경우에 매우 유용하게 사용될 수 있습니다.

전화번호나 핸드폰 번호가 바뀌어도 바뀐 번호만 자신의 050X번호 아래 등록해두면 되기 때문에, 평생 바뀌는 않는 050X번호를 사용할 수 있다는 장점이 있습니다.

7.2.4 유무선 통합의 산물 FMC와 FMS

유무선 통합 서비스란 서로 독립적으로 서비스를 제공해왔던 유선망과 무선망을 모두 이용해 실현 가능한 서비스와 이를 지원하기 위한 다양한 기술들을 의미합니다. 유선망 사업자와 무선망 사업자의 사업 영역을 더 이상 따로 구분하지 않겠다는 의미입니다. 스마트폰으로 대표되는 스마트 단말기기들의 등장은 유무선을 넘나드는 다양한 어플리케이션을 요구하게 되었습니다. 이러한 스마트 단말의 급격한 증가에 대응하기 위한 WiFi(3G/4G) 인프라 확대 구축, 통신시장의 경쟁 심화, 그리고 모바일오피스(캠퍼스) 환경 구축 등 다양한 요인으로 인해 유무선 통합 서비스는 다양한 형태로 확장되고 있습니다.

FMC(Fixed Mobile Convergence: 유무선 통합)란 스마트폰과 같이 WiFi나 블루투스와 같은 유선망 접속 기능을 탑재한 모바일 단말(듀얼모드 단말기라고도 합니다.)을 이용하여 실외에서는 기존의 이동통신망을 이용하여 음성 및 데이터 서비스를 제공받고, 실내에서는 WiFi와 같은 유선망을 이용하여 인터넷전화(VoIP)나 데이터 서비스를 받을 수 있도록 하는 결합 서비스를 의미합니다. 이처럼 FMC는 이동전화와 무선인터넷전화의 단순한 결합뿐만 아니라, 메신저, e-메일, MMS 등 다양한 커뮤니케이션 수단이 통합되는 모바일 UC(Unified Communication) 서비스로 진화하였고 캠퍼스나 기업 환경에서의 모바일 오피스 구축의 핵심으로 자리 잡고 있습니다.

유무선 통합 서비스는 통신사업자의 상황과 목적에 따라 유무선 통합(FMC) 서비스와 유무선 대체(FMS: Fixed Mobile Substitution) 서비스 형태로 분류할 수 있습니다.

[그림 7-23] FMC 서비스 개념도

[그림 7-24] FMS 서비스 개념도

FMC 서비스와 달리 FMS 서비스는 실내나 실외에서 모두 기존 이동통신망만을 사용해서 서비스를 제공합니다. 그러나 FMS 서비스에서는 집안이나 사무실과 같이 특정 지역에서 유선전화 수준으로 할인된 요금을 적용해서 유선전화와 같은 기존의 유선 트래픽을 이동통신망 트래픽으로 대체하고자 하는 서비스입니다. FMS는 주로 이동통신 사업자들이 제공하는 서비스 방식으로 마크로셀(Macrocell)이나 펨토셀(Femtocell)과 같은 기술을 이용해서 특정 지역의 통화 서비스를 저렴하게 제공하는 서비스 방식입니다. 집안까지 굳이 유선망을 설치할 필요가 없다는 의미로 볼 수 있고 유선통신망 사업자와 경쟁하기 위해서 이동통신 사업자들이 주로 채택하는 방식입니다.

그러나 FMS는 이동통신망만을 이용하는 할인 서비스이기 때문에 유선망을 활용한 다양한 데이터 서비스 제공에는 한계가 있고 데이터 서비스에 대한 할인도 일반적으로 제공되지 않습니다. 또한 FMC가 지리적으로 여러 곳에서 제공하는 와이파이나 핫존을 이용할 수 있는 반면에 FMS는 할인존이 고정되어 있다는 단점을 가지고 있습니다.

[그림 7-25] UMA 지원 LG Optimus 1

FMC는 무선망과 유선망을 모두 이용한다는 점에서 유무선망 모두를 가진 통신사업자가 주로 도입하였습니다. 대표적인 예로 2004년에 '원폰'이라는 이름으로 KT에서 제공했던 서비스가 될 수 있습니다. FMS는 이용자가 원하는 할인 지역 내에서는 이동통신사가 요금을 할인해 주는 방식으로 제공됩니다. 이는 특정 지역에서 유선전화에 비해 상대적으로 가격 경쟁력이 약한 이동통신사들의 약점을 보강해 주기 위해 도입되고 있으며 LG텔레콤의 '기분존'이 대표적인 예입니다. 그러나 FMC와 FMS가 추구하는 최종적인 목표는 동일한 만큼 요금의 적정성이 가입자를 유치하고 유지하는 가장 중요한 요소가 될 것입니다.

〈표 7-4〉 FMC/FMS 서비스 비교

구분	FMC	FMS
개요 및 특징	- 이동전화 단말기에 WiFi(블루투스) 기능 탑재 - 가정에서의 이동전화 트래픽을 유선통신망으로 흡수하고자 하는 서비스	- 요금 할인을 통하여 가정 내 유선전화를 이동통신망으로 흡수하고자 하는 서비스 - 가정이나 특정 지역을 할인존으로 이용 - 엄밀한 의미에서의 유무선통합은 아님
서비스 범위	- 가정 내 AP 반경 - 다수의 무인증 AP 및 핫존 이용 가능	- 가정을 관할하는 기지국의 서비스 범위 - AP의 서비스 범위보다는 훨씬 넓을 수 있음
관련 표준 및 기술	- 이종망간 서비스 연속성 제공 기술 필요 - UMA(Unlicensed Mobile Access) 기술(3GPP) - IMS 기반 VCC(Voice Call Continuity) 기술(3GPP)	- 펨토셀 - 마크로셀
단말기 특징	- WiFi(블루투스)를 지원하는 듀얼모드 전용 단말기 필요 - 인터넷 접속을 위한 AP 또는 셋톱박스 필요	- 기존 휴대전화 단말기를 그대로 이용 - 전용단말기를 필요로 하지 않음
편의성 및 품질	- 인터넷 전화 수준의 품질 제공 - 유무선망을 가로질러 이동 시 통화의 연속성을 FMS만큼 보장하지 못할 수 있음	- 이동전화와 동일한 품질 제공 - 상대적으로 우수한 통화 품질 제공 - 이동통신망에서만 서비스하기 때문에 이동 시 통화의 연속성이 보장됨
서비스 사업자	- 유선통신망 사업자가 주도	- 이동통신망 사업자가 주도

원폰(OnePhone) 서비스란 집 밖에서 휴대전화로 사용하는 단말기를, 집 안에서는 무선전화기로 전환하여 사용하는 서비스를 말하며, 이런 기능을 제공하는 단말기를 원폰이라고 합니다. 집에서는 일반 유선전화요금으로 통화가 가능하기 때문에 전화요금을 절약할 수 있습니다.

[그림 7-26] 원폰 서비스 개념도

원폰 서비스를 이용하려면 우선 별도의 단말기를 구매해야 합니다. 원폰에는 일반 이동통신 기능뿐만 아니라 집 안의 유선전화기와 연결하기 위해 블루투스 통신기능이 탑재되어 있습니다. 또 집 안에는 원폰 서비스 업체에서 제공하는 액세스 포인트를 설치해야 합니다. 액세스 포인트를 이용하여 집 안의 유선전화를 사용할 수 있게 되는 것입니다. 집 밖에서는 액세스 포인트에 접속할 수 없게 되므로, 일반 휴대전화처럼 사용하게 됩니다.

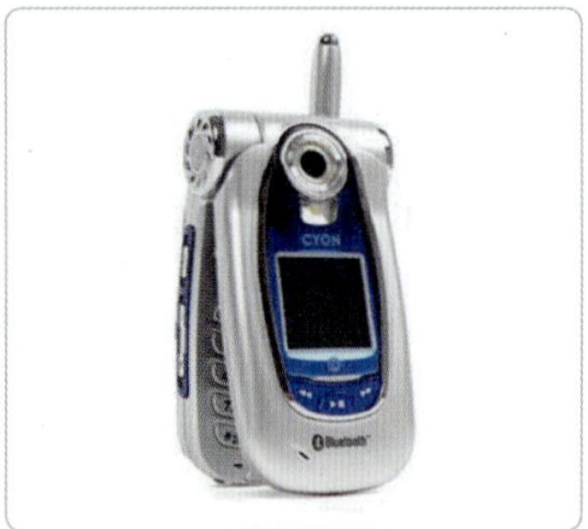

[그림 7-27] LG KTF1000
- 통신규격: CDMA2000
- Bluetooth 1.2 버전

하지만 원폰 서비스에서는 집 안에서 이용하는 유선전화와 집 밖에서 사용하는 휴대전화가 전혀 다른 방식으로 동작하므로 집 안에서 유선전화처럼 통화를 하다가 집 밖으로 나오면 통화가 끊긴다는 단점이 있습니다.

7.3 모바일 서비스가 너무 많아요

7.3.1 움직이는 VoIP, mVoIP

VoIP 서비스는 음성을 데이터 형식으로 변환하고 네트워크를 통해 전송하는 방식으로 음성 서비스를 구현하고 있습니다. 즉 사용자는 장소에 상관없이 인터넷에 연결되어 있기만 하면 음성 서비스를 이용할 수 있습니다. 따라서 고정된 인터넷전화라 할지라도 제한적인 사용자 이동성을 제공하고 있습니다. 여기에 한발 더 나아가 광대역 무선데이터 기술 및 VoIP 기술의 발전과 유무선 통합 추세에 따라 VoIP 서비스를 마치 이동전화 음성 서비스처럼 제공하고자 하는 다양한 노력이 이루어지고 있습니다.

이러한 시도가 가능한 근본 원인으로는 Wi-Fi와 WCDMA 기술 등 광대역 무선데이터 전송 서비스 기술의 발전을 우선 들 수 있습니다. 광대역 무선데이터 전송 서비스 기술의 꾸준한 발전은 무선 네트워크에서 VoIP 서비스를 제공할 때 최대 걸림돌이 되었던 대역폭을 크게 증가시켰습니다. 또한 음성 압축이나 세션 제어와 VoIP 관련 기술의 발전으로 인터넷전화의 품질은 안정화 단계에 접어들고 있습니다.

이처럼 모바일 VoIP 서비스를 제공하기 위한 제도적, 기술적 제약 사항이 상당 부분 해소되어 가고 있는 상황에서 모바일 VoIP 서비스는 유무선 통합 서비스의 대표 주자로 기존 유무선 통신사업자(Telco)뿐만 아니라 포털 등 정보 서비스 제공사업자, 그리고 인터넷전화 사업자에 이르기까지 많은 관심을 집중시키고 있습니다.

[그림 7-28] 메신저는 물론 모바일 인터넷전화(mVoIP)와 화상 통화까지 가능한 다음 '마이피플'

위키피디아에서는 모바일 인터넷전화 서비스를 "VoIP 기술을 활용하여 이동 단말기로 음성 서비스를 제공할 수 있는 서비스"로 정의하고 있습니다. 모바일 인터넷전화 서비스를 가능케 하는 핵심 기술 요소로는 UMA(Unlicensed Mobile Access)와 SIP(Session Initiation Protocol)를 꼽을 수 있습니다. UMA는 VoIP 호가 GSM 등

[그림 7-29] 대표적 모바일 인터넷전화(mVoIP) 앱 '바이버'와 'Skype'

이동통신 백본망에서도 연동될 수 있도록 하는 기술 표준입니다. 즉 유선과 무선을 끊김 없이 연결해주는 기능을 수행합니다.

한편 SIP는 인터넷전화 호 제어(call control) 프로토콜입니다. 음성통화 위주의 '스카이프'와 '수다폰', 영상통화를 가능하게 하는 '페이스타임'과 '탱고 비디오콜스' 등 대표적인 mVoIP 서비스들은 모두 SIP라는 기술을 기반으로 하고 있습니다. SIP 프로토콜은 각 단말기기 간 세션을 유지하고 끊어주는 역할만 하며 콘텐츠는 단말의 성능에 따라 최적화됩니다.

이러한 모바일 인터넷전화의 특징으로는 경제성, 이동성 및 통화 품질 저하를 꼽을 수 있습니다. 모바일 인터넷전화 서비스는 사실상 무료통화 서비스 제공이 가능하기 때문에 기존 이동전화에 비해 훨씬 저렴한 가격으로 서비스가 제공될 수 있습니다. 또한 모바일 인터넷전화는 회선(circuit) 방식을 이용하는 기존 이동전화 또는 PSTN과 달리 패킷을 기반으로 서비스를 제공하기 때문에 비교적 저렴한 요금으로 서비스 제공이 가능합니다.

이미 해외 일부 모바일 인터넷전화 사업자의 경우에 가입자간 무료 통화 서비스를 제공하고 있습니다. 여기서 가입자간 무료 서비스의 의미는 무선 데이터서비스 이용요금 이외에 추가적인 요금을 받지 않는다는 의미이며 무선 데이터서비스 요금은 별도로 지급되어야 합니다. 그러나 국내외 많은 사업자들의 초고속인터넷 서비스 또는 무선 인터넷 서비스 요금이 사실상 정액 요금인 점을 감안한다면 상당히 저렴한 가격에 서비스가 제공되는 것을 의미합니다.

또한 모바일 인터넷전화는 기존 PSTN 또는 유선 인터넷전화 서비스와 달리 이동 중에도 서비스 제공이 가능하다는 특징이 있습니다. 광대역 무선데이터 접속 서비스 기술의 발전 덕분입니다. 또한 VoIP 관련 기술의 발전으로 인해 음성 등을 데이터의 형태로 송수신하는 기술은 이미 안정화 단계에 접어들었습니다. 이는 무선 접속을 통해 데이터 형태의 음성 통신이 가능하다는 것을 의미합니다.

마지막으로 모바일 인터넷전화 서비스는 기존 PSTN, 인터넷전화 및 이동전화 서비스에 비해 다소 낮은 통화 품질을 나타내게 될 전망입니다. 인터넷전화는 패킷 망을

[그림 7-30] 가입자간 음성 무료 통화를 제공하는 '수다폰'

[그림 7-31] 가입자간 무료 영상 통화가 가능한 '탱고 비디오콜'

이용한 음성 통신 기술이라는 특성상 음성을 데이터로 변환하여 송수신하기 때문에 회선 기반 서비스에 비해 음성 품질, 음성 지연 및 착신 성공률에 있어 아직까지는 뒤쳐지는 상황입니다. 그러나 2004년 이후 최근까지 국내외 많은 사업자들이 인터넷전화 서비스를 제공하면서 이러한 기술적 한계 사항들은 상당 부분 보완되었습니다.

최근 망 고도화 등으로 보다 높은 품질의 음성 서비스 제공을 위해 이용 가능한 대역폭이 상대적으로 커짐에 따라 사업자들은 음성 품질은 상대적으로 열악하지만 데이터 전송 효율이 높았던 G.723.1 코덱에서 대역폭은 상대적으로 더욱 많이 요구되지만 음성 품질이 개선된 G.726, G.729 등의 코덱을 이용하는 등 음성 품질 제고를 위한 노력을 하고 있습니다. 사실상 인터넷전화 서비스의 품질은 기존 PSTN 기반 서비스와 어깨를 나란히 할 수 있을 정도로 진화하고 있습니다.

모바일 인터넷전화는 이러한 인터넷전화로서의 품질 특성 이외에도 가입자 단인 무선 구간에서의 통화 품질 유지라는 숙제 또한 안고 있습니다. 무선망에서의 음성 품질은 유선망의 음성 품질에 비해 떨어지는 것이 사실입니다. 또한, 기존 회선 기반의 무선 음성 서비스를 제공하고 있는 이동통신사업자의 입장에서 음성 서비스에 한해서는 회선 방식을 유지하고 있는 점을 감안하면, 무선 망을 통해 패킷 방식의 음성 서비스를 제공하는 경우 상대적으로 음성 품질이 저하될 전망입니다.

결론적으로, 모바일 인터넷전화 서비스는 기존 이동전화에 비해 저렴한 이용 요금과 약간 낮은 음성 품질을 나타내는 이동통신 서비스라고 할 수 있습니다.

현재 WCDMA 계열, CDMA 2000 1x 및 EVDO 등 기존 이동통신 서비스를 이용한 음성 및 데이터 서비스의 경우는 음성 전송은 회선 교환 방식으로 이루어지며, 데이터 서비스는 패킷 교환 방식으로 이루어지는 이원화된 방식입니다. 이는 음성 서비스의 경우, 특히 무선 구간에서 음성 품질 유지 및 전송 비용 등에 있어 아직까지는 상대적으로 음성을 데이터로 변환하여 다시 재구성하는 경우보다 통제가 쉽다는 장점을 가지고 있기 때문에 회선 교환 방식을 유지하고 있는 상황입니다. 한편 무선엑세스 단 이후의 백본 영역에서는 IP기반 망을 이용하여 음성과 데이터 및 영상을 처리하는 방식을 이용하고 있습니다.

Tip ● 망중립성(Network Neutrality)이 뭔가요?

[그림 7-32] 국내 망중립성 포럼 세미나 장면

망중립성(network neutrality)은 개념을 정의하는 주체의 입장에 따라 극명하게 나뉘고 논란이 있습니다만 일반적으로 '모든 인터넷 트래픽이나 서비스가 인터넷 사업자들로부터 동등하게 취급되어야 한다.'는 뜻으로 사용됩니다. 예를 들어, 카카오톡 앱이나 특정 사용자가 트래픽을 많이 발생시킨다고 해서 KT나 SK와 같은 망 사업자들이 카카오톡 앱이나 특정 사용자 트래픽을 제한해서는 안 된다는 뜻입니다. 즉 망사업자들은 모든 서비스와 콘텐츠에 대해서 중립적인 위치에 있어야 한다는 의미입니다.

Wikipedia에서는 "망중립성이란 인터넷 접속망 이용자를 위해 제시된 원칙으로 통신망사업자 또는 정부에 의해 콘텐츠, 사이트, 플랫폼, 부착하는 기기, 통신방식 등에 대한 제약이 있어서는 안 되며, 서비스의 품질이 다른 트래픽으로 인해 부당하게 악화되어서는 안 된다."라고 정의하고 있습니다. 이처럼 망중립성은 서비스나 트래픽의 비차별성뿐만 아니라 망 사용자의 자유로운 선택권까지도 포함하는 포괄적인 개념입니다. 따라서 망중립성은 기술적인 문제뿐만 아니라 정치경제적, 사회적, 그리고 문화적인 다양한 요소들을 포함하고 있어서 많은 논의가 필요한 사항입니다. 국내에서도 2011년 망중립성 포럼이 결성되어 다양한 논의가 진행되고 있습니다.

일반적으로 망사업자들은 인터넷 접속 서비스와 더불어 인터넷전화나 IPTV와 같은 부가서비스를 결합상품 형태로 제공하고 있습니다. 그러나 인터넷전화나 IPTV와 같은 서비스들은 일정한 서비스 품질(QoS) 유지가 매우 중요하기 때문에 망사업자들은 효과적인 망/트래픽 관리를 위해 지속적인 투자를 진행하고 있습니다.

인터넷 서비스 초기에는 인터넷 트래픽이 많지 않았기 때문에 망중립성이 별다른 문제가 되지 않았습니다. 그러나 인터넷 트래픽이 폭발적으로 증가하고 네이버나 다음커뮤니케이션 등 대형 인터넷포털 사업자들의 등장으로 엄청난 양의 트래픽이 추가적으로 발생하게 되었습니다. 또한 잘 구축된 초고속 인터넷을 기반으로 다양한 서비스 사업자들까지 급속하게 생겨나게 되었습니다. 인터넷 전화나 실시간 SMS 업체들이 대표적인 예입니다.

이러한 서비스 사업자들은 직접 초고속 인터넷을 깔지 않고 잘 구축된 인터넷을 기반으로 다양한 서비스를 제공하여 수익을 창출하게 되었습니다. 따라서 망 사업자 입장에서는 이러한 포털 사업자나 부가 서비스 사업자들에 대해서 '무임승차'라며 곱지 않은 시선을 보낼 수 밖에 없습니다. 즉 이러한 부가 서비스 사업자들이 엄청난 양의 트래픽을 발생시키고 수익을 거두지만 정작 네트워크 투자에는 전혀 기여하지 않고 있기 때문입니다. 즉 트래픽은 늘어나지만 매출은 감소하고 투자비만 증가하기 때문에 통신망사업자 입장에서 보면 볼멘 소리가 나올 수 밖에 없습니다. 한편 인터넷 서비스 사업자 입장에서는 통신사가 제대로 정보를 공개하지 않을 경우 통신사에 의해 시장이 왜곡될 수 있기 때문에 정보 공개의 투명성 확보와 비차별성을 주문하고 있습니다. 이처럼 망중립성 논의가 전개되는 과정에서 다양한 이해 당사자들간 찬반 주장이 극명히 엇갈리고 있습니다. 현명한 해결책이 절실한 시점이라고 할 수 있습니다.

인터넷 망중립성과 관련된 최초의 분쟁은 2005년 Madison River 사건입니다. Madison River Communication 사는 소규모 시내전화 사업자였습니다만 과도한 트래픽 증가를 방지하기 위해 Vonage 사의 VoIP 서비스 접속포트를 차단하는 조치를 취하였습니다. 이에 대해 Vonage 사가 미연방통신위원회(FCC)에 제소로 맞섰고 FCC는 조사를 통해 Madison River 사에 중재명령을 내리고 벌금을 부과하였습니다. 이 사건을 계기로 특정 서비스나 트래픽의 차별과 관련된 망중립성 문제가 수면 위로 떠오르게 되었습니다. 2007년에는 케이블 TV 사업자인 Comcast가 BitTorrent와 같은 P2P 파일 공유 프로그램을 이용한 대용량 파일의 업로드 및 다운로드를 차단하거나 속도를 늦추는 조치를 단행하기도 하였습니다. 이에 대해 FCC는 Comcast에 대해 시정명령을 내렸습니다만 법원에서는 FCC의 결정이 잘못되었다고 판결함으로써 망중립성 논쟁은 거세지고 있습니다.

Tip ● OTO 앱

망중립성 논쟁이 한창인 2010년 12월 KT와 SK가 인터넷전화 mVOIP(모바일인터넷전화) 서비스를 차단하겠다고 발표했습니다. SK에 이어 KT도 이용요금제에 따라 3G망에서 모바일인터넷전화 사용을 제한하고 나선 것입니다. KT는 스마트폰 이용자들의 편의성을 높이기 위해 데이터무제한 요금제에 한해서만 mVOIP를 허용하겠다고 밝혔으며, 스카이프, 바이버, 프링 등과 같은 무료 전화를 무제한으로 사용할 수 없게 되었습니다. 이에 따라 국내외 안드로이드마켓 및 앱스토어를 뜨겁게 달구었던 앱이 바로 OTO입니다. OTO는 PSTN(공중교환전화망)을 이용한 무료통화 서비스를 제공하는 앱입니다.

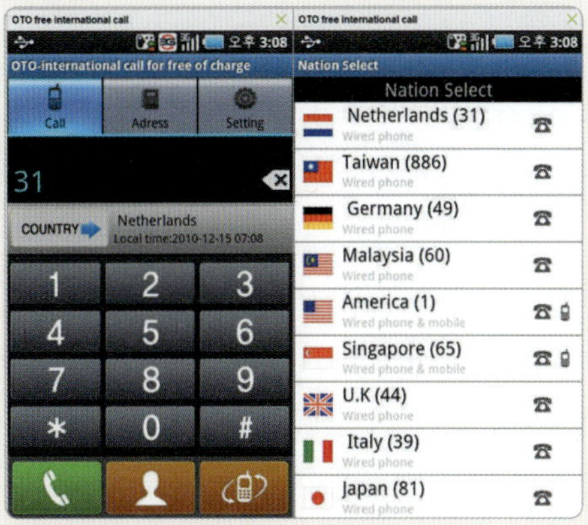

[그림 7-33] OTO 무료 국제전화

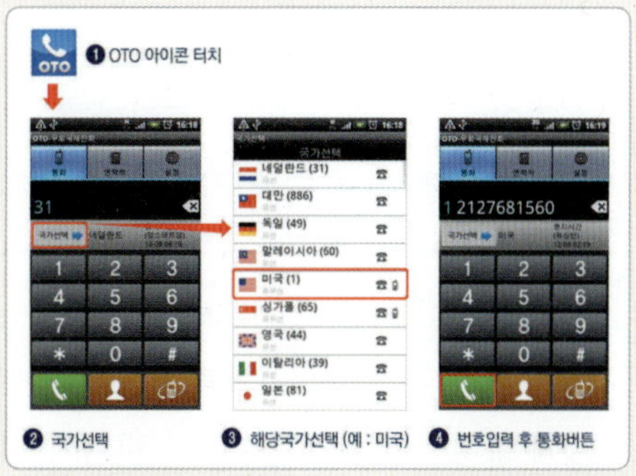

[그림 7-34] OTO 서비스 이용 방법(출처: http://www.openvacs.com/)

Openvacs 사에 의해 개발된 OTO는 인터넷을 이용한 무료 모바일인터넷전화(mVoIP)와 달리 일반전화망을 이용한 국제전화 할인 서비스입니다. 3G 음성망과 국제 PSTN을 사용해 통화하는 방법으로 이동통신사의 제지를 전혀 받지 않는 서비스 모델입니다. OTO는 애플리케이션 실행 후 원하는 국가로 전화를 걸어도 국내 휴대전화 요금만 과금될 뿐, 해외 통화료로 계산되지 않습니다.

이렇게 저렴한 통화요금을 구현할 수 있는 이유는 OTO가 PSTN(공중전화망)을 사용하기 때문입니다. 국내 전화망을 통해 국제전화에 접속할 경우에 발생하는 추가비용을 Openvacs가 무료로 제공하고 있어 해외 전화망 연결비용은 '무료'인 국제전화가 되는 것입니다. 가입비, 기본료, 부가서비스 이용요금 등이 일체 발생하지 않아 안드로이드 마켓이나 앱스토어에서 다운로드, 설치 후 곧바로 사용할 수 있습니다. Openvacs 측은 국제전화 연결 시 발생하는 비용이 생각보다 많지 않아 OTO처럼 소규모로 서비스를 지원할 경우 발생하는 국내 전화요금만으로도 충분히 수익이 발생한다고 합니다.

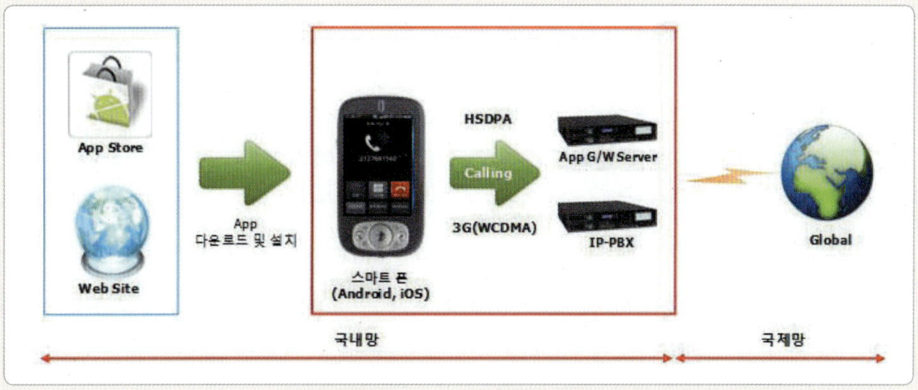

[그림 7-35] OTO 서비스 구성도(출처: http://www.openvacs.com/)

물론 OTO도 단점이 있습니다. 100% 무료는 아니고 기본적인 휴대전화 요금이 필요하며, 지원국가 수가 꾸준히 늘고 있지만 아직 연결할 수 없는 국가가 더 많습니다. 게다가 대부분의 국가들은 휴대전화가 아닌 유선전화로만 연결이 가능합니다.

7.3.2 N-스크린이란?

N-스크린 서비스란 콘텐츠를 시간과 장소, 기기에 구애 받지 않고 끊김없이(Seamless) 즐길 수 있는 환경을 이용자들에게 제공하는 서비스입니다. 이러한 것이 가능한 이유는 콘텐츠가 단말기가 아니라 서버에 저장되어 있고 언제 어디서나 다양한 단말기로 콘텐츠를 가져올 수 있는 통신 환경이 제공되기 때문입니다.

[그림 7-36] N-스크린 서비스(출처: http://www.hulu.com/plus?src=topnav)

예를 들어, 집에서 TV로 드라마를 보고 있다가 갑자기 외출해야 할 일이 생긴다면 집을 나서는 그 순간부터는 드라마를 볼 수 없습니다. 하지만 N-스크린 서비스를 이용하면 지하철에서는 스마트폰으로, 사무실에서는 PC로 해당 드라마를 이어서 볼 수 있게 됩니다. 이때 각각의 단말기(TV, PC, 스마트폰)는 같은 운영체계(OS)를 사용하는 것이 가장 좋습니다. 그렇기 때문에 최근 OS 분야에서 치열한 경쟁을 벌이고 있는

[그림 7-37] N-스크린 흐름도

애플(애플OS)과 구글(안드로이드)이 N-스크린 사업을 주요 전략으로 삼고 있습니다.

국내외 이동통신사 입장에서는 N-스크린을 통해 사용자들이 서비스를 이용하는 시간이 늘어날수록 영화, 드라마 등 콘텐츠를 구입할 가능성이 높아져 궁극적으로 콘텐츠 매출을 늘릴 수 있기 때문에 핵심서비스 중 하나로 간주하고 다양한 노력을 기울이고 있습니다.

대표적인 N-스크린 서비스 중의 하나인 SK텔레콤의 서비스 호핀은 스마트폰과 PC, TV 등 다양한 기기를 이용해 영화와 TV, 뮤직비디오, 뉴스 등 다양한 콘텐츠를 구매해 바로보기 또는 내려 받기가 가능하도록 하는 서비스입니다. 기존 N-스크린 서비스들의 경우 이용자가 가지고 있던 콘텐츠를 스마트폰 혹은 클라우드 서버에 저장해 놓고 스트리밍 혹은 다운로드 방식으로 이용하는데 비해, 호핀은 콘텐츠 마켓에 곧바로 연결해 구매할 수 있다는 점이 가장 큰 차별화 요소입니다.

[그림 7-38] 갤럭시S호핀 광고 모습(출처: http://www.ddaily.co.kr/)

KT의 클라우드 서비스 '유클라우드(ucloud)'는 개인용과 기업용 두 가지 서비스가 있으며, 개인용 서비스는 '유클라우드 홈(ucloud home)', 기업용은 '유클라우드 프로(ucloud pro)'입니다. 유클라우드 홈은 개인의 PC에 있는 파일을 유선으로 자동 동기화해 저장해주는 기능을 기본으로 갖추고 있으며, 이렇게 저장된 데이터는 유무선으로 언제 어디에서나 PC와 스마트폰 등으로 이용할 수 있습니다.

[그림 7-39] 호핀 서비스 시연 모습(출처: http://www.ddaily.co.kr/news/)

유클라우드 프로는 자동 동기화하는 대상이 기업 내 직원의 PC에 있는 파일입니다. 기업 내 업무 데이터 공유를 통한 직원의 업무 효율화를 목적으로 하는 소호 및 중소 규모의 기업이 대상이며, 업무 데이터에 대한 관리자 기능과 폴더 공유 기능 등이 유클라우드 홈과 차별화되는 기능입니다.

LG유플러스에서 제공하는 유플러스박스는 사진, 동영상, 음악 등 멀티미디어 콘텐츠를 휴대폰, PC, 노트북, 디지털액자, 인터넷TV 등 다양한 단말에서 언제 어디서나 바로 즐길 수 있고, 손쉽게 공유할 수 있습니다. 동영상이나 사진을 클라우드 서버에 올려놓으면 다양한 단말에서 활용할 수 있는 방식입니다.

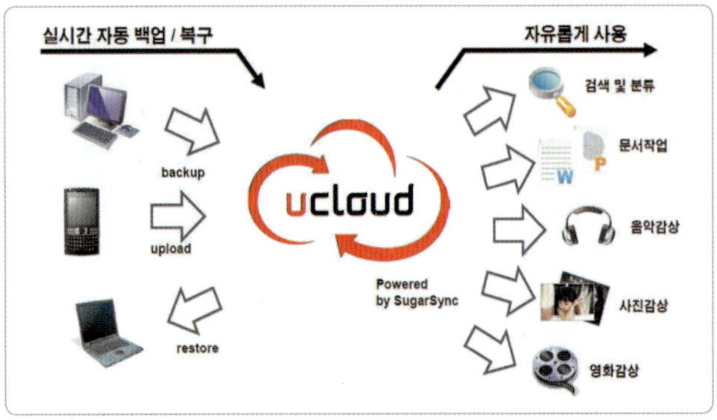

[그림 7-40] 유클라우드 서비스(출처: http://home.ucloud.olleh.com/main.action)

[그림 7-41] My Media 서비스(출처: http://www.uplusbox.co.kr/)

7.3.3 테더링 서비스는 또 뭔가요?

테더링(Tethering)은 '밧줄로 매다'라는 어원과 [그림 7-42]에서와 같이 스마트폰과 같은 인터넷접속이 가능한 기기를 통하여 다른 기기들도 인터넷에 접속할 수 있게 해 주는 기술입니다. 블루투스, Wi-Fi와 같은 무선 기술이나 USB 케이블 등으로 스마트폰과 다른 기기를 연결하며, 이때 인터넷 접속이 가능한 기기(스마트폰)는 다른 기기들을 인터넷에 연결해주는 중계기 역할을 하게 됩니다. 따라서 PMP, PSP, 그리고 스마트패드와 같은 단말들은 3G나 Wibro 접속 기능이 없어도 스마트폰을 통해 인터넷에 접속할 수 있게 되는 것입니다.

애플의 3GS 아이폰에 처음으로 탑재하면서 주목 받기 시작한 '테더링 서비스(Tethering Service)'는 이동통신업계의 뜨거운 감자였습니다. 사용자 입장에서는 스마트패드, PMP, 그리고 PSP 같은 단말마다 무선 인터넷 서비스에 별도로 가입하지 않고 모바일 인터넷 서비스를 사용할 수 있기 때문에 반가운 서비스임에 분명합니다. 특히 국내의 경우 대부분의 무선 데이터 서비스 비용이 정액 요금제이기 때문에 더더욱 편리한 서비스입니다.

이처럼 테더링 서비스는 스마트폰을 통해 다량의 데이터를 전송할 수 있기 때문에 상당한 데이터 요금이 부과되므로 정액 요금제 가입이 필수적입니다. 더불어 이동통신망에 주는 데이터 부하도 상당한 편입니다. 따라서 몇몇 국가는 휴대전화 단말을 통한 인터넷 패킷 통신은 무제한으로 제공하지만, 테더링 서비스는 제공하지 않거나, 제한적으로 허용(별도의 요금이 부과되는 형태입니다)하는 경우가 있습니다.

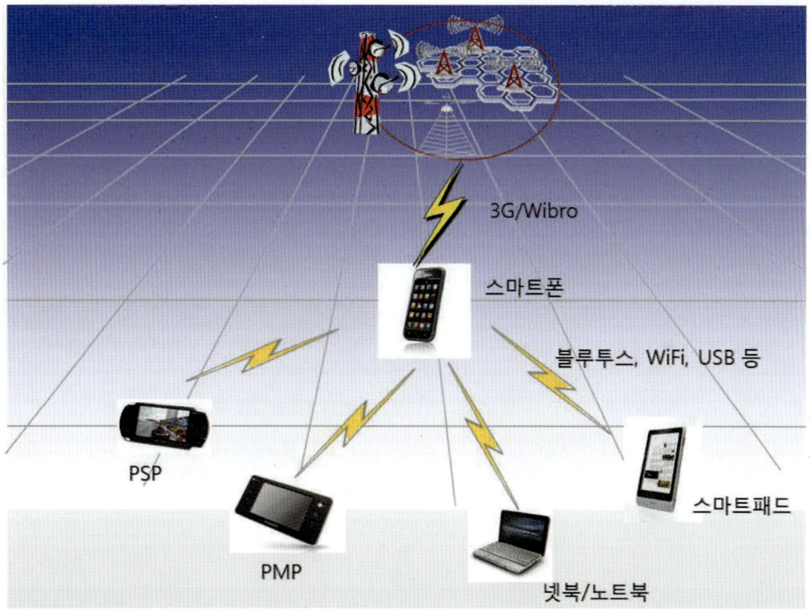

[그림 7-42] 테더링 서비스 개념도

[그림 7-43] 테더링 서비스 설정 방법

테더링 서비스의 등장에서 볼 수 있듯이 이동통신 서비스는 기존의 음성 중심의 서비스에서 데이터 중심의 서비스로 옮겨가는 과정 중에 있습니다. 테더링 서비스와 같은 서비스는 이러한 패러다임 전환에 기폭제가 되고 있습니다. 다만 테더링 서비스와 같은 데이터 중심의 서비스가 유발한 데이터 트래픽 증가가 수익으로 이어지지 못할 경우 이를 제한적으로 허용할 수밖에 없어 당분간 논란은 지속될 전망입니다.

Tip OPMD란?

지금까지는 사용자가 여러 개의 단말을 구입한 경우, 각각의 기기 별로 요금제를 따로 하나씩 가입해야 하는 불편함이 있었습니다. 예를 들어, 스마트폰을 이용하고자 하는 경우 무제한이나 일정량의 데이터 서비스를 사용할 수 있습니다. 만일 추가적으로 아이패드와 같은 신규 단말을 가입하는 경우에도 데이터 서비스에 또 가입해야 한다는 뜻입니다. 스마트폰의 데이터 용량이 남아 있음에도 불구하고 새로운 데이터 서비스에 또 가입해야 한다는 의미입니다.

이런 문제점을 해결하고자 하는 것이 바로 OPMD(One Person Multi Device)입니다. OPMD는 [그림 7-44]에서와 같이 말 그대로 사용자가 하나의 요금제로 스마트폰이나 노트북과 같은 여러 종류의 무선인터넷 단말들을 같이 사용할 수 있는 서비스를 의미합니다. 즉 여러 개의 단말기를 공용으로 사용하는 데이터 요금제가 바로 OPMD입니다. 예를 들어, 아이폰과 아이패드를 모두 가지고 있는 사용자의 경우를 생각해 볼 수 있습니다. 이럴 경우 아이폰의 남은 데이터 사용 용량을 아이패드에서도 사용할 수 있도록 하는 방식이 OPMD입니다. OPMD 서비스를 이용하고자 하는 경우에는 [그림 7-45]에서와 같이 OPMD 전용 USIM 칩을 구입하고 서비스 등록을 해야 합니다.

넓은 의미에서의 OPMD는 단말들의 공용 요금제뿐만 아니라 단말에 독립적인 서비스를 의미합니다.

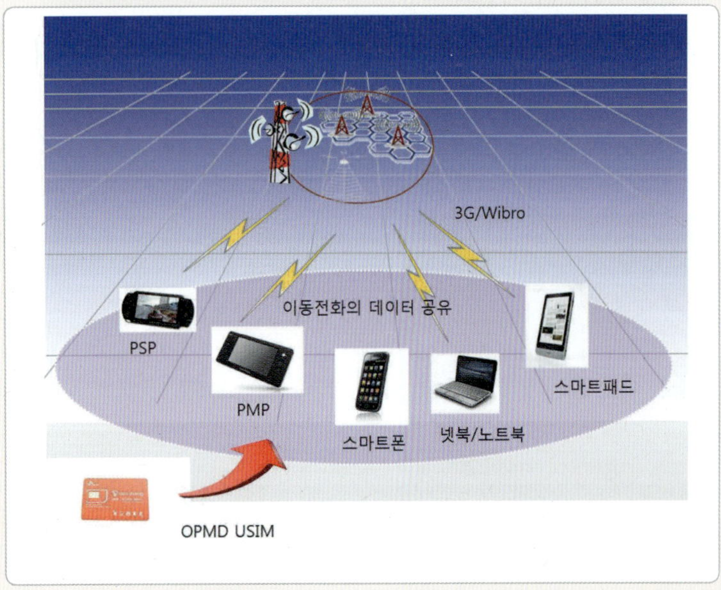

[그림 7-44] OPMD 개념도

[그림 7-45] OPMD를 지원하는 USIM 칩

Tip 앱스토어

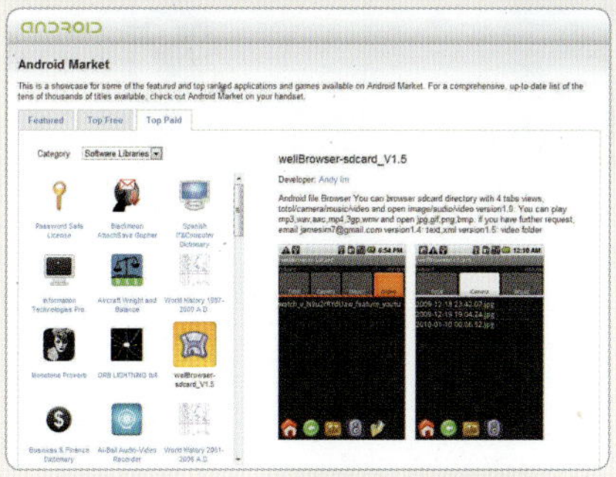

앱스토어는 애플리케이션 스토어(Application Store)의 준말로, 모바일 애플리케이션(휴대폰에 탑재되는 일정관리, 게임 등의 애플리케이션)을 자유롭게 사고 팔 수 있는 온라인상의 '콘텐츠(소프트웨어) 장터'를 의미합니다. 이미 애플, 구글, 노키아, RIM, 마이크로소프트와 SKT, KT, 삼성전자, LG텔레콤 등 국내 · 외에 많은 앱스토어들이 운용 중에 있습니다.

● App Store – 애플

애플은 앱스토어를 통해 iPhone, iPod 터치, iPad용 앱을 제공합니다. 현재 가장 많은 애플리케이션을 보유하고 있으며, 매달 추가되는 앱의 수에 있어서도 다른 앱스토어들보다 많은 편입니다. 애플의 앱스토어는 이전의 앱스토어들과 달리 SDK를 공개해 개발자들이 앱을 직접 만들어 판매할 수 있도록 하여 개발자들을 수익 모델에 끌어들이고 개방형 플랫폼에 기반한 새로운 수익 모델을 제시했다는 점에서 높이 평가됩니다. 다른 앱스토어들과 비교해 보면 폐쇄적 OS와 단말기, 앱스토어의 독점적 위치, 단일 단말에 대한 애플리케이션만 구비하면 된다는 점, 애플의 정책에 따라 임의로 행해지는 검열 등을 특징으로 들 수 있습니다.

● Android Market – 구글

구글은 개방형 플랫폼인 안드로이드용 앱의 판매를 위해 Android Market을 운영합니다. 애플의 앱스토어에 이어 두 번째로 많은 앱이 거래되고 있습니다. 자체 플랫폼이 없는 휴대폰 및 일반 PC 제조업체들이 앞 다투어 안드로이드를 채택하고 있다는 점, 타 앱스토어들에 비해 개발자 및 사용자 모두에게 가장 개방된 구조라는 점이 큰 장점입니다.

● Mobile Marketplace – 마이크로소프트

아직까지는 규모에 있어서 타 앱스토어에 못미치는데 아직까지는 개발자에게 높은 초기 개발 및 등록 비용을 부과하고 있습니다.

〈표 7-5〉 주요 앱스토어 비교(출처: http://gimodo.com/5199933/giz-explains-all-the-smartphone-mobile-app-stores)

	애플 앱스토어	구글 안드로이드 마켓	MS Mobile Marketplace
단독 공급원	YES	NO	NO
유료/무료 애플리케이션	YES/YES	YES/YES	YES/YES
콘텐츠 판매	NO	NO	미정
과금시스템	iTunes	Google Checkout	CC, 통신사
개발자 몫	70%	70%	70%
개발자 비용	$99	$25	$99/년
등록 제한	무제한	무제한	5개월 무료 후 $99/개
최저 가격	$0.99	$0.99	미정

7.4 멀티미디어 메시징 서비스

멀티미디어 메시징 서비스(MMS: Multimedia Messaging Service)는 기존 단순 문자 서비스(SMS: Short Messaging Service)와 더불어 대용량의 문자는 물론 컬러사진과 음악, 오디오, 애니메이션, 동영상 등 멀티미디어 파일을 첨부해 휴대전화 또는 전자메일로 송수신하는 서비스를 의미합니다. 단순 텍스트뿐만 아니라 이미지, 사운드, 비디오, 애니메이션 등을 포함시켜 전송할 수 있다는 것이 SMS와의 큰 차이점입니다. 최근 서비스되는 인터넷 메신저들은 핸드폰으로 SMS와 멀티메일을 전송하는 기능을 지원하기도 합니다.

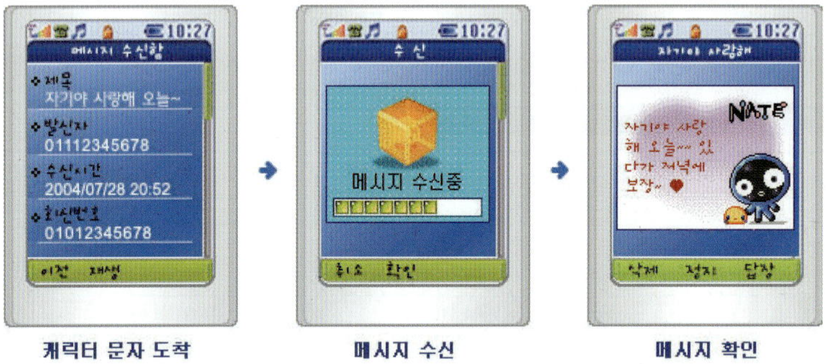

[그림 7-46] 네이트 캐릭터 문자 서비스

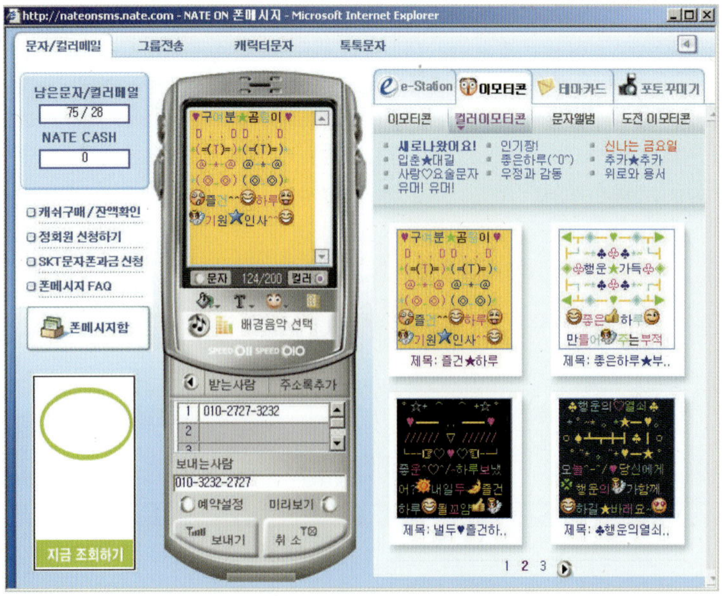

[그림 7-47] 인터넷 메신저에서 서비스하는 멀티미디어 메일 서비스

7.5 모바일 메신저 서비스

7.5.1 인터넷 무전기 PTT 서비스, 대답하라 오버

PTT(Push-To-Talk)는 무전기와 같은 일종의 즉석 메신저 서비스입니다. PTT 기능은 워키토키(Walkie-Talkie)라고 불리는 무전기에 많이 사용되며, PTT폰이란 한 사람이 여러 사람에게 동시에 메시지를 보내거나 받을 수 있는 기능을 가진 무선기 같은 휴대폰을 말합니다. PTT라는 단어의 의미 그대로 스위치를 누르고 말한다는 뜻으로 간단한 의사소통을 즉시 할 수 있으므로 휴대폰의 대기시간과 비교할 때 상대적으로 매우 빠른 통신 서비스를 제공할 수 있습니다. 또한 무전기와 같이 한 명의 사용자가 여러 명에게 통화나 메시지를 보내는 것도 가능합니다.

행사장이나 직장에서 여러 사람들과 통신을 해야 하는 경우 무전기와 휴대폰을 하나의 단말기로 이용할 수 있다는 PTT 서비스는 큰 장점을 제공할 수 있습니다. 또한 간단히 버튼만 누르고 이야기하면 되기 때문에 일반 휴대폰 통화에 비해 대기시간이

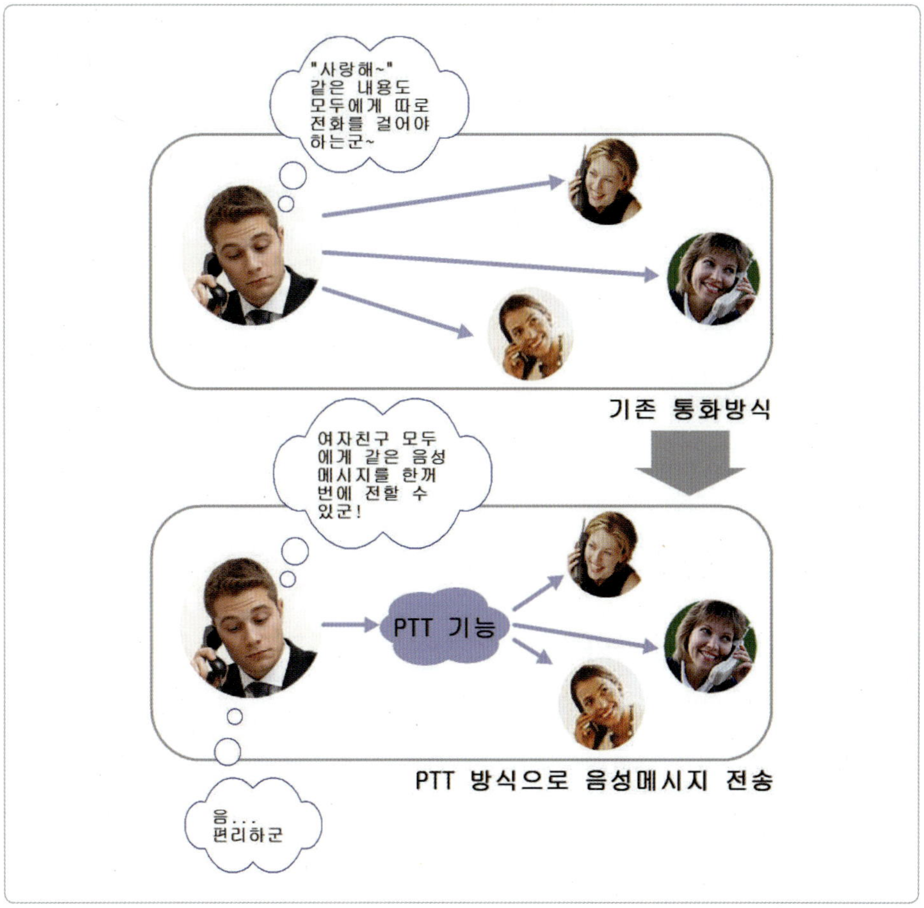

[그림 7-48] PTT 개념도

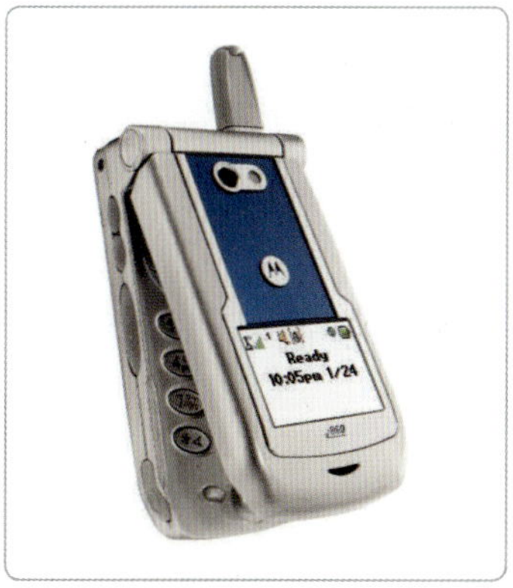

[그림 7-49] PTT 휴대폰

- 모토로라 i860
- PTV 지원

짧고 사용이 간편하면서도 음성망이 아닌 데이터망을 통해 서비스되기 때문에 상대적으로 요금이 싼 것도 특징입니다.

최근에는 아이폰용 무전기 서비스인 'iPTT' 앱이 인기를 모았지만 역무침해, 즉 이동통신사업자는 무전기 사업을 할 수 없다는 국내법에 저촉이 된다는 지적이 있었습니다.

[그림 7-50] 아이폰용 무전기 서비스 'iPTT' 앱(출처: 디지털타임스)

PTT 서비스를 이용하기 위해서는 이동통신 서비스 제공 업체들이 PTT를 지원해야 하고, 휴대전화 단말기도 PTT를 지원해야 합니다. PTT를 지원하는 단말기 외형은 일반 휴대전화와 크게 다르지 않으나, 휴대전화에 버튼이 추가되어 있는 형태가 대부분입니다.

PTT에는 크게 TRS(주파수 공용통신) PTT와 CDMA PTT 등 두 가지 방식이 있습니다. 국내에서는 KT 파워텔이 TRS의 지배적인 사업자입니다. 그러나 CDMA PTT의 경우, 이동통신사업자들의 PTT 서비스가 주파수공용통신 사업자들의 TRS 서비스 내용과 중첩된다며 강력히 반발하였고 국내법에 맞지 않아 시행되지 않았습니다.

[그림 7-51] 삼성전자에서 세계 최초로 개발한 PTA 단말기

기존 1대 다자 간 음성통화 기능인 PTT에서 진일보한 것으로 음성은 물론 화상 전송(PTV)과 데이터파일 송수신(PTD)도 가능합니다.

문제는 PTT가 현행 전기통신사업법에 따라 주파수공용통신(TRS)으로 분류되어 있고 이동통신과는 다른 역무로 분리돼 있다는 점입니다. 따라서 국내 상용 PTT 서비스는 주파수공용통신 역무를 확보한 KT파워텔만이 제공할 수 있습니다.

한편 PTT 단말기들은 단순히 음성전송을 넘어 이미지 전송까지 지원하고 있습니다. 즉, 휴대폰으로 찍은 사진을 PTT 버튼 하나로 여러 상대방에게 보낼 수 있는 것으로 PTV(Push To View), PTD(Push To Data), PTA(Push To All)가 가능합니다.

7.5.2 모바일 메신저 카카오톡

카카오톡은 국내 기업인 아이위랩에서 개발한 앱으로 전 세계 어디서나 아이폰과 안드로이드폰 사용자간 무료로 메시지를 주고받을 수 있는 모바일 소셜 네트워크 서비스입니다. 일종의 스마트폰 메신저입니다. 현재는 다음과 합병하여 다음카카오 회사입니다. 카카오톡에서는 가입과 로그인과 같은 번거로운 절차 없이 전화번호만 알고 있으면 실시간 그룹채팅 및 1:1 채팅을 즐길 수 있고 사진, 동영상, 연락처 등의 멀티미디어 데이터도 간편하게 주고받을 수 있습니다. 또한 친구추천 기능을 통해 연락처를 직접 알고 있지 않더라도 추천된 친구와 바로 채팅할 수 있습니다.

[그림 7-52] 카카오톡(출처: http://www.kakao.com/talk/ko)

카카오톡은 출시 10개월 만에 가입자수 600만 명을 돌파하는 등 싸이월드를 단숨에 능가하였고 미국과 일본에서도 서비스되고 있습니다. 통신사들은 힘들겠지만 자랑스러운 일입니다. 카카오톡의 가장 큰 장점은 휴대폰을 이용해 문자를 보내는 것과 같이 전화번호를 이용해 무료로 메시지를 주고받을 수 있다는 것입니다. 카카오톡은 1:1 메시지뿐만 아니라 트위터와 같이 여러 명에게 동시에 메시지를 주고 받을 수도 있습니다. 카카오톡이 무료 서비스여서 하루 종일 친구들과 수다를 즐기는 '카카오 수다족'도 있습니다.

카카오톡은 간단한 사용법으로 사용자들의 사랑을 받고 있습니다. 카카오톡에서는 스마트폰의 내 연락처에 등록된 친구들 중 카카오톡을 설치한 친구들을 자동으로 친구목록에 추가해 주는 기능을 가지고 있어 핸드폰으로 문자 메세지를 보내는 것과 같이 친구를 검색해 문자 메세지를 보낼 수 있습니다. 만약 친구를 차단하고 싶다면 친

[그림 7-53] 친구 추가

[그림 7-54] 그룹 채팅

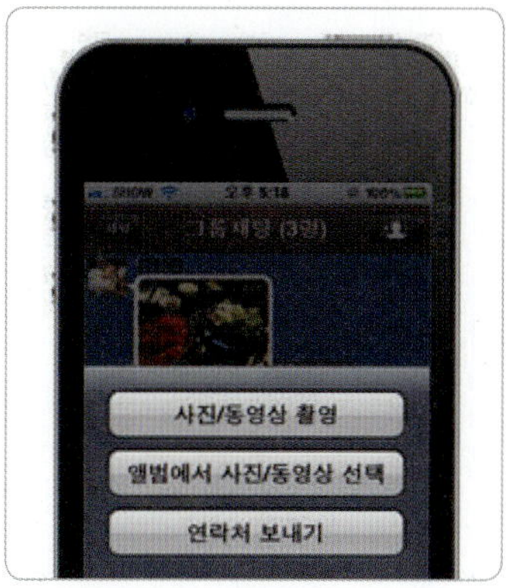

[그림 7-55] 멀티미디어 전송

구 편집화면에서 친구를 차단할 수도 있습니다. 한편 카카오톡에서는 1:1 채팅뿐 아니라 그룹 채팅을 지원하고 있으며 여러 명의 친구와 그룹 채팅을 즐길 수도 있습니다.

또한 카카오톡은 멀티미디어 전송 서비스도 제공하고 있습니다. 카카오톡을 이용하여 저장된 사진이나 동영상을 앨범에서 선택하여 보낼 수 있을 뿐 아니라 동영상이나 사진을 직접 보낼 수도 있습니다.

Tip 인터넷 전문은행

인터넷 전문은행은 모든 금융서비스를 인터넷 상에서 제공하는 은행을 말합니다. 오프라인 지점을 토대로 하고 있는 기존의 은행들과는 달리 인터넷 전문은행은 물리적 공간이 존재하지 않는 것이지요. 인터넷 뱅킹과 개별 서비스 내용으로는 동일하거나 중복되는 면이 있지만 인터넷 전문은행은 전적으로 사이버 공간을 출발점으로 하고 있다는 점에서 인터넷 환경을 편의를 위해 보조적으로 활용하는 오프라인 은행의 인터넷 뱅킹(Internet Banking)과 근본적인 차이점이 있습니다.

설립 초기에는 완전 무점포 형태의 온라인 위주로 이루어져 Direct Bank, Pure-play Internet Bank, Internet-only Bank, Online-only Bank, Virtual Bank 등의 명칭을 사용하며 이후 오프라인 시설을 보완적으로 이용하는 경우가 증가하면서 Internet Primary Bank라는 명칭으로 불립니다. 최근에는 모바일 채널의 등장과 함께 Digital Bank로도 불기기도 합니다.

미국과 유럽의 경우는 1990년대부터, 일본의 경우는 2000년대부터 운영을 시작하였고, 국내의 경우는 2008년 검토를 시작하여 2014년에서야 설립 논의가 본격화 되었습니다. 2016년 금융위원회로부터 케이뱅크가 승인을 받아 2017년 4월 3일 국내에서 처음으로 인터넷 전문은행의 영업이 시작되었고 곧이어 카카오뱅크가 2017년 7월 27일 뒤를 이어 영업을 시작하였습니다.

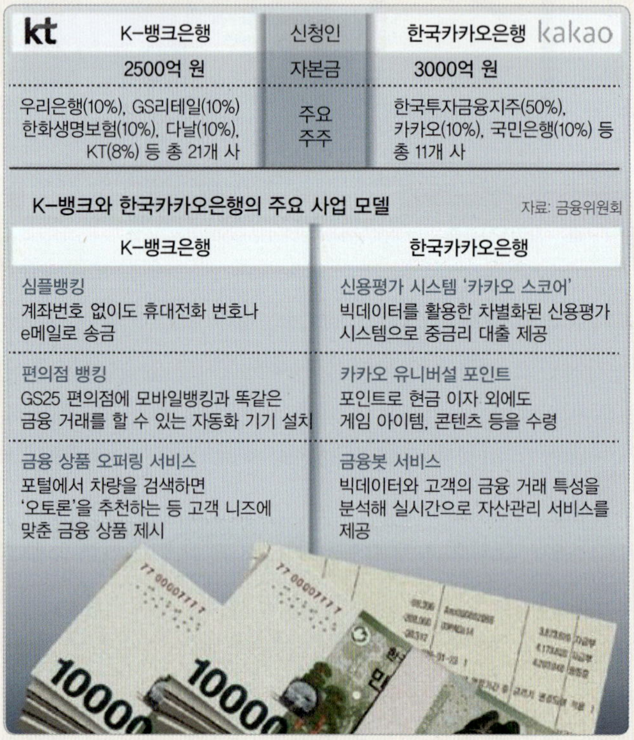

[그림 7-56] 인터넷 전문은행 비교

인터넷 전문은행은 운영형태에 따라 몇 가지로 구분되는데, 지점이 전혀 없이 별도 법인으로 운영되는 형태를 '순수 인터넷 전문은행(Internet Only Bank)' 또는 '가상은행(Virtual Bank)'이라 하며, 기존 은행이 별도의 브랜드와 사업부를 만들어 인터넷 뱅킹을 운영하는 형태를 '독자브랜드 인터넷 전문은행(Tradename Internet Bank)'이라고 합니다.

이와 같은 인터넷 전문은행은 1) 시공간의 확대, 2) 금융서비스 대상의 확대, 3) 금융 상품의 확대 라는 장점을 갖는 반면에 1) 은산분리 규제 완화, 2) 서비스 차별성의 지속적인 확보 여부, 3) 비대면거래의 불확실성과 4) 스마트폰의 보안 문제 등의 단점도 가지고 있는 것이 현실입니다.

참고문헌

1. Thomas G. Robertazzi, 「Computer Networks and Systems」, Springer-Verlag
2. Jonathan P. Castro, 「All IP in 3G CDMA Networks」, John Wiley & Sons
3. 정진욱, 한정수 공저, 「데이터통신」, 생능출판사
4. Alan B. Johnston, 「Session Initiation Protocol」, Artech House Publisher
5. 정진욱, 김현철, 조강홍 공저, 「컴퓨터 네트워크」, 생능출판사
6. RTP; Audio and Video for the Internet, Addison Weslex Colin Perkins
7. Wireless and Mobile Systems, Thomson Dharma Prakash Agrawal
8. 노미진, 김주성, "유무선 통합 시대의 펨토셀 동향 및 비즈니스 모델", 전자통신동향분석 제23권
9. 한지연, "유무선 통합을 향한 움직임: UMA", 정보통신정책 제17권 15호
10. 최재경, 이지형, "통신서비스 시장의 환경변화와 시사점: 유무선통합을 중심으로", 전자통신동향분석 제19권 2호
11. 한국정보통신기술협회, [차세대이동통신] FMC: IMS VCC대 UMA/GAN
12. KT http://www.kt.com/
13. 베타뉴스 http://www.betanews.net/
14. 전자신문 http://www.etnews.co.kr/
15. UMA Today http://www.umatoday.com/
16. 3GPP http://www.3gpp.org/
17. 한국정보사회진흥원 http://www.nia.or.kr/
18. 펨토 포럼 http://www.femtoforum.org/
19. 한국전자통신연구원 http://www.etri.re.kr/
20. 방송통신위원회 http://www.kcc.go.kr/
21. 연합뉴스 http://www.yonhapnews.co.kr/
22. 디지털 타임스 http://www.dt.co.kr/
23. 파이낸셜뉴스 http://www.fnnews.com/
24. 머니투데이 http://www.moneytoday.co.kr/
25. 박건형, 알아봅시다- PTT(Push To Talk) 서비스, 디지털타임스, 2006. 11. 28.
26. 김응열, 아이폰용 '무전기 서비스' 역무침해 논란, 디지털타임스, 2010. 2. 2.
27. [알아봅시다] FMC(유무선통합)와 FMS(유무선대체), 디지털타임스, 2009.10.27, 조성훈
28. [알아봅시다] FMC와 FMS, 디지털타임스, 2007.02.22, 김응열
29. [알아봅시다] FMC(유무선통합) 시대의 망 운용 전략, 디지털타임스, 2009.10.28, 김응열
30. [미디어 용어 따라잡기] FMC와 FMS, 미디어 오늘, 2007.07.12, 선호
31. 유무선통합(FMC) 서비스의 해외 동향 및 확산 요인 분석, 방송통신정책, 2009.02.16, 방송통신정책연구원, 박호영, 김진기

32. 정보통신정책연구원 http://www.kisdi.re.kr/
33. 디지털타임스 http://www.dt.co.kr/
34. 변재호, 조은진, "망중립성 논의 최근 전개 동향", [ETRI] 전자통신동향분석 25권 4호, 2010.8
35. 김용규, "글로벌 리더십 확보를 위한 망중립성 정책", 방송통신 글로벌 리더십 확보를 위한 정책방향 방송통신3학회 공동심포지엄, 2010.10
36. 이종태, 박명철, 김민경, "BcN환경 하의 망중립성 규제 이슈 연구", 한국기술혁신학회 2009년 추계학술대회, 2009.11
37. 송진, 유의선, "공정경쟁 관점에서의 망중립성 분석", 한국언론학보 제52권 3호, 2008.6
38. [IT용어 아하!] 망중립성, 디지털타임즈, 2010.8
39. [알아봅시다] 망중립성의 개념과 쟁점, 강의종, 디지털타임즈, 2010.5
40. OPENVACS, http://www.openvacs.com
41. "스카이프 가고 OTO시대 열려!! – 통신사 제지 받지 않고 무료전화 이용 가능!!", 동아닷컴, 2010.12.10, http://news.donga.com/3/all/20101210/33202967/2
42. 김민화, "국내전화 요금으로 국제전화 오티오앱", 이데일리, 2010.12.27 http://www.edaily.co.kr/news/NewsRead.edy?SCD=DC13&newsid=01298886593202784&DCD=A01404&OutLnkChk=Y
43. 이상훈, "통화료 걱정 끝! 무료 국제전화 앱 'OTO'", 미디어잇, 2011.1.18 http://www.it.co.kr/news/mediaitNewsView.php?nSeq=1873736&nBoardSeq=60&auth=1
44. 장명진, "기존 스카이프 가고 새로운 OTO시대 열려", 정경뉴스, 2010.12.10 http://www.mjknews.com/news/articleView.html?idxno=36603
45. 박지성, "N–스크린 서비스 '호핀' 이달 출시", 디지털타임스, 2011.1.3 http://www.dt.co.kr/contents.html?article_no=2011010402011351747002
46. 강희종, "통신 'N–스크린 강화' 저작권료가 복병", 디지털타임스, 2011.2.6 http://www.dt.co.kr/contents.html?article_no=2011020702010151742002
47. 대한민국 지식경제부 블로그, "N–스크린(N–Screen)", 2011.1.10, http://blog.naver.com/mocienews?Redirect=Log&logNo=100119698501
48. 스마트폰 OS가 IT 시장 바꾼다.(2010.10), 최연진, 한국일보
49. 스마트폰의 OS 및 특장점 비교분석 연구(2010.6) 오석표, 최인호, 대한전자공학회
50. Smartphone OS Beginner' guide http://gizmodo.com/5512963/smartphone–os–beginners–guide–+–updated
51. 위키백과
52. 디지털타임스, "이통 테더링 서비스 뜨거운 감자", 2009.08
53. 파이낸셜뉴스, "한 요금제로 여러 기기서 인터넷", 2010.06
54. 네이버 백과사전 http://100.naver.com/100.nhn?docid=920494
55. 모바일 앱스토어 기술 동향(2010.06), 백의현 외 5명, ETRI
56. TrusZone 표준제안서, 안철수연구소

연습문제

객관식

01 AMPS, NMT 등의 통신기술에 대한 설명으로 바른 것은?

① 2세대 이동통신 기술이다. ② 기지국 수용량이 제한적이다.
③ 디지털 방식의 이동통신 기술이다. ④ 1990년대 후반부터 사용되었다.

02 다음 중 IMT-2000에 해당하는 이동통신 기술은?

① IS-95 ② GSM
③ WCDMA ④ PCS

03 CDMA 기술을 개발하여 우리나라의 위상을 정보통신 강대국으로 높인 국내 연구기관은?

① ITU-T ② CIA
③ ETRI ④ KISTI

04 휴대 전화기를 사용해서 인터넷 정보를 신속히 검색, 표시할 수 있는 무선 응용 프로토콜은?

① WWW ② WAP
③ API ④ HTTP

05 WIPI에 관한 설명 중 옳은 것은?

① 개인용 컴퓨터의 운영체제와 같은 역할을 하는 이동전화 단말기 소프트웨어이다.
② 비싼 이동통신 전화요금 대신 저렴한 인터넷 전화서비스를 이용할 수 있는 서비스이다.
③ 2세대 셀룰러 방식의 음성 통신을 3세대 이동통신서비스로 진화시키는 기술이다.
④ 초당 다운로드 속도 14Mbps를 낼 수 있는 하향 데이터전송 가속방식이다.

06 WiMax에 대한 설명 중 틀린 것은?

① 언제 어디서나 인터넷 서비스 제공을 목표로 하는 신규 표준
② 무선랜과 이동통신기술의 장점을 융합
③ AP의 서비스 반경이 100m 내외임
④ 무선 접속 장비의 호환성을 향상시키고 장비들을 인증하기 위해 설립된 비영리 단체

07 BcN의 대표적인 예상 서비스에 해당하지 않는 것은?

① 전화와 인터넷이 분리된 서비스 ② 양방향 서비스
③ 고품질 멀티미디어 서비스 ④ 방송, 통신, 음성이 통합된 서비스

08 전화회사에서 부여하는 특별한 번호에 현재 사용 중인 전화번호를 하나 이상 복수로 등록하여 착신전환으로 연결해주는 서비스는?

① 개인번호 서비스 ② 010번호 서비스
③ 단일번호 서비스 ④ 080 서비스

09 원폰 서비스에 대한 설명으로 틀린 것은?

① 전체적으로 전화요금을 아낄 수 있다.
② 집 안에서는 적외선포트를 이용해 전화통화를 한다.
③ 하나의 전화기를 집 밖에서는 휴대전화로, 집 안에서는 무선전화기로 사용한다.
④ 집 안에서 이용하는 유선전화와 집 밖에서 사용하는 휴대전화가 이어지지 않는다.

10 워키토키와 같이 한 사람의 음성을 동시에 여러 명에게 메시지로 보내거나 받을 수 있는 기능은?

① GPRS ② PTT
③ WML ④ SMS

11 3세대 이동통신 기술이 서비스되면서 가능해진 서비스가 아닌 것은?

① 동영상 메일
② SMS
③ 모바일 TV
④ 컬러 그래픽기반 위치추적, 교통정보 제공

12 BcN 서비스에 대한 설명으로 틀린 것은?

① 통신, 방송, 인터넷 등을 통합하는 서비스이다.
② 초고속 인터넷보다 수십 배 빠른 서비스이다.
③ 고품질의 멀티미디어 서비스를 제공할 수 있다.
④ 기존 인터넷 주소체계를 사용하지 않는다.

13 블루투스에 대한 설명으로 맞는 것은?

① 사용범위가 1~3km에 달하는 장거리 통신 서비스이다.
② 동작에 맞게 출력을 조절할 수 없어 배터리 낭비가 심하다.
③ 고속통신 서비스로서 HDTV급 동영상 전송이 가능하다.
④ 무선 키보드, 헤드폰, 핸드폰 등의 기기에 사용된다.

14 Wibro는 무엇의 약자인가?

① Wideband Broadcast Intranet ② Wideband Broadcast Internet
③ Wireless Broadband Internet ④ Wireless Broadband Intranet

15 CDMA 기술 중 최근에 만들어진 통신규약으로, CDMA 1x 기술을 기반으로 데이터 처리속도를 개선하여 최대 2.4Mbps까지 속도를 낼 수 있는 기술은?

① EV-DO ② CDMA2000
③ HSDPA ④ GSM

주관식

01 다음은 어떤 통신 서비스에 대한 설명인가?

수십km의 속도로 이동하는 차량 안에서도 1~3Mbps로 데이터통신 서비스가 가능한 무선통신 기술

02 CDMA의 원리를 간단히 설명하라.

03 WAP 게이트웨이는 무슨 역할을 하는가?

04 휴대인터넷과 HSDPA의 차이점에 대해 설명하라.

05 스윙 서비스에 대해 설명하라.

CHAPTER
08 방송 융합 서비스

▶▶▶ 8.1 영상 미디어 서비스 개요 / 8.2 디지털 방송 서비스 / 8.3 IPTV
8.4 주문형 방송 서비스 / 8.5 영상전화 서비스

8.1 영상 미디어 서비스 개요

8.1.1 멀티미디어란?

[그림 8-1] 8비트 컴퓨터인 IBM 3033으로 작업하는 사람들

초기 컴퓨터에서는 문자만을 처리할 수 있었습니다. 그러나 정보인식(입력) 및 표현(출력) 기술이 발전함에 따라 컴퓨터에서 문자 이외에도 음성, 사진, 영상 등으로 이루어진 다양한 매체-이를 멀티미디어라고 합니다.-를 처리할 수 있도록 발전되었습니다.

멀티미디어 매체들은 영상과 소리를 주로 취급하기 때문에 정보의 양이 방대하고 이들 자원을 처리하기도 복잡하고 까다롭다는 특징을 가지고 있습니다. 아울러 이러한 정보를 효과적으로 전송하기 위해서는 고속의 전송기술과 교환기술, 그리고 영상

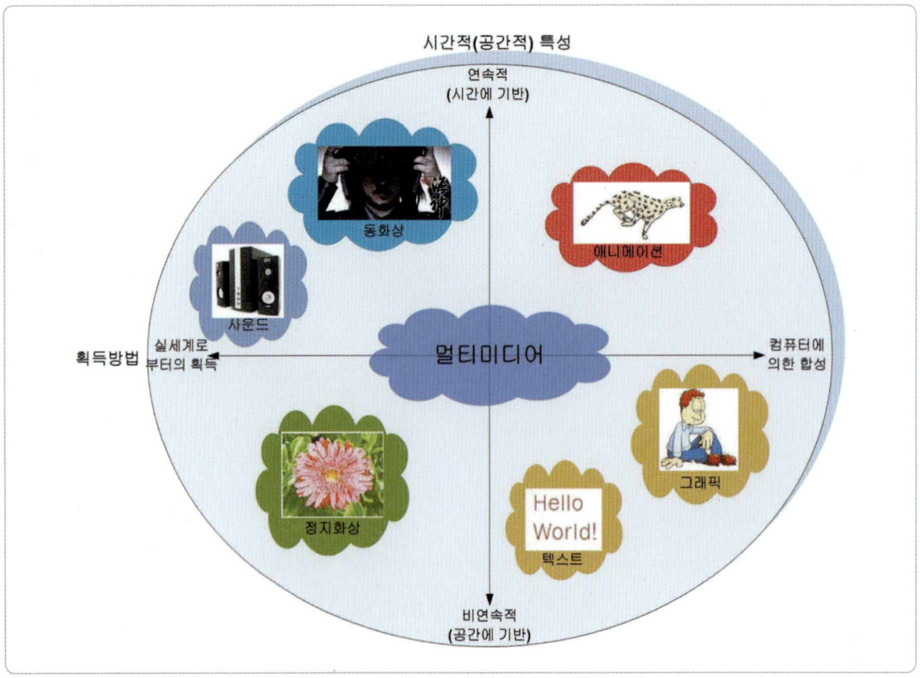

[그림 8-2] 멀티미디어 구성요소

과 음성 신호의 처리기술들을 필요로 합니다.

컴퓨터에서 다루는 다양한 미디어에는 텍스트, 사운드, 그래픽, 정지영상, 애니메이션 및 동영상 등이 있는데 이러한 미디어들은 미디어들의 시공간 측면과 미디어의 획득 방법에 따라 분류할 수 있습니다. 일반적으로 텍스트, 그래픽과 애니메이션은 컴퓨터를 이용하여 생성되며, 소리, 정지영상, 동영상은 실세계에서 수집하여 컴퓨터에서 이용할 수 있도록 처리된 매체입니다. 또한 소리, 애니메이션과 동영상은 시간의 흐름에 연속적으로 표현되는 매체인 데 비하여 텍스트, 그래픽과 같은 종류는 이러한 매체들이 출력화면의 정해진 장소에 단순히 디스플레이되며 시간을 고려할 필요가 없는 비연속적인 특성을 가지고 있습니다.

8.1.2 JPEG 그리고 MPEG이란 뭔가요?

JPEG(Joint Photographic Coding Experts Group)는 JPEG 위원회에 의해 개발되었습니다. JPEG는 풀 컬러(full-color)와 그레이 스케일(gray-scale) 화상의 압축을 위하여 고안되었으며, 사진이나 그래픽 분야의 작업에서 많이 사용되고 있습니다. JPEG 포맷은 GIF(Graphics Interchange Format)와 함께 인터넷에서 자주 사용되지만 GIF에 비해 데이터의 압축 효율이 더 좋습니다. 또한 GIF는 256색을 표시할 수 있는 데 반해 JPEG는 1,600만 색상을 표시할 수 있어 고해상도 디스플레이에 적합합니다.

[그림 8-3] JPEG 이미지

JPEG의 또 한 가지 유용한 특징은 이미지의 질과 파일의 크기를 조절할 수 있다는 것입니다. 예를 들어, 이미지가 큰 파일을 아주 작은 크기의 파일로 압축하려 하면 이미지의 질이 그만큼 떨어지게 됩니다. 그러나 JPEG 압축기술을 이용하면 이를 적절히 조절하여 이미지에 손상이 가지 않도록 이미지를 압축할 수 있습니다.

일반적으로 이미지는 비트맵 이미지와 벡터 이미지로 구분할 수 있습니다. 비트맵 이미지는 도형이나 그림을 점의 조합으로 표현하는 방식으로 픽셀(Pixel) 이미지라고도 하며 일정한 공간 내에 픽셀 수가 많은 것을 고해상도라 합니다. 따라서 이미지의 용량이나 처리 속도의 차이는 그림을 이루고 있는 점의 개수와 화면의 크기에 좌우됩니다. 즉, 해상도가 높을수록 픽셀의 수가 많아지고 이미지는 더욱 부드러워집니다.

반면에 벡터 이미지는 점, 선 등의 도형을 표시할 때 좌표와 수식으로 표현하는 방법을 사용합니다. 따라서 벡터 방식은 이미지를 저장할 때 적은 용량으로 저장할 수 있습니다. 벡터 방식의 또 다른 장점은 화질을 손상시키지 않으면서 확대, 축소, 회전 등 다양한 이미지 조작을 할 수 있다는 것입니다. 이렇듯 다른 도형 요소에 영향을 미치지 않으면서 자유자재로 변형시킬 수 있기 때문에 벡터 이미지는 객체지향형 이미지라고도 불립니다.

MPEG의 정식 명칭은 동영상 전문가그룹(Motion Picture Experts Group)입니다. 정지된 영상을 압축하는 JPEG와 달리, MPEG에서는 시간에 따라 연속적으로 변화하는 동영상 압축과 압축된 정보의 전송 방법을 연구하고 있습니다.

〈표 8-1〉 다양한 MPEG 표준

종 류	설 명
MPEG1 	1991년 ISO11172로 규격화한 영상압축 기술입니다. CD-ROM과 같은 디지털 저장 매체에 VHS 테이프 수준의 동영상과 음향을 최대 1.5Mbps로 압축, 저장할 수 있습니다. 비디오 CD가 MPEG1의 대표적인 예입니다.
MPEG2 	1994년 ISO 13818로 규격화한 영상압축 기술입니다. 디지털 TV, 대화형 TV, DVD 등 고화질과 고음질을 필요로 하는 분야에 사용됩니다. 현재 DVD 등의 컴퓨터 멀티미디어 서비스, 위성방송, 유선방송, 고화질 TV 등과 같은 방송 서비스, 영화나 광고편집 등에서 널리 쓰입니다.
MPEG3 	MPEG2를 완성한 후 후속작업으로 고화질 TV 품질에 해당하는 고선명도의 화질을 얻기 위해 개발한 기술입니다. 그러나 이후에 MPEG2로 통합되었습니다.
MPEG4 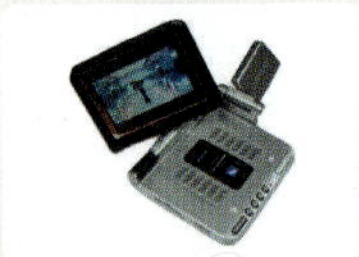	멀티미디어 통신을 위해 개발된 영상압축 기술로 낮은 전송률로 동영상을 보내기 위해 개발된 데이터 압축과 복원기술에 대한 표준을 말합니다. 64kbps, 19.2kbps 등과 같은 저속에서도 동영상을 전송할 수 있습니다. 유선망과 무선망에서 멀티미디어 통신, 영상회의, 영화, 교육, 오락 등의 분야에 널리 쓰입니다.
MPEG7 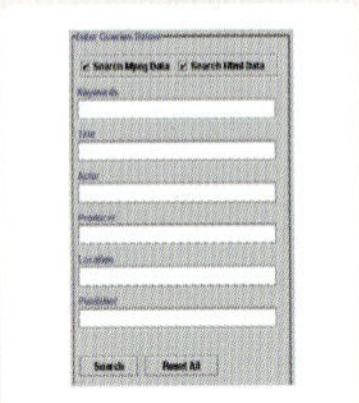	콘텐츠 기반의 검색을 위해 필요한 요소기술들을 제공하는 것을 목적으로 개발된 표준방식입니다. 기존의 멀티미디어 데이터를 검색하려면 단순한 검색어 이외에는 별다른 방법이 없기 때문에 이러한 한계를 극복하기 위해서 내용기반 검색이라는 새로운 방법에 대하여 연구되고 있는 방식입니다.

영상압축 기술에 대한 규격이 완성되면 반도체 업체에서는 이러한 표준 규격을 바탕으로 영상압축 칩을 개발합니다. MPEG는 사용되는 용도에 따라서 여러 가지 종류가 있고 대표적으로는 MPEG1, MPEG2, MPEG3, MPEG4, MPEG21 등이 있습니다. 동영상을 압축하고 전송하는 또 다른 대표적인 방법으로 H.264가 있습니다. 셋톱 박스뿐만 아니라 DMB 방송에서도 H.264를 동영상 압축, 전송 프로토콜로 사용하기도 합니다. H.264는 국제전기통신연합(ITU-T)에서 제정한 비디오 압축기술 표준으로 MPEG2보다 압축률이 2~3배 정도 뛰어난 것으로 알려져 있습니다. MPEG2로 SD(Standard Definition)급 동영상 서비스를 하는 경우 4Mbps의 대역폭을 필요로 하는 반면에 H.264를 사용하면 1.5Mbps로도 충분하기 때문에 위성, 케이블 서비스에서도 H.264를 적용하려는 움직임이 활발하게 이루어지고 있습니다.

[그림 8-4] MPEG 재생화면

8.1.3 MP3(MPEG Audio Layer-3)란?

MP3는 음반 CD에 가까운 음질을 유지하면서 CD보다 최대 50배 압축이 가능한 음성 전용 포맷을 의미합니다. 이렇게 뛰어난 음질과 압축률로 인해 인터넷 AOD(Audio On Demand)와 인터넷 FM 라디오 방송 등에 널리 이용되고 있습니다. MP3를 이용하면 압축된 양질의 음악을 쉽게 복제하여 전송할 수 있습니다. 예컨대, 음반 CD에서 여러 곡을 MP3로 추출한 다음, 인터넷에서 이를 전송할 수 있습니다. 인터넷이나 PC 통신 이용자들은 이러한 MP3 파일들을 다운로딩하여 즐길 수 있게 됩니다.

그러나 음악 저작권자의 허락을 받지 않은 채 노래를 배포함으로써 음악 저작물의 심각한 불법복제 문제가 야기되었습니다. 그리하여 1997년 한국음악 저작권협회(KOMCA)는 "PC통신망을 통한 음악저작물의 이용에 대한 기준"을 제정, 시행하였고 누구나 MP3를 이용한 PC통신 유료 서비스사업을 할 수 있게 되었습니다.

[그림 8-5] MP3 플레이어

- 파일형태: MPEG 1/2/2.5 Layer 3, WMA, ASF
- 메모리 크기: 256M/512M

Tip • 소리바다

[그림 8-6] 소리바다 검색화면

mp3를 즐겨 듣는 사용자들이 가장 많이 이용하는 프로그램인 소리바다입니다. 음반 협회와의 기나긴 법적 소송 끝에 중앙 서버까지 폐쇄되어 수많은 인터넷 사용자들의 구설수가 되었지만 새로운 소리바다에서는 최신 곡들을 정상적으로 음원 공급을 받아서 정식으로 구입하고 이용할 수 있게 하였습니다.

8.1.4 H.264가 대세라는데요?

H.264는 ITU-T(국제전기통신연합)에서 제안한 H.26X 시리즈 영상 압축표준의 하나로 ITU-T의 비디오 코딩 전문가 그룹(Video Coding Experts Group, VCEG)과 ISO/IEC의 동화상 전문가 그룹(Moving Picture Experts Group, MPEG)이 공동으로 참여한 조인트 비디오 팀(Joint Video Team, JVT)의 연구 결과물로 만들어진 매우 뛰어난 디지털 영상압축 표준입니다. 이러한 이유로 H.264 표준은 MPEG4 파트 10 또는 MPEG-4/AVC(고급 비디오 부호화, Advanced Video Coding)라 부르기도 합니다. 그러나 일반적으로 MPEG4는 MPEG4 파트 2를 지칭하는 경우가 일반적이

[그림 8-7] H.264를 지원하는 UCC 맞춤형 캠코더(출처: http://www.dt.co.kr/contents.html?article_no=2008093002011232718001)

기 때문에 엄밀한 의미에서 H.264와 MPEG4는 다르다고 할 수 있습니다.

H.264는 기존의 압축 표준들(MPEG-2, H.263, MPEG-4 Part 2)과 비교했을 때, 낮은 전송속도에서도 기존의 방식과 비슷하거나 더 좋은 화질을 얻을 수 있도록 개발되었습니다. 예를 들어, 동일한 환경에서 MPEG2의 경우에는 8개의 SD급 채널이나 2개의 HD급 채널을 지원할 수 있지만 H.264를 이용하는 경우 30여 개의 SD급 채널이나 6개의 HD급 채널을 동시에 지원할 수 있습니다. 또한 다양한 종류의 네트워크 및 시스템에서 쉽게 구현할 수 있도록 설계되었습니다. 예를 들어, H.264는 고화질 방송에서부터 인터넷, 그리고 상대적으로 저속인 화상전화 응용에도 쉽게 적용될 수 있다는 장점이 있습니다.

이처럼 H.264는 고속의 HD 방송이나 저장매체는 물론, 저속에서도 영상을 매끄럽게 재생할 수 있기 때문에 이동통신이나 인터넷을 통한 비디오 스트리밍 서비스에도 많이 사용되고 있습니다. 예를 들어, KT 등 IPTV 사업자들은 H.264 방식으로 서비스를 제공하고 있고, 위성 DMB도 H.264 방식을 사용하고 있습니다. 그러나 기존의 동영상 압축 표준에 비해 H.264는 유연성이 좋고 압축 효율이 높다는 장점이 있지만 인코딩이나 디코딩을 실행할 때 상당히 복잡하다는 단점이 있습니다.

[그림 8-8] 1채널 H.264 네트워크 비디오 인코더(출처: http://www.samsungtechwin.co.kr/)

[그림 8-9] HD급 네트워크 카메라(출처: http://www.samsungtechwin.co.kr/)

[그림 8-10] H.264 Pro Recorder

3G-SDI, HDMI, 아날로그 YUV, S-Video, 컴포지트 비디오를 H.264 파일로 인코딩하는 장비

2003년 표준안 최초 버전 발표 이후, JVT는 H.264에 대한 지속적인 업그레이드를 실행하였습니다. 확장된 내용 중에는 하나의 비디오 스트림으로 다양한 전송 네트워크와 다양한 수신 단말의 성능과 환경에 맞춰 비디오 스트리밍 서비스가 자동적으로 선택되는 비디오 부호화 방법인 Scalable Video Coding(SVC) 모드 지원과 다중 카메라를 이용할 수 있는 Multiview Video Coding(MVC) 모드 지원 등이 있습니다.

특히 2011년 1월 성공적인 인질구출작전을 이끈 청해부대 장비 가운데 일등공신인 '카이샷(KAISHOT)'은 H.264 압축방식을 채택한 저장장치를 사용했습니다. 청해부대 작전 당시 국방부 청사 지하벙커(지휘통제실)에서는 실시간으로 작전상황을 지켜보며 지휘하였으며, 청해부대 인질구출 현장을 실시간으로 전송해준 무선영상 전송시스템은 뛰어난 압축력과 고화질의 영상을 제공하는 H.264 코덱이었습니다.

[그림 8-11] H.264 코덱의 군인/경찰 분야 활용(출처: http://www.kaishot.co.kr/index_body.asp)

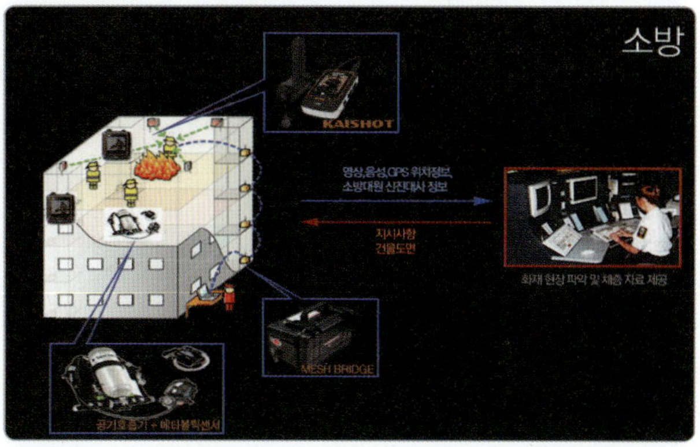

[그림 8-12] H.264 코덱의 소방 분야 활용(출처: http://www.kaishot.co.kr/index_body.asp)

ITU는 2013년 새로운 동영상 포맷인 H.265(HEVC: High Efficiency Video Coding) 코덱을 승인하였습니다. H.265 코덱은 기존 H.264 코덱보다 화질은 더 좋고 두 배 이상의 압축률을 나타내 스트리밍에 필요한 대역폭의 양을 50% 이상 낮춰줄 수 있습니다. 게다가 초고해상도 디스플레이 규격인 UHD(Ultra High Definition)를 지원해 최대 8K UHD(7,680×4,320 픽셀)의 상당한 고화질 영상을 지원합니다.

[그림 8-13] H.265 지원 카메라
– Megapixel(2048×1536)
– H.265HEVC/MJPEG

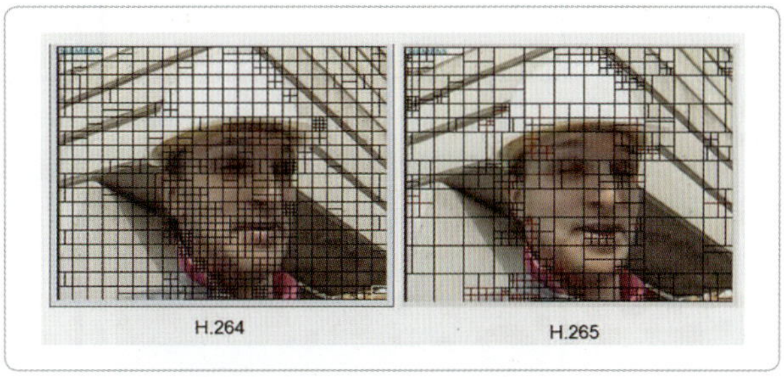

[그림 8-14] H.264와 H.265 차이

Tip H.264 인코딩 방법

인코더는 다양한 동영상 파일의 일부분이나 전체를 다른 형식의 파일로 변환하는 프로그램입니다. HD급의 고화질 동영상 파일을 H.264 형식으로 인코딩하는 프로그램은 여러 가지가 있습니다만 그 중 국내에서 개발되었고 무료로 제공되는 Daum의 '팟인코더'를 소개하겠습니다.

1. 프로그램을 실행한 초기 화면입니다. 파일 불러오기를 클릭하거나 드래그함으로써 원하는 파일을 선택합니다.

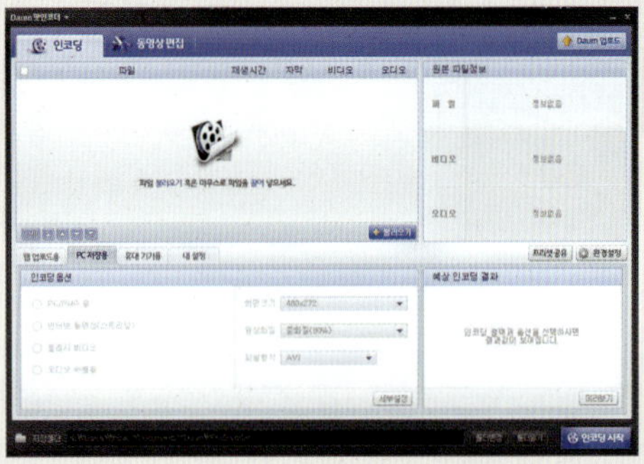

2. 파일을 불러오게 되면, 오른쪽에 원본 파일정보에서 현재 파일에 대한 정보가 표시됩니다. 현재 비디오는 MPEG2, 오디오는 AC3 코덱을 사용하고 있습니다. 5분 35초의 재생시간임에도 불구하고 717MB나 용량을 차지하고 있습니다.

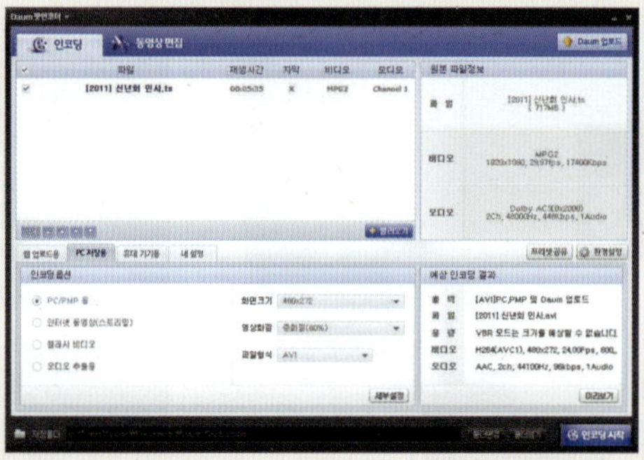

3. 화면 하단의 세부설정을 클릭하여 비디오, 오디오 관련한 환경설정을 하겠습니다. 비디오의 압축방식을 MPEG-4 AVC/H.264로 선택합니다. H.264 코덱은 AAC 포맷의 오디오 압축을 사용합니다. 설정이 완료되면 인코딩을 시작합니다.

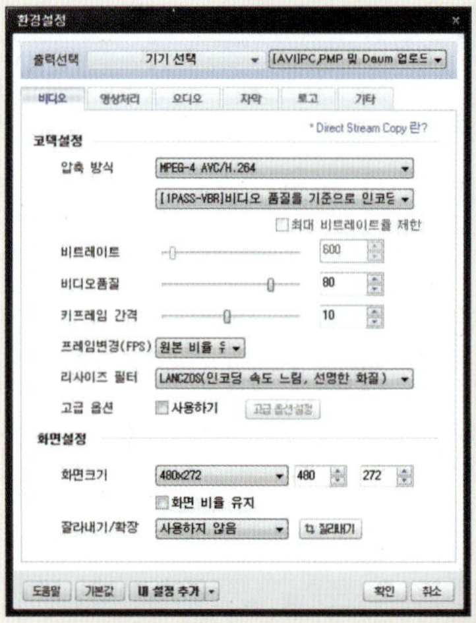

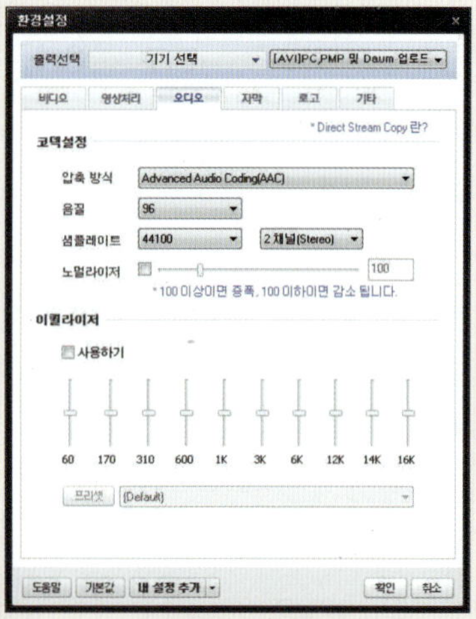

4. 인코딩이 진행되면서 남은 시간 및 파일크기가 실시간으로 표시됩니다. 인코딩이 완료되면 다음과 같이 나타납니다. 717MB의 용량이 253MB로 확연히 줄어들었음을 확인할 수 있습니다.

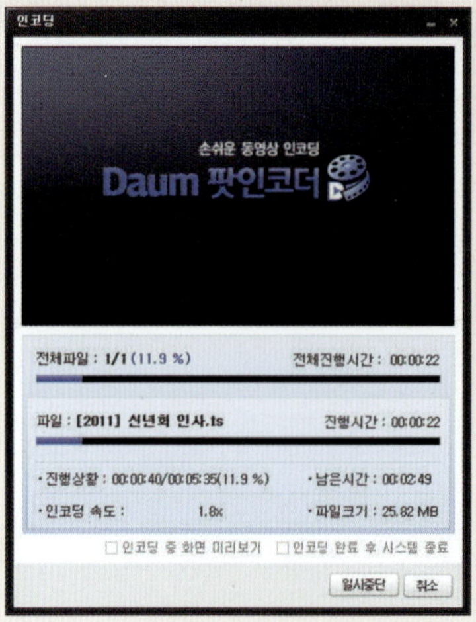

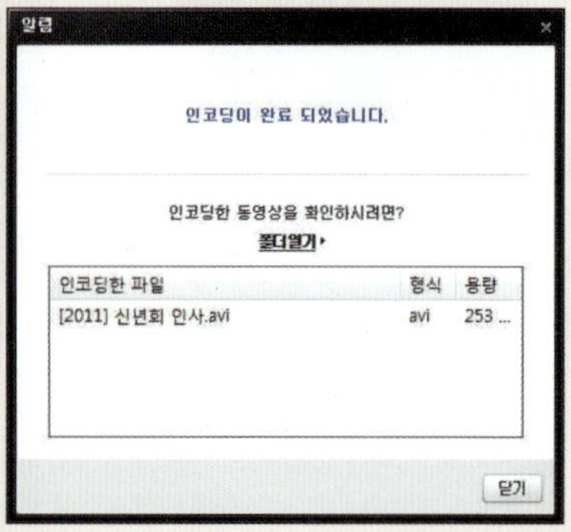

Tip ● MP4

MP4는 ISO/IEC의 동영상 압축 표준규격인 MPEG-4의 part 14로 규정된 파일 포맷이며 MP4 파일, MP4 컨테이너 등으로 불리며 기본 확장자는 .mp4입니다. 그러나 국내에서는 H.264 기반으로 인코딩되어 휴대전화에서 재생 가능하도록 제작한 파일을 MP4라고 부르기도 합니다.

흔히 H.264는 MPEG4와 동일한 뜻으로 사용되지만, MPEG4는 MPEG4 part2를 지칭하는 말로 엄밀히 얘기하면 H.264와 MPEG4는 다르며, 양방향 멀티미디어를 구현할 수 있는 화상통신을 위한 동영상 압축 기술입니다.

[그림 8-15] MP4 비디오 포맷을 지원하는 Full HD 프리미엄 캠코더(출처: http://www.samsungimaging.co.kr)

[그림 8-16] MP4 비디오 포맷을 지원하는 아이폰4 및 아이패드(출처: http://www.apple.com/ios/)

[그림 8-17] MP4 비디오 포맷을 지원하는 아이리버 플레이어

8.1.5 DVD란?

1996년 가을부터 DVD 플레이어와 소프트웨어가 발매되기 시작하였습니다. DVD 1매의 기록용량은 일반 CD의 6~8배 정도입니다. CD와 같은 지름의 디스크에 텔레비전 방송 수준의 화질로 영화를 담을 수 있습니다. 광원으로는 CD에서 사용하는 적외선 반도체 레이저(파장 780nm 정도)보다 파장이 짧은 적색 반도체 레이저(파장 635~650nm)를 사용하며 레이저를 집광(集光)하는 대물 렌즈의 개구수(開口數)를 높이는 등 기록 용량을 증가시켰습니다.

DVD는 고화질의 영화를 담을 수 있는 영상 매체로서뿐만 아니라 판독 전용 컴퓨터 기억장치인 CD-ROM의 차세대판인 DVD-ROM으로서도 사용될 수 있기 때문에 개인용 컴퓨터(PC)나 게임 기기, 소프트웨어 제작 업계에서도 많이 사용하고 있습니다.

처음에는 멀티미디어 CD(MMCD)라는 방식과 초밀도(SD: Super Density) 방식이라는 두 가지 방식의 DVD가 제안되었습니다. 소니와 필립스가 공동 제안한 MMCD는 기존의 CD와의 호환성 확보가 용이한 반면, 도시바 등 7개 사가 공동 제안한 SD 방식은 기록 용량을 높이는 것이 용이하기 때문에, 디스크 구조는 SD 방식으로 하고 변조 방식의 일부에 MMCD 방식을 채용함으로써 DVD의 규격을 통일하게 되었습니다.

(1) DVD 종류에는 어떤 것이 있나요?

일반적으로 DVD라 함은 DVD 비디오를 지칭합니다. DVD는 기존의 매체를 대체하는 대용량 멀티미디어 매체로서 VHS(Video Home System)나 CD에 비해 기능과 보존 용량 등 모든 면에서 월등히 앞섭니다. 영상은 MPEG-2 압축방식을 따르고 있고, 음성은 돌비 연구소에서 개발한 5.1 채널을 기반으로 하는 입체음향 지원 포맷인 AC3(Audio Codec 3)를 사용하고 있습니다. 아울러 극장 영화 음성 트랙의 디지털 기록 재생용으로 고안된 DTS(Digital Theater Systems)를 지원합니다. 사용자가 쉽게 접근할 수 있는 대화형 방식의 구성을 지원하며 최대 8개 국어의 음성과 32개 국어의 자막 수록 및 멀티 앵글, 멀티 스토리, 다양한 메뉴 등 극장을 능가하는 고화질, 고음질을 제공합니다.

DVD의 용량은 단면 구조(Single Layer) 디스크는 4.7GB, 양면 구조(Dual Layer)는 9.6GB이며 효율적인 VBR(가변전송방식: Variable Bit Rate) 방식을 사용하기 때문에 화질의 저하 없이 면당 135~142분에 해당하는 비디오/오디오 데이터 기록이 가능합니다. 단면 구조 디스크를 기준으로 4.7GB 중 3.4GB 공간은 동영상을 위해 사용되고 나머지 1.3GB의 용량은 오디오와 자막 등의 부가적인 데이터를 위해 할당됩니다. 이렇게 할 경우, 3개의 음성 채널과 4개의 자막이 사용된 133분 분량의 동영상을 담을 수 있게 되는 것입니다.

① DVD-RAM

캐디 카트리지

DVD-RAM은 DVD Random Access Memory의 약자로 DVD 포럼에서 인정한 공식 규격으로 1998년 초 마쓰시다와 도시바, 히다찌 3사를 주축으로 개발되었습니다. DVD-RAM은 약 10만 번에 달하는 엄청난 횟수의 재기록이 가능하며, DVD 포럼에서 규정된 Book ver2.0은 단면 4.7GB로 양면은 9.4GB로 저장할 수 있으며, 22.16Mbps로 빠르게 전송할 수 있습니다. 미디어는 카트리지 타입으로 존재하는데 미디어를 플로피 디스크처럼 카트리지에 봉합해버린 타입 1과 카트리지에서 미디어를 분리할 수 있는 타입 2가 있습니다.

② DVD-R

DVD-WO(Write Once)라고도 불리는 DVD-R은 CD-R처럼 한번만 기록할 수 있고, CD-R과 같은 기술을 사용하여 기록합니다. 그러므로 DVD-R은 CD-R의 DVD 버전이라고 할 수 있습니다. DVD-R은 대다수의 DVD 드라이브와 플레이어에

서 호환되는 높은 호환성을 자랑합니다. DVD-R for Authoring 버전과 DVD-R for General 버전이 있습니다.

③ DVD-RW

초기에 DVD-E 또는 DVD-ER(Erasable or ReWritable)로 불리었던 DVD-RW는 쓰기와 삭제, 그리고 재기록을 할 수 있는 DVD 규격을 말하며 CD-RW를 기초로 디자인되었습니다. CD-RW처럼 1000번의 재기록이 가능하고 4.7GB의 용량을 제공합니다. 초기엔 낮은 반사율로 인해 호환성에 문제가 있었으나 호환성 향상과 하드웨어 제조사 등의 DVD-RW 지원으로 인해 대부분 인식되고 있습니다. 현재 DVD-R과 더불어 가장 널리 사용되고 있으며 가장 많은 미디어와 레코더기가 지원하는 규격입니다.

④ DVD+RW

PC 업체들이 DVDRW Alliance라는 공동체를 조직하여 DVD-RW에 대응하기 위해 만든 자체적인 포맷입니다. DVD-RAM과는 달리 DVD-ROM, DVD-비디오뿐만 아니라 CD-R/RW 등의 표준화된 매체를 읽어들일 수 있습니다. 일반 디스크의 경우 4.7GB(실제 4.38GB), 미니 디스크의 경우 1GB의 데이터를 저장할 수 있으며, 약 1000번 이상의 재기록이 가능합니다.

⑤ DVD+R

DVDRW Alliance에서 DVD+RW와 더불어 발표한 규격으로 한번 기록된 데이터는 읽기만(Read Only) 가능합니다. 반사율은 45~85%이며 기존 장치들과 90%의 높은 호환성을 지닙니다.

(2) DVD의 구조

CD와 DVD 디스크 사이에는 근본적으로 몇 가지 다른 점이 있습니다. 첫째, 디스크에서 정보를 표현하는 가장 작은 단위인 홈이 DVD에서는 0.4μm인 데 비해 CD에서는 이보다 큰 0.83μm입니다. 또 DVD 데이터 홈의 간격이 0.74μm인 데 비해 CD 데이터 홈의 간격은 1.6μm입니다. 따라서 DVD는 CD와 외형은 같지만 데이터 용량을 좌우하는 소용돌이 선이 CD의 2배 이상 되는 것입니다. 또한 DVD 디스크는 1층인가 2층인가에 따라 4종류로 구분할 수 있습니다.

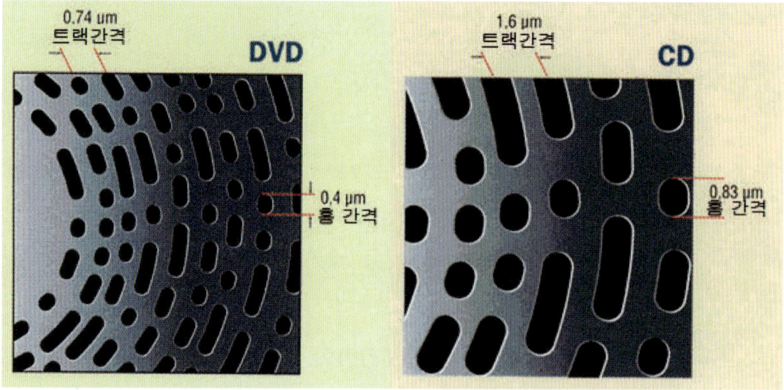

[그림 8-18] DVD와 CD의 트랙 피치 비교(출처: http://blog.naver.com/snami76.do)

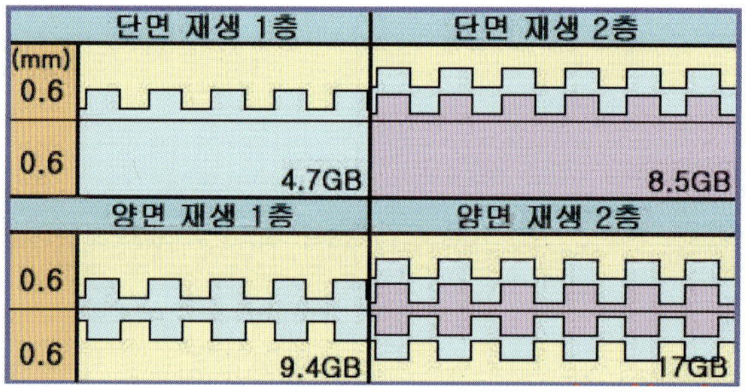

[그림 8-19] DVD 디스크의 구조(출처: http://www.cdworld.pe.kr)

초창기에 가장 널리 사용된 것은 단면 재생 1층 구조 디스크로, 영화 한 편 분량의 영상, 음성 데이터를 수록할 수 있습니다. 이것은 CD의 7장 분량에 해당하는 대용량입니다. 양면 1층 구조(싱글 레이어 듀얼 사이드 디스크)도 쓰였지만 뒤집어야 하는 불편 때문에 사용되지 않고, 단면 2층 구조를 가장 많이 사용하고 있습니다.

[그림 8-20] 양면 DVD

DVD 디스크를 재생하기 위해서는 DVD 플레이어가 필요합니다. DVD가 CD에 비해 아무리 뛰어난 성능을 가지고 있다고 하더라도, 고밀도의 DVD 디스크로부터 데이터를 읽어 들이기 위해서는 광 픽업 장치를 가진 플레이어가 있어야 합니다. DVD 플레이어가 고난도의 기술을 필요로 하는 이유 중의 하나는 단순히 DVD만을 재생하는 것이 아니라, 기존의 CD도 함께 사용할 수 있어야 하기 때문입니다.

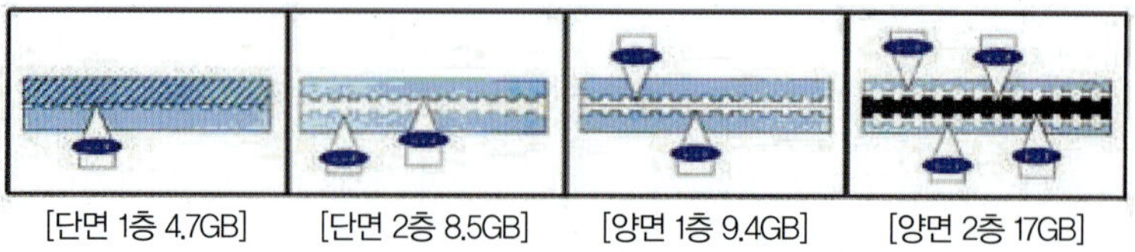

[그림 8-21] DVD의 종류별 구조(출처: http://blog.naver.com/snami76.do)

광 픽업 장치는 DVD 또는 CD에 수록된 정보를 재생하는 장치입니다. 즉, 레이저 다이오드로부터 발생된 레이저 광을 이용하여 기판의 두께와 밀도가 서로 다른 DVD와 CD의 디지털 신호를 판독하는 기능을 수행하는 것입니다. 그런데 780nm의 적외선 반도체 레이저를 사용하는 CD용 광 픽업 장치로는 DVD의 데이터를 읽을 수 없습니다. DVD의 데이터를 읽기 위해서는 650nm의 적외선 레이저가 필요합니다. 650nm의 광 픽업 장치로 CD를 읽는 것은 파장에는 문제가 없지만 초점 거리가 맞지 않다는 문제가 있습니다. CD는 두께가 1.2mm로서 DVD의 2배인데 정보를 써넣는 장소가 DVD보다 깊기 때문입니다.

[그림 8-22] DVD 리더

광 픽업 장치를 위한 기술에는 '2렌즈 방식', '액정셔터 방식', '홀로그램 방식', '환형차폐 방식' 등이 있습니다. 이 중에서 환형차폐 방식은 삼성전자에서 독자적으로 개발한 기술입니다.

환형차폐 방식에서는 렌즈의 외곽부분에 고리모양의 둥근 홈을 설치합니다. 이 홈이 DVD와 CD 재생 시에 적절하게 레이저 광을 차폐(가려막고 덮는 것)시킴으로써, 양쪽의 재생이 가능해 지는 것입니다. 환형차폐면은 0.6mm 두께인 DVD 디스크의 재생 시에는 영향을 주지 않고, 1.2mm의 두꺼운 CD 규격의 디스크에 대해서는 광학 잡음을 제거하여 초점이 잘 맺히도록 합니다.

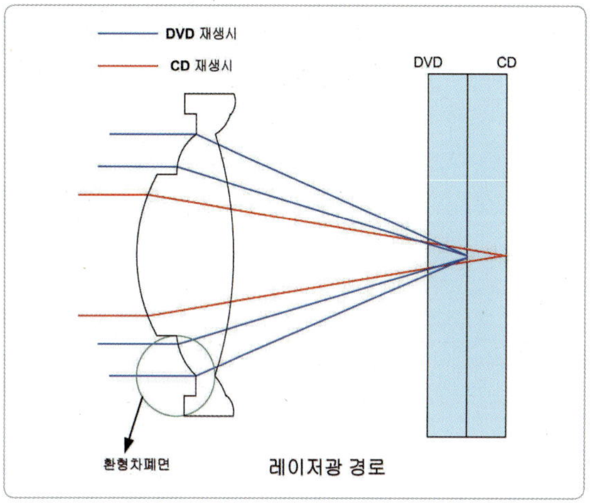

[그림 8-23] 환형차폐 방식(출처: http://www.cdworld.pe.kr)

(3) DVD 동작 원리와 과정

DVD는 CD와 동작 원리나 동작 과정이 유사합니다. 다만 몇 가지 기능이 더 추가되었기 때문에 추가된 기능을 구현하는 기술적인 방법론에서 조금의 차이를 보입니다. 가장 많이 사용하는 DVD 비디오를 PC에서 재생하는 과정을 살펴보겠습니다.

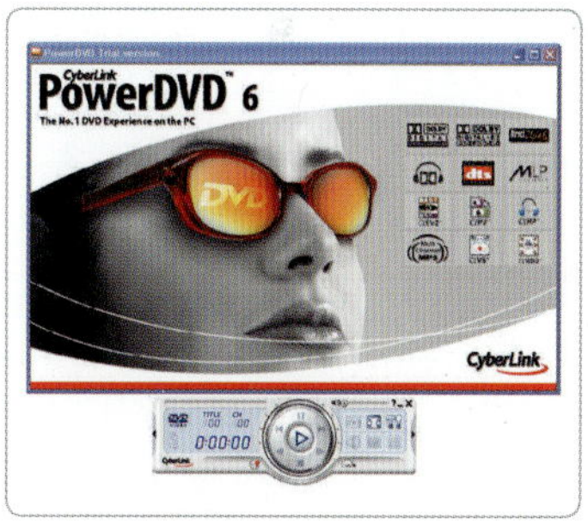

[그림 8-24] 파워 DVD 화면

먼저 파워 DVD와 같은 DVD 프로그램을 실행시켜야 합니다. 그리고 파워 DVD를 통해서 DVD 비디오를 읽기 시작합니다. 읽어 들인 내용이 그대로 그래픽카드로 전달되는 것은 아닙니다. DVD에 기록된 내용은 MPEG 규격을 통해 압축된 내용이기 때문에 원래의 자료로 복원해주는 디코딩 작업이 필요합니다. 원래 디코딩 작업은 동영상보드를 이용하여 하드웨어적으로 처리하는 것이 기본이었지만 최근에는 CPU와 그래픽카드의 성능이 향상되어 소프트웨어만으로도 처리가 가능합니다.

DVD는 비디오와 오디오를 따로따로 디코딩하는 것이 특징입니다. 따라서 재생 프로그램은 시스템에 적합한 오디오 디코딩 형태를 결정합니다. 이렇게 결정된 채널을 통해 오디오 신호만 따로 디코딩하여 스피커로 출력합니다. 2개의 채널이면 2채널용으로 디코딩하고 5.1채널이면 5.1채널용으로 디코딩해줍니다. 즉, 비디오와 오디오를 시스템에 맞게 따로따로 디코딩하여 각각 필요한 출력장치로 보내는 것입니다.

(4) 블루레이 DVD

[그림 8-25] 블루레이 DVD

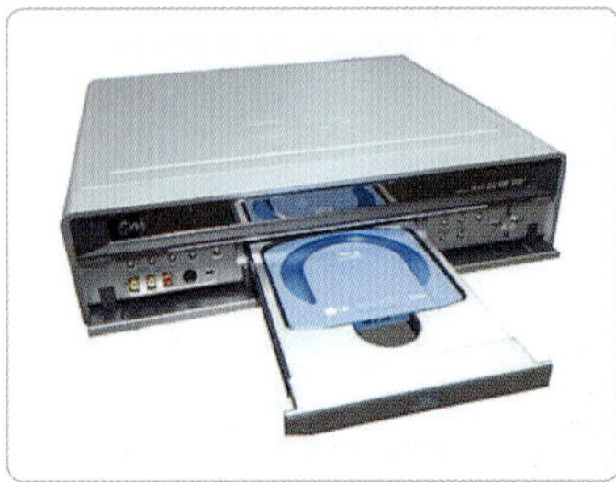

[그림 8-26] 블루레이 DVD와 플레이어

블루레이 디스크는 DVD보다 훨씬 조밀한 405nm의 청자색 레이저를 사용하며 0.1mm의 기록 층을 가진 두께 1.2mm 직경 12cm의 디스크에 현재의 DVD보다 약 5~6배인 23.3G, 25G, 27G 등을 저장할 수 있습니다. 또 블루레이 디스크는 렌즈를 통과한 레이저가 광디스크에 세밀하게 쏘아져 데이터 저장밀도를 증가시켰으며 디스크 한쪽 면에 두 개의 기록 층을 만드는 단면 다층 기록 기술을 적용할 경우 데이터를 DVD보다 10배 많은 50G까지 저장할 수 있습니다. 트랙 간의 거리도 DVD의 절반도 안 되는 0.32μm로 매우 조밀합니다. 비디오 · 오디오 포맷의 경우 DVD에서 채택하고 있는 MPEG-2(비디오), AC3, MPEG-1 등이 그대로 사용되기 때문에 호환성에는 문제가 없습니다.

(5) HD-DVD(High Definition-DVD)

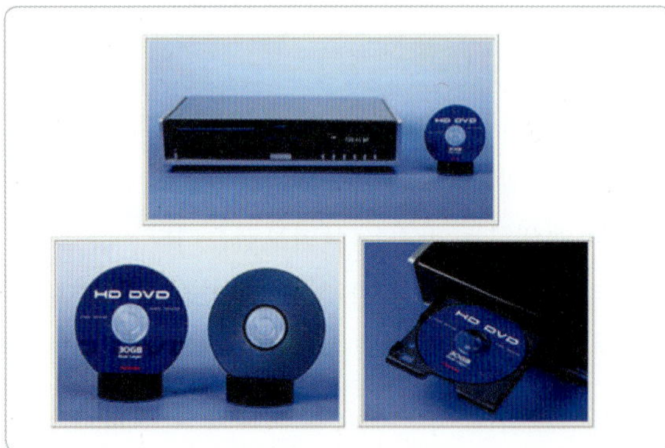

[그림 8-27] HD-DVD와 플레이어

한때 Advanced Optical Disc(AOD)라 불렸지만 현재는 HD-DVD로 불리고 있습니다. AOD는 DVD 물리적 형식의 변형으로 블루-울트라 바이올렛 레이저를 이용하여 레이어당 15GB 정도를 저장할 수 있습니다.

2시간짜리 영화는 DVD-9 디스크에 6~7Mbps의 데이터 레이트로 들어갈 수 있습니다. 영상압축 기술의 발달에 따라 비슷한 데이터 레이트로 최소 1초에 24프레임 720라인의 프로그레시브 영상 정도의 고품질 영상을 저장할 수 있습니다.

차세대 DVD 방식을 놓고 도시바가 추진하는 HD-DVD와 소니, 마쓰시타, 샤프 등이 추진하는 블루레이가 치열한 주도권 경쟁을 벌였습니다. 그러나 차세대 DVD 시장을 둘러싼 블루레이와 HD-DVD 간의 대결은 결국 블루레이의 압승으로 끝났습니다.

2007년 말까지 영화 등 콘텐츠 타이틀 수는 두 규격 모두 370편 전후가 출시되며 호각세를 이어왔습니다. 하지만 연말 연시부터 본격화한 녹화 재생기 판매경쟁에서 일본의 경우 블루레이 진영이 90%의 시장 점유율을 기록하며 HD-DVD를 압도했습니다. 2008년에는 워너브라더스가 블루레이 지지를 표명한 이후 미국의 대형 영화사 6곳 중 4개사가 블루레이 진영 지지로 돌아섰습니다. 특히 미국 내 4000여 개의 매장을 둔 월마트와 베스트바이마저 블루레이 지지를 표명하면서 승기는 블루레이 진영으로 급격히 기울었습니다(출처: 전자신문).

〈표 8-2〉 HD-DVD와 블루레이 방식의 비교

형식	후원자	Data depth	레이저	비디오	오디오	용량 (싱글 레이어/듀얼 레이어)	Data rate
HD-DVD	DVD 포럼	0.6mm	Blue (405nm)	MPEG-2 SD/HD, H.264, VC-1	PCM, MLP, Dolby Digital +, DTS HD	15G/30G(ROM), 20G/40G (recordable)	36 Mbps
Blue-ray (BD)	Blue-Ray Disc Association	0.1mm	Blue (405nm)	MPEG-2 HD, H.264, VC-1	PCM, Dolby Digital, DTS	27G/50G	36 Mbps

Tip 동영상 편집 소프트웨어에는 어떤 것이 있나요?

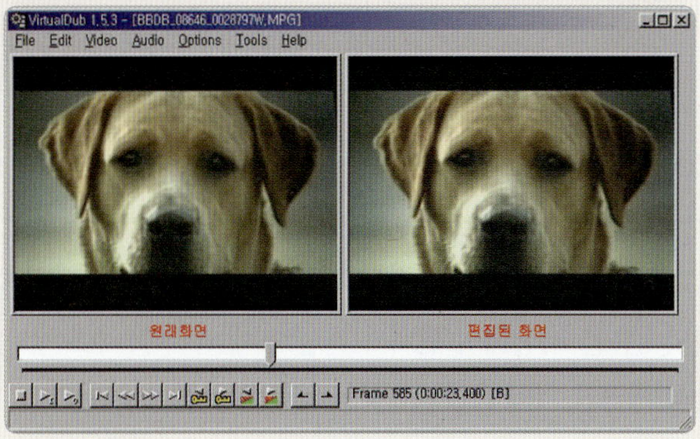

[그림 8-28] VirtualDub 편집 화면

동영상을 캡처하거나 다른 포맷으로 변환하는 등의 작업을 가장 편하고 빠르게 처리해주는 무료 공개 동영상 편집 프로그램인 VirtualDub를 소개합니다.

프로그램의 크기가 작고 간단한 인터페이스로 구성된 VirtualDub는 보기와는 달리 매우 높은 활용도를 가진 프로그램입니다. 가장 많이 쓰이는 용도는 MPEG, AVI 파일 간의 포맷 변환입니다. 최근에는 DivX 등의 압축률이 높은 코덱이 많이 등장했기 때문에, 이들 코덱으로 인코딩하여 MPEG보다 30% 이상 파일의 크기가 작은 AVI 파일로 변환이 가능합니다.

또 이 프로그램을 이용하면 동영상의 사운드를 추출해낼 수 있고 더빙을 할 수 있는데, 외국 영화나 시트콤의 음성 부분만을 WAV로 추출해내거나, 임의로 만든 WAV 파일을 동영상에 더빙할 수도 있습니다. 그밖에 특정 비디오의 부분을 뽑아내어 다른 비디오 파일로 저장하거나, 여러 가지 비디오 파일을 합쳐서 하나의 파일로 만들 수도 있고 비디오 화면을 캡쳐하여 이미지 파일로 저장하거나, 화질이 나쁜 비디오 화면을 보정하기 위해 밝기, 대비, 크기, 선명도 조절 등의 필터를 적용할 수 있습니다.

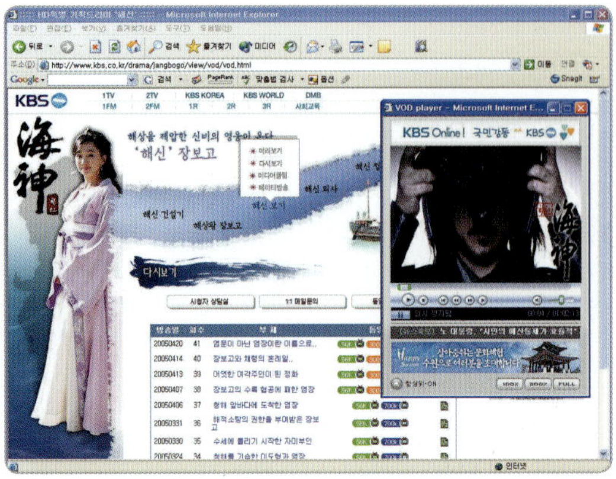

[그림 8-29] 웹 브라우저를 이용한 멀티미디어 통신

8.1.6 멀티미디어 통신이란?

멀티미디어 통신이란 디지털로 표현된 여러 가지 형태의 정보(텍스트, 이미지, 오디오, 비디오 등)를 네트워크를 통하여 전송, 제어할 수 있는 기술을 말합니다. 웹 브라우저를 이용하여 인터넷을 사용한다는 것은 이미 멀티미디어 통신을 경험한 것으로 간주 할 수 있는데, 대부분의 html 문서는 텍스트와 이미지를 포함하며 응용 프로그램에 따라서는 오디오, 음성 및 비디오 서비스를 제공하기 때문입니다.

8.1.7 멀티미디어 활용 분야는 어디인가요?

(1) 주문형 비디오(VOD: Video On Demand)

[그림 8-30] VOD(Video On Demand)

VOD란 이용자의 요구에 따라 영화나 뉴스 등의 영상 콘텐츠를 제공하는 영상 서비스를 말합니다. VOD 서비스는 콘텐츠를 디지털로 압축하여 비디오 서버에 저장하고, 고속 통신망을 이용하여 가입자가 원하는 시간과 형태로 제공하는 서비스로서 이용자는 프로그램의 선택, 재생, 제어, 검색, 질의 등을 할 수가 있습니다.

VOD 서비스는 원격 비디오 대여 서비스와 같은 형태입니다. 가정에서 영화를 감상하기 위해서는 비디오 대여점에서 원하는 비디오를 대여하여 가정에 설치된 VCR로 보아야 하지만 VOD 서비스를 이용한다면 VCR와 같은 기능의 셋톱 박스를 리모컨으로 조작하여 스크린에 나열된 영화 목록 중에서 영화를 선택하기만 하면 바로 영화를 감상할 수 있습니다.

(2) 영상회의(VCS: Video Conferencing)

[그림 8-31] 영상회의 시스템

영상회의 시스템을 이용해서 원격에 있는 사람들과 TV와 카메라 등을 이용하여 상대방을 보면서 얘기를 하거나 자료와 화이트보드 등을 공유하며 마치 한자리에 있는 것처럼 회의가 가능합니다. 회의내용을 저장해서 회의가 끝난 후에 다시 볼 수도 있습니다. 영상회의는 공간적 시간적 제약을 극복할 수 있다는 것이 큰 장점입니다.

(3) 원격진료 시스템

간혹 TV 역사 드라마에서 왕비의 진맥을 실오라기 하나에 의존해서 진단을 내리는 명의의 모습을 볼 때가 있습니다. 직접 보지 않고 손목에 감겨져 있는 실의 떨림으로 모든 질병을 판단하였던 것입니다. 믿기지 않지만 어떻게 보면 이때부터 원격진료가 시작되었던 것입니다.

오늘날의 원격진료 개념은 먼 거리에 있는 환자에게 전화선, 전용선(LAN) 등과 같은 데이터통신을 이용하여 의료서비스를 제공하는 것입니다. 실례로 NASA(미 항공 우주국)에서는 우주 공간에서 수개월씩 생활하는 우주인들의 건강관리를 원격 진료시스템을 이용해 지구에서 관리를 해주고 있습니다. 또한 수십 킬로미터 떨어진 지역의 환자를 영상을 통해 수술을 하는 등 원격진료분야는 비약적인 발전을 거듭하고 있습니다.

[그림 8-32] 진맥 중인 어의

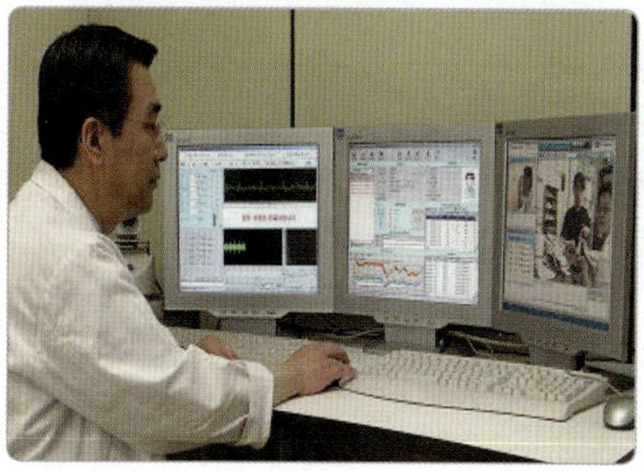

[그림 8-33] 원격진료(출처: http://www.yonhapnews.co.kr)

Tip • PACS(의료영상전송시스템: Picture Archiving Communication System)

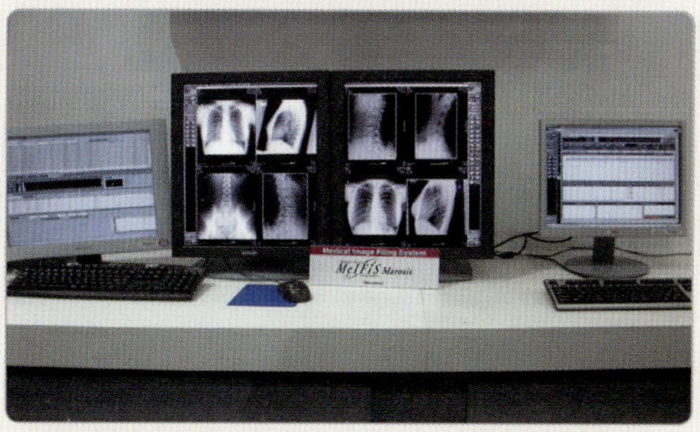

[그림 8-34] PACS

PACS는 필름을 가지고 판독하던 기존의 병원 업무를 컴퓨터와 네트워크를 통하여 처리하는 시스템입니다. PACS를 통하여 연결할 수 있는 의료기기는 기본적으로 방사선과 의료영상 장비들인데, 컴퓨터 단층 촬영장치(CT), 자기공명 영상촬영장치(MRI), 투시 촬영장치, 혈관 조영장치, 유방암 검진기 등 핵 의학 영상 장비들이 있으며 초음파 · 내시경 · 현미경 등의 이미지도 연동이 가능합니다.

PACS를 이용함으로써 필름 없는 병원 시스템을 구축할 수 있습니다. PACS 시스템을 구현하기 위해서는 영상 표시 및 처리, 정보 통신 및 네트워킹, 데이터베이스, 정보관리, 사용자 인터페이스와 정보 저장관리 등의 기술들을 종합해야 합니다.

(4) 가상현실(Virtual Reality)

컴퓨터의 그래픽과 시뮬레이션 기술을 이용하여 현실세계와 같은 가상의 세계를 체험할 수 있습니다. 가상현실은 게임, 과학, 실험 등 다양한 분야에서 사용될 수 있습니다. 현재 VRML(Virtual Reality Modeling Language) 등의 가상현실 프로그램이 사용되고 있습니다.

[그림 8-35] 가상현실

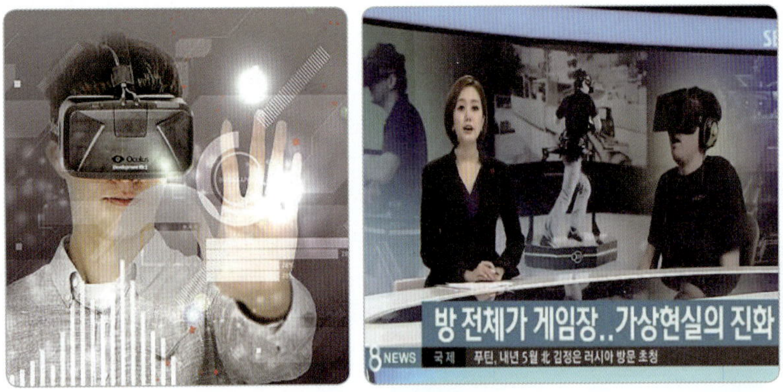

[그림 8-36] 요즘 각광받고 있는 가상현실의 세계

[그림 8-37] VRML로 만들어진 가상 쇼핑몰

(5) e-러닝

e-러닝이라는 용어를 누가 최초로 사용했는지는 분명하지 않지만 1995년 출간된 마이클 무어와 그렉 키어슬리 공저의 「Distance Education: A Systems View」라는 책에서 e-러닝에 대한 언급과 전망이 소개된 것으로 알려져 있습니다. 최초로 본격적인 e-러닝을 시도한 기관은 캐나다 앨버타 주 에드민턴의 앨버타 대학이라고 합니다. 앨버타 대학에서 1998년 봄학기부터 항공조종사 과정에 대해 WebCT 사, 선마이크로시스템즈 사와 함께 협력관계를 형성해 인터넷 학습환경 솔루션을 구축/제공하기 시작한 것이 e-러닝의 신호탄으로 간주되고 있습니다.

원래 e-러닝이란 electronic learning의 약자로 전기적 신호를 매개로 강의를 제공하는 원격교육방법을 의미합니다. 보통은 인터넷을 통한 원격교육을 뜻하지만 넓은 의미로는 CD-ROM을 통한 교육으로부터 인공위성을 통한 교육까지 포함할 수 있습니다. 따라서 온라인 교육(online learning)이나 컴퓨터 기반교육(CBT: Computer-based Training)보다 상위개념이라고 할 수 있습니다.

[그림 8-38] e-learning 사이트

Tip DSLR이 뭔가요?

[그림 8-39] DSLR 카메라(Canon EOS-350D)

SLR은 Single Lens Reflex의 약자로 '한 개의 렌즈를 이용한 반사식(일안 반사식)' 카메라라 할 수 있으며, DSLR(Digital SLR)은 디지털화한 SLR을 의미합니다. SLR 카메라는 촬영에 사용될 빛을 그대로 뷰파인더(Viewfinder)로 보내기 때문에, 다른 카메라 방식과는 달리 '촬영될 영상'을 그대로 뷰파인더로 볼 수 있습니다. 그래서 렌즈를 교환하거나 피사체와 거리가 달라지더라도 뷰파인더의 영상은 항상 촬영될 이미지이며 렌즈의 특징이 그대로 반영된 영상입니다. 그래서 훨씬 직관적으로 사진을 조절할 수 있습니다. 따로 뷰파인더 창이 있는 카메라들은 렌즈를 교체해도 뷰파인더가 그에 맞게 변화할 수 없으며, 피사체와 거리가 가까워지면 뷰파인더와 다른 상이 보입니다. 화질이나 심도 등의 렌즈들의 특징도 뷰파인더에 반영되지 않습니다.

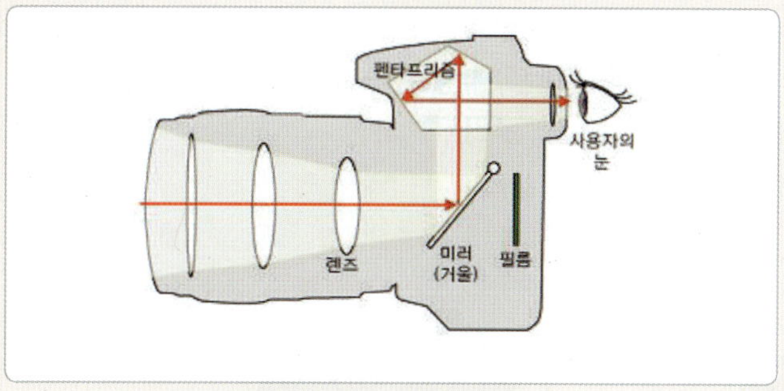

[그림 8-40] DSLR의 원리

[그림 8-41] DSLR의 구조(Canon EOS-350D)

[그림 8-42] DSLR의 CCD(Charge Coupled Device)

여러 가지 복합적인 요소에 의해 디지털 카메라의 성능이 결정되지만, 그 중에서도 가장 중요한 2가지는 렌즈와 CCD(Charge Coupled Device)입니다. 시중에 출시되는 렌즈는 각각 고유의 특징이 있으며, 이러한 특징에 따라 가격이 천차만별입니다. 렌즈의 크기나, 밝기, 수차 등의 왜곡현상을 얼마나 줄였나 등에 따라 찍힌 사진이 달라지므로, 좋은 렌즈를 사용하는 만큼 좋은 결과물을 얻을 수 있습니다. 그러나 일반 디지털 카메라는 렌즈 교체가 안 되며, SLR에 사용되는 렌즈에 비해 낮은 성능의 렌즈를 사용합니다. 이런 면에서 렌즈를 교환할 수 있는 SLR은 그만큼 좋은 성능을 발휘하는 조건이 됩니다. 렌즈를 통해 들어온 빛은 카메라 내부에서 모아져 초점거리만큼 떨어진 위치의 필름에 상이 맺히게 되는데, 디지털카메라 또는 DSLR에서는 CCD가 필름 역할을 대신하게 됩니다. 전문가들이 사용하는 중형, 대형 카메라가 일반 카메라에서 사용하는 35mm 필름보다 훨씬 큰 필름을 사용하듯이, DSLR에서도 디지털카메라보다 큰 CCD를 사용함으로써 훨씬 좋은 화질의 사진을 얻을 수 있습니다.

8.2 디지털 방송 서비스

8.2.1 디지털 방송 서비스란?

디지털 방송이란 정보를 디지털 형태로 압축하여 전송하는 텔레비전 방송을 말합니다. 기존의 아날로그 방송은 하나의 전파에 하나의 영상밖에 실을 수 없고, 음성은 다른 전파로 보내야 했습니다. 이에 비하여 디지털 방송은 하나의 전파에 복수의 영상이나 음성 등을 실을 수 있는데다 품질을 떨어뜨리지 않고 정보를 압축할 수 있으므로, 종래의 아날로그 방송보다 훨씬 더 많은 채널을 제공할 수 있습니다. 또한 컴퓨터를 사용하여 정보를 저장하거나 가공하기가 용이하고 시청자가 정보를 방송국으로 보낼 수 있는 양방향 서비스도 가능해집니다.

디지털 방송은 영상과 음성을 압축하고 신호를 변조하는데, 통신이나 컴퓨터에도 이러한 압축기술과 다중 변조기술을 사용합니다. 따라서 디지털 방송은 방송과 통신, 컴퓨터가 결합된 멀티미디어 시대의 핵심적 기술입니다.

1998년 9월 23일 영국 BBC가 세계 최초로 지상파 디지털 텔레비전 방송을 시작하였습니다. 우리나라는 정보통신부가 마련한 디지털 텔레비전 방영 계획에 따라 2000년에 시범방송을 시작하고, 2001년부터 최대 4개 채널을 확보하여 KBS, MBC, SBS 등 방송사들이 사용할 수 있도록 하고 채널을 단계적으로 늘려가고 있습니다.

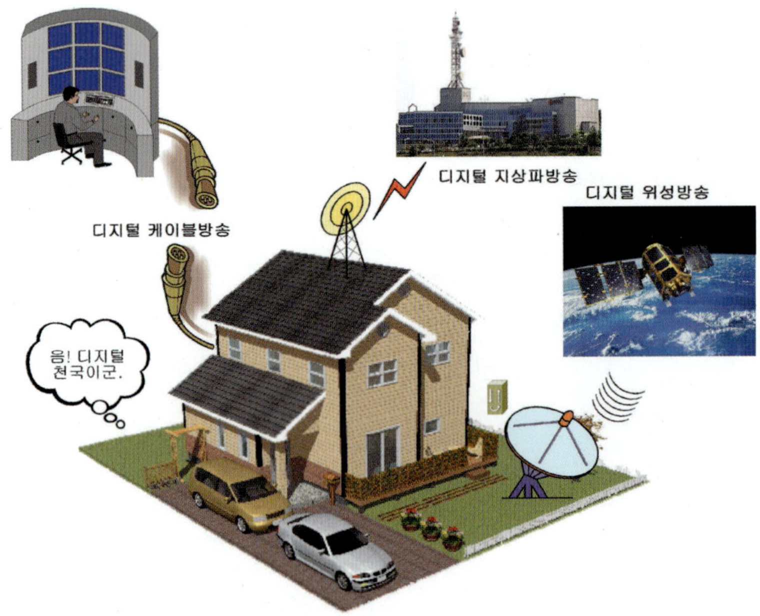

[그림 8-43] 디지털 방송 전송 방법

8.2.2 지상파 디지털 방송

지상파 디지털 방송은 이미 설치되어 있는 안테나를 이용할 수 있다는 장점이 있습니다. 디지털 지상파의 경우 고화질 TV(HDTV) 방송에 많이 사용되는 추세이지만 단기적으로 수신기기의 비용부담이 생기는 단점이 있습니다. 그러나 디지털 방송을 이용하면 다양한 채널을 사용할 수 있고, 양방향 부가서비스, 홈쇼핑, 인터넷과의 결합 등도 가능하게 됩니다.

8.2.3 위성 디지털 방송

디지털 위성방송은 서비스의 속도와 넓은 수신지역, 많은 채널공급능력을 자랑하고 있습니다. 케이블이나 지상파 방송에 비해 위성은 일단 띄워 놓기만 하면 별도의 광케이블이나 중계기지국을 설치할 필요가 없습니다. 단지 위성방송을 수신할 수 있는 안테나와 수신기(셋톱박스)만 있으면 얼마든지 위성방송을 시청할 수도 있고, 아주 높은 곳에서 아래를 보고 전파를 보내기 때문에 상대적으로 장애물에 구애를 덜 받습니다. 또한 위성에서 전파를 보내기 때문에 인위적인 국경에 연연할 필요가 없는 장점이 있습니다. 유선방송 서비스 지역이 아닌 산간벽지, 외딴 섬 등에서도 어디서나 선명한 화질의 방송 수신이 가능합니다.

Tip • 셋톱박스란?

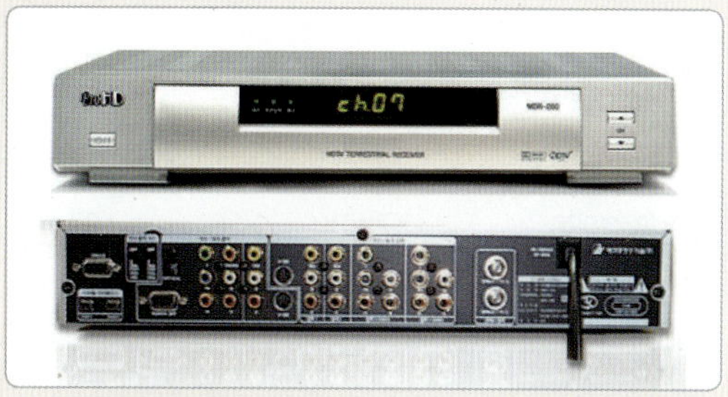

[그림 8-44] 셋톱박스

셋톱박스란 TV 위에 놓이는 박스라는 의미입니다. 방송국에서 보내는 디지털 신호정보를 받아 음성 및 영상 신호로 변환하는 기능을 제공합니다. 지상파, 케이블, 위성 등의 방송신호와 초고속 통신이나 전화망을 통해 들어오는 모든 정보를 받을 수 있습니다.

〈셋톱박스의 특징〉

- 아날로그/디지털 지상파 방송 수신
- HD급 DVD/VCR 영상 출력 지원
- MPEG4(DivX)CD 재생
- DVD±/RW, JPEG뷰어, 코닥픽쳐 CD, WMA/MP3 CD, SVCD, VCD, CD-R/RW 재생
- 6헤드 하이파이 스테레오
- 학습기능(해석청취, 순간반복)
- 방송안내정보를 이용한 편리한 예약녹화
- 돌비 디지털(5.1 채널) 사운드 지원

8.2.4 HDTV(High Definition TV)/UHDTV(Ultra HDTV)/SUHDTV

고화질 텔레비전과 기존 텔레비전의 최대 차이점은 화면의 선명도를 나타내주는 주사선의 차이입니다.

기술 발전과 시장 요구에 따라 화면 해상도는 SD(Standard Definition: 표준 선명도), HD(High Definition: 고선명도), 풀 HD(Full High Definition), 울트라 HD(Ultra High Definition) 등 TV를 선택할 수 없을 정도로 발전하고 있습니다. 일반적으로 SD급은 720×480 정도이며, HD급은 1,280×720 또는 1,920×1,080을 의미합니다. SUHDTV는 퀀텀닷(Quantum Dot) 기술을 이용한 4K UHD 기술을 의미합니다.

HDTV 정도의 영상도 화면의 정밀도가 SDTV보다 약 4~6배 정도 차이가 납니다. 따라서 출연자의 땀구멍과 분장 상태가 고스란히 드러날 정도로 선명한 화질과 돌비 디지털 서라운드로 일반 음악 CD보다도 좋은 음질을 시청자들에게 제공한다는 것이 가장 큰 장점이자 특징이라고 할 수 있습니다. 또한 와이드 스크린의 느낌을 주기 때문에 축구 경기의 경우 그라운드에서 뛰는 선수들을 지금보다 더 많이 화면에 담을 수 있을 뿐만 아니라 선수들 표정과 땀방울까지 선명하게 전달할 수 있습니다.

〈표 8-3〉 디지털 디스플레이 포맷 명칭에 따른 해상도

분류	포맷 명칭	해상도(픽셀)	총화소수(개)	FHD 기준(배)
TV	SD	720×480	345,600	0.17
	HD	1280×720	921,600	0.44
	FHD	1920×1080	2,073,600	1.00
	UHD	3840×2160	8,294,400	4.00
	8K UHD	7680×4320	33,177,600	16.00
시네마	2K	2048×1080	2,211,840	1.07
	4k	4096×2160	8,847,360	4.27

[그림 8-45] 세계 최초 곡면형 UHDTV

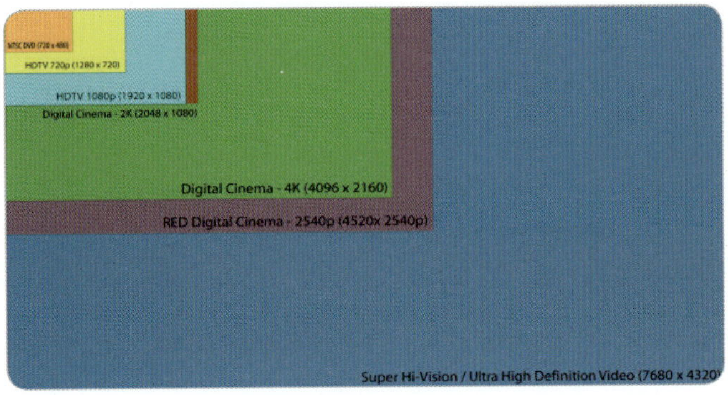

[그림 8-46] SD/HD/UHD 화질 차이

고화질 텔레비전은 이런 기본적인 차이보다는 월등히 우수한 기능과 차세대 산업 및 생활 전체에 불러일으킬 영향력의 측면에서 기존 텔레비전과 현격히 구분되고 있습니다. 위성통신 기술은 물론 CATV, 비디오텍스, 영상회의 시스템의 보급을 확산시켜 종합정보통신망을 이용한 홈쇼핑 · 홈뱅킹을 일반화시킬 전망입니다. 또 고해상도 기술이 인쇄와 영화산업에 채택될 가능성도 타진되고 있으며 미국에서는 방위산업에의 응용도 진행되고 있습니다.

[그림 8-47] 세계 최초로 CES2015에서 발표한 삼성 SUHDTV

Tip 디지털 TV의 종류

프로젝션 TV

프로젝션 TV란 TV 내부에 고화질, 고성능의 LCD 혹은 삼관식 프로젝터(적/녹/청 CRT를 이용한 프로젝터)가 내장된 형태의 TV를 말하는데 일반적인 프로젝터의 경우 화면의 반대쪽에서 화면을 향하여 영상을 쏴주는 데 반해, 프로젝션 TV는 화면의 뒤쪽에서 화면을 향해 쏴준다는 특징 때문에 후면 투사 방식 TV라고도 부릅니다. 브라운관 TV에 비해서 큰 화면과 저렴한 가격이 장점입니다. 그러나 프로젝션이라는 특성상 화질 자체는 브라운관 TV에 비해 떨어집니다.

욕조에서 보는 HDTV

욕조에 HDTV가 장착되어 목욕하면서 화려한 영상과 사운드를 즐길 수 있습니다. 욕조 성능도 아주 좋다는군요. 사방에서 물이 뿜어 나오고 거품이 나오는 환상적인 욕조 입니다. 엄청난 가격도 걱정이지만 감전사고가 더 걱정입니다.

LCD TV

LCD TV는 이름 그대로 액정화면표시장치입니다. 우리가 흔히 쓰는 컴퓨터용 액정모니터와 작동 원리는 같습니다. LCD는 색상과 화면을 구현할 때 액정 알갱이(입자)가 전류의 흐름에 따라 배열이 바뀌는 원리에 기초하고 있습니다.

PDP는 Plasma Display Panel의 약자로 다양한 입력 신호를 기존 TV보다 밝고 선명한 고화질의 영상으로 재현할 수 있습니다. PDP는 160도 이상의 시야각을 보정해 주며 작은 문자에서 디지털 비디오까지 정교한 이미지 화질을 제공합니다. PDP가 40" 이상의 대형화면을 10cm 이하의 얇은 두께로 구현할 수 있다는 것은 공간 활용 면에서 가장 큰 장점입니다.

PDP TV

초고선명 TV인 UHD TV는 2012년 8월 UHDTV에 관한 표준 권고안인 Recommendation ITU-R BT.2020에 의거해 7680x4320 해상도의 8K 방식과 3840x2160 해상도의 4K 방식으로 구분됩니다. 우리나라의 지상파 UHD 방송은 2017년 5월 31일 수도권을 시작으로 12월 동남권, 대경권 등 광역시, 2018년 동계 올림픽 개최지(평창, 강릉) 이후 확대하여 2021년 전국 방송을 목표로 하고 있습니다.

UHD TV

Curved UHD TV

Tip **3D TV에 대해서 알아볼까요?**

TV 방송은 1950년대 흑백 TV 방송이 시작된 이래 컬러 TV 방송을 거쳐 지금의 디지털 (U)HDTV에 이르기까지 꾸준히 발전해왔습니다. 그럼에도 불구하고 TV에서 제공하는 영상은 2차원 평면 영상에 한정되어 있어 그 정보 전달력과 현실감의 전달에는 한계가 있는 것이 사실입니다. 따라서 3차원 영상 정보를 인공적으로 재현하고 이를 통해 공간감과 거리감이 있는 3차원 세계를 인지할 수 있는 3D TV가 각광받고 있습니다.

3차원 TV 방송 기술(3D television)이란 다시점 스테레오스코픽(stereoscopic) 비전 기술을 적용하여 2차원 영상에 깊이 정보를 부가하고, 이 깊이 정보로 인하여 시청자가 마치 영상이 제작되고 있는 현장에 있는 것 같은 생동감 및 현실감을 느낄 수 있게 하는 방송 기술입니다. 현재 세계적인 규모의 박람회나 전시장 등의 이벤트 행사장에는 거의 대부분 3D 디스플레이를 사용한 전시 시설이 설치되어 있으며 생동감 있는 3D 영상을 즐길 수 있습니다.

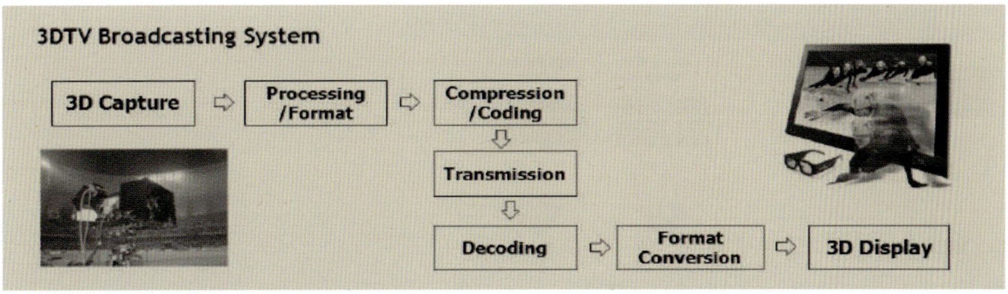

[그림 8-48] 3D TV 방송시스템의 개념도(출처: 3D TV 방송기술)

[그림 8-49] 3D TV와 PS3를 이용한 3D 게임 (출처: AVING Korea)

[그림 8-50] 삼성전자의 3D TV 광고 모습

[그림 8-51] LG전자의 3D TV 광고 모습

미국의 디렉TV(DirecTV)의 3D 채널은 일본의 파나소닉의 지원을 받아 2010년 6월부터 3개의 3D 채널을 제공하고 있습니다. 미국 스포츠 전문방송사인 ESPN은 'ESPN 3D' 채널을 구성하여 '2010 남아공 월드컵'을 3D 영상으로 방송하였으며, 85개 이상의 스포츠 경기를 3D 생방송으로 제공할 계획입니다.

한편 일본에서는 1998년 제18회 나가노 동계 올림픽 경기 대회에서 3D TV 시범 서비스를 했으며, 2007년 12월부터 매일 하루 1시간씩 위성 방송 채널 BS11이 3D 방송을 하고 있습니다. 일본의 Sky PerfectTV는 2010년 여름부터 3D VOD 서비스를 하고 있습니다. 국내에서는 위성방송인 Skylife가 채널 1번을 통해 3D TV 방송을 하고 있습니다.

현재의 3D TV 방송은 양안식(스테레오) 3D 입체 영상을 근간으로 합니다. 즉 이는 우리가 두 눈을 통하여 사물을 보는 원리를 이용하는 것이며, 양 눈에 해당하는 좌우 영상을 획득하여 전송하고 디스플레이는 이 영상을 좌우 눈에 나누어 제공하는 방식입니다. 따라서 3D TV 방송 서비스를 제공하기 위해서는 두 개의 영상을 획득할 수 있는 스테레오 3D 제작 시스템이 갖추어져야 하고, 기존 방송에 비해 두 배가 되는 영상 데이터를 효율적으로 전송할 수 있는 전송 시스템이 있어야 합니다. 또한 수신된 데이터를 분리하여 좌우 영상을 복원하고 이를 좌우 눈에 각각 분리하여 제공할 수 있는 3D TV가 있어야 함은 물론입니다.

현재 삼성과 LG의 3D TV 구현 방식이 다릅니다. 화면에서 왼쪽 카메라 영상은 왼쪽 눈에, 오른쪽 카메라 영상은 오른쪽 눈에 보이게 하는 방식이 다르기 때문입니다.

삼성은 셔터글라스(SG; Shutter Glasses) 방식을 채택했습니다. 액티브 방식이라고도 하며, TV는 좌 · 우에 해당하는 화면을 매우 빠른 속도로 교대로 보여줍니다. 여기에 맞춰 시청자가 착용한 안경도 한쪽씩 여닫기를 반복합니다. 즉 왼쪽 카메라로 촬영한 화면이 나올 때는 왼쪽 눈에만 보이도록 안경의 왼쪽이 열리고 오른쪽은 닫힙니다. 반대로 오른쪽 카메라가 촬영한 화면이 나오면 안경의 오른쪽이 열리고 왼쪽은 닫힙니다. 이것이 빠르게 반복하면서 양쪽 눈은 좌 · 우 각각의 화면을 보게 되는 것입니다.

LG는 필름패턴편광(FPR; Film Patterned Retarder) 방식을 채택했습니다. 패시브 방식이라고도 하며, TV는 한 화면에 좌 · 우 영상을 동시에 보여줍니다. 이 상태로는 왼쪽과 오른쪽 눈에 보여야 할 화면이 구분되지 않기 때문에 TV 화면에 편광 필터를 붙이는데, 이 편광 필터는 화면을 미세한 가로줄로 나눠 행마다 각각 다른 편광(좌 · 우 화면)을 내도록 합니다. 시청자는 편광 필터가 장착된 안경을 착용하는데 이 편광 필터를 통해 안경의 왼쪽에는 왼쪽 화면만, 오른쪽에는 오른쪽 화면만 보이게 됩니다.

방송은 그 특성상 거의 전 인구가 시청하는 매체로써, 시청에 대한 안전성의 담보가 필수적입니다. 일부 3D 영화를 관람한 후 눈의 불편함, 어지러움 등을 경험한 사례가 보고되고 있어, 3D TV를 통한 3D 입체 영상 시청 안전에 대한 연구 및 안전 시청 가이드라인에 대한 표준화도 주요 과제의 하나이며, 서비스 수용의 관점에서 보면, 안경을 착용해야 하는 불편함을 얼마나 극복하고 3D TV 방송 서비스가 보편화될 지도 남겨져 있는 숙제입니다.

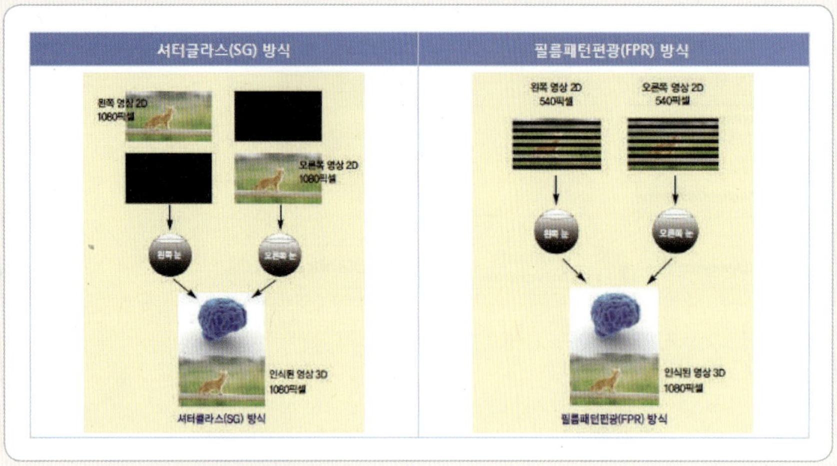

[그림 8-52] 3D TV 구현 방식(출처: 한국소비자원, http://tgate.or.kr/)

Tip • 스마트 TV? 똑똑한 TV?

스마트 TV는 PC나 스마트폰과 같은 운영체제(OS)를 탑재한 TV 단말을 인터넷을 연결함으로써, 기존 방송 콘텐츠 외에도 인터넷 기반의 콘텐츠 및 서비스를 TV에서도 이용하는 개념의 서비스입니다. 스마트 TV는 기존의 채널 중심의 수동적인 콘텐츠 이용 방식에서 벗어나 소비자가 직접 원하는 방송을 검색하는 기능이 포함되어 있으며, 방송 콘텐츠 외에도 동영상 스트리밍, 웹 브라우징, SNS 등의 인터넷 서비스를 비롯해 TV용 애플리케이션을 통한 다양한 전용 콘텐츠를 즐길 수 있습니다.

〈표 8-4〉 스마트 TV와 기존 TV 서비스의 구분 및 비교(자료: LG경제연구소)

구분	전통 TV	케이블 TV/IPTV	스마트 TV
전달방식	방송전파	케이블/인터넷망	인터넷망
양방향서비스	없음	부분적으로 있음	있음
콘텐츠	지상파 방송사가 확보한 콘텐츠	케이블/통신 사업자가 확보한 콘텐츠	온라인/오프라인 상의 모든 콘텐츠
애플리케이션	없음	자체 제작한 소수의 애플리케이션 제공	서드파티 개발사의 애플리케이션을 포함한 다수의 애플리케이션 제공
요금체계	무료(TV 시청료)	유료	유/무료 혼합
예시	• KBS/MBC/SBS • ABC/CNN/NBC	• GS강남방송/CJ헬로비전 • myLGtv/Qook • Cable Vision/Comcast	• Google TV • Apple iTV(가칭)

스마트 TV는 기존 TV에 OS를 탑재하여 서비스를 제공하는 개념이므로, 셋톱박스를 통해 TV를 인터넷에 연결하거나 TV 자체에 스마트 TV 시스템을 내장한 제품을 생산하는 방식을 취하고 있습니다. TV는 가족 단위의 제품이며 가격도 상당히 비싼 편이기 때문에 제품 교체 주기가 5년 정도로 매우 긴 편입니다. 따라서 스마트 TV의 보급은 기존 TV의 주변기기로서 활용 가능한 셋톱박스 형태와 내장형 스마트 TV 형태가 있습니다. 내장형 TV의 경우 인터넷 연결을 위한 네트워크 랜 카드가 탑재되며, 고성능 칩셋을 활용할 경우 PC와 거의 같은 프로그램 처리 속도를 내는 것도 가능합니다.

[그림 8-53] 스마트 TV 광고 모습(출처: LG 전자)

스마트 TV는 시청자가 직접 콘텐츠를 검색하는 서비스이므로 전통 TV 리모콘보다 복잡한 조작 시스템이 필요합니다. 따라서 유저 인터페이스는 스마트 TV의 성패를 좌우할 정도로 중요한 문제로 거론되고 있습니다. 특히 스마트 TV로 즐길 수 있는 콘텐츠 중 기존 TV와 유사한 동영상, 음악, 사진 등의 미디어 콘텐츠는 큰 문제없이 이용 가능하지만, 텍스트 위주의 웹 콘텐츠인 뉴스 서비스나 SNS의 경우 이용자 편의를 고려한 조작 방식이 갖춰지지 않으면 큰 불편을 야기할 수 있습니다. 초기 인터넷 TV는 QWERTY 자판을 TV에 연결하는 방식을 취했으나 PC와 다를 바 없는 조작 방식으로 소비자의 불편만 가중시켰습니다. 스마트폰에서도 초기 QWERTY 자판에서 터치스크린 방식으로 개선이 이뤄진 것처럼, 스마트 TV 역시 터치스크린 방식의 조작을 활용할 가능성이 제기되고 있습니다.

한편 스마트 TV는 PC와 유사하게 운영체제(OS)를 갖추고 있어, OS 상에서 구동되는 웹 브라우저로 검색 기능을 비롯해 다양한 애플리케이션을 설치하여 이용이 가능하기 때문에 스마트폰과 유사한 발전 양상을 보일 것으로 예상됩니다. TV 제품의 특성 상 OS의 성능도 스마트폰보다 기능 면에서는 우수하지만 PC보다 덜 복잡하게 구성되어 있으며, 주로 미디어 콘텐츠를 이용하는 데 특화된 형태를 띠고 있습니다. 마지막으로 스마트 TV가 스마트폰과 같은 OS를 탑재하게 될 경우 두 제품간 서비스 연동도 가능합니다.

스마트 TV의 의의는 기존의 다른 단말에서 이용하던 콘텐츠를 대중매체인 TV를 통해 제공하는 데 있으며, 특히 가장 많은 소비자가 이용하고 있는 TV 플랫폼의 특성 상 다수의 사람들과 교류하는 데 초점을 두고 있는 SNS는 스마트 TV에서 큰 위력을 발휘할 수 있습니다. 예상할 수 있는 스마트 TV만의 차별화된 방송 콘텐츠로 시청자의 의견이 적극 반영되는 양방향 드라마나 시청자 참여형 프로그램, 공개 토론 방송 등이 거론됩니다. 현재도 방송사에서 인터넷이나 전화 등을 통해 시청자 의견을 반영하고 있지만, PC 등 다른 매체 없이 TV에서 직접 참여가 가능해진다면 훨씬 많은 시청자의 호응을 기대할 수 있습니다.

[그림 8-54] 뉴스, 일기예보 등의 정보는 물론 UCC 동영상까지 모든 분야의 다양한 인터넷 정보를 3D LED TV 대화면을 통해 실시간으로 즐길 수 있는 스마트 TV(출처: 삼성PAVV)

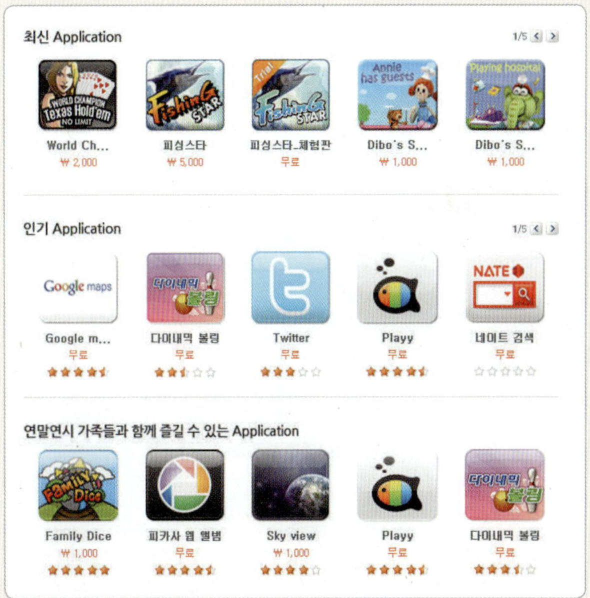

[그림 8-55] 현재 개발되어 판매 중인 스마트 TV Application (출처: Samsung Apps TV Homepage)

〈표 8-5〉 예상 가능한 스마트 TV 전용 콘텐츠 및 서비스(자료: 스트라베이스)

구 분	특 징	예 시
인터넷 기반 콘텐츠	기존 PC나 스마트폰의 인터넷 서비스와 크게 다르지 않으나, TV의 특성 상 텍스트보다 동영상, 사진, 음악 등 미디어 콘텐츠 소비가 많음	• YouTube, Hulu, Netfix 등 인터넷 동영상 스트리밍 • Google, Yahoo 등 검색 포털 • Facebook, Twitter 등 SNS
애플리케이션	스마트폰과 유사한 OS 기반으로 구동되는 각종 애플리케이션 콘텐츠. TV의 거대한 화면을 활용하고 리모컨으로 조작 가능한 콘텐츠가 주로 개발됨	• 삼성의 TV 애플리케이션 '삼성 앱스' • 스마트폰앱의 TV 연동 가능성 제기
위젯	TV 화면에서 실시간으로 원하는 정보를 보여주는 위젯을 설치 가능함	• 날씨, 증권 정보 위젯 • 기념일, 약속 등 일정 알림 위젯
양방향 드라마	드라마의 전개 과정에 시청자의 의견을 반영하거나 시청자에게 결말의 선택권을 제공하는 콘텐츠로, 사실상 게임과 같은 콘텐츠에서 주로 볼 수 있는 구현 방식임	• 국내 최초 양방향 드라마 '미스터리 형사' • 캐나다 양방향 영화 'Late Fragment'
시청자 참여형 프로그램	시청자가 인기투표를 하거나 퀴즈를 푸는 등 프로그램에 직접 참여하는 콘텐츠로, 시청자의 몰입도를 극대화할 수 있음	• TU미디어, 인포뱅크의 양방향 참여형 퀴즈채널 'PlayOn TV' • Xbox Live 양방향 게임쇼 '1 vs 100'
공개 토론 방송	기존 토론 방송의 시청자 참여는 휴대전화나 PC를 통한 제한적 방식이었으나, 스마트 TV에서는 시청자가 TV를 통해 직접 참여할 수 있는 시스템을 구현할 수 있음	

Tip • **크롬캐스트**

[그림 8-56] 구글 크롬캐스트

크롬캐스트는 TV의 HDMI 단자에 꽂아 TV와 스마트 기기를 연결해주는 동글형 미디어 스트리밍 기기입니다. TV 장착 후 와이파이 설정만 해주면 별다른 설정 없이 노트북이나 스마트 기기를 크롬캐스트와 연결되며 좋아하는 온라인 콘텐츠를 TV로 전송하여 큰 화면으로 즐길 수 있습니다.

지금까지 스마트 기기와 TV를 연결하는 대부분의 방법은 스마트 기기에 담긴 콘텐츠를 TV로 쏘는 형태인 미러링 방식입니다. 따라서 미러링을 하고 있는 동안 스마트 기기는 계속해서 콘텐츠를 재생하고 있어야 합니다. 그러나 크롬캐스트에서는 이러한 미러링 방식을 사용하지 않고 보고자하는 콘텐츠의 인터넷 주소와 재생 정보를 크롬캐스트로 전송합니다. 예를 들어 스마트폰에서 유튜브 영상을 보다가 TV로 전송하면 크롬캐스트가 영상의 주소와 보던 장면을 받아 이후부터서는 직접 영상을 스트리밍해서 TV로 전송합니다. 스마트폰에서의 동영상 재생은 멈추게 됩니다. 따라서 영생이 재생되는 동안 스마트폰으로 전화를 걸거나 문자를 확인할 수도 있습니다. 크롬캐스트에서는 스마트폰이 나만의 맞춤 리모컨이 됩니다. 스마트폰을 사용하여 검색 및 탐색, 재생, 일시중지, 되감기, 볼륨 조절을 할 수 있고 재생 목록도 만들 수 있습니다.

Tip • **무선 디스플레이 – 미라캐스트/에어플레이**

무선으로 화면에 디스플레이하는 기술 유형에는 크게 Wi-Fi Alliance에서 발표한 미라캐스트(Miracast)와 서비스 제공자 또는 제조사에서 자체 개발한 애플의 에어플레이(AirPlay), 인텔의 WiDi 등이 있습니다.

미라캐스트는 와이파이 장치들 간에 그래픽, 비디오 그리고 오디오 콘텐츠를 끊김 없이 공유하기 위한 방법입니다. 두 개의 와이파이 장치를 페어링 한 후 하나의 장치에서 다른 디스플레이 장치로 동영상 콘텐츠를 스트리밍하거나 미러링을 할 수 있습니다. 미라캐스트에서는 따로 네트워크를 구성하지 않아도 두 장치를 직접 와이파이로 연결할 수 있으며 H.264 코덱을 지원합니다.

에어플레이는 애플의 무선 디스플레이 기술입니다. 이 기술을 사용해서 아이폰, 아이패드, Mac에서 애플 TV로 비디오를 스트리밍 할 수 있습니다. 에어플레이를 사용해서 Mac PC의 동영상 콘텐츠를 디스플레이 할 수 있고, 아이폰의 앱에서 비디오를 실행시켜 TV로 푸시(push) 할 수도 있습니다. 또한 아이패드에서 게임을 플레이하고, TV로 같은 화면을 보여줄 수도 있습니다.

[그림 8-57] 미라캐스트 예

[그림 8-58] 애플의 에어플레이 예

8.2.5 DMB(Digital Multimedia Broadcasting)란?

DMB란 TV 방송, 라디오 방송 및 데이터 방송을 디지털 방식으로 가공하여 고정, 휴대, 차량용 수신기에 제공하는 방송 서비스입니다. DMB를 이용하면 이동 중에도 개인 휴대용 단말기나 차량용 단말기를 통해 CD, DVD급의 고음질, 고화질 방송을 즐길 수 있습니다.

[그림 8-59] DMB용 위성 한별〈(좌) 발사장면, (우) 한별 모형〉

원래 DMB는 지상파 아날로그 라디오 방송을 대체하는 DAB를 기반으로 개발되었습니다. 그러나 기술의 발전으로 한정된 전파에 더 많은 데이터를 송신할 수 있게 됨에 따라 음성뿐만 아니라 DVD급의 영상도 전송할 수 있게 되었습니다.

[그림 8-60] DMB 수신 노트북

DMB 서비스는 일본과 박빙의 선두 다툼을 하였습니다. 위성 DMB의 경우 아쉽게도 '세계 최초'란 기록은 놓치고 말았습니다. 일본이 먼저 시작했기 때문입니다. 위성 DMB 사업을 준비해 온 SK 텔레콤의 자회사 TU미디어는 2004년 3월 일본의 협력사인 MBCo와 공동으로 DMB용 위성 '한별'을 쏘아 올렸습니다. 국내 사업자 선정이 늦어지면서 서비스가 지연되는 사이, 일본의 MBCo가 2004년 10월 19일부터 모두 40개 채널의 정식 서비스를 시작했습니다. TU미디어는 2005년 1월 시범 서비스를 시작으로 사업을 시작하였습니다. 지상파 DMB는 외국에서 서비스를 시작한 사례가 없는 만큼, 우리나라가 최초를 기록하였습니다.

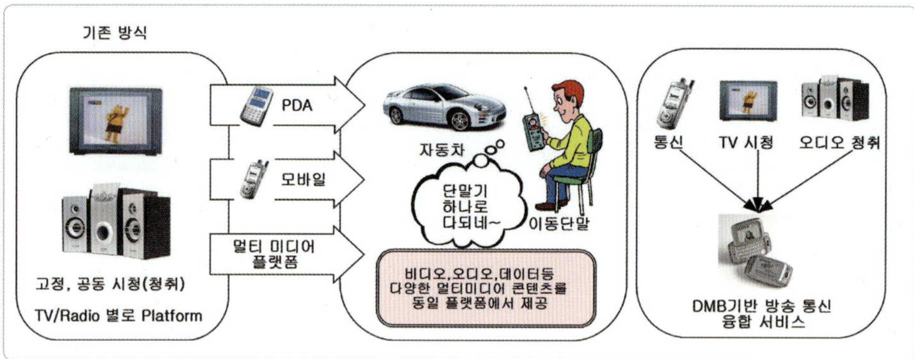

[그림 8-61] DMB 개념도

(1) 지상파 DMB

[그림 8-62] 지상파 DMB 수신기

지상파 DMB는 TV 방송, 라디오 방송 및 데이터 방송을 디지털 방식으로 변조, 고정 또는 휴대용 · 차량용 수신기에 제공하는 방송서비스로, '손 안의 TV'라 불립니다.

지상파 DMB에서는 VHF TV 채널, 즉 아날로그 TV에서 사용하던 채널 7~13번까지 NTSC 방식의 6MHz 채널 대역 안에서 3개씩 블록을 지정하여 총 21개의 주파수를 사용하고 있습니다. 해당 주파수 대역은 장거리 전송에 유리해서 방송 대역으로 사용하고 있습니다.

현재의 KSB, SBS 등의 방송국에서는 각 방송국에서 방송전파를 일단 남산에 있는 송신소 안테나로 전송하고, 다시 전국으로 전파를 송출하는 형태로 운영됩니다. 즉 전국으로 전파를 보내는 장치가 지상에 위치하기 때문에 지상파라고 합니다. 반면에 공중파는 지상파와 혼용하는 경우도 있지만 일반적으로 지상이 아닌 위성에서 전파를 송출하는 위성방송을 일컫는 말입니다.

[그림 8-63] 지상파 DMB 남산 송신소 전경

지상파 DMB의 장점은 현재의 TV 방송처럼 무료로 더 많은 시청자에게 정보를 전달한다는 공익성에 있습니다. 장비만 갖추면 누구든 어디서든 쉽게 양질의 프로그램을 시청할 수 있게 한다는 것이 지상파 DMB의 목표입니다.

Tip DAB란?

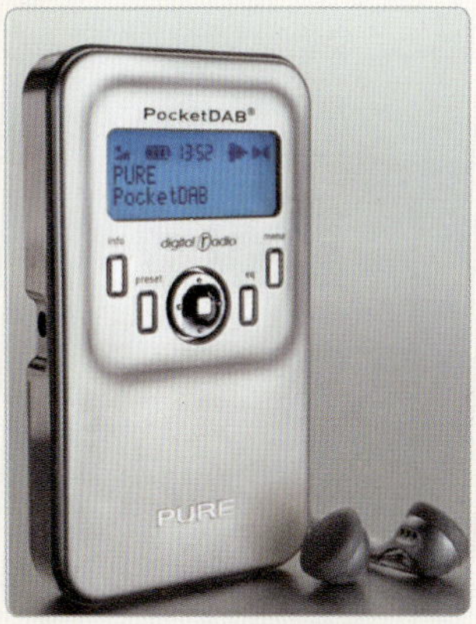

[그림 8-64] DAB 수신기

지상파를 이용한 DAB(Digital Audio Broadcasting)는 이미 유럽과 미국에서는 일반화된 서비스로, 미국은 인밴드 온 채널(IBOC: In Band on Channel) 방식을, 유럽은 아웃 오브 밴드(Out of Band) 방식인 유레카 147을 표준으로 선택해 서비스를 제공하고 있습니다. 유럽에서는 1987년부터 개발을 시작해 1995년에 표준을 확정하고, 같은 해 서비스에 들어간 영국을 비롯해 프랑스 · 독일 · 스웨덴 등에서 서비스를 실시하고 있습니다.

미국도 1990년대 초부터 연구를 시작해 2002년 10월 승인을 거쳐 로스앤젤레스 · 뉴욕 등 대도시를 중심으로 방송 서비스를 추진하고 있으며, 캐나다도 1999년부터 서비스를 개시하였습니다.

DAB의 장점은 저렴한 가격에 다양한 멀티미디어 정보 서비스가 가능하고, 주파수 대역 할당에 따라 이동체 방송용으로도 활용할 수 있으며, 부가적인 데이터 전송 서비스를 통해 새로운 수익원을 창출할 수 있고, 수신기 시장에 새로운 활력소를 제공함으로써 막대한 산업 효과를 거둘 수 있다는 점 등입니다.

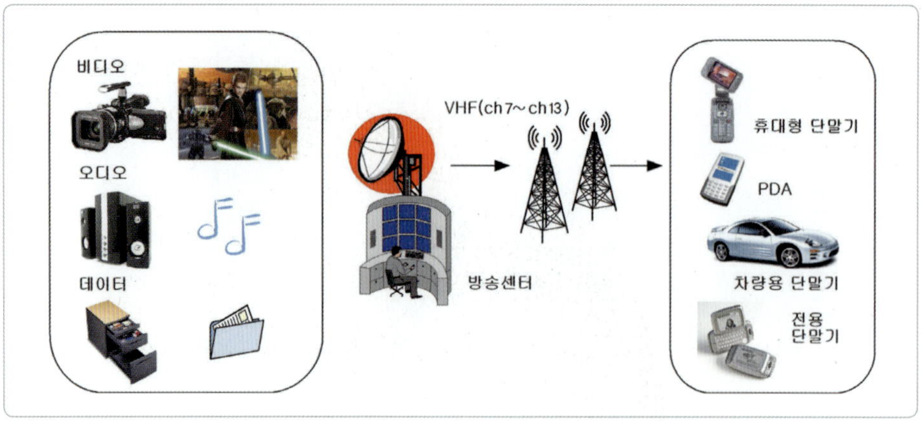

[그림 8-65] 지상파 DMB 개념도

(2) 위성 DMB

[그림 8-66] 위성 DMB 휴대전화기

위성 DMB는 전파 송출장치가 지상에 있지 않고 위성을 사용합니다. 위성 DMB는 SKT가 2001년 ITU에 등록 요청했던 2.6GHz 상위대역 S밴드상의 25MHz 대역(2630~2655MHz: 대역폭 25MHz)을 사용하며 비디오신호는 지상파 DMB와 동일합니다. 하지만 오디오 압축기술은 'MPEG2의 AAC+(Advanced Audio Codec) SBR(Spectral Band Replication)'를 채택하고 있습니다.

역사를 보면, 2001년 9월에 SKT가 S밴드상의 25MHz를 위성망 국제등록 신청을 받아 ITU에 등록 신청했으며, KT가 2605~2630MHz를 2002년 4월에 신청했습니다. 그 후 워크샵과 공청회를 거쳐 2003년 11월 5일 SKT가 위성 DMB 컨소시엄을 구성했으며, 2004년 1월 1일에 TU미디어(SKT 위성 DMB 법인)가 공식 출범했습니다.

[그림 8-67] 위성 DMB 개념도

위성 DMB는 지상파 DMB(하나의 방송사의 경우 비디오 1채널 + 오디오 1채널 + 데이터 1채널)와 달리 25MHz대역 안에 비디오 11채널 + 오디오 25채널 + 데이터 3채널을 수용할 수 있습니다. 그 후 2004년 3월 13일 세계최초 위성 DMB용 위성 '한별'을 발사했습니다.

그러나 스마트폰과 같은 다양한 단말기의 등장과 더불어 위성 DMB 기기와 가입자가 급격하게 줄어들었고 국내에서는 2012년 8월 서비스가 폐지되었습니다.

8.2.6 디지털 워터마킹이란?

디지털 워터마킹(Digital Watermarking) 기법은 디지털 콘텐츠에 워터마크(Watermark)라고 하는 사용자의 식별자(Identification)나 자신만의 정보를 삽입시킴으로써 불법적인 복제를 막고 지적재산권 및 저작권을 보호하며, 소유권을 주장할 수 있는 근거를 제시할 수 있도록 하는 기술입니다.

워터마킹이란 용어는 물에 젖어 있는 상태에서 그림을 인쇄하는 데서 유래하였습니다. 지폐의 제작과정에서 위조지폐 여부를 가리기 위해 젖어 있는 상태에서 특정 정보를 삽입하고, 말린 후 인쇄를 하여 불빛에 비춰 보았을 때 그림이 보이도록 하는 기술이 워터마킹의 일종입니다. 중세에는 군사적인 목적의 통신문이나 비밀편지에 특수잉크 또는 약품 등을 사용하여, 받는 쪽에서 특별한 처리를 해야만 볼 수 있도록 했다고 합니다. 또한 미술작품이나 책의 저자 또는 저작권을 갖고 있는 사람이 자신의 것이라는 것을 표시하기 위해 특별한 방식으로만 볼 수 있도록 실제 작품에 표시해 두는 기술로도 사용하였습니다. 이때 삽입되는 저작권, 소유정보, 원본 여부를 확인할 수 있도록 숨겨놓은 데이터, 사용권한을 부여받은 사용자의 ID 등의 식별정보를 워터마크라 합니다.

[그림 8-68] 디지털 워터마킹

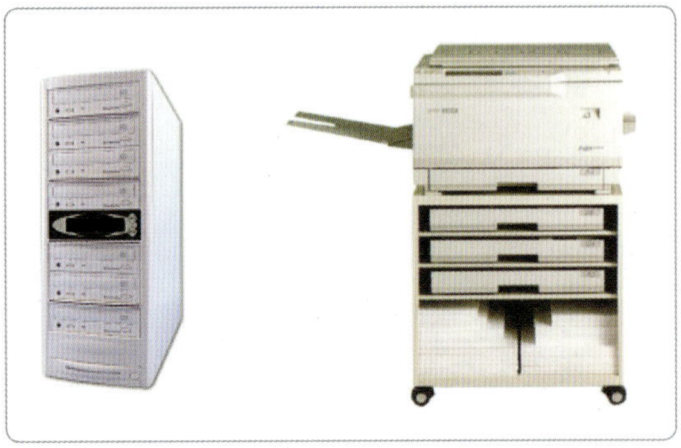

[그림 8-69] CD/DVD 복사기와 일반 복사기

최근 컴퓨터와 네트워크의 발달과 함께 디지털 그림이나 음악, 비디오 등 디지털 콘텐츠의 불법적인 복제나 유통으로 인한 지적재산권 침해 문제가 크게 대두되고 있습니다. 디지털 콘텐츠의 불법복제와 유통은 저작자의 창작의욕을 상실시키며, 심각한 경제적 손실을 입히게 되는 매우 중요한 문제입니다. 따라서 소유권자의 동의가 없는 불법적 복제를 방지하고 소유권을 효과적으로 보호하기 위한 저작권 보호 기술이 요구되고 있습니다.

디지털 데이터를 보호하기 위한 기술로 암호화 기법이나 방화벽을 이용한 접근제어 기술이 많이 발전해 왔지만, 한번 암호가 풀린 디지털 콘텐츠는 쉽게 복사되고 배포될 수 있습니다. 또 접근이 허가된 사용자에 의해서도 디지털 콘텐츠는 악용될 수도 있습니다. 그러므로 최근 급속히 발전하고 있는 콘텐츠 시장과 전자상거래 등에서 이러한 기술을 이용하여 저작권과 소유권을 효과적으로 보호하기에 많은 어려움이 있습니다.

따라서 최근에는 디지털 콘텐츠 자체에 소유권 정보를 삽입하여 불법적인 복제나 배포를 막고, 저작권을 보호하는 데 효율적인 기술인 디지털 워터마킹에 관심이 집중되고 있습니다. 디지털 워터마킹 기법은 저작권을 보호하기 위하여 고전적인 워터마킹의 개념을 그대로 디지털 데이터에 적용한 것입니다. 최근에는 단순히 워터마크를 삽입시키는 방법에서 벗어나, 많은 기술적 방법을 이용한 강력한 워터마킹 기술이 연구되고 있습니다. 또한 암호화 기법과 워터마킹 기술들을 적절히 접목시켜 더욱 견고한 DRM(Digital Rights Management) 시스템도 사용되고 있습니다.

[그림 8-70] 가수들의 mp3폰 개발 반대 시위

Tip **넷북(Netbook)과 노트북(Notebook)은 무엇이 다른가요?**

넷북은 휴대성을 가진 모바일 기기의 형태입니다. 넷북과 노트북은 서로 지향하는 바가 다르기 때문에 그 용도나 형태를 달리하고 있습니다. 따라서 가격, 무게, 부피, 크기를 줄이고 휴대성을 극대화시킨 넷북과 더 복잡한 작업을 하고 다양한 기능을 갖춘 노트북은 각자의 할 일이 다른 것입니다.

[그림 8-71] 삼성전자 넷북(모델명: NT-NC20)

[그림 8-72] LG전자 넷북(모델명: XNOTE MINI X110)

[그림 8-73] 삼보컴퓨터 넷북(모델명: Averatec Buddy HS-100)

[그림 8-74] 넷북을 사용하는 모습

[그림 8-75] Atom Processor (Z500) 크기 비교

넷북과 노트북은 앞서 살펴보았던 것처럼 서로 지향하는 바가 다릅니다. 그렇기 때문에 넷북과 노트북에 사용되는 프로세서도 달라야 합니다. 인텔은 노트북과는 또 다른 영역의 넷북의 선두주자로 경쟁력을 갖추기 위해 노력해 왔는데, 그렇게 해서 선보인 프로세서가 바로 인텔 아톰 프로세서입니다. 최신 노트북과 성능을 비교하면 비교가 되지 않지만 1/10로 줄어든 프로세서 소비전력으로 넷북 자체 크기를 컴팩트하게 줄이고 무게를 획기적으로 줄일 수 있게 되었습니다.

8.3 IPTV

IPTV(Internet Protocol Tele-Vision)는 품질과 보안을 보장하고, 양방향 서비스를 제공할 수 있으며, 신뢰도가 보장되는 IP 기반의 광대역 네트워크를 통해 다채널 방송, VOD(Video on Demand)를 비롯한 다양한 유형의 고품질 멀티미디어 서비스·제공을 하는 차세대 방송 서비스입니다. 그리고 IPTV는 방송 및 인터넷 서비스는 물론 주문형 비디오(VOD), 전자프로그램(EPG), T-커머스, 방송프로그램 연동형 데이터서비스와 같은 새로운 양방향 콘텐츠를 제공하며 통신과 방송 서비스를 모두 이용하는 디지털 컨버전스의 한 유형이라고 할 수 있습니다. 예를 들면, TV로 물건을 사는 'TV 전자상거래', TV로 민원 서류를 신청해 발부받는 'TV 정부', TV를 이용한 원격교육인 'TV 교육', TV를 통해 은행 및 증권 업무를 할 수 있는 'TV 뱅킹 · 트레이딩'이 이에 해당합니다.

[그림 8-76] IPTV 방송 화면

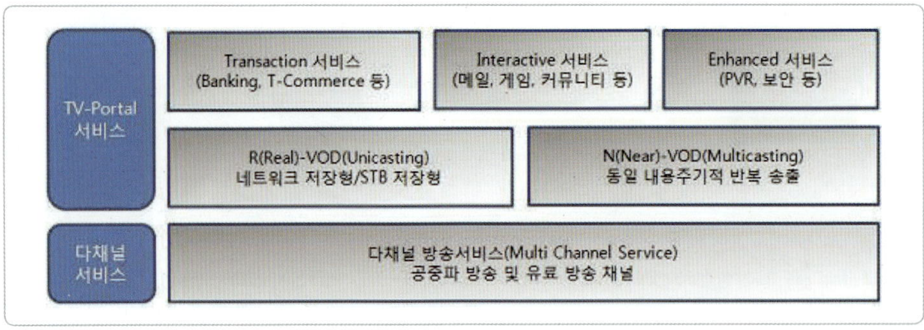

[그림 8-77] IPTV 콘텐츠의 구성

IPTV는 시청자가 편리한 시간에 보고 싶은 프로그램만 시청할 수 있다는 점에서 일반 케이블 방송과 구분됩니다. 따라서 IPTV는 기존 TV의 일방적이고 수동적인 서비스에서 벗어나, 이용자가 실제 TV를 보면서 능동적으로 반응을 보일 수 있다는 특징을 가지고 있습니다. 이는 기존 TV 방송 같은 채널 선택은 물론 리모컨으로 간단히 원하는 영화를 볼 수 있는 주문형(On Demand) 서비스가 가능하다는 것을 의미합니다. 또한 IPTV는 자신이 편리한 시간에 보고 싶은 프로그램만 볼 수 있으므로 TV 방송의 주도권이 방송사나 중계업자에서 시청자에게 넘어가는 것을 의미하기도 합니다.

IPTV를 이용하기 위해서는 텔레비전 수상기와 셋톱박스, 인터넷 회선이 연결되어 있어야 합니다. 사용자 입장에서는 일반적인 TV와 비슷하게 동작하기 때문에 컴퓨터에 익숙하지 않은 사람이라도 리모컨을 이용하여 간단하게 인터넷검색은 물론 영화감상, 홈뱅킹, 온라인 게임, MP3 등 인터넷에서 제공하는 다양한 콘텐츠를 이용할 수 있습니다.

일반적으로 IPTV 서비스는 각 국가별 네트워크 구축 상태와 법제도 환경에 따라 제공되는 서비스 수준이 결정되며 나라마다 VOD, 다채널방송서비스, TV포털, 양방향서비스 등 다양한 형태의 서비스를 제공합니다.

8.3.1 IPTV 서비스 가입자가 많군요

국내에서는 KT, SK, LG데이콤 등 유선통신 사업자들이 BcN 사업의 비즈니스 모델로서 2008년 10월 IPTV 상용 서비스를 시작했습니다. 제도적 준비 미흡, 케이블 TV 사업자들과의 규제 형평성 문제 등으로 본격적인 상용화가 지연되었으나 상용 서비스가 실시됨으로써 국내 IPTV가 유료방송 시장을 빠르게 장악하였습니다.

KT는 2005년 12월 FTTH 네트워크를 기반으로 MPEG2 기반의 IP 멀티캐스팅 방식의 IP 미디어 시연 서비스를 시작으로 현재 H.264 기술과 ACAP 기술을 적용한 Olleh TV를 서비스하고 있습니다.

SK는 하나로 텔레콤을 인수하여 기본 하나TV에서 제공하던 온디맨드 서비스를 기

[그림 8-78] SK 브로드밴드의 IPTV

반으로 주문형 비디오 서비스 중심의 TV 포털 방식인 SKB TV 서비스를 제공하고 있습니다. LG는 실시간 지상파 방송을 포함한 U⁺ TV 서비스를 시행하고 있습니다.

[그림 8-79] Olleh TV

[그림 8-80] LG U⁺ TV

초고속 인터넷망을 통해 실시간 방송, 통신 서비스를 복합적으로 제공하는 IPTV 출범은 방송과 통신의 경계를 허무는 디지털 융합 혁신 서비스로 볼 수 있습니다. 따라서 IPTV는 앞으로 방송 콘텐츠 시장의 흐름을 바꿈으로써 기존 미디어와의 차별성을 둘 것으로 전문가들은 전망하고 있습니다. 케이블방송과 위성방송 등 기존 미디어 매체들은 인터넷망 기반의 IPTV라는 새로운 상대와 경쟁을 벌여야 하는 상황에 처했습니다. 하지만 IPTV는 생산 유발, 고용 창출의 효과 등 산업 경제적인 면에서 파급효과를 발생시켜 그 동안 침체된 방송통신 시장에 새로운 활력소로 작용할 것으로 기대하고 있습니다.

8.3.2 모바일 IPTV

디지털화와 유비쿼터스화는 결국 이동성과 편의성, 확장성 측면에서 IPTV 서비스를 유선에서 모바일 영역으로 이동시키고 있습니다. 모바일 IPTV란 유선 인터넷상에서 이루어지는 IPTV 서비스가 모바일에서 이루어지는 것을 말합니다. 최근에 무선 환경에서 자유롭게 IPTV를 사용하려는 사용자들이 늘어나면서 모바일 IPTV의 수요는 계속 증가하고 있고 셋톱박스가 무선을 통해 가정 내 다른 무선 단말에 서비스를 전달하는 형태로 적용범위를 확산하고 있습니다.

[그림 8-81] 모바일 IPTV TAVI030
(출처: www.tavi.com)

● 모바일 IPTV의 장 · 단점

현재 DMB가 고정형 TV에서 이동형 TV 시대를 여는 촉매 역할을 했듯이 IPTV는 양방향성을 무기로 점차 모바일 쪽에서도 많은 호응을 얻고 있습니다. 아울러 홈 네트워크에서도 IPTV 서비스를 수신할 수 있는 셋톱박스가 무선을 통해 가정 내 다른 무선 단말로 콘텐츠를 전달하는 형태로 적용범위가 확산되고 있습니다. 모바일 IPTV는 동영상뿐만 아니라 IPTV 플랫폼을 기반으로 하는 부가 사업으로 디지털 음악, 주문형 게임, 데이터 서비스, 홈 시큐러티와 같은 다양한 콘텐츠 상품을 제공할 수 있습니다.

〈표 8-6〉 모바일 IPTV의 장 · 단점

장 점	단 점
– 시청 시간이 랜덤 – 이동성(핸드오버: 장소, 공간 극복) – 접근성 – 공간적 제약 극복 – 모든 단말에 IPTV화 – UCC처럼 개인의 녹화자료도 IP망으로 전송 가능	– 사용 시간이 적음 – 모바일 콘텐츠 부족 – 소형 스크린 – 라이브 콘텐츠에 대한 요구 감소 – 성능 저하(모바일 기기) – 대역폭 제한 – 프로토콜 및 패킷 손실 문제 야기

Tip ● IPTV 1.0 vs IPTV 2.0(출처: ETRI)

1세대 IPTV	구분	2세대 IPTV
• 유선 기반의 고품질 인터넷 TV	서비스 예	• Mobile IPTV • Personal Media Networking • Intranet TV, Premium Quality and Mobility • Takeout TV
• IP 환경에서 기존 TV, VOD를 고품질로…… • 거실에서 보는 고품질 인터넷 TV • 사업자와의 계약 기반	사용자 관점	• "Life+Media+Communication"의 최적 통합 • "이동 중에도 임의의 IP 콘텐츠를 최적 품질로 끊김없이 사용할 수 있는 멀티미디어 서비스
• Walled Garden • 사용자 단말/망접속 능력에 따라 Dedicated 콘텐츠 필요	사업자 관점	• Through Open Domain • Single Source Multiple Use for all users
• 고해상도 TV+STB, PC	단말	• 휴대단말(휴대폰, Laptop, PDA, PVP)
• 양질, 콘텐츠 다양화 • Anytime(PVR)	콘텐츠	• Lifestyle+Contents – Customized Contents(Anytime, Anyplace) – Prosumer Contents – 상황인식 기반 서비스/콘텐츠 개인화 – Seamless Mobility
• 유선기반 광대역/고품질 네트워크 – 기존 기술 단순 결합(MPEG2/4 over IP) – xDSL/Ethernet/FTTH – CoS 기반 품질 보장	네트워킹 인프라	• 유무선 통합 u-인프라 – QoS guaranteed Mobility over WiFi/4G(WiBro) – (IP Network, Source, Mobile Access, 단말) 상황에 최적 Adaptation – Network-aware CODEC(SVC) – Media-aware CL 최적화
• Proprietary Platform	서비스 플랫폼	• Open Platform

Tip Open IPTV 서비스

서비스 지향적/사용자 중심의 새로운 IPTV 서비스로서, 사용자 참여, 공유, 개방을 지향하는 웹 2.0 중심의 차세대 웹 기술과의 접목을 통한 IPTV 2.0 실현을 목표로 하고 있습니다.

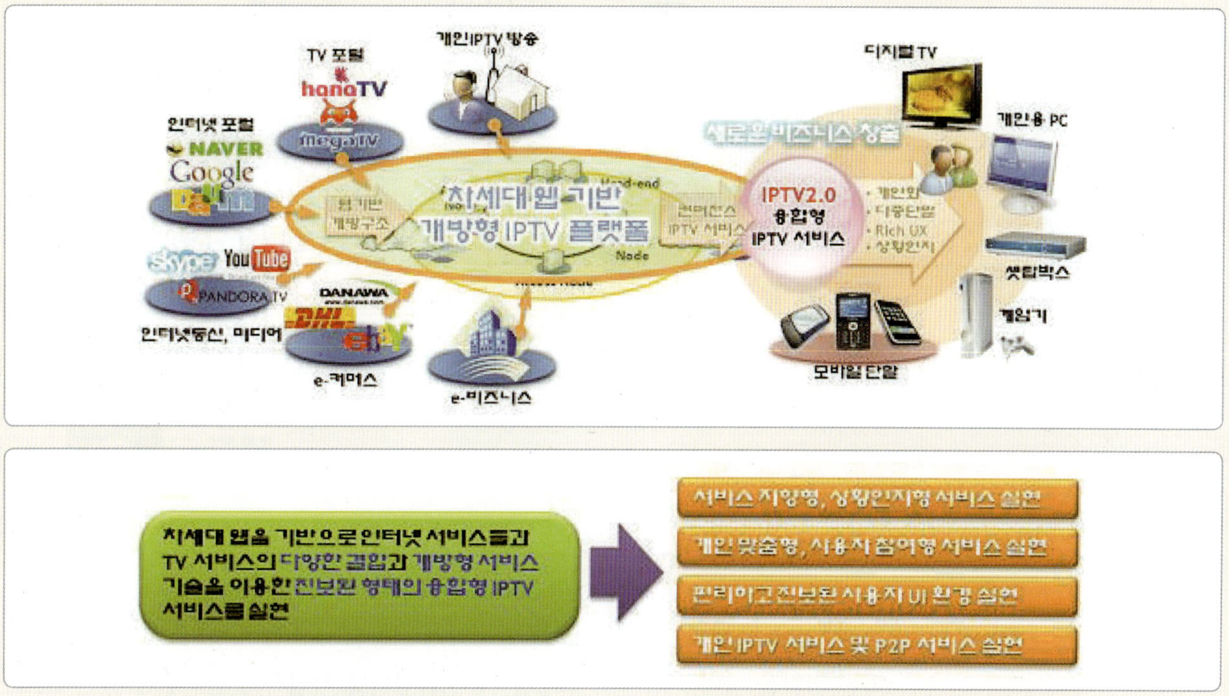

[그림 8-82] Open IPTV 서비스 개념도(출처: ETRI)

8.4 주문형 방송 서비스

주문형 방송 서비스는 맞춤 영상정보 서비스, 주문형 비디오 조회 시스템이라고도 합니다. 기존 방송이나 케이블 TV에서처럼 프로그램을 일방적으로 수신하는 것이 아니라 가입자의 요구에 따라 원하는 시간에 원하는 콘텐츠를 이용할 수 있는 양방향 서비스입니다. 통신망을 통하여 영상정보를 주문한다는 것 이외에는 일반 비디오 기기와 마찬가지 방법으로 재생, 정지, 멈춤, 빨리 감기, 빨리 되감기 및 임의의 위치에서 재생시키는 기능을 모두 제공합니다.

[그림 8-83] 셋톱박스를 통한 VOD

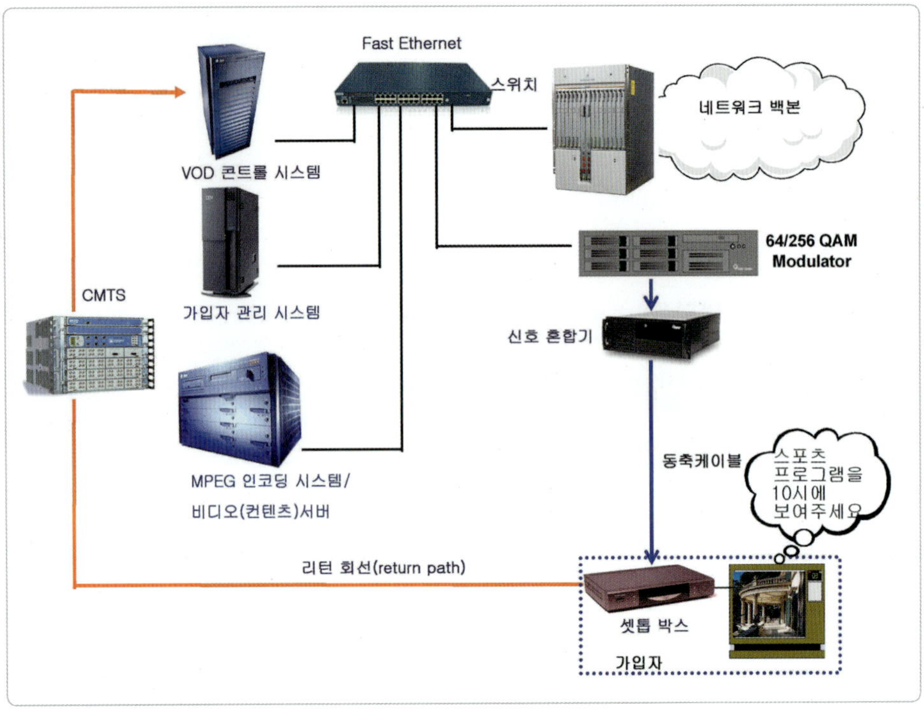

[그림 8-84] VOD 시스템 구조도

셋톱박스는 비디오 서버로부터 압축되어 전송된 디지털 영상과 소리를 복원 · 재생하는 역할을 하며 사용자의 요구를 케이블 인터넷 사업자의 전산실에 있는 CTMS로 보냅니다. CTMS(Contents Total Management System)는 가입자로부터 받은 신호를 처리하는 기능을 수행합니다. 비디오 서버에는 영상이나 음성을 저장할 수 있는 대용량의 데이터베이스가 효율적으로 구축되어 실시간 검색을 할 수 있습니다.

8.5 영상전화 서비스

[그림 8-85] 영상전화 서비스

카메라, 텔레비전과 전화기를 조합하여, 상대방의 영상을 보면서 통화를 하는 서비스입니다. 상대방의 얼굴을 볼 수 있을 뿐만 아니라, 서류나 도면을 보내거나 회의를 하는 등의 용도로도 이용할 수 있습니다.

음성과 달리 영상 신호는 넓은 대역폭을 요구하기 때문에 케이블이나 전달 장치에 많은 경비가 소요됩니다. 그러나 미국에서는 1970년 피츠버그에서 텔레비전 전화 서비스가 개시된 이래, 영상전화 보급이 늘어가고 있습니다. 화질은 방송에 비하면 다소 뒤지며, 방송이 4MHz의 주파수 대역폭인 것에 비해 영상전화의 대역폭은 500kHz 또는 1MHz(전화의 250배)이지만 실제 화면이 일반적으로 작아 화질이 그리 떨어지지는 않습니다.

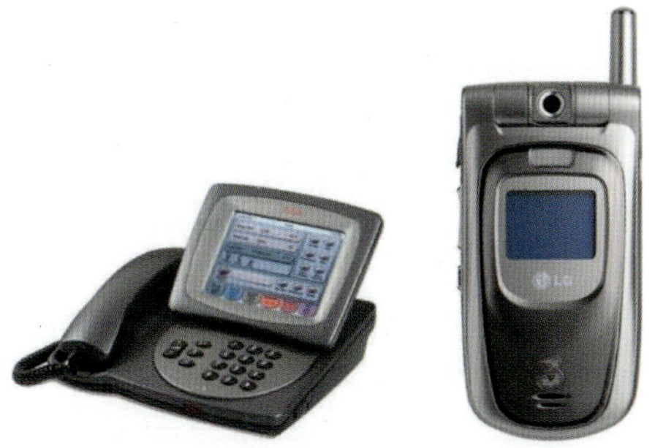

[그림 8-86] 화상전화가 가능한 전화기〈(좌) Avaya 사의 전화기, (우) LG의 WCDMA 전화기〉

Tip 페이스타임

[그림 8-87] 페이스타임(출처: http://www.apple.com/kr/iphone/features/facetime.html)

페이스타임은 아이폰과 아이팟터치 4세대에 탑재되어 있는 전/후면 카메라를 통해 영상 통화 서비스를 제공하는 앱입니다. 페이스타임은 와이파이(Wi-Fi)를 통해 무료로 영상 통화 서비스를 제공하며 아이폰4에 새롭게 추가되었습니다. 애플은 "모든 사람들이 오랫동안 꿈꿔온 영상 통화이며 지구 반대편 아이들과 손을 흔들며 인사하고 대화하는 일이 아이폰4를 통해 가능하다."고 소개하고 있습니다.

[그림 8-88] 맥과 이이폰4 간의 페이스타임 사용(출처: http://www.kbench.com/hardware/?no=90973&sc=1)

페이스타임이 이처럼 주목 받는 까닭은 통신 3사가 3G망을 통해 서비스하는 영상통화가 음성 통화에 비해 2배 이상 비싼데 비해 무료로 사용이 가능하기 때문입니다. 페이스타임은 와이파이가 설정된 지역에서는 아이폰4 사용자끼리 무료로 사용 가능하며, 화질 역시 기존의 3G망 영상 통화에 비해 선명하고 끊김 없는 영상을 제공합니다.

2010년 후반부터는 맥 사용자들도 페이스타임을 통해 아이폰4나 아이팟터치 4세대 사용자들과 고화질로 영상 통화를 즐길 수 있게 되었습니다. 아이폰4와 아이팟터치 4세대 사용자들끼리 국한되어 있던 페이스타임이 맥에서도 지원됨에 따라 그 활용가치가 더욱 넓어졌습니다.

● 페이스타임 사용법

1. 페이스타임을 사용하기 위해서는 먼저 활성화를 해야 합니다. 초기 화면에서 '설정'으로 들어가 '전화' 항목을 터치합니다.

2. 기본적으로 'FaceTime'의 활성화 스위치가 Off되어 있습니다. 이를 On으로 변경하면 활성화 대기 중으로 변합니다. 이후 재부팅을 하면 'FaceTime 통화 상대에게 사용자의 전화번호가 공유될 것입니다'라는 메시지가 나타납니다. 이 상태가 FaceTime 활성화에 성공한 상태입니다.

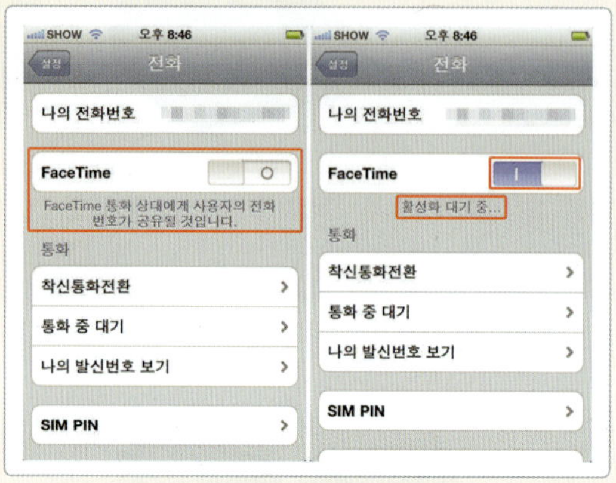

3. 메인 화면에서 연락처를 클릭 후, 아이폰4를 사용하는 사람을 선택합니다. 다음 그림과 같이 'FaceTime' 버튼이 존재함을 확인할 수 있습니다.

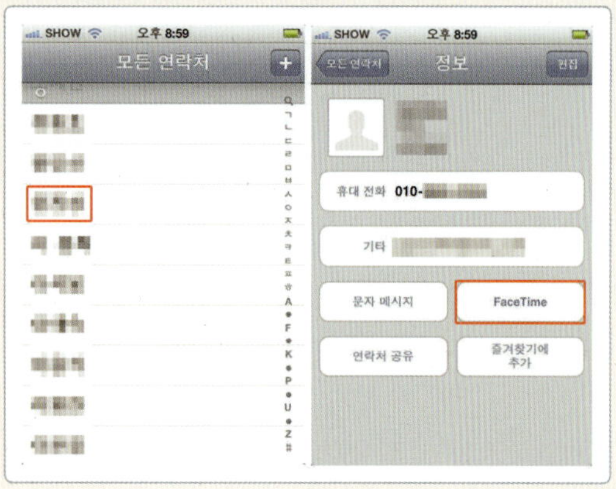

4. 만약 상대방이 무선 네트워크에 연결되어 있지 않은 경우 계속 '연결 중' 상태가 지속되며, 상대방이 무선 네트워크에 연결되어 있으나 FaceTime이 활성화되어 있지 않은 경우 연결 실패 또는 오류 메시지가 나오게 됩니다. 성공적으로 연결되면 상대방과 영상 통화를 할 수 있습니다.

Tip ● 탱고 비디오 콜

스마트폰 열풍에 따라, 3G 데이터 통신과 와이파이(WiFi) 통신망을 이용해 저렴한 가격 혹은 무료로 통화를 할 수 있는 스마트폰 전용 모바일 인터넷전화(mVoIP) 서비스들이 인기를 끌고 있습니다. 그 중 페이스타임(FaceTime)은 무료 영상 통화 기능입니다. Tango Video Calls 서비스에서는 스마트폰 전체 화면을 이용해 상대의 얼굴을 바라보고 통화를 할 수 있으며, 아이폰과 안드로이드폰을 모두 지원합니다.

Tango Video Calls 앱의 장점으로는 안드로이드-아이폰 간 무료 음성/영상 통화가 가능하다는 점, WiFi 외에도 3G에서도 통화가 가능하다는 점, 아이폰 기준으로 앱이 꺼져있더라도 전화 수신이 가능하다는 점, 심플한 UI, 아이폰의 전화번호부에 서로의 번호가 등록되어 있으면 자동으로 친구 추가가 된다는 점 등이 있습니다.

[그림 8-89] 탱고 비디오 콜의 타이틀 화면

●탱고 비디오 콜 사용법

1. 앱스토어에서 Tango Video Call이라는 앱을 다운 받습니다.
2. 앱을 처음 시작하면, 푸시 알림을 설정할 것인지, 내 전화번호를 검색하게 해 줄 것인지 물어봅니다. 둘 다 승인해야 앱을 통해 전화를 받고 할 수 있습니다.

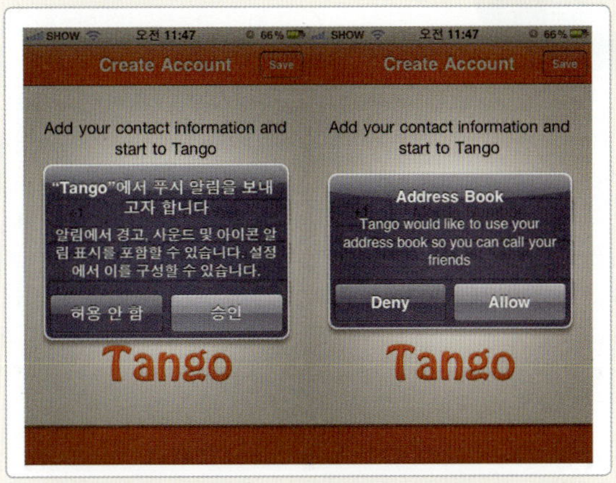

3. 회원 가입을 위해 각 필드를 입력합니다. South Korea를 선택해 +82로 변경하고, 자신의 휴대폰 번호를 입력합니다. 그리고 이름, 성, 이메일 주소를 영어로 입력합니다.

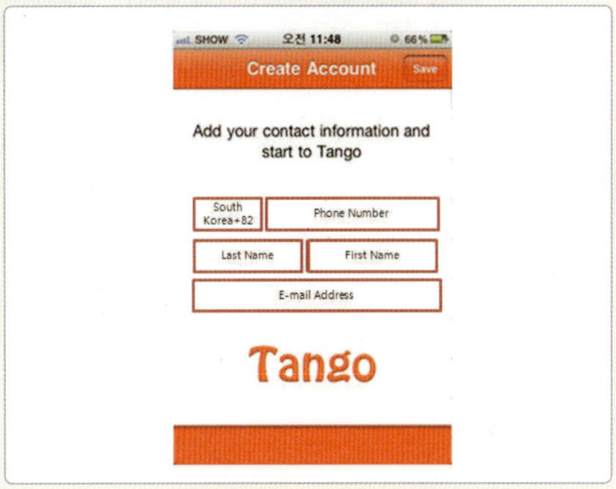

4. 입력 완료 후, 초대할 사람에게 초대장을 이메일 혹은 SMS로 보냅니다. 친구가 추가되면 Tango Contacts 란에 친구가 추가됩니다.

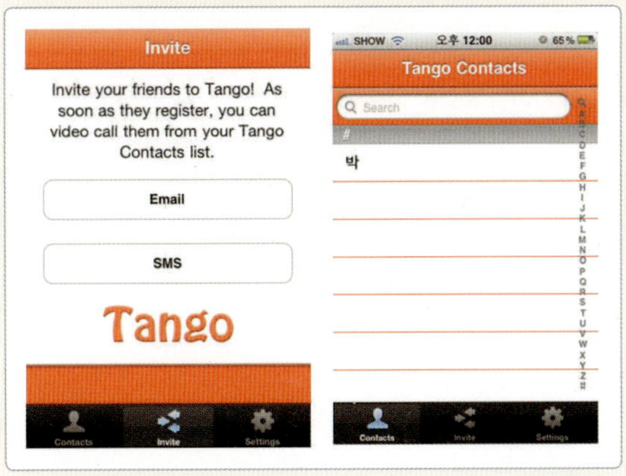

5. 친구 선택 후 Tango를 선택하면 화상 전화가 연결됩니다.

Tip 다양한 영상통화 프로그램들

[그림 8-90] 다양한 영상 통화 프로그램들(왼쪽부터 카카오톡, 라인, 스카이프 등)

Tip PMP(Portable Multimedia Player)도 유용하군요

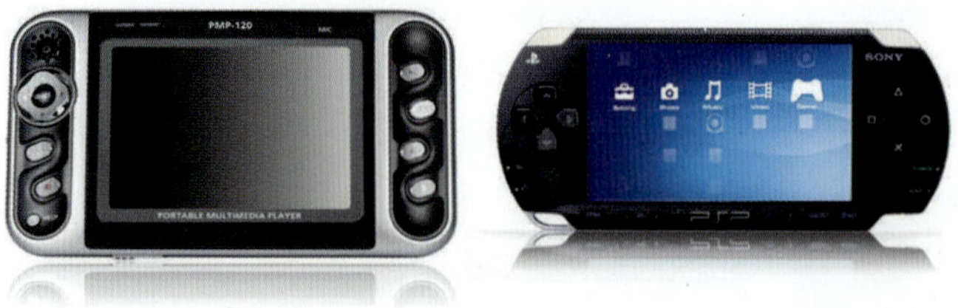

[그림 8-91] PMP<(좌)아이리버 사의 PMP-120, (우)소니 사의 PSP>

PMP는 휴대형 멀티미디어 플레이어, 휴대형 멀티미디어 재생기, 또는 차세대 휴대형 컨버전스 기기라고도 합니다. 기본적인 구조는 기존의 MP3와 같지만 음악 재생 기능만을 제공하는 MP3 플레이어와 달리 동영상도 재생할 수 있고, 디지털 카메라 기능까지 갖추고 있습니다. 크기는 휴대하기 쉽도록 손바닥보다 작게 만들어졌고 무게도 250g 이내입니다. 또 3.5인치 정도의 액정 디스플레이(LCD) 화면이 장착되어 있습니다. MP3 기능 외에 FM 방송 수신기능, 게임기능, 전자사전 기능, 동영상 재생 기능, 디지털카메라 기능 등 다양한 기능을 갖추고 있습니다. 하드 디스크 드라이브 용량은 20기가바이트 이상으로, 90분짜리 영화 40편 이상, 뮤직비디오 1,000편 이상을 담을 수 있습니다. 단점으로는 플래시 메모리가 장착된 제품의 경우 MP3에 비해 비싸다는 것입니다. 그밖에 일부 제품의 경우 디지털 카메라 렌즈를 별도로 구입해 장착해야 하고, 이동하면서 사용하는 데는 한계가 있다는 점도 단점으로 지적됩니다.

Tip DRM(Digital Rights Management)은 또 뭔가요?

DRM(Digital Rights Management: 저작권 관리 시스템)은 다양한 콘텐츠를 제공자(Content Provider: CP)로부터 고객(Client)에게 안전하게 전달하고 고객들이 불법적으로 콘텐츠를 유통하지 못하도록 하는 기술입니다. DRM 시스템에서 있어 가장 중요한 기술은 암호화 기술로서 콘텐츠를 암호화하여 제3자에게 유출되어도 콘텐츠가 풀리지 않도록 하는 점이 가장 중요합니다.

암복호화 기술은 멀티미디어 콘텐츠의 유통에 있어서 불법유통이나 불법복제를 방지하기 위한 핵심 기술로서, 콘텐츠를 암호화시킴으로써 적법한 사용자만이 콘텐츠를 복호화하여 사용할 수 있도록 하는 기술입니다. 기존의 콘텐츠 전달 시스템은 사용자 ID와 비밀번호만을 사용하고 있는데 이런 경우 ID와 비밀번호를 공유함으로써 쉽게 콘텐츠를 불법으로 사용할 수 있다는 문제가 있습니다. 이것을 해결하기 위하여 고객 컴퓨터의 고유 ID를 변형하여 사용하는 방법과 고객의 PKI(Public Key Infrastructure)키를 사용하는 방법이 있습니다.

고객 컴퓨터의 고유번호, 예를 들면 하드디스크 번호라든가 CPU 번호를 이용하여 콘텐츠를 암호화시키는 경우가 있지만 컴퓨터의 고유번호는 누구나 쉽게 접근할 수 있기 때문에 보안성이 떨어진다는 단점이 있습니다. 따라서 가장 일반적인 DRM 암호화 방법은 PKI 개인키처럼 개인 비밀키를 사용하는 방식입니다. 고객의 고유키로 암호화할 경우 장점은 다운로드받은 콘텐츠를 제3자에게 전달하여도 제3자의 컴퓨터에서는 작동이 불가능하다는 장점이 있습니다. 이러한 특징을 이용하여 DRM시스템은 콘텐츠의 불법 복제와 유통을 방지할 수 있는 것입니다.

다음으로 중요한 DRM 기술은 콘텐츠 사용 규칙 제어기술입니다. 이는 고객의 지불(Payment) 형태에 따라 콘텐츠의 사용 횟수와 형태, 사용기간 그리고 제3자 양도 등을 제어하는 기술입니다. 그 외에도 지불 시스템과 고객 관리 시스템과의 연동, 고객 과금 처리 등의 요소 기술이 DRM을 구성하는 중요한 요소입니다.

DRM을 이용한 저작물 유통 서비스의 한 예로, 콘텐츠 제공자(CP)와 지불 시스템을 연결하여 사용자에게는 암호화된 저작물을 전달하는 것을 들 수 있습니다. 순서상으로 본다면 사용자가 네트워크에서 이미지나 오디오, 비디오 등의 저작물을 신청하고 지불을 하게 되면 지불 시스템에서는 지불 승인을 통보하게 되고, 정당한 사용자인 경우에 한해 저작물을 암호화하여 네트워크상에서 사용자에게 전송하게 됩니다.

이미지, 오디오, 비디오 등의 저작물은 다운로드되는 경우와 스트리밍으로 전송받는 경우가 있으며 사용자측에서 이미지를 보거나 오디오를 듣거나 비디오를 감상하는 경우 브라우저가 PC, PDA 등에 설치되어야 합니다. 사용자의 불법복제나 재생 횟수를 제한하는 사용규칙 제어 기능은 대체로 브라우저를 통해서 이루어집니다. 브라우저에는 사용자의 비밀번호 관리프로그램이 들어 있기 때문에 브라우저의 보안성이 대단히 높아야 합니다.

DRM이 사용자에게는 단순히 브라우저만을 가진 시스템으로 보이지만 실제로는 대단히 복잡하고 많은 시스템이 연동되어 돌아가고 있습니다. DRM이 사용자들의 요청을 받아들여 저작물을 보내려면 키관리 시스템(KMS: Key Management System)과 지불 연계시스템(Payment Gateway), 저작물 관리 DB, 공연규칙 DB, 저작물 사용권 이전을 위한 서버가 있어야 합니다.

키관리 시스템(KMS)에서는 등록된 사용자만 접근을 허용하고 불법적인 사용자에게는 시스템에 접근하지 못하도록 사용자 ID와 패스워드를 확인합니다. 지불 연계 시스템(Payment Gateway)에서는 신용카드, 지로, 전자 지갑, 사이버 머니, 은행 자동 이체 등의 다양한 지불 수단을 연결할 수 있습니다. 사용자의 실적에 따라 쿠폰을 발행하거나 마일리지 프로그램을 시행하는 것도 필요하며 홍보성 이벤트 관리도 여기에서 이루어지게 됩니다. 저작물 관리 DB에는 저작물이 저장되며 사용자의 요청이 있을 경우 저작물을 암호화하거나 압축하여 보낼 수 있습니다.

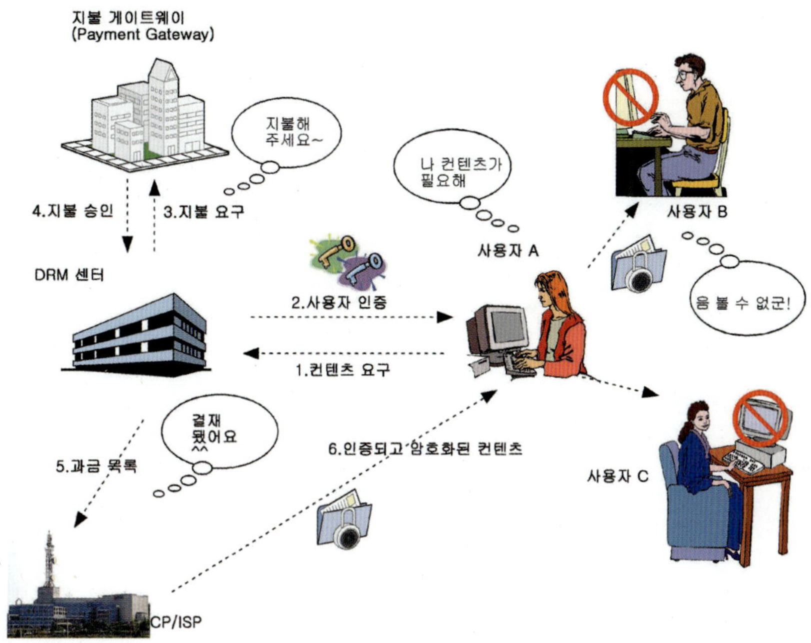

[그림 8-92] DRM(Digital Rights Management) 구성 예

Tip • Divx란?

[그림 8-93] Divx 재생 화면

디빅스는 영어 'digital internet video express'의 줄임말입니다. 마이크로소프트(MS)가 인터넷에서 음성이나 영상, 애니메이션 등을 실시간으로 제공할 목적으로 1999년 개발한 MPEG4(Motion Picture Experts Group 4)를 조작, 변용한 동영상 파일을 말합니다.

원래는 미국의 유통업체인 서킷 시티가 DVD를 대체할 목적으로 개발해 일정한 금액을 받고 대여용으로 유통시켰으나, DVD 업체와 시민단체의 반발로 인해 2001년 자취를 감추었습니다. 그 뒤 맥스모리스(MaxMorice)라는 닉네임을 쓰는 사람이 마이크로소프트의 MPEG4를 조작 · 변용하고, 사운드 트랙을 최소화하기 위해 MP3 포맷을 채택한 디빅 코덱을 만들어 인터넷에 올리면서 빠르게 전세계로 확산되었습니다.

현재까지도 지적재산권 공유운동을 벌이는 세계 각지의 해커들에 의해 계속 업데이트되고 있습니다. 영상부문은 MPEG4를, 음성부문은 MP3를 채택하고 있으며, DVD 수준의 화질과 음질로 영화를 볼 수 있습니다. 입체음향도 가능하지만, 저작권료를 내지 않고 유통되는 불법복제판이라는 점이 문제점으로 지적됩니다. 주로 영화 시사회나 판매용 DVD를 활용해 파일을 만들기 때문인데, 심한 경우 개봉되지 않은 영화가 인터넷을 통해 먼저 유포되기도 합니다.

DivX 3.x, DivX 4, DivX 5, 그리고 DivX 6의 네 가지 종류가 존재하며, 각각의 특징은 〈표 8-7〉과 같습니다.

〈표 8-7〉 Divx의 종류

종 류	특 징
DivX 3.x	DivX라는 이름으로도 많이 알려진 코덱으로, Microsoft의 MPEG-4 V3를 기반으로 해서 제작된 코덱입니다. 다루기가 쉽다는 장점이 있으며 DivX 4에 비해서 약간이나마 속도가 빠른 장점 또한 존재합니다.
DivX 4	DivXnetworks에 의해서 개발된 코덱으로 많이 쓰이지는 않는 코덱입니다.
DivX 5	4에 비해서 많은 기능과 높은 수준의 영상을 보여주는 코덱입니다. 또한 합법적으로 사용할 수 있으며 개인용도로는 자유롭게 사용할 수 있습니다. 특히 이전 DivX 버전과 호환성을 가지고 있습니다.
DivX 6	DivX 미디어 포맷이라는 미디어 컨테이너 포맷을 추가하여 다중 자막, 다중 오디오 트랙, 다중 비디오스트림 등을 지원합니다.

[그림 8-94] Divx 재생 프로그램의 코덱 설정화면

● XviD

현재는 개발이 중단된 상태이지만 혜성처럼 등장했던 코덱입니다. DivX와 마찬가지로 MPEG-4를 기반으로 하는 코덱이며, 합법적으로 사용할 수 있다는 장점이 있습니다. 특히 오픈 소스를 내세우는 코덱이기 때문에 누구나 개발을 통해서 더 나은 코덱으로 발전할 수 있는 장점이 많은 코덱입니다.

● SVCD

DVD에서 데이터를 추출하는 것은 같지만 앞선 두 가지의 코덱과는 달리 인코딩 방식이 MPEG-2입니다. MPEG-4보다는 압축률이 떨어지기 때문에 인코딩 후의 파일 용량이 좀 더 크다는 단점이 있는 반면, 화질의 손상이 적기 때문에 화질은 더 깨끗하다는 장점이 있습니다.

[그림 8-95] DivX 플레이어

[그림 8-96] DivX 형식을 지원하는 DVD 플레이어

DivX 플레이어 종류는 여러 가지가 있습니다. 우선 DivX 파일을 시디로 구워서 보는 데크형 플레이어가 있고 일반적으로 컴퓨터에 사용하는 하드를 케이스에 넣어서 영화를 담고 TV 등 비디오 기기에 연결해서 볼 수 있는 하드형 DivX 플레이어가 있습니다. 그리고 작은 하드와 액정화면을 달아서 이동 중에도 멀티미디어를 볼 수 있게 해주는 포터블 DivX 플레이어가 있습니다.

참고문헌

1. 김충남, 「차세대 정보통신 세계」, 전자신문사
2. 김기문, 「알기쉬운 정보통신개론」, 다솜출판사
3. 김석택, 김창수, 정신일, 정연호, 「알기쉬운 정보통신과 멀티미디어의 세계」, ITC
4. 최윤철, 고견, 「멀티미디어 배움터」, 생능출판사
5. 이호웅, 한기관, 이기학, 「최신 정보통신의 이해」, 기한재
6. 김정우, 김필중, 박경호, 「최신 정보통신 개론」, 21세기사
7. 최종호, 「클릭 정보통신」, 인터비전
8. 디시인사이드 http://www.dcinside.com/
9. 브레인박스 http://www.brainbox.co.kr/
10. 한국경제, "방송 통신시장 지형이 바뀐다", http://www.hankyung.com. 2008. 8. 29/헤럴드경제, "콘텐츠의 바다 IPTV가 몰려 온다", http://www.heraldbiz.com, 2008. 8. 29
11. http://www.hankyung.com/news/app/newsview.php?aid=2008012803411&sid=010481&nid=004&ltype=1
12. iptv.commres.org/wp-content/uploads/sa1.jpg
13. http://www.therawfeed.com/index.html
[1295] 디지털 IPTV의 국내외 최근 서비스 동향, 진태석, 동서대학교
14. 위키백과, http://ko.wikipedia.org/wiki/H.264/AVC
15. 강희종, "[알아봅시다] H.264", 디지털타임스, 2008.3.20
http://www.dt.co.kr/contents.htm?article_no=2008032002011831742004
16. 오원석, "구글, 'H.264지원 중단'애플과 코덱 표준 경쟁 불붙나", 블로터닷넷, 2011.1.13
http://www.bloter.net/archives/46324
17. 심경수, "2011년은 화상회의 기술 혁신 거듭하는 시기될 것", 데이터넷, 2011.2.8
http://www.datanet.co.kr/news/articleView.html?idxno=53576
18. 양낙규, "청해부대 작전성공 '국내 방산기업들도 한몫', 아시아경제, 2011.1.24
http://www.asiae.co.kr/news/view.htm?idxno=2011012407391706903
19. AXIS, "H.264 video compression standard", 2008
20. 네이버 백과사전, http://100.naver.com/100.nhn?docid=717808
21. 보안뉴스, "HDTV, H.264표준으로 날개 달다", 월간 시큐리티월드 통권 제147호, 2009.4.15 http://www.boannews.com/media/view.asp?idx=15471&kind=1
22. 김진웅, 최진수, 문경애, "3D TV 방송기술", OPTICAL SCIENCE AND TECHNOLOGY, 2010.10
23. 윤국진, 이봉호, 정원식, 이광순, 허남호, 이수인, "지상파 3D TV 방송서비스 및 표준화", 방송공학회지 15권 1호, 2010.3
24. 안충현, 이승현, "3DTV 방송기술", IITA 주간기술동향 1060호

25. 한국소비자원, "삼성, LG 3D TV 비교하고 구매하세요", 2011.4.28, http://tgate.or.kr/lifeplus/lifeplus_view.jsp?main=Y&npage=1&board_id=purchase_use_yn&main_code=&sub_main_code=&seq=1492&rel=&rel_1=
26. 한국콘텐츠진흥원, "스마트TV, 태블릿PC 기술 및 산업동향", 2010.8
27. LG경제연구원, "구글TV와 애플TV로 미리 본 스마트TV 시장의 경쟁", 2010.6
28. 한국산업기술평가관리원, "스마트TV 현황 및 발전방향"
29. ETRI, "스마트TV 글로벌 주도를 위한 국내산업 역량강화 방향", 2010.10
30. 천상구, "iOS 4.3 버전에서 아이패드의 페이스타임 어플 확인", 케이벤치, 2011.1.21 http://www.kbench.com/digital/?no=95086&sc=1
31. 천상구, "페이스타임, 이젠 맥과 아이폰4 사용자끼리도 가능하다", 케이벤치, 2010.10.21 http://www.kbench.com/hardware/?no=90973&sc=1
32. 강세훈, "공짜 영상통화 '페이스타임' 뜬다", 뉴시스, 2010.9.26 http://news.naver.com/main/read.nhn?mode=LSD&mid=sec&sid1=101&oid=003&aid=0003450262
33. 페이스타임 사용법(사진) : http://drparksc.blog.me/20113587080
34. 이직, "아이폰3Gs는 물론 안드로이드폰에서도 페이스타임을 쓰자", 베타뉴스, 2010.10.5. http://www.betanews.net/article/507959
35. 공식 홈페이지 http://itunes.apple.com/us/app/tango-video-calls/id372513032?m=8&ign-mpt=uo%3D4
36. 박지성, "[알아봅시다] 모바일인터넷전화(mVoIP)", 디지털타임스, 2010.11.2 1http://www.dt.co.kr/contents.html?article_no=2010112202011831747002
37. 탱고 비디오 콜 사용법(사진) : http://feena74.blog.me/140115810955
38. 채명희, "멀티미디어 무선 디스플레이 기술(Miracast)", 주간기술동향, 2014. 5.

연습문제

객관식

01 다음 중 DVD에 대한 설명으로 옳지 않은 것은?

① DVD는 비디오와 오디오를 따로따로 디코딩한다.
② DVD 1매의 기록용량은 일반 CD의 6~8배 정도이다.
③ DVD 종류에는 DVD RAM, DVD-R, DVD-RW, DVD+RW, DVD+R 등이 있다.
④ 디스크의 홀이 CD보다 DVD가 더 크다.

02 다음 중 멀티미디어의 활용분야로 옳지 않은 것은?

① 주문형 비디오 ② 데이터베이스 ③ 영상회의 ④ 원격진료 시스템

03 다음 중 디지털 방송에 대한 설명으로 옳은 것은?

① 하나의 전파에 하나의 영상을 싣는다.
② 지상파 디지털 방송은 수신기기의 비용부담이 생기지 않는 것이 장점이다.
③ 쌍방향 서비스가 가능하다.
④ 정보를 압축할 때 품질이 떨어진다.

04 서비스의 속도와 넓은 수신지역, 많은 채널공급능력의 장점을 지니고 있는 방송형태는?

① 위성 디지털 방송 ② 아날로그 지상파 방송
③ 지상파 디지털 방송 ④ 케이블 방송

05 다음 중 HDTV와 SDTV의 차이점으로 옳지 않은 것은?

① HDTV의 화면비는 16:9의 와이드 화면이고 SDTV의 화면비는 4:3이다.
② HDTV는 1080개 또는 720개 주사선을 가지고 있고 SDTV는 240개의 주사선을 가지고 있다.
③ HDTV는 영화급 수준의 고품질 서비스를 지향하고 SDTV는 다양한 정보를 제공하는 다채널 서비스이다.
④ HDTV는 아날로그 TV 또는 SDTV에 비해 4~5배의 화질(35mm 영화급)을 지니고, SDTV는 아날로그 TV와 유사한 화질이나 잡음이 없어 더 선명한 화질을 지닌다.

06 다음 중 지상파 DMB에 대한 설명으로 옳은 것은?

① 2.6GHz 상위대역 S밴드상의 25MHz 대역(2630~2655MHz: 대역폭 25MHz)을 사용한다.
② 음성 · 영상 등 다양한 멀티미디어 신호를 디지털 방식으로 변조, 고정 또는 휴대용 · 차량용 수신기에 제공하는 방송서비스로, '손 안의 TV'라 불린다.
③ 오디오 압축기술은 'MPEG2의 AAC+(Advanced Audio Codec) SBR(Spectral Band Replication)'를 채택하고 있다.
④ 25MHz대역 안에 비디오 11채널 + 오디오 25채널 + 데이터 3채널이 정해져 있다.

07 다음 중 디지털 워터마킹을 하는 이유로 적절치 못한 것은?

① 디지털 콘텐츠의 불법적인 복제를 막기 위해
② 소유권을 주장할 수 있는 근거를 제시할 수 있도록 하기 위해
③ 지적재산권 및 저작권을 보호하기 위해
④ 콘텐츠의 전송을 쉽게 하기 위해

08 다음은 무엇에 대한 설명인가?

> 이것은 하드디스크에 정보를 기록하여 재생하는 신개념의 디지털 녹화기기로 셋톱박스나 텔레비전 본체에 내장된 하드디스크 드라이브를 통해 VCR 없이도 일정 시간 분량의 방송프로그램을 녹화할 수 있다.

① DVR ② DVD ③ PVR ④ CVR

09 다음 중 주문형 방송 서비스에 대한 설명으로 옳지 않은 것은?

① 기존 공중망 방송이나 케이블 TV에서처럼 프로그램을 일방적으로 수신한다.
② 원격진료, 원격교육, 홈뱅킹, 홈쇼핑, 재택근무 등에 활용될 것으로 기대되고 있다.
③ 맞춤 영상정보 서비스, 주문형 비디오 조회 시스템이라고도 한다.
④ 일반 비디오기기와 마찬가지 방법으로 재생, 정지, 멈춤, 빨리 감기, 빨리 되감기 및 임의의 위치에서 재생시키는 기능을 모두 제공한다.

10 다음 중 영상 전화 서비스에 관한 설명으로 옳은 것은?

① 대역폭이 작은 편이다.
② 화질이 크게 떨어진다.
③ 서류나 도면을 보내거나 회의를 하는 등의 용도로도 이용할 수 있다.
④ 현재 널리 쓰이고 있다.

11 다음 중 PTT(Push To Talk)에 대한 특징으로 틀린 것은?

① 일반 휴대폰의 대기시간과 비교해서 상대적으로 매우 빠른 통신 서비스를 제공할 수 있다.
② 전화가 갖고 있는 1대1 통신의 한계를 극복하였다.
③ 단말기 화면에 상대방이 수신할 수 있는 상태인지에 대한 여부를 즉각적으로 보여준다.
④ 별도의 단말기를 구입할 필요가 없다.

12 다음 중 PMP(Portable Multimedia Player)의 단점이 아닌 것은?

① 음악과 동영상만 재생 가능하다.
② 일부 제품의 경우 디지털 카메라 렌즈를 별도로 구입해 장착해야 한다.
③ MP3에 비해 가격이 비싸다.
④ 이동하면서 사용하는 데는 한계가 있다.

13 DRM 시스템에서 있어 가장 중요한 기술은?
① 콘텐츠 사용 규칙 제어 기술 ② 암호화 기술
③ temper-proofing 기술 ④ 압축 기술

14 다음 중 JPEG(Joint Photographic Coding Experts Group)의 특징으로 옳은 것은?
① GIF에 비해 데이터의 압축 효율이 떨어진다.
② 256색을 표시할 수 있다.
③ WMF와 함께 인터넷에서 가장 자주 쓰인다.
④ 이미지를 만드는 사람이 이미지의 질과 파일의 크기를 조절할 수 있다.

15 다음 중 MPEG(Motion Picture Experts Group)의 종류가 아닌 것은?
① MPEG21 ② MPEG1
③ MPEG2 ④ MPEG11

주관식

01 멀티미디어의 구성요소에는 무엇이 있는지 3가지 이상 써라.

02 음반 CD에 가까운 음질을 유지하면서 CD보다 최대 50배 압축이 가능한 음성 전용 포맷은 무엇인가?

03 음성, 영상 등 다양한 멀티미디어 신호를 디지털 방식으로 고정, 휴대, 차량용 수신기에 제공하는 방송 서비스는 무엇인가?

04 DVR 장비가 사용되면서 여러 가지 아날로그 영상 장비들이 대체되게 되었는데 그 까닭을 예를 들어 설명하라.

05 DRM(Digital Rights Management)이 무엇인지 설명하라.

PART IV

UNDERSTANDING INFORMATION AND COMMUNICATION TECHNOLOGY

정보통신, 네 번째 걸음...

CHAPTER

09 새로운 서비스

9.1 위치기반 서비스(Location Based Service)

9.1.1 위치기반 서비스가 뭔가요?

위치기반 서비스(LBS)는 말 그대로 위치 정보를 기반으로 부가적인 정보를 제공하는 모든 서비스를 의미합니다. 예를 들면, 인공위성을 이용해 사용자의 현재 위치를 파악하는 GPS(위성 위치 확인 시스템: Global Positioning System)나 데이터베이스를 활용해 주변 위치와 상세한 부가 정보를 알아내는 GIS(지리정보시스템: Geographical Information System) 등이 있습니다. 이러한 기반 기술들을 활용해 사용자의 위치를 파악하고 부가서비스를 제공하는 서비스를 총칭하여 LBS라고 합니다.

원래 위치기반 서비스는 대형 유통업체에서 차량이나 화물 운송, 추적 등 물류 관제를 위해 사용되어 왔습니다. 하지만 최근에는 휴대폰과 같은 각종 이동 단말기를 이용해 친구 찾기, 실시간 교통정보, 현재 위치, 날씨정보 등 일반인을 위한 위치기반 서비스가 점차 활성화되는 추세입니다.

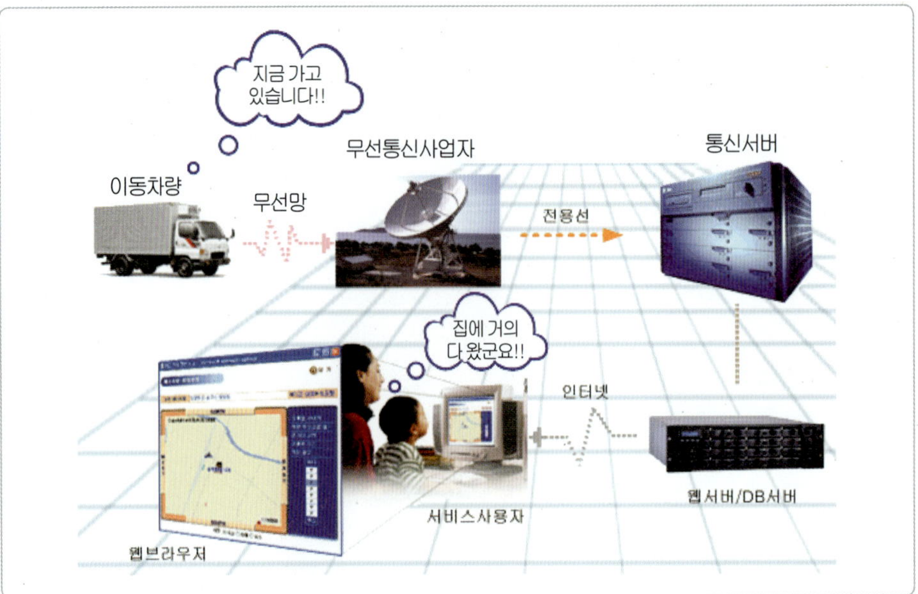

[그림 9-1] 화물 운송 추적 서비스

즉, 위치기반 서비스는 유무선 통신을 이용하여 쉽고 빠르게 사용자의 위치와 관련된 다양한 정보를 제공하는 서비스로, 사람이나 차량 등을 효율적으로 관리하는 등 다양한 용도로 이용될 수 있습니다. 또한 어린이나 노약자 등 보호가 필요한 대상의 현재 위치나 이동 경로를 보호자에게 알려주는 데도 이용될 수 있습니다.

LBS 관련 기술은 크게 현재 위치를 파악하기 위한 위치결정기술(LDT: Location Determination Technology), 위치 데이터 관리를 위한 위치기반 서비스 기술, 위치기반 서비스 응용기술로 나누어 볼 수 있습니다. 따라서 위치기반 서비스는 GIS, GPS, 텔레매틱스를 포함하며 사용자에게 위치 관련 정보를 제공해 주는 모든 서비스를 포함하는 개념입니다.

무선 단말기를 통해 사용자의 위치를 찾는 것이 GPS이고 사용자 주변의 정보를 찾도록 도와주는 것이 GIS라면 사용자의 주변정보를 기준으로 실질적인 서비스를 제공해주는 것이 위치기반 서비스입니다. 긴급 상황이 발생했을 때나 사용자의 위치를 기준으로 주변상가에서 활용할 수 있는 전자 할인쿠폰을 받는 등의 행위는 위치정보를 기반으로 할 때만 가능합니다.

[그림 9-2] LBS 기반 자녀 찾기 서비스

[그림 9-3] M-커머스 포털 서비스

[그림 9-4] 위치기반 서비스 개념

휴대전화로 상대방의 위치를 알아낼 수 있는 '친구 찾기' 서비스도 많이 사용되고 있습니다. 휴대전화를 이용해 친구나 연인, 그리고 자녀 등의 행선지 파악은 물론 자신의 위치도 상대방에게 신속하게 알려줄 수 있게 되었습니다.

또한 단순히 문자뿐만 아니라 지도를 함께 이용해 보다 상세하게 상대방의 위치를 확인할 수 있습니다. 특히 어린 자녀들과 함께 이 서비스를 이용할 경우 여러 상황에서 매우 유용하게 활용할 수 있습니다. 그러나 여러 가지 장점에도 불구하고 사회적으로, 도덕적으로 불신풍조를 조장한다는 지적도 적지 않습니다. 자칫 사생활을 침해할 수 있고 감시를 목적으로 악용될 수 있기 때문입니다.

Tip **오빠 믿지? 앱, 악마의 어플?**

지난 2010년 10월 출시된 '오빠 믿지?' 앱은 GPS를 이용하여 연인 간의 위치를 실시간으로 정확하게 추적할 수 있는 앱으로, 무료 어플 다운로드 1위를 기록한 바 있습니다. '오빠 믿지?' 앱을 설치한 스마트폰 이용자끼리는 상대방의 전화번호만 입력하면 상대방의 위치정보를 알 수 있고 1:1 대화도 가능합니다.

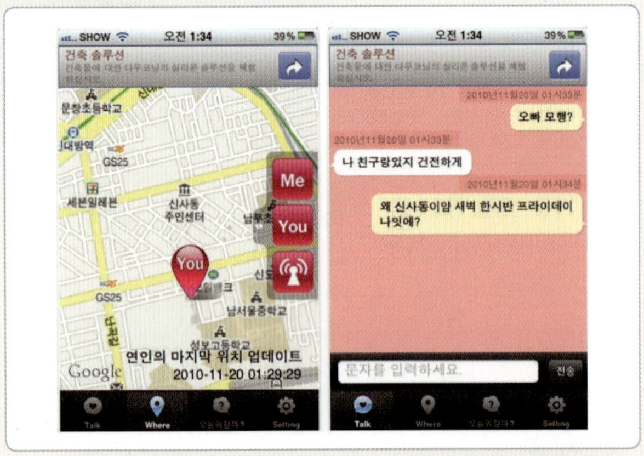

[그림 9-5] 오빠 믿지 앱 화면(출처: http://www.oppacredit-site.pe.kr/)

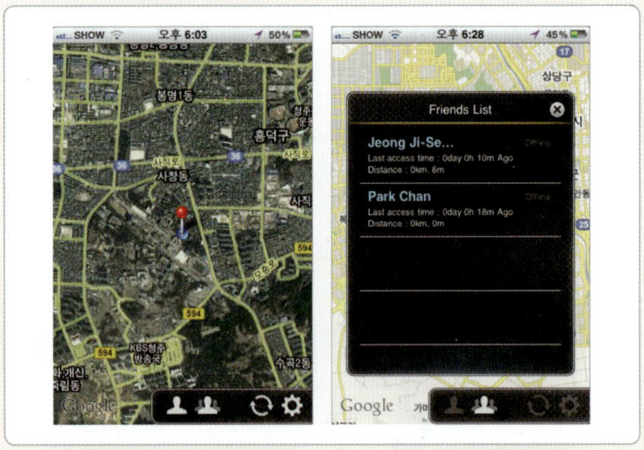

[그림 9-6] WeWhere 앱 화면(출처: http://itunes.apple.com/kr/app/id383659012?mt=8)

이와 유사하게 'WeWhere' 앱은 회원가입 및 친구등록을 통해 로그아웃 한 친구들의 최종접속시간 표시, 거리 표시 등을 제공합니다.

하지만 이러한 위치정보 제공은 사생활 침해의 소지가 상당히 많습니다. 현행법상 휴대전화 등을 이용해 위치정보를 제3자에게 제공할 때 본인에게 위치정보를 열람하는 사람과 일시, 이용 목적 등을 즉시 통보하도록 되어 있고 본인이 동의하지 않을 때는 정보를 제공할 수 없습니다. 또한 현행법에 따라 위치정보 서비스를 제공하기 위해서는 방송통신위원회에 신고 절차를 거쳐야 합니다.

이에 따라 '오빠믿지' 앱 개발자들은 개인위치정보를 불법으로 제공한 혐의로(위치정보의 보호 및 이용 등에 관한 법률 위반) 불구속 입건되었습니다. 현재 이 앱은 회원가입 후 상대방의 동의를 거쳐야 위치정보를 제공받을 수 있도록 시정됐습니다.

개인의 위치정보는 일반 개인정보보다 훨씬 더 중요하고 치명적인 정보이지만, 위치정보가 보호대상이라는 것을 사업자와 이용자 모두 인식하지 못하는 경우가 많았습니다. 앞으로 위치정보 사업들이 이용자들에게 신뢰를 받을 수 있는 최소한의 장치를 마련해야 할 것입니다.

재미있는 일은 'FakeLocation'과 같이 이러한 위치추적을 피하기 위해 현재 위치를 조작할 수 있는 앱도 등장하고 있다는 사실입니다. 정식 iPhone 앱은 아니지만 'FakeLocation' 앱에서는 위치를 속이고 싶은 곳을 설정하고 지도에서 자신이 '있어야만 하는 곳'을 찾아 터치해주면 '당신의 위치는 가짜입니다'라는 안내 문구가 뜹니다.

한편 위치정보서비스로 인한 사생활 침해를 막기 위해, 개인위치 정보의 노출을 최소화한 LBS도 등장했습니다. 2010년 8월 서비스를 시작한 숍킥(shopkick)은 GPS 대신 스마트폰의 내장마이크를 사용해 사용자의 위치를 검색하고 마케팅을 펼치는 방식의 위치기반 앱입니다. 숍킥은 기존의 LBS처럼 GPS를 사용하지 않고 '디듀서'라는 장치를 통해 사용자들을 확인하게 됩니다.

[그림 9-7] FakeLocation 앱

[그림 9-8] 매장에 설치된 디듀서 장치(출처: http://www.businessinsider.com)

그렇기 때문에 앱 개발사나 타인에게 자신의 위치 정보를 노출하지 않을 뿐만 아니라, 근처 매장을 지나는 고객들을 대상으로 직접 마케팅을 펼치기 때문에 효과도 매우 높은 편입니다. 또한 숍킥은 특정 상점을 방문한 소비자들을 자동으로 인식해 쿠폰이나 포인트 적립 등의 보상을 해줌으로써, 본격적으로 마케팅에 초점을 맞춘 위치기반 서비스라고 볼 수 있습니다.

[그림 9-9] 숍킥 앱의 화면(출처: http://www.businessinsider.com)

[그림 9-10] 숍킥 애플리케이션의 화면(출처: http://www.businessinsider.com)

9.1.2 위치기반 서비스를 하려면 어떻게 해야 하나요?

위치기반 서비스 플랫폼은 크게 단말기, 위치측정 게이트웨이, 응용 서버로 구성되어 있습니다. 단말기는 휴대폰이나 PDA 등을 의미하며 사용자의 위치 정보를 이동통신망에 전달하는 역할을 합니다. 일반적으로 게이트웨이는 다른 네트워크로 들어가는

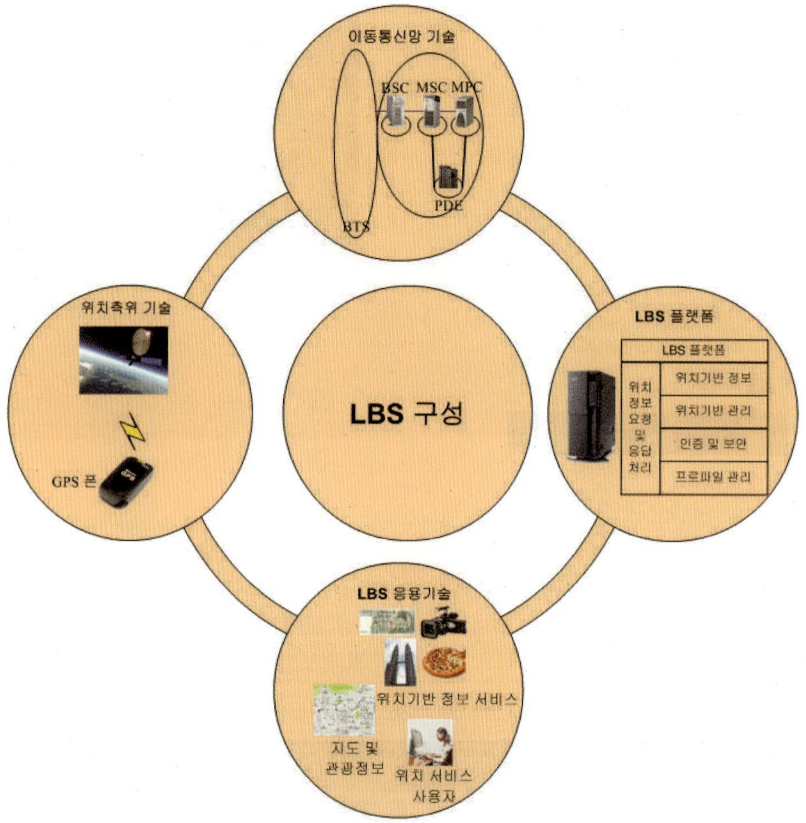

BSC: Base Station Controller(기지국 제어기)
MSC: Mobile Switching Center(이동통신 교환기)
PDE: Position Determination Entity(정밀 위치 계산서버)
BTS: Base Transceiver Station(기지국)
MPC: Mobile Positioning Center(위치정보센터)

[그림 9-11] LBS 구성도

입구 역할을 하는 장치를 뜻합니다. 위치측정 게이트웨이는 말 그대로 사용자의 위치 정보를 서비스 제공업자에게 전달하는 인터페이스 역할을 하는 시스템입니다. 응용 서버는 유무선 위치기반 서비스를 제공할 수 있도록 데이터베이스를 이용하여 다양한 정보를 저장, 제공하는 기능을 수행합니다. 위치기반 서비스에서는 간단한 사용자 정보부터 목표 지점까지의 최단거리, 상세한 디지털 지도를 표현할 수 있는 GIS 데이터베이스, 그리고 실시간 교통량이나 뉴스, 기상 정보 등의 세부적인 부가 콘텐츠까지 관리해야 할 정보가 매우 방대하기 때문에 따로 서버를 두고 활용합니다.

위치기반 서비스에서 어떤 원리로 단말기의 위치를 파악할 수 있는지 알아보겠습니다. LBS 시스템에서 위치를 파악하는 핵심적인 기술은 바로 GPS입니다. 초창기에는 휴대폰과 기지국 사이에 신호를 주고받아 이를 바탕으로 휴대폰의 위치를 파악하는 방식이 쓰였지만, 이 방식은 오차 범위가 너무 크다는 단점이 있었습니다. 비교적 기지국이 촘촘한 수도권의 경우 오차가 반경 500m 이내지만 기지국이 듬성듬성한 외곽지역은 반경 1km 이상으로 오차가 커집니다. 이에 비해 GPS 기술을 적용하면 기지국이 커버하지 못하는 사각지대를 GPS 위성이 찾아냄으로써 정확도를 높일 수 있기 때문에 최근에는 GPS 방식이 주로 사용되고 있습니다.

9.1.3 위치 측정 기술을 알아볼까요?

사용자의 위치를 파악하기 위한 측정 기술의 종류에는 여러 가지가 있습니다. 우선 GPS 방식은 단지 수m 정도의 오차만을 허용하는 정확한 측위 정보를 제공하지만, 단말기에 GPS 칩을 장착해야 하므로 고가화되는 경향이 있으며, 실내에서는 사용하기가 어렵다는 단점이 있습니다. 다음으로 셀 방식은 이동통신망의 셀 식별자(ID)를 이용하므로 비용 측면에서 부담이 적으나 정확성이 떨어지는 단점이 있습니다. 그 밖에 무선랜, RF 기술은 원래 위치 추적용 기술은 아니지만 서비스 제공 영역에 있는 단말기의 인식을 통해 위치정보의 획득이 가능합니다.

〈표 9-1〉 측위 기술의 종류

기술	인식 방식	측위 범위
GPS 방식	위성 시스템 이용	수m 내외
셀 방식	이동망의 셀 ID 이용	50 ~ 250m
무선랜 방식	핫스팟 내에서 위치 확인 가능	랜 커버리지
RF 태그 방식	좁은 반경 내에서 ID 인식	좁은 범위

위치기반 서비스의 대표적인 서비스인 네비게이션 등은 엄밀한 의미에서 새로운 서비스가 아니라 텔레매틱스에서 이미 그 서비스 개념이 구체화된 것들입니다. 단말기의 차이와 그에 따른 서비스 형태상의 차이는 있을 수 있으나 서비스 성격은 동일하다고 볼 수 있습니다.

위치측정 기술(PDT: Position Determination Technology)은 단말의 위치를 측정하기 위한 기술로서 기지국 수신신호를 이용하는 네트워크 기반(Network Based) 방식, 단말기에 장착된 GPS 수신기 등을 이용하는 단말기 기반(Handset Based) 방식, 그리고 이들을 혼합하여 사용하는 혼합(Hybrid) 방식으로 분류할 수 있습니다.

네트워크 기반 방식은 특별한 장치를 추가로 필요하지 않지만 위치 정확도가 기지국 셀 크기와 측정방식에 따라 차이가 많으며, 일반적으로 500m에서 수 km까지의 측정오차를 나타냅니다.

단말기 기반 방식은 네트워크 기반 방식에 비해 위치 정확도가 높지만 단말기에 GPS 수신기 등 신호 수신장치를 추가로 장착해야 하며, 높은 빌딩이 많은 도심지역, 나무가 많은 산림지역, 그리고 실내에서는 신호의 수신이 간섭을 받아 정확한 위치를 결정하지 못하는 문제가 있습니다. 이러한 두 방식이 가지는 문제를 해결하기 위하여 두 방식을 혼합하여 사용하는 혼합방식, 즉 Assisted-GPS 기술이 연구 개발되고 있습니다.

(1) 네트워크 기반 위치측정 기술

네트워크 기반 위치측정 기술은 기지국을 이용한 셀 ID 방식과 휴대폰이 보내는 신호를 이용하여 기지국에서 위치를 계산하는 AOA(Angle of Arrival) 방식, 기지국 간의 신호 도착시간 차이를 이용하여 위치를 계산하는 TOA(Time of Arrival) 방식, 그리고 휴대폰에서 2개 이상 기지국 신호의 도착시간을 측정하여 위치를 계산하는 TDOA(Time Difference of Arrival) 방식 등이 있습니다.

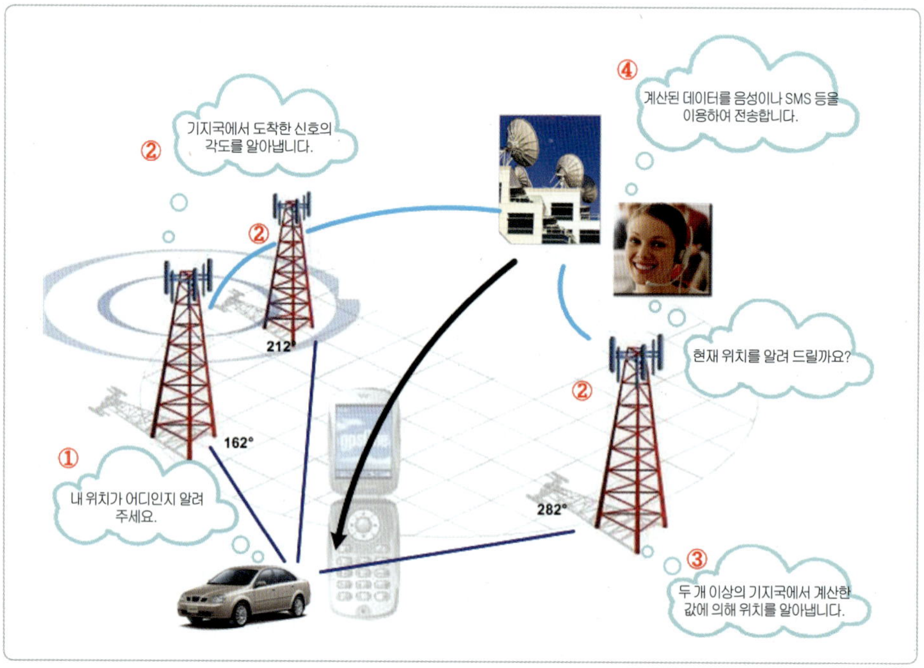

[그림 9-12] AOA 측위 방식

(2) 단말기 기반 위치측정 기술

단말기를 기반으로 하는 위치측정 기술은 3개 이상의 기지국에서 수신되는 신호의 상대적인 도착 시간차를 측정하여 위치를 결정하는 E-OTD(Enhanced Observed Time Difference) 기술이 있습니다.

E-TOD 방식은 OTD(Observed Time Difference), RTD(Real Time Difference), GTD(Geometric Time Difference) 방식을 조합하여 사용합니다. OTD 방식은 두 기지국으로부터 단말기까지 신호 도착 시간(T1, T2)을 계산하고, RTD 방식은 두 개의 기지국에서 신호송신 시작 시간의 차(T3, T4)를 계산합니다. GTD 방식은 기지국과 단말기까지의 거리를 계산하여 두 기지국의 차(D1, D2)를 계산합니다. 즉, GTD=OTD-RTD가 되어서 OTD 값을 알고 있고, 네트워크 내의 LMU(Location

Measurement Unit)를 통해 RTD 값을 구할 수 있습니다. LMU란 BST(Base Transceiver Station) 내의 하드웨어 구성요소 중의 하나로서 무선신호의 타이밍 정보를 기록하고 있습니다. LMU의 반경을 기준으로 단말기의 위치 반경을 계산하며 단말은 3개 이상의 원의 교점에 위치합니다.

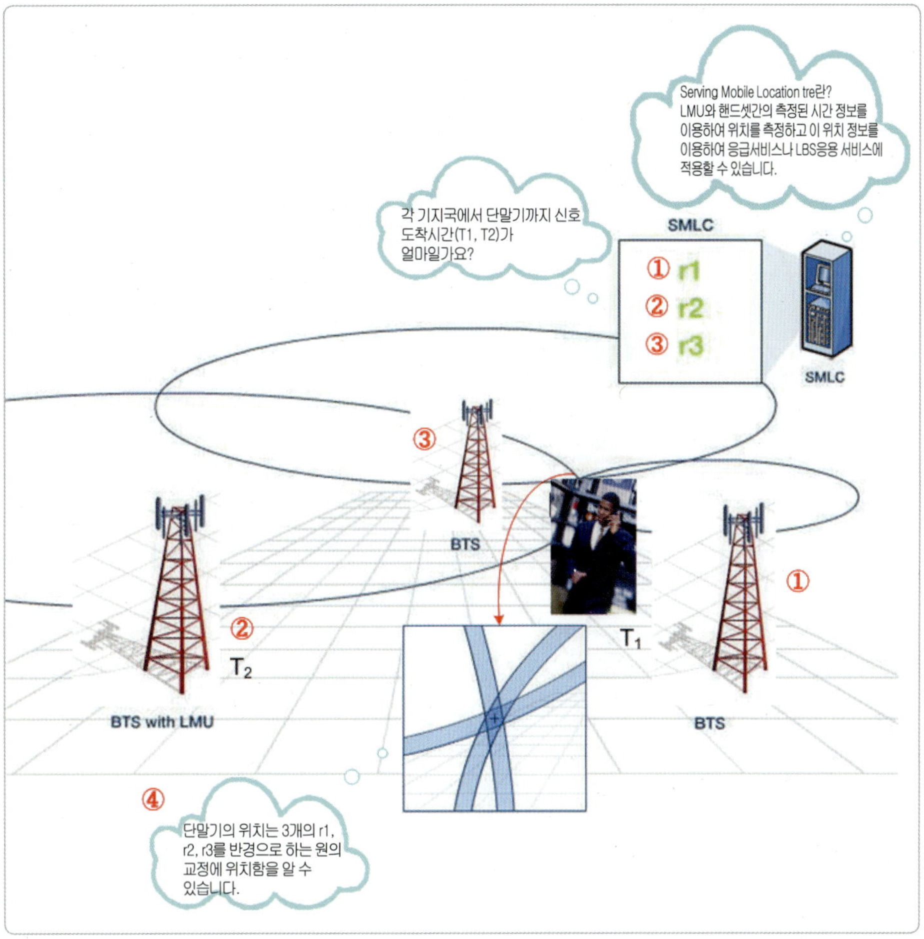

[그림 9-13] E-OTD 방식(출처: http://www.cursor-system.com)

(3) 혼합방식

혼합 위치측정 기술은 네트워크 기반 기술과 단말기 기반 기술을 혼합하여 위치를 측정하는 기술로서 GPS 기술과 네트워크 기술을 동시에 사용하는 A-GPS(GPS + 네트워크) 기술이 사용될 수 있으며, CDMA 표준위원회에서 표준화한 AFLT(Advanced Forward Link Trilateration) 방식도 있습니다.

9.1.4 GPS가 뭔가요?

현재 지구의 20,200km 높이에는 GPS가 가능하도록 해주는 NAVSTAR(Navigation Satellite Timing and Ranging) 위성이 24개가 떠 있습니다. 이 위성들은 끊임없이 시간과 위치를 알 수 있는 신호를 보내주고 있습니다.

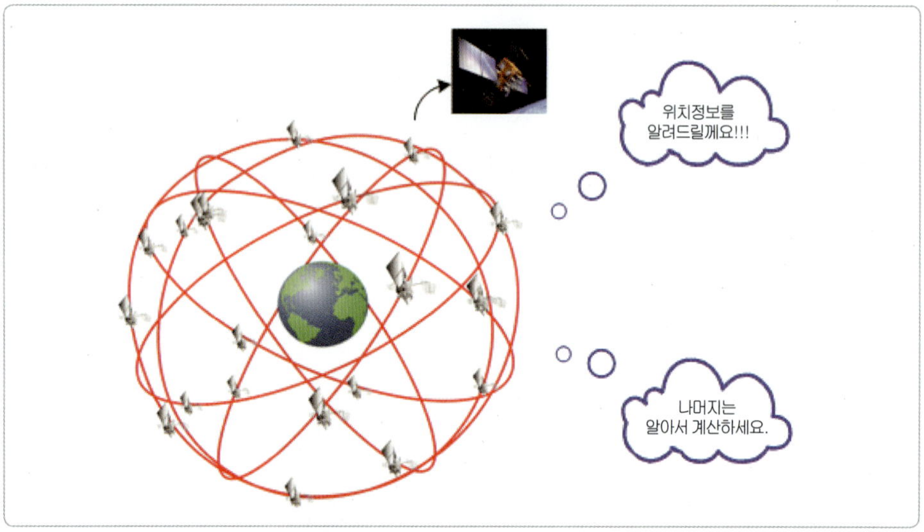

[그림 9-14] NAVSTAR 위성

1978년 미 국방성이 NAVSTAR 위성을 발사할 때만 해도 위성의 목적은 단순했습니다. 세계 각국에 흩어진 미군들을 정확한 목표지점으로 이동하는 것이었으며 이러한 의도는 현재 충분한 효과를 거두었습니다. 실제로 다국적 지상군은 이라크 전쟁에서 걸프전 때보다 네 배나 빠른 시속 60km로 진격했다고 합니다. 이처럼 GPS를 이용하면 밤과 낮에 관계 없이 정확한 이동을 할 수가 있습니다.

뿐만 아니라 최첨단 무기에 부착된 GPS 수신기는 정확한 목표지점을 찾는 데 결정적인 역할을 합니다. 잘못된 전쟁이긴 하지만 미국과 이라크의 전쟁에서 토마호크 미사일이 악천후와 야음을 뚫고 후세인 대통령 궁을 비롯한 목표지점을 찾고, 항공기에서 투하한 폭탄이 이라크의 군사시설을 폭격할 수 있었던 것도 바로 GPS 덕분이었습니다.

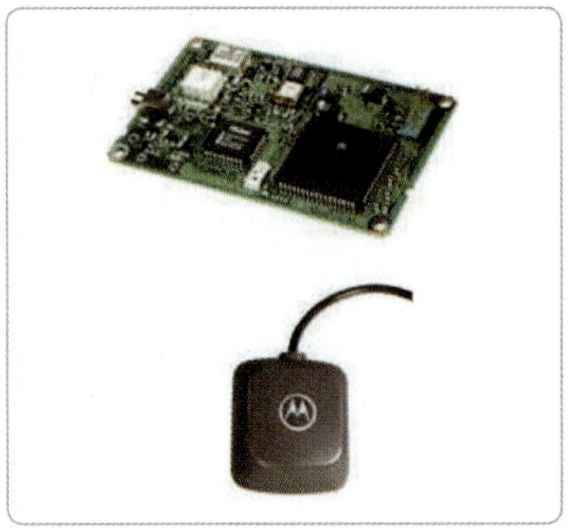

[그림 9-15] GPS 수신기

군사용으로 개발된 GPS가 민간차원에서 활발하게 이용된 것은 1990년대부터였습니다. 과거의 나침반과 달리 GPS 항법시스템은 위도 · 경도 · 고도뿐만 아니라 3차원의 속도정보와 함께 정확한 시간까지 얻을 수 있습니다. 물론 수십cm 범위까지 정확한 위치를 알 수 있는 군사용과는 달리, 현재 민간용으로 이용할 수 있는 GPS는 수평 · 수직으로 10~15m 가량의 오차 범위를 갖고 있습니다. 정확한 디지털 지도가 등장하면서 GPS는 항공기 · 선박 · 자동차의 자동항법 및 교통관제, 대형 토목공사의 정밀 측량, 지도제작 등 광범위한 분야에 응용되고 있습니다.

a. GPS를 이용한 스텔스 전폭기(F-117)

b. GPS를 이용한 토마호크 미사일

[그림 9-16] GPS를 이용한 최첨단 무기

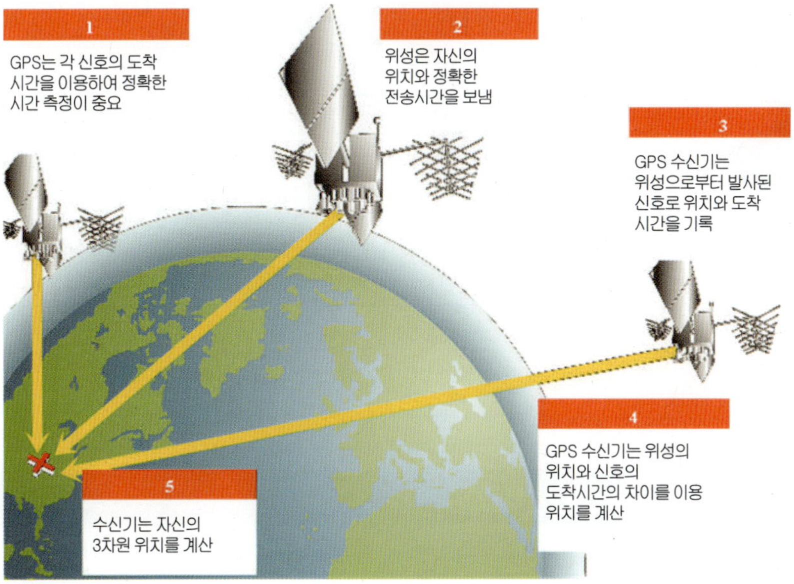

[그림 9-17] GPS 개념도

일반인들이 GPS의 성능을 생활 속에서 실감할 수 있는 예는 단속 카메라를 피할 수 있고, 처음 가는 길을 안내해 줄 수 있는 차량용 GPS일 것입니다. 현재 차량용 GPS는 단순히 음성안내를 하는 것에서부터, 디지털 지도와 결합시켜서 지도 위에 자신의 위치를 표기하며 좌우 방향을 알려주는 차량용 네비게이션까지 다양한 제품이 있습니다.

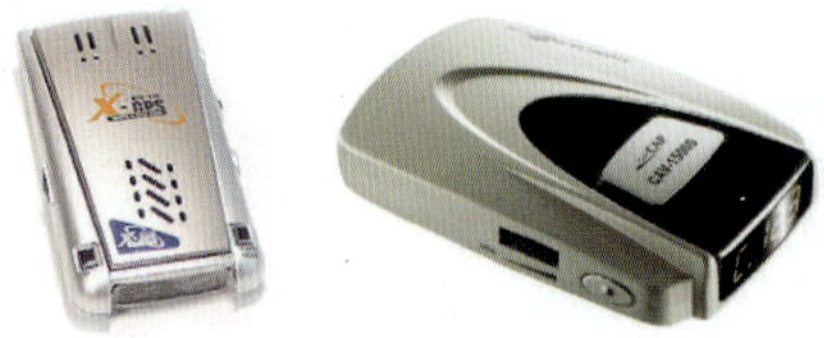

[그림 9-18] 차량용 GPS 수신기

Tip GIS가 뭔가요?

지리정보시스템(GIS)은 "공간상 위치를 점유하는 지리자료(Geographic data)와 이에 관련된 속성자료(Attribute data)를 통합하여 처리하는 정보 시스템으로서, 다양한 형태의 지리정보를 효율적으로 수집, 저장, 갱신, 처리, 분석, 출력하기 위해 이용되는 하드웨어, 소프트웨어, 지리자료, 인적자원의 총체적 조직체"라고 정의할 수 있습니다. (출처: http://www.water-and-earth.com)

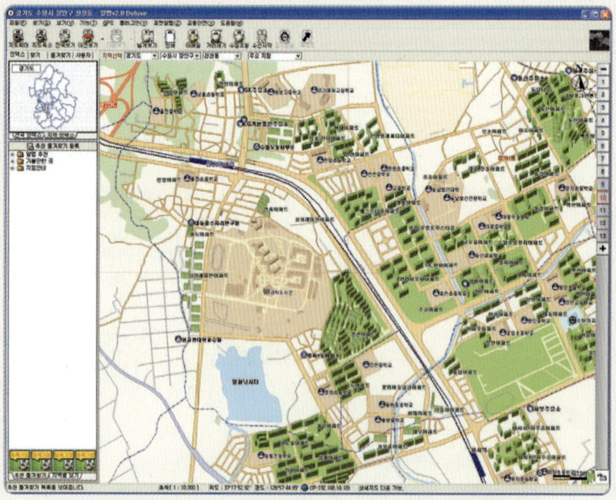

9.2 텔레매틱스 서비스

9.2.1 텔레매틱스가 뭐죠?

텔레매틱스 기술은 통신(Telecommunication)과 정보공학(Informatics)의 합성어로 운전자와 탑승자에게 위치정보와 교통안내, 긴급구난, 원격차량진단, 인터넷 서비스 및 모바일 오피스 기능 등을 제공하는 서비스로 정의됩니다. 텔레매틱스는 단말 플랫폼, GPS, 이동통신, 교통정보, GIS 등의 IT 기술을 차량에 적합하게 가공하여 새로운 부가가치를 창출하고, 차량 내 멀티미디어 서비스 환경을 제공하는 것을 목적으로 합니다.

[그림 9-19] 텔레매틱스 서비스 유형

텔레매틱스 서비스는 네비게이션을 통한 지리 · 위치 정보를 제공하는데 그치지 않고 차량의 현재 위치를 감지해 각종 교통 정보를 추가로 제공할 수 있습니다. 텔레매틱스는 복잡한 도로 · 교통 환경에서 운전자에게 도로정보 사전숙지, 차량상태 점검, 사고 시 신속한 구난체제, 운전자의 응급상황 구난 시스템 제공 등으로 지속적인 성장을 보이고 있습니다.

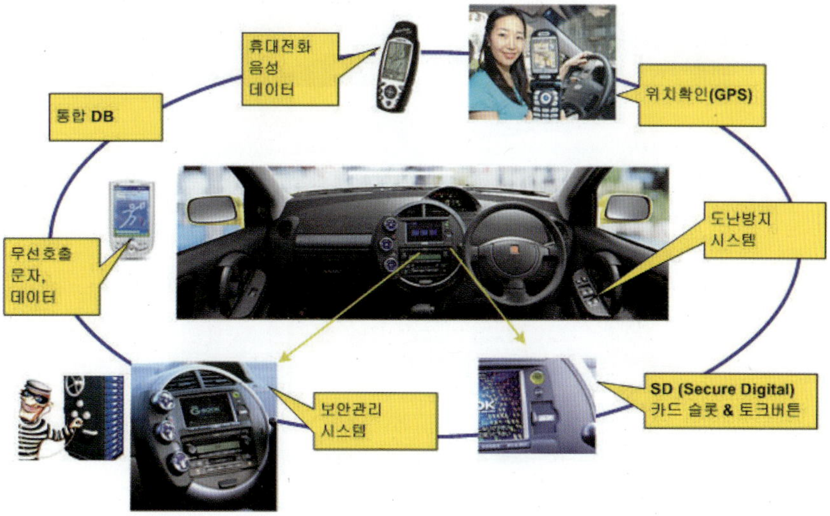

[그림 9-20] 텔레매틱스 차량 시스템 구성도

9.2.2 GPS를 이용한 CNS(Car Navigation System)이란?

이전까지 카 네비게이션 시스템은 말 그대로 자동차를 가고자 하는 목적지까지 알려주는 디지털 길잡이였습니다. 오늘날 카 네비게이션은 단순한 도로 안내나 교통 정보를 알려주는 데 머무르지 않고 다양한 생활 편의용 정보를 제공하고 있습니다. 기술 면에서도 최단거리 계산, 특정 위치 정보(POI: Point of Interest), 서비스 탐색, 음성 인식, 휴대전화 접속 등이 실용화되었습니다.

카 네비게이션 시스템은 지상 2만km의 6개 궤도상에서 24개의 위성항법장치(GPS) 위성이 발사하는 전파를 수신하여 차량 내부에 장착한 모니터에 차량 위치, 목적지까지의 최단거리 등을 표시하여 주는 도로교통 안내장치입니다. 카 네비게이션 시스템에는 3개 이상의 위성에서 동시에 수신할 수 있는 장치가 탑재되어 있는데, 전파가 해당 차량까지 오는 시간을 기초로 각각의 위성과 차의 거리를 계산, 3차원 영상으로 경도와 위도를 매우 정밀한 수치까지 파악해 내는 것입니다.

[그림 9-21] 다양한 카 네비게이션 시스템

Tip • **자동차용 내비게이션(Car Navigation System)은 어떠한 것들이 있나요?**

자동차에 장착되어 길을 안내하는 장치인 자동차용 내비게이션은 혼다에서 최초로 개발되었다고 주장되고 있습니다. 처음에는 위성을 사용하지 않고 자이로스코프 센서와 두루마리 형태 또는 필름형태 지도를 사용하고 내부의 CRT가 가속도에서 나오는 위치정보 대로 점을 움직이는 전적으로 아날로그적인 방법으로 작동하다가, CD-ROM에 데이터를 저장하여 사용하는 방법을 거쳐 지금의 GPS식 내비게이켠이 1990년대부터 등장된 것입니다.

물론 최근에는 스마트폰의 보급 확대로 많은 사용자들이 이를 이용하고 있지만, 앞으로는 자동차의 중심적 위치로 전용 장치들이 사용될 예정이고, 구글이나 애플 등의 선도적인 업체들이 무인운전의 필수 요소로 자동차 멀티미디어 플랫폼으로 개발 중이랍니다.

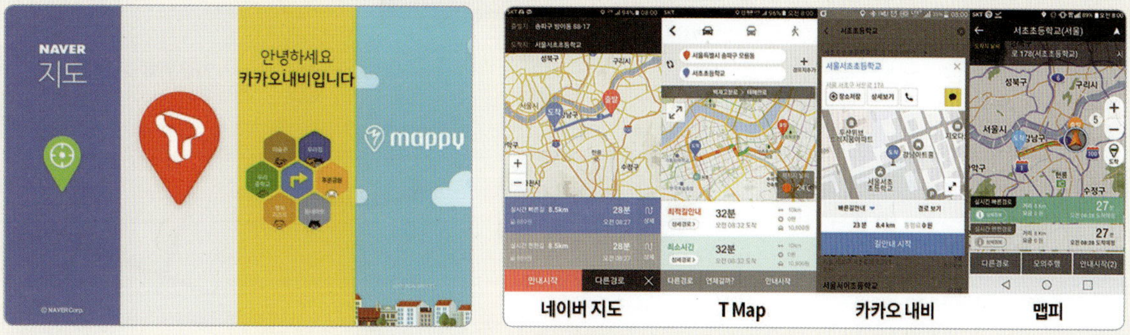

[그림 9-22] 국내 대표적인 내비게이션 앱들(네이버지도, T맵, 카카오내비, 맵피)

이렇게 자동차용 내비게이션은 운전자 중심의 편리한 조작을 위하여 많은 변화를 거듭했는데, 스마트폰 내비게이션과 차량용 전용 내비게이션으로 분류가 됩니다. 차량용 전용 장비의 경우는 최근의 추세를 반영하여 멀티미디어 기기로서의 역할도 수행하는데 특히 DMB 기능을 통하여 방송 및 실시간 교통정보도 수신이 가능하답니다.

[그림 9-23] 다양한 차량용 내비게이션들

9.2.3 차량 원격진단 서비스란?

차량 원격진단 서비스는 핸드폰을 통해 언제, 어디서나 차량의 고장 유무를 손쉽게 파악할 수 있는 서비스입니다. 자동차 ECU(Electronic Control Unit)에 텔레스캔(TeleScan) 및 핸드폰을 연결한 후 무선통신망을 통해 차량진단 서버에 접속해 안전진단 서비스를 제공받을 수 있습니다. 차량 원격진단 서비스는 언제, 어디서나 차량진단이 가능한 핸드폰 기반 서비스이며 자동차 비전문가라도 손쉽게 자가진단이 가능합니다.

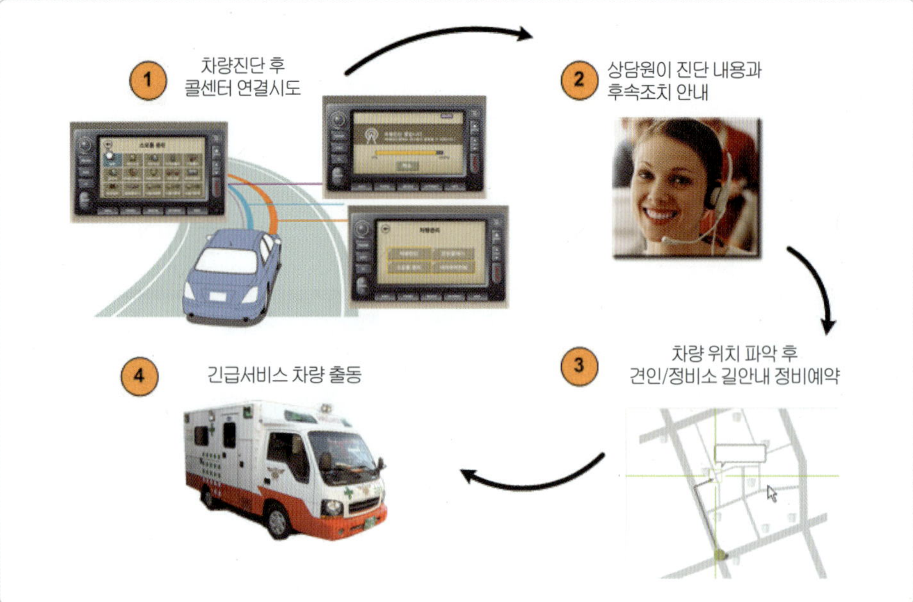

[그림 9-24] 원격진단 서비스 이용 과정

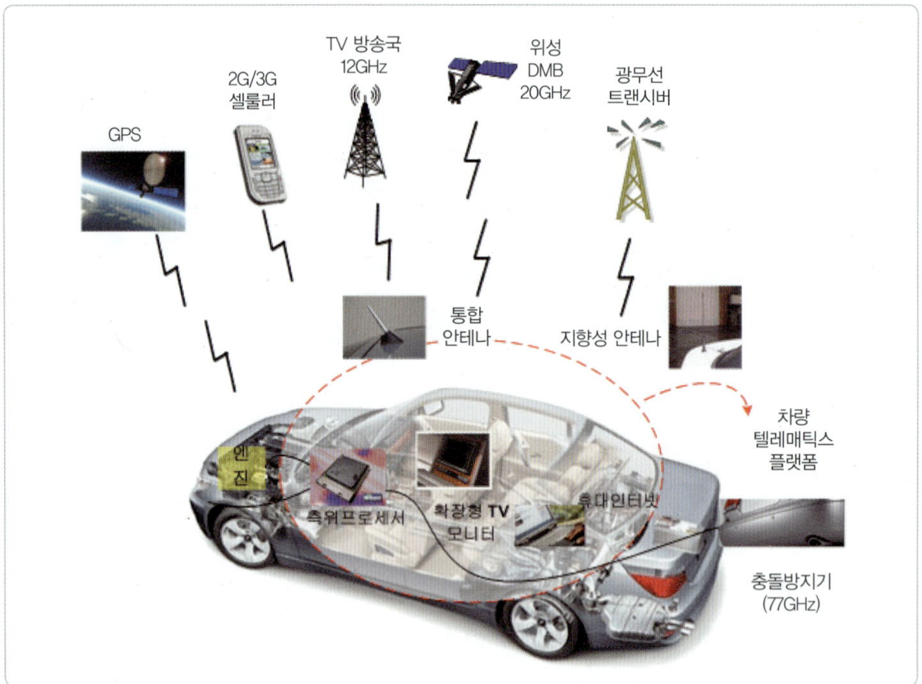

[그림 9-25] 텔레매틱스 차량 개념도

Tip • VSAT(Very Small Aperture Terminal)란?

VSAT는 건물옥상 등에 직경 1.2m의 소형 접시형 안테나와 위성통신 장비를 설치해 음성 · 데이터, 화상정보를 양방향으로 송 · 수신하는 위성 통신용 초소형 기지국입니다. VSAT는 유선망 이외에 데이터 백업 네트워크를 요구하는 금융기관이나, POS(Point of Sales) 등의 유통망, 건설현장 등에 네트워크를 연결해야 할 경우, 그리고 도서, 산간벽지와 같이 유선 네트워크가 구축되기 힘든 지역에 네트워크를 연결해주는 대안이 될 수 있습니다.

VSAT는 위성통신 서비스에 가입한 일반 가정의 사용자나 자체 VSAT 시스템을 운영하는 회사에 의해 사용됩니다. VSAT를 이용한 회사들은 다른 회사들과는 독립적으로 자신들만의 통신시스템을 가질 수 있습니다.

Tip • 우리나라의 인공위성 현황은요?

2009년 8월 25일 우리나라 최초의 우주발사체 "나로"호를 발사하였습니다. 물론 결론은 안타까운 결과로 매듭지었지만요.

우리나라의 최초의 인공위성은 우리별 1호인데, 1992년 8월 11일 중남미의 프랑스령 기아나의 쿠루 우주과학기지에서 아리안 스페이스사의 위성 발사체에 실려 발사되어 우리도 우주개발국의 대열에 합류하였습니다. 그 후에 우리는 우리별 2호, 우리별 3호, 아리랑 그리고 민간통신위성인 무궁화위성 등 계속하여 인공위성들을 발사하였습니다.

현재 운용 중인 우리나라의 인공위성들 목록은 다음과 같습니다.

[그림 9-26] 한국 최초의 과학위성 '우리별 1호'

〈표 9-2〉 우리나라가 운용 중인 인공위성 목록

위성명	발사일 (UTC)	개발 기관	발사체	발사 장소	궤도	임무	운용기관	비고
우리별 1호	1992년 8월 11일	SaTReC	아리안 4 (아리안스페이스)	기아나 우주 센터	저궤도	위성제작 기술 습득	SaTReC	임무 종료
우리별 2호 (KITSAT-2)	1993년 9월 26일	SaTReC	아리안 4 (아리안스페이스)	기아나 우주 센터	저궤도	소형위성 기술 습득	SaTReC	임무 종료
무궁화 1호 (KOREASAT-1)	1995년 8월 5일	록히드 마틴	델타 II (맥도넬 더글라스)	케이프커내버럴 공군 기지	정지궤도	통신, 방송	KT	임무 종료
무궁화 2호 (KOREASAT-2)	1996년 1월 14일	록히드 마틴	델타 II (맥도넬 더글라스)	케이프커내버럴 공군 기지	정지궤도	통신, 방송	KT	임무 종료
우리별 3호 (KITSAT-3)	1999년 5월 26일	SaTReC	PSLV-C2 (인도)	사티시 다완 우주 센터	저궤도	지상 및 과학 관측	SaTReC	임무 종료
무궁화 3호 (KOREASAT-3)	1999년 9월 4일	록히드 마틴	아리안 4 (아리안스페이스)	기아나 우주 센터	정지궤도	통신, 방송	KT	운용 중 (ABS-7)

아리랑 1호 (KOMPSAT-1)	1999년 12월 21일	KARI	타우루스 (오비탈 사이언스)	반덴버그 공군 기지	태양동기 궤도	지상, 해양, 과학 관측	KARI	임무 종료
과학기술위성 1호 (STSAT-1)	2003년 9월 27일	SaTReC	코스모스 3M (팔료트)	플레세츠크 우주 기지	태양동기 궤도	우주환경 측정	SaTReC	임무 종료
한별(MBSat)	2004년 3월 13일	에스에스로랄	아틀라스 III-A (록히드 마틴)	케이프커내버럴 공군 기지	정지궤도	모바일 방송	SK텔링크, MBCO	한국 SK텔 링크와 일본 MBCO 공동 운용
아리랑 2호 (KOMPSAT-2)	2006년 7월 28일	KARI	로콧 (유로콧)	플레세츠크 우주 기지	태양동기 궤도	지상 관측	KARI	임무 종료
무궁화 5호 (KOREASAT-5)	2006년 8월 22일	알카텔	제니트 3SL (씨런치)	오디세이호 (해상발사)	정지궤도	통신, 방송	KT, 국방 과학연구소	운용 중
천리안(COMS-1)	2010년 6월 27일	KARI	아리안 5 (아리안스페이스)	기아나 우주 센터	정지궤도	통신, 해양, 기상	KARI	운용 중
올레 1호 (KOREASAT-6)	2010년 12월 28일	TAS, 오비탈 사이언스	아리안 5 ECA (아리안스페이스)	기아나 우주 센터	정지궤도	통신, 방송	KT	운용 중
아리랑 3호 (KOMPSAT-3)	2012년 5월 18일	KARI	H-IIA (미쓰비시 중공업)	다네가시마 우주 센터	태양동기 궤도	지상 관측	KARI	운용 중
나로과학위성 (STSAT-2C)	2013년 1월 30일	SaTReC	나로호 (KARI)	나로 우주 센터	태양동기 궤도	저궤도 인공 위성 궤도진 입기술 습득	SaTReC	임무 종료
아리랑 5호 (KOMPSAT-5)	2013년 8월 22일	KARI	드네프르 (유즈노예)	야스니 발사장	태양동기 궤도	지상 관측	KARI	운용 중
과학기술위성 3호 (STSAT-3)	2013년 11월 21일	KARI	드네프르 (유즈노예)	야스니 발사장	태양동기 궤도	우주/지구 과학 관측	KARI	운용 중
아리랑 3A호 (KOMPSAT-3A)	2015년 3월 26일	KARI	드네프르 (유즈노예)	야스니 발사장	태양동기 궤도	지상 관측	KARI	운용 중

9.3 지능형 교통정보 서비스

9.3.1 교통정보 시스템에도 지능이 있나 보군요

지능형 교통정보 시스템(ITS: Intelligent Transportation System)은 도로와 차량 등 기존의 교통 구성요소에 첨단 정보통신 기술을 적용시켜 교통시설을 효율적으로 운영하고, 안전하고 편리한 통행과 전체 교통체계의 효율성 향상을 목적으로 하는 교통 부문의 정보화 서비스입니다. 즉, 도로와 차량 등 하드웨어 중심의 기반 시설에 통신, 전자, 제어, 컴퓨팅 기술 등의 기술을 결합함으로써 안전하고 효율적인 교통을 실현하는 교통 네트워크와 정보통신 네트워크 간의 통합 시스템을 의미합니다.

지능형 교통정보 시스템에서는 교통정보 수집장비(Loop, Beacon, 영상검지기 등)를 설치하여 차량운행 상황에 대한 정보를 수집하고, 수집된 정보는 유·무선 통신망을 통해 교통관제센터로 전송됩니다. 전송된 정보를 기반으로 교통관제센터에서는 교통시설 자동조작 등과 같은 교통관리를 수행하고, 실시간 교통상황에 대한 정보를 제공합니다.

첨단 트래픽 관리 시스템(ATMS: Advanced Traffic Management System)

- 도로정보를 감지하여 신호주기 조절
- 고속도로 유입 교통량 자동 조절
- 무인 자동 단속, 통행료 자동 징수

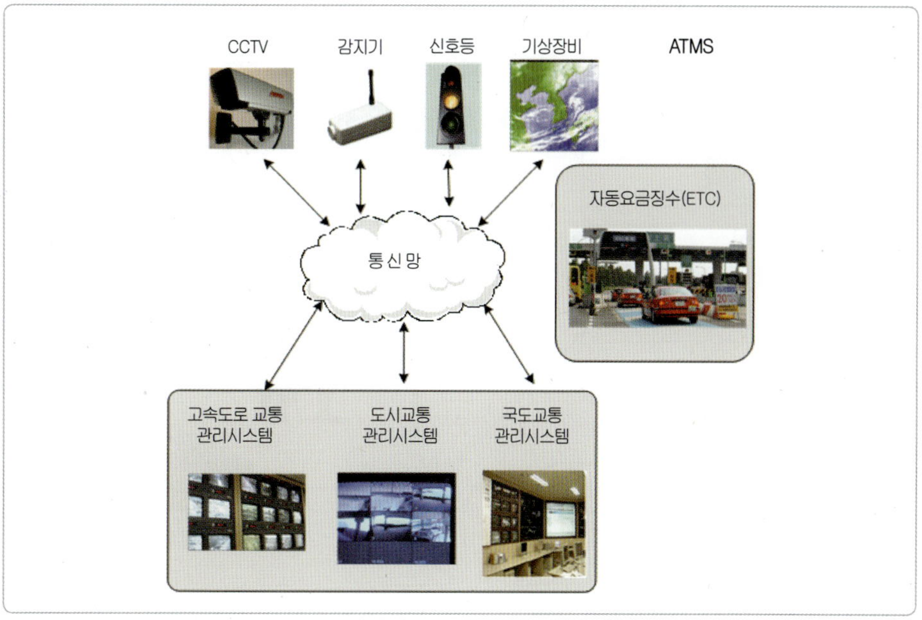

[그림 9-27] 첨단 트래픽 관리 시스템 개념도

첨단 차량 및 도로 시스템(AVHS: Advanced Vehicle & Highway System)

- 차량 간격 자동 조절, 군집 운행, 무인 자동 도로
- 위협 정보 제공, 안전 차량 개발

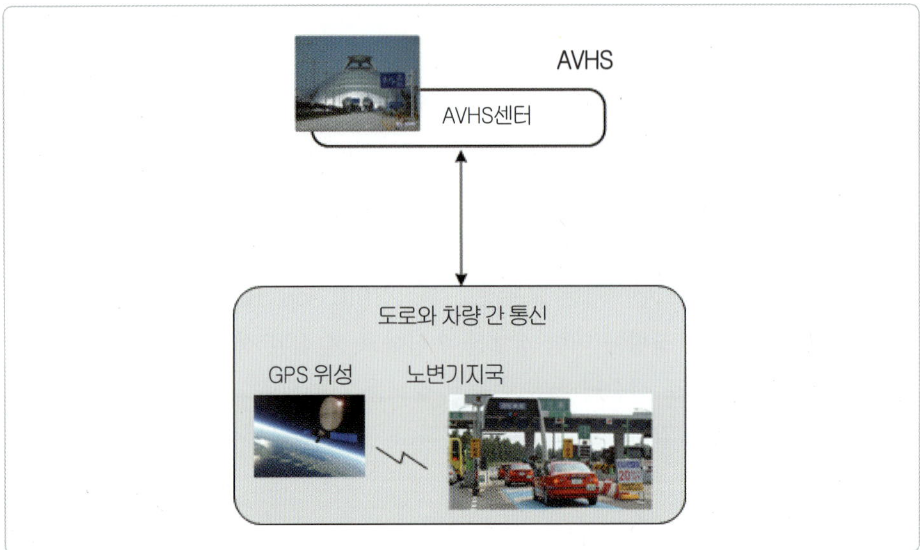

[그림 9-28] 첨단 차량 및 도로 시스템 개념도

첨단 대중 교통 시스템(APTS: Advanced Public Transportation System)

- 대중교통 정보 서비스 개선, 대중교통 이용 활성화
- 버스도착 예정시간 안내

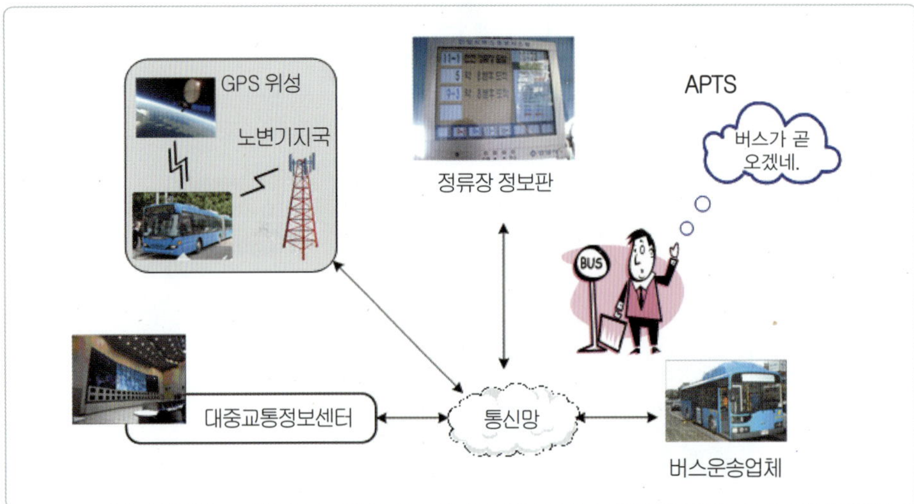

[그림 9-29] 첨단 대중 교통 시스템 개념도

첨단 화물 운송 시스템(CVO: Commercial Vehicle Operation)

- 화물차 배차간격 최적화
- 화물 차량 위치추적, 각종 부가정보를 제공한 생산성 향상

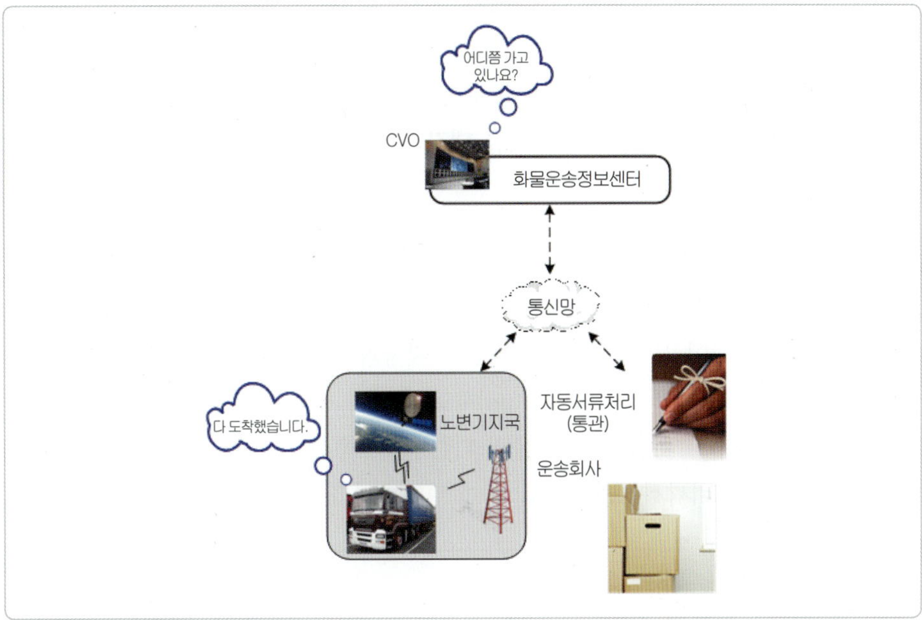

[그림 9-30] 첨단 화물 운송 시스템 개념도

첨단 교통 정보 시스템(ATIS: Advanced Travel Information System)

- 운전자에게 교통 상황, 최적 운행 경로 제공
- 도로의 안전 및 도로이용 효율 극대화

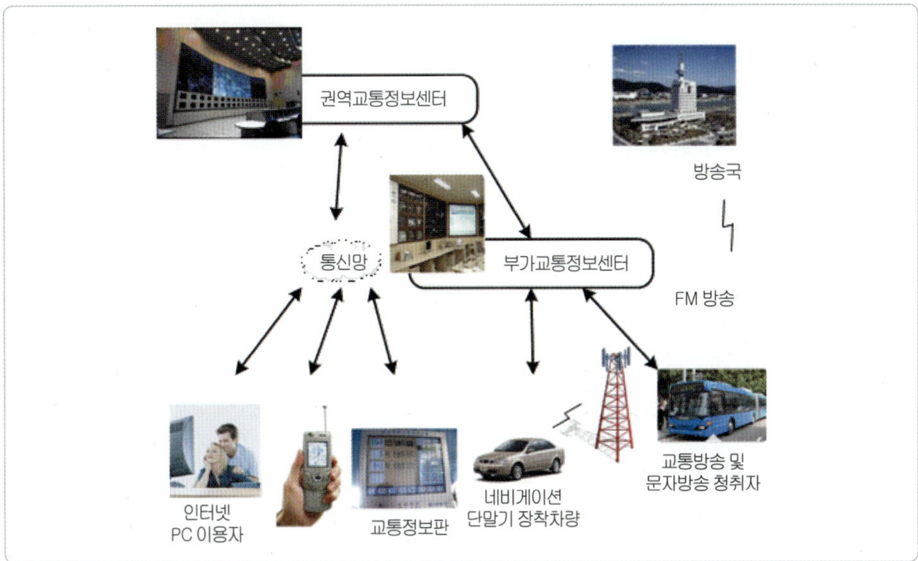

[그림 9-31] 첨단 교통 정보 시스템 개념도

9.3.2 지능형 교통정보 서비스에 필요한 기술은 뭔가요?

지능형 교통정보 서비스 기술의 핵심은 통신, 자동제어, 컴퓨터 하드웨어, 소프트웨어 등의 정보 기술과 제어 기술을 운용 시스템에 구축하는 것입니다.

지능형 교통정보 시스템을 구축하기 위한 방법은 단거리 무선통신 방식인 DSRC(Dedicated Short Range Communication)와 FM 라디오 방송의 부채널을 이용한 DARC(Data Radio Channel) 방식 등이 있습니다.

무선방식은 단말기가 방송파 발전기를 내장하는지 여부에 따라 능동방식과 수동방식으로 구분됩니다.

수동 DSRC 방식

노변장치로부터 수신된 방송파를 증폭해 다시 반사하는 방식으로, 단말기 가격이 저렴하고 별도의 전원이 불필요합니다. 노변 기지국과 여러 개의 차량단말기와 다중접속이 지원되지만, 통신 영역이 협소(10m)하고 출력이 강하며, 기능 및 서비스가 단순하다는 단점을 가지고 있습니다. 아울러 다른 부가 통신 서비스와의 연동이 어렵고, 노변장치의 가격이 비싸서 보급에 어려움이 뒤따릅니다.

능동 DSRC 방식

차량탑재장치가 반송파 발진기를 가지고 전파를 발사하는 방식입니다. 통신 영역은 수 미터에서 수백 미터이고, 주파수 대역은 5.8GHz 대역을 사용하며, 데이터 전송속도는 양방향 링크가 1Mbps 이상인 무선 패킷 통신 방식을 사용합니다.

[그림 9-32] 능동 DSRC

능동 DSRC는 다른 부가통신 서비스와 연동이 쉽고 노변장치의 가격이 저렴하다는 장점이 있으며, 표준규격이 완료되어 공개 프로토콜을 사용합니다. 그러나 단말기 가격이 중저가로 상대적으로 높고, 별도의 전원이 필요하다는 단점이 있습니다.

DARC(Data Radio Channel)

DARC 방식은 FM 라디오 방송의 부반송파를 이용하여 디지털 코드 또는 음성 데이터를 다중으로 방송합니다. 1997년부터 유럽과 일본에서 서비스를 실시하고 있습니다. DARC 방송의 전송 속도는 16kbps로서 차량 항법용 실시간 도로교통 정보, GIS 정보, 방송국별 교통정보 방송, 문자방송, 시간정보, 무선호출 등 다양한 서비스를 제공하여 줍니다.

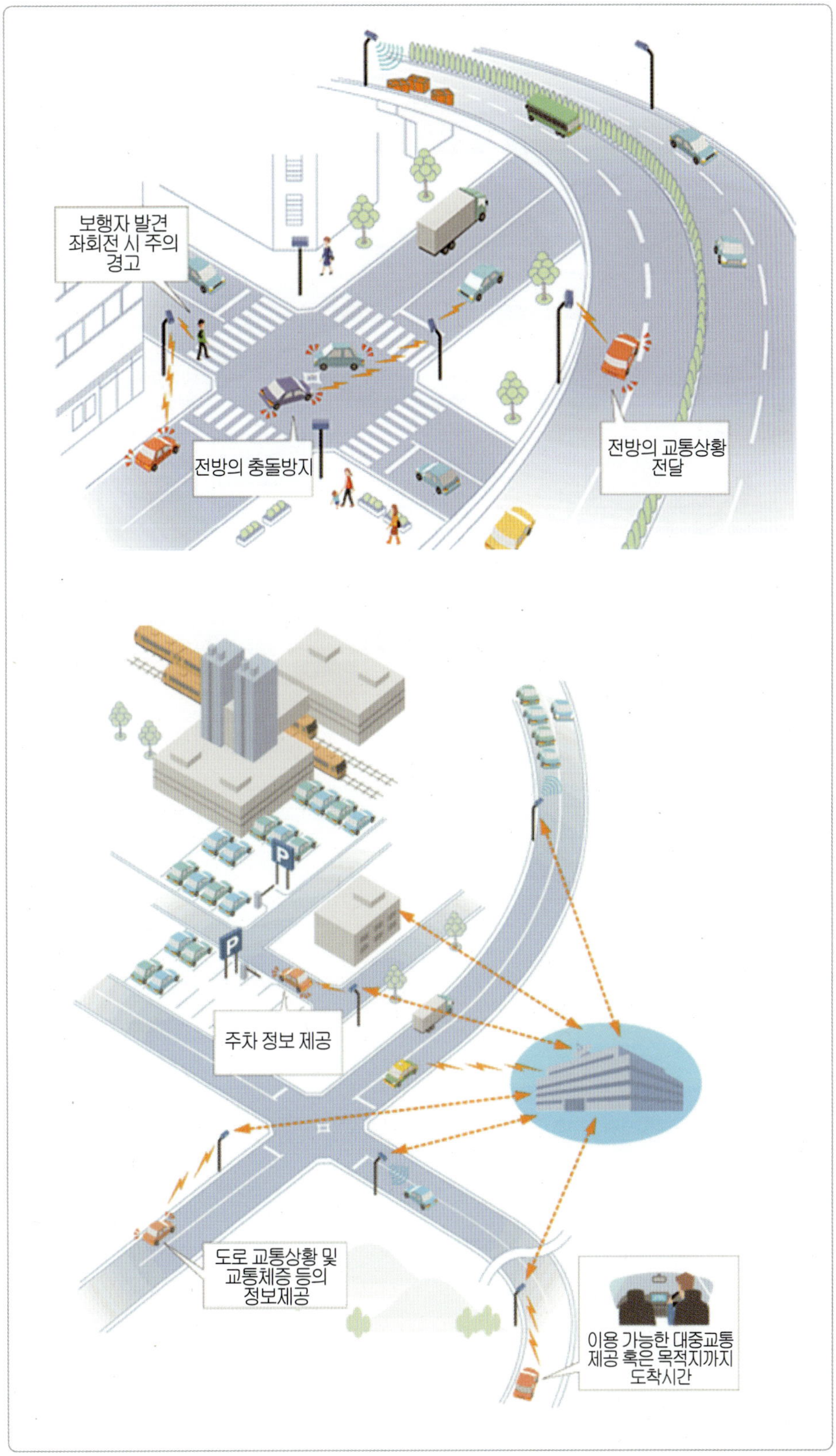

[그림 9-33] 지능형 교통정보 서비스 예

[그림 9-34] 도로교통분야 ITS(지능형교통체계) 계획(출처: 국토교통과학기술진흥원)

9.4 스마트카드

9.4.1 스마트카드가 뭔가요?

스마트카드(smart card)란 마이크로 프로세서와 메모리를 내장하고 있어서 카드 내에서 정보의 저장과 처리가 가능한 플라스틱 카드를 의미하는데, 말 그대로 똑똑한 카드입니다. 보통 신용카드와 모양과 크기가 동일한 것이 가장 많이 사용되며, 유럽의 GSM 이동전화에 삽입되어 사용되는 것과 같이 크기가 상당히 작은 것들도 있습니다.

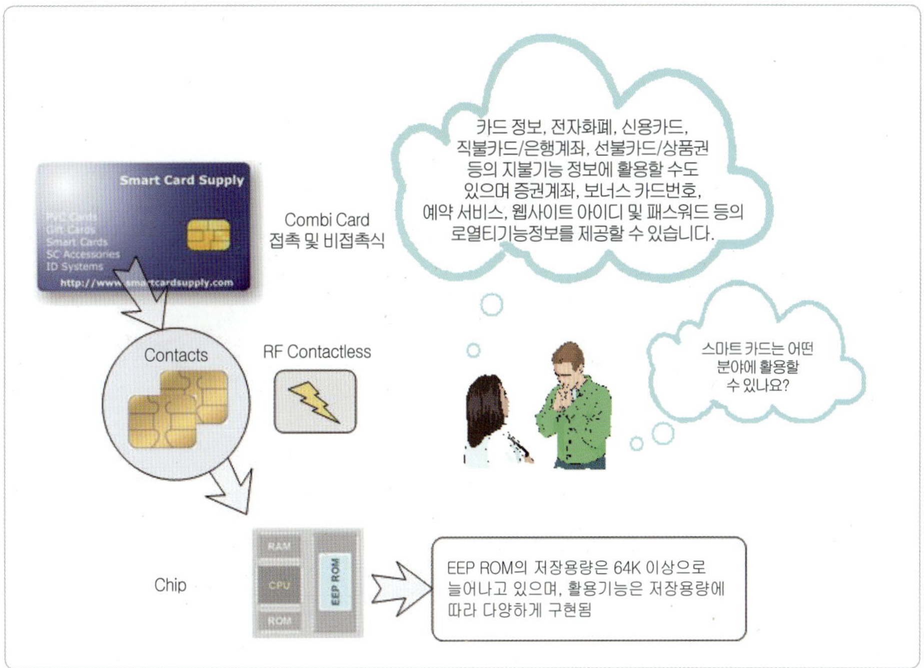

[그림 9-35] 스마트카드 개념

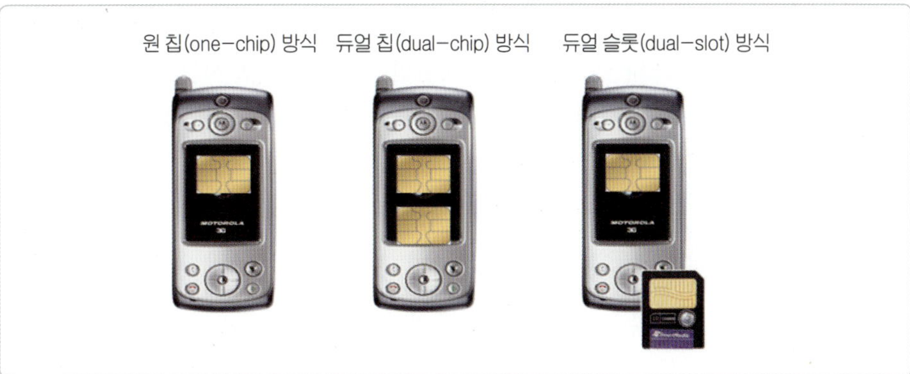

[그림 9-36] 스마트카드 기반 이동통신 단말기의 모델

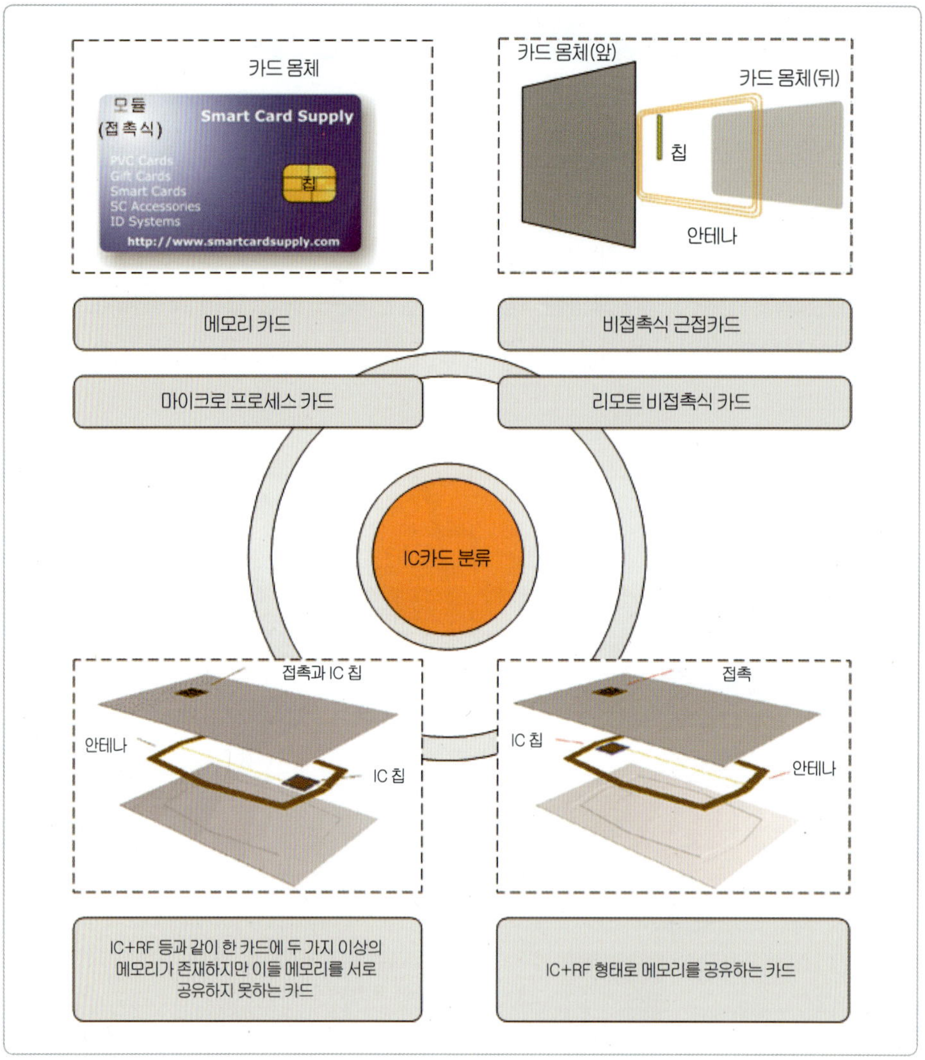

[그림 9-37] 스마트카드 종류

한편 메모리카드(memory card)는 마이크로 프로세서는 포함하지 않고 메모리만을 포함한 형태로서, 엄밀한 의미에서는 스마트카드가 아니지만 넓은 의미에서 포함시키기도 합니다. 스마트카드와 메모리카드를 포함한 광의의 용어로서는 보통 '칩카드' 또는 'IC 카드'를 사용합니다. 스마트카드의 주된 응용분야는 금융, 신분확인 등입니다.

9.4.2 스마트카드는 여러 군데에서 사용하겠군요

스마트카드는 마이크로 프로세서를 내장하고 있어 다양한 응용서비스가 가능합니다. 스마트카드의 응용분야로는 사용자 인증, 부인방지(non-repudiation), 네트워크 접근, 대중 교통카드, 자동 도로통행료 지불, 제품 추적 및 조회 기능, ID카드, 운전면허증, 여권 등 여러 가지가 있습니다.

이동통신은 스마트카드 산업의 핵심적인 요소로서 호황을 맞고 있습니다. GSM 이동전화 가운데 3억대 이상은 이동전화 보안 및 가입정보가 내장된 스마트 카드(SIM 카드)를 사용하고 있습니다. 즉, 이동전화 단말기에 전화번호, 요금내역 및 자주 이용하는 전화번호 등의 정보를 담은 카드를 삽입하면 개인 맞춤형 전화기가 됩니다.

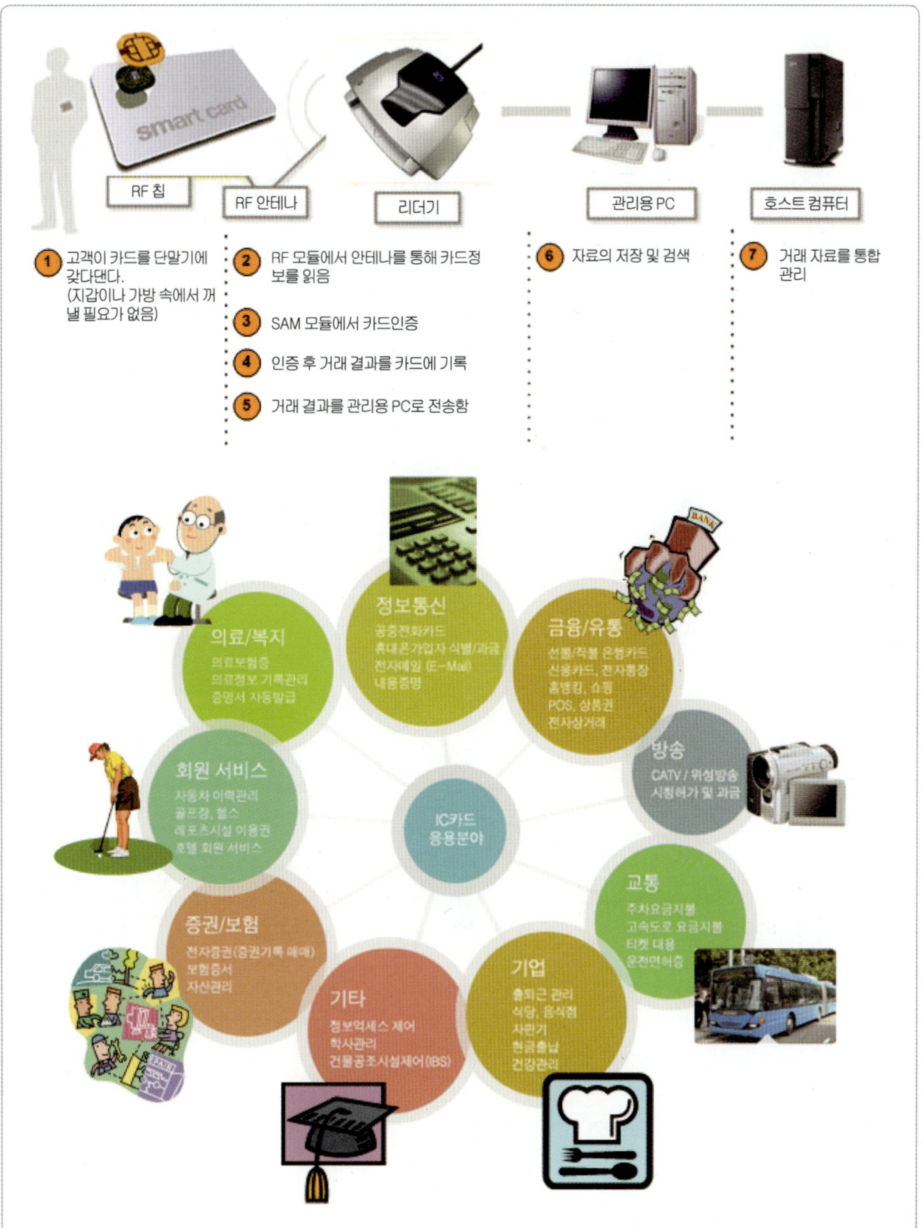

[그림 9-38] 스마트카드 응용분야 예

(1) IC 카드, 칩 카드, 스마트카드의 관계

IC 카드와 칩 카드는 IC(Integrated Circuit) 칩을 가지고 있는 카드를 설명하는 동일한 용어입니다. 좀 더 엄격하게 구분하자면 스마트라고 명명할 때는 마이크로 프로세서를 가지고 있기 때문에 운영체제를 구동하여 여러 프로그램을 운용할 수 있는 형태를 스마트라고 합니다. 이에 비해 마이크로 프로세서가 없는 형태는 단순히 메모리 카드 또는 더미 카드라고 부릅니다.

(2) 전자화폐(E-Cash), 전자지갑(E-Purse), 그리고 스마트카드의 관계

전자화폐는 "IC 카드, 네트워크, 컴퓨터 등의 매체에 전자적으로 기록된 또는 디지털화된 화폐 등가물"이라고 표현할 수 있습니다. 즉, 전자화폐는 전자적인 매체에 화폐가치를 저장한 후 물품구매 및 서비스 이용 시 현금처럼 사용하는 지급수단입니다. 화폐의 특성상 화폐의 액면에 대한 즉각적인 확인이 가능해야 하고, 물품과의 교환 시 화폐와 동등한 가치를 인정받아야 합니다.

이에 비해 전자지갑(E-Purse)은 스마트카드의 여러 가지 응용 가운데 하나로, 전자화폐를 구현할 수 있는 하나의 프로그램입니다.

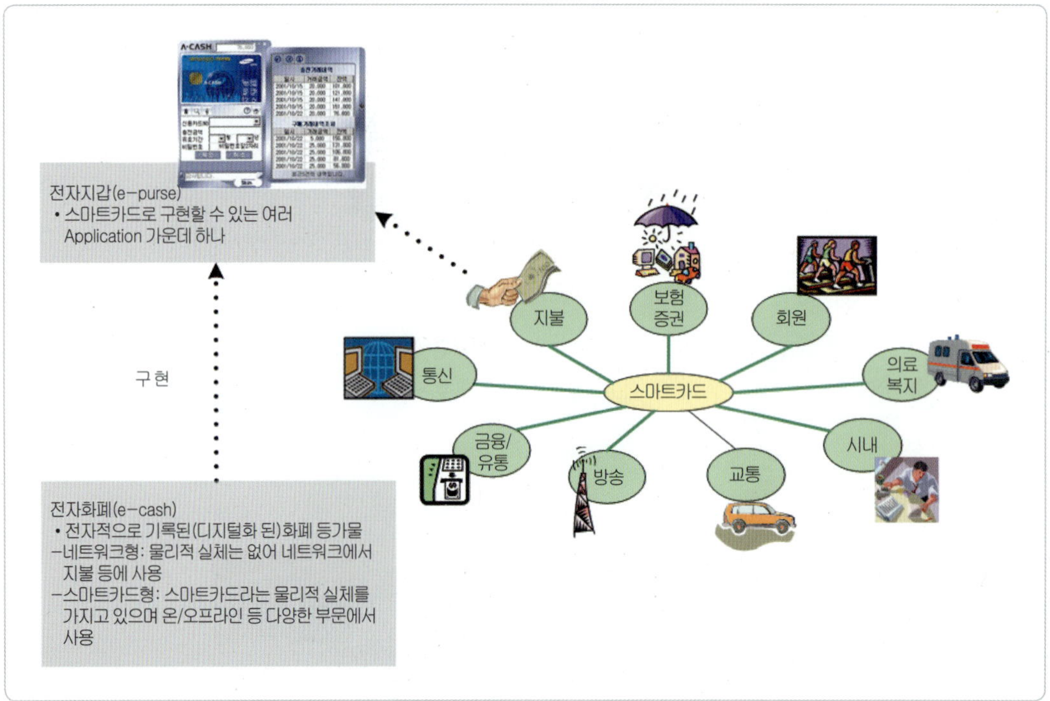

[그림 9-39] 전자화폐, 전자지갑, 스마트카드의 관계

(3) 카드 종류별 응용 분야

스마트카드는 카드와 단말기(Device) 간의 인터페이스 방식에 따라 접촉식(Contact type)과 비접촉식(Contactless type)으로 나누어지는데, 다시 이 두 형태의 결합 방식에 따라 콤비카드(Combi Card)와 하이브리드 카드(Hybrid Card)로 나눌 수 있습니다. 인터페이스 방식에 따라 응용 분야에 차이가 있습니다.

비접촉식 카드의 응용분야

비접촉식 카드의 경우 가격 경쟁력을 위해 주로 마이크로 프로세서가 없는 RF 메모리 방식의 카드가 많이 사용되고 있습니다. 이 카드의 특징은 사용의 편리성과 신속성입니다. 보안성은 상대적으로 덜 중요하면서 빠른 인증처리와 속도처리가 요구되는 곳에 주로 사용되는데, 현재 국내에서 많이 사용되고 있는 선불과 후불의 교통카드, 출입통제를 위한 단순 ID 체크 기능, 근태관리를 위한 사원증 형태가 많이 사용되고 있습니다.

접촉식 카드의 응용분야

접촉식 카드는 비접촉식 카드보다는 편의성 및 신속성이 떨어지지만 보안성이 요구되는 분야에서 주로 사용됩니다. IC칩에 보안프로그램(SEED, DES, Triple-DES 등)을 장착할 수 있기 때문에 금융분야와 인터넷, 개인 ID 카드, 보안카드 등으로 활용될 수 있습니다.

Tip USIM 카드

[그림 9-40] USIM 카드

USIM 카드는 3세대 이동통신(UMTS: Universal Mobile Telecommunication System, 범용이동통신시스템)에서 사용하는 범용가입자식별모듈(Universal Subscriber Identify Module)로서, 3세대 이동통신(WCDMA) 단말기에 필수적으로 탑재되는 손톱 크기 칩입니다. 2세대 이동통신 GSM망에서 사용되던 SIM 카드가 발전된 형태인 USIM은 사용자 인증을 목적으로 휴대전화 사용자의 개인정보를 저장하는 모듈입니다. 휴대전화 없이 USIM만으로도 이동통신 서비스를 개통할 수 있으며 사용자는 원하는 휴대전화에 USIM을 끼워 넣어 사용할 수 있습니다. 이 경우 UISM 내부에는 통신 사업자와 사용자의 비밀번호, 로밍 정보, 사용자의 개인 전화번호 등과 같은 정보를 저장할 수 있습니다.

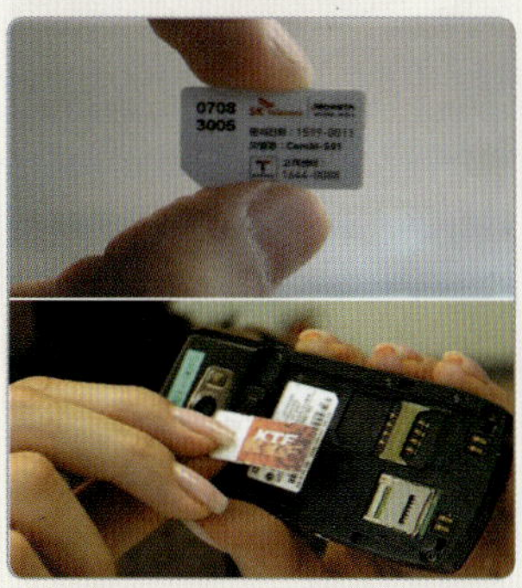

[그림 9-41] 자유롭게 옮겨 이용 가능한 USIM

[그림 9-42] iPhone4의 USIM 카드 삽입 모습

[그림 9-43] iPad의 USIM 카드 삽입

여러 대의 잠자는 중고 휴대전화를 보유하고 있는 사용자들의 경우 USIM을 사용하면 휴대전화 서비스 신규 가입 등을 할 때 새 휴대전화를 구매하지 않고도 USIM만으로 휴대전화를 개통해 큰 부담 없이 통신서비스 이용이 가능합니다. USIM칩을 통해 휴대전화를 자유롭게 갈아타는 휴대전화 스와핑은 유럽이동통신(GSM) 서비스에서는 이미 보편화되어 있는 방식입니다.

USIM 어플리케이션은 WCDMA 가입자인증을 위하여 인증센터(AuC:Authentication Center)와 비밀키(K)를 공유하여 아래와 같은 인증절차를 수행합니다.

① 가입자정보 판독: 3G 단말은 USIM 카드로부터 가입자정보(IMSI)를 읽어 네트워크(HLR/AuC)로 전송합니다.
② 인증벡터 생성: 네트워크(HLR/AuC)는 USIM 카드와 공유하는 비밀키(K)로 인증벡터를 생성한 후 USIM 카드로 전송합니다.
③ 네트워크 인증: USIM 카드는 비밀키(K)를 이용하여 네트워크 인증센터로부터 수신한 인증벡터(AV)를 검증합니다.
④ 인증 응답값 생성: USIM 카드는 인증 응답값(RES)를 생성하여 네트워크(HLR/AuC)로 전송합니다.
⑤ USIM 카드 인증: 네트워크(HLR/AuC)는 USIM 카드로부터 수신한 인증 응답값(RES)과 자신이 생성한 인증 응답값(XRES)을 상호 비교하여 USIM 카드를 인증합니다.

위의 과정을 통하여 USIM 카드와 네트워크는 세션키(CK, IK)를 획득하고 이를 통하여 무선 네트워크 서비스의 기밀성(confidentiality)과 무결성(integrity)를 제공하게 됩니다.

[그림 9-44] USIM을 통한 모바일지갑(좌) 및 금융/생활형 서비스(우) (출처: http://mobile.olleh.com/index.asp?code=HL00000)

[그림 9-45] USIM을 이용한 양주 감별(출처: http://www.ebuzz.co.kr/content/buzz_view.html?ps_ccid=85418)

[그림 9-46] 스마트 페이먼트(출처: http://www.ebuzz.co.kr/content/buzz_view.html?ps_ccid=85745)

[그림 9-47] '쇼터치'서비스(출처: http://www.zdnet.co.kr/news/news_view.asp?artice_id=20100804093100&type=det)

[그림 9-48] 스마트-USIM 칩

USIM 카드는 대용량 및 다기능 등 스마트 기능을 갖추고 있어 다양한 사용자 요구를 충족할 수 있습니다. 가입자 인증 기능뿐만 아니라 글로벌 로밍 기능은 기본이며 신용카드, 뱅킹, 증권거래, 멤버십, 결제 등 다양한 금융기능도 제공합니다. 또한 교통카드, 마일리지, 상품권, 쿠폰, 위치기반검색 서비스 등 모든 생활 인프라 서비스가 가능합니다. 또 보안이 요구되는 지불 및 인증기능을 제공함으로써 콘텐츠 유료 서비스 구매에도 활용할 수 있는 등 활용 범위가 넓습니다.

KT는 2010년 8월부터 전국 GS25 4,100개 편의점과 서울 · 수도권 1,100개 GS주유소를 시작으로 휴대폰 하나로 신용카드 결제뿐 아니라 멤버십 적립과 쿠폰 할인 등을 이용할 수 있는 '쇼터치(SHOW Touch)' 서비스를 실시하고 있습니다. 쇼터치는 휴대전화 USIM에 다양한 멤버십카드, 쿠폰, 신용카드, T머니 등을 저장해 상품 결제 시에 간편하게 쿠폰 할인과 멤버십 적립 혜택을 동시에 받는 스마트 포켓 서비스입니다.

9.5 차세대 T-커머스의 대표주자 NFC를 알아볼까요?

이동통신사들은 장기적으로 USIM이 근거리 통신이나 결제를 위한 NFC(Near Field Communication) 기반 RF칩이나 무선인식(RFID) 등과 결합하고 모바일 오피스나 전자책, 모바일 게임 등 서비스 플랫폼을 수용하는 경우를 예상하고 있습니다. 이렇게 되면 USIM은 기존 통신이나 금융 중심 서비스에서 나아가 콘텐츠 허브나 다양한 애플리케이션 플랫폼으로 이동통신산업 전반에 걸친 신규 비즈니스 모델의 핵심 축으로 부상하게 됩니다.

[그림 9-49] 마이크로 SD 카드와 NFC(근거리 무선통신) 칩을 통합한 '스마트 SD'(출처: http://www.dt.co.kr/contents.html?article_no=2011020902010431742002)

[그림 9-50] NFC의 기능(출처: http://mobile.olleh.com/index.asp?code=HL00000)

NFC란 비접촉식 근거리 무선통신 기술로 기존 RFID와 달리 읽기와 쓰기가 모두 가능해 새로운 모바일 결제 기술로 각광받고 있습니다. NFC는 결제뿐 아니라 신용카드, 멤버십카드, 교통카드 등의 역할을 대신할 수 있으며 NFC 기기 간 동영상이나 사진, 음악 등 콘텐츠를 전송, 공유할 수도 있으며, 도어락, 정보확인, 이력조회 등에도 활용할 수 있습니다.

NFC를 이용하기 위해서는 제품에 NFC 태그가 부착되어 있어야 하며, 단말기에는 NFC 칩이 탑재되어 있어야 합니다. 상점에서는 NFC를 읽을 수 있는 결제기가 필요하며, 국내에서는 KT와 삼성전자가 2010년 말 NFC 기능을 지원하는 휴대폰을 출시한 바 있습니다.

[그림 9-51] 2010년 삼성에서 출시한 국내 첫 NFC폰(출처: http://www.samsungtomorrow.com)

[그림 9-52] 삼성과 구글이 손을 잡고 발표한 NFC가 지원되는 스마트폰 '넥서스S'(출처: http://www.samsungtomorrow.com)

Tip **모바일 결제 서비스나 스마트페이는 무엇인가요?**

공인인증서 등을 이용한 복잡한 결제 절차 대신에 모바일 기기를 이용하여 간단하게 결제를 지원하는 시스템을 간편결제 시스템, 모바일 결제 서비스 또는 스마트페이라고 합니다. 이와 같은 것들은 핀테크(첨단기술을 접목한 금융 서비스 전반)의 일종입니다.

스마트폰을 이용해서 간단하게 인증을 마치고 결제하는 시스템으로서 해당 기기로 인증 코드를 받아서 처리하거나 또는 기기의 NFC 기능을 이용합니다. 교통카드나 하이패스에 적용하여 등장하였으나 최근에는 오프라인 간편결제 등에서 애플의 애플페이, 삼성전자의 삼성페이 등으로 그 사용범위를 넓혀가고 있는 중입니다.

[그림 9-53] 삼성페이 사용 예

① 삼성페이(Samsung Pay)

삼성전자에서 만든 모바일 결제 서비스로서, 마그네틱 보안전송(MST)을 사용하여 무선으로 마그네틱 신용카드의 정보를 전송시켜 결제하는 방식을 사용함으로 근거리 무선통신(NFC)을 사용하지 않아도 되는 보편성을 가진 시스템입니다.

2015년 2월 인수한 미국업체인 루프페이의 기술을 활용한 이 서비스는 전용 단말기가 필요 없이 사용하던 단말로 사용이 가능하며 POS 기기 리더기에서도 사용이 가능한 특징을 가지고 있습니다.

[그림 9-54] 애플페이 사용 예

② 애플페이(Apple Pay)

애플이 제공하는 모바일 결제 및 전자 지갑 서비스로서, 아이폰 6, 6 플러스 이상, 애플 워치 호환 기기(아이폰 5 이상), 아이패드 에어2, 아이패드 프로, 아이패드 미니 3 이상의 기기들에서 결제가 가능한 서비스입니다.

애플페이는 애플페이 특유의 비접촉 결제 터미널이 필요하지 않으며, 기존의 비접촉 방식의 터미널과도 동작이 가능합니다.

사용 가능 국가는 미국, 영국, 캐나다(아메리칸 익스프레스 전용), 오스트레일리아(아메리칸 익스프레스 전용), 중화인민공화국(유니언페이 전용), 싱가포르, 스위스, 프랑스, 홍콩, 러시아, 뉴질랜드 그리고 일본 등에서 사용이 가능합니다.

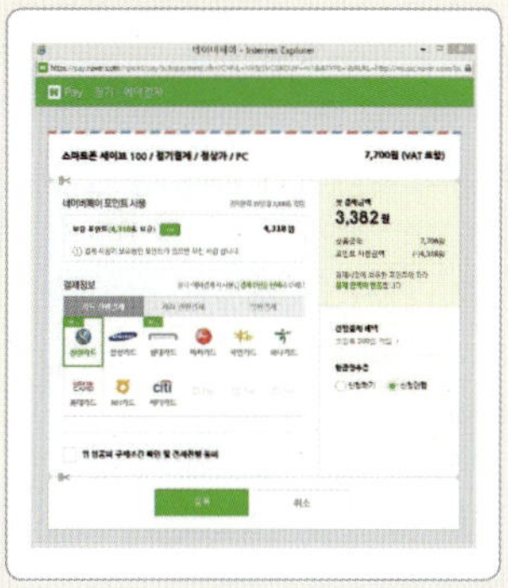

[그림 9-55] 네이버페이 사용 예

③ 네이버페이(Naver Pay)

네이버에서 제공하는 핀테크의 일종으로 은행 계좌나 체크카드 또는 신용카드 등을 미리 등록해 두고 등록한 결제 수단을 통해 결제하는 간편 결제 서비스로서, 중소 전자상거래 판매자들이 제휴하여 자신의 사이트에서도 사용할 수 있게 하여, 사용자들의 편의성과 접근성을 높이는 방법으로 사용되고 있는 서비스입니다.

이 서비스는 네이버 ID 하나로 다양한 가맹점에서 편리하게 쇼핑, 결제, 배송 관리까지 그리고 네이버 콘텐츠의 결제도 할 수 있는 서비스로서 편리한 결제를 제공하며, 본인 인증을 통하여 설정한 비밀번호로 안전하게 결제할 수 있고, 이상 징후를 탐지하고 대응할 수 있는 실시간 모니터링 시스템으로 사용자의 안전한 결제 환경을 보호합니다. 그리고 다양한 사용처에서 결제할 때마다 사용하는 카드 혜택과는 별개로 네이버페이 포인트를 추가 적립이 가능합니다.

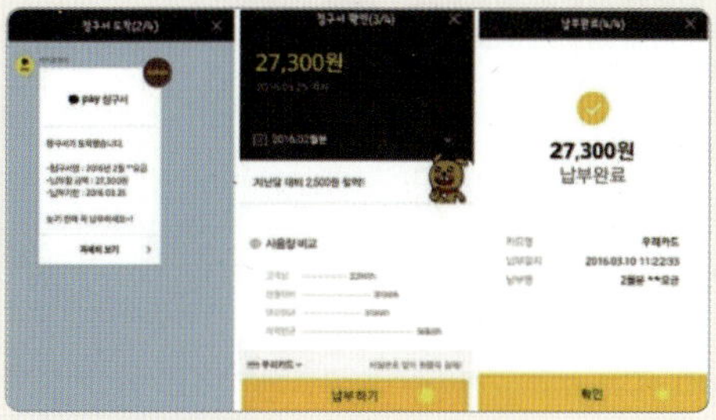

[그림 9-56] 카카오페이 사용 예

④ 카카오페이(Kakao Pay)

카카오톡을 통해 결제, 송금, 멤버십, 청구서, 인증 등을 제공하는 종합 핀테크 서비스로 2014년 9월 5일부터 서비스를 시작한 서비스로서, 현재는 ㈜카카오에서 관리하고 있으며, 간편 결제 서비스로 시작하여 송금, 멤버십, 청구서, 인증 등 다양한 서비스를 제공하고 있습니다.

카카오톡에 신용카드 정보를 등록해 놓은 뒤 물건 구매 시 결제할 수 있는 간편 결제 서비스로 신용/체크카드뿐만 아니라 등록한 은행 계좌로도 결제가 가능하며, 지문인식도 지원을 하고 있습니다. 그 외에도 가스요금, 전기요금, 지방세, 카드 등의 청구서를 카카오톡으로 받고 지불도 할 수 있는데, 이런 서비스들로 인하여 2017년 4월 기준 가입자수가 1,450만 명을 넘어섰고 누적 거래액이 1조 6,000억에 이르고 있습니다.

이외에도 여러 서비스들이 정식으로 서비스 중입니다.

〈표 9-3〉 국내에서 서비스 중인 간편 결제 서비스 현황

금융결제원	뱅크월렛
스마트폰 제조사 계열	삼성페이* ‡ (mini) · LG페이*
이동통신사 계열	CLiP ‡ · Paynow · T페이
신용카드사 계열	BC Pay ‡
정보매개 서비스사 계열	11Pay · 네이버페이 · 카카오페이 · 페이코‡ · PayPal
물류유통 서비스사 계열	스마일페이 · L.pay · SSG PAY

*: MST 결제 지원, ‡: NFC 결제 지원

Tip QR 코드

[그림 9-57] 루이비통 QR 코드(Designed QR 코드)

QR Code는 일본의 Denso Wave에서 개발된 매트릭스 형식의 2차원 바코드이며 'Quick Response'의 약자입니다. 1994년 QR 코드의 대중적인 사용을 위해 Denso Wave에서는 특허권을 행사하지 않기로 결정했습니다. 훌륭한 결정이지요? 따라서 QR 코드는 개방된 무료 코드이며 국제표준으로 채택된 2차원 바코드 중의 하나입니다. Denso Wave는 도요타 자동차에 부품을 공급하는 회사였는데 자동차를 조립할 때 필요한 다양한 부품들을 적은 비용으로 효과적으로 관리하기 위해 QR 코드를 개발했다고 합니다.

QR 코드는 이름에서 나타내고 있는 바와 같이 빠른 해석(디코딩)이 가능하고 기존의 1차원 바코드에 비해 다양한 정보의 대용량 저장과 더불어 오류 정정 기능까지 제공하고 있습니다. 기존의 바코드는 오직 숫자만을 인식하는 반면에 QR 코드는 숫자는 기본이고 사진과 동영상, 하이퍼링크, 연락처 정보, 전화번호, 홈페이지 URL에 이르기까지 다양한 정보를 저장할 수 있습니다. 특히 한글이나 한자도 저장이 가능합니다. 또한 누구나 자신만의 QR 코드를 쉽게 제작할 수 있고 출력해서 원하는 곳에 사용할 수 있습니다.

QR 코드와 같은 2차원 코드는 [그림 9-58]에서와 같이 가로와 세로 양방향으로 데이터를 저장하기 때문에 1차원 바코드에 비해서 훨씬 많은 정보를 저장할 수 있고 [그림 9-59]에서와 같이 같은 양의 정보를 상대적으로 매주 작은 크기로 표현할 수 있습니다. 일반적으로 1차원 바코드는 20자리 정도의 숫자만을 표현할 수 있지만 QR 코드는 최대 7,089자의 숫자를 표현할 수 있습니다. 게다가 QR 코드에 몇 가지 디자인 요소를 추가한 디자인 QR 코드에서는 색상이나 그림들을 추가할 수 있기 때문에 표현 가능 범위는 훨씬 넓어질 수 있습니다. QR 코드 공식 사이트에서는 디자인 QR 코드에 대해서는 부정적인 의견을 내고 있기는 합니다.

[그림 9-58] 2차원 코드와 1차원 바코드 저장 방식 차이

[그림 9-59] 바코드와 Micro QR 코드 크기 비교

〈표 9-4〉 QR 코드 최대 표현 용량

내 용	용량(버전 40 기준)
숫자	7,089자
문자(ASCII)	4,296자
이진 8비트	2,953바이트
한자 등 아시아 문자	1,817자

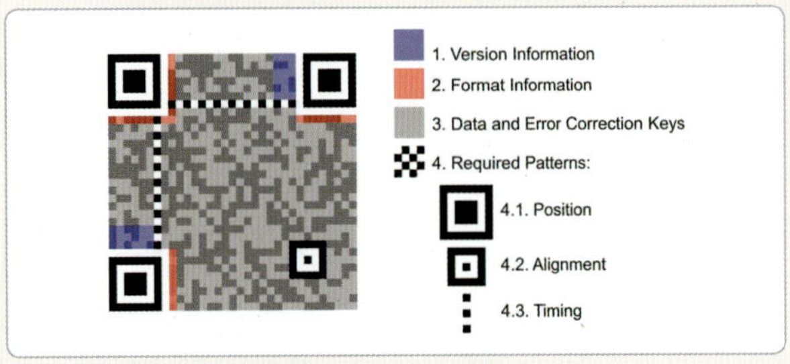

[그림 9-60] QR 코드 구조(출처: 위키백과)

QR 코드는 [그림 9-60]에서와 같이 여백을 포함해서 기본적으로 버전 정보와 포맷 정보, 그리고 데이터와 오류 정정 키로 구성되어 있습니다. 아울러 필수 정보인 위치 검출(Position) 패턴, 얼라인먼트 패턴, 타이밍 패턴 등으로 구성됩니다. 기존 바코드는 바코드 스캐너와 수직 방향으로 바코드를 배치해야 데이터를 읽을 수 있었지만, QR 코드는 네 모서리 중 세 곳에 위치한 위치 검출 패턴을 이용해서 360도 어떤 방향에서든지 데이터를 읽을 수 있다는 장점이 있습니다. 얼라인먼트 패턴은 코드의 크기가 커질 경우 왜곡을 줄이기 위해 사용되며 타이밍 패턴은 코드 내부에서 위치를 파악할 수 있는 기준점으로 사용됩니다.

또한 QR 코드에서는 데이터와 오류 정정 키들을 이용해서 QR 코드가 더러워지거나 일부 훼손되더라도 코드를 읽어 들일 수 있기 때문에 바코드에 비해 상대적으로 높은 판독력을 갖고 있습니다. QR 코드에서는 4단계의 오류 복원 레벨을 제공합니다.

QR 코드는 사용자가 필요로 하는 데이터의 종류와 양, 그리고 오류 복원 레벨에 따라 다양하게 구성할 수 있도록 [그림 9-61]에서와 같이 1에서 40까지의 버전을 제공하고 있고 각 버전마다 다른 셀 개수를 갖게 됩니다. 여기서 셀이란 QR 코드를 구성하고 있는 사각의 흑백 점을 의미합니다. [그림 9-62]에서와 같이 버전 1은 21X21개의 셀로 구성되어 있고 이후

[그림 9-61] QR 코드 버전(출처: QR Code.com)

4셀씩 증가하여 버전 40은 177X177개의 셀로 구성됩니다. 사용자는 자신이 원하는 정보의 양과 데이터의 종류, 그리고 오류 복원 레벨에 따라서 버전을 선택하여 사용할 수 있습니다.

한편 QR 코드를 사용하기 어려운 좁은 공간이나 소량의 데이터만을 필요로 하는 경우를 위하여 마이크로(Micro) QR 코드 또한 Denso Wave에서 정의하고 있습니다. 마이크로 QR 코드는 [그림 9-62]에서와 같이 위치 검출 패턴을 하나만 사용하기 때문에 작은 공간에서 사용할 수 있지만 최대 35자의 숫자만을 표현할 수 있기 때문에 저장할 수 있는 데이터 양은 많지 않습니다.

[그림 9-62] 마이크로 QR 코드

최근 농수산물 이력 추적이라든지 유통분야와 같은 다양한 분야에 RFID를 사용하고 있지만 칩 가격과 범용성 부족으로 인해 대중화가 실현되지 못하고 있는 상황입니다. 한편 유통, 물류 분야에서 기존 바코드를 대체하는 개념으로 출발한 QR 코드는 별도의 리더기 없이 휴대폰을 리더기 삼아 유통, 물류는 물론 마케팅, 판매, 그리고 명함과 같은 개인적인 서비스까지 범위가 급속하게 확대되고 있습니다. 누구나 쉽게 만들고 인쇄할 수 있다는 QR 코드의 특징 때문에 RFID는 주로 기업용 서비스에, QR 코드는 일반인 대상 서비스에 도입되는 추세를 보이고 있습니다.

예를 들어, [그림 9-63]에서와 같이 'QR 코드 휴대폰 결제 서비스'를 이용하는 경우 공연포스터에 있는 QR 코드를 통해 예약부터 결제까지 모든 과정을 손쉽게 진행할 수 있습니다. 사용자는 포스터에 인쇄된 QR 코드를 스마트폰으로 인식하여 공연정보를 확인한 후, 휴대폰을 통해 티켓을 예매하거나 결제까지 할 수 있습니다.

[그림 9-63] QR 코드를 이용한 휴대폰 결제 서비스(출처: http://www.eto.co.kr/news/outview.asp?Code=20110117095914327&ts=200324)

[그림 9-64] 모바일 홈피와 결합된 'QR 명함'(출처: http://news.naver.com/main/read.nhn?mode=LSD&mid=sec&sid1=101&oid=003&aid=0003681071)

또한 지금까지는 명함에 기술된 특정 홈페이지에 직접 접속해서 회사소개 또는 필요한 정보를 확인해야 하는 번거로움이 있었지만, [그림 9-64]에서와 같이 QR 코드가 기록된 명함을 이용하면 즉석에서 상대방의 모바일 홈페이지까지 접속 가능한 QR 명함(명함에 QR 코드를 넣은 것)이 많이 사용되고 있습니다. QR 명함을 스마트폰으로 인식할 경우 기업의 사업내용, 고객게시판 등은 물론 CF 및 이벤트 진행 내용까지도 바로 확인할 수 있게 된 것입니다.

QR 코드는 공공 서비스 용도로도 다양하게 이용되고 있습니다. 2011년 1월 서울시는 QR 코드를 모든 버스정류장에 부착해 실시간으로 버스도착 정보를 제공하고 있습니다. 이는 아직 정류소단말기(BIT)가 설치되지 않은 정류소에 버스 운행정보를 제공해 시민들의 버스이용 편의를 돕기 위해서입니다. 버스정류장에 부착된 QR 코드를 스마트폰으로 스캔하면 버스도착 정보는 물론 서울 관광 · 생활 정보를 확인할 수 있습니다. 또한 외국인도 QR 코드를 이용하여 손쉽게 정보를 얻을 수 있도록 다국어 서비스로도 지원하고 있습니다.

[그림 9-65] 버스정류소 QR 코드 사용 방법(출처: 서울시청 보도자료)

[그림 9-66] 버스정류소의 QR 코드(출처: http://www.ddaily.co.kr/news/news_view.php?uid=73462)

Tip • **QR 코드 생성 가이드(네이버 QR 코드 기준, 다음은 http://code.daum.net입니다.)**

1. 네이버 QR 코드 생성 사이트(http://qr.naver.com/)에 접속합니다.

2. QR 코드 사용 방식을 결정합니다. 원하는 데로 QR 코드를 꾸미고 싶다면, '나만의 QR 코드 정보담기'를 선택합니다. 모바일로 QR 코드를 인식했을 때, 특정 사이트나 네이버 검색 결과로 바로 이동시키고 싶다면, 'QR 코드 인식시 링크로 이동'을 선택합니다.

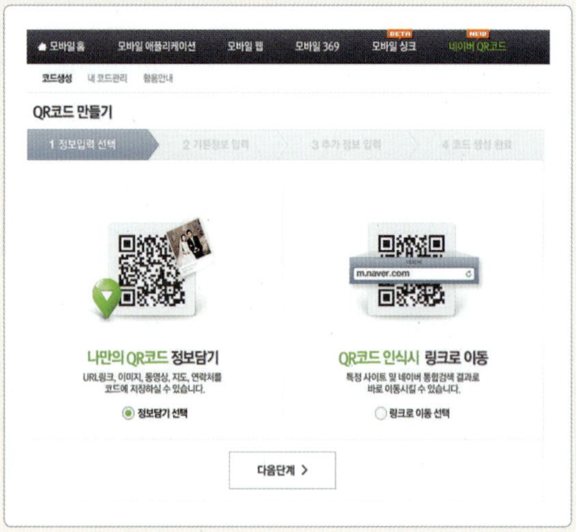

3. QR 코드 이미지를 개인의 개성에 맞게 원하는 대로 설정할 수 있습니다.

4-1. 나만의 QR 코드 정보담기' 선택 시

QR 코드에 정보를 담습니다. 링크의 타이틀 및 URL을 입력하고, 생성하는 QR 코드에 대한 간단한 소개글을 입력합니다. 이외 이미지, 동영상, 지도, 연락처를 추가할 수 있습니다.

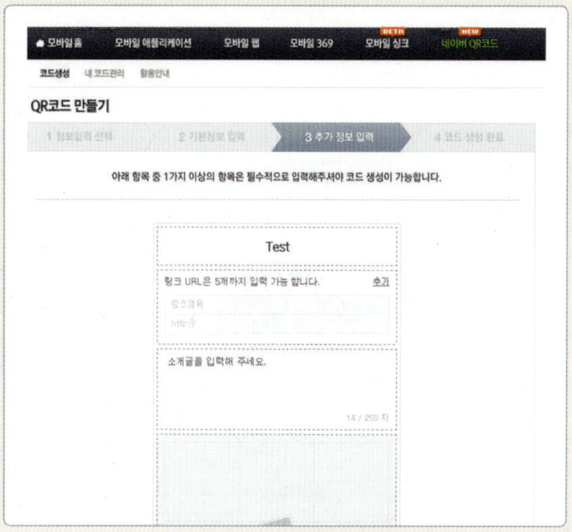

4-2. QR 코드 인식시 링크로 이동' 선택 시

특정 사이트로 바로 이동시키고 싶으면, 웹 주소(URL) 정보를 직접 입력하고, 네이버 통합검색 결과로 링크를 걸고 싶으면, 검색어를 입력합니다.

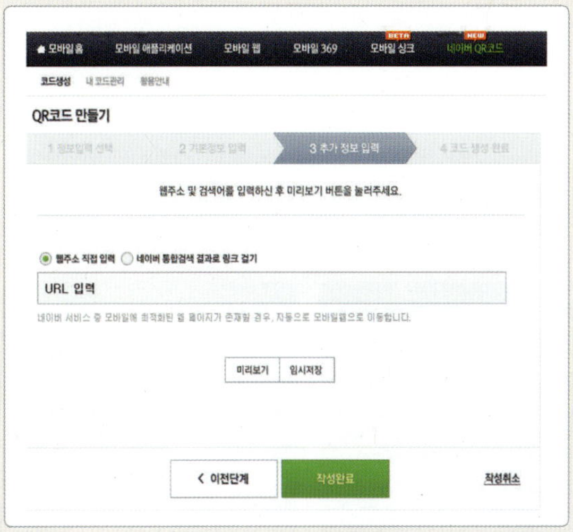

5. QR 코드가 성공적으로 생성되었습니다.

Tip • 2차원 바코드

2차원 바코드란 사각형의 가로와 세로(x, y) 양방향으로 점자, 또는 모자이크식 코드를 수록한 평면 바코드입니다. 따라서 기존 1차원 바코드보다 훨씬 많은 다양한 정보를 담을 수 있으며, 어느 방향으로 스캐닝을 해도 인식이 가능하고 일부 정보가 훼손되어도 복구가 가능합니다.

현재 ISO 국제 표준으로 지정된 2차원 바코드로는 QR 코드, 데이터 매트릭스(Data Matrix), PDF417, Maxi Code 등이 있으며, 이 중에서 QR 코드와 데이터 매트릭스 중 업코드(UPCODE)가 많이 사용되고 있습니다.

현재 QR 코드가 많이 사용되고 있지만 항공분야와 일부 다른 분야에서는 PDF417를 많이 사용하고 있습니다.

〈표 9-5〉 2차원 바코드 종류와 특징(출처: http://www.scany.net/kr/generator/barcodeQrcode.php)

	QR 코드	PDF417	Data Matrix	Maxi Code
개발처(국가)	덴소웨이브(일본)	Symbol사(미국)	CI Matrix사(미국)	UPS사(미국)
방식	매트릭스	스쿳쿠도바코드	매트릭스	매트릭스
번호	7,089	2,710	3,116	138
숫자	4,296	1,850	2,355	93
이진	2,953	1,018	1,556	
한자	1,817	554	778	
주요 기능	대용량 공간 절약형 고속읽기	대용량	공간 절약형	고속읽기
주요 용도	전체분야	OA	FA	물류
규격화	AIM International JIS ISO	AIM International ISO	AIM International ISO	AIM International ISO

[그림 9-67] PDF417을 사용하는 스타벅스(출처: http://www.umain.kr/242)

[그림 9-68] Data Matrix 바코드 인식이 가능한 바코드 리더기(출처: http://www.cognex.com/DataMan500/)

[그림 9-69] 2차원 바코드 인식이 가능한 Magellan 1100i(출처: http://krdata.co.kr/)

Tip QR 코드 리더 애플리케이션

QR 코드를 인식하기 위해서는 QR 코드 리더 앱이 필요합니다. QR 코드를 인식하는 스마트폰 앱으로는 'QRooQRoo(쿠루쿠루)'나 '스캐니(Scany)', '바코드 스캐너', '에그몬(EggMon)' 등이 보편적으로 사용됩니다. 또한 네이버 등의 포털 사이트 앱이나 11번가/G마켓 등의 쇼핑몰 앱도 QR 코드 인식이 가능합니다.

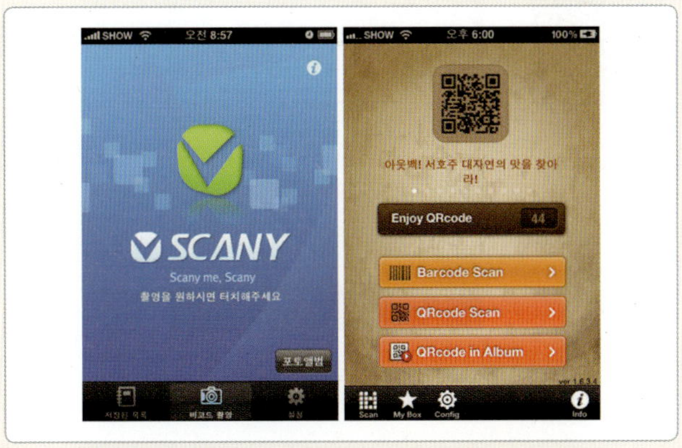

[그림 9-70] 국산 QR 코드 스캐너, '스캐니'와 '쿠루쿠루'(출처: http://itunes.apple.com/kr/app/)

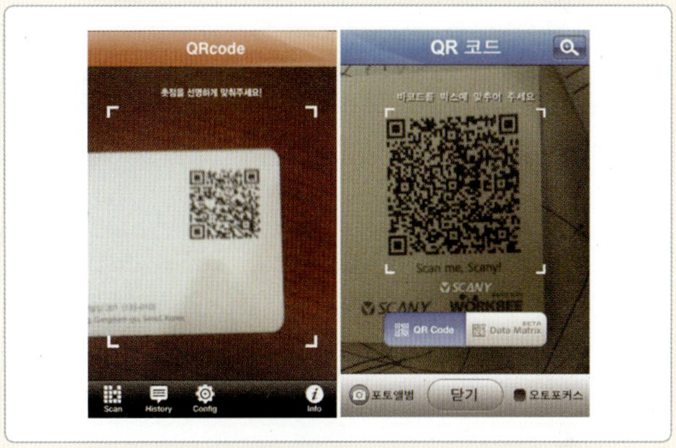

[그림 9-71] '스캐니'와 '쿠루쿠루'의 QR 코드 촬영 과정

[그림 9-72] QR 코드 인식 방법 '쿠루쿠루'(출처: http://www.qrooqroo.com/viewHowToUse.do)

특히 국내에서는 스마트폰용 바코드 스캐너 '스캐니'를 개발한 아이크로스에서 QR 코드에 이어 데이터 매트릭스 코드도 인식할 수 있는 버전을 출시했습니다. 데이터 매트릭스 코드는 QR 코드와 비슷하지만 다른 코드들에 비해 소형화가 가능하다는 장점이 있어 CPU의 알루미늄 판이나 PCB 기판 등에도 사용되고 있고 공장 자동화는 물론 모든 산업 분야에 걸쳐 널리 활용되고 있습니다.

[그림 9-73] QR 코드를 이용한 명함 인식(출처: http://www.scany.net/kr/news/)

9.6 소셜 서비스(Social Service)

9.6.1 소셜 네트워크가 대세군요

소셜 네트워크는 스마트폰이나 스마트패드의 폭발적인 성장을 기반으로 개인의 의사를 실시간으로 전 세계의 수천만, 수억 명과 소통할 수 있는 개인친화적 관계 네트워크입니다. 미국 대통령 오바마가 선거활동에 사용하고, 김연아 선수가 트위터라는 서비스를 이용하였듯이 관련된 사람들과 친구를 맺거나, 혹은 무작위의 팔로워(트위터에서 특정인을 따르는 사람)들에게 자신의 소식이나 정보를 알리면서 새로운 정보공유의 트렌드가 형성된 것입니다.

소셜 네트워킹 웹사이트란 온라인상에서 공통의 관심사를 가진 사용자 간의 관계 맺기를 지원하고, 축적된 지인관계를 통해 인맥관리, 정보공유 등 다양한 커뮤니티 활동을 할 수 있도록 하는 공간을 말합니다. 온라인커뮤니티와 혼용되어 사용되기도 하지만 커뮤니티는 주로 비슷한 관심이 있는 사람들이 한 장소에 모여 활동하는 그룹 중심의 서비스를 지칭합니다. 반면에 소셜 네트워킹 웹사이트는 개인이 중심이 되어 다른 개인과 관계를 맺고, 이러한 개개인의 관계가 모여 더 큰 네트워크를 형성하는 구조입니다.

소셜 네트워크는 기본적으로 관계 맺기 및 프로필 제공을 기본적으로 제공하며 〈표 9-6〉과 같은 다양한 기능들을 제공하고 있습니다.

〈표 9-6〉 소셜 네트워크의 기능

구 분	해 설
관계 맺기	친구/지인 맺기, 팬 되기 등 개인들이 관계를 맺고 이러한 정보를 시스템에 저장할 수 있는 기능
프로필	사진과 신상정보, 취미, 관심사 등 개인의 신원을 밝힐 수 있는 기능
커뮤니케이션	이메일, 쪽지, 채팅, 메신저 등 사용자 간의 소통을 지원하는 기능
콘텐츠 생산	프로필 이외에 블로그, 포토, 동영상 등 사용자가 필요한 콘텐츠를 생산할 수 있는 기능
네트워크의 활용	사용자가 만든 콘텐츠나 외부 콘텐츠를 공유하거나 추천, 배포하고 함께 협업하는 등 축적된 관계 네트워크를 활용하는 기능

처음에는 학교별 웹페이지에서 동창들이 함께 활동하는 집단 커뮤니티의 성격을 띄었지만, 개인의 친구 목록을 보여주는 기능을 제공하면서 개인과 개인 간의 '관계'라는 개념을 처음으로 도입하고 이를 축적할 수 있도록 한 동창 커뮤니티인 클래스메이트닷컴(Classmate.com)이 소셜 네트워크 서비스의 원조라 할 수 있습니다. 이후 본격적인 소셜 네트워킹 웹사이트들이 서비스를 시작하며 붐을 이루게 됩니다.

〈표 9-7〉 소셜 네트워크의 역사

구 분	소셜 네트워킹 웹사이트
1세대	– 프렌드스터, 오르쿠트 등으로 대표됨 – 주로 개인의 신상정보, 관심사, 소개정보가 담긴 프로필을 만들고 이를 통하여 다른 사용자와 관계를 맺는 '지인관계의 축적'에 집중, 초대에 의한 폐쇄적인 방식 – 큰 인기를 끌었으나, 새로운 성장동력을 찾지 못해 한동안 정체기를 맞게 되었음
2세대	– 마이스페이스로 대표됨 – 콘텐츠와 결합하여 축적된 관계의 '활용'에 집중하는 특성을 보임 – 폐쇄된 지인 간의 관계 맺기를 넘어서 축적된 관계를 적극적으로 활용하여 콘텐츠를 생산/공유/배포함. 이러한 신뢰 네트워크에 기반한 새로운 콘텐츠 유통시스템으로써, 가입절차가 까다롭지 않고 콘텐츠 공유가 용이하여 사용자의 지지를 얻고 있음

1세대의 주요 대표 사이트로 프렌드스터가 있습니다. 프렌드스터는 서로 다른 언어를 사용하는 이용자들 간의 커뮤니케이션과 상호작용을 위하여 다중언어지원을 하고 있습니다. 그러나 1세대 소셜 네트워크 사이트들은 오프라인의 인맥관계를 온라인으로 구축하고, 지인관계를 확장하였지만 새로운 성장동력의 부재로 인하여, 2세대 소셜 네트워크로 전환되었습니다.

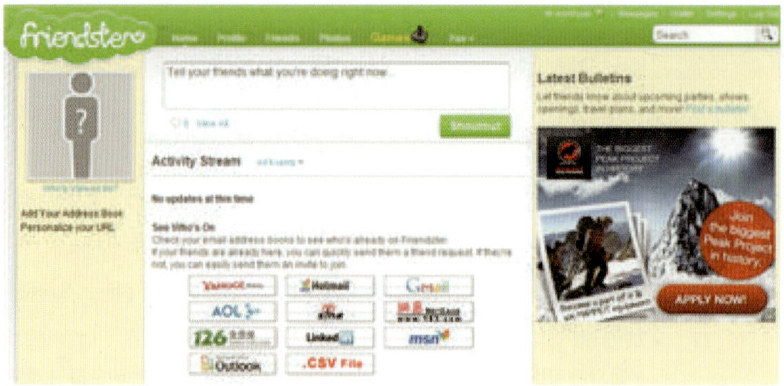

[그림 9-74] 프렌드스터(http://www.friendster.com) 홈페이지

2세대 소셜 네트워크의 주요 특징은 축적된 인맥을 바탕으로 '활용'을 위한 콘텐츠 결합이 주를 이루었습니다. 새로운 콘텐츠 유통시스템과 공유를 바탕으로 사용자의 확대를 이루었습니다. 2세대의 주요 대표 사이트로는 마이스페이스(http://kr.myspace.com)가 있습니다. 마이스페이스는 미국 캘리포니아 주 베벌리 힐스에 본사를 두고 있는 소셜 네트워킹 웹사이트입니다. 2세대에서는 1세대에서 추구하던 '인맥 넓히기'에서 발전하여 인맥을 활용하고 콘텐츠를 확대하는 '활용'에 집중하면서 수익성을 높이기 시작했습니다. 음악이나 게임뿐만 아니라 영화, 비디오와 같은 멀티미디어까지 두루 제공하여 활용성을 넓혔습니다.

하지만 20011년 초반에 마이스페이스는 전체 직원의 거의 절반 수준을 감원할 것이라고 발표하면서 맞수인 페이스북과 마이스페이스의 운명이 엇갈리게 되었습니다. 많은 콘텐츠로 승부하던 2세대 소셜 미디어에서 이제는 사용자들이 편리하게 느끼고,

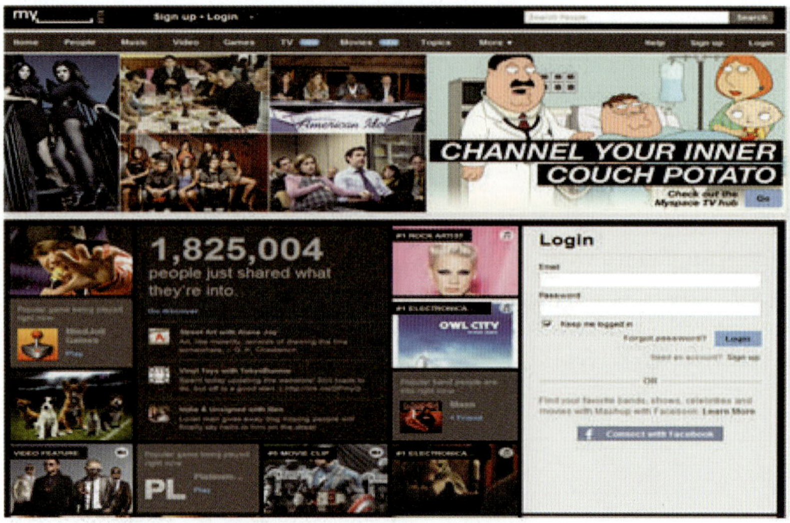

[그림 9-75] 마이스페이스 제공 콘텐츠

단순한 인터페이스로 간편하게 사용할 수 있는 형태로 바뀌고 있는 상황입니다.

이후 소셜 네트워킹 웹사이트는 다양한 형태의 콘텐츠와 결합되어 웹 서비스들의 폭발적인 성장의 한 축을 담당하게 됩니다. 특히, 사용자생산콘텐츠(UCC)와 결합하여 지인관계를 중심으로 사용자들이 UCC를 생산하고 배포하는 주요 플랫폼으로 활용되고 있습니다.

[그림 9-76] 스마트폰을 이용한 마이스페이스 활용 예

서비스 특징에 따른 주요 소셜 네트워킹 웹사이트는 소셜 네트워킹 일반, 비즈니스 소셜 네트워킹, 블로그 결합 모델, 버티컬 소셜 네트워킹, 협업 기반 소셜 네트워킹, 커뮤니케이션 중심 소셜 네트워킹 등으로 분류할 수 있습니다.

소셜 네트워킹 일반

- 특정 사용자나 분야의 제한없이 누구나 참여할 수 있는 일반적인 소셜 네트워킹 서비스
- 마이스페이스(myspace.com), 페이스북(facebook.com), 오르쿠트(orkut.com), 베보(bebo.com), hi5(hi5.com)

비즈니스 소셜 네트워킹

- 업무나 사업관계를 목적으로 한 전문적인 비즈니스 중심의 소셜 네트워킹 서비스
- 링크드인(linkedin.com), 씽(XING.com), 스포크(spoke.com), 라이즈(ryze.com)

블로그 결합 모델

- 개인 미디어인 블로그를 중심으로 소셜 네트워킹 기능이 결합된 서비스
- 야후360(360.yahoo.com), 윈도우라이브스페이스(spaces.live.com), 장가(Xanga.com)

버티컬 소셜 네트워킹

- 포토, 동영상, 리뷰 등 특정 분야의 버티컬 UCC 중심의 소셜 네트워킹 서비스
- 유튜브(youtube.com): 동영상, 플리커(flickr.com): 사진, 딜리셔스(del.icio.us): 북마크

협업 기반 소셜 네트워킹

- 공동창작, 협업 기반의 소셜 네트워킹
- 위키피디아(wikipedia.org): 공동창작
- 구글캘린더(calendar.google.com): 공동 스케줄 관리

커뮤니케이션 중심 소셜 네트워킹

- 채팅, 메일, 비디오 컨퍼런싱 등 사용자 간 커뮤니케이션 중심의 소셜 네트워킹 서비스
- 미보(meebo.com): 웹기반 메신저, 이버디(eBuddy.com): 웹/모바일 기반 메신저

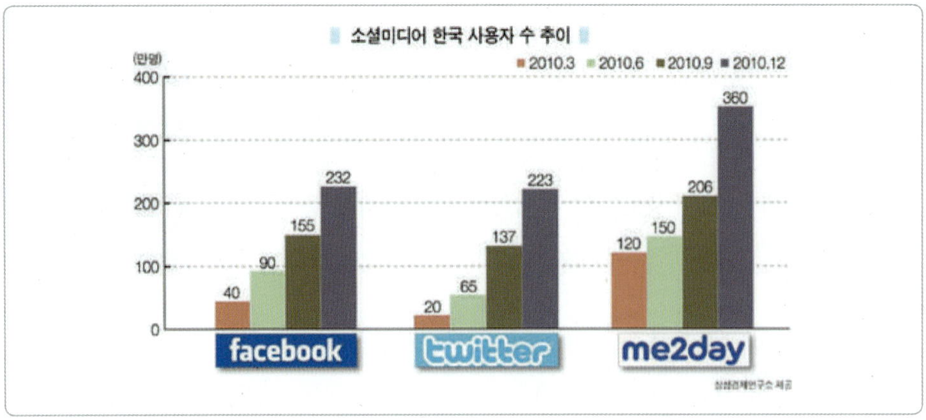

[그림 9-77] 소셜 네트워크 한국 사용자 수 추이(자료: 삼성경제연구소)

9.6.2 소셜 미디어는 뭐고 종류는 어떤 게 있나요?

소셜 미디어란 사용자들이 의견, 생각, 경험, 관점 등을 서로 공유하기 위해 사용하는 온라인툴과 플랫폼을 뜻합니다. 이러한 소셜 미디어는 텍스트, 이미지, 오디오, 비디오 등의 다양한 형태를 가지고 있는데 가장 대표적인 소셜 미디어로는 블로그(Blogs), 소셜 네트워크(Social Networks), 메시지 보드(Message Boards), 팟캐스트(Podcasts), 위키스(Wikis), 비디오블로그(Vlog) 등이 있습니다.

소셜 미디어란 용어를 최초로 사용한 사람은 가이드와이어 그룹(Guidewire Group) 창업자이자 글로벌리서치 디렉터인 크리스 쉬플리(Chris Shipley)이며 최초로 소셜 미디어란 용어를 언론에 보도한 사람은 SHIFT Communications의 토드 데프런(Todd Defren)입니다.

소셜 미디어는 〈표 9-8〉에서 나타내고 있는 바와 같이 참여, 공개, 대화, 커뮤니티, 연결과 같은 특성을 가지고 있습니다.

〈표 9-8〉 소셜 미디어의 특징

구 분	해 설
참여 (Participation)	소셜 미디어는 관심 있는 모든 사람들의 기여와 피드백을 촉진하며 미디어와 청중의 개념을 불명확하게 함
공개 (Openness)	대부분의 소셜 미디어는 피드백과 참여가 공개되어 있으며 투표, 피드백, 코멘트, 정보공유를 촉진함으로써 콘텐츠 접근과 사용에 대한 장벽이 거의 없음
대화 (Conversation)	전통적인 미디어가 'Broadcast'이고 콘텐츠가 일방적으로 청중에게 유통되는 반면 소셜 미디어는 양방향성을 띔
커뮤니티 (Community)	소셜 미디어는 커뮤니티를 구성케 하고 커뮤니티로 하여금 공통의 관심사에 대해 이야기하게 함
연결 (Connectedness)	대부분의 소셜 미디어는 다양한 미디어의 조합이나 링크를 통해 연결됨

그럼 왜 소셜 미디어가 등장하게 되었는지를 알아볼까요? 우선 첫째, 첨단정보통신과 멀티미디어 기술의 발전 및 융합의 결과로 새로운 사회적 · 문화적 패러다임의 등장을 들 수 있습니다. 인터넷, 디지털카메라 및 MP3의 보급 등으로 오디오, 비디오 등을 활용한 커뮤니케이션이 발전함에 따라 사용자들이 콘텐츠를 소비하는 동시에 생산도 하는 Prosumer(프로슈머)의 활동이 가속화되었습니다.

둘째, 개인화와 네트워크화로 대표되는 사회의 분화와 재통합이 나타남에 따라 개인 미디어의 등장은 소셜 네트워킹 서비스의 등장으로 이어지게 되었습니다.

셋째, 웹기반 기술의 발달로 다양한 정보공유와 네트워킹 기능이 확대되었습니다. 매쉬업(Mash-up), REST, FOX, XML 등의 웹 기술과 웹 상호작용 구성 스타일인 AJAX(Asynchronous Javascript and XML)의 사용이 두드러지고 있습니다.

마지막으로 넷째, 사람들의 친화 욕구와 자기표현 욕구가 증대하고 있다는 점입니다. 개인주의화와 더불어 누구나 손쉽게 커뮤니케이션하고 표현할 수 있는 욕구가 증대하게 되었습니다.

소셜 미디어의 종류는 관점에 따라 다양하지만, 기본적으로 다섯 가지 정도로 나누어집니다. 가장 일반적인 소셜 미디어인 블로그(Blogs), 소셜 네트워크(Social Networks), 콘텐츠 커뮤니티(Content Communities), 위키스(Wikis), 그리고 팟캐스트(Podcasts)가 그것입니다.

블로그(Blogs)

Web(웹) + Log(일기)의 합성어로 네티즌이 웹에 기록하는 일기나 일지를 의미하며 매일 15,000개 이상이 생성되고 있고 전 세계적으로 그 수가 1,700만 개에 달합니다. 기존의 개인 홈페이지에 비해 만들고 관리하기가 매우 쉬우며 등록된 글이 시간 순으로 표시되고 일지 형식으로 운영됩니다.

소셜 네트워크(Social Networks)

자신만의 온라인 사이트를 구축하여 콘텐츠를 만들고 친구들과의 연결을 통해 콘텐츠나 커뮤니케이션을 공유하는 것으로, 가장 잘 알려진 소셜 네트워크의 예로는 MySpace가 있습니다.

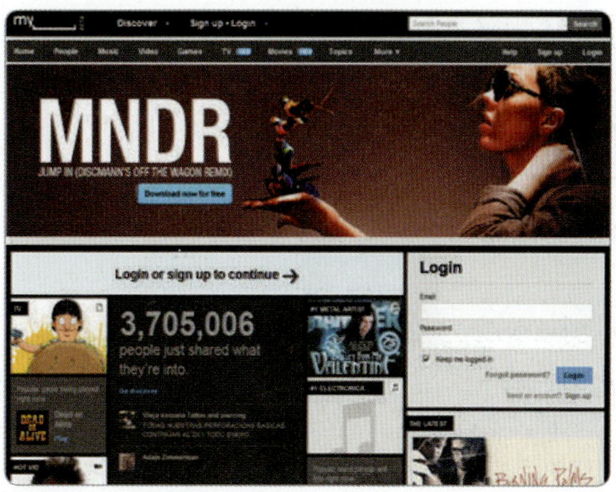

[그림 9-78] 마이스페이스 메인 화면(http://www.myspace.com/)

콘텐츠 커뮤니티(Contents Communities)

특정한 종류의 콘텐츠를 만들고 공유하는 커뮤니티로, 가장 인기 있는 콘텐츠 커뮤니티로는 Flickr(사진), Del.icio.us(북마킹), YouTube(비디오) 등이 있습니다.

위키스(Wikis)

[그림 9-79] 위키피디아 메인 화면(http://www.wikipedia.org/)

편집 가능한 웹페이지로 웹사이트 상에서 콘텐츠를 추가하고 정보를 편집하여 마치 공동의 문서나 데이터베이스처럼 운영되고 있으며, 가장 대표적인 위키스로는 영어만으로 약 130만 개 이상의 문서를 가지고 있는 온라인 백과사전이 있습니다.

팟캐스트(Podcasts)

방송(Broadcast)과 아이팟(iPod)의 합성어로 인터넷을 통하여 사용자들이 새로운 오디오파일(주로 MP3)을 구독할 수 있도록 함으로써, 인터넷 라디오방송을 하는 것, 또는 그 방법을 의미합니다. 이는 자동으로 MP3플레이어나 사용자들의 PC로 다운로드 받아서 들을 수 있게 된 2004년 말부터 인기를 끌기 시작하였습니다.

Tip • 트위터(Twitter)

[그림 9-80] 트위터 초기 화면

소셜 네트워크를 대변하는 가장 대표적인 소셜 미디어는 트위터와 페이스북이 있습니다.

트윗(Tweet)이란 '지저귀다'라는 뜻으로, 새가 지저귀듯이 재잘재잘 누군가에게 하고 싶은 말을 짤막하게 글을 올릴 수 있도록 트위터라는 사이트(http://www.twitter. com)를 통해서 자신의 생각과 얘기들을 전달할 수 있습니다. 한번에 쓸 수 있는 글자수가 최대 140자로 제한되어 있지만 스마트폰이나 컴퓨터 등에서 자유롭게 이용이 가능합니다.

트위터는 2006년 여름에 처음 선보인 이후에, 2007년에 들어서면서 전 세계적으로 본격적으로 사용되기 시작하였습니다. 트위터는 2006년 미국의 잭 도시(Jack Dorsey), 에번 윌리엄스(Evan Williams), 비즈 스톤(Biz Stone) 등이 공동으로 개발하여, 샌프란시스코의 벤처기업 오비어스(Obvious Corporation)사가 처음 개설하였습니다. 언제 어디서나 정보를 실시간으로 교류하는 '빠른 소통'이 가장 큰 특징으로서 세계적 뉴스 채널로 속보를 장점

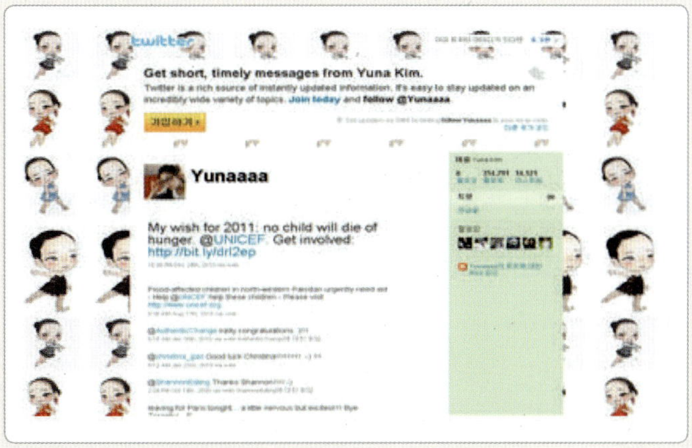

[그림 9-81] 김연아 선수의 트위터 화면

으로 하는 CNN을 앞지를 정도로신속한 정보유통망으로 주목 받고 있습니다.

국내에서는 미국 대통령 오바마와 김연아 선수의 영향으로 더 유명세를 타게 되었는데, 유명인사들이 직접 올리는 글이나 소식들을 일반인들도 접할 수 있다는 것도 하나의 매력으로 작용한 듯 합니다.

이처럼 트위터는 실시간으로 관심 정보를 얻거나, 자신이 직접 미디어캐스터의 역할을 하고 싶을 때도 사용이 가능합니다. 기존의 소셜 네트워크와는 달리 개개인이 직접 뉴스거리나 전달 내용을 만들어내고 추종자들이 실시간으로 정보를 취득할 수 있는 서비스입니다.

사용자가 자신의 트위터에 글을 남기면, 해당 내용이 의미 있다고 생각하는 사람들이 자연스럽게 팔로어가 되어 또 다시 누군가에게 전달합니다. 팔로어가 많아질수록 영향력을 가진 글의 파급력을 가질 수 있습니다.

Tip 페이스북(Facebook)

[그림 9-82] 페이스북 창업자 마크 주커버그

페이스북(http://www.facebook.com)은 친구들과 대화하고 정보를 교환할 수 있도록 도와주는 소셜 미디어의 한 종류입니다. 하버드대학교의 학생이었던 마크 주커버그가 2004년 2월에 개설하였는데, 처음에는 하버드대학교의 학생들만 이용할 수 있도록 하였고, 점차 다른 대학교, 고등학교까지 회원영역을 확대하여 2005년 말까지 2,000개 이상의 대학교와 25,000개 이상의 고등학교 학생들 간에 네트워크가 생성되었습니다.

2006년 9월에는 전자우편 주소를 가진 사용자라면 누구나 가입할 수 있게 되었으며, 벤처 캐피탈로부터 2억 5천만 달러를 투자 받기도 하였습니다. 아는 사람 위주로 친구관계를 맺으면, 그 사람들이 갱신하는 정보를 확인하고 의견을 나누면서 친구 관계를 지속적으로 관리할 수 있습니다.

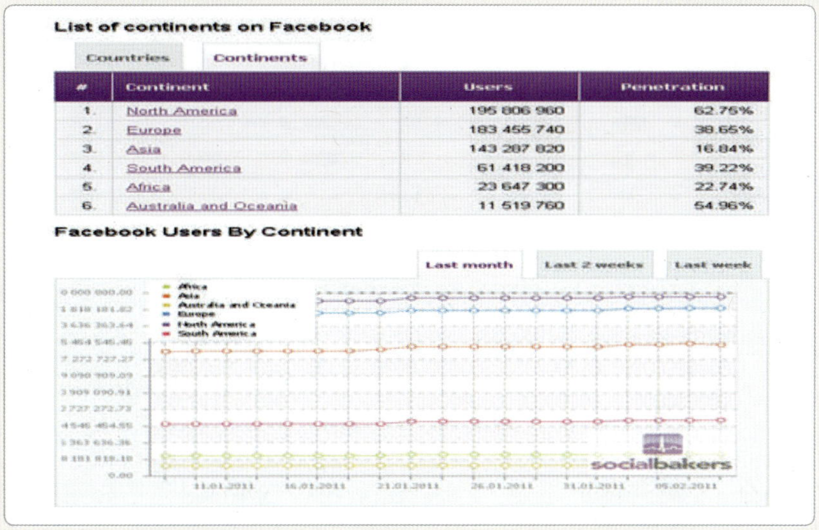
List of continents on Facebook

Countries | Continents

#	Continent	Users	Penetration
1.	North America	195 806 960	62.75%
2.	Europe	183 455 740	38.65%
3.	Asia	143 287 820	16.84%
4.	South America	61 418 200	39.22%
5.	Africa	23 647 300	22.74%
6.	Australia and Oceania	11 519 760	54.96%

[그림 9-83] 대륙별 페이스북 사용자 수(출처: http://www.socialbakers.com/countries/continents)

페이스북 사용법

- 페이스북(www.facebook.com) 홈페이지에서 가입하고, 자신의 정보를 넣습니다.
- 이메일, 소셜 네트워크 서비스와 연결하여 이미 친한 사람, 혹은 알만한 사람이라고 추천되는 사람들에 대해서 친구 신청을 합니다.
- 친구들의 이야기를 모니터링하고, 댓글을 달거나 사진, 근황 등의 최신 정보를 조회합니다.
- 필요하면 쪽지나 채팅을 이용하여 친밀한 대화를 나눕니다.

트위터 VS 페이스북

- 트위터: 별도의 승인이 없어도 팔로윙(친구추가)만 하면, 그 사람의 글을 볼 수 있습니다. 실시간성이 강해서 정보를 빨리 입수할 수 있고, 질문 시 답변이 빠르며, 리트윗 기능으로 정보 확산 속도가 빠르지만, 트윗이 너무 빠르게 지나가서 못보고 지나치는 정보도 많아지게 됩니다. (개방형 특성을 가짐)
- 페이스북: 서로 친구로 등록된 사람들의 글만 볼 수 있습니다. 실시간성은 트위터보다 약하지만, 친구로 등록된 지인들 간의 정보만 공유할 수 있고, 개인 사진첩, 개인 동영상 방이 따로 있고, 접속되어 있는 친구들과 채팅을 할 수도 있습니다. 또한 페이스북 자체에서 지인들 간의 친구 상황과 관심상황을 조합하여 지속적으로 친구를 추천해주어, 수동적으로 친구추가를 해야만 하는 기존의 메신저에 비하여 친구 늘리기가 수월합니다. (폐쇄형 특성을 가짐)

1. 페이스북을 사용하기 위해서는 간단한 가입 절차가 필요합니다. 우선 가입을 위해 www.facebook.com으로 접속합니다.

[그림 9-84] 페이스북 초기 화면

2. 페이스북은 현재 한국어를 포함한 74개국의 언어를 지원하고 있고 왼쪽 하단의 한국어를 클릭하면 한국어 페이지로 이용할 수 있습니다. 페이스북의 초기 화면을 통해 성, 이름, 이메일, 성별, 생일의 간단한 정보를 입력하고 가입하기를 선택하면 가입됩니다.

[그림 9-85] 가입 보안 절차

3. 자동 가입을 막기 위한 보안 페이지에서 텍스트를 누르고 가입하기를 선택하면 가입할 때 입력했던 메일 주소로 인증 메일이 전송됩니다.

[그림 9-86] 이메일 가입 인증

4. 이메일을 통해 가입을 인증하면 [그림 9-87]과 같은 친구 찾기 화면이 나타나게 됩니다.

[그림 9-87] 친구 찾기 1

5. 페이스북에서는 이메일 계정이나 싸이월드, 네이트 계정을 통해 자신의 친구들을 찾을 수 있습니다. 친구를 추가하려면 이메일과 비밀번호를 입력하면 되고, 그냥 다음 단계로 넘어가기 위해서는 건너뛰기를 클릭하면 됩니다.

[그림 9-88] 친구 찾기 2

6. 또한 페이스북에서는 이메일 혹은 네이트온의 친구 정보를 바탕으로 페이스북을 사용하는 친구들을 추천 받을 수 있습니다. 추가하고 싶은 친구들을 체크하고 친구 추가를 누르면 선택된 사람들에게 친구 추가가 신청되고 상대방이 동의할 경우에 친구 추가가 됩니다.

[그림 9-89] 친구 초대

7. 친구를 등록한 후에는 프로필 사진을 등록하는 화면으로 넘어갑니다. 프로필 사진은 등록하지 않을 수도 있지만 프로필 사진을 통해 서로를 확인할 수 있으므로 등록하는 것이 좋습니다.

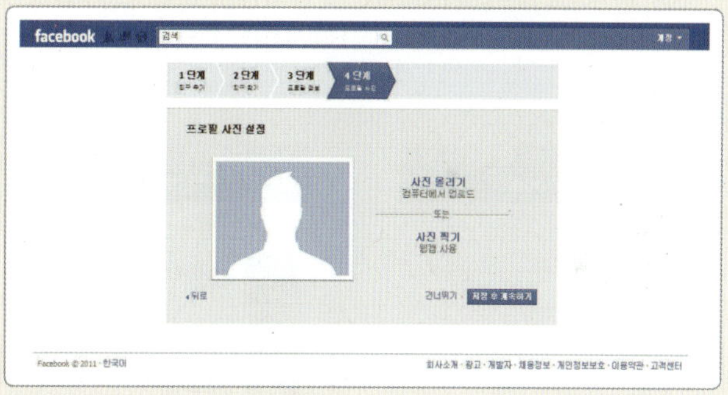

[그림 9-90] 프로필 사진 등록

웹에서 시작된 소셜 네트워크 서비스는 스마트폰의 보급률이 높아지면서 많은 사용자들이 스마트폰을 이용해 언제 어디서나 소셜 네트워크 서비스를 즐길 수 있게 되었습니다. 그러면 스마트폰을 이용해 페이스북을 사용하는 법을 알아볼까요?

페이스북 가입 후 앱을 설치하고 로그인을 하게 되면 [그림 9-91]과 같은 화면이 나타나게 됩니다. 여기서 업데이트 소식을 클릭하게 되면 [그림 9-92]와 같은 화면이 나타나게 되고 등록된 친구들이 작성한 글이 보이게 됩니다. 이를 통해 친구들의 현황을 확인할 수 있습니다. 글을 남기고 싶다면 상단의 What's on your mind?를 선택하여 글을 등록할 수 있고, 왼쪽에 카메라 그림을 클릭하면 글과 함께 사진 또는 동영상도 등록할 수 있습니다.

[그림 9-91] 메인 화면

[그림 9-92] 업데이트 소식

[그림 9-93] 글 등록

왼쪽 상단의 버튼을 클릭해 메인 화면으로 돌아온 후 프로필로 들어오게 되면 가입 시 등록했던 사용자 정보를 확인할 수 있습니다. 아래 탭에서 담벼락을 누르면 내 담벼락으로 이동하게 되며 담벼락에는 내가 쓴 글과 친구들이 내 담벼락에 방문해서 남겨 놓은 글들을 볼 수 있습니다. 사진 탭에서는 내가 등록해 놓은 사진이나 친구들이 나에게 보낸 사진들을 확인할 수 있습니다.

메인 화면에서 친구를 클릭하면 등록한 친구들을 확인할 수 있으며 SerchFrends를 눌러 친구를 검색할 수도 있습니다. Inbox에서는 친구들에게 쪽지를 보낼 수 있습니다.

메인 화면에서 채팅을 선택하면 [그림 9-96]에서와 같이 친구들 중 현재 페이스북에 접속되어 있는 사람들이 녹색 동그라미로 표시되고 채팅을 즐길 수 있습니다. 또한 장소 탭을 선택하면 원래는 위치 정보 서비스를 이용할 수 있는 탭이지만 현재는 이용이 불가능한 서비스입니다.

[그림 9-94] 프로필 수정

[그림 9-95] 사진 탭

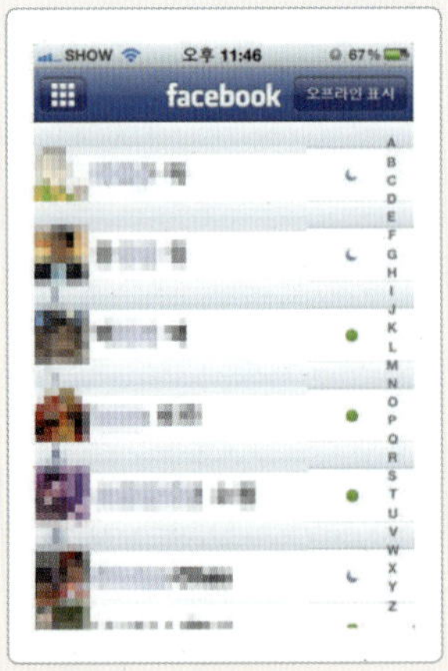

[그림 9-96] 채팅 확인

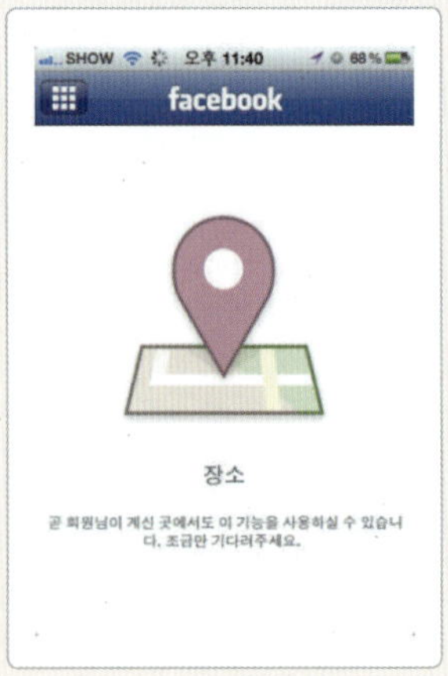

[그림 9-97] 위치 정보 서비스

Tip 트위터

트위터는 2006년 미국의 잭 도시(Jack dorsey), 애번 윌리엄스(Evan Williams), 비즈 스톤(Biz Stone)이 공동으로 개발한 짧은 문자로 의사소통하는 소셜 네트워킹(Social networking) 서비스이자 마이크로 블로깅(micro-blogging) 서비스입니다. 트위터(twitter)란 '지저귀다'라는 뜻으로 재잘거리듯 하고 싶은 말을 아무 때나 짧게 올릴 수 있는 서비스를 의미합니다. 처음 시작은 "친구들은 지금 뭘 하지?"라는 잭 도시의 생각에서부터 출발해 실시간으로 생각과 정보를 교류하기 위한 웹서비스였습니다.

[그림 9-98] 트위터 창업자 잭 도시

[그림 9-99] 트위터 창업자 에반 윌리엄스

1. 트위터 가입을 위해서는 우선 트위터 홈페이지에 접속을 해야 합니다. www.twitter.com으로 접속하면 [그림 9-100]과 같은 그림을 확인할 수 있습니다.

[그림 9-100] 트위터 초기 화면

2. 오른쪽 상단에 가입하기 버튼이 있습니다. 트위터에 가입하기 위해 노란색 가입하기 버튼을 선택합니다.

   가입하기 버튼을 누르면 [그림 9-101]과 같은 가입 폼이 나오는데 이름, 사용자 아이디, 비밀번호, 이메일의 네 가지 정보만을 요구할 뿐 사용자의 자세한 정보를 요구하지 않는다는 특징을 가지고 있습니다. 이 때문에 사용자들은 개인정보 유출에 대한 큰 걱정 없이 트위터를 이용할 수 있습니다.

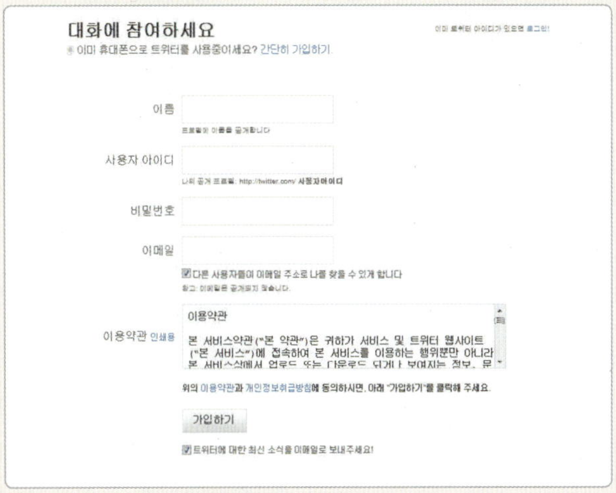

[그림 9-101] 트위터 가입 폼

3. [그림 9-102]와 같이 이름, 사용자 아이디, 비밀번호, 이메일을 입력하면 즉각적으로 사용할 수 있는 것인지 아닌지를 피드백 해주고 있습니다.

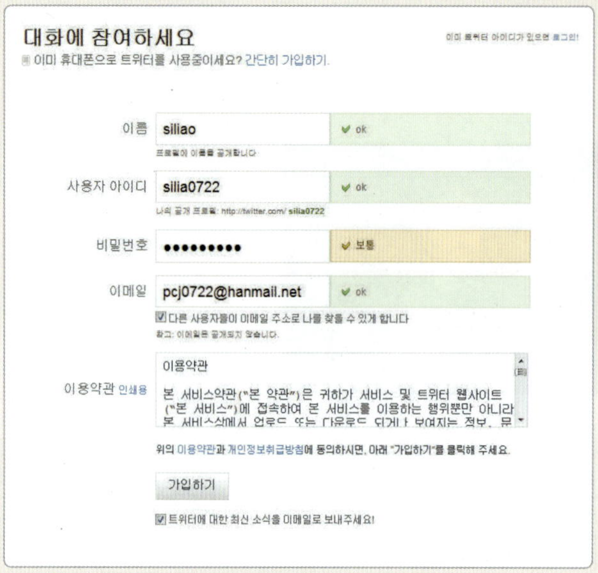

[그림 9-102] 트위터 가입 폼 작성

4. 가입하기 버튼을 누르면 자동가입을 방지하기 위한 화면이 나오고 화면에 나온 문자를 입력하면 가입이 완료됩니다. 가입 후 트위터의 모든 기능을 사용하기 위해서는 이메일 인증이 필요합니다. 가입시 입력했던 이메일을 확인하면 트위터에서 보낸 인증 메일이 있을 것입니다.

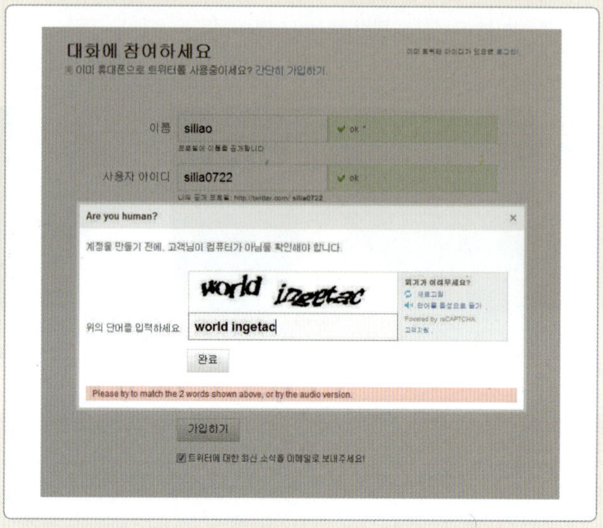

[그림 9-103] 자동가입 방지 화면

5. [그림 9-104]의 링크를 클릭하면 이메일 인증이 완료됩니다. 트위터는 많은 사용자 정보를 요구하지 않는 대신 이메일 인증을 통해 사용자를 인증합니다.

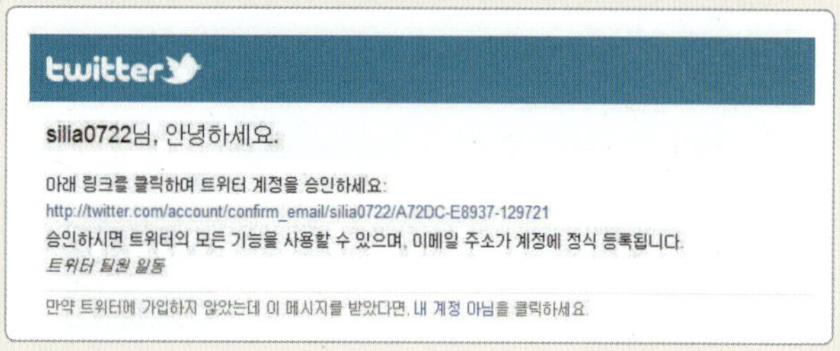

[그림 9-104] 이메일 인증

9.6.3 새로운 상거래 소셜 커머스

소셜 커머스는 새롭게 등장한 인터넷 비즈니스의 한 형태입니다. 기존의 전자상거래가 B2B(기업간 전자상거래), B2C(기업과 소비자간 거래)의 형태로서 공급자 중심으로 만들어진 형태였다면, 소셜 커머스는 소셜 미디어들인 블로그, 소셜 네트워킹 서비스, UCC 등과 결합한 새로운 개념입니다.

전자상거래 사이트 안에서 이루어지는 소비자들의 구매, 평가, 리뷰 등의 활동이 소비자의 소셜 네트워크에 자동으로 반영되어 친구에게 추천하거나, 자신의 사용후기를 알림으로써 친구들과 공유되는 것이 대표적인 방식입니다. 게시물을 작성하면 트위터로 연결되어 내용이 전달되는 기능을 적용한 사이트들도 많이 있습니다. [그림 9-106]에서와 같이 소셜 커머스 사이트들의 목록을 일목요연하게 볼 수 있는 사이트

Tip 세대별 소셜미디어 이용 형태는 어떤가요?

모바일 보편화와 함께 소셜미디어는 가장 널리 사용되는 온라인 서비스입니다. 모바일은 일대일 커뮤니케이션 기기이지만, 모바일 주소록 기반 네트워크로 형성된 소셜미디어는 일대다 커뮤니케이션이 가능함으로써 이용자들의 다양한 욕구를 충족시켜주었습니다. 그리고 실시간 정보 업로드가 가능한 이점을 기반으로 늘 새로운 정보가 업로드 되는 온라인 세상 속에서 이용자들이 더욱 주목하면서 2016년 10월 기준 모바일 이용자의 91%가 이용하고 있는 실정입니다.

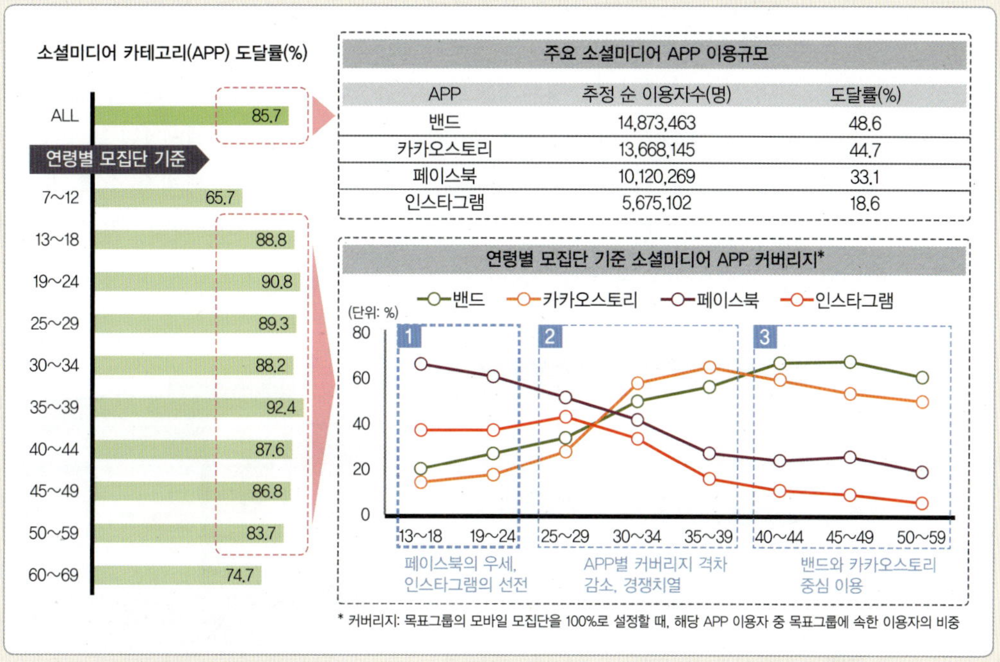

APP	추정 순 이용자수(명)	도달률(%)
밴드	14,873,463	48.6
카카오스토리	13,668,145	44.7
페이스북	10,120,269	33.1
인스타그램	5,675,102	18.6

[그림 9-105] 소셜미디어 이용률 현황

[그림 9-106] 소셜 커머스 사이트 리스팅 서비스(http://haroohana.com)

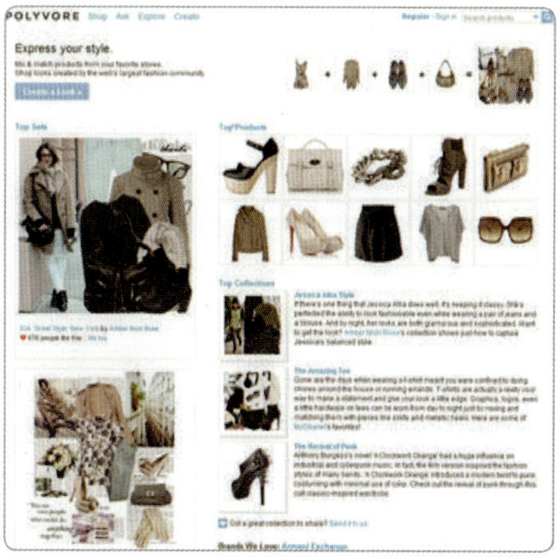

[그림 9-107] 패션 아이템을 코디하여 공유하고 상품사이트로 연계하는 소셜 커머스(http://www.polyvore.com)

도 등장하고 있습니다. 이러한 사이트들은 실시간으로 인기 있는 거래물품을 추천하거나, 쿠폰을 배포하여 저렴하게 이용할 수 있는 기회를 제공하기도 합니다.

공동구매 사이트가 소셜 미디어들과 접목하여, 제품별로 최소 구매수량이 달성되는 공통할인을 제공함으로써 소비자들 스스로가 적극적으로 지인들에게 홍보하고 공동구매 하는 효과를 보기도 합니다. 또한 패션 아이템들을 코디하여 아이템별로 코디하고, 이 정보를 페이스북과 해당 쇼핑몰의 상품정보 사이트에 안내하여 연계하는 사이트도 인기를 얻고 있습니다.

소셜 커머스 분야에서 전 세계적으로 1위를 달리고 있는 업체는 미국의 그루폰(http://www.groupon.com)입니다. 이 업체는 2008년에 창업해서 1년 반 만에 연매출 3억 5천만 달러를 달성했고, 기업가치가 10억 달러가 넘는 세계적 소셜 커머스의 대표업체입니다. 다양한 모바일 웹브라우저를 통하여 언제 어디서나, 원하는 지역의 할인쿠폰을 검색하여 사용할 수 있습니다.

[그림 9-108] 소셜 커머스의 세계적 홈페이지 '그루폰'

[그림 9-109] 모바일폰을 이용한 그루폰 '앱'

또한 페이스북에서 선보인 '딜스(deals)' 서비스는 지역 상인이 주변의 페이스북 가입자들에게 할인쿠폰 제공 등의 프로모션을 제공할 수 있는 모바일 플랫폼입니다. 이

[그림 9-110] 페이스북에 소개된 deals 사용 예

서비스는 페이스북을 매개하여 판매자와 소비자가 직접 서로 거래를 하도록 지원하기 위하여, 서로를 연결하는 플랫폼만을 제공하는 개념입니다.

페이스북 사용자가 앱을 통해 Place 서비스(페이스북이 선보인 위치기반 서비스)에 접근하면 위치기반으로 주변정보를 보여줍니다. 여기에 Check In 버튼을 누르면 근처 가게정보를 제공합니다. 가게목록이 나타나고 목록 중에는 오른쪽에 노란 아이콘이 달린 가게들이 보이는데, Deals 조건을 내건 가게들이고, 원하는 가게를 터치하면 구체적인 Deal 내용들이 제시됩니다. 커피값을 반으로 할인해 주거나, 메인 요리를 주문하면 음료나 맥주를 무료로 제공한다는 등 가게들이 내건 다양한 거래제안(deal)을 확인할 수 있습니다. 해당 가게를 방문하여 주문 또는 계산할 때 Facebook Deals를 통해 받은 조건을 제시하면 혜택을 받을 수 있으며, 그 동안 우리에게 친숙한 일종의 모바일 쿠폰서비스와 비슷한 형태라고 보면 되며, 다만 위치정보를 기반으로 주변의 판매자의 제안을 받을 수 있는 새로운 개념입니다.

Tip

전자 상거래(Electronic Commerce, e-commerce, eCommerce)

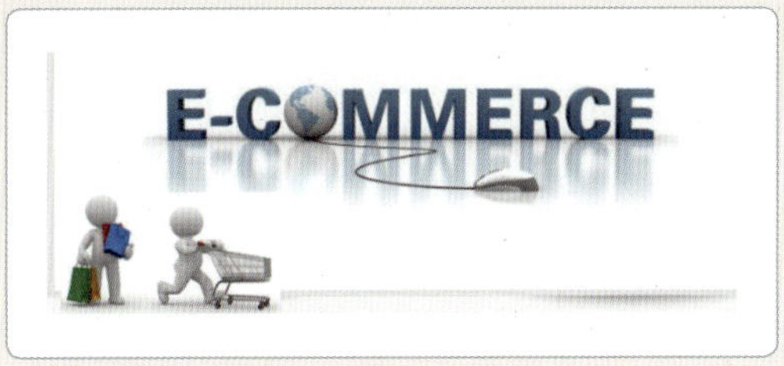

전자 상거래(e-commerce)는 인터넷이나 다른 컴퓨터 네트워크와 같은 전자 시스템을 통하여 제품이나 용역의 매매를 수행하는 것을 말합니다. 현대의 전자 상업은 더 넓은 범위에 있어서 전자우편을 사용하기도 하지만, 보통 월드 와이드 웹(World Wide Web, www)이나 모바일 앱(Mobile App) 등을 사용하고 있습니다.

전자 비즈니스(E-Business)의 한 부분으로서 인터넷이나 네트워크, 다른 디지털 기술들을 이용해 전자적으로 제품이나 서비스를 사고파는 것을 말하는데, 다른 한편으로는 광고, 마케팅, 고객 지원, 배송, 지불 등과 같은 활동들을 포함하기도 합니다. 즉, 모바일 상거래, 전자 자금 이체, 공급망 관리, 인터넷 마케팅, 온라인 트랜잭션 처리, 전자 데이터 교환(EDI), 재고 관리 시스템 및 데이터 수집 시스템 등이 포함됩니다.

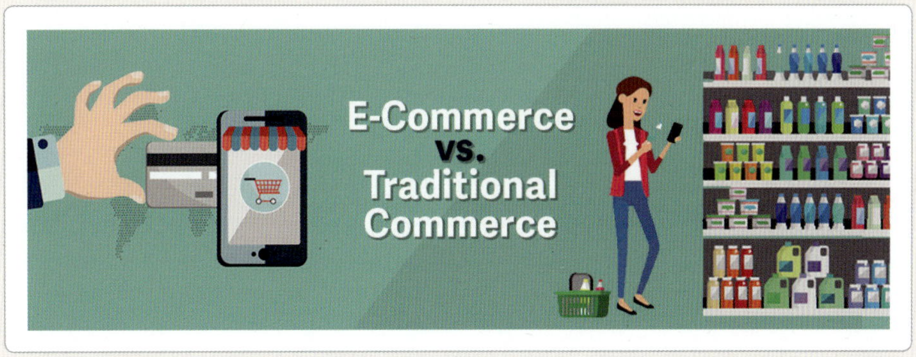

국내 전자 상거래 시장은 성장을 거듭하고 있는데, 2016년 64조 9,134억 원에 이를 정도로 전년 대비 20.5%의 증가세를 보였습니다. 특히 모바일은 전자 상거래 시장을 주도하는 핵심으로 부상하였고 2016년 총 거래액 중 53.4%를 차지할 정도로 활성화되었습니다. 스마트폰 대중화와 통신 인프라, 간편 결제 시스템의 구축 등으로 향후 전자 상거래는 유통 산업의 핵심으로 자리매김을 할 것입니다.

[그림 9-111] 대표적인 전자 상거래 업체(왼쪽부터 아마존, 이베이, 알리바바)

[그림 9-112 드론을 이용한 물류 배송

참고문헌

1. 정진욱「컴퓨터 네트워크」, 생능출판사
2. 정진욱「TCP/IP와 인터넷」, 생능출판사
3. 한국 인터넷 진흥원 http://www.nida.or.kr/
4. 한국 정보통신 기술협회 http://www.tta.or.kr/
5. 김정우「최신 정보통신개론」, 21세기사
6. 한국해양정보통신학회, 「정보통신개론」, 광문각
7. 호애진, "사생활 침해논란 '오빠믿지' 개발자 결국", 보안뉴스, 2011.1.7
   http://www.boannews.com/media/view.asp?idx=24344&kind=1
8. 홍지애, "'오빠믿지' 앱개발자 입건, 현재 상대방 동의 후 가입", 아츠뉴스, 2011.1.6
   http://www.artsnews.co.kr/news/126273
9. 박모금, "오빠믿지 개발자 입건, '악마 앱'의 최후?", 뉴데일리, 2011.1.6
   http://www.newdaily.co.kr/news/article.html?no=67417
10. "LBS의 진화…사생활 침해 오명 벗는다", 디지털타임스, 2011.1.31
    http://www.dt.co.kr/contents.htm?article_no=2011013102019922732012
11. 주민영, "소기업과 자영업자를 위한 조언, "위치기반마케팅 어때요!", 블로터넷, 2010.9.10
    http://www.bloter.net/archives/38270
12. "[IT용어 아하!] USIM 카드", 디지털타임스, 2007.7.4
    http://www.dt.co.kr/contents.htm?article_no=2007070402012269630002
13. 정진욱, "SKT, USIM 대신 SD카드로 컨버전스 서비스 추진", 이티뉴스, 2011.1.18
    http://www.etnews.co.kr/news/detail.html?id=201101170096&mc=m_014_00002
14. "USIM 개방, 이통서비스 빅뱅 이끌까", 디지털타임스, 2010.4.27
    http://www.dt.co.kr/contents.htm?article_no=2010042702019922732099
15. 조성훈, "[차세대 금융 시스템] USIM이란, 디지털타임스, 2007.5.30
    http://www.dt.co.kr/contents.htm?article_no=2007053002011431686002
16. 김응열, "USIM, 이통 진화 핵심축 부상", 디지털타임스, 2009.1.5
    http://www.dt.co.kr/contents.htm?article_no=2009010602010531618004
17. 위키백과, http://ko.wikipedia.org/wiki/USIM_%EC%B9%B4%EB%93%9C
18. 강희종, "NFC, 모바일결제 대세로 뜬다", 디지털타임스, 2011.2.8
    http://www.dt.co.kr/contents.html?article_no=2011020902010431742002
19. 이수환, "똑똑해진 USIM, 양주감별에 모바일 지갑까지", 버즈, 2010.6.24
    http://www.ebuzz.co.kr/content/buzz_view.html?ps_ccid=85418
20. 조성훈, "USIM 교환 마음대로..니폰내폰이 따로없다", 아시아경제, 2010.7.30
    http://www.asiae.co.kr/news/view.htm?idxno=2010073007581067848

21. 한국과학기술정보연구원 http://www.kisti.re.kr/
22. 삼성경제연구소 http://www.seri.org/
23. 닐슨마켓리서치 http://blog.nielsen.com/nielsenwire/
24. 한국정보산업연합회 http://www.fkii.or.kr/
25. 위키백과 http://www.wikipedia.org/
26. 마이스페이스 http://www.myspace.com/
27. http://mjstar.kr/90098274624
28. http://blog.naver.com/PostView.nhn?blogId=mjstar88&logNo=90091881789&redirect=Dlog&widgetTypeCall=true
29. http://cusee.net/2462570
30. http://postview.co.kr/648
31. 전자신문 - 2011. 2. 7 :「"그루폰, 다음 달 한국 상륙…진출 의미와 전망"」
32. 동아일보 - 2011. 1. 14 :「"페이스북-마이스페이스, 소셜 미디어 두 대표주자의 엇갈린 명암"」
33. 전자신문 - 2010. 12. 15 :「"오픈마켓형 소셜 커머스 태동한다"」
34. 디지털타임스 - 2010. 11. 23 :「"전자 상거래 · 소셜 미디어 접목 "신개념 쇼핑」
35. 마중별의 페이스북 사용법 (http://blog.naver.com/PostView.nhn?blogId=mjstar88&logNo=90101641386)
36. 소꿉놀이님의 안드로이드 (http://blog.naver.com/playinghouse?Redirect=Log&logNo=70101198924)
37. 트위터란(http://www.twitteran.com/)
38. 네이버 백과사전(http://100.naver.com/100.nhn?docid=882241)

연습문제

객관식

01 다음 중 LBS 관련 기술에 해당하지 않는 것은?
① 위치 결정 기술
② 위치기반 서비스 응용 기술
③ 위치 데이터 관리를 위한 위치기반 서비스 기술
④ 위치정보 전송 기술

02 다음 중 위치기반 서비스에 필요한 장비가 아닌 것은?
① 위치측정 라우터 ② 단말기
③ 위치측정 게이트웨이 ④ 응용 서버

03 다음 중 위치 측정 기술의 종류별 특징에 대한 설명으로 옳은 것은?
① 셀 방식은 위성 시스템을 이용하여 인식한다.
② 무선랜 방식은 좁은 반경 내에서 ID를 인식한다
③ GPS 방식은 단말에 GPS 칩을 장착해야 하므로 고가화되는 경향이 있다.
④ RF 태그 방식은 측위 범위가 50 ~ 250m이다.

04 다음 중 네트워크 기반 위치측정 기술의 종류로 옳은 것은?
① GTD(Geometric Time Difference) 방식
② OTD(Observed Time Difference) 방식
③ TDOA(Time Difference of Arrival) 방식
④ AFLT(Advanced Forward Link Trilateration) 방식

05 다음 중 텔레매틱스에 관한 설명으로 틀린 것만으로 짝지어진 것은?

> a. 텔레매틱스 기술은 통신과 정보공학의 합성어이다.
> b. 차량 내 멀티미디어 서비스 환경을 제공한다.
> c. 텔레매틱스 서비스는 네비게이션을 통한 지리 · 위치 정보만 제공한다.
> d. 여러 IT 기술을 차량에 적합하게 가공하여 새로운 부가가치를 창출한다.
> e. 아직 상용화되지는 않고 있다.

① a, b, c ② c, e
③ b, d ④ c

06 다음 중 카 네비게이션 시스템에 대한 설명으로 옳지 않은 것은?

① 도로 안내나 교통 정보만 알려준다.

② 현재 보급률이 매우 낮다.

③ 1개의 위성에서 수신할 수 있는 장치가 탑재되어 있다.

④ 위성항법장치(GPS) 위성이 발사하는 전파를 수신하여 차량 내부에 장착한 모니터에 차량 위치, 목적지까지의 최단거리 등을 표시하여 주는 도로교통 안내장치이다.

07 SKT에서 2002년 2월부터 시작한 서비스로 무선망과 인공위성 위치추적장치(GPS)를 통해 변화하는 교통상황을 실시간으로 수집 및 분석하여 최적의 경로를 음성 및 그래픽으로 제시하는 서비스의 이름은?

① 네이트 드라이브 서비스 ② K 웨이즈

③ 이지드라이브 ④ 드림넷 서비스

08 (   ) 안에 들어갈 단어로 적절한 것은?

차량 원격 진단 서비스는 언제, 어디서나 차량진단이 가능한 (   )이며 자동차 비전문가라도 손쉽게 자가진단이 가능하다.

① 인터넷 기반 서비스 ② 핸드폰 기반 서비스

③ 네트워크 기반 서비스 ④ 우편 기반 서비스

09 다음 중 첨단 교통 관리 시스템(ATMS)에 대한 설명으로 옳지 않은 것은?

① 도로정보를 감지하여 신호주기 조절 ② 버스도착 예정시간 안내

③ 고속도로 유입 교통량 자동 조절 ④ 무인 자동 단속, 통행료 자동 징수

10 다음 중 지능형 교통정보 시스템을 구축하기 위한 기술적인 방법으로 옳지 않은 것은?

① DSRC 방식 ② DARC 방식

③ DBRC 방식 ④ PCS 방식

11 다음 중 스마트카드의 응용분야가 아닌 것은?

① 여권 ② 선불/직불 은행카드

③ 고속도로 요금지불 ④ 전자 증권

12 스마트카드와 메모리카드를 구분짓는 구성 요소는?

① 램 ② HDD

③ 메인보드 ④ 마이크로 프로세서

13 다음 중 스마트카드의 종류가 아닌 것은?

① 접촉식 카드 ② 싱글 카드

③ 하이브리드 카드 ④ 콤비 카드

14 다음 중 비접촉식 카드에 대한 설명으로 옳은 것은?
① 사용의 편리성과 신속성이 특징이다.
② 금융분야와 인터넷, 개인 ID 카드 등에 이용된다.
③ IC칩에 SEED, DES, Triple-DES 등을 작동할 수 있다.
④ 보안성이 요구된다.

15 다음 중 친구 찾기 서비스에 대한 설명으로 옳지 않은 것은?
① 유괴나 교통 사고와 같은 불의의 사고를 당했을 때 유용하게 사용될 수 있다.
② 사생활을 침해할 수도 있다.
③ 문자만으로 상대방의 위치를 확인할 수 있다.
④ 서울의 경우 실제 위치에서 반경 300~500m 이내, 지방은 1km 정도 이내에 있는 주요 건물을 표시할 수 있다.

주관식

01 인공위성을 이용해 사용자의 현재 위치를 파악하는 GPS나 데이터베이스를 활용해 주변 위치와 상세한 부가 정보를 알아내는 GIS 등의 기반 기술들을 활용해 사용자의 위치를 파악하고 부가서비스를 제공하는 서비스를 총칭하여 무엇이라고 하는가?

02 GPS를 가능하게 해주는 위성의 이름은 무엇인가?

03 도로와 차량 등 기존의 교통 구성요소에 첨단 정보통신 기술을 적용시켜 교통시설을 효율적으로 운영하고, 통행자에게 유용한 정보를 제공함으로써 안전하고 편리한 통행과 전체 교통체계의 효율성 향상을 목적으로 하는 교통 부문의 정보화 서비스는 무엇인가?

04 스마트카드(smart card)란 무엇인가?

05 전자화폐(E-Cash)와 전자지갑(E-Purse)에 대하여 설명하라.

CHAPTER

10 4차 산업혁명과 관련 기술들

10.1 4차 산업혁명이 뭐예요?

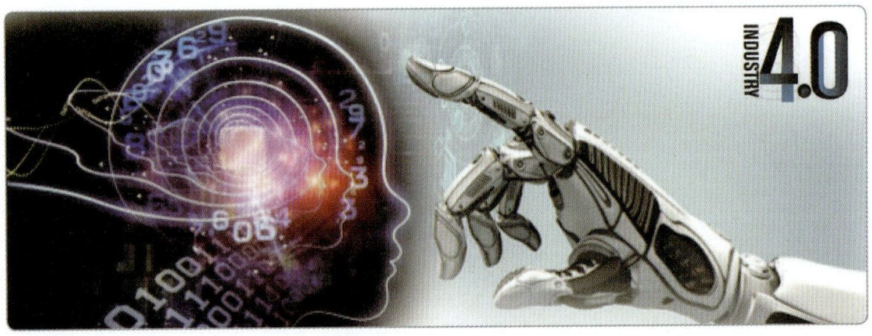

2016년 1월 20일 스위스의 다보스에서 개최된 전 세계 기업인, 정치인, 경제학자 등 전문가 2천여 명이 참석한 '세계경제포럼(WEF: World Economic Forum)'에서는 세계가 당면한 과제의 해법을 논의하는 과정에서 4차 산업혁명이란 개념이 처음으로 언급되었습니다. 여기서는 '제4차 산업혁명'을 "3차 산업혁명을 기반으로 한 디지털과 바이오산업, 물리학 등의 경계를 융합하는 기술혁명"이라고 설명하였습니다.

이와 같은 4차 산업혁명을 이해하기 위해서는 먼저 앞선 산업혁명의 역사를 알아봐야 할 것입니다.

[그림 10-1] 오스트리아 최초의 증기 기관차

(1) 1차 산업혁명: 증기기관

1784년 수력 증기기관을 활용하여 철도, 면사방적기와 같은 기계적 혁명을 불러 일으킵니다.

(2) 2차 산업혁명: 전기 동력 대량생산

1870년대부터 시작된 2차 산업혁명은 1차 산업혁명의 연장선상에 있었습니다. 공장에 전력이 공급되고 컨베이어벨트를 이용한 대량생산이 가능해졌습니다. 자동차 회사 포드의 'T형 포드'와 같이 조립 설비와 전기를 통한 대량생산체계를 구축하였습니다.

[그림 10-2] 포드 사가 도입한 컨베이어벨트 시스템

(3) 3차 산업혁명: 컴퓨터 제어 자동화

컴퓨터를 이용한 생산자동화를 통해 대량생산이 가능하게 되었습니다. 업무용 메인프레임 컴퓨터, 개인용 컴퓨터, 인터넷 등을 통한 정보기술 시대가 열렸던 것입니다.

3차 산업혁명의 주춧돌인 정보통신기술의 발달은 4차 산업혁명의 필요조건입니다. 4차 산업혁명의 핵심 키워드는 융합과 연결입니다. 정보통신의 발달로 전 세계적인 소통이 가능해지고 개별적으로 발달한 각종 기술의 원활한 융합을 가능케 하였습니다. 정보통신기술과 제조업, 바이오산업 등 다양한 산업 분야에서 이루어지는 연결과 융합은 새로운 부가가치를 창출해 낼 것입니다.

4차 산업혁명의 특징은 초연결성, 초지능성 그리고 예측 가능성입니다. 사람과 사물, 사물과 사물이 인터넷이라는 통신망을 통해 연결되고(초연결성), 이와 같은 초연결

[그림 10-3] 컴퓨터와 로봇 시스템을 중심으로 운영되는 테슬라 자동차 조립 공장

Tip **4차 산업혁명과 우리의 위치**

지금까지의 산업혁명은 항상 승자와 패자를 명확히 구분 지어 왔습니다. 1차 산업혁명은 영국을 '해가 지지 않는 나라'로 만들었고, 2, 3차 산업혁명은 미국을 세계 최강의 패권 국가로 변모시켰습니다. 이런 앞서의 결과로 볼 때 4차 산업혁명은 3차 산업혁명의 연장선상에 있습니다. 멕켄지 보고서에 따르면 '모바일 인터넷, 자동화, 사물인터넷, 무인차, 전지, 신소재 등 4차 산업혁명의 모든 부분에서 선진국들의 독점 현상은 지속될 것이며, 제조업이나 정보통신기술 인프라가 부족한 신흥 국들은 상당히 고전할 것이다.'고 말하기도 하였습니다.

이와 같은 4차 산업혁명의 새로운 물결 속에서 우리나라는 출발이 늦었습니다. 우리나라는 세계 최고의 제조업과 정보통신 인프라가 갖추어져 있음에도 불구하고 다가오는 4차 산업혁명에서 뒤처져 있는 것이 사실입니다. 여건은 마련돼 있지만, 이들을 '융합, 연결'시키지 못하고 있기 때문입니다. 4차 산업혁명에 필수불가결한 사물인터넷, 빅데이터, 센서 등 핵심 기술과 기획설계 등 소프트파워는 선진국 대비 많이 취약한 수준입니다. 스위스 금융그룹(UBS)에 따르면 4차 산업혁명 적응 순위에서 한국은 25위 정도입니다. 나라별 제조업 혁신도 독일은 83%, 한국은 36% 정도의 수준입니다. 반면 선진국들은 급변하는 산업 환경에서 다시 한 번 재도약의 기회를 가지기 위해 발 빠르게 대처하고 있습니다. 제조업이 강한 독일은 스마트, 디지털 공장으로 더욱 효율적이고 유연한 생산 공정을 가능케 하는 '21세기 초제조업전략'을 추진 중이며, 데이터센터 역할을 담당하는 클라우드가 발달한 미국은 빅데이터를 활용한 클라우드 모델을, 로봇이 발전한 일본은 산업의 로봇화를 추진 중입니다.

이런 4차 산업혁명의 흐름에 적극적으로 편승한다면 승자가 될 수 있겠지만, 낙오한다면 일자리를 다른 국가나 기업에 빼앗길 수밖에 없는 것이 현실일 것입니다. 재능과 기술을 가진 사람과 이를 적극적으로 발굴하고 창조하는 기업은 빠른 속도로 성장하지만 그렇지 못한 개인과 기업은 앞으로 도태될 것입니다.

"우편 마차는 여러 대 연결해도 결코 기차가 될 수 없다."

경제학자 요셉 슘페터가 약 1세기 전에 말한 혁신의 본질입니다. 마차를 개량해 속도가 빨라졌다고 해도 그것은 근본적인 진화는 아닐 것입니다.

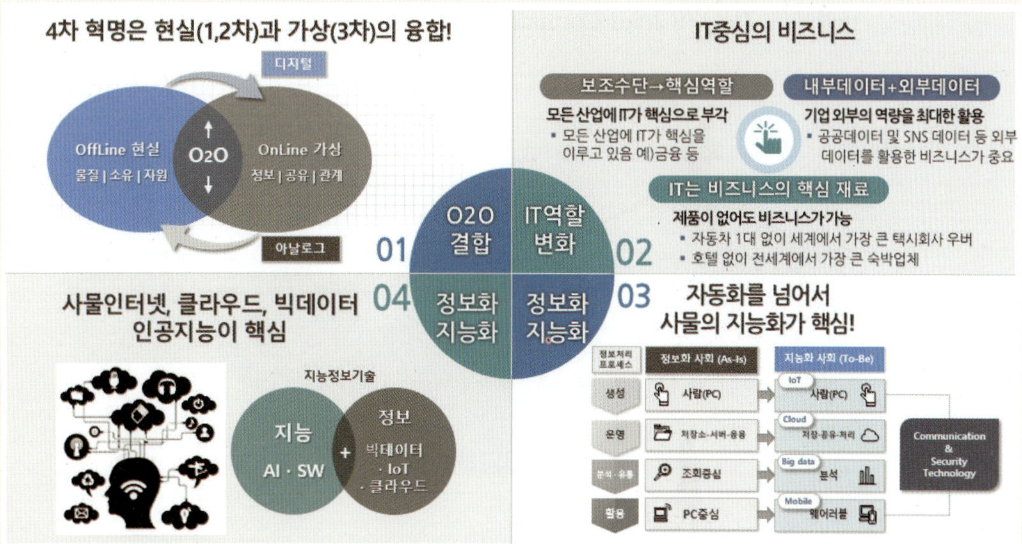

[그림 10-4] 4차 산업혁명의 특징

성에서 비롯된 많은 양의 정보 데이터를 분석하여 일정한 패턴을 파악하며(초지능성), 그와 같은 분석 결과를 토대로 인간의 행동을 예측할 수 있을 것입니다(예측 가능성).

[그림 10-5] 산업혁명과 주요 기술들

이와 같이 클라우드(Cloud), 사물인터넷(IoT), 인공지능(AI), 빅데이터(Big Data), 그리고 가상현실(VR) 등으로 대변되는 4차 산업혁명의 주요 기술들에 대하여, 이제부터 하나씩 해당 기술에 대한 내용들을 알아보도록 하겠습니다.

10.2 클라우드(Cloud), 왠 구름?

10.2.1 클라우드 컴퓨팅에 대해 알아볼까요?

클라우드 컴퓨팅(Cloud Computing)이란 인터넷 기반 컴퓨팅의 일종으로 정보를 자

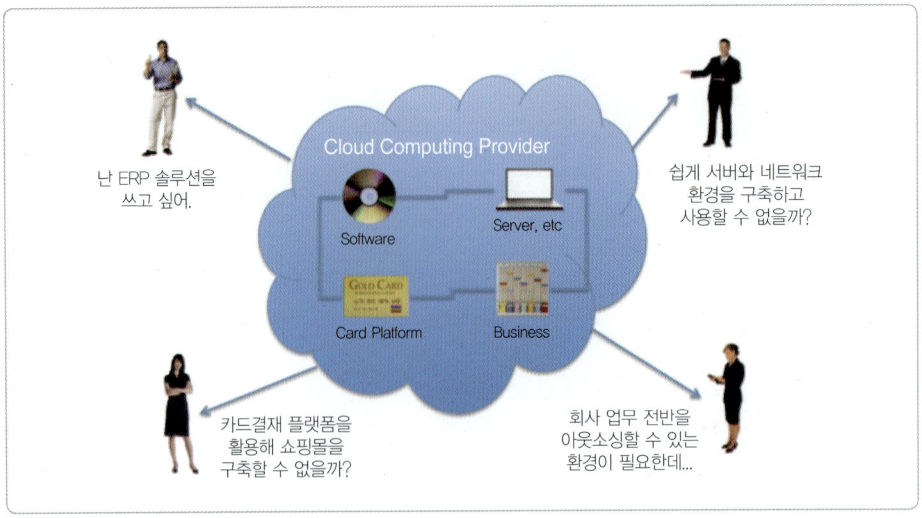

[그림 10-6] 클라우드 컴퓨팅(Cloud Computing)

신의 컴퓨터가 아닌 인터넷에 연동된 다른 컴퓨터나 시스템에서 처리하는 기술을 의미합니다. 즉 공유 컴퓨터 처리 자원과 데이터를 컴퓨터와 다른 장치들의 요청 시 해당 자원을 제공해주는 것을 말하는데, 구성 가능한 컴퓨팅 자원(예: 컴퓨터 네트워크, 서버, 스토리지, 애플리케이션 및 관련 서비스 등)에 대해 언제, 어디서나 접근이 가능하며 최소한의 관리 노력으로 다양한 기능들을 제공할 수 있도록 합니다.

이와 같은 환경 하에서 클라우드 서비스는 인터넷 상에 사용자가 자신의 자료를 저장해 두고, 필요한 자료나 프로그램들을 자신의 컴퓨터에는 설치하지 않고도 인터넷에 접속된 환경에서 언제, 어디서나 이를 이용할 수 있도록 해주는 서비스를 말합니다. 인터넷 상의 서버에 단순히 자료를 저장하는 것뿐만 아니라, 관련 프로그램들을 자신의 컴퓨터에 설치하지 않았더라도 웹에서 제공하는 기능을 이용하여 원하는 작업을 수행할 수도 있으며 또한 여러 사람이 동시에 해당 문서를 공유하면서 협업을 진행할 수도 있도록 해줍니다.

10.2.2 클라우드 컴퓨팅의 개념은 무엇인가요?

클라우드 컴퓨팅의 개념은 1965년 미국의 컴퓨터 학자인 존 매카시가 "컴퓨팅 환경은 공공 시설을 쓰는 것과도 같을 것"이라는 개념을 제시한 데서 유래되었습니다. 1995년 General Magic이라는 회사가 AT&T와 다른 여러 통신사들과 제휴를 맺고 클라우드 컴퓨팅 서비스를 시작하였지만 너무 이른 관계로 실패하기도 하였습니다.

2000년 이후 클라우드 컴퓨팅은 실체를 갖추기 시작하였는데, 2006년 8월 아마존이 일래스틱 컴퓨트 클라우드를, 2008년 10월 마이크로소프트가 애저(Azure)라는 이름으로, 2011년 3월 1일 IBM이 IBM 스마트클라우드 프레임워크를 그리고 2012년 6월 7일 오라클이 오라클 클라우드를 발표하면서 그 모양새를 갖추어 갔습니다.

[그림 10-7] 클라우드 컴퓨팅(Cloud Computing)의 대표 주자들(좌로부터 아마존, 마이크로소프트, IBM, 오라클)

10.2.3 클라우드 컴퓨팅 서비스에는 그럼 어떤 것들이 있나요?

사용자들이 원하는 서비스 형태(소프트웨어, 플랫폼, 인프라, 네트워크, 비즈니스 프로세스 등)에 따라 해당 컴퓨터 자원을 임대하고 이에 대한 사용료를 지불하는 클라우드 컴퓨팅을 종류 별로 나누면 그것이 곧 서비스의 분류가 될 것입니다. 이를 보면 다음과 같습니다.

[그림 10-8] 클라우드 서비스 영역

[그림 10-9] 클라우드 서비스 영역별 대표 회사들

(1) SaaS(Software as a Service)

서비스로 제공되는 소프트웨어라는 의미로 각종 솔루션, 소프트웨어를 클라우드 형태로 제공하는 것을 말합니다.

(2) PaaS(Platform as a Service)

서비스 형태로 제공되는 플랫폼이라는 의미로 어떤 서비스를 제공하기 위한 다양한 플랫폼 등을 말합니다.

(3) IaaS(Infra. As a Service)

서비스 형태로 제공되는 인프라라는 의미로 컴퓨팅 자원, 하드웨어, 네트워크 환경 등의 환경을 서비스로 제공하는 것을 말합니다.

(4) BaaS(Backend as a Service)

서비스 형태로 제공되는 백엔드라는 의미로 모바일 컴퓨팅을 위한 백엔드 환경을 서비스로 제공하는 것인데, 모바일 웹 또는 앱이 사용할 수 있는 백엔드 자원을 서비스로 제공하는 새로운 개념입니다. MBaaS(Mobile Backend as a Service)라고도 합니다.

(5) NaaS(Network as a Service)

서비스 형태로 제공되는 네트워크라는 의미로 클라우드 컴퓨팅 유저에게 내부적인 네트워크 환경을 서비스로 제공하여 자원을 본인의 자원처럼 사용할 수 있도록 하는 서비스입니다.

(6) BPaaS(Business Process as a Service)

서비스의 형태로 제공되는 비즈니스 프로세스라는 의미로 BPO 서비스의 클라우드 서비스 버전이라고 생각하면 될 것입니다.

이와 같이, 제공되는 서비스의 분류에 따라 클라우드 컴퓨팅의 종류가 나뉘어지는데, 이외에도 이런 서비스가 제공되는 대상에 따라서 그 종류를 나눌 수도 있습니다. 바로 퍼블릭 클라우드 서비스와 프라이빗 클라우드 서비스가 여기에 해당됩니다.

(1) 퍼블릭 클라우드(Public Cloud, 공개형 클라우드)

공개된 인터넷 상의 자원을 서비스를 원하는 누구에게나 제공하는 클라우드 서비스를 말합니다. 클라우드 서비스가 인터넷 상에서 웹 기반(또는 이를 기반으로 하는 앱 기반)으로 제공된다는 특징을 가집니다.

대표적인 퍼블릭 클라우드로는 구글 클라우드, 다음 클라우드, 아마존 웹 서비스(일부 서비스 제외) 등의 클라우드 서비스가 여기에 해당됩니다.

[그림 10-10] 클라우드 서비스의 대표주자 구글

(2) 프라이빗 클라우드(Private Cloud, 폐쇄형 클라우드)

특정 네트워크 상의 자원을 특정 사용자에게 제공하는 클라우드 서비스를 말합니다. 데이터 자원 등을 보호해야 하는 기업이 많이 사용하며, 특정 기업용 클라우드 솔루션 제품을 통해 해당 서비스를 구현하는 경우가 많습니다.

프라이빗 클라우드는 어느 정도의 비즈니스 환경에 대한 가상화가 수반되는 경우가 많으며, 사용자들이 해당 서비스를 구매, 빌드, 관리하여야 합니다.

(3) 하이브리드 클라우드(Hybrid Cloud, 혼합형 클라우드)

퍼블릭 클라우드와 프라이빗 클라우드를 융합하여 제공하는 클라우드 서비스입니다. 가트너는 하이브리드 클라우드를 "다른 서비스 제공자들로부터 제공되는 프라이빗 클라우드, 퍼블릭 그리고 커뮤니티 클라우드 서비스들이 어느 정도 복합된 하나의 클라우드 컴퓨팅 서비스"로 정의하기도 합니다.

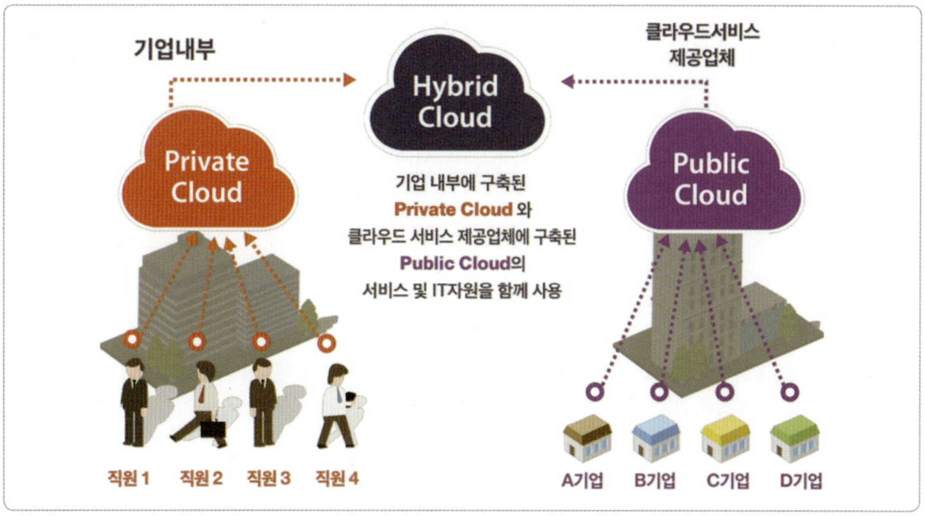

[그림 10-11] 하이브리드 클라우드

(4) 기타 클라우드

① 커뮤니티 클라우드

공통 관심사(보안, 법 준수, 관할권 등)를 가진 특정 커뮤니티의 여러 조직들 간에 인프라스트럭처를 공유하며, 내부적으로 또는 서드파티에 의해 관리되거나 내외부적으로 호스팅되는 클라우드 서비스를 말합니다. 퍼블릭 클라우드보다는 작고, 그러나 프라이빗 클라우드보다는 더 많은 사용자들이 사용하는 형태를 의미합니다.

② 분산형 클라우드

클라우드 컴퓨팅 플랫폼이 각기 다른 위치에 분산된 장비들의 조합으로 구성되는 클라우드를 말합니다.

- 퍼블릭 리소스 컴퓨팅(Public-resource Computing): 이 클라우드는 분산형 컴퓨팅에 더 유사하지만, 그럼에도 클라우드 컴퓨팅의 부분 집합으로 간주됩니다. BOINC이나 Folding@Home과 같은 분산형 컴퓨팅 플랫폼 등을 예로 들 수가 있습니다.
- 볼런티어 클라우드(Volunteer Cloud): 퍼블릭 리소스 컴퓨팅과 클라우드 컴퓨팅의 교차점적인 위치를 지니며, P2P(Peer-to-Peer) 클라우드, 애드혹 클라우드라고도 불려지기도 합니다.

③ 인터 클라우드

서로 연결된 글로벌 클라우드의 클라우드이며, 기반이 되는 인터넷 네트워크의 네트워크 확장 개념을 말합니다. 퍼블릭 클라우드 서비스 제공자들 간의 상호운용성에 초점을 맞추고 있습니다.

④ 멀티 클라우드

단일 벤더에 대한 의존성을 줄이고 선택을 통하여 유연성을 향상시키고 장애에 대한 불편을 줄이기 위하여 이기종 아키텍처 안에서 여러 개의 클라우드 컴퓨팅 서비스를 이용하는 것을 말합니다.

Tip ● 아마존 웹 서비스(Amazon Web Service, AWS)

아마존 웹 서비스(AWS)는 아마존닷컴이 제공하는 각종 원격 컴퓨팅 서비스(웹 서비스)를 의미합니다. 이 서비스는 다른 웹 사이트나 클라이언트 측 응용 프로그램에 대해 온라인 서비스를 제공하는데, 이러한 서비스의 상당수는 최종 사용자에게 직접 공개되는 것이 아니고, 다른 개발자가 사용 가능한 기능을 제공하는 플랫폼 제공 PaaS(Platform as a Service) 서비스입니다.

2006년에 공식 런칭된 아마존 웹 서비스는 16개의 리전(Region)에 위치해 서비스되어 있습니다(북아메리카-6개 리전, 남아메리카-1개 리전, 유럽/중동/아프리카-3개 리전, 아시아 태평양-6개 리전(2016년 1월 7일 서울 리전이 추가되었음)).

주소	aws.amazon.com
사이트 종류	웹 서비스, 클라우드 컴퓨팅
소유자	아마존닷컴
시작일	2006년

[그림 10-12] 아마존 웹 서비스(AWS)

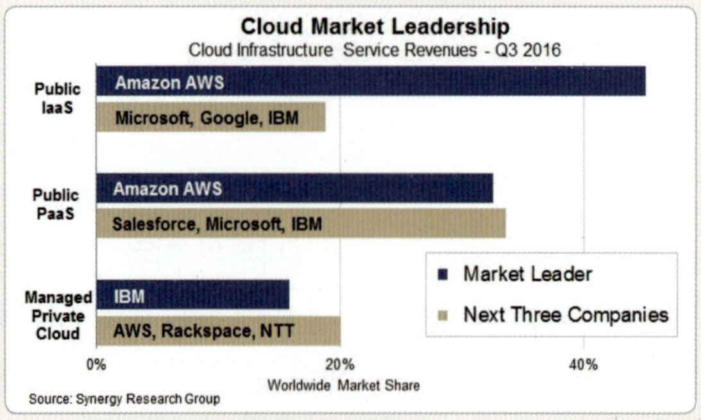

[그림 10-13] 클라우드 시장 현황

아마존 웹 서비스의 각종 서비스는 REST 프로토콜 및 SOAP 프로토콜을 통해 접근, 이용 및 관리가 되는데, 해당 서비스를 사용하기 위해 지불되는 비용은 실제 사용된 사용량에 따라 결정되며, 일부 서비스의 경우는 예외적으로 고정적인 비용을 지불하기도 합니다.

Tip · **공공 클라우드**

정부통합전산센터가 지능형 클라우드 컴퓨팅 센터로 혁신을 시작하였습니다. 이와 같은 사업계획은 2019년까지 수행될 예정이며, 이를 위하여 단계적으로 업무의 전환을 진행할 계획입니다. 또한 신, 변종 사이버 대응 능력을 강화하기 위하여 인공지능(AI)을 활용하여 사이버 공격을 자동 탐지하고 대응하는 차세대 보안시스템도 구축할 예정입니다.

범정부 빅데이터 공통플랫폼 '혜안' 고도화로 중앙부처 및 지자체 빅데이터 분석 서비스의 활용을 확산하며, 대전과 광주통합센터에 이어 대구센터, 공주백업센터 등 인프라도 완성할 예정입니다.

[그림 10-14] 정부통합전산센터 전경

10.3 그럼 사물인터넷(IoT: Internet of Things)은 무엇인가요?

사물인터넷, IoT(Internet of Things)는 과거의 사물통신(M2M), 유비쿼터스(Ubiquitous), NFC 등의 기존 기술 개념들로부터 출현하여 사용되거나, 만물인터넷(IoE: Internet of Everything)과 같은 다른 용어로도 파생되는 등 비슷한 개념의 용어가 계속 등장하고 있습니다.

Internet of Things라는 말은 1999년 당시 MIT Auto-ID Center 소장인 캐빈 애시톤(Kevin Ashton)이 제안하였습니다. 이후 시장분석, 자료발표 등을 통하여 대중화된 용어로서 발전과 보완을 거듭하여 개념적으로 성숙하기는 하였지만, 특정 기술에 대한 기술적, 이론적으로는 결정된 부분이 없어 표준 정의까지 된 단계는 아니며, 최근에는 4차 산업혁명과 관련하여 각종 사업화 영역에서 널리 등장하고 있습니다.

기본적인 정의는 사물간의 통신을 주고받는 것으로 정의할 수 있겠지만, 기존의 사물통신(M2M: Machine to Machine) 및 유비쿼터스와 차별화 하자면, 사물을 연결한다는 기본 전제를 바탕으로, 지능(Intelligence)을 더하고 인터넷과 같은 거대한 망을 연결하여, 하나로 묶는 서비스에 대한 통칭이라고 정의할 수 있습니다.

최근의 트렌드가 최종적으로 인터넷을 통한 언제, 어디서나 연결 및 공유라는 관점으로 가고 있는데, 이러한 예는 생활 속에서 많이 찾아볼 수 있습니다. DSLR과 같은 고가의 카메라로 찍은 사진을 메모리를 통하여 PC로 옮기던 일들은, 최근에는 카메라에 WiFi(무선 네트워크) 기능을 내장하여 스마트폰과 직접 통신을 통하여 사진을 주고받거나, 카메라에서 필요 시 프린터기로 바로 프린트할 수도 있습니다. 이러한 기능들을 통하여 언제, 어느 곳에서나 사진을 찍고, 바로 SNS에 올리는 일도 가능하게 된 것입니다.

또한 컴퓨터, 휴대폰 등 '전자기기'만 인터넷 연결이 가능하던 '인터넷 시대'를 지나, 커피포트, 쓰레기통, 타이어 등 '모든 종류의 사물'이 인터넷에 연결되는 '사물인

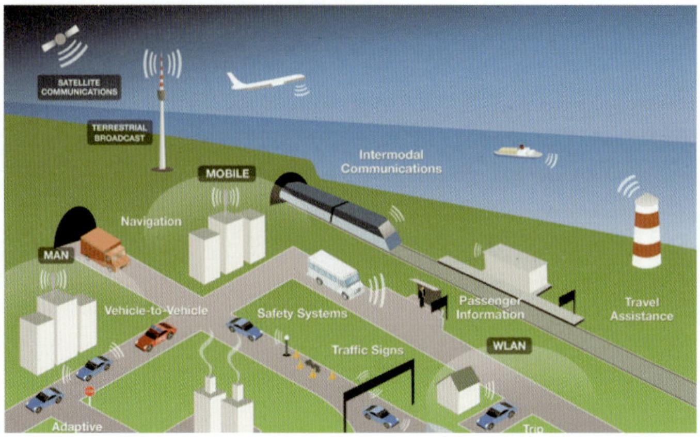

[그림 10-15] M2M 통신 예(출처: Aalborg Univ.)

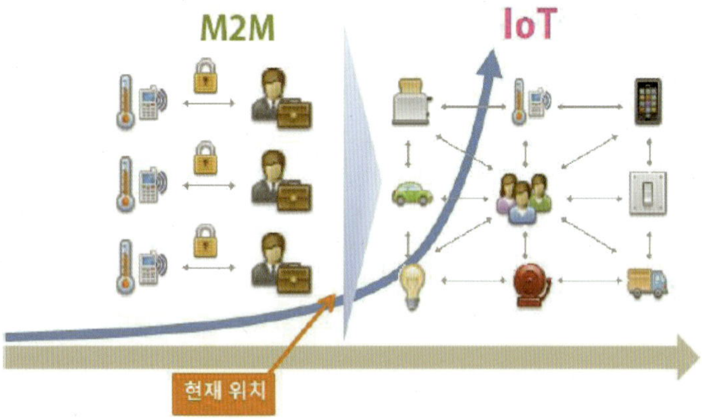

[그림 10-16] 기존 사물인터넷과 확장된 개념의 변화(출처: KISA 기고문)

Tip IoT(Internet of Things)의 개념 정의

1. 모든 사물에 네트워크 연결을 제공하는 네트워크 (ITU 정의1, 2005)
2. 모든 장비(Objects)간에 통신 가능한 네트워크와 이를 통한 서비스 (EU policy Outlook RFID 정의2, 2007)
3. 표준화된 통신 프로토콜에 기반하여 독자적이고, 자체주소를 갖는 상호 연결된 장비들간의 네트워크 (EU IoT in 2020 정의4, 2008)
4. 데이터를 수집하고, 통신할 수 있는 능력을 가진 물리적, 가상 장비들을 연결하는 네트워크 (CASAGRAS Final Report 정의3, 2009)

터넷 시대'가 올 것으로 예상하고 있습니다. 그리고 단지 사물뿐 아니라 '세상 모든 것들'이 인터넷으로 연결돼 실시간 상호 소통하는 '만물인터넷 시대(IoE: Internet of Everythings)'가 도래할 것으로 예상하고 있습니다.

2013년 시스코 라이브에서 시스코 미래학자 데이브 에반스(Dave Evans)가 연설한 내용에 따르면, IoE가 IoT를 근간으로 하지만, IoT 이외에도 클라우드, 빅데이터, IPv6 등 다른 기술적 혁신들 역시 포함하는 개념이라 말합니다. 시스코는 IoE 시대를

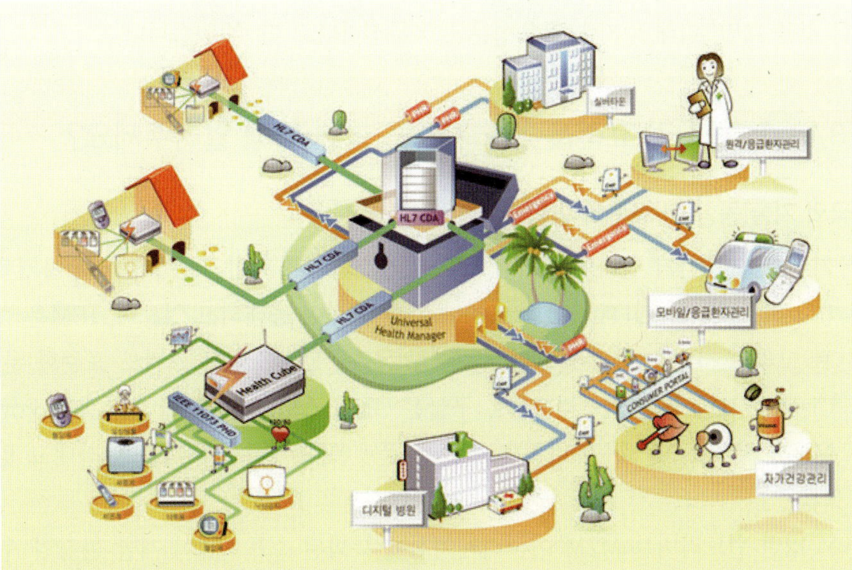

[그림 10-17] 사물인터넷 기반 건강관리 시스템 개념도(출처: ETRI)

"사람, 프로세스, 데이터, 사물(Things) 등 연결되지 않은 세상의 나머지 99%까지 모두 인터넷에 연결돼 실시간 상호 소통함으로써 전례 없는 가치를 창출해내는 시대"로 정의하고 있습니다.

이 때 '사물(Things)'이 인터넷에 연결된다는 건 보통 말하는 IoT의 개념이라 볼 수 있고, '사람'은 IoT를 통해 우리가 어떻게 다른 사람, 사물, 서비스와 연결될 것인가에 대한 개념으로 볼 수 있을 것입니다.

즉, IoT가 '기술'이라면, IoE는 단순히 '기술' 혹은 '기술들의 집합체'라기 보다는 실시간 연결성을 통해 지금과는 전혀 다르게 변화될 미래의 생활양식으로 생각할 수 있습니다. 영화 "트랜센던스"에서는 심지어 사람의 인지능력까지 인터넷에 연결하고,

Tip 영화 속에서 보는 IoT(Internet of Things) 세상

인류가 수억 년에 걸쳐 이룬 지적 능력을 초월하고 자각능력까지 가진 '슈퍼컴'이라는 소재로 본 영화는 시작됩니다. 죽은 천재 과학자의 뇌를 컴퓨터에 업로드 시켜 그를 살려내고, 그는 곧 슈퍼컴퓨터 자체가 됩니다. 그 이후 인터넷에 접속하여 세상의 모든 지식을 공유하고, 사람에게까지 나노 기술을 통한 의술을 통해 사람의 뇌까지 네트워킹 시킨다는 내용입니다. 이 영화에서는 직접적인 IoT의 언급은 없었지만, 슈퍼컴과 네트워킹으로 묶인 세상 속에 다양한 정보와 사람까지도 연결하려고 시도한, 진정한 IoT의 면모를 보여줍니다.

나노기술, 원격의료 등을 적용하고 원격 통신, 원격 제어할 수 있는 가상세계를 소재로 한 것을 보면, 미래의 기술 활용성은 무궁무진하다고 할 수 있습니다.

10.3.1 IoT 장비 및 표준플랫폼 기술 동향에 대해 알려주세요?

(1) 국외 기술 동향 및 표준화 방향

- 기업 IT 인프라가 인터넷을 기반으로 한 시스템으로 전환되면서 인터넷 아키텍처(Internet Oriented Architecture)에 대한 관심이 증대되고 있으며, IBM은 스마트 그리드 서비스/관리 플랫폼 분야, Intel은 GE와 스마트 그리드 표준화 분야, Cisco는 보안 통신 인프라 분야, 구글은 GE와 스마트 미터 협업을 통한 Power Meter 서비스 및 웹-에너지 IoT 정보 플랫폼 분야에서 두각을 나타내고 있습니다.
- 2012년 윈드리버는 M2M 어플리케이션에 특화된 소프트웨어 개발 환경인 '윈드리버 인텔리전트 디바이스 플랫폼'을 발표하여, M2M 디바이스 개발에 필요한 다양한 소프트웨어 모듈을 상용 컴포넌트 형태로 제공하여 개발 시간을 줄일 수 있도록 하였습니다.
- IoT 기술 표준은 유럽을 중심으로 다양한 연구 및 기술개발이 진행되고 있으며, EC는 특히 정책 확산에 주력하고 있는 가운데, 이를 미래정보화 시대의 비전으로도 추진하고 있는 상황입니다.
- ITU-T를 중심으로 IoT에 관련된 표준화 활동이 2010년에 제안되었으며, 2011년 2월 새로운 표준화 영역으로 설정하여 ITU-T의 관련 표준화 그룹들이 한 곳에 모여 협력 개발할 수 있도록 2011년 IoT-GSI(Global Standards Initiative)를 설치하여 운영하기 시작하였습니다.

(2) 국내 기술 동향 및 표준화 방향

- 2010년 KT에서 M2M 플랫폼을 개발하여 사물인터넷을 통한 USN 기술이 통신사 서비스플랫폼에 연결되는 결과를 만든바 있으며, 이후 Open API 기반의 KT의 KHub를 통해 유비쿼터스 미들웨어 기반 기술도 확보하였습니다.
- 2012년 국내 최초로 전자부품연구원에서는 건물/빌딩 에너지 통합 관제 및 제어 기술을 IoT를 오픈 웹 기반 기술들을 중심으로 정의한 WoT(Web of Things) 기술로 개발했습니다.
- 2012년 SKT에서는 국제 표준 규격을 준수한 서버와 단말 플랫폼으로 구성되는 개방형 M2M 플랫폼을 개발하여, 상용화 서비스를 제공하고 있습니다.
- 국책연구소 및 학교, 그리고 이동통신 사업자(KT, SKT와 LG U+)들과 삼성, LG 등 단말기사업자를 중심으로 M2M 기술 및 서비스 전략을 개발하고 있으며, 2009년에는 방송통신위원회 산하에 IoT/M2M 포럼이 신설되어 표준화 활동을

추진하고 있습니다.

- 2011년에는 정보통신기술협회(TTA) 이동통신 기술위원회(TC7) 산하에 사물지능통신 프로젝트 그룹(PG708)이 생성되어 국가 차원의 M2M 표준기술 개발을 추진하고 있습니다.

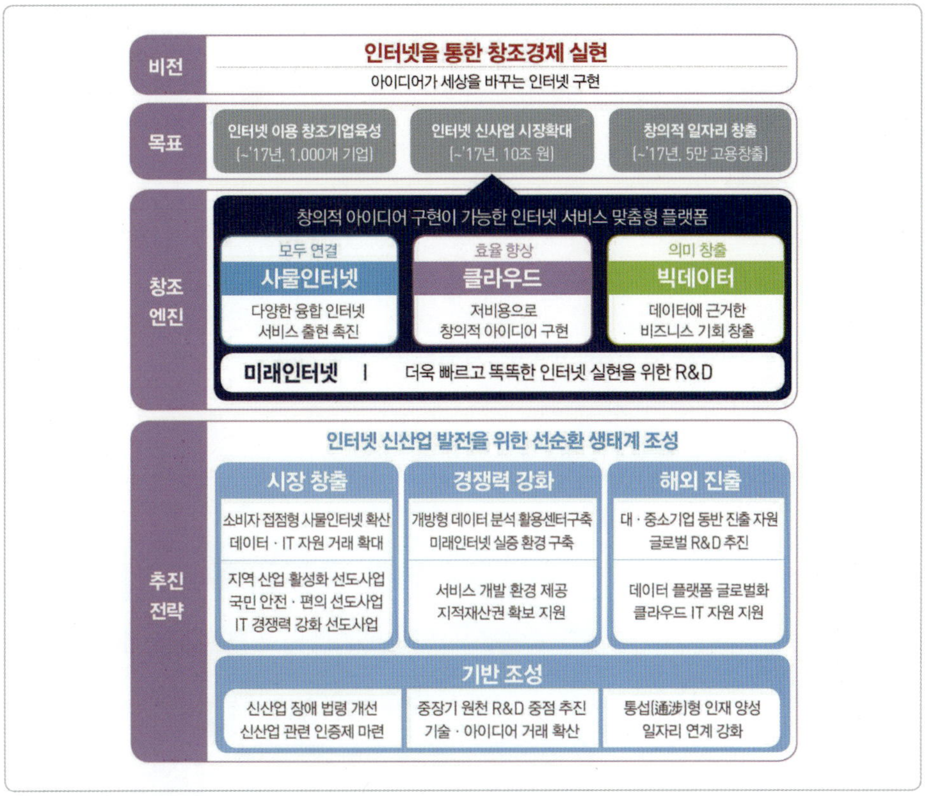

[그림 10-18] 인터넷 신산업 육성 방안의 목표 및 전략(출처: 미래창조과학부)

10.3.2 IoT를 활용한 시장성은 어떠한가요?

IoT를 활용하면 모든 기계와 시설물, 네트워크와 사람을 엮어서 센서와 관리 기능까지 연계하고, 센서 데이터를 진보한 분석 응용과 예측 알고리즘에 제공하여 전체 시스템이나 기계들을 자동적으로 관리 · 운영하는 진보한 기능을 제공받을 수 있습니다. 또한 최근에는 원격의료(telemedicine), 헬스케어, 자산 관리(asset monitoring & controlling) 분야까지 확대되어 산업 경제적 가치를 창출하고 있습니다.

2009년까지 사물인터넷 기술을 사용하는 사물의 개수는 9억 개였으나 2020년까지 260억 개에 이를 것으로 예상되고 있습니다. 또한 2013년부터 2022년까지 10년간 사물인터넷이 14조 4천 달러의 경제적 가치를 창출할 것으로 기대되고 있습니다.

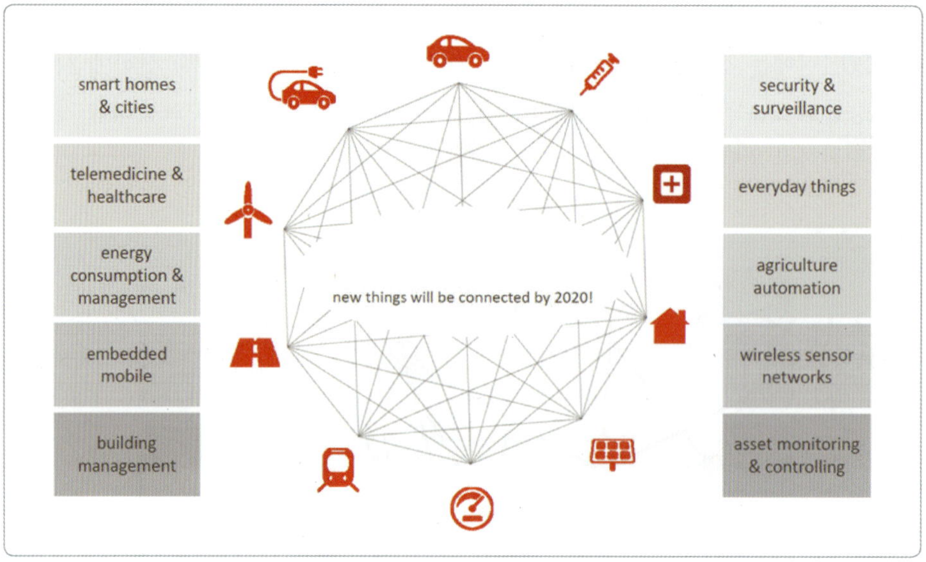

[그림 10-19] 사물인터넷(IoT)을 활용한 대표적 산업 출현 분야(출처: IDC)

Tip U-City(유비쿼터스 도시)

U-City(유비쿼터스 도시)는 도시의 경쟁력과 삶의 질 향상을 위하여 U-City 기술을 활용하여 건설된 도시로서 U-City 기반시설 등을 통하여 언제 어디서나 U-City 서비스를 제공하는 도시를 말합니다.

법령의 정의에 따른 U-City 서비스는 U-City 기반시설 등을 통하여 행정, 교통, 복지, 환경, 방재 등 도시의 주요 기능별 정보를 수집한 후 그 정보 또는 해당 정보들을 연계하여 제공하는 서비스를 말하며(U-City 정보의 관점에서의 U-City 서비스는 U-City 정보의 조합된 형태의 구현을 의미), U-City 기술은 U-City 기반시설을 건설하여 U-City 서비스를 제공하기 위하여 건설 · 정보통신 융합기술과 정보통신 기술을 말합니다.

U-City 기술은 정보수집기술, 정보가공기술, 정보활용기술 그리고 기타 기술로 구분됩니다.

[그림 10-20] U-City 개념도

(1) 정보수집기술: U-City 서비스 제공에 필요한 다양한 도시 정보를 측정하고 전송하는 기술을 말하며, 정보수집기술은 지능화된 공공시설을 구축하는 기술과 유선망, 무선망, 센서망 등 정보통신망을 구성하는 기술을 포함합니다.

(2) 정보가공기술: 수집된 정보를 서비스 목적에 맞게 활용하기 위해서 최적의 형태로 변경 또는 처리하는 기술로서 U-City 통합플랫폼 등 운영센터 구성기술을 포함합니다.

(3) 정보활용기술: 가공된 정보를 시민, 공공기관, 서비스 이용자 등이 활용할 수 있도록 제공하는 서비스를 말합니다.

(4) 기타 기술: 안정적, 경제적, 지속적으로 U-City를 건설, 운영하기 위하여 보조적으로 필요한 기술을 말하는데 여기에는 U-City 기반시설 관리, 정보보안 기술, 에너지 절감 기술, 수익모델 개발 기술 등이 포함됩니다.

U-City 정보의 관점에서 U-City 기술은 U-City 정보의 구현과 전달체계의 효율성을 높이는 것을 의미합니다.

U-City 기반시설은 건설 · 정보통신 융합기술을 적용하여 지능화된 시설, 초고속 정보통신망, 광대역 통합정보통신망, 센서망, 도시통합운영센터 등을 말하는데, U-City 정보의 관전에서 U-City 인프라는 U-City 정보의 전달을 위한 물리적인 체계를 의미합니다.

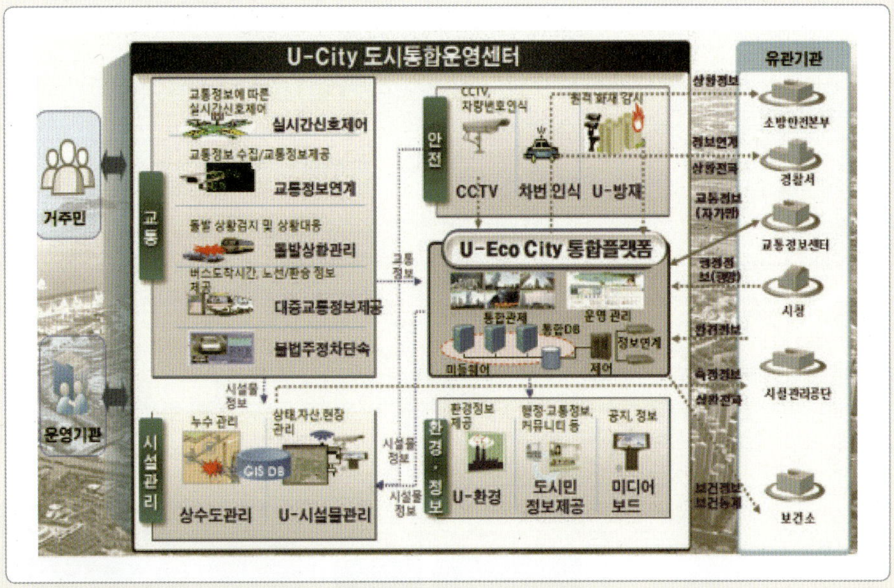

[그림 10-21] U-City 통합플랫폼 개념도

[그림 10-22] 대표적인 U-City인 인천 송도국제도시 및 운영센터 전경

Tip • 스마트 홈(Smart Home)

스마트 홈(Smart Home)은 자동화를 지원하는 개인 주택을 말합니다. 가정 자동화에서는 무선인터넷(Wi-Fi)이 주 통신 방법으로 채택되어 원격 모니터링 및 제어를 가능하게 합니다.

가정 자동화 기기는 인터넷을 통하여 원격으로 모니터링 되고 제어되는 사물인터넷(IoT)의 중요한 구성요소로서 일반적으로 사용자 인터페이스로 제어되는 "게이트웨이" 역할을 수행하는 중앙 허브에 연결된 스위치와 센서들로 구성됩니다. 주로 벽걸이형 터미널, 휴대폰 소프트웨어(앱), 태블릿 컴퓨터 또는 웹 인터페이스를 이용하여 상호작용하며, 인터넷 클라우드 서비스를 통해서도 이루어집니다. 이때

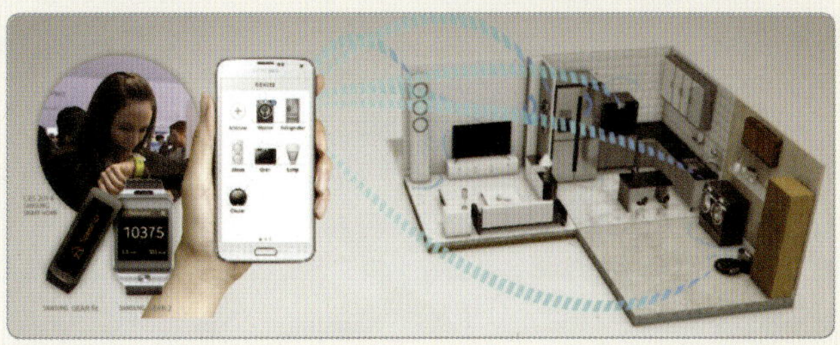

[그림 10-23] 삼성 스마트 홈 구성 개념도

사용되는 통신 프로토콜들은 X10, Ethernet, RS-485, 6LoWPAN, Bluetooth LE(BLE), ZigBee, Z-Wave 및 기타 개별적인 개발 프로토콜 등이 사용되는데, 이들 간에는 서로 호환이 되지 않는 문제점을 안고 있습니다.

이와 같은 가정 자동화 시스템은 초기에는 노동력을 절약하기 위한 수단으로서 시작되었는데, 1900년대에 전력 분배가 도입되면서 관련 제품들(세탁기(1904년), 온수기(1889년), 냉장고, 재봉틀, 식기 세척기 및 의류 건조기 등)이 도입되었습니다. 1975년에 최초의 범용 홈 오토메이션 네트워크 기술인 X10이 개발되었으며, 1978년까지 16채널 명령 콘솔, 램프 모듈 및 기기 모듈과 벽 스위치 모듈, 타이머 등이 등장하였습니다.

Li et al에 따르면, 홈 오토메이션은 3세대로 나눌 수 있습니다.

(1) 1세대: 프록시 서버가 있는 무선 기술 예) ZigBee
(2) 2세대: 인공지능 제어 전기장치 예) 아마존 에코
(3) 3세대: 인간과 상호작용하는 로봇 예) Robot Rovio, Roomba

이와 같은 홈 오토메이션 기술로는 다음과 같은 것들이 있습니다.

(1) 난방, 환기 및 공조 (HVAC): 간단하고 친숙한 사용자 인터페이스를 통합하여 인터넷을 통해 모든 가정용 에너지 모니터를 원격 제어 할 수 있게 하는 기술
(2) 조명 제어 시스템
(3) 거주자 인식 제어 시스템: 스마트 미터기 및 CO_2 센서 등과 같은 환경 센서를 사용하여 가정의 거주자 유무를 감지하는 것이 가능한 시스템 기술
(4) 보안: 가정용 자동화 시스템과 통합되어 인터넷을 통해 관련 보안 카메라를 원격 감시하거나 모든 경계 문과 창문 등을 중앙에서 잠그는 것과 같은 서비스를 제공하는 보안 시스템 기술
(5) 누출 감지, 연기 및 CO 탐지기
(6) 애완 동물 관리: 애완 동물의 움직임을 감지하고 추적하는 액세스 권한의 제어 기술

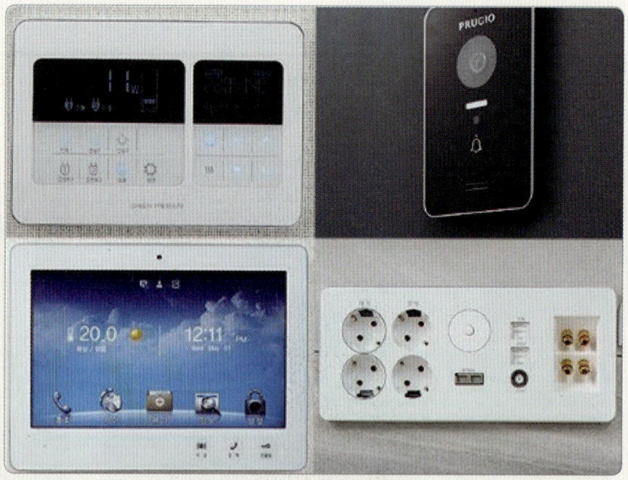

[그림 10-24] 동탄 신도시에 적용된 스마트 홈 시스템 장비들

언급된 기술들과 다양한 가정 자동화 장치들의 하드웨어 및 소프트웨어 등을 고려하는 가정 자동화 응용 프로그램 개발 및 플랫폼 단편화, 표준 기술의 부재 등으로 인하여 가정 자동화는 어려움을 겪고 있습니다. 사용자들은 자신들이 만들거나 상호 연결해야 하는 IoT 장치들이 독점 소프트웨어, 하드웨어, 프로토콜 등을 사용하기 때문에 많은 제약 요건들로서 존재하는 상황입니다.

Tip • **스마트 팩토리(Smart Factory)**

스마트 팩토리(Smart Factory)란 제품의 기획, 설계, 생산, 유통, 판매 등 전 생산과정을 ICT(정보통신기술)로 통합하여 최소의 비용과 시간으로 고객 맞춤형 제품을 생산하는 진화된 공장을 의미합니다. 이러한 전 과정에서 IoT(사물인터넷), AI(인공지능), 빅데이터 등으로 통합하여 자동화와 디지털화를 구현하는 것이 기존 공장자동화와 차별되는 요소입니다.

스마트 팩토리를 통하여 해당 기업은 제조업의 위상을 강화할 수 있으며, 고급 인재의 유치 및 양질의 일자리 창출 등을 지향하는 생산공정, 조달 물류 및 서비스까지의 통합을 목표로 하고 있습니다. 이와 같은 스마트 팩토리가 구현되면 각 공장에서는 현장에서 수집된 많은 데이터들을 기반으로 분석하고, 의사결정하는 데이터 기반의 공장 운영체계를 갖추게 됨으로써 생산현장에서 발생하는 현상이나 문제들의 상관관계를 알 수 있으며, 원인을 파악할 수 없었던 장애나 품질 불량 등의 원인도 알아낼 수 있게 될 것입니다. 또한 숙련공들의 경험이나 노하우를 축척해 이를 형식화함으로써 해당 기술들을 손쉽게 활용할 수도 있게 될 것입니다.

〈표 10-1〉 스마트 팩토리의 수준별 단계(출처: 산업통상자원부)

구분	현장 자동화	공장 운영	기업자원 관리	제품개발	공급사슬 관리
고도화	IoT/IoS 기반의 CPS화				인터넷 공간 상의 비즈니스 CPS네트워크협업
	IoT/IoS화	IoT/IoS(모듈)화 빅데이터 기반의 진단 및 운영			
중간수준2	설비제어 자동화	실시간 공장제어	공장운영 통합	시뮬레이션과 일괄 프로세스 자동화	다품종 개발 협업
중간수준1	설비데이터 자동집계	실시간 의사결정	기능간 통합	기술 정보 생성 자동화와 협업	다품종 생산 협업
기초수준	실적집계 자동화	공정물류 관리(POP)	관리 기능 중심 기능 개별 운용	서버를 통한 기술/납기 관리	단일 모기업 의존
ICT 미적용	수작업	수작업	수작업	수작업	전화와 이메일 협업

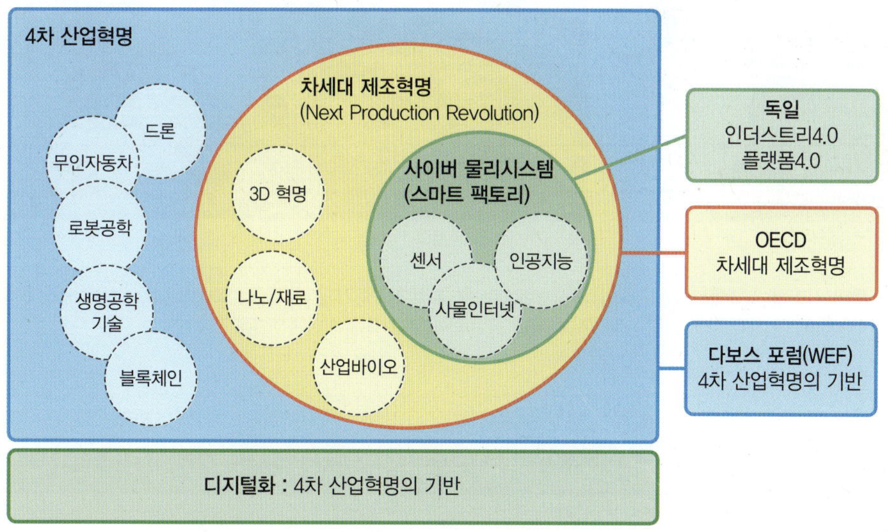

[그림 10-25] 4차 산업혁명 관련 개념 관계도

위에서 설명한 바와 같은 스마트 팩토리는 크게 어플리케이션, 플랫폼 그리고 디바이스로 구분됩니다.

(1) 어플리케이션: 스마트 팩토리 IT 솔루션의 최상위의 소프트웨어 시스템으로 MES, ERP, PLM, SCM 등의 플랫폼 상에서 각종 제조 실행을 수행하며, 해당 장비로부터 수집된 데이터를 가시화하고 분석할 수 있는 시스템입니다.
주요 구성은 공정설계, 제조실행분석, 품질분석, 설비보전, 안전/증감작업 그리고 유통/조달/고객대응 등이 있습니다.

(2) 플랫폼: 스마트 팩토리 IT 솔루션의 하위 디바이스에서 입수한 정보를 최상위의 어플리케이션에 전달하는 역할을 수행하는 중간 소프트웨어 시스템을 말합니다.
즉, 디바이스에서 수집된 데이터를 분석하고, 모델링 및 가상 물리 시뮬레이션을 통하여 최적화된 정보를 제공하고 각종 생산 프로세스를 제어/관리하여 상위 어플리케이션과 연계할 수 있는 시스템으로서 생산 빅데이터 애널리틱스, 사이버 물리 기술, 클라우드 기술 및 Factory-Thing 자원관리 등으로 구성됩니다.

(3) 디바이스: 스마트 팩토리 IT 솔루션의 최하위 하드웨어 시스템으로서 공장의 모든 기초 정보를 감지하고 제어하는 단계로 컨트롤 기술, 네트워크 기술 및 센싱 기술 등이 여기에 해당됩니다.
주요 구성은 스마트 센서를 통해 위치, 환경 및 에너지를 감지하고 로봇을 통해 작업자 및 공작물의 위치를 인식하여 데이터를 플랫폼으로 전송할 수 있는 시스템 등이 해당됩니다.

또한 스마트 팩토리는 생산과 관련된 환경정보를 감지하고, 감지된 정보를 분석하고 판단하며, 그 결과를 생산현장에 반영 또는 실행하는 3단계로도 구성됩니다.

① 감지: 고객요구사항, 제품수명 등 시장 환경과 생산조건, 실적정보 및 재고현황 등의 제품 환경과 생산 장비, 인력운용 등의 생산 환경까지 포함한 모든 다양한 관련 정보들을 수집하는 기능
② 판단: 생산 환경 정보와 생산 전략의 변화 등을 바탕으로 사전에 분석하고 정의된 기준에 따라서 생산 환경 및 전략을 수정 및 결정하는 기능
③ 실행: 판단결과가 실시간으로 생산환경에 적용되기 위하여 네트워크를 통한 제어 및 생산 전략 변경 등을 수행하는 기능

이외에도 제조업의 주기에 맞춘 스마트 제조기술별 구성요소로 서비스 · 제품(소비자 요구를 반영한 맞춤형 설계 · 생산, 개인맞춤형 서비스 및 비즈니스 창출이 가능한 기술개발), 생산공정(제조공정의 가상화, 제조설비-시스템간 연동 등을 통한 최적화 생산 · 제어 및 에너지 절감 기술개발) 그리고 네트워크 연결 디바이스(제조공정 디바이스간 자율협업, 공장-설비-제품-소비자의 네트워크 연결 및 통합관리가 가능한 기술개발)로도 구분할 수 있습니다.

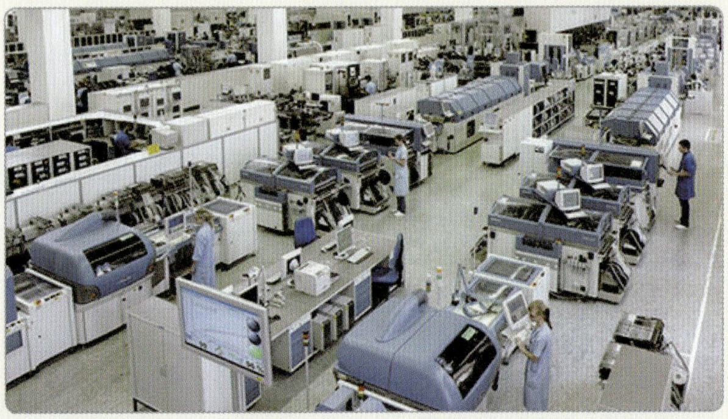

[그림 10-26] 스마트 팩토리 구축 예

주) CPS(Cyber Physical System, 사이버 물리 시스템), PLM(Product Lifecycle Management, 제품수명주기 관리), SCM(Supply Chain Management, 공급망 관리), ERP(Enterprise Resource Planning, 전사적 자원 관리), MES(Manufacturing Execution System, 생산관리 시스템)

10.4 빅데이터(Big Data)는 무엇인가요? 큰~데이터라니요?

10.4.1 빅데이터는 무엇인가요?

우리는 매일 먹고, 일하고, 놀면서 데이터를 생산합니다. IBM에 따르면 인류는 하루에 생산하는 데이터의 양이 무려 250경 바이트에 이른다고 합니다. 이를 DVD로 저장하여 쌓는다면 달까지 왕복할 만큼의 데이터인 것입니다. 이 데이터에는 우리가 전송하는 텍스트와 업로드 하는 사진부터 산업용 센서 측정 데이터와 소유하고 있는 기기 간의 통신 등 온갖 것이 다 포함될 것입니다.

이와 같은 이유로 "빅데이터(Big Data)"라는 말이 사용되는 것일 겁니다. 사람들이 빅데이터라고 말할 때는 이 데이터의 많은 부분을 가져다가, 분석하고 여기에서 무엇인가 유용한 것을 만든다는 것을 의미할 것입니다. 하지만 빅데이터의 의미는 그보다 훨씬 더 넓어서 다음과 같은 요소들을 포함합니다.

- 대부분의 경우 여러 소스로부터 방대한 양의 데이터를 수집합니다.

- 단순하게 데이터의 양만 많은 것이 아니라 그 종류도 다양할 것입니다. 대부분의 경우 동시에 여러 종류의 데이터와 시간이 경과하면서 바뀌는 데이터들을 수집할 것입니다(처음부터 구체적인 형식으로 변형시키거나 또는 일관적으로 만들 필요가 없는 데이터들).
- 동일한 데이터 풀을 다양한 목적으로 지속적으로 분석할 수 있도록 이 데이터들을 분석합니다.
- 이 모든 작업을 신속하게, 때에 따라서는 실시간으로도 수행될 것입니다.

초기에는 이러한 네 가지 측면들 중 세 가지를 나타내는 VVV라는 약어를 사용하기도 했었습니다. 즉, 각 V는 볼륨(Volume, 방대한 양), 다양성(Variety, 다양한 종류의 데이터들과 시간 경과에 따라 데이터가 바뀐다는 사실) 그리고 속도(Velocity)를 나타내었습니다.

2012년 가트너는 기존의 정의를 "빅데이터는 큰 용량, 빠른 속도 그리고 높은 다양성을 갖는 정보 자산으로서 이를 통해 의사 결정 및 통찰 발견, 프로세스 최적화를 향상시키기 위해서는 새로운 형태의 처리 방식이 필요하다."라고 개정하였고, 여기에 IBM은 정확성(Veracity)이라는 요소를 더하여 4V를 정의하였으며, 브라이언 홉킨스(Brian Hopkins) 등은 가변성(Variability)을 추가하여 4V로 정의하기도 하였습니다.

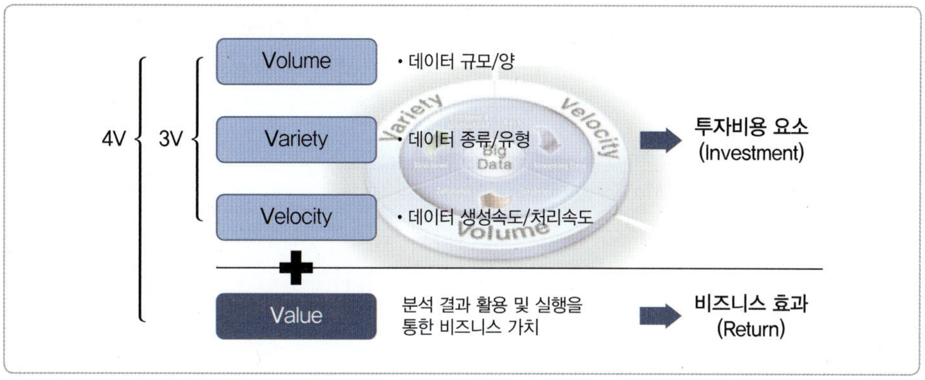

[그림 10-27] 빅데이터의 특징을 고려한 분석 요소

이와 같은 빅데이터는 정치, 사회, 경제, 문화, 과학 기술 등 전 분야에 걸쳐서 사회와 인류에게 가치 있는 정보를 제공할 수 있는 가능성을 제시하며 그 중요성이 부각되고 있습니다. 하지만 이러한 빅데이터도 사생활 침해와 보안이라는 문제점을 갖고 있습니다.

빅데이터는 수많은 일반 대중들의 수 많은 정보들의 집합입니다. 그렇기 때문에 관련 데이터를 수집, 분석할 때에 개개인의 사적인 정보까지 수집하여 관리하는 빅 브라더의 모습이 될 수도 있으며, 그렇게 모은 데이터가 보안 문제로 유출될 시에는 모든 사람들의 정보가 유출되는 커다란 문제가 될 수도 있습니다.

10.4.2 빅데이터를 처리하는 기법에는 어떠한 것이 있나요?

빅데이터의 분석, 활용을 위한 처리 기법은 크게 분석 기술과 표현 기술로 나눌 수 있습니다.

(1) 분석 기술

빅데이터 분석 기술과 방법들은 기존의 통계학과 전산학에서 사용되던 데이터 마이닝, 기계 학습, 자연 언어 처리 및 패턴 인식 등이 사용됩니다. 그 중 소셜 미디어 등 비정형 데이터들의 증가로 위의 분석 기법들 중에서 텍스트 마이닝, 오피니언 마이닝, 소셜 네트워크 분석 및 군집분석 등이 주목받고 있습니다.

- 텍스트 마이닝: 비/반정형 텍스트 데이터에서 자연 언어 처리 기술에 기반하여 유용한 정보를 추출, 가공하는 기법
- 오피니언 마이닝: 소셜미디어 등의 정형/비정형 텍스트의 긍정, 부정, 중립의 선호도를 판별하는 기법
- 소셜 네트워크 분석: 소셜 네트워크의 연결 구조 및 강도 등을 바탕으로 사용자의 명성 및 영향력을 측정하는 기법
- 군집 분석: 비슷한 특성을 가진 개체를 합쳐가면서 최종적으로 유사 특성의 군집을 발굴하는 기법

대규모의 정형/비정형 데이터를 처리하는데 있어 가장 기본적인 분석 인프라로는 하둡이 있으며, 데이터를 유연하고 더욱 빠르게 처리하기 위해서는 NoSQL 기술이 활용되기도 합니다.

(2) 표현 기법

빅데이터 분석 기술을 통하여 분석된 데이터의 의미와 가치를 시각적으로 표현하기 위한 기술로는 대표적인 R(프로그램 언어)이 있습니다.

Tip **하둡(Apache Hadoop)? 왠 코끼리?**

APACHE hadoop

개발자	아파치 소프트웨어 재단
발표일	2011년 12월 10일 (6년 전)
최근 버전	2.7.3 / 2016년 8월 25일(18달 전)
개발 상태	지원 중
프로그래밍 언어	자바
운영 체제	크로스 플랫폼
종류	분산 파일 시스템
라이선스	아파치 라이선스 2.0
웹사이트	hadoop.apache.org

아파치 하둡(Apache Hadoop, High-Availability Distributed Object-Oriented Platform)은 대량의 데이터를 처리할 수 있도록 대형의 컴퓨터 클러스터에서 동작하는 분산 응용 프로그램을 지원하는 프리웨어 자바 소프트웨어 프레임워크입니다. 원래는 너치의 분산처리를 지원하기 위해 개발된 것으로, 아파치 루씬의 하부 프로젝트 였습니다.

하둡은 2006년 더그 커팅과 마이트 캐퍼렐라(Mike Cafarella)에 의해서 개발되었는데, 당시 커팅은 야후에 몸담고 있었다고 합니다. 이후 하둡은 아파치(Apache) 재단으로 넘어가 공개 소프트웨어로 개발이 진행되고 있습니다. 하둡은 구글의 분산 파일 시스템(GFS) 논문이 공개된 후, 그 구조에 대응하기 위한 체계로 개발되었습니다. 하둡의 로고는 노랑색 아기 코끼리인데, 이는 개발자인 더그 커팅이 자신의 아이가 가지고 놀던 장난감 코끼리의 이름을 따서 하둡이라는 이름을 지었기 때문입니다. 코끼리는 빅데이터를 상징하는 동물이기도 합니다.

하둡에는 다양한 에코 시스템들이 존재합니다. 즉 중앙화된 하둡 시스템에 여러 회사들이 가져

다 쓸 때 활용성을 높이기 위하여 여러 가지 다양한 소프트웨어가 추가된 시스템을 에코 시스템이라고 하는데 대표적으로는 Hbase, Solr, Zookeeper, Hive 등의 시스템이 있습니다.

하둡 분산 파일 시스템(HDFS, Hadoop Distributed File System)은 하둡 프레임워크를 위해 자바 언어로 작성된 분산 확장 파일 시스템입니다. 그러므로 HDFS는 여러 기계에 대용량 파일들을 나눠서 저장을 함으로서 데이터의 안정성을 얻게 되며, 따라서 호스트에 RAID 저장장치의 필요성을 없게 해 줍니다.

하둡은 다양한 기업에서 사용되고 있는데, 야후, 페이스북 등이 하둡을 서비스의 여러 부분에 많이 사용하고 있는 것으로 알려져 있습니다. 또한 데이터 분석 기업들이 하둡을 기반으로 플랫폼을 구축하고 있기도 합니다.

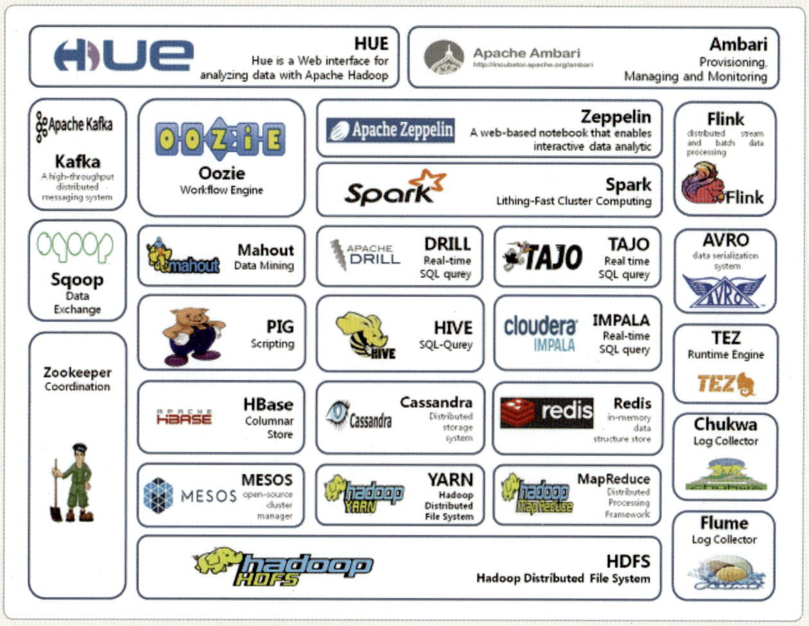

[그림 10-28] 다양한 하둡 에코 시스템들

주) 너치(Nutch): 루씬을 기반으로 하여 만들어진 오픈 소스 검색 엔진으로서, 루씬을 기반으로 하였지만 웹 크롤러는 처음부터 다시 만들어졌습니다. 여러 가지 플러그인을 수용할 수 있도록 모듈화가 되어 있으며, 현재는 아파치의 하위 프로젝트로 완전하게 자바로 작성되었지만 자료는 특정 언어와 관계없는 형식으로 저장이 가능합니다.

Tip NoSQL은 무엇인가요?

NoSQL 데이터베이스는 전통적인 관계형 데이터베이스보다 덜 제한적인 일관성 모델을 이용하는 데이터의 저장 및 검색을 위한 매커니즘을 제공합니다. 이러한 접근에 대한 동기에는 디자인의 단순화, 수평적 확장성 및 세세한 통제를 포함하게 됩니다. 즉 NoSQL 데이터베이스는 단순 검색 및 추가 작업을 위한 매우 최적화된 키 값 저장 공간으로서 레이턴시와 스루풋과 관련하여 상당한 성능상의 이점을 제공하는 것이 목적입니다.

NoSQL 데이터베이스는 빅데이터와 실시간 웹 어플리케이션의 상업적 이용에 널리 활용되는데 "Not only SQL"이라고 불리기도 합니다.

카를로 스트로찌(Carlo Strozzi)는 1998년 표준 SQL 인터페이스를 채용하지 않는 자신의 경량 오픈 소스 관계형 데이터베이스를 NoSQL이라 명명하였는데, 현재도 NoSQL 운동이 "전반적인 관계형 모델에서 점차 멀어지고 있으므로" NoREL이라고 부르는 것이 더 적절하다고 하고 있습니다. 2009년 초에는 라스트 FM의 요한 오스칼손(Johan Oskarsson)이 오픈 소스 분산 데이터베이스를 논하기 위한 미트업 행사를 조직하면서 NoSQL이라고 칭하기도 하였습니다.

Tip R은 또 무엇인가요?

R 프로그래밍 언어(줄여서 R)는 통계 계산과 그래픽을 위한 프로그래밍 언어이자 소프트웨어 환경을 의미합니다. 뉴질랜드 오클랜드 대학의 로버트 젠틀맨(Robert Gentleman)과 로스 이하카(Ross Ihaka)에 의해 처음으로 시작되었고 현재는 R 코어 팀이 개발을 담당하고 있습니다. GPL하에 배포되는 S 프로그래밍 언어의 구현으로 GNU S라고도 하는데, 통계 소프트웨어 개발과 자료 분석에 널리 사용되고 있습니다.

문법과 통계처리 부분은 AT&T 벨 연구소가 개발하였던 S를 참고로 하였으며, 데이터 처리 부분은 스킴으로부터 영향을 받은 R은 다양한 통계 기법과 수치 해석 기법을 지원합니다. R은 사용자가 제작한 패키지를 추가하여 기능을 확장할 수 있는데, 핵심적인 패키지는 R과 함께 설치되며, CRAN(the Comprehensive R Archive Network)을 통해 10,300여 개 이상의 패키지를 내려 받을 수 있습니다.

R의 또 다른 강점은 그래픽 기능으로 수학 기호를 포함할 수 있는 출판물 수준의 그래프를 제공한다는 것입니다.

개발자	R 재단
최근 버전	3.3.3(Another Canoe) / 2017-03-06
운영 체제	크로스 플랫폼
종류	프로그래밍 언어
라이선스	GNU GPL
웹사이트	http://www.r-project.org/

10.4.3 그럼 빅데이터를 이끈 기술 혁신에는 무엇이 있었죠?

빅데이터를 구성하는 네 가지 측면(볼륨(Volume), 다양성(Variety), 속도(Velocity) 그리고 가치(Value))을 달성하기 위해서는 여러 가지의 기술 혁신이 필요했었습니다. 분산 파일 시스템(하둡), 이질적 데이터의 의미를 실시간으로 파악하기 위한 방법(처음에는 구글의 맵리듀스, 최근에는 아파치 스파크) 그리고 필요에 따른 데이터 접근과 이동을 위한 클라우드/인터넷 인프라 개발 등이 여기에 해당됩니다.

과거에는 비교적 작은 규모의 데이터 외에는 한 번에 조작이 불가능하였습니다. 데이터 저장소의 위치, 컴퓨팅 파워 그리고 여러 소스의 이질적 데이터 형식을 처리할 수 있는 역량이 제한적이었기 때문입니다. 하지만 2003년을 전후하여 구글의 연구원들이 맵리듀스를 개발하였는데, 이 기법은 먼저 데이터들을 일련의 키/값 쌍에 매핑한 다음에 비슷한 키를 대상으로 계산을 수행하고 이를 하나의 값으로 줄여 수백 또는 수천 개의 저비용 시스템에서 각각의 데이터 덩어리를 병렬로 처리하는 방법으로 대량의 데이터 집합 처리 작업을 간소화시켰습니다. 이 대규모 병렬 처리 기법으로 구글은 시간이 지나면서 커지기만 하는 데이터 볼륨들에서 신속하게 검색 결과를 생성할 수가 있었습니다.

빅데이터를 가능하게 해준 두 가지 혁신 중 하나인 하둡은 다음과 같은 두 가지 주요 서비스로 구성됩니다.

- 하둡 분산 파일 시스템(HDFS)을 사용하는 안정적인 데이터 스토리지
- 맵리듀스 기법을 사용한 고성능 병렬 데이터 처리

하둡은 클러스터에서 자유롭게 서버들을 추가하거나 제거할 수 있는데, 시스템상의 서버 하드웨어 또는 시스템 자체적인 문제 등을 감지하여 이를 보상합니다. 즉 하둡은 자체 치유 기능이 있어 시스템 변경이나 장애 시에도 안정적으로 데이터를 제공하고 대규모 처리 작업을 실행할 수가 있습니다.

데이터 저장과 병렬 처리를 위한 플랫폼을 제공하는 하둡의 진정한 가치는 애드온, 교차 통합 및 맞춤형 기술 구현에서 찾을 수 있습니다. 이를 위해 하둡은 플랫폼에 기능과 새로운 역량을 추가할 수 있는 서브프로젝트들을 제공합니다.

- 하둡 커먼(Hadoop Common): 다른 하둡 서브프로젝트들을 지원하는 공통적인 유틸리티
- 척와(Chukwa): 대규모 분산 시스템 관리를 위한 데이터 컬렉션 시스템
- HBase: 대용량 테이블을 위한 구조적 데이터 저장을 지원하는 확장형 분산 데이터베이스
- HDFS: 어플리케이션 데이터에 대한 고성능 접근을 제공하는 분산 시스템
- 하이브(Hive): 데이터 요약 및 애드혹 쿼리를 제공하는 데이터웨어하우스 인프라
- 맵리듀스: 계산 클러스터에서 대량 데이터 집합의 분산 처리를 위한 소프트웨어 프레임워크
- 피그(Pig): 병렬 계산을 위한 고수준 데이터베이스 언어 및 실행 프레임워크
- 주키퍼(ZooKeeper): 분산 어플리케이션을 위한 고성능 코디네이션 서비스

하둡 플랫폼에는 이러한 서브프로젝트가 최소한 몇 가지는 포함이 되는데, 이는 빅데이터를 이용하기 위해 필요한 경우가 많기 때문입니다.

[그림 10-29] 미국 산호세에서 개최되었던 하둡 서밋 2016 행사장 및 개발자들의 열기

맵리듀스를 사용하면 개발자는 분산 프로세서 클러스터 또는 독립형 컴퓨터에서 방대한 양의 비구조적인 데이터들을 병렬로 처리할 수 있습니다. 이러한 프레임워크는 두 가지 영역으로 구분됩니다.

- 맵(Map): 작업을 분산 클러스터의 여러 노드로 분할하는 기능
- 리듀스(Reduce): 작업을 수집 및 분석하고 결과를 하나의 값으로 도출하는 기능

맵리듀스의 장점은 내결함성이며, 이를 위해 각 노드를 모니터링 합니다. 각각의 노드는 주기적으로 완료된 작업과 상태를 업데이트하는데, 정해진 시간이 경과하면 마스터 노드는 이를 기록하고 다른 노드에 해당 작업을 재할당합니다.

2009년 버클리 캘리포니아 대학 연구진은 맵리듀스의 대안으로 아파치 스파크를 개발하는데, 스파크는 메모리 내 스토리지를 사용해 병렬로 계산을 수행, 맵리듀스보다 최대 100배 정도 빠르게 처리가 가능해졌으며, 독립적 프레임워크로 또는 하둡 내에서 작동할 수도 있게 되었습니다.

데이터를 저장하고 접근하기 위한 용도로는 여러 시스템에 분산된 비구조적 또는 반구조적 데이터를 처리하는데 적합한 몽고DB, 카우치DB 또는 카산드라와 같은 NoSQL 데이터베이스 등이 사용됩니다. 즉 방대한 데이터 용량과 유형이 하나의 통합된 형식으로 융합되어 하나의 데이터베이스 저장소에 저장되는 데이터웨어 하우징과는 달리 데이터의 기반 속성이나 위치를 바꾸지 않고 이메일은 그대로 이메일, 센서 데이터는 그대로 센서 데이터인 채 모든 곳에 저장할 수가 있게 합니다.

Tip 아파치 소프트웨어 재단(Apache Software Foundation, ASF)은 어떤 곳인가요?

아파치 소프트웨어 재단(Apache Software Foundation, ASF)은 아파치 HTTP 서버를 포함한 아파치 소프트웨어 프로젝트를 지원하는 비영리 재단입니다.

1999년 6월 아파치 그룹과 미 델라웨어 사와의 합병으로 이루어 진 아파치 소프트웨어 재단은 개발자들의 분산 커뮤니티입니다. 그들이 개발하고 있는 소프트웨어는 아파치 라이선스 조항 아래 배포되고 자유 소프트웨어/오픈 소스 소프트웨어(Free Software/Open Source Software)이어야 하며, 아파치 프로젝트는 공동 제작과 합의에 의해 개발 프로세스가 오픈 되고 실용적인 소프트웨어 라이선스라는 특징으로 규정됩니다. 프로젝트는 프로젝트에 공헌자로 활동하는 기술 전문가들로 구성된, 자발적으로 참여하는 팀에 의해 관리되는데, 이때 재단 멤버십은 아파치 프로젝트에 적극적으로 활동하고 해당 프로젝트에 기여하는 지원자들에게만 부여가 됩니다.

재단의 목적들 중에는 프로젝트에 참여하는 지원자들에 대한 법적 보호와 다른 조직에서의 브랜드 사용을 막는 데에 있으며, 매해 아파치 프로젝트와 관련된 기술과 관련 개발자들이 모이는 콘퍼런스를 개최하기도 합니다.

Tip 아파치 스파크(Apache Spark)는 무엇인가요?

아파치 스파크(Apache Spark)는 오픈 소스 클러스터 컴퓨팅 프레임워크입니다. 원래 캘리포니아 대학교 버클리의 AMPLab에서 개발된 스파크의 코드베이스는 나중에 아파치 소프트웨어 재단에 기부되었으며, 그 이후로 계속 유지 보수를 해오고 있습니다. 스파크는 암시적 데이터 병렬성과 장애 허용과 더불어 완전한 클러스터를 프로그래밍하기 위한 인터페이스를 제공하기도 합니다.

스파크는 다양한 방법으로 배포가 가능하고 자바, 스칼라, 파이썬 및 R 프로그래밍 언어를 위한 네이티브 바인딩을 제공하며 SQL, 스트리밍 데이터, 머신러닝 및 그래프의 처리를 지원합니다.

은행, 통신업체, 게임업체, 정부를 비롯해 애플, 페이스북, IBM, 마이크로소프트와 같은 모든 주요 IT 기업들이 아파치 스파크를 사용하고 있기도 합니다.

Spark	
원저자	Matei Zaharia
개발자	아파치 소프트웨어 재단, 캘리포니아 대학교 버클리 AMPLab, Databricks
발표일	2014년 5월 30일 (3년 전)
최근 버전	v2.2.0 / 2017년 7월 11일 (8달 전)
개발 상태	개발 중
프로그래밍 언어	스칼라, 자바, 파이썬, R
운영 체제	마이크로소프트 윈도우, macOS, 리눅스
종류	데이터 분석, 기계 학습 알고리즘
라이선스	아파치 라이선스 2.0
웹사이트	spark.apache.org

Tip ● 5G, 5G하는데 이것은 무엇인가요? 4차 산업혁명과는 어떤 관계?

1784년 증기기관의 발명으로 촉발된 최초의 산업혁명을 시작으로 1870년 전기를 통한 2차 산업혁명, 그리고 컴퓨터와 인터넷의 발달로 야기된 3차 산업혁명을 거쳐 이제는 네 번째 산업혁명과 마주하고 있는 오늘의 상황을 감안할 때, 새롭게 시작되는 4차 산업혁명은 산업 인프라의 변혁을 이끌었던 기존의 기술들을 융합하고 새로운 기술들을 생성할 것입니다. 사물과 사물, 사물과 사람을 연결하고 유기적으로 커뮤니케이션 하는 세상, 모든 기술의 중심이 통신인 세상, 우리 앞에 성큼 다가온 4차 산업혁명의 중심에는 '네트워크'가 있을 것입니다.

사람과 사물이 유기적으로 결합하는 '초연결사회'를 주창하는 4차 산업혁명 하의 새로운 세상은 세상에 존재하는 많은 제품들이 인터넷과 연결하여 실생활에 활용될 것입니다. 이러한 환경을 구축하기 위하여 네트워크의 역할은 기존의 단순한 컴퓨터와 컴퓨터 간을 연결하는 시대에서 벗어나 TV, 냉장고, 세탁기 등 가전 제품과 자동차와 같은 이동 수단 그리고 시계, 스피커 등 생활 소품들에 이르기까지 다양하게 눈 앞에 보이는 거의 모든 것들이 서로 그리고 사용자와 연동하는 매개체의 역할을 수행할 것입니다.

(1) 2018 평창 동계올림픽에서 시작된 5G 이동통신 서비스

2018 평창 동계올림픽은 세계 최초로 5G 시범서비스를 제공하였으며, 이를 활용하여 사물인터넷(IoT), 초고화질영상(UHD), 인공지능(AI), 가상현실(VR)까지 펼쳐진 대회였습니다. 평창, 강릉, 광화문에서 시연된 5G 체험 존에서는 1인칭 선수시점이나 특정 선수의 경기모습 그리고 360° 모든 각도에서의 경기 모습을 볼 수 있었으며, 'AR Ways' 길안내 앱(App)을 통해서는 증강현실(AR) 기술을 활용한 길안내 서비스를 그리고 서울, 평창, 강릉 등 UHD 방송권역에서는 세계 최초로 지상파 UHD 방송을 시청할 수도 있었습니다.

[그림 10-30] 앞선 기술력을 보여주었던 2018년 평창 동계올림픽 전산센터 모습과 5G 구축 현장

(2) 5G(5세대 이동통신)

5세대 이동통신(5G = Fifth-Generation)은 현재도 개발 중인 차세대 이동통신 규격으로서 2011년 나온 4G보다 20배 빠른 서비스입니다. 3.4, 28, 38, 60GHz 등에서 작동하는 밀리미터파 주파수를 이용하는 통신으로서, 아직 5G에 대해서는 규격이 완료되지 않은 상태이며 3GPP 등에서 개발을 추진 중에 있습니다.

3GPP는 2016년 3월부터 5G 표준화 작업을 시작하였으며, 2017년 12월에는 Rel.15 5G RAN(Radio Access Network) Freeze 예정으로 이 때에 5G 통신 방식이 확정될 예정입니다. Partial Mobility와 Mobility 제품에 대해서는 2018년 6월에 Rel.15 Stage 3 Work Item Freeze에서 규격의 상세 항목들이 확정될 예정입니다. 이후2019년 상반기까지 기술검증기간을 거칠 예정이며, Rel.15 규격은 2019년 말에 확정 발표될 예정으로 있습니다.

[그림 10-31] 2018년 평창 동계올림픽에서 세계 처음으로 시연된 5G 시스템 모습

(3) SDN(Software Defined Networking, 소프트웨어 정의 네트워킹)

소프트웨어 정의 네트워킹(Software Defined Networking, SDN)은 개방형 API(오픈 플로우)를 통해 네트워크의 트래픽 전달 동작을 소프트웨어 기반 컨트롤러에서 제어/관리하는 접근 방식입니다. 트래픽 경로를 지정하는 컨트롤 플레인과 트래픽 전송을 수행하는 데이터 플레인이 분리되어 있으므로 네트워크의 세부 구성정보에 얽매이지 않고 요구사항에 따라 네트워크를 소프트웨어 기반의 컨트롤러에서 관리할 수 있게 됩니다.

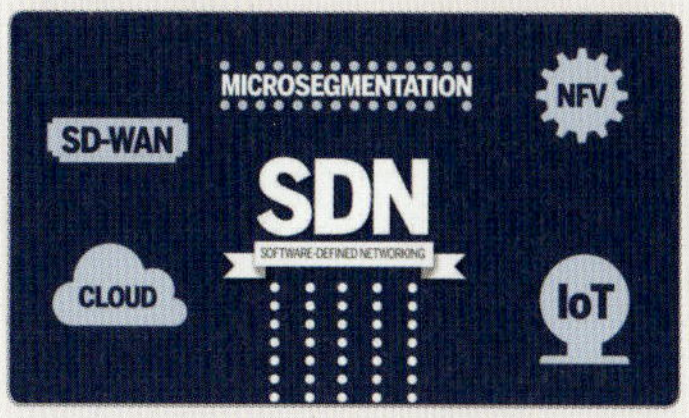

기본적으로 SDN은 가상화 기술의 확산 현상과 관련되어 있습니다. 네트워크 기기(스위치, 라

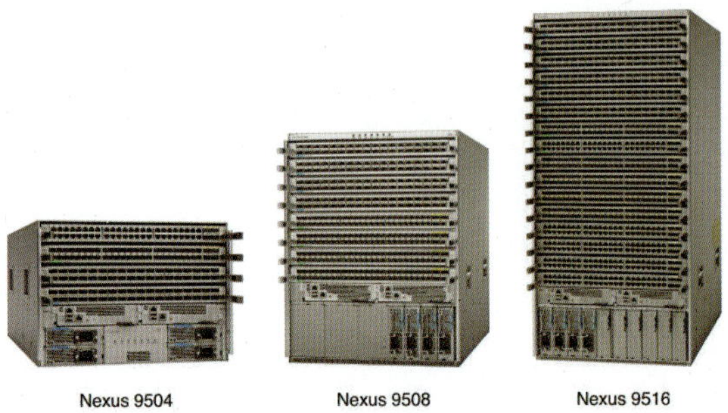

[그림 10-32] SDN 기능을 지원하는 Cisco사의 Nexus 9500 시리즈 장비들

우터, 네트워크 카드 등)와 유선으로 통신하는 운영체제 사이에 지능형 소프트웨어 계층을 첨부함으로써 관리자는 더 이상 물리적인 기기와 환경설정을 위해서 직접 만져야 하는 일에서 해당 소프트웨어만을 사용해 관련 네트워크를 설정할 수 있게 되는 것입니다. 그러므로 SDN은 하드웨어 가상화와 같은 추상화를 실현한 기술이기도 합니다. 가상화된 네트워크로 인하여 소프트웨어는 네트워크가 구성되고 전송되며 환경이 설정되는 방식을 설정할 수가 있게 되는 것입니다. 즉, 기반이 되는 물리적 네트워크 구성요소가 여전히 실제적인 트래픽을 전송하지만 이런 트래픽의 흐름을 제어하는 위치는 지금까지의 하드웨어에서 그 위에서 운용하는 소프트웨어로 이동되는 것입니다.

SDN은 퍼블릭 및 프라이빗 클라우드 환경에서의 유용성 때문에 기본적으로 가상화로부터 발전되었습니다. 클라우드 운영을 위해 많은 양의 네트워크 구성과 계획이 수반되는데, 특히 재난복구 상황에서는 소프트웨어로 상황에 따라 네트워크를 재구성할 수 있는 기능이 매우 중요해집니다. 또한 대부분의 SDN 솔루션들은 오픈 소스화 되어 있거나, 아니면 국제적 표준에 기초하고 있기 때문에 많은 벤더들의 지원을 받고 있는데, 이런 벤더 중립성은 오픈플로우(OpenFlow)라 불리는 API에 의해 수행됩니다. 이때의 오픈플로우(OpenFlow)는 SDN을 실행하기 위한 엔진과 기술 정도로 생각하면 될 것입니다.

10.5 인공지능(AI: Artificial Intelligence)과 로봇?

10.5.1 인공지능은 무엇인가요?

2016년 3월 9일부터 15일까지, 세계는 하나의 커다란 사건에 주목을 하였습니다. 알파고 대 이세돌 혹은 딥마인드 챌린지 매치(Google Deepmind Challenge Match)라고 알려진 세기의 대결이 대한민국의 포 시즌스 호텔에서 개최되었던 것입니다. 우승상금 100만 달러가 걸린 이 세기의 바둑 대결, 최고의 바둑 인공지능 프로그램과 바둑의 최고 중 최고인 인간 실력자와의 대결로 주목을 받았으며, 최종 결과는 이 시합에서 결국 인간 대표인 이세돌 9단이 1-4라는 결과를 만들어내어, 세계에 인공지능의 실체를 알게 해준 사건이었습니다.

1946년 세계 최초의 컴퓨터 에니악이 발명된 이후 계산에서부터 시작해서 논리, 사고, 자각 등 실제 인간의 지능과 유사한, 인공적으로 만든 인공지능의 발전도 거듭해 왔습니다. 1997년 IBM의 인공지능 딥 블루가 세계 체스 챔피언 가리 카스파로프를 상대로 승리하였고, 같은 해 로지스텔로가 오델로 세계 챔피언을 상대로 승리하였으며, 인공지능 왓슨 또한 미국의 퀴즈 프로그램에서 역대 우승자를 제치고 우승을 차지하였지만 바둑은 게임의 전개가 다양해 상당 기간 인공지능이 정복하지 못한 게임으로 남아 있었습니다. 2008년 바둑 인공지능 모고가 김명완 기사를 상대로 9점 접바둑으로 승리를 거뒀고, 2011년 젠이 마사키와 5점, 4점 접바둑을 둬 승리하였습니다.

2016년 초, 유럽의 바둑 챔피언 판 후이를 상대로 맞바둑 5번기 중 5번을 승리해 완승으로 마무리하였고 이 해 3월에 새로운 도전이 있었던 것이었습니다.

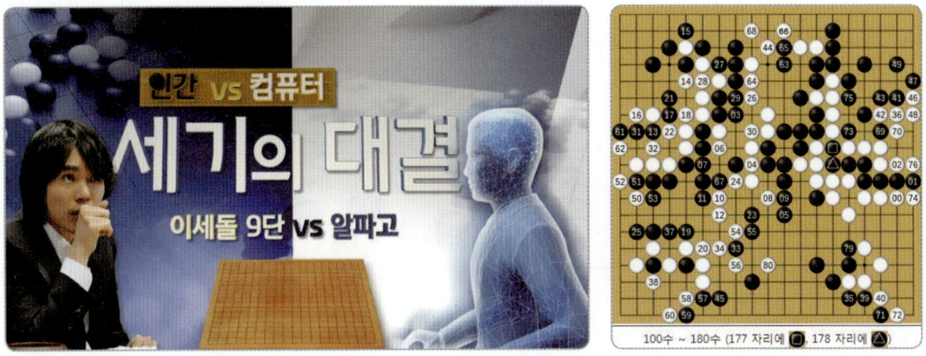

[그림 10-33] 방송에 소개되었던 이세돌 9단과 알파고의 바둑 대결 소개 영상 및 이세돌 9단이 승리한 4국 모습(백이 이세돌 9단)

이렇게 세상에 알려지기 시작한 인공지능은 간단히 말해 인간이 지닌 지적 능력의 일부 또는 전체를 인공적으로 구현한 것을 의미합니다. 현실 세상에서는 이제 막 한 걸음을 내디딘 단계이며, 영화나 드라마에서는 흔하게 접할 수 있는 소재이기도 합니다.

10.5.2 인공지능과 유사한 용어들은 무엇, 무엇이?

인공지능은 어떠한 지능과 관련된 일과 관계가 있습니다. 그러므로 현대에서 인공지능 기술이라는 범위는 너무나 방대하다고 할 수 있습니다. 그 중 가장 대표적인 인공지능의 예를 찾는다면, 최근에 많이 거론되고 있는 자율주행자동차를 들 수 있으며, 그 외에도 의학 진단, 예술, 수학 정리 증명 및 게임 등을 들 수 있습니다. 또한 로봇도 그 한 예로 들 수 있을 것입니다.

이와 같은 인공지능 분야에는 몇 가지 주요 기술들이 있습니다.

(1) 기계 학습(Machine Learning)

인공지능의 한 분야로서, 컴퓨터가 학습할 수 있도록 하는 알고리즘과 기술을 개발하는 분야를 말하는데, 많은 관련 데이터를 입력해주면 관련 프로그램이 스스로 규칙을 학습하는 기계 학습을 말합니다. 기계 학습의 핵심은 표현(Representation)과 일반화(Generalization)에 있는데, 표현이란 것은 데이터의 평가이며 일반화란 아직 알 수 없는 데이터에 대한 처리를 의미합니다.

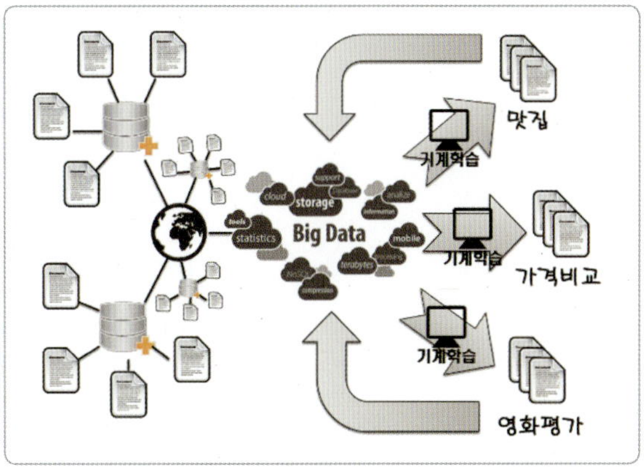

[그림 10-34] 기계 학습의 활용 예

1959년 아서 사무엘은 이를 "기계가 일일이 코드로 명시하지 않은 동작을 데이터로부터 학습하여 실행할 수 있도록 하는 알고리즘을 개발하는 연구 분야"라고 정의하기도 하였습니다.

(2) 인공 신경망(Artificial Neural Network)

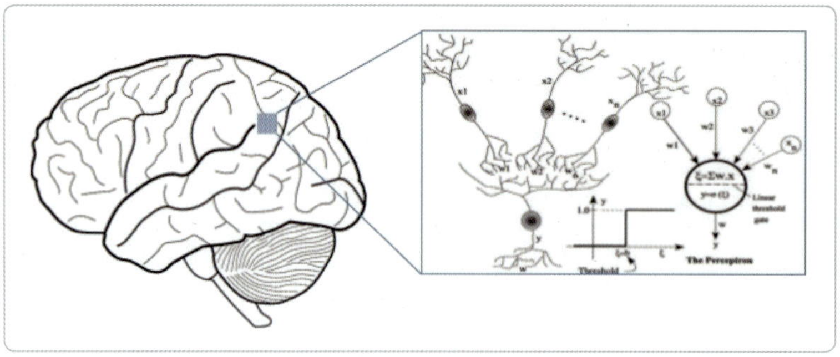

[그림 10-35] 인공 신경망 구조

인간의 뉴런 구조를 본떠 만든 기계 학습 모델로서, 기계 학습과 인지 과학에서 생물학의 신경망(동물의 중추신경계 중 특히 뇌)에서 영감을 얻은 통계학적 학습 알고리즘을 말합니다. 인공 신경망은 시냅스의 결합으로 네트워크를 형성한 인공 뉴런(노드)이 학습을 통해 시냅스의 결합 세기를 변화시켜 문제 해결 능력을 가지는 모델 전반을 가리킨다고 보면 됩니다. 즉 많은 입력들에 의존하면서 일반적으로 베일에 싸인 함수를 추측하고 근사치를 생성할 경우에 사용되는데, 다른 기계 학습과 같이(데이터로부터 학습하는) 신경망은 일반적으로 규칙 기반 프로그래밍으로 풀기 어려운 컴퓨터 비전 또는 음성 인식과 같은 다양한 범위의 문제를 푸는 경우에 이용됩니다.

(3) 딥 러닝(Deep Learning)

딥 러닝(Deep Learning, 심층학습)은 여러 비선형 변환기법의 조합을 통해 높은 수준의 추상화(Abstractions, 다량의 데이터나 복잡한 자료들 속에서 핵심적인 내용 또는 기능을 요약하는 작업)를 시도하는 기계 학습(Machine Learning) 알고리즘의 집합으로서 큰 틀에서 사람의 사고방식을 컴퓨터에게 가르치는 기계 학습의 한 분야하고 할 수 있습니다.

어떤 데이터가 있을 때 이를 컴퓨터가 이해할 수 있는 형태로 표현하고 이를 학습에 적용하기 위해 많은 연구가 진행되고 있으며, 이러한 노력의 결과로 다양한 기법들이 컴퓨터 비전, 음성인식, 자연어처리, 음성/신호처리 등의 분야에 적용되고 있습니다.

2012년 스탠포트 대학의 앤드류 응과 구글이 함께한 딥 러닝 프로젝트에서는 16,000개의 컴퓨터 프로세서와 10억 개 이상의 Neural Networks 그리고 DNN(Deep Neural Networks)을 이용하여 유투브에 업로드 되어있는 천만 개 넘는 비디오 중 고양이 인식에 성공하는 업적을 나타내기도 하였습니다.

딥 러닝은 지진 예측이나 자율 주행 자동차 운전 등에도 활용할 수 있습니다. 또한 흑백 비디오에 색깔 입히기, 휴대전화 카메라로 텍스트 번역하기, 사람 목소리 흉내내기, 작곡하기, 컴퓨터 코드 작성하기 등이 가능합니다. 또한 기업들의 딥 러닝 응용 가능성은 보안 시스템에서부터 감정 분석, 제조 과정 최적화에 이르기까지 다양합니다. 딥 러닝은 특히 영상과 소리 이해에 능하며 X-레이 분석이나 법률 문서 검토 등 여러 가지 일반전인 전문 작업을 자동화 할 수도 있을 것입니다.

기술 회사들은 다양한 분야에 다양하게 딥 러닝 활용법을 실험 중입니다. 전기 자동차 메이커 테슬라(Tesla)는 딥 러닝을 활용해 자율 주행 자동차들이 도로상의 위험을 파악할 수 있도록 학습시키고 있으며, 딥 마인드는 눈의 디지털 스캔 분석을 통해 시력을 위협하는 질병을 탐지해 내고 페이스 북은 사용자의 관심사와 관련된 콘텐츠를 제공하는 데 딥 러닝을 각각 활용 중입니다.

이처럼 딥 러닝은 주로 디지털 우선 업체의 지지를 받고 있지만, 그 기술이 점점 정교해지고 있으며, 이로 인하여 모든 분야의 기업들을 탈바꿈시킬 가능성이 많은 기술일 것입니다.

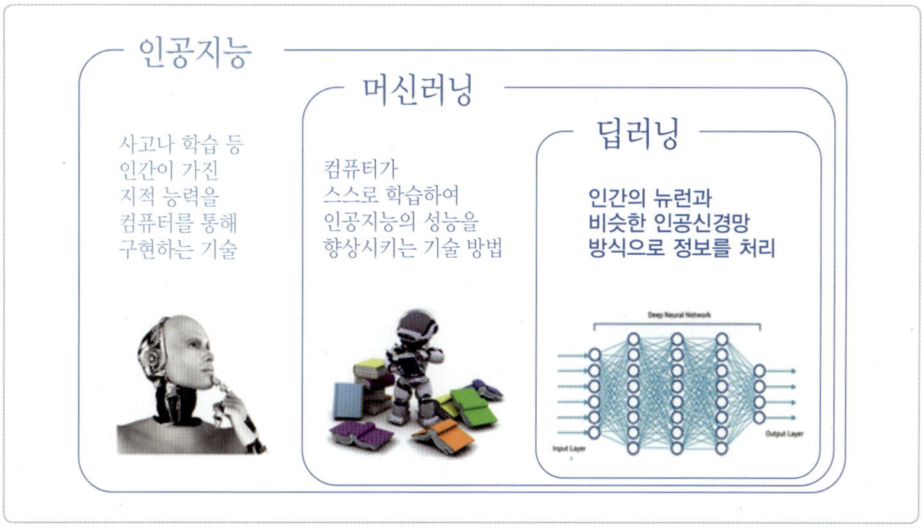

[그림 10-36] 인공지능과 머신 러닝, 딥 러닝의 관계

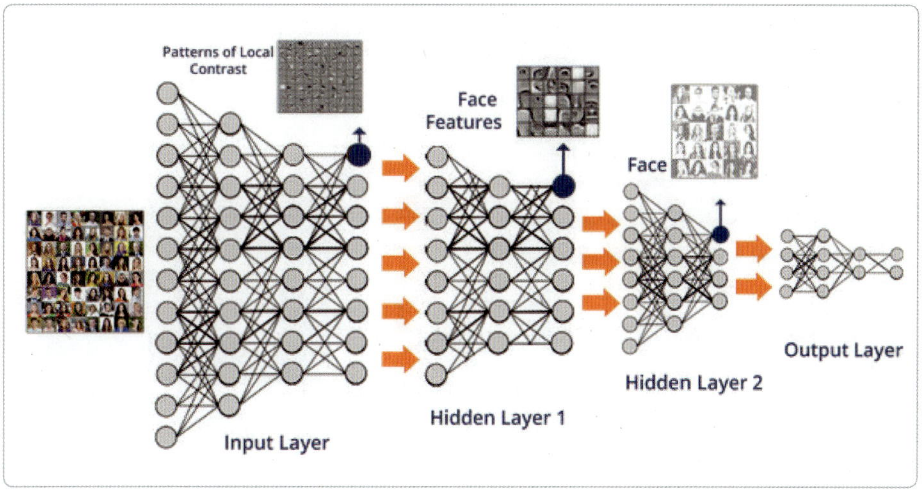

[그림 10-37] 딥 러닝을 활용한 안면 인식

[그림 10-38] 인지 컴퓨팅

(4) 인지 컴퓨팅(Cognitive Computing)

지각 컴퓨팅(Perceptual Computing)이라고도 하며, 디바이스가 인간과 같은 감각을 가지고 사용자의 의도를 파악할 수 있는 컴퓨팅을 말합니다. 동작 인터렉션, 3차원 제스처 인식, 얼굴 및 목소리 인식, 증강현실 등을 구현할 수 있으며, 음성 인식(Speech Recognition), 손가락 인식(Hand & Finger Tracking), 얼굴 인식(Face Analysis), 물체 추적(2D/3D Object Tracking) 기술 등을 하나로 통합한 솔루션으로 자리 매김을 하고 있는 기술을 말합니다. 더 쉽게 말하자면 사용자의 주변 환경을 인식하는 기술로서 추가적인 정보를 주거나 받는 것 없이 사람의 행동에 반응하고, 사용자가 무엇을 필요로 하는지 알아내는 분야하고 할 수 있습니다.

이런 시스템은 핸드폰의 카메라와 같은 장치에 적용하여 거리와 깊이를 결정할 수도 있으며, 제스처나 다른 움직임을 추적할 수도 있습니다. 또한 사람의 감정을 확인도 가능하기에 컴퓨터가 얼굴 표정을 분석하여 사람의 지금 현재의 감정을 파악할 수도 있게 합니다.

(5) 뉴로모픽 컴퓨팅(Neuromorphic Computing)

뉴로모픽 컴퓨팅은 인공 신경망을 하드웨어적으로 구현한 것을 말합니다.

즉, 현재까지 딥 러닝은 전부 프로그래밍을 통해서 소프트웨어적으로 구현되고 있습니다. 하지만 이를 실시간으로 동작시키기 위해서는 수많은 CPU 및 GPU가 필요

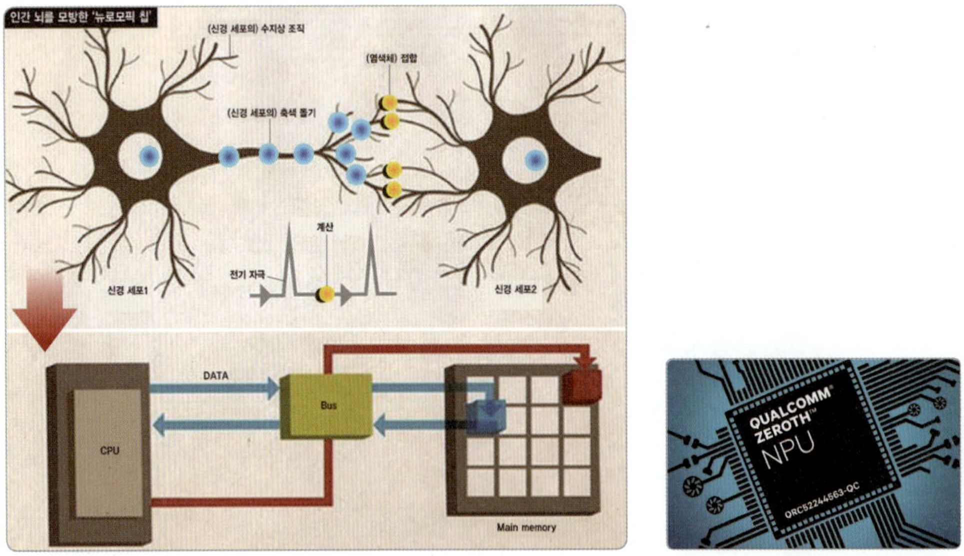

[그림 10-39] 뉴로모픽 칩은 인간 뇌처럼 효율적이면서도 자기 학습 기제를 갖추고 있다. 오른쪽 그림은 퀄컴에서 2013년 세계 최초로 개발한 뉴로모픽 칩 '제로스(Zeroth)'

인간 뇌가 슈퍼컴퓨터보다 더 뛰어난 까닭은 신경세포들끼리 바로 연결하는 단순한 구조 덕분입니다. 이 때문에 아주 적은 에너지로 1000억 개가 넘는 뉴런(신경세포)을 가동할 수 있습니다(왼쪽 위 그림). 반면에 컴퓨터는 중앙정보처리프로세서(CPU)와 메모리시스템(하드웨어)의 데이터 이동을 버스(BUS)가 일일이 통제하는 방식입니다(왼쪽 아래 그림의 붉은색 화살표). 뉴로모픽 칩은 CPU와 하드웨어를 인간 뇌의 신경세포 연결 구조처럼 병렬적이고 네트워크 방식으로 연결합니다(왼쪽 아래 그림의 파란색 화살표).

합니다. 이로 인해 막대한 양의 전력 소모가 발생하며 회로가 차지하는 면적도 커지게 됩니다. 이는 딥 러닝 기술을 모바일 기기에 적용하는데 커다란 걸림돌이 되기도 합니다.

이와 같은 문제점을 근본적으로 해결하기 위하여 제안된 것이 뉴로모픽 회로(Neuromorphic Circuit)입니다. 뉴로모픽 회로는 CPU와 GPU의 구조를 따르지 않고(폰 노이만 구조의 컴퓨팅 방식에서 탈피), 오직 신경망 연산을 위해 필요한 회로만으로 구성된 회로를 말합니다. 이를 통하여 기존 방식 대비 전력, 면적, 속도 측면에서 수백 배 이상의 효과를 볼 수 있을 것입니다.

[그림 10-40] 뉴로모닉 칩들(좌로부터 인텔, IBM 그리고 국내업체 네패스의 NM500칩)

Tip 자율 주행 자동차(Autonomous Vehicle)는 무엇인가요?

자율 주행 자동차(Autonomous Vehicle)란 운전자 또는 승객의 조작 없이 자동차 스스로 운행이 가능한 자동차를 말합니다(자동차관리법 제2조 제1호의 3). 즉 운전자의 개입 없이 주변 환경을 스스로 인식하고 주행 상황을 판단해 차량을 제어함으로써 스스로 정해진 목적지까지 주행하는 자동차를 말하는 것입니다. 일반적으로 자율 주행 자동차와 무인 자동차(Unmanned Vehicle, Driverless Car)의 용어가 혼재되어 사용되지만, 자율 주행 자동차는 운전자 탑승 여부보다는 차량이 완전히 독립적으로 판단하고 주행하는 자율 주행 기술에 초점을 맞춘 용어입니다.

'운전자의 안전불감증'이나 '부주의한 운전 습관' 등으로 발생하는 교통사고, 하지만 운전은 순간의 실수가 돌이킬 수 없는 사고로 이러질 수 있지만 매일 습관처럼 운전하는 많은 사람들에게는 위험이 눈앞에 닥치기 전까지는 크게 와 닿지 않는 일일 것입니다. 교통법규를 철저히 지키고, 아무런 감정적 동요 없이 이상적으로 운전할 수 있는 인공지능 자율주행 시스템이 스스로 주변 환경을 인식하고 주행 상황을 판단해 자동차를 제어, 목적지에 알아서 운전할 수 있다고 이것이 완전한 자율 주행 자동차라 할 수 있을 것입니다. 하지만 아직은 자율 주행 기술의 안전성이 검증을 받고 있는 단계이며 이 이후에는 대중화가 될 것입니다.

[그림 10-41] 자율 주행 자동차 모습

[그림 10-42] 2016년 5월 7일 미국 플로리다 주에서 발생한 테슬라 모델S와 트래일러 트럭과의 교통사고 현장(테슬라의 자율 주행 시스템의 잘못이 아니라고 진단됨)

[그림 10-43] 2016년 9월 25일 미국 마운틴뷰에서의 구글 자율 주행 테스트 차량의 사고 현장 모습

자율 주행 기술 수준 단계

	Level 0	Level 1	Level 2	Level 3	Level 4
	No Automation 운전자에 의해 완벽하게 제어되는 차량	Function Specific Automation 1개 이상의 특정 제어기능을 갖춘 자동화 시스템	Combined Function Automation 2개 이상의 특정 제어기능을 갖춘 자동화 시스템	Limited Self-Driving Automation 가속, 주행, 제동 모두 자동으로 수행하는 자동화 시스템 (필요시 운전자 개입)	Full Self-Driving Automation 100% 자율 주행
운전자 역할	직접 운전	직접 운전 (운전 보조장치)	운전자 주행상황 항상 주시	운전자 자동운전 결정	운전자 목적지 입력까지만
대표 기능		크루즈컨트롤, 전자식 안정화 컨트롤, 차선 인식 등	장애물 회피, 브레이크 제어, 주차보조기능 등	교통혼잡시 자동차 스스로 저속주행, 운전자 조작없이 고속도로 주행, 자동 차선변경 등	
	Now	Now	Now	2020+	2025+

[그림 10-44] 자율 주행 자동차의 자동주행 레벨 5단계(출처: NHTSA 참고, KT경제연구소 재구성)

10.5.3 인공지능과 로봇은 어떤 관계인가요?

[그림 10-45] 로보트 태권브이

로봇(Robot, 로보트)은 인간과 유사한 모습과 기능을 가진 기계, 또는 무엇인가 스스로 작업하는 능력을 가진 기계를 의미합니다.

상당히 오래 전부터 제조업 공장에서 조립, 용접, 핸들링 등을 수행하는 자동화된 '산업용 로봇'들이 그 역할을 수행해 왔으며, 지금도 그 역할을 수행하고 있습니다. 이 외에도 환경을 인식하고 스스로 판단하는 기능을 가진 '지능형 로봇', 사람과 닮은 모습을 한 로봇은 '안드로이드'라 부르기도 합니다.

로봇(Robot)이라는 말은 1920년 체코슬로바키아의 극작가 카렐 차페크(Karel Capek)의 희곡 R.U.R(Rosuum's Universal Robits)에서 처음으로 사용되었습니다. 이 말의 어원은 체코어의 노동을 의미하는 단어 'Robota'에서 나왔다고 알려지고 있습니다. 차페크는 이 희곡에서 작업 능력은 인간과 동등하거나 오히려 그 이상이면서 인간적 '감정'이나 '혼'을 가지고 있지 않은 로봇이라고 불리는 인조인간을 등장시킨 것입니다.

로봇틱스(Robotics)라는 말은 로봇의 활용과 로봇 공학을 의미하는데, 이 말은 미국 과학자이면서 작가인 아이작 아시모프(Issac Asimov, 1920~1992년)가 1942년에 발간한 단편 Runaround에서 최초로 사용하였습니다.

(1) 산업현장에서의 로봇

산업현장에서의 로봇들은 그 동안 인간이 해 오던 많은 일들을 대신하고 있습니다. 즉 단조로운 반복 작업이나 따분한 작업, 불쾌한 작업들을 대신하고 있습니다. 조립 공장에서 리벳 박는 일, 용접, 자동차 차체를 칠하는 일 등이 그 좋은 예입니다. 언제나 일정한 수준의 정밀도와 정확도로 작업을 계속할 수 있으며, 결코 지칠 줄 모름으로 제품의 품질이 항상 일정하고 휴식을 취할 필요도 없기 때문입니다.

[그림 10-46] 자동차 제조공정에 투입되어 있는 로봇 시스템 모습

(2) 위험한 일을 대신하는 로봇

로봇은 위험한 작업을 대신하는 곳에도 많이 적용되고 있습니다. 방호복을 입지 않고 원자력 공장에서 방사선 물질을 취급하거나, 유독 화학 물질을 취급할 수도 있으며, 또한 인간에게는 너무 덥거나, 추운 환경에서도 작업을 할 수 있으며, 인간의 생명이 위험에 노출될 수도 있는 폭발물 수색이나 폭탄의 뇌관 제거 및 우주 공간에서의 작업 등에도 이상적으로 사용되고 있습니다.

[그림 10-47] 화성 탐사 로봇 스프릿

[그림 10-48] 방재 로봇

(3) 인간에게 친근하게 다가오는 로봇

인간의 일상 생활을 돕기 위하여 다양한 로봇들이 사용되고 있습니다. 또한 육체적인 장애를 가진 사람들을 돌보는 일에도 폭넓게 이용될 것이며, 로봇 간호보조자는 장애자나 노령으로 체력이 약해진 사람들이 가족들에게서 독립하여 혼자서도 살아갈 수 있도록 해주며, 병원에 입원하지 않아도 될 수 있도록 도와주는 역할을 수행하기도 합니다.

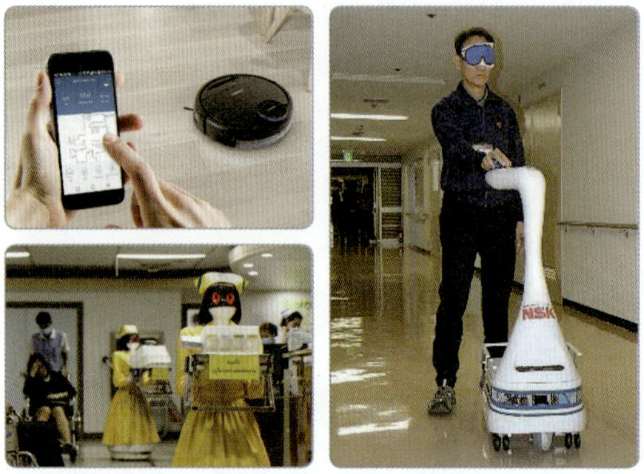

[그림 10-49] 다양한 로봇 제품들(무선 청소기(왼쪽 위), 간호사 복장의 로봇(왼쪽 아래), 시각장애인용 로봇(오른쪽) 등)

(4) 지능형 로봇(Intelligent Robots)

외부 환경을 인식하고 스스로 상황을 판단하여 자율적으로 동작하는 로봇을 말하는데, 기존의 로봇과는 차별화되는 것은 상황판단 기능과 자율동작 기능이 더해졌다는 것입니다.

상황판단 기능은 다시 환경인식 기능과 위치인식 기능으로 나뉘며, 자율동작 기능은 조작제어 기능과 자율이동 기능으로 나뉘기도 하는데, 이 4가지 기능이 주요 기술입니다. 하지만 이와 같은 지능형 로봇이 등장함으로써 인간의 일자리를 빼앗고, 로봇 병기가 지배한다는 암울한 이미지로 비쳐지기도 합니다.

일본의 아시모와 우리나라의 휴보 및 키보 그리고 중국의 지아지아 등과 같은 인간형 로봇(Humanoid)은 두 팔과 양다리의 2족 보행 기능을 갖는 모습을 보여, 앞으로 20년쯤이면 인간과 함께 생활하고, 인간의 보조자로서의 기능을 수행할 수 있을 것으로 예상하고 있으며, 사이보그(Cybog)의 출현도 가능하리라고 보고 있습니다.

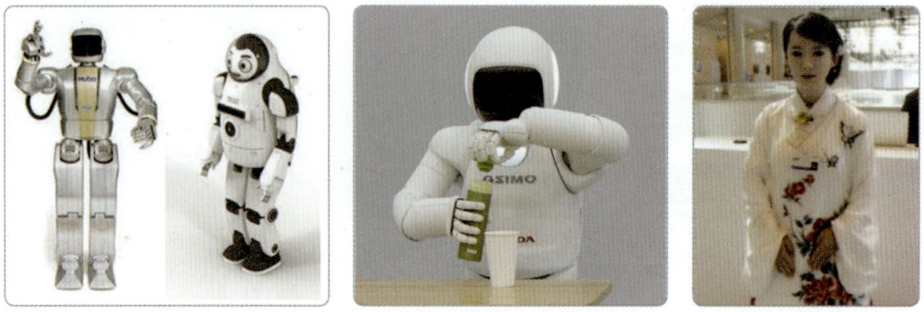

[그림 10-50] 다양한 로봇 제품들(좌로부터 KAIST 휴보, KIST 키보, 일본 아시모, 중국 안내 로봇 지아지아)

10.5.4 그럼 4차 산업혁명에서 인공지능의 역할은 무엇인가요?

4차 산업혁명은 초연결성(Hyper-Connected)과 초지능화(Hyper-Intelligent)로 요약됩니다. 여기서 초연결성은 인터넷과 연결된 사물의 수가 대폭 증가한다는 것을 의미하는데, 이와 관련하여 2020년경에는 인터넷 플랫폼 가입자의 수가 30억 명에 이를 것이며, 스마트 디바이스간 연결은 500억 개 수준으로 늘어날 것입니다. 다른 한 가지 초지능화는 인공지능(AI)이 빅데이터와 연계 및 융합하는 기술인데, 대표적 사례로는 딥 러닝을 들 수 있습니다.

[그림 10-51] 딥 러닝 기술이 적용된 LG로보킹 터보 플러스

로봇과 인공지능은 이미 생활 속으로 성큼 다가와 있고, 그 범위를 점차 넓혀가고 있는 중입니다. 주변을 둘러보면 손쉽게 이런 것들을 접할 수 있을 것입니다.

가장 손쉽게는 스스로 집 안을 청소하는 로봇청소기를 들 수 있을 것입니다. 단순히 청소를 하거나 충전 스테이션을 찾아가는 기능을 넘어 장애물의 종류를 파악하고 회피 성능을 높이며 진화하고 있는 모습입니다.

4차 산업혁명은 외식도 로봇과 함께하는 시대를 열고 있습니다. 최근 서울 잠실 롯데월드몰에 등장한 인공지능 서비스 로봇이 그것입니다. 이 로봇 '장금이'는 메뉴 안내를 비롯해 고객 안내 등 편의 서비스를 제공하며, 4개 국어(한국어, 영어, 중국어, 일어)도 지원합니다.

[그림 10-52] 인공지능 서비스 로봇 '장금이'

이외에도 일본 파나소닉 코퍼레이션이 나리타 국제공항㈜ 및 아나 프라운플라자 나리타와 협력해 시범 실험을 시작한 자율 반송 로봇인 '호스피(R)'도 있습니다. 이 로봇은 인간을 대신해 물건을 자율적으로 운반해주는 로봇인데, 사전 프로그램 된 지도 정보를 바탕으로 고성능 센서 및 첨단 충돌방지 알고리즘을 활용해 주변 환경을 숙지한 상태에서 이동합니다. 지나가는 사람이나 물체들과 충돌 없이 물건을 안전하고 효과적으로 운반하는 이 호스피를 일본 내 4개 병원에 도입되었으며, 공항 라운지와 호텔 로비 등에도 도입할 예정입니다.

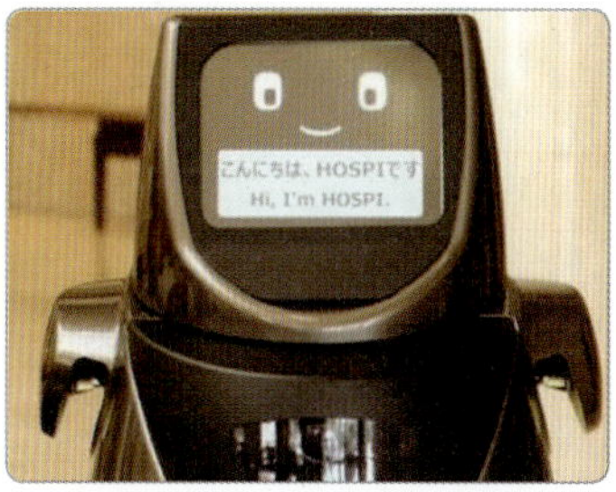

[그림 10-53] 파나소닉에서 선보인 '호스피(R)'

Tip 인공지능과 관련된 소프트웨어는 무엇이 있나요?

● 파이썬(Python)

파이썬(Python)은 1991년 프로그래머인 귀도 반 로섬(Guido van Rossum)이 발표한 고급 프로그래밍 언어로 플랫폼 독립적이며 인터프리터식, 객체지향적, 동적 타이핑(Dynamically Typed) 대화형 언어입니다. 파이썬이라는 이름도 귀도가 좋아하는 코미디 〈Monty Python's Flying Circus〉에서 따온 것으로서 비영리의 파이썬 소프트웨어 재단이 관리하고 있는 개방형, 공동체 기반 모델을 가지고 있는 C언어로 구현된 프로그래밍 언어입니다.

파이썬은 초보자부터 전문가까지 다양한 사용자층을 보유한 동적 타이핑(Dynamic Typing) 범용 프로그래밍 언어로서 다양한 플랫폼에서 사용할 수 있으며, 라이브러리(모듈)가 풍부하여 대

학을 비롯한 여러 교육기관, 연구기관 및 산업계에서 이용되고 있습니다. 또한 유니코드 문자열을 지원함으로써 다양한 언어의 문자 처리도 가능합니다.

현재 파이썬은 2000년 10월에 배포된 파이썬 2.0을 넘어 파이썬3000(혹은 파이썬3K)이라는 코드명을 가진 파이썬 3.0 버전이 2008년 12월에 발표되었습니다.

파이썬은 언어의 핵심에 모든 기능을 넣는 대신, 사용자가 언제나 필요로 하는 최소한의 기능만을 사용하면서 확장해나갈 수 있도록 디자인되었으며, 라이브러리는 이런 기본 기능에는 없는 많은 기능들을 제공하기도 합니다. 파이썬은 원래 교육용으로 설계되었기 때문에 읽기 쉽고 그래서 효율적인 코드를 되도록 간단하게 쓸 수 있도록 하려는 철학으로 알기 쉬운 코드를 선호하는 경향이 강하게 작용하고 있기도 합니다.

첫 파이썬 버전은 매킨토시에서 사용할 목적으로 개발되었지만, 현재는 다양한 플랫폼(마이크로소프트 윈도우, 매킨토시, 각종 유닉스, 리눅스, 팜OS, 노키아 시리즈60 등)에서 동작하지만 안드로이드 및 IOS에서는 동작하지 않습니다.

● 텐서플로(TenbsorFlow)

텐서플로(TensorFlow)는 다양한 작업에 대해 데이터 흐름 프로그래밍을 위한 오픈소스 소프트웨어 라이브러리로서, 심볼릭 수학 라이브러리이자, 뉴럴 네트워크 같은 기계학습(Machine Learning) 응용프로그램에도 사용이 됩니다. 텐서플로는 구글 내 연구와 제품개발을 위한 목적으로 구글 브레인팀에 의해 개발되었고 2015년 11월 아파치 2.0 오픈소스 라이선스로 공개되었습니다.

2011년 구글 브레인팀은 첫 기계학습 시스템으로 디스트빌리프(DistBelief)를 만들었으며, 이는 검색, 음성검색, 광고, 구글 포토, 구글 맵스, 스트리트뷰, 번역, 유투브 등과 같은 서비스에 적용되었습니다. 2015년 오픈 소스로 구글 브레인팀은 텐서플로라는 두 번째 기계학습 시스템을 개발하였는데, 이 시스템은 안드로이드와 iOS같은 모바일 환경은 물론 64비트 리눅스, MacOS의 데스크탑이나 서버 시스템에도 적용이 가능하였습니다.

텐서플로는 파이썬 API를 제공하며, 문서화가 약간 부족하지만 C/C++ API도 같이 제공하고 있습니다.

TensorFlow

개발자	구글 브레인팀
발표일	2015년 11월 9일 (2년 전)
최근 버전	1.5.0 / 2017년 2월 15일(13달 전)
개발 상태	개발 중
프로그래밍 언어	파이썬, C++
플랫폼	리눅스, MacOS, 마이크로소프트 윈도우
종류	기계 학습 라이브러리
라이선스	아파치 2.0 오픈 소스 라이선스
웹사이트	www.tensorflow.org

10.6 가상현실(VR: Virtual Reality)은 무엇인가요?

서울과 부산 등 대도시를 중심으로 하나 둘 새로이 생겨나고 있는 VR(Virtual Reality, 가상현실) 체험 영업점들. 아직은 조금 먼듯하지만 서도, 벌써 많은 젊은이들이 그 세계에서 그들만의 즐거움을 찾고 있는 것입니다. 일부 VR 기계들은 유선을 사용하지만 이런 불편함도 곧 무선을 통하여 사람들 모두 한번쯤은 꿈꿔왔을 법한 진짜 가상현실의 세계가 구현될 것이라는 기대를 갖기에는 충분한 모습들입니다.

[그림 10-54] VR(가상현실) 카페 모습과 이 카페에서 VR 게임을 즐기는 모습

10.6.1 가상현실은 무엇인가요?

[그림 10-55] 대표적인 VR(가상현실) 영화들

가상현실이란 컴퓨터 등을 사용하여 인공적인 기술로 만들어낸 실제와 유사하지만 실제가 아닌 어떤 특정한 환경이나 상황 혹은 그 기술 자체를 말합니다. 이때, 만들어진 가상의 환경이나 상황 등은 사용자의 오감(시각, 청각, 미각, 후각 그리고 촉각)을 자극하며 실제와 유사한 공간적, 시간적 체험을 하게 함으로써 현실과 상상의 경계를 자유롭게 넘나들게 합니다. 또한 사용자는 가상현실에 단순히 몰입할 뿐만 아니라 실재하는 장치나 디바이스를 이용해 조작이나 명령을 가하는 등 가상현실 속에 구현된 것들과 상호작용이 가능하기도 합니다. 이러한 가상현실은 사용자와 상호작용이 가능하고 사용자의 경험을 창출한다는 점에서 일방적으로 구현된 시뮬레이션(Simulation, 실제로 실행하기 어려운 실험을 간단히 행하는 모의실험을 의미)과는 구분되기도 합니다.

가상현실이라는 단어는 프랑스의 극작가이자 시인, 배우이며 연출가인 앙토냉 아르토(Antonin Artaud)의 저서에서 극장을 묘사하는 단어로 '버추얼 리얼리티(가상현실의 영문표기)'를 사용한 데서 유래하고 있습니다. 지금의 '가상현실'이라는 단어의 의미와 유사한 '인공현실(Artificial Reality, AR)'이라는 단어는 1970년대 첫 세대 가상현실 연구가 중 한 사람인 마이런 크루거(Myron Krueger)에 의해 만들어졌으며, 그 후 1980년대 후반에 미국의 컴퓨터 과학자인 재런 래니어(Jaron Lanier)에 의해 현재의 가상현실 개념을 뜻하는 단어인 '버추얼 리얼리티'가 널리 쓰이게 되었습니다.

1989년에는 가상현실을 다룬 SF 걸작 공각기동대, 1990년대에는 매트릭스, 토탈 리콜 등이 등장하면서 'HMD, 촉각 장갑, 후각 시뮬레이터를 이용하는 가상현실'이라는 이미지가 확립되었고, 또한 기술적, 사회적 이미지도 정립되었습니다. 그 후 2000년대 초반에 지속적인 발전이 진행되었으나, 2015년 삼성 기어 VR, 2016년 오큘러스 리프트, HTC Vive, 플레이스테이션 VR 등을 필두로 일반 소비자용 가상현실 주변기기들이 현실적인 가격대로 구매할 수 있는 환경이 갖추어지면서 대중의 수요와 관심이 증폭되었습니다.

[그림 10-56] 가상현실 체험을 위한 기기들(좌로부터 삼성 기어 VR SM-R325, SONY PlayStation VR)

이와 같은 가상현실을 구현하기 위한 가상현실 모델링 언어(Virtual Reality Modeling Language, VRML)는 델라웨어 주 윌밍턴에 있는 화학회사 뒤퐁에서 사용자들이 웹브라우저를 이용해 3차원 데이터에 접속할 수 있도록 하이퍼 플랜트 가상현실 모델링 언어 응용 프로그램을 개발하였습니다. 이 프로그래밍 언어는 사용자들이 가상현실을 경험할 수 있도록 애니메이션, 이미지, 오디오 등 복합 미디어를 구성할 수 있도록 지원하는 웹 기반의 3차원 상호작용 모델링 언어로서 플랫폼에 독립적이며, 데스크톱 컴퓨터에서도 운영이 가능합니다.

10.6.2 가상현실에는 어떤 것들이 있나요?

(1) 제시 방식에 의한 분류

① 컴퓨터 등이 만들어 낸 가상의 세계를 사용자에게 제시하는 타입

컴퓨터 등에 의해 만들어진 가상의 공간이나 환경 속에 사용자가 몰입되는 경우로, 3D 게임의 경우가 대표적인 예일 것입니다. 이러한 가상현실 속에서는 현실에서는 존재하지 않는 상상의 것들도 있을 수 있고, 사용자가 그것을 만지거나 조작을 해 보는 등의 상호작용이 가능한 형태입니다.

② 현실의 세계를 사용자에게 제시하는 타입

[그림 10-57] 증강현실 기술을 활용한 하나은행 '하나머니GO' 앱의 모습

현실 세계의 정보가 가상현실 시스템 기기를 통해 사용자에게 전달되는 경우로서, 특히 사용자가 사용자에게 제시되는 대상과 원거리에 있는 가상현실을 이용한 공간 공유가 필요해지는데, 이 경우를 텔레익지스턴스(Tele-Existence)라고 합니다. 이를 구현하는 기술로는 원거리 로보틱스(Tele-Robotics)가 있는데, 이는 카메라가 장착된 로봇을 조종하여 인간이 실제로 가기 힘들거나 물리적으로 떨어져 있는 장소를 탐사, 관찰하는 경우가 해당됩니다. 또한 사용자가 직접 지각할 수 있는 현실의 대상물에 대해서 컴퓨터가 더 많은 정보를 부가, 제시하는 경우는 증강현실(Augmented Reality, AR)이나 복합현실(Mixed Reality, MR) 등에 해당됩니다. 증강현실은 스마트폰에 장착된 카메라로 사용자가 주변에 있는 건물들을 비추어 볼 때, 그 건물에 대한 정보를 해당 스마트폰에 나타나고 그것을 사용자가 확인할 수 있는 것으로 교육, 경제, 문화 등 다양한 영역에서 응용될 수 있을 것입니다.

Tip • **증강현실 게임 포켓몬 Go는…**

포켓몬 Go(Pokemon GO)는 나이엔틱(Niantic, Inc.)이 개발한 iOS 및 안드로이드용 부분 유료화 위치 기반 증강현실 게임입니다. 2016년 7월 미국, 오스트레일리아, 뉴질랜드에서 출시되어, 소셜 미디어를 통해 큰 화제가 되었으며, 우리나라에는 2017년 1월 구글 플레이 스토어와 앱스토어를 통해 출시되었습니다.

이 게임은 이용자의 현실 공간 위치에 따라 모바일 기기 상에 출현하는 가상의 게임 캐릭터를 포획하고 훈련시켜, 대전을 하고 거래도 할 수 있는 증강현실을 반영한 게임입니다.

하지만 이 게임을 진행하기 위하여 사용자들이 타인의 사유지를 무단 침입하는 사례가 발생하기도 하였으며, 현실세계에서 포켓몬 잡이에 몰두하는 사용자들로 인하여 안전사고 위험 문제가 도출되기도 하였습니다.

[그림 10-58] 대표적인 증강현실 게임인 포켓몬 Go

(2) 시스템 환경에 따른 분류

가상현실 시스템은 3차원 시뮬레이션을 통해 실제 같은 효과를 부여하는 시스템으로서 사용되는 환경에 따라 몰입형 가상현실(Immersive VR), 원거리 로보틱스(Tele-Robotics), 데스크톱 가상현실(Desktop VR) 그리고 삼인칭 가상현실(Third Person VR) 등으로 구분되는데 그 각각의 특징은 다음과 같습니다.

몰입형 가상현실(Immersive VR)

HMD(Head Mounted Display), 데이터 장갑(Data Glove), 데이터 의류(Data Suit) 등의 특수 장비를 통해 사용자가 실제로 보고, 만지는 것과 같은 감각적인 효과를 느낄 수 있게 해 환경에 몰입하도록 하는 시스템을 말합니다.

원거리 로보틱스(Tele-Robotics)

몰입형 가상현실 시스템 + 로봇의 형태로서, 로봇을 이용하여 원 거리에 있는 공간에 사용자가 존재하는 듯한 효과를 주는 시스템을 말합니다.

데스크톱 가상현실(Desktop VR)

일반 컴퓨터 모니터에 간단한 입체안경, 조이스틱 등만 갖추면 책상 위에서 쉽게 만날 수 있는 가상현실 시스템을 말합니다.

삼인칭 가상현실(Third Person VR)

비디오 카메라로 촬영된 자신의 모습을 컴퓨터가 만들어내는 가상의 공간에 나타나게 하여 자신이 직접 그 공간에 존재하는 것처럼 느끼게 하는 시스템을 말하는데, 주로 오락용으로 많이 적용하고 있으며 Xbox 키넥트(KINECT)가 대표적일 것입니다.

다양한 전문가들에 의해 다양하게 정의되어왔던 가상현실은 '컴퓨터 기술을 통해 인간의 오감을 자극하여 현실과 유사한 또 다른 현실을 창조하는 활동'이라 할 수 있을 것입니다. 즉 일정한 틀을 가진 것이 아니라 상상할 수 있는 환경자체가 그 범위일 것입니다.

초기에는 Synthetic Environments, Cyberspace, Artificial Reality, Simulation Technology 등 다양하게 불렸지만 최근에는 이 모든 것들을 주로 가상현실로 통합되어 불리고 있습니다.

[그림 10-59] 일본 자동차업체인 혼다 사가 개발한 3D 교통운전 시뮬레이션 시스템

10.6.3 가상현실의 보완 요소들에는 무엇이?

가까운 미래에 등장할 완전 몰입형 가상현실, 여기에는 다소의 문제점들을 내재하고 있는 것 또한 사실입니다. 즉 사용자가 완전 몰입형 가상현실에 접속하고 있는 동안, 사용자의 신체는 오감이 차단되고 운동 능력이 중지되어 사실상의 식물인간 상태가 되는데, 예상치 못한 오류에 대한 사용자의 대응능력을 떨어뜨리거나 사고 발생의 가능성을 높일 수 있는 등의 문제들을 내포하게 됩니다. 커다란 위험 부담과 안전상의 문제가 존재하는 것입니다.

가상현실에 몰입하는 것은 결국 중독과 과몰입의 현상을 발생시킬 것이고, 이를 법적으로 제제할 수도 없을 것입니다. 또한 가상현실에서 비인간적인 상황이 현실의 문제를 해결해 주는 것이 아니므로 이를 통한 현실 적응에 대한 문제가 도출될 것이며, 향후 등장할 인공지능의 존재에 대한 법적인 문제도 남아 있는 것입니다.

이와 같은 많은 요소들은 지금 걸음마 단계인 가상현실의 세계에서는 조금 앞선 걱정일지는 몰라도, 가상현실과 현실의 혼동이 가능할 수도 있으므로 이에 대한 사회적인 파장도 현재의 기술적인 차원에서의 해결책이 아닌 윤리적, 법률적 차원에서의 대안도 사전에 보완되어야만 할 것입니다.

Tip • 블록체인(BlockChain), 블록체인 하던데? 그건 무엇인가요?

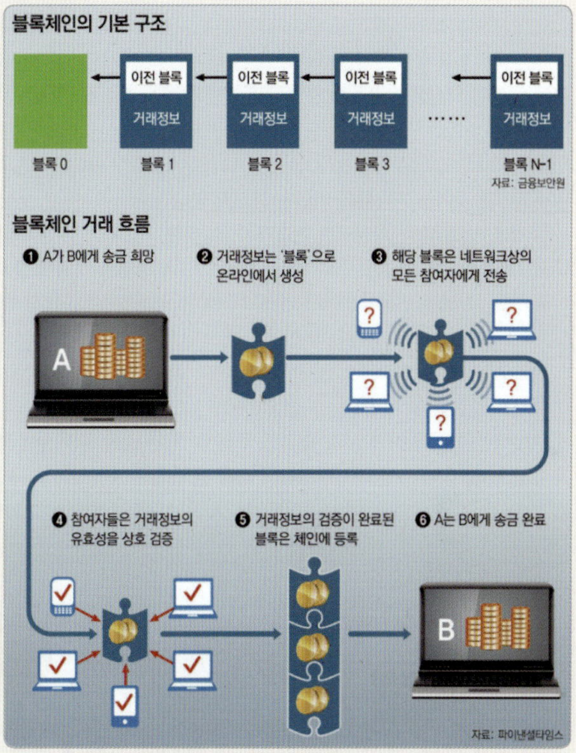

[그림 10-60] 블록체인 구조 및 거래 흐름

블록체인(BlockChain)이라는 것은 관리 대상 데이터를 '블록(Block)'이라고 하는 소규모 데이터들을 P2P 방식을 기반으로 하여 만들어져 생성된 체인(Chain) 형태의 연결고리 기반의 분산 데이터 저장환경에 저장되어 임의로 관련 데이터를 수정할 수 없고 또한 누구나 해당 데이터의 변경 결과를 열람할 수 있도록 한 분산 컴퓨팅 기술 기반의 데이터 위 · 변조 방지 기술을 말합니다.

이때 블록이라는 것에는 해당 블록이 발견되기 이전의 사용자들에게 전송되었던 모든 관련 거래 내역이 기록되어 있으며, P2P 전송 방식의 특성상 모든 사용자들에게 똑 같은 내용의 블록이 전송되었으므로, 임의로 거래 내역을 수정하거나 누락시킬 수가 없습니다. 블록은 발견된 날짜와 이전 블록에 대한 연결고리를 가지고 있으며 이러한 블록들의 집합을 '블록체인(BlockChain)'이라 칭합니다. 한마디로 많은 거래 기록들을 한 묶음으로 만드는 기술이라고도 할 수 있습니다.

암호 화폐는 일반적으로 화폐를 따로 조폐하는 중앙은행 또는 그와 상응하는 기능을 담당하는 곳이 존재하지 않고 일정한 주기마다 블록을 찾아내어 보상을 받아가는 방식으로 화폐가 생성됩니다. 이때 블록은 해당 암호화폐가 사용하는 '해시 함수(Hash Function, 임의의 길이의 데이터를 고정된 길이의 데이터로 매핑하는 함수)'로 구성되며, 사용자는 컴퓨터의 연산 능력을 이용해 일일이 맞는 함수를 대입하는 식으로 해시를 찾게 되는데 이러한 과정을 '채굴(Mining)'이라고 합니다.

비트코인이 블록체인이라는 개념을 처음으로 실증하였고, 이더리움이 스마트 컨트랙트(Smart Contract)라는 개념을 처음으로 구현한 것입니다. 블록체인과 암호화폐 사이에는 밀접한 관계가 있지만, 블록체인 기술이 암호화폐에만 사용될 수 있는 기술은 아닙니다. 즉 암호화폐가 블록체인에 속한 것이라고 보면 됩니다.

'사토시 나카모토'라는 사람이 블록체인을 먼저 개발한 후에 해당 기술을 비트 코인에 적용한 것이 아니라, P2P만으로 운영되는 전자 화폐 시스템인 비트 코인을 개발하면서 발생하는 문제들을 블록체인을 개발, 적용함으로써 해결하였다는 점입니다.

이와 같은 블록체인 표준화를 위한 블록체인 CG 그룹이 최근에 만들어졌는데 그 그룹의 주도를 우리나라가 맡는 다고 합니다. 물론 이 그룹에는 우리나라의 건국대학교, ETRI, LG CNS, KB국민은행, 블로코, 페이게이트 등 국내 기업과 학교, 연구소를 비롯해 미국, 영국, 그리스 등 12개국이 참여했으며, 초대 의장은 건국대학교 이영환 교수가 맡았습니다.

이런 암호화폐 분야에 도입된 블록체인 기술은 최근에는 시중은행에서도 도입을 고려하고 있는데, 전북은행은 2016년 2월에 뱅킹 앱에 적용하였으며, 롯데카드는 2016년 11월 블록체인 지문인식 방식을, 국민은행은 비대면 계좌개설에 사용된 개인정보 및 관련 보안 기술을 도입 및 고려하고 있다고 합니다.

Tip • 블록체인(BlockChain)에서 이야기하는 비트코인(BitCoin)은 그럼 무엇인가요?

'우리는 전자 화폐를 디지털 서명의 체인으로 정의합니다. 코인 소유자는 거래 내역에 디지털 서명을 한 후 다음 사람에게 전달하고, 이를 받은 사람은 자신의 공개 키를 코인 맨 뒤에 붙입니다. 돈을 받은 사람은 앞 사람이 유효한 소유자였다는 것을 확인할 수 있습니다.

(We define an electronic coin as a chain of digital signatures. Each owner transfers the coin to the next by digitally signing a hash of the previous transaction and the public key of the next owner and adding these to the end of the coin. A payee can verify the signatures to verify the chain of ownership)

사토시 나카모토(비트코인 개발자)

비트코인(BitCoin)은 2008년 10월 사토시 나카모토라는 프로그래머가 만든 블록체인 기술을 기반으로 한 온라인 암호화폐로서, 화폐 단위는 BTC로 표기가 됩니다. 중앙은행이 없이 전 세계를 대상으로 P2P 방식의 사용자들 간에 자유롭게 송금 등의 금융거래를 할 수 있게 설계되었습니다. 거래장부는 블록체인 기술을 바탕으로 전 세계의 다수 사용자들의 서버에 분산하여 저장하기 때문에 해킹이 사실상 불가능한 SHA-256 기반의 해시 함수를 암호로 사용합니다.

[그림 10-61] 비트코인과 통화화폐

2009년 비트코인의 소스 코드가 공개되면서 이더리움, 이더리움 클래식, 리플, 라이트코인, 에이코인, 대시, 모네로, 제트캐시, 퀀텀 등 다양한 알트코인들이 생겨났는데, 비트코인은 이런 여러 알트코인들 사이의 기축통화 역할을 하기도 합니다.

공개 키 암호 방식 기반으로 거래가 이루어지는 비트코인은 공개성을 가지고 있는데, 지갑 형태로 저장되며 이 지갑에는 각각의 고유 주소가 부여되고 그 주소를 기반으로 거래가 이루어 집니다. 모든 거래는 비공개적이나 거래의 기록은 남게 되는데, 분산 데이터베이스에 저장이 됩니다. 대표적인 거래소는 홍콩의 바이낸스, 한국의 업비트와 빗썸, 일본의 비트플라이어 그리고 미국의 코인베이스가 있습니다.

비트코인의 총발행량은 2,100만 비트코인이 한계입니다. 그 이상은 발행될 수가 없다는 이야기입니다. 2017년 6월 기준으로 대략 1,650만 비트코인이 발행되었고, 전부 발행되는 시점을 2150년쯤으로 예상하고 있습니다.

비트코인은 현재 미국 달러, 러시아 루블 및 일본 엔화 등의 일반적인 통화와도 환전이 가능한 화폐적 가치를 가지고 있으나, 통화의 평가절하, 사용층 감소 및 정부 차원의 소프트웨어 사용 금지 같은 것들로 어려움이 예상되고 있으며, 비트코인 투기, 거래소 해킹, 인터넷 암시장 형성 그리고 불법 비자금이나 정치자금, 범죄자금 등의 돈세탁 수단으로 인하여 그 어려움은 더해갈지도 모를 것입니다.

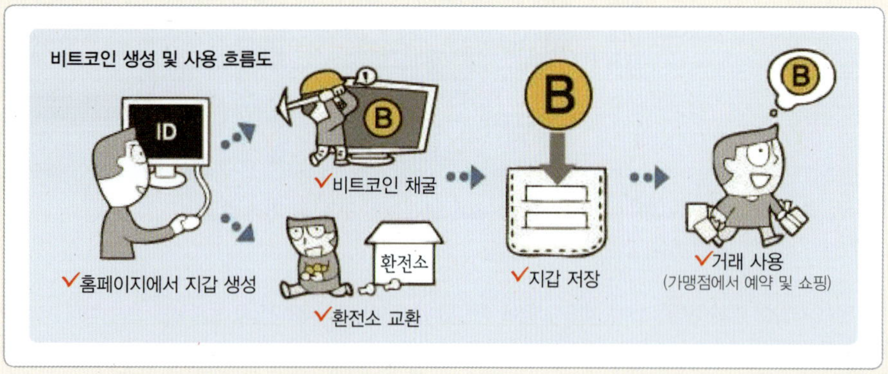

[그림 10-62] 비트코인 생성 및 사용 흐름도

참고문헌

1. 정진욱, 「컴퓨터 네트워크」, 생능출판사
2. 정진욱, 「TCP/IP와 인터넷」, 생능출판사
3. 한국 인터넷 진흥원 http://www.nida.or.kr/
4. 한국 정보통신 기술협회 http://www.tta.or.kr/
5. 김정우, 「최신 정보통신개론」, 21세기사
6. 한국해양정보통신학회, 「정보통신개론」, 광문각
7. http://lucy7599.tistory.com/252
8. http://www.ciscokrblog.com/403
9. 강민수 PD, "개방형 IoT 플랫폼 기술 동향", PD ISSUE REPORT vol 12-10, 2012. 11, 한국산업기술평가관리원
10. 민경식 수석연구원, "사물 인터넷(Internet of Things)", NET Term
11. 장원균, 이성협, "국내외 사물인터넷 정책 및 시장동향과 주요 서비스 사례", 동향과 전망
12. 방송 · 통신 · 전파 통권 제64호
13. 매경출판 2016 다보스 리포트
14. 새로운현재 클라우스 슈밥의 제4차 산업혁명
15. 다하미커뮤니케이션 알기쉬운 4차 산업혁명
16. 임정일, 김용운, "한국전자통신연구원, 스마트 팩토리를 위한 기능 모델", 한국통신학회 2015년 하계종합학술발표회
17. 7차 무역투자진흥회의 제조업 혁신 3.0 전략 실행 대책, 창조경제 구현을 위한 제조업의 스마트 혁신 추진방안
18. 이재석, 노윤미, 배인철, "U-City 정보 관점에서의 개념 정립"
19. "Best Home Automation System-Consumer Reports". 《www.consumerreports.org》. 2016년 2월 14일
20. Asadullah, Muhammad. "An Overview of Home Automation Systems". 《Conference Paper》 (IEEE). 2016년 12월 22일
21. "IoT experts fret over fragmentation-Mobile World Live". 《Mobile World Live》, 2016년 2월 25일
22. 중소 · 중견기업 기술로드맵 2017-2019, 스마트팩토리, 중소기업청, 중소기업기술정보진흥원
23. 박종선, 한병화, 한상웅, 2018년 산업전망, "4차산업혁명: 스마트팩토리의 시대", 유진투자증권
24. 《apache.org》, "Hadoop Releases", Apache Software Foundation.
25. Harsh Chouraria, "MR2 and YARN Briefly Explained". 《cloudera.com》, 2012년 10월 21일

26. "NoSQL Relational Database Management System: Home Page". Strozzi.it.
27. Christoph Strauch, "NoSQL whitepaper", Hochschule der Medien, Stuttgart.
28. "소프트웨어 정의 네트워크(SDN)", 디지털타임즈, 2012년 8월 24일
29. C. Metz., "Facebook's 'Deep Learning' Guru Reveals the Future of AI", http://www.wired.com/wiredenterprise/2013/12/facebook-yann-lecun-qa/Wired, 12 December 2013.
30. http://www.deeplearning.net/tutorial/
31. Tom Macaulay, "알아두면 쓸데있는 '딥 러닝 이야기'", Computerworld UK
32. 이세철, "4차 산업혁명, 미래를 바꿀 인공지능 로봇", 정보문화사
33. "Python History", Python Foundation
34. "Python2orPython3", Python Wiki
35. Metz, Cade, "TensorFlow, Google's Open Source AI, Points to a Fast-Changing Hardware World", 《Wired》, 2015년 11월 19일
36. 임정욱, "가상현실 원년이라는데… VR 어디까지 왔나?", 한국일보 2016년 10월
37. "토종 인공지능 '아담의 습격'… 가상현실과 결합", YTN, 2016년 11월

연습문제

객관식

01 다음의 산업혁명별 대표적인 내용을 연결하라.

① 1차 산업혁명 •	• (a) 전기 동력 대량생산
② 2차 산업혁명 •	• (b) 컴퓨터 제어 자동화
③ 3차 산업혁명 •	• (c) 증기기관
④ 4차 산업혁명 •	• (d) 사물인터넷 혁명

02 다음 중 4차 산업혁명의 특징이 아닌 것은?

① 예측 가능성 ② 초지능성
③ 제어 자동성 ④ 초연결성

03 다음 중 클라우드의 서비스가 아닌 것은?

① SaaS(Software as a Service) ② HaaS(Hardware as a Service)
③ IaaS(Infra. as a Service) ④ PaaS(Platform as a Service)

04 다음 중 클라우드 사용자들에게 내부적인 네트워크 환경을 서비스로 제공하는 서비스는?

① BaaS ② NaaS
③ BPaaS ④ IaaS

05 다음 중 서비스 대상별로 나뉘어진 클라우드 종류가 아닌 것은?

① 퍼블릭 클라우드(Public Cloud) ② 하이브리드 클라우드(Hybrid Cloud)
③ 프라이빗 클라우드(Private Cloud) ④ 구글 클라우드(Google Cloud)

06 각기 다른 위치에 분산된 장비들의 조합으로 구성되는 클라우드 서비스는?

① 분산형 클라우드 ② 멀티 클라우드
③ 인터 클라우드 ④ 커뮤니티 클라우드

07 다음 중 IoT(Internet of Things)의 개념 정의는?

① 모든 사물이 독자적으로 구동하는 시스템
② 데이터를 가공하기 위한 네트워크
③ 동일한 주소체계를 갖고 서로 독자적으로 연동하는 네트워크
④ 모든 장비간에 통신이 가능한 네트워크와 이를 통한 서비스

08 다음 중 IoT(Internet of Things) 시장 확대 분야가 아닌 것은?
① 원격 의료 ② 자산 관리
③ 기계 학습 ④ 헬스 케어

09 다음 중 U-City 관련 기술이 아닌 것은?
① 정보 수집기술 ② 정보 처리기술
③ 정보 가공기술 ④ 정보 활용기술

10 다음 중 공장 운영의 실시간 공장제어는 스마트 팩토리의 어느 단계에 해당하는가?
① 고도화 단계 ② 중간 수준 1단계
③ 기초 수준 단계 ④ 중간 수준 2단계

11 다음 중 스마트 팩토리의 구분이 아닌 것은?
① 운영 체계 ② 디바이스
③ 어플리케이션 ④ 플랫폼

12 다음 중 초기 빅데이터의 VVV(3V)에 속하지 않는 것은?
① Volume(볼륨) ② Velocity(속도)
③ Value(가치) ④ Variety(다양성)

13 다음 중 인공지능의 주요 기술이 아닌 것은?
① 기계 학습(Machine Learning)
② 딥 러닝(Deep Learning)
③ 텍스트 마이닝(Text Mining)
④ 인공 신경망(Artificial Neural Network)

14 다음 중 인공 신경망을 하드웨어적으로 구현한 기술은?
① 인지 컴퓨팅(Cognitive Computing)
② 뉴로모픽 컴퓨팅(Neuromorphic Computing)
③ 딥 러닝(Deep Learning)
④ 기계 학습(Machine Learning)

15 다음 중 가상현실의 시스템 환경에 따른 분류가 아닌 것은?
① 증강현실(Augmented Reality) ② 원거리 로보틱스(Tele-Robotics)
③ 몰입형 가상현실(Immersive VR) ④ 삼인칭 가상현실(Third Person VR)

주관식

01 인터넷 기반 컴퓨팅의 일종으로 정보를 자신의 컴퓨터가 아닌 인터넷에 연동된 다른 컴퓨터나 시스템에서 처리하는 기술은 무엇인가?

02 클라우드 서비스 중 인프라라는 의미로 컴퓨팅 자원, 하드웨어 및 네트워크 환경 등의 환경을 서비스로 제공하는 서비스는 무엇인가?

03 컴퓨터, 휴대폰 등 전자기기가 인터넷에 연결되던 시대에서 커피포트, 쓰레기통 및 타이어 등 일상 생활의 많은 사물들이 인터넷에 연결되는 새로이 도래되는 시대를 무엇이라고 하는가?

04 U-City의 기술 중 가공된 정보를 시민, 공공기관 및 서비스 이용자 등이 활용할 수 있도록 제공하는 서비스는 무엇인가?

05 스마트 팩토리를 구성하는 3단계에는 무엇 무엇이 있는가?

06 빅데이터를 가능하게 해준 혁신 중 하나인 하둡(Hadoop)의 두 가지 주요 서비스는 무엇인가?

07 인공지능, 머신러닝 그리고 딥 러닝의 관계를 설명하고, 각각의 기능을 간략하게 설명하라.

08 평창 동계올림픽 때 우리나라가 세계 최초로 서비스를 제공하기 위하여 구축하였고, 이를 통하여 IoT, UHD, AI 및 VR 서비스까지 제공할 수 있도록 한 이동통신 서비스는 무엇인가?

09 우리나라의 바둑 천재 이세돌 9단과 바둑에서 승리한 인공지능 프로그램의 이름은 무엇인가?

10 4차 산업혁명은 초연결성(Hyper-Connected)과 초지능화(Hyper-Intelligent)로 요약되는데, 이를 간략하게 설명하라.

CHAPTER

11 스마트 솔루션들

11.1 자율주행(Smart Mobility)

11.1.1 자율주행은 어디에 사용하는 건가요?

[그림 11-1] 알파고와 이세돌 9단과의 대국 장면

[그림 11-2] 자율주행자동차 개념도

2016년 알파고와 이세돌 9단과의 세기의 대결은 많은 사람들에게 인공지능이 우리 곁에 어느덧 다가와 있다는 사실을 알려주는 사건이었습니다.

현재 인공지능, 즉 AI(Artificial Intelligence)는 산업, 금융, 예술, 쇼핑 및 채용 등 다방면에서 우리 삶의 일부분으로 우리 곁에 다가와 있습니다.

많은 인공지능 솔루션 중 한 가지인 자율주행(Smart Mobility)은 이보다 빠른 1985년 KBS2TV에서 방영된 '전격Z작전(원명: Knight Rider)'이라는 드라마에서 '키드'라는 자동차로 우리에게 처음 소개되었습니다.

오늘날 국내 대기업을 포함하여 전 세계적으로 많은 선진 기업들이 개발을 진행하고 있는 자율주행자동차란 그럼 무엇일까요?

자율주행자동차(Autonomous Vehicle)란 운전자의 개입없이 현재 주행 중인 도로의 주변 환경을 인식하고 상황을 판단하여 차량을 제어, 원하는 목적지까지 스스로 주행하는 자동차를 일컫습니다. 즉, 운전자의 탑승 여부보다는 차량이 스스로 판단하고 관련 장치를 제어하여 주행하는 자율주행 기술에 초점을 맞춘 개념입니다.

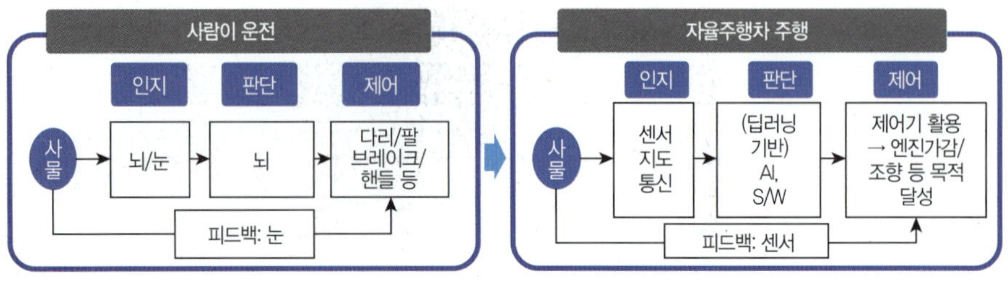

[그림 11-3] 기존 운전방식과 자율주행의 운영방식 비교 자동차 개념도

Tip **자율주행 기술 단계 분류**

자율주행은 운전자의 개입 여부, 자동화의 수준 등에 따라 6개의 단계로 구분됩니다.

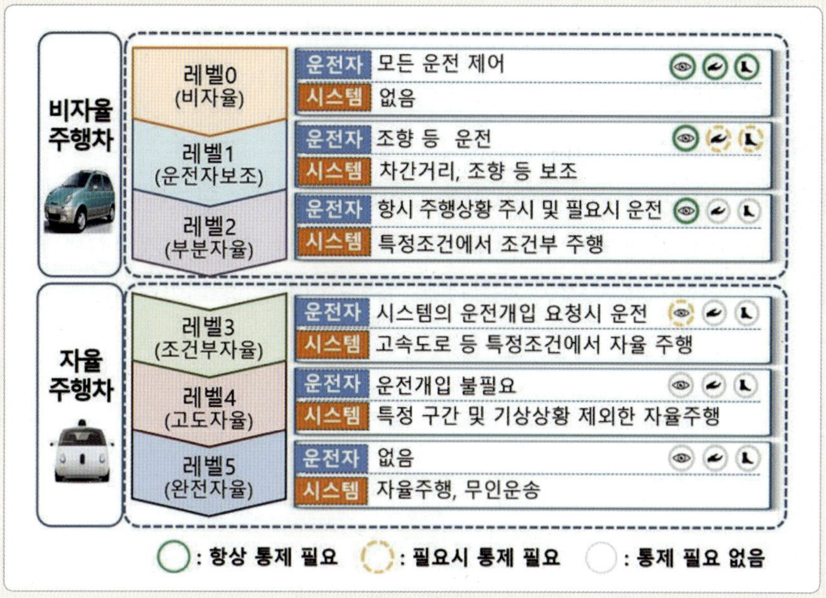

[그림 11-4] 자율주행자동차 기술 레벨(출처: Atlasnews)

6단계로 구분된 자율주행 레벨에서, 레벨 3단계 이상부터는 일부 또는 완전 자율주행 기능을 실행할 수 있습니다. 또한 이를 위해서 레벨 3, 4에서 고해상도 지도, 통신 등의 사회 인프라를 활용하여 주행 중의 환경이나 운영 방법 등을 설정, 안정성을 확보할 수도 있습니다.

각 단계별 장단점을 살펴보면 다음과 같습니다.

- 레벨 0: 비자동화(No Automation)
  차량 운전자가 주행의 모든 것을 제어하며 책임지는 단계로서, 항시 운전을 해야 하며 차량의 시스템은 긴급상황 시 알림 등의 보조 기능만을 수행합니다. 즉, 차량 운행의 주체는 사람이며 모든 관련 책임도 사람에게 있는 단계입니다.
- 레벨 1: 운전자 보조(Driver Assistance)
  어뎁티브 크루즈 컨트롤, 차선 유지 기능을 통해 운전자를 보조하는 단계로서, 차량의 속도와 차간거리 유지 및 차선 유지 등 운전자를 보조하는 기능을 수행합니다. 차량 운행의 주체는 사람과 시스템에 있지만 운행 중 발생하는 모든 책임은 사람에게 있습니다.
- 레벨 2: 부분 자동화(Partial Automation)
  특정 조건 하에서 일정 시간에 차량이 사람과 동시에 운행을 제어할 수 있는 단계로서, 완만한 커브길에서의 조향 및 앞 차와의 간격 유지 등의 보조 주행이 가능합니다. 주행 중 환경 감지와 책임은 사람에게 있으며, 운전자는 항시 관련 사항을 감지하고 있어야 하며 상황 발생시 즉시 개입하여야 합니다.
- 레벨 3: 조건부 자율주행(Conditional Automation)
  고속도로와 같은 제한된 구간에서 시스템이 운행을 담당하며, 환경 변화 시에만 운전자가 개입하는 단계입니다. 운행 중 제어와 주변 환경의 변화 감지 등은 시스템이 담당하며 운전자가 계속 환경 모니터링은 필요하지 않지만 상황 발생시에는 운전자의 즉시 개입이 필요합니다.
- 레벨 4: 고등 자율주행(High Automation)
  대부분의 환경에서 자율주행이 가능한 단계입니다. 또한 운행 제어와 책임이 시스템에 있기도 합니다. 제한적인 상황을 제외한 대부분의 경우 운전자의 개입이 불필요하지만 악천우와 같은 특정 조건에서는 사람의 개입이 필요한 단계입니다.
- 레벨 5: 완전 자율주행(Full Automation)
  운전자가 불필요하며 탑승자만으로 운행이 가능한 단계입니다. 즉, 목적지만 입력한다면 모든 운행을 시스템이 알아서 수행하며, 조향과 가속, 감속 등을 위한 제어 장치가 필요 없습니다.

11.1.2 관련된 기술에는 무엇 무엇이 있나요?

자율주행을 구현하기 위한 기술로는 운행을 하는데 필요한 주변 환경 정보와 신호 등을 수신하는 인지 기술, 수신된 신호들을 운행에 필요한 정보로 변환하고 이를 처리하는 소프트웨어 등을 포함하는 판단 기술 그리고 운행 중인 자동차의 운행을 위한 조향, 제동 및 가속 등을 수행하는 제어 기술 등으로 구성됩니다.

(1) 인지 기술

차량이 주행 중에 주변 환경 및 주변 상황을 인지하기 위하여 필요한 관련 장비들(센서: 레이더, 라이다, 카메라, 나이트 비전 등)의 구축 관련 기술과 고정밀 GPS(Global Positioning System) 기술, 정밀 지도 구축 그리고 이를 위한 데이터베이스 등의 기술들을 말합니다.

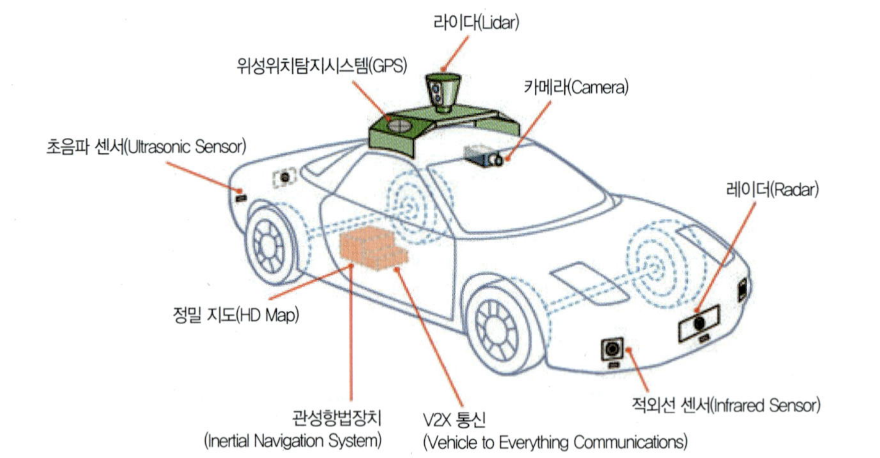

[그림 11-5] 자율주행자동차 인지 장치

(2) 판단 기술

자율주행이 가능하게 하는 구동 소프트웨어와 관련된 인공지능 기술로써 인지, 판단 및 제어 등에 전반적으로 관여하며 제어하는 핵심 기술을 말합니다. 이외에도 경로 최적화, 상황 판단, 충돌 예측 및 돌발상황 대응 등의 기술도 포함됩니다.

(3) 제어 기술

판단 기술에 의해 결정되어 전달된 명령을, 장착된 각종 제동, 조향 및 가속 등 차량을 구성하는 각종 장치들에게 전달하여 적절한 구동 및 제어하기 위한 기술을 말합니다. 이 기술은 기존의 내연기관 장착 차량보다는 전기 모터 기반의 전자식 차량에서 보다 정밀한 제어가 가능합니다.

차량을 우리들의 실제 생활에서 보다 원활하고 안전하게 이용하기 위해서는, 차량

내 · 외부에 장착되어 있는 각종 첨단 센서 및 주변 환경에 대한 각종 정보, 교통 인프라와 차량 간, 차량과 사람 간 그리고 차량과 교통 인프라와의 통신 등을 가능하게 하는 V2X(Vehicle to Everything) 통신을 가능하게 하는 네트워크 기술과 관련 환경 등이 구현되어 있어야 합니다. 자율주행 단계가 올라갈수록 도로의 인프라(신호등, 가드레일, 가로등 및 버스 · 택시 승 · 하차장 등)와 차량 간의 원활한 정보의 흐름을 지원하는 표준 및 송 · 수신 통신기술 등이 구현되어야 합니다.

V2X(Vehicle to Everything)

C-ITS(차세대 지능형 교통 시스템, Cooperative Intelligent Transportation System)는 교통 인프라에서 차량에 정보를 단방향으로 전하는 교통관리 중심의 ITS 시스템에서 한 단계 진보하여 차량과 차량, 차량과 인프라 시스템 간 양방향으로 관련 데이터를 송 · 수신하여 공유함으로 예기치 않은 돌발 상황에 신속하고 능동적으로 대처할 수 있도록 하는 교통안전을 위한 차세대 ITS 시스템입니다.

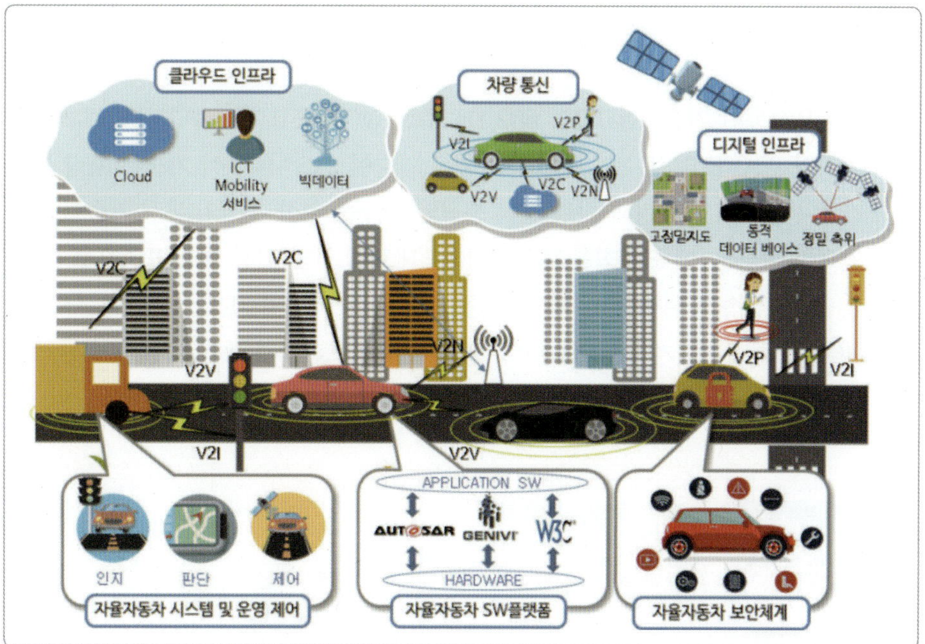

[그림 11-6] 자율주행 관련 연관 기술(출처: ICT 표준화 전략 맵, TTA 2018)

커넥티드 카(Connected Car)는 자동차에 V2X 통신 기반의 연결성을 제공하여 주변의 자동차나 운행 관련 도로 인프라 그리고 보행자 등과 양방향의 데이터 송 · 수신을 제공하여 자동차의 안전 주행, 도로의 교통 혼잡 방지 그리고 연관된 다양한 서비스들을 제공할 수 있도록 하는 시스템을 말합니다. 이 경우 V2X 기술은 차량의 유 · 무선 통신 네트워크를 통하여 보행자의 모바일 기기, 도로교통 시스템에 탑재된 기기 그리고 주변의 차량에 장착된 기기 등 다양한 기기들과 데이터를 송 · 수신을 담당합니다.

V2X는 차량과 '모든 X(Everything)'와의 통신을 의미합니다. 이를 좀 더 세분화하면 ① 차량과 차량 간의 통신을 의미하는 V2V(Vehicle to Vehicle), ② 차량과 주변 환경의 인프라 간 통신을 의미하는 V2I(Vehicle to Infrastructure), ③ 차량과 도로 보행자 간의 통신을 의미하는 V2P(Vehicle to Pedestrian) 그리고 ④ 차량과 모바일 기기 간의 통신을 의미하는 V2N(Vehicle to Nomadic Device)으로 구분됩니다.

이와 같은 기술들은 주행 중인 차량이나 보행자들에게 주변의 위험한 상황이나 교통 관련 정보를 제공하며 레벨 4 이상의 자율주행을 구현하기 위해서는 반드시 제공되어야 하는 서비스 기술입니다. 최근에는 자동차 관련 레이더, 라이다(Lidar), 카메라 시스템 등의 발전으로 제한된 범위 내에서는 효과적으로 구현되지만 V2X 기술이 여기에 접목됨으로 360° 인식 능력을 보유하게 되며, 시야 확보가 어려운 교차로나 악천후 상황에서도 안전 주행을 가능하게 할 것입니다.

V2X를 구현하기 위해서는 현재 2가지 다른 기술 접근 방식이 진행되었고, 진행되고 있습니다.

① 무선통신 기술

대표적인 무선통신 기술로는 IEEE 802.11a 무선 랜(Wi-Fi) 기술을 기반으로 개발된 통신 방식인 WAVE(IEEE 802.11p) 무선통신 기술이 있습니다. 이 기술은 차량과 인프라 간 통신인 V2I와 차량과 차량 간의 통신인 V2V를 위한 최적의 통신 기술로 평가되고 있으며, 2010년에 표준화를 거쳐 2016년 네트워크 및 전송 계층 표준으로 IEEE 1609.3, 다중 접속을 위한 채널 할당 표준으로 IEEE 1609.4, 보안 통신 표준으로는 IEEE 1609.2로 확장되기도 하였습니다. 2018년에는 호환성과 통신 성능의 개선을 위하여 NGV(Next Generation V2X, IEEE 802.11bd) 표준화 작업이 진행되었습니다.

[그림 11-7] 자율주행 관련 무선이동 WAVE 통신 시스템

② 이동통신 기술

차량 간의 통신을 위하여 개정된 C-V2X 이동통신 기술은 3GPP Rel.14에서 표준화가 진행된 LTE 이동통신 기술을 기반으로 하였습니다. 이후 이 기술은 C-V2X 기술, 초저지연, 고신뢰성 및 고속 이동성을 지원하기 위하여 3GPP Rel.16에서 표준화된 5G 기술을 적용하여 NR-V2X로 발전되었습니다. 이러한 이동통신 기술은 차량 간 직접 통신 외에도 주변 환경의 통신 기지국을 활용하여 차량 간 통신을 지원하며, 원격 운전, 고밀도 군집 주행 그리고 센서 정보 공유 등 다양한 서비스의 지원도 가능하게 되었습니다.

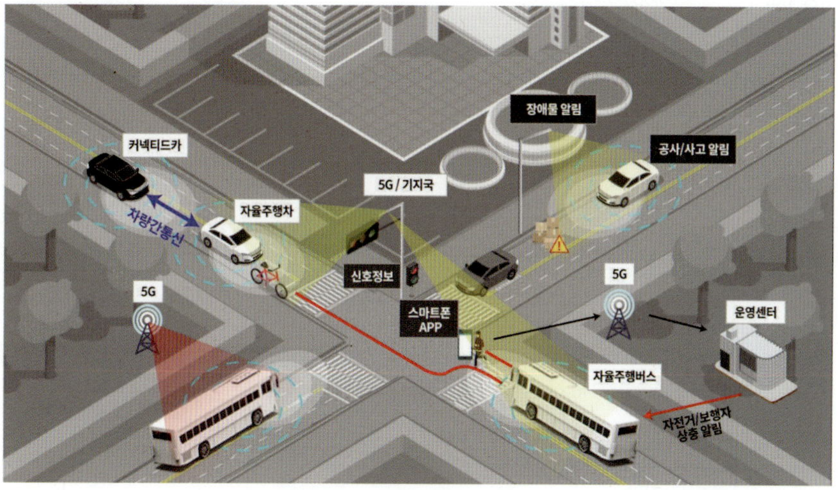

[그림 11-8] 자율주행 개념도(출처: 서울시)

③ 통신 기술 비교

V2X 무선통신 기술은 WAVE(IEEE 802.11p) 무선통신 기술을 표준으로 확정하면서 그 모습이 갖추어 졌습니다. 이후 2018년 호환성을 유지하면서 통신 성능을 보다 향상시킨 NGV(Next Generation V2X, IEEE 802.11bd) 표준화 작업을 진행하였습니다. 다른 한편으로는 이동통신 기술에서 출발한 이동통신 기반의 C-V2X 기술을 확정하기도 했습니다. 3GPP Rel.14 표준의 4G 이동통신 방식인 LTE 기술을 기반으로 한 C-V2X 기술은 2017년에 표준화 되었습니다. 2020년 6월에는 초저지연, 고신뢰성, 고속 이동성 지원 등의 향상된 기능을 지원할 수 있는 5G 이동통신 기술을 정의한 3GPP Rel.16 표준의 5G NR-V2X를 확정하기도 하였습니다.

C-V2X 통신 기술은 차량간 직접 통신이 가능하기도 하고 또한 이동통신 기지국을 활용하여 차량 간의 통신도 가능하며, 최신 이동통신 기술인 5G 통신 기술로 인하여 자율주행차의 원격 운전, 고밀도 군집 주행 및 센서 정보 공유 등 앞선 서비스의 제공도 가능해질 것입니다.

〈표 11-1〉 V2X 통신 기술 비교표(출처: TTA저널 2021)

구 분	WAVE	NGV(표준화 중)	LTE-V2X	5G-NR-V2X
표준화 완료	2010년 5월	2022년 2Q 완료 목표	2017년 3월	2020년 7월
통신규격	IEEE 802.11p	IEEE 802.11bd	3GPP Rel.14	3GPP Rel.16
V2V 주파수	5.9GHz	5.9GHz, 63GHz	5.9GHz	5.9GHz
통신지연	100ms 이내	100ms 이내	100ms 이내	1ms 이내
통신거리	500m(반경)	1,000m(반경)	수km(반경)	수km(반경)
주행속도	< 200km/h	< 250km/h	< 160km/h	< 500km/h
전송속도	3~27Mbps	WAVE의 2~10배	3~100Mbps	10~50Gbps
Throughput	12Mbps	-	최대 22Mbps	150Mbps(Sidelink)
연결방식	V2I, V2V, V2P 등	V2I, V2V, V2P 등	V2N(Broadcast), V2V, V2P, V2I 등	V2N, V2V, V2P, V2I 등
타깃 서비스	C-ITS 서비스 지원	C-ITS + ?	자율주행 3단계 지원	자율주행 4, 5단계 지원
사용 가능 칩	○	×	○	×(ES 칩 '22년말 출시 예상)

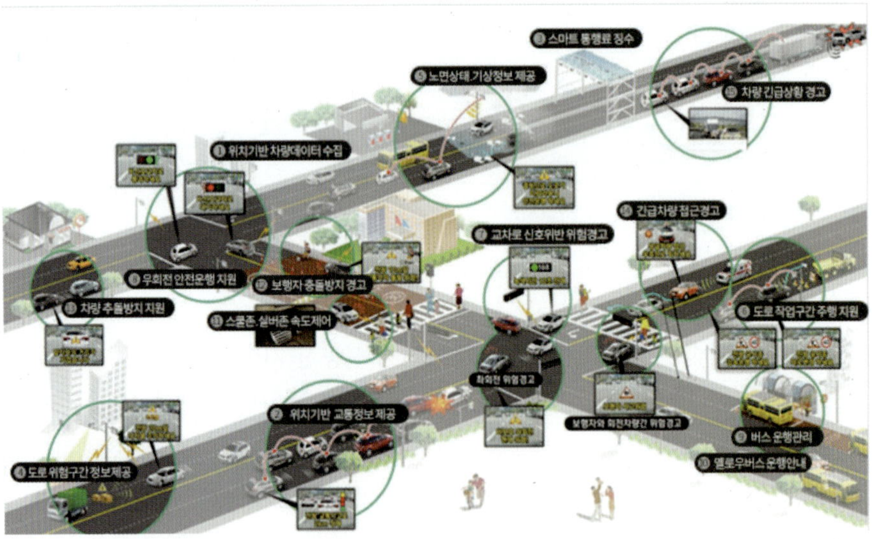

[그림 11-9] C-ITS 제공 서비스

Tip ● 스마트 모빌리티

스마트 시티는 도시 운영의 효율성 및 대중과의 정보공유를 향상시키고 서비스 품질과 시민 복지를 개선하기 위하여 정보통신 기술, 비즈니스 모델 및 솔루션 등의 새로운 기술을 사용하는 도시를 말하는데, 스마트 모빌리티는 이러한 스마트 시티 개념의 중요 부분입니다.

V2X 기술은 모빌리티 4.0에 기반을 둔 기술인데, 모빌리티 산업은 자동차 주행 기술과 핵심 부품 및 생산 기술에 따라 다음과 같이 구분됩니다.

- 모빌리티 1.0: 낮은 수준의 주행 기술로 대량생산을 추구
- 모빌리티 2.0: 거대 자동차 부품회사 성격의 대량생산 및 운영효율화를 추구
- 모빌리티 3.0: 자동차 시스템 전장화 기반의 차량 안정성과 효율성을 추구
- 모빌리티 4.0: 자동차-ICT 융합 기반의 자율주행, 커넥티드 카, 차량 공유 등을 추구

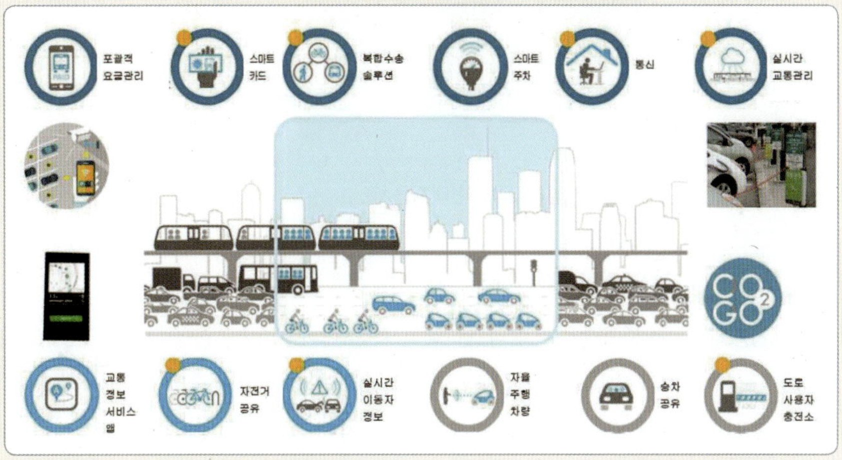

[그림 11-10] 스마트 모빌리티 개념(출처: 스마트 시티에서 스마트 모빌리티의 역할, KAIA)

효율적으로 자율주행 기술을 구현하기 위해서는 통신 기술인 V2X 기술과 센서 기반의 인식 기술인 ADAS(Advanced Driver Assistance System) 기술이 통합되어야 합니다. V2X 기술은 운전 중 도로 인프라 및 상대 차량과 교통정보(실시간 교통상황, 돌발상황, 교통흐름 및 제어 상태 등)를 공유할 수 있는 무선통신 기술이며, ADAS 기술은 주행 중 발생할 수 있는 사고위험을 즉시 알려줄 수 있는 최첨단 센서(Camera, RADAR(Radio Detection And Ranging), LIDAR(Light Detection and Ranging) 시스템, Ultrasonic 등)가 포함되어 있는 안전 주행을 위한 기술입니다.

V2X 기술은 통신 방식에 따라서 현재 두 가지의 기술이 존재하고 있는데, 첫째가 WiFi/DSRC 기반의 IEEE 802.11p WAVE 기술이며, 두 번째는 이동통신 기술을 활용한 4G LTE 방식의 C-V2X 기술입니다.

하지만 이 두 가지 기술(DSRC 방식과 C-V2X 방식)은 모두 약 100ms 종단(End-to-End) 지연시간을 요구하는 응용 서비스에 안정적으로 지원이 가능하지만, V2X 유스케이스의 QoS(Quality of Service) 요구사항이 보다 엄격해짐에 따라 현재의 이 두 가지 방식으로는 원하는 결과를 제공하는데 어려움이 있습니다. 이러한 이유로 두 가지 방식의 성능상의 차이를 줄이면서 추가 운영 모드를 지원할 수 있는 차세대 V2X 방식의 IEEE 802.11bd 표준과 3GPP Rel.15와 Rel.16에서 정의된 NR-V2X(New

Radio-V2X) 방식을 개발 진행 중에 있습니다.

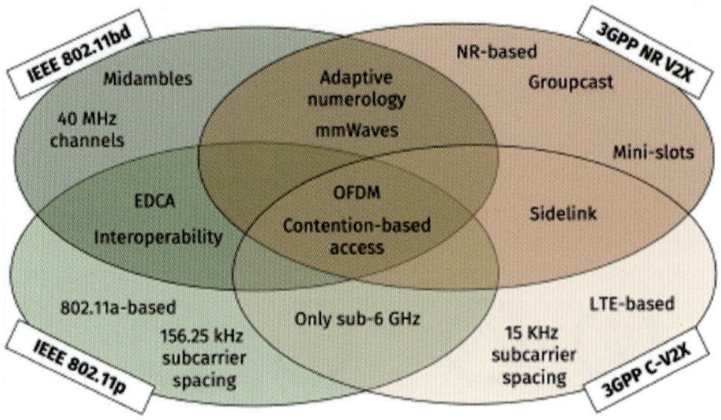

[그림 11-11] V2X 관련 통신 기술의 성격(출처: 현대자동차)

DSRC 방식: IEEE 802.11p WAVE에서 IEEE 802.11bd로

미국의 IEEE에서 표준화한 802.11p WAVE(Wireless Access in Vehicular Environment, 차량 환경 내 무선 접속) 방식은 고속으로 이동 중인 자동차의 환경 하에서 이동 중인 차량 간 또는 주변의 인프라와 데이터를 최대 1km의 거리에서 100ms 시간 안에 원하는 메시지를 송·수신하기 위하여 개발된 기술입니다. 표준 5.9GHz 대역의 주파수를 사용하며, IEEE 802.11p와 IEEE 1609 통신 프로토콜 규격으로 구성되어 있습니다.

- IEEE 1609.1: ITS 응용 서비스 계층
- IEEE 1609.2: 인증 및 보안 계층
- IEEE 1609.3: 네트워크 계층
- IEEE 1609.4: 멀티 채널 계층
- IEEE 802.11p: 물리 계층과 MAC 계층

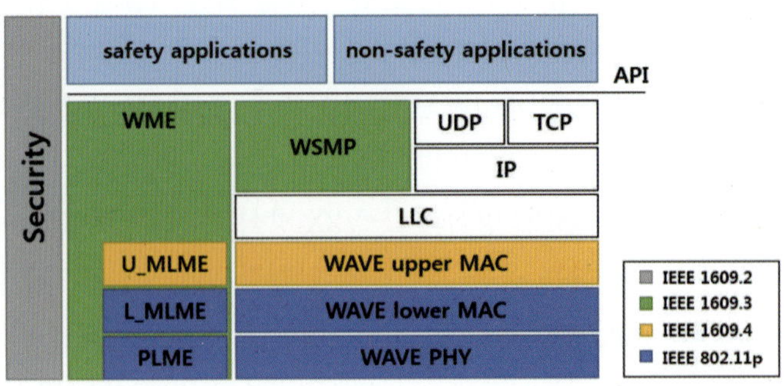

[그림 11-12] WAVE 프로토콜 구조(출처: FESCARO)

IEEE 802.11p WAVE 통신 방식은 2016년에 IEEE에 의해서 표준화되었는데, 무선 랜 기술의 지속적인 발전으로 성능을 향상시킬 필요성에 의해 2019년부터 현재의 기술과 호환이 가능하면서 기능과 성능을 향상시킨 새로운 IEEE 802.11bd 표준이 진행되고 있습니다.

IEEE 801.11bd 표준은 Next Generation V2X(NGV)라고 하며, 5.9GHz 주파수 대역과 60GHz 주파수 대역을 선택적으로 사용이 가능하도록 하였습니다. 이외에도 다음과 같은 성능 목표를 갖고 있습니다.

- IEEE 802.11p 대비 2배 이상의 전송 속도 지원
- 차량 이동 속도를 최대 250km/h(근접 시 500km/h) 지원
- IEEE 802.11p 대비 최소 3dB 감소
- 위치 추정 기술 지원
- OCB 디바이스와 상호 호환성 및 공존, Backward Compatibility 지원
- 차량 자율주행 서비스와 기차 간 통신 서비스 지원

3GPP 방식: C-V2X에서 NR-V2X로

2016년 3GPP(3rd Generation Partnership Project)는 이동통신 방식으로 V2X(C-V2X) 서비스를 지원하기 위하여 LTE 기술을 기본으로 하는 Rel.14를 발간하여 2017년 3월 표준화를 진행하였습니다.

C-V2X(Cellular V2X) 방식은 이동통신의 4G 무선통신 방식을 사용함으로써 지연 시간을 단축할 수 있으며, 차량 간 직접 통신도 가능한 표준입니다. 더불어 이동통신망을 이용함으로 통신 지원 범위를 해결할 수 있었으며, 더 많은 데이터의 전송으로 영상 등 다양한 서비스의 지원도 가능하도록 하였습니다.

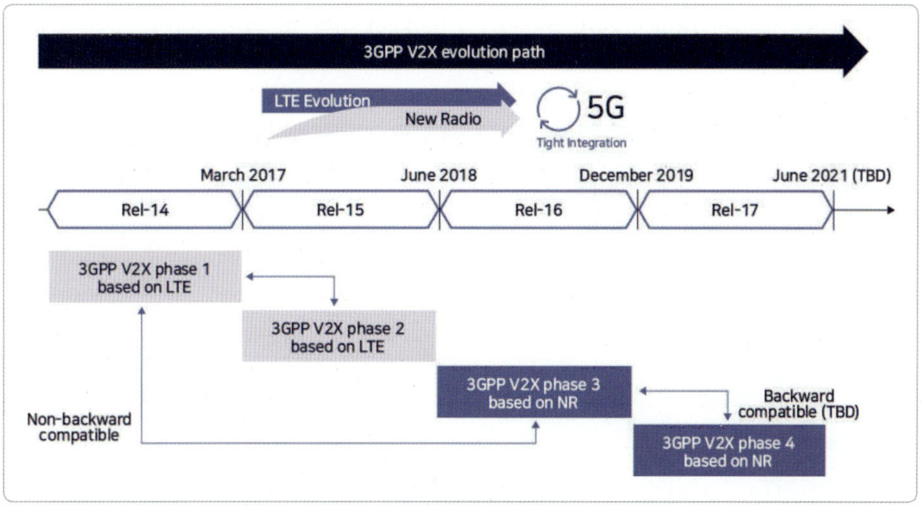

[그림 11-13] 3GPP의 C-V2X 로드맵(출처: 스마트앤컴퍼니)

기존의 이동통신망에 추가된 기능들을 살펴보면 다음과 같습니다.

- 차량(혹은 보행자) 간 직접 통신(V2V)을 위한 인터페이스
- 기지국과 차량 간의 통신(V2N)을 위한 인터페이스
- V2X 서비스 관리를 위한 제어 기능
- V2X 서비스를 위한 응용 프로그램 서버
- 단말 기반의 OBU 구조 지원, 지역 기반 브로드 캐스팅 등의 V2X 지원 기능

이동통신 기술은 4G LTE 방식에서 5G NR 방식으로 발전해 나가고 있습니다. C-V2X 역시 기존의 LTE 기반의 V2X에서 이러한 발전을 반영하여 5G NR 기반의 V2X로 진화하고 있습니다.

5G NR V2X는 LTE V2X에서 사용하는 고정 서브 캐리어 간격(15kHz)과는 다르게 15, 30, 60kHz의 서브 캐리어 간격을 사용할 수 있으며, 6GHz 이하의 NR V2X(Frequency Range 1, RF1)를 지원합니다. 60, 120kHz의 경우는 6GHz 이상(FR2의 경우)을 지원하여 지연 시간을 단축할 수도 있게 됨으로써 20MHz 채널에서 모든 통신 유형(유니캐스트, 그룹캐스트 및 브로드캐스트) 및 메시지 유형 등에서 안정적인 능력을 보여 줄 수 있습니다.

11.1.3 우리 생활에 어떠한 변화를 가져오나요?

서울시는 국토교통부와 함께 차세대 지능형 교통시스템(C-ITS) 실증 사업을 시작하였습니다. 5G 이동통신과 WAVE 무선 기술 등 관련 기술을 활용하여, 전방 교차로의 신호등 색상, 앞으로 녹색등의 잔여시간까지 안내하는 전방 교통신호 알림 및 위반 경고 서비스 등을 구현할 예정입니다. 또한 도로 위험 구간에 설치된 영상 카메라를 통하여 무단횡단 보행자, 터널 내 사고, 불법 주 · 정차 차량 및 커브 구간 내 정지 차량 등을 감지해 미리 안내하고 전방 추돌 주의 및 차선 이탈 등 위험 상황을 사전에 안내

[그림 11-14] 서울시 자동차 커넥티드 서비스 개념도(출처: 서울시)

하는 교통안전 서비스를 제공한다고 합니다. 더불어 향후에는 이렇게 수집된 정보들을 분석하여 운전자의 운전습관, 도로별 교통사고 위험도 등 많은 서비스를 제공할 것이라고 합니다.

더불어 이와 같은 서비스들을 5G 통신망과의 융합을 통하여 실제 도심도로에서 차량과 차량(V2V), 차량과 인프라(V2I) 및 차량과 보행자(V2P) 등과 끊김없이 연동하고 관련 정보를 송 · 수신함으로써 교통사고를 획기적으로 감소시킬 수 있는 자율주행에 필수적인 자동차 커넥티드 서비스를 제공한다고 합니다. 또한 향후에는 보행자 및 자전거, 개인용 이동수단(Personal Mobility) 등에도 확대 적용하여 도로 위의 모든 교통 수단에게 관련 정보들의 상호 교환이 가능하도록 할 것이라고 합니다.

우리는 현재의 기술들과 앞으로 새롭게 등장할 기술들과도 융합을 이루어 보다 향상된 새로운 서비스들을 창출하여 안전한 세상을 만들 것입니다.

통신 방식은 수단입니다. 결국 기술의 목표는 안전한 생활 환경의 구축일 것입니다. 자율주행 기술에도 이는 동일하게 적용되어야 할 것입니다. 신호 정보나 주변 환경의 정보 등을 전달하는 것은 통신 방식이 책임져야할 부분이지만 이 정보들을 받아서 해석하고 제어를 수행하는 것은 통신 방식이 아닙니다. 그러므로 우리는 교통 안전을 위한 서비스를 개발하여야 하며, 이를 차근차근 적용해 나가야 할 것입니다.

Tip **C-ITS 기반 5G 커넥티드 서비스**

C-ITS 기반의 5G 커넥티드 서비스는 초저지연 이동통신 5G 및 무선통신 WAVE 등 모든 통신망을 이용하여 차량과 차량(V2V), 차량과 도로(V2I) 및 차량과 사람(V2P) 간 위험 정보 교환이 가능하도록 하여 교통 안전을 증진하고 비싼 비용의 개인용 차량 센서(라이다, 레이더 및 카메라 등)를 대체하는 등의 자율주행 상용화를 위한 서비스입니다.

[그림 11-15] 서울시 자율주행 관제 예시(출처: 서울시)

① 센터 관제 화면: 정밀도로지도(HD 맵) 기반 차로 단위의 정밀한 차량 위치 및 상태 정보 관제, 차량 진행방향에서 발생한 각종 위험정보 총괄 관제를 수행
② 운전자 화면: 버스운행관리(BMS), 교통카드(AFC), V2X 기능이 내재된 올인원단말기, 운전자에게 전방의 모든 위험 등 도로안전정보를 제공
③ 딥러닝 검지 영상: 주요 교차로, 중앙정류소에 설치된 딥러닝 검지기에서 무단횡단 보행자, 정지차량 등 각종 위험 수집
④ 각종 영상: 차량 내 · 외부, 모든 객체를 검지하는 교통안전비전센서(ADAS) 영상, 전후방차량 영상 등

〈표 11-2〉 서울시가 시행하는 커넥티드 서비스들(1차 24개)

구 분	서비스 명	내 용	통신망	비 고
보행안전 및 편의	승차 알림	스마트폰 어플을 이용하여 승객이 탑승할 정류소, 노선 및 버스를 선택하면 해당 버스에 승객 탑승정보 표출(제공)	5G	V2C
	하차 알림	스마트폰 어플을 이용하여 승객이 하차정류소를 선택하면 해당 버스에 승객 하차 정보 표출(제공)	5G	V2C
	보행자 위치 알림	스마트폰 어플을 이용하여 교통약자가 도로횡단시 위치를 전송하면 주변 버스에 보행자 위치 표출	5G	V2P
	자전거 위치 알림	스마트폰 어플을 이용하여 자전거 정보(위치 등) 주변 차량(버스)에 제공	5G	V2P
도로교통 안전	위험구간 알림 경고	급커브 구간 등 사고위험 구간의 위험상황(낙하물, 역주행, 보행자 등)을 딥러닝 검지기로 검지하여 센터 및 주변 차량(버스)에 제공	WAVE · 5G	V2I
	불법주정차 위치 알림	딥러닝 검지지로 불법주정차 차량을 검지하여 센터 및 주변 차량(버스 등)에 정보 표출	WAVE · 5G	V2I
	차량 추돌 방지 지원	ADAS(교통안전비전센서)를 통해 검지되거나, 전방 차량의 급정거/급감속 정보를 수집하여 추돌위험 감지시 차량에 추돌위험 알림	WAVE	V2V
	차선이탈 경고	40km/h 이상 속도에서 방향지시등 점등 없이 차선로 변경할 경우 운전자 및 주변 차량에 알림	WAVE · 5G	V2V
	공사 알림	휴대용 공사 알림 장치를 이용 공사위치정보를 센터 및 주변 차량에 제공	5G	V2V
	터널 위험 알림	딥러닝 검지지로 터널내 사고, 낙하물 등을 검지하여 센터 및 주변 차량에 제공	WAVE · 5G	I2V, C2V
	포트홀 위험 알림	ADAS(교통안전비전센서)에서 도로함몰(포트홀)을 검지하여 센터 및 주변 차량에 제공	WAVE · 5G	V2I V2V
대중교통 안전	교차로 충돌사고 예방 지원	교차로에 진입하는 차량들이 상호 위치, 이동방향 정보를 교환하거나, 딥러닝 검지지로 교차로의 이동류(차량, 보행자)를 검지 위험여부를 판단하여 센터 및 주변 차량에 제공	WAVE · 5G	V2V, V2I
	졸음운전 감지	졸음운전감지센서로 운전자의 졸음운전을 감지하여 해당 차량(버스) 운전자에게 경고 및 센터 정보전송	5G	-
	정류소 정차면 알림	딥러닝 검지지로 정류소 정차면별 이용유무를 검지하여 센터 및 주변 차량에 제공	WAVE · 5G	V2I
	정류소 정차면 혼잡 알림	딥러닝 검지지로 정류소 정차면의 혼잡도를 검지하여 센터 및 주변 차량(버스)에 제공	WAVE · 5G	V2I
	승강장 혼잡 알림	딥러닝 검지지로 승강장의 혼잡도를 검지하여 센터 및 주변 차량(버스)에 제공	WAVE · 5G	V2I
	추월차량 통과 알림	딥러닝 검지지로 추월차로를 통과하는 차량(버스)을 센터 및 주변 차량(버스)에 제공	WAVE · 5G	V2I
	무단횡단 보행자 알림	딥러닝 검지지로 무단횡단 보행자를 검지하여 센터 및 주변 차량(버스)에 제공	WAVE · 5G	V2I

기타	전방버스 영상 후방 안내	스마트폰 등을 이용하여 전방 차량 영상을 후방 차량(버스)에 전송	5G	–
	기상정보 제공	실시간 기상정보를 RSU 또는 센터 ⇨ 대중교통 커넥티드 카에 제공	WAVE · 5G	V2C
	신호 알림 및 경고	차량이 진행 중인 전방 교차로의 신호정보(Spat) 및 위반여부를 센터 및 주변 차량(버스)에 제공	WAVE · 5G	V2I
	위치기반 차량데이터 수집	V2X 단말기를 통해 차량 위치 및 상태정보(PVD) 센터에 제공	WAVE · 5G	V2I
	위치기반 교통정보 제공	교통정보(속도 등)를 센터 및 차량 제공	WAVE · 5G	V2I
	돌발상황 CCTV 연계	위험상황 발생시 주변 CCTV 영상을 자동으로 표출	5G	V2I
	ADAS 관련	도로상 교통안전시설물(노면표시, 표지판) 등 검지	–	–

〈표 11-3〉 서울시가 시행하는 커넥티드 서비스들(2차 10개)

구 분	서비스 명	내 용	통신망	비 고
안전운행	긴급차량 통행지원	긴급차량 접근시 긴급차량의 위치정보를 전송받아 주변 차량에 긴급차량 접근 및 통행권 양보 알림	WAVE · 5G	V2C
	위험상황 제보	운전자가 인지한 주변의 위험상황(사고, 낙하물)을 V2X 단말기를 통해 센터 및 주변 차량에 전달	WAVE · 5G	V2V, V2C
교통관리	스마트 통행료징수	실시간 위치정보를 기반으로 스마트 요금징수 테스트 수행	WAVE · 5G	V2C
버스관리	협조형 차량추종 주행 지원	2대 이상의 대중교통 커넥티드 카를 활용하여 근접 추종주행시 협조형 추종주행 정보 제공	WAVE	V2V
	대중교통 관리지원	버스가 계획된 노선을 벗어나 운행시 우회경로 등을 실시간 관제하여 센터로 전송	5G	V2C
In vehicle	전자예약 지원	스마트폰 어플(온다앱)을 통해 택시를 예약하는 서비스	WAVE · 5G	V2C
	목적지 도착 알림	스마트폰 어플을 이용하여 하차 알림을 요청한 승객이 하차 정류소에 도착하기 전 해당 어플을 통해 알림 제공	5G	–
특화	운전습관 분석	수집된 차량운행정보를 기반으로 급감속, 급가속, 과속 등의 위험 운전 행태에 대한 분석정보 제공	–	–
	도로위험도 분석	서울시 도로구간별 축적된 운행 데이터를 기반으로 도로의 잠재적 위험도 분석정보 제공	–	–
	교통불편 신고	스마트폰 어플을 통해 커넥티드 카 서비스 이용 불편 접수 등	5G	–

Tip • **미래를 향한 혁신 "모빌리티 혁신 로드맵(2022.09)"**

국토교통부가 2022년 9월에 발표한 "미래를 향한 멈추지 않는 혁신 **모빌리티 혁신 로드맵**"에서 정부는 '25년 완전자율주행(레벨 4) 버스, 택시 그리고 '27년 승용차까지 완전자율주행(레벨 4)을 적용할 것이며, '25년 수도권 특정 구간(도심 ↔ 공항)에 UAM(도심공항교통) 서비스를 상용화하며, 향후에는 서울과 부산 간 '하이퍼튜브' 등 교통에 관한 비전을 발표하였습니다.

이에 따르면 ▶운전자가 필요 없는 완전자율주행(레벨 4) ▶교통체증 걱정 없는 항공 모빌리티 ▶스마트 물류 모빌리티로 맞춤형 배송체계 ▶모빌리티 시대에 적합한 다양한 서비스 ▶모빌리티와 도시 융합을 통한 미래도시 구현 등 5개의 분야에 집중되어 있습니다.

① **자율주행차**: 국토교통부는 2022년 말 일본과 독일에 이어 세계 세 번째로 부분 자율주행차(레벨 3)를 상용화하고 2035년 완전자율 주행의 대중화(자율주행 신차 보급률 50% 이상)를 이룰 계획입니다. 이를 위한 제도의 개편도 진행한다고 합니다.

2023년에는 고속도로에 자율주행 전용차로를 지정, 운영하고 화물차 자율 군집주행 등도 시행할 예정이라고 합니다. 이를 위한 통신방식으로는 직접통신 방식(WAVE 또는 C-V2X)을 기본으로 추진하며, 비혼잡 지역에서는 이동통신망(V2N)을 이용하는 하이브리드 방식으로 추진한다고 합니다.

〈자율주행차 관련 국가별 제조 현황 비교〉

국가		미국	독일	일본	한국
시험 운행		무인 운행 가능	무인 운행 가능	무인 운행 가능	무인 운행 가능
상용화	레벨 3	가능(미출시)	가능(출시)	가능(출시)	가능(출시 예정)
	레벨 4		불가	불가	불가

| 차세대 지능형 교통체계(C-ITS) 구축 전략 |

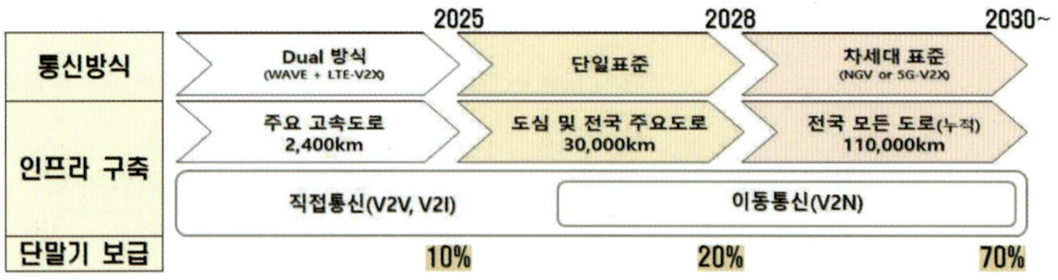

② **도심항공교통**: 2025년 도심항공교통(UAM: Urban Air Mobility) 최초 상용화를 시작하여 2030년 주요 권역별 서비스를 확대할 예정이라고 합니다. 최초 서비스는 특정 노선(도심 ↔ 공항)을 시내버스와 유사한 방식으로 운행하게 되는데, 향후에는 택시처럼 이용할 수 있도록 확대한다고 합니다.

2023년에 전남 고흥에서 기체 및 통신체계 안전성 등을 검증하고 2024년에는 도심지와 공항 간 운행을 위한 실증사업을 추진할 계획이라고 합니다.

| 항공 모빌리티 통합 관리체계 |

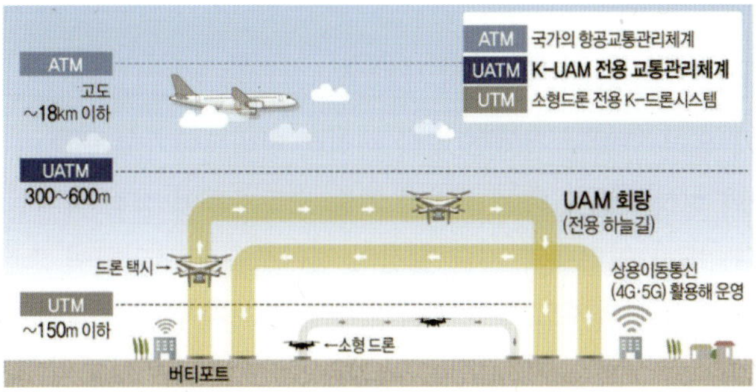

③ **디지털물류**: 국토교통부는 전국 어디서나 원하는 시간에 물품을 받아볼 수 있는 맞춤형 서비스를 제공하는 '스마트 물류 모빌리티'를 구축한다고 합니다. 이를 위해서 화물차, 이륜차 등 기존 배송수단에 로봇, 드론으로까지 확대한다고 합니다. 이를 위한 법 개정도 추진하며, 공공다중이용시설, 공동주택단지 및 주거 밀집 지역 등을 대상으로 무인 배송을 2025년까지 단계적으로 확대한다고 합니다. 또한 전국 당일 배송 서비스가 가능하도록 자율주행 화물차와 지하 철도망, 하이퍼튜브 등 새로운 물류 수단 도입을 위한 제도 정비도 같이 추진한다고 합니다.

| 24시간 생활물류 서비스 체계도 |

인공지능(AI)을 활용하여 실시간 수요를 반영, 운행하는 수요응답형 서비스(DRT: Demand Responsive Transport) 등도 제공될 예정입니다.

④ **모빌리티 서비스 도시**: 다양한 모빌리티 데이터 통합 관리와 민간 개방을 통해 민간 주도의 MaaS(Mobility as a Service) 활성화를 지원하고 공공 주도 사업으로 추진한다고 합니다. 또한 도심항공교통(UAM), 전기수소차, 개인형 이동수단(PM) 등 미래 모빌리티와 기존의 철도 및 버스 등을 연계하는 미래형 환승센터(MaaS Station) 사업도 추진하고자 하며, 이러한 모든 것들을 도시 전체에 적용하는 '모빌리티 특화도시'도 2023년 기존 도시 2곳과 3기 신도시 등에 첫 사업을 실시할 계획이라고 합니다.

※ MaaS(Mobility as a Service): 다양한 교통수단 · 정보를 연계함으로써 단일 플랫폼에서 최적경로 안내, 예약 · 결제, 통합 정산 등을 제공하는 서비스입니다. 즉, 승용차, 대중교통과 같은 보편적 교통수단뿐 아니라 공유 교통(카셰어링, 자전거 셰어링, 라이드 셰어링), 자율주행차, 개인형 이동수단(PM) 등 새롭게 등장한 모든 것을 교통수단으로 인식하고 이를 바탕으로 다양한 요구를 충족시켜주는 서비스를 말합니다.

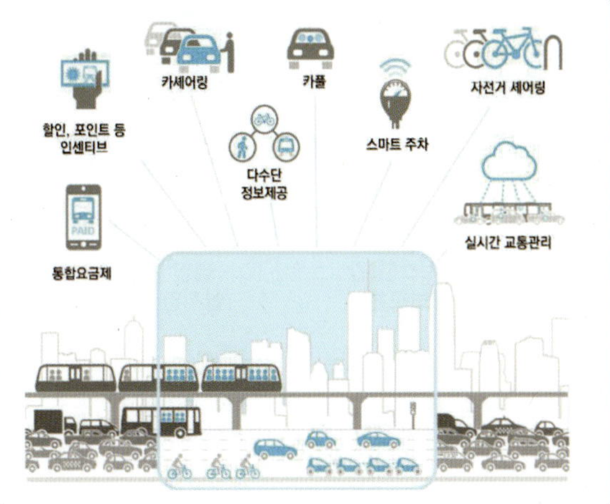

(출처: 서울형 통합교통서비스 도입방안, 2019.09)

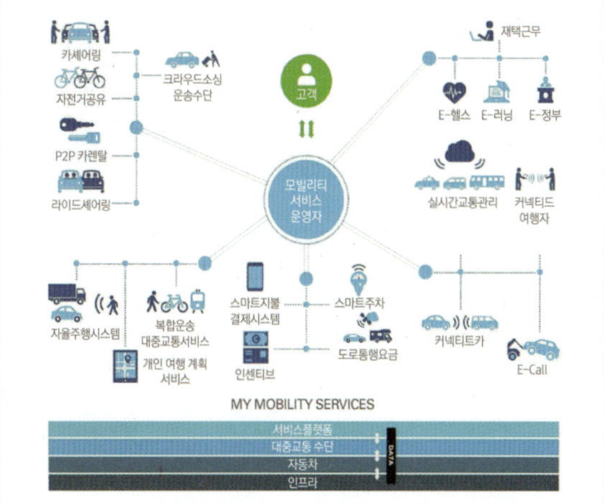

(출처: 인프라 산업, 4차 산업혁명과 만나다, 2018)

11.2 스마트 팩토리(Smart Factory)? 공장도 똑똑해진다는 건가요?

11.2.1 스마트 팩토리는 얼마나 똑똑한가요?

21세기 우리 사회는 점차 고령화 사회로 접어들어가고 있으며, 이러한 사회 현상으로 인하여 숙련된 기술 노동자들이 점점 줄어들고 있습니다. 또한 인터넷과 기술 발전의 경이로움으로 인하여 트랜드의 변화도 점점 빨라지므로 한 제품의 수명 주기가 급격히 짧아지고 있는 상황입니다. 이렇게 고령화 사회의 진입 및 소비자들의 요구 다변화와 다양화가 진행되어 감으로 인하여 이에 걸맞은 맞춤형 생산이 요구되고 있으며, 더불어 경제 구조도 제조 중심의 산업 경제에서 정보기술(ICT)을 포함한 서비스 산업 중심으로 변화되어 가고 있는 분위기입니다. 전통적인 제조업은 이와 같은 환경의 변화로 점점 그 자리를 유지할 수 없는 상황에 직면하게 되었으며, 이러한 이유로 인하여 새로운 혁신의 필요성이 대두되고 있습니다. 이와 같은 사회 환경의 변화에 대처하고자 '스마트 팩토리(Smart Factory)'가 등장하고 있습니다.

스마트 팩토리는 사회 환경의 이와 같은 변화에 대응하고자 설계 및 개발, 제조 그리고 유통 등 생산의 전 과정에 디지털 자동화 솔루션 등과 같은 정보통신기술(ICT)을 통합, 적용하여 제조 현장의 생산성, 제품의 품질 그리고 소비자들의 만족도를 동시에 향상시킬 수 있는 지능형 생산공정을 구현할 수 있게 합니다. 쉽게 말하면 스마트 팩토리는 제품의 기획에서부터 설계, 생산, 유통 및 판매까지 전 과정을 정보통신기술로 통합, 관리함으로써 최소의 비용과 시간을 투입하여 소비자가 만족할 제품들을 적기에 생산하는 첨단 지능형 공장을 의미합니다.

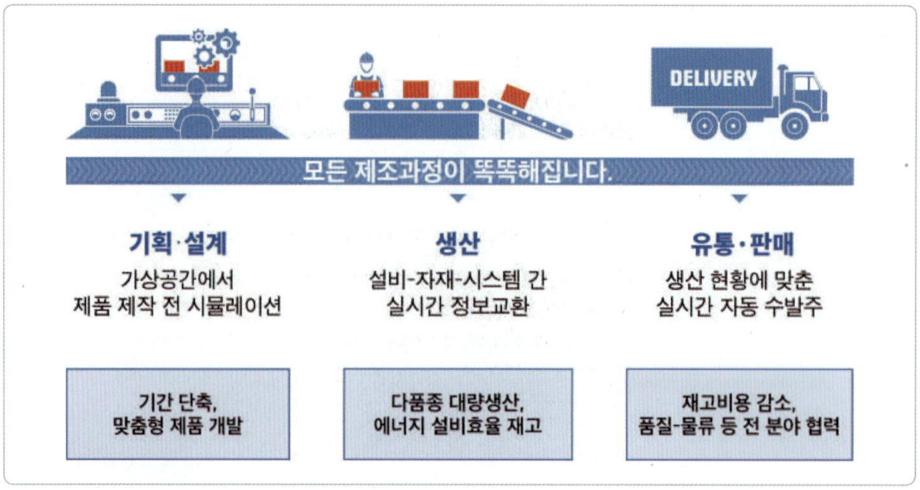

[그림 11-16] 스마트 팩토리 개념(출처: https://www.smart-factory.kr/smartFactorintro)

KS 표준인 'KS X 9001 스마트공장'에는 스마트 팩토리를 '전통 제조산업에 ICT를 결합하여 제품의 기획, 설계, 생산, 유통 및 판매 등 전 과정을 ICT 기술로 통합함으로써 최소 비용과 시간으로 고객맞춤형 제품생산을 지향하는 공장'으로 정의하고 있습니다.

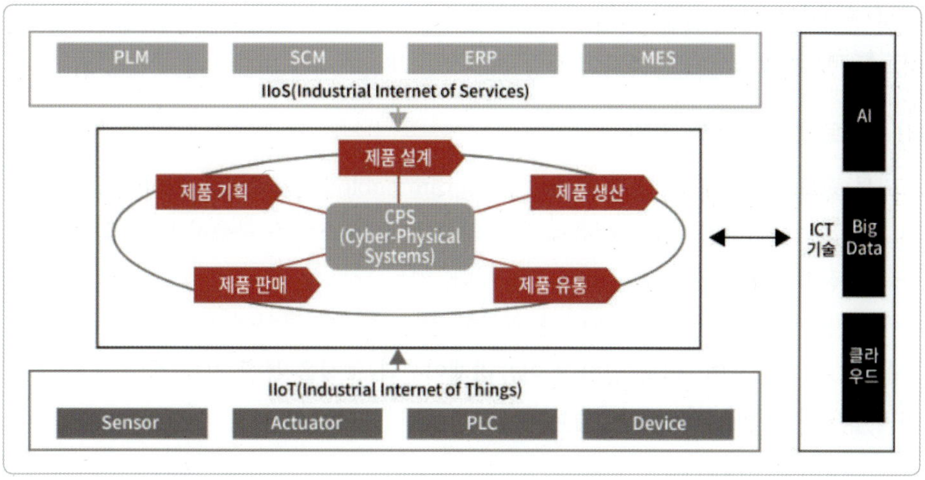

[그림 11-17] 스마트 팩토리 구성

스마트 팩토리는 그러므로 단위별 자동화를 추진하는 것이 아닌 생산과정 전체 단계의 자동화를 의미한다고 볼 수 있습니다. 즉, 사이버물리시스템(CPS: Cyber-Physical Systems)을 기반으로 ICT 기술과 융합한 지능적인 생산체계를 갖춘 스마트한 공장을 의미한다고 볼 수 있습니다.

여기서 이야기하는 사이버물리시스템(CPS)은 현실세계(Physical World)와 사이버 세계(Cyber World)와의 융합을 의미하는 새로운 패러다임입니다. 즉, 현실세계의 어떠한 이벤트를 사이버 시스템으로 전송하여 해당 이벤트를 분석, 산정 및 예측한 결과를 다시 원래의 현실세계로 전송, 이를 적용하는 체계를 말합니다. 이런 시스템을 기반으로 설치된 센서, 엑츄에이터(Actuator, 작동장치) 그리고 제어기기 등의 IIoT(Industrial IoT)가 PLM(Product Lifecycle Management, 제품수명주기관리), SCM(Supply Chain Management, 공급망관리), MES(Manufacturing Execution System, 생산관리시스템), ERP(Enterprise Resource Planning, 전사적 자원관리) 등의 산업용 시스템에 연계되어 ICT 기술과의 융합이 이루어져 맞춤형 대량 생산이 가능해지는 시스템입니다.

11.2.2 관련된 기술에는 어떤 것들이 있나요?

지금까지의 공정 자동화 기술은 각 공정별로 분리하여 자동화를 추진해 왔습니다. 이로 인하여 이들 각 공정들을 통합하여 유기적으로 관리하는 것은 거의 불가능하였습니다. 하지만 스마트 팩토리는 발전된 ICT 기술을 적용하여 모든 설비나 기계들이 무선통신을 활용하여 연결함으로써 전후 공정 간 데이터의 흐름이 수월하게 가능해졌으며 이를 통하여 보다 공정간에 유기적인 관계가 형성되었고 이로 인한 통합적인 생산 환경을 구축할 수 있게 된 것입니다. 이외에도 비용 효율성이 개선되며 향후에는 보다 효율적으로 생산이 가능해지고 또한 재고 관리도 수월해질 것이며 또한 자동화를 통하여 생산 현장의 유연성이 더해져 개인 맞춤형 상품을 즉시 생산할 수도 있을 것입니다. 스마트 팩토리는 지금까지의 중앙 집권적인 생산체제를 변화시킬 것입니다.

(1) 스마트 팩토리 적용 범위

스마트 팩토리는 이미 40여년 전 PLC(Programmable logic Controller)의 발명과 함께 시작되었습니다. 우리는 컴퓨터 기반의 자동화 시스템을 구축하면서 지속적으로 구축을 진행하여 왔다고 보는 것이 맞습니다.

산업자동화에서 안정적인 제어와 원활한 정보 흐름을 통하여 우리는 지능적인 생산을 할 수 있었으며, 이로 인하여 어플리케이션과 로직을 통한 자원 절약 및 효율적이며 유연한 생산을 할 수 있었습니다.

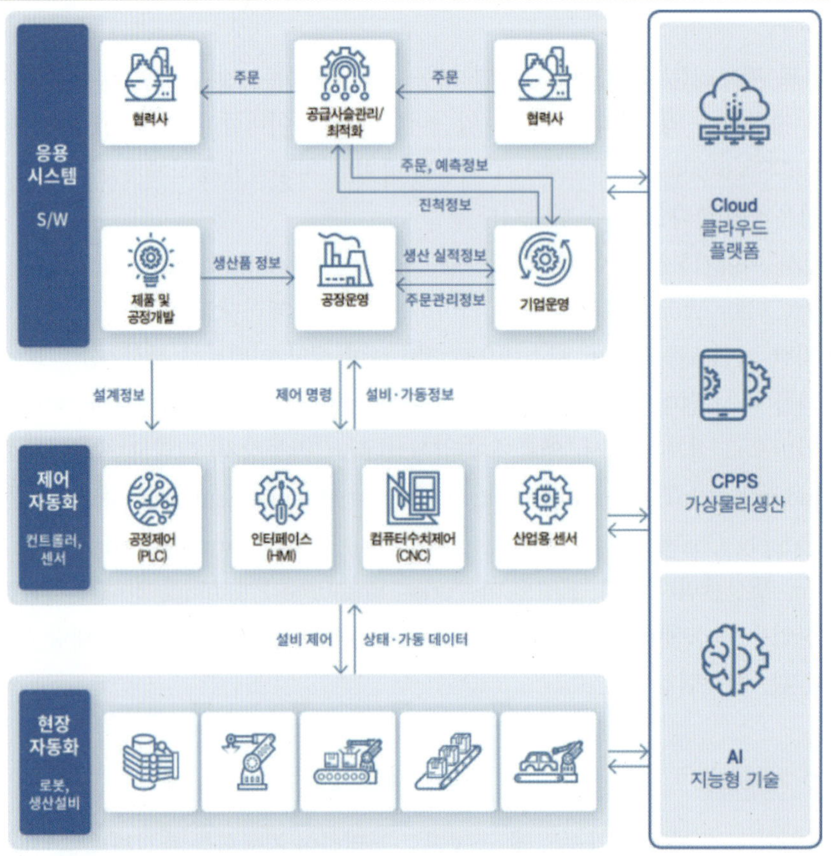

[그림 11-18] 스마트 팩토리 적용 범위(출처: 스마트제조혁신추진단 스마트공장 사업관리시스템)

(2) 스마트 팩토리 당면 과제

성공적으로 제조현장에서 스마트 팩토리를 구현하기 위해서는 다음과 같은 선결 조건들이 만족되어야 합니다.

① 대량의 데이터

스마트 팩토리를 구현하기 위하여서는 설치 및 운영 중인 모든 시설들이 연동되어야 하는데, 이렇게 연동된 IoT 장치는 제조 공정에 대한 데이터를 지속적으로 수집하며 이를 분석할 수 있는 분석 도구를 필요로 합니다. 장치가 많을수록 네트워크 상에 많은 데이터가 송 · 수신될 것이며, 이런 많은 수의 연동 장치들로 인하여 보안 문제를 야기할 수도 있습니다.

② 오래된 생산 현장 및 시설

대부분의 제조 현장의 장비들은 비용상으로는 고가일 것이며 또한 제품의 수명 주기는 길 것입니다. 스마트 팩토리를 구축하기 위해서는 해당 기술과 호환되는 장비로 교체를 검토하여야 할 것이며 되도록이면 하드웨어와는 독립적인 소프트웨어를 도입하여야 합니다.

③ 시스템 구조의 복잡성

시스템 상의 상호 연결성은 시스템의 복잡성을 크게 증가시키는데 각 구성요소들의 원활한 통합과 안정적인 운영을 위해서는 이를 위한 시간과 자원이 필요할 것입니다.

(3) 스마트 팩토리 적용 기술

스마트 팩토리를 구현하는데 가장 중요한 기술은 아마도 사물인터넷(IoT: Internet of Things)일 것입니다. 그 외에도 인공지능(AI: Artificial Intelligent), 머신러닝 그리고 빅데이터 등이 적용될 수 있습니다.

사물인터넷 기술은 인터넷을 기반으로 사물과 사람 간 연동을 통하여 다양한 장치들로부터 정보를 수집합니다. 생산 라인에 설치된 다양한 센서와 이 센서들이 설치된 기기로부터 정보를 수집하는 것입니다. 증강현실(AR: Augmented Reality)도 공정이나 조립 과정 등에서 활용이 가능할 것입니다. 여기에 더해 인공지능 기술은 이렇게 수집된 정보들을 분석할 수 있을 것입니다. 또한 이렇게 분석된 데이터를 기반으로 스스로 판단도 가능할 것입니다. 사이버물리시스템(CPS: Cyber Physical System)은 가상의 공간에 제조 라인의 시뮬레이션을 통한 제조 과정의 위험을 줄일 수 있는 기능을 구현할 수도 있습니다.

〈표 11-4〉 스마트 팩토리에 적용 가능한 기술들

기 술	개 념
사물인터넷(IoT)	인터넷 기반으로 사물 간, 사물-사람 간 연결을 통해 유용한 정보 수집
증강현실(AR)	실제세계에서 3차원 가상물체를 겹쳐서 보여주는 기술을 활용해 현실과 가상환경을 융합한 환경 제공
사이버물리시스템(CPS)	현실과 동일한 가상공간을 구현해 연결한 시스템
인공지능(AI)	인간의 사고능력인 인지, 추론, 학습을 모방한 기술
빅데이터	방대하고 다양한 자료를 빠르게 분석하는 기술
클라우드	IT 자원을 필요한 만큼 빌려서 사용하고 지원받는 컴퓨터 시스템

11.2.3 어디에 적용해야 하나요?

(1) 스마트 팩토리 적용 분야

ICT 기술의 활용 정도 및 해당 기술에 대한 역량 등에 따라 구축시스템의 스마트화 수준(기초 - 중간1 - 중간2 - 고도)을 구분할 수 있으며, 기업의 여력이나 상황에 따라 점진적으로 구현이 가능하기도 합니다.

〈표 11-5〉 스마트 팩토리 수준 정의표(출처: 스마트제조혁신추진단)

<table>
<tr><th>구 분</th><th>현장자동화</th><th>공장운영</th><th>기업자원관리</th><th>제품개발</th><th>공급사슬관리</th></tr>
<tr><td rowspan="2">고도</td><td colspan="4">IoT/IoS 기반의 CPS화</td><td rowspan="2">인터넷 공간상의 비즈니스 CPS 네트워크 협업</td></tr>
<tr><td>IoT/IoS화</td><td colspan="3">IoT/IoS(모듈)화
빅데이터 기반의 진단 및 운영</td></tr>
<tr><td>중간2</td><td>설비제어 자동화</td><td>실시간 공장제어</td><td>공장운영 통합</td><td>시뮬레이션과 일괄 프로세스 자동화</td><td>다품종 개발 협업</td></tr>
<tr><td>중간1</td><td>설비데이터 자동집계</td><td>실시간 의사결정</td><td>기능 간 통합</td><td>기술 정보 생성 자동화와 협업</td><td>다품종 생산 협업</td></tr>
<tr><td>기초</td><td>실적집계 자동화</td><td>공정물류 관리 (POP)</td><td>관리 기능 중심 기능 개별 운영</td><td>서버를 통한 기술/납기 관리</td><td>단일 모기업 의존</td></tr>
<tr><td>ICT 미적용</td><td>수작업</td><td>수작업</td><td>수작업</td><td>수작업</td><td>전화와 이메일 협업</td></tr>
</table>

각 제조 분야별로 스마트 팩토리 구축을 위한 방안을 살펴보면 다음과 같습니다.

① 기계부품 산업

원재료나 부품을 조립하고 검사하는 노동집약적 산업으로 자재를 부착, 조립해 검사하는 공정이 중요하며, 부착 · 조립 시 생성되는 공정 데이터와 제품 검사시 생성되는 검사 데이터를 연계해서 품질분석을 시행합니다. 제품 불량시에는 원인을 빠르게 확인하고 현장 개선을 수행합니다. 작업지시 및 자재 관련 물류 추적과 품질 · 납기 관리가 중요한데, 생산 시설에서는 라인별/작업별 코드 관리가 되어야 하며 실적과 현황을 파악하기 위한 생산현황 모니터링과 납품 자재의 입고/공정별 사용량 등을 관리할 수 있어야 할 것입니다.

② 재고와 물류

자재 입 · 출고 관리를 위한 자재이력 관리와 불량품 및 반품 관리가 가능하여야 하며, 이를 통하여 생산정보 집계 분석의 시스템화가 가능해져 업무 생산성을 배가할 수 있을 것입니다. 생산실적 관리, 작업 교체준비 등이 가능해져 원가 분석도 가능해집니다.

③ 전자부품 산업

제조 과정에서의 공정 데이터와 검사 데이터를 연계해서 품질을 분석할 수 있도록 하는 시스템을 구축하여야 하며, 컨베이어와 바코드 등을 이용한 시스템이 구축되어야 할 것입니다.

④ 금형 산업

컴퓨터를 활용한 정밀가공 기술과 설계 기술이 접목하여 프레스 금형, 사출 금형, 고무 금형, 유리 금형 등의 분야에 적용이 가능해집니다.

⑤ 제약 산업

생명과 보건에 관련된 의약품을 생산하는 정밀화학산업에서는 의약품 제조 가이드라인인 GMP(Good Manufacturing Practice) 준수를 위하여 자재입고 단계부터 제품 출고까지의 전체 공정에서 생산물류추적이 가능해야 합니다.

(2) 스마트 팩토리에서의 보안

생산현장의 업무 효율을 위하여 산업재해 시스템과 기업내 IT 시스템이 연계되어 개방형 구조로 전환되고 있으며, 아날로그 중심의 제어 체계가 디지털화 및 IP화하여 서로 긴밀하게 상호작용하도록 변화되고 있어서 보안 문제는 심각하게 고려되고 있는 실정입니다. 최근 솔라윈즈 사태와 TSMC 해킹, 노르스트 하이드로 랜섬웨어 공격 등은 이러한 염려를 한층 높이는 계기가 되었습니다.

① 이란 원자력 발전소 제어시스템: 스턱스넷(Stuxnet) 공격

2010년 이란의 부세르 원자력발전소 폐쇄망 제어 시스템인 감시 제어 및 데이터 수집(Supervisory Control And Data Acquisition: SCADA, SMATC PCS7) 시스템이 윈도 운영체제의 취약점을 이용한 컨피커 웜(Conficker Worm)에 감염되어 수차례 운영 정지 및 최대 1,000개의 원심분리기 파손 등이 발생하였습니다.

② 우크라이나 전력시스템: 블랙에너지(BlackEnergy) 멀웨어 공격

2015년 12월 러시아 사이버스파이그룹인 샌드웜(Sandworm)이 우크라이나 전력시스템을 공격하여 6시간 동안 정전이 발생하였습니다.

③ 반도체 위탁생산 기업의 생산 설비: 랜섬웨어 공격

2018년 대만의 세계 최대 반도체 위탁생산 기업인 TSMC의 생산라인이 워너크라이(WannaCry) 랜섬웨어 공격으로 2일 동안 가동 중단되는 사태가 발생하였습니다. 발생 손실액은 대략 약 2억 5,000만 달러 규모로 알려졌습니다.

④ 세계 최대 알루미늄 제조 시설: 랜섬웨어 공격

2019년 3월 노르웨이 세계 최대 알루미늄 제조업체인 노르스크 하이드로(Norsk Hydro ASA)사가 로코고가 렌섬웨어 공격을 받아 고도의 자동화 공정 일부가 수동 전환되는 사태가 발생하여 약 5,500만 달러 이상의 업무 중단 피해액이 발생하였고 복구에 9개월이 소요되었습니다.

⑤ 솔라윈즈: 소프트웨어 공급망 공격

2020년 12월 미국의 보안 전문 기업인 파이어아이(FireEye)에 의해 발견된 사건으로 솔라윈즈라는 네트워크, 시스템 및 정보 기술 인프라 관리 지원 소프트웨어를 공급하는 회사의 업데이트 파일을 감염시켜 18,000여 고객이 감염되는 피해를 입었습니다.

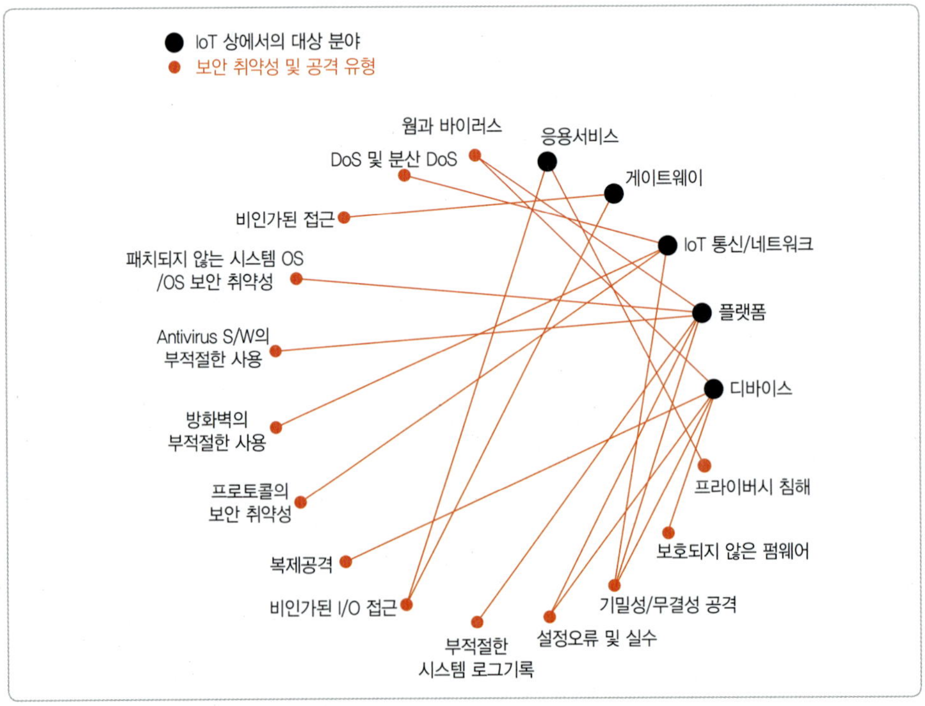

[그림 11-19] 스마트 팩토리 보안 취약성 및 공격 유형(출처: 스마트 팩토리 보안 사고 유형 분석 및 대안 프레임 제시, 한국컴퓨터정보학회)

스마트 팩토리에 대한 위협이 다양화되고 그 빈도가 증가함에 따라 이에 대한 체계적인 관리와 대응체계의 구축이 요구되고 있으며, 이에 따라 산업제어시스템(ICS: Industrial Control System) 네트워크 구축과 기업 사무용 네트워크와의 연결 시에는 사이버 보안 고려사항 및 운영기술 환경의 보안관리체계로 ISA/IEC 62443(안전한 산업 자동화 및 제어시스템 구현 절차)과 NIST 800-82(산업제어시스템 보안 가이드라인)의 참고를 제안하고 있습니다. 국내의 경우는 한국인터넷진흥원에서 발표한 "스마트공장 사이버보안 가이드", "스마트공장 보안 모델" 등이 있습니다.

(3) 스마트 팩토리 기대효과

스마트 팩토리는 제공되는 대량의 데이터 수집 및 분석과 상호 연동된 구성 요소의 효율적인 관리 외에도 다음과 같은 효과를 기대할 수 있습니다.

① 비용 절감

공정 및 데이터 관리 최적화를 통해 자원을 효율적으로 활용함으로써 실제로 투입되는 운영 비용을 절감할 수 있습니다.

② 효율성 향상

스마트 팩토리에서 제공되는 데이터를 분석하여 기기 본연의 기능을 수행하지 못하는 기기들을 파악할 수 있으며, 이를 수정 또는 제거할 수 있을 것입니다. 또한 필요한 소요 자재를 예측하여 현장의 가동 중단 시간을 최소화할 수 있으며, 이를 통하여 생산성을 극대화시킬 것입니다.

③ 제품 품질 향상

생산 전 과정에 대한 제품의 품질 결함을 모니터링함으로써 높은 생산수율 및 고객 만

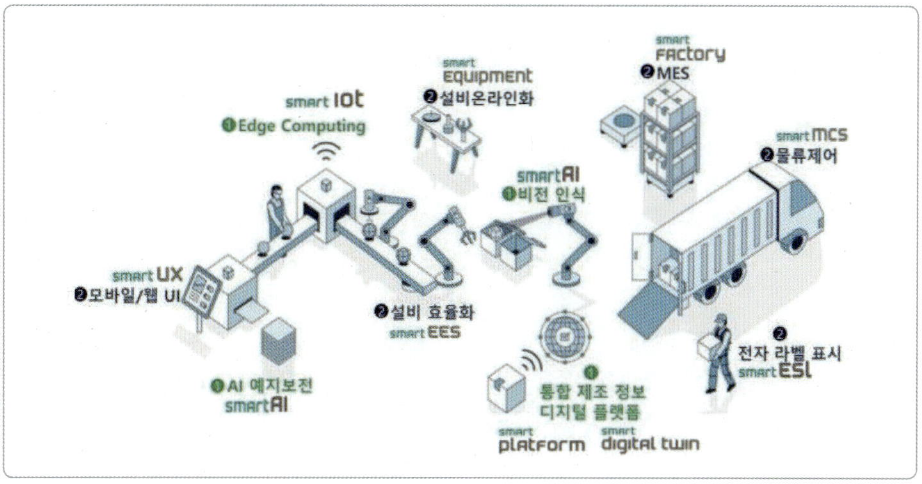

[그림 11-20] 스마트 팩토리의 효과적인 도입

족도를 향상시킬 수 있습니다.

④ 생산 중단 최소화

스마트 팩토리 기술은 제조 현장을 24시간 성능 모니터링함으로써 장비의 예측 유지보수를 수행할 수 있으며, 고장 발생 전에 예측하여 알려줄 수 있을 것입니다.

11.3 디지털 트윈(Digital Twin)! 와~ 쌍둥이가 생긴다는 거죠?

11.3.1 디지털 트윈? 어떻게 생겼나요?

2002년 마이클 그리브스(Michael Grieves) 미국 미시간대 박사에 의해 처음으로 등장한 디지털 트윈이라는 개념은 물리세계(현실세계)에 실제로 존재하고 있는 물리적 대상의 형상, 성질, 상태 등의 정보를 디지털 공간에 구현하는 것을 말합니다. 현실공간에서의 물리적 대상의 구조나 운영 상황 등을 가상의 디지털 공간에 재현함으로써 물리세계와 가상의 세계를 실시간으로 분석하여, 과거와 현재의 물리적 대상의 상태를 이해하고 이를 통하여 미래를 예측할 수도 있을 것입니다. 물론 이 모든 것들이

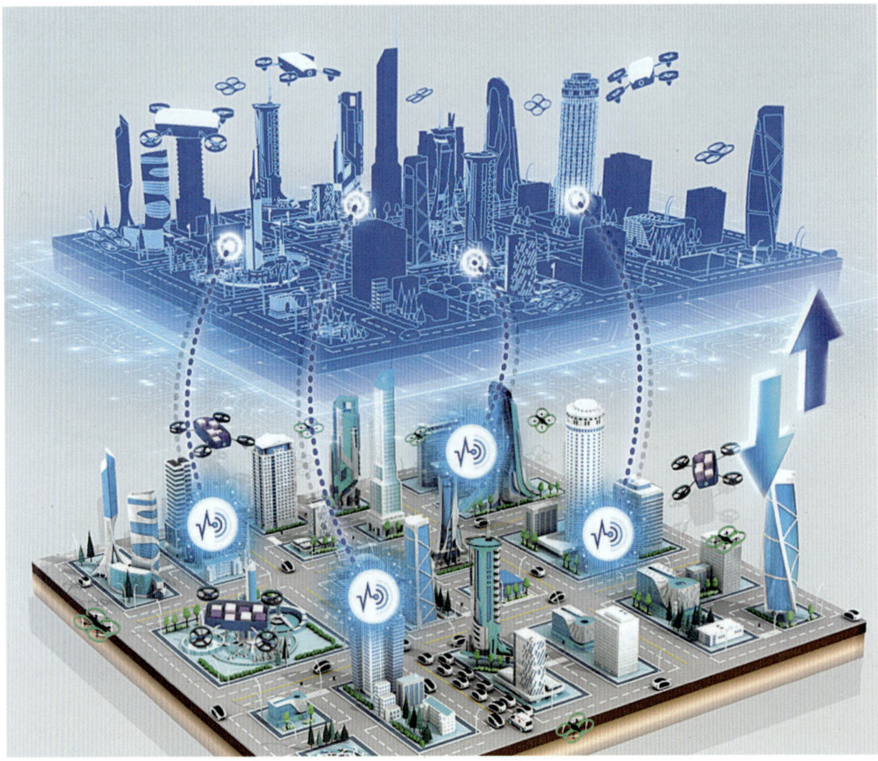

[그림 11-21] 디지털 트윈의 개념

가능하게 된 것은 IoT(Internet of Things, 사물인터넷)가 등장하여 물리적 대상들에게 설치되어 관련 데이터의 취득이 실시간으로 가능하게 되었기 때문이기도 합니다.

이와 같은 디지털 트윈은 2002년 마이클 그리브스 박사에 의해 등장한 이후, NASA에서 2010년 우주 탐사 기술 개발 로드맵에 이를 적용하였습니다. 이후 GE(General Electric, 제너럴 일렉트릭)가 자사의 엔진, 터빈 등의 제품에 디지털 트윈 모델을 적용하면서 일반인들에게 널리 알려지게 되었습니다.

우리의 경우는 한국판 뉴딜 10대 대표 과제에 포함시킴으로써 디지털 트윈의 발전을 예상하였고, 스마트 시티 구축을 위하여 서울시와 부산시가 3D 기반의 디지털 트윈의 구축을 진행하고 있는 상황이기도 합니다.

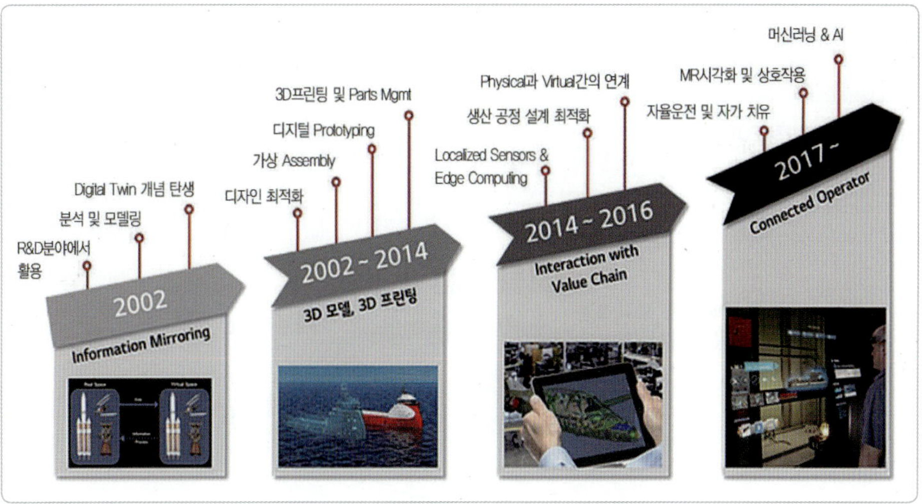

[그림 11-22] 디지털 트윈의 진화 단계(출처: Digital Twin in Oil & Gas: Simulation to Operations, Schneider Electric, 2017)

이외에도 국내에서 활용이 추진되고 있는 분야는 주로 제조 공정과 스마트 시티 구축에서 적극적으로 추진하고 있는데, 제조의 경우는 기존의 정보 시스템인 PLM(Product lifecycle Management, 제품 수명주기 관리), MES(Manufacturing Execution System, 생산관리 시스템), ERP(Enterprise Resource Planning, 전사적 자원관리), SCM(Supply Chain Management, 공급사슬관리) 등에 접목하여 생산 활동을 완벽히 동기화하여 공장의 지능화와 고도화를 추구하고자 하고 있습니다. 스마트 시티 구축에서는 국내 도시 계획, 실행 및 관리에 있어서 비용 효율성과 사용 편의성에 주목하여 적용하고 있습니다.

디지털 트윈은 가상의 세계에 현실을 반영하여 재구축한 모델을 통하여 데이터의 '생성 → 전송 → 통합 → 분석 → 이해 → 실행'의 절차로 실제세계와 가상세계를 실시간으로 통합하는 것이 핵심 사항입니다.

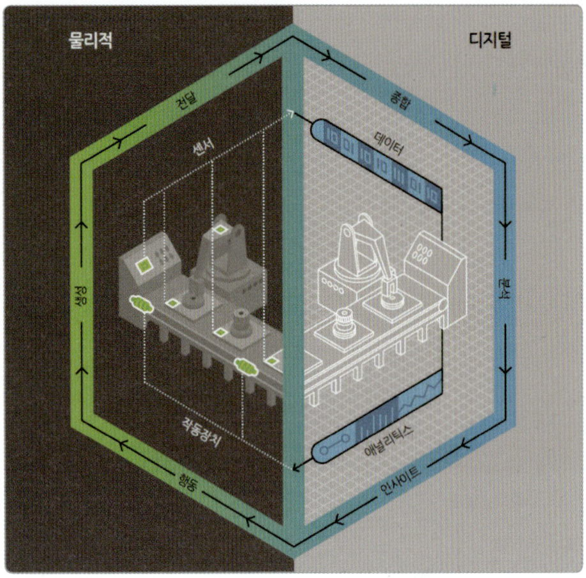

[그림 11-23] 제조 공정의 디지털 트윈 모델(출처: 딜로이트, 2017)

① 생성: 분석을 위하여 사용되는 물리적인 공정의 성능 및 주변 환경 그리고 외부 데이터들의 입력 값을 측정하는 센서 설치

② 전송: 물리세계(현실세계)와 디지털 플랫폼 간의 실시간 양방향의 통합 및 연결을 지원

③ 통합: 데이터 저장소에 저장 후, 해당 데이터의 분석을 위한 처리 과정 및 준비

④ 분석: 실시간으로 전송되어 통합된 데이터를 통하여 알고리즘 기반의 시뮬레이션과 시각화 과정을 통한 데이터 분석

⑤ 이해: 통합 관리 화면을 통한 시각화 과정을 거쳐 분석된 데이터의 분석 결과를 표현. 물리적 세계와 디지털 세계의 오차를 조명해서 추가적인 조사와 변화가 필요한 부분의 확인

⑥ 실행: 네트워크를 통하여 물리세계(현실세계)로 피드백한 후 이를 적용

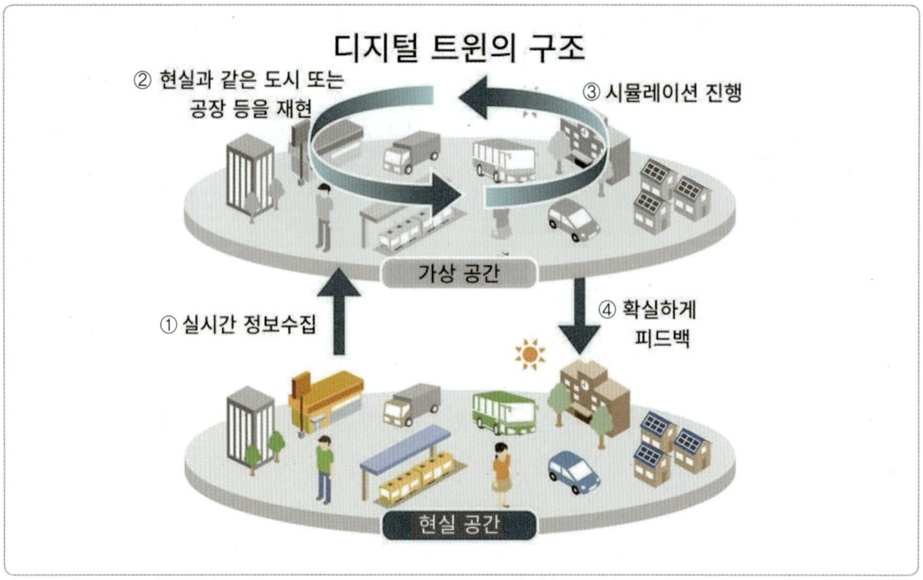

[그림 11-24] 디지털 트윈의 구조(출처: 일본 경제신문)

11.3.2 어떻게 해야 쌍둥이를 갖을 수 있나요?

사물인터넷(IoT, Internet of Things), 빅데이터(Big Data), 인공지능(AI: Artificial Intelligence), 사이버물리시스템(CPS: Cyber Physical Systems) 등 4차 산업혁명 기술들이 발전 및 보편화됨에 따라 이들 기술들을 응용하여 산업현장에서 생산성, 경제성 및 안정성을 향상시키고자 하는 요구를 충족하기 위한 디지털 트윈 기술이 주목

받고 있습니다.

이런 디지털 트윈은 가트너에서 정의한 3단계의 디지털 트윈 기술 단계로 분류할 수 있습니다.

- 레벨 1(현실세계 복제): 현실세계에서 객체의 기본적 속성을 반영한 디지털 객체 수준
- 레벨 2(현실세계 관제): 실제세계와 연결되어 모니터링 및 제어 가능 수준
- 레벨 3(현실세계 최적화): 인공지능(AI) 등을 적용해서 고급 분석과 시뮬레이션이 가능한 수준

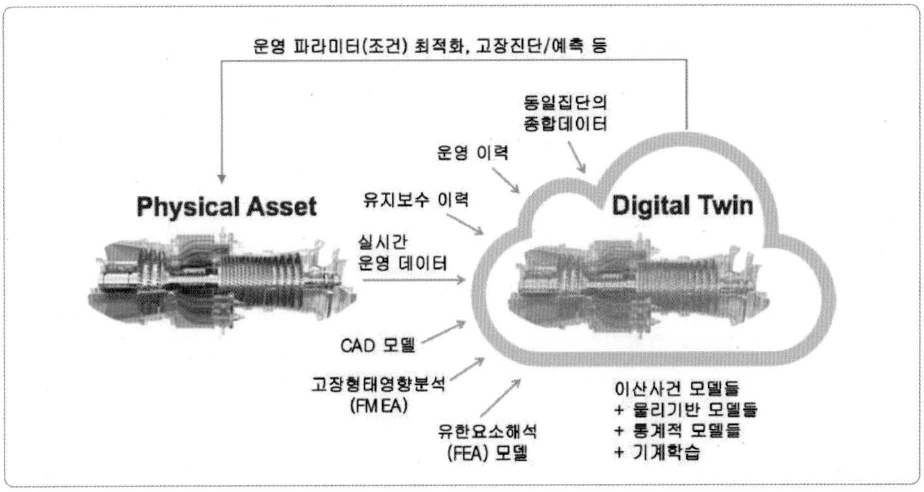

[그림 11-25] 물리세계와 디지털 트윈의 관계(출처: 디지털 트윈 기술 발전 방향, KEIT)

현실에 존재하는 모든 것을 대상으로 하는 디지털 트윈은 가상의 기계를 구성하는 부품에 대한 부품 모듈, 부품들이 조립된 공작기계, 공작기계가 결합된 제조 시스템 그리고 제조 시스템이 결합하여 생산 라인을 구성한 후, 단계별 제조 흐름을 통해 완성품을 만들어내는 제조 공정과 다양한 곳에 적용이 가능한 제조 공정을 수행하는 가상 기업으로의 확장까지도 가능합니다. 규모를 살펴보면 제조 관리 및 운영, 품질 관리 그리고 유지보수에서 하나의 도시까지 확장이 가능한데, 궁극적으로는 디지털 트윈으로 구성된 국가 구성도 가능할 것입니다.

한국전자통신연구원(ETRI)의 '스마트 시티 실현을 위한 디지털 트윈 기술 동향'에서는 기술의 구현을 '요소 기술 측면'과 '소프트웨어 측면으로 구분하기도 하였습니다.

〈표 11-6〉 디지털 트윈 기술을 구성하는 요소 기술(출처: 스마트 시티 실현을 위한 디지털 트윈 기술 동향, ETRI)

요소 기술	내 용
IoT	물리적 객체의 실시간 데이터 수집과 물리-가상 객체 간 양방향 전송 촉진
인공지능	새로운 데이터로부터 학습을 촉진하고 예측 모델을 지속적으로 개선
빅데이터	패턴 유추 및 유용한 정보 발굴을 위한 양적 데이터 제공
클라우드	센서 및 플랫폼으로부터 오는 데이터를 담아 유연성, 확장성 지원
5G 통신	실시간 정보 전송 능력으로 디지털 트윈인식 지원
증강현실/혼합현실	실제 물리적 환경과 함께 가상환경의 디지털 트윈 인식 지원
모델링	제품, 공정, 시스템 등의 형상을 가상공간에 구현

디지털 트윈을 구성하는 요소 기술로는 IoT, 인공지능, 빅데이터, 클라우드, 5G 통신, 증강현실 및 혼합현실, 모델링 등이 있으며, 디지털 트윈을 구성하는 소프트웨어로는 수집/전달/저장/처리, 모델링 및 튜닝, 런타임 엔진 및 연동, 응용, 결정/제어, 2D/3D 그래픽스가 있습니다.

〈표 11-7〉 디지털 트윈 기술을 구성하는 소프트웨어(출처: 디지털 트윈 기술 발전 방향, KEIT)

구성 소프트웨어	내 용
수집/전달/저장/처리	현실의 객체 운용에서 발생/관찰되는 의미 있는 데이터
모델링 및 튜닝	해당 객체에 대한 진화/변경 가능한 디지털 모델
런타임 엔진 및 연동	디지털 모델들의 실행/시뮬레이션 환경
응용	응용 목적에 따른 진단/분석/예측 결과 산출 응용 모듈
결정/제어	진단/분석/예측 결과의 현실 반영을 위한 제어정보
그래픽스	3D 객체 설계 및 운용/결과 시각화를 위한 그래픽스 모듈

디지털 트윈은 다음과 같이 세 단계로 구성되어 실행됩니다.

① 첫 번째 단계: 현실세계에서 실제 정보를 수집하여 가상세계의 쌍둥이 모델에 반영하는 단계로서 센서 및 센서 데이터를 수집하기 위한 IoT 기술 등이 사용됩니다.

② 두 번째 단계: 디지털 세계의 쌍둥이 모델을 분석하는 단계로서 시스템을 활용한 수치 시뮬레이션, 빅데이터 분석, 머신러닝, 인공지능(AI) 등의 기술이 사용됩니다.

③ 세 번째 단계: 전 단계의 분석 결과를 통해 유지보수 일정 수립, 이상 징후 포착 및 경고, 물리적 모델 제어 등을 결정하는 판단 자료를 생성하여 현실세계에서 이를 활용합니다.

[그림 11-26] 디지털 트윈 요소기술 개념도(출처: 과학기술정보통신부)

디지털 트윈은 일하는 방식, 시공간의 한계 극복, 제품 개발 효율화 및 제조업의 서비스화 등 패러다임의 변화를 가져올 것입니다. 즉, 디지털 트윈은 지능정보사회의 중요한 기반 개념으로 자리 매김할 것이며, 제조업뿐만 아니라 도시계획, 부동산, 헬스케어, 의료, 전력, 항공기 및 자동차 등에 이르기까지 다양한 우리 생활의 모든 영역에서 활용될 것입니다.

Tip **디지털 트윈에 대한 다양한 개념**

다양한 기술이 융·복합되는 디지털 트윈은 어떠한 응용 분야에 어떠한 용도로 활용되는지에 따라서 각각 나름대로의 의미를 갖고 있습니다. 각 분야별 디지털 트윈을 바라보는 의미를 살펴보면 다음과 같습니다.

〈표 11-8〉 각 분야별 디지털 트윈의 개념 정의(출처: 한국전자통신연구원 지능화융합연구소, "디지털 트윈 기술보고서", 2021.1)

분 야	디지털 트윈의 정의
재난안전	현실세계에 존재하는 다양한 문제점을 가상세계 모의를 통해 재난이나 산업 피해확산 등을 사전에 차단하거나 최소화하기 위한 예측·예방 중심의 재난안전 관리 지능화 융합기술
농축수산	디지털 공간 상에 가상의 펌(Plant, Animal, Aqua 등)을 구성하고, 현실세계에 존재하는 펌과의 데이터 연동을 통하여 환경, 생육 관리에 필요한 다양한 시뮬레이션을 수행함으로써 최적의 팜 운영, 사육 환경을 예측하고 제공하는 지능화 융합기술
에너지	디지털 모델링으로 현실세계의 전력 수급 체계에 동기화된 가상의 에너지 수급 체계를 구축하고, 이를 통하여 데이터를 수집/분석과 시뮬레이션 등을 통하여 수요자 맞춤형 에너지 수급 최적화 기술 등을 제공하는 디지털 에너지 지능화 융합기술
의료	현실세계의 건강정보 및 의료지원 정보로부터 생성된 가상의 의료 환경을 통하여 질병의 진단 및 맞춤형 치료 방법 등을 제시하고 질병의 예후를 예측/관리하는 환자 중심의 디지털 의료 지능화 융합기술
제조	현실세계의 제조 자원(Machine, Material 등)을 가상공간에서 제품의 설계/생산/유지보수 등에 요구되는 다양한 상황에 맞게 시뮬레이션을 수행하여 의사결정을 가능하게 지원하는 지능화 융합기술
보안	현실세계의 정보인프라 및 관련 행위 등을 가상세계에서 모의/시뮬레이션을 통하여 사이버 공격 시 이를 탐지/예측하여 사전에 최적의 보안 조치 및 사후 대응이 가능하도록 지원하는 지능화 융합기술
스마트 시티	다양한 도시문제들을 해결하기 위하여 현실공간을 모사한 가상공간 모형에 실 세계 정보를 실시간으로 반영하여 도시의 현안 문제들을 감시·진단·예측하고 데이터 기반의 해결 방안을 사전에 학습/시험/검증할 수 있는 지속 가능한 도시관리 지능화 융합기술

디지털 트윈을 구성하는 핵심 기술은 크게 ① 디지털 트윈의 가시화 & 운영, ② 디지털 트윈의 데이터 분석, ③ 디지털 트윈의 다차원 모델링 & 시뮬레이션, ④ 디지털 트윈의 연결, ⑤ 디지털 트윈 데이터 & 보안, ⑥ 디지털 트윈 데이터 동기화 등의 기술 집합으로 구분되며, 이러한 개별적인 디지털 트윈 간의 ⑦ 디지털 트윈의 연합(Federation) 기술로 분류될 수 있습니다.

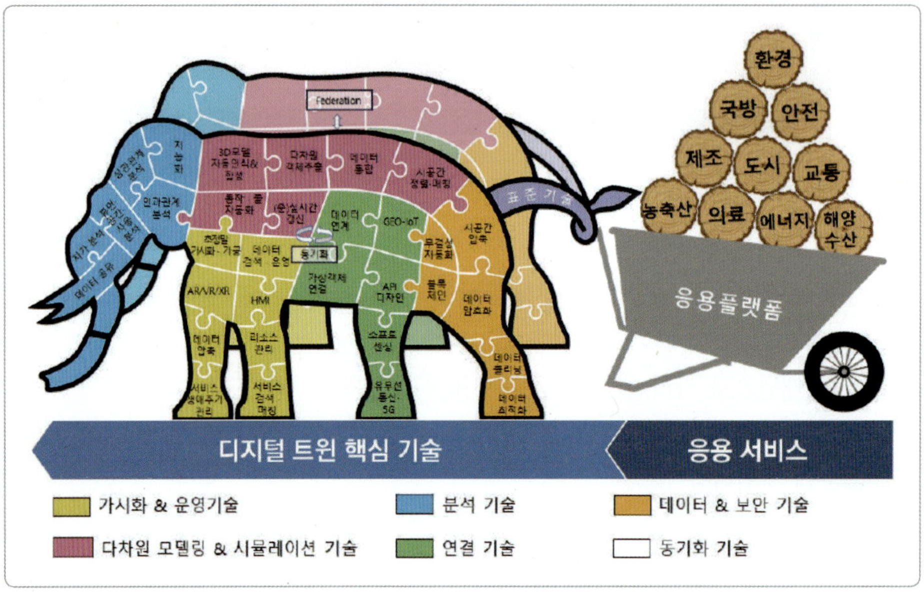

[그림 11-27] 디지털 트윈 핵심 기술과 응용 서비스(출처: 정보통신평가원, 2021.02)

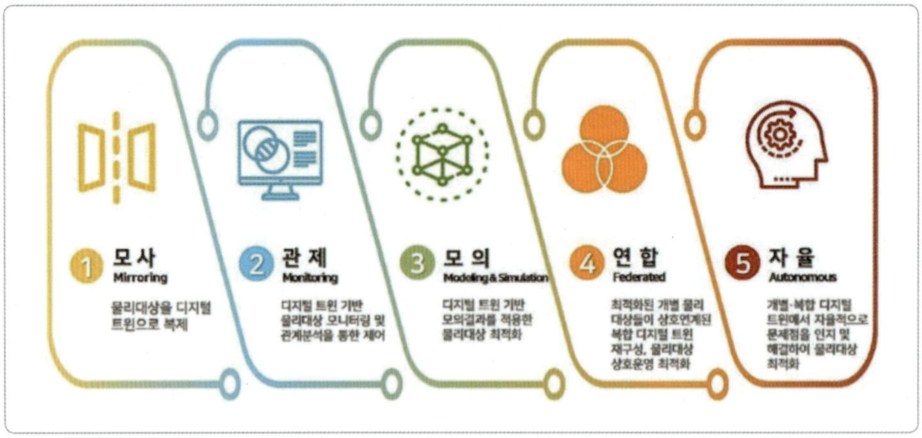

[그림 11-28] 디지털 트윈 기술 발전 단계(출처: 디지털 트윈 활성화 전략, 2021.09)

Tip ● 디지털 트윈의 국내 · 외 표준화 동향

[글로벌 동향] ISO/IEC JTC 1/SC 41/WG 6

- 디지털 트윈 표준화를 위해서 기존의 사물인터넷 표준화 그룹인 SC 41 그룹 내에 WG 6를 설치하였고 SC 41의 명칭을 "사물인터넷 및 디지털 트윈"으로 변경
- AG 27(디지털 트윈 전략) 자문 그룹을 신설하여 디지털 트윈 표준화 추진전략을 수립하고, 향후 표준화 대응은 WG 6를 통해 전개할 것으로 전망
- ISO/IEC AWI TR 30172(디지털 트윈 사례) 및 ISO/IEC AWI 30173(디지털 트윈 개념 및 용어) 표준화가 승인
- ITU-T SG 20에서 디지털 트윈의 지능형 교통체계 적용 지침 표준화, 디지털 트윈 상호운용성, 디지털 트윈 개념과 유즈케이스에 대한 표준화 착수

[국내 동향]

- TTA의 CPS 프로젝트그룹(PG609)에서 디지털 트윈 관련 표준을 개발해왔으며, 트윈 기반 제조분야 이용 사례 및 요구사항 표준 제정
- 국토부는 디지털 트윈 국도의 상호운용성을 확보할 수 있도록 표준 개발을 추진하고 있으며, 각 디지털 트윈 국토 사업에 순차적으로 반영 예정

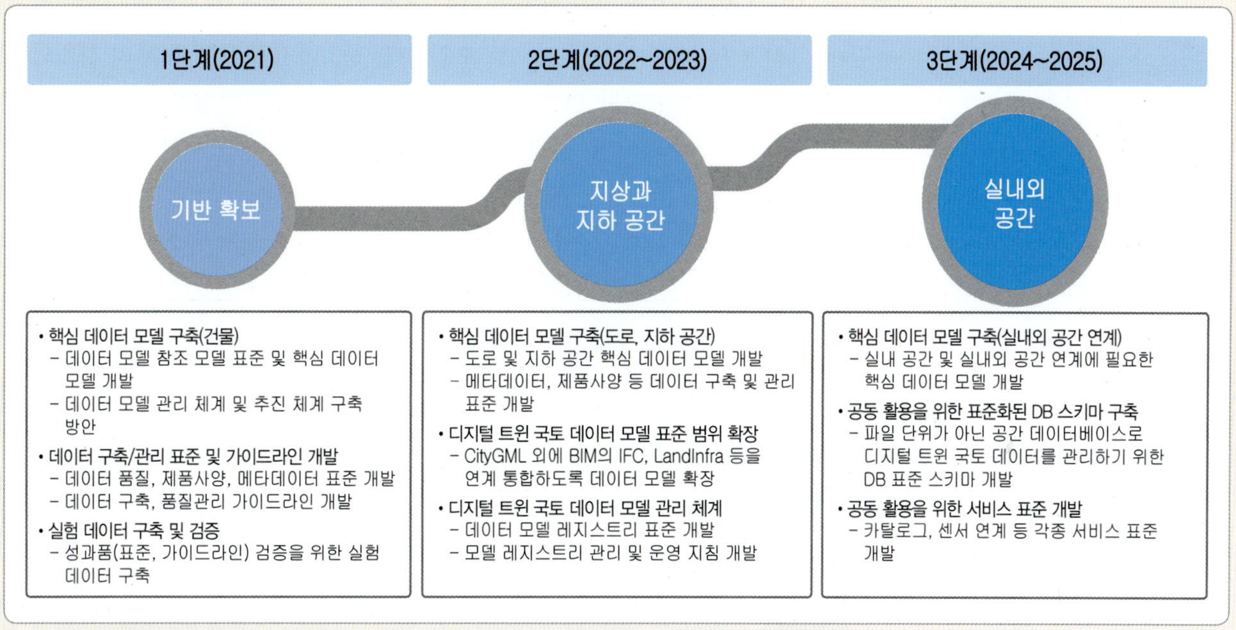

[그림 11-29] 디지털 트윈 국토 표준화 단계(출처: 디지털 트윈 활성화 전략, 2021.09)

11.3.3 어디에? 어떻게?

디지털 트윈은 다음과 같이 크게 세 가지의 형태로 활용이 가능할 것입니다.

① 관제 모델(Observation Model)

데이터 센싱 등을 통해서 현실세계의 물리적 대상들의 상태를 모니터링 하는 것으로 실제의 제조현장에서의 기계 운영 현황을 분석해서 해당 대상의 이상 징후를 포착하거나 경고 및 장애 대응 등에 활용이 가능할 것입니다.

② 운영 모델(Operation Model)

디지털 트윈에 대한 조건 값을 설정하여 현실세계의 물리적 대상들을 직접 제어하는

것으로 실제적으로 실내 온도 등의 조절을 위하여 관련 설비의 밸브나 공조 시설 제어 등에 활용하는 것이 가능할 것입니다.

③ 최적화 모델(Optimization Model)

현실세계의 물리적 대상들의 데이터를 활용하여 운영을 최적화하기 위한 관련 대상들의 시뮬레이션을 하는 것으로 풍력 발전기 날개의 경사각을 시뮬레이션하고 이를 최적화하여 현실세계에서 직접적으로 발전량 증대에 이를 적용하여 활용하는 것이 가능할 것입니다.

이와 같이 디지털 트윈은 일하는 방식, 시공간의 한계 극복, 제품개발 효율화 및 제조업의 서비스화 등 우리 주변의 패러다임 변화를 이끌 것으로 보이며, 향후 더 많은 부분에 그리고 더 넓게 적용될 것으로 보입니다. 즉, 디지털 트윈은 우리 사회의 지능화 정보사회를 만들어 가기 위한 기반 개념이며, 향후 제조 현장뿐 아니라 스마트 도시계획, 부동산, 헬스케어 및 전력, 의료, 항공, 자동차 등 산업 현장에 전반적으로 사용될 것입니다.

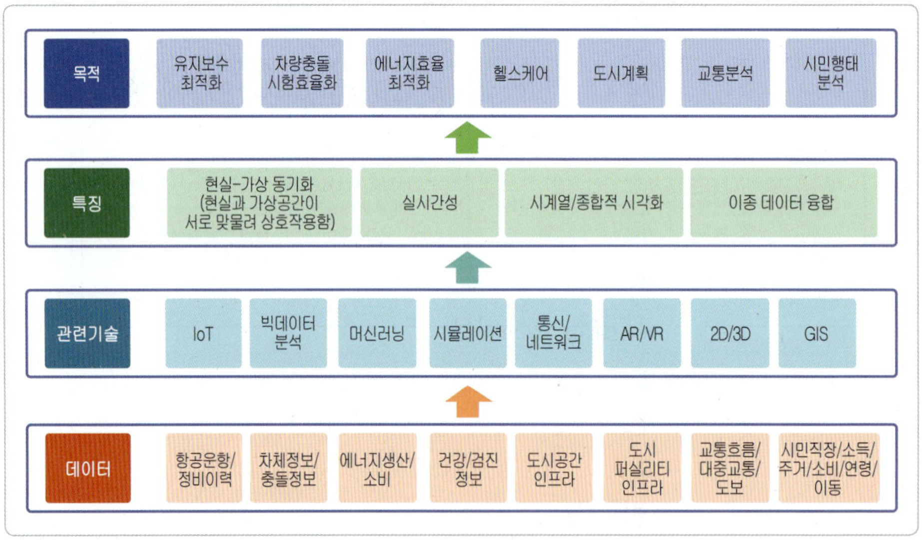

[그림 11-30] 디지털 트윈 기술 활용 개념도(출처: 디지털 트윈 기술의 도시정책 활용사례, ETRI)

Tip **디지털 트윈과 CPS(Cyber-Physical System, 가상물리시스템)**

CPS는 우리가 살아가는 일상 생활의 물리세계와 컴퓨터 상의 사이버 세계와의 융합을 추구하는 새로운 시스템입니다. CPS는 다수의 센서, 엑츄에이터 그리고 제어기기들을 네트워크로 연동하여 복합 시스템을 구성하고 현실세계의 물리 정보를 습득, 가공, 계산 및 분석하여 그 결과치를 엑츄에이터 시스템을 통하여 물리세계에 적용합니다. 이를 통해 지속적으로 일어나는 변화에 능동적으로 적응하는 것에 중점을 둔 기술입니다.

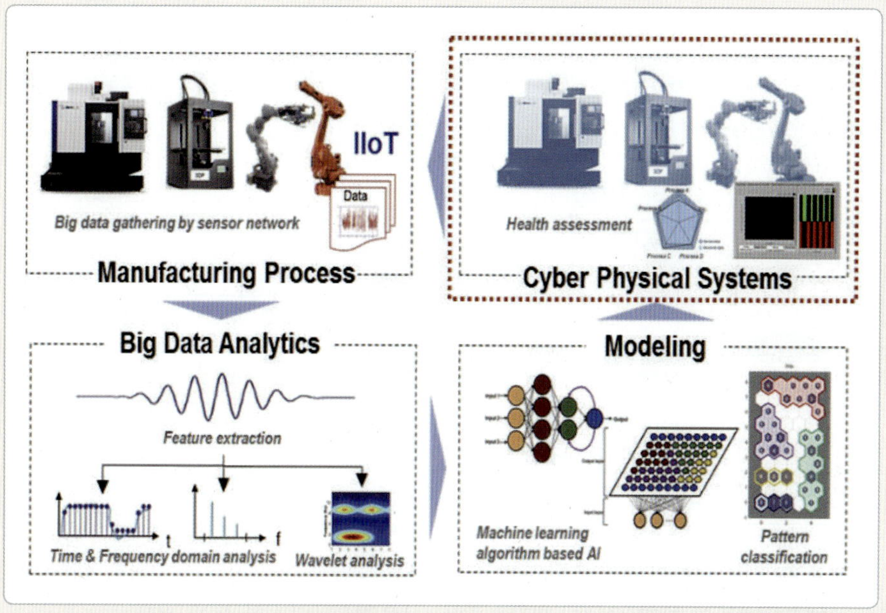

[그림 11-31] CPS(가상물리시스템)의 개념

디지털 트윈과 CPS는 다른 영역에서 각자 오랜 시간 동안 활용되어온 기술입니다. IT 시스템이 진화되면서 2002년에 기본 개념이 제시된 디지털 트윈은 제조 분야에서 그리고 2006년경에 임베디드 시스템에 적용된 CPS는 임베디드 시스템 분야에서 각기 독립적으로 발달해 왔습니다. 하지만 디지털 트윈과 CPS는 개념적 기술로서 다양한 종류의 기술들과 결합하여 생성된 솔루션 기술이라고 할 수 있습니다. 그러므로 본질적으로는 같은 목적, 같은 내용 그리고 같은 결과를 만들어내고자 하는 같은 종류의 기술이라고 할 수 있습니다.

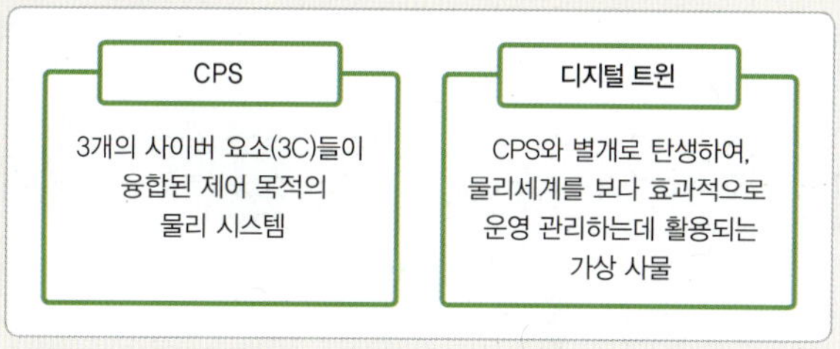

[그림 11-32] CPS/디지털 트윈 차이

디지털 트윈의 규모는 대상을 분석하고 설계할 때 고려하는 한계를 의미하는 경계 문제에 해당하기 때문에 대상에 대한 모델링 목적과 활용 계획을 명확히 하고, 이에 부합하는 설계상의 경계 범위를 설정해야 합니다. 모델링은 물리적 객체로부터 구조와 행동에 대한 표현 양식을 생성하는 행위로, 구조 표현은 2D, 3D로 나타낼 수 있고, 행동 표현은 수학 공식, 절차 단계, 선택적 옵션 및 알고리즘 규칙 등과 같이 시스템이 수용할 수 있는 방식으로 나타낼 수 있습니다. 복잡한 동작 행위는 실측 데이터를 바탕으로 인공지능을 통해 동작 모델을 만들어 내는 방법도 사용할 수 있습니다. 물리적 개체나 시스템에 대한 모델링은 목적에 따라 달라지며, 모든 것을 하기보다는 필요에 따라 선택적으로 진행하는 것이 적절합니다.

디지털 트윈은 지능정보사회를 위한 중요한 기반 개념으로 제조, 도시계획(스마트 시티), 부동산, 헬스 케어 등 다양한 분야에서 활용될 예정으로 머신러닝, AI(인공지능) 등의 지능정보기술 발전으로 활용도가 더욱 높아질 것으로 예상됩니다.

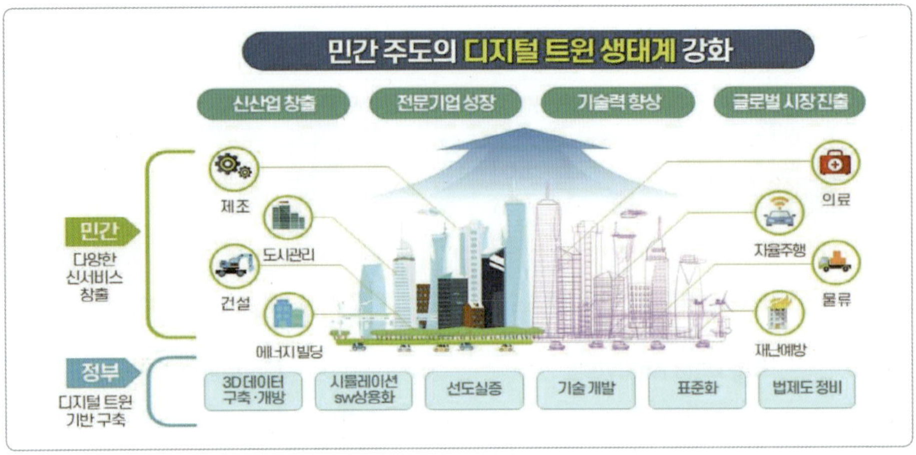

[그림 11-33] 디지털 트윈 생태계 구조도(출처: 디지털 트윈 활성화 전략, 2021.09)

대표적인 경우를 살펴보면 다음과 같습니다.

- 제조: 제품의 기획, 설계, 제작, 공정, 시운전, 서비스화 등에 적용

| 제조 분야의 디지털 트윈 |

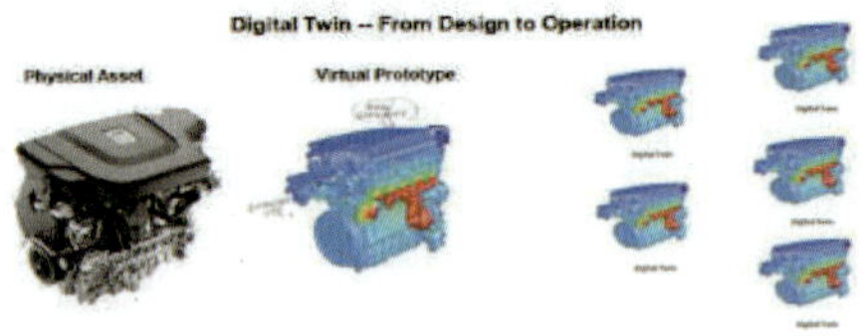

- 물리적 제품의 기획, 설계, 제작, 시운전, 상품화 등 전 과정의 디지털화
- 신제품 개발의 단축 및 고객의 요구 실시간 반영
  (디지털 시뮬레이션, 3D 프린팅, 다양한 데이터 확보)

- 공정의 디지털화(스마트 팩토리)
- 업무의 디지털화(신제품의 부품조달, VR · MR을 통한 교육 등)
- 서비스 회사로의 전환: AS → BS(Before Service) 예측 관리

- 스마트 시티: 싱가포르의 경우 도시를 3D 모델 및 교통량 정보, 일조량, 소음, 바람 등 시뮬레이션 데이터를 융합하여 스마트 시티에 활용

| 버추얼 싱가포르의 도시계획 활용 |

- (도시계획) 도시의 디지털 트윈을 통해 날짜와 시간에 따른 일조량 및 온도의 시뮬레이션 가능

- 건축: 측량, 시공, 감리, 건축물 관리 등에 적용

| 건설 분야의 디지털 트윈 |

- 측량관리: 시공 전•중•후 모든 측량정보의 디지털화
- 시공관리: IoT 센서, 드론 등을 이용하여 시공 중에 발생하는 정보(규격, 콘크리트 타설량, 철근 등)를 모두 디지털화
- 감리: 설계상의 데이터와 디지털 트윈을 통해 쌓인 데이터를 통해 자동 감리
- 건축물 관리: 시공 과정에 축적된 정보(골조, 배선, 인테리어 등)를 세부적으로 관리하고 재난상황 발생 시 활용 가능(원전 관리)

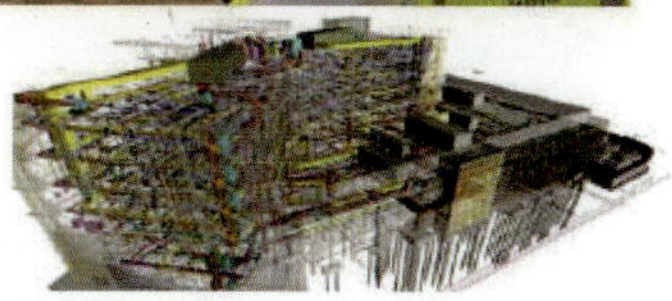

- 그 외 분야: 부동산(집 구조, 가구 배치), 미디어(영화, 드라마), 유통 등 다양한 분야에 적용

디지털 트윈을 적용함으로써 얻을 수 있는 기대효과를 살펴보면 아래와 같습니다.

① 전략적 기대효과

- 디지털 전환의 가시화: 사업/업무의 관행, 수행체계, 정보화, 지능화 및 자율동작 등을 통해 변화와 전환의 수단 제시
- 프로세스 변혁의 영감: 업무절차, 수행체계, 동작 모델, 개인화 서비스 등에 대해 변혁의 영감 제시

② 사업적 기대효과

- 제품/서비스 가시화: 사용자에게 사용의 편리함과 친숙함을 제공
- 공급 및 배송 연결 효율화: 현황 파악과 이에 대한 대응을 신속히 처리할 수 있는 효율화 지원
- 제품 추적성 향상: 어떻게 사용되고, 관리되는지 추적함으로써 제품과 서비스 품질 향상에 기여
- 시스템 통합 효율화: 시스템 통합을 통하여 구성, 설계 및 통합 운영 등의 효율화 지원

③ 운영관리 기대효과

- 제품 설계 효율화: 시뮬레이션 수행으로 제품 설계의 효율화
- 예지보전(Predictive Maintenance): 운영 상태의 지속적 파악으로 문제가 발생하기전에 대응 조치 수행

- 실시간 모니터링과 사전 대응(Proactive Control): 실시간 모니터링과 사전 대응으로 상태 변화에 대한 긴급 대응 조치 지원
- 유지보수 효율성 개선: 작업 수행자에게 정보를 제공함으로써 이해, 부수 정보, 조치 방법 등 정보 서비스 제공
- 프로세스 최적화: 조건에 따른 시뮬레이션 지원 및 최적화 운영 지원
- 원인 분석: 발생 문제에 대한 시뮬레이션을 통해 원인 분석 기능을 제공
- 다자간 의사결정: 공동 문제 또는 복합 문제 원인 파악 및 상호 관계와 부작용 분석으로 협업을 지원

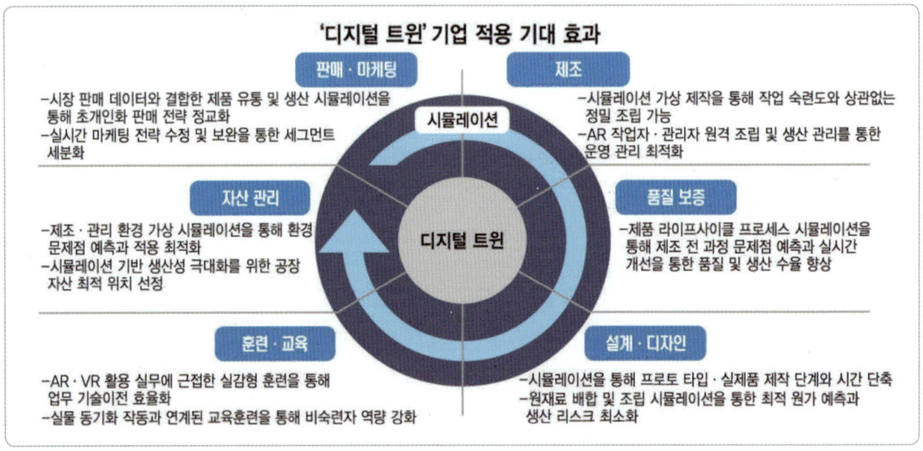

[그림 11-34] 디지털 트윈 기업 적용 기대효과

Tip **디지털 트윈의 분야별 적용 예시**

〈표 11-9〉 분야별 디지털 트윈 적용 예시(출처: 디지털 트윈 활성화 전략, 2021.09)

분 야	주요 내용	
도시 교통	• 도시 내 교통 체계 지능화와 연계하여 교통흐름 개선 및 사고 모니터링, 도로 정비 등 시뮬레이션 기반 도시 교통 정책 수립 – 중국 선전시는 디지털 트윈으로 고속도로 설계	
환경	• 대기오염 심각 지역의 지형, 기상, 교통, 유동인구 데이터 등의 통합분석으로 오염물질 배출량 최적 저감 시뮬레이션 분석 – 영국은 공공데이터를 활용해 대기오염 시뮬레이션 프로젝트 추진	
산단	• 국가산단 전반의 통합관리 및 운영 최적화를 통해 산업 생산성 향상, 유해가스 유출 등 사고 예방 및 주민 생활 환경 개선 – 중국 산업 집적단지인 난징 장베이신구에 디지털 트윈 적용	
문화 유산	• 국가적으로 보존가치가 높은 문화재의 재해 · 재난 예측 및 대응 시뮬레이션으로 위험요인 선제대응 및 문화재 관리체계 강화 – 파리 노트르담 대성당 복원사업에 디지털 트윈 활용	

의료	• 환자 데이터를 활용하여 디지털 트윈을 구현하고, 가상환경 내 가시화를 통해 가상수술 · 시뮬레이션 등 의료 현장 적용 – 오클라호마대는 디지털 트윈으로 종양표적 약물전달 효율성 향상	
공항	• 항공기, 물류, 이용객, 시설물 등 다양한 데이터가 수집 · 표시하여 복잡한 공항 운영상황 종합 판단 및 의사결정 최적화 – 스키폴 · 코펜하겐 · 미국 동부 공항 등은 디지털 트윈 테스트 중	
국방	• 주요 무기체계(전투기, 군함, 잠수함 등) 및 주요 군사 시설(비행장, GOP 등)을 통합관리하고 교육훈련 시뮬레이션 활용 – 미군은 잠수함, 항공모함 등 주요 무기체계 운용 훈련에 활용	
스마트 시티	• 건물, 유동인구, 기후 등 종합적인 시뮬레이션을 통해 다양한 도시문제를 해결하는 지능형 행정서비스 확산 – 싱가포르, 핀란드, 아일랜드는 도시 문제 해결을 위해 도입	
건설	• 건축 설계부터 운영 · 유지보수까지 전 단계에 디지털 트윈을 적용하여 시행착오 감소, 건축품질 향상 및 실시간 안전관리 – 상해 하수처리장 건설에 디지털 트윈을 적용하여 공사기간 및 비용 절감	

11.4 메타버스(Metaverse)

11.4.1 메타버스는 또 무엇인가요?

메타버스(Metaverse), 요즘 가장 빈번히 그리고 여러 방송 매체를 통하여 듣게 되는 단어일 것입니다. 메타버스 혹은 확장 가상세계를 뜻하는 이 단어는 가상, 초월을 뜻하는 '메타(Meta)'와 세계, 우주를 뜻하는 '유니버스(Universe)'가 합쳐진 합성어입니다. 즉, 간단히 말하면 미래의 디지털 플랫폼을 상징하고 있다고 할 수도 있는 '가상세계'를 의미한다고 할 수 있습니다.

아직까지 이 단어에 대한 뚜렷한 개념의 정의는 되지 않았습니다. 일반적으로 '현실세계와 같은 사회적, 경제적 활동이 통용되는 3차원 가상공간' 정도의 의미로 사용되고 있는 실정입니다. 미국전기전자학회(IEEE: Institute of Electrical and Electronics Engineers)의 표준에 따르면 "지각되는 가상세계와 연결된 영구적인 3차원 가상 공간들로 구성된 진보된 인터넷"이라는 의미를 가지고 있습니다. 비영리 기술 연구 단체인 기술연구단체(ASF: Acceleration Studies Foundation)는 이를 "가상적으로 향상된 물리적 현실과 물리적으로 영구적인 가상공간의 융합"이라고 정의하기도 하였습니다.

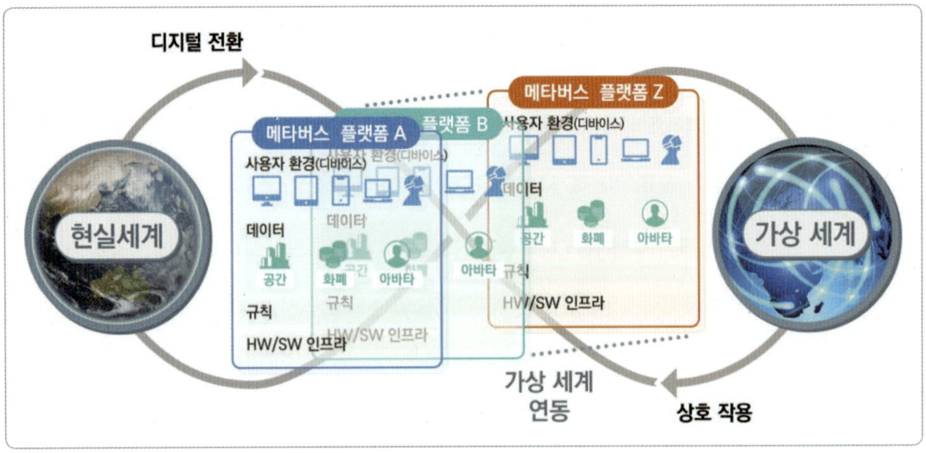

[그림 11-35] 메타버스 개념의 이해(출처: 메타버스 신산업 선도 전략, 2022.01)

메타버스는 기술의 발달과 새로운 서비스들의 등장 그리고 시대적 환경의 변화에 따라 앞으로도 계속 발전 및 진화할 것입니다. 이러한 메타버스는 현실과 가상, 내부와 외부에 따라서 4가지 종류로 분류할 수 있는데, 현실적인 나의 일상에서의 생활을 컴퓨터 상에 구현하면 페이스북, 트위터, 인스타그램 등의 '라이프 로깅'으로 그리고 현실을 외부 세계와 연동하게 되면 '증강현실(AR)' 기술을 접목한 서비스고, 가상의 개념을 내부에 적용하면 '가상세계와 그 속에 존재하는 아바타(가상현실)'로 존재하게 됩니다. 또한 가상세계를 현실세계와 접목하면 실제 현실세계의 모습을 볼 수 있는 '구글 지도나 지도 기반의 응용 서비스 앱(거울 세계)' 등으로 나타나게 될 것입니다.

① 메타버스의 유형

활용의 목적에 따라서 〈표 11-10〉과 같이 구분이 가능할 것입니다.

〈표 11-10〉 메타버스의 주요 유형

유 형	주요 기능	대표 사례
사회관계 형성	SNS 게임에 집단 놀이, 문화활동 등 접목	로블록스, 제페토
디지털 자산 거래	가상 부동산이나 가상 상품 등을 직거래	디센트럴랜드, 어스2
원격 협업 지원	원격 의사소통 및 다중 협업 지원	MS 메시, NVIDIA 옴니버스

이와 같은 유형의 메타버스들은 초기에는 서로 각자의 영역에서 독립적으로 운영, 발전을 거듭하다가 여러 유형의 서비스들이 상호 융합하여 기능이 통합된 형태로 발전되어 나아가고 있습니다.

Tip **메타버스(Metaverse) 플랫폼 사례**

활용 목적에 따라 메타버스는 사회관계 형성 및 집단 활동, 디지털 자산 및 상품 거래 그리고 원격 협업 및 소통 지원 등으로 구분이 가능합니다. 이 구분 각각은 초기에는 서로 개별적으로 성장해 나가다가 여러 유형이 상호 융합하면서 통합된 모습으로 발전될 것입니다.

〈표 11-11〉 메타버스 플랫폼 사례(출처: 메타버스 신산업 선도전략, 2022.01)

[사회관계 형성 및 집단 활동] "놀이, 모임 등을 통해 여가활동 및 사회관계 형성"	
로블록스 ROBLOX 	• 메타버스의 대명사, 게임을 하나의 '사회'로 인식 – 로블록스 스튜디오(제작도구) 이용자가 콘텐츠를 제작하고 수익 창출
제페토 ZEPETO 	• 아바타와 놀이 중심의 사회관계 형성 – 자신의 아바타를 꾸미고 가상공간에서 다른 이용자와 함께 놀이 등 사회관계 활동에 참여
마인크래프트 MINECRAFT 	• 자유롭게 세상을 창조, 다른 이용자와 함께 활동 – 이용자가 흙/돌/나무 등을 배치하고 건물/물건을 제작하여 공간 구성
포트나이트 FORTNITE 	• 플레이어 간 소통을 위해 제공된 게임 내 가상공간 – 가상공간 '파티로얄'에서 휴식 · 소통하며, 단체 문화 활동, 공연 관람 등 활성화
[디지털 자산 및 상품 거래] "가상공간이나 가상건물, 가상상품 등을 거래"	
디센트럴랜드 Decentraland 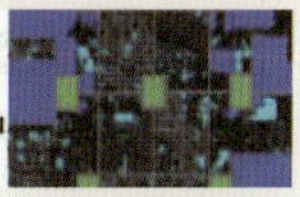	• 블록체인 기반 가상토지 및 건물 건축 · 거래 – 아바타를 통해 공간 체험, 가상 광고판을 통한 광고, 가상쇼핑몰 내 쇼핑, 커뮤니티 생성 가능
어스2 E2 EARTH2 	• 디지털 트윈 지구에서 가상부동산 거래 – 주요 명소를 포함한 현실세계를 재현하여 경제적 가치 창출 욕구를 반영한 투자 활동
더샌드박스 SANDBOX 	• 이용자가 소유한 가상부동산과 창작상품 거래 – 손쉽게 3D 아이템을 창작하는 복스에딧, 아이템을 거래하는 마켓플레이스, 게임메이커 제공
[원격협업 및 소통 지원] "현실을 가상화하여 원격 의사소통 및 업무지원"	
메시 Microsoft 	• 혼합현실 환경에서 원격 협업 지원 – 홀로렌즈2를 활용해 혼합현실에서 협업 공간을 제공하고 3D 콘텐츠 시각화, 상호작용 등 지원
옴니버스 NVIDIA 	• 산업 분야 실시간 원격 협업 및 시뮬레이션 지원 – 다중 사용자 디자인 협업, 물리적으로 정확한 실시간 시뮬레이션, 산업 디지털 트윈 구축 지원

② 메타버스의 특성

[그림 11-36] 메타버스의 주요 특성

- 연속성(Seamless)
  다양한 경험과 기록들이 끊이지 않고 계속해서 연결되어야 하며, 단순히 한 플랫폼에서 여러가지 활동을 하는 행위로 그치지 않고 기록이 이어지며, 하나의 아바타로 게임을 즐기다가 공간을 이동해서 쇼핑하고 업무를 논의하는 등이 가능하여야 합니다.
- 실재감(Presense)
  실질적인 물리적 접촉이 없는 환경임에도 불구하고 실재감이 중요하며, 메타버스의 기술적인 부분은 실재감을 끌어올리는 것과 연관이 있어(VR, AR 기기 등을 통해) 이들로 인하여 제공자와 사용자 간의 상호작용의 발생 등이 가능하여야 합니다.
- 상호운영성(Interoperability)
  현실세계와 메타버스의 데이터, 정보가 서로 연동되어야 하며, 메타버스를 통해 얻은 정보와 경험이 단순히 그 세계관 안에서 적용 가능한 지식이 아닌, 현실세계와 연동해서 상호 보완 관계를 이루는 것이 가능하여야 합니다.
- 동시성(Concurrence)
  여러 명의 사용자가 동시에 하나의 메타버스 세계관에서 활동하며, 같은 시간에 같은 세계관에서 서로 다른 경험을 할 수도 있는 환경의 구성이 가능하고 상호작용할 수 있어야 합니다.
- 경제 흐름(Economy Flow)
  플랫폼에서 제공하는 화폐와 거래 방식에 따라 사용자들이 재화와 서비스를 자유롭게 거래하는 경제적 흐름이 존재하여야 하며, 진화된 메타버스에서는 서로 다른 메타버스나 실물 세상과도 경제 흐름의 연결이 가능하여야 합니다.

Tip • 디지털 트윈과 메타버스(Metaverse)

1992년 닐 스티븐슨(Neal Stephenson)이 발표한 소설 "스노우 크래쉬"에서 처음으로 등장한 '메타버스'는 초월을 뜻하는 그리스어 'Meta'와 세상을 의미하는 'Universe'의 합성어로 "컴퓨터를 통해 3차원으로 구현한 가상세계"를 의미합니다.

기술연구단체 ASF는 '메타버스 로드맵'에서 메타버스를 기술의 적용 대상(개인, 세계)과 초점(현실 증강, 현실–가상의 상호작용)에 따라 다음 그림과 같이 분류하였습니다.

[그림 11-37] 메타버스 개념 분류(출처: 메타버스 로드맵, ASF)

위의 분류에 따르면 메타버스는 '가상세계'로 그리고 디지털 트윈은 '거울세계'와 유사한 기능을 제공합니다.

메타버스는 '플랫폼 이용자에 대한 가상세계 속 새롭고 다양한 경제 · 사회 · 문화적 경험을 제공하는데 반하여, 디지털 트윈은 '실제와 동일한 가상 모델 기반의 실험을 통하여 현실의 최적화된 의사결정을 지원하는 것에 초점을 맞추고 있습니다. 또한 메타버스는 현실세계와의 '연결(Link)'이 반드시 필요한 필수 개념이며 반드시 가상 공간 및 객체가 현실과 같을 필요는 없는데 반하여, 디지털 트윈은 보다 정확한 현실 문제 해결을 위해 현실 객체의 '모사 및 실시간 '동기화(Sync)'가 반드시 필요합니다.

11.4.2 어떤 기술들로 가능한가요?

메타버스에는 두 가지 발전 방향이 있을 수 있습니다. 첫 번째는 현실세계에서 가상세계로의 발전 방향이며, 두 번째는 가상세계가 현실세계를 모방해서 가상세계에서의 디지털 경험들을 구축하고 이를 통하여 현실세계에서의 디지털 경험 발전의 밑거름이 되는 것입니다.

그 동안 우리는 모바일 인터넷을 활용해서 문자, 그림 그리고 비디오와 같은 2D 형식의 가상세계를 활용해 왔습니다. 그러나 다가오는 메타버스 시대에는 우리가 살고 있는 현실세계는 가상세계 속에서 디지털 방식으로 완전히 재구축될 것입니다. 즉, 현실세계와 가상세계가 완전히 평행을 이루게 된다는 것입니다. 다른 방향은 가상세계에서 현실세계 방향으로 가상세계가 단순히 현실세계를 모방하는 것만 이 아니라 독립된 하나의 가상세계 가치관을 정립하는 것으로서 오히려 현실세계에 이를 통하여 영향을 끼치는 것을 말합니다.

메타버스는 서비스의 대상에 따라서 먼저 현실세계의 생산 효율성을 촉진시킬 수 있는 산업용 메타버스(Industrial Metaverse)와 개인의 정신적 경험을 풍요롭게 해줄 수 있는 소비자용 메타버스(Consumer Metaverse)로 나뉘는데, 이 두 발전 경로가 서서히 결합하여 순환형 생태계(Closed-Loop Ecosystem)을 형성하게 됩니다.

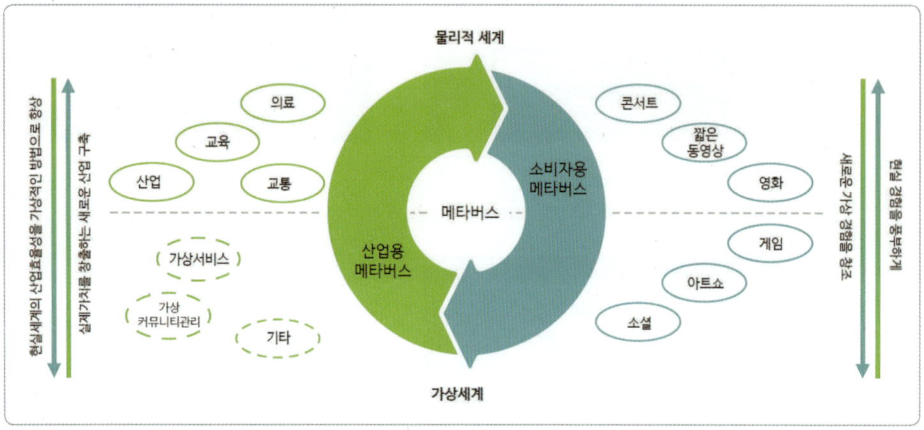

[그림 11-38] 메타버스의 생태계(출처: 메타버스 리포트, 딜로이트)

현실세계에서 가상세계로의 발전 경향 중 산업용 메타버스는 디지털 및 온라인 전개 과정에서 가상 시나리오를 충분히 활용하여 현실세계의 효율성을 개선할 수 있을 것입니다. 반면에 소비자용 메타버스는 디지털 가상 경험을 통하여 현실세계를 강화하여 현실세계에서의 경험을 풍부하게 해 줄 것입니다.

한편으로는 가상세계에서 현실세계로의 발전 경향 중 산업용 메타버스는 가상세계에서의 산업활동이 더욱 확장하여 가상세계에서 확장하는 것을 말하며 이와 동시에 현실세계에도 실질적으로 적용하여 경제적인 가치를 창출하는 것을 말합니다. 반면에

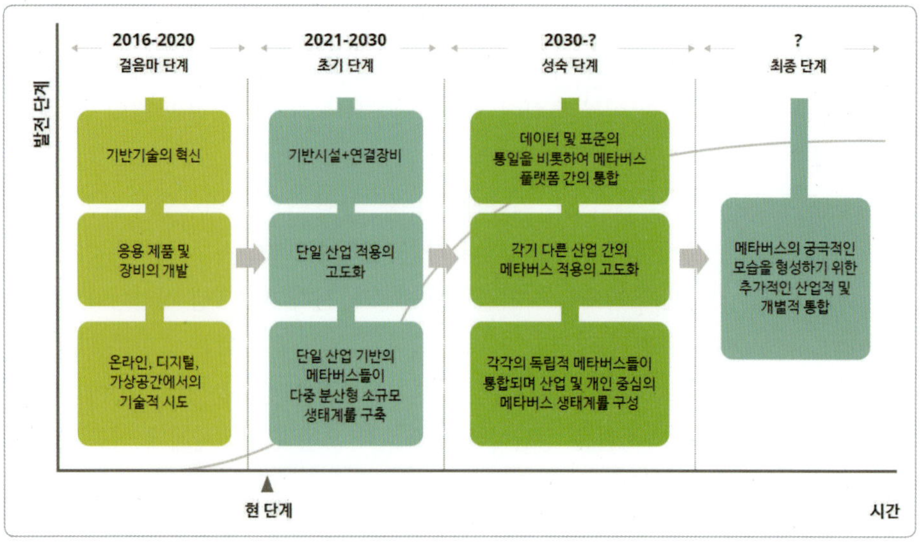

[그림 11-39] 메타버스의 발전 단계(출처: 메타버스 리포트, 딜로이트)

소비자용 메타버스는 현실감을 주는 다양한 상호작용 적인 경험을 통하여 사람들의 정서적 요구가 가상세계의 환경에서 충족되는 것을 의미합니다.

딜로이트는 메타버스를 4가지 발전 단계로 구분하였는데, 걸음마 단계, 초기 단계, 성숙 단계 그리고 최종 단계로 구분하였습니다. 현재는 메타버스의 걸음마 단계이고 관련된 기술이 점차 고도화되고 메타버스의 개념이 강화되어 향후 5~10년 후엔 초기 단계로 진입이 가능할 것이라고 합니다.

이와 같은 메타버스는 가끔 가상현실과 혼동되기도 하는데, 가상현실은 1인칭 시점에서 체험하는 모든 것들, 즉 체험할 콘텐츠가 이미 개발되어 있고 정해진 시나리오에 따라서 이것을 사용자들이 체험하는 것인데 반하여, 메타버스는 가상의 세계에서 일상적인 개인의 생활과 관련된 행동들을 하기 때문에 사전에 정해진 콘텐츠도 그리고 정해진 시나리오도 없습니다. 시작과 끝이 없이 지속되는 세계로서 개방된 시나리오를 가지고 있는 것입니다.

메타버스는 기존의 기술들을 효율적으로 융합하여야 하는데, 핵심 기술로는 가상현실 기술(증강현실(AR: Augmented Reality), 혼합현실(MR: Mixed Reality) 그리고 확장현실(XR: eXtended Reality)을 모두 포함), 디지털 트윈, 네트워크, 빅데이터 처리 및 분석, 클라우드 컴퓨팅, 사물인터넷(IoT), 블록체인, 인공지능 등 다양한 ICT 기술의 유기적인 연동을 통하여 구현됩니다.

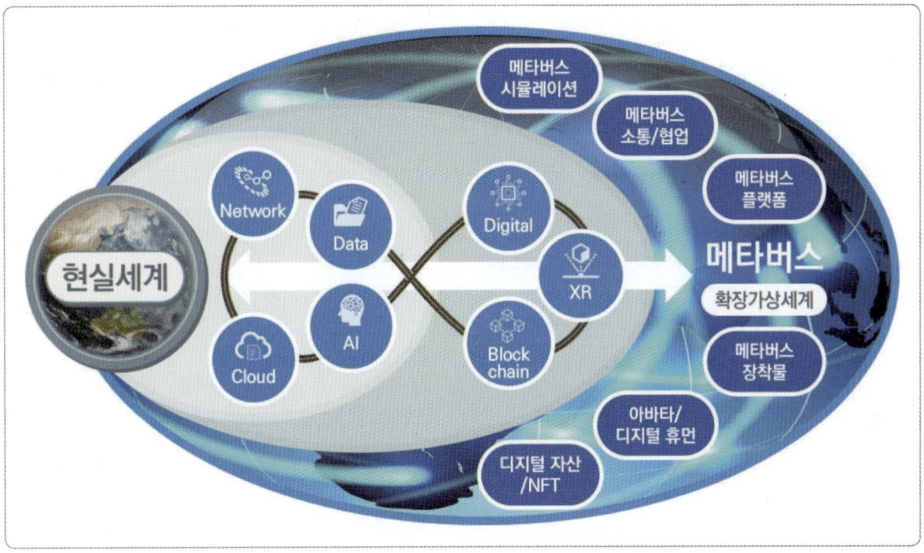

[그림 11-40] 메타버스 구현 주요 기반 기술(출처: 메타버스 신산업 선도전략)

〈표 11-12〉 메타버스의 주요 유형별 역할

구 분	주요 역할
확장현실 (XR)	현실세계와 가상세계를 연결하는 인터페이스로 현실세계와 가상세계의 공존을 촉진하고 몰입감 높은 가상융합 공간과 디지털 휴먼 등을 구현
디지털 트윈	가상세계에 현실세계를 3D로 복제하고 동기화한 뒤 시뮬레이션, 가상훈련 등을 통해 지식의 확장과 효과적 의사결정을 지원
블록체인	메타버스 창작물에 대한 저작권 관리, 사용자 신원확인 및 데이터 프라이버시 보호, 콘텐츠 이용 내역 모니터링 및 저작권료 정산 등을 지원
인공지능	메타버스 내 데이터 및 사용자 경험 학습, 실시간 통·번역, 사용자 감성 인지 및 표현 등을 통해 현실세계–가상세계 간 상호작용 촉진
빅데이터	현실세계 데이터 취득 및 유효성 검증, 데이터 저장·처리·관리 등을 수행
네트워크	초고속·초저지연 5G/6G 네트워크, 지능형 분산 컴퓨팅(MEC) 등을 통해 대규모 이용자 동시 참여, 실시간 3D·대용량 콘텐츠 서비스를 제공
클라우드	이용자 요구나 수요 변화에 따라 컴퓨팅 자원을 유연하게 배분

가장 대표적인 기술인 가상현실, 네트워크와 컴퓨팅 그리고 보안 기술에 대해 살펴보면 다음과 같습니다.

① 가상현실

1인칭 시점으로 환경을 체험하거나 관찰하고, 객체의 현실성에 따라 증강현실(AR), 혼합현실(MR) 등으로 분류됩니다. 가상세계의 환경에서 가상의 객체가 존재할 경우를 가상현실(VR)이라 할 수 있으며, 현실의 환경에 가상의 객체가 존재할 경우는 증강현실이라 합니다. 혼합현실은 가상현실과 증강현실의 중간 단계라 할 수 있습니다.

가상현실 기술은 현실감 있는 콘텐츠를 제공하여 높은 몰입감을 가지고서 이를 체험할 수 있는 서비스를 제공하는 것인데 현재의 기술로는 시각중심의 가상현실 기술이 가장 높은 기술을 나타내고 있습니다.

② 네트워크 및 컴퓨팅 기술

메타버스 서비스 중에서 가장 중요한 사항은 시각적인 요소인데, 이를 위해서는 정보의 안전한 공유와 신속한 데이터의 교환이 필수 사항입니다.

가상의 공간에서 서로 정보를 주고받을 수 있어야 하는데, 현실세계와 동일한 속도로 메타버스에서 제공하는 가상세계에 다양한 형태의 방대한 양의 데이터들을 유연하게 전달, 처리 및 분석되어야 합니다. 이것이 충족되어야 현실감 있고 몰입도 높은 서비스를 제공할 수 있습니다. 이를 위하여 이동통신 기술과 멀티미디어 기술을 결합하여 끊기지 않는 서비스를 제공할 수 있어야 할 것입니다.

③ 보안 기술

온라인 환경에서의 정보공유는 보안 문제에 대해서는 언제나 자유롭지 않습니다. 메타버스가 상용화되고 사용자가 증가하면, 대규모의 사용자들이 발생시키는 대량의 정보 데이터들은 동시다발적으로 발생하기 때문에 이와 같은 데이터들에 대한 보안 통제는 매우 중요한 이슈가 될 것입니다.

메타버스에서 보안과 관련된 기술은 사용자들의 정보뿐 아니라 사용자들이 소유한 가상의 소유물에 대한 권리를 위해서도 반드시 필요하며, 새로이 성장하고 있는 대체 불가능 토큰(NFT)과의 결합 등도 통합될 것으로 보입니다.

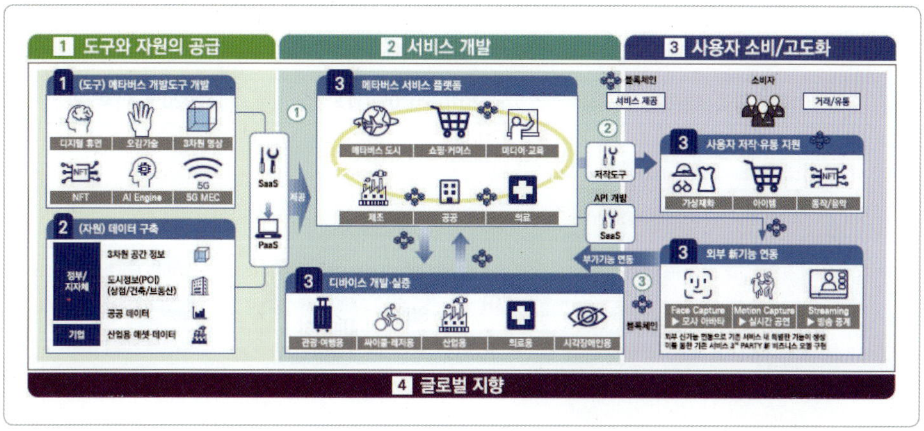

[그림 11-41] 메타버스의 기술개발 구조(출처: 메타버스 기술 및 표준 동향과 R&D 추진방향, TTA)

위 그림과 같이 메타버스의 향후 기술개발 구조 하에서 주요 기술의 발전 내용을 살펴보면 다음 표와 같습니다.

〈표 11-13〉 메타버스 기술의 발전(출처: 메타버스 신산업 선도전략, 2022.01)

구 분	주요 내용
네트워크	5G 통신 상용화와 6G 통신 시대를 바라보는 네트워크 기술로 실시간 3D 실감 콘텐츠, 대용량 홀로그램 콘텐츠 서비스 제공 가능 – 전송 최고속도: (4G) 1Gbps → (5G) 20Gbbps → (6G 목표) 1,000Gbps – 지연시간: (4G) 10ms → (5G) 1ms → (6G 목표) 100㎲
디바이스	시야각, 해상도, 어지럼증 개선으로 서비스 품질 안정화 배터리 성능, 가격 경쟁력을 갖추며 대중화 단계 진입
클라우드	이용자 요구나 수요 변화에 따라 컴퓨팅 자원의 유연한 배분

11.4.3 우리 생활에 어떤 변화를 가져오나요?

디지털 기술의 활용이 우리 생활의 일부분으로 자리를 잡아가는 오늘의 모습에서 우리는 소셜미디어 서비스와 게임 등 제한된 영역에서 새롭게 시작된 메타버스 영역에 많은 기업들의 참여로 기존의 게임을 넘어 업무와 산업으로까지 확장되는 미래의 디지털 플랫폼으로 정착되어 나아갈 것입니다.

메타버스는 디지털에 의한 경제적 · 사회적인 변화이므로 다양한 분야, 즉 확장현실(XR), 인공지능(AI), 클라우드 그리고 대체 불가능 토큰(NFT)에 이르기까지 다양한 분야에서 진화를 요구하며, 향후에는 대세로 자리매김을 할 것으로 전망됩니다. 특히 관련된 산업의 발전을 감안할 때 ICT 인프라 확충과 디지털 기술의 고도화가 동반되어야 할 것입니다.

이렇듯 현실과 연결된 가상현실을 바탕으로 이용자의 일상을 공간적 · 시간적으로 확장할 수 있는 개념의 메타버스는 다음과 같은 유형으로 변화되어 왔습니다.

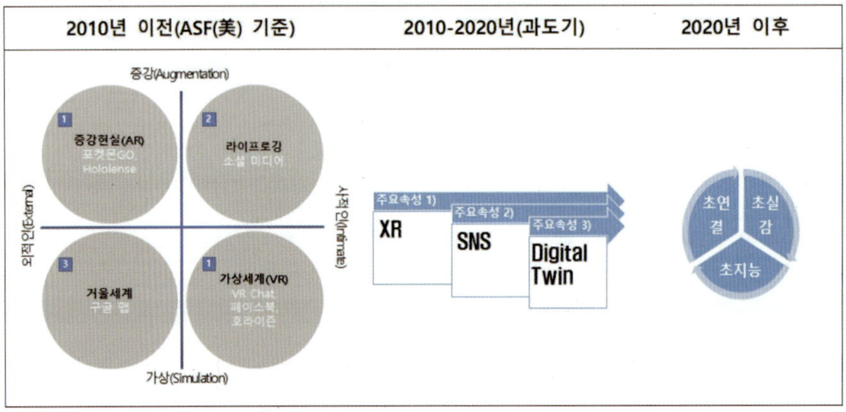

[그림 11-42] 메타버스 개념의 진화(출처: 메타버스 산업 생태계와 사업화 전략, KDB 산업은행)

메타버스는 기술과 현실과의 관계 및 기술과 이용자와의 관계 등을 기준으로 증강현실, 라이프 로깅, 가상세계 및 거울세계의 4가지 유형으로 분류되고 있으나, 오늘날에는 이들 속성들이 서로 융합되어 가면서 뚜렷한 경계가 모호화 되어 감으로 인하여 관련 기업들에 의한 게임형, 소셜형, 생활 · 산업형(특수목적형) 등으로 분류하는 것이 현명할 수도 있습니다.

〈표 11-14〉 메타버스의 최근 분류(출처: 메타버스 산업 생태계와 사업화 전략, KDB 산업은행)

구 분	개 념	적용 사례
게임형	모바일 PC 기반 게임형 메타버스로 게임 수행뿐만 아니라 게임 제작 · 판매 · 쇼핑 등으로 발전	로블록스, 포트나이트, 마인크래프트
소셜형	소셜 미디어 형태의 모바일 앱에서 출발하여 소통, 모임, 쇼핑, 게임 등으로 발전	제페토, 위버스, 호라이즌
생활 산업형	확장현실 디바이스를 통해 운동, 교육, 시뮬레이션 등을 목적으로 게임적 요소를 접목하여 활동에 동기 부여하는 "과도기적" 메타버스 형태	닌텐토의 링피트, MS의 홀로렌즈, 프로세스 시뮬레이션

메타버스는 온라인과 장기간의 비대면 생활(COVID-19 환경)로 인하여 수요가 증

가하였는데 그 동안의 단순한 가상현실의 체험 서비스에서 점차 상호 작용이 가능한 가상현실 환경에 대한 필요성이 대두되었습니다. 기존의 가상현실(증강/혼합/확장현실을 모두 포함)이 1인칭 시점에서 현실감 있고 몰입감 있는 체험 중심의 서비스에 초점이 맞추어져 있었던데 반하여, 메타버스는 가상의 공간에서 실재하는 사람들이 각자 가상의 자기 자신을 내세워 가상의 인물과 현실의 인물 또는 가상의 인물과 가상의 인물 간에 서로 상호작용이 가능할 수 있도록 하는 것입니다.

이러한 메타버스가 어떤 분야에서 어떻게 우리에게 다가올 것인가를 살펴보면 다음과 같습니다.

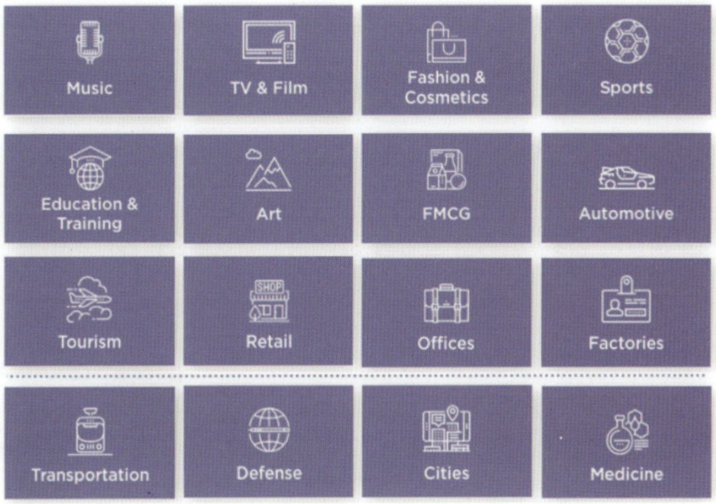

[그림 11-43] 메타버스 적용 분야(출처: 메타버스 산업 생태계와 사업화 전략, KDB 산업은행)

① 실감 기술을 통하여 몰입감을 극대화하는 분야

초기의 PC, 스마트폰 기반의 게임, 놀이, 의사소통 등 일상생활과 사회 활동 중심의 서비스에서 실감 상호작용이 가능한 확장현실 기술의 발달과 고성능 디바이스들의 출현으로 현실과 가상의 자연스러운 연결과 몰입감을 극대화할 수 있는 제조, 훈련 등 전문 영역에서 일상과 업무 영역까지 폭 넓게 활용이 가능할 것입니다.

[그림 11-44] 실감 기술을 활용한 메타버스 사용 사례(출처: 메타버스 신산업 성장동력, 2022.01)

② 메타버스와 아바타를 통하여 현실의 경험을 확장하는 분야

나를 반영한 아바타를 통하여 현실과 동일하게 행동하는 가상의 일상을 경험할 수 있는 세상으로 이를 엔터테인먼트, 교육, 유통 및 방송 등에 사용하여 디지털 인간을 통한 교감을 확산해 나가 가상세계에서 경제적 가치를 창출할 것입니다.

[그림 11-45] 아바타를 통한 가상세계 안에서의 메타버스 사용 사례(출처: 메타버스 신산업 성장동력, 2022.01)

③ 시공간의 제약을 뛰어넘어 협업 및 소통할 수 있는 분야

현실의 공간과 동기화된 데이터를 통하여 시공간을 넘어서 협업과 원활한 소통이 가능해져, 원격 업무와 협업, 시각화 등으로 업무 효율성을 향상시킬 것입니다.

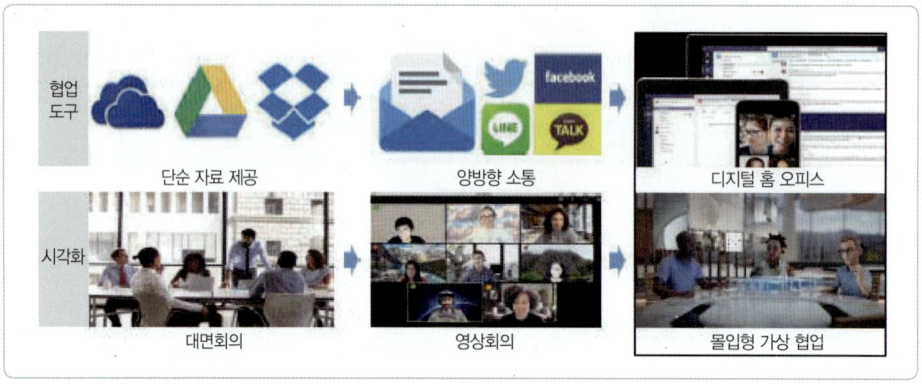

[그림 11-46] 원활한 협업 업무 처리를 위한 메타버스 사용 사례(출처: 메타버스 신산업 성장동력, 2022.01)

④ 디지털 자산의 생산 및 유통 분야

다른 메타버스에서도 활용이 가능한 디지털 자산을 통하여 경제적 수익을 창출합니다. 디지털 창작물이 대체 불가능 토큰(NFT)과 결합하여 디지털 소유권을 주장할 수 있게 되어 경제적 수익 창출이 가능해질 것이며 이는 디지털 상품, 영상, 음원 등 아티스트 지식재산과 디지털 예술품으로 경제적 가치를 인정받을 것입니다.

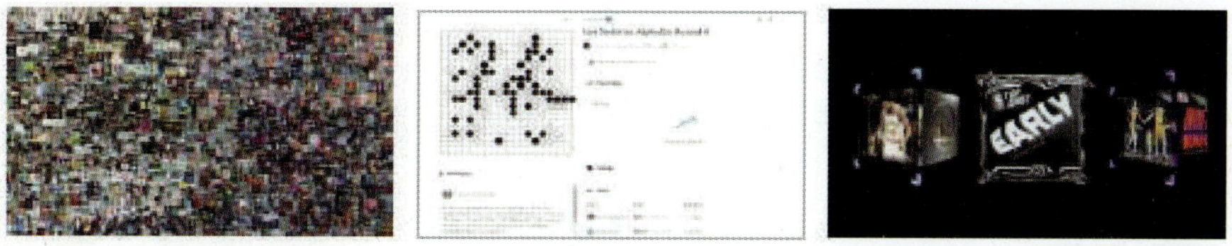

[비플의 jpg 파일형식 디지털아트] 온라인경매에서 약 783억원에 낙찰

[이세돌–알파고 제4국] 오픈씨에서 60이더리움(약 2.5억원)에 낙찰

[NBA TOP SHOT] 명장면을 디지털 형태로 팬들이 직접 소유 · 수집

[그림 11–47] 경제적 가치가 인정받는 메타버스 사용 사례(출처: 메타버스 신산업 성장동력, 2022.01)

⑤ 메타버스 플랫폼의 상호 연동 분야

플랫폼 상의 이용자 데이터, 디지털 자산 등이 다른 플랫폼과 안전하게 상호 연동될 수 있는 메타버스 시스템의 등장을 위하여 개방형 표준 및 상호 운영성을 사전 확보하여야 할 것입니다. 이를 통하여 메타버스의 모든 데이터 기능이 분산 처리되고 플랫폼 간의 상호 연동으로 발전되어가는 멀티버스(Multiverse) 시대를 열 것입니다. 또한 서비스의 특성에 따라 외부 데이터의 접근을 통제 · 제한하는 폐쇄형(Walled Garden) 메타버스 플랫폼과도 병존할 것입니다.

Tip 메타버스(Metaverse) 플랫폼과 IP 사업자 제휴 및 협력

IP 사업자들은 자신이 보유하고 있는 IP를 기반으로 자신만의 새로운 메타버스 플랫폼을 직접 구축하는 경우가 증가하고 있으며, 자체 메타버스 플랫폼을 통하여 다른 IP 사업자나 플랫폼 사업자와 제휴를 추진하여 최적화된 메타버스 서비스를 제공하거나 사업 성장의 기회를 만들고자 합니다.

〈표 11–15〉 메타버스 플랫폼과 IP 사업자 제휴 및 협력(출처: 관련 주요 언론 보도 및 홈페이지 자료 기반 SPRi Analysis)

구 분		AR 시장 기획
구찌 (패션)		• SNS 기반 메타버스 플랫폼, '제페토'와 제유하여 구찌 IP를 활용한 아바타 패션 아이템 출시 및 브랜드 홍보 전용공간 구축 • 모바일 테니스 게임, '테니스클래시'와 제휴하여 게임 속 캐릭터 의상을 출시하였으며, 해당 의상을 실제 구찌 웹사이트를 통해서도 구입 가능
루이비통 (패션)		• 게임 기반 메타버스 플랫폼, 'LOL'과 제휴하여 루이비통 IP를 활용한 LOL 캐릭터 의류, 신발, 가방, 액세서리 등 총 47종 아이템 제작 출시
나이키 (패션)		• V제페토와 제휴하여 아바타용 신발 등 패션 아이템 출시 • 게임 기반 메타버스 플랫폼, '포트나이트'와 협력하여 아바타 신발 아이템 출시
YG, JYP 외 (엔터테인먼트)		• '제페토'에 소속 연예인에 특화된 전용 가상공간을 만들고 소속 연예인 아바타들을 배치하여 사인회, 공연 등 이벤트 개최

디즈니 (엔터테인먼트)		• '제페토'에서 겨울왕국 캐릭터를 활용한 아바타 출시 • '포트나이트'에서 마블 캐릭터를 활용한 아바타 의상 등 아이템 출시
LG전자 (제조)		• 게임 기반 메타버스 플랫폼, '동물의 숲' 게임 공간에 LG 올레드 TV를 소개하고 게임 이벤트 등을 개최하는 올레드 섬(OLED ISLAND) 마련
다이아TV (방송)		• '제페토'와 CJ ENM의 1인 창작자 지원 사업 다이아TV(DIA TV)가 제휴를 맺고 다이아TV 유튜버의 제페토 진출, 제페토 내 인플루언서(Influencer)의 유튜버 진출 등 상호 협력 추진
순천향대 (교육)		• SKT 메타버스 플랫폼, '점프VR' 내 순천향대 본교 대운동장을 구현 뒤 대학총장과 신입생들이 아바타로 입학식 진행
한국관광공사 (공공)		• '제페토'에 익선동, 한강공원 등 서울의 관광지를 모사한 가상공간을 만들고, 제페토 해외 이용자를 대상으로 한국 여행 홍보 이벤트 진행

메타버스는 기반 요소인 메타버스 인프라와 사업화 핵심 요소로 구성되며, 핵심 인프라에는 네트워크, 클라우드 컴퓨팅, 컴퓨팅 파워 · 그래픽 기술 등이 있습니다.

메타버스는 생태계를 발전시킬 수 있는 기술 발전과 더불어 현실세계에서는 불가능한 상상력을 실현할 수 있게 해 줄 것입니다. 물론 메타버스가 아니어도 디지털 기술의 고도화와 기술간 융합을 통하여 일상 · 사회 · 산업에서 더욱 폭넓게 확장될 것입니다. 메타버스가 지향하는 경제 생태계가 기술적으로 검증되고 사회에서 수용된다면 그 활용도는 실제로 광범위하게 확산될 것입니다. 이러하듯 메타버스의 사용 영역은 무한대로 확장이 가능할 것이며, 디지털(Virtual) 영역과의 연계성을 점점 강화해 나갈 것입니다. 디지털 공간에서 사용자가 소통하고 교류하며 관련 콘텐츠를 즐길 수 있는 새로운 세계로 메타버스는 우리를 이끌어 갈 것입니다.

Tip ● 대체 불가능 토큰(NFT: Non-Fungible Token)

대체 불가능 토큰(NFT)은 블록체인에 저장된 데이터 단위로 고유하면서 상호 교환할 수 없는 토큰을 의미합니다. 대체 불가능 토큰은 암호화 토큰처럼 작동하지만 비트코인과 같은 암호 화폐와는 달리 상호 교환이 불가능한데, 이는 대체 불가능 토큰의 암호화 트랜잭션 프로세스가 소유권을 추적하는 데 사용되는 디지털 서명을 제공하여 각 디지털 파일의 인증을 보장하기 때문입니다. 이런 대체 불가능 토큰은 주로 사진, 비디오, 오디오 및 기타 유형의 디지털 파일을 나타내는데 사용되는데, 대체 불가능 토큰의 소유권은 해당 자산에 대한 저작권을 부여하지는 않습니다. 누구나 작품의 대체 불가능 토큰은 판매할 수 있지만 구매자가 반드시 저작권 권한을 얻지 못하므로 대체 불가능 토큰은 단지 소유권에 대한 증명일 뿐입니다.

[그림 11-48] 대체 불가능 토큰과 메타버스

2014년 뉴욕의 컨퍼런스에서 대체 불가능하고 거래가 가능한 블록체인 마커가 한 예술 작품에 연결됨으로 모습을 드러냈으며, 2015년 이더리움의 출시 후 개발자 컨퍼런스인 DEVCON 1에서 NFT 프로젝트가 시작되었습니다. 2021년에는 대체 불가능 토큰에 대한 관심이 최고치를 가져 디지털 아트로 거래가 되기도 하였습니다.

이렇듯 대체 불가능 토큰은 블록체인 기술을 활용하여 디지털 자산에 고유 값을 부여하여 '세상에 단 하나뿐인 것'으로 만드는 능력으로 인하여 메타버스의 가상세계에서 경제활동의 디지털 자산 거래에 활용이 가능하였습니다. 대체 불가능 토큰을 사용함으로써 디지털 자산에 대한 원본 인증이 가능해졌고 또한 거래 내역을 추적할 수도 있게 되어 메타버스 생태계의 경제활동을 더욱 안전하게 할 수 있는 기회를 제공하였습니다. 또한 가상세계 속 디지털 자산이 대체 불가능 토큰으로 발행됨으로 다른 메타버스에서도 호환이 가능한 장점이 있습니다.

참고문헌

1. KDB산업은행, "자율주행차 국내외 개발 현황"
2. HelloT 일반뉴스, "자율주행 레벨4+ 상용화 앞당긴다… '자율주행기술개발혁신사업단' 공식 출범", 2021.03
3. Mahdi Rezael, "Computer Vision for Road Safety: A System for Simultaneous Monitoring of Driver Behaviour and Road Hazards"
4. TTA, "ICT 표준화전략 맵 Ver.2019 디바이스 자율주행차", 2018
5. 과학기술일자리진흥원, "S&T Market Report", 2018.12
6. 메가경제, "'차량사물통신(V2x)' 자율주행센서의 한계를 극복하다", 2019.04
7. 사이언스타임즈, "자율주행자동차, 완전 자율주행에 도전하다", 2021.03
8. 오토저널, "자율주행자동차 V2X 통신 기술 동향", 2021.01
9. "Towards Standardization of Millimeter Wave Vehicle-to-Vehicle Networks: Open Challenges and Performance Evaluation", 15, May, 2020
10. TTA 저널, "V2X 통신기술 표준화 동향", 2020 3/4월호
11. 스마트앤컴퍼니, "V2X에서 벌어지는 이상한 일", 2020 11월호
12. IITP 주간기술동향 1940호, "스마트 모빌리티 지향의 V2X 산업 동향", 2020.04
13. 한국전자파학회, "자율주행 V2X 도입을 위한 표준화 및 주파수 정책", 2021.02
14. 전자신문, "5G-V2X, 모든 성능 지표에서 웨이브에 우위", 2019.02
15. 정보와 통신, "협력 자율 주행을 위한 V2X 통신기술", 2016.04
16. 한국정보통신기술협회, "IEEE 802.11 네트워크 표준화", 2020.
17. 삼정KPMG 경제연구원, "자율주행이 만드는 새로운 변화", 2020 Vol.69
18. 이코노믹리뷰, "자율주행의 필수 C-ITS, C-V2X로 가야", 2021.02
19. Auto Times, "4+단계 자율주행 개발시동 건다", 2021.06
20. 국가표준 코디네이터 사무국, "자율주행자동차 V2X 통신 표준화 현황"
21. 전자신문, "C-V2X or 웨이브, 갈림길에 서다", 2019.04
22. IITP 정보통신기획평가원, "3GPP 5G NR V2X 표준화 동향", 2019.05
23. 정보통신신문, "5G-V2X, 2026년 대규모 투자 상용화 이루어질 것", 2021.04
24. 전자신문, "美는 C-V2X…韓 선택은", 2020.11
25. 서울특별시, "서울시, 세계를 향해 5G 융합 자동차 커넥티드 서비스 시작을 알리다.", 2020.12
26. 전자신문, "정부, 레벨4+ 자율주행 상용화 기술 개발 추진", 2022.01
27. Deloitte, "스마트 팩토리의 성공적 도입을 위한 고려사항"
28. TTA, "스마트 팩토리 연구동향"
29. 정보통신기술센터, "제조업 혁신을 위한 미래 스마트팩토리 추진방향", 2018.03
30. 한국IR협의회, "스마트팩토리 솔루션", 2021.07

31. 정보통신기술센터, "스마트 팩토리 기술 및 산업 동향", 2018.06
32. https://redshift.autodesk.co.kr/digital-twin-examples/, "21세기에 적응하는 산업을 보여주는 디지털 트윈 사례 5가지", 2022.04
33. 한국우편사업진흥원, "디지털 트윈(야핫미 Twin) 기술 동향 및 우편물류 적용방안", 2020.봄
34. 한국IR협의회, "디지털 트윈", 2021.07
35. 한국산업기술평가관리원(KEIT), "디지털 트윈 기술 발전방향", 2018
36. 정보통신산업진흥원(NIPA), "ICT 융합 동향 리포트", 2018
37. ETRI, "디지털 트윈 기술의 도시 정책 활용사례", 2021
38. 한국전자통신연구원, "디지털 트윈의 개념과 기술 및 산업 분야별 활용 사례"
39. 한국통신학회(KICS), "4차 산업혁명을 위한 제조 디지털 트윈 국제표준화 현황", 2020.07
40. 정보통신기획평가원(IITP), "디지털 트윈 기술 K-로드맵"
41. 정보통신전략위원회, "디지털 트윈 활성화 전략", 2021.09
42. 한국통신학회(KICS), "4차 산업혁명을 위한 제조 디지털 트윈 국제표준화 현황", 2020.07
43. 정보통신기획평가원(IITP), "메타버스 기술 및 산업동향"
44. 관계부처 합동, "메타버스 신산업 선도전략", 2022.01
45. Deloitte, "메타버스 리포트: 눈 앞에 온 미래", 2022.06
46. TTA, "메타버스 기술 및 표준 동향과 R&D 추진방향", 2022.03
47. KDB 미래전략연구소, "메타버스 산업 생태계와 사업화 요건", 2022.04
48. 정보통신기획평가원, "메타버스 최근 동향과 시사점", 2022.07
49. 테크월드뉴스, "메타버스 기술 시장, 어디까지 왔나?", 2022.07

연습문제

객관식

01 다음 자율주행 레벨 중 자율주행 단계라 볼 수 없는 것은?

① 레벨 5　② 레벨 4
③ 레벨 3　④ 레벨 2

02 다음 중 자율주행을 구성하는 기술이 아닌 것은?

① 인지 기술　② 판단 기술
③ 연산 기술　④ 제어 기술

03 자율주행 V2X 관련 통신 방식이 아닌 것은?

① V2V(Vehicle to Vehicle)　② V2A(Vehicle to Automobile)
③ V2I(Vehicle to Infrastructure)　④ V2P(Vehicle to Pedestrian)

04 다음 중 자율주행 V2X 무선통신 기술인 것은?

① IEEE 802.11a　② IEEE 802.11n
③ IEEE 802.11ac　④ IEEE 802.11p

05 다음 설명은 스마트 팩토리 수준의 어느 단계에 해당하는가?

> 다품종 생산 협업의 단계로서 설비 데이터의 자동집계 및 실시간 의사결정과 기능 간 통합이 가능한 단계

① 중간 1단계　② 중간 2단계
③ 고도화 단계　④ 기초 단계

06 다음 중 스마트 팩토리를 구현하기 위한 선결 조건이 아닌 것은?

① 대량의 데이터 처리 시스템　② 호환이 가능한 장비들
③ 상호 연결을 위한 시간과 자원　④ 효율적인 자체 구동 시스템

07 다음 중 스마트 팩토리의 기대효과라고 볼 수 없는 것은?

① 비용 절감　② 효율성 향상
③ 생산 중단 최소화　④ 안전한 생활환경 구축

08 다음 중 디지털 트윈의 절차로 맞는 것은?
① 생성 → 통합 → 분석 → 전송 → 이해 → 실행
② 생성 → 전송 → 통합 → 분석 → 이해 → 실행
③ 전송 → 생성 → 분석 → 통합 → 이해 → 실행
④ 통합 → 전송 → 생성 → 분석 → 이해 → 실행

09 가트너에서 정의한 디지털 트윈 3단계 기술 분류가 아닌 것은?
① 현실세계 관찰 ② 현실세계 복제
③ 현실세계 최적화 ④ 현실세계 관제

10 다음 디지털 트윈 기술 발전 단계 중 빈칸에 알맞은 것은?

기술 발전 단계: 모사 → 관제 → ( ) → 연합 → 자율

① 통합 ② 분석
③ 모의 ④ 관찰

11 다음 중 디지털 트윈의 활용 가능 형태가 아닌 것은?
① 관제 모델 ② 분석 모델
③ 운영 모델 ④ 최적화 모델

12 다음 중 디지털 트윈의 사업적 기대효과가 아닌 것은?
① 디지털 전환의 가시화 ② 제품/서비스 가시화
① 제품 추적성 향상 ④ 시스템 통합 효율화

13 다음 중 메타버스의 유형이 아닌 것은?
① 사회 관계 형성 ② 디지털 자산 거래
③ 원격 협업 지원 ④ H/W, S/W 인프라

14 딜로이트 메타버스 4가지 발전 단계에 속하지 않는 것은?
① 걸음마 단계 ② 초기 단계
③ 성숙 단계 ④ 관리 단계

주관식

01 차세대 지능형 교통 시스템으로서 차량과 차량, 차량과 인프라 간 양방향 데이터를 송/수신하여 교통안전을 위한 시스템은 무엇인가?

02 자율주행 V2X를 위한 통신 기술 중 무선통신을 위하여 새로이 표준화 작업을 진행 중인 통신 방식은 무엇인가?

03 자율주행 V2X를 위한 통신 기술 중 이동통신을 위하여 새로이 표준화된 통신 방식은 무엇인가?

04 스마트 팩토리에 적용 가능한 기술을 3가지 이상 열거하라.

05 디지털 트윈과 접목이 가능한 기존 정보 시스템에는 어떠한 것들이 있는지 열거하라.

06 다음 디지털 트윈 요소 기술 개념도의 빈칸에 적당한 말은 무엇인가?

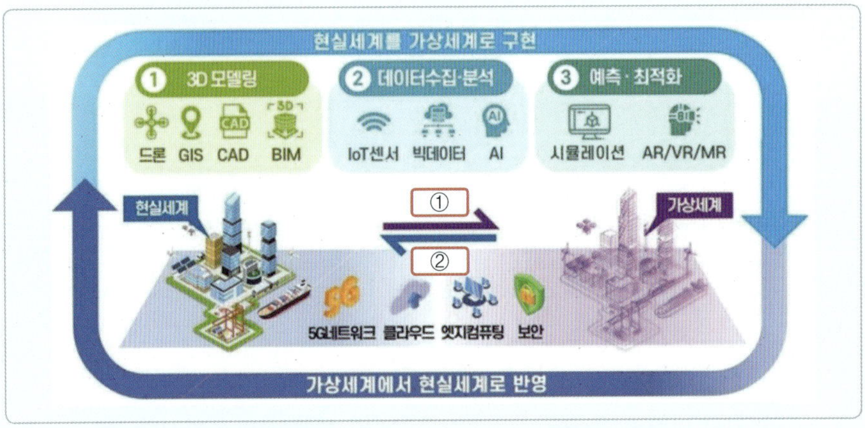

07 디지털 트윈과 가상물리 시스템(CPS)의 차이점을 간단히 설명하라.

08 메타버스의 특성표 중 빈칸에 적당한 말은 무엇인가?

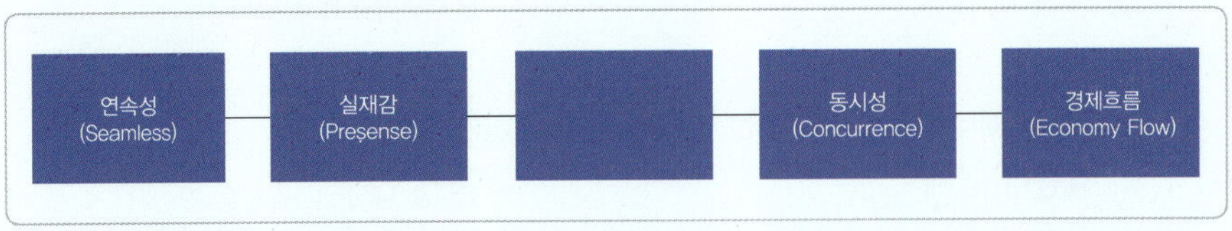

09 메타버스의 대표적인 개념 분류를 4가지 열거하라.

10 대체 불가능 토큰(NFT: Non-Fungible Token)은 무엇인지 간단히 설명하라.

PART V

UNDERSTANDING INFORMATION AND
COMMUNICATION TECHNOLOGY

정보통신 윤리

CHAPTER

12 정보통신 윤리

▶▶▶ 12.1 인터넷 윤리의 개념과 필요성에 대하여 알아봅시다
12.2 인터넷 사회의 문제점에는 어떠한 것들이 있을까요? / 12.3 네티켓이란?
12.4 인터넷 윤리와 관련된 법률에 대하여 알아볼까요
12.5 인터넷 윤리 관련 기관과 제도를 알아봅시다

12.1 | 인터넷 윤리의 개념과 필요성에 대하여 알아봅시다

12.1.1 인터넷의 특성을 알아볼까요?

(1) 양방향 통신을 제공합니다

인터넷은 송신자와 수신자가 동시에 참여할 수가 있어서 면대면(face-to-face) 통신과 다름이 없는 양방향 통신이 제공됩니다. 컴퓨터라는 기기에 의해서 양방향 통신이 이루어집니다.

[그림 12-1] 인터넷을 통하여 원자력안전점검 화상회의를 하고 있는 모습(출처: 연합뉴스)

(2) 시간적 융통성을 제공합니다

컴퓨터는 메시지를 저장하는 능력이 있어서 송신자는 상대방을 의식하지 않고 편리한 시간대를 선택하여 어느 때라도 메시지를 보낼 수가 있고, 수신자는 메시지를 자신이 편리한 시간에 읽고 검토한 후에 언제라도 응답을 할 수가 있습니다.

[그림 12-2] 수신자는 메일 서버에 저장된 메일을 원하는 때에 읽고 응답할 수 있습니다.

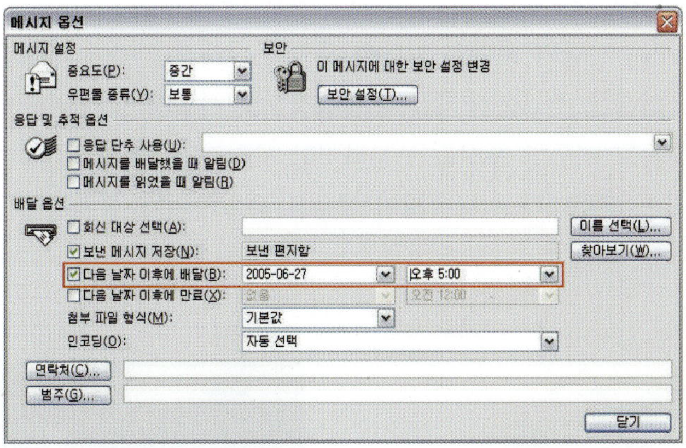

[그림 12-3] 송신자는 원하는 시간에 메일을 전송할 수 있도록 설정할 수 있습니다.

(3) 공간적 제약을 극복할 수 있습니다

인터넷에서는 공간적인 거리가 별로 의미가 없습니다. 초고속통신망을 이용해 메시지는 지구의 반대편에도 거의 실시간 대에 도달하므로 송신자와 수신자 간의 거리가 무의미해집니다. 지구의 반대편에 있건 아니면 같은 사무실 안에 있건 컴퓨터가 네트워크를 통하여 서로 연결되어 있으면 똑같은 조건 아래서 교신을 할 수가 있는 것입니다.

[그림 12-4] 인터넷은 공간적인 제약 없이 커뮤니케이션할 수 있게 합니다.

(4) 익명성을 지닙니다

인터넷에서는 일반적으로 통신에 참여하는 사람들이 자신의 신원을 노출하려고 하지 않을 뿐만 아니라 상대방이 누구인지에 대해서도 자세히 알려고 하지를 않습니다. 이와 같은 익명의 통신에서는 직업, 사회적 지위나 직책, 인종, 나이, 경력 등을 알 수가 없기 때문에 통신에 참여하는 모든 사람이 평등하게 대화를 할 수 있는 장점이 있습니다. 따라서 말하는 이가 누구냐에 주목하지 않고 메시지의 내용이 논리적인가 혹은 보편 타당성을 가지느냐에 따라서 설득력을 갖게 되는 특성을 갖습니다. 반면에 서로의 존재를 확인하지 않으므로 메시지가 과장되거나 왜곡된 것들이 많고 상스러운 표현이나 욕설을 하는 등의 부작용이 많이 일어나고 있습니다.

[그림 12-5] 익명성의 부작용(출처: http://blog.empas.com/xenius)

(5) 실재감의 결여와 사회규범 상실의 위험이 있습니다

면대면 관계에서는 사람과 사람의 만남이 사회적 실재감을 갖게 하지만 인터넷은 기계를 통해서만 의사를 주고받기 때문에 상대적으로 사회적 실재감이 낮습니다. 이러한 형태는 자유롭고 평등한 통신을 보장하지만 사회적인 실재감의 결여로 인해서 여러 가지 일탈적인 행동이나 비도덕적인 행동을 유발하기가 쉬워 사회규범을 상실할 위험이 높습니다.

[그림 12-6] 사회적 실재감 결여로 인하여 비방, 악담 등의 사이버폭력이 발생합니다. (출처: 머니투데이)

[그림 12-7] 게임 '레인보우식스' 중의 한 장면

12.1.2 인터넷의 순기능과 역기능

(1) 인터넷의 순기능이 많군요

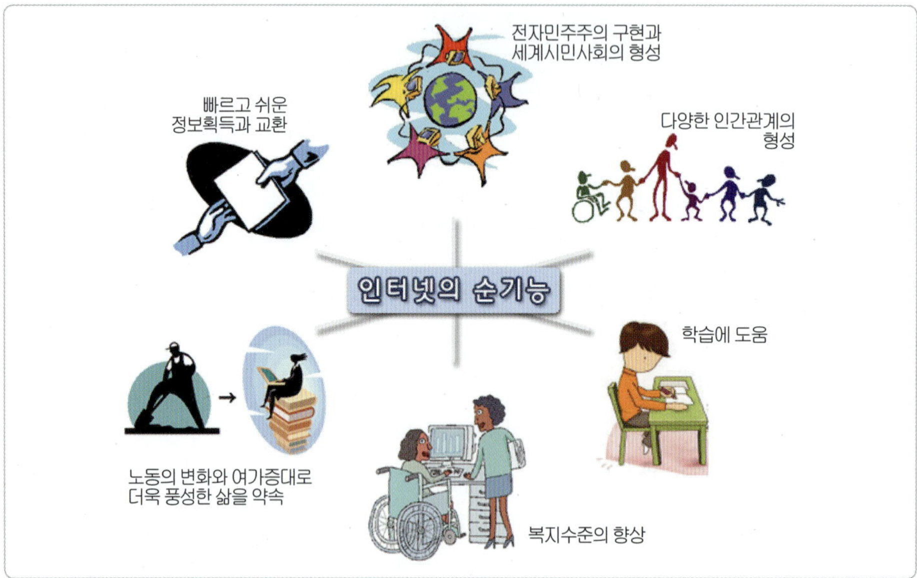

[그림 12-8] 인터넷의 순기능

(2) 인터넷의 역기능도 많군요

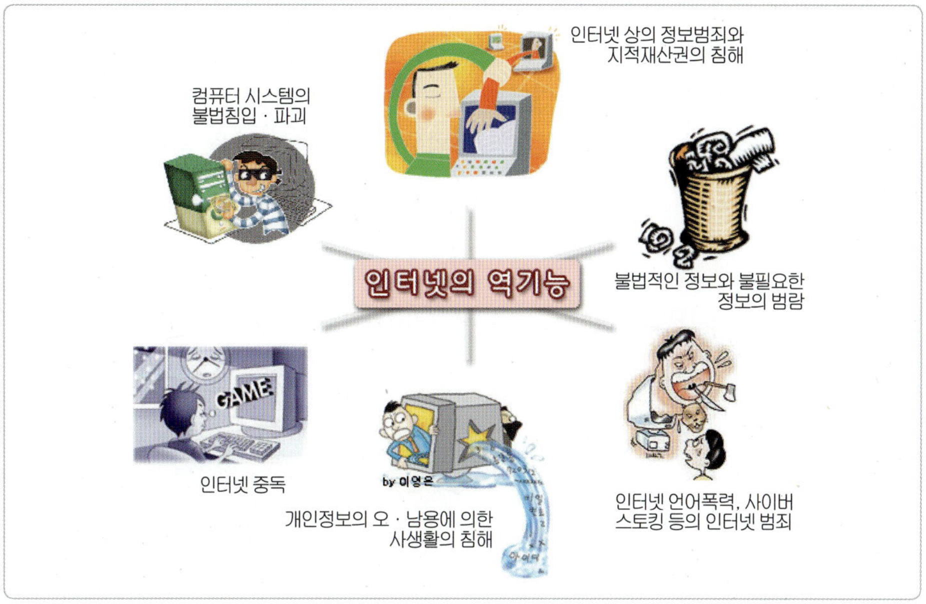

[그림 12-9] 인터넷의 역기능

12.1.3 인터넷에도 윤리가 있군요

윤리란 사람과 사람 사이의 관계, 즉 인간관계에서 마땅히 지켜야 하는 도리를 가리키는 말입니다. 영어로 윤리를 ethics라고 하는데 이는 사회의 풍속과 습관을 의미하는 희랍어 ethos에서 비롯된 말이라고 합니다.

인간사회에서 필수불가결한 요소인 윤리가 정보사회에 이르러 새로운 모습을 갖

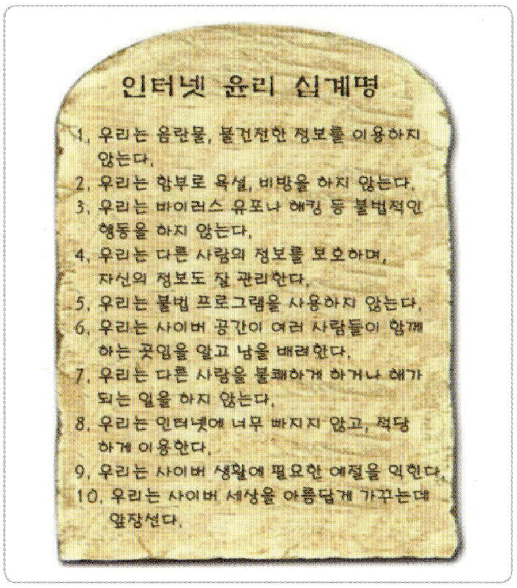

[그림 12-10] 인터넷 윤리 십계명(출처: 주니어 네이버)

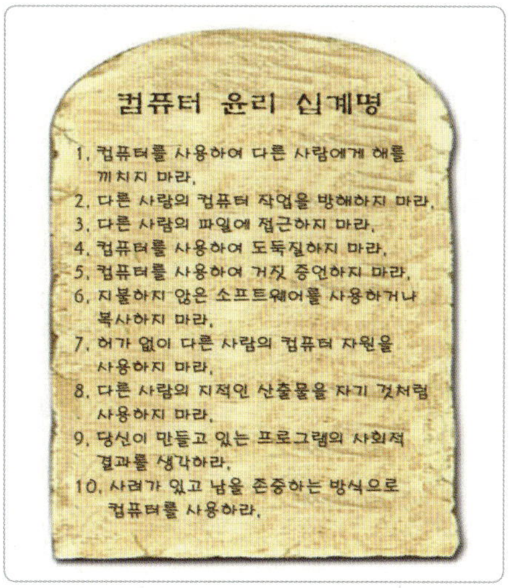

[그림 12-11] 컴퓨터 윤리 십계명

도록 요구되고 있습니다. 빠른 속도로 변화하는 현대사회에서 기존의 윤리학은 많은 한계점을 드러내고 있습니다. 게다가 사이버 머니, 해킹, 컴퓨터 바이러스 등 새로이 나타난 문제점들을 해결하기에는 기존의 윤리학이 미흡한 면이 많습니다. 그리하여 새로이 대두된 윤리학을 인터넷 윤리학이라고 하는데 사이버 공간 속에서 활동하는 모든 행위자들의 도덕적 책임과 의무를 규정하는 것을 목표로 하고 있습니다.

Tip 네티즌 윤리강령

사이버 공간의 주체는 네티즌이다. 네티즌은 사이버 공간에서 표현의 자유와 권리를 가지고 있으며, 동시에 의무와 책임도 지니고 있다. 이러한 권리가 존중되지 않고 의무가 이행되지 않을 때 사이버 공간은 무질서와 타락으로 붕괴되고 말 것이다.

이에 사이버 공간을 모두의 행복과 자유, 평등이 실현되는 공간으로 발전시킬 수 있도록 '네티즌 윤리강령'을 제정하고 이를 실천할 것을 다짐한다.

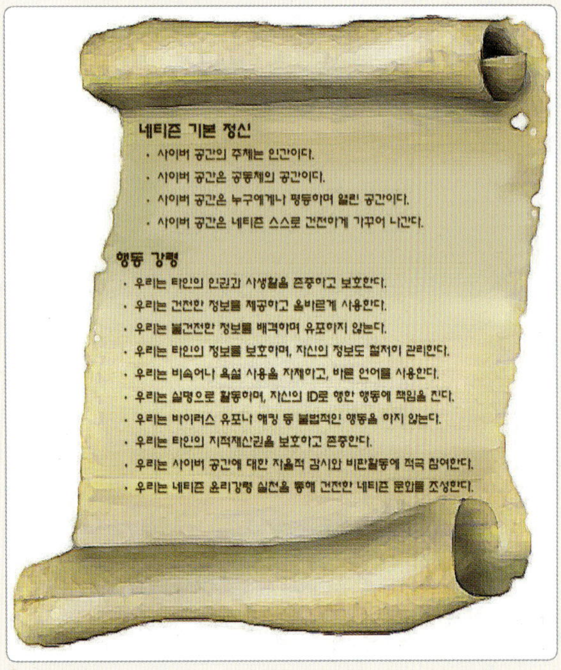

네티즌 기본 정신
- 사이버 공간의 주체는 인간이다.
- 사이버 공간은 공동체의 공간이다.
- 사이버 공간은 누구에게나 평등하며 열린 공간이다.
- 사이버 공간은 네티즌 스스로 건전하게 가꾸어 나간다.

행동 강령
- 우리는 타인의 인권과 사생활을 존중하고 보호한다.
- 우리는 건전한 정보를 제공하고 올바르게 사용한다.
- 우리는 불건전한 정보를 배격하며 유포하지 않는다.
- 우리는 타인의 정보를 보호하며, 자신의 정보도 철저히 관리한다.
- 우리는 비속어나 욕설 사용을 자제하고, 바른 언어를 사용한다.
- 우리는 실명으로 활동하며, 자신의 ID로 행한 행동에 책임을 진다.
- 우리는 바이러스 유포나 해킹 등 불법적인 행동을 하지 않는다.
- 우리는 타인의 지적재산권을 보호하고 존중한다.
- 우리는 사이버 공간에 대한 자율적 감시와 비판활동에 적극 참여한다.
- 우리는 네티즌 윤리강령 실천을 통해 건전한 네티즌 문화를 조성한다.

[그림 12-12] 네티즌 윤리강령〈출처: http://www.iteennet.or.kr/ (아이틴넷)〉

Tip ACM 윤리규범과 전문가 행동지침

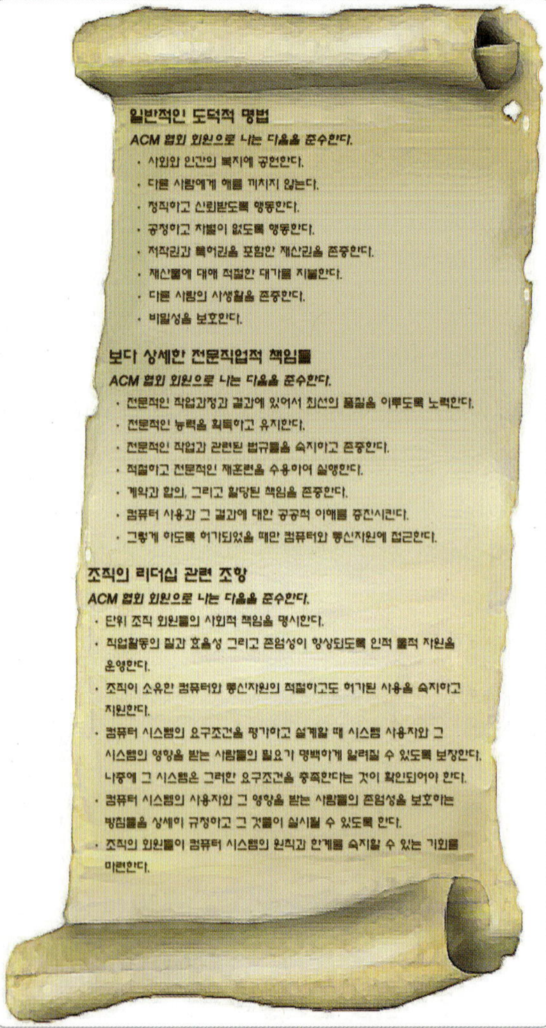

일반적인 도덕적 명법

ACM 협회 회원으로 나는 다음을 준수한다.
- 사회와 인간의 복지에 공헌한다.
- 다른 사람에게 해를 끼치지 않는다.
- 정직하고 신뢰받도록 행동한다.
- 공정하고 차별이 없도록 행동한다.
- 저작권과 특허권을 포함한 재산권을 존중한다.
- 재산물에 대해 적절한 대가를 지불한다.
- 다른 사람의 사생활을 존중한다.
- 비밀성을 보호한다.

보다 상세한 전문직업적 책임들

ACM 협회 회원으로 나는 다음을 준수한다.
- 전문적인 작업과정과 결과에 있어서 최선의 품질을 이루도록 노력한다.
- 전문적인 능력을 획득하고 유지한다.
- 전문적인 작업과 관련된 법규들을 숙지하고 존중한다.
- 적절하고 전문적인 재훈련을 수용하여 실행한다.
- 계약과 합의, 그리고 할당된 책임을 존중한다.
- 컴퓨터 사용과 그 결과에 대한 공공적 이해를 증진시킨다.
- 그렇게 하도록 허가되었을 때만 컴퓨터와 통신자원에 접근한다.

조직의 리더십 관련 조항

ACM 협회 회원으로 나는 다음을 준수한다.
- 단위 조직 회원들의 사회적 책임을 명시한다.
- 직업활동의 질과 효율성 그리고 존엄성이 향상되도록 인적 물적 자원을 운영한다.
- 조직이 소유한 컴퓨터와 통신자원의 적절하고도 허가된 사용을 숙지하고 지원한다.
- 컴퓨터 시스템의 요구조건을 평가하고 설계할 때 시스템 사용자와 그 시스템의 영향을 받는 사람들의 필요가 명백하게 알려질 수 있도록 보장한다. 나중에 그 시스템은 그러한 요구조건을 충족한다는 것이 확인되어야 한다.
- 컴퓨터 시스템의 사용자와 그 영향을 받는 사람들의 존엄성을 보호하는 방침들을 상세히 규정하고 그 것들이 실시될 수 있도록 한다.
- 조직의 회원들이 컴퓨터 시스템의 원칙과 한계를 숙지할 수 있는 기회를 마련한다.

[그림 12-13] ACM 윤리규범과 전문가 행동지침

12.2 인터넷 사회의 문제점에는 어떠한 것들이 있을까요?

12.2.1 유해정보가 뭔가요?

인터넷이 제공하는 수많은 정보들 중에서 이용자에게 정신적, 시간적, 경제적으로 피해를 가져오는 유해정보도 더불어 증가하고 있습니다. 현행법에서 유해정보는 생산, 저장, 유통을 금지한 불법 정보와, 선량한 미풍양속 등을 해치는 불건전 정보로 나누어 볼 수 있습니다.

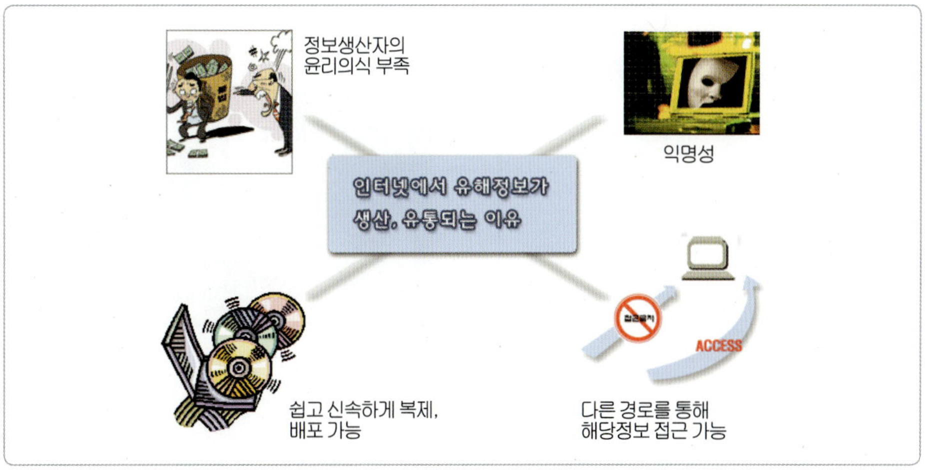

[그림 12-14] 유해정보가 생산 및 유통되는 이유

① 음란물

음란정보는 사람에 따라서 제각기 다른 정의를 내릴 수 있습니다. 그러나 대체로 음란정보라 함은 여성과 남성의 성 관계가 지나치게 직접적이며, 노골적으로 표현된 정보를 의미합니다. 이러한 음란정보는 성에 대해 나름대로의 분별력을 지니고 있는 성인들에게는 큰 문제가 되지 않을 수도 있습니다. 그러나 성에 대해 분별력을 갖추지 못한 청소년들에게는 커다란 악영향을 끼칠 수 있습니다.

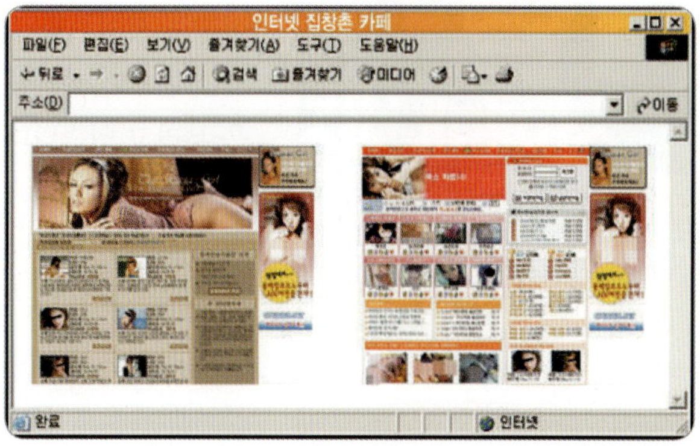

[그림 12-15] 음란물

특히 성에 대한 논의가 음성적으로 이루어지는 한국사회에서 올바른 성교육을 제대로 받지 못한 채 음란정보를 접하게 되면 성에 대한 왜곡된 인식을 가지게 되고 성인이 되었을 때 많은 문제를 야기할 가능성이 있습니다. 따라서 성 관련 정보는 선별적이고 체계적으로 제공되는 것이 바람직합니다.

② 사이버 성희롱과 성폭력

사이버 성폭력과 성희롱은 정보 통신 수단을 이용하여 불특정 다수 혹은 특정인을 대상으로 성적인 괴롭힘을 가하는 모든 행위를 의미합니다. 최근 들어 사이버 성폭력과 성희롱은 사이버 스토킹으로까지 변질되고 있습니다.

사이버 성폭력과 성희롱의 유형으로는 PC 통신과 인터넷 대화방을 통해 성적 수치심을 유발하는 내용의 대화를 유도하거나 폭언을 하는 형태가 있으며, 특정 개인을 성적 희롱의 대상으로 삼거나 음란한 내용의 글이나 영상물을 게재함으로써 간접적인 성폭력을 행하는 유형이 있습니다. 또한 전자우편을 통해 특정인 혹은 불특정 다수에게 음란한 내용의 글이나 영상물을 발송하는 유형도 나타나고 있습니다.

[그림 12-16] 사이버 성희롱

[그림 12-17] 사이버 성희롱에 대한 대책 세미나

③ 사이버 매매춘

[그림 12-18] 성매매 방지 집회

사이버 매매춘은 통신을 통해 성을 팔거나 사고자 하는 메시지를 전달함과 동시에 실제적인 매매춘이 이루어지도록 하는 행위를 의미합니다. 사이버 매매춘은 매춘을 알선하는 사이트를 개설하거나 혹은 매춘 의사를 담은 메시지를 띄워 매매춘을 가능하게 하는 모든 행위를 의미합니다. 특히 화상채팅을 이용한 사이버 매매춘이 더욱 기승을 부리고 있습니다.

④ 사행성 사이트

고스톱과 포커 등 사행심을 조장하는 도박성 게임과 경품, 복권 사이트 등이 크게 증가하고 있으며, 주부나 회사원, 중 · 고등학생들까지 심각한 중독 증세를 보이고 있는 등 사회적으로 큰 문제가 되고 있습니다.

[그림 12-19] 사행심을 조장하는 광고 문구

이러한 도박 사이트는 이용자에게 회비를 받고 사이버 머니를 제공하여 적립한 사이버 머니를 상품권이나 현금으로 지불해주거나, 거액당첨금, 경품을 건 배팅방식 등 다양한 유형이 있습니다. 처음에는 무료이다가 차츰 사이버 머니를 이용한 게임형태로 진행하여 실제 도박행위로 변질되는 것이 일반적입니다. 청소년을 포함한 다수의 인터넷 이용자가 쉽게 도박에 빠질 수 있으며, 강한 중독성을 가진다는 점에서 문제가 심각합니다.

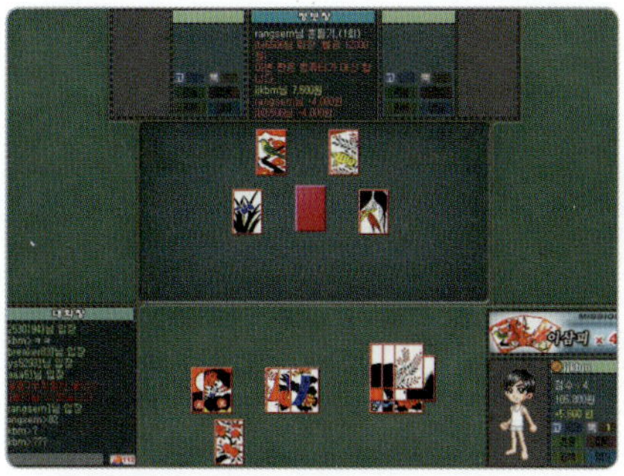

[그림 12-20] 고스톱 게임

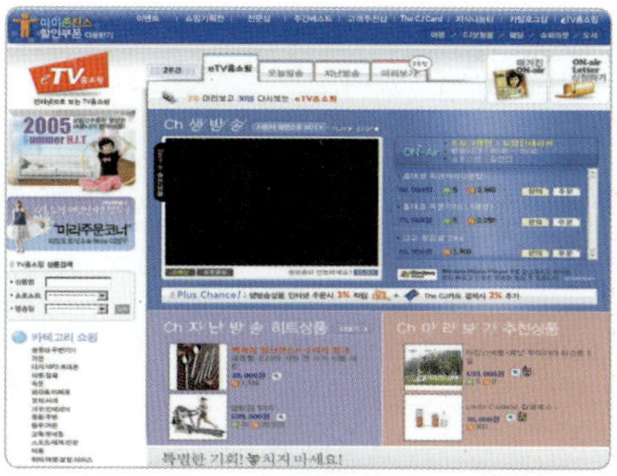

[그림 12-21] 홈쇼핑 사이트의 예

[그림 12-22] 강원랜드 카지노 홀

⑤ 기타 유해정보

자살 사이트

최근 자살 사이트의 지침서에 따라 실제 '자살'을 행동으로 옮긴 청소년들이 잇따라 생겨나 충격을 던져주고 있습니다. 자살 사이트의 문제점은 비정상적인 상황에서 이루어지는 자살을 지극히 '자연스런' 행위로 세뇌시키는 데 있습니다. 실제 이들은 상당기간 자살 사이트를 탐닉했고 얼굴을 모르는 회원들과 함께 자살에 대한 환상을 만들어갔던 것으로 알려지고 있습니다.

사정이 이러함에도 불구하고 자살 사이트를 근본적으로 막을 수 있는 방안이 없다는 데 문제의 심각성이 있습니다.

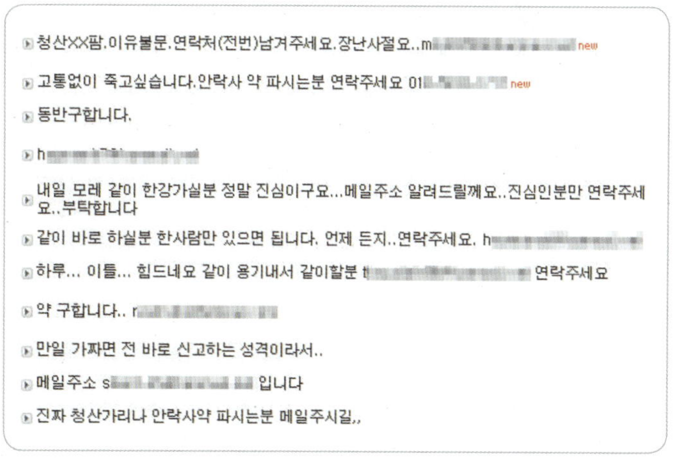

청산XX팜.이유불문.연락처(전번)남겨주세요.장난사절요..m new
고통없이 죽고싶습니다.안락사 약 파시는분 연락주세요 01 new
동반구합니다.
h
내일 모레 같이 한강가실분 정말 진심이구요...메일주소 알려드릴께요..진심인분만 연락주세요..부탁합니다
같이 바로 하실분 한사람만 있으면 됩니다. 언제 든지..연락주세요. h
하루... 이틀... 힘드네요 같이 용기내서 같이할분 연락주세요
약 구합니다.. r
만일 가자면 전 바로 신고하는 성격이라서..
메일주소 s 입니다
진짜 청산가리나 안락사약 파시는분 메일주시길,,

[그림 12-23] 자살 사이트의 예

폭탄 제조 사이트

폭탄 제조 사이트는 일상생활에서도 쉽게 구할 수 있는 필름, 펜 등의 물건을 통해서 실제 위력 있는 폭탄을 만드는 방법을 상세하게 설명하고 있기 때문에, 쉽게 따라할 수 있습니다. 폭탄은 그 자체가 매우 위험한 것이므로 자신뿐 아니라 많은 사람을 위험에 빠뜨릴 수 있습니다.

사전 지식 없이 폭탄을 제조하다가 사고를 당하거나, 폭탄을 만들어 남에게 피해를 입히는 행위들은 자살 사이트 못지않은 심각성을 가지고 있습니다. 중학생이 폭탄제조 유료 사이트를 운영하였으며, 그런 사이트를 통하여 실제로 폭탄을 제조하여 실험한 뉴스는 우리에게 충격을 안겨주고 있습니다.

[그림 12-24] 영화 "Fight Club"에서 폭탄을 제조하는 장면

(1) 유해정보 대응 방안에 대하여 알아볼까요?

유해정보 대응 방안은 크게 둘로 나누어 생각해 볼 수 있습니다. 첫 번째는 기술적인 방법으로 이는 다시 주소 기반의 방식과 콘텐츠 기반의 방식으로 구분할 수 있습니다.

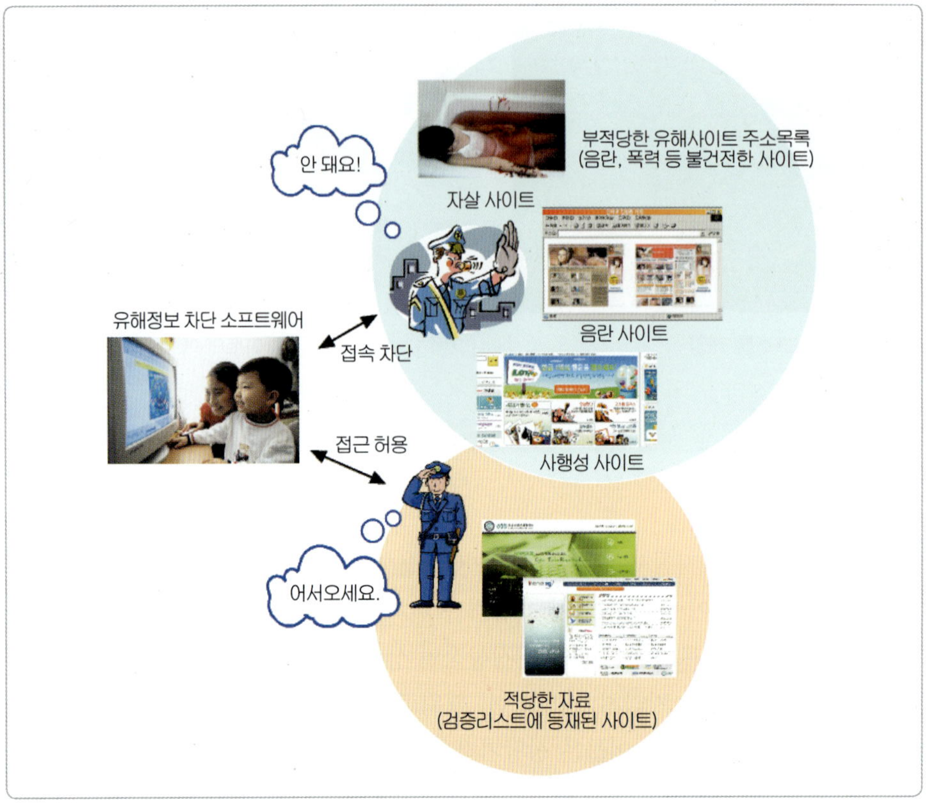

[그림 12-25] 주소 기반의 유해정보 대응 방식

주소 기반의 방식은 유해 사이트의 주소를 확보하여 접속을 차단하는 방식과 무해 사이트의 주소를 확보하여 해당 주소로만 접속을 허용하는 방법이 있습니다.

콘텐츠 기반의 방식은 정보의 내용을 기반으로 음란성, 유해성 등을 판단하여 접속을 차단하거나 내용을 보여주지 않는 방식입니다.

[그림 12-26] 콘텐츠 필터링 엔진기술을 이용한 이미지 필터링

주소 기반의 방식과 콘텐츠 기반의 방식은 서로 독립적으로 사용되기보다는 상호 보완적으로 사용됩니다.

[그림 12-27] TV 프로그램 등급 표시

유해정보 대응 방안의 두 번째는 정보의 내용에 등급을 부여하고 이용자로 하여금 허용된 등급의 정보만 볼 수 있게 하는 방안입니다. 이를 위해서는 음란성, 폭력성 등을 기준으로 사전에 내용물에 등급을 부여하는 절차와 허용된 등급만 볼 수 있게 제어하는 두 가지 절차가 필요합니다.

인터넷 내용 등급서비스란 정보 제공자가 자신의 정보내용을 객관적인 등급기준으로 분류하여 적절한 등급정보를 표시하면, 정보 이용자 및 청소년 보호자가 필터링 또는 차단 소프트웨어를 사용하여 해당 정보내용을 기존의 영화등급처럼 참고할 수 있도록 하는 서비스입니다.

즉, 정보 제공자가 정보내용에 대해 일정기준에 따라 등급을 표시해 두면 인터넷 사용자가 자신의 연령이나 수준에 맞게 정보를 선택할 수 있는 방식입니다. 이를 기반으로 차단 소프트웨어나 키즈존(Kids Zone) 마련, 관련법 제정 등의 다양한 해결책들이 시도되고 있습니다.

국내에서는 방송통신 심의위원회가 한국적 문화가치 및 국제 호환성 등을 고려하여 인터넷상의 음란, 폭력 정보 등의 불건전 정보로부터 청소년을 보호하고 성인의 볼 권리를 보장하기 위해 인터넷 내용 등급서비스를 제공하고 있습니다. 현재 공익적 차원에서 자체 개발한 내용선별 소프트웨어를 공공기관, 청소년 관련 공공시설 등을 대

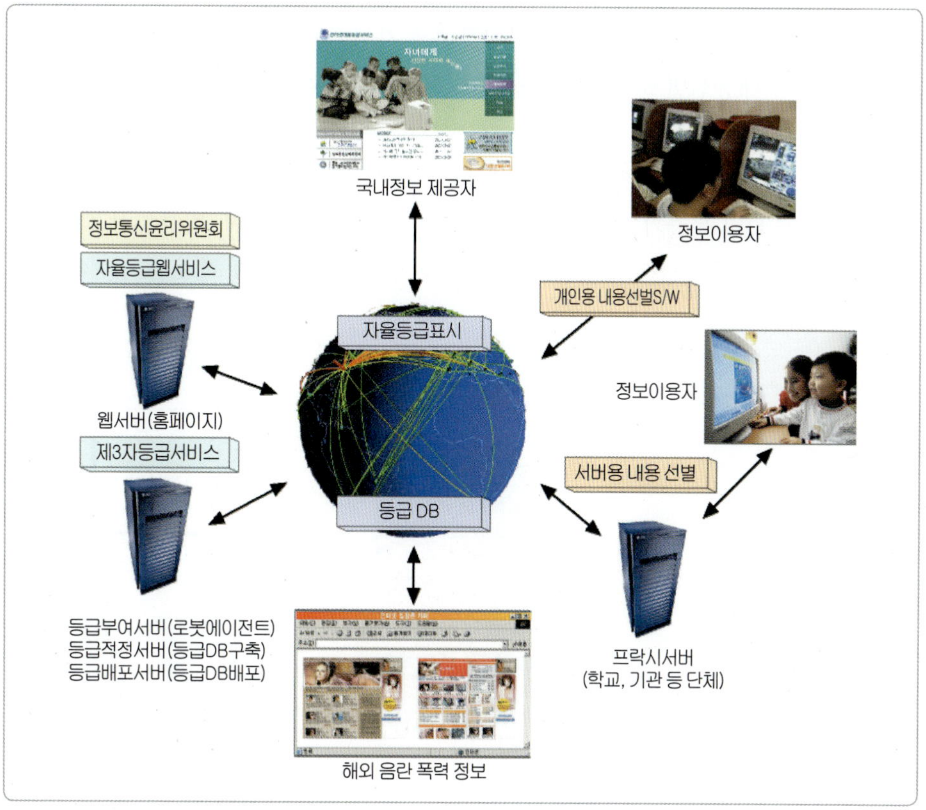

[그림 12-28] 방송통신 심의위원회 자율등급 서비스 및 제3자 등급서비스

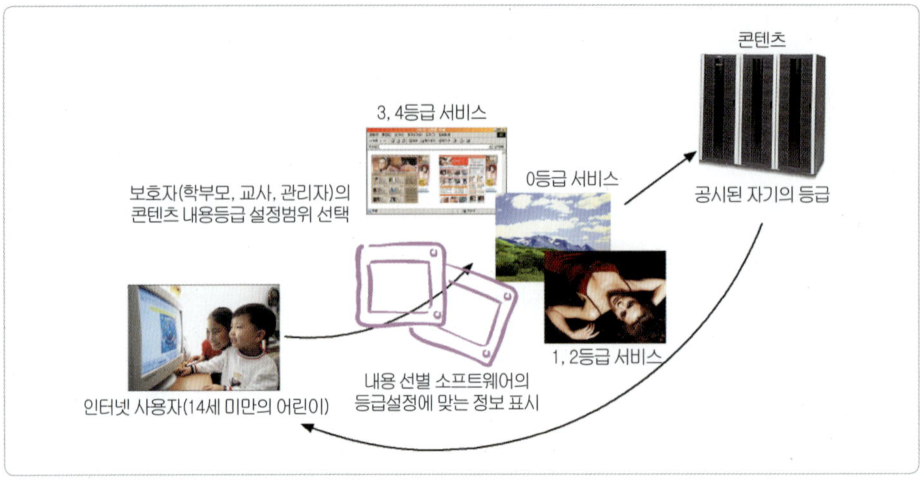

[그림 12-29] 내용등급 기반의 선별기술 체계

상으로 무료로 보급하고 있으며 정보격차 해소 및 내용 선별 소프트웨어의 보급 확산을 유도하고 있습니다.

인터넷 내용 등급서비스는 크게 두 가지 형태로 분류해 볼 수 있습니다. 하나는 장난감 제작 업체가 장난감의 사용가능 연령을 표시하는 것과 같은 자율등급 표시서비스제로서 정보 제공자가 공시된 등급(Publisher's label) 기준을 참조하여 자신의 사이트에 대하여 자발적으로 등급을 매기는 방식입니다. 또 다른 방법은 해외 음란 · 폭력 정보 등에 대한 제3자 등급서비스로서 정보내용 자체에 등급을 부여하여 목록을 구축하면 이용자가 내용선별 소프트웨어를 이용하여 자신의 수준에 맞는 정보만을 수용하도록 하는 방법입니다.

자율등급 표시서비스는 정보 제공자가 노출, 성행위, 폭력, 언어, 기타 등 5개 범주 5단계(0~4등급)의 등급기준에 따라 자율적으로 등급을 표시하면, 방송통신 심의위원회가 보급한 내용선별 소프트웨어에 의해 정보 이용자가 인터넷 정보를 선별하여 이

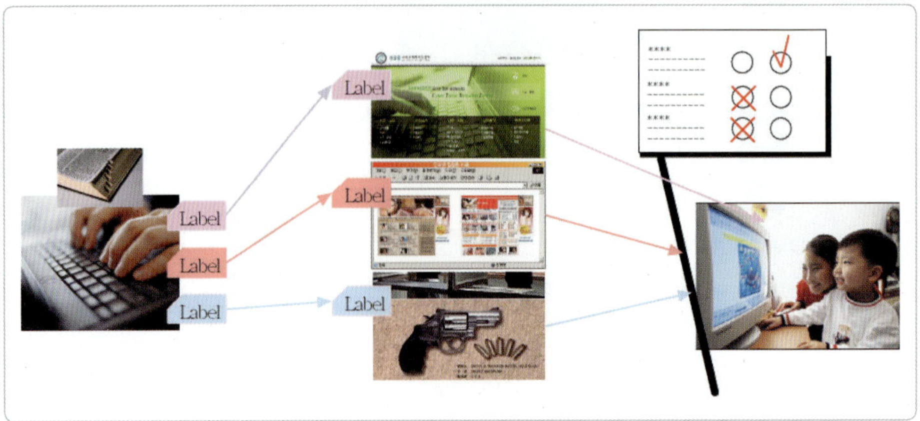

[그림 12-30] 인터넷 내용 등급서비스(출처: 방송통신 심의위원회)

〈표 12-1〉 방송통신 심의위원회 SafeNet 등급기준(출처: 방송통신 심의위원회)

구분	노출	성행위	폭력	언어	기타
4등급	성기노출	성범죄 또는 노골적인 성행위	잔인한 살해	노골적이고 외설적인 비속어	1. - 마약사용조장 - 무기사용조장 2. - 음주조장 - 흡연조장
3등급	전신노출	노골적이지 않은 성행위	살해	심한 비속어	
2등급	부분노출	착의상태의 성적접촉	상해	거친 비속어	
1등급	노출복장	격렬한 키스	격투	일상 비속어	
0등급	노출 없음	성행위 없음	폭력 없음	비속어 없음	

※ 등급기준의 명칭은 방송통신 심의위원회 SafeNet 등급기준으로 정함

〈표 12-2〉 연령별 권장사항(출처: 방송통신 심의위원회)

구분	노출	성행위	폭력	언어
전체가(초등학생가)	1등급	0등급	1등급	0등급
12세 이상(중학생가)	2등급	2등급	2등급	1등급
15세 이상(고등학생가)	2등급	2등급	3등급	2등급
18세 이상(성인가)	3등급	3등급	4등급	4등급

용할 수 있도록 하는 것입니다.

제3자 등급서비스는 해외의 음란 · 폭력물 등을 중심으로 등급 DB를 구축하여 정보를 이용자에게 제공하는 것을 의미합니다.

(2) 유해정보 신고 사이트에는 어떤 것들이 있나요?

건전한 통신문화를 위해서 청소년 유해정보 신고센터 '불법 · 유해정보신고'에서는 불

[그림 12-31] 불법 · 유해정보 신고 사이트

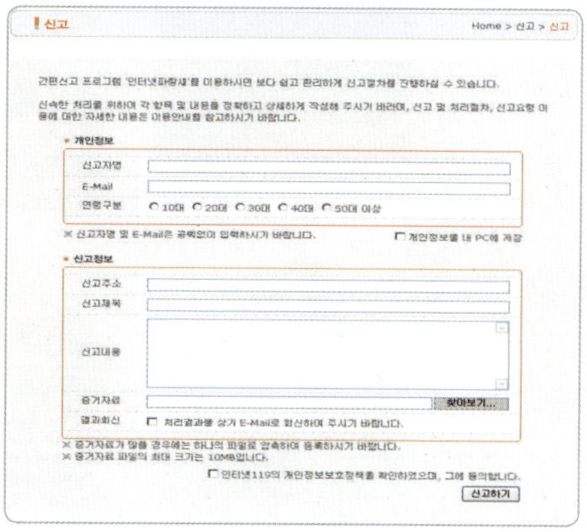

[그림 12-32] 유해정보 신고양식

법, 청소년 유해정보를 신고할 수 있도록 지원합니다.

'불법 · 유해정보신고'에 신고된 내용은 방송통신 심의위원회의 심의를 거쳐 불법 또는 유해한 정보로 판단될 경우 인터넷 서비스 제공자(ISP), PC통신사 등을 통하여 시정되도록 조치하고 있습니다. 아울러 신고 내용이 방송통신 심의위원회의 심의대상이 아닌 경우 성격에 따라서 검찰, 경찰, 개인정보 분쟁조정위원회 등 관련기구에 전달됩니다.

Tip ● 인터넷파랑새

인터넷파랑새는 불법, 청소년 유해정보 신고의 편의성을 제공하고 신고활성화 및 신고확인, 통보 자동화를 통한 신고처리 체계 효율화를 위한 신고 전용 소프트웨어입니다. 불법 · 유해정보신고(http://www.singo.or.kr)에서 다운로드하여 설치할 수 있습니다.

12.2.2 인터넷 중독(Internet Addiction)이란?

중독의 임상적인 의미는 "약물의 사용에 과도하게 얽매이고 약물의 공급을 계속 원하고 약물 사용을 중지시킨 후에도 다시 재발하는 충동적인 약물 사용 행동의 패턴"입니다.

1980년대 이후 컴퓨터가 보급되면서 컴퓨터 중독이라는 용어가 등장하게 되었습니다. 1990년대에 인터넷 사용이 증가함에 따라 인터넷 중독도 중독의 한 현상으로 나

[그림 12-33] 인터넷 중독 현상의 예(출처: 경상북도 영양교육청)

타나게 되었습니다. 인터넷 중독이란 "이용자가 지나치게 컴퓨터에 접속하여 일상생활에 심각한 사회적, 정신적, 육체적 및 금전적 지장을 받고 있는 상태"라고 정의할 수 있습니다.

컴퓨터 중독 혹은 인터넷 중독에 대한 분류는 일반적으로 통신 중독, 게임 중독, 그리고 음란물 중독으로 나눌 수 있습니다.

[그림 12-34] 인터넷 중독

(1) 통신 중독

통신 중독은 인터넷을 과도하게 사용하는 증세를 보이는 현상입니다.

인터넷에서는 익명성을 보장받을 수 있기 때문에 자신의 고민이나 욕망을 솔직히 드러낼 수 있을 뿐만 아니라, 매번 새로운 상대를 만날 수 있다는 기대감으로 채팅에 빠지게 됩니다.

[그림 12-35] 통신 중독

통신 중독으로 인한 증상으로는 자기 통제력의 상실, 일상생활의 부적응, 감정조절 능력의 감소, 대인관계 장애 등의 현상이 나타납니다. 또한 단어를 지나치게 압축하거나 은어를 사용하는 등 언어파괴로 올바른 언어생활에 악영향을 미칠 수 있으며, 채팅을 통하여 모르는 사람과 만나는 것도 매우 위험할 수 있습니다. 채팅을 통하여 만나서 인신매매나 성폭행 사건 등이 벌어지는 사례가 있기 때문입니다.

(2) 게임 중독

게임은 스트레스를 해소시켜 주는 유익한 면이 있지만 지나친 게임은 심각한 부작용을 낳고 있습니다. 게임은 점차 어려워지는 특성이 있기 때문에 아쉽게 끝이 난 게임에 대하여 끝까지 도전하게 되며, 폭력게임은 인간에게 잠재되어 있는 파괴본능을 부추기게 됩니다.

[그림 12-36] 게임 중독

네트워크 게임의 경우 매번 다른 상대를 만나기 때문에 참여자로 하여금 게임에 빠지게 하는데, 가상공간에서 현실을 잊고 또 다른 자신의 캐릭터를 통하여 대리만족을 얻고자 하는 것입니다. 밤새워 게임을 하고 낮에 졸거나, 업무에 집중을 하지 못하며, 청소년의 경우에는 대인기피증, 강박감, 편집증, 체력저하 현상이 발생합니다.

(3) 음란물 중독

청소년기에는 성에 대한 호기심이 왕성한 시기이므로 인터넷을 통한 음란물 중독이 발생할 수 있습니다.

컴퓨터 음란물 중독 현상을 보이는 청소년들은 대체로 지속적으로 음란물에 접근하며, 죄의식으로 인해 결벽증에 걸리거나 신경 쇠약 증세를 보이기도 합니다.

청소년의 경우, 음란물을 보고 나면 연상 작용으로 학습에 지장을 받으며, 성충동을 경험하게 됩니다. 또한 비정상적인 내용의 설정이 대다수인 음란물을 여과 없이 받아들여 성에 대한 왜곡된 인식을 갖게 되어 모방 성범죄로 이어질 가능성이 높습니다.

[그림 12-37] 인터넷 중독 예방 상담센터 홈페이지

인터넷 중독 예방 센터에서 제시하고 있는 인터넷 중독 예방 방법은 다음과 같습니다.

- 자신이 잃어가고 있는 것을 확인한다.
- 온라인 접속시간을 파악한다.
- 인터넷을 과다하게 사용하는 원인을 찾자.
- 인터넷 사용을 촉발하는 기분과 행동을 관찰한다. 습관이 중요하므로 인터넷 사용 패턴이나 습관을 바꾼다.

12.2.3 개인정보와 지식재산권

(1) 프라이버시 보호

인터넷을 사용하다 보면 개인정보를 제공해야 하는 경우가 많이 있습니다. 개인정보란 이름, 주소, 전화번호, 소속, 성별, 나이와 같은 개인에 관한 여러 가지 정보로서, 특정 개인에 관한 정보는 물론이거니와, 다른 정보와 연결되어서 특정 개인과 연결되는 정보도 개인정보에 포함됩니다.

개인정보 보호를 소홀히 할 경우 개인의 존엄성과 인격을 훼손하게 되어 결국 프라이버시 침해라는 문제를 일으키게 됩니다. 프라이버시(Privacy)라는 용어는 '사람의 눈을 피한다'는 뜻의 라틴어 'privatue'에서 유래되었으며, 프라이버시권이란 각 개인이 평온한 사생활을 영위하기 위해 개인의 영역에 다른 사람이 무단으로 침입하지 못하도록 하는 권리를 말합니다.

최근에 유비쿼터스 환경에서 전자태그(RFID: Radio Frequency Identification) 기술이 주목을 받고 있는데, RFID칩이 사물에 부착되면 실시간으로 물건이나 사람 혹은 동물의 움직임을 파악하고 상황정보를 분석할 수 있게 될 것입니다. 그러나 고객의 구매 정보와 신원 정보가 연계되어 위치정보가 노출됨으로써 프라이버시 침해에 매우 심각한 영향을 미칠 것으로 보입니다.

[그림 12-38] RFID 태그

Tip ● '피싱' 사기 본격 대응

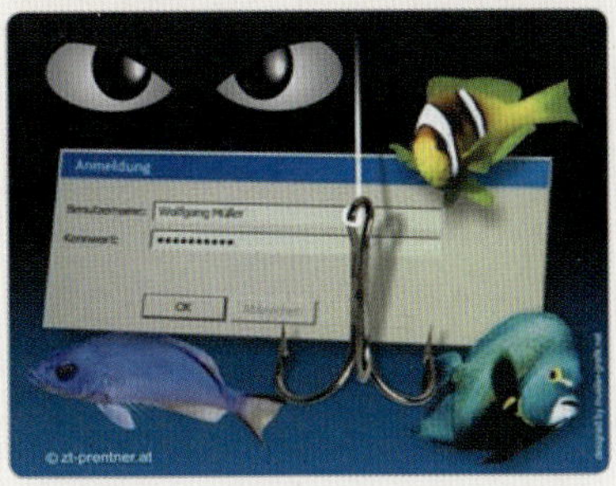

최근 신용카드 정보를 빼돌리는 인터넷 금융사기 '피싱'이 성행하자 소프트웨어 개발업체인 미국의 마이크로소프트(MS)가 공공기관과 손을 잡고 공동 대응에 나섰습니다. 피싱은 은행 등 금융기관 고객에게 은행계좌나 신용카드 정보에 문제가 생겨 수정이 필요하다는 가짜 e-메일을 보내 카드, 계좌 정보 등을 빼내는 신종 사기수법으로 최근 급속히 퍼지면서 금융기관 사이에서 피싱 퇴치가 최대 현안으로 떠오르고 있습니다. (출처: 연합뉴스)

Tip ● 교통카드 개인정보 침해 우려 확산

교통카드가 개인의 대중교통 이용경로와 날짜 등 광범위한 개인정보를 수집, 보관하면서도 이에 대한 동의를 받지 않는데다 개인정보 수집과 폐기 시기 등을 명시하는 법률적 제한 규정이 없어 개인정보를 침해할 수 있는 소지가 높은 것으로 드러났습니다. 따라서 이 같은 정보가 해킹 등으로 유출되거나 정부의 데이터 남용 등으로 인해 이용자들의 사생활을 침해할 수 있다는 우려가 확산되고 있습니다. 이 같은 우려는 경찰이 희대의 살인범 유영철의 범죄 내용 확인을 위해 교통카드 시스템을 활용하면서 드러났습니다.

경찰은 유영철이 지난해 구입해 사용한 시계에 부착된 교통카드를 통해 유씨의 행적을 추적, 범죄를 재구성하고 있다고 발표했습니다. 아이러니컬하게도 이 같은 사실은 교통카드를 이용해 대중교통을 이용할 경우 이용자의 모든 행적이 데이터로 보관, 누구라도 행적을 추적당할 수 있다는 것을 방증해 준 셈입니다.

(2) 지식재산권 보호

지식재산권이란 지적 창작 활동에 의해 얻어진 지식재산에 관한 권리를 말합니다. 즉, 지식재산권이란 문화, 예술, 과학 작품, 산업 활동 등 인간의 지적 창작활동의 결과로 생기는 모든 유·무형의 소산물에 대해 경제적인 가치를 보호하기 위한 권리를 말합니다. 과거에는 지적재산권이란 용어를 사용하기도 하였으나 최근에는 지식재산권이라는 용어를 사용합니다.

[그림 12-39] 삼성 Anycall 휴대폰의 중국모방제품

[그림 12-40] 불법복제 CD 폐기장면

인터넷을 비롯한 컴퓨터 통신이 급속이 발전하면서 네트워크를 통한 지식재산물의 유통이 급격히 늘어남에 따라 지식재산권의 중요성이 강조되고 있습니다. 우리는 디지털화된 창작물을 간단히 손에 넣을 수 있고, 이들 창작물을 컴퓨터를 이용하여 편집, 가공, 복사할 수가 있기 때문에, 자칫 잘못하면 타인의 창작물을 복사해서 배포하는 과정에서 지식재산권을 침해하게 될 우려가 있으며 이로 인해 민·형사상의 책임을 져야 하는 경우까지 발생하게 됩니다.

지식재산권의 보호방식은 특허방식과 저작권방식으로 나눌 수 있습니다. 특허방식은 창작자가 일정한 절차를 밟고 특허청이 권리를 확인해 주어야 비로소 권리가 발생하게 됩니다. 산업상 유용한 아이디어인 발명, 제품 디자인과 상표가 대표적인 보호대상입니다. 저작권방식은 미술, 건축물, 사진, 영화, 컴퓨터 프로그램 등의 저작물에 대하여 창작자의 머리로부터 독창성 있게 표현되었을 때, 비로소 법률상으로 권리가 발생합니다.

Tip 지식재산권 침해 사례

[그림 12-41] 국산 Iriver MP3 플레이어와 중국 시장에서 판매 중인 모방제품

한국과 일본 등 중국에 투자한 외국기업들이 현지의 지적재산권 침해행위에 몸살을 앓고 있습니다. 그러나 일본기업들은 중국정부의 단속소홀과 경비문제, 적발조치의 비효율성, 중국의 지재권 법규 미비, 사법권 집행문제 등을 이유로 지재권 침해에 대한 적극적 대응이 어렵다고 털어놨습니다. 한국기업의 피해사례도 잇따르고 있습니다. 국내 유명 의류업체 A사는 중국시장 진출을 위해 현지에 상표등록을 시도하는 과정에서 중국업체가 상표를 선점한 사실을 뒤늦게 알고 법적 대응을 검토 중입니다. 광저우에 있는 S사는 위조상품 유통에 따라 상당한 영업손실을 보고 있지만 인력 및 비용 문제 때문에 적절한 조치를 취하지 못하고 있습니다.

12.2.4 해킹과 컴퓨터 바이러스 피해

(1) 해킹

원래 해크(hack)라는 용어는 무엇을 거칠게 또는 난폭하게 자르는 행위를 말합니다. 원래 해커(hacker)는 컴퓨터광, 즉 컴퓨터 매니아를 의미하고, 해킹(hacking)은 컴퓨터광들이 하는 행위를 의미하였습니다. 즉, 해커란 컴퓨터를 좋아하고, 컴퓨터를 잘 사용하는 방법을 이해하는 데 몇 시간이고 컴퓨터에 빠지는 사람들을 말합니다.

[그림 12-42] 해킹 대회

해커에 이어 크래커(cracker)라는 용어가 등장하였습니다. 한때 해커는 컴퓨터 소프트웨어 분야에서 많은 기술과 실험정신을 가진 사람을 가리키고, 크래커는 다른 사람이 만들어 놓은 지식을 훔치며 시스템을 붕괴시키는 사람들을 가리키는 데 사용되었습니다. 그러나 세월이 흐름에 따라 해커는 부정적인 의미를 가지게 되었으며, 현재는 해킹과 크래킹을 구별하여 사용하지 않고, 일반적으로 크래킹을 의미하는 용어로 범죄 행위를 의미하는 것으로 사용되고 있습니다.

국가와 사회의 컴퓨터 시스템에 대한 의존도가 높아지게 된 반면, 해킹과 바이러스 유포, 컴퓨터 시스템의 불법 침입, 프라이버시 침해와 개인정보의 오남용, 인터넷과 컴퓨터 범죄, 암호기술의 부정사용, 전자상거래의 안전과 신뢰성 저해, 불건전 정보의 유통 등 정보화의 역기능이 갈수록 심각해지고 있습니다. 인터넷의 본질이라고 할 수 있는 개방성과 확장성 때문에 인터넷은 해킹 및 바이러스에 취약할 수밖에 없으며 인터넷 관련 기기와 각종 소프트웨어 역시 보안성이 완벽하지 못하다는 문제점을 가지고 있습니다.

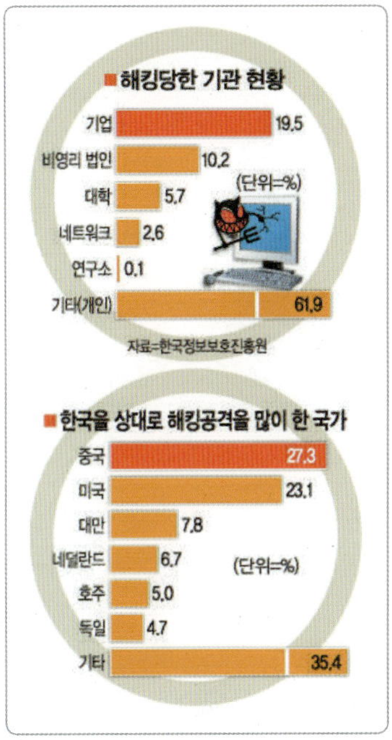

[그림 12-43] 해킹 현황

[그림 12-44] 경찰청 사이버 테러 대응센터

[그림 12-45] ATM기 해킹 사례

해킹의 대응방안으로는 정보보호 실천 수칙인 '손쉬운 8가지 정보보호 실천수칙'을 활용하는 것이 바람직합니다. 손쉬운 8가지 정보보호 실천 수칙은 다음과 같습니다.

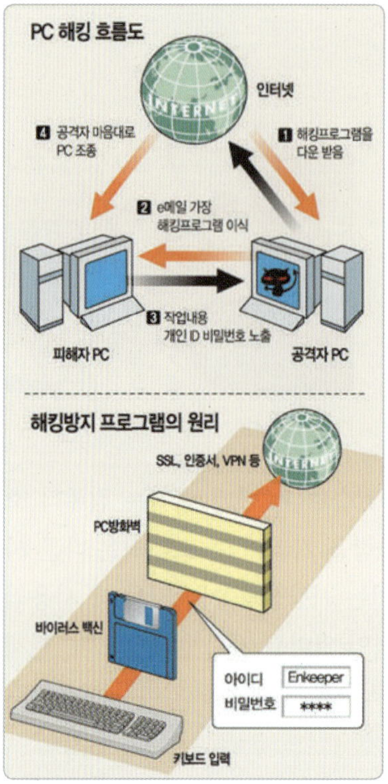

[그림 12-46] 해킹의 흐름과 방지 프로그램의 원리(출처: 도깨비뉴스)

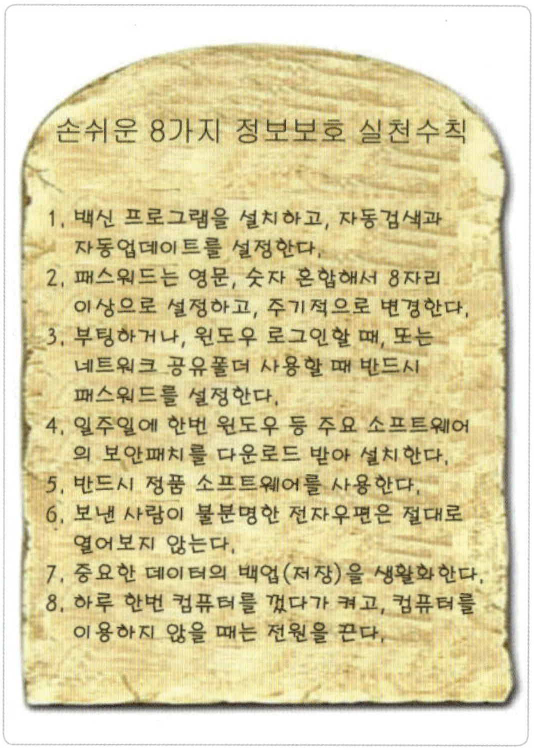

[그림 12-47] 손쉬운 8가지 정보보호 실천수칙

(2) 바이러스, 웜, 악성코드

악성코드란 사용자의 의사와는 관계없이 시스템을 파괴하거나 정보를 유출하는 등 악의적 활동을 수행하도록 제작된 소프트웨어를 말합니다. 영어로는 Malicious Software로 통상 Malware로 표현됩니다.

현재에는 바이러스 및 인터넷 웜과 트로이얀, 백도어를 지칭하는 해킹툴, 악의적 스파이웨어, 애드웨어 등이 포함된 개념으로 이해되고 있습니다.

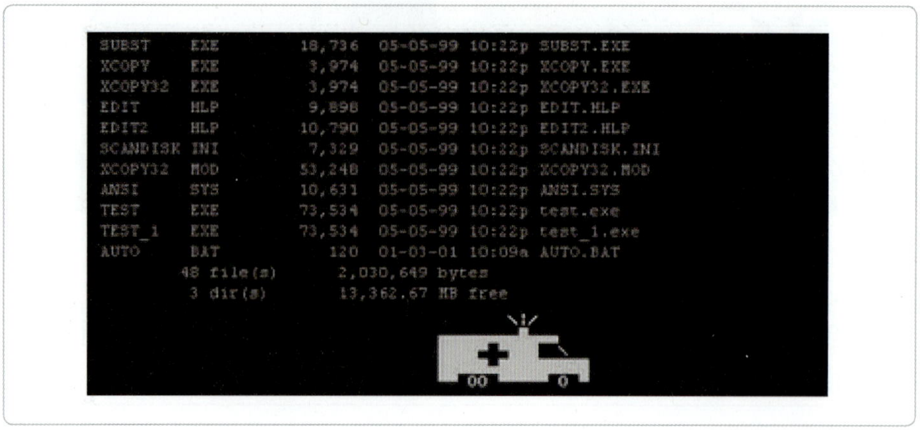

[그림 12-48] 엠블란스 바이러스

컴퓨터 바이러스 외에도 전자우편(e-Mail)을 통해 확산되는 인터넷 웜(I-Worm), 사용자의 컴퓨터를 임의로 조작하거나 중요한 정보를 빼내는 백도어(Backdoor) 프로그램 또한 정상적인 작업을 방해하는 프로그램들입니다.

컴퓨터 바이러스와는 달리 네트워크를 통하여 자기 자신을 복제하여 전파할 수 있는 프로그램을 웜이라고 합니다. 웜과 인터넷 웜은 동일한 명칭이며, 다만 전파를 위해 사용되는 주 매개체가 인터넷인 것에 한하여 인터넷 웜이라 부르기도 합니다. 웜은 주로 전자우편을 이용하여 확산되며 최근에는 보안 취약성을 이용하여 전파되는 경우도 많습니다.

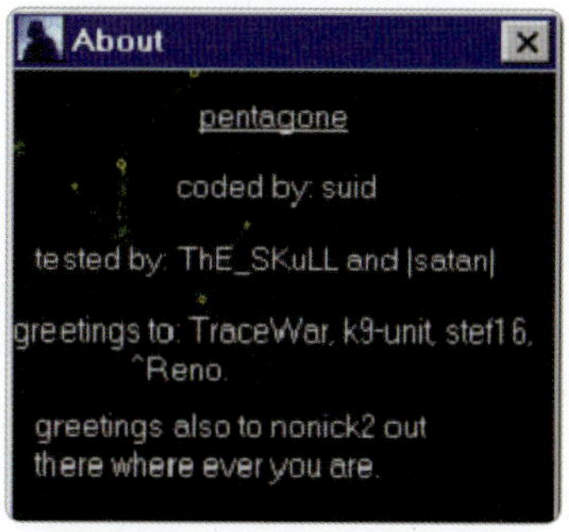

[그림 12-49] 웜: 고너(I-Worm. Win32.Goner)

최근에 피해가 보고되고 있는 악성코드 중 웜은 가장 많은 종류를 차지하고 있습니다. 하지만 전자우편에 첨부된 파일을 실행하기 전 한번쯤 파일을 의심해 보고, 운영체제를 미리 패치를 한다면 피해를 예방할 수 있는 가장 손쉬운 악성 코드이기도 합니다.

[그림 12-50] 악성코드 검사 프로그램

대부분의 사람들이 바이러스나 악성코드에 감염되면 먼저 불안한 마음과 걱정이 앞서게 됩니다. 무엇을 어떻게 할지, 치료를 어떻게 하고, 포맷을 반드시 해야만 하는지를 몰라 난감해한 적이 있을 것입니다. 컴퓨터 바이러스에 감염되더라도 당황하지 말고 의연하게 대처한다면 생각보다 어렵지 않게 복구할 수 있다는 것을 알 수 있을 것입니다. 컴퓨터 바이러스에 감염되었을 때 대응하는 방법을 살펴보면 다음과 같습니다.

[그림 12-51] 컴퓨터 바이러스 대응

〈표 12-3〉 컴퓨터 바이러스 감염 대응방법

구 분	개 요
포맷 사용 자제	대부분의 바이러스는 비교적 간단히 치료할 수 있고, 하드디스크 포맷이라든가 운영체제 및 각종 응용프로그램을 설치하는 데 많은 시간이 필요하므로 가능한 포맷 등은 하지 않는 것이 바람직합니다.
감염 증상 파악	바이러스의 감염여부를 확인하기 위한 간단한 방법은 사용자가 가지고 있는 백신 프로그램을 실행하는 방법이 있고, 백신 사이트 등을 통해서도 알 수 있습니다.

바이러스 이해	이미 알려진 컴퓨터 바이러스에 감염되었을 경우에는 백신업체나 관련 기관을 통해서 대응 방법을 쉽게 알 수 있습니다. 아직 알려지지 않은 신종 바이러스의 경우에도 백신업체와 관련 기관을 통하면 바이러스 정보를 정확하게 알 수 있습니다.
바이러스 정보수집	백신업체라든가 바이러스 연구소 등에서 제공하는 바이러스 관련 최신 정보를 자주 접하도록 하고, 가짜 바이러스와 진짜 바이러스를 구별할 수 있도록 합니다.
백신 치료	백업 데이터가 있는 경우에는 감염된 파일을 완전히 삭제하여 복구하는 것이 백신으로 치료하는 것보다 더욱 안전할 수 있습니다.
삭제 확인	두 개 이상의 백신 프로그램을 이용하여 바이러스가 완전히 삭제되었는지 여부를 확인하는 것이 바람직합니다.

12.2.5 인터넷 사기

인터넷 사기는 이용자들에게 물품이나 용역을 제공할 것처럼 기만하는 메시지를 보내어 금품 등을 탈취하는 행위를 의미합니다. 인터넷을 이용한 전자상거래가 활성화되면서 이러한 사기 행위가 극성을 부리고 있습니다.

국내에서 발견되는 통신사기는 허위 광고를 통한 사기행위에 국한되고 있으나, 인터넷 전자상거래가 증가할수록 피해도 증가하고 있습니다.

12.2.6 인터넷 광고, 스팸 공해

폭발적인 전자우편 사용의 증가 속에 스팸(Spam) 혹은 정크(Junk) 메일이 큰 문제점으로 등장하고 있습니다. 스팸 메일은 이용자가 원하지 않는 메일로 주로 광고를 목적으로 많이 사용됩니다. 수많은 스팸 메일로 인하여 하루 일과 중 상당 시간을 불필요한 메일 확인과 삭제에 낭비하고 있습니다. 스팸 메일을 받는 동안 소모되는 통신망 자원에 대한 비용은 이용자가 모두 부담해야 하는 것이 현실이므로 스팸 메일은 자신의 광고비를 이용자에게 떠넘기는 부도덕한 행위입니다.

[그림 12-52] 전자상거래의 대표적인 예-옥션

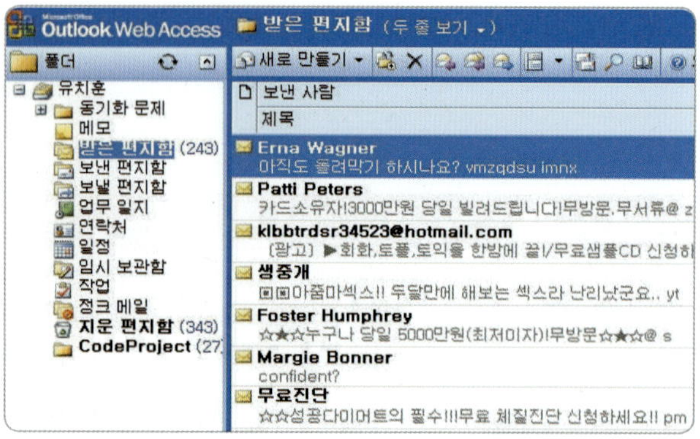

[그림 12-53] 스팸 메일의 예

12.3 네티켓이란?

에티켓(etiquette)이라는 말은 가정교육을 위해 혹은 사회적, 공적인 생활을 위해서 정하는 일정한 행동 양식을 가리키는 말입니다. 원래 에티켓이라는 용어는 프랑스 말로 티켓이라는 말에서부터 유래되었다고 합니다. 어떤 특정한 그룹이나 모임에서 통하는 에티켓을 알면 그 그룹이나 모임에 들어갈 티켓을 가진 것이나 마찬가지라는 의미에서 시작된 말입니다. 그러나 사이버 공간은 눈에 보이지도 않을 뿐만 아니라 각기 다른 성질의 사람들이 모여 서로 다른 관행을 가지고 있는 수많은 그룹들로 이루어져 있습니다. 직장에서 전자메일을 보내는 것도 사이버 공간에서 이루어지는 일 중의 하나이고, 인터넷 정보 검색을 위해서 포털 사이트에 접속하는 것도 사이버 공간에 들어서는 행동입니다. 더 나아가서는 인터넷 사이트에 글을 올리는 것도 사이버 공간에서의 활동입니다. 인터넷에서 온라인 게임을 즐기는 것도, 프로그램이나 음악 파일을 다운받는 것도 모두 사이버 공간에서 일어나는 일들입니다.

이러한 사이버 공간에는 여러 가지 서로 다른 문화가 있으며 이를 가리켜서 사이버 공동체(cyber community)라고 부르고 있습니다. 이들 공동체들은 각각 나름대로 규칙과 관행을 가지고 있습니다. 그 중에는 거의 모든 공동체에 적용되는 일반적인 규칙들이 있습니다. 이를 가리켜 네티켓이라고 합니다. 즉, 네티켓은 사이버 공간에서의 에티켓입니다.

버지니아 셰어(Virginia Shea)는 “Nettiquette”이라는 저서에서 네티켓의 원칙을 10가지로 잘 설명해주고 있습니다.

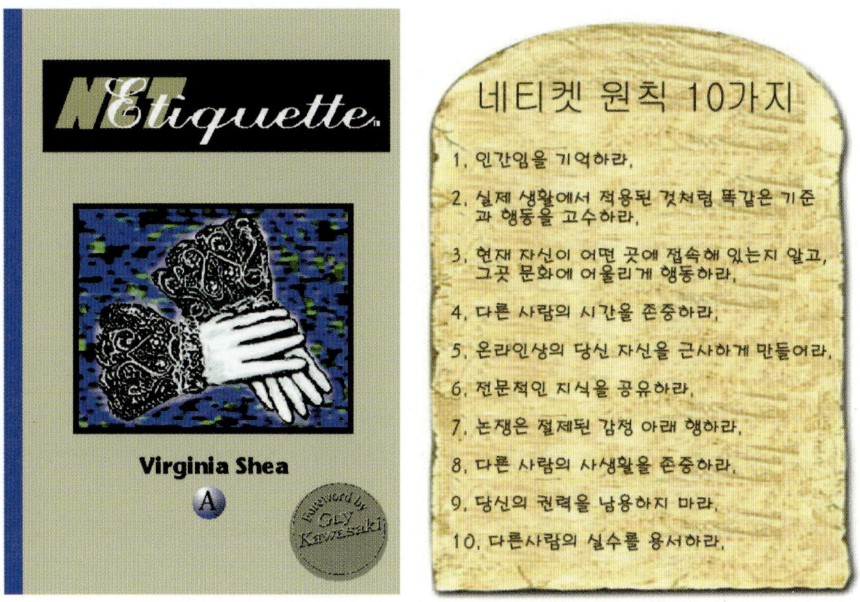

[그림 12-54] 네티켓

12.4 인터넷 윤리와 관련된 법률에 대하여 알아볼까요

12.4.1 정보통신 관련 현행 법령 체계가 정말 많군요

〈표 12-4〉 정보통신 관련 현행 법령 체제

법령 분류	종류
정보통신망 기반구축 및 고도화 관련	국가정보화기본법, 전기통신기본법, 전기통신사업법, 전파법 등
정보통신산업의 기반조성 및 신산업의 육성 관련	소프트웨어산업진흥법, 콘텐츠산업진흥법, 방송법 등
정보이용 환경의 조성 관련	전자서명법, 정보통신망 이용촉진 및 정보보호 등에 관한 법률 등
정보화 역기능의 방지 관련	통신비밀보호법, 정보격차 해소에 관한 법률, 정보통신기반 보호법 등

12.4.2 느린 거북이 정보통신윤리 관련 법규

(1) 전기통신사업법

〈표 12-5〉 전기통신사업법 제83조

제83조(통신비밀의 보호)
• 누구든지 전기통신사업자가 취급 중에 있는 통신의 비밀을 침해하거나 누설하여서는 아니 된다. • 전기통신업무에 종사하는 자 또는 종사하였던 자는 그 재직 중에 통신에 관하여 알게 된 타인의 비밀을 누설하여서는 아니 된다. • 전기통신사업자는 법원, 검사 또는 수사관서의 장(군 수사기관의 장, 국세청장 및 지방국세청장을 포함한다. 이하 같다), 정보수사기관의 장이 재판, 수사(「조세범 처벌법」 제10조 제1항 · 제3항 · 제4항의 범죄 중 전화, 인터넷 등을 이용한 범칙사건의 조사를 포함한다), 형의 집행 또는 국가안전보장에 대한 위해를 방지하기 위한 정보수집의 필요에 의하여 이용자의 성명, 주민등록번호, 주소, 전화번호, 아이디, 가입 또는 해지일자에 관한 자료의 열람이나 제출(이하 "통신자료제공"이라 한다)을 요청 받은 때에는 이에 응할 수 있다. • 제3항의 규정에 의한 통신자료 제공의 요청은 요청사유, 해당 이용자와의 연관성, 필요한 자료의 범위를 기재한 서면(이하 "자료제공요청서"라 한다)으로 하여야 한다. 다만, 서면으로 요청할 수 없는 긴급한 사유가 있는 때에는 서면에 의하지 아니하는 방법으로 요청할 수 있으며, 그 사유가 해소되면 지체 없이 전기통신사업자에게 자료제공요청서를 제출하여야 한다. • 전기통신사업자는 제3항 및 제4항의 절차에 따라 통신자료제공을 한 경우에는 해당 통신자료제공 사실 등 필요한 사항을 기재한 대통령령으로 정하는 대장과 자료제공요청서 등 관련자료를 갖추어 두어야 한다. • 전기통신사업자는 대통령령으로 정하는 방법에 따라 통신자료제공을 한 현황 등을 연 2회 방송통신위원회에 보고하여야 하며, 방송통신위원회는 전기통신사업자가 보고한 내용의 사실 여부 및 제5항에 따른 관련 자료의 관리 상태를 점검할 수 있다. • 전기통신사업자는 제3항에 따라 통신자료제공을 요청한 자가 소속된 중앙행정기관의 장에게 제5항에 따른 대장에 기재된 내용을 대통령령으로 정하는 방법에 따라 알려야 한다. 다만, 통신자료제공을 요청한 자가 법원인 경우에는 법원행정처장에게 알려야 한다. • 전기통신사업자는 이용자의 통신비밀에 관한 업무를 담당하는 전담기구를 설치 · 운영하여야 하며, 그 전담기구의 기능 및 구성 등에 관한 사항은 대통령령으로 정한다. • 자료제공요청서에 대한 결재권자의 범위 등에 관하여 필요한 사항은 대통령령으로 정한다.

(2) 형법

〈표 12-6〉 형법 제243조

제243조(음화 반포 등)
• 음란한 문서, 도화, 필름 기타 물건을 반포, 판매 또는 대여하거나 공연히 전시 또는 상영한 자는 1년 이하의 징역 또는 5백만 원 이하의 벌금에 처한다.

〈표 12-7〉 형법 제307조

제307조(명예 훼손)
• 공연히 사실을 적시하여 명예를 훼손한 자는 2년 이하의 징역이나 금고 또는 500만 원 이하의 벌금에 처한다. • 공연히 허위의 사실을 적시하여 사람의 명예를 훼손한 자는 5년 이하의 징역, 10년 이하의 자격 정지 또는 5백만 원 이하의 벌금에 처한다.

(3) 성폭력 범죄의 처벌 및 피해자 보호 등에 관한 법률

〈표 12-8〉 성폭력 범죄의 처벌 및 피해자 보호 등에 관한 법률 제14조

제14조(통신매체 이용 음란)
• 자기 또는 다른 사람의 성적 욕망을 유발하거나 만족시킬 목적으로 전화, 우편, 컴퓨터, 기타 통신 매체를 통하여 성적 수치심이나 혐오감을 일으키는 말이나 음향, 글이나 도화, 영상 또는 물건을 상대방에게 도달하게 한 자는 2년 이하의 징역 또는 500만원 이하의 벌금에 처한다.

(4) 정보통신망 이용촉진 및 정보보호 등에 관한 법률

〈표 12-9〉 정보통신망 이용촉진 및 정보보호 등에 관한 법률 제70조

제70조(벌칙)
• 사람을 비방할 목적으로 정보통신망을 통하여 공공연하게 사실을 드러내어 다른 사람의 명예를 훼손한 자는 3년 이하의 징역이나 금고 또는 2천만원 이하의 벌금에 처한다. • 사람을 비방할 목적으로 정보통신망을 통하여 공공연하게 거짓의 사실을 드러내어 다른 사람의 명예를 훼손한 자는 7년 이하의 징역, 10년 이하의 자격정지 또는 5천만원 이하의 벌금에 처한다. • 제1항과 제2항의 죄는 피해자가 구체적으로 밝힌 의사에 반하여 공소를 제기할 수 없다.

12.5 인터넷 윤리 관련 기관과 제도를 알아봅시다

12.5.1 인터넷 윤리 관련 기관이 정말 많군요

(1) 정부부서

① 과학기술정보통신부(MSIT: Ministry of Science and ICT)

과학기술과 정보통신 분야의 정책수립 및 조정 등의 업무를 담당하는 정부부서입니다. 정보통신 분야에서는 초연결 네트워크 구축과 과학 ICT 문화확산 정보보호 정책과 관련하여 정보활용 지원, 정보문화 및 정보통신윤리(인터넷 윤리), 인터넷 중독예방과 관리 등의 정책을 수립하여 실행하고 있습니다. 유관 기관인 한국정보화진흥원(NIA)이 이와 관련된 업무를 수행하고 있습니다.

② 방송통신위원회(KCC: Korea Communications Commission)

방송과 통신 분야의 정책수립과 조정 등의 업무를 담당하는 정부부서입니다. 방송과 통신에 관한 규제와 이용자보호에 관련하여 개인정보 보호와 인터넷 윤리 업무를 수행하고 있습니다. 또한 인터넷 표현의 자유 증진과 온라인 게시물의 임시조치제도, 인터넷 윤리교육, 청소년 윤리의식 개선 등의 과제를 수행하고 있습니다. 유관 기관으로 방송통신심의위원회(KOCSC)가 있어 관련 업무를 수행하고 있습니다.

(2) 방송통신심의위원회(KOCSC: Korea Communications Standards Commission)

방송통신심의위원회는 전기통신사업법에 따라 불법 · 청소년유해정보 모니터링 및 심의, 의결, 불법 · 청소년유해정보 신고센터(인터넷119) 운영, 인터넷 민간자율 규제활동 지원, 인터넷 내용 등급 서비스 제공, 국제 인터넷 핫라인 협회(INHOPE) 회원활동 및 국제협력체계 구축, 정보통신윤리 교육 및 홍보 프로그램 운영, 청소년 권장사이트 선정 및 보급, 정보통신윤리 관련 정책연구 및 논의 활성화, 사이버 명예훼손 ·

[그림 12-55] 과학기술정보통신부 홈페이지(http://www.msit.go.kr)

[그림 12-56] 방송통신위원회 홈페이지(http://www.kcc.go.kr)

성폭력 분쟁조정센터 운영 등 '건전한 정보문화의 창달 및 전기통신의 올바른 이용환경 조성'을 위한 각종 활동을 전개하고 있습니다.

[그림 12-57] 방송통신심의위원회 홈페이지(http://www.kocsc.or.kr)

(3) 한국정보화진흥원(NIA)

한국정보화진흥원은 정보취약계층을 위한 정보접근 환경조성, 정보격차해소 기술 및 콘텐츠 개발 · 지원, 국가간 정보격차해소를 위한 국제협력, 정보이용능력배양을 위한 국민정보화교육, 정보격차해소를 위한 사회인식 확산 및 홍보, 국민의 생산적 정보활용 촉진 및 오 · 남용 예방, 활용도 높은 지식정보자원의 디지털화 확충, 범 국가적 지식정보 DB 네트워크 구축, 지식정보자원의 생산적 이용 촉진, 정책환경 변화에 대응하는 지식정보 자원관리체계 개편 등의 업무를 수행하고 있으며 특히 정보화 역기능 예방을 위하여 건전정보 이용교육, 인터넷중독 예방상담센터 운영(www.internetaddiction.or.kr), 사이버범죄 예방교화사업 등을 추진하고 있습니다.

[그림 12-58] 한국정보화진흥원 홈페이지(http://www.nia.or.kr)

(4) 검찰

인터넷이 사회생활의 중요한 영역으로 변화한 이후 인터넷을 통한 범죄가 사회 각 분야에서 크게 증가하고 있습니다. 인터넷 피싱, 사기, 명예훼손 등 전통적인 일반 범죄의 무대가 온라인으로 이동하고 있고, 온라인뱅킹정보, 개인정보 등 금전적 이익을 노리는 해킹집단이 조직화되는 양상을 띠고 있습니다. 검찰은 첨단 인터넷범죄에 더욱 효율적으로 대응하기 위하여 종전의 사이버범죄수사단의 업무를 과학수사본부 산하의 사이버수사과로 정규화 하여 운영하고 있습니다.

[그림 12-59] 해킹이나 비정상적 정보소통을 감시하고 있는 모습

사이버수사과는 DDos 공격, 해킹, 컴퓨터 바이러스 유포와 같은 신종범죄와 전자상거래를 이용한 사기, 개인정보침해 등에 중점을 두고 집중적이고 지속적으로 범죄동향을 파악하여 보다 효율적인 컴퓨터범죄 대책을 수립하고 새로운 수사방법을 개발하여 적극적인 단속활동을 전개하고 있습니다.

(5) 경찰청

해킹, 바이러스의 급증과 날로 심각해지는 사이버테러의 위험성에 대한 범 정부 차원의 종합적 대응체제의 필요성이 제기됨에 따라 경철청 수사국 사이버과 내에 사이버테러 대응센터를 창설하고, 서울지방 경찰청 및 각 지방 경찰청에 사이버 수사대를 두게 되었습니다.

사이버테러 대응센터는 사이버테러 종합대책 수립시행, 전국 사이버 수사요원 교육, 국제공조수사활동, 24시간 사이버순찰 등을 통한 초동 조치 및 대국민 경보발령, 주요 사이버 테러사건 수사, 사이버테러 수사기법 개발 및 기술지원 등 사이버테러에 대한 종합적인 업무를 수행하고 있습니다.

[그림 12-60] 대검찰청 사이버 수사과 홈페이지(http://www.spo.go.kr)

[그림 12-61] 경찰청 사이버안전국 홈페이지(http://cyberbureau.police.go.kr)

12.5.2 인터넷 윤리 관련 제도가 상당히 많군요

(1) 불법 · 유해정보 유통방지 관련 제도

① 심의제도

방송통신심의위원회는 지속적으로 인터넷상의 각종 불법 · 청소년유해정보에 대한 자체 모니터링 및 신고 접수를 통하여 심의 · 의결하고 있습니다. 이는 건전한 정보문화를 창달하고 전기통신의 올바른 이용환경을 조성하기 위하여 유 · 무선 인터넷, 실시간 전화정보서비스, PC통신, 이동통신, 위성통신 등 전기통신회선을 통하여 일반에게 공개를 목적으로 유통되는 정보에 대한 심의 및 시정요구를 하고 있습니다.

〈표 12-10〉 심의 내용

심의위원회	근거조항과 심의내용
제1분과 전문위원회	각종 법률상 금지행위 위반, 명예훼손, 허위사실 유포, 자살, 살인청부, 폭탄제조, 불법다단계판매, 도박, 폭력조장, 언어폭력, 잔혹 · 혐오, 사회질서위반 등의 정보  [그림 12-62] 인터넷상의 도박
제2분과 전문위원회	성(性) 관련 음란 및 선정적 문자 · 음성 · 음향 · 영상 · 화상 · 부호 · 웹캐스팅, 아동포르노, 청소년 성매매, 매매춘, 음란정보 판매 · 구매 · 교환, 청소년유해정보 표시방법 위반 등의 정보 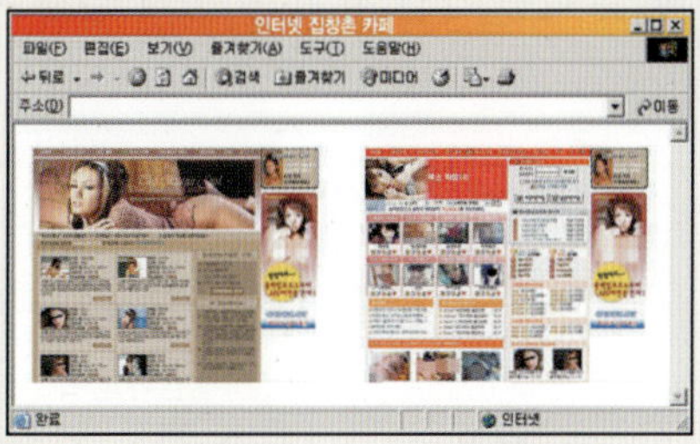 [그림 12-63] 음란사이트
제3분과 전문위원회	통신게임, 실시간 전화정보서비스, PC통신, 이동통신, 위성통신 등을 통해서 제공되는 음란성 · 폭력성 · 사행성 관련 각종 불법 · 청소년유해정보  [그림 12-64] 청소년 유해 매체물 표시

② 청소년 유해매체물 제도

청소년 유해매체물 제도는 청소년보호법에 근거하여 각종 청소년 유해 환경으로부터 청소년을 보호 · 구제하여 청소년이 건전한 인격체로 성장할 수 있도록 하기 위한 법적 장치입니다.

방송통신심의위원회에서는 전기통신회선을 통해 공개되어 유통되는 정보 중 청소년에게 유해하다고 판단되는 정보에 대해서는 청소년 유해매체물로 결정하고 있으며, 이를 청소년보호위원회를 통해 고시하고 있습니다.

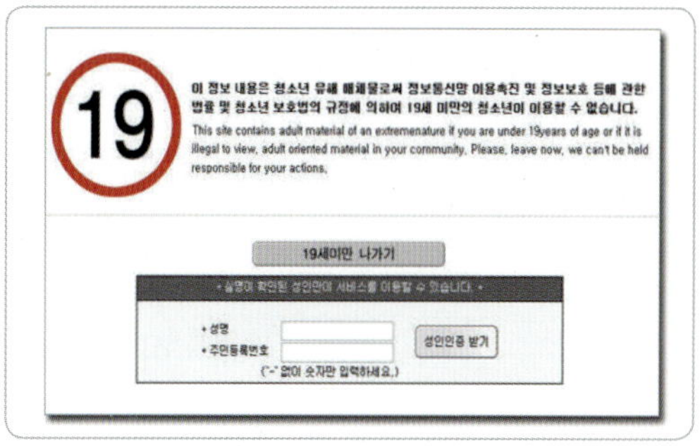

[그림 12-65] 청소년 유해 매체물 표시

③ 인터넷 내용등급제

인터넷 내용등급제는 정보제공자가 객관적 등급기준에 따라 자신이 제공하는 정보에 자율적으로 등급을 표시하면, 학부모, 교사 등 정보이용자가 내용선별 소프트웨어를 이용하여 청소년 수준에 맞는 정보를 선택할 수 있는 서비스입니다.

인터넷 내용등급제는 기존의 불건전정보 차단방식과는 달리, 정보이용자의 정보선택권과 성인의 볼 권리를 보장하고 있습니다.

④ 청소년 권장사이트 제도

청소년 권장사이트 제도에서는 청소년에게 건전하고 유익한 우수 사이트를 발굴 · 소개하고 정보제공자들의 우수 콘텐츠 개발을 장려하기 위하여 정보통신윤리위원회를 통해 시행되어 왔습니다.

청소년 권장사이트 심사기준은 영리목적의 회원가입 사이트의 경우에는 개인정보 보호정책 시행 및 아동 가입 시 부모 동의 절차가 기본 선정기준이 되며 비영리 사이트의 경우에는 개인정보 보호정책 및 아동 가입 시 부모 동의 절차 시행 시에는 가산점이 부여됩니다.

[그림 12-66] 인터넷 내용등급서비스 홈페이지(http://www.safenet.ne.kr)

[그림 12-67] 청소년 권장사이트 홈페이지(아이틴넷 http://www.iteennet.or.kr)

(2) 개인정보 보호제도

① 개인정보 보호제도

개인정보를 보호하기 위하여 우리나라에서는 통신비밀보호법(1948), 전기통신사업법(1961), 의료법(1962), 공공기관의 개인정보 보호에 관한 법률(1994), 신용정보의 이용 및 보호에 관한 법률(1995), 전자거래기본법(1999), 전자서명법(1999) 등을 제정하여 시행하고 있습니다.

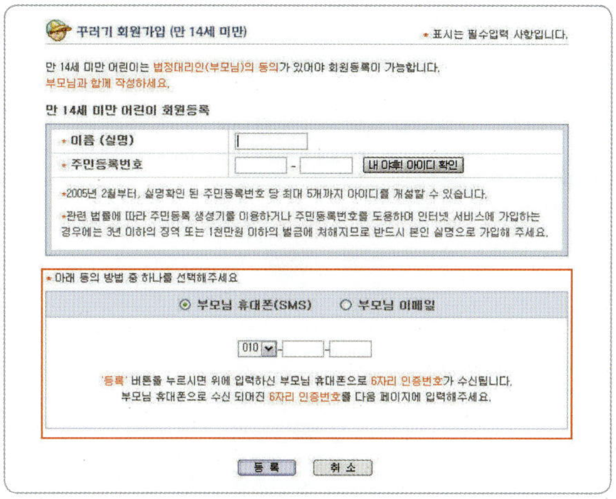

[그림 12-68] 아동의 개인정보보호를 위해서 만 14세 미만의 아동으로부터 개인정보를 수집하는 경우에는 사전에 부모 등 법정대리인의 동의를 얻도록 의무화하고 있습니다.

[그림 12-69] 개인정보보호 홈페이지(프라이버시넷 http://www.kopico.or.kr)

② 개인정보 분쟁조정 제도

개인정보 분쟁조정위원회는 개인정보 침해로 인한 모든 분쟁을 조정대상으로 하고 있습니다. 분쟁조정의 대상이 되는 구체적인 유형을 살펴보면 사업자가 이용자의 동의 없이 개인정보를 수집하여 발생하는 분쟁, 개인정보를 특정인이 도용 · 침해 · 훼손함으로써 발생하는 피해, 개인정보가 정보주체의 동의 없이 제3자에게 제공됨으로써 발생하는 피해, 사업자가 서비스 이용을 조건으로 과다한 개인정보를 요구하여 발생하는 피해, 가입한 웹사이트에서 회원탈퇴가 되지 않아 발생하는 피해, 사업자가 이용자의 개인정보 열람 · 정정 등의 요구에 불응하여 발생하는 분쟁 등이 있습니다.

③ 개인정보 보호마크 제도

한국정보통신진흥협회는 네티즌들이 자신의 개인정보를 안심하고 제공할 수 있는 사이트인지 여부를 판단해주는 '개인정보보호마크 제도'를 지식경제부, 공정거래 위원회 등의 후원으로 시행하고 있습니다. 이 제도는 인터넷 이용자의 개인정보를 효과적으로 보호하고, 안심하고 온라인 거래를 할 수 있는 신뢰기반 구축을 위해서 만들어졌으며, 인터넷 사이트의 개인정보보호 정책 및 관리수준을 종합적이고 객관적으로 평가하여 일정기준을 충족하는 경우 개인정보보호 우수사이트 인증마크(ePRIVACY마크)를 부여합니다.

[그림 12-70] 개인정보보호 우수사이트 인증마크

[그림 12-71] 개인정보 보호마크가 있는 홈페이지(한국정보화진흥원 http://www.nia.or.kr/)

Tip 인공지능 윤리

윤리는 인류의 문화와 문명의 발전에 따라 원시 수렵사회, 농업사회, 산업사회, 정보사회를 거치면서 끊임없이 변화 발전해왔고 이제 지능정보사회가 도래하면서 또 한 번 새로운, 변화된 환경에 적합한 윤리의 필요성이 대두되었습니다. 이에 따라 등장하게 된 것이 인공지능 윤리입니다. 인공지능 기술은 하루가 다르게 발전하여 정보기술은 물론이고 문학, 음악, 미술 등 인문학 분야와 예술 분야에까지 폭을 넓혀 이제 인간사회 모든 분야에 영향을 미치고 있습니다. 문제는 기술 발전이 선한 영향력과 함께 등장하는 악한 영향력입니다. 지능 정보사회에서의 인공지능은 정보사회에서의 정보기술의 악한 영향력보다 더 큰 악한 영향력을 미치게 될 것이 너무 분명합니다. 인공지능 윤리는 인공지능이 지닌 선한 영향력은 더욱 고양시키고 악한 영향력은 펼치지 못하게 우리가 어떤 곳에 관심을 가져야 하는가에 대한 대답이 될 것입니다.

이에 대비하여 과학기술정보통신부는 인공지능 윤리기준을 만들었습니다. 여기에는 3대 기본원칙, 10대 핵심요건 등이 제시되고 있습니다. 3대 원칙으로는 인간 존엄성의 원칙, 사회의 공공선 원칙, 기술의 합목적성 원칙이 있습니다. 10대 핵심요건은 앞에 제시된 3대 기본원칙을 실천하고 이행할 수 있도록 인권보장, 프라이버시 보호, 다양성 존중, 침해금지, 공공성, 연대성, 데이터 관리, 책임성, 안전성, 투명성이 제시되고 있습니다.

참고문헌

1. 정보통신윤리위원회, (사)KIPS IT 인증원, 「인터넷 윤리」, 이한출판사
2. 주영주, 최성희, 「클린인터넷을 위한 정보통신윤리」, 남두도서
3. http://jr.naver.com, 쥬니어 네이버
4. http://www.msit.go.kr, 과학기술정보통신부
5. http://www.kcc.go.kr, 방송통신위원회
6. https://www.아인세.kr, 아름다운 인터넷 세상
7. http://www.kocsc.or.kr, 방송통신심의위원회
8. http://www.kisa.or.kr, 한국인터넷진흥원
9. http://www.nia.or.kr, 한국정보화진흥원
10. http://www.spo.go.kr, 대검찰청 사이버 수사과
11. http://cyberbureau.police.go.kr, 경찰청 사이버안전국
12. http://www.safenet.ne.kr, 인터넷내용등급서비스
13. http://www.privacy.go.kr, 개인정보보호 종합포털
14. http://www.rootca.or.kr, 전자서명인증관리센터

연습문제

객관식

01 다음 중 인터넷의 순기능에 해당하지 않는 것은?

① 복지수준의 향상 ② 빠르고 쉬운 정보획득과 교환

③ 육체적 노동의 증가 ④ 학습에 도움을 줌

02 향후 인터넷 윤리학이 수행해야 할 기능으로 적절치 못한 것은?

① 치료 윤리 ② 예방 윤리

③ 세계 윤리 ④ 종합 윤리

03 인터넷상에서 유해한 정보가 쉽게 생산, 유통되는 이유로 올바르지 않은 것은?

① 정보생산자의 윤리의식이 부족하다.

② 익명성이 보장된다.

③ 복제, 배포가 복잡하고 시간이 오래 걸린다.

④ 특정한 제공자가 유해정보의 접근을 제한해도 다른 제공자를 통해 접근이 가능하다.

04 다음 중 특성이 다른 한 가지는?

① 통신 중독 ② 게임 중독

③ TV 중독 ④ 음란물 중독

05 통신 중독으로 인해 보이는 증상이 아닌 것은?

① 자기 통제력의 상실 ② 통신을 통한 행복감의 추구

③ 결벽증 ④ 사용량의 증가

06 인터넷 중독 예방 센터에서 제시하고 있는 인터넷 중독 예방 방법이 아닌 것은?

① 자신이 잃어가고 있는 것을 파악한다.

② 온라인 접속시간을 파악한다.

③ 중독 징후를 발견하면 반드시 스스로 해결해야 한다.

④ 인터넷 사용을 촉발하는 기분과 행동을 관찰한다.

07 다음은 무엇에 대한 설명인가?

> 문화, 예술, 과학 작품, 산업 활동 등 인간의 지적 창작활동의 결과로 생기는 모든 유, 무형의 소산물에 대해 경제적인 가치를 보호하기 위한 권리

① 프라이버시권 ② 지식재산권

③ 재산보호 ④ 개인정보

08 다음 중에서 컴퓨터 바이러스 감염에 대한 대응방법으로 적합하지 않은 것은?
① 컴퓨터 바이러스를 정확하게 알아야 한다.
② 하드디스크 포맷은 사용하지 않는 게 바람직하지만, FDISK의 사용은 바람직하다.
③ 바이러스 감염 증상을 정확하게 파악한다.
④ 바이러스 관련 정보를 가능한 많이 수집한다.

09 다음 중에서 지식경제부에서 권고하는 손쉬운 8가지 정보보호 실천수칙에 해당하지 않는 것은?
① 백신 프로그램을 설치하고, 자동업데이트를 설정한다.
② 패스워드는 영문/숫자 혼합해서 8자리 이상으로 설정해야 하지만, 주기적으로 변경할 필요는 없다.
③ 부팅할 때, 윈도우 로그인할 때, 네트워크 공유폴더 사용할 때 반드시 패스워드 설정하기
④ 보낸 사람이 불분명한 전자우편은 절대로 열어보지 않는다.

10 다음 중 정보화 역기능의 방지와 관련된 법은?
① 전자서명법 ② 전파법
③ 정보격차 해소에 관한 법률 ④ 소프트웨어 산업 진흥법

11 다음 중 국내 인터넷 윤리와 관련된 기관이 아닌 곳은?
① 한국정보화진흥원(NIA) ② 지식경제부
③ 한국인터넷진흥원(KISA) ④ 인터넷 감시재단(IWF)

12 다음 중 국제 인터넷 핫라인 협회(INHOPE)에 대한 설명으로 옳은 것은?
① 영국 내 유일한 핫라인 단체
② 전자 네트워크 운영에 대한 윤리강령을 제정하여 협회 회원들에게 준수하도록 하고 있음
③ 인터넷 보안정보 제공, 사고 대응팀 구축 및 발전에 대한 지원, 인터넷 보안과 관련한 기술적 연구 등의 역할을 수행
④ 인터넷을 불법, 유해정보로부터 이용자보호를 목적으로 운영되고 있는 국제적 기관

13 심의제도에 대한 설명으로 틀린 것은?
① 심의 · 의결은 정보통신 윤리위원회에서 이루어진다.
② 제1, 2분과 전문위원회로 나뉘어 업무를 수행한다.
③ 제2분과 전문위원회는 성(性) 관련 위반사항에 대한 업무를 담당한다.
④ 전기통신사업법 제53조의 2에 근거한 제도이다.

14 만 14세 미만의 아동으로부터 개인정보를 수집하는 경우에는 사전에 부모 등 법정대리인의 동의를 얻도록 의무화하는 제도는?

① 개인정보 분쟁조정 제도 ② 개인정보 보호제도
③ 전자서명 인증제도 ④ 청소년 권장사이트 제도

15 다음 중 사이트에서 공인인증기관에서 발행한 공인인증서 사용마크를 사용하는 이유가 아닌 것은?

① 해당 사이트가 공인인증기관의 공인인증서를 사용하는지의 여부를 사이트 방문자가 효율적으로 판별할 수 있는 방법을 제공하기 위해서
② 공인인증서 사용으로 요금이 부과될 수 있음을 사용자들에게 알리기 위해서
③ 공인인증기관의 공인인증서가 전자서명법에 의하여 법적 효력이 보장됨을 사용자들에게 알리기 위해서
④ 공인인증기관의 공인인증서가 탑재되어 있지 않은 버전의 브라우저 사용자에게 공인인증서의 신뢰성과 효력을 명시적으로 공고하기 위해서

주관식

01 인터넷 특성 중 하나인 익명성의 단점은 무엇인가?

02 인터넷의 역기능을 세 가지 이상 언급하라.

03 유해정보를 차단할 수 있는 기술적인 방안에 대하여 설명하라.

04 네티켓의 일반적인 기준 10가지에 대하여 아는 대로 써라.

05 불법 · 청소년 유해정보의 유통을 방지하고 건전한 정보문화를 확산하기 위한 업무들을 수행하고 있는 민간기구로 불법 · 청소년 유해정보 모니터링 및 심의, 의결, 불법 · 청소년 유해정보 신고센터(인터넷119) 운영, 사이버 명예훼손 · 성폭력 분쟁조정센터 운영 등의 활동을 하는 기관의 이름은 무엇인가?

찾아보기

A

B

C

D

E

F

G

저자 소개

정진욱

1974년 성균관대학교 전기공학과 졸업
1979년 성균관대학교 일반대학원 전자공학과 졸업(공학석사)
1991년 서울대학교 대학원 전자계산학과 졸업(이학박사)

▶주요 경력

1973~1985년 한국과학기술연구소 실장
1992~1993년 미국 Maryland 대학교 객원교수
1997~1998년 컴퓨터 침해사고 대응팀 협의회(CONCERT) 운영위원장
2002~2002년 한국정보처리학회 회장
1985~2011년 성균관대학교 정보통신공학부 교수
2007~2010년 성균관대학교 대학원장
2009~2015년 인터넷윤리실천협의회 회장
2011년~현재 성균관대학교 소프트웨어대학 명예교수

▶관심분야

컴퓨터 네트워크, 네트워크 관리, 네트워크 보안, 인터넷 QoS

안성진

1988년 성균관대학교 정보공학과 졸업(공학사)
1990년 성균관대학교 일반대학원 정보공학과 졸업(공학석사)
1998년 성균관대학교 일반대학원 정보공학과 졸업(공학박사)

▶주요 경력

1990~1995년 KIST/시스템공학연구소 연구원
1996년 정보통신기술사
1999년~현재 성균관대학교 컴퓨터교육과 교수
2022년~현재 한국산업보안연구학회 회장

▶관심분야

네트워크관리, 산업(연구)보안, 컴퓨터교육, AI윤리, 데이터과학

김현철

1990년 성균관대학교 정보공학과 졸업
1992년 성균관대학교 일반대학원 정보공학과 졸업(공학석사)
2005년 성균관대학교 전기전자 및 컴퓨터공학부 졸업(공학박사)
현재 남서울대학교 컴퓨터소프트웨어학과 교수

▶주요 경력

1992~2002년 한국전자통신연구원(ETRI) 선임연구원
2003~2005년 ㈜아이트로닉스정보통신 연구소장
2005~2006년 한국정보통신대학교(ICU) 교수

▶관심분야

초고속 통신망, 광 인터넷, BcN, IPTV

이원혁

2000년 성균관대학교 전기전자 및 컴퓨터공학부 졸업
2002년 성균관대학교 전기전자 및 컴퓨터공학과 일반대학원 졸업(공학석사)
2009년 성균관대학교 전자전기컴퓨터공학과 졸업(공학박사)

▶주요 경력

2003년~현재 한국과학기술정보연구원 책임연구원, 양자&차세대연구망팀 팀장

▶관심분야

광통신 네트워크, 컴퓨팅 전용망, 네트워크 관리, 양자암호통신망 구축 및 관리 기술

유수현

1986년 중앙대학교 공과대학 전자공학과 졸업
2003년 한양대학교 산업대학원 전자통신공학과 졸업(공학석사)
현재 ㈜비온드아이티 네트워크 컨설팅 상무이사 재직 중

▶주요 경력

1986년~1990년 동양전자통신㈜ 교환기 기술팀 재직
1992년~2002년 삼성그룹 네트워크 부서 재직
2002년~2008년 커머스네트웍스㈜ NI/SI 컨설팅 사업부 총괄 재직
2009년~네트워크 컨설팅관련 업무

▶관심분야

네트워크 설계, 구축, 운영 지원, 관리, 컨설팅